GRUNDZÜGE

DER

PHYSISCHEN ERDKUNDE

VON

† DR. ALEXANDER SUPAN
PROFESSOR DER GEOGRAPHIE AN DER UNIVERSITÄT BRESLAU

SIEBENTE, GÄNZLICH UMGEARBEITETE AUFLAGE

UNTER MITARBEIT VON

PRIVATDOZENT DR. **KURT BRÜNING** IN HANNOVER, PROF. DR. **WALTER GEORGII** IN DARMSTADT, PROF. DR. **GERHARD SCHOTT** IN HAMBURG, PROF. DR. **FRITZ MACHATSCHEK** IN WIEN, PROF. DR. **ERICH LEICK** IN GREIFSWALD UND PROF. DR. **FERDINAND PAX** IN BRESLAU

HERAUSGEGEBEN VON

DR. ERICH OBST
PROFESSOR DER GEOGRAPHIE AN DER TECHN. HOCHSCHULE HANNOVER

BAND II, TEIL 1

DAS LAND

(ALLGEMEINE GEOMORPHOLOGIE)

MIT 2 TAFELN UND 151 FIGUREN IM TEXT

BERLIN UND LEIPZIG 1930
WALTER DE GRUYTER & CO.
VORMALS G. J. GÖSCHEN'SCHE VERLAGSHANDLUNG — J. GUTTENTAG, VERLAGSBUCHHANDLUNG — GEORG REIMER — KARL J. TRÜBNER — VEIT & COMP.

vormals G. J. Göschen'sche Verlagshandlung — J. Guttentag, Verlagsbuchhandlung — Georg Reimer — Karl J. Trübner — Veit & Comp.
Berlin W. 10, Genthiner Straße 38.

Druck von Walter de Gruyter & Co., Berlin W 10

Vorwort.

Die Neubearbeitung der »Grundzüge der Physischen Erdkunde« sollte im Sommer 1928 vollendet sein. Wenn dieses Ziel erst im Winter 1929/30 erreicht werden konnte, so trage ich allein die Schuld daran. Die Fülle der zu bewältigenden Literatur erwies sich als gar zu groß, und wenn ein Kapitel abgeschlossen war, erschienen oftmals so viele wichtige neue Untersuchungen, daß eine abermalige Überarbeitung unvermeidlich war. Dazu kam die mich durch Monate sehr stark beschäftigende Berufung an die Universität Graz. Endlich mußte der Ausbau des Geographischen Instituts an der Technischen Hochschule Hannover wegen der Hinzunahme der Oberlehrer-Ausbildung im Jahre 1928 in besonderem Umfange betrieben werden.

Daß die Herren Mitarbeiter und der Verlag trotz der argen Verzögerung die Geduld nicht verloren, verpflichtet mich ihnen zu aufrichtigem Dank. Herr Privatdozent Dr. Brüning stand mir bei der Bearbeitung der Morphologie eifrig zur Seite und verzagte selbst dann nicht, wenn es galt, dieses oder jenes Kapitel zum dritten- oder viertenmal neu zu gestalten. Machte es auch die unbedingt zu erstrebende Einheitlichkeit der Darstellung erforderlich, daß die endgültige Formung mir allein zufiel, so darf die Mitarbeit Dr. Brünings gewiß nicht gering geschätzt werden. Die hier in neuer Form gebotene Morphologie ist die Frucht gemeinsamer Arbeit und muß als solche gewertet werden. — Herr Kollege Machatschek hatte bei der Abfassung seines Beitrages zu Bd. I dieses Werkes die Arbeit des fließenden Wassers und der Gletscher mitbehandelt. Es erschien wünschenswert, diese vorzüglich auf das Ganze abgestimmten Kapitel für die Morphologie zu übernehmen. Daß Herr Kollege Machatschek die Freundlichkeit hatte, seinen Text zu diesem Zweck noch einmal wesentlich zu überarbeiten, sei auch an dieser Stelle mit herzlichem Dank hervorgehoben. — Durch all die Jahre hindurch hat der Verlag Walter de Gruyter & Co. dem Unternehmen in Freud und Leid sein tatkräftiges Interesse bekundet. Mit wohltuendem Verständnis würdigte er den Umstand, daß ein schnelleres Erreichen des Zieles beim besten Willen nicht möglich war und die Neuanlage des Werkes eine gänzliche Neuausstattung mit wertvollen Karten, Photographien, Zeichnungen usw. wünschenswert erscheinen lassen mußte. Für das weitreichende Entgegenkommen dem Verlag Walter de Gruyter & Co. herzlich zu danken, ist mir ein aufrichtiges Bedürfnis.

Welche Wege bei der Neubearbeitung der Morphologie eingeschlagen wurden, zeigt das folgende Inhaltsverzeichnis. Es kam mir, wie schon im Vorwort zu Bd. I angedeutet, in erster Linie darauf an, den Formenschatz der Erdoberfläche als solchen in den Vordergrund zu rücken. Dem Geologen mag es ratsam erscheinen, in der Hauptsache die formenschaffenden Kräfte und Vorgänge darzustellen und die Formen gleichsam nebenher bei Behandlung der Kräfte zu erledigen. Für ihn bedeutet es keinen Nachteil, wenn er über Berge einmal im Abschnitt Vulkanismus, das andere Mal im Zusammenhang mit der Tektonik, zum dritten bei Erörterung der fluviatilen Erosion spricht, wenn er von Tälern einmal im Abschnitt »Arbeit des fließenden Wassers«, zum anderen im Abschnitt »Arbeit des fließenden Eises« berichtet usw. Für den Geographen dünkt mich dieser Weg nicht empfehlenswert. Die formenschaffenden Kräfte und Vorgänge müssen selbstverständlich eingehend gewürdigt werden, weil ohne deren Kenntnis ein wirkliches Verstehen des Werdens und Vergehens der Formen schlechterdings unmöglich ist. Daran aber muß sich eine Darstellung des Formenschatzes selbst anschließen, die den Geographen zusammenhängend über Berge und Gebirge, Täler und Becken, Stufen und Ebenen unterrichtet und zugleich mit der petrographischen und klimatischen Abwandlung des Formenschatzes vertraut macht. Aus diesem Grundsatz ergab sich die folgende Disposition:

A. Die formenschaffenden Kräfte und Vorgänge.
  I. Endogene Kräfte und ihre Wirkungen.
  II. Exogene Kräfte und ihre Wirkungen.
B. Der Formenschatz der Erdoberfläche.
  I. Die Relieftypen.
  II. Fazieller Formenschatz.

Bei der Durchführung dieses Systems leitete uns ein zweiter Grundsatz. Wir wollen dem Studierenden der Geographie nicht nur den neuesten Stand der Forschung vortragen, sondern ihn zugleich in die Methoden der Forschung einführen und ihn dadurch zu eigenen Untersuchungen im Gelände befähigen. Beobachtungstatsachen und morphogenetische Deutung wurden daher tunlichst auseinandergehalten und der grundlegende Wert einer Sammlung und Beschreibung der Beobachtungstatsachen immer von neuem betont. Möge diese Methode dazu beitragen, den jungen Geographen vor allzu kühnen und nicht genügend fundierten Spekulationen zu bewahren und ihn zu der Einsicht zu führen, daß auch die geistvollste Deduktion ohne vorausgehende Feststellung des morphologischen Tatbestandes nur sehr bedingten Wert besitzt.

Mit dieser Neuordnung des Stoffes war allerdings eine Vergrößerung des Umfanges notwendig geworden. Die entsprechenden Abschnitte der Altauflage umfaßten insgesamt 448 Seiten, während jetzt für die

Morphologie 527 Seiten bereitgestellt werden mußten. Wir hoffen, daß man diese Steigerung des Umfangs in Kauf nehmen wird angesichts der Vorteile, die sich aus der Neugestaltung und der stärkeren Betonung des geographischen Momentes ergeben dürften. Überdies rechtfertigt sich der größere Umfang wohl bereits zu einem guten Teil durch den erstaunlichen Aufschwung, den alle Hilfswissenschaften der Morphologie in den letzten Jahrzehnten aufzuweisen haben. Hier wenigstens annähernd gleichen Schritt halten zu wollen, bedeutet zwangsläufig ein Eingehen auf Probleme, die früher überhaupt nicht zur Erörterung standen. Den jungen Geographen in groben Zügen und an rechter Stelle mit den Fortschritten der Geophysik, Geologie, Tektonik, Pedologie usw. vertraut zu machen, hielten wir allerdings für unsere Pflicht, weil anders der Vorwurf erhoben werden könnte, die Geographie vernachlässige bei Behandlung der Morphologie die Fortschritte der zu immer weiter gesteigerter Spezialisierung übergehenden Nachbarwissenschaften.

Wenn es gelungen sein sollte, ein brauchbares Gesamtbild der Geomorphologie zu entwerfen, so verdanken wir dies nicht zuletzt der weitreichenden Unterstützung, die uns von allen Seiten durch Überlassung von Sonderabdrucken, durch Rat und Hilfe in jeder Form zuteil geworden ist. Meine Freunde und Mitarbeiter im Institut, Dr. HANS SPREITZER und Dr. GERHART BARTSCH, nenne ich an erster Stelle. Unermüdlich haben sie geholfen, wo immer die Arbeit drängte; manche wichtige Verbesserung geht auf ihren Rat zurück. Mein Privatassistent, Dr. HANS-JOACHIM RUST, hat mir bei der Erledigung sämtlicher Korrekturen zur Seite gestanden und von früh bis spät alles getan, um das Werk nach Möglichkeit zu fördern. Große Verdienste haben sich durch gleich hingebende Mitarbeit die Herren Mittelschullehrer L. PIEP-Gronau und Dr. E. HILDEBRAND-Braunschweig erworben, die den gesamten Text in erster und zweiter Revision durcharbeiteten. Herzlichen Dank schulde ich auch dem Zeichner des Instituts, cand. ERICH VOTTELER, der in seiner dienstfreien Zeit eine Fülle von Textfiguren mit der ihm eigenen Geschicklichkeit und Ausdauer zeichnete. Zu großem Dank verpflichtet bin ich weiterhin Herrn Kollegen SIEBERG-Jena für freundliche Durchsicht des Kapitels »Erdbeben«. Endlich darf ich meinen aufrichtigen Dank allen denen abstatten, die durch Überlassung von Originalaufnahmen unser Werk förderten, vor allem dem Meteorologen auf der Weltfahrt des »Graf Zeppelin«, Herrn Dr. H. SEILKOPF, Regierungsrat an der Deutschen Seewarte in Hamburg und Privatdozent an der Technischen Hochschule Hannover, sowie dem Leiter der deutsch-russischen Pamir-Expedition, Herrn RICKMER RICKMERS in Bremen.

Hannover, 24. Dezember 1929.

Erich Obst

Inhalt von Band II, Teil 1.

Vierter Abschnitt. Das Land.
(Allgemeine Geomorphologie)

A. Die formenschaffenden Kräfte und Vorgänge.

I. Endogene Kräfte und ihre Wirkungen.

II. Exogene Kräfte und ihre Wirkungen.

B. Der Formenschatz der Erdoberfläche.

I. Die Relieftypen.

II. Fazieller Formenschatz.

Vierter Abschnitt.

Das Land.

Von

Erich Obst und **Kurt Brüning.**

Mit Beiträgen von **Fritz Machatschek.**

Im ersten Band dieses Werkes wiesen wir bereits darauf hin, daß die gegenwärtigen Formen der Erdoberfläche als Ergebnis der seit Urzeiten wirkenden endogenen und exogenen Kräfte anzusehen sind (I S. 56). Wir betonten damals, daß auch der Formenschatz des festen Landes nichts Endgültiges, nichts für immer Fertiges darstellt, sondern gleichsam nur ein Momentbild in der unendlichen Reihe der geologischen und morphologischen Entwicklung. Kam es im ersten Band lediglich darauf an, das Gewebe der direkten und indirekten Wirkungen in seinen Grundzügen darzustellen, so gilt es nunmehr, die formenschaffenden Kräfte und Vorgänge im einzelnen kennenzulernen, um dadurch die bunte Fülle der Landformen genetisch zu begreifen und nach Typen zu ordnen [1].

A. Die formenschaffenden Kräfte und Vorgänge.

I. Endogene Kräfte und ihre Wirkungen.

Der Vulkanismus [2].

Einleitung. »Insel des Vulkanus« nannte man im Altertum eine der Liparischen Inseln an der Nordostküste von Sizilien. Der kahle, gelbgrau leuchtende Kegelberg dieser Insel Vulcano trägt auf seiner Spitze eine trichterförmige Vertiefung, der gewöhnlich nur weiße, schwefelige Dämpfe entströmen. In jahrzehntelangen Zwischenräumen aber öffnet sich der Gipfel des Berges, und wie aus einem mächtigen Schlot schleudern stark gespannte Gase glühenden Staub, Steine und Blöcke Hunderte von Metern in die Höhe. Die alte Sage und Dichtung verlegte in diesen Berg die Schmiede des Hephästus oder Vulcanus, und von ihm haben alle feuerspeienden Berge den Namen Vulkan erhalten (Bergeat).

In der Wissenschaft rechnet man zum Vulkanismus schlechthin alle Vorgänge, bei denen juveniles Tiefenmaterial im flüssigen oder gasförmigen Aggregatzustand nach oben verlagert wird. Diese Umsetzungen können bis zur Erdoberfläche reichen (*Oberflächenvulkanismus* oder *Vulkanismus* im engeren Sinne), können aber auch dem Auge des Menschen vorerst gänzlich verborgen bleiben und sich auf die inneren Schichten des Erdkörpers beschränken (*Tiefenvulkanismus*, *Plutonismus*). Für den Geographen ist selbstverständlich die erste Gruppe die wichtigere, da es ihm ja vor allem darauf ankommt, den Vulkanismus als formenschaffenden Vorgang zu erfassen.

Dringt das in Bewegung geratene Tiefenmaterial bis zur Erdoberfläche vor, so spricht man von *extrusiven* Vorgängen. Bleiben dagegen die vulkanischen Massen bei ihrem Empordringen in der Erdkruste stecken, so bezeichnet man dies als *Intrusion* (*Injektion*, *Kryptovulkanismus*). Von Vorgängen letzterer Art erhalten wir meist erst nach geologischen Zeiträumen Kunde, wenn die Kräfte der Verwitterung und Abtragung die verhüllenden Deckschichten entfernt und den Intrusivkörper mehr oder minder freigelegt haben. In der Tiefe erstarrte vulkanische Massen heißen *Batholithe*, wenn sie als unregelmäßig geformte Gebilde in »ewige Teufe« fortsetzen, d. h. keine nichtvulkanische Unterlage erkennen lassen, sondern in breiter Basis mit der Tiefe verbunden sind. Als *Lakkolithe* bezeichnet man Intrusivkörper, die auf fremder Unterlage ruhen, nur stielartige Verbindungen mit der Tiefe aufweisen und nach oben zu breiter werden; es handelt sich um vulkanisches Material, das in flüssigem Zustand unter Druck in die hangenden Gesteinsschichten eingepreßt wurde und diese aufwölbte. Von *vulkanischen Gängen* (*Apophysen*) spricht man, wenn die aufsteigenden vulkanischen Massen mehr oder weniger breite Spalten ausgefüllt haben.

Die Gesteinsmassen der Tiefe, die so hoch temperiert sind, daß sie bei gewöhnlichem Atmosphärendruck flüssig sein müßten, bezeichnen wir als *Magma*. Erreicht dieses flüssig die Erdoberfläche, so sprechen wir von *Lava*; ihr nach Form und Lage fast nie genauer bekannter Herkunftsort heißt der *Lavaherd* (*Magmenherd*) oder die *Wurzel des Vulkans*. Der vom Magma zum Aufsteigen benutzte Kanal wird als *Vulkanschlot* bezeichnet. Der Name *Vulkanberg* (oft schlechthin zu Vulkan abgekürzt) kennzeichnet diejenigen Gebilde der Erdoberfläche, die, unabhängig von ihrer Gestaltung im einzelnen, ausschließlich aus kompakter oder zerspratzter Lava aufgebaut sind. Alle Vertiefungen an der Erdoberfläche, aus denen magmatisches Material in irgendwelchem Aggregatzustand gefördert worden ist, nennen wir *Krater*. Bei den Vulkanbauten liegt der Hauptkrater gewöhnlich auf der Spitze, doch sind die Flanken sehr häufig mit zahlreichen Nebenkratern besetzt, von denen gelegentlich einer die Rolle des Hauptkraters übernehmen kann. Innerhalb eines Kraters treten oftmals Tochter-

und Enkelkrater auf, indem sich das Magma innerhalb früher gebildeter Krateröffnungen neue Austrittsstellen schafft. Die Größe der Krater schwankt zwischen wenigen Metern und einigen zwanzig Kilometern Durchmesser (Java, Hochland der Riesenkrater in Deutsch-Ostafrika). Durch nachträgliche Explosionen, Nachbrechen der Steilwände, Zurücksinken des Magmas u. a. m. erweiterte Krater werden in der Literatur häufig als Kaldera bezeichnet, doch verbinden sich mit diesem Namen bei den einzelnen Forschern so verschiedenartige genetische Vorstellungen, daß sein Gebrauch nicht sehr zu empfehlen ist.

Die magmatischen Massen beeinflussen das von ihnen durchbrochene Gestein einmal durch ihre Wärme (besonders in Form von Frittung oder Neu- bzw. Umkristallisationen = Kontaktmetamorphose*), zum anderen durch Imprägnationen mit Gasen, Dämpfen und Flüssigkeiten. Diese letzteren Vorgänge spielen sich oft noch lange nach dem Eindringen der Magmamasse ab. Viele Erzlagerstätten gehen auf solche Aushauchungen des aufgestiegenen Magmas zurück. Der Metallreichtum eines Vulkangebietes hängt von der ursprünglichen Zusammensetzung des Magmas ab; manche plutonischen Massen führen viel Metalle mit sich (z. B. die Granite im Harz und im Erzgebirge, die Andesite des Felsengebirges), andere erweisen sich als sehr metallarm. Es ist demgemäß verfehlt, ein bestimmtes vulkanisches Gestein als ausnahmslos erzreich, ein anderes als regelmäßig erzarm anzusprechen.

Die vulkanischen Stoffe. Das vom Vulkanismus zutage geförderte Material läßt sich seiner Natur nach zu vier Gruppen ordnen:

1. Flüssige Lavamassen,
2. Magmatische Lockermassen,
3. Gase und Dämpfe,
4. Nichtvulkanische Gesteinstrümmer.

1. Die flüssigen Lavamassen stellen eine natürliche Silikatschmelze dar. Bei fortschreitender Abkühlung entstehen daraus die festen Ergußgesteine ** (vgl. Bd. I S. 37). Bei diesem Kristallisationsvorgang verlassen flüchtige Beimengungen den Schmelzfluß als Gase oder in flüssiger Form, weshalb die chemische Zusammensetzung der Er-

---

* In Deutschland sind vor allem die Kontakterscheinungen im Meißner-Gebiet seit langem eingehend studiert worden. Der Basalt des Meißner wandelte die miozäne Braunkohle des Liegenden in Anthrazit und Pechkohle um (vgl. A. Uthemann, Die Braunkohlenlagerstätten am Meißner, am Hirschberg und am Stellberg. Abh. Preuß. Geol. Landesanstalt N. F. Heft 7, Berlin 1892). Überaus lehrreich sind weiterhin die Kontaktwirkungen des Basalts an der Blauen Kuppe bei Eschwege (vgl. P. Ramdohr, Über die Blaue Kuppe bei Eschwege und benachbarte Basaltvorkommen. Jahrb. Preuß. Geol. Landesanstalt Bd. XI. Teil 1, Berlin 1921).

** Besonders bemerkenswert sind die Erstarrungsformen basaltischer Lava: meist regelmäßig entwickelte vier- bis sechsseitige Säulen. Die Längsachse der Säulen steht senkrecht auf der Hauptabkühlungsfläche, so daß vertikale Säulen im allgemeinen einen horizontalen Fluß der Lava andeuten.

starrungsgesteine oftmals von der der ursprünglichen Schmelze abweicht. — Von dem Zeitmaß, in dem sich die Abkühlung der Lava vollzieht, wird deren petrographische Struktur maßgebend bestimmt. Bei sonst gleicher Kristallisationsfähigkeit des Schmelzflusses ensteht bei rascher Abkühlung der Lava (Berührung mit kaltem Wasser oder kalter Luft = Unterkühlung) ein meist dunkelgefärbtes, nichtkristallines Gestein, dessen *amorphe Masse glasähnlich* wirkt (Obsidiane, Pechsteine). Vollzieht sich der Übergang aus dem teigigen in den festen Zustand langsam, so kann sich die Kristallisation mehr oder minder stetig auswirken, und es entstehen *kristalline Gesteine*. Wir begegnen in der Natur allen Übergängen vom Vulkanglas zum grobkristallinen Gestein. Vulkanische Gesteine, welche in einer glasigen Grundmasse deutlich erkennbare Kristalleinsprenglinge führen, bezeichnet man als *Vitrophyre*. Handelt es sich um eine feinkristalline Grundmasse mit darin eingebackenen Kristallen, so sprechen wir von *porphyrischer Struktur*. Als *vollkristallin* bezeichnen wir vulkanische Gesteine dann, wenn sich infolge ganz langsamer Abkühlung die Kristallkeime zu größeren Individuen entwickeln konnten, sich schließlich in ihrer Flächenumgrenzung behinderten und so eine körnige Struktur erzeugten. Da das Tempo der Abkühlung in der Tiefe selbstverständlich ein langsameres ist als an der Oberfläche, so sind die meisten vulkanischen Tiefengesteine vollkristallin, die Laven dagegen in der Regel höchstens feinkristallin bis porphyrisch; bei den letzteren ergibt sich als allgemeine Regel, daß in den inneren, der Abkühlung weniger ausgesetzten Teilen die Struktur kristalliner ist als an der Außenfläche.

Das die Erdoberfläche erreichende Magma ist in der Regel mit Gasen durchtränkt und erfährt nun infolge Druckentlastung eine *Entgasung*. Infolgedessen beobachten wir namentlich an der Ober- und Unterseite vieler Lavaströme, aber auch oftmals bei Auswürflingen, starke Porosität. Die kleinen Hohlräume tragen bei vielen Ergußgesteinen dazu bei, die im Gegensatz zu den Tiefengesteinen oft auffallende Rauhigkeit des Materials zu bewirken. Erzeugen die sich sammelnden Gase größere Blasenräume, so erhält die Lava ein schlackiges Aussehen und wird geradezu als *vulkanische Schlacke* bezeichnet. — Poröse Lava erfährt manchmal durch nachträgliche chemische Vorgänge eine Ausfüllung der Hohlräume dergestalt, daß sich in ihnen Mineralneubildungen (Kalkspat, Amethyst, Rauchquarz, Achat usw.) absetzen. Man spricht in diesem Falle von *Mandelsteinen* (manche Melaphyre des Rotliegenden, Diabasmandelsteine des deutschen Devon u. a. m.).

Die *chemische Zusammensetzung* der Ergußgesteine schwankt innerhalb weiter Grenzen, wird aber hierin von der der Tiefengesteine noch übertroffen. Die Kieselsäure (SiO_2), deren Bedeutung für den Bau der Erdkruste schon früher hervorgehoben wurde (vgl. Bd. I S. 38), macht auch bei den meisten Ergußgesteinen fast die Hälfte oder mehr des Gesteinsgewichtes aus. Daneben spielen Al_2O_3, Fe_2O_3 und FeO, MgO, CaO, K_2O und Na_2O allenthalben eine wichtige Rolle. Geringere Bedeutung kommt dem Titan, Mangan, Schwefel, Zink, Kupfer usw. zu. Wir müssen jedoch annehmen, daß im Magma alle bekannten Elemente vorhanden sind und die chemische Bauschanalyse den wirklichen Stoffbestand des Gesteines niemals erschöpfend angibt.

Man pflegt nach O. H. ERDMANNSDÖRFFER heute rund 600 Arten von Eruptivgesteinen zu unterscheiden. Doch stellt diese Einteilung, wie jede Systematik, etwas Willkürliches dar, zumal alle Erstarrungsgesteine in bezug auf stoffliche Zusammensetzung durch kontinuierliche Übergänge miteinander verbunden sind. Bei der Zerlegung in große Gruppen hält man sich vor allem an den Kieselsäuregehalt, der zwischen 24 und 80% schwanken kann, allerdings nur selten unter 42% sinkt. Man unterscheidet demgemäß:

saure Eruptivgesteine	mit über	65%	SiO_2-Gehalt
neutrale ,,	,, ,,	52—65%	,, ,,
basische ,,	,, weniger als	52%	,, ,,

Die seit der Tertiärzeit auftretenden Ergußgesteine ordnen sich in die folgende Reihe:

Liparit oder Rhyolith........	SiO_2-Gehalt	mindestens 75%
Trachyt......................	,, ,,	65% und darüber
Andesit......................	,, ,,	über 50%
Basalt*......................	,, ,,	40 bis 50%.

Stellt man sich diese Reihe in frischen Naturproben zusammen, so wird man gewahr, daß sich der unterschiedliche SiO_2-Gehalt auch in der Färbung des Gesteins widerspiegelt. Vom Rötlichgrau des Liparits führt die Reihe über den gelbgrauen Trachyt zum aschgrauen Andesit, um beim basischen Basalt mit einem dunklen Blaugrau zu enden (von den Tiefengesteinen gilt grundsätzlich das nämliche: Granit, Syenit, Gabbro). Noch mehr Gewicht muß auf die Tatsache gelegt werden, daß sich in obiger Reihenfolge Liparit-Trachyt-Andesit-Basalt auch der Schmelzpunkt erniedrigt ** und das spezifische Gewicht steigert. Es liegt natürlich nahe, die unterschiedliche Dichte der Laven auch auf die Magmen, aus denen sie sich herleiten, zu übertragen und nach einer Ursache für diese Differenzierung im spezifischen Gewicht zu suchen. Man könnte auf den Gedanken kommen, daß das Magma der spezifisch schwereren basischen Eruptiva der Simasphäre unseres Erdkörpers entstammt, die Wurzeln der spezifisch leichteren sauren Eruptivmassen hingegen in der Sialsphäre gelegen sind (vgl. Bd I S. 31). Zu derartig weittragenden Schlußfolgerungen jedoch reichen die von der chemischen

* Besonders kieselsäurereiche Basalte (um 50%), die statt Magneteisen überwiegend Titaneisen zu führen pflegen, werden als Trapp bezeichnet.

** Basalt schmilzt unter gewöhnlichem Luftdruck schon bei einer Temperatur von 1100—1370° C, weshalb man ihn heute zum Gießen von Platten, Schmucksachen usw. benutzen kann.

Bauschanalyse gelieferten Unterlagen schwerlich aus, und das Bild ändert sich nicht unwesentlich, wenn wir die qualitative Mineralzusammensetzung hinzunehmen.

Unter den Kristallgemengteilen der Ergußgesteine stehen die Feldspate (Orthoklas, Plagioklas) an erster Stelle. Sie sind die hauptsächlichsten Träger der Kieselsäure und der Tonerde und erliegen der chemischen Verwitterung relativ schnell, trüben sich zunächst und zerfallen am Ende zu einer pulverigen Erde (Kaolin). — Im Gegensatz zu den Tiefengesteinen, in denen Quarzminerale eine große Rolle spielen, sind die Laven im allgemeinen arm an Quarzkristallen; vielleicht hängt diese Tatsache damit zusammen, daß sich Quarze nur bei Temperaturen um 800—900° C bilden können, diese Schwelle aber bei den Ergußgesteinen zu rasch unterschritten wird. — Von den Glimmern ist der helle Muskovit (Kaliglimmer) ausschließlich den Tiefengesteinen eigen, dagegen spielen Kristalle des dunklen Biotit (Magnesiaglimmer) in den meisten Laven eine wichtige Rolle. Sie nehmen bei der Verwitterung eine kräftig braune bis fuchsrote Färbung an. — Für einzelne Laven ist das Auftreten bestimmter Mineraleinsprenglinge sehr bezeichnend. Das gilt vom Leuzit (Vesuvlava), vom Nephelin (Phonolith), vom Olivin, dem überaus leichtverwitternden, gelbgrün bis olivgrün gefärbten Gemengteil vieler Basalte, u. a. m.

Wenn man nun Ergußgesteine gleicher Kieselsäurestufe vom mineralogisch-petrographischen Standpunkt aus miteinander vergleicht, so gelangt man nach dem Vorbilde von Vogelsang, Judd, Iddings, Becke u. a. zur Erkenntnis seltsamer Verwandtschaften innerhalb von Großräumen. Es ergeben sich petrographische Provinzen, innerhalb deren alle Laven »blutsverwandt« sind und von einem und demselben Stammagma abzuleiten sein dürften. Die Laven ordnen sich zu zwei großen Gesteinsfamilien, die man als atlantische und pazifische Sippe bezeichnet. In beiden Reihen finden sich saure und basische Vertreter, wenngleich in der atlantischen Sippe die letzteren überwiegen. Trotz dieser Unterschiedlichkeit in dem durch die chemische Bauschanalyse ermittelten Gesamtkieselsäuregehalt stimmen alle Laven innerhalb der atlantischen bzw. der pazifischen Sippe in gewissen petrographischen Merkmalen überein. Für die Glieder der atlantischen Reihe ist der Reichtum von Alkalifeldspaten bezeichnend, und als Leitmineralien treten daneben auf: Nephelin, Leuzit, Sodalith, Alkalipyroxene und Alkalihornblenden. Die Gesteine der pazifischen Sippe werden durch relativ hohen Kalk-, Eisen- und Magnesiagehalt gekennzeichnet; in ihnen spielen Kalknatronfeldspate und Augite eine Hauptrolle, die Feldspatvertreter (Leuzit, Nephelin) fehlen. Sehr wichtig für diese Zweiteilung der Magmen ist die Tatsache, daß beide Reihen eine völlig verschiedene Gefolgschaft von Ganggesteinen besitzen; nie kommt, wie Rosenbusch gezeigt hat, der Fall vor, daß atlantische Magmen Ganggesteine von pazifischer Prägung entwickeln und umgekehrt.

Die Unterscheidung petrographischer Provinzen — F. v. Wolff will neben der pazifischen und atlantischen noch eine vermittelnde arktische anerkannt wissen — beweist einwandfrei, daß unter gewissen Erdgebieten — wenigstens in der Ausbruchszeit der entsprechenden Magmen — eine diesem Gebiet eigentümliche, in sich leidlich einheitliche Mischung des Magmas vorhanden gewesen sein muß. Daß trotz dieser wichtigen Erkenntnis noch immer nicht das letzte Wort über den Ursprung des Magmas und die Differenzierung der Laven gesprochen ist, zeigen die diesbezüglichen Ausführungen eines so hervorragenden Vulkanologen wie K. Sapper 3: »Die moderne petrographische Wissenschaft hat es bis zu einem nennenswerten Grade wahrscheinlich zu machen versucht, daß die pazifischen Magmen aus einer oberflächennäheren Zone der Erde stammen als die atlantischen, da sie reicher an Elementen mit niedrigem Atomgewicht sind als die atlantischen und daher in der Jugend der Erde, als noch eine Saigerung der Stoffe nach dem Gewicht der Gase stattfinden konnte, einen der Peripherie näheren Platz bekommen hätten. Aber freilich mangelt es trotzdem immer wieder an Auskunft, ob das betreffende an die Erdoberfläche gelangende Magma unmittelbar aus seiner ursprünglichen Lagerungsstätte gekommen ist, oder ob es vielleicht einst nach seinem ersten Auswandern zunächst in einer Zwischenlagerstätte zur Ruhe gekommen war und dann möglicherweise erst nach langen Zeiträumen endgültig den Aufstieg zur Erdoberfläche angetreten hatte. Wenn in den einzelnen Vulkanen oder Vulkangebieten während der Zeit ihrer Tätigkeit vielfach die petrographische Beschaffenheit der Förderungsprodukte gewechselt hat, so geschah es doch häufig in einem Ausmaß, das den Schluß zuläßt, die magmatische Differenziation hätte innerhalb des ursprünglichen Stammagmas die Unterschiede bewirkt, während in anderen Fällen Assimilation nachträglich aufgenommener benachbarter Gesteinsmassen zur Erklärung herangezogen werden kann. In noch anderen Fällen muß man aber wohl daran denken, daß einstmals Strömungen innerhalb der Magmazone große Schlieren recht verschiedener Beschaffenheit unter das betreffende Gebiet der Erdkruste gebracht haben dürften. Anhänger der Wegenerschen Kontinentalverschiebungshypothese dürften aber vielleicht umgekehrt annehmen, daß das betreffende Erdkrustenstück durch passive Schwimmbewegung über eine Magmaregion entsprechender Beschaffenheit gebracht worden sein könnte.«

2. Die magmatischen Lockermassen werden durch die mit vulkanischen Ausbrüchen in der Regel verbundenen Gasexplosionen erzeugt, indem die Lava zerspratzt und als lockere Auswürflinge in die Luft geschleudert wird, um dann mehr oder weniger erkaltet zu Boden zu sinken. Nach Größe und Form pflegt man die folgenden Arten zu unterscheiden:

Blöcke aus kompakter Lava oder Vulkanschlacke, oft ein Meter Durchmesser oder mehr, von regelloser Form;

Bomben von etwa Kopfgröße, durch Drehung in der Luft und Umklappen der Ränder von kugel-, spindel- oder keulenförmiger Gestalt;

Lapilli (auch Rapilli), rundliche Lavabrocken von Erbsen- bis Walnußgröße;

Vulkansande und -aschen von der Größe etwa der Hirsekörner und noch feiner.

Fallen die Auswurfsmassen ins Wasser und gelangen sie dort gleichsam als vulkanische Sedimente zum Absatz, so nennt man sie Tuffe *. Für die mit Wasser vermengten Aschentuffe tertiärer Trachytvulkane, die sich als Schlammströme die Täler herabwälzten und diese großenteils ausfüllten, hat sich in der Eifel (Brohltal) die Bezeichnung Traß eingebürgert; dieser Traß hat eine rege Industrie ins Leben gerufen, da er sich vorzüglich zur Herstellung von Wassermörtel eignet.

Als Bimssteine bezeichnet man stark poröse, d. h. schaumig aufgeblähte Auswürflinge, die wegen ihres geringen spezifischen Gewichts im Wasser zu schwimmen vermögen und infolgedessen von den Strömungen weit über die Wurfweite eines vulkanischen Ausbruchs hinaus verfrachtet werden können. Bimssteine sind nicht einer bestimmten Lavaart eigen, sondern können sich bei jedem Typ von Ergußgestein bilden. Sie sind wegen der Lichtbrechung (hervorgerufen durch den häufigen Wechsel von Glashäutchen und Luft) regelmäßig heller gefärbt als die entsprechenden dichten Laven.

3. Die Aushauchung von Gasen und Dämpfen ist eine gewöhnliche Begleiterscheinung der Eruptionen; sie leitet in der Regel den Ausbruch von Lava oder vulkanischen Lockermassen ein und hält oftmals auch dann noch an, wenn die Förderung festen Materials aufgehört hat. In den vulkanischen Gasen hat man die folgenden Stoffe nachgewiesen: S, H_2S, SO_2, HCl, Cl, CO, CO_2, CH_4, H, N, O, H_3BO_3, Fe_2Cl_6, $AsCl_3$ u. a. m. Bezeichnend ist das Vorherrschen von Schwefel und Chlor und ihren Verbindungen. Die Frage, ob und in welchem Umfange sich auch Wasserdampf in den vulkanischen Aushauchungen befindet, ist lange Zeit umstritten gewesen; im Sommer 1912 gelang es jedoch SHEPHERD und DAY, in den Gasen des Lavasees am Kilaueakrater die Anwesenheit von juvenilem Wasser mit aller Sicherheit nachzuweisen. Neuere Beobachtungen von A. WICHMANN [4] haben auch SAPPER dazu geführt, die Bildung von Wasser aus dem Magma selbst als gesicherte Tatsache zu betrachten. — Bei den meisten Vulkanen hat sich bezüglich der Exhalationen eine Reihenfolge derart feststellen lassen, daß zuerst und an den heißesten Punkten HCl und Cl ausgehaucht werden, dann SO_2 und H_2S und erst zuletzt CO_2 und H_2O.

Unter den Sublimationserzeugnissen der vulkanischen Ausbrüche

---

* Viele Autoren verwenden allerdings die Bezeichnungen »Tuffe« und »Aschen« als Synonyma.

spielen KCl-haltiges Kochsalz, Schwefel und Salmiak die Hauptrolle. Das Auftreten von Kochsalz ist auch im Hinblick auf die Erklärung des Salzgehaltes des Meereswassers (vgl. Bd. I S. 3, 4, 286) von Wichtigkeit.

Für die vulkanischen Aushauchungen hat sich eine Reihe von Bezeichnungen eingebürgert, die hier kurz aufgeführt werden mögen. Die Gasaushauchungen aus den Kratern der Vulkanbauten oder der Lavaströme werden Fumarolen genannt *. Wenn sich nach beendeter Eruption der Vulkanismus nur noch durch ein Austreten von Dämpfen und Gasen aus dem Krater bemerkbar macht, so spricht man vom Solfatarenzustand ** (Wasserdampf, H_2S, CO_2). Als letzter Nachklang vulkanischer Tätigkeit sind endlich Ausströmungen von Kohlensäure anzusehen. Treten diese in trockener Form zutage, so bezeichnet man sie als Mofetten***, ist das Gas durch Quellwasser absorbiert worden, so spricht man von Säuerlingen oder Sauerquellen.

Es bedarf kaum der Betonung, daß das Auffangen vulkanischer Gase und Dämpfe ohne Hinzutreten atmosphärischer Luft mit den allergrößten Schwierigkeiten verbunden ist. Man hat daher vielfach den Weg eingeschlagen, den Gasgehalt durch Untersuchung der im erstarrten Vulkangestein zurückgehaltenen Gasreste zu bestimmen. Dabei hat sich eine merkwürdige Tatsache ergeben, die hier zum Schluß gestreift werden soll: der Gasgehalt der Laven nimmt mit ihrem geologischen Alter zu. Durch Erhitzen liefern im Durchschnitt

heutige Laven	0,6	ccm	Gas	von	1	ccm Gestein
tertiäre Laven	1,98	„	„	„	1	„ „
präkambrische Laven ...	5,31	„	„	„	1	„ „
archaische Laven	11,89	„	„	„	1	„ „

Man vermag heute noch nicht zu entscheiden, ob sich die Gase der alten Laven, wie F. v. Wolff glaubt, infolge radioaktiven Zerfalls des Materials nachträglich neu gebildet haben, oder ob sonstige Ursachen mitwirken.

4. Nichtvulkanische Gesteinstrümmer sind dem magmatischen Material häufig beigemengt. Sie entstammen dem Untergrund oder der Schlotwand und werden von dem aufsteigenden Magma oder durch Gasexplosionen abgerissen. Als vorherrschender oder auch ausschließlicher Bestandteil des die Maare (wassergefüllte Kratertrichter) umsäumenden Walles werden wir sie unten noch einmal zu erwähnen haben.

Zur Berechnung der Masse des vom Vulkanismus auf die

---

* Aus sehr mächtigen Lavaströmen entweichende Dämpfe erzeugen oftmals sekundäre Eruptionsherde mit Lava- und Schlackenkegeln, den sog. Hornitos.

** Der Name stammt von der Solfatara bei Pozzuoli, einem Vulkan, der wie der Demawend in Persien seit Menschengedenken nur Gase und Dämpfe ausströmt.

*** Das oben bereits erwähnte Brohltal zeichnet sich durch besonders starke CO_2-Ausströmungen aus. Einem einzigen Bohrloch bei Burgbrohl entströmen nach roher Schätzung täglich gegen 2 500 000 Liter CO_2. Man benutzt dieses Vorkommen zur Darstellung flüssiger Kohlensäure im großen.

Erdoberfläche geförderten Gesteinsmaterials hat man natürlich nur in seltenen Fällen genaue und einwandfreie Unterlagen. Bei der Eruption des Ätna im Jahre 1886 z. B. wurden im Laufe einer Woche (19. bis 27. Mai) 48 Mill. cbm Lava gefördert, denen dann bis 8. Juni noch weitere 6 Mill. cbm folgten; der Strom näherte sich Nicolosi mit einer mittleren stündlichen Geschwindigkeit von 50 m, die aber zeitweise bis zu 300 m stieg. Die Lava, die 1783 dem Laki auf Island entströmte, bedeckte 565 qkm und erreichte eine mittlere Mächtigkeit von über 20 m; das ergibt die erstaunlich große Masse von 12 320 Mill. cbm. Der Mauna Loa (Hawaii) entsandte 1855 einen Lavastrom von 72 km Länge, 6 bis 7 km Breite und einer mittleren Mächtigkeit von 20 m, die sich aber stellenweise auf 80 m steigerte (Kayser). — Dem Raum (nicht dem Gewicht) nach noch riesigere Dimensionen treffen wir bei den vulkanischen Lockerstoffen an. Als Beispiel sei auf den Ausbruch des Tambora (auf Sumbawa östlich Java) im Jahre 1815 hingewiesen, bei dem nach Verbeek rund 150 cbkm Aschenmassen gefördert wurden. Erwähnt seien weiterhin die Eruptionen des Cosegüina in Nikaragua, der vor allem im Januar 1835 riesige Aschenauswürfe lieferte; die Schätzungen für das geförderte Volumen schwanken in diesem Falle zwischen 50 und 150 cbkm. Der Santa Maria in Guatemala ließ bei dem Hauptausbruch des Jahres 1902 nach Sapper auf einem Gebiet von der halben Größe des Deutschen Reiches nahezu 5½ cbkm Lockerstoffe fallen.

Für die Zeit vom Jahre 1500 bis zur Gegenwart hat Sapper[5] eine Gesamtberechnung für die ganze Erde versucht, die das folgende Ergebnis lieferte:

	Pazifische Erdhälfte	Atlantisch-indische Erdhälfte
Masse der geförderten Lava (cbkm)	etwa 20	etwa 30
Masse der geförderten Lockerstoffe (cbkm)	etwa 315	etwa 16—17

Über die vom Vulkanismus geförderten festen Stoffe hat man also immerhin gewisse Anhaltspunkte, und es ließe sich zur Not wohl auch berechnen, welchen Raum die Lockermassen vor der Zerspratzung ihres Lava-Ausgangsmaterials einnahmen. Ganz unmöglich dagegen ist es zur Zeit, auch nur annähernd die Gasmengen anzugeben, die der Atmosphäre alljährlich durch den Vulkanismus zugeführt werden.

Die vulkanischen Ausbrüche. Man kann die vulkanischen Ausbrüche von drei verschiedenen Gesichtspunkten aus systematisch erfassen: 1. nach der Gestaltung der Ausbruchsstelle, 2. nach dem zeitlichen Verlauf der Ausbruchstätigkeit und 3. nach der Art des geförderten Materials.

1. Hinsichtlich der Gestaltung der Ausbruchsstelle unterscheiden wir mit F. v. Wolff Flächen (Areal)-, Spalten (Labial, Linear)- und Punkt(Zentral)-Eruptionen. Ein flächenhaftes Hervorbrechen von Lava mag in der geologischen Vergangenheit häufig

gewesen sein, solange die Erstarrungskruste des Erdkörpers noch dünn war; jetzt sind solche flächenhaften Durchschmelzungen nirgends mehr zu beobachten. — Vulkanische Ausbrüche aus langgestreckten lippenförmigen Spalten sind namentlich aus Island bekannt geworden. Kurz nach der Besiedlung Islands in der Zeit zwischen 930 und 950 entstand dort eine ungefähr 30 km lange Spalte (Eldgjá = alte Spalte), aus der große Massen von Lava (nach THORODDSEN [6] etwa 9 1/3 cbkm) und Lockerstoffen gefördert wurden. Parallel dazu bildete sich im Jahre 1783 die etwa 25 km lange Lakispalte, längs der rund 12 1/3 cbkm Lava und nahezu 3 cbkm Lockermassen austraten; die geförderte Lava bedeckt eine Fläche von 565 qkm. Für Island bedeutete der Ausbruch längs der Lakispalte eine Katastrophe; aus Mangel an pflanzlicher Nahrung gingen damals 81,8% des gesamten Schafbestandes, 77% der Pferde und 52,4% der Rinder sowie 1/5 der menschlichen Bevölkerung von ganz Island zugrunde. — Als Spalteneruption ist weiterhin doch wohl auch der Tarawera-Ausbruch [7] auf der Nordinsel von Neuseeland zu betrachten (1886), wenngleich hier längs der 14 km langen Spalte eine Reihe von scharf sich abhebenden Einzelkratern entstand. Aus der geologischen Vorzeit sind uns Spaltenergüsse größten Stils aus verschiedenen Erdgegenden bekannt. So geht z. B. die mächtige Basaltdecke in Dekan (Vorderindien) auf eine gewaltige Labialeruption zurück, deren dünnflüssige Lava sich bei einer Mächtigkeit von vielleicht 1800 m über eine Fläche von der Größe des Landes Preußen ausbreitete. Das vulkanische Plateau in den nordamerikanischen Staaten Oregon und Washington (Felsengebirge) mit einer Ausdehnung von mehr als 1 1/5 des Deutschen Reiches verdankt seine Entstehung gleichfalls einer ungeheuren Spalteneruption, und ähnliches gilt von den Basaltdecken Brasiliens, Grönlands usw. — Die Punkt- oder Zentraleruptionen mit einer räumlich eng begrenzten Ausbruchsstelle kennzeichnen den Vulkanismus der Gegenwart. Daß sie auch in der Vergangenheit stets neben den anderen Ausbruchsformen eine wichtige Rolle gespielt haben, unterliegt keinem Zweifel. — Hervorzuheben sind schließlich noch derartige Übergänge zwischen Labial- und Zentraleruptionen, wie wir sie oben bei Erwähnung der Tarawera-Eruption bereits andeuteten.

2. Was den zeitlichen Verlauf der Ausbruchstätigkeit anlangt, so darf als Regel gelten, daß die Vulkane intermittierend tätig sind, sei es, daß sich der Kanal zeitweise verstopft, sei es, daß sich das Eruptionsmaterial erschöpft oder auch, daß nicht immer diejenigen Kräfte wirksam sind, die das Magma zum Aufsteigen nötigen *. Man hat im Gegensatz dazu von einer Strombolitätigkeit gesprochen,

* Für die explosiv-intermittierende Tätigkeit der Vulkane gebraucht man gelegentlich in Erinnerung an die Vesuvbeobachtungen durch PLINIUS die Bezeichnung plinianisch, ein gewiß wenig glücklicher, offenbar aber nicht mehr auszutilgender Ausdruck.

so genannt nach einer der Äolischen Inseln, die sich wenigstens lange Zeit hindurch durch eine ruhige, gleichmäßige Förderung lockeren Materials ohne Lavaergüsse auszeichneten. Aber in der Tat besteht zwischen dieser Art vulkanischer Kraftäußerung und der intermittierenden nur ein gradueller Unterschied, denn einerseits hatte auch der Stromboli nachweisbar Ruhepausen, andererseits nehmen auch streng intermittierende Vulkane zeitweise echten Strombolicharakter an, wie z. B. der Vesuv in der Mitte des 18. Jahrhunderts oder im Jahr 1894.

3. Nach Art des geförderten Materials lassen sich die vulkanischen Ausbrüche in Lava- und Ascheneruptionen einteilen, doch sind Mischtypen und Übergänge aller Art häufiger als die reinen extremen Formen, und es gesellen sich die Ausbrüche hinzu, bei denen im wesentlichen nur Gase und Dämpfe austreten bzw. Bruchstücke nichtvulkanischen Materials gefördert werden. Wir müssen die Erörterung dieser Fragen etwas ausführlich gestalten, weil hierbei zugleich die verschiedenen Typen der Vulkanbauten mit zu behandeln sind.

3a. Vulkane, bei denen überwiegend oder gar ausschließlich nur Lava gefördert wird, sind verhältnismäßig selten. Wir führen als basaltischen Repräsentanten dieses Typs Hawaii, als andesitischen Santorin an. Bei derartigen effusiven Eruptionen spielt natürlich der Flüssigkeitsgrad der Lava, ihre chemische Natur und ihre Durchtränkung mit Gasen eine wichtige Rolle. Leichtflüssige Lava breitet sich schnell nach allen Seiten aus, die Krater sind in der Regel in flache Lavakuppeln eingesenkt (sogenannte Schildvulkane); auch zähflüssige Lava gestattet meist nicht die Bildung scharfgeschnittener Vulkankegel, aber der maximale Böschungswinkel ist doch schon erheblich größer, und die Lava neigt zur Bildung von episodischen, oft erstaunlich steilen Quellkuppen, Staukegeln usw. — Die austretende Lava fließt im allgemeinen in ruhigen Strömen, die auch bei starker Neigung noch zusammenhängende Gesteinsschichten zu bilden vermögen. Geht der Eruptionsprozeß rasch und unter bedeutender Dampfentwicklung vor sich, so zerfällt der Lavastrom in einen Trümmerhaufen (Block- oder Schollenlava); im anderen Fall geht er durch das Zwischenstadium der Teigigkeit aus dem flüssigen in den festen Zustand über und bildet dann die zusammenhängende Fladen- oder Gekröselava. — Doch wenden wir uns der Natur zu, um alle diese Dinge durch Beobachtung am Objekt selbt zu erfassen.

Hawaii[8] ist eine durch die Deckenergüsse von vier Basaltvulkanen zusammengeschweißte Lavainsel (Fig. 1). Das nordwestliche Horn bildet die Kohalakette (Gipfel 1673 m Seehöhe), der Überrest des ältesten Vulkans; im Westen erhebt sich der Hualalai (2520 m), seit 1801 ruhig; die Mitte nehmen die beiden Bergriesen, der seit langem erloschene Mauna Kea (4214 m) und der noch tätige Mauna Loa (4168 m), ein. Am Ostabhang des letzteren öffnet sich in 1235 m Seehöhe der ungeheure Krater Kilauea, der, ebenso wie der Krater Mokuaweoweo auf dem Loagipfel, von den senkrecht abstürzenden Bruchrändern nahezu horizontal geschichteter Lavaströme eingeschlossen ist *. Innerhalb des Kilauea nun liegen die berühmten, mit flüssiger Lava erfüllten Seen, ein in diesen Dimensionen einzig dastehendes Phänomen. Es muß eine gewaltige und vor allem eine stetig wirkende Kraft sein, die die Magmasäule beständig in dieser Höhe zu erhalten vermag. Aller-

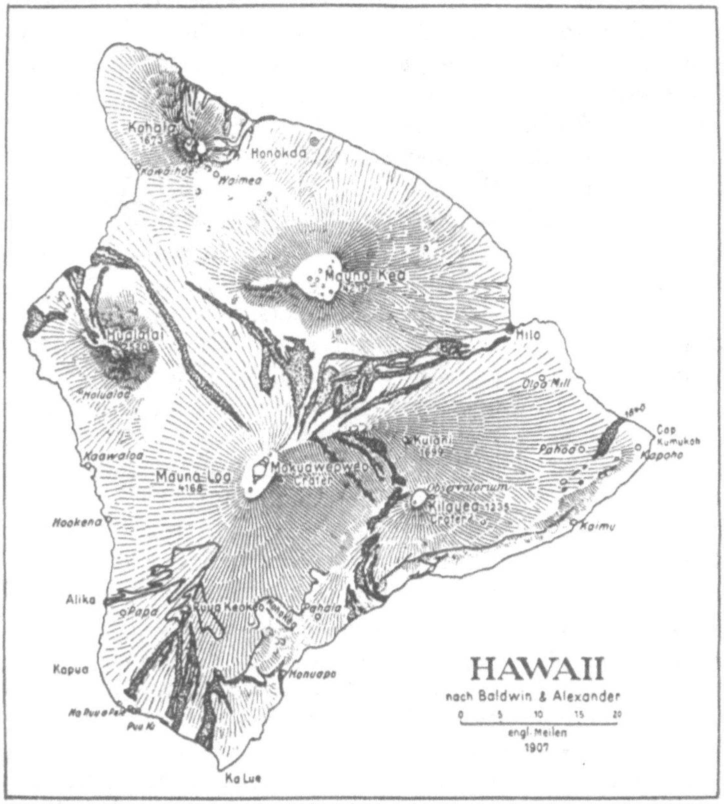

Fig. 1. Die Vulkaninsel Hawaii.
(Aus K. Sapper, »Vulkankunde«. Stuttgart 1927.)

dings wirkt sie nicht völlig gleichmäßig, denn auch die hawaiischen Vulkane sind intermittierend tätig. Aber da ihre *basaltische Lava sehr dünnflüssig ist*, so staut sie sich nicht, sondern fließt bei stark gesteigerter Magmaförderung ruhig über oder bahnt sich einen Weg durch die Kraterwände; der See entleert sich, und der Boden des Kraters stürzt über dem Hohlraum ein, bis ein erneuter Aufstieg des Magmas alles wieder ausfüllt. Gase und Dämpfe können im allgemeinen ohne viel Widerstand entweichen; sie vermögen infolgedessen die dünnflüssigen

* Dutton hält diese großen Vertiefungen nicht für Explosionskrater, sondern für Einsturzbecken; er will infolgedessen dafür den Namen Kaldera angewendet wissen.

Auswürflinge nur wenige Meter in die Höhe zu schleudern, die dann beim Herunterfallen Miniaturkegel von 4—18 m Höhe aufbauen (DANAS »driblet cones« = Tröpfchenkegel). Manchmal finden allerdings heftige Eruptionen statt, und es werden glühende Lavafontänen 60 bis 200 m hoch emporgespritzt; Asche, Lapilli und Bomben spielen aber auch dann nur eine untergeordnete Rolle. Die letzten großen Explosivausbrüche fanden am Kilauea in den Jahren 1789/90 und im Frühjahr 1924 statt. Ein 1911 errichtetes vulkanologisches Observatorium registriert jetzt alle Veränderungen am Kilauea und seinem Feuersee.

Ein Ausbruch effusiver Art hat sich 1905—11 auf der Insel Sawaii im Samoa-Archipel ereignet. Die auch hier dünnflüssige Lava sammelte sich ähnlich wie am Kilauea in einem brodelnden Feuersee, der den Krater bis oben anfüllte. Etwa im Verlauf jeder Woche war er bis zum Rande gefüllt, dann platzte er entweder, oder es bildete sich an seinem Fuß ein Loch, durch das die Lava in wenigen Stunden abfloß. Der Strom erreichte in diesem Falle sogar das Meer, wo es dann zu geysirartigen Kontaktexplosionen, starker Zerspratzung der Lava und zur Bildung gewaltiger Dampfmassen kam. FRIEDERICI [9] verdanken wir eine höchst eindrucksvolle Beschreibung dieses Lavavulkans und seines Abflusses. »Der Blick in den Krater gehört wohl zu den erstaunlichsten, die man in der Welt haben kann. Unten rollt ein feuriger Fluß dahin, etwa 200 m lang und 10 bis 60 m breit. Schon ehe man ihn sieht, hört man sein Rauschen und Rollen. Dort, wo er aus der Erde herauskommt, scheint er am schmalsten, etwa 10 m breit, zu sein. Der Strom fließt etwa mit der Schnelligkeit von drei Seemeilen in der Stunde (d. i. 1,5 m in der Sekunde); er erinnerte mich stark an die Weichsel im Eisgang, wenn ich oben auf der großen Brücke in Thorn stand, nur daß das Wasser hier feuriges Magma, die Eisschollen große dunkle Schlackenstücke sind. Neben der stetigen Bewegung in der Flußrichtung geht noch eine zweite nebenher. Etwa von zwei zu zwei Minuten kommt nämlich etwa 20 bis 30 m diesseits des Austritts des Flusses aus der Kraterränderwand eine Art feuriger Sprudel heraus, der sich dann immer weiter sprudelnd mit der Strömung in prachtvollen Bildern fortsetzt. Hat er so annähernd die Länge des Stromes zurückgelegt, dann bildet sich schon etwa an deren Stelle ein neuer Sprudel, um denselben Weg zu machen. Daß die Bewegung in einer Art Explosion von unten kommt, ist daran deutlich zu erkennen, daß im Sprudel Schlackenstücke, die sich dunkel von der roten Fontäne abheben, emporgeworfen werden. ... An einer etwas vorspringenden Ecke des Felsenbeckens schlägt der Strom immer wie eine Brandung an. Ganz prachtvoll ist dies, wenn der fortschreitende Sprudel diese Ecke trifft: donnernd, viel schwerer als das Meer und nicht so hoch, schlägt die feurige Brandung gegen die Felsen. Das hochgeschleuderte Magma bleibt immer rotglühend für kurze Zeit am Felsen sichtbar. Wie bei einem Wasserstrom befindet sich auch hier hinter diesem Vorsprung eine stromlose Stelle, eine Art Eddy, mit sogar ein wenig Gegenströmung. Die hier hineingeratenen Schlackenstücke vermindern ihren Lauf, drehen sich ganz langsam, stoßen unter Verlust oder Zusammenpressung eines Teiles ihrer weichen Ränder am Ufer an, halten eine ganz kurze Zeit, um dann nach und nach wieder in die Hauptströmung hineingedrängt zu werden.

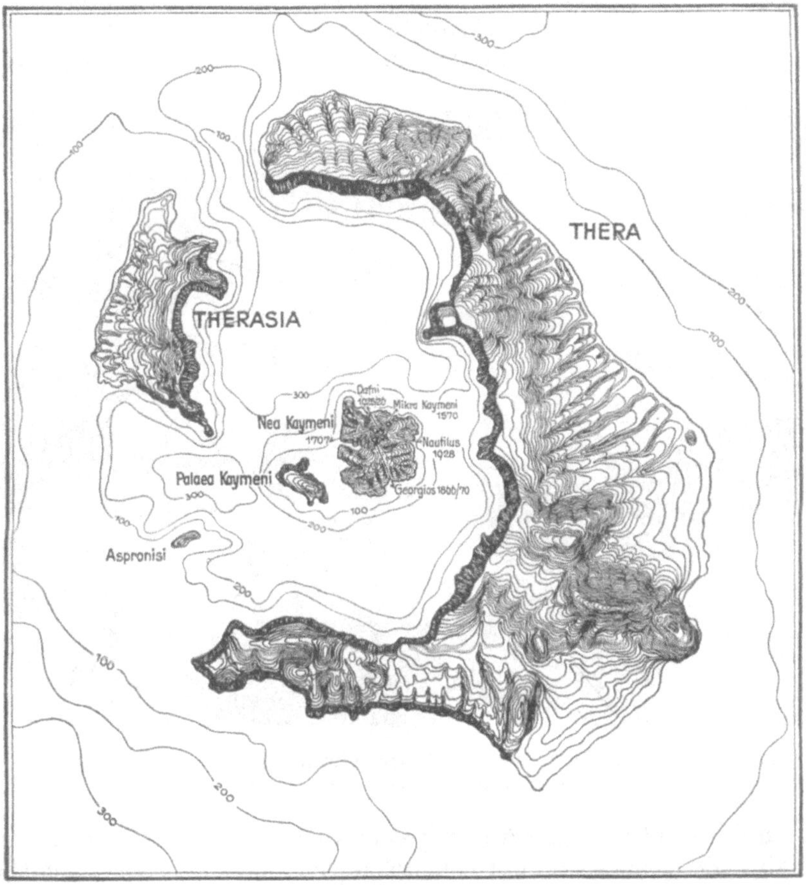

Fig. 2. Kartenskizze der Vulkaninsel Santorin. — Nach F. Fouqué und ergänzenden Angaben von H. Reck.

Während der Nacht muß der Anblick unbeschreiblich sein; auch sonst wird unter keinen Umständen eine Beschreibung ein einigermaßen befriedigendes Bild geben können.«

Als Beispiel für eine Eruption zähflüssiger Lava erwähnten wir oben die Inselgruppe Santorin in den ägäischen Gewässern. Sie besteht aus vulkanischen Bildungen verschiedenen Alters. Die Hauptinseln Thera und Therasia mit dem Eiland Aspronisi sind die Trümmer eines zerbrochenen Kraterwalles aus vorgeschichtlicher Zeit (Fig. 2 u. 3). Innerhalb desselben entstanden durch neue Ausbrüche die kleinen

Kaymeni-Inseln: 198 v. Chr. die Palaea Kaymeni, 1573 die Mikra Kaymeni, 1707/12 die Nea Kaymeni, 1866/70 die Inseln Georgios und Aphroessa, die rasch anwachsend mit der Nea Kaymeni verschmolzen. Diese letzte Eruption bot zum ersten Mal die erwünschte Gelegenheit, die Entstehung von Andesitvulkanen und einer Staukuppe zu beobachten. Am Beginn vollzog sich das Schauspiel in größter Ruhe, ohne Explosionen, ohne unterirdisches Geräusch. Erst später nahmen die Eruptionen einen heftigeren Charakter an. Steine wurden emporgeschleu-

Fig. 3. Die Vulkaninsel Santorin. Fliegeraufnahme von W. MITTELHOLZER. (Aus »Afrikaflug«. Zürich-Leipzig 1927.)

dert, und mächtige, mit Asche geschwängerte Dampfsäulen erhoben sich; aber dieses alles sind nur nebensächliche Momente. Der eigentliche Charakterzug des Santorinausbruchs bestand darin, daß sich über der unterseeischen Öffnung des Kanals der zähe Lavabrei wulstartig anhäufte, indem immer neue Massen sich aus der Spalte hervordrängten und die alten in die Höhe und zur Seite schoben. Sehr passend wurden die neugebildeten Inseln mit »riesigen Schwämmen« verglichen. »Mit eigenen Augen«, so schreiben REISS und STÜBEL [10], »haben wir eine an manchen Stellen bis zu 200 m mächtige, von steilen Böschungen begrenzte Lavamasse entstehen sehen, deren Oberfläche kaum irgend welche Schlackenbildung zeigte, und der jeder Aschen- oder Schlackenkessel fehlte.« »Diese Lava«, heißt es an anderer Stelle, »war so zähflüssig und von einer so mächtigen, in große glasige Blöcke zerteilten

Erstarrungskruste bedeckt, daß die flüssige Lava selbst niemals an der Oberfläche sichtbar wurde.« Während lockere Massen sich wallartig um die Ausbruchsöffnung anhäuften, wurde diese verdeckt, daher war auch anfangs ein Krater nicht bemerkbar; erst nach den Explosionen am 18. Juli, die den mittleren Teil der Georgiosinsel zerstörten, entstand an dieser Stelle eine kraterähnliche Vertiefung, wo sich Lava ansammelte und Ausbrüche stattfanden. Die anfangs flach gewölbte Gestalt der Insel formte sich allmählich zu einem regelmäßigen stumpfen Kegel. — Der Vulkan im Innern des Santorin-Inselringes hat in den Jahren 1925/26 einen neuen Ausbruch gehabt, dessen Verlauf von griechischen und deutschen Geologen sorgfältig beobachtet wurde [11]. Bezeichnend war auch dieses Mal neben starkem Magmaerguß vor allem die Bildung einer seltsamen Staukuppe (»Daphni«) an der Stelle des ersten Ausbruchs. Durch Injektion frischer Lava wuchs diese Quellkuppe, hob und senkte

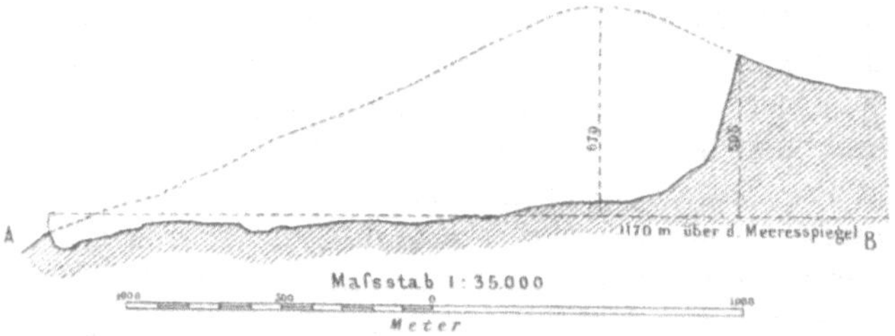

Fig. 4. Profil des Bandaisan vor und nach der Eruption. — Nach SEKIYA.

sich, ohne ihren Zusammenhalt als Ganzes zu verlieren, und wurde am Ende durch Aschen- und Schlackenlagen verdeckt. Eine letzte Eruption ereignete sich im Jahre 1928. Sie vollendete das Zusammenwachsen der der Insel Nea Kaymeni benachbarten Vulkane zu einem einheitlichen Inselkörper.

3b. Wenn bei vulkanischen Ausbrüchen die Förderung von Lockermassen so überwiegt, daß Lava nur ganz spärlich auftritt und für den Vorgang unwesentlich ist, sprechen wir im Gegensatz zu den effusiven Eruptionen der Lavavulkane von explosiven Ausbrüchen. Das machtvolle Durchbrechen von Gasen und Dämpfen, die die im Schlot oder Krater angesammelte Lava vollständig zerspratzen, gehört zu den Wesenszügen dieser Art von vulkanischen Eruptionen. Auch für diesen Typ führen wir im folgenden einige Beispiele an.

Der Bandaisan in Japan, seit Menschengedenken erloschen, hatte am 15. Juli 1888 eine furchtbare Dampfexplosion, die die ganze Nordseite des Gipfels wegsprengte und an deren Stelle einen gewaltigen Krater von 383 ha Flächeninhalt schuf. Obenstehendes Profil (Fig. 4), in dem die alte Gestalt durch eine punktierte Linie angedeutet ist, veranschaulicht diese Veränderung. Magma trat nicht zutage; das ausgeworfene Material, das man auf 1200—1700 Mill. cbm schätzt, entstammt nicht der Tiefe, sondern dem abgesprengten Teil des Berges, dessen Gesteine schon vorher durch Gasausströmungen zersetzt worden waren [12].

Hochgespannten Gasen und Dämpfen wird auch die Hauptrolle bei zwei anderen Katastrophen der 80er Jahre zugeschrieben: bei dem Ausbruch des Krakatau [13], eines Inselvulkans der Sundastraße, am 27. August 1883 und des Tarawera auf der Nordinsel Neuseelands am 10. Juni 1886. Der erstere hatte seit 1680 geruht, der letztere war, soweit die Tradition reicht, nicht mehr tätig gewesen. In beiden Fällen hatten die Eruptionen einen explosiven Charakter. Zum Unterschied vom Bandaisan wurden gewaltige Mengen von Tiefenmaterial, Asche und Bimsstein, ausgeworfen, aber kein Lavastrom ergoß sich aus den Spalten.

Eine vorzügliche Beschreibung des oben bereits erwähnten Lockerausbruchs des Santa Maria in Guatemala verdanken wir K. Sapper: [14] »Ein schweres Beben, das mit einer Senkung an der Küste verbunden war, hatte am 18. April 1902 das südwestliche Guatemala heimgesucht und eine lange Reihe vulkanischer Beben von verschiedenster, z. T. aber sehr bedeutender Stärke eingeleitet. Am 24. Oktober 1902, 5 Uhr nachmittags, hörte man ohne besondere Vorzeichen in der Stadt San Felipe vom Santa Maria her, der in Wolken gehüllt war, ein gewaltiges Rauschen und Brausen wie von einem Wasserfall (das charakteristische Getöse kochender Lava!). Nach 5 Minuten war aber alles wieder still. Erst um 7 Uhr abends bemerkte man, daß in der Umgebung des Vulkans Asche und Bimsstein zu fallen begann, und als um 8 Uhr die Wolken sich zerstreuten, sah man, daß vom Südhang des Santa Maria eine riesenhafte Aschensäule sich zu mindestens 10 km Höhe erhoben hatte; an vielen Stellen zeigte sie starke Wirbel; unzählige rundliche Lichtlinien und riesige Blitze durchzogen das Gebilde. Der ganze Berg zitterte ununterbrochen, und starke Donnerschläge verkündigten heftige Explosionen, deren Intensität sich immer mehr steigerte. Die Aschenmassen fielen in der Nähe des Kraters vielfach außerordentlich dicht und z. T. heiß, so daß das Atmen zeitweise nur noch mit größter Mühe möglich war. Am 25. Oktober, gegen 1 Uhr früh, trat zu dem fortdauernden Lapilli- und Aschenauswurf noch ein Hagel fester Gesteinsbrocken hinzu, der etwa 18 Stunden dauerte und in ziemlich gleichmäßiger Weise kleine und mäßig große, vom Untergrund des Berges losgerissene Amphibolitstücke auswarf und die Umgebung auf eine Entfernung von 7—8 km nach Osten und Norden, 10 km nach Süden und etwa 14 km nach Westen überstreute; es wurde damit offenbar Stück für Stück der Schußkanal ausgeräumt. Der entstandene elliptische Krater mochte einen Längsdurchmesser von etwa 1 km in ostwestlicher Richtung besitzen; die Tiefe mochte 200 bis 250 m betragen, der größte Durchmesser des Bodens 500—600 m. Der Krater ist in 1800—2000 m Meereshöhe in den südwestlichen Hang des Vulkans eingelassen. Eine Bergbildung trat nicht ein, weil der in großer Mächtigkeit herrschende Passat die Lockermassen nach WNW entführte (in den letzten Ausläufern bis 1400 km weit); ein Teil der fortgewehten Asche wurde allerdings durch Südwinde, die in einer gewissen Höhenlage geherrscht haben müssen, nordwärts getrieben. In der Nacht vom 25./26. Oktober hörte der große Hauptausbruch auf, aber in unregelmäßiger Folge zeigten sich längere Zeit hindurch mehrmals am Tage noch Wasserdampf- und Aschenausbrüche, erstere häufiger als letztere, und mehrfach zeigten sich auch bei den Wasserdampferuptionen große Wirbelbildungen in Form glänzender Streit'scher Wolken. Die Aschenabsätze dieser Nacheruptionen waren nicht bedeutend, während der Hauptausbruch auf einem Gebiet von der halben Größe des Deutschen Reichs nahezu $5^1/_2$ cbkm Lockerstoffe hatte fallen lassen.«

3c. Sehr verbreitet ist die große Reihe der Mischtypen, in denen Lockermassen- und Lavaförderung, explosive und effusive Tätigkeit abwechseln oder nebeneinander hergehen. Je nach Dampfgehalt und chemischer Zusammensetzung der Lava, je nach Beschaffenheit des Förderschlotes und Kraters ist den Vulkanen dieser Art ein recht verschiedenartiges Gepräge eigen. Beim Vesuv sind die einzelnen Akte des Eruptionsdramas am vollständigsten und gleichmäßigsten entwickelt. Er sei daher als erster Typus der Vulkane mit gemischten Eruptionen eingehender behandelt.

Erdbeben, Aschenauswurf, Lavaerguß sind die drei Akte, in die gewöhnlich das Eruptionsschauspiel bei dem Vesuvtypus von Beginn bis zu seinem Höhepunkt zerfällt. Sie können sich in verhältnismäßig kurzer Zeit abspielen, aber auch wochen- und monatelang mit kurzen Ruhepausen wiederholen. Wir sprechen im letzten Fall von einer Eruptionsperiode, wie z. B. der Vesuv eine solche vom Januar 1871 bis zum April 1872 durchlebte.

Das veränderlichste Moment sind die Erdbeben. Sie fehlen bei den Vulkanen vom Vesuvtypus oft ganz, wie bei den meisten Ausbrüchen des Cotopaxi, oder stehen wenigstens in keinem Verhältnis zu der nachfolgenden Katastrophe, wie bei der Krakatau-Eruption i. J. 1883. Der Ätnaausbruch i. J. 1865 wurde durch gelinde Erschütterungen eingeleitet, aber — gegen alle Regel — durch sehr heftige Beben abgeschlossen.

Ascheneruptionen spielen beim Vesuv und den ihm nahestehenden Vulkanen eine Hauptrolle, aber es ist bezeichnend, daß daneben auch eine erhebliche Lavaförderung stattfindet und zwar sowohl in Form von Blöcken und Bomben wie in der von Lavaströmen. Letztere sind auch für den Vulkankörper insofern von besonderer Wichtigkeit, als sie durch ihre Einschaltung dem von den Aschenausbrüchen geschaffenen, meist deutlich geschichteten Kegel größere Festigkeit verleihen.

Der Vesuv ist ein charakteristisches Beispiel der weitverbreiteten vulkanischen Doppelberge, die aus zwei ungleichaltrigen Vulkanen bestehen (Fig. 5). Die wallartige Erhebung im Norden, die Somma, ist der

Rest eines vorgeschichtlichen Aschenkegels, in dessen ausgeweitetem Krater sich seit 79 n. Chr. der neue Kegel, der eigentliche Vesuv, aufgebaut hat, gekrönt von der trichterförmigen Einsenkung des Kraters, in den der gegenwärtige Haupteruptionskanal ausmündet *. Einen idealen

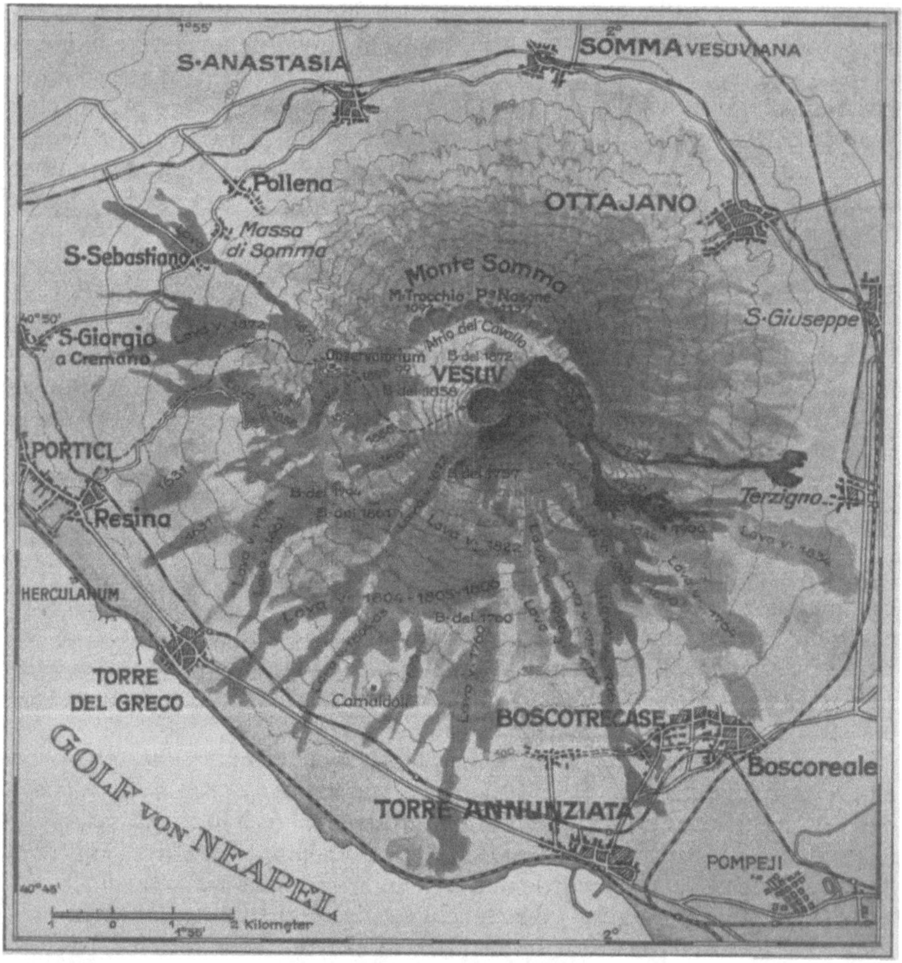

Fig. 5. Karte des Vesuv (Typus der vulkanischen Doppelberge) mit den Lavaströmen von den ältesten historischen Zeiten bis zum Ausbruch des 3.—6. Juni 1929. — Nach der italienischen Generalstabskarte unter Benutzung der kartographischen Aufnahmen von Dr. I. Friedländer (August-November 1928) und von Dr. A. Rittmann (3.—6. Juni 1929) in der Zeitschr. für Vulkanologie XII, 1929.

* Man hat auf Grund eines pompeianischen Wandgemäldes behauptet, daß der eigentliche Vesuv schon vor 79 bestand, und Eastman meint, die bekannten Ausbrüche seien zu unbedeutend gewesen, um einen so großen Aschenkegel, wie es der Vesuv ist, zu schaffen. Indes ist es doch wahrscheinlicher, daß die pompeianische Darstellung auf einer Verwechslung mit dem im Hintergrund aufsteigenden Apennin beruht.

Durchschnitt durch den Vesuvkegel zeigt Fig. 6. Man erkennt, wie der Körper des Berges aus wechsellagernd lockeren und dichteren Massen aufgebaut ist, die vom Krater aus hangabwärts einfallen. Deutlich tritt auch die allmähliche Auffüllung des Kraters und die Hebung des Kraterbodenniveaus hervor.

Bis zu der furchtbaren Katastrophe im Jahre 79, der die Städte Pompei, Herculaneum und Stabiae zum Opfer fielen, galt der Vesuv

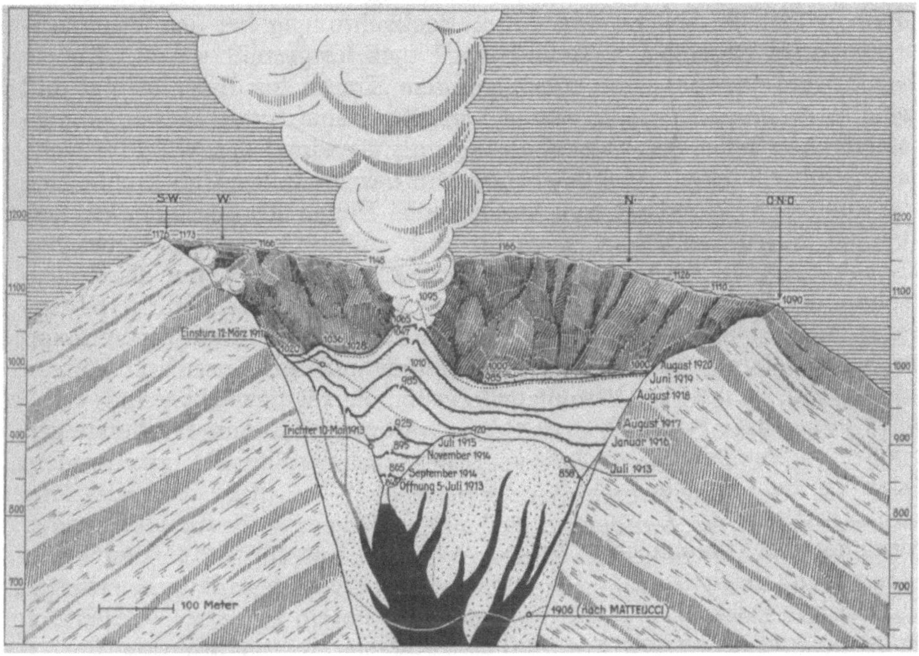

Fig. 6. Idealdurchschnitt durch den Vesuvkegel mit den verschiedenen Stadien des Kraterbodens von 1906 bis 1920. — Nach A. MALLADRA in der Zeitschrift für Vulkanologie VIII, 1924/25.

für erloschen. Bis 1632 meldet die Geschichte nur 17 Ausbrüche, wiederholt blieb der Berg mehr als zwei Jahrhunderte ruhig; seit dem 12. Jahrhundert bedeckte er sich wieder mit reicher Waldvegetation. Der Ausbruch von 1631 übertraf an Schrecklichkeit noch jenen zur Zeit des Kaisers Titus, und seit 1694 hat der Vulkan seinen Charakter verändert *. Die Ruhepausen wurden kürzer, aber die Tätigkeit verlor an Intensität, wenn sich auch heftige explosive Ausbrüche — Paroxysmen, wie SCROPE sie nennt — zeitweise noch immer ereignen (1760, 1794, 1822, 1872, 1906, 1926/29). Auch bei anderen Vulkanen hat man diese Erfahrung gemacht (Ätna 1169, 1329, 1536/37, 1603—20, 1669, 1763, 1787,

* Eine vorzügliche Geschichte des Vesuv, illustriert nach gleichzeitigen Urkunden, lieferten G. B. ALFANO und I. FRIEDLÄNDER in einem Werke gleichen Titels (Verlag D. Reimer, Berlin 1929).

1792, 1809, 1819, 1852, 1865, 1874, 1879, 1886, 1908, 1910/11, 1923, 1928); es kann als Regel gelten, daß je länger die Ruhe, desto heftiger die darauf folgende Eruption ist. Es muß sich, wie man vermuten darf, eine gewaltige Dampfmenge im Magmaherd entwickeln, um sich durch den in der Ruhezeit verstopften Kanal oder an anderer Stelle einen neuen Weg zu bahnen.

Erdbeben leiten meist als äußere Zeichen dieses Kampfes die bevorstehende Katastrophe ein, ja manchmal hebt sich der Boden, um dann wieder zu sinken, wie durch Beobachtungen bei den Vesuvausbrüchen im Dezember 1861 und April 1906 festgestellt wurde. Immer mächtigere Dampfmassen entsteigen dem Krater, bis dieser berstet und eine hohe Aschensäule, die sich oben pinienartig ausbreitet, emporsteigt. Ein feiner Aschenregen beginnt, der durch den Wind oft weithin geführt wird *. Nachts erscheint an der Stelle der Rauchpinie eine imposante Feuersäule von wechselnder Helle. Da sie auch im heftigsten Sturm unbeweglich bleibt und selbst Sterne von schwacher Leuchtkraft durchscheinen läßt, so ist das Licht offenbar nur der Widerschein der glutflüssigen Lava im Kanal. Aber auch wirkliche Flammen werden manchmal beobachtet; sie entstehen durch Verbrennung von Wasserstoff, Schwefelwasserstoff und anderen Gasen und können durch Na-, B- oder Cu-Dämpfe gelb, grün oder blau gefärbt sein.

Gewaltige Schlackenraketen verkünden alsdann das Aufsteigen der Lava **. Der Ausbruch erreicht jetzt seine größte Heftigkeit, indem sich zu dem ungeheuren Aschenregen auch mächtige Lavaströme hinzugesellen; sie entquellen teils dem Krater, teils den berstenden Flanken des Vulkankegels. Die ganze Natur gerät in Aufruhr, und starke Gewitter begleiten nun die Eruption. Die Wasserdämpfe erhalten nämlich — wie Palmieri nachwies — durch schnelle Verdichtung positive, die Asche aber beim Fallen in diesem Medium negative Elektrizität; wahrscheinlich ist auch der ganze Berg elektrisch geladen. Gewöhnliche meteorologische Begleiterscheinungen sind Sturm und Regengüsse; diese oder geschmolzener Schnee oder entleerte Kraterseen erzeugen, mit Asche vermischt, die Schlammströme, die oft noch verheerender wirken als die Lavaströme.

Den Schluß des Eruptionsaktes bildet meist bei Nachlassen der Aschenförderung ein besonders starker Austritt von Lava, seltener aus dem Gipfelkrater als an den Abhängen, wo sich radial auf der Achse des Kegels stehende Spalten öffnen; ja oft spielt sich die ganze Eruption am Abhang ab, wie 1861 am Vesuv, während der Hauptkrater nur durch eine intensivere Gasentwicklung daran teilnimmt.

* So bei dem Ausbruch des Cosegüina (in Nicaragua) am 20. Januar 1835, einem der schrecklichsten Phänomene dieser Art in den letzten Jahrhunderten, 2000 km in die See hinaus und bis zu dem über 800 km entfernten Chiapas.

** Der Cotopaxi schleuderte i. J. 1833 Felsstücke von 3 m Dicke 900 m hoch und über 22 km weit.

Mit dem Vesuvtypus zeigt der des Peléevulkans hinsichtlich des Eruptionsverlaufs eine gewisse Verwandtschaft; es treten aber hier andererseits auch wieder besondere Vorgänge in Erscheinung, die dem Vulkanismus der westindischen Inseln Martinique und St. Vincent eine ganz eigene Stellung zuweisen. Die alte Montagne Pelée [15] im nördlichen Martinique baut sich vorzugsweise aus geschichteten lockeren vulkanischen Stoffen auf und war, da sie in geschichtlicher Zeit nur ein paar leichte Ausbrüche erlebt hatte, schon stark abgetragen. Der Kraterboden (Étang sec) lag 700 m über dem Meer, der Kraterrand war ungleichmäßig erhalten; gegenüber dem höchsten Punkte, Morne la Croix (1350 m), öffnete sich ein tiefer Einschnitt, der zum Tal der Rivière Blanche hinunterführte. Durch diese Lücke ergoß sich am 8. Mai 1902 eine dunkle, von tausend Blitzen durchzuckte Glutwolke (nuée ardente) mit rasender Geschwindigkeit zur Westküste. Binnen wenigen Minuten war die reiche Stadt St. Pierre zerstört, und alle Bewohner bis auf einen, fast 30 000 Menschen, fanden dabei ihren Tod — eine Katastrophe, die, wenn auch nicht durch ihre Intensität, so doch durch ihre Plötzlichkeit in der Geschichte des Vulkanismus einzig dasteht. Offenbar war diese Wolke, ein Gemisch von Gasen und glühender Asche, zu schwer, um in die Höhe zu steigen, und mußte sich nach Art einer Lawine — wie Anderson sich treffend ausgedrückt hat — abwärts bewegen. Auf Martinique wurde die Glutwolke als Ganzes nach einer Seite gedrängt, teils infolge der topographischen Verhältnisse, teils wohl auch infolge einer Verstopfung des Schlotes, wodurch die unter starkem Druck stehenden Gase seitlich oder schräg abwärts hinausgepreßt wurden. Die aus der Soufrière von St. Vincent am 7. Mai 1902 entströmende Glutwolke dagegen hob sich mählich aus dem an der Spitze gelegenen Krater und ergoß sich dann über den ganzen Bergkegel. Ein Eruptionstypus, wie er in diesen Fällen vorliegt, war bisher noch niemals unmittelbar beobachtet worden, wenngleich solche Glutwolken sicherlich auch sonst schon vorgekommen sind *.

Bald nach der einleitenden Katastrophe begann die vulkanische Tätigkeit der Pelée einen anderen Charakter anzunehmen. Andesitische Lava trat aus dem Krater hervor, aber ihre Zähflüssigkeit gestattete ihr nicht, einen Strom zu bilden, sondern nötigte sie, sich über dem

* Von den Ausbrüchen des Gunung-Gedé Ende 1840 und des Tangkubanprahu am 10. Juni 1846 berichtet F. Junghuhn (Java, Leipzig 1854, Bd. II, S. 31, 46), daß Wälder nach einer Seite, und zwar vom Krater aus abwärts, umgelegt wurden; er führt dies auf den durch niederstürzende Aschenmassen erzeugten Luftdruck zurück, doch hat es sich möglicherweise auch in diesem Falle um eine Glutwolke gehandelt. Nachdem man solche Erscheinungen am Pelée- und Soufrière-Vulkan genau kennengelernt hat, mehren sich die Kunden von ähnlichen Glutwolken. Aus der Literatur hat man sie nachgewiesen für die Azoreninsel São Jorge 1580 und 1808, für den Jorullo 1759, den Kilauea 1789, für Guadeloupe 1798, für die Colima 1818 usw. Einwandfreie Beobachtungen von Glutwolken liegen vor vom Colima 1913, vom Sakurashima 1914, vom Santa Maria (Guatemala) 1922/24, vom Kilauea 1925.

Krater zu einem steilen Felskegel (Fig. 7) aufzustauen, der sichtbar in die Höhe wuchs und dadurch das ganze Landschaftsbild veränderte *. Das Wachstum war nicht gleichmäßig; am 3. November 1902 trat auf einer Seite des Kessels eine spitze Felsnadel hervor, die schon am 30. November eine Seehöhe von 1577 m erreichte. Ihre Entwicklungs-

Fig. 7. Felsnadel der Montagne Pelée.
(Aus Arrhenius »Erde und Weltall«. Leipzig.)

geschichte ist von Tag zu Tag genau verfolgt worden; ihre Gestalt wie ihre Höhe änderte sich fortwährend teils durch Nachschub von unten, teils durch Absprengung von Felsstücken, die sich als Trümmerhalde am Fuß des Kessels bis in das Tal der Rivière Blanche hinein aufhäuften. Die Hauptepochen waren der 6. Februar 1903, wo die Nadel nur mehr 1424 m hoch war; dann der 31. Mai 1903, wo sie ihre Maximalhöhe von 1617 m erreichte, und der 10. August 1903, wo sie verschwand. Der Kessel war damals nur noch 1380 m hoch; er wuchs zwar wieder, aber

* Heilprin [16] spricht die Felsnadel als Lavapfropf an, der im alten Vulkanschlot saß, von den Gasen nicht durchbrochen, sondern von ihnen nur umgangen und herausgeschnitten werden konnte; die nachdrängende Lava hob dann diesen Pfropf in die Höhe.

nicht mehr so stark, und erhielt sich vom September an auf einer nahezu gleichmäßigen Höhe von 1450 m.

Ähnliche Beobachtungen wie am Peléevulkan hat SAPPER später in Guatemala anstellen können, als der Santa Maria nach 16jähriger Ruhepause Ende Juni 1922 seine Tätigkeit wieder aufnahm. Der Ausbruch konzentrierte sich neben der Förderung von Aschenwolken hauptsächlich auf den allmählichen Aufbau mehrerer, später sich vereinigender Lavastaukegel. Die Tätigkeit entsprach nach dem Bericht

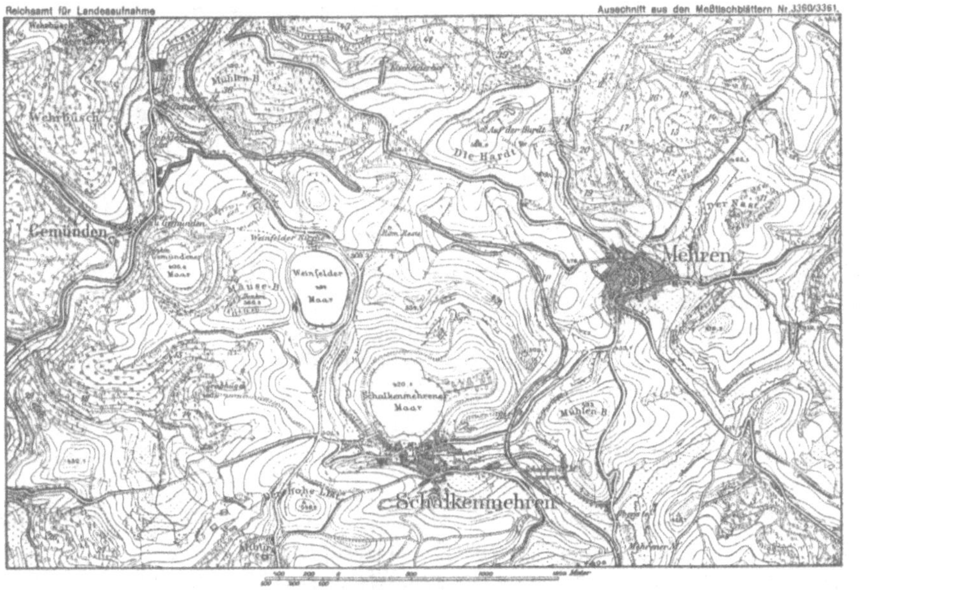

Fig. 8. Eifellandschaft mit Maaren.

SAPPERS genau der zweiten Eruptionsperiode der Montagne Pelée; von Juli 1924 ab preßte der Feuerberg eine Felsnadel von 66 m Höhe heraus und entsandte mehrere Glutwolken in seine Nachbarschaft.

3 d. Vulkanische Vorgänge, für die weder eine Förderung von Lava noch eine solche von Lockermassen bezeichnend ist, spielen in der Natur eine größere Rolle, als man gewöhnlich annimmt. Von den Fumarolen, Solfataren und Mofetten war oben schon die Rede; hier wie bei den Heißwasser- und Schlammströmen handelt es sich aber immerhin noch um Erscheinungen, die sich meist in Gebieten größerer Vulkanbauten abspielen und mehr oder minder als Begleiterscheinungen von Lava- oder Ascheneruptionen anzusprechen sind. Daneben aber kommen Gasexplosionen vor ohne Beziehung zu eigentlichen Vulkanen und ohne nennenswerte Förderung von kompakter oder zerspratzter Lava. In diesen Fällen reichte die vulkanische Kraft offenbar im wesentlichen nur dazu aus, einen Durchschlagskanal für die hochgespannten

Gase und Dämpfe zu schaffen, erlahmte aber nach Bildung des Explosionstrichters. Man spricht in solchen Fällen von Vulkanembryonen. Derartige Bildungen kennt man aus der Eifel, der Auvergne, Mittelamerika, Ostindien, Japan usw. Bei ihrem Herausschießen reißen die Gase naturgemäß Bruchstücke des Untergrundes los, die dann, oftmals untermischt mit mäßigen Mengen vulkanischer Lockerstoffe, rings um den Explosionstrichter einen Trümmerwall aufschütten. In dem so mäßig hoch umrahmten Kratertrichter bilden sich in der Regel Seen, denen die Vulkanembryonen der Eifel die Bezeichnung Maare verdanken (Fig. 8). Ihnen wesensverwandt sind die von BRANCA eingehend untersuchten Trümmernarben auf der jurassischen Kalkdecke der Schwäbischen Alb in der Umgebung des Rieses [17]. Auch hier handelt es sich um Gasexplosionen, durch die aber im wesentlichen nur die oberen Gesteinsschichten zertrümmert wurden, ohne daß es zur Bildung eines Explosionstrichters kam *. Ist die vulkanische Kraft noch geringer, so erzeugen die aufwärtsdrängenden Gase wohl ein Erbeben der Erdkruste, aber alle weiteren Ausbruchsversuche mißglücken. Allenfalls kommt es zu einer kuppenförmigen Aufwölbung der hangenden Sedimentdecke, wie es LACHMANN [18] aus Ungarn beschrieben hat.

Wir haben bisher die unterseeischen Vulkanausbrüche außer acht gelassen, weil wir von ihnen meist nur durch zufällig vorüberfahrende Schiffe Kenntnis erhalten. Aber so wenig wir auch von ihnen wissen, so dürfen sie in einem Gemälde der vulkanischen Erscheinungen doch nicht fehlen, denn der gewaltige Anteil, den lockere Eruptivmassen an der Zusammensetzung der Tiefseeablagerungen nehmen (vgl. Bd. I S. 280), spricht für ihre Häufigkeit. Die spärlichen Beobachtungen in dieser Beziehung hat RUDOLPH [19] gesammelt. Wir ersehen daraus, daß sich diese Ereignisse unter dem Meer in gleicher Weise abspielen wie auf dem Land; die eigentümlichste Erscheinung, die mehr oder weniger hohen Wassersäulen, die sich über der Ausbruchstelle erheben, ist durch die Besonderheit des Schauplatzes bedingt. Auch Bodenerschütterungen fehlen nicht, die sich dem Schiff als Stöße fühlbar machen; dumpfes Brüllen macht sich vernehmbar, Rauch und Flammen erheben sich über das Wasser, Asche und Bimssteinmassen werden herausgeschleudert, manchmal sieht man auch große Stücke Lava umhertreiben.

Auch auf dem Boden des Meeres bauen die zentralen Ausbrüche Kegel auf, die — wenn die Auswurfsmassen in einem günstigen Verhältnis zur Wassertiefe stehen — endlich als Inseln über den Meeres-

---

* Der vulkanische Charakter dieser sog. Grießbreccien wird erhärtet durch das im gleichen Gebiet (Umgebung von Urach) häufige Vorkommen von Vulkanschloten, die ganz nach Art der Kopjes oder Kimberlitschlote (Pipes) Südafrikas mit Magma, Asche oder Breccien erfüllt sind; ein Austreten auf die Erdoberfläche hat aber nicht stattgefunden.

spiegel emporsteigen. Aschen- und Schlackenhaufen fallen freilich bald wieder der Brandung zum Opfer, wie beispielsweise die Insel Ferdinandea im Jahr 1821, und nur eine Untiefe erinnert dann noch an ihren einstigen Bestand. Lavaergüsse verleihen ihnen aber größere Festigkeit und sichern ihre Dauer. Von den Inseln der Liparischen Gruppe (bei Sizilien) entstanden wahrscheinlich mehrere in geschichtlicher Zeit; mit Bestimmtheit weiß man dies freilich nur von der Insel Vulcanello (ungefähr 200 v. Chr.), die im Mittelalter mit Vulcano verwuchs. Andere Beispiele sind Didica nördlich von den Philippinen (1856), die 1885 entstandene Falkeninsel in der Südsee (20° 19′ s. Br. 175° 21½° w. L.), die 1898 verschwunden war, aber 1900 wieder auftauchte, Niischima in der zu Japan gehörenden Gruppe der kleinen Vulkaneilande (1904) und vor allem die Bogoslovinseln in den Alëuten, die seit 1796 bis 1907 wiederholt der Schauplatz vulkanischer Ereignisse waren und besonders deshalb lehrreich sind, weil ihre vielfachen Umgestaltungen durch die Bildung neuer Inseln, ihr Zusammenwachsen und ihre Zerstörung genauer verzeichnet wurden als irgendwelche Vorgänge dieser Art [20].

Gerland hat in seinen »Vulkanischen Studien« [21] nachzuweisen versucht, daß sich die vulkanischen Kräfte auf dem Meeresboden in anderer Weise äußern als auf dem Festland. Seine Ausführungen beruhen auf der Annahme, daß alle Koralleninseln auf unterseeischen Vulkanbergen ruhen. Das mag in den meisten Fällen zutreffen, aber der weiteren Voraussetzung von der Allgemeingültigkeit der Darwinschen Rifftheorie können wir nicht mehr zustimmen, und damit entfällt auch die Folgerung, daß die Vulkane des Meeresbodens in einer anderen Beziehung zu dem Erdinnern stehen als die kontinentalen.

Die oben behandelte Systematik der Vulkanausbrüche geht von den äußeren Erscheinungen aus und beschränkt sich bei der Kennzeichnung der vulkanischen Intensität auf ungefähre Angaben über die Menge der geförderten Stoffe. F. von Wolff hat nun eine Vertiefung des Problems dadurch angestrebt, daß er den Charakter der Ausbruchserscheinungen als Funktion der Temperatur der geförderten Massen behandelt. Er erzielt auf diese Weise eine Systematik, die wenigstens in gewissem Sinne eine kausalbegründete Kennzeichnung der qualitativen Leistung des Oberflächenvulkanismus darstellt. Der jeweilige Zustand des Vulkans ist entsprechend dem Vorschlag von Brun durch die höchste Temperatur, die im Krater oder an anderer Stelle der Ausbruchsregion anzusetzen ist, charakterisiert. Es werden sechs Phasen oder Intensitätsgrade vulkanischer Tätigkeit unterschieden, die ungleiche Temperaturintervalle umspannen:

Vulkanische Tätigkeit nach F. v. WOLFF.

	Temperatur	A. Effusiver Charakter	B. Explosiver Charakter
VI. Phase der ständigen Eruption und des Lavaausflusses. Effusivphase.	1300° bis 1200°	Gipfeleruption: Kilauea; Cotopaxi- und Mauna Loa-Typus. Flankeneruption	*Hawaiianische Tätigkeit*: Fontänen im Feuersee. *Strombolianische Tätigkeit*: rhythmischer Auswurf flüssiger Lava, halbfeste Bomben, Schlacken.
V. Phase der gemäßigten Tätigkeit	1150°	Staukuppen	*Gemischte Tätigkeit*: Neue Lava flüssig, fest. Alte Lava in Blöcken, Trümmern, Sand, Asche.
Gemischte Phase	1100°		*Vulkanische Tätigkeit*: Neues Material fest, Lapilli-Bomben mit fester Kruste, aufsteigende Ausbruchswolken.
IV. Phase der Paroxysmusexplosionen nach längerer Ruhe	ca. 1100°	Felsnadeln, Lavadorne, Belonite	*Peleanische Tätigkeit*: Neues Material fest, Emulsion, absteigende Ausbruchswolken.
Explosionsphase	1050°	1060° Basaltlava hört auf zu fließen	*Plinianische Tätigkeit*: Erst fein zerriebenes altes, dann neues festes Material, Explosionen größter Stärke, Ausbruchswolken in Pinienform. Erniedrigung des Gipfels.
III. Fumarolenzustand	1000° bis 655°	Saure Obsidianströme hören auf zu fließen, 800°	*Salzfumarolen*: HCl, SO_2, CO_2.
	655° bis 200°	600°—500° Rotbrennen der Schlacken und Bomben	*Saure Fumarolen*: HCl, SO_2, H_2O, NH_4Cl,$FeCl_3$.
II. Solfatarenzustand	200° bis 100°		*Solfataren*: H_2O, H_2S, CO_2. Alkalische Salmiakfumarolen.
I. Thermal- und Mofettenzustand	100° bis Ortstemperatur		*Trockene Mofetten*, CO_2 Heiße Quellen.

Stübels Einteilung der Vulkanbauten. STÜBEL [22] hat die Vulkanbauten entsprechend ihrer Entstehungsgeschichte in monogene und polygene eingeteilt. Die monogenen Vulkane sind auf nichtvulkanischem Boden durch einen einmaligen Ausbruch entstanden, der sich zwar über eine lange Zeit erstrecken konnte, aber nur unter der Voraussetzung, daß in den Pausen die Lava nicht bis in ihren innersten Kern erkaltete. Die polygenen Vulkane sind das Erzeugnis wiederholter, durch lange Ruhepausen voneinander getrennter Ausbrüche. Alle tätigen Vulkane gehören nach der Auffassung von Stübel dieser Kategorie an; als monogene Schöpfungen der Gegenwart werden lediglich der Kaymeni auf der griechischen Halbinsel Methana und der Monte nuovo unweit von Neapel, die seit ihrer Bildung erloschen sind, angesehen. In der Vergangenheit soll aber die monogene Entstehungsweise die allgemeine gewesen sein; nicht nur die erloschenen Vulkanberge, sondern auch der Unterbau der tätigen sind nach Stübel monogen, wie z. B. die Somma, während der Vesuvkegel polygen ist. Diese Ansicht hängt innig zusammen mit Stübels Vulkantheorie, von der später ausführlicher die Rede sein soll. Es werden selbständige Lavaherde angenommen, deren Magma sich ausdehnt und endlich die Decke zerreißt. Ist der Überschuß abgegeben,

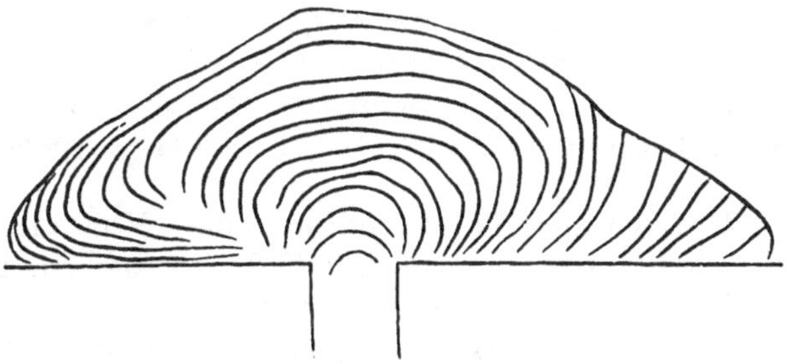

Fig. 9. Schematisches Profil eines monogenen Lavakegels. — Nach Reyer.

so bedarf es längerer Zeit, um den Magmarest wieder ausbruchsfähig zu machen, und auf die erste monogene Schöpfung folgt eine lange Pause, die Stübel nicht nach Jahrtausenden, sondern nach Jahrmillionen bemißt. Daß die Ausbrüche nur periodenweise erfolgen und verhältnismäßig wenig Magma an die Oberfläche bringen, soll anzeigen, daß der Vulkanismus seinem Erlöschen entgegengeht.

Stübel behauptet also einen fundamentalen Unterschied zwischen der vulkanischen Tätigkeit der Vergangenheit und der der Gegenwart. Einen objektiven Beweis für die Richtigkeit dieser seiner These vermochte er nicht zu liefern, viele Beobachtungstatsachen sprechen sogar entschieden dagegen. Trotzdem verliert dadurch die Unterscheidung von monogenen und polygenen Vulkanen nicht allen Wert. Als monogen dürfen wir Lavakegel mit allseitiger Zwiebelstruktur betrachten, wie sie Fig. 9 im Durchschnitt darstellt. Diese Art der schalenförmigen Absonderung des erkalteten Gesteins läßt sich in der Tat am einfachsten erklären, wenn man annimmt, daß das zähe und dampfarme Magma sich über dem Eruptionskanal aufstaute, ganz in derselben Weise, wie wir es bei dem Pelée-, Santa Maria- und Santorinausbruch geschildert haben. Solch ein Berg wächst nicht durch Aufschüttung, indem sich von oben her eine Decke auf die andere legt, sondern von unten durch Injektion immer weiteren glutflüssigen Materials; und eine solche Anschwellung kann nur so lange vor sich gehen, als die ältere, d. h. obere Lava noch ihre Beweglichkeit bewahrt hat. Auch für Bauten anderer Art hat GROSSER die monogene Entstehung wenigstens wahrscheinlich gemacht, wie z. B. für den Chimborazo, wo die verschiedene Färbung der Lavabänke deutliche Schichtung zeigt, aber ihre pseudoparallele Lagerung vermuten läßt, »daß zwischen den einzelnen Ergüssen keine beträchtliche Abkühlungspause lag«. Bei anderen Ekuadorvulkanen, z. B. am Imbabura, liegt über einem Unterbau aus solider Lava eine geschichtete Decke aus fest miteinander verbundenen Felsblöcken und -brocken, die von Absonderungsklüften von oben bis unten durchsetzt ist — ein Beweis für eine einheitliche Abkühlung und damit auch ein Wahrscheinlichkeitsbeweis dafür, daß Lava und Agglomeratdecke aus einem einzigen Eruptionsakt hervorgegangen sind. In jedem einzelnen Fall also, und zwar nicht nach der äußeren Erscheinung, worauf STÜBEL das Hauptgewicht legte, sondern nach dem inneren Bau, muß entschieden werden, ob man es mit monogenen oder polygenen Bildungen zu tun hat.

Zahl und geographische Verteilung der Vulkane. Eine genaue Zahl aller Vulkanvorkommen der Erde anzugeben, ist natürlich ein Ding der Unmöglichkeit. Ohne Zweifel ist der Vulkanismus so alt wie die Erde selbst, und da es demgemäß Vulkane zu allen Zeiten gegeben hat, geht deren Gesamtzahl sicherlich in die Tausende, vielleicht Hunderttausende. Eine genaue Auszählung jedoch ist gegenwärtig selbst in den Kulturländern mit staatlicher geologischer Landesaufnahme kaum durchzuführen, erst recht natürlich nicht in den weiten Gebieten des Festlandes und Weltmeeres, die einer systematischen wissenschaftlichen Durchforschung noch harren. Man hilft sich nun gewöhnlich in der Weise, daß man sich auf die geschichtliche Zeit beschränkt und für diese Epoche vor allem die Zahl der Ausbrüche registriert. Allein auch dabei sind große Fehlerquellen nicht zu vermeiden. Das Nachrichtenwesen der vergangenen Jahrhunderte war in vielen Erdteilen so mangelhaft, daß wir sicher von sehr vielen Ausbrüchen keine Kunde erhielten, ganz abgesehen von den unbewohnten Gebieten, wo, wie in der Antarktis, das Vorkommen von vulkanischen Ausbrüchen auch heute noch vielfach unbemerkt bleibt. Und dann die doch sehr problematische Unterscheidung von »tätigen« und »erloschenen« Vulkanen! Wir sprachen oben von dem Zustand der Solfatarentätigkeit, mit der eine Eruptionsperiode gewöhnlich zu enden pflegt. Aber haben wir eine Gewähr dafür, daß an dieser Stelle der Vulkanismus erlischt, selbst wenn sich Jahrhunderte hindurch keine Lebenszeichen mehr bemerkbar machen? Die Geschichte lehrt uns, daß gerade beim Vulkanismus vielfach nur Schlaf vorliegt, wo unsere Diagnose lange Zeit auf Tod gelautet hat; wir haben eben kein Mittel, um zu erkennen, ob das Wurzelgebiet (Lavaherd) eines Vulkans noch aktiv ist bzw. wieder aktiv werden kann oder ob es für immer erschöpft ist. Gewiß, den Puy de Dôme der Auvergne oder den Förmerich der Eifel können wir mit einigem Recht als erloschen bezeichnen, weil die vulkanischen Gebiete, in denen sie liegen, seit Menschengedenken keinen Ausbruch mehr erlebt haben. Aber nur auf solche Fälle sollten wir die Bezeichnung »erloschener Vulkan« beschränken. Statt tätiger und erloschener Vulkane unterscheiden wir also besser tätige und erloschene Vulkangebiete; die ersteren enthalten zuweilen nur tätige, in der Regel aber tätige und schlafende Vulkane, die letzteren dagegen nur erloschene Vulkane.

Mit den bei allen Vulkanstatistiken gebotenen Vorbehalten geben wir hier zunächst die von MERCALLI [23] im Jahre 1907 gefertigte Zusammenstellung des Vulkanismus in geschichtlicher Zeit wieder:

Die Vulkanausbrüche
in geschichtlicher Zeit nach MERCALLI.

	Gesamtzahl	Davon seit 1800 noch tätig
Europa	**11**	**8**
West-, Zentral- und Südasien	**13**	**5**
Kontinentales Asien	11	3
Unterseeische Vulkanausbrüche	2	2
Ostasien	**84**	**39**
Kamtschatka	17	8
Kurilen	16	8
Japan	38	18
Unterseeische Vulkane bei Japan	7	3
Formosa	6	2
Malaiischer Archipel	**89**	**49**
Philippinen	15	8
Celebes und die Molukken	20	10
Kleine Sundainseln	13	7
Java und Sundastraße	29	15
Sumatra und Golf von Bengalen	12	9
Afrika	**15**	**7**
Festland und Rotes Meer	12	5
Komoren und Réunion	3	2

	Gesamtzahl	Davon seit 1800 noch tätig
Südsee	**37**	**27**
Marianen und Hawaii	7	3
Neuguinea und Neue Hebriden	9	6
Samoa, Tonga, unterseeisch	8	8
Galápagos	2	2
Neuseeland	5	4
südl. Pazifischer Ozean	6	4
Amerika	**127**	**76**
Alëuten und Alaska	34	13
Nordamerika u. Mexiko	14	11
Zentralamerika	31	21
Antillen	9	6
Südamerika	39	25
Alantische Inseln	**39**	**20**
Island und Jan Mayen	24	13
Azoren, Kanarische Inseln, Kapverden	15	7

Insgesamt: in geschichtlicher Zeit tätig 415 Vulkane, davon seit 1800 noch tätig 231 Vulkane.

Wenn von den 415 Vulkanen, bei denen nach MERCALLI in geschichtlicher Zeit Ausbrüche verbürgt sind, seit dem Jahre 1800 nur noch 231 tätig sind, so liegt die Vermutung nahe, daß die vulkanische Kraft überhaupt im Erlöschen begriffen sei. Dieser Schluß wäre aber offenbar nur dann gerechtfertigt, wenn wir die relative Förderung magmatischen Materials, bezogen auf eine Zeiteinheit, für die einzelnen geologischen Zeitalter abschätzen könnten. Absolut sind in der Geschichte der Erde zwei Perioden durch intensive vulkanische Tätigkeit ausgezeichnet: die permokarbonische und die tertiäre. Wie wir sehen werden, sind dies diejenigen Perioden, in denen große Faltengebirge entstanden, und schon diese eine Tatsache legt den Gedanken nahe, daß zwischen den beiden Äußerungen der endogenen Kräfte ein Zusammenhang bestehe. Über das relative Verhältnis der jeweiligen Förderungsmengen läßt sich natürlich Bestimmtes nicht aussagen, und ebenso fehlen uns quantitative Vergleichsmöglichkeiten für den Vulkanismus der Tertiärzeit und der geologischen Gegenwart. Der Laie neigt wohl dazu, angesichts der in den letzten Jahrzehnten sich häufenden Nachrichten von Vulkanausbrüchen eine Wiederbelebung des Vulkanismus für unsere Zeit anzunehmen, und die Berichte von den großen Lavaströmen des Ätna im November 1928 und des Vesuv in den Jahren 1926/29 bestärken ihn in dieser Auffassung. Aber dabei ist die machtvolle Ausgestaltung des Nachrichtenwesens zu berücksichtigen, die leicht zu Täuschungen führen kann. Wissenschaftlich wird man dem Problem, wie bereits betont, nur durch Erfassung der Fördermenge und Umrechnung auf eine Zeiteinheit beikommen können, wofür die Unterlagen aber erst jetzt eben vorbereitet werden. Als Behelf läßt sich sicherlich der von F. v. WOLFF aufgestellte »Rückgangsindex« verwenden; er wird definiert als das in Prozenten ausgedrückte Verhältnis der erloschenen Vulkaneinheiten zur Gesamtzahl der Ausbruchstellen. Bei dem gegenwärtigen Stand unserer Kenntnis wird es freilich nicht eben leicht sein, diesen »Rückgangsindex« für eine größere Zahl von Vulkangebieten, geschweige denn für die ganze Erde mit einiger Genauigkeit zu ermitteln.

Die oben erwähnte Untersuchung MERCALLIS aus dem Jahre 1907 hat inzwischen eine wesentliche Ergänzung und Verbesserung durch die Forschungen SAPPERS [24] gefunden, der uns ein auf unendlich mühseliger Einzelarbeit beruhendes Verzeichnis der in den letzten Jahrhunderten tätigen Vulkane bescherte nebst Angaben über die Reihungsdichte (Anzahl der Vulkane im Verhältnis zur Länge des Vulkangebiets in km), über die Zahl der Tätigkeitseinheiten in jedem Vulkanbezirk sowie über die mutmaßliche Gesamtförderung von Lava und Lockermassen seit dem Jahre 1500. Da uns SAPPERS ungemein gediegenes Material zugleich einen vorzüglichen Überblick über die geographische Verteilung der Vulkane bietet, formten wir SAPPERS in 58 Seiten Text enthaltene Aufzählung zu folgender Tabelle:

Liste der tätigen Vulkane nach K. SAPPER.

	Zahl der seit Beobachtungsbeginn tätigen Vulkane (nach Möglichkeit mindestens von 1801 ab)	Reihungsdichte	Tätigkeitseinheiten seit Beobachtungsbeginn (nach Möglichkeit von 1801 ab)	Geschätzte Gesamtförderung seit 1500: Lava cbkm	Lockermassen cbkm
I. Atlantisch-indische Erdhälfte.					
A. Mittelmeergebiet	**18**	—	etwa **275**	**>5**	**>4**
1. Italisch-sizilischer Bezirk	8	1:95	etwa 258	5	3—3½
2. Sizilisch-jonisches Meer	7	1:130	8	gering	gering
3. Ägäisches Meergebiet	3	1:135	9	1/10	½?
B. Atlantischer Ozean	**>56**	—	etwa **60**	**20**	**12**
1. Untermeerische Ausbrüche	15	?	?	?	?
2. Inselgebiet der Kapverden	1	1:250	4 oder 5	½	1/4
3. „ „ Kanaren	3	1:180	2	14	1
4. „ „ Azoren	9	1:180	7	½	1
5. Süd-Island	14	1:23	37	14	6
6. Ost-Island	>13	1:25	6	1½	4
7. Jan Mayen	1	1:100	1	—	sehr gering
C. Afrikanisches Festland	**>9**	—	etwa **25**	**mäßig**	**mäßig**
1. Erythräische Vulkan-Zone	>2	1:150	2	gering	gering
2. Ostafrika	3	1:200	7 (30?)	„	„
3. Zentralafrika	3	1:70	14 (66?)	mäßig	mäßig
4. Kamerun-Zone	1	1:1200	>2	„	„
D. Indischer Ozean	**6**	—	**>43**	**2?**	**3?**
1. Untermeerische Ausbrüche	3	?	4	?	?
2. Komoren-Zone	1	1:300	8	1?	?
3. Maskarenen-Zone	1	1:900	30 (85?)	2?	1?
4. Kerguelen-Zone	1	1:700	1?	gering	gering
E. Asiatisches Festland	**8(9)**	—	**>8**	**?**	**?**
1. Kleinasien	1	1:300	1	gering	gering
2. Syrien und Palästina	1?	1:300	?	?	?
3. Westarabien	3	1:350	>3	?	?
4. Südarabien	1	1:900	1	gering	gering
5. Armenien	1	1:400	1	„	„
6. Mandschurei	2	1:75?	2	„	„
I. Atlantisch-indische Erdhälfte	**97 (98)**	—	**etwa 415**	**30**	**16—17**
davon submarin	33 (34)				
II. Pazifische Erdhälfte.					
A. Mitte des Ozeans	**<14**	—	**>110(165?)**	**8—10**	mäßig
1. Gebiet von Juan Fernandez (submarin)	4	1:90	4	?	?
2. Galápagos-Inseln	3	1:85	4	?	?
3. Samoa-Gruppe	3	1:375	9	>2	mäßig
4. Hawaii-Gruppe	4	1:120	>93	>6	„
5. Isolierte submarine Ausbrüche	2—3?	—	2—3?	?	?

	Zahl der seit Beobachtungsbeginn tätigen Vulkane (nach Möglichkeit mindestens von 1801 ab)	Reihungsdichte	Tätigkeitseinheiten seit Beobachtungsbeginn (nach Möglichkeit von 1801 ab)	Geschätzte Gesamtförderung seit 1500 Lava cbkm	Lockermassen cbkm
B. Nordwestliche Umrandung	**105**	—	**470**	**>7**	**>16**
1. Kamtschatka	10	1:70	40	4—5	4
2. Kurilen-Zone	18	1:80	?	mäßig	mäßig
3. Japanische Inseln	42	In den 7 Zonen schwankend zwischen 1:80 und 1:350	>160	>3	>6
4. Marianen	2	1:425	115?	wenig	1/4—½
5. Philippinen	16	In den 5 Zonen schwankend zwischen 1:120 und 1:350	>60	1/4	>1
6. Sangi-Reihe	4	1:50	27?	—	beträchtlich
7. Minahassa-Zone	7	1:75	20?	½	1
8. Nördl. Molukken-Zone	6	1:50	43	wenig	2
C. Westsüdwestliche Umrandung	**73**	—	annähernd **100**	>½	**>188**
1. Andamanen-Nikobaren-Zone	1	1:300	mehrere	gering	gering
2. Sumatra	11	1:160	55	wenig	19—20
3. Java	18	1:60	rund 300	mäßig	>10
4. Kleine Sunda-Inseln	15	1:95	etwa 115	1/10—1/5	>153
5. Molukken	4	1:125	etwa 23	mäßig	1 ½?
Σ 1—5: Indonesien	49	—	mehrere Hundert	½	185
6. Neuguinea-Neupommern-Bogen	11	1:90	?	mäßig	>2
7. Südost-Neuguinea und Louisiaden	1	etwa 1:350	?	?	?
8. Gazelle-Halbinsel	2	1:25	3	—	>1/10
9. Salomonen-Inseln	2	1:550	6	?	?
10. Santa Cruz- und Neuhebriden-Inseln	8	1:200	>350	mäßig	>1
Σ 6—10: Melanesien	24	—	gegen 450	1/10	>3
D. Südsüdwestliche Umrandung	**20**	—	**167 ?**	**mäßig**	**>3**
1. Tonga-Zone	10	1:80	20 (23)	mäßig	>1
2. Kermadec-Zone	3	1:100	5 (6)	gering	gering
3. Neuseeland-Zone	6	1:40	50?	—	>2
4. Viktorialand	1	?	dauernd?	gering	gering

	Zahl der seit Beobachtungsbeginn tätigen Vulkane (nach Möglichkeit mindestens von 1801 ab)	Reihungsdichte	Tätigkeitseinheiten seit Beobachtungsbeginn (nach Möglichkeit von 1801 ab)	Geschätzte Gesamtförderung seit 1500	
				Lava cbkm	Lockermassen cbkm
E. Nordöstliche Umrandung	**92**	—	**316 (332)**	**>1½**	**100**
1. Alëuten	25	1 : 50	>50	½	2½
2. Halbinsel Alaska	11	1 : 110	12?	½	23
3. Nordwestamerika	5	1 : 200	?	?	?
4. Vereinigte Staaten	7	1 : 290	?	gering	gering
5. Niederkalifornien	1	1 : 1250	?	sehr gering	sehr gering
6. Mexiko	8	1 : 130	46 (47?)	½	>1
7. Kleine Antillen	9	1 : 80	16	1/10	2
8. Mittelamerika	26	1 : 45	>180	6/10	>58
F. Südöstliche Umrandung	**49**	—	**>300**	**>1**	**>10**
1. Kolumbien	6	1 : 100	13	>1/10	>1
2. Ekuador	6	1 : 70	152	1	6
3. Peru und Bolivia	8	1 : 100	12 (17?)	gering	>1
4 Untermeerische Ausbrüche an der peruanischen Küste	3	—	3	?	?
5. Chilenisch-Argent. Vulkan-Zone	25	1 : 150	93 (113)	1/10	>1 1/10
6. Untermeerischer Ausbruch in höheren südl. Breiten	1	—	1	?	?
II. Pazifische Erdhälfte	**353**	—	**fast 2400**	**20**	**315**

Zusammenfassung.

Die **atlantisch-indische Erdhälfte** weist 97 geschichtlich tätige Vulkane auf mit einer Förderung (seit 1500) von etwa 30 cbkm Lava und 16—17 cbkm Lockermassen. Für die **pazifische Erdhälfte** ergeben sich 353 Vulkane mit einer Förderung von vielleicht 20 cbkm Lava und 315 cbkm Lockermassen.

Die **Gesamtzahl** der vulkanischen Tätigkeitsstellen, von denen wir geschichtlich verbürgte Ausbruchsnachrichten haben, wäre demnach auf etwa 450 zu beziffern.

Diesen Zahlen haftet natürlich eine gewisse Unsicherheit an, die aber kaum irgendwie zu vermeiden ist. Die von Sapper an verschiedenen Stellen vorgenommene Zusammenfassung mehrerer Ausbruchstellen zu einem einzigen polyzentrischen Vulkan ist selbstverständlich etwas willkürlich; eine Auflösung in Einzelvulkane würde die Zahlen in Spalte 1 um insgesamt ein bis zwei Dutzend vergrößern. Dazu kommen die noch unbekannt gebliebenen Ausbrüche in abgelegenen Teilen des Festlandes sowie die gewiß reichlich oft unbemerkt bleibenden submarinen und subglazialen Vulkane. Und schließlich auch hier die in Anbetracht der Kürze der Beobachtungsfrist doppelt schwerwiegende Frage, ob tatsächlich alle von SAPPER als »erloschen« angesehenen Vulkangebiete wirklich bereits als erstorben zu werten sind. Trotz dieser in der Materie begründeten Schwierigkeiten sind SAPPERS Forschungen für die Erkenntnis der die geographische Verteilung der Vulkane beherrschenden Regeln von grundlegender Bedeutung.

Schon die Liste selbst betont durch ihre Unterteilung die wichtige Tatsache, daß die pazifische Erdhälfte fast 80% aller irdischen Vulkane aufweist und somit gegenüber der atlantisch-indischen Erdhälfte weit im Vorsprung ist. Namentlich die Randgebiete des Stillen Ozeans fallen durch ihren Vulkanreichtum auf, beherbergen sie doch rund 60% aller tätigen Vulkane. Augenscheinlich fördert der pazifische Randtypus den Vulkanismus, während ihn der atlantische hemmt. Es liegt nahe, diesen Umstand mit einem Strukturgegensatz zwischen der pazifischen und der atlantisch-indischen Welt in Verbindung zu bringen. Wir werden später in der Tat sehen, daß ein Unterschied im Bau vorhanden ist: die Umrandungen des Stillen Ozeans stellen überwiegend junge Faltungs- und Bruchzonen dar, in denen die Erdkruste vielfach zerrüttet und noch heute nicht völlig zur Ruhe gekommen ist; die atlantisch-indischen Gestade dagegen durchziehen alte, festvernarbte Rumpf- und Tafelländer, die dem empordrängenden Magma größeren Widerstand zu bieten imstande sind. Manche Geophysiker nehmen heute einen weiteren Wesensunterschied in der Weise an, daß im Küstenbereich des Stillen Ozeans, wahrscheinlich in Form einer tief hinunterreichenden Unstetigkeitsfläche, die sialischen gegen die simatischen Massen angrenzen, während die Ränder des Atlantischen Ozeans von einer solchen Grenz- und Unstetigkeitsfläche nichts erkennen lassen, der Meeresboden in diesem Falle vielmehr hauptsächlich von demselben sialischen Material gebildet wird wie die benachbarten Festlandsblöcke. Trifft diese Annahme zu, so erscheint das machtvoll verstärkte Auftreten von Vulkanen gerade im Bereich der pazifischen Randgebiete wohl verständlich.

Mustert man SAPPERS Liste weiter, so erkennt man als Regel, daß sich die vulkanischen Erscheinungen in den küstennahen Zonen der Erde stark häufen, im Inneren der Kontinente aber meist nur eine untergeordnete Rolle spielen (Fig. 10). Früher legte man hierauf großes Gewicht und gründete auf diese Anordnung theoretische Vorstellungen über das Wesen des Vulkanismus. Heute ist man skeptischer geworden, denn es läßt sich nicht übersehen, daß Vulkane eben auch in großer Entfernung vom Meere vorkommen (Mandschurei, Innerafrika) und daß ausgedehnte Küstenstrecken vulkanfrei sind (Grönland-Feuerland, westliches Afrika, Kap der Guten Hoffnung-Hinterindien). Selbst da, wo der Vulkanismus stark in Erscheinung tritt (östliche Umrandung des Pazifik!), schalten sich überdies zwischen die Hauptvulkangebiete allenthalben ausgedehnte vulkanfreie Zonen ein. Eindeutige Beziehungen zwischen Meeresnähe und Vulkanismus bestehen also jedenfalls nicht. Wo solche vorzuliegen scheinen, spielt der geologische Bau der betreffenden Küstengebiete eine viel entscheidendere Rolle als die größere oder geringere Entfernung vom Weltmeer.

Trägt man sich die Daten der SAPPERschen Vulkanstatistik auf

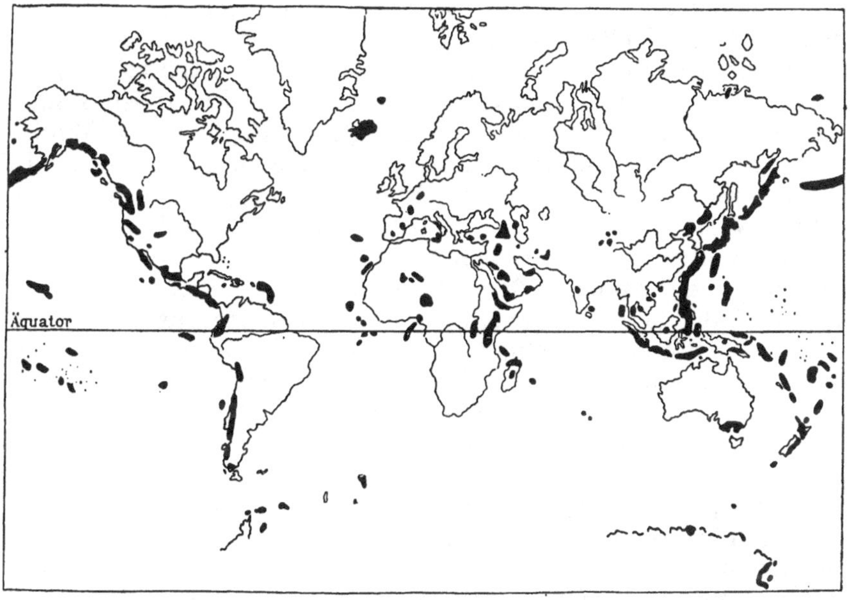

Fig. 10. Verbreitung der noch tätigen und tertiären Vulkane.
(Aus E. Kayser, »Lehrbuch der Geologie«. Stuttgart 1921.)

einer physischen Erdkarte ein, so tritt deutlich ein Zusammenhang zwischen dem Vulkanismus und den das Antlitz der Erde beherrschenden mächtigen Kettengebirgen (vgl. Bd. I S. 76) zutage. In den Zonen, in denen sich junge Auffaltungen mit beträchtlichen Vertikalbewegungen paarten, um die Leitlinien des irdischen Reliefs zu schaffen, fand der Vulkanismus offenbar besonders günstige Entfaltungsmöglichkeiten. Tätige und noch zahlreichere erloschene Vulkane treten in fast allen Hochgebirgen der Alten und der Neuen Welt auf, wenngleich hervorgehoben werden muß, daß die höchsten asiatischen Ketten, vor allem der Himalaya, nahezu frei davon sind. Bald sind die Vulkane dem Gebirgskamm aufgesetzt (zahlreiche Andenvulkane), bald liegen sie zwischen den Kettenzügen (Mexiko), bald umsäumen sie die Gebirgsränder (Apennin-Vorland). Eine klare Beziehung zum Gebirgsbau ist nicht immer mit Sicherheit zu erkennen, wenngleich wir uns vergegenwärtigen müssen, daß die horizontale Entfernung zwischen der Ausbruchstelle und den Hauptdislokationen im Verhältnis zur Länge des Vulkanschlots in allen Fällen geringfügig ist.

Oftmals ergibt sich durch eingehendes Studium des Gebirgsbaus, daß die aus der Tiefe heraufführenden vulkanischen Kanäle nicht so sehr die Zone vorwiegender Faltung als vielmehr die die zusammengeschobenen Massen begleitenden oder durchsetzenden Bruchfelder bevorzugen. So liegen in Nordamerika Lassen Peak und Mt. Shasta zwar im Streichen der Sierra Nevada, aber nicht auf dem Kamm, sondern an den Stellen, wo das Gebirge einen Einbruch erlitten hat. In Europa waren die inneren Senkungsfelder jener Kettengebirge, deren kristallinische Zonen nur mehr in Bruchstücken vorhanden sind, ein Hauptschauplatz der vulkanischen Tätigkeit. Am inneren Rand der Apenninen ziehen Vulkane von Toskana bis Sizilien. Solche sind die Trachytberge Monte Amiata und Monte Cimino, die Kraterseen von Bolsena, Vico und Bracciano, das Albanergebirge bei Rom, das vielleicht noch in geschichtlicher Zeit tätig war; die acht Vulkane des Hernikerlandes bei Frosinone, deren Entstehung nach Branca in die vor- oder die altalluviale Periode fällt; die Rocca monfina, die tertiären Vulkane der Pontinischen Inseln, die phlegräische Gruppe mit der Solfatara und dem Monte nuovo, die Inseln Procida, Vivara und Ischia mit dem Epomeo, der 1302 den letzten Ausbruch erlebte; der Vesuv und endlich die Liparischen Inseln, von denen Stromboli, Vulcano und Lipari noch tätig sind. Nur der Ätna und der erloschene Vultur liegen an der Außenseite der Apenninen und bilden nach Suess die Endpunkte radialer Erdbebenlinien. — Am mediterranen Bruchrand des Atlas finden sich ebenfalls insulare und kontinentale Vulkane, und in gleicher Weise ist die Innenseite des andalusischen Gebirgssystems von Cabo de Gata bis Cabo de Palos mit jungen Eruptivbildungen besetzt. — Den inneren Rand der Karpathen begleiten die vorwiegend trachytischen Gebirge von Schemnitz und Kremnitz, von Gran, der Matrastock, die weinberühmte Hegyalja, der Vihorlat-Gutin-Zug und die kettenförmige Hargita. Auf der östlichen Bruchseite der Alpen mangeln trachytische und basaltische Ausbruchsstellen nicht gänzlich, und die Wiener Thermenlinie ist ein anderer Zeuge des gewaltigen Einsturzes dieser Gebirgskette. Der Balkan hat ebenfalls an seiner Bruchseite junge Eruptivgesteine und warme Quellen. In ähnlichen Beziehungen steht wohl die erloschene Vulkanreihe vom Argäus bis zum Kara-Dagh zum Taurus und stehen vielleicht die armenischen Feuerberge zum Kaukasus. — Genauere Beziehungen zwischen dem Auftreten von Vulkanreihen und den orographisch-geologischen Verhältnissen lassen sich auch im griechischen und westindischen Archipel nachweisen. Die griechischen Vulkane aus jungtertiären Eruptivgesteinen ziehen von einem von Philippson entdeckten Punkt am Isthmus von Korinth über Methana, Poros, Ägina und die Milosgruppe nach Santorin, also am Außenrand des zu Inseln zerstückelten Gebirges, wo das seichte Ägäische Meer zu bedeutenden Tiefen absinkt. In den Kleinen Antillen folgen von Osten nach Westen: 1. Bruchstücke einer tertiären Außenzone (Barbados, Barbuda, Sombrero, Anegada), 2. eine Inselreihe von Anguilla bis zur Osthälfte von Guadeloupe, wo unter tertiären Laven und Sedimenten ein Unterbau alter Felsarten sichtbar wird, der als Rest einer ehemaligen Gebirgskette gedeutet werden kann, und endlich 3. der große Bogen junger Vulkane von Saba bis Grenada. Ein genaues Seitenstück zu dieser Anordnung sieht SUESS in den Riu-Kiu-Inseln.

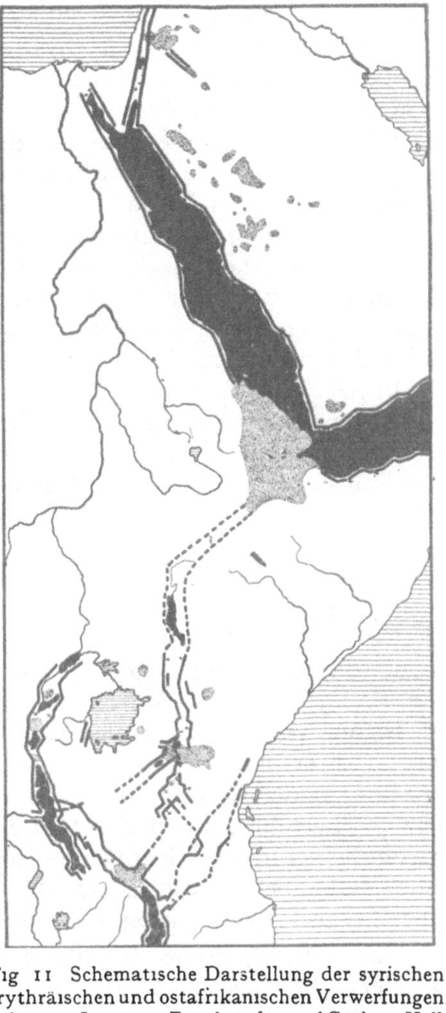

Fig 11 Schematische Darstellung der syrischen, erythräischen und ostafrikanischen Verwerfungen. Schwarze Linien = Bruchstufen und Gräben. Vollschwarz = mit Wasser bedeckte Teile der Grabensohle. Gekörnt = jungvulkanische Gesteine.

In Gebieten der Erde, die von jüngerer Faltung nicht betroffen wurden, sind die Vulkane in erheblichem Umfang an diejenigen Zonen gebunden, in denen die Erdrinde geborsten und von tiefen Rissen und Spalten durchsetzt ist. Wo Schichten auf weite Strecken hin niemals eine erhebliche Störung erlitten haben (europäisches Rußland) oder wo junge Tiefländer allmählich in das Meer verlaufen (arktische Küsten), da fehlen auch Vulkane; die Berstungsrisse größerer Art aber werden fast ausnahmslos von vulkanischen Erscheinungen begleitet. Das gilt im kleinen (Oberrheingebiet mit Kaiserstuhl [25], Hegau, Rheinisches Schiefergebirge mit den Eifel-Vulkanen, Siebengebirge, Hessen, böhmisches Erzgebirge u. a. m.) wie im großen. Als Beispiele letzterer Art verweisen wir auf Vorderasien und das östliche Afrika. Eines der interessantesten Ergebnisse der jüngeren Afrikaforschung ist die Entdeckung der großen ostafrikanischen Grabeneinstürze, die SUESS in genialer Weise mit den erythräischen und syrischen Brüchen verknüpft hat. Diese

Bruchzone, die größte, die wir kennen, erstreckt sich über 60 Breitengrade, vom Nordende Syriens bis zum Njassa, vielleicht bis zum Sambesi (Fig. 11). Das syrische Glied beginnt mit der Bekaâ zwischen dem Libanon und Antilibanon, setzt sich dann fort in der typischen Grabensenke des Ghôr, die unter dem Spiegel des Meeres liegt, und endet mit dem Golf von Akaba. Hier stößt der SSW streichende syrische Graben auf den NW streichenden erythräischen, der durch den Golf von Suez und das Rote Meer ausgefüllt ist. Dazu rechnet auch noch die niedrige Landschaft Afar, die neben erloschenen auch noch mehrere tätige Vulkankegel besitzt. Auch die Inseln sind hier vulkanische Schöpfungen, und die gegenüberliegende Küste Jemens, sowie die Hadramauts an dem Grabeneinbruch des Golfes von Aden sind ebenfalls umfangreiche, wenn auch zum größten Teil erloschene Vulkangebiete. Mit steilem Bruchrand stürzt das abessinische Hochland nach Afar ab; vom Vulkan Dofane bei Ankober führt SUESS die Bruchzone hypothetisch weiter bis zum Rudolfsee, wo die Entdeckungen v. HÖHNELS beginnen, die weiter im Süden durch die GREGORYS, BAUMANNS u. a. ergänzt werden. Die ostafrikanischen Gräben und Bruchstufen reichen von 5° n. Br. bis 6½° s. Br. und sind durch eine Reihe abflußloser Seebecken ausgezeichnet, haben aber den orographischen Charakter von Grabensenken zum Teil dadurch eingebüßt, daß sie mit jungeruptiven Gesteinen ausgefüllt wurden. Der tätige Telekivulkan ist schon früher genannt worden; östlich davon, an der Marsabitkette (ungefähr 2° n. Br., 38° ö. L.) hat Graf WICKENBURG drei Kraterberge entdeckt. Indes sind die Beziehungen der Vulkane zu den ostafrikanischen Gräben noch nicht völlig aufgeklärt. Die beiden Bergriesen Kenia und Kilimandscharo liegen abseits davon, und die Riesenkrater westlich vom Magadsee (ungefähr 2° s. Br., 36° ö. L.) sind älter als die große Bruchstufe; jedoch hält es ihr Erforscher JAEGER [26] für wahrscheinlich, daß auch ihnen Brüche vorgearbeitet haben. Deutlicher prägt sich der zentralafrikanische Graben in der Bodengestaltung aus; er enthält die Seen Tanganjika, Kiwu, Albert Edward- und Albert-See, und zwischen dem zweiten und dritten liegen in drei Gruppen angeordnet acht gewaltige 3000—4500 m hohe Vulkanberge, von denen die beiden noch tätigen Virunga erst jüngst (April 1927) wieder eingehend erforscht wurden [27].

Die geographische Verteilung der Vulkane hat uns gezeigt, daß das Hervorbrechen von Magma nicht regellos erfolgt, sondern an Zonen gebunden ist, in denen durch Faltung oder Bruchbildung das Gefüge der Erdkruste zerrüttet ist. Das Magma steigt dort auf, wo es den geringsten Widerstand findet. Vor Schematismus ist trotzdem zu warnen. Wenngleich man im allgemeinen den Vulkanismus als Anzeiger für Schwächezonen der Erdrinde ansprechen darf, so geht es doch nicht an, aus dem Auftreten vulkanischer Erscheinungen ohne weiteres auf tektonische Linien zu schließen, willkürlich und lediglich auf den Vulkanismus gestützt Längs- und Querspalten zu konstruieren usw. Gründliche geologische Untersuchungen sind und bleiben die unentbehrliche Voraussetzung für die Beurteilung der räumlichen Anordnung des Vulkanismus *.

In einem Falle allerdings ist man einstweilen ganz auf Spekulation angewiesen: die Häufung der Vulkane im Bereich der Tropen- und Subtropenzone. TH. ARLDT [28] glaubt, die stärkste Vulkananreicherung in dem mittelmeerischen Gürtel (amerikanisches, europäisches und austral-asiatisches Mittelmeer) feststellen zu können, der den heutigen Äquator unter etwa $25^1/_2{}^0$ schneidet; er möchte in dieser Häufung Resterscheinungen jener Urzeit der Erde erblicken, wo gemäß seiner Theorie die Erdachse senkrecht auf der Erdbahn stand und die Maximalwirkungen der Sonnen- und Mondgezeiten immer den gleichen schmalen Äquatorialstreifen betrafen, nicht wechselnde Breitenzonen wie heute. Hier habe sich demgemäß damals eine zirkumäquatoriale Schwächezone der Erdkruste und entsprechend eine besonders vulkanreiche Zone entwickelt, die dann mit der Verlagerung der Erdachse ihre Breitenlage verschob, ohne den ursprünglichen Charakter als Schwächezone einzubüßen. Wir sehen von einer Stellungnahme zu dieser Hypothese ab, da die Erörterung natürlich schon bei den Prämissen einsetzen müßte. Es mag unwahrscheinlich vorkommen, daß solche uralte, weit zurückliegende Einflüsse noch für den gegenwärtigen Vulkanismus von Bedeutung sein sollen, aber eine andere, weniger Bedenken weckende Erklärung für die Häufung der Vulkane in der heutigen Tropen- und Subtropen-Zone ist z. Z. nicht zu bieten.

Theorie des Vulkanismus. Über zwei Punkte vor allem hat die Theorie Auskunft zu geben: über die Herkunft des Magmas und über die Kraft, die es zum Aufsteigen veranlaßt.

Die erste Frage löst sich in zwei Teilfragen auf: 1. In welcher Tiefe dürfen wir den Lavaherd eines Vulkans vermuten? 2. Hat das Magma einen gemeinsamen Ursprung, werden alle Vulkane aus demselben Herd gespeist, oder stammt das Fördermaterial der einzelnen Vulkane bzw. Vulkangebiete aus verschiedenen Quellen?

Schon im ersten Band dieses Werkes (vgl. Bd. I S. 36) wurde darauf hingewiesen, daß zwar die Gesteinstemperatur mit der Tiefe wächst, daß sich gleichzeitig aber auch der Belastungsdruck und damit der Schmelzpunkt der Gesteinsmassen erhöht. Da nun aller Wahrscheinlichkeit

* Wie schwierig es im einzelnen ist, zu entscheiden, ob die Vulkane an Spalten gebunden sind oder nicht, zeigt die Auseinandersetzung BÜCKING-GRUPE über die hessischen Vulkane. Daß diese in ursächlichem Zusammenhang mit dem hessischen Senkungsfeld (zwischen Rheintal-Graben und Leinetal-Graben) stehen, wird allgemein anerkannt; ob aber jeder einzelne Ausbruch eine besondere Störung zur Voraussetzung hat, ist strittig (vgl. H. BÜCKING in Gerlands Beitr. zur Geophysik 1904 S. 267 und in Monatsber. d. D. Geolog. Ges. 1912 S. 109; O. GRUPE in Zeitschr. d. D. Geolog. Ges. 1911 S. 264).

nach Druck und Schmelzpunkt mit wachsender Tiefe rascher steigen als die Temperatur, so ist die Vorstellung von einem im gewöhnlichen Sinne glutflüssigen Erdinnern abzulehnen. Wenn aber der Übergang in den Schmelzfluß nur dadurch verhindert wird, daß die Gesteine der Tiefe trotz hoher Temperatur infolge zu starken Druckes ihren jeweiligen Schmelzpunkt nicht erreichen können, so ist es klar, daß der Übergang in den flüssigen Zustand dann eintreten muß, wenn ohne wesentliche Temperaturerniedrigung genügend starke Druckabnahme erfolgt. Eine derartige Druckabnahme kann durch Spaltenbildung, durch Aufwölbung der Deckschichten, durch Entgasung u. a. m. bewirkt werden. Ob ein solcher Vorgang zur Entstehung flüssigen Materials führt oder nicht, hängt im wesentlichen von dem Maß der Druckerniedrigung ab; unterschreitet der bei dem betr. Druck in Frage kommende Schmelzpunkt die in der Tiefe herrschende Temperatur, so leitet sich der Verflüssigungsvorgang automatisch ein. Für die Frage nun, in welcher Tiefe die Umwandlung des Gesteins in Magma stattfindet, sind TAMMANNS [29] Untersuchungen über den vermutlich bei allen irdischen Stoffen vorhandenen maximalen Schmelzpunkt bedeutungsvoll. Nach TAMMANN findet die Erhöhung des Schmelzpunktes mit steigendem Druck nur bis zu einem gewissen Grenzwert statt. Jenseits davon erniedrigt sich der Schmelzpunkt, selbst wenn die Drucksteigerung anhält. Die meisten Stoffe erreichen diesen maximalen Schmelzpunkt erst bei sehr hohen Drucken, die Gesteine der Erdkruste schätzungsweise bei etwa 40 000 Atmosphären. Gilt die TAMMANNsche Annahme auch für die Massen der Tiefe — die erforderlich hohen Drucke vermögen wir im Laboratorium einstweilen nicht zu erzeugen —, so können wir mit Hilfe des maximalen Schmelzpunktes die Höchsttiefe der Lavaherde annähernd bestimmen. Jenseits der durch den maximalen Schmelzpunkt dargestellten Grenze ändert sich der Aggregatzustand der Tiefenmassen bei gleichbleibender Temperatur selbst dann nicht, wenn der Druck nachläßt; nur diesseits des Grenzwertes bedeutet Druckermäßigung zugleich Erreichung bzw. Überschreitung des Schmelzpunktes, d. h. Übergang in den flüssigen Aggregatzustand. Die Tiefe, in der der maximale Schmelzpunkt des Krustenmaterials erreicht wird, bedeutet also zugleich die maximale Tiefe, bis zu der durch Druckermäßigung eine Schmelzflüssigkeit der Tiefenmassen bewirkt werden kann. Ein Druck von 40 000 Atmosphären aber dürfte in ungefähr 120—150 km Tiefe vorherrschen. Das magmatische Material wurzelt demnach in einer Tiefe, die 150 km kaum überschreiten dürfte.

Zu ähnlichen Anschauungen gelangen wir auch auf anderem Wege. Das spezifische Gewicht der Laven ist nicht erheblich viel größer als die durchschnittliche Dichte der Erdkrustengesteine (2.7—2.8). Auch diese Tatsache spricht also entschieden für relativ geringe Herdtiefe, läßt es jedenfalls als ausgeschlossen erscheinen, eine Tiefe von mehreren Hunderten oder gar über tausend km anzunehmen. — Es ist weiterhin zu berücksichtigen, daß die Temperatur der magmatischen Massen bei ihrem Erreichen der Erdoberfläche im Höchstfalle 1200 bis 1300° C beträgt. Eine derartige Temperatur würde bei Geltung der mittleren geothermischen Tiefenstufe (vgl. Bd. I S. 27) bereits in 30—40 km Tiefe erreicht sein. Nun wächst zwar sicherlich die geothermische Tiefenstufe mit zunehmender Tiefe; aber selbst wenn wir dem Rechnung tragen, kommen wir zu dem Ergebnis, daß die magmatischen Massen unserer Vulkane aus keiner größeren Tiefe als etwa 120 km stammen.

Man kann dagegen einwenden, daß den obigen Ausführungen keine zwingende Kraft zukommt, daß zwar zwischen fester Erdkruste und festem Erdkern sehr wohl eine heißflüssige Zwischenschicht eingeschaltet ist, die heute tätigen Vulkane aber nicht mehr in ihr wurzeln, sondern in davon abgezweigten selbständigen Nestern innerhalb der Gesteinsschale. Derartige Auffassungen hat vor allem A. Stübel vertreten. Er geht davon aus, daß die ursprüngliche Erstarrungskruste des feurig-flüssigen Erdballs im Laufe der Jahrmillionen unendlich oft durchbrochen wurde und immer wieder neue Lavamassen die zunächst noch dünne Erdhaut überfluteten. Indem sich so eine riesige Lavaschicht auf die andere legte, entstand die etwa 50 km mächtige Panzerdecke, die ihrerseits die später gebildete, etwa 10—20 km dicke Schicht der Sedimente trägt. In der Panzerdecke blieben nach Stübel einzelne Magmanester erhalten, deren Material, durch die überlagernden Decken gegen rasche Auskühlung geschützt, seine Glutflüssigkeit wahrte und den Oberflächenvulkanismus speist. Stübels Theorie, die zu der oben bereits erwähnten Annahme des Vorherrschens monogener Vulkanbauten führt, gilt heute zwar allgemein als überwunden, dagegen hat sich der Grundgedanke der Verschiedenheit der Magmaquellen als fruchtbar und notwendig erwiesen. Wir gelangen damit zu einer Erörterung der oben aufgeworfenen zweiten Teilfrage.

Zunächst lehrt die Erfahrung, daß selbst benachbarte Vulkane sich in ihrer Tätigkeit gegenseitig nicht beeinflussen. Ein drastisches Beispiel bieten Loa und Kilauea, die, wie wir gesehen, doch völlig zu einem einzigen Berg verschmolzen sind. Von neun Eruptionen, die jeder Vulkan seit 1832 hatte, waren nur drei, der im Jahre 1868 streng und die in den Jahren 1832 und 1855 nahezu gleichzeitig. Dagegen wechselten die Eruptionen der beiden Kamtschatka-Vulkane, des Kljutschewskaja Sopka und des Schiweljutsch, im Jahr 1854 trotz ihrer beträchtlichen Entfernung so exakt miteinander ab, daß man keinen Zweifel hegen kann, daß dieselbe Lava bald durch den einen, bald durch den anderen Schlot einen Ausweg fand. Augenscheinlich ist auch der Zusammenhang zwischen den Ausbrüchen auf St. Vincent und Martinique im Jahr 1902, aber das dazwischenliegende

St. Lucia zeigte keine Spur größerer Erregung, und nur westlich davon soll am 9. Mai 1902 ein leichter unterseeischer Ausbruch stattgefunden haben.

Für die Annahme gesonderter Lavaherde wurde auch die Verschiedenheit der Laven ins Feld geführt. »Erinnern wir uns«, sagt v. Fritsch, »daß in den Jahren 1865—67 auf dem engbegrenzten Gebiet des Mittelmeeres viererlei Lava floß, jede von der anderen wesentlich abweichend, jede aber im allgemeinen dem Charakter der letzten Ausbrüche desselben vulkanischen Gebietes entsprechend, nämlich die Ätnalava von 1865, die Santorinlava von 1866, die Vesuvlava vom März 1866 und von 1867—68 und gleichzeitig mit allen diesen die fortdauernden kleinen Ergüsse des Stromboli.« Der Vesuv hat basaltische, die Phlegräischen Felder haben trachytische Lava; von den beiden eng benachbarten Eruptionspunkten des Monte Cimino förderte der eine augitandesitische, der andere nephelin- und leuzithaltige Gesteine zutage.

Die Beweiskraft solcher Tatsachen wird indes vermindert durch die andere Tatsache, daß auch der Lavacharakter eines und desselben Vulkans in manchen Fällen dem Wechsel unterworfen ist. Der Vesuv z. B. hatte früher eine trachytische Periode, ja Hekla und Krafla auf Island werfen abwechselnd saure und basische Laven aus, und es ist Bunsen gelungen, nachzuweisen, daß die auf Island neben normaltrachytischen und normalbasaltischen Gesteinen vorkommenden Übergänge sich in der Tat auf Mischung der beiden Normallaven zurückführen lassen. Nach Iddings' Gesetz soll eine Eruptionsreihe mit Gesteinen mittlerer Art beginnen und mit extremen enden, und in der Tat wiederholte sich in Berkeley Hills im kalifornischen Küstengebirge die Aufeinanderfolge von Andesit, Basalt und Liparit nicht weniger als sechsmal. Ganz anders ist dagegen das Verhalten des Vulcanokraters auf den Liparischen Inseln, denn nicht nur wechselt die chemische Zusammensetzung der Lava bei verschiedenen Ausbrüchen regellos, sondern sie schwankt auch bei den Auswürflingen einer und derselben Eruption. Bergeat bezeichnet es geradezu als allgemeine Regel, daß der Lavacharakter an einer und derselben Erdstelle im Laufe geologischer Zeiträume nicht konstant bleibt.

Für die Gesamtheit der eben geschilderten Erscheinungen eine restlos befriedigende Erklärung zu finden, ist bei dem gegenwärtigen Stand der Wissenschaft kaum möglich. Vielleicht darf man annehmen, daß tatsächlich in tektonisch stark gestörten Gebieten durch Druckentlastung selbst in geringer Entfernung getrennte Lavaherde entstehen, daß aber andererseits der Magmainhalt eines und desselben Herdes im Laufe der Zeit eine Differenzierung erfährt. Zu denken wäre etwa an eine zeitliche oder räumliche Spaltung des Stammagmas durch Kristallisations- oder Entmischungsvorgänge, an eine allmähliche Veränderung des ursprünglichen chemischen und mineralogischen Charakters des Magmas infolge Einschmelzung fremder Gesteinsmassen usw. Es wird weiterer sorgfältiger Studien an Vulkanen und vulkanischen Gesteinen bedürfen, um hier endgültig Klarheit zu schaffen.

Auch in bezug auf das zweite theoretische Grundproblem, die Frage nach der den Aufstieg magmatischer Massen bewirkenden Kraft, sind die Meinungen noch immer geteilt. Die früher herrschende Ansicht, daß das Meereswasser bis zum glutflüssigen Magma vordringe und der Wasserdampf wenigstens für die Explosionserscheinungen verantwortlich zu machen sei, ist heute wohl nicht mehr zu halten. Schon allein physikalische Gründe führen zu ihrer Ablehnung. Denn wenn es größeren Wassermengen tatsächlich gelänge, in beträchtliche Tiefen vorzudringen, so würde doch keine Explosion eintreten können, da sich dann das LEIDENFROST'sche Phänomen bemerkbar machen müßte, d. h. der untere Teil der Wassermengen würde sich in Dampf verwandeln und sich wärmeisolierend und tragend zwischen die unterirdische Wärmequelle und die oberen flüssigen Wassermengen einschieben. Aber auch das Vorhandensein der meeresfernen Vulkane ist der Theorie, wie wir oben schon erwähnten, ungünstig. Ferner weist TSCHERMAK darauf hin, daß die Unregelmäßigkeit und Seltenheit der Eruptionen sich schwerlich mit einer dauernd wirkenden Ursache vereinen läßt. Auch können die magmatischen Gase ihrer Natur nach nicht aus dem Meereswasser entstanden sein, vielmehr sind sie wohl meist ursprüngliche Bestandteile des Magmas und zwar von diesem schon in der Zeit der noch glutflüssigen Erde absorbiert. Daß es sich um regelrechte Gasabsorbtion des Magmas handelt, läßt sich z. B. schon daraus folgern, daß sie beim Erstarren der Lava in bestimmter Reihenfolge entweichen.

Die Energie, die den Ausbruch zustande bringt, wird nach F. v. WOLFF durch das Freiwerden der im Magma eingeschlossenen Gase geliefert. Diese Entgasung kann infolge Druckentlastung, Abkühlung oder Kristallisation zustande kommen. Besonders bei der Kristallisation erfolgt eine nahezu völlige Trennung von Gas und Magma. Die vulkanische Energie wird also mit der Zeit erworben. Die Wirkung der freigewordenen Gasmassen ist nun eine doppelte. Einmal wirken sie mechanisch sprengend durch ihre plötzliche Ausdehnung; sie öffnen den Trichter und reißen die Schlotwände ab, dadurch die Esse erweiternd. Dann aber auch können sie stichflammenartig aufschmelzend wirken; die dazu erforderlichen Wärmemengen entstehen bei chemischen Umsetzungen zwischen den freigewordenen Gasen. Die Gasmassen bohren also die Esse aus, halten sie offen oder öffnen sie bei Verstopfung von neuem. Daß sie dabei den Weg des geringsten Widerstandes einschlagen, also schon bereits vorhandene Risse und Spalten benutzen, ist leicht einzusehen. Ist nun der Weg zur Erdoberfläche geschaffen, so kann die flüssige Lava nachdringen. Dabei hängt es nun von den örtlichen Umständen, dem Zähigkeitsgrad der Lava und anderem ab, ob im weiteren der Charakter des Vulkans explosiv oder effusiv wird. Ist die Lava dünnflüssig, was bei genügend hoher Temperatur und bestimmter chemischer Zusammensetzung der Fall zu sein pflegt, so findet sie ohne sonderliche Schwierigkeiten den Weg nach oben und baut als effusiver Ausbruch Schildvulkane, Lavadecken, Plateaus oder ähnliches auf. Ist die Lava aber sehr zähflüssig, so verstopft sie leicht den Förderweg, und es bedarf erst wieder einer gewissen Gasansammlung, um den Weg erneut zu öffnen oder zu erweitern, d. h. der Ausbruch nimmt explosive Natur an. Nach F. v. Wolff und anderen ist der Unterschied zwischen explosiven und effusiven Vulkanausbrüchen lediglich ein solcher der verschiedenen Zähigkeit des Magmas, also vor allem eine Funktion der Temperatur. Demgemäß muß bei allmählichem Sinken der Temperatur im Herd oder im Vulkanschlot der effusive Charakter in den explosiven übergehen.

Diese Anschauungen, auf chemisch-physikalischen Forschungen aufbauend, lassen für die älteren Ansichten über die Kraft des Vulkanismus keine Daseinsberechtigung mehr. Stübel z. B. hatte angenommen, daß beim Erkalten des Magmas wenigstens vorübergehend ein Zustand der Volumenvergrößerung eintrete, der dem Magma die Kraft zum Sprengen der Decke und zum Aufdringen gäbe. Dölter widerlegte diese Vermutung hinsichtlich der Silikatgesteine, und Fleischer's Beobachtungen, die Stübel stützen sollten, sind als fehlerhaft befunden. Tammanns bereits erwähnte Untersuchung über den maximalen Schmelzpunkt führen zu der Annahme, daß der Erkaltungsprozeß des Magmas in geringeren Tiefen mit Zusammenziehung, in größeren mit Ausdehnung verbunden ist. Die Ausdehnung mag wohl die Kruste heben, reicht aber kaum dazu aus, Gesteinsdecken von mehreren km Mächtigkeit zu durchbrechen. So kommt man auch hier wieder zu dem Schluß, daß Zerrüttungs- und Aufwölbungszonen für das Zustandekommen vulkanischer Ausbrüche eine wesentliche Rolle spielen.

Von gewissem Interesse sind schließlich die Versuche, den irdischen Vulkanismus auf kosmische Ursachen zurückzuführen. So will L. de Marchi [30] gefunden haben, daß die vulkanische Tätigkeit im umgekehrten Verhältnis zur Häufigkeit der Sonnenflecken stehe. Auch Jensen [31] verlegt das Hauptmaximum auf die Zeit der Fleckenminima, ein sekundäres aber in die Epoche der Fleckenmaxima. Bogolepow [32] nimmt eine Periodizität von 3—4, 11 und 33 Jahren und eine periodische Wanderung der vulkanischen Hauptttätigkeit an. Johnston-Lavis [33] will in der Tätigkeit des Vesuv Einflüsse des Luftdrucks und gezeitenartige Wirkungen erkannt haben. Bei der Mangelhaftigkeit der zugrunde gelegten Statistiken empfiehlt es sich, diese überraschenden Entdeckungen mit größter Zurückhaltung aufzunehmen.

Pseudovulkanismus (Schlammsprudel). Neben den echten Vulkanen nennt der Sprachgebrauch auch »Schlammvulkane«, für die GÜMBEL 34 die passendere Bezeichnung Schlammsprudel vorgeschlagen hat. Man versteht darunter Hügel, die, wie die echten Vulkane, das Produkt ihrer eigenen Tätigkeit sind, aber nur aus tonigem Schlamm bestehen, der bei starkem Regen oft so völlig erweicht wird,

Fig. 12. Schlammkegel Boos Dagh I auf Apscheron (Höhe: 300 m).
(Aus E. Blumer, »Die Erdöllagerstätten«. Stuttgart 1922.)

daß der ganze Hügel zerfließt. Auf dem Gipfel befindet sich der zur Zeit der Ruhe meist mit schlammigem Wasser gefüllte Krater mit den Eruptionsöffnungen. Die Höhe ist in der Regel außerordentlich gering im Vergleich zum Umfang, auf Trinidad z. T. nur 1,3 m; bei Jenikale (Krim) ist der größte Kegel nur 1 m hoch, die anderen aber nur 29—35 cm, und vielen der kleinen Öffnungen fehlt jede Umwallung. Zu den höchsten gehören der Macaluba auf Sizilien (49 m) und vor allem die Schlammvulkane der kaspischen Region, wo dieses Phänomen am großartigsten entwickelt ist (Fig. 12 u. 13). Neben Hunderten von kleinen Eruptionspunkten zählt man zwischen Baku und der Kuramündung etwa 30 große Schlammberge und sechs solcher Inseln. Der Kegel des Osman-Dagh mißt sicher 300 m Höhe, und der Krater des 150 m hohen Agh-Sibyr hat einen Durchmesser von 900 m. Perioden der Ruhe, in denen nur Gas ausströmt, wechseln mit solchen heftiger Tätigkeit. Dann steigen in dem breiartigen Schlamm des Kraters große Blasen auf und zerspringen unter donnerartigem Getös, wobei Schlamm, manchmal auch Steine ausgeworfen werden. Der Ausbruch des Lok-Botan im Bakugebiet am 5. Januar 1887 war von einer prächtigen Lichterscheinung begleitet, indem sich die entzündeten Gase zu einer Feuersäule von 600 m Höhe erhoben. Der Schlammstrom, der sich aus dem Krater ergoß, war 300 m lang, 200 m breit und durchschnittlich 2 m mächtig. Erdbeben sind als Begleiterscheinungen nicht selten, auch spaltet sich manchmal der Boden, und es tritt sogar Senkung ein.

Schlammausbrüche finden auch auf dem Boden von Seen und des Meeres statt und geben dann, wie die vulkanischen, Veranlassung zur Inselbildung, die aber in der Regel nicht von langer Dauer ist. Aus den letzten Jahrzehnten sind uns fünf Fälle bekannt: am 26. Juli 1841 ent-

Fig. 13. Der große Schlammstrom aus dem Schlammvulkan Boos Dagh II auf Apscheron. (Aus E. Blumer, »Die Erdöllagerstätten«. Stuttgart 1922.)

stand eine Insel unweit der Insel Cheduba an der Küste von Arakan, und dieser Vorgang wiederholte sich am 15. Dezember 1906; 1861 ist das Geburtsjahr des Kumani im Kaspisee, und am 21. September 1897 tauchten, offenbar im Zusammenhang mit dem gleichzeitigen heftigen philippinischen Erdbeben, zwei Schlamminseln an der Küste von Borneo, bei Labua und bei Balambangan auf. Die erstere, die man Ruby getauft hat, besuchte Karl Schmidt [35] zwei Jahre später; ihre ursprüngliche Länge von 250 m war damals schon auf 140 m zurückgegangen. Das letzte bekannt gewordene Ereignis dieser Art war der Ausbruch in der Nähe von Trinidad am 4. November 1911.

Unter dem Begriff »Schlammsprudel« hat man zwei in ihrer orographischen Erscheinung zwar gleiche, genetisch aber verschiedene Phänomene zusammengefaßt. Die eine Art, die man als warme Schlammsprudel bezeichnen kann, wird durch eine beständig hohe Temperatur und durch das Ausströmen großer Mengen von Wasserdampf oder Kohlensäure charakterisiert. Sie sind nur vulkanische Begleiterscheinungen, Solfataren in der tonreichen Umgebung von Feuerbergen, namentlich im Gebiet der von Fumarolen zersetzten

Aschen- und Tuffschichten, und als solche nur auf vulkanische Gegenden (Island, Zentralamerika, Celebes, Luzon, Neuseeland) beschränkt. Die kalten Schlammsprudel oder Salsen (Makaluben) stehen dagegen mit dem Vulkanismus in keinem direkten Zusammenhang. Ihre Temperatur erhöht sich nur zur Zeit heftiger Eruptionen, und auch nur dann wird Wasserdampf in größerer Menge ausgestoßen. Sonst aber bildet Kohlenwasserstoff 90—95 Prozent aller exhalierten Gase. Solche Schlammsprudel sind die unter dem Namen »Mudlumps« bekannten Inselchen an den Mündungen des Mississippi, die der Zersetzung der in den Deltaablagerungen aufgehäuften organischen Substanzen und der damit Hand in Hand gehenden Gasentwicklung ihre Existenz verdanken. Auf eine ähnliche Ursache sind die Schlammsprudel der Njarasa-Senke (Deutsch-Ostafrika) zurückzuführen [36].

Andere Schlammsprudel sind in ihrem Vorkommen an das Vorhandensein von Naphta und Tonschichten gebunden; ihr Hauptgebiet finden wir am Südabhang des Kaukasus, auf den Halbinseln Taman und Kertsch und in der Umgebung von Baku. Das Naphta, ein Gemisch flüssiger Kohlenwasserstoffe, entsteht nach der herrschenden Anschauung durch die Zersetzung organischer, zumeist tierischer Reste. Die Erfahrungen in den Petroleumdistrikten der Alten und Neuen Welt haben gelehrt, daß im gefalteten Gelände die Aussichten für die Erbohrung von Naphtaquellen auf den Schichtensätteln viel günstiger sind als in den Schichtenmulden, weil das spezifisch leichtere Erdöl in die höheren Lagen der porösen Schicht aufsteigt. Damit steht die Tatsache in Verbindung, daß die kaspischen Schlammvulkane mit Ausnahme eines einzigen reihenweise auf Sattellinien liegen. So stehen also auch die Salsen wie die echten Vulkane und die solfatarischen Schlammsprudel in innigen Beziehungen zu dem geologischen Bau des Untergrundes.

Anthropogeographische Bedeutung des Vulkanismus. Daß der Vulkanismus gewöhnlich als Feind des Menschen, als Gefahr für Leben und Eigentum, Siedlung und Wirtschaft auftritt, bedarf nicht der Betonung. Die oft damit verbundenen Erdbeben, Hebungen und Senkungen der Erdkruste, Schlammströme, Flußaufstauungen, Laufveränderungen, Überschwemmungen u. a. m. erweisen sich als fast ebenso verhängnisvolles Gefahrmoment wie die Ausbrüche selbst. Von diesen zeitigen in der Regel die Lavaausbrüche nicht ganz so furchtbare Schäden wie die Ascheneruptionen. Die Lavaströme bewegen sich gewöhnlich mit mäßiger Geschwindigkeit und in nicht gar zu erheblicher Breite zu Tale; sie gestatten daher bei rechtzeitiger Warnung wenigstens die Rettung des nackten Lebens, meist auch noch eines guten Teils der beweglichen Habe. Die Aschenregen dagegen erfassen gleichzeitig sehr viel größere Flächen, vernichten weithin Weiden und Äcker und können sich nicht nur privatwirtschaftlich, sondern auch volkswirtschaftlich zu wahren Katastrophen auswachsen (schwere Schädigung der Währung in Guatemala 1902). Herrschen im Vulkangebiet starke Winde aus bestimmter Richtung vor, so ergeben sich bei den Ausbrüchen von Lockermassen ausgesprochene Gefahrrichtungen; in Passatgegenden hat man mit einer, in Monsungebieten naturgemäß mit zwei solcher radialen Gefahrzonen zu rechnen.

Die Zahl der Opfer vulkanischer Ausbrüche für den Zeitraum 1500 bis 1914 schätzt SAPPER auf etwa 190 000 Menschen. Davon entfallen auf Lavaausbrüche einschließlich Schlammströme, Steinlawinen usw. etwa 9—10 000, auf Ascheneruptionen ungefähr 180 000 (Tambora 1815: 56 000 Tote, Krakatau 1883: 36 500 Tote, Montagne Pelée 1902: 30 000 Tote). — Geographisch verteilen sich die Verluste an Menschenleben so, daß der Vulkanismus in der pazifischen Erdhälfte 93% der Gesamtopfer, in der atlantisch-indischen Erdhälfte 7% forderte.

Wenngleich die Vulkangebiete als Bezirke instabiler Wirtschaft anzusprechen sind, darf doch nicht übersehen werden, daß sich der Mensch ungeachtet der gelegentlichen Katastrophen von der intensiven Nutzung vulkanischen Geländes kaum abschrecken läßt. Das gilt in besonderem Maße von den Vulkangebieten der Tropen, wo Wärme und Feuchtigkeit zusammenwirken, um die plutonischen Gesteine relativ schnell zu zersetzen und in einen nährstoffreichen, tiefgründigen Ackerboden zu verwandeln. Wir müssen uns in diesem Zusammenhang vergegenwärtigen, daß die dichteste Zusammenballung der Menschen ohne Mitwirkung der Industrie auf tropischen Vulkaninseln anzutreffen ist. So erreicht die mittlere Bevölkerungsdichte auf Martinique den Wert 231, in Java entfallen im Mittel sogar 281 Menschen auf den qkm gegenüber 133 in Deutschland und 245 in dem durchweg stark industrialisierten Belgien. Die agrarwirtschaftliche Hochwertigkeit vulkanischer Böden wird noch dadurch gesteigert, daß gelegentliche mäßige Aschenregen namentlich in der äußeren Zone, wo die Aschen schon kalt niederfallen, wie künstliche Düngung wirken. Auch die von den Lockermassen zurückgehaltene Feuchtigkeit kann von Wichtigkeit werden, und SAPPER führt auf diesen Umstand die Tatsache zurück, daß in der Umgebung des Santa Maria die Kaffeepflanzungen in den auf den Ausbruch folgenden Jahren besonders reiche Ernten trugen.

Von einer technischen Nutzung der vulkanischen Stoffe und Kräfte kann einstweilen nur in geringerem Umfange gesprochen werden. Sofern man die Thermen, die Geysir- und die Kohlensäurequellen schlechthin als Äußerungen vulkanischer Kräfte gelten lassen will, wäre in diesem Zusammenhang allerdings die ganze Fülle von Badeorten anzuführen, deren Entstehen sich auf das Empordringen meist hochtemperierter radioaktiver oder mineralhaltiger Tiefenwasser gründet. Auch das Berieseln der Kartoffelfelder mit warmem Wasser, wie es in Island zuweilen zwecks Beschleunigung der Fruchtreife geschieht, könnte hier erwähnt werden. Daß vulkanisches Gesteinsmaterial in der Pflasterstein-, Mühlstein- und Traßindustrie in starkem Umfange Verwendung findet, darf als bekannt vorausgesetzt werden. Auf die Bedeutung des Vulkanismus für die Bildung vieler Erzlagerstätten wurde oben bereits hingewiesen. Sowohl der Tiefen- wie der Oberflächenvulkanismus haben wichtige Lagerstätten erzeugt; sei es, daß sich die Erze aus dem Schmelzfluß, aus wässerigen magmatischen Lösungen, durch Gasaushauchungen oder durch Kontaktvorgänge bildeten. So sind z. B. an vulkanische Massen gebunden bedeutsame Eisenerzlagerstätten (Kiruna, Gellivare, Lahn-Dill-Gebiet), Kupfererzlagerstätten (Arizona, Utah, Mexiko), die »jungen Gold-Silbergänge« (Kordilleren), fast alle primären Quecksilber- und Zinnvorkommen der Erde usw. Auch die technische Verwertung der von manchen Solfataren gelieferten Schwefelmengen sei hier nur kurz erwähnt. Eine Ausnutzung der vulkanischen Aushauchungen in stofflicher und energetischer Hinsicht ist erst in den letzten Jahren in größerem Stile in die Wege geleitet worden; wir weisen vor allem auf die technische Nutzung der Borsäuredampfquellen in Toskana hin, wo die in der Nähe der Bohrungen entstandenen Werke außer Borax, Natron- und Ammoniumkarbonat auch große Mengen von Elektrizität mit Hilfe der Dämpfe erzeugen. Von Wichtigkeit ist weiterhin die technische Verwertung der Kohlensäureaushauchungen in Siebenbürgen und im Brohltal. Der Vollständigkeit halber mag zum Schluß vermerkt werden, daß wir auch beim Abbau des Chilesalpeters in Südamerika ein Erzeugnis gewinnen, bei dessen Entstehung sehr wahrscheinlich der Vulkanismus maßgeblich beteiligt ist. Jedenfalls ist J. Stoklasa [37] durch neuere Forschungen zu dem Ergebnis gelangt, daß der Stickstoff der Calichelager weder von verwitterten tierischen Exkrementen oder von Tierkadavern noch von Meertang stammt, sondern allein durch vulkanische Tätigkeit entstanden sein kann. Er hat berechnet, daß durch den letzten Ausbruch des Vesuv ungefähr 5 Mill. dz Stickstoff in Form von Ammoniak geliefert worden sind, und nimmt entsprechend höhere Werte für den südamerikanischen Vulkanismus an. Die intensive Nitrifikation des Ammoniaks kam in Chile dank der besonderen klimatischen Verhältnisse durch biochemische Prozesse zustande, welche durch die Radioaktivität ungemein gefördert wurden.

Literaturnachweise. [1] Als grundlegende Werke für das Gesamtgebiet der Morphologie verweisen wir auf: A. Penck, Morphologie der Erdoberfläche; 2 Bände, Stuttgart 1894. W. M. Davis, Die erklärende Beschreibung der Landformen; Leipzig-Berlin 1912. S. Passarge, Die Oberflächengestaltung der Erde; Bd. III der »Grundlagen der Landschaftskunde«, Hamburg 1920. R. Lehmann, Die Gestaltung der Erdoberfläche; Braunschweig 1925. A. Hettner, Die Oberflächenformen des Festlandes; Leipzig-Berlin 1928. Im übrigen enthalten alle einschlägigen Handbücher ausführliche Darstellungen über die Morphologie der Erdoberfläche, vor allem: J. Sölch in O. Kendes Handbuch der geographischen Wissenschaft; Berlin 1914. H. Wagner, Lehrbuch der Geographie; Hannover 1922. A. Philippson, Grundzüge der allgemeinen Geographie;

Leipzig 1921/24. E. Kayser, Lehrbuch der allg. Geologie; Stuttgart 1921. E. de Martonne, Traité de géographie physique; Paris 1925/27. — Dem Studierenden seien fernerhin zur Beachtung besonders empfohlen: H. Wagners Geographisches Jahrbuch (Gotha) und die Zeitschrift für Geomorphologie, herausgegeben von A. Aigner (Berlin). — [2] K. Schneider, Die vulkanischen Erscheinungen der Erde; Berlin 1911. F. v. Wolff, Der Vulkanismus; Stuttgart seit 1914 (umfassendes Handbuch). K. Sapper, Bericht über die vulkanischen Ereignisse der Jahre 1893—1913; Gerlands Beitr. z. Geophys. Bd. 14, 1915/18. A. Bergeat-K. Sapper, Die Vulkane; Breslau 1925 (leichtverständlicher allg. Überblick). K. Sapper, Vulkankunde; Stuttgart 1927 (beste geographische Darstellung des Vulkanismus, vorzügliche Bilder und Karten, ausführliche Literaturangaben). E. Tams, Übersicht über die vulkanologische Literatur für die Jahre 1922 bis 1926; Geogr. Jahrbuch, Gotha 1928. Zeitschrift für Vulkanologie, herausgegeben von I. Friedländer; Berlin seit 1914. — [3] K. Sapper 1927 S. 70/71. — [4] A. Wichmann, Siboga-Expeditie LXVI; Leiden 1925. — [5] K. Sapper 1927 S. 355. — [6] Th. Thoroddsen, Island; Gotha 1906 (Ergänzungshefte 152 u. 153 zu Petermanns Mitteilungen). H. Reck, Isländische Masseneruption; Jena 1910 (Geologische u. paläontologische Abhandlungen von E. Koken Bd. IX). H. Spethmann, Islands größter Vulkan; Leipzig 1913. Th. Thoroddsen, Die Geschichte der isländischen Vulkane; Kopenhagen 1925. — [7] S. P. Smith, The Eruption of Tarawera; Wellington 1887, A. P. W. Thomas, Report on the Eruption of Tarawera and Rotomahana; Wellington 1888. J. M. Bell, The Great Tarawera Volcanic Rift; Geographical Journal 1906, Bd. XXVII. — [8] J. D. Dana, Characteristics of Volcanoes; New York 1890. — C. E. Dutton, Hawaiian Volcanoes; 4. Jahresbericht des U. S. Geological Survey, Washington 1884. — [9] G. Friederici, Ein Besuch des Vulkans von Savaii (Samoa); Globus 1910 S. 14 ff. — [10] W. Reiss u. A. Stübel, Geschichte u. Beschreibung der vulkanischen Ausbrüche bei Santorin; Heidelberg 1868. — [11] H. Reck, Die Eruption des Santorin-Vulkans im Jahr 1925; Zeitschrift für Vulkanologie IX 1925/26. — [12] S. Sekiya u. J. Kikuchi, The Eruption of Bandai-san; Journal of the College of Science, Tokio 1889. — [13] R. D. M. Verbeek, Krakatau; Batavia 1884 (vgl. auch Petermanns Mitteil. 1886 S. 10). — [14] K. Sapper 1927 S. 104. — [15] Hauptwerk der reichen Pelée-Literatur ist A. Lacroix, La Montagne Pelée et ses Eruptions; Paris 1904. Die beste Arbeit darüber in deutscher Sprache lieferte K. Sapper im Neuen Jahrbuch für Mineralogie usw. 1904, Bd. II, S. 1. — [16] A. Heilprin, The Tower of Pelée; Philadelphia 1904. Derselbe, The shattered obelisk of Mt. Pelée; The National Geographical Magazin 1906, Bd. XVII. — [17] W. Branca in den Sitzungsberichten der Preußischen Akademie der Wissenschaften, Physik.-math. Klasse, 1903, Bd. XXXVI, S. 748. W. Branca, Schwabens 125 Vulkan-Embryonen; Stuttgart 1894. Eine kurze Zusammenfassung aller diesbezüglichen Fragen bietet A. Bentz, Das Nördlinger Riesproblem und seine Deutungen; Sitzungsber. Preuß. Geol. Landesanstalt, Berlin 1928. — [18] R. Lachmann, Die systematische Bedeutung eines neuen Vulkantyps (himidiatrema) aus dem Rézgebirge; Zeitschr. d. D. Geol. Ges. Monatsber. 61, 1909, S. 326. — [19] E. Rudolph, Über submarine Erdbeben und Eruptionen; Gerlands Beiträge zur Geophysik, Bd. I 1887, Bd. III 1897. — [20] T. A. Jaggar, The Evolution of Bogoslof Vulcano; Bulletin of the American Geographical Society 1908, Bd. XXXII. Die Abbildungen sind reproduziert im Geographischen Anzeiger, Gotha 1909, Sonderbeilage 10. — [21] G. Gerland, Vulkanische Studien; Beiträge zur Geophysik 1894. — [22] A. Stübel, Die Vulkanberge von Ecuador; Berlin 1897. Derselbe, Ein Wort über den Sitz der vulkanischen Kräfte in der Gegenwart; Leipzig 1901 (mit einer prächtigen bildlichen Darstellung der allmählichen Entwicklung des Vulkanismus nach Stübels Auffassung). Derselbe, Über die genetische Verschiedenheit vulkanischer Berge; Leipzig 1903. Derselbe, Die Vulkanberge von Columbia; Dresden 1906 (mit vortrefflichen Bildern!). — [23] G. Mercalli, I vulcani attivi della terra, Mailand 1907. — [24] K. Sapper, Katalog der geschichtlichen Vulkanausbrüche (bis 1914); Straßburg 1917. Vgl. auch desselben Verfassers Vulkankunde 1927. — [25] W. Deecke, Tektonik und Vulkanismus in Südwest-Deutschland; Zeitschr. d. D. Geol. Ges. 1917. — [26] F. Jaeger, Das Hochland der Riesenkrater; Ergänzungsheft 4 (1911) u. 8 (1913) der Mitteilungen aus den deutschen Schutzgebieten. — 27 H. MEYER, Junger Vulkanismus im westlichen Ostafrika (Ruanda); Mitt. aus den deutschen Schutzgebieten Bd. 36, Berlin 1928. — 28 TH. ARLDT, Die geographische Verbreitung der Vulkane; Zeitschr. f. Vulkanologie IV, 1918 (Karte!). — 29 G. TAMMANN, Kristallisieren und Schmelzen; Leipzig 1903. — 30 L. DE MARCHI, Le cause dell' Era glaciale; Pavia 1895. — 31 H. J. JENSEN, Possible Relation between Sunspots and Volcanic and Seismic Phenomena and Climate; Proc. of the Royal Society of New South Wales, 1904. — 32 M. BOGOLEPOW im Bulletin de la Société imper. des Naturalistes de Moscou 1909, Bd. XXIII, S. 19. — 33 H. J. JOHNSTON LAVIS im Bulletin de la Société Belge de Géologie, Brüssel 1907, Bd. XXI, S. 303. — 34 K. W. GÜMBEL, Das Eruptionsmaterial der Schlammvulkane von Paterno; Sitzungsberichte der bayerischen Akademie der Wissenschaften, Mathem.-physik. Klasse 1879. — 35 KARL SCHMIDT in GERLANDS Beiträgen zur Geophysik, Bd. VII, S. 120. — 36 E. OBST, Das abflußlose Rumpfschollenland im nordöstlichen Deutsch-Ostafrika; Hamburg 1915/23. — 37 J. STOKLASA, Über den Ursprung des Salpeters in Chile; Chemiker-Ztg. 1924, S. 4, 949/50.

Die Erdbeben[1].

Bodenunruhe[2]. Seitdem E. v. REBEUR-PASCHWITZ mit Hilfe seines außerordentlich empfindlichen Horizontalpendels systematische Untersuchungen über Bodenschwankungen anstellte (1889), wissen wir, daß der Erdboden sich niemals in völliger Ruhe befindet. Molekulare Bewegungen, die die Physik als elastische Wellen * bezeichnet, sind als Dauerzustand für unseren Planeten anzusehen. Bodenbewegungen, die zu ganz feinen rhythmischen Schwingungen der Erdkruste führen, brauchen nicht unbedingt von einem Punkte unter der Erdoberfläche auszugehen. Wir wissen heute, daß schon der Gang feststehender Maschinen, die Erschütterungen durch Eisenbahn-, Automobil- und Fuhrwerksverkehr u. a. m. dazu ausreichen, den Erdboden in feine Schwingungen von längerer Dauer und beträchtlicher Periodenlänge (einige Sekunden bis mehrere Minuten) zu versetzen. In der gleichen Richtung wirkt eine Reihe natürlicher Vorgänge exogener Art: die Brandung an den Meeresküsten (Biskaya, englische und norwegische Steilküste!), Temperaturschwankungen und Luftdruckänderungen, Auskristallisieren des Eises im Boden usw. Für diese ganze Gruppe von rhythmischen Bodenbewegungen hat sich die Bezeichnung Bodenunruhe[2] eingebürgert. Sie soll besser als der früher übliche Ausdruck »mikroseismische Unruhe« darlegen, daß es sich hierbei um Vorgänge handelt, die mit den eigentlichen Erdbeben nichts zu tun haben.

Begriff und Erscheinungsformen der Erdbeben. Obwohl auch der Fall schwerer Körper, z. B. ein Bergsturz, in der nächsten Umgebung eine Bodenerschütterung bewirkt, so beschränken wir doch im gewöhnlichen und wissenschaftlichen Sprachgebrauch die Bezeichnung Erdbeben auf jene Fälle, wo der Anstoß zur Bewegung unzweifelhaft von einer

* Die elastischen Wellen unterscheiden sich von den Gravitationswellen des Wassers dadurch, daß sich das Molekül nicht in einer elliptischen, sondern in einer geradlinigen Bahn bewegt, und zwar entweder in der Richtung der fortschreitenden Welle (longitudinale Wellen) oder senkrecht dazu (transversale Wellen).

Stelle unter der Erdoberfläche ausgeht. Erdbeben sind natürliche, aus der Tiefe empordringende Erschütterungen des Erdbodens, die durch Freiwerden von Energie in der Erdkruste entstehen und kurzperiodische Elastizitätswellen erzeugen. Wir nennen die Tiefenstelle, in der man sich die Energie des Bebens konzentriert denkt, das Hypozentrum des Erdbebens oder den Erdbebenherd. Die Projektion des Hypozentrums auf die Erdoberfläche heißt Epizentrum. Liegt die Energiequelle unterhalb der vom Meer bedeckten Teile der Erdoberfläche, so spricht man von unterseeischen Erdbeben; indem die Erschütterungen des Meeresbodens die auflagernden Wassermassen in Mitschwingung versetzen, entstehen an der Meeresoberfläche die Seebeben.

Die vom Bebenherd ausgesandten Wellen erschüttern naturgemäß im allgemeinen am frühesten und stärksten das Gebiet um das Epizentrum (Epizentralgebiet). Mit wachsender Entfernung hiervon nimmt die Bebenstärke ab. Die Verbindungslinie aller Punkte der Erdoberfläche mit gleicher Bebenintensität (bestimmt nach irgendeiner empirischen Skala) heißt Isoseiste, die entsprechende Verbindungslinie aller Orte mit gleichzeitiger Erschütterung Homoseiste. Verbindet man einen Beobachtungspunkt mit dem Bebenherd, so erhält man den Stoßstrahl; er versinnbildlicht den Weg, den die Bebenenergie durch den Erdkörper zurückgelegt hat. Wären Materie und Druck innerhalb des ganzen Erdkörpers gleichartig, so müßten die Stoßstrahlen geradlinig verlaufen; da dies nicht der Fall, erleiden die Stoßstrahlen beim Eindringen in tiefere Erdschichten fortwährend Ablenkung aus ihrer Bahn und verlaufen bogenförmig. Der Winkel, unter dem der Stoßstrahl die Erdoberfläche trifft, wird als Emergenzwinkel bezeichnet. Würde es möglich sein, den Emergenzwinkel ε in einer Beobachtungsstation genau zu bestimmen, so ließe sich bei Kenntnis der Entfernung der Station vom Epizentrum (d) die Herdtiefe des Bebens x leicht berechnen ($x = d \cdot tg\, \varepsilon$).

Daß die Erdbeben (Seebeben) unerwartet und plötzlich eintreten, macht sie für den Menschen in besonderm Maße unheimlich und schaltet eine unbefangene Beobachtung der Vorgänge oftmals aus. Zudem ist die Empfindung für den Bewegungssinn und die Bewegungsstärke mangelhaft. Die Erdbebenstöße lassen sich in eine vertikale und eine horizontale Komponente zerlegen. Beide spielen bei den meisten Erdbeben eine Rolle, wenngleich dem Beobachter gewöhnlich nur die vorherrschende Komponente zum Bewußtsein kommt. Vertikalbewegungen gehen auf die aus der Tiefe heraufkommenden Longitudinalwellen zurück und lassen den Boden in kurzen Stößen auf- und niederschnellen. Je nachdem, ob eine Kompressionswelle oder eine Dilatationswelle als erste eintrifft, hat der Mensch das Gefühl, er werde emporgehoben bzw. der Boden weiche unter seinen Füßen. Das Maß der Vertikalbewegungen beträgt entgegen dem Gefühl auch in den schwersten Fällen kaum mehr als wenige Millimeter. — Bei den Horizontalbewegungen ist zwischen Seitenstößen und einer schaukelnden Wellenbewegung zu unterscheiden. Die Seitenstöße (Translationsverschiebungen) äußern sich in einem Hin- und Herschwingen der Bodenteilchen parallel der Erdoberfläche und sind als Folge von Longitudinalwellen zu deuten, die unter sehr spitzem Emergenzwinkel aus der Tiefe eintreffen. Reihen sich kurzperiodische Seitenstöße in größerer Zahl und ununterbrochener Folge aneinander, so wird diese Bewegungsart zum Rütteln oder Schütteln. Die seismischen Schaukelbewegungen, bei denen sich, ähnlich wie bei den Meereswellen, alle Gegenstände etwas erheben, vorwärts und rückwärts neigen, gehen auf Neigungswellen, d. h. entlang der Erdoberfläche ziehende transversale Schwellungen zurück; dabei sind die Wellenhöhen sehr klein (im Höchstfall einige Millimeter), der Abstand aufeinanderfolgender Wellenkämme aber ist sehr groß (bis zu 100 km und mehr). — Ob im Verlauf der Erdbeben auch Drehbewegungen, namentlich solche um eine vertikale Achse, auftreten, ist eine bis heute noch immer nicht eindeutig entschiedene Streitfrage [3]. — Im allgemeinen gilt der Satz, daß im Epizentralgebiet die von unten kommenden Stöße vorherrschen, während für das gesamte übrige makroseismische Schüttergebiet Horizontalbewegungen, vor allem schaukelnde Wellenbewegung, bezeichnend sind.

Die meisten Erd- und Seebeben werden von Schallerscheinungen begleitet, aus der Tiefe empordringendes Getöse, dem Heulen des Sturmes ähnlich, oder knallartige Geräusche, wie von Explosionen stammend. Zwischen Schallstärke und Bebenstärke sind eindeutige Beziehungen nicht festzustellen. Bemerkenswert ist, daß Isoseisten und Isakusten (Linien gleicher relativer Schallstärke) keineswegs immer zusammenfallen, das Epizentralgebiet sich bisweilen sogar als besonders schallschwach erweist. Vermutlich ist in diesen Fällen u. a. an den besonderen Einfluß des tektonischen Gefüges auf die Schallwellen zu denken. — Daß Erdbeben gelegentlich atmosphärische Lichterscheinungen im Gefolge haben, kann heute nicht mehr bezweifelt werden. Auch da, wo die Erdbeben in keiner Weise mit Vulkanausbrüchen zusammenhängen, sind wiederholt feurige Strahlen und Kugeln oder blitzartiges Aufleuchten der Atmosphäre beobachtet worden, und es ist nicht gut statthaft, an eine zufällige Gleichzeitigkeit zu denken. Wahrscheinlich handelt es sich um den Ausgleich besonders starker elektrischer Potentialdifferenzen (R. Lais), doch weiß man nicht recht, wodurch diese zustande kommen. Nicht ganz ausgeschlossen dürften auch brennbare Gase (Kohlenwasserstoffgase, Schwefelwasserstoff) sein; sie müßten im Verlauf des Erdbebens aus der Tiefe aufgestiegen und durch elektrische Funken (Reibungsvorgänge in den obersten Bodenschichten) zur Entzündung gebracht worden sein.

Bebenintensität und Wirkungen. Man unterscheidet mikroseismische von makroseismischen Bewegungen, je nachdem ob das Beben nur mit Hilfe von Erdbebenmeßinstrumenten festgestellt oder schon mit den menschlichen Sinnesorganen wahrgenommen werden kann. Annähernd zu schätzen ist die Bebenintensität an den vom Seismographen aufgezeichneten Kurven. Da aber die Zahl der mit solchen Instrumenten ausgerüsteten Stationen immer noch eine relativ beschränkte ist, spielen Schätzungen nach dem Gefühl und nach den Wirkungen auf bewegliche und unbewegliche Gegenstände auch heute noch die ausschlaggebende Rolle *. Als besonders zweckmäßig hat sich die Mercalli-Cancani-Skala in der Erweiterung durch A. Sieberg erwiesen. Sie sieht die folgenden 12 Stärkegrade vor:

I. Grad. Unmerklich (größte Beschleunigung $\leq$ 2.5 mm/sec²).
Nur von Erdbebeninstrumenten angezeigt.

II. Grad. Sehr leicht (2.6—5 mm/sec²).
Nur von wenigen, in vollkommener Ruhe befindlichen und sehr empfindsamen Personen gefühlt, namentlich in den oberen Stockwerken der Häuser.

III. Grad. Leicht (6—10 mm/sec²).
Selbst in dichter besiedelter Gegend wird das Beben nur von einem kleinen Teile der Bevölkerung als Erschütterung wie beim schnellen Vorüberfahren eines Wagens verspürt.

IV. Grad. Mäßig (11—25 mm/sec²).
Im Freien nicht von vielen, im Innern der Häuser von den meisten Personen wahrgenommen. Zitternde oder leicht schwankende Bewegungen von Möbelstücken, Klirren dicht beieinander stehender Gläser und der Fenster; Türen, Balken und Dielen knistern und krachen wie beim Vorbeifahren eines schweren Lastwagens auf holperigem Pflaster.

V. Grad. Ziemlich stark (26—50 mm/sec²).
Selbst während des vollen Tagesbetriebes wird das Erdbeben von den meisten Personen auch auf der Straße oder sonst im Freien verspürt. In den Wohnungen hat man das Empfinden, als falle im Hause ein schweres Möbelstück um; man schwankt samt Stuhl, Bett usw. wie ein Schiff bei bewegter See. Frei hängende Gegenstände geraten in pendelnde Bewegungen.

VI. Grad. Stark (51—100 mm/sec²).
Das Erdbeben wird von jedermann mit Schrecken verspürt. Bilder fallen von den Wänden, Bücher usw. von den Regalen herab. Vereinzelte Möbelstücke werden von der Stelle gerückt oder fallen um. Am Verputz der Häuser zeigen sich feine Risse.

---

* Der Geograph, namentlich der Forschungsreisende, könnte die Erdbebenforschung sehr fördern, wenn er sich nicht einfach auf die Empfehlung von Errichtung seismometrischer Stationen beschränken, sondern das Vorurteil überwinden und alles Material über makroseismische Beobachtungen sorgfältig sammeln würde.

VII. Grad. Sehr stark (101—250 mm/sec²).

In den Wohnungen werden sogar schwere Gegenstände umgeworfen. Auch größere Kirchenglocken schlagen von selbst an. An den meisten Häusern europäischer Bauart zeigen sich leichte Risse in den Mauern, der Bewurf bröckelt in größeren Partien ab, Dachziegel gleiten herunter.

VIII. Grad. Zerstörend (251—500 mm/sec²).

Häuser europäischer Bauart erleiden durchweg erhebliche Beschädigungen durch klaffende Spalten im Mauerwerk; bei einzelnen kommt es bereits zu teilweisem Zusammenbruch. Die meisten Schornsteine, Kirchtürme usw. fallen ein. Ganze Baumstämme, namentlich Palmen, schwanken lebhaft oder brechen sogar ab.

IX. Grad. Verwüstend (501—1000 mm/sec²).

Die meisten Steinhäuser stürzen zusammen.

X. Grad. Vernichtend (1001—2500 mm/sec²).

Die meisten Stein- und Fachwerkbauten werden mit den Fundamenten zerstört, Leitungsröhren (Gas- und Wasserleitungen, Kanalisationen) im Boden gestaucht oder zerrissen. Im Erdboden zeigen sich (namentlich bei lockeren und feuchten Böden) Risse bis zu mehreren Dezimetern Breite.

XI. Grad. Katastrophe (2501—5000 mm/sec²).

Von Steinbauten irgendwelcher Art bleibt so gut wie nichts mehr bestehen. Bei Brückenbauten brechen massive Steinpfeiler ab, eiserne Pfeiler werden durchgeknickt. Im Erdboden öffnen sich breite Risse und Spalten, an denen Grundwasser, Sand und Schlamm austreten. In gebirgigem Gelände zahlreiche Landschlipfe und Felsstürze.

XII. Grad. Große Katastrophe (> 5000 mm/sec²).

Kein Werk von Menschenhand hält stand. Die Beeinflussungen und Umgestaltungen des Bodens nehmen die großartigsten Maße an. Selbst im gewachsenen Felsboden entstehen Verwerfungsklüfte mit beträchtlicher Sprunghöhe. Erhebliche Horizontalverschiebungen. Felsstürze, Landschlipfe, Uferabbrüche usw. sehr zahlreich und weit ausgedehnt. Flüsse werden aufgestaut bzw. abgelenkt usw.; Quellen versiegen, neue brechen an anderer Stelle hervor. Thermen ändern unter Umständen ihre Temperatur.

Eine entsprechende Skala zum Bestimmen der Seebebenstärke umfaßt sechs Grade und führt vom Erzittern des Schiffskörpers und leichtem Knirschen der Innenwände bis zum Aufspringen von Fugen, zur Beschädigung oder Zerstörung von Rahen, Masten, Deckaufbauten usw. Bei ganz starken Seebeben kann das Schiff regelrecht aus dem Wasser geprellt werden.

Die zerstörende Kraft eines Erdbebens ist in erster

Linie von der Intensität abhängig, genauer gesprochen von der Beschleunigung. In Japan hat man z. B. die Erfahrung gemacht, daß bei einer horizontalen Beschleunigung von 2,6 m in der Sekunde 2—3% aller Holzhäuser einer Ortschaft zerstört wurden, bei 3,4 m rund 15%, bei 3,9 m nahezu 50%, bei 4,5 m annähernd 80%. Aber die Zerstörung von Gebäuden hängt auch von dem Material, der Konstruktion und der Orientierung der Gebäude ab, und zudem übt die Beschaffenheit des Untergrundes einen wesentlichen Einfluß aus. Je tiefer das Fundament, je einheitlicher der Steinverband, je fester die Bindemittel, desto eher wird ein Haus im allgemeinen dem Beben standhalten können; jede Ungleichheit des Baumaterials (Scheinkonstruktionen, zu schweres Dach, zu viel Fenster- und Türöffnungen u. a. m.) gefährdet das Ganze, indem an diesen schwachen Stellen das Gefüge zerstört wird und dadurch dann auch andere Teile des Hauses zum Einsturz gebracht werden. — Infolge des elastischen Verhaltens der Gebäude müssen bei einem Erdbeben die Schwingungsweiten und damit die Bruchgefahr in den höheren Teilen größer sein als nahe dem Boden. Türme, Fabrikschornsteine usw. leiden infolgedessen oft schon Schaden, wenn niedrige Häuser noch unversehrt bleiben. Je höher die Bauwerke sind, desto mehr sind sie gefährdet, vorausgesetzt, daß sie nicht durch ihre Konstruktion zu einem festen Ganzen verbunden sind, wie die fünfstöckigen Tempel Japans, die gleichsam monolithischen »Wolkenkratzer« u. a. m. Wie sehr dieser Faktor zu Buche schlägt, zeigt der byzantinische Kuppelbau mit den gegenseitig sich stützenden Halbkugeln. Auf sehr bebenunsicherem Boden konnte sich daher die Hagia Sophia in Konstantinopel halten, während die meisten anders konstruierten Bauten hier den wiederholten Beben mehr oder weniger zum Opfer fielen. Gleichfalls als zweckmäßig erwiesen hat sich weiterhin, die Längsachse von Gebäuden in die vorherrschende Stoßrichtung zu verlegen. — Ein Blick auf neuere Isoseisten-Karten zeigt reiche und unregelmäßige Aus- und Einbuchtungen der Kurven. Die Erdrinde ist eben weder homogen noch isotrop, und die örtlichen Differenzierungen petrographischer und tektonischer Art bringen es mit sich, daß die Bebenintensität hier verstärkt, dort durch Absorption, Brechung oder Reflexion vermindert wird. Je verbandsfester das Gestein ist, desto weniger katastrophal wirken sich die Beben aus; Auflockerung durch starke Verwitterung, geringe Bindung der Bestandteile, Zerklüftung usw. führen leicht dazu, daß die seismischen Wellen ihrerseits noch wieder Massenverlagerungen in Gestalt von Rutschungen und Sackungen auslösen. H. F. Reid[4] hat auf Grund des kalifornischen Erdbebens von 1906 versucht, einige Untergrundskoeffizienten der Bebenstärke zu berechnen, um so wenigstens eine Vorstellung von den Größenordnungen zu geben, um die es sich handeln kann. Setzt man die Bebenwirkung im Bereich von solidem, vollkristallinem Fels gleich 1, dann ist sie in Sandstein etwa 1—2,4, in lockerem Sand 2,4—4,4, in künstlich aufgeschüttetem Baugrund 4,4—11,6 und in Marschboden 12 mal so groß. Weil die wahre Bebenenergie durch den Untergrundskoeffizienten weitgehend verändert wird, muß man zwischen der effektiven und der theoretischen Bebenstärke unterscheiden. Die erstere ergibt sich aus den Beobachtungen; die letztere kann daraus unter Verwertung des Untergrundskoeffizienten berechnet werden. Nur wenn man den Einfluß des Untergrundes berücksichtigt, wird es verständlich, daß im Hauptschüttergebiet ruhige Stellen (Erdbebeninseln) vorkommen können und mächtige Gebirge sich der seismischen Bewegung als Schutzwall entgegenstellen (die Anden bei den häufigen Erschütterungen längs der chilenischen Küste).

Manche Beobachtungen sprechen dafür, daß die Intensität mit der Tiefe abnimmt, wahrscheinlich deshalb, weil der Druck der oberen Schichten große Schwingungen verhindert. In den Bergwerken von Essen spürte man das rheinische Beben vom Jahre 1828 nicht. Das große Agramer Beben im Jahre 1880 machte sich in den Gruben von Wies in Steiermark nur bis zu einer Tiefe von 60—120 m fühlbar. Dagegen reichte das ungefähr ebenso starke Laibacher Beben von 1895 in einer Entfernung von 40 km bis 200 m Tiefe. Das ostindische Beben (1897) blieb in den Kohlengruben von Bengalen unbeachtet, wohl aber richtete es in dem Kohlenbergwerk von Makum in Oberassam einigen Schaden an, doch geht dieses flach in das Gebirge hinein und nicht in die Tiefe. Systematische Beobachtungen, die sich aber nur auf die Horizontalkomponenten beziehen, wurden 1887—1890 an der Station Tokio und in einer unmittelbar daneben befindlichen Grube von 5½ m Tiefe angestellt. Bei schwachen Erschütterungen verhielten sich die Instrumente an der Oberfläche und in der Tiefe ganz gleich, und auch die Hauptwellen bei stärkeren Beben machten sich an beiden Stellen in gleicher Weise bemerkbar. Ein Unterschied bestand nur in bezug auf die kleinen und raschen Vibrationen, die den Hauptstößen vorangingen, indem sie die Tiefe viel weniger berührten als die Oberfläche.

Bebenfläche und Reichweite. Das Gebiet größter Bebenintensität nennt man das pleistoseiste. Von hier aus vermindert sich die Stärke, wenn auch unregelmäßig, nach allen Seiten, so daß die Isoseisten mit abnehmender Intensität immer größere Areale umschließen. Als Beispiele mögen folgende Beben dienen:

Stärkegrad	X	IX u. VIII	VII	VI	V u. IV	III	II	Gesamt
Laibacher Beben 1895	570	8 400	47 000		97 000	160000	400 000	712 970 qkm
Zentraljapanisches Beben 1891	11 111	44 907		52 315	134 722	?	?	243 055 qkm

Die Grenzen des makroseismischen Feldes lassen sich nicht mit Sicherheit ziehen, denn außerhalb der deutlich erschütterten Fläche gibt es immer vereinzelte Orte, wo das Beben noch wahrgenommen wurde. Diese Unsicherheit macht es erklärlich, daß man sich früher in bezug auf die Ausdehnung mancher Beben übertriebenen Vorstellungen hingab. Das gilt besonders von dem berühmten Lissaboner Erdbeben vom Jahr 1755, das angeblich ein Gebiet von 38½ (nach Woerle 35) Millionen qkm betroffen haben soll. Scheidet man die amerikanischen und isländischen Küstengegenden, wo nur große Flutwellen beobachtet wurden, und England, wo das gleichzeitige Beben in den Bleibergwerken von Derbyshire entschieden selbständig war, aus, so reduziert sich das Areal auf 2,6 Millionen qkm. Aus gleichen Gründen verdient auch die Angabe von ungefähr 20 Millionen qkm für das Neuseeländer Beben von 1855 kein Vertrauen. Das ausgedehnteste Erdbeben in geschichtlicher Zeit war das ostindische im Jahr 1897. Beschränkt man sich nur auf diejenigen Gegenden, von denen sichere Nachrichten vorliegen, so ist das Gebiet, in dem Gebäude ernstliche Beschädigungen erlitten, auf 377 000 qkm (so groß wie Preußen) und das ganze makroseismische Gebiet auf 3,12 Millionen qkm zu veranschlagen. Bezieht man aber noch die Gegenden in Tibet und Westchina, wo das Beben sicher gefühlt wurde, von wo aber Nachrichten nicht erhältlich waren, in die Rechnung ein, so erhöhen sich die genannten Ziffern mindestens auf 416 000 bzw. 4,55 Millionen qkm.

Areal und Intensität einer Erschütterung stehen nicht immer, wie man vermuten könnte, in geradem Verhältnis zueinander. Oft sind schwache Beben ausgedehnter als starke. Jenes von Ischia am 28. Juli 1883, das Casamicciola vollständig zerstörte, reichte nicht über die kleine Insel hinaus, während das mitteldeutsche Erdbeben von 1872, das kaum irgendwo den VI. Intensitätsgrad überschritt, eine Fläche von 170 000 qkm in Mitleidenschaft gezogen hat.

Nach der Größe des makro- und mikroseismischen Feldes, d. h. der Reichweite der Beben, hat A. Sieberg eine Reihe von Charakterklassen der Erdbeben aufgestellt, die gestatten, die Tätigkeit eines jeden Bebenherdes als geologischer Störungsstelle mit derjenigen von anderen Herden zu vergleichen. Dabei bekommen wir auch Einblicke in die Beziehungen der Bebenstärken zu den relativen Herdtiefen.

Die Form der durch die Isoseisten bzw. Homoseisten bestimmten Bodenfläche gestattet, die Erdbeben einzuteilen in:

zentrale Beben mit rundlichem pleistoseisten Gebiet und mehr oder weniger kreisförmigen Isoseisten;

lineare Beben mit linienhaftem pleistoseisten Gebiet (»gratähnlich«) und langgestreckt-ovalen Isoseisten;

Flächenbeben mit ausgedehnterer, flächenhafter pleistoseister Zone und unregelmäßig sich herumschmiegenden Isoseisten.

Kennzeichen		Lokalbeben	Kleinbeben a	Kleinbeben b	Mittelbeben	Großbeben	Weltbeben
Ausdehnung der nachweisbaren mikroseismischen Bewegung		weniger als ein Erdquadrant			mehr als ein Erdquadrant	mindestens etwa eine Erdhälfte	die ganze Erdoberfläche
Reichweite in km	mikroseismisch	< 500	500—5000	2—5000	5—10 000	10—18 000	18—20 000
	makroseismisch	< 200	< 400	< 600	300—1000	> 500	1—2000
Bebenstärke am Epizentrum		<VI	VII—X	VI—VIII	VII—X	VII—XII	X—XII
Tiefenlage des Herdes		flach oder unmittelbar unter der Erdoberfläche	flach	tief	aus beträchtlicher Tiefe bis nahe an die Erdoberfläche reichend	sehr tief	aus sehr großer Tiefe bis nahe an die Erdoberfläche reichend

Unter dem von Reyer vorgeschlagenen Ausdruck *Simultanbeben* versteht man die gleichzeitige Herausbildung mehrerer getrennter pleistoseister Gebiete, zwischen denen eine schütterfreie oder schütterschwache Zone liegt.

Dauer, Häufigkeit und Periodizität der Erdbeben. Die *Dauer einer seismischen Erschütterung*, die der Volksmund ohne Rücksicht auf die Art der Bewegung als »Stoß« zu bezeichnen pflegt, beträgt meistens nur Bruchteile einer Sekunde, selten einmal eine oder mehrere Sekunden. Wenn trotzdem des öfteren von »stundenlangen Erdbeben« berichtet wird, so erklärt es sich dadurch, daß dem Hauptbeben noch zahlreiche, voneinander durch mehr oder minder lange Ruhepausen getrennte Nachbeben folgen. Mitunter folgen sich auch am nämlichen Ort verschiedene Erdbeben so schnell und so oft, daß man den Eindruck gewinnt, es vergingen hier Wochen, Monate oder gar Jahre, ehe das Zittern des Bodens aufhört und die Ruhe völlig wieder hergestellt ist. In diesen Fällen spricht man von *Erdbebenschwärmen* oder *Schwarmbeben*. So dauerte das Großgerauer Beben am Mittelrhein von 1869—1873; vom Oktober bis Ende 1869 zählte man 600 Stöße. In Yokohama traten vom 1. bis 6. Mai 1870 nicht weniger als 123 Stöße ein, und in Hawaii betrug im März 1868 allein die Zahl der stärkeren Stöße über 2000. Auch die langanhaltenden, wenngleich nicht starken Beben im Sächsischen Vogtland (von 1875) bis um die Jahrhundertwende gehören in die Gruppe der Schwarmbeben.

Über die Abgrenzung einer Erdbebenperiode können Zweifel entstehen. In Agram erwachte z. B. die seismische Tätigkeit nach fünfjähriger Ruhe am 12. November 1877. Das darauffolgende Jahr verfloß ohne Erschütterung, 1879 brachte aber schon drei Beben. Am 9. November 1880 trat der Hauptstoß ein; darauf folgten in demselben Monat noch zehn Erdbebentage. Der Dezember hatte deren acht, der Januar 1881 sieben, der Februar zwei, der März drei, der April einen. Vom 9. November bis zum 12. April dauerte die längste Pause nur 23 Tage, nachher traten solche von mehreren Monaten ein, aber zeitweise schwoll die unterirdische Erregung wieder an, wie im August, September und Oktober 1883. Man kann in diesem Fall die Periode mit dem 12. April 1881 abschließen oder sie auch auf die nächsten Jahre ausdehnen; beide Auffassungen lassen sich verteidigen, aber die erstere ist unzweifelhaft die strengere und darf daher auf allgemeinere Zustimmung rechnen. Das Agramer Beispiel lehrt uns auch, daß innerhalb einer Periode die Intensität mehrfach wechseln kann.

Wie oft im Laufe des Jahres die Erde unter den Stößen eines Erdbebens erzittert, läßt sich einstweilen kaum annähernd genau sagen. Noch gar zu weitmaschig ist das Netz der seismographischen Stationen; dazu kommt das Überwiegen der unbewohnbaren Wasserfläche des Weltmeeres mit rund 3/5 der gesamten Erdoberfläche. Immerhin darf man auf Grund einwandfreien Beobachtungsmaterials wohl behaupten, daß wir mit mindestens 8000 bis 10 000 Erdbeben im Jahr zu rechnen haben, von denen rund 5000 von Menschen als gefühlt gemeldet werden. Das ergibt rund zwei Dutzend Beben am Tag! Der Ausspruch A. v. Humboldt's, die Erde bebe ununterbrochen, besteht also durchaus zu Recht. Als mittlere Jahreshäufigkeit der Erdbeben für die Gesamterde nennt A. Sieberg[5] mit aller durch die Lückenhaftigkeit des Materials gebotenen Vorsicht die folgenden Zahlen:

Erdbeben jeglicher Art	1	Beben	alle	1 Stunde
Fühlbare Erdbeben aller Stärkegrade	1	,,	,,	1½ ,,
Gefühlte schwere (zerstörende) Festlandsbeben	1	,,	,,	3 Tage
Registrierte schwere Beben des Festlandes	1	,,	,,	6 ,,
Registrierte schwere Beben des Meeresgrundes	1	,,	,,	5 ,,
Kleinbeben des Festlandes	1	,,	,,	3 Wochen
Mittelbeben des Festlandes	1	,,	,,	3 Monate
Mittelbeben des Meeresgrundes	1	,,	,,	24 Tage
Großbeben des Festlandes	1	,,	,,	17 ,,
Großbeben des Meeresgrundes	1	,,	,,	10 ,,
Weltbeben	1	,,	,,	18 ,,

In der älteren Erdbebenliteratur spielt die Frage der Periodizität der seismischen Erschütterungen[6] eine große Rolle.

Aus Beobachtungen, die weder vollständig genug sind noch dem gleichen Zeitabschnitt angehören, hat man Zusammenhänge mit Erdmagnetismus, Sonnenstrahlen und Schwankungen des Luftdrucks, mit den fluterzeugenden Kräften von Sonne und Mond u. a. m. feststellen und tägliche, monatliche, jährliche und mehrjährige Perioden der Erdbeben ableiten wollen. Gegen derartige Versuche mit untauglichen Mitteln sind in den letzten Jahren mit Recht starke Bedenken geltend gemacht worden. Hinsichtlich der vielfach besonders nachdrücklich betonten täglichen Periode mit nächtlichem Maximum hat MONTESSUS de BALLORE die Meinung vertreten, es werde hier eine Periodizität nur vorgetäuscht, indem während der Unruhe und Betriebsamkeit des Tages namentlich schwächere Stöße der unmittelbaren Beobachtung verlorengingen. Diese Deutung scheint nun allerdings in ihrer Verallgemeinerung kaum haltbar, denn sowohl bei den norwegischen Erdbeben der Jahre 1887 bis 1911 (C. F. KOLDERUP) wie bei den vogtländischen Schwarmbeben (E. TAMS) und den italienischen Erdbeben von 1891 bis 1920 (A. CAVASINO) ergibt sich unabhängig von der Intensität der Beben ein deutliches Maximum in den Nachtstunden (namentlich zwischen 0^h und 4^h) und ein breites Minimum von 8^h bis 20^h. Ein Zufall oder Beobachtungsfehler erscheint hier ausgeschlossen, aber es ist noch nicht sicher, ob diese tägliche Periode allenthalben auf der ganzen Erde auftritt. Völlig ungeklärt ist einstweilen die Frage nach der Ursache (Temperaturschwankungen?).

Die Realität einer halb-, drittel- und viertelsonnentägigen Periode, wie sie in Anlehnung an die Luftdruckschwankungen und die Gezeitenkraft der Sonne wiederholt angenommen worden ist, muß durchaus als nicht erwiesen angesehen werden. Auch für eine Beeinflussung der seismischen Frequenz durch die gezeitenwirksame Kraft des Mondes sind Anhaltspunkte durch die bisherigen Untersuchungen nicht erbracht worden. Damit entfällt naturgemäß auch die Möglichkeit, Beziehungen zwischen Mondphasen und Erdbebenhäufigkeit zu konstruieren, denn solche könnten doch nur darin bestehen, daß die Gezeiten während der Syzygien verstärkt, während der Quadraturen abgeschwächt würden. Die diesbezüglichen Untersuchungen von MONTESSUS de BALLORE, V. CONRAD u. a. m. führten zu negativen Ergebnissen, während in anderen Fällen die Beobachtungen bestenfalls dem vermuteten Zusammenhang nicht eben widersprechen. Eine Periodizität der Bebenfrequenz im Laufe des synodischen Monats als allgemeine Gesetzmäßigkeit anzunehmen, geht demnach unter keinen Umständen an.

Wesentlich anders liegen die Verhältnisse in bezug auf die jährliche Periode. Die Untersuchungen V. CONRADS[7] über den jährlichen Gang der in den österreichischen Alpen- und Karstländern gefühlten Erdbeben von 1879 bis 1907 ergaben für Winter und Frühling 61,2 % der Einzelbeben und 58,9 % der Bebentage, d. h. 11,2 % bzw. 8,9 % mehr als bei zufälliger Verteilung zu erwarten gewesen wäre. Ein deutliches Maximum der Erdbeben in der kalten Jahreshälfte stellte C. F. KOLDERUP für die seismischen Erschütterungen in Skandinavien, G. MERCALLI für die Erdbeben in Ligurien und Piemont fest. Im letzteren Falle ergab sich dieses bezeichnende Bild:

	Sommer	Herbst	Winter	Frühling
	248	246	532	531
Einzelbeben	15,9 %	15,8 %	34,2 %	34,1 %
	31,7 %		68,3 %	

Für die chinesischen Erdbeben hat sich nun allerdings nach den Untersuchungen von N. F. DRAKE [8] umgekehrt ein deutliches Sommermaximum herausgestellt, und OMORI wies darauf hin, daß in Japan die gewöhnlichen kleinen Beben und die großen zerstörenden Beben einen entgegengesetzten Gang in ihrer Häufigkeit zu haben scheinen. Offenbar ist also das Problem der jahreszeitlichen Verteilung der Erdbeben recht kompliziert und von einer allgemein befriedigenden Lösung noch weit entfernt. Sehr beachtenswert erscheint aber die Tatsache, daß CONRAD und DRAKE den jährlichen Häufigkeitsgang der Erdbeben, obwohl das Maximum hier in den Winter, dort in den Sommer fällt, auf ähnliche Ursachen zurückführen, nämlich auf starkes Luftdruckgefälle und starke Luftdruckschwankungen. Daß in der Tat steile Gradienten als sekundäre auslösende Ursachen in Frage kommen mögen, erscheint nach CONRADS graphischer Darstellung recht wahrscheinlich (Fig. 14). Die Kurve der kritischen Luftdrucksituationen * stimmt mit der der Bebenhäufigkeit derartig überein, daß man schwerlich an einen Zufall glauben kann; die Wahrscheinlichkeit spricht vielmehr dafür, daß eine in der Erdkruste vorhandene Spannung durch die atmosphärischen Verhältnisse ausgelöst und in Massenbewegung umgesetzt wurde. Ähnlich erklärt DRAKE das Sommermaximum der seismischen Frequenz in China. Die dort besonders im Sommer eintretenden starken atmosphärischen Störungen bewirken eine Belastungsänderung der Erdkruste, die wohl sekundär Beben zu erzeugen imstande sein dürfte. Unter normalen Umständen ergibt sich nach DRAKE um die Mitte der Sommersturmzeit (Ende Juli) infolge von Luftdruckänderungen und Niederschlägen eine das Mittel überschreitende Drucksteigerung von 406 kg pro qm in Südchina (225 in Mittelchina, 128 in Nordchina), während vor der Sturmperiode der mittlere Druck um 173 kg pro qm (bzw. 209, bzw. 161) unterschritten war; die Druckschwankung im Laufe der Sturmperiode kann also in Südchina auf 579, in Mittelchina auf 434, in Nordchina auf 189 kg pro qm veranschlagt werden. Derartige Belastungsschwankungen mögen wohl hinreichen, um in der Erdkruste latent vorhandene Spannungen

* Über den habituellen Schüttergebieten oder in deren unmittelbarer Nähe mißt der Gradient mindestens 5 mm.

in Bewegungsenergie umzuwandeln. Aber auch das von DRAKE benutzte Material ist noch reichlich lückenhaft und mahnt darum zur Vorsicht. Es zeigt sich deutlich, daß man sich vor Verallgemeinerungen zu hüten hat und die jährliche Periode der seismischen Erschütterungen einstweilen immer noch räumlich und zeitlich von Fall zu Fall geprüft werden muß.

Geographische Verbreitung, Ursachen und genetische Einteilung der Erdbeben. Unsere Kenntnis von der geographischen Verbreitung der Erdbeben ist noch immer mangelhaft, so daß wir von keiner Gegend der Erde mit absoluter Sicherheit behaupten können, sie sei vollkommen bebenfrei. Immerhin liefert jede Weltstatistik den einwandfreien Nachweis dafür, daß sich manche Gebiete in bezug auf Häufigkeit und Intensität der Erdbeben als sehr aktiv erweisen, während andere als bebenarm bezeichnet werden müssen. Die geographische Verteilung der seismischen Regsamkeit hat SIEBERG 9 durch eine Tabelle gekennzeichnet, der wir die folgenden Angaben entnehmen *:

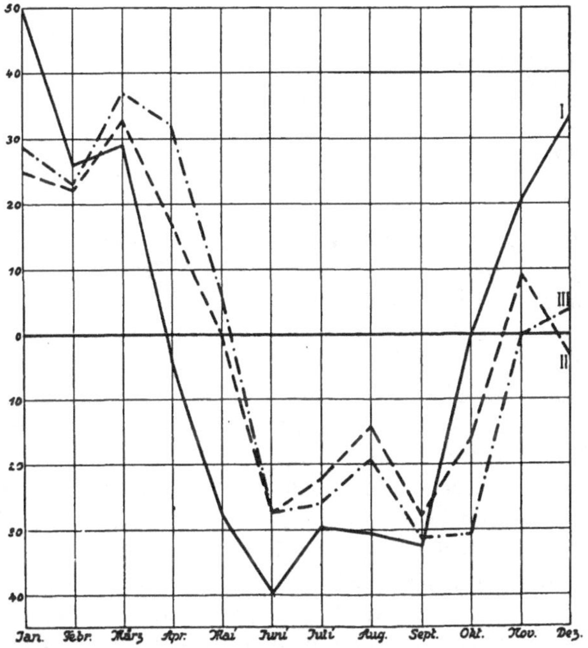

Fig. 14. Jährlicher Häufigkeitsgang der kritischen Luftdrucksituationen in Österreich (I), der Bebentage südlich der Alpen (II) und in Österreich überhaupt (III). — Nach CONRAD.

* Von einer Aufzählung auch der gefühlten und beschriebenen Beben nahmen wir Abstand, weil hierbei die Besiedlungsdichte entscheidend mitwirkt.

Mit Erdbebeninstrumenten aufgezeichnete schwere Beben. Mittlere Jahreshäufigkeit.

	Schwere Beben insgesamt	Großbeben	Weltbeben	Zahl der Epizentren
Europa	22,1	1,4	0,5	72
Asien	49,4	32,5	6,0	208
Afrika	4,0	1,5	0,1	17
Indischer Ozean	4,7	3,3	0,8	33
Australien	0,1	0,1	—	1
Pazifischer Ozean*	13,8	7,7	5,9	60
Nordamerika	4,4	2,6	1,4	20
Mittelamerika u. Westindien	4,7	1,4	3,1	17
Südamerika *	5,9	3,4	2,5	24
Atlantischer Ozean	5,4	3,1	—	25
Ganze Welt	114,5	57,0	20,3	477

Deutlich hebt sich schon in dieser Zusammenstellung die starke Differenzierung in der seismischen Aktivität der einzelnen Kontinente und Ozeane ab. Noch klarer werden wir sehen, wenn wir eine Karte der Verbreitung von Erd- und Seebeben ins Auge fassen (Tafel I). In Eurasien sind große Gebiete in der Mitte und im Norden (norddeutsches Flachland, Fennoskandia, russische Tafel, Westsibirien und turanisches Tiefland, Ostsibirien) als bebenarm bis bebenfrei auszuscheiden. Mit der Annäherung an die Gebirgszone treten wir in die Region stärkerer seismischer Regsamkeit ein. Schon die Mittelgebirge werden häufiger von Beben betroffen (in Deutschland vor allem die Sudeten, das Erzgebirge, der Westabschnitt der Köln-Bonner Bucht, das Neuwieder Becken und der oberrheinische Graben). Der nun folgende, von West nach Ost streichende Hochgebirgsgürtel erweist sich vom Atlas bis zum Himalaya als seismisch sehr rege. Das Maximum finden wir jedoch bezeichnenderweise im Bereich des Mittelmeerbeckens, wo namentlich Italien, Griechenland und der Bosporus-Bezirk häufig von schweren Beben heimgesucht werden. — Der zentralasiatische Hochgebirgsblock ist hauptsächlich in seiner peripherischen Zone bebenreich (Baikal-Bezirk, Tienschan, Himalaya, chinesisches Staffelland, Mandschurei). Die seismischen Erschütterungen werden dann außerordentlich viel stärker und häufiger, wenn wir nach der ostasiatischen Inselreihe übersetzen. Von den Aleuten über Kamtschatka, Kurilen, Japanische Inseln zieht ein Band ungemein starker seismischer Regsamkeit zum einen über die Bonin-Inseln nach den Marianen (Guam!), zum anderen über die Riu-Kiu-Inseln nach den Philippinen und weiter

* Die Tiefseegräben längs der ostasiatischen Inselbögen und der südamerikanischen Küste sind in der Tabelle mit den betreffenden Kontinentgebieten vereinigt worden.

bis in die Molukken- und Banda-See (australasiatisches Mittelmeer). Hier vereinigt sich diese Zone hoher seismischer Aktivität mit einer abermals neuen und nicht minder ausgeprägten, die von den Andamanen und Nikobaren ausgeht und über Südwest-Sumatra, Java, die Kleinen Sunda-Inseln nach Neuguinea und dem Bismarck-Archipel streicht und ihre Fortsetzung im Bereich der Neuen Hebriden, Neu-Kaledoniens, der Tonga-Inseln und Neuseelands findet.

Die Gebiete im Süden Eurasiens (einschl. Insulindes) dürfen im allgemeinen als bebenarm bezeichnet werden. Das gilt von der gesamten Sahara-Tafel und großen Teilen Westafrikas ebenso wie von Australien. Eine Ausnahme bildet vor allem die schon oben erwähnte ostafrikanische Bruchzone, in deren Bereich sich die Erdbeben nach Häufigkeit und Intensität wesentlich steigern.

Wenden wir uns dem amerikanischen Doppelkontinent zu, so fällt die Häufung der Erdbebenherde innerhalb des an der pazifischen Küste entlangziehenden Hochgebirges ins Auge. Weite Teile der mittleren und östlichen Landmassen sind in Nord- wie in Südamerika bebenarm, doch verdienen als Ausnahme die Beben im Bereich der Appalachen und in Westindien (amerikanisches Mittelmeer) hervorgehoben zu werden.

Über die Verteilung der Erd- und Seebeben innerhalb des Weltmeeres sind unsere Kenntnisse vollends dürftig. Die Karte hebt im Atlantischen Ozean in erster Linie die Region von Island und Jan Mayen und der atlantischen Schwelle als bebenreich hervor. Im Indischen Ozean ist der Maskarenen-Rücken seismisch besonders rege, und die Erdbeben steigern sich gewaltig, wenn wir in den Bereich der Tiefseegräben eintreten, die Insulinde im Südwesten umsäumen (Mentawei-Graben, Sunda-Graben). Der Pazifische Ozean scheint in den weiten Gebieten seines schwach gegliederten Zentralbeckens nur geringe seismische Regsamkeit aufzuweisen; die Aktivitätszentren sind auch hier an der asiatischen wie an der amerikanischen Seite an die Tiefseegräben gebunden, von denen vor allem Kurilen- und Japanischer Graben, Philippinen-Graben, Tonga- und Kermadec-Graben sowie Atakama-Graben als Ausgangsgebiete verheerender Weltbeben besonders genannt werden müssen. Seltsamerweise zeichnen sich im Gegensatz hierzu Palau- und Yap-Graben durch auffallende seismische Ruhe aus.

Unsere knappen Erläuterungen zur Karte lassen erkennen, daß auch für die seismischen Erschütterungen etwas Ähnliches gilt wie für den Vulkanismus; die geographische Verbreitung zeigt deutlich zwei bzw. drei Maximalzonen:

a) die zirkumpazifischen Randgebiete mit Hochgebirgszügen und Tiefseegräben;
b) die drei Mittelmeere von Europa, Australasien und Amerika;
c) die große Bruchzone, die vom Roten Meer durch das ganze östliche Afrika hindurchzieht.

Die starke Erdbebentätigkeit in der mediterranen und der zirkumpazifischen Zone hat A. Sieberg (1927, S. 331) auch zahlenmäßig berechnet.

Die Erdbebentätigkeit größerer Erdräume.
(Abgerundete Werte)

	Gefühlte Erdbeben mittlere Jahreshäufigkeit				Seismometrisch registrierte schwere Beben			
	insgesamt		davon schwere		Mittl. Jahreshäufigkeit		Zahl der Epizentren	
	Sa.	%	Sa.	%	Sa.	%	Sa.	%
Erde insgesamt	6000	60	120	1,2	130	1,3	500	—
Kontinente insgesamt	3500	58	90	75	60	47	230	46
Ozeane insgesamt	2500	42	30	25	70	53	270	54
davon Tiefseegräben	?	?	?	?	20	15	70	14
Mediterrane Zone	2000	33	55	46	50	39	200	40
Zirkumpazifische Zone	3100	52	40	33	50	39	170	34
Die restlichen Erdräume	900	15	25	21	30	22	130	26

Auf die mediterrane und die zirkumpazifische Zone zusammen entfallen mithin nicht weniger als 85% aller gefühlten Beben, 79% der gefühlten schweren Beben, 78% der seismometrisch registrierten schweren Beben und 74% ihrer Epizentren. Die Übereinstimmung mit der geographischen Verbreitung des Vulkanismus (vgl. S. 35) ist in der Tat höchst auffallend.

Angesichts dieser Parallelität liegt der Gedanke nahe, daß Erdbeben und Vulkanismus auch genetisch aufs engste zusammenhängen, daß seismische Erschütterungen lediglich als Folge vulkanischer Ausbrüche oder gewissermaßen als mißglückte Eruptionen zu werten sind. Dagegen sprechen nun aber mancherlei Tatsachen. Gewiß, wenn ein Vulkan und seine nächste Umgebung im Verlauf einer Eruption erschüttert werden, so wird man den Durchbruch juveniler Massen in gasförmigem oder flüssigem Aggregatzustand als Ursache des Bebens ansehen dürfen und demgemäß von einem vulkanischen Erdbeben (Ausbruchsbeben) sprechen können. Schwankend wird unser Urteil schon, wenn ein Beben von gleichen Eigenschaften zwar auch in einer vulkanischen Gegend auftritt, aber ohne gleichzeitigen Ausbruch oder gar in einem Bezirk, wo die vulkanische Tätigkeit schon als erloschen gelten darf. Vollends skeptisch gestimmt werden wir gegen die These vom ausschließlich vulkanischen Charakter aller Erdbeben, wenn wir feststellen müssen, daß die Gebiete intensivster Erschütterungen häufig gänzlich frei von vulkanischer Tätigkeit bzw. abseits der Hauptvulkanzone gelegen sind. So ist in Italien die vulkanische Westseite der Halbinsel nicht nur weniger seismisch als das apenninische Gebirge, sondern auch weniger als die adriatische Abdachung. Auf der Balkanhalbinsel wird nicht die Umgebung der östlichen Vulkane, sondern der adriatisch-jonische Rand am häufigsten erschüttert. In Japan, wo man im Mittel jährlich auf 600 Erdbeben rechnen kann und zerstörende Katastrophen durchschnittlich alle $2^1/_2$ Jahre wiederkehren, ist die Unabhängigkeit der meisten Erdbeben vom Vulkanismus längst bekannt; die am schwersten und häufigsten heimgesuchten Schüttergebiete, unter denen die Gegenden westlich und nördlich von Tokio den ersten Platz behaupten, liegen an der Ostseite, wo das Land steil zum Japanischen Graben abstürzt. Im vulkanreichen Zentralamerika sind die Städte in der Nähe tätiger Feuerberge minder bedroht als die in der Nachbarschaft erloschener, und für Chile hat DOMEYKO nachgewiesen, daß gerade der nördliche Teil, wo es keine tätigen Vulkane gibt, am schwersten unter dem seismischen Ungemach zu leiden hat.

Augenscheinlich müssen neben den magmatischen Verlagerungen noch andere Vorgänge in der Erdkruste Energie freiwerden lassen und seismische Erschütterungen auslösen. Schon der Altmeister der Erdbebengeographie, MONTESSUS de BALLORE [10], hat uns hier die Wege zur Gewinnung klarerer genetischer Einsicht gewiesen. Von den 171434 Beben, auf die dieser unermüdliche Forscher seine seismologische Geographie aufgebaut hat, entfallen auf

1. die nordatlantischen Festländer zwischen dem Felsengebirge und Ural mit Ausschluß der Antillen, des Alpensystems, der Sierra Nevada und des Kaukasus .... 8939 = 5,2 Prozent
2. Sibirien, Zentralasien, China, Indochina, Siam, Borneo .... 3479 = 2,0 „
3. Dekan und Australien .... 374 = 0,2 „
4. Arabien, Syrien, Afrika mit Ausschluß des Atlas und das außerandine Südamerika ... 457 = 0,3 „
5. Polynesien ohne den australischen Inselbogen von Neuguinea bis Neuseeland .... 2033 = 1,2 „
6. die tertiäre Faltenzone der Alten Welt (Sierra Nevada, Atlas, Alpen, Karpathen, Apenninen, Balkanhalbinsel, Kleinasien, Kaukasus, Iran, Himalaya, westliches Hinterindien und Sundainseln) .... 90126 = 52,6 „
7. die pazifische Faltenzone (Antillen, westamerikanisches Hochland, Kamtschatka, ostasiatische Inselbögen, australischer Inselbogen von Neuguinea bis Neuseeland) 66026 = 38,5 „

Wir sehen, daß bei einer Gegenüberstellung der Erdbebenverbreitung mit Relief und Tektonik der Erdkruste bestimmte Gesichtspunkte sich abheben: je stärker die Krustenmassen in jüngster geologischer

Vergangenheit durchgearbeitet wurden, je jünger und unfertiger der durch Faltung oder Bruchbildung bestimmte Gebirgsbau ist, desto mehr häufen sich hier infolge Instabilität der Erdkruste die Beben. Sehr bezeichnend für diese Zusammenhänge ist die Tatsache, daß von den 69 315 Erdbeben, die MONTESSUS' Statistik für Europa verzeichnet, 86,4% auf die Zone der tertiären, 4,6% auf die der karbonischen, 0,4% auf die der vordevonischen Faltenzüge und 8,6% auf die Gesamtheit der ungefalteten Gebiete entfallen. Zu den vulkanischen Erdbeben gesellt sich offenbar noch eine zweite und überaus wichtige Gruppe, die der tektonischen Erdbeben oder Dislokationsbeben.

In den letzten Jahrzehnten ist man diesen Problemen sehr zielbewußt nachgegangen und hat namentlich die Frage zu klären versucht, ob Faltung oder ob Verwerfung als der hauptsächlichste Bebenerzeuger zu gelten habe. Zu diesem Zweck untersuchte SIEBERG die Verteilung der Erdbeben auf die tektonischen Grundelemente. Das Ergebnis seiner Forschungen (1927, S. 332) ist in folgender Tabelle zusammengefaßt:

Die Verteilung der Erdbeben auf die tektonischen Grundelemente.

Prozente der Jahressumme für die ganze Welt.

Tektonisches Grundelement	Gefühlte Erdbeben aller Stärkegrade	Registrierte schwere Beben	
		aller Art	Zahl der Epizentren
Alte Massen u. Tafeln	1	1/4	1/4
Paläozoische Rumpfgebirge	1 ½	—	—
Schollenländer u. Einbruchsbecken	25	27	33
Normale tertiäre Faltengebirge	4	5	4
Zerbrochene tertiäre Faltengebirge	25	27	28
Landgebiete an Tiefseegräben	44	40	35

Die SIEBERG'sche Tabelle läßt, wenngleich die Zuteilung dieses oder jenes Bebens zu einem der sieben tektonischen Grundelemente sicherlich nicht ganz frei von Willkürlichkeit ist, deutlich erkennen, daß normale Faltung für die Auslösung von Erdbeben von nur untergeordneter Bedeutung, das Auftreten von Verwerfungen dagegen von entscheidender Wichtigkeit ist*. Die seismisch regsamsten Gebiete der Erde sind nicht die beiden tertiären Faltungsgürtel, sondern die diesen parallel verlaufenden und

* Nach SIEBERG (1929) entfallen von sämtlichen wahrgenommenen Beben 3% auf Einsturzbeben, 7% auf Ausbruchsbeben und 90% auf tektonische Beben; von etzteren sind 85% Verwerfungsbeben, 4% Faltungsbeben, 1% Spaltenbeben.

oft auf den Gebirgskörper übergreifenden Bruchzonen: die zirkumpazifische Bruchzone und der Gürtel der Mittelmeere mit dem in Afrika sich anschließenden meridionalen Bruchstreifen*. Die Tiefseegräben, die die seismisch aktivsten Gebiete der Erde einschließen, können eben wegen ihres seismischen Verhaltens doch nur als tektonisch angelegte Formen gedeutet werden; Palau- und Yap-Graben, die als Ausnahme oben bereits genannt wurden, dürften als noch nicht zusammengebrochene Faltenmulde gelten können.

Das Wesen der tektonischen Erdbeben (Dislokationsbeben) besteht darin, daß sich innerhalb der Erdkruste durch irgendwelche Kräfte Spannungen herausbilden, die das Haufwerk von Schollen verschiedener petrographischer Zusammensetzung und Schwere bestenfalls nur in einem labilen Gleichgewichtszustand beieinander lassen; vergrößern oder vermindern sich diese Spannungen, so tritt eine Störung des gleichsam nur künstlichen Gleichgewichts ein, die Schollen streben dem stabilen Gleichgewicht zu, verlagern sich infolgedessen plötzlich, ruckweise und erzeugen dadurch die in elastischen Wellen sich äußernden rhythmischen Schwingungen. Diese Vorgänge dauern so lange an, bis durch Faltung, Zerbrechen oder Abgleiten der Schollen die Summe der inneren Spannungen wieder den äußeren die Wagschale hält. Eine Dislokation ist seismisch umso aktiver, je weniger die Massenbewegungen in ihrem Bereiche bereits zur Ruhe gekommen sind; hierfür aber sind die lokalen tektonischen Verhältnisse, nicht das geologische Alter der Verwerfung entscheidend.

Man wendet gelegentlich gegen die Lehre von den Dislokationsbeben ein, daß sich die bebenerzeugenden Verwerfungen nur selten bis zur Erdoberfläche fortsetzen. Dem steht zweierlei gegenüber: einmal kennen wir Erdbebenklüfte großen Maßstabes aus Japan, Italien, Griechenland, Kalifornien u. a. w.; zum anderen lehren uns entsprechende Beobachtungen in Bergwerken, daß zerbrochenes Gesteinsmaterial einen erheblich größeren Raum einnimmt als festes Muttergestein, so daß bei geringen Verschiebungen im Herd die Deckschichten nicht an der Bewegung teilzunehmen brauchen.

Neben den vulkanischen und tektonischen Beben darf eine letzte Gruppe nicht übersehen werden, deren genetische Deutung allerdings sehr einfach ist: die E i n s t u r z b e b e n. Es handelt sich hier um die seltenen und örtlich beschränkten Bodenerschütterungen, die durch den plötzlichen Zusammenbruch natürlicher Hohlräume in der Erdkruste hervorgerufen werden, Beben, deren hauptsächlichste Triebfeder also die Schwerkraft ist. Nach der Art der Bildung dieser Hohl-

* A. Sieberg hat neuerdings anläßlich des Korinther Erdbebens vom 22. April 1928 eine sehr interessante Studie veröffentlicht, in der er die Beziehungen zwischen Erdbeben und geologischem Aufbau des östlichen Mittelmeergebietes darlegt [11]. Wir verweisen vor allem auf Fig. 12 dieser Abhandlung; Sieberg vermutet, daß sich die Verwerfungszone des östlichen Afrika vom Graben des Roten Meeres aus in der Richtung SO—NW bis in die Ägäis bzw. Adria fortsetzt.

räume wird man zweckmäßig unterscheiden zwischen Auswaschungsbeben und vulkanischen Einsturzbeben. Im ersten Falle hat das in der Erdkruste zirkulierende Wasser durch Lösung und Auswaschung (Steinsalz, Gips, Kalkstein, Dolomit) den Hohlraum geschaffen und ihn schließlich so geweitet, daß die Stützung nicht mehr ausreicht und der Zusammenbruch erfolgen muß. Bei der zweiten Art der Einsturzbeben kommt es vor allem infolge Nachsackens der Lava im Vulkanschlot oder Magmaherd zur Bildung von Hohlräumen, die gelegentlich zum Zusammenbruch und damit zur Entstehung von Erdbeben führen. — Schon das Zerbersten und Losreißen von Gesteinsmassen der Höhlendecke erzeugt rhythmische Schwingungen. Ob das ganze Hangende von der Bewegung erfaßt, das Beben dadurch verstärkt und der Einsturz der Höhle demnach auch an der Erdoberfläche bemerkbar wird (Tagebrüche, Spalten, kesselartige Senkungen), hängt naturgemäß von der Mächtigkeit und Festigkeit der Gesteinsart im Hangenden sowie dem Betrag des Zusammenbruchs entscheidend ab.

Tektonische Erdbeben (Verwerfungs-, Faltungs- und Bruchbeben), vulkanische Erdbeben (Ausbruchsbeben) und Einsturzbeben sind die drei Gruppen, in die man die Erdbeben nach der primären Entstehungsursache, d. h. den spannungerzeugenden Kräften, zweckmäßig einteilt. Sekundär kann eine Entbindung der seismischen Energie sicherlich auch durch andere Naturvorgänge erfolgen: Luftdruckschwankungen, Gezeiten, Polhöhenschwankungen u. a. m. Die Untersuchung dieser »spannungauslösenden Kräfte« darf aber vorläufig noch nicht irgendwie als abgeschlossen gelten, so daß in dieser Beziehung immer wieder zu äußerster Vorsicht gemahnt werden muß. Unentschieden ist wohl auch noch die Frage, ob durch die Wellen eines starken Bebens in einer ganz außerhalb seines Epizentralgebietes gelegenen, an sich schon bebenreifen Bruchregion ein anderes sekundäres Beben ausgelöst werden kann. Man spricht zwar gelegentlich ein Erdbeben als ein solches »Relaisbeben« an, zu beweisen ist diese sekundäre Entstehungsursache aber niemals.

Für die Beurteilung der Frage nach der Entstehungsart der Erdbeben könnte zweifellos die Kenntnis der Herdtiefe mancherlei Fingerweise bieten. Leider sind alle bisherigen Methoden zur Berechnung der Herdtiefen außerordentlich unsicher und unvollkommen. Daß es unterhalb der isostatischen Ausgleichsfläche (vgl. Bd. I S. 40) keine Möglichkeit für die Entstehung von Erdbeben gibt, versteht sich von selbst, denn in 120 ± 20 km Tiefe herrscht Druckgleichgewicht; ein Anlaß zu Lageveränderungen und auch zu magmatischen Explosionen besteht hier nicht mehr. Wahrscheinlich ist sogar nur innerhalb einer 50 bis 60 km mächtigen Außenschale unseres Erdkörpers die Sprödigkeit des Gesteins groß genug, um Bebenherde entstehen zu lassen *. Da bei gleicher

* Gutenberg spricht sich 1928 (zit. oben unter Nr. 1) für eine maximale Herdtiefe von nur 20 bis 30 km aus.

Bebenstärke im Epizentralgebiet die Reichweite der seismischen Erschütterungen in erster Linie als Funktion der Herdtiefe angesehen werden darf, ergeben sich wenigstens für die relative Tiefenlage des Bebenherdes einige Anhaltspunkte (vgl. S. 60). Der Versuch, diese Verhältnisse ins Absolute zu übersetzen, führt je nach der angewandten Methode selbst bei einem und demselben Erdbeben zu erstaunlich abweichenden Ergebnissen. So berechneten die Herdtiefe des mittel-

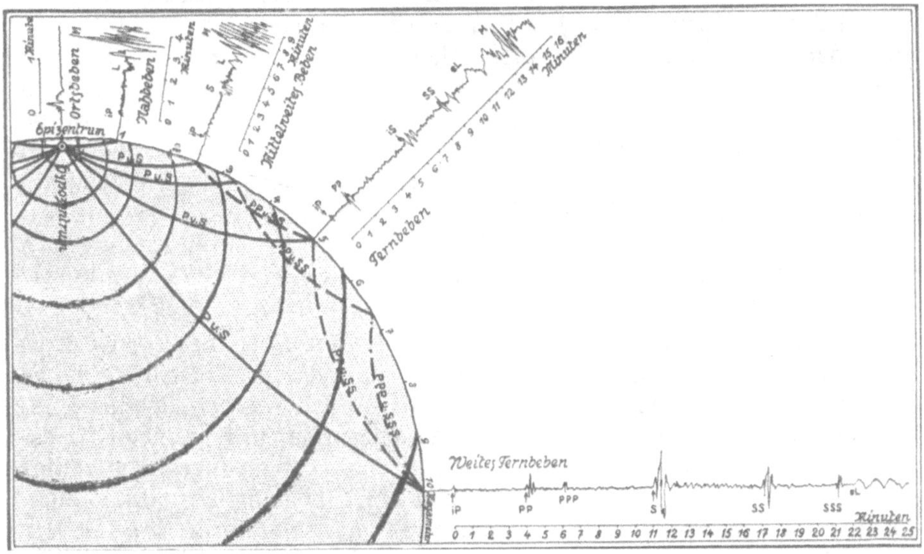

Fig. 15. Fortpflanzung der Erdbebenwellen und ihre Aufzeichnung durch das Seismogramm. Nach A. Sieberg.

deutschen Erdbebens vom November 1911 Gutenberg auf 15 bzw. 45 km, Galitzin auf 9,5 ± 3,8 km, hingegen A. Schmidt auf fast 150 km. Die Lösung der Aufgabe, die Herdtiefe rechnerisch exakt und einwandfrei zu bestimmen, bleibt mithin noch der Zukunft vorbehalten.

Die seismischen Wellen und die daraus abzuleitenden Vorstellungen vom Schalenbau des Erdkörpers. Einen tieferen Einblick in das Wesen der seismischen Bewegung gewannen wir erst durch die instrumentelle Beobachtung. Die älteren Instrumente beruhten auf der Bewegung von Flüssigkeiten; sie waren nur Seismoskope, d. h. Instrumente, die lediglich die Tatsache, daß ein Erdbeben stattgefunden hat, und dessen Richtung anzeigen. Dagegen geben die Seismometer die wichtigsten Bewegungsmomente an und sind in der Regel mit einem Seismographen verbunden, der die aufeinanderfolgenden Bewegungen selbsttätig aufzeichnet [12]. Den Hauptbestandteil bildet das Pendel in horizontaler oder vertikaler Aufstellung, und das Bestreben der Seismometrie geht dahin, den Einfluß der Eigenbewegung des Pendels auf die Aufzeichnungen des Seismographen möglichst zu reduzieren, was man durch Dämpfungsvorrichtungen zu erreichen sucht. Automatische Vorrichtungen an Uhren dienen dazu, die Eintrittszeit der Beben genau zu fixieren.

Wenn man die seismographischen Aufzeichnungen eines stärkeren Erdbebens betrachtet, dessen Herd nicht sehr nahe der Beobachtungsstation liegt (Fig. 15), so lassen sich an den Kurvenzacken stets drei Gruppen von Wellen unterscheiden: die mit scharfem Einsatz (i = impetus) beginnenden beiden Vorläufer (P = undae primae, S = undae secundae), die allmählich auftauchenden (e = emersio) »Langen Wellen« (L = undae longae), auch Haupt- oder Maximalwellen (M) genannt, und die Nachläufer, die sich ohne scharfe Grenze an die Hauptbewegung anschließen. Aus den Zeitunterschieden zwischen den Phaseneinsätzen kann man die Epizentralentfernung überschlagsweise nach der LASKAschen Regel folgendermaßen berechnen: die in Minuten ausgedrückte Differenz der Eintrittszeiten der ersten und zweiten Vorläufer, vermindert um eine Einheit, also (tS — tP) — 1, ergibt die Epizentralentfernung in Megametern (1 Megameter = 1000 km).

Würden alle Arten von Wellen, um vom Bebenherd bzw. Epizentrum nach der Beobachtungsstation zu gelangen, den Weg längs der Erdoberfläche benutzen, so wäre es sehr einfach, aus der nach der LASKAschen Regel ermittelten Epizentralentfernung und den am Seismogramm abgelesenen Eintrittszeiten die Fortpflanzungsgeschwindigkeiten der Erdbebenwellen zu berechnen. Da aber die Vorläuferwellen bis in große Erdtiefen hinabsteigen, muß man erst ihren Weg in der Tiefe durch zeitraubende Berechnungen ermitteln, bevor die Geschwindigkeit berechnet werden kann. Ein von BENNDORF [13] angeführtes Beispiel liefert die folgenden Werte:

Epizentral-entfernung km	0 bis 1000	bis 4000	bis 8000	bis 12 000	bis 16 000	km Entfernung
Erste Vorläufer P	8,0	11,4	13,9	19,0	31,7	Fortpflanzungs-geschwindigkeit in km/sec
Zweite Vorläufer S	4,0	6,3	7,9	11,1	18,5	
Hauptwellen	3,8	3,8	3,8	3,8	3,8	

Es besteht ein fundamentaler Unterschied zwischen den Vorläufern und den Hauptwellen:

1. die Hauptwellen laufen längs der Erdoberfläche vom Epizentrum zur Station (Oberflächenwellen) und zwar mit gleichbleibender Geschwindigkeit von rund $3^1/_2$ km/sec;
2. die Vorläuferwellen gelangen vom Hypozentrum durch das Erdinnere zur Beobachtungsstation. Da sich die wahre Fortpflanzungsgeschwindigkeit in den verschiedenen

Erdtiefen sehr stark ändert, so gestaltet sich das Oberflächenbild, die scheinbare Geschwindigkeit, recht kompliziert. Bei der ersten Wellenphase (P der Seismogramme) handelt es sich um longitudinale, bei der zweiten Phase (S) um transversale Wellen;

3. die im Zuge der Vorläufer liegenden, hinter den ersten Einsätzen P und S unter Umständen erscheinenden Einsätze (PP, PPP, SS, SSS in Fig. 15) sind Reflexionen von Vorläuferwellen an der Erdoberfläche;
4. die Nachläufer mit den in ihrem Bereich häufig auftretenden wiederkehrenden Maxima sind die allmählich an Stärke abklingenden Oberflächenwellen. Bei genügender Bebenenergie im Herd umkreisen sie den ganzen Erdkörper, mitunter zwei- bis dreimal.

Die Zeit, die eine Welle braucht, um vom Herd zur Seismometerstation zu gelangen, wird die Laufzeit genannt. Auf Grund der beobachteten Eintrittszeiten gelangt man zu mittleren Laufzeiten oder graphisch zu Laufzeitkurven für die einzelnen Wellenarten; hierbei dienen die Laufzeitdifferenzen als Ordinate, die Epizentralentfernung als Abszisse. Durch sehr komplizierte Methoden, die hier wiederzugeben zu weit führen würde [14], ist es heute möglich geworden, unter Zugrundelegung der Laufzeitkurven die Scheiteltiefe, bis zu der der Stoßstrahl in die Erde eintaucht, die Scheitelgeschwindigkeit, ja, überhaupt die Geschwindigkeit der Erdbebenwellen in verschiedener Tiefe zu berechnen. Untersucht man nun nach diesen Methoden die Vorläuferwellen P und S, so zeigt sich, daß die Fortpflanzungsgeschwindigkeiten in verschiedener Tiefe weder gleich sind noch sich stetig ändern (Fig. 16). Die longitudinalen P-Wellen z. B. haben bis zu einer Tiefe von rund 60 km eine Geschwindigkeit von 5,6 bis 8 km/sec, steigern die Geschwindigkeit beim weiteren Eintauchen bis auf annähernd $12^1/_2$ km/sec in 1200 km Tiefe und vermindern dann die Geschwindigkeitssteigerung, so daß in rund 2900 km Tiefe der Wert 13 km/sec erreicht wird; in dieser Tiefe sinkt die Geschwindigkeit der Wellen stark und plötzlich auf etwa $8^1/_2$ km/sec, um dann noch weiter innerwärts wieder etwas zuzunehmen [15]. Kleinere Unregelmäßigkeiten stellen sich überdies noch in 60, 400, 1700, 2450 km Tiefe ein. Sehen wir von ihnen ab, so bleiben die kritischen Grenzen bei einer Tiefe von 1200 und 2900 km in erster Linie beachtenswert. Es handelt sich hier um Unstetigkeitsflächen, die den Erdkörper in drei große Schalensysteme teilen: den Mantel (bis 1200 km Tiefe), die Zwischenschicht (von 1200 bis 2900 km Tiefe) und den Kern (von 2900 km ab). Wenn an den Unstetigkeitsflächen, wie wir sahen, eine namentlich an der Kerngrenze sprunghafte Änderung in der Fortpflanzungsgeschwindigkeit der P-Wellen eintritt, so ist damit zunächst bewiesen, daß der Erdkörper anisotrop * ist. Wir wissen aber hinsichtlich der Ursachen der Anisotropie, daß hierbei Dichte und Elastizität die entscheidende Rolle spielen, denn die Fortpflanzungsgeschwindigkeit elastischer Wellen wächst mit steigender Elastizität und nimmt mit steigender Dichte ab. Eine Änderung der Dichte, der Righeit (Größe der elastischen Widerstandsfähigkeit gegen Formänderung) und der Kompressibilität (Größe der Fähigkeit, unter Druck das Volumen zu verringern) kann aber nur auf einer Änderung des Materials oder des Aggregatzustandes beruhen. Da die Annahme eines Überganges vom festen in den flüssigen Zustand höchst unwahrscheinlich ist — die Beobachtungen über die Deformation des Erdkörpers u. a. sprechen entschieden dagegen —, so bleibt als leidlich sicher der Schluß übrig, daß die Unstetigkeiten im Verlauf der Fortpflanzungsgeschwindigkeiten der Erdbebenwellen auf Materialänderungen in der Tiefe hindeuten (vgl. Bd. I S. 31—34).

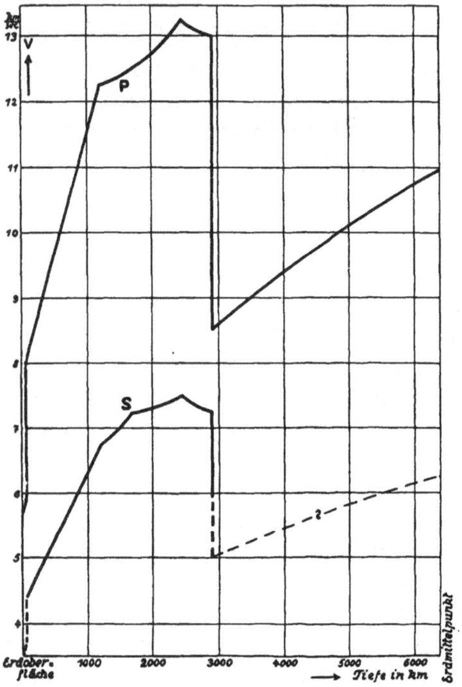

Fig. 16. Geschwindigkeit der Longitudinalwellen (P) und der Transversalwellen (S) im Erdinnern. Nach B. Gutenberg.

Anthropogeographische Bedeutung der Erdbeben. Das überraschende Auftreten der Erdbeben setzt die Bewohner der davon betroffenen Gebiete zwar immer wieder in Furcht und Verzweiflung, aber selbst von häufigen und schweren Beben heimgesuchte Siedlungen werden deswegen nur in ganz seltenen Ausnahmefällen aufgegeben. Schrekkensneurosen, Frühgeburten usw. sind eine häufige Begleiterscheinung selbst von mittelschweren Erdbeben, und Störungen in der Wasserversorgung haben nicht selten, namentlich in heißen Gegenden, Epidemien als mittelbare Bebenwirkung hervorgerufen. Aber wenn der Boden dann wieder zur Ruhe kommt, sind die Flucht auf die Straße, das Einstürzen der Häuser, die Zerstörung der Wasser- und Gasleitungen, die verheerenden Brände und Überschwemmungen erstaunlich schnell wieder vergessen, und man geht, am heimischen Boden haftend,

* Anisotrop ist ein Körper, dessen elastisches Verhalten sich nach den einzelnen Richtungen hin verschieden gestaltet. Ändern sich Elastizität und Dichte unregelmäßig von Punkt zu Punkt, so bezeichnen wir einen solchen Körper als heterogen.

entschlossen an die Wiederaufbauarbeit. Nirgends erweist sich diese Tatsache deutlicher als in dem so ungeheuer bebenreichen Japan. »Nicht nur die große Menge der gewohnheitsmäßigen Zeitungsleser, auch die auf lange Sicht politisch rechnende Welt hielt einen Augenblick erschreckt den Atem an, als um die Mittagsstunde des 1. September 1923 die Hafenstadt Yokohama, die wichtige Marinestation Yokosuka, zwei Drittel der Reichshauptstadt Tokio (wo 316087 Häuser zerstört und dadurch von über zwei Millionen Einwohnern 1 357 740 obdachlos wurden), der größte Teil des hoch übersiedelten Landes zwischen den weiten, zu diesen Städten führenden Buchten und der Halbinsel Idzu in Erdbebenstaub, Flammen und Brandgewölk zusammensanken, und als alles, was an der Küste wohnte, überdies von Flutwellen und einem Drehsturm heimgesucht wurde [16]«. Über 140 000 Tote, dazu mehr als 110 000 Verletzte waren bei der Katastrophe vom September 1923 zu beklagen; der Materialschaden ging in die Millionen, die japanische Währung schien zunächst ernstlich gefährdet, das politische Gewicht des japanischen Inselreiches erheblich vermindert*. Aber trotz und alledem und obwohl 1925 und 1927 weitere Beben folgten, hat man nicht nachgegeben und die Reichshauptstadt, allen Warnungen des Bodens zum Trotz, an der unruhigsten und gefährdetsten Schütterstelle wieder aufgebaut. — Genau die gleiche Hartnäckigkeit und Bodenhaftung begegnet uns in Süditalien. Am 28. Dezember 1908 wurden der südlichste Teil der kalabrischen Westküste und die gegenüberliegende Küste von Sizilien von einem furchtbaren Erdbeben heimgesucht; Messina, Reggio, Palmi, Bagnara, Giria u. a. wurden zerstört, 84 000 Einwohner getötet. Aber der Mensch weicht auch hier nicht, und nur wenig Spuren künden heute noch in den machtvoll zu neuem Leben erweckten Siedlungen von der letzten Bebenkatastrophe. — Und wer erinnert sich, wenn er heute das lebenstrotzende San Franzisko betritt, an die Tatsache, daß das entsetzliche Erdbeben vom 18. April 1906 die Stadt buchstäblich dem Erdboden gleichmachte (Materialschaden rund 300 Millionen $)? Wer sieht es der chilenischen Hafenstadt Valparaiso an, daß sie am 16. August desselben Jahres 1906 in wenigen Augenblicken heftigen Bebens in einen gigantischen Trümmerhaufen verwandelt wurde? Überall, wo die Gunst der Verkehrslage oder sonstiger Wirtschaftsgrundlagen einigermaßen verlockend ist, hält der Mensch aus, mögen auch die Erdbeben von Zeit zu Zeit ihre gewaltigen Opfer fordern.

Daß häufige Erdbeben dennoch nicht spurlos am Menschen vorübergehen, vielmehr sein Denken und Trachten, namentlich innerhalb früherer Kulturkreise, sehr erheblich beeinflußt haben, unterliegt andererseits keinem Zweifel. Partsch [17] hat dies besonders überzeugend

* 80% der Materialschäden und der Menschenverluste sind allerdings von den Feuersbrünsten verursacht, nur 20% sind direkt auf Rechnung der Bebenerschütterungen zu setzen.

für Griechenland nachgewiesen: »Bei einem Volke, das so oft den Boden unter sich erschüttert fühlt und gleichzeitig die Erde Spalten werfen, Quellen versiegen und das Meer aus seinen Ufern treten sieht, müssen Vorstellungen erwachen, die den Bewohnern eines unbewegten, gleichsam toten Bodens fremd bleiben. Den Griechen war ihr Land lebendig und bewegt; für die Kräfte der Tiefe, deren Regungen sie mit Schrecken verspürten, suchte ihre Phantasie einen lebendigen persönlichen Träger. Da das Meer überall in weitverzweigten Buchten tief in das Land eindrang und davor, ganz vom Meere umflutet, zahllose Inseln lagen, entwickelte sich in früher Zeit die Vorstellung, daß alles Land schwimmend auf dem Wasser ruhe. Der Herr des Meeres, Poseidon, ward zum Träger der Erdfeste und, wenn er sich regte, zu ihrem Erschütterer. Bei dieser Auffassung, die in den Meeresbewegungen bei starken Erdbeben eine für das ungeschulte Denken vollkommen überzeugende Stütze empfing, blieb der Volksglaube auch in Zeiten stehen, in denen die Frage nach der Entstehung der Erdbeben schon eine lebhaft umstrittene Kontroverse geworden war. In zahlreichen, vom Kult aufgenommenen und befestigten Beinamen sprach sich jene Doppelnatur des Meeresgottes als Halter und Schützer und andererseits als Beweger und Zerstörer der Erdoberfläche aus.«

Daß die Beben mittelbar zu politischen und sozialen Krisen führen können, deuteten wir oben bereits bei Erwähnung des japanischen Bebens von 1923 an. Man wird sich jedoch vor einer Verallgemeinerung und vollends vor einer Umkehr der »Regel« hüten müssen. Der Versuch H. von Hentigs [18], das historische Weltgeschehen in Beziehung zu Naturkatastrophen zu setzen, entbehrt gewiß nicht des Interesses, muß aber doch mit allergrößter Vorsicht aufgenommen werden.

Literaturnachweise. [1] A. Prey, C. Mainka, E. Tams, Einführung in die Geophysik; Berlin 1922. A. Sieberg, Geologische, physikalische und angewandte Erdbebenkunde mit Beiträgen von B. Gutenberg; Jena 1923 (ausführliche Literaturangaben!). B. Gutenberg, Lehrbuch der Geophysik; Berlin seit 1926. Derselbe, Erdbeben und Seismometrie in Müller-Pouillets Lehrbuch der Physik, 11. Auflage, V. Band, 1. Hälfte (Physik der Erde herausgegeben von Alfred Wegener), Braunschweig 1928. E. Tams, Die Fortschritte in der Dynamik der festen Erdrinde; Geographisches Jahrbuch Bd. XLII, Gotha 1928. — [2] B. Gutenberg, Die seismische Bodenunruhe und ihr Zusammenhang mit den Nachbargebieten, insbesondere Geologie und Meteorologie; Sammlung geophysikalischer Schriften herausgegeben von C. Mainka, Nr. 3, Berlin 1924. — [3] R. D. Oldham, Report on the great Earthquake of June 12th 1897; Memoirs of the Geological Survey of India, Calcutta 1899. A. v. Schmidt und K. Mack, Das süddeutsche Erdbeben vom 16. November 1911; Württ. Jahrbücher für Statistik und Landeskunde, Stuttgart 1912. — [4] H. F. Reid, The Foundation Coefficient; Report of the State Earthquake Invest. Comm., Washington 1910. — [5] A. Sieberg, Geologische Einführung in die Geophysik; Jena 1927, S. 326. — [6] E. Tams, Die Frage der Periodizität der Erdbeben; Sammlung geophysikalischer Schriften herausgegeben von C. Mainka, Nr. 5, Berlin 1926. — [7] V. Conrad, Die zeitliche Verteilung der in den österreichischen Alpen- und Karstländern gefühlten Erdbeben in den Jahren 1897 bis 1907; Mitt. Erdbeb.-Kommission Akad. d. Wiss. Wien, 1909 und 1912. — [8] N. F. Drake, Destructive earthquakes in China; Bull. Seism. Soc. America 1912. Den Zusammenhang zwischen tropischen Zyklonen und Erdbeben behandelt S. S. VISHER in Bull. Seism. Soc. America 1924. — [9] A. SIEBERG, Die Verbreitung der Erdbeben auf Grund neuerer makro- und mikroseismischer Beobachtungen und ihre Bedeutung für Fragen der Tektonik; Veröffentl. d. Hauptstation für Erdbebenforschung in Jena, Heft 1, Jena 1922. Vgl. auch A. SIEBERG, Erdbebenkunde; Jena 1923, S. 375. Eine spezialisierte Übersicht der Erdbebentätigkeit der Kontinente und Ozeane veröffentlichte A. SIEBERG in seiner neuesten Schrift »Geologische Einführung in die Geophysik«; Jena 1927, S. 327—331. — [10] F. DE MONTESSUS DE BALLORE, Les tremblements de terre, géographie séismologique; Paris 1906. — [11] A. SIEBERG, Das Korinther Erdbeben vom 22. April 1928 in seinen Beziehungen zu den Erdbeben und dem geologischen Aufbau des östlichen Mittelmeergebietes; Jenaische Zeitschrift für Naturwissenschaft, 64. Bd. (Neue Folge Bd. 57), Jena 1928. — [12] C. MAINKA, Kurze Übersicht über die modernen Erdbebeninstrumente; Berlin 1907. Vgl. auch den Abschnitt »Erdbebeninstrumente« (S. 426—481) in der Erdbebenkunde von A. SIEBERG, Jena 1923. — [13] H. BENNDORF, Über die Art der Fortpflanzung der Erdbebenwellen im Erdinnern; Mitt. Erdb.-Kommission Akad. d. Wiss. Wien, 1905. — [14] B. GUTENBERG, Theorie der Erdbebenwellen und verwandter Erscheinungen sowie deren Bedeutung für die Erkenntnis des Erdinnern; Abschnitt IV in A. SIEBERGS Erdbebenkunde, Jena 1923. — [15] B. GUTENBERG, Der Aufbau der Erde; Berlin 1928. Vgl. überdies Bd. I S. 55, Literaturnachweis 5. — [16] K. HAUSHOFER, Das japanische Erdbeben und seine politischen Folgen; Zeitschr. f. Geopolitik 1924, Bd. 1. Vgl. auch das gerade in bezug auf die anthropogeographischen Belange sehr ausführliche, mit zahlreichen Abbildungen und Karten ausgestattete Werk: The Great Earthquake of 1923 in Japan; compiled by the Bureau of Social Affairs, Home Office, 2 Bde., Tokio 1926. — [17] C. NEUMANN-J. PARTSCH, Physikalische Geographie von Griechenland mit besonderer Rücksicht auf das Altertum; Breslau 1885, S. 332. — [18] H. VON HENTIG, Über den Zusammenhang von kosmischen, biologischen und sozialen Krisen; Tübingen 1920.

Niveauveränderungen.

Einleitung. Daß im Verlauf vulkanischer Ausbrüche und Erdbeben gelegentlich vertikale Krustenbewegungen eintreten, erwähnten wir oben bereits. Während es sich in diesen Fällen in der Regel um Vorgänge beschränkten Ausmaßes handelt, lassen sich andererseits auch endogene Niveauveränderungen großen Stils nachweisen. Geologische Untersuchungen lehren uns, daß sich in fast allen Teilen der Erde die Verteilung von Land und Meer mannigfach geändert hat: weite Gebiete der heutigen Landflächen bergen Gesteinsserien, die nur auf dem Boden des Meeres abgelagert sein können; küstennahe Gebiete, die noch in historischer Zeit Festland waren, sind inzwischen vom Meer erobert worden.

Wir unterscheiden je nach dem zeitlichen Ablauf plötzliche (instantane) und langsame (säkulare) Niveauveränderungen, sind aber aus Mangel an sicheren Unterlagen häufig gezwungen, manche Erscheinungen nur vermutungsweise der einen oder der anderen Kategorie zuzuweisen. Ein zweites Einteilungsprinzip ist lokaler Art und trennt die litoralen von den binnenländischen Niveauschwankungen; jene verändern nicht bloß die Gestalt der Küste, sondern auch die Verteilung von Wasser und Land, diese bewirken nur Umgestaltungen im Relief der als Ganzes unberührt bleibenden Landoberfläche.

Am besten erforscht sind naturgemäß die litoralen Niveauveränderungen, weil in diesem Falle der Meeresspiegel bzw. die Lage der Küstenlinie einen bequemen Maßstab bietet. Wenn das Meer erobernd gegen das Land vorrückt, bezeichnen wir dieses Ereignis als Transgression oder nach dem Vorbild von E. Suess als positive Strandverschiebung. Ob es sich hierbei um eine Senkung der Landmasse handelt oder um Hebung des Meeresniveaus, hervorgerufen etwa durch Aufwölbung des Meeresbodens bzw. Vergrößerung der Wassermasse des Meeres *, ist für die Terminologie belanglos. Entscheidend bleibt allein die Tatsache, daß bisheriges Festland vom Meere überflutet und in Besitz genommen wird. — Taucht umgekehrt im Küstenbereich Meeresboden aus dem Wasser auf und gliedert sich dem Festland an, so sprechen wir von Regression oder negativer Strandverschiebung. Auch hier ist es für die Namengebung gleichgültig, ob sich die Erdkruste an dieser Stelle tatsächlich hebt oder die Erscheinung der Regression in einer Einsenkung des Meeresbodens bzw. einer Verminderung der Wassermasse des Weltmeeres ** begründet ist.

Bei binnenländischen Niveauveränderungen kann das Meer als Bezugsfläche unmittelbar nicht benutzt werden. Nur sehr sorgfältige geodätische Messungen, wie sie erst mit den Hilfsmitteln unserer Zeit ausgeführt werden können, geben uns hier Aufschluß über säkulare Hebungs- bzw. Senkungsvorgänge. Wir sind uns bewußt, daß auch hier nur die relative Niveauveränderung festgestellt werden kann, denn zur Ermittlung der absoluten Bewegung müßte die Änderung der tatsächlichen Entfernung von einem Festpunkt im Erdinnern gemessen werden, was aber unmöglich ist. Die Worte »Hebung« und »Senkung« gebrauchen wir also mit einer ähnlichen Einschränkung, mit der wir von Sonnenaufgang und -untergang sprechen.

Merkmale für Hebungen und Senkungen. Die Niveauveränderungen früherer Erdzeitalter kann man aus der Beschaffenheit der damals gebildeten Gesteine sowie aus deren Inhalt an tierischen und pflanzlichen Versteinerungen feststellen. Folgen etwa in einem bestimmten Gebiet auf rein kontinentale Ablagerungen solche der Flachsee und gehen diese im Hangenden allmählich in Tiefseesedimente über, so deuten diese Beobachtungen an, daß hier das Meer ursprünglich vorhandenes Festland überflutet hat und bei Weiterfortschreiten der Transgression der Beobachtungsort in größere Küstenferne und damit in tieferes Meer gerückt ist. Umgekehrt ist eine Regression daran zu er-

* z. B. als Folge einer Klimaänderung, die die Eiskappen der Polargebiete und Hochgebirge zum Abschmelzen bringt.

** Eine Klimaänderung kann große Wassermassen, die bisher dem Meere zuflossen, in Gestalt von Schnee, Eis und Gletschern auf dem Festlande binden.

Supan, Physische Erdkunde, VII. Auflage

Verlag von Walter de Gruyter & Co., Berlin

kennen, daß in ungestörtem geologischen Schichtenverband auf Tiefseegesteine zunächst Flachseeschichten, dann etwa Dünenbildungen, Torflager und andere Festlandsablagerungen folgen. Niveauveränderungen weit zurückliegender geologischer Perioden gehören an sich nicht in den Kreis geographischer Betrachtung. Nur solche Vorgänge sind für den Geographen von Belang, die für die Formung des gegenwärtigen Erdantlitzes Bedeutung haben, d. h. Niveauveränderungen,

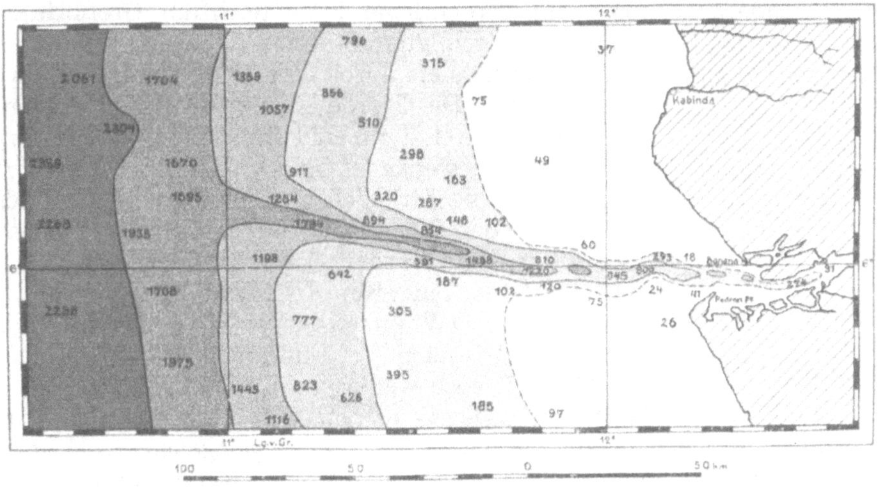

Fig. 17. Das unterseeische Tal des Kongo. Tiefen in Metern.
(Aus G. Schott »Geographie des Atlantischen Ozeans«, 2. Aufl., Hamburg 1926.)

die in der Jetztzeit noch anhalten oder erst in junger geologischer Vergangenheit zum Stillstand gekommen sind.

Beim Studium derartiger Probleme ist eine gewisse Vorsicht geboten, denn nicht alle Strandverschiebungen z. B. haben ihren Grund wirklich in litoralen Niveauveränderungen. Wir müssen sämtliche Vorgänge ausscheiden, bei denen sich die Strandlinie lediglich infolge der Brandungsarbeit der Meereswogen, des Abgleitens von Küstengestein, der Schuttablagerung der Flüsse, des Zusammensackens angeschwemmter Lockermassen u. a. m. verschiebt. Erst wenn wir alles dies eliminieren und dann noch immer Anzeichen für Hebung oder Senkung übrigbleiben, werden wir von endogenen Niveauveränderungen sprechen.

Merkmale für eine positive Strandverschiebung (Landsenkung) ergeben sich oftmals durch eingehendes Studium der Formenwelt der angrenzenden Flachsee. Wo sich die Formen des Festlandes auch unter Wasser eindeutig fortsetzen, ist der Verdacht auf Landsenkung kaum von der Hand zu weisen. So sind Rhein- und Themsetal untermeerisch zu verfolgen, und man erkennt aus dem Verlauf, daß die Themse einst ein Nebenfluß des Rheins war. Als besonders instruktives Beispiel solcher durch Landsenkung untermeerisch gewordener Landformen wird oft die Kongo-Rinne angeführt (Fig. 17). Ähnliche Verhältnisse begegnen uns am Adour, an der Ganges- und der Indusmündung, an der ligurischen Küste, aber auch in Süßwasserseen, wie im Genfer- und Bodensee. Man spricht in solchen Fällen von *ertrunkenen Flußmündungen* und deutet sie als Folge einer positiven Niveauveränderung. Der außerordentliche Hafenreichtum Großbritanniens und der Ostküste der Vereinigten Staaten (Hudson, Delaware, Chesapeake) kann nicht gut anders als durch eine Landsenkung erklärt werden. Die Fjorde Norwegens, Spitzbergens, Grönlands u. a. m. sind alte, schon vor der Vereisung bestehende Talzüge, deren Unterlauf infolge nachträglicher Senkung des Landes unter den Meeresspiegel geraten ist. Ebenso dürften die Förden Schleswig-Holsteins durch Untertauchen alter Eisstromtalungen entstanden sein (Wahnschaffe), denn sie sind mit der Küste nicht zu Ende, sondern lassen sich überall noch weiter ins Land hinein verfolgen.

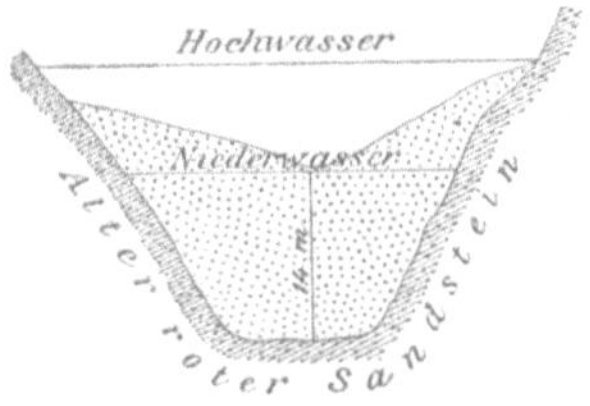

Fig. 18. Versunkenes Tal, Neyland Pill in der Nähe von Pembroke.

Es darf aber nicht verschwiegen werden, daß die Meinungen über diese genau in der Fortsetzung überseeischer Täler gelegenen, im Meeresboden mehr oder minder scharf eingeschnittenen Rinnen auch heute noch geteilt sind. Während sie von den einen als untergetauchte Talstücke aufgefaßt werden, führen sie die anderen auf Strömungen zurück, die das Flußwasser nach seinem Eintritt in das Meer oder in den See hinderten, gerade im Stromstrich Sedimente abzulagern. Die Entscheidung kann im Einzelfall nur durch Spezialuntersuchungen herbeigeführt werden, etwa nach Art der Bohrungen an der Südwestküste von England. Fig. 18 stellt uns ein typisches Beispiel nach Codrington[1] dar: das steilwandige Tal ist in alten roten Sandstein eingeschnitten und zunächst mit Glaziallehm angefüllt, worauf Torf und Meeresablagerungen folgen. Hier ist also der Beweis für Landsenkung einwandfrei erbracht. Ohne solche eingehende Untersuchung sollte man mit dem Urteil nicht gar zu schnell bei der Hand sein. Unstreitig geht z. B. Hull[2] zu weit, wenn er die ganzen westeuropäischen Kontinentalstufen mit derartigen unterseeischen Tälern bedeckt, und ganz fantastisch sind die Rekonstruktionen Spencers[3], der auf dem Boden des amerikanischen Mittelmeeres die Täler seines alten »Antillenkontinents« gefunden zu haben glaubt.

Für eine positive Niveauveränderung sprechen weiterhin solche Inseln und abgegliederten Halbinseln, die auf Grund ihres geologischen Baues und ihrer Lebewelt als einstige Zugehörige des Festlandes betrachtet werden müssen (z. B. die Britischen Inseln). Auch die die gesamte Landmasse gegenwärtig umsäumende Schelfplatte (vgl. Bd. I S. 272) darf, sofern sie nicht ausnahmsweise durch Anhäufung von Sedimenten zustande gekommen ist, als untergetauchte Küstenebene aufgefaßt werden. Da sie in ihrem Vorkommen nicht irgendwie regional beschränkt ist, sondern bei allen Weltinseln in mehr oder minder ausgedehnter Entwicklung angetroffen wird, ist hier wohl die Möglichkeit gegeben, die absolute Bewegung der Niveauänderung zu erschließen. Daß die gesamte Landmasse sich allenthalben gleichmäßig um denselben Betrag von rund 200 m gesenkt haben sollte, erscheint wenig einleuchtend; wir müssen also eher an ein Steigen des Meeresspiegels denken. Das Abtauen der weltweit verbreiteten diluvialen Eismassen hat hier möglicherweise entscheidend mitgewirkt, berechnete doch F. NANSEN, daß das als Eis gebundene Wasser im Diluvium den Meeresspiegel um rund 50 m gesenkt habe.

Auf eine positive Strandverschiebung weisen gelegentlich auch prähistorische Funde hin. Versunkene Wälder und Torfmoore mit Kulturresten aus der jüngeren Stein- und der Bronzezeit, z. T. sogar aus der römischen Periode, begleiten die Küste der Nordsee und des Kanals von Jütland bis zur Normandie. Während noch SUESS die Tatsache mit der Wirkung von Sturmfluten, Rutschungen usw. erklären wollte, lassen es neuere eingehende Untersuchungen als sehr wahrscheinlich erscheinen, daß kurz nach der letzten norddeutschen Eiszeit eine Senkung im Gebiet der südlichen Nordseeküsten eingesetzt hat, die bis heute anhält. Für Helgoland errechnet WOLFF[4] als Höchstbetrag eine Senkung von 2 m in den letzten 5000 Jahren, für die Landschaft Hadeln (Elbmündung) aus der Lage der Klei-, Hochmoor- und Niedermoortorfschichten eine Senkung von gleichfalls 2 m in 4—5000 Jahren oder rund 4—5 cm im Jahrhundert. Erweisen sich diese Beobachtungen und Folgerungen als einwandfrei, so begreifen wir den schweren Stand der deutschen Deichbauern, die durch ständige Verstärkung der Deichanlagen der natürlichen Senkung entgegenarbeiten müssen. Die Bewohner der holländischen Küste, denen die Natur einen geschlossenen Dünenwall vom Helder bis zur Maas beschert hat, sind in dieser Beziehung glücklicher daran als wir.

Daß das Vorhandensein unterseeischer Moore und Wälder allein eine positive Niveauveränderung noch nicht beweist, hat D. W. JOHNSON[5] überzeugend nachgewiesen. In Buchten, die durch eine Landzunge (Nehrung) bis auf eine kleine Öffnung vom Meere getrennt sind, verspäten sich die Gezeiten, infolgedessen nimmt das Hochwasser ein niedrigeres Niveau ein, und die Hubhöhe ist kleiner als an der Außenseite der Nehrung. Wird diese nun etwa durchbrochen, so steigt das Hochwasserniveau der Bucht, und Bäume, die bis an das frühere Flutniveau hinabreichten, sterben ab. Der umgekehrte Fall tritt ein, wenn eine bislang offene Bucht durch Aufschüttung einer Sandbank vom Meere nahezu abgeschnitten wird; die Strandlinie des alten Hochwasserniveaus wird von dem neuen nicht mehr erreicht und ist scheinbar landeinwärts gerückt. Auch Sackungserscheinungen können gerade in Moorgebieten zu einer Niveausenkung führen und dadurch dem Meere den Eintritt ins Land erleichtern. Man ersieht daraus, wie leicht man in solchen Fällen Täuschungen ausgesetzt ist und mit welcher Vorsicht auf endogene Niveauveränderungen gefolgert werden muß.

Merkmale für eine negative Strandverschiebung (Landhebung) lassen sich in verschiedener Weise feststellen. Wir streifen nur kurz das Problem der Aussichtsweite, das für negative wie für positive Niveauveränderungen von Bedeutung ist. Eine zweifelsfreie Vergrößerung der Aussichtsweite würde natürlich für Landhebung sprechen, aber auf das Wort »zweifelsfrei« ist hier entscheidender Nachdruck zu legen. Eindeutiger sind die Beobachtungen von Meeresablagerungen, Strandterrassen, Austern- und Muschelbänken

Fig. 19. Strandlinie zwischen Vang und Skaarliodden. — Nach MOHN.

u. a. m. in einer Höhenlage, die das Meer jetzt selbst bei den größten Sturmfluten nicht mehr erreicht. Gewiß ist auch da noch immer Vorsicht geboten, denn Muschelreste z. B. können unter Umständen auch auf Verschleppung durch Menschen und Vögel zurückzuführen sein und dann mit Niveauveränderungen nichts zu tun haben. Wo aber, wie an der chilenischen Küste, Austern, Patellen und zahllose andere auf Fels festsitzende Konchylien aufs Trockene gerieten und ehemals im Meere gelegene Klippen mit dem Festland verbunden wurden, bleibt kein anderer Schluß als der einer Landhebung übrig.

Am besten erforscht sind die Hebungsvorgänge in Skandinavien und im Anschluß daran im ganzen Umkreis des europäischen Nordmeeres. An der steilfelsigen ozeanischen Westküste Skandinaviens finden wir hoch über dem heutigen Meeresniveau Muschelbänke, Terrassen und »Seter«, was man im Deutschen mit der sonst im allgemeinen Sinne gebrauchten Bezeichnung »Strandlinien« übersetzt hat (Fig. 19). Man versteht darunter horizontale, wegeartige Einschnitte im festen Gestein, die sich an den Steilwänden der Fjorde und Sunde und an freiliegenden Inseln hinziehen. Häufig treten mehrere Strandlinien übereinander auf (Fig. 20). Von der Gesteinsbeschaffenheit und Schichtenstellung zeigen sie sich völlig unabhängig, im Norden sind sie aber im allgemeinen häufiger und besser ausgebildet als im Süden. Während die Gehänge, an denen sie auftreten, mit Gletscherschrammen bis zum Meeresspiegel bedeckt sind, tragen die Strandlinien selbst keine Spuren eiszeitlicher Abschleifung, sind also jedenfalls zu einer Zeit entstanden, da sich die ununterbrochene Inlandeisdecke bereits aufzulösen begonnen hatte. In inniger Gesellschaft mit den Setern erheben sich stufenförmig an den Flußmündungen die Terrassen, aus Sand- und

Fig. 20. Doppelte Strandlinie bei Grötnes. — Nach Mohn.

Tonschichten aufgebaut. Die schematische Darstellung in Fig. 21 macht die Beziehung der Terrassen des Haupttals 1 und 2 zu der des Nebentales und zu den weiß gehaltenen Strandlinien klar. Kjerulf[6] deutet sie als submarine Deltas, die bei der allgemeinen Hebung des Küstengebiets aufstiegen und vom Flußlauf zerschnitten wurden. Strandlinien und Terrassen sind alte Wasserstandsmarken, aber unter eigenartigen Verhältnissen entstanden. Denn einerseits fehlen sie an der

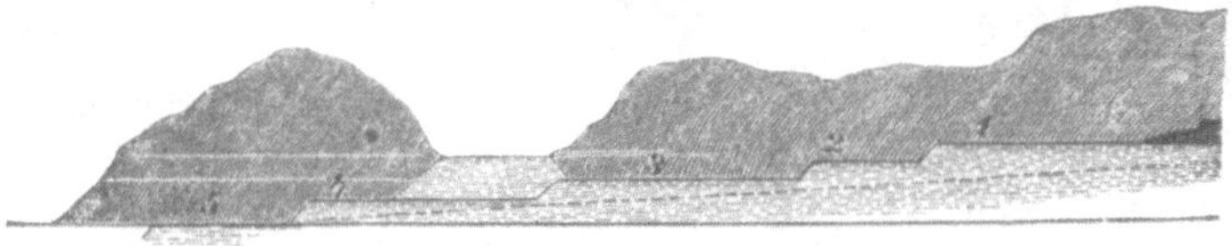

Fig. 21. Norwegische Terrassen. — Nach Kjerulf.

freien Ozeanküste und beschränken sich auf die Fjorde und Sunde, andererseits treten sie selbst in benachbarten Fjorden in verschiedenen Seehöhen auf; ja Hansen entdeckte 1885 im südnorwegischen Binnenland echte Seter sogar in Seehöhen zwischen 657 und 1090 m, also außerhalb des höchsten jeweils in Frage kommenden Meeresstandes. Er erklärte sie für Uferlinien eines Sees, der durch Eis abgedämmt war, und diese Hypothese wandte dann Suess auch auf die Seter an der Küste an. Die Fjorde und Sunde bildeten danach in der zweiten Eiszeit Seen, eingeschlossen im Westen durch die Gletscher, die von den hohen Inseln und Küstengebirgen ausgingen, im Osten durch das Inlandeis, dessen Ausläufer die inneren Enden der Fjorde berührten. Ähnliche Verhältnisse zeigt noch jetzt die Westküste Grönlands, doch finden sich hier nur an einer einzigen Stelle Terrassen. Für den Romsdalsfjord hält Sandler[8] die Suesssche Hypothese nicht für zutreffend und ersetzt den Eisdamm durch eine Anhäufung von Glazialschutt. Es ist durchaus wahrscheinlich, daß manche der Seter tatsächlich als Wasserstandsmarken von Stauseen zu deuten sind; ebenso sicher aber ist, daß andere Seter und vielleicht die Mehrzahl von ihnen marinen Ursprungs sind und die ehemalige Lage des Meeresniveaus bezeugen. In diesem Falle

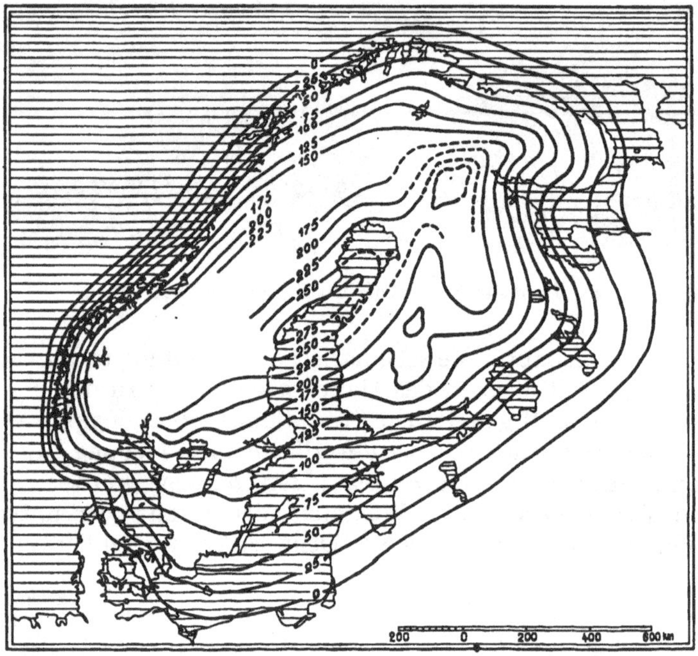

Fig. 22. Die nacheiszeitliche Hebung Skandinaviens. Linien gleicher Hebung in Metern. Nach J. J. Sederholm.

läßt sich ihre Verteilung dadurch erklären, daß sie durch den Eisfuß gebildet wurden, d. h. durch die Eisdecke längs der Fjord- und Sundgestade, die durch die Wellenbewegung hin- und hergeschoben wurde und dadurch den Fels, den schon der Spaltenfrost gelockert hatte, abscheuerte. In der Brandung der ozeanischen Küste konnte sich ein Eisfuß wahrscheinlich nicht bilden. Jede Strandlinie dokumentiert eine zeitweilige Beständigkeit des Meeresniveaus; der Abstand zweier aufeinander folgender Seter entspricht dem Betrag der inzwischen erfolgten Landhebung.

Bemerkenswert ist nun, daß die Strandlinien und Terrassen Norwegens, wie schon Bravais vor mehr als einem halben Jahrhundert erkannt hat, nur anscheinend wagerecht und parallel verlaufen, in Wirklichkeit aber gegen das Innere des Landes ansteigen [9] und zwar jede in verschieden starkem Ausmaß. Grundlegend sind die Beobachtungen Bravais' im Busen von Altenfjord in Finnmarken. Zwei Strandlinien ziehen sich hier von der Küste tief landeinwärts. An der Küste liegt die untere Strandlinie in einer Seehöhe von 14, die obere in 28 m Seehöhe; am inneren Ende des Fjords hat sich der Abstand der beiden

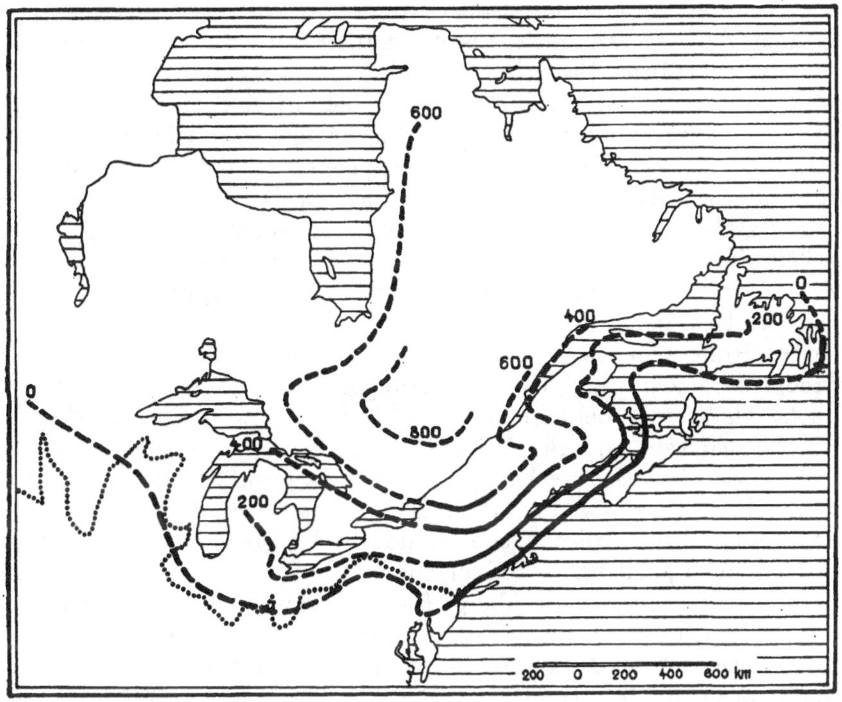

Fig. 23. Die nacheiszeitliche Hebung Nordamerikas. Linien gleicher Hebung in 200 Fuß Abstand. Punktierte Linie = Südgrenze der letzten Vereisung. — Nach De Geer.

Strandlinien von 14 auf 40 m erhöht, denn dort beträgt die Seehöhe der unteren Terrasse 27, die der oberen 67 m. Daraus folgt offenbar, daß die ursprünglich horizontalen Strandlinien nachträglich Verbiegungen erlitten haben, d. h. die Hebung des Landes ungleichmäßig vor sich ging. Trägt man auf einer Karte alle Spuren einstmals höheren Meeresstandes ein und verbindet alle Punkte gleich starker Hebung durch Linien, die sogenannten Isanabasen oder Isobasen, so ergibt sich nach Sederholm [10] das Bild unserer Fig. 22. Skandinavien und Finnland sind also seit Ende der Eiszeit von einer flachkuppelförmigen Aufwölbung betroffen worden; die Landhebung erreicht in der Nähe des Bottnischen Busens ihren Höchstbetrag und schwächt sich nach dem Rande des skandinavischen Schildes zu ab. — Ganz ähnlichen Verhältnissen begegnet man nach den Feststellungen G. DE GEERS [11] in Nordamerika (Fig. 23). Auch hier nimmt die postglaziale Hebung von der Küste nach dem Innern des Landes stetig zu, auch hier hat die ungleichmäßige Landhebung zu einer kuppelförmigen Auftreibung geführt. Daß in Nordamerika die Grenze der Landhebung auffallend nahe der Grenze der letzten Vereisung zu liegen kommt, wird uns weiter unten noch beschäftigen.

Die Tendenz einmal eingetretener Niveauveränderungen bleibt, wie sich aus mannigfachen Beobachtungen in allen Teilen der Welt ergibt, nicht immer konstant, sondern Hebung und Senkung wechseln oftmals miteinander ab. Skandinavien z. B. hat, wenngleich im Endeffekt Landhebung resultiert, seit der Eiszeit einen viermaligen Wechsel der Niveauveränderungen durchgemacht. Die Fossilien der spät- und nachglazialen Ablagerungen geben uns hier sicheren Aufschluß über die Aufeinanderfolge und das relative Alter der nordischen Strandverschiebungen und der gleichzeitigen Klimaänderungen [12]. In der Zeit der fortschreitenden Abschmelzung des Inlandeises herrschte eine positive Niveauveränderung, während deren Höhepunkt das nach der Yoldia arctica benannte Yoldiameer das Gebiet von Kristiania bis zu einer Höhe von 240 m bedeckte. Nun folgt eine negative Niveauveränderung; den jüngeren Ablagerungen mischen sich immer mehr südliche Tierformen bei, ein Beweis, daß das Klima milder wurde. Das Meer wich so weit zurück, daß die Ostsee fast ganz ihren Zusammenhang mit der Nordsee verlor und nahezu ausgesüßt wurde. In dieser Periode des Ancylussees (nach dem Hauptfossil Ancylus fluviatilis oder Gemeine Flußnapfschnecke) wanderte der Mensch in Südschweden ein. Eine neue positive Strandverschiebung, die auch auf die baltischen Gestade Norddeutschlands übergriff [13], verwandelte den Binnensee in das Litorinameer (Litorina litorea oder Gemeine Uferschnecke), und es wird vermutet, daß damals die nachglaziale Temperaturkurve ihren Höhepunkt erreichte. Nun trat wieder eine negative Niveauveränderung ein, die bis zum heutigen Tage anhält; die Meeresstraße durch die südschwedische Seenregion wurde Land, und der Aussüßungsprozeß der Ostsee begann von neuem.

Selten wird dieses Auf und Ab der Erdkruste so sinnfällig offenbar wie an dem Serapistempel bei Pozzuoli, dessen drei noch aufrecht stehende Säulen in einer Höhe von 3 oder 3½ bis 6 m über dem Boden des Gebäudes ringsum von marinen Bohrmuscheln angenagt sind. Die Untersuchungen R. T. GÜNTHERS [14], die den ganzen Golf von Neapel und die südwestitalienische Küste umfassen, haben diese Frage eindeutig geklärt. Etwa zur Zeit der Ansiedlung der Griechen lag die Küste wenigstens 6 m über dem heutigen Niveau. Schon in der Römerzeit trat Senkung ein, wenn auch das Land noch immer um 5 m höher lag als jetzt. Im Mittelalter schlug die Senkung ein rascheres Tempo an, so daß sich der Meeresspiegel 5½—6 m über den gegenwärtigen Nullpunkt erhob. Am Ende des 15. Jahrhunderts begann sich dann die Küste wieder langsam zu heben, doch nicht so, daß der ganze römische Saum trockengelegt wurde. Darauf folgte schließlich abermals eine Senkung, die bis zum heutigen Tage dauert. Wir haben hier ein ausgezeichnetes Beispiel einer Oszillation aus geschichtlicher Zeit.

Die Entdeckung eines noch drastischeren Beispiels verdanken wir FRAAS [15]. An den Trümmern eines 1696 zerstörten Befestigungswerkes in Mombasa an der Küste von Britisch-Ostafrika, das 4—5 m über der Flutzone liegt, sind Austern in ungeheuren Mengen angewachsen, und es muß daraus auf eine Niveauschwankung von 10—12 m innerhalb der letzten drei Jahrhunderte geschlossen werden.

Neuzeitliche Niveauveränderungen. Auf den Unterschied zwischen sehr schnell verlaufenden (instantanen) und langsam sich abspielenden (säkularen) Niveauveränderungen wurde bereits in der Einleitung hingewiesen.

Plötzliche Hebungen oder Senkungen treten häufig in katastrophaler Form im Verlauf von Erdbeben ein. Bei dem Belutschistaner Erdbeben am 20. Dezember 1892 entstand parallel mit dem Khadschakgebirge, an dessen Westfuß, eine über 20 km lange Spalte, die gleichzeitig mit Verschiebung und Verwerfung verbunden war. Man konnte dies um so genauer feststellen, als die Spalte die Eisenbahn kreuzte. Diese neue Dislokationslinie fällt nahe zusammen mit einer alten, die durch eine Bodensenkung und das Hervortreten zahlreicher Quellen markiert ist. Die 112 km lange Spalte, die sich bei dem großen, schon mehrfach erwähnten japanischen Erdbeben am 28. Oktober 1891 öffnete, durchschneidet quer das Gebirge und war ebenfalls mit Verwerfung und Verschiebung verbunden. Dagegen sind die Verwerfungsspalten, die sich bei dem Erdbeben vom 31. August 1896 im nördlichen Nippon bildeten, symmetrisch zu beiden Seiten der tertiären Mahirukette verteilt; in der östlichen, 15 km langen Spalte sank der Ostflügel um 2 m, in der westlichen 60 km langen der Westflügel um 1—3 m. Bei dem lokrischen Erdbeben im April 1894 entstand eine etwa 60 km lange Spalte, an der eine ausgedehnte Scholle des mittelgriechischen Festlandes gegen den Kanal von Atalante absank. Die Sprunghöhe der Verwerfung schwankt zwischen einigen Zentimetern und 2 m. Dieses schwere Erdbeben war also nur eine kleine Episode in dem großen Zerstückelungsprozeß, der im südöstlichen Europa schon seit vorgeschichtlicher Zeit im Gange ist.

Das Gebiet der tief in die Südküste von Alaska einschneidenden Yakutatbai hat bei dem Erdbeben von 1899 Hebungen bis zu 15 m, wie sie bisher noch niemals bei seismischen Störungen beobachtet wurden, erlitten und daneben auch Senkungen von geringem Betrag. Anscheinend sind diese Deformationen regellos verteilt, aber bei genauer Untersuchung ergab sich das Vorhandensein echter Verwerfungslinien mit einseitiger Hebung eines Flügels [16]. — Bei dem Erdbeben von Valparaiso vom Jahre 1906 beschränkte sich die Hebung auf die chilenische Küstenstrecke zwischen 31½ und 35° s. Br. und überstieg nirgends den Betrag von 80 cm. Südlich davon, bei Conception, wurde nach DARWIN die Küste bei dem Erdbeben von 1835 bis zu 1 m gehoben, und auf der benachbarten Insel Santa Maria soll diese Verschiebung 3 m erreicht haben. — Im Gefolge des großen Messinabebens von 1908 senkte sich der Boden zu beiden Seiten der Meerenge von Messina um 60—66 cm; landeinwärts nahm die Senkung im Westen rasch ab.

Für Flächensenkungen ist eines der hervorragendsten Beispiele das Erdbeben von Katsch im Jahr 1819, das eine Fläche von ungefähr 520 qkm in einen See verwandelte.

Seismische Lage- und Niveauveränderungen abseits von den Spalten lassen sich, weil es sich da meist um kleine Beträge handelt, nur auf geodätischem Wege feststellen. Die erste sichere Nachricht darüber stammt aus Sumatra, wo bei dem Erdbeben am 17. Mai 1892 Triangulationspfeiler bis zu 1 m verschoben wurden [17]. — Noch beträchtlicher waren die Folgen des ostindischen Bebens von 1897. Niveauveränderungen sind in dem Garo- und Khasigebirge nicht nur indirekt durch Änderung des Gefälles der Flüsse, die zur Seenbildung führte, sondern auch direkt durch eine neue trigonometrische Aufnahme nachgewiesen. Die Dreieckseiten sind im Vergleich zur Aufnahme von 1860 bis zu 2,6 m länger geworden, und die Hauptstationen haben dadurch eine Verschiebung von ½—3½ m erlitten, zugleich ist aber auch (mit einer einzigen Ausnahme) ihre Seehöhe um ½—7 m gewachsen. Freilich ist dabei vorausgesetzt, daß die Basislinie unverändert geblieben ist, und möglicherweise ist die Streckung der trigonometrischen Linien auf eine Verkürzung der Basis zurückzuführen; aber auch in diesem Fall wäre eine Niveauveränderung außer Zweifel gestellt. Genaue Daten besitzen wir von dem schon erwähnten japanischen Erdbeben vom 28. Oktober 1891, dessen Epizentrum zufällig mit einem wichtigen Nivellementsknotenpunkt zusammentraf. Die 1899 abgeschlossenen Nachmessungen ergaben Höhenveränderungen in einem Gebiet von 160 km größter Länge, und zwar vorwiegend Hebungen bis zum Betrag von 0,8 m, aber auch Senkungen bis 0,4 m, im ganzen also eine Höhenveränderung von 1,2 m.

Von epochemachender Bedeutung sind die drei Vermessungen in Kalifornien [18]; zwischen je zwei fanden Erdbeben statt, das erste 1868, das zweite, dem San Francisco zum Opfer fiel, 1906. Von San Juan in der Grafschaft Benito (östlich von der Montereybai) erstreckt sich die San-Andreas-Bruchlinie, die längste, die wir kennen, 435 km weit nach NW bis Punta Delgada. Zwischen den beiden ersten Triangulationsperioden hatte sich hier, zu beiden Seiten der Spalte, ein Block von 2600 km 1,6 m nach N 11° W verrückt. Bei dem Beben 1906 trat aber die Spalte selbst in Aktion, ihr östlicher Flügel bewegte sich ungleichmäßig nach SO, ihr westlicher ebenso nach NW, und damit war im nördlichen Teil eine Hebung des Westflügels um 0,7—1 m und weiter im N eine noch unbedeutendere Hebung des Ostflügels verbunden.

A. C. LAWSON und H. F. REID haben daraus geschlossen, daß die Bewegungen zuerst langsam erfolgten, bis der Höhepunkt der Spannung erreicht wurde, worauf an der Stelle kleinsten Widerstandes ein Bruch eintrat und die Schichten unter heftigen Erschütterungen elastisch in die neue Gleichgewichtslage hineinschnellten.

Sehr sorgfältig wurden die Niveauveränderungen untersucht, die das große japanische Erdbeben vom 1. September 1923 verursachte. Der amtliche Bericht hierüber [19] enthält in Bd. II zwei außerordentlich wichtige Karten: 1. Die Niveauveränderungen an der Küste der Tokio- und der Sagami-Bucht (in der Umgebung von Tokio geringfügige Senkungen, sonst allenthalben Hebungen bis zum Maximalbetrag von 2,012 m); 2. die Niveauveränderungen auf dem Boden der Sagami-Bucht (Hebungen bis zu 250 m, Senkungen bis zu 400 m, beide unregelmäßig verteilt, jedoch stets in Gestalt schmaler, langgestreckter bis ovaler Zonen).

Instantane Niveauveränderungen haben stets eine Änderung des Gefüges, ein Zerbrechen der Erdkruste zur Voraussetzung. Anders die säkularen Niveauveränderungen. Die Erdkruste erfährt durch sie lediglich weitgespannte Verbiegungen, ohne daß das tektonische Gefüge zerstört wird; dafür aber werden weit größere Räume von dem Vorgang ergriffen, und der Prozeß der Niveauveränderung zieht sich über große Zeiträume hin.

Die Feststellung säkularer Niveauveränderungen begegnet erheblichen Schwierigkeiten, weil der endogene Charakter von Hebung oder Senkung nicht immer einwandfrei nachzuweisen ist; auch unterirdische Auslaugung von Salz und Gips, Aufquellen von Anhydritmassen durch Wasseraufnahme u. a. m. können ja ähnliche Wirkungen hervorrufen. Dazu gesellt sich die Schwierigkeit hinsichtlich der Entscheidung, ob instantan oder säkular, die nur in seltenen Fällen mit absoluter Sicherheit behoben werden kann. Endlich sind die Änderungsbeträge in der Zeiteinheit so gering, daß nur systematisch durch längere Zeit durchgeführte Beobachtungen die Lehre von den modernen Niveauveränderungen säkularer Art auf eine sichere Grundlage stellen können. In dieser Beziehung verdient das jetzt in Indien gegebene Beispiel, wo man von einem hohen Turm in der Nähe von Roorke aus die im Verdacht der Hebung stehenden Siwalikberge einer dauernden Beaufsichtigung unterworfen hat, entschieden Nachahmung. Noch wichtiger wäre es, wenn sich die Regierungen dazu entschlössen, nach LALLEMANDS [20] Vorschlag alle 30 Jahre die Festpunkte der Feinnivellementsnetze von neuem einzuwägen.

Einige neuzeitliche Senkungserscheinungen in unserem Vaterland lassen es als zweifelhaft erscheinen, ob man sie als instantane oder als säkulare Bewegungen aufzufassen hat. Wir neigen der letzteren Ansicht zu, besonders betreffs der Senkungen des Bodenseebeckens, die sich bei Konstanz bis in das Jahr 1817 zurückverfolgen lassen und hier bis 1890

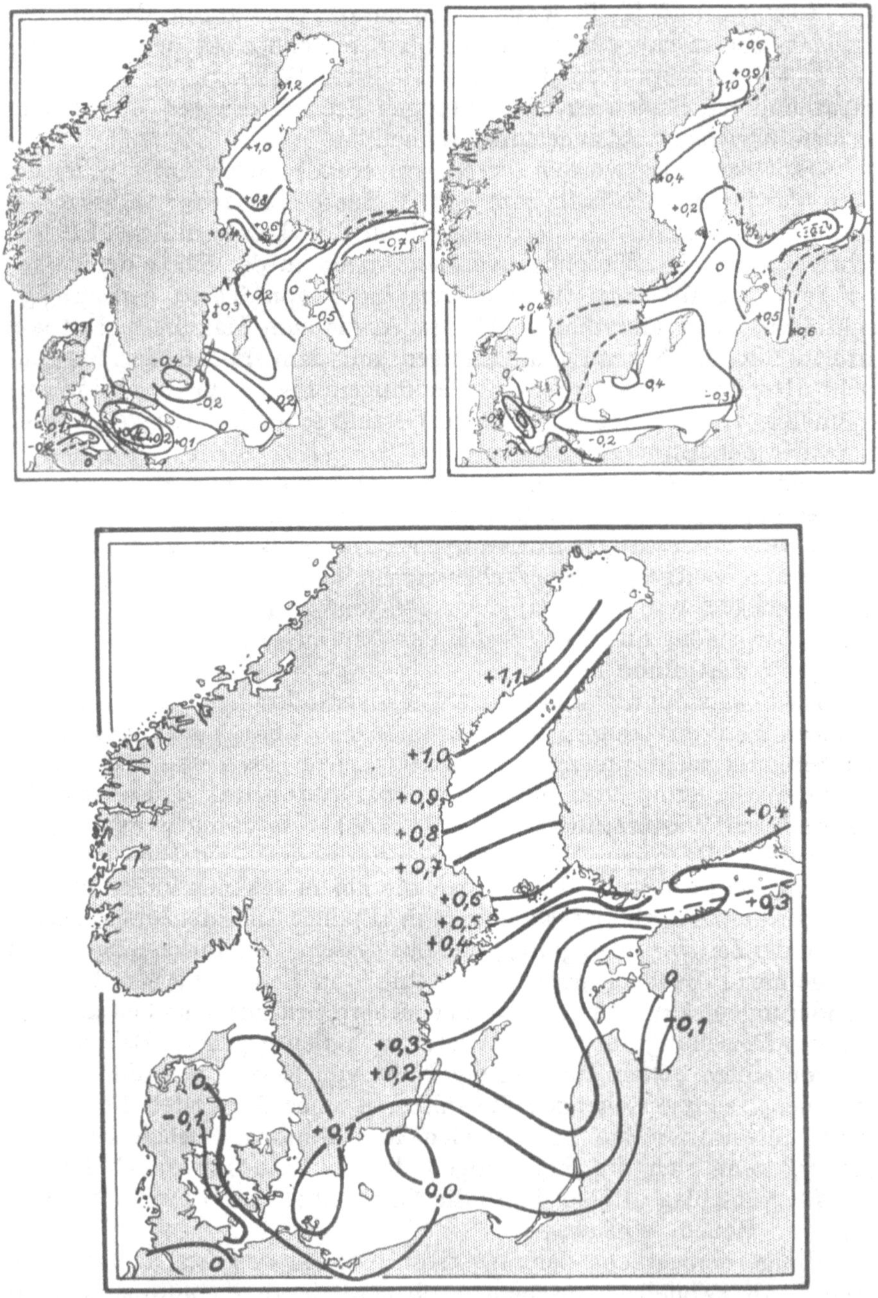

Fig. 24. Mittlere Landhebung an den Gestaden der Ostsee. Oben links: Landhebung von Mittel 1898/1900 auf Mittel 1901/03. Oben rechts: Landhebung von Mittel 1907/09 auf Mittel 1910/12. Unten: Landhebung von Mittel 1898/1900 auf Mittel 1910/12.

den Betrag von 317 mm erreicht hatten. Die Senkung ist allgemein, die des südlichen Ufergeländes jedoch stärker als die des Seespiegels [21]. 1906 wurde das Feinnivellement auf der Strecke Freilaßing-Laufen a. d. Salzach, das 1887 stattgefunden hatte, mit aller Genauigkeit wiederholt und ergab, daß Freilaßing in bezug auf die Nachbarmarken stationär geblieben war, während sich Laufen um 85 mm gesenkt hatte. In der Nähe von Laufen befindet sich eine Bruchlinie, und 1904 hatte hier ein Erdbeben stattgefunden.

Echt säkular ist z. B. eine kleine Senkung im Clausthaler Bergwerk (Kaiserschacht), wo durch Markscheidermessungen in 730 m Tiefe festgestellt ist, daß sich die Gesteinsschichten im Zeitraum 1895—1901 um 30 mm, 1901—1906 um 25 mm verschoben haben. Ähnliche Bewegungen fanden nach Holzapfel auf Grube Nordstern bei Aachen statt.

Eine wesentliche Förderung unserer Kenntnis vom Ablauf neuzeitlicher Niveauveränderungen verdanken wir R. Witting [22], der in mühseligen Untersuchungen die Landhebungen im Bereich der Ostsee für den Zeitraum 1898—1912 ermittelte. Durch Ausschaltung der von Wind, Luftdruck, Wasserumsetzungen und Strömung auf die Höhe des Meeresspiegels ausgeübten Einflüsse konnte er die Wasserstandsschwankungen der Ostsee im Vergleich zur Geoidfläche und zum Präzisionsnivellement setzen und daraus den Anteil der Landhebungen an den Schwankungen des Meeresspiegels ableiten. Witting lieferte damit eine sehr wertvolle Ergänzung zu den früher auf Grund nicht ganz einwandfreier Pegelaufzeichnungen von Sieger [23] vorgenommenen Berechnungen. Es ergibt sich aus den Studien Wittings, daß das Ostseegebiet an der allgemeinen kuppelförmigen Aufwölbung der fennoskandischen Masse teilnimmt, denn die Gesamtwirkung der Niveauveränderungen im Zeitraum 1898—1912 läuft auf Landhebung hinaus. Aber diese Landhebung ist zeitlich und örtlich erheblichen Schwankungen unterworfen. Es wechseln Perioden der Hebung mit solchen der Senkung; die gleichgerichteten Veränderungen dauern Bruchteile eines Jahres oder einige Jahre. Bezeichnenderweise zeigen die Jahre starker Erdbebenhäufigkeit auch die stärksten Unstetigkeiten in der Landhebung (1902, 04, 07, 09, 11), doch ist die Frage nach Ursache und Wirkung einstweilen noch nicht zu entscheiden. Daß hier Kausalzusammenhänge vorliegen, wird auch durch die Tatsache bewiesen, daß das skandinavische Hebungszentrum (von Bohuslän-Dalsland über Schweden nach Norrland und weiter nach NNO) mit dem Gebiet größter Erdbebenhäufigkeit zusammenfällt.

Die Ergebnisse der Forschungen Wittings mögen hier in der nachfolgenden Tabelle und der ergänzenden Fig. 24 zusammengefaßt werden. Bezogen auf die deutsche Küste als Nullinie zeigen sich im Bereich des Ostseegebiets die folgenden Niveauveränderungen in cm/Jahr (+ bedeutet Landhebung, — bedeutet Landsenkung):

	I. Von Mittel 1898/1900 auf Mittel 1901/1903	II. Von Mittel 1901/1903 auf Mittel 1904/1906	III. Von Mittel 1904/1906 auf Mittel 1907/1909	IV. Von Mittel 1907/1909 auf Mittel 1910/1912	V. Von Mittel 1898/1900 auf Mittel 1910/1912
Kopenhagen	+ 0.08	+ 0.45	— 0.25	+ 0.05	+ 0.08
Kattegat	+ 0.02	+ 0.06	— 0.03	+ 0.20	+ 0.06
Korsör	0.00	+ 0.23	— 0.26	+ 0.34	+ 0.08
Karlskrona	— 0.44	+ 0.46	+ 0.39	— 0.42	0.00
Reval	— 0.99	+ 1.33	+ 0.14	+ 1.02	+ 0.37
Kronstadt	— 0.71	+ 0.13	+ 1.17	+ 0.76	+ 0.33
Helsingfors	— 0.71	+ 0.07	+ 0.72	+ 0.15	+ 0.08
Draghällan	+ 1.08	+ 1.76	+ 0.56	+ 0.53	+ 0.98
Topilla	+ 1.06	+ 1.47	+ 1.01	+ 0.57	+ 1.03

Aus Tabelle und Zeichnung ergibt sich kurz dieses: Kein Teil der Küste kann als feststehend betrachtet werden. Die Schwankungen sind offenbar an den Rändern mehr ausgeprägt als im Zentrum. Da die Zahlen für gewisse Regionen einigermaßen gleichartig verlaufende Niveauveränderungen anzeigen, wird WITTING zu dem Bilde geführt, daß die Erdkruste hier gleichsam aus einzelnen halbplastischen Schollen zusammengesetzt sei, von denen jede ihren eigenen Bewegungsrhythmus aufweist.

Im Gegensatz zur Ostsee ist nach KRÜGER[24] im letzten Jahrhundert das Mittelwasser aller deutschen und holländischen Hafenpegel gestiegen, z. B.

in Cuxhaven von	1843—1915	um 13.9 cm	oder im Mittel jährlich	0.193 cm
in Bremerhaven von	1862—1914	um 9.7 cm	„ „ „ „	0.187 cm
in Wilhelmshaven von	1854—1913	um 13.4 cm	„ „ „ „	0,227 cm

Das bedeutet eine Senkung der Nordseegestade um durchschnittlich rund 20 cm im Jahrhundert. Für Holland hat RAMAER für den gleichen Zeitraum eine Senkung von 18 cm berechnet, was gut zur deutschen Feststellung stimmt. Die Gesamtheit der Erscheinungen weist darauf hin, daß diese Verschiebungen nicht etwa durch Verbesserung des Zuganges der Gezeitenwelle zu den Beobachtungsorten infolge der stetigen Vertiefung und Vereinfachung der Fahrwässer bewirkt worden sein können, sondern die Erdkruste im Bereich Europas eine weitgespannte säkulare Niveauveränderung und Verbiegung erfährt derart, daß Skandinavien aufsteigt, die Gebiete südlich der Ostsee sich senken. In bezug auf diese Senkung bemerkt WOLFF[25] zum Schluß: »Wie oft man das gefundene Maß der durchschnittlichen jährlichen Senkung mit der Jahrhundertzahl multiplizieren darf, ist noch ungewiß. VAN GIFFEN ist der Meinung, daß erst in der karolingischen Zeit sich in den holländischen Marschen eine Veränderung bemerkbar gemacht hat, die zu einer Erhöhung der Wurten nötigte. In Schleswig-Holstein und vor der Weser und Jade hat in frühgeschichtlicher Zeit das Land in geschlossenen Flächen weit über den Bereich der heutigen Marschküsten und Halligen hinausgereicht. Es ist zunächst mit Dorfwurten besiedelt und dann, etwa um das Jahr 1000 herum, eingedeicht worden. Warum haben die ersten Generationen hier Dörfer und Kirchspiele gründen und bewohnen können, die von den späteren, im Deichbau sicher nicht weniger erfahrenen wieder aufgegeben wurden? Warum wurde das durch außergewöhnliche Sturmfluten zerstörte Land großenteils niemals wiedergewonnen? Warum verlegte sich der Verlandungsprozeß immer mehr in die inneren Teile der Watten, während draußen die See die doppelte Fläche vernichtete? Dies alles erklärt sich aufs natürlichste, wenn wir eine gelinde Bodensenkung zugeben; dann konnten die schwachen mittelalterlichen Deiche das Land immer nur vorübergehend schirmen, und mußte die Verteidigungslinie immer weiter zurückgenommen werden, bis in der jüngsten Zeit die Technik in den Stand gesetzt war, dieses Senkungsmaß durch verstärkte Bauten unwirksam zu machen. Groß ist die Senkung bisher nicht gewesen; sie mag für die geschichtliche Zeit etwa 1 m betragen, denn die Naturpegel von Helgoland und Hadeln lassen nicht mehr als 2 m Senkung für die letzten vier Jahrtausende zu. In dem gewaltigen Hin und Her, Auf und Nieder läßt sich nur mit größter Mühe für die geschichtliche Zeit ein kleiner Bewegungsüberschuß zur Tiefe nachweisen, und in dieser Beziehung ist die ganze Küstenforschung Zentimetergeologie.«

Daß innerhalb Mitteleuropas nicht nur an der Nordseeküste, sondern auch im Herzen des Festlandraumes Senkungsvorgänge beobachtet worden sind, erwähnten wir oben bereits an dem Beispiel der Niveauveränderungen im Bodenseegebiet. Die hier seit der Postglazialzeit eingetretenen Senkungen betragen, wie die Höhenlage der damals entstandenen Uferterrassen über dem gegenwärtigen Seespiegel bezeugen, volle 15 m. Man ist vielleicht geneigt, diesen Vorgang für lokal begründet und beschränkt zu halten; aber die geodätischen Forschungen von SCHMIDT [26] im oberbayerischen Alpenvorland haben uns sehr eingehend mit ähnlichen, jedoch viel umfangreicheren Niveauveränderungen vertraut gemacht. Durch Auswertung der sämtlichen hier vorliegenden Feinmessungen hat SCHMIDT bedeutsame Krustenbewegungen der Inn-Salzachplatte nachweisen können. Während die Spitze des Nordturms der Frauenkirche von München (Normalpunkt der Landesvermessung) anscheinend keine Änderung der Höhenlage erfahren hat, befindet sich das östlich davon gelegene Gebiet im Zustand einer stetigen Senkung, die vom Alpenrande nach N und von München nach O zu immer stärker wird und in der Gegend Mühldorf-Marktl den Höchstbetrag erreicht (in dem Zeitraum 1887/1906 über 66 mm!). Verbindet man die Punkte gleicher Senkung durch Isokatabasen-Linien (Fig. 25), so erkennt man, daß diese in etwa gleicher Richtung verlaufen wie die Grenze des Alpenkörpers (Trias-Tertiär) gegen sein Vorland.

Die Untersuchungen SCHMIDTS, die eine erstaunliche Schnelligkeit der oberbayerischen Senkung und damit eine große Beweglichkeit der Erdrinde beweisen, gehen aber noch weiter [27]. Außer der regionalen Höhenänderung ist eine Westverschiebung vieler Dreieckspunkte von durchschnittlich 27 cm auf 100 km festgestellt worden (Fig. 26). Die Lageänderung wächst westwärts. Manche Punkte sind bis 1 m verschoben worden; im westlichen Teil des Messungsgebietes, bei Kirchheim, Roggenburg und Stauffersberg, betragen die Netzverschiebungen im Durchschnitt der letzten acht Jahrzehnte jährlich 1,76 mm, was im Jahrtausend fast 1.8 m ausmachen würde. E. KAYSER ist mit SCHMIDT der Überzeugung, daß sich die Lageänderungen der Stationspunkte

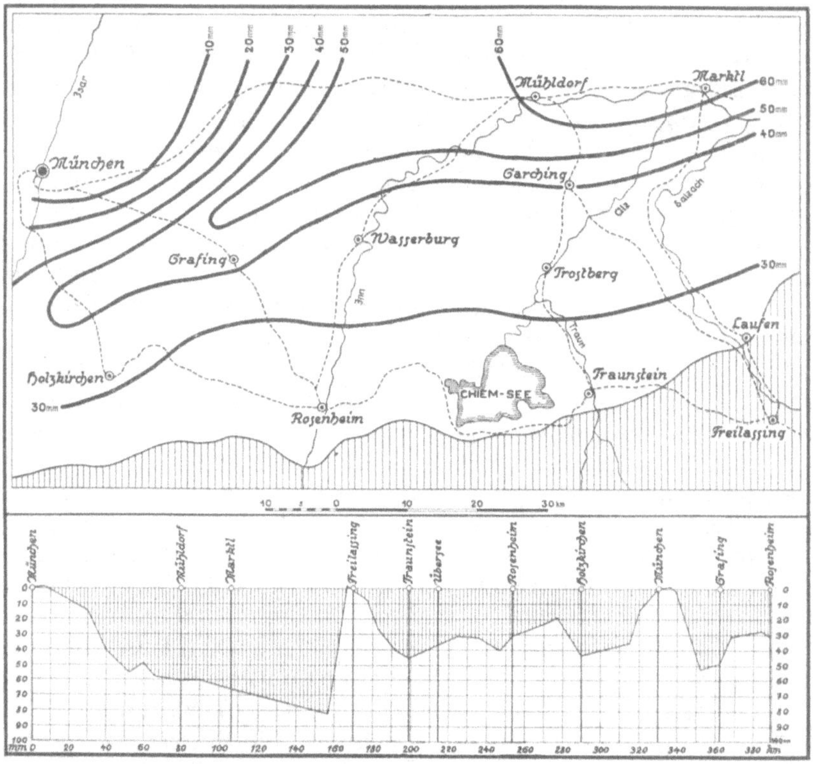

Fig. 25. Die Senkung des bayerischen Alpenvorlands. Linien gleicher Senkung für den Zeitraum 1887/1906 mit dem dazugehörigen Senkungsprofil. — Nach M. SCHMIDT.

und Dreiecksseiten nicht durch zufällige Beobachtungsfehler erklären lassen, sondern auf wirklichen Geländeverschiebungen beruhen; er führt diese hauptsächlich nach W, nach dem Bodensee zu, gerichteten Verschiebungen auf einen vom Alpenkörper ausgehenden Druck zurück: »Durch die nach Norden vordringenden Alpen werden die jungen Schichten des oberbayerischen Raumes gegen die im Nordosten schräg vorgelagerte und fest in der Erdkruste verankerte Masse des bayerischen Waldes gedrängt, durch diesen aber aus der Nordrichtung abgelenkt und längs des fränkisch-schwäbischen Jurarandes gegen den Bodensee hin verschoben.«

Es ist sehr zu bedauern, daß derartige Untersuchungen über moderne Niveauveränderungen infolge der politischen Zersplitterung Europas an irgendwelchen willkürlichen Grenzen haltmachen und dadurch das Bild der zweifellos einheitlich weite Räume erfassenden Vorgänge zerreißen. Denn was wir soeben in Süddeutschland kennenlernten, scheint in Frankreich ein nicht minder interessantes Gegenstück zu finden. Auch die Aufschlüsse hierüber verdanken wir wiederum SCHMIDT[28]. Aus dem Vergleich des Feinnivellements von 1857—64 mit dem von 1884—93 errechnete er für den französischen Staatsraum Niveauveränderungen, die Fig. 27 in Isokatabasen-Darstellung veranschaulicht. Pyrenäen und Alpen haben ihre Höhenlage in dem zur Erörterung

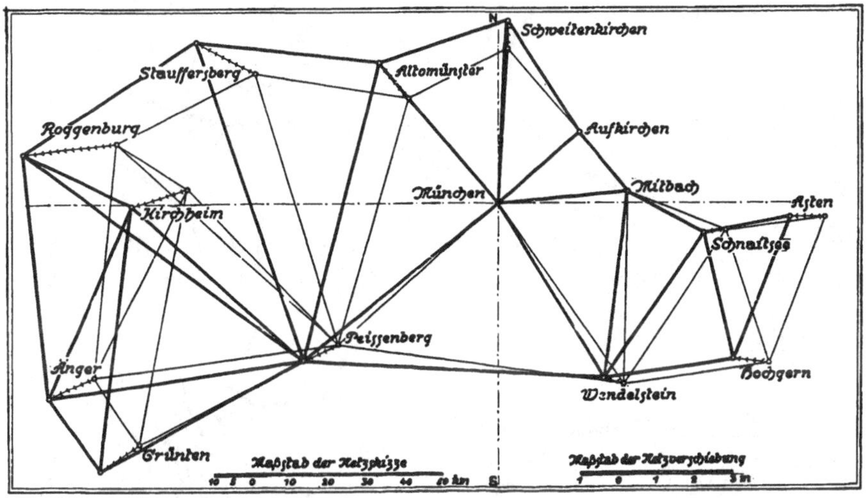

Fig. 26. Netzverschiebung der südbayerischen Dreieckspunkte. — Nach M. SCHMIDT.

stehenden Zeitraum nicht geändert bzw. haben einen leichten Aufstieg erlebt. Das ganze übrige Frankreich aber hat sich gesenkt und zwar von Süden nach Norden in steigendem Maße, so daß am Ärmelkanal bei der französisch-belgischen Grenze ein maximaler Senkungsbetrag von 100 cm erreicht wird. Im übrigen handelt es sich nicht um ein einfaches NNW-Eintauchen Frankreichs, sondern die schiefe Ebene ist quer gewellt und wird von flachen Sätteln und Mulden durchzogen. Vergleicht man dieses Bild mit einer geologisch-tektonischen Karte von Frankreich, so springen mancherlei Zusammenhänge in die Augen, auf die u. a. WILSER[29] aufmerksam gemacht hat. Ganz besonders deutlich erkennt man, daß im Gebiet des Rhonegrabens, eines Gegenstückes zu unserm mittelrheinischen Graben, die Senkungsvorgänge noch bis zum heutigen Tage nicht abgeschlossen sind.

Geographische Verbreitung der Niveauveränderungen. Eine Kennzeichnung der geographischen Verbreitung von Hebungs- und Senkungsvorgängen begegnet erheblichen Schwierigkeiten. Augenscheinlich besteht bei der Erdkruste ein Zustand dauerhafter Ruhe überhaupt nicht; von den ältesten geologischen Zeiten bis in die Gegenwart hinein schwankt

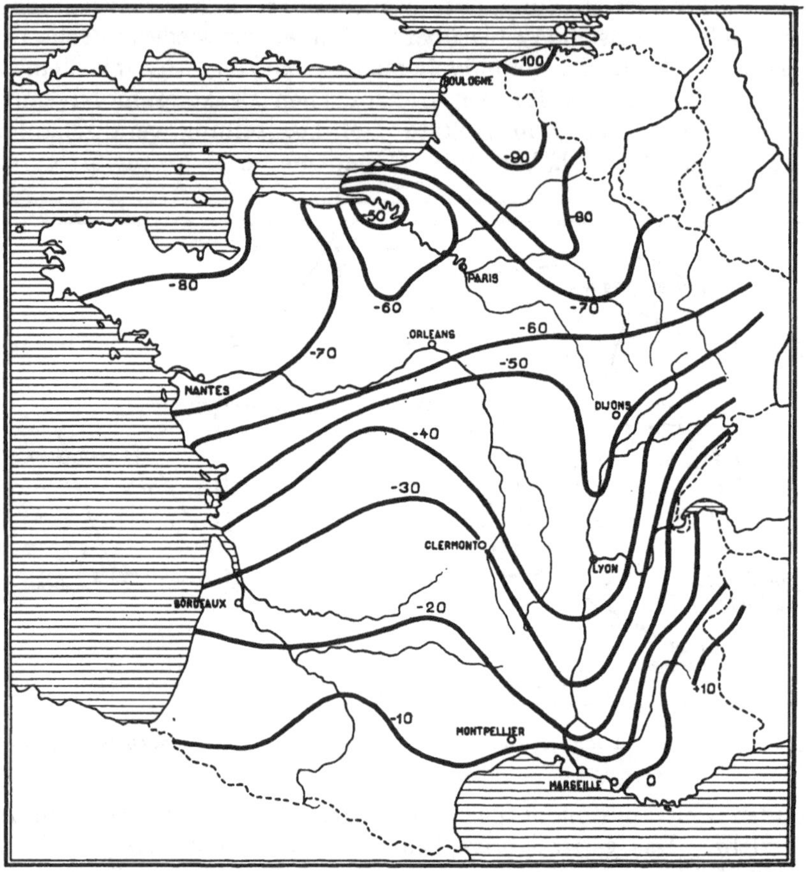

Fig. 27. Neuzeitliche Erdkrustenbewegungen in Frankreich. Linien gleicher Hebung (+) und gleicher Senkung (—) in cm. — Nach M. Schmidt.

vielmehr die Erdrinde auf und ab, und jedes Gebiet der Erdoberfläche ist dann und wann von Niveauveränderungen betroffen worden. Wollen wir die räumliche Verbreitung der Bewegungen skizzieren, so müssen wir uns demnach auf einen bestimmten Zeitpunkt einigen, denn jeder zeitliche Querschnitt wird ein anderes Bild ergeben. Für den Geographen ist es geboten, auf erdgeschichtliche Darlegungen zu verzichten und sich auf die etwa seit der Tertiärzeit oder dem Diluvium eingetretenen Niveauveränderungen zu beschränken. Aber auch damit sind die

Schwierigkeiten noch nicht behoben, denn dieser Zeitraum umfaßt bereits viele Jahrtausende, und nur selten ist die Möglichkeit gegeben, die Gleichzeitigkeit von Niveauveränderungen bestimmt nachzuweisen. Es bliebe also die Beschränkung auf die Gegenwart übrig. Sicherlich wäre das die am meisten zu empfehlende Grundlage, nur sind unsere Kenntnisse über rezente Niveauveränderungen, wenn wir die ganze Erde überschauen, höchst ungleichwertig und lückenhaft. Dazu kommt ein weiterer Punkt: das Aneinandergrenzen sich hebender und sich senkender Gebiete. Für einen Erdüberblick, der die großen Züge der Veränderung hervorheben soll, bedeutet es eine große Schwierigkeit, daß z. B. in Ägypten die mediterrane Küste sich senkt, die am Roten Meere gelegene aufsteigt, daß auf Kreta an der West- und Südküste Hebungen, an der Ostküste dagegen Senkungen vorherrschen, daß in Schottland ausgezeichnete alte Strandterrassen auftreten, diese aber den benachbarten Orkney- und Shetlandinseln vollkommen fehlen, daß im Gegensatz zu Skandinavien und Spitzbergen die zwischen beiden liegende Băreninsel keinerlei Spuren postglazialer Hebungen erkennen läßt usw. Ein derartig mosaikförmiges Neben- und Durcheinander macht die Zeichnung eines einprägsamen Weltbildes schlechterdings unmöglich. Es ist im Gegenstand begründet, daß wir wohl Weltkarten des Vulkanismus und der Erdbeben besitzen, aber keine entsprechende Darstellung der Niveauveränderungen.

Nur mit allem Vorbehalt können wir also einige Sätze über die gegenwärtig vorherrschenden Niveauveränderungen und ihre räumliche Anordnung anfügen. Für Europa ist das noch anhaltende Aufsteigen Fennoskandias und die Hebung der großen Kettengebirge im Süden bei gleichzeitigem Einsinken des gesamten dazwischen gelegenen Raumes bezeichnend. Es handelt sich hier um den Nachklang alter tektonischer Bewegungen, denn zum mindesten das Alpenvorland hat sich im Tertiär und Diluvium bereits als riesiges Senkungsgebiet, als Erdtrog (Geosynklinale) erwiesen. — In Nordamerika befindet sich die ganze nördliche Kalotte bis über den Polarkreis hinaus im Zustand säkularer Hebung, während sich an der Ostküste etwa vom 45. Breitengrad bis zur Südspitze von Florida Senkungserscheinungen bemerkbar machen. Im Golf von Mexiko treffen wir auf ein Hebungsgebiet, zu dem auch die Antillen gehören (sehr markante Strandlinien an der Küste von Kuba!). Auch die kalifornische Küste taucht stark empor, während an der Ostküste Zentralamerikas augenscheinlich Senkung überwiegt. — In Südamerika hebt sich die ganze Westküste mit Ausnahme des peruanischen Abschnittes, in dessen Bereich sich Anzeichen einer positiven Strandverschiebung geltend machen. Die Ostküste zwischen 20° s. Br. und der La Plata-Mündung hebt sich, während im übrigen Senkungsvorgänge zu dominieren scheinen. — An den asiatischen Küsten beobachten wir im Norden und Osten bis 30° s. Br. Hebung, dagegen sinken die Küstengebiete Südchinas und Tonkings ins Meer hinein.

Hebung herrscht im ganzen malaiischen Archipel vor. — Bei Australien mehren sich von allen Küsten mit Ausnahme des südlichen Tasmaniens die Nachrichten über ausgesprochene Senkung. Bei Neuseeland, Neukaledonien und Neuguinea sinkt die dem australischen Festland zugekehrte Seite, während die pazifischen Außenränder sich heben. — Im Pazifischen Ozean sollen sich bei den meisten Inselgruppen deutliche Anzeichen einer säkularen Hebung bemerkbar machen; nur von einigen wenigen (Karolinen, Marschall-, Gilbert-, Tonga- und Gesellschaftsinseln) wird Senkung berichtet. — Afrikas Küsten verhalten sich ganz verschieden. An der Ostküste herrscht ebenso wie auf Madagaskar entschieden Hebung vor (gehobene Korallenriffe mit schöner Brandungshohlkehle bei Daressalam!). Auch die Westküste wird mit Ausnahme des Golfs von Guinea durch überwiegende Hebung gekennzeichnet. Längs der Nordküste scheint Senkung von der Westküste Marokkos bis nach Nordägypten vorzuherrschen.

Ursächliche Deutung der Niveauveränderungen. Als man im 18. Jahrhundert zuerst dem Problem der skandinavischen Niveauveränderungen nähertrat, nahm man an, der Wasserspiegel habe sich gesenkt, das Land sei stehengeblieben. Diese Theorie vertraten besonders Celsius und Linné. Zu Beginn des 19. Jahrhunderts, als die plutonistische Schule ihre Siegeslaufbahn begann, wurde die entgegengesetzte Theorie, hauptsächlich gestützt auf die gewaltige Autorität Leopold v. Buchs, herrschend; nun wurde der Meeresspiegel als konstant und das Land als beweglich angenommen. Die dritte Phase knüpft hauptsächlich an den Namen E. Suess [30] an. Dieser berühmte Wiener Geologe versuchte nachzuweisen, daß die Veränderlichkeit des Meeresniveaus das Entscheidende sei und alle Oszillationen der Küste lediglich auf Schwankungen der Meeresfläche zurückzuführen seien; Landhebungen außer im Gefolge von Faltung seien undenkbar. Um seine These zu stützen, wies Suess auf die örtlich oder allgemein bedingten Änderungen des Meeresstandes hin. Örtlich wirkende Faktoren sind Massenzuwachs auf dem Boden des Meeres durch große Eruptivergüsse, allmähliche Ausfüllung großer Ablagerungsbecken, Wachsen der Küstendeltas usw. Allgemeine oder eustatische Bewegungen der Hydrosphäre können durch Klimaschwankungen (Vermehrung oder Verminderung der Wassermasse), durch randlichen Einbruch der Kontinente (Niveausenkung) und durch stetes Anwachsen der vom Festland ins Meer verfrachteten Schuttmassen (Niveauhebung) bewirkt werden. Darüber hinaus vermutete Suess eine weitere allgemein wirkende Ursache für Niveauveränderungen in Gestalt einer Oszillation des Meereswassers zwischen den Polen und dem Äquator; in den niederen Breiten hätten wir demnach vorwiegend positive, in den höheren Breiten negative Strandverschiebungen zu erwarten.

Die Ideen von Suess haben seinerzeit namentlich in Deutschland und Frankreich viel Anhänger gefunden; je mehr indessen das Beobachtungsmaterial wuchs, desto lauter wurde der Widerspruch gegen ihren Anspruch auf Alleingültigkeit, denn an Stelle der von SUESS angenommenen Regelmäßigkeit ergab sich ein verwirrender Wechsel der Erscheinungen. Wenn sich nahe beieinander gelegene Gebiete hinsichtlich der Niveauveränderungen völlig verschieden verhalten, wenn einzelne Inseln sich längs der einen Küste heben, längs der anderen senken, dann kann man nicht gut mit einem Schwanken des Meeresniveaus als alleiniger Ursache operieren, sondern muß die Möglichkeit von Eigenbewegungen des Landes bejahen *.

Auch die einstmals von PENCK (1882) und UPHAM geäußerten Vorstellungen über eine Deformierung des Geoids durch die polaren Eiskappen haben sich als nicht haltbar erwiesen. Die beiden Forscher neigten zu der Annahme, daß das Ansteigen des Meeresniveaus um rund 300 m, wie es für Skandinavien und Nordamerika während der Eiszeit nachgewiesen ist, durch die Anziehungskraft der polaren Eiskappen bedingt gewesen sei; die Eismassen hätten das Meereswasser gleichsam meniskenartig an den Küsten der Polargebiete in die Höhe gezogen. Aber eine rechnerische Überprüfung dieser Hypothese ergibt deren Unmöglichkeit; die Wirkung der Eiskappen reicht nicht annähernd aus, um die tatsächlich vorhandene Niveauveränderung zu erklären. So gewiß wir eine Veränderlichkeit des Meeresniveaus unter dem Einfluß eustatischer Veränderungen der Hydrosphäre grundsätzlich bejahen müssen, so gewiß vermag uns im Falle Skandinavien und Nordamerika nur die Annahme selbständiger Hebung und Senkung des Landes den Schlüssel zum Verständnis der Niveauveränderungen zu liefern.

Wenn dem so ist, dann gilt es nunmehr, eine Ursache für die vertikalen Krustenbewegungen des Festlandes aufzudecken. Im Bereich der hohen Breiten bietet das oben erwähnte Zusammenfallen von Vereisungs- und Hebungszentren eine Handhabe, um weiter zu kommen. Schon 1865 sprach T. F. JAMIESON die Vermutung aus, daß es sich bei den Niveauveränderungen des hohen Nordens um isostatische Bewegungen (vgl. Bd. I S. 39 f.) handele. Das diluviale Inlandeis habe die Landmassen, die es bedeckte, hinabgedrückt, und erst das Schwinden des Eises, die Befreiung der Landmassen von einer schweren Last, habe dann die Periode der Landhebung eingeleitet. Diese Hypothese fand in englischen und skandinavischen Fachkreisen viel Beifall; RUDZKI [37]

* Gegen die eustatische Theorie von SUESS und für selbständige Bewegungen der festländischen Krustenteile haben sich in den letzten Jahren u. a. KAYSER [31] und SOERGEL [32] in Deutschland, WRIGHT [33] in England und OSBORN [34] in Amerika ausgesprochen. In Frankreich unternahm BAULIG [35] den Versuch, auf Grund eingehender Studien über Niveauveränderungen an der französischen Mittelmeerküste die eustatische Theorie zu rechtfertigen, doch hat E. DE MARTONNE [36] gewichtige Bedenken dagegen geäußert.

machte sogar den Versuch, sie mathematisch zu begründen. Die Wirkung des Inlandeises ist dreifach: 1. Verringerung des Volumens des Meerwassers um soviel, als durch das Eis gebunden ist; infolgedessen 2. Verschiebung der Belastung, die auch in dem Fall, daß die Erde nahezu so starr wie Stahl wäre, Deformationen der Oberfläche erzeugen würde; endlich 3. Deformationen der Niveauflächen, einerseits durch die Krustendeformationen, andererseits als Folge der Anziehung durch das Inlandeis bewirkt.

Man muß sich den Vorgang nach PENCK [38] so denken, daß als Folge der Eisbelastung Teile der säkularplastischen Tiefenzone der Erdkruste nach der Seite auswichen, daß aber nach dem Verschwinden des Eises die verdrängten Massen wieder in ihre frühere Lage zurückzukehren suchten. Diese letztere Bewegung findet wegen der großen Zähflüssigkeit der Gesteinsmassen nur sehr langsam statt und ist auch heute noch nicht abgeschlossen (elastische Nachwirkung). Die Mitwirkung des Eises erklärt es auch, warum die Strandlinien nach dem Innern zu ansteigen, denn die Senkung nahm mit der Eislast nach dem Innern zu, und es erfolgte gleichsam eine Verbiegung der Landmassen. Auch die Erhebung Grönlands würde damit nicht im Widerspruch stehen, denn sein Inlandeis war einst wohl um vieles mächtiger.

Aber warum sank Skandinavien in der ausgesprochen warmen Litorinazeit? Warum hebt sich der Umkreis des nordbaltischen Meeres stärker als das norwegische Gestade? An diesen Tatsachen scheitert auch die Hypothese v. DRYGALSKIS [39], der die Hebung der Glazialgebiete einer Änderung der Wärmeverhältnisse der obersten Erdschichten seit dem Rückzug des Inlandeises zuschrieb. Die Oberfläche eines vereisten Landes nimmt allmählich die konstante Temperatur von 0° an, die Geoisothermenflächen senken sich, die Erkaltung bewirkt Zusammenziehung, der Boden senkt sich. Nach dem Verschwinden des Eises tritt der umgekehrte Vorgang ein: die Ausstrahlung der Erdkugel ist an dieser Stelle nun nicht mehr gehemmt, die Geoisothermen steigen an, und die allgemeine Erwärmung bewirkt Ausdehnung und Hebung. Auch diese Erklärung fand eine mathematische Behandlung durch BADOUREAU [40], der unter der Annahme einer Temperaturerhöhung von 3° eine Hebung Skandinaviens um 229 m herausrechnete. Dieses Resultat stimmt ungefähr mit dem Betrag der spätglazialen Hebung, aber nachdem sich die Bodentemperatur den gegenwärtigen klimatischen Verhältnissen angepaßt hat, fehlt jeder weitere Anlaß zur Hebung und vor allem zu bevorzugter Hebung des Ostens.

Gerade dieser Tatsache suchte HANSEN [41] durch Erweiterung der isostatischen Theorie gerecht zu werden. Skandinavien stieg, als die Eisdecke sich auflöste; aber nur im W und S, wo die Schmelzwässer bequemen Abfluß hatten, kam die Bodenbewegung bald zur Ruhe; im O jedoch sammelten sich die Wasser in den Vertiefungen des Bottnischen Busens, den Seebecken Mittelschwedens und Finnlands, so daß hier die

Belastung noch weiter andauerte, nur daß sie etwas geringer geworden ist und nicht mehr das ganze Land umfaßt und statt aus Eis nun aus Wasser besteht. Ist diese Erklärung zutreffend, so muß sie auch für Nordamerika gelten. Auch hier haben wir in der Hudsonbai und den Kanadischen Seen gewaltige Wasserlasten, die — entsprechend der Auffassung HANSENS — als Überbleibsel der glazialen Schmelzwässer anzusehen sind. In der Tat ist die Halbinsel Labrador seit der Eiszeit am stärksten aufgestiegen, während sich die Hebung im Bereich der Hudsonbai und der großen Seen offenbar wegen des Gewichts der dort lastenden Wassermassen verzögert hat. Wie bei Norwegen liegen auch in Nordamerika die Hebungslinien da am dichtesten, wo die Schmelzwässer freien Abzug hatten, d. h. an der atlantischen Seite.

Das klingt alles sehr plausibel und scheint zur Erklärung wenigstens für Niveauveränderungen ehemals vereister Gebiete völlig auszureichen. Man darf aber nicht übersehen, daß noch mancherlei Fragen offen bleiben. Bislang haben wir die Wirkung der Isostasie darin erblickt, daß sich die Erdkruste mit größeren Schollen entsprechend dem Tauchgewicht einstellt; jetzt nehmen wir isostatische Verbiegungen an, die Reaktionsfähigkeit relativ kleiner Gebiete, ohne hierfür geophysikalisch einwandfreie Unterlagen bieten zu können. Noch problematischer sind die subkrustalen Magmabewegungen, die die Eislasten auslösen sollen. Man kann es also wohl verstehen, wenn E. VON DRYGALSKI [42] davor warnt, das Problem als gelöst zu betrachten; er geht so weit, die Mitwirkung isostatischer Vorgänge bei den glazialen und postglazialen Krustenbewegungen überhaupt zu verneinen, und gibt als Ursache gebirgsbildende Kräfte an (Epirogenese), von denen im nächsten Abschnitt ausführlich die Rede sein wird.

Man kann zu den Einwänden v. DRYGALSKIS stehen, wie man will, unter allen Umständen bleibt es Tatsache, daß wir die Mitwirkung nichtisostatischer Kräfte annehmen müssen, um manche Erscheinungen von Niveauveränderungen, namentlich in früher nicht vergletscherten Gebieten, zu erklären. In der Schrumpfung des Erdkerns z. B. werden wir im nächsten Abschnitt einen Vorgang kennen lernen, der einen tangentialen Druck in der Erdkruste erzeugt und hierdurch zu weitgespannten Senkungen und Hebungen ohne Mitwirkung von Isostasie führt.

Fassen wir kurz zusammen, so ergeben sich als Ausdruck unseres heutigen Wissens die folgenden Leitsätze:

1. Jede Einseitigkeit in der Auffassung vom Wesen der Niveauveränderungen führt zu unüberwindlichen Schwierigkeiten. Es kann keinem Zweifel unterliegen, daß sowohl der Meeresspiegel als auch das feste Land gleichermaßen befähigt sind, selbständige Vertikalbewegungen auszuführen. Man sollte künftighin mehr als bisher die Frage prüfen, ob manche Niveauveränderungen nicht durch das Zusammenwirken maritimer und festländischer Niveauschwankungen zu erklären sind.

2. Bei den in der Hydrosphäre wurzelnden Niveauveränderungen kommen als Ursache Klimaschwankungen, Sedimentationsvorgänge und tektonische Umgestaltungen des Meeresbodens (Faltung und Bruch) in Betracht.
3. Für die vom Festland aktiv ausgeführten Krustenbewegungen spielen als Ursache die gebirgsbildenden Vorgänge (Faltung und Bruch im Verein mit Vulkanismus und Erdbeben) eine wichtige, vielleicht die ausschlaggebende Rolle. Wie weit Klimaschwankungen etwa in Gestalt von Eisbelastung und darauf folgender Entlastung mitwirken (isostatisches Einsinken und Wiederaufsteigen), steht zur Zeit noch nicht einwandfrei fest.

Literaturnachweise. [1] T. Codrington, On some submerged Rockvalleys in South Wales, Devon und Cornwall; Quarterly Journal of the Geological Society 1898. — [2] E. Hull, Monography of the Sub-Oceanic Physiography of the North Atlantic Ocean; London 1912. — [3] J. W. Spencer, Reconstruction of the Antillean Continent; Bulletin of the Geological Society of America 1895. — [4] W. Wolff, Ergebnisse einer Bereisung der deutschen Nordseeküste zur Prüfung der Senkungsfrage; Zeitschrift für praktische Geologie 1923. — [5] D. W. Johnson, Fixité de la côte atlantique de l'Amérique du Nord; Annales de Géographie 1912. — [6] Th. Kjerulf, Geologie des südlichen und mittleren Norwegen; Bonn 1880. — [7] A. M. Hansen, On Seter in Central Norway; Nature, London 1886. — [8] Chr. Sandler, Strandlinien und Terrassen; Peterm. Mitt. 1890. — [9] A. M. Hansen, Strandlinje-Studier; Archiv for Mathematik og Naturvidenskab 1890, 1892. J. Rekstad, Jagttagelser fra terrasser og strandlinjer i det vestlige Norge; Bergens Museums Aarbog 1905. — [10] J. J. Sederholm, Sur la géologie quaternaire et la géomorphologie de la Fennoscandia; Bulletin de la Commission géologique de Finlande Nr. 30, Helsingfors 1911. — [11] G. de Geer, On pleistocene changes of level in eastern North America; Proceedings of the Boston Society of Natural History 1892. — [12] A. G. Högbom, Fennoskandia; Bd. IV des Handbuchs der regionalen Geologie, Heidelberg 1913. — [13] E. Geinitz, Die spätglaziale Senkung Norddeutschlands; Sitzungsber. und Abhandl. der Naturforschenden Gesellschaft zu Rostock 1912. — [14] R. T. Günther, Contributions to the study of earth movements in the bay of Naples; Oxford 1903. — [15] E. Fraas, Geologische Streifzüge in Ostafrika; Vortrag, Stuttgart 1909. — [16] R. S. Tarr und L. Martin, The Earthquakes of Yakutatbay (Alaska, September 1899); Washington 1912. — [17] J. J. A. Müller, Über die Verschiebung einiger Triangulationspfeiler in der Residenz Tapanuli (Sumatra) infolge des Erdbebens vom 17. Mai 1892; Referat in Peterm. Mitt. 1895, S. 97. — [18] The California Earthquake of April 1906; Report of the State Earthquake Commission, Washington 1908—10. — [19] The Great Earthquake of 1923 in Japan; compiled by the Bureau of Social Affairs, Home Affice, 2 Bde., Tokio 1926. — [20] Ch. Lallemand in den Comptes rendus der Pariser Académie des Sciences 1908, S. 64. — [21] C. Regelmann, Neuzeitliche Schollenverschiebungen der Erdkruste im Bodenseegebiet; Bericht über die 40. Versammlung des Oberrheinischen geologischen Vereins zu Lindau, 1907. — [22] R. Witting, Hafsytan, Geoidytan och landhöjningen utmed baltiska hafvet och vid nordsjön (mit deutschem Referat: Die Meeresoberfläche, die Geoidfläche und die Landhebung dem baltischen Meere entlang und an der Nordsee); Fennia Bd. 39, Helsingfors 1915/18. — [23] R. Sieger, Seeschwankungen und Strandverschiebungen in Skandinavien; Zeitschr. Ges. für Erdk. 1893. — [24] W. Krüger, Meer und Küste bei Wangerooge und die Kräfte, die auf ihre Gestaltung einwirken; Berlin 1911. Derselbe, Die Jade, das Fahrwasser Wilhelmshavens; Jahrbuch der Hafenbautechn. Ges., Hamburg 1921. Über die neuen Feinnivellements in Nordwestdeutschland (1921, 1922, 1925, 1927) siehe W. Wolff, Über die Bedeutung von Feinmessungen für die Erforschung der gegenwärtigen Erdkrustenbewegungen Nordwestdeutschlands, insbesondere des Küstengebietes; Zeitschr. Ges.

für Erdkunde, Berlin 1929. — [25] Siehe oben Nr. 4, S. 118. — [26] M. SCHMIDT, Untersuchung von Höhen- und Lageänderungen von Messungspunkten im bayerischen Alpenvorland; Sitzungsberichte der mathematisch-phys. Klasse der Bayer. Akad. der Wissensch., München 1918. — [27] M. SCHMIDT, Westwanderung von Hauptdreieckspunkten infolge neuzeitlicher tektonischer Bewegungen im bayerischen Alpenvorland; Sitzungsberichte der mathematisch-phys. Klasse der Bayer. Akad. der Wissensch., München 1921. — [28] M. SCHMIDT, Neuzeitliche Erdkrustenbewegungen in Frankreich; Sitzungsberichte der mathematisch-phys. Klasse der Bayer. Akad. der Wissensch., München 1923. — [29] J. L. WILSER, Neuzeitliche Erdkrustenbewegungen in Frankreich; Zentralblatt für Mineralogie usw. 1924. — [30] E. SUESS, Das Antlitz der Erde; Wien 1885/1909. — [31] E. KAYSER, Lehrbuch der Allg. Geologie; Bd. II, Stuttgart 1921, S. 291 f. — [32] J. SOERGEL, Diluviale Flußverlegungen und Krustenbewegungen; Fortschritte der Geol. und Paläontol., Berlin 1923. — [33] W. B. WRIGHT, The raised beaches of the British Isles; Bericht der Kommission für Terrassenforschung, Internat. Geographenkongreß Cambridge 1928. — [34] J. OSBORN, Old and new standards of Pleistocene divisions, Bull. Geol. Soc. of America 1927. — [35] H. BAULIG, Le plateau central de la France et sa bordure méditerranée; Paris 1928. — [36] E. DE MARTONNE, La morphologie du plateau central de la France et l'hypothèse eustatique; Annales de Géogr. 1929, S. 113 f. — [37] M. P. RUDZKI, Deformationen der Erde unter der Last des Inlandeises; Bull. internat. de l'Académie des Sciences de Cracovie 1899. — [38] A. PENCK, Glaziale Krustenbewegungen; Sitzungsberichte der Pr. Akad. der Wissensch., Berlin 1922. — [39] E. VON DRYGALSKI, Über Bewegungen der Kontinente zur Eiszeit; Verhandl. des VIII. Deutschen Geographentages zu Berlin, 1889. — [40] A. BADOUREAU, Etude sur le soulèvement lent actuel de la Scandinavie; Annales de mines 1849. — [41] A. M. HANSEN, Scandinaviens stigning; Jahrbuch der Norweg. geolog. Untersuchungen für 1896/1900. — [42] E. VON DRYGALSKI, Die Gleichgewichtslage der Erdkruste und ihre Bewegungen; Sitzungsberichte der mathematisch-naturw. Abteilung der Bayer. Akad. der Wissensch., München 1928.

Bruchbildung und Faltung.

Einleitung. In den vorausgegangenen Kapiteln mußte bereits des öfteren die Tatsache vorweggenommen werden, daß die ursprüngliche Lagerung des Erdkrustenmaterials vielfach durch Bruchbildung und Faltung Veränderungen erfahren hat. Es gilt nunmehr, diese Vorgänge im einzelnen zu untersuchen und sich eine Vorstellung von den Kräften zu bilden, die derartige Dislokationen zu bewirken vermögen. Dabei sind wir uns darüber klar, daß die Erforschung dieser Probleme in erster Linie Sache der Geologie und Geophysik ist; hat sich doch im Bereich dieser Wissenschaften eine eigene Disziplin, die Tektonik, entwickelt, die sich insonderheit mit dem Bau der Erdkruste und ihren strukturellen Veränderungen beschäftigt. Der Geograph muß jedoch mit den Forschungsmethoden und -ergebnissen der Tektonik vertraut sein, um die Gestaltung der Erdoberfläche auch nach dieser Hinsicht ursächlich begreifen zu können.

Die durch Ablagerungen gebildeten Gesteine (vgl. Bd. I S. 37) erhielten bei ihrer Entstehung durch rhythmischen Wechsel des Sedimentationsprozesses eine meist deutlich erkennbare Schichtung (plane Parallelstruktur). Dieser Wechsel kann hervorgerufen werden entweder durch eine Änderung in der Beschaffenheit des abgelagerten Stoffes (Kalk, Ton, Sand usw.) oder durch eine Unterbrechung des Absatzvorganges. Wenn wir von Wildbach-, Delta- und Dünenbildungen sowie manchen vulkanischen Aufschüttungen absehen *, so dürfen wir als ursprüngliche Lagerungsform der Sedimentgesteine die wagerechte (söhlige) annehmen; mathematisch geurteilt wird völlig horizontale Lagerung allerdings nicht erreicht werden, aber im geologisch-tektonischen Sinne behält diese Bezeichnung Geltung, selbst wenn hier und da die Schichten kaum erkennbare Abweichungen von absoluter Horizontalität aufweisen.

Beobachten wir nun die auf der Erdoberfläche anstehenden Sedimentgesteine, so begegnen uns allenthalben mehr oder minder starke Abweichungen von der ursprünglichen Lagerungsform. Die Gesteinsschichten haben entweder eine Lageänderung vorzugsweise nach der Senkrechten (Verwerfung, Flexur) oder eine solche nach der Wagerechten (Blattverschiebung, Faltung) erfahren; oftmals kombinieren sich beide Arten von Dislokationen. Um das Ausmaß

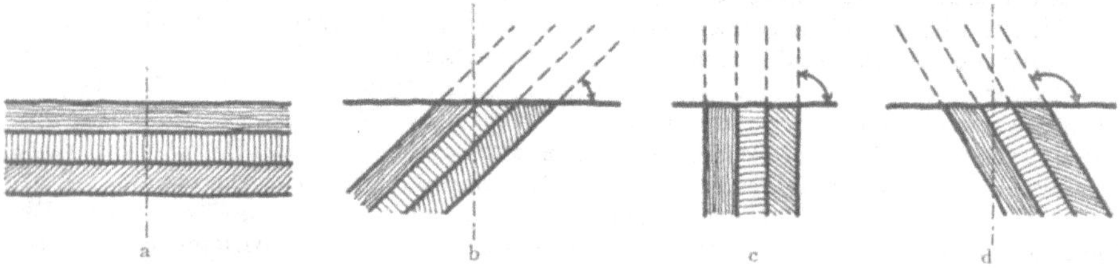

Fig. 28. Schichtenlagerung. a = normale, horizontale oder söhlige Lagerung; b = einfache Aufrichtung; c = senkrecht oder saiger stehende Schichten; d = überkippte Lagerung.

von Verwerfungen ziffernmäßig zu bestimmen, bedienen wir uns des Begriffs der Sprunghöhe; sie gibt an, um welchen Betrag die Teile der einst zusammenhängenden Schicht senkrecht verschoben worden sind. Haben die Schichten eine Aufrichtung erfahren (von schwacher Schrägstellung bis zu senkrechter Aufrichtung = Saigerstellung und darüber hinaus bis zur Überkippung, Fig. 28), so kennzeichnen wir die Lagerungsverhältnisse unter Verwendung der Begriffe »Streichen« und »Fallen«. Unter »Streichlinie« oder kurz »Streichen der Schichten« verstehen wir die in ihrer Richtung durch den Kompaß bestimmte Schnittlinie zwischen Schichtfläche und Horizontebene. Da aber eine etwa von N nach S streichende Schicht ebensowohl nach O als nach W geneigt sein kann, bedarf es einer ergänzenden Feststellung; als solche verwenden wir die »Fallinie« oder das »Fallen der Schichten«, d. h. die auf der Schichtfläche senkrecht zur Streichlinie gemessene größte Neigung gegen die Horizontebene (Fig. 29). Das Ergebnis unserer Messung mit dem Geologenkompaß ergibt dann beispielsweise: die Schicht streicht N 45° W und fällt mit 28° gegen NO ein.

Beobachtungen an vertikalen Schichtenstörungen. Als ein-

* Hier kommt es unter dem Einfluß von Änderungen der Strömungsrichtung und -geschwindigkeit (Wasser, Wind) oftmals zur Ausbildung der sog. Diagonal- und Kreuzschichtung.

fachsten Fall behandeln wir zunächst die Verwerfung, d. h. die mehr oder minder senkrechte Verschiebung zweier Schollen längs eines Berstungsrisses (Spalte, Kluft). Der Nachweis für das Vorhandensein einer Verwerfung ergibt sich aus der Feststellung, daß eine petrographisch oder paläontologisch genau gekennzeichnete Schicht zu beiden Seiten der Spalte in verschiedenem Niveau auftritt; dabei kann die Sprunghöhe sehr verschieden groß sein, von wenigen Millimetern bis zu vielen Hunderten von Metern. Die Art der Vertikalbewegung an einer Störungsfläche kann, wie Fig. 30 dartut, verschieden sein. Bei der echten Verwerfung werden die beiden Flügel so gegeneinander bewegt, daß die in bezug auf die Verwerfungskluft hangende Scholle gegen die andere (liegende) relativ absinkt (I in Fig. 30). Nicht selten aber ergibt sich aus dem Aufschluß, daß die hangende Scholle längs der Kluft nach oben gedrückt und hierbei über das Liegende emporgeschoben worden ist (II in Fig. 30). In letzterem Falle sprechen wir von einer Bruchüberschiebung, so beispielsweise bei der von Meißen bis unweit Zittau reichenden Lausitzer Überschiebung, bei der der Granit von

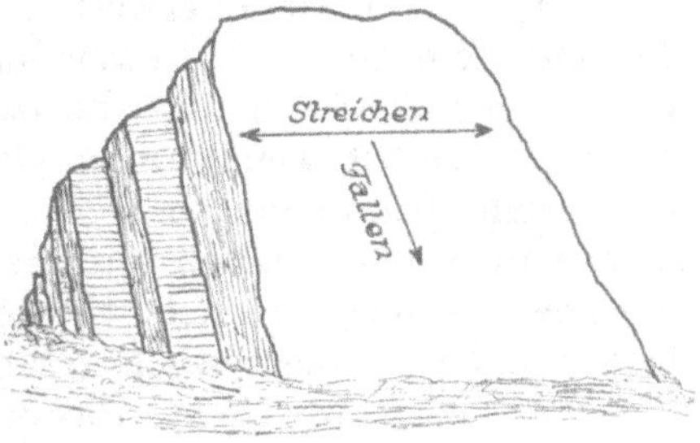

Fig. 29.
Streichen und Fallen der Schichten.

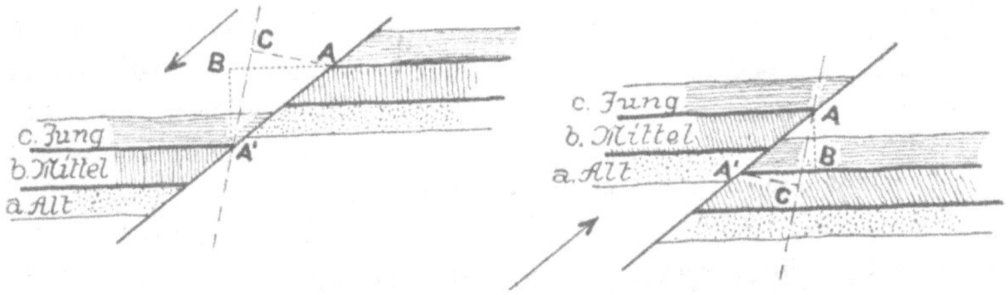

Fig. 30. Bewegung der Schollen längs einer Bruchspalte. I = Verwerfung; II = Bruchüberschiebung; A'C = senkrechte Verwerfungshöhe (Überschiebungshöhe); AC = wagerechte Verwerfungsweite; A'B = stratigraphische Verwerfungshöhe; AB = stratigraphische Verwerfungsweite; AA' = flache Verwerfungshöhe.

Norden her auf die Cenomansandsteine der sächsisch-böhmischen Kreideablagerungen aufgeschoben wurde.

Häufig hebt sich die Störung im Landschaftsbild dadurch ab, daß der eine Flügel als Stufe in Erscheinung tritt. Es geht jedoch keineswegs an, aus dem Vorhandensein einer Stufe ohne weiteres auf eine Verwerfung zu schließen, denn wir werden später sehen, daß auch ganz anders geartete Vorgänge und Kräfte Stufen zu erzeugen vermögen. Umgekehrt können ursprünglich durch die Verwerfung erzeugte Niveauunterschiede durch die Kräfte der Abtragung bis zur Unkenntlichkeit verwischt werden; so schreitet im Saargebiet der Fuß vom Rotliegenden in den Buntsandstein über die großen Verwerfungen von rund 2000 m Sprunghöhe hinweg, ohne daß diese heute im Landschaftsbild noch irgendwie hervorträten.

Durchsetzt die Verwerfungsspalte nicht Sedimentär-, sondern Massengestein, so ist der Beweis für das Vorhandensein einer Verwerfung wegen des Fehlens von Leithorizonten naturgemäß sehr viel schwerer zu führen, selbst wenn Stufenbildung vorliegt und hierfür andere als tektonische Entstehungsursachen kaum in Frage kommen. Oftmals bleiben in solchen Fällen nur indirekte Schlüsse oder Wahrscheinlichkeitsbeweise übrig, die sich stützen etwa auf das Auftreten von Rutschflächen mit Reibungsspiegeln (Harnischen), von Quetschzonen mit Reibungsbreccien, auf Dichtestörungen, auf die reihenweise Anordnung vulkanischer Ergüsse oder Gänge, warmer Quellen u. a. m. [1]

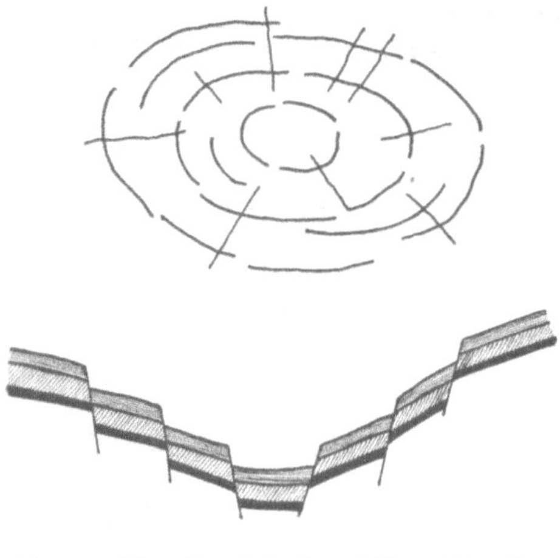

Fig. 31. Kesselbruch in Grundriß und Profil.

Bei Verwerfungen im Bereich von Schichtgesteinen lassen sich drei Fälle unterscheiden:

a) Die Richtung der verwerfenden Kluft deckt sich ungefähr mit der Streichrichtung der Schichten; wir sprechen dann von einer Längsverwerfung oder einer streichenden Verwerfung.

b) Die Richtung der verwerfenden Kluft verläuft annähernd senkrecht zum Schichtenstreichen; in diesem Falle bezeichnen wir sie als Querverwerfung.

c) Die Richtung der verwerfenden Kluft liegt zwischen der von Längs- und Querverwerfung; wir nennen sie dann Diagonalverwerfung (spießeckige Verwerfung).

Oftmals mehren sich die Verwerfungen in einem Gebiet derart, daß Sprung- oder Verwerfungsfelder (Bruchnetze, Bruchsysteme, Bruchscharen) entstehen und der Schichtenkomplex in ein Haufwerk von Schollen zerlegt ist. Je nachdem, wie die Verwerfungen verlaufen, erhalten die Erscheinungen ihr besonderes Gepräge. Wir beschränken uns hier auf die Namhaftmachung der wichtigsten Fälle.

a) Die Verwerfungen bilden ein System konzentrisch-bogenförmig verlaufender Spalten, zu denen sich Radialsprünge gesellen. Dadurch entstehen die Kesselbrüche (Fig. 31), die man, falls sie größeren Umfang besitzen, als Senkungsbecken oder

Senkungsfelder bezeichnet (z. B. die Einbrüche in den Alpen bei Wien und Graz, das pannonische Senkungsfeld, das den größten Teil von Ungarn einnimmt, u. a. m.).

b) Die Verwerfungen verlaufen untereinander parallel, und die von ihnen herausgeschnittenen Schollen fallen gleichsinnig nach einer Richtung ab. Wir sprechen in diesem Falle von Staffel-

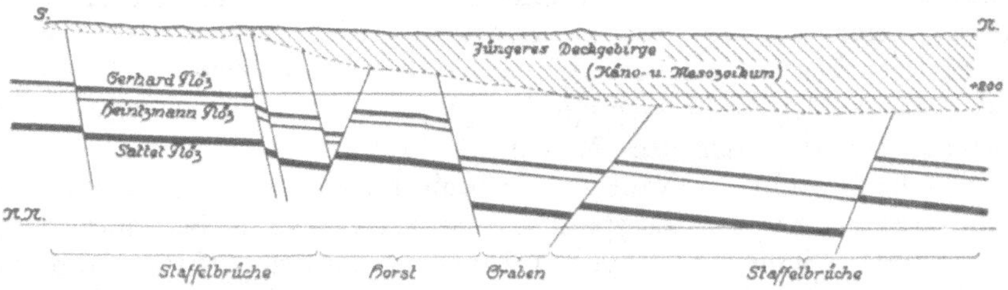

Fig. 32. Verwerfungen, Staffelbrüche, Horst und Graben am Beispiel des Steinkohlengebirges bei Königshütte (Oberschlesien). — Nach H. QUIRING.[2]

brüchen (Fig. 32). Die mesozoische Schichttafel Schwabens, das Hochland von Ostafrika, das Plateau von Utah u. a. m. liefern gute Beispiele dieser Art von tektonischer Struktur.

c) Zwischen zwei oder mehreren parallel verlaufenden Verwerfungen ist ein Schollenstreifen in die Tiefe gesunken; es ist ein Grabenbruch oder kurz Graben entstanden (Fig. 32). Als Beispiel sei auf den mittelrheinischen Graben, den schottischen Graben und auf die Gräben in Ostafrika (vgl. Fig. 11) verwiesen.

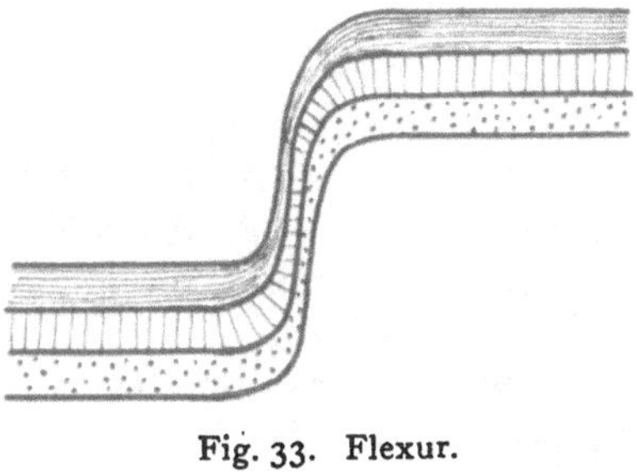

Fig. 33. Flexur.

d) Während sich längs parallel verlaufender Verwerfungen die Umgebung relativ senkt, bleibt dazwischen ein Schollenstreifen stehen oder wird gar herausgehoben. Man bezeichnet die durch tektonische Linien umgrenzte höherliegende Scholle als Horst (Fig. 32). In Deutschland begegnet uns dieser tektonische Typ z. B. beim rheinischen Schiefergebirge, Thüringer Wald u. w. m.

Eine besondere Form der vertikalen Schichtenstörung stellt die Flexur dar. Man versteht darunter die senkrechte Dislokation eines Schichtenkomplexes, bei der es jedoch normalerweise nicht zu einem Zerreißen, sondern nur zu einer Schichtenbiegung, einem Abwärtszerren des einen Flügels kommt (Fig. 33). Die Flexur tritt oft mit Verwerfungen vergesellschaftet auf, geht hier und da wohl auch in ihrem Längsverlauf in Verwerfungen über. Flexuren finden sich z. B. östlich von Basel an der großen N—S streichenden Spalte, die das Rheintal vom Schwarzwald trennt. Hervorragende Beispiele von Flexuren liefert das Koloradoplateau des westlichen Nordamerika (Fig. 34).

Beobachtungen an horizontalen Schichtenstörungen. Nicht selten kommt es längs einer Spalte weniger zu vertikalen Krustenbewegungen als vielmehr in der Hauptsache zu wagerechten Schollenverschiebungen. In der Literatur hat sich hierfür der Ausdruck »Blatt« oder »horizontale Transversalverschiebung« eingebürgert. A. HEIM[3] hat im Schweizer Jura derartige Blattverschiebungen in großer Zahl nachgewiesen; das Maß der Horizontalverschiebung beträgt hier im Maximum 10 km.

Ungleich wichtiger, weil viel verbreiteter als die Blattverschiebung, ist die Faltung. Gesteinspakete, die ursprünglich bei horizontaler Lagerung der Schichten große Räume einnahmen, sind durch tangential gerichtete Kräfte zusammengedrückt worden und haben sich dem verringerten Flächenraum durch Aufwölbung und Einwölbung, d. h. eben durch Sich-in-Falten-Legen, angepaßt. Die Art und Weise

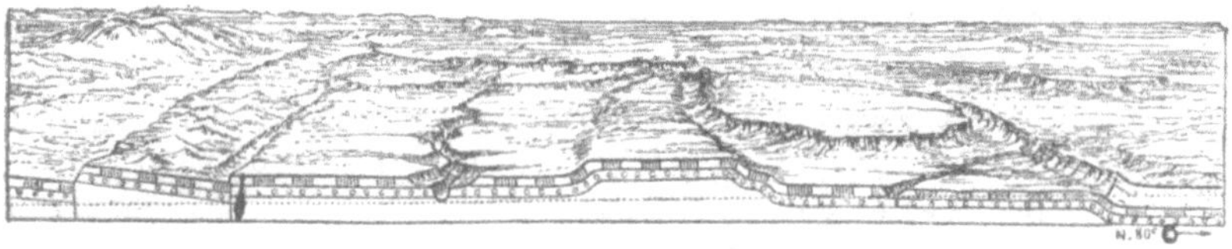

Fig. 34. Durchschnitt durch ein Stück des Koloradoplateaus. — NACH POWELL.

der Faltung festzustellen, ist weit schwieriger, als es für den Anfänger scheinen mag. Große Aufschlüsse, die uns auch nach der Tiefe zu einen umfassenden Einblick in eine Faltungszone gewähren, finden sich sehr selten; im allgemeinen sind wir auf Rekonstruktionen angewiesen, indem wir bei anstehenden Schichten Streichen und Fallen messen und uns so ein Bild des Faltenwurfes schaffen *. Petrographisch oder paläontologisch besonders markante Horizonte (Leitschichten) erleichtern diese Arbeit natürlich sehr wesentlich. Trotzdem bleiben unsere Rekonstruktionen vielfach hypothetisch, weil die höchsten Partien der Aufwölbungszonen meist bereits der Verwitterung und Abtragung zum Opfer gefallen sind, die in der Tiefe verborgenen Teile der Einwölbungszonen nur durch systematisch angesetzte Bohrungen erfaßt werden könnten.

* Hierbei ist sorgfältig zwischen Schichtung und Schieferung zu unterscheiden. Als Schieferung bezeichnet man die Eigenschaft eines beliebigen Gesteins, sich unabhängig von den Schichtflächen in parallele dünne Gesteinsplatten zu spalten. Die Ursache hierfür ist ein starker Druck auf bereits zusammengestauchte und nicht mehr weiter faltbare Gesteinsmassen, wodurch senkrecht zur Druckrichtung parallele Gleitflächen (Schieferungsflächen) erzeugt wurden. Sind zwei solcher bevorzugten Richtungen vorhanden, so entstehen nicht Plattenschiefer, sondern Griffelschiefer.

Die Bezeichnungen »Sattel (Antiklinale)« für die konvexe und »Mulde (Synklinale)« für die konkave Wölbung bedürfen nach Fig. 35 keiner weiteren Erläuterung. Die Symmetrieebene, die den Winkel der Faltenschenkel halbiert, wird als Achsenebene oder

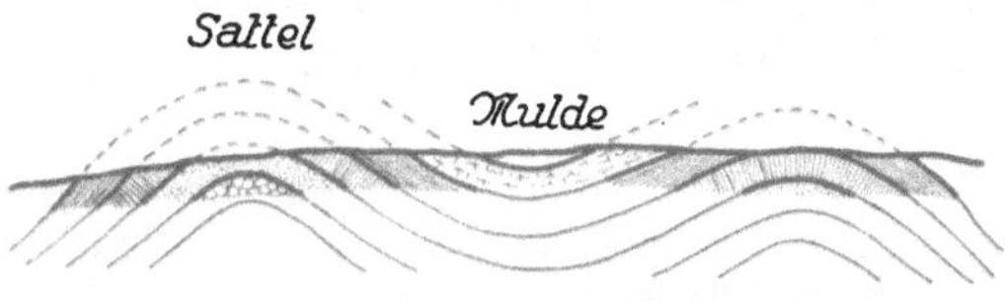

Fig. 35. Normalfalten, Sättel und Mulde.

kurz Achse der Falte bezeichnet. Das von den Seitenflächen der Falte, den Schenkeln oder Flügeln, umschlossene Innere des Faltenkörpers heißt Sattelkern bzw. Muldeninnerstes.

Um die Fülle der Faltenformen systematisch zu ordnen, hält man sich zunächst an die Lage der Flügel zur Achsenebene und unterscheidet demgemäß

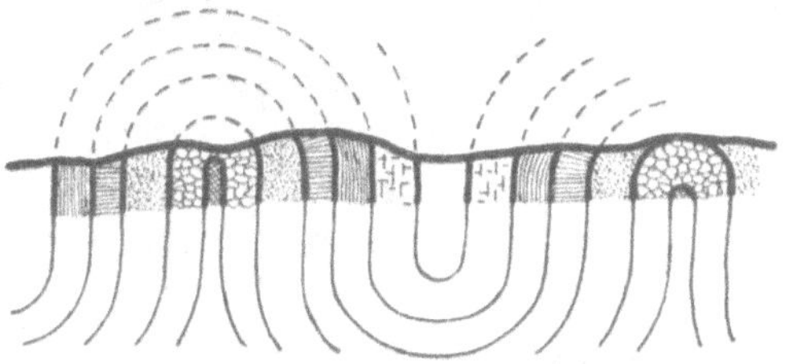

Fig. 36. Aufrechte Isoklinalfalten.

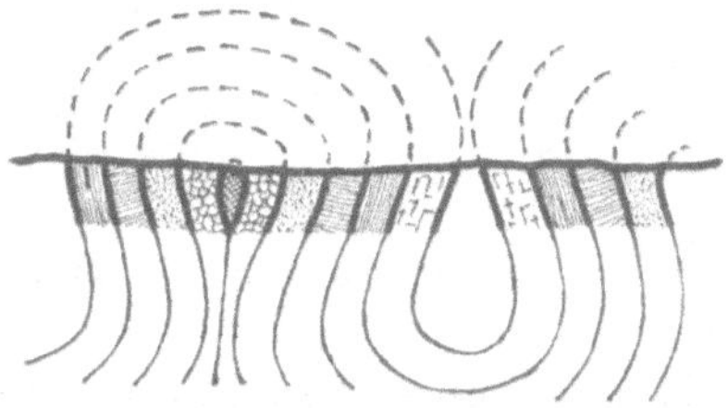

Fig. 37. Aufrechte Fächerfalte.

a) Normalfalten: bei den Sätteln fallen die Schenkel von der Achsenebene weg, bei den Mulden zu ihr ein (Fig. 35).

b) Isoklinalfalten: der Zusammenschub ist so stark gewesen, daß die Schichten in den Sätteln wie in den Mulden mehr oder minder parallel der Achsenebene stehen (Fig. 36).

c) Fächerfalten: der Zusammenschub hat solche Ausmaße erreicht, daß die Flügel im Fächersattel auf die Achsenebene zufallen, in der Fächermulde von ihr fortfallen (Fig. 37).

Bei jeder dieser drei Gruppen ergeben sich Modifikationen dadurch, daß die Achsenebene einen unterschiedlichen Winkel mit der Horizontebene bilden kann. Normalfalten, Isoklinalfalten und Fächerfalten gestatten daher eine Unterteilung in

a) Aufrechte oder stehende Falten: die Achsenebene steht nahezu senkrecht auf der Horizontebene (Fig. 38, I).

b) Schiefe Falten: die Achsenebene steht schief zur Horizontebene (Fig. 38, II); die Aufrichtung der schiefen Falten kann so weit gehen, daß in einem Flügel die Schichtenlagerung eine überkippte wird (vgl.

oben S. 106 und Fig. 38, III). In letzterem Falle spricht man von überkippten Falten.

c) Liegende Falten: die Achsenebene nähert sich stark der Horizontebene (Fig. 38, IV).

Eine besondere Abart der aufrechten Normalfalten, bei denen die Schenkel steil abfallen und die Scheitel flach deckenförmig ent-

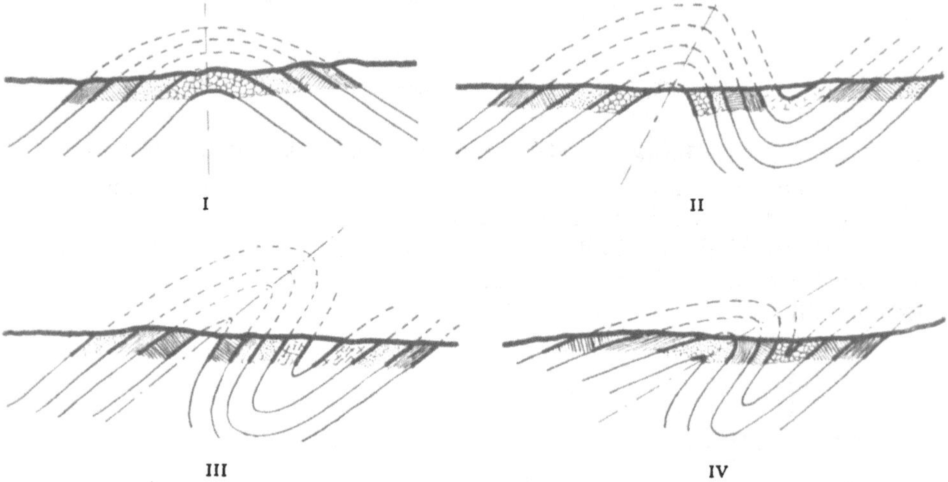

Fig. 38. Normalfalten. I = aufrechte, II = schiefe, III = überkippte, IV = liegende.

wickelt sind, hat die Bezeichnung Kofferfalten erhalten (Fig. 39).

Wenn die Faltenschenkel nicht kontinuierlich gewölbt, sondern ebenflächig sind und winklig zusammenstoßen, spricht man von Zickzackfalten (Fig. 40).

Wo starke Faltung ein größeres Gebiet erfaßt hat, erzeugt diese nicht nur ein Nebeneinander mächtiger Sättel und Mulden, sondern legt auch noch die Flügel der Hauptfalten in Wellen. Das Querprofil ergibt dann nicht einfache Bogenlinien, sondern gekräuselte Linien. Die Fältelung im Bereich der Flügel von Hauptfalten bezeichnet man als Spezialfalten.

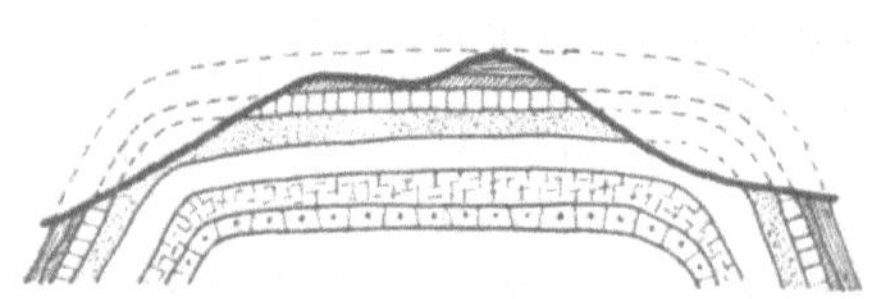

Fig. 39. Kofferfalte. Weißensteinkette, Schweizer Jura. — Nach H. Gerth.

Bislang haben wir den Faltenbau lediglich im Querschnitt betrachtet; es ist notwendig, noch einige Worte über die Längserstreckung hinzuzufügen. Hier kann uns nur eine sorgfältige Beobachtung der den gefalteten Schichten eigentümlichen Streichrichtung Aufschluß geben. Im mittleren Leinetal bietet sich beiderseits von Alfeld vorzügliche Gelegenheit, den Faltenbau im Grundriß zu studieren. Es handelt sich hier um zwei räumlich eng begrenzte Mulden, die durch den Leinetalsattel getrennt werden: die Hilsmulde und die Sackwaldmulde. Die Muldenflügel streichen im allgemeinen parallel von SO nach NW; gegen die Enden des Faltungsgebietes hin aber ändert sich das Streichen rasch und stetig, indem die korrespondierenden Schichten konvergieren und sich schließlich in einer Umbiegung vereinigen (umlaufendes Streichen). Fig. 41 stellt dieses Faltengebiet im Grundriß und Aufriß dar und wird genügen, um die Verhältnisse klarzumachen. Daß in diesem Falle durch die Wirksamkeit der abtragenden Kräfte eine Reliefumkehr erfolgt ist, die geologischen Sättel durch Zerstörung der Scheitelgewölbe morphologisch zu Tälern, die geologischen Mulden morphologisch zu Bergzügen wurden, spielt in diesem Zusammenhang keine Rolle; wir werden an späterer Stelle auf dieses Problem einzugehen haben.

In der Mehrzahl der Fälle verlaufen die einzelnen Falten geradlinig und parallel mit den Nachbarfalten, wie es Figur 41 darstellt; auf geologischen Karten bilden sie sich infolgedessen als mehr oder

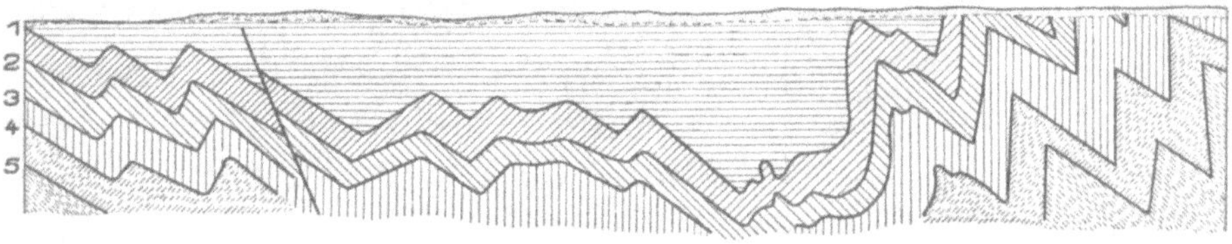

Fig. 40. Zickzackfalten im Aachener Steinkohlenrevier. — Nach Profil C—D auf Blatt Herzogenrath der Geologischen Spezialkarte von Preußen 1 : 25 000. 1. Flöz Großlangenberg. 2. Flöz Meister. 3. Flöz Furth. 4. Flöz Großathwerk. 5. Flöz Merl.

minder langgezogene Ellipsen mit parallelen und geradlinigen Längsachsen ab. Daß gelegentlich an Stelle der Geradlinigkeit ein gekrümmter Verlauf der Falten treten kann, lehren uns die Bögen der Westalpen und der Karpathen sowie der Doppelbogen der Transsylvanischen Alpen. Auch Aufspaltung eines Faltenzuges in mehrere auseinanderstrebende Äste (Virgation) und umgekehrt Verschmelzung oder Scharung mehrerer Falten zu einem einheitlichen Hauptkörper sind wiederholt, namentlich in den Hochgebirgen Asiens, beobachtet worden.

Was die Altersbestimmung einer Faltung anlangt — von den bruchförmigen Dislokationen gilt grundsätzlich das Gleiche —, so ist man im wesentlichen auf die folgende Tatsache angewiesen: die Faltung ist jünger als die davon betroffenen Schichten und älter als die diskordant * auf den gefalteten Massen aufruhenden, d. h. von

* Stimmen zwei aufeinanderfolgende Schichten im Streichen und Fallen überein, gleich ob sie söhlig entwickelt oder gefaltet sind, so sprechen wir von gleichförmiger oder konkordanter Lagerung. Besteht umgekehrt ein Unterschied im Streichen und Fallen der Schichten, so bezeichnen wir dies als ungleichförmige oder dis-

dem Faltungsvorgang nicht mehr erfaßten Schichten. Im Einzelfalle kommt es also darauf an, zur Altersbestimmung geeignete Aufschlüsse zu finden (Fig. 42) und auf paläontologischem Wege das Alter der beiden in Frage kommenden Schichtengruppen zu bestimmen. Je ge-

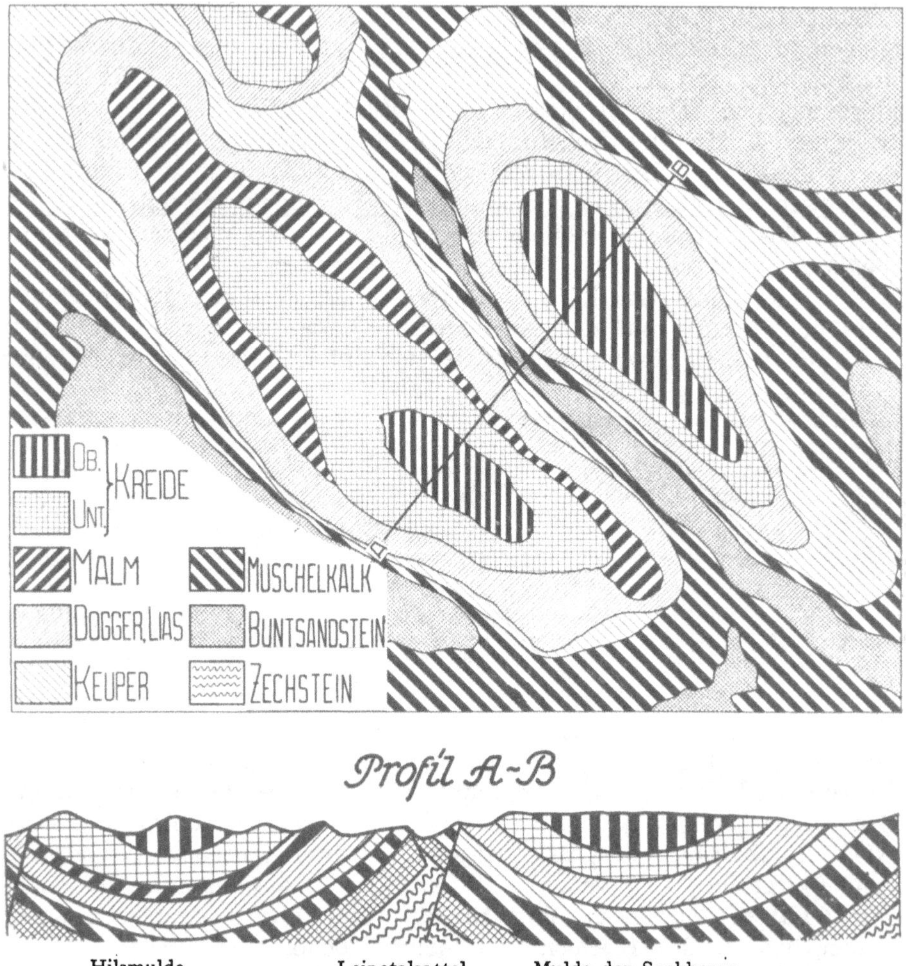

Fig. 41. Schematische Darstellung des geologischen Baus des mittleren Leinetals bei Alfeld. (Beispiel für Sattel- und Muldenbildung, für umlaufendes Streichen und Reliefumkehr.)

ringer der Altersunterschied zwischen gefalteten und diskordant darauf ruhenden ungefalteten Schichten ist, desto genauer verrät bereits ein einzelner Aufschluß das geologische Alter des Faltungsprozesses. Die

kordante Lagerung. Am auffallendsten tritt dieser Unterschied in Erscheinung, wenn die liegenden Schichten stark gefaltet sind, die Schichten des Hangenden aber mit flacher Lagerung auf den Schichtköpfen des Liegenden aufruhen.

vergleichende Geologie setzt uns häufig in die Lage, auf Grund anderswo gewonnener Erfahrungen auch ohne eindeutigen Aufschluß das Alter der Faltung bestimmter Schichten nach Analogieschluß anzugeben.

Im Verlauf des Faltungsprozesses kann es zu Überschiebungen kommen, die wir dann der Deutlichkeit halber als Faltenüberschiebungen bezeichnen. Fig. 43 zeigt uns, wie eine anfänglich nicht sehr enge Falte durch andauernden Druck aus gleicher Richtung stärker zusammengepreßt und schließlich überkippt wird. Hält die Beanspruchung durch Druck nun noch weiter an, so kann der Mittelschenkel ausgequetscht und ausgewalzt werden oder am Ende zerreißen und der hangende Teil längs der entstandenen Faltenverwerfung über das Liegende emporgeschoben werden. Aus den Alpen, dem Hochland des nordwestlichen Schottland u. a. w. stammt die Kenntnis von Überschiebungen, bei denen offenbar hochgewachsene Falten sich infolge anhaltenden Druckes aus gleicher Richtung nach einer Seite umlegten und dann viele Kilometer weit andere, oftmals jüngere Gesteinsmassen unter sich begruben. Wir sprechen in solchen Fällen von Überschiebungsdecken oder Deckfalten. Bei größeren Vorkommen dieser Art pflegt der Zusammenhang der aufgeschobenen Decke mit ihrem Wurzelgebiet bereits zerstört zu sein; oft sind auch von der Überschiebungsdecke selbst nur noch Reste erhalten geblieben, die dann als ortsfremde wurzellose Massen gleichsam schwimmend auf einer anders gebauten Unterlage ruhen (Mythen bei Schwyz !). Es versteht sich von selbst, daß es einer sehr gediegenen geologisch-tektonischen Schulung bedarf, um an der Erforschung derartig komplizierter Faltentektonik mitwirken zu können. Als Einführung in die Deckentheorie sei dem Geographen der kurze, aber inhaltvolle Aufsatz S. von Bubnoffs [4] emp-

Fig. 42. Diskordante Lagerung von Zechstein über gefaltetem Kulmkieselschiefer bei Osterode, Harz. (Aus F. Rinne, Gesteinskunde; 8./9. Doppelauflage, Leipzig 1923.)

fohlen, in dem die Entstehung der Alpen im Lichte der Deckentheorie behandelt wird.

Bei der Arbeit im Gelände treten auch bei einfacherer Faltentektonik bereits dadurch Schwierigkeiten auf, daß die Ausmaße des Faltenwurfs und der Zusammenhang mit der Oberflächengestaltung sehr verschieden sein können. Die im einzelnen Aufschluß zu beobachtende kleinwellige Faltung (Fig. 42) ist ein so enger Ausschnitt aus einer besonders intensiv zusammengestauchten Zone, daß uns dadurch keine

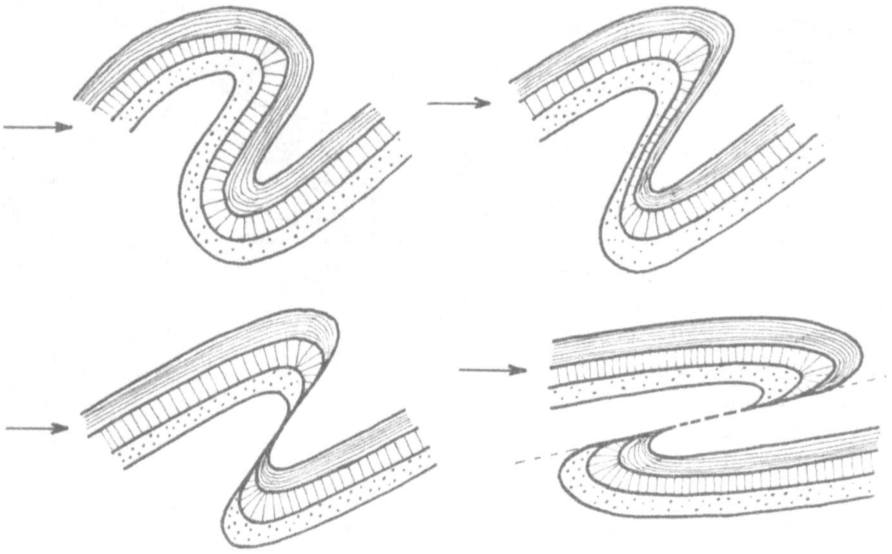

Fig. 43. Entstehung einer Faltenüberschiebung und einer Überschiebungsdecke aus einer Normalfalte.

Vorstellung vom Gesamtbau des Gebietes vermittelt wird. Die landschaftsbestimmende Großfaltung andererseits offenbart sich kaum in diesem oder jenem Aufschluß, sondern enthüllt sich nur bei einer zusammenfassenden Betrachtung größerer Räume. Es dürfte sich empfehlen, diese beiden Erscheinungsformen scharf auseinanderzuhalten: kleinwellige Faltung = Gesteinsfaltung und großwellige Faltung = Gebirgsfaltung (Großfaltung). Wahrscheinlich liegen hier auch verschiedene Ursachen zugrunde, indem sich die Gesteinsfaltung im Zustand hochgradiger Plastizität des Materials vollzog (z. B. in größerer Tiefe etwa als Wurzelzone großer Faltungskomplexe), die Gebirgsfaltung dagegen mehr die oberflächennahen Teile der Erdkruste ergriffen hat.

Orogenese und Epirogenese. Das Studium der Tektonik lehrt uns, zwei Kategorien von Vorgängen zu unterscheiden, für die GILBERT [5] im Anschluß an J. W. POWELL die Bezeichnungen Orogenese und Epirogenese * geprägt hat. Wie die Namen sagen, sollen damit zunächst Vorgänge, die Gebirge und Berge schaffen, von denen getrennt werden, die als weitgespannte Bewegungen Kontinente und ozeanische Becken entstehen lassen. STILLE [6] versuchte eine terminologische Klärung und Vertiefung, indem er definierte: Orogene Vorgänge werden charakterisiert dadurch, daß

a) Veränderungen im Lagegefüge des Bodens eintreten,
b) die Bewegungen episodischer Natur sind.

Im Gegensatz dazu kennzeichnen sich die epirogenen Vorgänge dadurch, daß sie

a) das tektonische Gefüge des Bodens intakt lassen,
b) durch lange geologische Zeiten andauern (»säkulare« Vorgänge),
c) weitspannig sind **.

Gebirgsbildung durch Bruch und Faltung (Orogenese) erweist sich in der Tat, wo immer wir solche Probleme studieren, als relativ kurzfristiger Vorgang. Selbst wo die gebirgsbildenden Kräfte lange Zeit anhalten, wo man also von einer Kontinuität der Tektonik sprechen möchte, ist deshalb von einer Kontinuität der Orogenese, von einer durch lange geologische Perioden anhaltenden Gebirgsbildung, keine Rede, vielmehr lösen die Kräfte stets nur in zeitlich eng begrenzten Phasen gebirgsbildende Vorgänge aus. Zwischen diesen kurzen Perioden starker orogenetischer Aktivität liegen lange anorogene Zeiten, die sich im Schichtenbau durch ausgesprochene Diskordanzen bemerkbar machen. Wenn innerhalb einer Schichtenfolge mehrere Diskordanzen auftreten, so stellen sie ein Spiegelbild wiederholter Orogenesen dar. Dabei ergibt sich häufig, daß der jüngere Vorgang trotz zeitlicher Trennung ganz im Sinne des älteren verläuft. Tektogenetische Prozesse halten sich also oftmals an konstante Linien, führen zu einem orogenetischen Wiederaufleben oder erfolgen, anders ausgedrückt, nach einer gewissen und immer wieder durchbrechenden »erblichen Anlage« (LÖWL). Wählen die tektoni-

---

* Die von GILBERT verwandte griechische Wortform epeirogenetisch ist inzwischen durch die latinisierte Form epirogenetisch verdrängt worden. Überdies hat sich statt orogenetisch die kürzere Bezeichnung orogen, statt epirogenetisch entsprechend epirogen eingebürgert. Die Gesamtheit der von einer Orogenese geschaffenen Gebirgsmasse wird nach dem Vorschlag von KOBER (1911) als das Orogen bezeichnet.

** Die von STILLE vorgenommene scharfe begriffliche Scheidung zwischen orogenen und epirogenen Vorgängen hat ihre großen Vorzüge. Es darf aber nicht übersehen werden, daß beide Gruppen durch mannigfache Übergänge miteinander verbunden sind. MACHATSCHEK [7] z. B. steht auf dem Standpunkt, daß epirogenetische Bewegungen sich häufig mit Flexuren und Brüchen verknüpfen und so indirekt auch gebirgsbildend (orogenetisch) wirken können.

schen Vorgänge im Gegensatz hierzu unter Preisgabe der Tradition neue Richtungen, so bezeichnet sie STILLE als »renegant« (abtrünnig).

Das Studium der Gebirgsbildung hat aber noch zu einem weiteren Ergebnis geführt: Orogenese tritt gleichzeitig in den verschiedensten Erdgebieten auf. Die kaledonische Faltung z. B., die in zwei Hauptphasen und mehreren Unterphasen die Zeit vom Untersilur bis zum Unterdevon umfaßt, führte zur gleichzeitigen Entstehung von Hochgebirgen in Irland, England und Schottland, in Norddeutschland und im westlichen Skandinavien, in der südlichen Sahara, in Nord- und Zentralasien sowie in Australien, im arktischen und östlichen Nordamerika, in Brasilien usw. Die nächste Periode starker orogenetischer Aktivität ist die sogenannte variszische Faltung; sie reicht in fünf Phasen (bretonische, sudetische, asturische, saalische und pfälzische Faltung) vom Unterkarbon bis zum Oberperm und erzeugte wiederum gleichzeitig Gebirge in den verschiedenen Teilen Europas (deutsche Mittelgebirge), Nordamerikas (Appalachen), Südamerikas (Vorkordilleren), Afrikas (hoher Atlas), Asiens und Australiens. Weltweit verbreitet sind endlich auch die Zeugen der alpidischen Gebirgsbildung, die in erster Linie das Relief des heutigen Erdantlitzes bestimmen. STILLE weist gleichzeitige Gebirgsbildungen in allen Erdteilen für die drei Hauptphasen dieser orogenen Epoche nach: altalpidisch (vortertiär), mittelalpidisch (alttertiär) und jungalpidisch (jungtertiär).

Das Ergebnis all dieser Feststellungen läßt sich am kürzesten in dem orogenetischen Grundgesetz zusammenfassen, das in der STILLEschen Formulierung folgendermaßen lautet:

Alle Gebirgsbildung ist an verhältnismäßig wenige und zeitlich eng begrenzte Phasen von mehr oder weniger erdweiter Bedeutung gebunden (orogenes Zeitgesetz). Sie tritt gleichzeitig in den verschiedensten Erdgebieten auf (orogenes Gleichzeitigkeitsgesetz).

Die Vorgänge epirogenetischer Art haben wir im Grunde bereits im vorausgegangenen Abschnitt »Niveauveränderungen« kennengelernt. Wenn weite Gebiete der Erde, wie wir es dort sahen, säkulare Verbiegungen in Gestalt von Hebung bzw. Senkung erfahren (Hebung Skandinaviens bei gleichzeitiger Senkung Mitteleuropas), so sind dabei offenbar epirogene Kräfte am Werk 7. Säkular sinkende Räume, gleich ob es sich um solche festländischer oder mariner Natur handelt, werden nach dem Vorbild von DANA als Geosynklinalen (Erdwannen, Senkungströge) bezeichnet. Sie stellen in der Regel Gebiete gewaltig sich häufender Sedimentation dar (23 000 m mächtige und ohne Diskordanz abgelagerte algonkisch-paläozoisch-mesozoische Serie der Rocky Mountains-Geosynklinale, 6 000 m mächtiges kontinentales

Tertiär in der Geosynklinale des zentralen Kaskadengebirges !). Säkular aufsteigende, die Geosynklinale einrahmende Räume haben die Bezeichnung Geantiklinalen (Erdschwellen) erhalten. Überwiegt bei den Geosynklinalen die Sedimentation, so stellen die Geantiklinalen in der Hauptsache Stätten der Abtragung dar, und gesteigerte säkulare Hebung pflegt gesteigerte Denudation zur Folge zu haben.

Im Antlitz der Erde machen sich säkulare Senkungen und Hebungen vor allem in Gestalt von Veränderungen des Meeresspiegels geltend (Transgressionen bzw. Regressionen). Geologische Beobachtungen über den zeitlichen Ablauf und Rhythmus der Strandverschiebungen setzen uns demnach in die Lage, zu entscheiden, ob epirogenetische Kräfte dauernd an der Formung der Erdkruste arbeiten oder ob auch hier, wenn auch mit wesentlich größerer zeitlicher Amplitude, Perioden stärkerer und schwächerer epirogenetischer Aktivität miteinander abwechseln. Gleichzeitig vermögen wir zu erkennen, ob epirogene Vorgänge räumlich beschränkt auftreten oder nach Art der orogenen Vorgänge jeweils weltweite Verbreitung haben. Was den letzten Punkt anlangt, so machen es geologische Untersuchungen sehr wahrscheinlich, daß die epirogenen Vorgänge in der Tat stets große Teile des Erdganzen erfassen und daß Perioden allgemeinen Landverlustes mit solchen allgemeinen Landgewinnes abwechseln. Universell sind die Transgressionen im Kambrium, Devon und Oberkarbon, die unterpermische Regression, die Transgression der Obertrias und des Cenomans, die Regression im Obersenon, die Transgressionen im Eozän und die oberoligozäne Regression; gleichzeitige gegensinnige Bewegungen sind nur ausnahmsweise erkennbar, fehlen aber doch eben nicht gänzlich. STILLE gründet auf dieser Feststellung seine epirogenetische Gleichzeitigkeitsregel: Die Veränderungen im Gange der epirogenen Bewegungen zeigen in den verschiedensten Erdgebieten erhebliche gleichzeitige Gleichsinnigkeiten. — Die obige Aufzählung von Trans- und Regressionen lehrt uns, daß zweifellos auch bei den epirogenen Vorgängen ein gewisser Rhythmus besteht. Vertieft man sich noch mehr in das geologische Tatsachenmaterial, so zeigt sich, daß sich in der tektonischen Umformung der Erdkruste ein gewisses Wechselspiel von orogenen und epirogenen Vorgängen geltend macht: starke Epirogenese beschränkt sich im wesentlichen auf die anorogenen Zeiten, jedoch gibt es orogene Zeitphasen, in denen sich in einigen Gebieten ausschließlich orogene Vorgänge abspielen, in anderen aber die Epirogenesen weitergehen. Oftmals hat man diesen rhythmischen Wechsel zwischen orogenen und epirogenen Epochen im Bilde des menschlichen Körpers begriffen: die Erde lebt und atmet, und die Folgen sind Hebungen und Senkungen, epirogene Vorgänge; von Zeit zu Zeit aber treten Paroxysmen, Fieberzustände, ein, das Atmen beschleunigt sich gewaltig, es kommt zu orogenen Prozessen, bis das Fieber überwunden und der normale Zustand der Epirogenese wiederhergestellt ist. Wir leben augenblicklich in Zeiten ruhigen Atmens der Erdkruste, der Epirogenese; aber durch nichts zu beweisen ist die Vermutung, daß nunmehr jeder neue Fieberanfall unserer Erde ausgeschlossen sei und orogene Episoden endgültig der Erdgeschichte angehören.

Beziehungen zwischen Orogenese und Untergrundbeschaffenheit. Wenn wir den Gebirgsbau über die ganze Erde hin verfolgen, ergibt sich von selbst eine genetische Zweiteilung: bei der einen Art von tektonisch angelegten Gebirgen stellt Faltung, bei der anderen Verwerfung das wichtigste formenbildende Element dar. Entsprechend dem Überwiegen des einen oder des anderen hat man die Erscheinungsformen der Orogenese in die folgenden vier Strukturkategorien zusammengefaßt:

1. *Deckengebirge* mit weitausholenden liegenden Falten und Deckenüberschiebungen. 2. *Faltengebirge* mit Faltenwurf etwas geringerer Intensität als Haupterscheinung; Überschiebungen treten stark zurück, Verwerfungen spielen, soweit es sich nicht um eine nachträgliche Zerstückelung handelt, eine ganz untergeordnete Rolle.	*Alpinotype Formen* der Orogenese (STILLE)
3. *Bruchfaltengebirge*; bei der Entstehung dieses Typs wirkten gleichzeitig Faltung und Bruchbildung mit. 4. *Schollengebirge*; das Orogen ist durch zahlreiche Verwerfungen in Schollenblöcke zerlegt, Verbiegung der Schichten trat beim Werden dieser Art von Gebirgen nicht oder nur in geringem Maße ein.	*Germanotype Formen* der Orogenese (STILLE)

Es ist nun nicht etwa so, daß in bestimmten orogenetisch aktiven Zeiten der alpinotype Baustil, in anderen der germanotype vorherrscht, vielmehr ergibt die geologische Forschung für fast alle orogenetischen Phasen ein sicheres Nebeneinander beider Typen: *eine und dieselbe orogenetische Zeitphase führt hier zu Faltungen, dort zu Bruchbildungen* (STILLES Satz von der Gleichzeitigkeit der orogenen Formen). Als Beispiel sei auf die variscische Orogenese hingewiesen, die in Mitteleuropa Hochgebirge von alpiner Struktur entstehen ließ, während sie weiter nördlich im Faltungsgebiet der kaledonischen Phase zu ausgesprochener Bruchschollenbildung führte. Dieselbe Gleichzeitigkeit der orogenen Haupttypen beobachten wir während der Auffaltung der Alpiden, wo den Faltengebirgen des europäischen Südens zeitlich die Verwerfungsblöcke im mitteleuropäischen Raum entsprechen. Die Feststellung der Gleichzeitigkeit der orogenen Formen ist von grundsätzlicher Wichtigkeit, denn sie legt die Vermutung nahe, daß *Faltung und Schollenbildung letzten Endes auf die Wirksamkeit einer und derselben gebirgsbildenden Kraft zurückzuführen sind.* Wenn trotzdem im Laufe einer einzigen und einheitlichen orogenen Phase in einem Gebiet Faltung, in einem anderen Bruchbildung vorherrscht, so kann dies seinen Grund offenbar nur in einer geophysikalischen Unterschiedlichkeit der vom orogenen Druck betroffenen Krustenteile haben.

Um in diesem Punkte Fehlschlüsse zu vermeiden, verfolgen wir nunmehr, wie ein und derselbe Raum auf nacheinander wirksame orogene Kräfte reagiert. Die Antwort, die die Natur auf diese Frage erteilt, ist nicht unbedingt eindeutig. Die Ardennen z. B. erlebten in der kaledonischen Orogenese einen alpinotypen Faltenwurf und wiederholten durchaus alpinotype Formen auch im Verlauf der variscischen Phase. Ähnliches gilt von den Alpen, wo bereits die variscische Orogenese zu kräftiger Faltung führte, die später folgende tertiäre Phase die Faltung machtvoll steigerte und extrem alpinotype Formen erzeugte. Es scheint sich aber in diesen Fällen um Ausnahmen zu handeln, die als solche die folgende Regel nicht entkräften können: wenn in einem Raum mehrere Orogenesen aufeinander folgen, so führt im allgemeinen die erste zu alpinotypen Formen, während die darauf folgenden germanotype Formen entstehen lassen. Diese Regel bewahrheitet sich bei den allermeisten Gebirgen. Wir erkennen ihre Gültigkeit an den deutschen Mittelgebirgen, die in der variscischen Orogenese von Faltung, in der tertiären von Schollenbildung beherrscht werden. In Nordamerika folgen auf die appalachische Faltung der Dyaszeit im Mesozoikum ausgesprochen germanotype Gebirgsbildungen. Für Mittelasien hat Leuchs die Aufeinanderfolge paläozoischer Faltungen und mesozoisch-tertiärer Bruchbildung nachgewiesen. Ähnliche Belege ließen sich aus allen Teilen der Welt erbringen. Die Erklärung auch für diese Tatsache läuft darauf hinaus, einen grundsätzlichen genetischen Gegensatz zwischen Faltung und Bruchbildung abzulehnen und die verschiedenartige Reaktion eines Raumes auf den mehrmals einsetzenden orogenen Druck mit einer inzwischen eingetretenen geophysikalischen Veränderung des Untergrundes zu begründen.

Die Beobachtung im Gelände vermag uns nun einen Schritt weiterzuführen und uns einen Einblick in die Abhängigkeit der orogenen Reaktionen von der Art des Untergrundes zu verschaffen. Wo immer wir alpinotyper Orogenese begegnen, werden wir gewahr, daß die Faltengebirge den Geosynklinalen der Erde entstammen, in den großen, epirogenetisch angelegten Senkungströgen wurzeln, deren Material infolge des in der Tiefe herrschenden Belastungsdrucks und der dort vorhandenen Temperatur durch ein hohes Maß von Dislokationsfähigkeit (Rinne) oder Mobilität (Stille) ausgezeichnet ist *. Aus geo-

* F. Kossmat [8] bezeichnet daher die Geosynklinalen geradezu als die Erweichungsgürtel der Erdrinde.

synklinalen Sedimentationsräumen herausgequetschte Absatzgesteine bestimmen in der Tat den petrographischen Charakter der alpinotypen Orogene aller Hauptgebirgsbildungsperioden. Beschränken wir uns auf die alpidische Epoche, so wurden die großen Faltengebirge Eurasiens in der Tethys geboren, jener vom Beginn der paläozoischen Zeit bis ins ältere Tertiär bestehenden Geosynklinale, welche als gewaltiges intrakontinentales Mittelmeer von Spanien bis zu den Molukken reichte. Aus Geosynklinalen stiegen die gesamten den Pazifischen Ozean umgürtenden jungen Kettengebirge alpinotyper Struktur auf, welche heute das Relief Ostasiens, Australiens und des amerikanischen Doppelkontinents beherrschen. Geosynklinalen waren die Geburtsstätten des Faltenbündels der Antillen. Immer wieder erweist es sich als Tatsache, daß säkulare Senkung in Gestalt von Geosynklinalen und damit verbundene riesenhafte Sedimentation bei Steigerung der Mobilität des Untergrundes die Voraussetzung für Entstehung alpinotyper Orogene gewesen ist.

Ganz anders sind die geophysikalischen Verhältnisse des Untergrundes dort, wo im Verlauf einer Orogenese als tektonisches Äquivalent der Faltung überwiegend ein Zerbrechen in Schollen eintrat. Die Gesteinsmassen, die wir in diesen Gebieten beobachten, erweisen sich als starre Massen, deren Struktur selbst gegenüber säkular wirkendem Druck keine Mobilität im Sinne einer Faltenverbiegung gestattet, sondern nur mehr blockförmige Zerdrückbarkeit. Die dort eingetretene Versteifung des Untergrundes (Stabilisation, Konsolidation) kann verschiedene Ursachen haben. Häufig begegnen wir dem Fall, daß die Gesteinsmassen im Verlaufe einer oder mehrerer früheren Orogenesen gefaltet und aufs innigste ineinander verknetet worden sind; sie haben ihre Mobilität durch die intensive Faltung eingebüßt. Als weiterer stabilisierender Vorgang ist das Eindringen glutflüssiger Massen zu nennen; nach seinem Festwerden erweist sich der Glutfluß als höchst starres Material, das, wie die Wirbelsäule dem Körper, dem ganzen von ihm durchsetzten Gesteinskomplex eine wesentlich gesteigerte Festigkeit verleiht. In diesem Sinne hat Cloos [9] von einer »Zementierung« der Schichtsysteme durch den in sie eingedrungenen Granit gesprochen und v. Seidlitz [10] die Granitintrusionen mit den inneren Streben des Eisenbetons verglichen. Auch epirogene Aufwärtsbewegung kann versteifend wirken, indem sie Tiefenmaterial in die Höhe bringt (Grundgebirge), das entweder durch seine primäre Struktur oder wegen der früheren tektonischen Beanspruchung von geringerer Mobilität ist.

Unsere Feststellungen haben erkennen lassen, daß zwischen dem Zustand des Untergrundes und der Form der Orogenese eindeutige Beziehungen bestehen: alpinotype Formen sind an Zonen starker Mobilität, d. h. an Geosynklinalen gebunden; erreicht der

Grad der Bodenversteifung einen gewissen Schwellenwert, so begünstigt die Gebirgsbildung nicht mehr das Zustandekommen alpinotyper Formen, sondern läßt germanotype Formen entstehen. STILLE, dem wir in unseren Darlegungen weitgehend gefolgt sind, formuliert diese Erkenntnis folgendermaßen: »Im jugendlichen Zustande, d. h. in der Geosynklinalphase, besteht Gestimmtsein auf Faltung, im Alterszustand, d. h. in der Phase der Konsolidation (Schwellenphase), Gestimmtsein auf Bruchbildung«.

Entspricht dies den Tatsachen, so ergeben sich einige wichtige Folgerungen:

a) Es muß möglich sein, diese Probleme experimentell nachzuprüfen. Versuche dieser Art müßten den Nachweis dafür erbringen, daß Deckengebirge und Bruchschollengebirge nicht durch verschiedene, sondern durch die nämlichen Kräfte geschaffen werden und die Unterschiedlichkeit der Formen auf Verschiedenartigkeit des vom orogenen Druck betroffenen Untergrundes beruht. Zugleich könnte festgestellt werden, welche Rolle starre Massen im Faltungsprozeß spielen. Experimente dieser Art hat kürzlich CLOOS [11] angestellt; die erzielten künstlichen Strukturen stimmen im allgemeinen mit der Theorie gut überein und sollten im Morphologiestudium der Geographen starke Beachtung finden.

b) Gebiete mit starker Bodenversteifung müssen beim andauernden Fortgang der Konsolidation schließlich einen Zustand extremer Starrheit erreichen, in dem jede Reaktion auf orogene Kräfte ausgeschlossen ist. Derartig starre Massen, die in orogener Hinsicht »tot« sind, glaubt STILLE beispielsweise im Kristiania-Gebiet nachweisen zu können in einem Raum, der in der kaledonischen Ära alpinotyper Faltung unterlag, im Anfang der variscischen Ära germanotyp reagierte und sich schon im Ausgang der variscischen, vollends dann in der alpidischen Ära in der Totenphase in bezug auf orogene Reaktionen befand. Nahe an dieses Endstadium der Konsolidation reichen alle jene alten, starren Massen heran, die auf Tafel I dieses Buches ausdrücklich als solche ausgeschieden sind: ostsibirische Masse, baltische Masse, grönländische Masse, kanadische Masse, Guayana-Brasilien-Masse, Gondwana-Masse, Kambodscha-Masse usw.

c) Wenn die alpinotypen Orogene den Geosynklinalen entstammen, aus ihnen emporstiegen und schließlich Festland wurden, so heißt das nicht mehr und nicht weniger, als daß die Kontinente normalerweise auf Kosten der Meere wachsen. Die die Geosynklinalen umrahmenden Schwellen (Konsolidationsgebiete) bilden als starre Masse das Widerlager, an das sich die Falten anschmiegen; sie spielen darüber hinaus wohl auch eine aktive Rolle im Gebirgsbildungsprozeß, indem sie bei Einsetzen des orogenen Druckes eben wegen ihrer Immobilität einen Gegendruck auf die Geosynklinale und natürlich besonders auf ihre Randzonen ausüben. In diesem Sinne spricht man gelegentlich nicht nur von den »Muttermeeren« der Faltengebirge, sondern auch von deren »Vaterschwellen«. — Im Bereich Europas sind die Beziehungen zwischen den starren Rahmen und den mobilen Geosynklinal- und

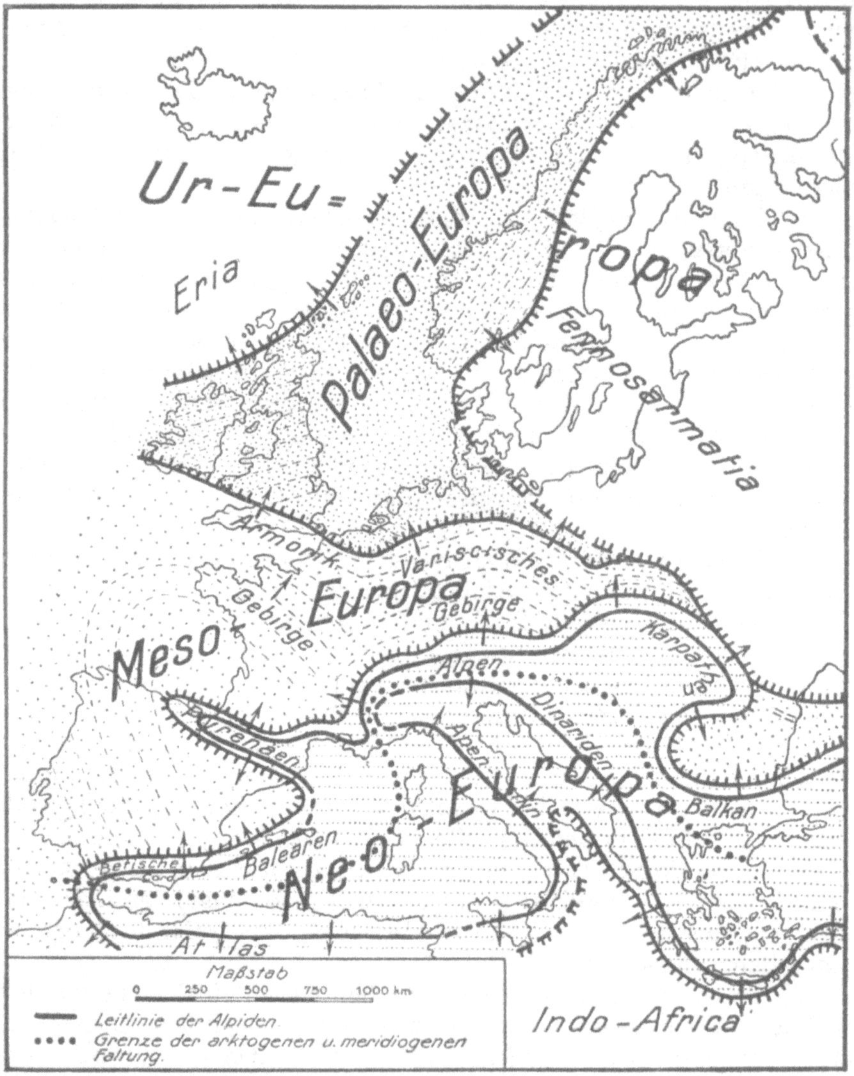

Fig. 44. Tektonische Gliederung Europas. — Nach H. Stille, »Grundfragen der vergleichenden Tektonik«. Berlin 1924.

Faltungszonen eingehend erforscht worden; die daraus sich ergebende tektonische Gliederung unserer Erdteils erhellt Fig. 44, bei der der Übersichtlichkeit halber die Zonen älterer Konsolidation inmitten jüngerer Konsolidationsbezirke zu den umschließenden jüngeren Bezirken gerechnet und nicht besonders ausgeschieden wurden (z. B. böhmische Masse, pannonisches Zwischengebirge u. a. m.). Die alten Massen Eria und Fennosarmatien stellen das bereits vorkambrisch konsolidierte Ureuropa und zugleich die Rahmen für die kaledonische Faltung dar. Gegen Eria als Vorland richteten sich die großen kaledonischen Überschiebungen Schottlands, gegen Fennosarmatien die des norwegischen Hochgebirges der kaledonischen Ära. Mit der Aufwölbung der kaledonischen Faltengebirge vergrößerte sich Ureuropa um das Gebiet von Paläoeuropa. Die Faltung der kaledonischen Ära führte zu einer völligen Erschöpfung der Geosynklinale zwischen Eria und Fennosarmatien und war so intensiv, daß das davon betroffene Gebiet seine Mobilität endgültig einbüßte. Als kaledonische Versteifungssphäre schweißte Paläoeuropa die beiden Flügel Ureuropas zu einer einheitlichen nordeuropäischen starren Masse zusammen. Diese bildete nun den zirkumvariscischen Rahmen, an den sich die variscischen Faltungen angliederten, auf diese Weise das Gebiet unseres Erdteils um Mesoeuropa vergrößernd. Aus Ureuropa (vorkambrisch konsolidiert), Paläoeuropa (kaledonisch konsolidiert) und Mesoeuropa (variscisch konsolidiert) entstand schließlich im Verein mit der im Süden vorhandenen alten Gondwanamasse der Rahmen für die der Tethys-Geosynklinale in der alpidischen Ära entsteigenden Faltengebirge; sie gliederten an den bisherigen Erdteil das Gebiet von Neoeuropa an, eine alpidisch konsolidierte oder vielleicht auch noch unkonsolidierte Zone.

Paläoeuropa und Mesoeuropa sind in ihrer ganzen Erstreckung auf den ureuropäischen Nordrahmen zu beziehen, gegen den die Faltung allenthalben gerichtet ist; sie verdienen daher in ihrer Gesamtheit die Bezeichnung »arktogen«. Betreffs Neoeuropa liegen die Verhältnisse anders, denn hier ist die Faltung zu einem Teil gegen den Nordrahmen gerichtet, zum andern Teil gegen den von Urafrika und Urindien (Gondwanaland) gebildeten Südflügel. Das alpidische Orogen im Bereich der Alten Welt muß also eine Zweiteilung erfahren. STILLE bezeichnet die Faltung gegen den Nordrahmen als arktogen, die gegen den Südrahmen als meridiogen; KOBER [12] unterscheidet entsprechend einen alpinen (europäischen) und einen dinarischen (afrikanischen) Stamm des alpidischen Orogens. Zum nordbewegten Alpidenstamm gehören z. B. die betische Kordillere, die Pyrenäen, die provenzalischen Ketten, die Alpen, die Karpathen, der Balkan, der Kaukasus; zum südbewegten Dinaridenstamm zu stellen sind der Atlas, der Apennin, die Dinariden, die Helleniden, die Tauriden, die Iraniden und der Himalaja *. Die

* Für den Himalaja hat KOBER schon 1921 die Vermutung ausgesprochen, daß neben dem das indische Vorland bedrängenden südbewegten Stamm ein auf der Nordseite von Pamir und Tibet auftretender nordbewegter Stamm vorhanden ist. Die neueren Forschungen von russischen Geologen, vor allem MUSCHKETOW, scheinen diese Auffassung zu bestätigen.

beiden Stämme werden durch altkonsolidierte Zwischengebirge getrennt (marokkanische Meseta, tyrrhenisches Massiv, ungarisches Zwischengebirge, Rhodopemassiv, Kleinasien, Armenien) oder grenzen mit »Narben« aneinander (alpin-dinarische Narbe).

d) Die Entwicklung von tektonischer Jugend (Geosynklinalphase) über tektonische Reife (Schwellenphase) zur greisenhaften Vollkonsolidation (Totenphase) beherrscht gewiß die Erdkruste; aber der nun naheliegende Gedanke, daß am Ende einmal die Totenphase allenthalben erreicht werden würde und demgemäß orogene Vorgänge und Umgestaltungen gänzlich aufhören müßten, ist doch irrig. Der Untergrund kann sich nämlich einer »Verjüngungskur« unterziehen und einst vollkonsolidierte Zonen remobilisieren, indem er sich epirogenetisch senkt und neue Erdwannen mit starker Sedimentation entstehen läßt. Es wird von dem Grade der Senkung abhängen, ob Druck und Temperatur so gesteigert werden, daß in diesen Gebieten bei erneuter Orogenese Bruchfaltungen oder alpinotype Faltungen resultieren. In jedem Fall ist der allgemeine tektonische Tod der Erde keineswegs zu befürchten.

Die Ursachen der tektonischen Bewegungen. Seitdem die Menschheit mit Bewußtsein das Werden und Vergehen der Gebirge verfolgt, hat man sich immer und immer wieder Gedanken über die Ursachen der Gebirgsbildung gemacht. Eine schier unübersehbare Fülle von Theorien [13] ist aufgestellt worden, und keine einzige erfreut sich bis heute allgemeiner Anerkennung. Es kann selbstverständlich nicht unsere Aufgabe sein, alle diese Theorien hier kritisch zu behandeln. Schon Raummangel zwingt dazu, sich starke Beschränkung aufzuerlegen und sich mit der Skizzierung der wichtigsten Problematik zu begnügen.

Eine Vorfrage bedarf zunächst dringend der Klärung: gehen Faltung und Bruchbildung auf die nämliche Ursache zurück, oder handelt es sich um die Wirkung grundsätzlich verschiedener tektonischer Kräfte? Daß Faltenwurf mit Raumverengerung verbunden ist, lehrt allenthalben die Beobachtung; hier müssen wir also Kräfte annehmen, die einen Zusammenschub bewirken, d. h. tangential gerichtet sind. Bei den Verwerfungen und Schollengebirgen überwiegen aber ebenso ausgesprochen vertikale Bewegungstendenzen, die auf radial gerichtete Kräfte hinzudeuten scheinen. Die ältere Geologenschule legte auf diesen Gegensatz großen Wert. Wir haben oben bereits zu wiederholten Malen hervorgehoben, daß man neuerdings nicht einen Gegensatz der Kräfte, sondern einen solchen des Untergrundes für die Verschiedenartigkeit der orogenen Hauptformen verantwortlich macht und demgemäß Faltung wie Bruchbildung auf eine einheitliche, tangential gerichtete Kraft zurückführt. Diese erzeugt im Bereich der mobilen Geosynklinalzonen Faltungen mit einem Streichen senkrecht zur Richtung des orogenen Drucks; im Bereich der stabilen Zonen werden die Faltenverschiebungen entsprechend den Untergrundverhältnissen mehr und mehr durch Verwerfungen ersetzt, die teils in der Richtung des orogenen Drucks, teils senkrecht dazu aufreißen. Ein Wesensunterschied zwischen Faltung und Bruchbildung besteht nicht. Man sollte sich übrigens nachgerade daran gewöhnen, nicht immer nur die beiden Gegenpole orogener Formen, Faltung und Schollenbildung, gegenüberzustellen, sondern sich gegenwärtig halten, daß beide nur Endglieder einer durch zahlreiche Übergänge verknüpften Reihe darstellen. Will man den Dingen nicht Gewalt antun, so darf man unmöglich innerhalb dieser Reihe einen Schnitt machen zwischen Formen, die sicher durch seitlichen Druck entstanden sind, und anderen nur wenig abweichenden Formen, die plötzlich auf ganz andere Ursachen, nämlich vertikal gerichtete Kräfte, zurückgehen sollen.

Als Vorkämpfer der Theorie von der orogenen Einheitskraft haben wir oben bereits STILLE [6] kennengelernt; mit allem Nachdruck verwirft er die Unterscheidung zwischen einer tangentialen Gebirgsbildung, die zum Faltengebirge führt, und einer aus rein vertikal wirkenden Kräften hervorgehenden Gebirgsbildung, die das Schollengebirge schaffen soll. Zur STILLEschen Anschauung bekennen sich heute aber viele der hervorragendsten Geologen und Morphologen. KOBER [12] läßt nur die geosynklinale Orogenese als autochton gelten und bezeichnet die Gebirgsbildung im erstarrten Felde als untergrundbestimmte Ausläufer und Anbauten der alpinotypen Orogenese. CLOOS [9] faßt das Ergebnis seiner Studien in dem Satz zusammen: »Die Bruchbildung, soweit sie an die Faltung zeitlich und mechanisch anschließt, ist also eine Fortsetzung der Faltung mit anderen Mitteln.« WEBER [14] kommt bei seinen Untersuchungen über Grabenbildung zu der Einsicht: »Graben und Faltengebirge sind also zwei zusammenhängende Erscheinungen, verursacht zunächst von einer einheitlichen tangentialen Kompression«. Ganz ähnlich hatte früher schon WALTHER [15] alle Klüfte, Brüche und Gänge, alle kleinen Gräben und viele Horste auf tangentialen Seitenschub zurückgeführt. MACHATSCHEK [7] spricht von der Bruchbildung als einer »intentionellen Faltung« und führt hinsichtlich Zentralasiens aus: »Mit großer Sicherheit dürfen wir heute sagen, daß die Entstehung aller Ketten dieser ungeheuren Massenanschwellung einschließlich ihrer südlichen Umwallung derselben tektonischen Periode angehört, aber verschiedenen Äußerungen der tektonischen Kräfte, je nach dem Material und der vorausgegangenen Geschichte der einzelnen Teile, zu danken ist ... Dieselben Kräfte, die die bogenförmigen Ketten von Südasien aus der Geosynklinale der Tethys herausgehoben und gefaltet haben, haben die starren Massen des nördlichen Zentralasiens emporgewölbt und in Schollen zertrümmert.«

Als Motor der Orogenesen dürfen wir also wohl ohne Rücksicht auf die resultierende Form eine einzige, tangential gerichtete Kraft annehmen. Hinsichtlich der Epirogenesen gehen die Meinungen noch auseinander. Für STILLE und seine Schule steht es fest, daß für Orogenese und Epirogenese nur eine und dieselbe Kraft in Frage kommt, der tangentiale Druck. Dieser vermag bei genügend langer Wirksamkeit selbst da noch weitgespannte Verbiegungen zu erzeugen, wo der kurzfristigere Druck einer Orogenese infolge fortgeschrittener Konsolidation des Untergrundes zur Schollenbildung führt oder gar ergebnislos verpufft. Einen ursächlichen Gegensatz zwischen Orogenese und Epirogenese erkennt STILLE nur hinsichtlich der von ihm als tektonisches Nebenmotiv behandelten Isostasie an. Orogenese vollzieht sich stets im Gegensatz zur Isostasie; sie führt zu typisch anisostatischen Zuständen, die hinterher erst allmählich wieder ausgeglichen werden. Ist Isostasie ausgesprochen »gebirgsbildungsfeindlich«, so kann sie mindestens als Nebenfaktor für die Epirogenese in Betracht kommen. Wir wissen, daß andere Forscher die Bedeutung der Isostasie für epirogenetische Vorgänge höher einschätzen und in diesem Punkte nicht mit STILLE übereinstimmen. Bedenkt man aber, daß Isostasie ihrem Wesen nach nur ein örtlich beschränktes Erklärungsmotiv darstellt, die epirogene Gleichzeitigkeitsregel (vgl. oben S. 119) jedoch ein universelles Erklärungsmotiv erheischt, so läßt sich nicht übersehen, daß die STILLEsche Auffassung viel für sich hat und es wohl angebracht erscheint, nicht nur sämtliche Formen der Orogenese, sondern auch die Epirogenese als Ausdruck der tektonischen Einheitskraft, des seitlichen Druckes, zu begreifen.

Man sollte nun meinen, daß wenigstens die Anhänger der Theorie einer tektonischen Einheitskraft in der Deutung dieser Kraft übereinstimmten. Davon ist jedoch nicht im entferntesten die Rede, vielmehr weichen die Ansichten über das Wesen des alle tektonischen Bewegungen erzeugenden seitlichen Druckes ganz wesentlich voneinander ab. Man kann hier, um nur das Wichtigste anzuführen, zwei Gruppen von Theorien unterscheiden: eine geomotorische und eine geothermische. Die erste führt die Gebirgsbildung in der Hauptsache auf die Erdumdrehung und die davon ausgelösten zentrifugalen Kräfte zurück; die zweite betont als grundlegend die Abkühlung des Erdkörpers und die dadurch bewirkte Schrumpfung. An dieser Stelle mag es genügen, von jeder Richtung je einen Forscher zu Worte kommen zu lassen, nämlich STAUB und STILLE.

STAUB [16] geht von dem Vorhandensein eines nordhemisphärischen und eines südhemisphärischen Urkontinents aus. Beide schwimmen als mächtige, tektonisch längst erstarrte feste Gesteinsschollen in einer säkularplastischen, zu freien Strömungen fähigen magmatischen Unterlage. Im Sinne der Theorie ALFRED WEGENERS [17] vermögen die Kontinentschollen zu triften, aber nicht Polflucht und Westtrift regieren die Schicksale unserer Erde, sondern Polflucht und Poltrift. Die durch die Zentrifugalkräfte der rotierenden Erde ausgelöste Polflucht treibt die Urkontinente unaufhaltsam äquatorwärts. Die primär zwischen die

Kontinente eingeschaltete Geosynklinale wird infolgedessen orogen ausgequetscht. Durch die auch nach der Tiefe wirksame Aufstauchung des äquatorialen geosynklinalen Faltengebirges wird die im Bereich der Geosynklinale befindliche magmatische Zone schwerer Massen verdrängt, es entstehen subkrustale Gleichgewichtsstörungen und als deren Folge magmatische Tiefenströmungen vom Äquator nach den Polen, die Polströme, die die festen Schollen der Kontinente und Teile der angegliederten Orogene auf ihrem Rücken mit sich reißen und somit eine allgemeine Poltrift der Oberflächenmassen auslösen. Der Polzug führt zur Dehnung, schließlich zum Zerreißen der bislang aneinanderhaftenden Kontinentmassen und zur Bildung einer neuen äquatorialen Geosynklinale. Nach einer gewissen Zeit werden die Zentrifugalkräfte wieder die Oberhand gewinnen und, unterstützt nunmehr von einem subkrustalen Geosynklinalstrom, eine neue Periode der Polflucht der Kontinente einleiten: die starren Blöcke werden abermals in unwiderstehlichem Zwange aufeinandergehetzt, und das Spiel des Zusammenschubs der Geosynklinalen setzt mit frischen Kräften wieder ein; ein neuer orogenetischer Zyklus hat damit begonnen. — Dieses zyklische Wechselspiel von Polflucht und Poltrift der Kontinente erklärt nach STAUB die großen Paroxysmen der irdischen Orogenesen in der kaledonischen, variscischen und alpidischen Ära. Die Hauptgebirgsbildungsepochen sind diejenigen Zeitpunkte, in denen die sich verschiebenden Kontinente gerade aufeinanderprallen. Beim Wiederaufreißen infolge Poltrift braucht natürlich nicht stets wieder die gleiche Naht in Erscheinung zu treten; Fragmente primär südlich beheimateter Schollen werden dadurch gelegentlich mit dem Nordkontinent verschweißt und umgekehrt. Entsprechend braucht sich dic Polflucht nicht immer in genau meridionalen Bahnen abzuspielen, weil der Betrag der Polfluchtkraft bei beiden Riesenblöcken nicht dauernd gleich sein muß; der Kontinent mit stärkerer Polfluchtkraft wird dann seinen Gegenblock rammen und bei ihm Drehungen bewirken. Gegenwärtig leben wir nach STAUB in einer geologisch-tektonischen Periode disjunktiver Erscheinungen vorherrschender Poltrift. »In der Öffnung des Mittelmeeres und ähnlicher Becken erkennen wir bereits die Wirkung der neuen postalpinen Massenströmungen, die die Kontinente auch heute wieder gegen die Pole zurückzutreiben gedenken. Dabei sind südhemisphärisch-gondwanische Fragmente abermals beim nördlichen Festlandsblock geblieben, besonders in Indien, Arabien und vielleicht in den Alpen.«

Die Theorie STAUBS, bei der ersichtlich WEGENER [17] und AMPFERER [18] Pate gestanden haben, mag auf den ersten Blick bestechen. Sie erklärt die von West nach Ost streichenden Kettengebirge und alle in gleicher Richtung oder senkrecht dazu verlaufenden Verwerfungen in klarer und schwerlich zu widerlegender Weise. Den meridional gerichteten alpinotypen Orogenesen dagegen vermag sie kaum in irgendeiner plausiblen Weise gerecht zu werden. Es ist schon logisch, wenn STAUB die starre Masse, die den Boden des Pazifik einnimmt, als »Leitschiene« und Wegweiser der kontinentalen Triftbewegungen anspricht, aber eben doch als »Leitschiene« im Sinne meridionaler Verschiebungen, die zur Erklärung der zirkumpazifischen Orogenesen selbst dann nicht ausreichen dürften, wenn man mit STAUB gelegentliche erhebliche Drehungen der triftenden Kontinentalmassen annimmt.

STILLE [19] führt alles tektonische Geschehen auf die Abkühlung des Erdkörpers und die dadurch bedingte Schrumpfung zurück. Nur das hochtemperierte Erdinnere vermag bei anhaltender Abkühlung zu schrumpfen; die Erdkruste, da bereits abgekühlt, ist zu solcher Volumenverminderung unfähig. Infolgedessen muß dem Erdkern sein Kleid, die Erdkruste oder, um mit AMPFERER zu sprechen, die »tote, träge Erdhaut«, zu weit werden; die Schlackenschale muß sich dem verkleinerten

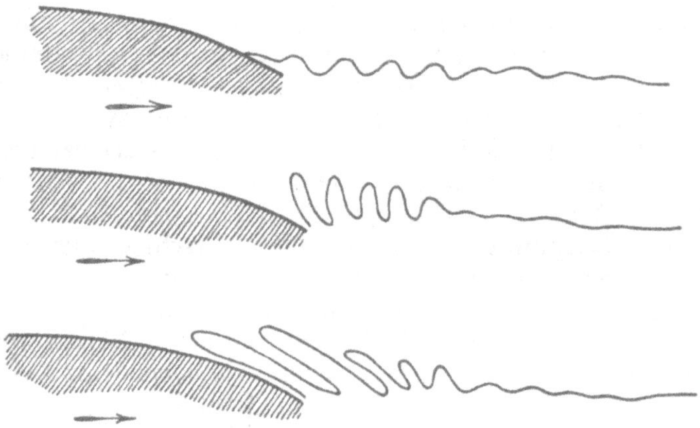

Fig. 45. Entstehung einseitiger Falten neben einem Rahmen. In einer Geosynklinale hoch aufsteigende Falten werden übergelegt in der Richtung auf die den Rahmen der Geosynklinale bildende Festlandsschwelle. Der Faltungsschub geht nicht von der Geosynklinale aus, wie aus der Richtung der Falten geschlossen werden könnte, sondern — wenn auch nur mittelbar — von der Festlandsschwelle. — Figur und Text nach H. STILLE, Grundfragen der vergleichenden Tektonik. Berlin 1924.

Erdkern anpassen, indem sie sich in Falten legt. Auf diese Weise erzeugt die Schrumpfung im Bereich der Erdkruste tangentiale Druckspannungen, und es wird sich beim Nachsinken und Einengen der Erdkruste ein Kampf um den Raum entwickeln, der diese tangentialen Kräfte steigert und weiterleitet. Die stabilen, d. h. nicht oder schwer faltbaren Teile verhalten sich wie starre plumpe Klötze; sie werden kaum verbogen und eingeengt werden können und drücken daher auf die mobilen, d. h. mit leicht faltbaren Gesteinsmassen erfüllten Zonen. Diese müssen sich mit dem Raum abfinden, den die wie Schraubstöcke wirkenden stabilen Massen ihnen übriglassen; sie falten sich daher und schieben sich sogar, nachdem sie aufwärts bewegt worden sind, über ihre starren Nachbargebiete hinweg (Fig. 45). »Der orogenetische Druck, der die Schichten der Erde zusammenschiebt und dabei zu Hochgebirgen aufstaut, und der epirogenetische Druck, der große Erdeinheiten, sie schwach verbiegend, hebt und senkt, haben in den Stauungen infolge von Erdschrumpfung eine qualitativ übereinstimmende und nur quantitativ verschiedene Ursache. Aus der Verschiedenheit der Stärke und Dauer erklärt sich die verschiedenartige Äußerungsform. Dem langsam und andauernd wirkenden Druck widerstehen auch die stabilen Zonen nicht, die bei mehr plötzlichem starken Drucke Widerstand leisten. So haben wir die mehr allgemeine Reaktion der Erdkruste auf die epirogenetische, aber die hochgradig lokalisierte auf die orogenetische Stauung.«

Gegen die von STILLE wieder aufgegriffene und modernisierte Schrumpfungstheorie sind vielerlei Bedenken geäußert worden. Sie leiten sich zum einen aus dem Wärmehaushalt der Erde her und wenden ein, daß dem Wärmeverlust durch Ausstrahlung doch auch ein Wärmegewinn gegenübersteht (durch den Zerfall radioaktiver Stoffe und durch die Schrumpfung selbst), daß mithin die Schrumpfungstheorie qualitativ und quantitativ unzulänglich sei. Andere Argumente stützen sich darauf, daß der Tiefenschwund ein allgemeiner, die orogenen Vorgänge aber lokalisiert sind, daß sich weiterhin aus der Schrumpfung zunächst ein allseitiger Druck ergibt, die Massenbewegungen in der Erdkruste aber gerichtet auftreten u. a. m. Mit allen diesen Fragen setzt sich STILLE selbst eingehend auseinander [19]. Wieweit seine Ausführungen als überzeugend angesehen werden, hängt natürlich von der grundsätzlichen Einstellung zu vielen Spezialfragen ab, die weit über das empirisch Erreichbare hinausgehen und in das Gebiet der theoretischen Geologie fallen. Es wird nicht wundernehmen, daß neben überzeugten Anhängern der Kontraktionshypothese auch scharfe Gegner dieser Auffassung auf den Plan getreten sind. So äußert sich z. B. MACHATSCHEK [7] mehr als skeptisch und spricht von der Schrumpfungstheorie als von einer lange Zeit von angesehenen Autoritäten gestützten und darum noch immer vielfach vertretenen, aber im Grunde eben doch überwundenen Lehrmeinung. MACHATSCHEK neigt ersichtlich eher der von AMPFERER [18] begründeten und von ANDRÉE [13] weiter ausgestalteten Unterströmungstheorie zu, nach der magmatische Tiefenbewegungen das Primäre und Aktive sind und die träge, passiv darüber lastende Erdhaut diese in der Tiefe vor sich gehenden Bewegungen nur entsprechend verschleiert und verzerrt abbildet. Vielleicht ist es auch hier so wie bei vielen Theorien sonst, daß im Laufe der Zeit an die Stelle des radikalen »Entweder-Oder« das fruchtbarere »Sowohl-Als-Auch« tritt. STILLE seinerseits betont bereits ausdrücklich, daß neben der Schrumpfungsstauung sekundär auch noch andere tektonische Bewegungsursachen in Frage kommen (Unterströmungen, Polverschiebungen, Veränderungen in der Dauer der Erdrotation u. a. m.). Wörtlich betont er (1922, S. 21): »Meines Erachtens sind Unterströmungen,

d. h. Tiefenbewegungen von Art eines zähen Gleitens, und Schrumpfungstheorie miteinander vereinbar, indem die Unterströmungen z. B. zusammenhängen könnten mit jenen oben erwähnten Ausgleichsbewegungen, die in dem Raume zwischen dem allgemein schwindenden Erdkerne und der örtlich zusammengeschobenen Außenkruste sich abspielen müssen.« Sollte es darüber hinaus nicht möglich und notwendig sein, auch die Wegener-Staubschen Triftbewegungen der Kontinente in die Kombination einzubeziehen und eine theoretische Vorstellung zu entwickeln, die die unleugbare Einheitlichkeit alles tektonischen Geschehens auf einheitliches Zusammenwirken sehr verschiedenartiger Ursachen zurückführt? In bezug auf die tektonische Theorie ist jedenfalls das letzte Wort noch keineswegs gesprochen.

Offene Fragen über den Mechanismus der Gebirgsbildung. Selbst wenn man die ursächliche Deutung der tangentialen Kraft außer acht läßt, bleibt noch eine Reihe von Fragen übrig, deren Beantwortung ungemein strittig ist. Es handelt sich um Probleme, die z. T. nicht nur geologisches, sondern auch morphologisches Interesse beanspruchen und deshalb hier zum Schluß Erwähnung finden mögen.

1. Ist Faltung gleichbedeutend mit Emporsteigen eines Faltengebirges, oder wird die ursprünglich lediglich in der Tiefe sich vollziehende Faltung nur im Falle nachträglicher Hebung des Faltenkörpers orographisch bemerkbar? Auf diese Frage antwortet Stille (1924, S. 237) klar und eindeutig: »Faltung bringt Heraushebung; die durch die Faltung auf geringeren Breitenraum gebrachten Gesteinsmassen weichen in den Höhenraum aus. Der Beweis für die Heraushebung liegt in der nach der Faltung einsetzenden Denudation solcher Gesteinsmassen, die sich vor der Faltung unter dem Denudationsbereiche, oft sehr tief unter ihm, befunden haben.« Wenn die Gesteine des Schweizer Jura nach A. Buxtorf auf $^2/_3$ ihrer ursprünglichen Breite zusammengeschoben worden sind, die Alpen nach A. Heim vor ihrer Auffaltung zum Gebirge einen zwei- bis dreimal so breiten Raum eingenommen haben, wenn die am Nord- und Südportale des Simplon-Tunnels anstehenden Gesteine nach C. Schmidt sogar auf $^1/_{10}$ ihrer einstigen Entfernung zusammengepreßt worden sind, dann erscheint es zunächst wohl möglich, daß ein solches Maß von Faltung die Massen aus der mobilen Tiefenzone bis weit über den Meeresspiegel hinaus- und emporgepreßt hat. Aber hört mit dem Hinausrücken aus der mobilen Tiefenzone die Faltbarkeit der Gesteinsschichten nicht automatisch auf? Antworten die emporgepreßten Massen in dem Maße, wie sie hochsteigen, auf den kategorischen Imperativ der Tektonik »biegen oder brechen« nicht anders als in der geosynklinalen Mobilitätszone?

Daß Faltung zum mindesten auch nach der Tiefe des Erdinnern zu gerichtet sein muß, nicht bloß nach der Höhe, ergibt sich aus den Forschungen von Kossmat[8] mit zwingender Deutlichkeit. Die am stärksten gefalteten Zonen zeigen allenthalben Massendefizit (zu kleine Dichte), und KOSSMAT folgert daraus: »Die Massendefizite in den jungen Kettengebirgen sind nicht die Folgen einer Lockerung des Materials, sondern einer Verstärkung der Sedimenthülle und leichter salischer Magmaprodukte durch den Faltungsvorgang. Der so gebildete Wulst taucht in die schwere Unterlage tief ein. Ein Beweis für diese Auffassung ist dadurch gegeben, daß die Defizitzonen begleitet werden von ausgesprochenen Überschußzonen, die auf unterirdische Massenverdrängung aus dem Bereiche der ersteren hindeuten.« Auf S. 47 seiner Abhandlung gibt KOSSMAT eine hypothetische Darstellung der Massenverschiebungen im Untergrund eines alpinen Faltungsgürtels, die gerade die Tiefenwirkung der Faltung vorzüglich veranschaulicht.

Inwieweit die jungen Faltengebirge ihre heutige Höhe der tertiären Faltung oder einer nachträglichen epirogenen Aufwölbung des in der Tiefe gebildeten Faltungskörpers verdanken, wird auch von seiten der Morphologen vielfach erörtert. PENCK und BRÜCKNER, die für die Alpen in erster Linie in Frage kommen, neigen zu der Annahme, daß hier eine postpliozäne und bis ins Quartär fortgesetzte Aufwölbung den entscheidenden Faktor darstellt, nicht die pliozäne Überfaltung selbst.

Man sieht, hier steht Meinung gegen Meinung; von einem völlig gesicherten Urteil sind wir noch weit entfernt.

2. Welche Bewandtnis hat es mit den Rücktiefen und Vortiefen, und sind auch die »Tiefseegräben« als Vortiefen aufzufassen? Eine auffallende Eigentümlichkeit vieler alpinotyper Kettengebirge besteht darin, daß sie von Senkungs- und Bruchfeldern umsäumt werden. Diese finden sich sowohl auf der Innenseite der Gebirge, d. h. auf der den »Muttermeeren« zugewandten Seite, als auch auf der Außenseite, d. h. auf der den »Vaterschwellen« (Rahmen) zugekehrten Seite. Man muß in jedem Falle die Schubrichtung (vgl. oben S. 125) kennen, um zwischen Innentiefe (Rücktiefe) und Außentiefe (Vortiefe) unterscheiden zu können. Rücktiefen treten uns z. B. bei den Alpen, noch stärker beim Apennin und bei den Karpathen entgegen. Man könnte daran denken, sie als Folgen des Aufreißens der Kontinentalmassen nach erfolgtem Zusammenprall im Sinne der Theorie von STAUB zu deuten oder als germanotype Formen des ausklingenden orogenen Drucks, der in der alpinotypen Phase den Gebirgskörper durch Faltung versteift hat. — Noch viel ungeklärter ist das Problem der den Außensaum eines Faltengebirges einnehmenden Vortiefe, die bei den Alpen morphologisch weniger deutlich in Erscheinung tritt als etwa bei den Dinariden (Adria) und dem nach Süden auf das indische Vorland hin bewegten Himalaja (Tiefland von Hindostan). SUESS betrachtete diese Vortiefen als Zonen, in denen das vorrückende Gebirge durch das Gewicht seiner Massen das Vorland in die Tiefe drückte; die Vortiefenbildung wäre demgemäß eine Funktion der Faltung, gleich alt wie diese und ihrem Wesen nach als Glied der orogenetischen Formung anzusehen.

Im Gegensatz dazu steht STILLE auf dem Standpunkt, daß Faltung und Vortiefenbildung in keiner Weise Hand in Hand gehen, daß die Vortiefenbildung als epirogene Erscheinung zu deuten sei und demgemäß mit der Orogenese des Faltengebirges nicht verwechselt werden dürfe. Er stützt seine Meinung vor allem auf die Feststellung, daß die Vortiefenbildung in der Hauptsache jünger ist als die Faltung oder jedenfalls als diejenige Phase der Faltung, die das Gebirge in jener Form und Ausdehnung geschaffen hatte, in der es sich dann mit der Vortiefe umzog. Die Vortiefen (Saumtiefen) sind für STILLE geosynklinalartige, epirogen geschaffene Senkungen am Rande stabiler Einheiten; sie gehorchen als solche ihren eigenen, von der Orogenese der Faltengebirge durchaus unabhängigen Gesetzen.

Ist mithin das Problem der Vortiefen noch immer umstritten, so gehen die Meinungen über die Deutung der »Tiefseegräben« (vgl. Bd. I S. 275/276) vollends auseinander. Eine Reihe von Forschern hält diese mächtigen Narben im Antlitz der Erde für echte Gräben, d. h. für Versenkungen an Brüchen, andere vermuten in ihnen Vortiefen im Sinne von SUESS, wieder andere, und zu ihnen zählt in erster Linie STILLE, sprechen sie als Zonen verhältnismäßig starker säkularer Absenkung epirogenetischer Natur in Gebieten von geosynklinalem Charakter an. Eine endgültige Entscheidung zu fällen, ist heute noch unmöglich. Nur hinsichtlich der Vortiefen-Theorie sehen wir dank der gründlicheren tektonischen Erforschung der angrenzenden Gebiete heute bereits klarer. In einzelnen Fällen liegen die »Tiefseegräben« wirklich am Außensaume der Orogene (Tonga-Graben, Kermadec-Graben) und könnten demgemäß als Vortiefen gedeutet werden. Der Atacama-Graben aber liegt im Rücken der Anden, sofern man diese in der Hauptsache als ostbewegt ansieht, er stellt also unter keinen Umständen eine Vortiefe, sondern eine Rücktiefe dar. Wieder andere, wie der Neuhebriden-Graben, liegen zwischen orogenen Stämmen und müßten sinngemäß als »Zwischentiefe« bezeichnet werden. Alles in allem dürfte KOBER das Richtige treffen, wenn er ganz nüchtern feststellt: »Die Tiefseerinnen sind keine tektonisch einheitlichen Zonen; sie bedeuten verschiedene Baupläne.«

3. Überwiegen längs der Brüche Abwärts- oder Aufwärtsbewegungen, und welche Bewandtnis hat es mit der Zerrung? Wir betonten oben, daß die Schollenbewegung längs Verwerfungen in der Regel nur relativ zu ermitteln ist. Die Frage nach der absoluten Bewegungsrichtung ist jedoch von allgemeiner Wichtigkeit und spielt heute eine große Rolle. Unter dem Einfluß von SUESS hatten wir uns daran gewöhnt, die »Senkungstheorie« zu bejahen und die orogenen Vorgänge germanotyper Art als Ausdruck eines allgemeinen Zusammenbruchs und Niedersinkens weiter Erdkrustenteile aufzufassen. Nachdem sich jetzt die Meinung von einer tektonischen Einheitskraft durchgesetzt hat, auch Bruchfaltung und Schollenbildung als Folge der

Wirksamkeit tangentialen Schubs angesehen werden, mußte sich gleichsam von selbst ein Umschwung vorbereiten. Wer die oben zitierten Arbeiten von Quiring [2], Stille [6], Cloos [9], Weber [14] und Walther [15] durchmustert, wird gewahr werden, daß sich der Gedanke orogener Hochbewegung auch bei germanotypen Formen immer stärker durchsetzt. Besonders nachdrücklich hebt wieder Stille den Umstand hervor, daß auch eine in Form von Bruchfaltung oder Blockbildung sich äußernde Orogenese nicht mit allgemeiner Senkung, sondern umgekehrt mit Hebung verbunden ist. »Alle Gebirgsbildung«, so sagt er

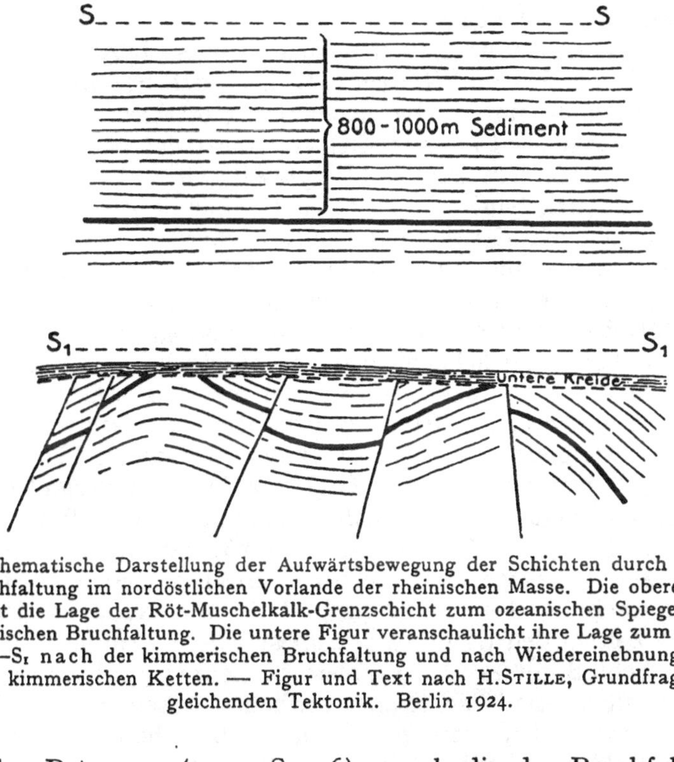

Fig. 46. Schematische Darstellung der Aufwärtsbewegung der Schichten durch die kimmerische Bruchfaltung im nordöstlichen Vorlande der rheinischen Masse. Die obere Figur veranschaulicht die Lage der Röt-Muschelkalk-Grenzschicht zum ozeanischen Spiegel S—S vor der kimmerischen Bruchfaltung. Die untere Figur veranschaulicht ihre Lage zum ozeanischen Spiegel S_1—S_1 nach der kimmerischen Bruchfaltung und nach Wiedereinebnung und Überflutung der kimmerischen Ketten. — Figur und Text nach H. Stille, Grundfragen der vergleichenden Tektonik. Berlin 1924.

mit starker Betonung (1924, S. 236), »auch die des Bruchfalten- und Blockgebirges, erfolgt unter Aufwärtsbewegung gegenüber dem ozeanischen Spiegel«. Den Beweis für diese seine These versucht er durch Interpretation von Beobachtungen zu erbringen, wie sie in Fig. 46 bildlich wiedergegeben sind. Wenn demnach tatsächlich vor der kimmerischen Gebirgsbildung die damals noch ungestörten Schichtenmassen tief unter dem Meeresspiegel lagen, nach der Gebirgsbildung die nunmehr gestörten und gefalteten Gesteinsmassen einer ausgedehnten Abtragung unterlagen, also über Meeresniveau gehoben worden sind, so bleibt kaum ein anderer Schluß übrig: mit der Gebirgsbildung fällt eine Aufwärtsbewegung der Gesteinsmassen zeitlich zusammen.

Zu ähnlichen Ergebnissen gelangt man, wenn man die Schicksale tektonisch zertrümmerter Rumpfflächenlandschaften betrachtet. Ihre Ausgestaltung zu Fastebenen vollzog sich in oder nahe dem Meeresniveau; der germanotype Gebirgsbildungsprozeß rückt die einzelnen Rumpfschollen in Deutschland (Mittelgebirge), in Zentralasien, Australien, Afrika, Amerika allenthalben in beträchtliche Seehöhen von gelegentlich mehreren tausend Metern. Nun könnte man in solchen Fällen an epirogenetische en bloc-Bewegungen nach erfolgter Zertrümmerung denken; aber da es in einzelnen Fällen möglich ist, die Gleichzeitigkeit von Bruchbildung und Hebung nachzuweisen, so scheidet dieser Erklärungsversuch wohl aus.

Auch Grabenbildung braucht keinen Beweis für Abwärtsbewegung darzustellen. Der Rheintal-Graben z. B. hat nach Stille seine heutige Gestalt im Verlaufe einer Aufwärtsbewegung erfahren, so paradox das zunächst klingen mag. Das ganze Gebiet erweist sich nämlich in der Zeit vom Jungeozän bis zum Miozän als typische Geosynklinale mit epirogenetischer Senkungstendenz. Diese Geosynklinale wird dann von orogenen Vorgängen betroffen und dabei aufwärts bewegt. Wenn der Rheintal-Graben dabei gegenüber seinen Nachbargebieten noch als »gesunken« erscheint, so liegt es nach Stille daran, daß die nachträgliche orogene Aufwärtsbewegung die vorangegangene epirogene Absenkung nicht kompensiert hat. Tatsächlich aber ist auch die »gesunkene« Zone gehoben worden, denn das Grabengebiet muß in der Geosynklinal-Periode ganz wesentlich tiefer gelegen haben. Wir schließen uns hinsichtlich der ostafrikanischen Gräben dieser Auffassung Stilles durchaus an. Auch hier vollzieht sich Grabenbildung im Verlauf eines Hebungsprozesses, nicht einer regionalen Senkung. Sorgfältiges Studium der Einfallsrichtung der Klüfte und Verwerfungen, genaue Aufnahmen über die mit der tektonischen Zertrümmerung verbundene Steigerung oder Abschwächung der Abtragung und Sedimentation werden uns in absehbarer Zeit in den Stand setzen, diese Fragen endgültig zu klären.

Zum Schluß gilt es, das Problem der Zerrungserscheinungen kurz zu streifen. Daß ein solches seitliches Auseinanderweichen von Erdschollen tatsächlich vorkommt, lehren ja schon die nachträglich mit Mineralbildungen oder Magma erfüllten Klüfte. Es liegt nahe, diese Erscheinung damit zu erklären, daß der ganze Gesteinsverband nach seiner Dislozierung einen breiteren Raum einnimmt als früher und daß infolgedessen Zerrung, d. h. Seitendruck mit umgekehrtem Vorzeichen, eingetreten ist. Die Frage ist nur, durch welche Kräfte eine solche Flächenvermehrung hervorgerufen wird und welche Rolle Zerrungserscheinungen im Antlitz der Erde spielen. Wir müssen auch hier feststellen, daß die Ansichten über diesen Punkt weit auseinandergehen. Stille hat im Gebiet der saxonischen Gebirgsbildung die dort von ihm festgestellten Zerrungsgräben als relativ nebensächliche Begleiterscheinung normalen tangentialen Gebirgsdruckes gedeutet; er führt auch die sog. disjunktiven Brüche Zentralasiens und die angeblichen Zerrungsbögen Ostasiens auf normalen orogenen Tangentialdruck zurück. Andere Forscher bejahen die Existenz besonderer zerrender Kräfte und leugnen irgendwelche Beziehungen zu den gewöhnlichen lateralen Druckkräften. Bei dem gegenwärtigen Stand der Forschung erscheint es kaum statthaft, für die eine oder die andere Auffassung Partei zu ergreifen. Auf jeden Fall gibt es entsprechend der Faltung durch Flächenverminderung Zerrung durch Flächenvermehrung, gleich wie wir uns diese genetisch begründet vorstellen.

Besondere Bedeutung haben die Zerrungserscheinungen für Ostasien erlangt. F. v. Richthofen [20] erblickte in einer weitgespannten Zerrung das morphologische Leitmotiv für den gesamten ostasiatischen Länderraum von der Mongolei über die Mandschurei bis zum ostjapanischen Steilabsturz. Der gewaltige Höhenunterschied zwischen den innerasiatischen Hochflächen und den pazifischen Tiefseerinnen soll die Zerrung bewirkt und ein staffelförmiges Absinken der von mächtigen Zerrungsrissen zerschnittenen Kontinentmasse erzeugt haben; bei der Bildung der Staffelblöcke sind diese fast ausnahmslos schräg gestellt worden und erfuhren an ihren höher liegenden Osträndern gebirgsartige Aufwulstungen. F. v. Richthofen faßte die ostasiatischen »Zerrungsbögen« als Gebirgstyp besonderer genetischer Art, als tektonisches Gegenstück zu den »Stauungsbögen« vom Alpentypus auf. Dieser Richthofensche Grundgedanke ist von Volz [21] weiter entwickelt und für eine großzügige tektogenetische Erklärung der gesamten Randgebiete des Pazifik-Indik verwandt worden. Obst [22] deutete auch die großen Bruchstufen- und Grabensysteme Ostafrikas als Zerrungserscheinungen, gründete seine Auffassung aber nicht auf die bestehenden Höhenunterschiede, sondern führte die Zerrung auf isostatische Ausgleichsbewegungen zwischen dem durch Abtragung entlasteten Kontinent und dem durch Sedimentation belasteten Ozeanboden zurück, wodurch nach seiner Meinung subkrustale Strömungen im Sinne Ampferers hervorgerufen wurden. »Die unmittelbare Folge der von der Isostasie erzeugten magmatischen Unterströmung der kontinentalen Krustenteile ist also eine Volumen- und Oberflächenvergrößerung der davon betroffenen Gebiete. Im Bereich der Aufbeulung wird die Erdkruste in ein Niveau gehoben, für das die bisherige Oberfläche kaum oder überhaupt nicht ausreicht, und es entstehen als Folge dieser Vergrößerung der Rindenoberfläche in der Erdkruste Spannungen, ja Risse und Sprünge, die, an den Dimensionen des Erdkörpers gemessen, freilich minimal sind, für den kleindimensionalen menschlichen Erdbewohner jedoch recht erhebliche Ausmaße bedeuten.«

Gegen die Theorie der Zerrungsstufen, namentlich in der ursprünglichen Richthofenschen Fassung, sind mancherlei Einwendungen erhoben worden [23]. Man hat bezweifelt, ob der nach Horn nur 10 bis 11 km betragende Höhenunterschied zwischen Hochasien und dem

Pazifik dazu ausreichen kann, um auf eine Entfernung bis zu 2 300 km hin (durchschnittlicher Böschungswinkel nur 17′ !) zerrend zu wirken. Eingehende tektonische Untersuchungen im Gebiet der »Zerrungsbögen« haben überdies zu der Erkenntnis geführt, daß dort Faltungen und Überschiebungen keineswegs selten sind, daß mithin eher seitlicher Schub als Zerrung zu erkennen ist und der behauptete Wesensunterschied im Bau der Alpen und der ostasiatischen Gebirgsbögen nicht besteht. Auch hier eröffnet sich also der Forschung noch ein weites Feld. Nur Schritt für Schritt und sicher nicht ohne gelegentliche Um- und Abwege arbeiten wir uns vorwärts, um die an der Modellierung der Erdoberfläche unausgesetzt tätigen endogenen Kräfte und Vorgänge klar zu erfassen.

Literaturnachweise. [1] Als Beispiel sei auf die ostafrikanischen Verwerfungen hingewiesen. Vgl. E. Obst, Das abflußlose Rumpfschollenland im nordöstlichen Deutsch-Ostafrika; 2 Bde., Hamburg 1915/23. O. E. Meyer, Die Brüche von Deutsch-Ostafrika, besonders der Landschaft Ugogo; Neues Jahrb. für Mineral., Beil.-Bd. 38, 1915. E. Krenkel, Die Bruchzonen Ostafrikas; Berlin 1922. — [2] H. Quiring, Die Entstehung der Schollengebirge; Zeitschr. d. D. Geol. Ges. 1913. — [3] A. Heim, Die horizontalen Transversalverschiebungen im Juragebirge; Vierteljahrschr. der Naturf. Ges., Zürich 1915 und Geologie der Schweiz, Bd. I, 1919. — [4] S. von Bubnoff, Die Entstehung der Alpen im Lichte der Deckentheorie; Geogr. Zeitschr. 1921, S. 68 f. — [5] G. K. Gilbert, Lake Bonneville; M. S. Geol. Survey, Monographs I, 1890. — [6] H. Stille, Grundfragen der vergleichenden Tektonik; Berlin 1924. Ein wahrhaft grundlegendes Werk, dessen eingehendes Studium den Geographen wärmstens empfohlen sei. Ausführliche Literaturangaben ! — [7] F. Machatschek, Über epirogenetische Bewegungen; Bibliothek Geogr. Handbücher, Penck-Festband, Stuttgart 1918. — [8] F. Kossmat, Die mediterranen Kettengebirge in ihrer Beziehung zum Gleichgewichtszustand der Erdrinde; Abh. der Math.-phys. Kl. der Sächs. Akad. d. Wissensch., 2. Auflage, Leipzig 1926. — [9] H. Cloos, Der Mechanismus tiefvulkanischer Vorgänge; Sammlung Vieweg, Braunschweig 1921. — [10] W. v. Seidlitz, Der Aufbau der deutschen Mittelgebirge; Jenaische Zeitschr. für Naturwiss. 1922. — [11] H. Cloos, Künstliche Gebirge; »Natur und Museum«, Frankfurt a. M. 1929. — [12] L. Kober, Der Bau der Erde, eine Einführung in die Geotektonik; 2. Auflage, Berlin 1928. Ein wie das Werk von Stille sehr zu empfehlendes Handbuch, das eine eingehende tektonische Analyse von Europa sowie von allen anderen Kontinenten enthält. — [13] Die wichtigsten Theorien behandelte K. Andrée in seiner Schrift »Über die Bedingungen der Gebirgsbildung«, Berlin 1914. — [14] M. Weber, Zum Problem der Grabenbildung; Zeitschr. der D. Geolog. Ges. 1922. — [15] J. Walther, Über tektonische Druckspalten und Zugspalten; Zeitschr. der D. Geolog. Ges. 1914. — [16] R. Staub, Der Bewegungsmechanismus der Erde dargelegt am Bau der irdischen Gebirgssysteme; Berlin 1928. — [17] A. Wegener, Die Entstehung der Kontinente und Ozeane; 4. Aufl., Braunschweig 1929. — [18] O. Ampferer, Über das Bewegungsbild von Faltengebirgen; Jahrb. K. K. Geolog. Reichsanstalt, Wien 1906. Derselbe, Geometrische Erwägungen über den Bau der Alpen; Mitt. der Geolog. Ges. Wien, 1919. — [19] H. Stille, Die Schrumpfung der Erde; Rektoratsrede Göttingen, Berlin 1922. — [20] F. v. Richthofen, Geomorphologische Studien aus Ostasien IV; Sitzungsber. der Pr. Akad. d. Wiss., Phys.-math. Klasse 1903. — [21] W. Volz, Der Malaiische Archipel, sein Bau und seine Zusammensetzung; Sitzungsber. der Phys.-mediz. Sozietät, Erlangen 1912. Derselbe, Süd-China und Nord-Sumatra; Verh. des Ferd. v. Richthofen-Tages 1913. Derselbe, Der ostasiatische Landstufenbau als Ausdruck oberflächlicher Zerrung; Peterm. Mitt. 1914. — [22] Siehe oben Nr. 1, Bd. II, S. 58. — [23] T. Ogawa, On the Geotectonic of the Japanese Islands; Compt. Rend. X. Congr. géol. intern. 1906. E. Horn, Über die geologische Bedeutung der Tiefseegräben; Geol. Rundschau 1914.

II. Exogene Kräfte und ihre Wirkungen.

Die endogenen Vorgänge, die wir im vorausgegangenen Abschnitt kennengelernt haben, wirken sich an der Erdoberfläche reliefverstärkend aus. Ihnen versucht die andere Gruppe von Kräften entgegenzuarbeiten, die von außen her die Erdoberfläche angreifen mit dem Ziele, die endogen geschaffenen Erhebungen abzutragen, die Unebenheiten auszugleichen, mit einem Wort: verflachend, verebnend zu wirken. Wir fassen alle Kräfte und Vorgänge dieser Art unter der Bezeichnung exogen oder außenbürtig zusammen.

Verwitterung, Abtragung und Ablagerung sind die drei Akte, in denen sich exogenes Geschehen abspielt [1]. Verwitterung bedeutet Gesteinsaufbereitung; sie lockert das Gefüge der Gesteinsmassen, zersetzt und zerkleinert diese und bereitet durch Beweglichmachen der Gesteinstrümmer deren Abtragung vor. Der Abtransport kann durch die Schwerkraft bewirkt werden oder sich des Wassers, des Eises, des Windes u. a. m. als Medien bedienen. Reliefgestaltend im eigentlichen Sinne wirken nicht die Verwitterungsprozesse, sondern erst Abtragung und Ablagerung.

Nicht immer braucht die Verwitterung von Abtragung begleitet zu sein. Bleiben die von der Verwitterung erzeugten Schuttmassen an Ort und Stelle auf ursprünglicher Bildungsstätte liegen, so bezeichnen wir sie als Eluvium oder Eluvialboden; werden sie von der Abtragung erfaßt und erst nach kürzerem oder längerem Transport wieder abgelagert, so spricht man von Alluvium oder Alluvialboden.

Verwitterung und Bodenbildung.

Einleitung. Die durch endogene Vorgänge aus der Tiefe an die Erdoberfläche gelangenden Gesteine geraten hier unter ganz andere Druck- und Temperaturverhältnisse und werden den Einflüssen der Atmosphäre ausgesetzt. Diesem neuen Milieu gegenüber erweisen sie sich nicht mehr als beständig, sondern erleiden physikalische und chemische Veränderungen. Die Hauptträger des Angriffs auf die Gesteinsmassen sind, wie der Name Verwitterung besagt, die Elemente des Wetters, vor allem Temperatur und Feuchtigkeit; aber auch Pflanzen- und Tierwelt beteiligen sich an diesem Prozeß der Gesteinsaufbereitung [1a].

Die Verwitterungsvorgänge sind entweder rein physikalischer oder chemischer oder chemisch-physikalischer Art; jedoch schließen die drei Zerstörungsweisen einander nicht aus, sondern ergänzen sich und wirken meist gleichzeitig. Das gegenseitige Kräfteverhältnis unterliegt aber nach Klima und Gestein erheblichen Schwankungen. Es versteht sich von selbst, daß jede Klimaänderung und viele tektonische Umgestaltungen großen Stils eine Abwandlung der Verwitterungsvorgänge im Gefolge haben müssen [2], daß mithin sorgfältiges Studium der Eluvial- und Alluvialböden wertvolle Aufschlüsse über in diesem Gebiet stattgehabte Klimaschwankungen usw. bieten kann. Auch bei Verwitterung und Bodenbildung lassen sich also »Vorzeitformen« und »Jetztzeitformen« unterscheiden; aber es gehört sehr gründliche Schulung und Übung dazu, in dieser Beziehung harmonische und disharmonische Erscheinungen [3] auseinanderzuhalten.

Physikalische Verwitterung = Gesteinszerspaltung. Eine physikalisch-mechanische Gesteinsaufbereitung kann durch eine ganze Reihe von Faktoren bewirkt werden. Wir greifen im folgenden die wichtigsten heraus.

1. Insolationsverwitterung [4]. In Gebieten starker Sonnenstrahlung begegnen wir allenthalben einer besonderen Form der mechanischen Verwitterung, die ersichtlich von den hier besonders großen und schnellen Temperaturschwankungen herrührt. Mächtige Massen eines durchweg eckig-scharfkantigen Gesteinsschuttes überkleiden den gewachsenen Fels oder haben sich an dessen Fuß angehäuft. Blöcke aller Größen, daneben gröberer Schutt, Grus und Grand bis hin zu kiesartigem Sand bilden in wirrem Durcheinander ein ungeheures Trümmermeer. An den Blöcken fallen uns feine Haarspalten, Risse und Sprünge, Schuppenbildung u. a. m. auf; wenn wir Glück haben, erleben wir es mit, wie Kernsprünge unter lautem Knall große oder kleine Blöcke zerbersten lassen, als ob der Hammer eines Riesen sie zerschmettert hätte.

Als zerstörende Kraft kann in diesem Falle nur die sehr starke Temperaturschwankung in Betracht kommen. Jede Änderung der Gesteinstemperatur bewirkt eine Vergrößerung bzw. Verkleinerung des Rauminhaltes; die Gesteine unterliegen demgemäß einem dauernden Wechsel von Ausdehnung und Zusammenziehung, was am Ende zu einer Lockerung des Gefüges und zum Zerfall führen muß.

Von bestimmendem Einfluß auf den Gang der Insolationsverwitterung ist die mineralogische Zusammensetzung des Gesteins. In kristallinen Gesteinen sind die Ausdehnungskoeffizienten der einzelnen Gemengteile verschieden und diese mit ihren Wärmeachsen unregelmäßig gelagert. Dunkle und rauhflächige Körner erwärmen sich zudem stärker als hellfarbige und glatte, so daß innerhalb der Gesteinsoberfläche zwischen den Gesteinskomponenten Spannungen entstehen müssen, die zur Bildung von Rissen und Spalten führen. Hierzu kommen die Spannungen, die im Gestein entstehen müssen, weil Oberfläche und Kern je nach dem Grade der Wärmeleitfähigkeit des Gesteins verschieden starken Temperatur- und Volumenschwankungen ausgesetzt sind.

Die Stärke der Gesteinszerspaltung hängt in erster Linie von der Schnelligkeit des Temperaturwechsels ab, d. h. von dem Tempo der rhythmischen Ausdehnung und Schrumpfung. Bei langsamen Temperaturschwankungen hat das Gestein Zeit, sich ohne Beeinträchtigung seiner Struktur der Wärmekurve anzupassen; es entstehen keine erheblichen Spannungen, das Gestein bleibt vor Zerspaltung bewahrt. Jahreszeitliche Temperaturgegensätze sind daher wirkungslos, und die täglichen Schwankungen erlangen nur dort Bedeutung, wo die Extreme schnell aufeinander folgen wie z. B. in Südwestafrika, wo sich nach RANGE [5] Schwankungen der Bodentemperatur im Sommer in 7 Stunden von 60° C, im Winter in 5 Stunden von 50° C feststellen lassen. Besonders für die Kernsprünge scheint rasch sich vollziehender Temperaturwechsel, vor allem plötzliche Abkühlung durch Gewitterregen, von ausschlaggebender Wichtigkeit zu sein.

Auch die Größe der Temperaturschwankungen ist selbstverständlich bedeutungsvoll und zwar die des Bodens, die im allgemeinen stärker ist als die der Luft. Bei Askabad an der transsibirischen Bahn z. B. wurde der Boden an einem Julitag auf 71° erhitzt und kühlte sich in der darauffolgenden Nacht auf 26° ab, während die Lufttemperatur nur zwischen 40,5° und 27° schwankte. Nach A. PENCK [6] ergibt sich für einen Temperaturunterschied von 70° unter Zugrundelegung eines mittleren linearen Ausdehnungskoeffizienten als Spielraum für die Ausdehnung von 1 qm Gesteinsoberfläche der Wert 1400 qmm. Angesichts dieser Zahl wird man ermessen, wie sehr der mechanische Zerfall durch schnelle und starke Temperaturschwankungen gefördert wird.

Daß auch die Häufigkeit des Eintretens solcher Temperaturschwankungen eine Rolle spielt, bedarf kaum der Betonung. Aus den geschilderten Voraussetzungen geht zugleich hervor, daß die Insolationsverwitterung in erster Linie den trockenheißen Gebieten, d. h. Wüsten und Wüstensteppen, eigen ist.

Eine besondere Art der Insolationsverwitterung stellt die Ablösung von schaligen Schuppen oder Scherben parallel der Gesteinsoberfläche dar *. Sie wird namentlich an Granit und anderen körnig-kristallinen Gesteinen beobachtet und entsteht offenbar, wenn auf starke Erwärmung durch Sonnenstrahlen (60° bis 80°) nachts langsame Abkühlung folgt und die Spannungen weniger zwischen den einzelnen Mineralkomponenten der Gesteinsoberfläche als zwischen Oberfläche und Kernzone entstehen. Nach KAISER [4] sollen chemische Vorgänge der Abschuppung vorarbeiten. Die Art des Gesteins bestimmt, ob die sich abhebenden Schalen einige mm oder mehrere cm dick sind **.

Die Tiefenwirkung der Insolationsverwitterung ist eine geringe, denn nur bis etwa 0,3 m Tiefe machen sich die täglichen Temperaturschwankungen schnell und stark genug bemerkbar, um noch eine mechanische Zerspaltung des Gesteins zu bewirken. Anders steht es mit der Intensitätswirkung. Soweit Gesteinsmassen erreichbar sind, arbeitet die Insolationsverwitterung unausgesetzt an deren weiterem Zerfall; eine Grenze ist hier lediglich durch das Wärmeleitver-

* J. WALTHER [4] schlägt für diese Abschuppung den Ausdruck »Desquamation« vor.

** Interessante Beobachtungen über schalige Insolationsverwitterung stellte BRANDT [7] an den tallosen Bergen in der Bucht von Rio de Janeiro an.

mögen und das Ausmaß der Temperaturschwankungen gezogen. Das Ziel ist eine Zertrümmerung bis in feine Splitter, bei denen sich durch Erwärmung und Abkühlung keinerlei Spannungen mehr herausbilden können.

2. Frostverwitterung[8]. Die Frostverwitterung beruht wie die Insolationsverwitterung auf der Wirkung von Temperaturschwankungen, bedient sich aber als Mittler des in Gesteinsporen, Schichtfugen, Klüften und Spalten eingedrungenen Wassers. Dieses dehnt sich bekanntlich beim Gefrieren um rund $^1/_{11}$ seines Rauminhaltes aus (1 ccm Wasser = 1,0908 ccm Eis). Ist eine Gesteinsspalte mit Wasser erfüllt, so bildet sich beim Gefrieren von oben her eine Art Eispfropf für das darunter befindliche Wasser. Hält der Frost an, so wächst dieser Pfropf nach unten, und es entsteht durch die Volumenvergrößerung ein Druck, der sich wegen des Pfropfes nicht nach oben auswirken kann, sondern auf die Wände übertragen bzw. von dem Flüssigkeitsrest hydrostatisch weitergeleitet wird. Die Poren, Risse, Sprünge und Klüfte des Gesteins werden also durch den Spaltenfrost wie durch einen Keil geweitet, der Gesteinsverband wird dadurch allmählich gelockert.

Der Spaltenfrost arbeitet ähnlich wie die Insolationsverwitterung sowohl an der mechanischen Zerstörung der Gesteinsoberfläche als an der Zerspaltung der Blöcke *. Porosität und Beschaffenheit des Bindemittels, Stärke der Zerklüftung u. a. m. bestimmen neben den klimatischen Verhältnissen Tempo und Ausmaß der Frostverwitterung **. Die Hauptverbreitungsgebiete dieser Art der mechanischen Gesteinsaufbereitung stellen naturgemäß die Hochgebirgsregionen und die Polarzonen dar, doch spielt auch in den winterkalten Gebieten der gemäßigten Zonen die Frostverwitterung allenthalben eine wichtige Rolle. Besonders stark entwickelt sie sich in der Nähe der Schneegrenze, wo fast regelmäßig die Sonnenbestrahlung während des Tages zum Tauen, die nächtliche Abkühlung zum Gefrieren führt; die Hänge oberhalb und unterhalb der Schneegrenze erfahren dadurch eine recht unterschiedliche Gesteinsaufbereitung.

Der von der Frostverwitterung gelieferte Schutt gleicht in seiner Scharfkantigkeit und seiner regellosen Mischung von feinen Splittern, groben Scherben und mächtigen Blöcken durchaus dem bei der Insolationsverwitterung entstehenden. Wir finden nun gelegentlich derartige Schutthalden, namentlich riesige Blockmeere, in Gebieten und unter Bedingungen, die deren rezente Entstehung zweifelhaft erscheinen

* So stellte man beim Studium der Frostverwitterung im Bereich der schlesischen Kreidesandsteine zwei Formen fest, für die dort der Volksmund die folgenden Bezeichnungen geprägt hat: »Absanden« der Gesteinsoberfläche und »Zerfrieren« der Blöcke[9].

** Gesteine mit viel Hohlräumen, mit starker Zerklüftung bzw. Schieferung, mit leicht spaltenden Mineralien (Glimmer) unterliegen der Spaltenfrostwirkung am stärksten und scheiden daher für viele technische Zwecke aus. Statt ihrer verwendet man dann lieber kompakte, dichte und gleichförmige vulkanische Gesteine, z. B. Basalte.

lassen. Das gilt für viele der deutschen Mittelgebirge (Odenwald, Schwarzwald, Riesengebirge, Heuscheuer), für den ostkarpathischen Georganyzug, für den südlichen Ural u. a. m. LOZINSKI [10] hat die Meinung geäußert, daß es sich in diesen Fällen um Vorzeitformen handele, nämlich um Relikte aus der Diluvialzeit, wo die Nähe des Inlandeises die Frostverwitterung außerordentlich steigerte (periglaziale Verwitterungsfazies). Daß sich Spuren davon nicht überall erhalten haben, erklärt LOZINSKI aus der Gesteinsbeschaffenheit; nur bei besonders widerstandsfähigem Material, vor allem bei Quarziten und bestimmten Arten von Sandsteinen, haben sich Reste dieser Vorzeitform bis in die Gegenwart hinüberretten können.

3. Sonstige mechanische Gesteinsaufbereitung. Neben Insolations- und Frostverwitterung arbeitet noch eine Reihe weiterer Vorgänge an der mechanischen Lockerung und Zerstörung des Gesteins mit. Wir erwähnen nur kurz die im Bereich der Meeresbrandung vor sich gehende Zertrümmerung, hervorgerufen durch das mit den anstürmenden Wogen verbundene Hineinpressen von Wasser und Luft in alle sich bietenden Hohlräume, Poren, Risse und Spalten. — Eine mechanische Auflockerung läßt sich weiterhin bei Baumwurzeln nachweisen, die in Risse und Spalten des Gesteins hineinreichen und bei ihrem Wachstum mechanisch sprengend tätig sind. — Der Einfluß des Blitzes wird gering angeschlagen, da er im allgemeinen nur Schrammsterne und Löcher erzeugt. Daß er aber dann und wann auch einmal Felsen zerspaltet, wird durch neuere Beobachtungen [11] erwiesen. — Einen Übergang zur chemischen Verwitterung stellt die von PASSARGE aus den nordafrikanischen Trockengebieten berichtete Salzsprengung dar; die vor allem chemisch wirksamen Salze betätigen sich auch mechanisch, da sie im gelösten Zustande weniger Raum einnehmen als nach erfolgter Auskristallisation und somit imstande sind, kleine Gesteinspartikelchen oder auch dünne Plättchen abzusprengen. Ihrem Wesen nach kommt die durch die Kristallisationskraft bewirkte Salzsprengung der Frostverwitterung gleich, doch ist ihre Wirkung räumlich und in bezug auf das Ausmaß naturgemäß eine beschränktere.

Chemische Verwitterung = Gesteinszersetzung. Geht der mechanische Gesteinszerfall unter Wahrung des chemischen Bestandes vor sich, so handelt es sich bei der Gesteinszersetzung um chemische Umwandlungen, bei denen die an der Erdoberfläche und in mäßiger Tiefe vorhandenen Mineralstoffe in die unter den herrschenden äußeren Bedingungen beständigsten Verbindungen überführt werden (RAMANN) [12]. Wie wir schon oben betonten, wirken die hier aus didaktischen Gründen getrennt behandelte Gesteinszerspaltung und Gesteinszersetzung in der Natur fast stets gleichzeitig.

Träger der chemischen Verwitterung sind vor allem das Wasser, sodann wäßrige Lösungen der Kohlensäure und vieler Salze, ferner Sauerstoff, Ammoniak, Salpetersäure u. a. m. Die Umwandlungsvorgänge sind so außerordentlich mannigfaltig, daß deren erschöpfende Darstellung den Rahmen dieses Abschnittes sprengen würde; wir beschränken uns daher auf das Allerwesentlichste.

Einen großen Raum nehmen Oxydationsvorgänge ein, die vor allem eisen-, kupfer- und schwefelhaltige Mineralien in Mitleidenschaft ziehen und oftmals leichter lösliche Verbindungen entstehen lassen. Magnetit (Fe_3O_4) kann sich in Roteisen (Fe_2O_3) verwandeln und dieses durch Wasseraufnahme zu Brauneisen werden. Allenthalben zu beobachten ist die Oxydation des vielen Mineralien beigemengten Eisenoxyduls zu wasserhaltigem Eisenoxyd. Gediegenes Kupfer geht durch Oxydation leicht in Rotkupfererz (Cu_2O) über, welches sich durch weitere Aufnahme von Sauerstoff, Kohlensäure und Wasser in grünes Kupferkarbonat (Malachit) umwandelt. Metallsulfide werden durch Aufnahme von Sauerstoff in Sulfate überführt, etwa Bleiglanz (PbS) in Vitriolblei ($PbSO_4$), Kupferkies ($CuFeS_2$) in Eisenvitriol und Kupfervitriol, Pyrit, Markasit (FeS_2) und Magnetkies (Fe_7S_8) bei gleichzeitiger Wasseraufnahme in Eisenvitriol usw. Wo schwefelkiesreiche Stein- oder Braunkohle dem Einfluß der Atmosphärilien ausgesetzt ist, entwickelt sich durch die Oxydation des Schwefeleisens oft soviel Wärme, daß die Kohlen sich entzünden und Flözbrände entstehen können.

Eine zweite Form der chemischen Umwandlungsprozesse besteht in Wasseraufnahme (Hydratisierung); das Wasser wird chemisch gebunden und gibt dadurch zu Neubildungen Anlaß. Aus Roteisenstein (Fe_2O_3) bildet sich auf diese Weise, wie oben schon erwähnt, schlackiges Brauneisen. Anhydrit ($CaSO_4$) wandelt sich durch Wasseraufnahme in Gips um, womit infolge des Unterschieds im spezifischen Gewicht eine Raumvergrößerung, ein Aufquellen im Betrage von rund 33% verbunden ist.

Wir übergehen die Reduktionsvorgänge, da solche desoxydierenden Prozesse nur eine untergeordnete Rolle spielen, und wenden uns gleich der Frage der Silikatzersetzung zu. Silikate spielen, wie wir früher hörten (vgl. Bd. I S. 38), für den Aufbau der Erdkruste eine ganz besondere Rolle; ihre chemische Umwandlung ist daher für das Problem der Bodenbildung geradezu von ausschlaggebender Wichtigkeit. Früher betrachtete man die Kohlensäure als Hauptfaktor der Silikatzersetzung und sprach geradezu von »Kohlensäureverwitterung«; die Kohlensäure soll die schwächere Kieselsäure aus ihren Salzen verdrängen und auf diesem Wege die hauptsächlichsten chemischen Umsetzungen bewirken. Heute urteilen wir nach den Untersuchungen von Cushman und Ramann [12] anders. Allerdings greift die Kohlensäure die Silikate an; sie führt diese z. T. in Karbonate und Kieselsäure über, von denen sich die ersteren als unlöslich abscheiden können, während die Kieselsäure in Wasser und Siliziumdioxyd zerfällt. Als vorherrschendes Werkzeug der Silikatzersetzung betrachten wir jetzt aber das Hydroxylion, das bei der hydrolytischen Zerspaltung auch kohlensäurefreien Wassers in Wasserstoffionen und Hydroxylionen entsteht (»Hydroxylionen-verwitterung«). Hydrolyse wie Kohlensäureangriff führen zur Wirkung des Hydroxylions, durch die die Alkalien als Hydroxyde frei werden und in Lösung gehen, während Tonerde und Kieselsäure in kolloidaler Form als wasserhaltige Aluminiumsilikate ausgeschieden werden. Als letzte, fast unangreifbare Zersetzungsrückstände der Silikatgesteine bleiben also wasserhaltige Tonerdesilikate (Kaolin, Ton, Lehm), kolloidales Eisenoxydhydrat, wasserhaltige Magnesiumsilikate und Quarz übrig.

Mannigfache Gesteinszersetzungen entstehen durch Einwirkung wässeriger Lösungen von Salzen (»Salzverwitterung«), wobei zu beachten ist, daß ruhendes Wasser geringere Wirkung haben muß als bewegtes. Im ersteren Falle ist das chemische Gleichgewicht zwischen dem angegriffenen Gestein und den zerstörenden Lösungen sehr bald erreicht, und die Verwitterungsvorgänge gehen damit zu Ende; im anderen Falle wird das Gleichgewicht durch zuströmende Lösungen immer von neuem wieder gestört und dadurch der Fortgang der Zersetzung sichergestellt.

In welcher Form auch immer die chemische Verwitterung auftreten mag, stets fördert sie durch Umwandlung der Mineralstoffe den allmählichen Zerfall der Gesteine. Man beobachte z. B. die Einwirkung der chemischen Verwitterung auf Granit. Die Feldspäte zerfallen nach und nach zu kaolinartigen Endprodukten, der Biotitglimmer wird unter Ausscheidung von Eisenoxyden zersetzt, und nur der Muskowitglimmer und die Quarzminerale widerstehen vorerst der chemischen Umwandlung; das einst feste Gestein vergrust unter dem Einfluß der Gesteinszersetzung so stark, daß die Rückstände mit dem Spaten ausgehoben und als lehmiger Kiessand Verwendung finden können (Riesengebirge, Odenwald bei Auerbach). Bei den Sandsteinen greift die chemische Verwitterung vor allem das Bindemittel an; von dessen Zusammensetzung hängt es in erster Linie ab, ob sich das Material zu Zwecken, bei denen chemische Verwitterungsvorgänge mit Sicherheit zu erwarten sind, eignet oder nicht. Sandsteine mit kalkigem Bindemittel z. B. werden durch kohlensäurehaltiges Wasser stark angegriffen und zerfallen am Ende in lockeren Sand.

Das Endprodukt der Gesteinszersetzung unterscheidet sich durch seine körnige bis pulverige Beschaffenheit sehr wesentlich von dem gröberen, splitterigen Schutt, wie ihn die Gesteinszerspaltung liefert. Ob sich die Reaktionsgeschwindigkeit bei der chemischen Gesteinsaufbereitung entsprechend dem Ostwaldschen Gesetz mit einer Temperaturzunahme von 10° annähernd verdoppelt, steht noch immer nicht fest und wird beispielsweise von Ramann durchaus bezweifelt. Sicher ist aber, daß die Dauer der Zeit, während der im Laufe des Jahres die Temperatur über 0° liegt, einen erheblichen Einfluß auf die Intensität der chemischen Verwitterung ausübt. Beim Gefrierpunkt des Wassers ist Gesteinszersetzung so gut wie aufgehoben. In den Polargebieten, wo diese Voraussetzung für 9 Monate oder länger zutrifft, vermag sich infolgedessen die chemische Verwitterung nur sehr wenig zu entfalten; aus der gleichen Ursache erklärt sich die Tatsache, daß in den vergletscherten Regionen der Hochgebirge die Mineralstoffe nur in sehr geringem Maße chemisch angegriffen werden. Im allgemeinen steigert sich das Ausmaß chemischer Gesteinsaufbereitung mit abnehmender Breite. Das Maximum dürfte in den dauernd feuchtheißen Tropenbezirken erreicht werden, wo sich ständig hohe Temperaturen und ständige starke Bodenfeuchtigkeit paaren. Daß aber auch in den subtropischen Wüsten die chemische Verwitterung nicht fehlt, sich sogar entgegen früheren Annahmen als recht beträchtlich erweist, haben die Untersuchungen von Kaiser [4], Passarge und Blanck [13] ergeben. Selbstverständlich steigern sich hier die chemischen Umsetzungen mit dem Ausmaß von Tau, gelegentlichen Gewittergüssen und der Entwicklung des Grundwassers. Kaisers Hinweis, daß in extrem ariden Gebieten die Vegetation in ihrer Ausbildung und räumlichen Verbreitung das beste Zeichen für die Intensität der chemischen Verwitterung darstellt, verdient gewiß besondere Beachtung.

Bei der Tiefenwirkung der Gesteinszersetzung spielt Schuttbelag eine grundsätzlich andere Rolle als bei der mechanischen Verwitterung. Während er das Eindringen der Temperaturschwankungen hemmt und damit die darunter verborgenen Gesteinsmassen vor weiterer Zerspaltung leidlich schützt, begünstigt er durch Festhalten der Feuchtigkeit die chemische Verwitterung sowohl im Bereich der Schuttmassen als nach der Tiefe zu.

Chemisch-physikalische Verwitterung = Gesteinslösung. Nur für die Zwecke der Systematik ist es erforderlich, die chemisch-physikalischen Vorgänge von der eigentlichen chemischen Verwitterung zu trennen; in der Natur gehen meist beide Hand in Hand.

Der Auflösung durch ober- oder unterirdisches Wasser unterliegen in hohem Maße schwefelsaure Magnesia und die Salze der Alkalien; etwas schwerer löslich sind schon Gips, Anhydrit, Kalk, Dolomit u. a. m. Die Löslichkeit beträgt (in 10 000 Gewichtsteilen Wasser): bei Kochsalz 10 000: 3 600, bei Gips 10 000: 25, bei Anhydrit 10 000: 20, bei kohlensaurem Kalk 10 000: 1. Ist das Wasser kohlensäurehaltig, so werden die Kalke wesentlich stärker angegriffen, weil sich dann Kalziumbikarbonat bildet und damit zehnmal soviel Kalk als in kohlensäurefreiem Wasser in Lösung geht. Für das Verständnis der Höhlenbildungen und für die Fülle von Formen, die wir später als Karsterscheinungen kennenlernen werden, spielt der Grad der Löslichkeit des Gesteins und das Ausmaß der erfolgten Lösungsvorgänge eine grundlegende Rolle.

Gänzlich der Lösung widerstehende Mineralstoffe gibt es überhaupt nicht. Selbst da, wo die Löslichkeit fördernde Stoffe (»Lösungsgenossen«) fehlen, wirkt das Wasser auf alle Substanzen lösend ein, wenn auch der Lösungsvorgang sehr langsam vor sich geht und sich mengenmäßig in äußerst engen Grenzen hält. Hierzu kommt, daß alles Regen- und Sickerwasser Beimengungen enthält, die den Lösungsvorgang fördern. Wir erwähnten als solches oben bereits die Kohlensäure, die entweder aus der Luft entnommen wird oder den obersten Bodenschichten als Folge der dort stets vor sich gehenden Zersetzung organischer Stoffe entstammt. Als weitere »Lösungsgenossen« seien Kochsalz (NaCl), Ammoniak (NH_3), Schwefel und schweflige Säure, Salpeter und salpetrige Säure sowie Schwefelwasserstoff genannt. Nach Tornquist sollen im holländischen Küstengebiet jährlich 6 Mill. kg Steinsalz mit dem Regen niedergehen, im englischen Küstenbezirk je ha 5,8 kg Stickstoff, über 16 kg Chlor und 19,5 kg Schwefelsäureanhydrit. Alle diese Stoffe bereichern die chemische Aktivität der als Lösung anzusprechenden Meteorwässer und leiten die verschiedensten Umwandlungen ein.

In Trockengebieten kann die sonst von Regenfällen gelieferte Bodenfeuchtigkeit durch starke Taubildung ersetzt werden. Durch die Poren und Risse und auf dem Wege der Diffusion dringt die Feuchtigkeit ins Innere der Gesteine ein, überall diese oder jene Mineralstoffe lösend. Die am Tage einsetzende starke Sonnenbestrahlung zieht dann aber die Lösungswässer wieder an die Oberfläche; hier verdunstet das Wasser, und es scheiden sich nun die in Lösung befindlichen, großenteils aus der Tiefe stammenden Bestandteile an der Außenseite des Gesteins ab. So bildet sich eine besondere Form der chemischen Verwitterung aus, die man als »Verwitterung von innen heraus« bezeichnet hat: Das Innere der Felsen und Blöcke wird von den Lösungsvorgängen zermürbt, die Außenfläche aber überzieht sich mit einer dunkelgefärbten, harten Schutzrinde, an deren Bildung vor allem Eisen- und Manganoxyde beteiligt sind *. Durchschlägt man mit dem Hammer die Schutzrinde, so fährt man in einen Gesteinsgrus, der keinen erheblichen Widerstand mehr bietet. Wo die Natur dieses Experiment besorgt hat, nehmen die Hartkrustenreste oftmals abenteuerliche Formen an, während das mürbe Innere durch Wind oder Wasser ausgeräumt worden ist. Im Bereich des korsischen Granits nennt man diese Formen »Tafoni«. Ihnen verwandt sind offenbar die »Bröckellöcher«, die Schultze-Jena[14] aus den südwestafrikanischen Wüsten beschrieben hat und die dort bezeichnenderweise stets im Windschatten auftreten **.

* Die dunkle Färbung soll nach Passarge (1925) weniger der Anteilnahme von Manganverbindungen bzw. Manganoxyden zuzuschreiben sein als vielmehr einer nachträglichen Umwandlung der gelbbraunen und rotgefärbten Eisenoxyde und -oxydhydrate in Eisenglanz oder gar Magnetit.

** Die Bildung einer dunklen Schutzrinde ist keine ausschließlich auf die Wüsten beschränkte Erscheinung, wenngleich sie dort offenbar am kräftigsten zur Ausbildung gelangt. Bekannt geworden sind Rindenbildungen ähnlicher Art sowohl aus dem tropischen Urwaldgebiet wie aus dem Bereich der tropischen Savannen, aus den Mittelmeer-

Noch immer nicht restlos geklärt ist die eigenartige gitter-, netz- und wabenförmige Zerfressenheit, die man an vielen Sandsteinfelsen sowohl in Wüsten wie auch in unseren Breiten beobachten kann [15]. Die einen halten diese Kleinformen für Erzeugnisse des Sandsturmes, die anderen sprechen dem Sickerwasser die entscheidende Rolle zu, wieder andere denken an chemische Verwitterung in Gestalt von Lösung und Imprägnation. Beyer [16] spricht von »Schwefelsäureverwitterung« und hält die Neubildung und Auskristallisation von Alaun und Gips für entscheidend wichtig.

In den Kalkgebieten der Mittelmeerländer findet man den lockeren Mutterboden oft mit einer harten Kalkkruste überzogen, bei dessen Bildung Lösungsvorgänge ebenfalls eine Hauptrolle spielen. Theobald Fischer [17] führt sie auf den Wechsel kurzer, aber kräftiger Regengüsse und darauf folgender starker Verdunstung zurück. Das einsickernde Wasser löst im Untergrund Kalk auf, wird aber durch die kräftige Sonnenstrahlung bald wieder zu kapillarem Aufsteigen gezwungen; beim Verdunsten an der Oberfläche scheidet sich der in Lösung mitgeführte Kalk aus. Ganz ähnlich deutet Passarge [18] die in den südafrikanischen Trockengebieten weit verbreiteten Kalkkrusten.

Eine letzte Form der vorwiegend auf Lösung eingestellten chemischen Verwitterungsart ist an die Anwesenheit von Humusstoffen gebunden. Diese bilden sich beim Absterben der Pflanzen als Rückstand organischer Zersetzung und zeichnen sich dadurch aus, daß sie gegen die ausflockende Wirkung der Bodensalze sehr unempfindlich sind. Wo Humusstoffe in großen Mengen auftreten, umhüllen sie schützend die anorganischen Kolloide, z. B. die Hydroxyde des Eisens, Aluminiums und Siliziums, und verhindern deren Fällung; die Hydroxyde bleiben im lösungsfähigen Zustand erhalten, können also aus der Oberkrume ausgewaschen und in tiefere Horizonte geführt werden, wo sie dann die Veranlassung zur Bildung des sog. Ortsteins, eines Eisenhumussandsteins, werden. Wichtig ist, daß dieser ungesättigte, sauer reagierende Humus offenbar auf alle Mineralstoffe einzuwirken vermag und selbst da noch Lösungserscheinungen hervorruft, wo kohlensäurehaltiges Wasser ohne Erfolg bleibt. Da er besonders die färbenden Eisen- und Manganverbindungen beseitigt, so werden die Gesteine durch die »Humusverwitterung« gebleicht und die Böden mehr oder weniger eisenfrei gemacht (Bleicherden). Das wichtigste Produkt der »Humusverwitterung« in allen humiden Gebieten ist Kaolin, ihr optimales Wirkungsgebiet die Zone der feuchtkühlen Klimate (Norddeutschland, Skandinavien, Mittel- und Nordrußland usw.).

Verwitterung durch Organismen. Wir haben gelegentlich oben

---

ländern u. a. w. Auch in unseren Breiten lassen sich derartige Verkrustungen gelegentlich nachweisen, wenn auch meist nur in Gestalt einer dünnen Rindenhaut. Ob die Vorgänge, die dabei im Spiele sind, den in Trockengebieten wirksamen gleichgesetzt werden dürfen, steht allerdings noch nicht fest.

bereits der Mitwirkung der Organismen bei dem Prozeß der Gesteinsaufbereitung gedacht, halten es aber für erforderlich, einen kurzen zusammenfassenden Überblick anzufügen, um die mechanische und chemische Verwitterungsarbeit der Organismen zu kennzeichnen. Die in die Dicke und Länge wachsenden Wurzeln der Pflanzen senken sich in die Poren, Risse, Spalten und Schichtfugen des Gesteins; sie drücken, heben und sprengen schließlich das feste Material auseinander, wie quellende Holzkeile es beim Steinbruchbetrieb tun. In etwa 2 m Tiefe dürfte im allgemeinen die Grenze dieser Art von Gesteinszerspaltung erreicht sein, weil die Wurzeltiefe selten größere Werte erreicht und der rasch wachsende Bodendruck entgegenwirkt. — Zur mechanischen Auflockerung gesellt sich eine chemische Wirkung. Die lebenden Wurzeln greifen nämlich mit Hilfe der ausgeschiedenen organischen Wurzelsäuren das Gestein zersetzend an und nehmen z. T. die gelösten mineralischen Bestandteile als Nahrung in sich auf. Die Haftwurzeln des Efeu sind oft als Gesteinseindruck erkennbar; auf Kalk sehen wir bisweilen die Vegetationspolster gleichsam in das Gestein einsinken.

Auch scheinbar nackte Felsen unterliegen dem chemischen Einfluß der Pflanzenwelt. In den Alpen und Pyrenäen, in den Vogesen und in der Auvergne fand MUNTZ [19] nicht bloß die Felsflächen, sondern sogar die feinsten Gesteinsporen mit mikroskopischen Organismen bedeckt, die ihren Kohlenstoff- und Stickstoffbedarf unmittelbar der Luft entnehmen und bei ihrem Absterben diese Stoffe dem Gestein überlassen. Das Faulhorn in der Schweiz ist von solchen nitrifizierenden Organismen bis in den Kern hinein durchfressen. STAHLECKER [20] hat nachgewiesen, daß selbst der Quarz, den man bisher für chemisch unzerstörbar hielt, von den Flechtenhyphen erfolgreich angegriffen wird. Auf diese Pioniere der Humusbildung folgen dann niedere Pflanzen, die ihren Stickstoffbedarf aus dem Boden beziehen. Winde führen die Keime von Schorfflechten herbei, die an der befeuchteten Felsfläche kleben bleiben und ohne eigentliche Wurzeln festen Fuß fassen. Bald bedecken sie den Felsen mit farbigen, staubartigen Überzügen und zerstören allmählich durch ihre Verwesungsprodukte den mütterlichen Boden. So arbeiten viele Generationen mikroskopischer Organismen an der Herstellung einer Erdkrume, die endlich auch weniger genügsame Pflanzengeschlechter ernähren kann, während die ursprüngliche Vegetation immer mehr an Boden verliert. Je mächtiger die Erdkrume wird, desto dichter und mannigfaltiger wird die Pflanzendecke, bis sich endlich auch Bäume ansiedeln, die durch ihre tieftreibenden Wurzeln teils mechanisch, teils chemisch das Zerstörungswerk vollenden.

Wichtig ist ferner, daß die Pflanzendecke auch indirekt die chemische Verwitterung begünstigt, indem sie das Wasser speichert und das Gestein feucht erhält. Bei der Zersetzung abgestorbener Pflanzenteile endlich werden Kohlensäure, Phosphorsäure, Salpetersäure, Ammoniak und andere Stoffe frei, nicht zu vergessen die Humusstoffe, die wir oben bereits erwähnten. Sie alle vermengen sich mit den Erzeugnissen der Gesteinsverwitterung, fördern die weitere Zersetzung und Lösung der Mineralstoffe.

Daß auch die Tierwelt für den Verwitterungsprozeß in mannigfacher Beziehung von Bedeutung ist, betont namentlich PASSARGE immer wieder mit besonderem Nachdruck. Auch hier ist die Einwirkung zum einen mechanischer Natur: Zertreten und Aufwühlen des Bodens an Tränkplätzen, Durchwühlen des Bodens durch Regenwürmer, Ameisen, Mäuse, Maulwürfe, Kaninchen und andere Bodentiere. Daß auf diese Weise der Boden dem Angriff der Atmosphärilien stärker ausgesetzt wird, als es ohne Mitwirkung der Tierwelt der Fall sein würde, kann schwerlich bezweifelt werden. Zum anderen kommen aber auch hier chemische Einwirkungen in Betracht, indem sich der Kot der lebenden und die Verwesungsstoffe der abgestorbenen Tiere mit dem Boden vermischen und neue Verbindungen bilden. Die Exkremente der Regenwürmer enthalten mehr lösliche Phosphorsäure als der ursprüngliche Boden, überdies Ammoniak und Salpetersäure; die Nitrifikation wird also beschleunigt. Die Ameisen fördern durch ihre starksauren Ausscheidungen die Verwitterung ohne Zweifel in erheblichem Maße. Wirtschaftlich besonders wichtig ist die Entstehung von Guano, der durch Einwirkung des phosphorreichen Vogelkots auf Kalk (z. B. auf Koralleninseln) entsteht.

Bodenarten und Bodentypen. Unter »Boden« versteht man im allgemeinen die oberste lockere Schicht der Erdkruste, die dem festen Gestein auflagert. Dabei ist nicht entscheidend, ob sich der Boden an Ort und Stelle gebildet hat (Verwitterungsböden = Eluvialböden) oder ob die Lockermassen bereits einen Transport erfahren haben (Aufschüttungsboden, Schwemmböden = Alluvialböden). Auch der noch immer nicht beigelegte Streit zwischen der agrikulturchemischen Auffassung (Boden = Nährboden der Pflanze) und der agrogeologischen Richtung (Boden = zerfallenes Gestein, Bodenaufnahme = Teil der geologischen Aufnahme) sollte für die Begriffsbildung nicht ausschlaggebend sein, denn das Prädikat »Boden« kommt sowohl den durch die Anwesenheit der Mikroorganismen »belebten«, landwirtschaftlich nutzbaren Lockermassen wie dem »unbelebten« Gesteinsschutt zu.

Die Bodenkunde (Pedologie) [21] als Lehre von der Entstehung, den Eigenschaften und der Umbildung des Bodens hat sich in den letzten Jahrzehnten machtvoll zu einer eigenen Wissenschaft entwickelt; sie bildet als »Geologie der obersten Erdschicht« einen besonderen Zweig der chemisch-physikalischen Geologie. Für den Geographen kann es naturgemäß nur darauf ankommen, mit den Grundtatsachen der Bodenkunde vertraut zu sein und zu erkennen, welche Wechselwirkung zwischen Verwitterung, Klima, Pflanzenwuchs und Bodenbeschaffenheit besteht.

Nach der Korngröße der Bodengemengteile pflegt man die Böden einzuteilen in *felsig-steinige Böden, Grand- und Kiesböden, Sandböden, feinerdige und Staubböden.* Nach den Hauptbestandteilen unterscheidet man

Sandböden	= die Bodenmasse besteht zu mind.	80% aus Sand;
Tonböden	= „ „ „ „ „	65% „ Ton;
Lehmböden	= „ „ „	aus einem Gemenge von Ton und feinem Quarzsand;
Mergelböden	= „ „ „	zu höchstens 75% aus Ton und wenigstens 15% aus Kalk;
Humusböden	= „ „ „	zu mindestens 50% aus festen, beim Glühen des Bodens verbrennenden Humusstoffen.

Die *Bodenarten* sind, um mit Stremme zu sprechen, das Einteilungsergebnis auf Grund der Erforschung des *stofflichen Materials* der Böden. Unsere obige Liste enthält nur die allerwichtigsten Arten und vertrüge eine erhebliche Erweiterung und Unterteilung, auf die wir hier aber aus Raummangel verzichten müssen. Als besondere Abart soll indessen wenigstens der **Löß** angeführt werden, den wir in einem späteren Kapitel als äolisches Ablagerungsprodukt kennenlernen werden: eine gelbliche, mehr oder minder ungeschichtete Erde, die sich durch ihre feinkörnig-pulverige Beschaffenheit, durch eine von zahllosen kapillaren Röhrchen erzeugte Porosität und durch einen gewissen Kalkgehalt auszeichnet.

Die moderne Bodenkunde stellt den Bodenarten die *Bodentypen* gegenüber und versteht darunter das Einteilungsergebnis auf Grund der Erforschung der *Bodenhorizonte.* Betrachtet die Lehre von den Bodenarten die Bodenmasse gleichsam als homogenes Gestein, so studiert die Lehre von den Bodentypen die Böden wie einen Schichtenverband, ermittelt die Bodenprofile mit denkbarster Genauigkeit und versucht, den Einfluß von Klima und Pflanzenwelt auf die Ausbildung der Bodenhorizonte klarzustellen. Um das Wesen dieser Methode zu kennzeichnen, untersuchen wir im Bereich unserer deutschen Heimat eine Reihe von natürlich oder künstlich aufgeschlossenen Bodenprofilen. Als Regel werden wir die folgende Dreiteilung antreffen:

A-Horizont, humose Oberkrume, Oberboden oder Muttererde, Eluvialhorizont: stark verwittert, viel feinerdige und humose Stoffe, Zone der mechanischen oder chemischen Auslaugung.

B-Horizont, Unterboden, Illuvialhorizont oder rostiger Einschwemmungshorizont: die humosen, feinerdigen und leicht löslichen Bestandteile nehmen bei Böden der anstehenden Gesteine zugunsten der gröberen, weniger zersetzten ab; Ablagerung der aus der Oberkrume ausgewaschenen Stoffe, meist rostbraun oder rötlich gefärbt.

C-Horizont, Untergrund, Rohboden oder Muttergestein: Bruchstücke des zerfallenden, im wesentlichen unveränderten Grundgesteins.

Das ganze Bodenprofil hat in unseren Klimaten eine Mächtigkeit bis zu 10 m auf Sanden, bis etwa 6 m auf stark zersetzten Lehm- und Lößböden, bis rund 2 m auf Ton. In tropischen Gegenden kommen Mächtigkeiten bis zu 100 m und darüber vor.

Die Erklärung der dreihorizontigen Bodenprofile läuft zunächst darauf hinaus, einen starken Einfluß des Klimas festzustellen. Die PENCKsche Unterscheidung in humides und arides Klima (vgl. Bd. I S. 240/241) gewinnt Bedeutung auch für die Bodenkunde, das Verhältnis von Niederschlag und Verdunstung übt maßgeblichen Einfluß auf die Herausbildung der Bodentypen aus. Nur in humiden Klimagebieten ist eine Auswaschung des oberen Horizonts, wie es uns unser obiges Bodenprofil offenbart, möglich (humide Böden). In ariden Klimagebieten dringen die Niederschläge infolge der überwiegenden Verdunstung nicht tief in den Boden ein, steigen vielmehr bald wieder auf und setzen die in Lösung befindlichen Salze in der Oberkrume ab; der B-Horizont gelangt also hier nicht zur Entwicklung (aride Böden) *. Daß zwischen typischen Feucht- und Trockenböden eine Menge Übergänge vermitteln, ist ohne weiteres einleuchtend. Für die Abgrenzung verwendet LANG [24] den Begriff des Regenfaktors, d. h. den Quotienten aus mittlerem Jahresniederschlag in mm und mittlerer Jahrestemperatur in Celsiusgraden; die Grenze liegt nach LANG bei Regenfaktor 40. — Daß die Wasserführung gelegentlich auch aklimatisch bedingt sein kann (HARRASSOWITZ' pseudoklimatische Diaspora [25]), sei nur nebenbei bemerkt. Desgleichen weisen wir nur eben noch einmal auf die Tatsache hin, daß »arid« nichts über die Temperatur allein aussagt, sondern lediglich das Verhältnis von Temperatur und Verdunstung kennzeichnet; auch in den Polarzonen gibt es aride Gebiete [24].

Nachdem man erkannt hat, daß bei der Ausbildung der Böden mit A-B-C-Horizonten das Klima eine hervorragende Rolle spielt, taucht sofort die Frage auf, ob dieses den einzigen und überall entscheidenden Faktor darstellt. Die Frage ist zu verneinen. Gelegentlich drückt die Eigenart des Muttergesteins dem Boden den Stempel auf, besonders bei Kalkstein, Dolomit, Gips, Sand; ein Beispiel hierfür sind die auf Kalkstein zur Entwicklung gelangenden dunkelgefärbten, humusreichen Karbonatböden (Rendzina), bei den nur die A- und C-Horizonte entwickelt sind. Auch der Einfluß der Oberflächengestaltung

* Daß aride Böden stets unfruchtbar seien, ist ein Vorurteil, das erst HILGARD [22] mit Erfolg bekämpft hat. Voraussetzung der Kulturfähigkeit ist aber künstliche Bewässerung bzw. Trockenfarmen (dry farming) [23], wodurch die Ungunst der klimatischen Verhältnisse bis zu einem erheblichen Maße aufgehoben werden kann. Wo diese Voraussetzung erfüllt ist, erweisen sich die Trockenböden oftmals von erstaunlicher Fruchtbarkeit.

kann neben den des Klimas treten und den Charakter des Bodens bestimmen; das gilt von vielen Gebirgsböden, wo die A- und B-Horizonte infolge der Steilheit des Geländes der Abschwemmung zum Opfer gefallen sind und der entblößte C-Horizont zutage tritt (Skelettböden). Daß auch der Mensch durch Bearbeitung des Bodens in die Entwicklung des Bodenprofils eingreift, die Horizonte durchmischt usw., bedarf kaum der Hervorhebung.

Bis zu diesem Punkte stimmen die Auffassungen der meisten Bodenkundler leidlich überein. Von ganz wenigen Ausnahmen abgesehen, erweist sich das Klima als bestimmender Faktor der Bodentypenentwicklung. Im Bereich gleichen Klimas reicht ein und derselbe Bodentyp über die verschiedenartigsten geologischen Formationen hinweg; Bodenbildung ist in diesem Sinne kein geologisch-petrographisch, sondern ein klimatologisch-botanisch begründetes Phänomen. Versucht man nun aber, die schon durch den unterschiedlichen Farbton gekennzeichnete Fülle der auf der Erdoberfläche entwickelten humiden und ariden Böden (Tafel II) im einzelnen klimatologisch zu deuten, so gehen die Meinungen arg auseinander. Klar liegen die Verhältnisse wohl noch bei den Tundraböden, bei denen sich der klimatische Einfluß dadurch geltend macht, daß starke Frostverwitterung und starke Humusbildung zusammenwirken. Die dann folgende Zone der nach der russischen Bezeichnung Podsol (= Aschenboden) benannten Podsolböden (Grauerden, Bleicherden) ist der ausgewaschene A-Horizont der humiden kälteren Gebiete. Aber was stellen die in Mitteleuropa so stark verbreiteten Braunerden, was die südwärts folgenden Gelb- und Roterden, was der in den Tropen weitverbreitete ziegelrote Laterit dar, der im wesentlichen als ein Gemisch von Tonerdehydrat, Eisenoxydhydrat und Quarz mit reichlichen Eisenkonkretionen anzusprechen ist? Ramann und mit ihm Lang vertreten die Auffassung, daß es sich um die Oberkrume von Böden handelt, die bei gleicher relativer Befeuchtung entstanden; die Unterschiede in der Farbe sollen in der Verschiedenheit der Bildungstemperaturen des gelben bzw. roten Eisenanteils begründet sein. Glinka spricht dem unterschiedlichen Maße der Befeuchtung die Hauptbedeutung zu und gliedert die Böden in solche optimaler Befeuchtung (Laterite, Rotlehme), mittlerer Befeuchtung (Podsolböden), mäßiger Befeuchtung (Schwarzerde = Tschernosem), ungenügender Befeuchtung (kastanienfarbige, braune und graue Böden der Halbwüsten und Wüsten), übermäßiger Befeuchtung (Moorböden und Marschböden), zeitweise übermäßiger Befeuchtung der Oberfläche oder des Untergrundes (Salzböden).

In Anlehnung an Glinka hat Stremme die Theorie entwickelt, daß Temperatur und Niederschlag nicht so sehr direkt als vielmehr hauptsächlich auf dem Umwege über die Pflanzenwelt den Bodencharakter beeinflussen. Er unterscheidet demgemäß im wesentlichen

Steppenböden und Waldböden. Überall, wo arides Klima natürliche Gras- und Krautlandschaften entstehen ließ, zeigt der Boden nach Stremme weitgehende Übereinstimmung: Entwicklung von A- und C-Horizont, Reichtum des A-Horizonts an Salzen, Alkalien und Kalk; mit zunehmender Feuchtigkeit wird das Profil mächtiger, der hauptsächlich durch Verwesung der Wurzelsysteme entstehende Humusgehalt höher *, die Auslaugung der Karbonate aus den obersten Krumenteilen stärker. Ein grundsätzlicher Gegensatz zwischen den einzelnen klimatisch-pflanzengeographischen Spielarten der ariden Steppenböden besteht nach Stremme keineswegs. Wirtschaftlich besonders wertvoll sind die Tschernosem-Getreideböden in Rußland und Sibirien, in der nord- und südamerikanischen Prärie, die Baumwollböden (Cottonsoil, Regur), die in Südindien nahezu ein Drittel des Landes einnehmen u. a. m. (Tafel II). Sobald in der Steppe Wald auftritt oder angepflanzt wird, verändert sich der Boden durch Bildung eines B-Horizontes (degradierter Tschernosem). — Die zweite Kategorie von Böden faßt Stremme als Waldböden zusammen. Sie sind ein Erzeugnis der an humides Klima gebundenen Waldvegetation, gekennzeichnet allenthalben durch die Entwicklung der A-, B- und C-Horizonte. Der A-Horizont mehr oder minder ausgelaugt, der B-Horizont besonders mit eingeschwemmten Eisen- und Manganoxyden angereichert. Wenn auch die Oberfläche im allgemeinen mit einer Streu von verwesenden Pflanzenteilen bedeckt ist, so zeigt der Waldboden doch nirgends jenen Reichtum an Humusstoffen, wie er den streuärmeren Tschermosenböden eigen ist; die Ursache wird darin erblickt, daß sich die Haupthumusmenge außerhalb des Bodens bildet und hier infolge der größeren Feuchtigkeit durch Pilze und Bakterien in erheblichem Maße zerstört wird. Zu den klimatisch-pflanzengeographischen Abarten des Waldbodens gehören nach Stremme sowohl die braunen Böden der Laubwaldregionen als die vorwiegend an die Nadelholzzone gebundenen podsoligen Böden mit starker Ortsteinentwicklung im B-Horizont, die subtropisch-tropischen Roterden und die Laterite.

Wir haben im vorstehenden die Meinungen von Ramann, Lange, Glinka und Stremme wiedergegeben, ohne selbst dazu Stellung zu nehmen. Bei dem gegenwärtigen Stand der Pedologie erscheint es uns verfrüht, sich für diese oder jene Auffassung zu entscheiden. Es wird weiterer systematischer Profilaufnahmen vor allem in den Tropen bedürfen, um die jetzt noch stark widerstrebenden Meinungen an- und auszugleichen. Bei diesen kommenden Untersuchungen muß besonders auf einen Punkt geachtet werden, der für die von Stremme vertretene Auffassung von grundlegender Wichtigkeit ist. Stremme behauptet. nämlich, daß die heute vielfach die Oberfläche einnehmenden Roterden und Laterite in Wirklichkeit niemals die Ober-

* Von weniger als 2% bei den Halbwüstenböden bis über 15% bei den Tschernosemböden.

krume (A-Horizont), sondern im natürlichen, unveränderten Bodenprofil stets den B-Horizont warmer, waldiger Gebiete gebildet haben; sie stellen also nur eine dem Grade nach von unseren Ortsteinen verschiedene Bildung dar und verdanken ihre kräftig rote Farbe vor allem der größeren Wärme. Wo in den Subtropen und Tropen rote Böden heute an der Oberfläche anstehen, ist der früher sie verhüllende A-Horizont nach Stremme der Abtragung zum Opfer gefallen, ja es kann sein, daß die roten Böden als B-Horizonte aus früheren geologischen Perioden stammen und nach Entfernung ihrer A-Horizonte verschwemmt wurden, d. h. heute als fossile Böden auf sekundärer Lagerstätte liegen. In diesem Sinne betont Stremme [26]: »Der Laterit ist eine Illuvialbildung der tropischen Wälder, ausgezeichnet durch bunte, aber überwiegend türkischrote Farbe und durch die oft die Form von Konkretionen und Krusten annehmende Ausscheidung der Sesquioxyde ... Von den Theorien der Lateritbildung [27] erwiesen sich als zutreffend die von F. v. Richthofen und J. Mohr geäußerten.« Und an anderer Stelle sagt Stremme [28] mit Nachdruck: »Wie man auch das Problem betrachten mag: für die Annahme der Entstehung des Laterits als Illuvialhorizont humoser Waldböden sprechen alle Beobachtungen, Analysen, Laboratoriumsversuche; gegen die Annahme der Entstehung des Laterits als Oberkrume oder durch Aufsteigen spricht alle bodenkundliche Erfahrung und die richtige Bewertung der chemischen Analysen und einschlägigen Laboratoriumsversuche.«

Die Zukunft wird zeigen, ob sich Stremmes Auffassung allenthalben als richtig erweist [29] und ob, falls sie für die Lateritbildung zutreffen sollte, eine Übertragung auch auf die subtropischen und tropischen Roterden ohne Eisenkonkretionen statthaft ist. Stremme selbst ist überzeugt davon, daß es sich auch bei der Terra rossa [30] um illuviale Horizonte humoser Waldböden handelt [31]. Er stützt seine These u. a. auf die Ergebnisse der Untersuchung ungarischer Roterden durch Treitz [32] und auf die sorgsamen Studien des Grafen zu Leiningen [33] im Bereich der mittelmeerischen Roterden. Danach finden sich die Roterden größtenteils nicht auf ursprünglicher Lagerstätte, sondern sind infolge der Entwaldung verschwemmt und am Fuße der Gebirge, in den Rinnen alter Flußläufe, in Dolinen usw. abgelagert worden; es handelt sich hier vielfach um Reste des B-Horizontes tertiärer Waldböden, wie die darin gefundenen Faunen und Floren erkennen lassen. Aber auch hier dürfen die Forschungen noch keineswegs als abgeschlossen gelten. Die Bodenkunde steht eben noch durchaus in den Anfängen ihrer Entwicklung, und selbst bei den Gelb- und Braunerden unserer mitteleuropäischen Heimat ist der Einfluß des Klimas auf den Chemismus der Bodenbildung noch nicht im entferntesten klargestellt [34].

Literaturnachweise. [1] J. Sölch, Die Fortschritte unserer Kenntnisse der exogenen Kräfte (1914—24); Geographisches Jahrbuch XL, Gotha 1926. — [1a] E. Blanck, Die Verwitterungslehre und ihre klimatologischen Grundlagen; Handbuch der Bodenlehre,

Bd. II, Berlin 1929. — [2] J. Sölch, Grundfragen der Landformung in den nordöstlichen Alpen; Geogr. Ann. IV, Stockholm 1922. — [3] S. Passarge, Physiologische Morphologie; Hamburg 1912. — [4] J. Walther, Das Gesetz der Wüstenbildung in Gegenwart und Vorzeit; 4. Aufl., Leipzig 1924. E. Kaiser, Die Diamantenwüste Südwestafrikas; 2 Bde., Berlin 1926. — [5] P. Range, Die tägliche Wärmeschwankung an der Oberfläche des Bodens im heißen ariden Klima; Met. Zeitschr. 1920, S. 102 f. — [6] A. Penck, Morphologie der Erdoberfläche, Bd. I, S. 203; Stuttgart 1894. — [7] B. Brandt, Die tallosen Berge an der Bucht von Rio de Janeiro; Mitt. Geogr. Ges. Hamburg, Bd. XXX, 1917. — [8] B. Högbom, Über die geologische Bedeutung des Frostes; Bull. Geolog. Inst. Upsala, Bd. XII, 1914. — [9] E. Obst, Die Oberflächengestaltung der schlesisch-böhmischen Kreideablagerungen; Mitt. Geogr. Ges. Hamburg, XXIV, 1909. — [10] W. v. Lozinski, Über die mechanische Verwitterung der Sandsteine im gemäßigten Klima; Bull. Acad. des sciences, Krakau 1909. — [11] G. Anderson in den Verh. Stockholmer Geolog. Ges. 1901, S. 521. D. Häberle in den Jahresber. Oberrhein. Geolog. Ver. 1912, S. 26. — [12] E. Ramann, Kohlensäure und Hydrolyse bei der Verwitterung; Centralblatt für Mineralogie 1921, S. 235, 272. — [13] S. Passarge, Verwitterung und Abtragung in den Steppen und Wüsten Algeriens; Verh. des XVII. Deutschen Geographentages, Berlin 1910. Derselbe, Grundlagen der Landschaftskunde; Bd. III, Hamburg 1920, S. 136. Derselbe in Verbindung mit E. Blanck, Die chemische Verwitterung in der ägyptischen Wüste; Hamburg 1925. — [14] L. Schultze-Jena, Aus Namaland und Kalahari; Jena 1907. — [15] D. Häberle, Die gitter-, netz- und wabenförmige Verwitterung der Sandsteine; Geolog. Rdschau 1915. Derselbe, Groß- und Kleinverwitterungsformen im Buntsandsteingebiet des südlichen Pfälzerwaldes; Festschrift zur 55. Tagung des Oberrhein. Geolog. Vereins, Saarbrücken 1927. Vgl. auch das inhaltreiche Referat von P. Kessler, Über Lochverwitterung und ihre Beziehung zur Metharmose (Umbildung) der Gesteine; Geolog. Rdschau 1921. — [16] O. Beyer, Alaun und Gips als Mineralneubildungen und als Ursachen der chemischen Verwitterung in den Quadersandsteinen des sächsischen Kreidegebiets; Zeitschr. d. D. Geolog. Ges. 1911. — [17] Th. Fischer, Wissenschaftliche Ergebnisse einer Reise im Atlasvorland von Marokko; Gotha 1900. — [18] S. Passarge, Die Kalahari; Berlin 1904. Derselbe, Südafrika, eine Landes-, Volks- und Wirtschaftskunde; Leipzig 1908, S. 95. — [19] F. Muntz, Comptes rendus de l'Acad. des Sciences, Paris 1890, S. 1370. — [20] E. Stahlecker, Untersuchungen über Thallusbildung und Thallusbau; Stuttgart 1905. — [21] Aus der Fülle der bodenkundlichen Literatur führen wir an: E. Ramann, Bodenkunde; 3. Aufl., Berlin 1911. Derselbe, Der Boden und sein geographischer Wert; Mitt. Geogr. Ges. München 1918. Derselbe, Bodenbildung und Bodeneinteilung; Berlin 1918. K. Glinka, Die Typen der Bodenbildung, ihre Klassifikation und geographische Verbreitung; Berlin 1914. R. Lang, Über die Bildung von Bodentypen; Geolog. Rdschau 1915. Derselbe, Verwitterung und Bodenbildung als Einführung in die Bodenkunde; Stuttgart 1920. F. Wahnschaffe und F. Schucht, Anleitung zur wissenschaftlichen Bodenuntersuchung; 4. Aufl., Berlin 1924. H. Stremme, Grundzüge der praktischen Bodenkunde; Berlin 1926. E. Blanck, Allgemeine Bodenlehre; Lehrbuch der Agrikulturchemie III, Berlin 1928. — E. Blanck, Handbuch der Bodenlehre; ein auf zehn Bände berechnetes Kompendium, von dem bis jetzt erschienen sind: Bd. I, Die naturwissenschaftlichen Grundlagen der Lehre von der Entstehung des Bodens (Berlin 1928), und Bd. II, Die Verwitterungslehre und ihre klimatologischen Grundlagen (Berlin 1929). — [22] E. W. Hilgard, Soils; New York 1906. — [23] G. Plehn, Das Trockenfarmen im Westen der Vereinigten Staaten von Nordamerika und seine wirtschaftliche Bedeutung für die Erschließung regenarmer Gebiete; Abh. Hamb. Kolonialinstituts, Hamburg 1913. — [24] R. Lang, Versuche einer exakten Klassifikation der Böden in klimatischer und geologischer Hinsicht; Intern. Mitt. f. Bodenkunde 1915. Das erstmalig von Lang entwickelte System ist inzwischen weiter ausgebaut worden (Quotient Niederschlag: Sättigungsdefizit) von A. Meyer, Über einige Zusammenhänge zwischen Klima und Boden in Europa; Chemie der Erde II, Jena 1926. Die ausgezeichnete Studie von Meyer sei allen Geographen, die sich mit dem Problem des Zusammenhangs zwischen Klima und Bodenbildung beschäftigen wollen, aufs wärmste empfohlen. — [25] H. HARRASSOWITZ, Klima- und Witterungsfragen; Neues Jahrbuch für Min. usw., Beil.-Bd. 47, Stuttgart 1923. — [26] H. STREMME, Das Lateritproblem; »Die Naturwissenschaften«, Jahrgang 1917, S. 220. — [27] Die älteren Theorien sind vorzüglich zusammengefaßt in W. MEIGEN, Laterit; Geolog. Rdschau 1911. — [28] STREMME, Profile tropischer Böden; Geolog. Rundschau 1917, S. 88. — [29] Eine entschiedene Ablehnung der STREMMEschen Gedanken spricht nicht nur LANG aus (vgl. oben Nr. 21), sondern auch H. HARRASSOWITZ, Laterit, Material und Versuch erdgeschichtlicher Bedeutung; Fortschritte der Geologie und Paläontologie Heft 14, Berlin 1926. — [30] A. REIFENBERG, Die Entstehung der Mediterran-Roterde (Terra Rossa); Dresden 1929. — [31] H. STREMME, Laterit und Terra rossa als illuviale Horizonte humoser Waldböden; Geolog. Rdschau 1915. — [32] P. TREITZ, Bericht über die agrogeologischen Aufnahmen des Jahres 1913; Jahresber. Kgl. Ung. Geol. Reichsanstalt für 1913, Budapest 1914. — [33] W. GRAF ZU LEININGEN, Entstehung und Eigenschaften der Roterde; Int. Mitt. f. Bodenkunde 1917. — [34] H. HARRASSOWITZ, Studien über Mittel- und südeuropäische Verwitterung; Steinmann-Festschrift, Berlin 1926.

Allgemeine Bemerkungen über Abtragung und Ablagerung.

Ursache und Verlauf des Abtragungsvorganges. Wir betonten oben, daß die Vorgänge der Verwitterung an und für sich noch nicht formenschaffend wirken. Erst die Abtragung und Wiederablagerung der Verwitterungsmassen arbeitet aktiv an der Modellierung der Erdoberfläche. Auf völlig horizontalem Felsboden häufen sich die Verwitterungsprodukte an; ist der Boden aber geneigt, wie es in der Natur die Regel darstellt, so setzen Kräfte ein, die eine Bewegung der Schuttmassen erzeugen. Der Abtransport des Schuttes kann aus eigenem Antrieb erfolgen oder mit Hilfe eines bewegten Mediums (Wasser, Eis und Wind). In jedem Falle ist die Schwerkraft als treibende Kraft anzusprechen. Abtragungsprozesse vollziehen sich also nur bei Gefällsunterschieden und enden, wo das Gefälle und damit die Zugkomponente der Schwerkraft nicht mehr groß genug ist, um einen Fortgang der Bewegung zu gestatten (Meeresboden, See- oder Trockenbecken des Festlandes). Bei Felsstürzen oder Rutschungen, bei der abtragenden Tätigkeit der Flüsse und Gletscher ist die Mitwirkung der Schwerkraft offensichtlich. Bei der Abtragung unter Zuhilfenahme bewegter Luftmassen muß man die Einschränkung machen, daß der Gradient und die Neigung der Flächen gleichen Luftdrucks nicht mit den Abdachungen der Erdoberfläche zusammenfallen, sondern auf inneren Gewichts- und Druckunterschieden beruhen; der Wind vermag mithin ohne Rücksicht auf die Gefällsverhältnisse der Erdoberfläche zu arbeiten, auch ist seine Bewegungsbahn nicht so beständig und fest abgegrenzt wie etwa beim Fluß- und Gletscherbett.

Da der Verwitterungsschutt im allgemeinen nur auf geneigter Ebene in Bewegung gesetzt werden kann, so ist damit bereits ausgesprochen, daß der Anlaß zur Abtragung letzten Endes in der Entstehung von Höhenunterschieden, d. h. in endogenen Vorgängen, zu suchen ist. Stellt sich in der Erdkruste für längere Zeiträume völlige Ruhe ein, so können die Kräfte der Abtragung und Ablagerung auf das Endziel einer möglichst weitgehenden Einebnung hinsteuern. Das Ausmaß der in der Zeiteinheit geleisteten Arbeit wird sich allerdings etwa in dem Maße verringern, wie die Reliefenergie * des Landes kleiner wird. Es ist aber trotzdem nicht angängig, den Grad der Abtragung und Reliefgestaltung lediglich als eine Funktion der Zeit anzusehen. Das Schema von DAVIS[1], das den Abtragungsvorgang in drei durch bestimmte Formenelemente gekennzeichnete Stadien (Jugend, Reife Alter) gliedern möchte, krankt daran, daß es eine gesetzmäßig aufeinander folgende Formenreihe annimmt, d. h. eine Korrelation zwischen Dauer des Abtragungsprozesses und Gestaltung des Geländes. In dieser grobschematischen Fassung ist die Auffassung der DAVISschen Schule abzulehnen, denn außer der Wirkungsdauer des Abtragungsvorganges spielen noch zwei Faktoren bei der Gestaltung des Geländes eine wichtige Rolle: 1. die verschiedenartige Widerständigkeit des Gesteinsmaterials gegen Verwitterung und Abtragung und 2. der Einfluß der Raumgröße auf das Tempo der Abtragung. Zwei Erdstellen, die den Kräften der Verwitterung und Abtragung in gleichem Maße und gleich lange ausgesetzt sind, können trotzdem sehr wohl die Merkmale verschiedener Altersstadien im Sinne der DAVISschen Terminologie aufweisen, sofern sich die am Aufbau beteiligten Gesteine in ihrer Widerständigkeit gegen Verwitterung und Abtragung wesentlich unterscheiden. Selbst innerhalb einer morphologischen Einheit, z. B. eines Gebirges, können »junge« Abtragungsformen (etwa enge, schluchtige Kerbtäler) neben »reifen« Formen (etwa breit entwickelten Sohlentälern) auftreten, ohne daß sich ein Unterschied in der Dauer des Destruktionsprozesses nachweisen ließe; eingehende Untersuchungen werden in solchen Fällen ergeben, daß es sich wiederum um eine petrographisch bedingte Differenzierung im Formenschatz eines und desselben Abtragungsstadiums handelt. — Hinzu kommt der oben unter 2 genannte Umstand: Je kürzer der Weg zum Meere ist, desto schneller gehen die Verwitterungsmassen dem Lande verloren, desto rascher wird bisher unangetastetes Material den Kräften der Verwitterung ausgesetzt, desto intensiver vermag die Abtragung unter sonst gleichen Umständen zu wirken. Das Endziel der zerstörenden Kräfte, die Einebnung, wird daher in kleinen Räumen früher erreicht als in großen. SAPPER hat auf diesen Umstand nachdrücklich hingewiesen: »Wenn man die Stoffmenge, die einem bestimmten Raum von der Natur zugewiesen ist, mit einem Kapital vergleichen darf, so darf man sagen, daß der engräumige Haushalt damit wesentlich verschwenderischer umgeht als der weiträumige, der denselben Stoff häufiger zu verwerten pflegt, ehe er ihn nach mehrmaligem Absatz und Wiederaufnehmen endlich ans Meer abgibt. Die

* Unter Reliefenergie versteht man die relative Höhengestaltung einer Landschaft, den jeweils für möglichst kleine Flächeneinheiten dieses Gebietes ermittelten Höhenunterschied zwischen Berg und Tal.

engräumigen Insel- und Halbinselgebiete werden daher erst sparsam, wenn sie den größten Teil ihres Kapitals verloren haben, also stark abgetragen sind.« Man sieht auch hier wieder, daß die Dauer des Abtragungsprozesses nicht allein entscheidend ist und die vielfach behauptete morphologische Korrelation sicherlich nicht als Gesetz, kaum als Regel betrachtet werden kann.

Widerständigkeit gegen Verwitterung und Abtragung. Es ist namentlich für den Anfänger nicht immer leicht, Widerständigkeit gegen Verwitterung und Widerständigkeit gegen Abtragung auseinanderzuhalten. Tone und Sande z. B. sind für die Kräfte der Verwitterung so gut wie unangreifbar, weil sie ihrerseits ja schon Endprodukte der Verwitterung darstellen; ihr Widerstand gegen Abtragung dagegen ist in der Regel nicht bedeutend, denn die geringe Kohäsion gestattet leichte Beweglichkeit, so daß die Schwerkraft mit oder ohne Einwirkung eines Mediums leicht Abwärtsbewegungen auslösen kann. Das in einem vulkanischen Gang anstehende Gesteinsmaterial umgekehrt ist der Verwitterung wesentlich stärker zugänglich als etwa ein die Umgebung einnehmendes Tongestein, setzt aber vermöge seiner Härte und homogenen Struktur der Abtragung einen wesentlich größeren Widerstand entgegen als dieses. Für die morphologische Auswirkung kann die unterschiedliche Widerständigkeit sowohl der einen wie der anderen Art von Wichtigkeit werden. Grenzen Gesteine aneinander, die bei etwa gleicher Widerständigkeit gegen Abtragung verschieden stark verwittern, so wird das leichter zerstörbare Material mehr abtragbaren Schutt liefern als die Umgebung und infolgedessen stärker fortgeräumt werden; das Ergebnis ist im Bereich dieses Gesteins eine irgendwie geartete Hohlform, Talung oder ähnliches, über die die schwerer verwitterbaren Gesteinsmassen als Erhebung aufragen. Stimmen die Gesteine in dem Grade der Verwitterbarkeit annähernd überein, zeigen sie aber starke Unterschiede gegenüber den abtragenden Kräften (vulkanischer Gang im Bereich vulkanischer Asche), so wird die Natur auch hier wieder wie ein Präparator wirken und die widerstandsfähigeren Massen als Erhebungen herausmodellieren. Die landschaftlichen Gegensätze verstärken sich naturgemäß, wenn in einem Gebiet schwer verwitterbare und der Abtragung stark widerstehende Gesteine neben solchen auftreten, die nach beiden Richtungen wenig widerständig sind. Die herausgearbeiteten widerstandsfähigeren Massen verleihen dann dem Landschaftsbilde das bezeichnende Gepräge (Fig. 47). Man spricht in solchen Fällen wohl von Härtlingen (Monadnocks), sollte sich dabei aber stets vor Augen halten, daß die Begriffe »weich« und »hart« unter allen Umständen nur relative Bedeutung haben. Dasselbe Gestein, das sich in einem Falle gegenüber seiner Umgebung als »weich« erweist, kann in anderem Falle als »hart« angesprochen werden müssen. Eine allgemeingültige Klassifizierung der Gesteine nach ihrer Widerständigkeit gegenüber Verwitterung und Abtragung ist nicht möglich.

Übersicht über die abtragenden Kräfte und Vorgänge. Der Abtransport der Wittermassen mit oder ohne Hilfe eines bewegten Mediums kann sich in vielerlei Form vollziehen. In den folgenden Kapiteln wird ausführlich davon gesprochen werden. Um aber den zusammenfassenden Überblick zu wahren, skizzieren wir an dieser Stelle die Gesamtheit der abtragenden Kräfte und Vorgänge und führen damit gleichzeitig in die Terminologie [2] ein.

Wenn Gesteins- oder Schuttmassen nur infolge der Einwirkung der Schwerkraft in Bewegung geraten und dadurch eine flächenhafte Abtragung der Hänge bewirken, so sprechen wir von Massenabwanderung oder Bodenversetzung (Massenversetzung, Bodenbewegungen). Vorgänge dieser Art können plötzlich und katastrophal eintreten oder sich auch erst in längeren Zeiträumen durch Summierung langsamer und geringfügiger Bewegungen bemerkbar machen.

Fig. 47. Aus dem Coloradogebiet (zwei Trachytgänge im horizontalen Sandstein *n*). — Nach Hayden.

Bedient sich die Schwerkraft des oberflächlich abfließenden Wassers als Hilfsmittel, so sind mehrere Vorgänge zu unterscheiden. Namentlich da, wo der Boden aus undurchlässigem Material besteht oder an der Grenze seiner Wasseraufnahmefähigkeit angelangt ist, verbinden sich bei starken Regengüssen die einzelnen Regentropfen miteinander und fließen als dünne Wasserschicht über den Hang. Die Folge dieser Abspülung (Flächenspülung, Schichtflut nach dem englischen Ausdruck sheet flood) besteht darin, daß das Regen- oder Schneeschmelzwasser die Hänge flächenhaft bearbeitet, unzählige Rillen und Runsen (Spülfurchen) darin eingräbt, Gesteinsstückchen, Sand-, Lehm- und Tonteilchen aus ihrem Zusammenhang löst und abtransportiert. — Bewegt sich das abfließende Wasser als gesammelte Wassermasse in festen Bahnen (Tälern), so bezeichnen wir die von ihm geleistete Abtragungsarbeit als Erosion (lineare Flußerosion durch Tiefenerosion, flächenhafte Erosion durch Seitenerosion). Sie gliedert sich in die Verfrachtung der dem Wasser zugeführten oder von ihm abgehobenen Schuttmassen, in ein Schleifen und Abschürfen der Talwände und Talsohle durch den im Wasser mitgeführten Schutt (Korrasion) und ein gelegentliches Auskolken der Talsohle durch stürzende und strudelnde Bewegung des Wassers (Evorsion).

DIE GEOGRAPHISCHE

Nach K

(Unter Zusammenfassung ei

1 = Tundra. 2 = Podsolierte (ausgelaugte) Böden. 3 = Braunerden (nach RAMANN), Gelberde tschernosemähnliche Böden. 5 = Kastanienbraune und braune Böden. 6 = Grauböden, sandige Klima. 8 = Roterden im gemäßigt warmen und tropischen Klima

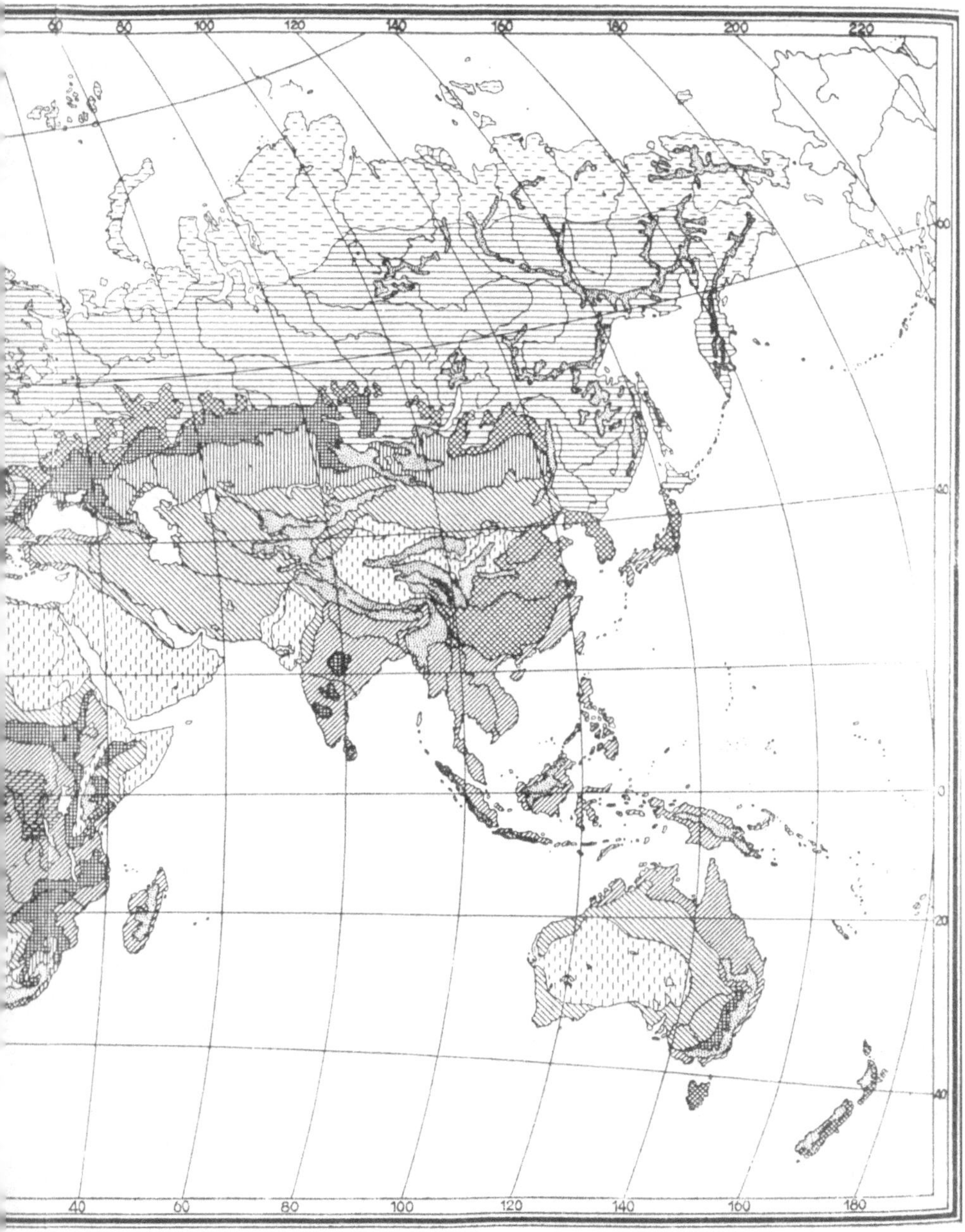

REITUNG DER BÖDEN

. 1927

e verwandter Bodentypen)

egradierte und ausgelaugte Böden der Steppenwald-Gebiete. 4 = Tschernosem (Schwarzerde) und
und rotfarbige Böden der Wüstensteppe. 7 = Wüstenböden im gemäßigten und subtropischen
aterite (fortgeschrittene tropische Roterden). 10 = Gebirgsböden

Auch für die abtragende Tätigkeit des fließenden Eises, deren Effekt nach Tiefe und Breite noch immer sehr umstritten ist, wird gewöhnlich der Ausdruck Erosion angewandt. Um Mißverständnisse zu vermeiden, unterscheidet man fluviatile und glaziale Erosion. Für letztere hat J. WALTHER den besonderen Terminus Exaration geprägt, der sich jedoch nicht allgemeiner Verwendung zu erfreuen hat.

Die ausgesprochen flächenhaft wirkende Schleifarbeit des brandenden Wassers (Meer, Seen) kennzeichnet man durch den von F. v. RICHTHOFEN eingeführten Ausdruck Abrasion, doch findet sich daneben auch die Bezeichnung marine Erosion.

Noch ganz unsicher ist die Terminologie in bezug auf die abtragende Wirkung des Windes. Man spricht von äolischer Erosion, von Deflation (Abblasen), Ablation (Windabhebung), Korrasion * (Sandschliff) u. a. m. Die Vielheit der Bezeichnungen deutet schon darauf hin, daß restlose Klarheit über die morphologische Wirksamkeit des Windes heute noch nicht besteht.

Noch immer in verschiedenem Sinne gebraucht wird endlich auch der Ausdruck Denudation. Der Wortwurzel gemäß sollte er beschränkt bleiben auf die Gesamtheit der Abtragungsvorgänge, die frisches Gestein entblößen und der Verwitterung überantworten. In der Literatur aber begegnet man ihm oftmals in erweitertem Sinne als Zusammenfassung von Verwitterung und Abtragung und zur Kennzeichnung der dadurch hervorgerufenen allgemeinen Landerniedrigung. Diese Mehrsinnigkeit ist gewiß zu bedauern, dürfte aber durch noch so betonte terminologische Auseinandersetzungen kaum mehr aus der Welt zu schaffen sein. Es empfiehlt sich daher, den Ausdruck Denudation nach Möglichkeit ganz zu vermeiden und dafür eindeutige deutsche Umschreibungen anzuwenden.

Dem Geographen würde es gewiß willkommen sein, nicht nur die verschiedenartigen Abtragungsvorgänge und ihre Wirkungen, sondern zugleich den Einflußbereich jedes einzelnen Typs kennenzulernen. Sehen wir von dem Saum vorherrschender Abrasion ab und vernachlässigen wir für diesen Zweck die allenthalben mehr oder minder isoliert auftretenden Massenabwanderungen, so läßt sich die Erde gliedern in:

1. Gebiete mit überwiegend fluviatiler Erosion und Akkumulation;
2. Gebiete mit überwiegend glazialer Erosion und Akkumulation;
3. Gebiete mit überwiegend äolischer Erosion und Akkumulation;
4. Gebiete mit überwiegend akkumulativer Verwitterung.

A. PENCK 3 hat vor längerer Zeit den Versuch gemacht, auf Grund der Karte von C. ROHRBACH in BERGHAUS' physikalischem Atlas das

* Der Ausdruck »Korrasion« wird leider in mehrfachem Sinne gebraucht; er findet auch Verwendung zur Kennzeichnung von Vorgängen, bei denen der Untergrund durch die Reibung sich darüber hinwegbewegenden festen Materials (z. B. Schuttstrom) beansprucht wird (Zerreiben, Abdrücken, Abstemmen).

Areal dieser Gebiete in % der Festlandfläche zu bestimmen. Er gelangte zu folgendem Ergebnis:

	Abtragung	Ablagerung	Zusammen
Fließendes Wasser	26%	5%	31%
Gletscher	6%	7%	13%
Wind	6%	28%	34%
Akkumulative Verwitterung	—	22%	22%
	38%	62%	100%

Gewiß haftet diesen Zahlen eine Reihe von Mängeln an, auf die PENCK selbst hinweist. Die Feststellung aber, daß sogar auf den Kontinenten die Fläche überwiegender Ablagerung größer ist als die überwiegender Abtragung, dürfte zweifellos zu Recht bestehen. Ebenso dürfte die Kennzeichnung der fluviatilen Erosion als des wichtigsten Faktors der Abtragung gewiß das Richtige treffen.

Daß die Oberflächengestaltung je nach dem Vorherrschen der einen oder der anderen Abtragungsform verschieden sein muß und sich in dieser Buntheit der Formen in erster Linie die großen klimatischen Gegensätze der Landräume widerspiegeln, bedarf nicht der Betonung. Manchmal liegen solche Gegensätze so nahe beieinander, daß die charakteristischen Erscheinungen des einen Klimagebietes in den Wirkungskreis des anderen übergreifen. So entstehen geographische Dissonanzen *, wie PASSARGE [4] sie nennt, z. B. ein Gletscher in der Waldregion oder das große Erosionstal des Nil in der Wüste.

Oberes und unteres Grenzniveau der Abtragung. Die Tatsache, daß die höchsten Gebirge den Tropen und Subtropen angehören, führte A. PENCK [5] zu der Vermutung, daß hierbei klimatisch-morphologische Faktoren eine Rolle spielen. Oberhalb der Schneegrenze steigert sich die Wirkung von Verwitterung und Abtragung rasch so stark, daß alle bis in diese Höhen hinaufsteigenden Gebirge schnell der Zerstörung anheimfallen. Da die Schneegrenze von den Polen aus nach dem Äquator zu ansteigt, so leuchtet es ein, daß die Maximalhöhe der Gebirge mit sinkender Breite größer werden kann. PENCK nimmt an, daß kein Gebirge höher hinaufwachsen kann als bis in eine Höhe von 2—3000 m über der Schneelinie. Er nennt dieses Grenzniveau, in welchem die Abtragung so rasch erfolgt, daß sie jedwede Hebung ausgleichen kann, das absolute obere Denudationsniveau. Trifft diese Annahme von PENCK zu, so müssen Klimaschwankungen von großer zeitlicher Amplitude oder gar völlige Veränderungen des Klimas von größter morphologischer Bedeutung sein, indem sie die Lage der Schneelinie und damit die Höhe des oberen Denudationsniveaus, d. h. die Maximalhöhe der Gebirge, verändern. — Klimatische Wandlungen wirken sich

* Konsonante Erscheinungen sind alle in einer Zone gleicher Kraftwirkungen durch die vorhandenen Kräfte gebildeten Erscheinungen. Dissonant dagegen sind die durch die Einwirkung von Kräften aus einer benachbarten Region mit gleichen, aber andersgearteten Kraftwirkungen entstandenen Erscheinungen.

morphologisch natürlich auch schon dadurch aus, daß sie die vertikal oder horizontal aufeinander folgenden Klima- und Destruktionszonen verschieben. Aber wenn auch die Art der Destruktionsarbeit sich rasch ändert, so braucht es doch lange, bis der ihr entsprechende Relieftypus den alten verdrängt. Noch begegnen wir allenthalben in heute gletscherfreien Gebirgen und unter großen Polhöhen den Spuren der Eiszeit, in heutigen Wüsten vielfach den Spuren einstiger Regenfülle, in jetzt niederschlagsreichen Gegenden nicht selten den Spuren ehemaliger Trockenheit. PASSARGE nennt das disharmonische Erscheinungen *.

Als absolutes unteres Denudationsniveau bezeichnet PENCK das Meeresniveau, und in der Tat kann (die Depressionen ausgenommen) kein Fluß, kein Gletscher eine Erhebung bis unter den Meeresspiegel erniedrigen. Nur dem Wind kann man unter besonders günstigen Umständen eine solche Fähigkeit zuerkennen. Ähnlich, wie wir es oben für die Klimaänderungen ausführten, kommt also auch jeder Veränderung der Meereshöhe große morphologische Bedeutung zu. Ein Sinken des Meeresniveaus überantwortet neue Randgebiete der Abtragung, die bislang, als jenseits des absoluten unteren Denudationsniveaus gelegen, davor geschützt waren. Eine Hebung der Strandlinie umgekehrt entzieht entsprechende Flächen den sie bislang beherrschenden Kräften der Abtragung.

Von den absoluten Denudationsniveaus sind die wirklichen zu unterscheiden, die durch den höchsten und den tiefsten Punkt einer bestimmten Landerhebung begrenzt werden. Stets aber bleiben die wirklichen Denudationsniveaus (auch hier wieder die Depressionen ausgenommen) innerhalb der absoluten.

Literaturnachweise. [1] W. M. DAVIS, Die erklärende Beschreibung der Landformen, deutsch bearbeitet von A. RÜHL; Leipzig-Berlin 1912. W. M. DAVIS und G. BRAUN, Grundzüge der Physiogeographie; 2. Auflage, Leipzig-Berlin 1915/17. — [2] Zur Terminologie haben sich kritisch geäußert: J. W. GREGORY im Geographical Journal 1911, Bd. XXXVII, S. 189; A. HETTNER in der Geographischen Zeitschrift 1911, S. 135; J. SÖLCH im Geographischen Anzeiger 1912, S. 100, 129, 158; A. v. BÖHM in Petermanns Mitteilungen 1913, Bd. I, S. 123; W. PENCK, Die morphologische Analyse, Stuttgart 1924. — [3] A. PENCK, Morphologie der Erdoberfläche; Bd. I, Stuttgart 1894, S. 417. — [4] S. PASSARGE, Physiologische Morphologie; Hamburg 1912, S. 117. — [5] A. PENCK, Über Denudation der Erdoberfläche; Vortrag im Verein zur Verbreitung naturwissenschaftlicher Kenntnisse, Wien 1887.

* Als harmonisch bezeichnet PASSARGE [4] alle Erscheinungen, die durch die in dem betreffenden Gebiet heute wirksamen abtragenden und aufschüttenden Kräfte erklärt werden können; disharmonisch dagegen nennt er alle Erscheinungen, die durch die heute in diesem Gebiet wirksamen Kräfte nicht erklärt werden können.

Massenabwanderung.

Einleitung. Eine selbständige, nur unter Mitwirkung der Schwerkraft sich vollziehende Abwanderung von Gesteins- und Erdmassen spielt in allen Klimagürteln stets da eine erhebliche Rolle, wo die Böschungsverhältnisse des Geländes eine Entfaltung von Schwerkraftsbewegungen gestatten [1]. So sehr auch im einzelnen Hangneigung, Beweglichkeit der Massen, Durchfeuchtung und Pflanzenwuchs als bestimmende Faktoren der Massenabwanderung den Vorgang dieser flächenhaften Abtragung beeinflussen mögen, so lassen sich doch alle Erscheinungen dieser Art in die folgenden drei Gruppen einordnen: Abstürzen, Abrutschen und Abkriechen. Im ersteren Falle handelt es sich um Massenabwanderung felsigen Materials, um Teile von Felswänden oder um Gesteinstrümmer, die von der Verwitterung erzeugt wurden; die Massen gelangen nach Art der Bewegung im freien Fall oder auf schiefer Ebene in die Tiefe. Bei Rutschungen und Gekriech liegt eine Art Fließbewegung vor, die sich plötzlich oder ganz allmählich vollziehen kann und entweder besondere Gesteinsarten (Tone, Lehme, Sande) oder den am Hang angehäuften Verwitterungsschutt abwärts wandern läßt. Daß bei der Beobachtung in der Natur die Grenze zwischen Abrutschen und Abkriechen nicht immer in voller Schärfe zu ziehen ist, muß zugegeben werden *. In der Mehrzahl der Fälle wird es aber doch gelingen, die beobachtete Erscheinung dieser oder jener Kategorie zuzuordnen. Wo das nicht möglich ist, empfiehlt sich eine besonders eingehende Beschreibung aller Beobachtungstatsachen, denn wie überall so soll auch hier das System nur Hilfsmittel, nicht Selbstzweck sein.

Bei der Beobachtung und Deutung von Erscheinungen der Massenabwanderung ist auf einige allgemeine Punkte besonders zu achten. Der Einfluß der Hangneigung ist offensichtlich, da als Bewegung erzeugende Kraft nur die im Sinne der schiefen Ebene wirkende Komponente der Schwerkraft in Frage kommt. Es versteht sich also von selbst, daß mit Größerwerden des Böschungswinkels die Stärke der Massenabwanderung im allgemeinen zunimmt. Problematisch aber ist in vielen Fällen, bei welcher Minimalgrenze der Hangneigung noch Massenabwanderung nachzuweisen ist. Sorgfältige Notizen über diesen Punkt sollten in keinem Falle fehlen.

Die Beweglichkeit der der Abwanderung unterliegenden Massen hängt in erster Linie von der Reibung ab, sowohl der inneren Reibung zwischen den einzelnen Teilen der in Bewegung geratenden Masse als auch der Reibung zwischen der bewegten Masse und ihrer Unterlage. Auch hier ist noch manche Unsicherheit durch sorgfältige Beobachtung zu beseitigen. Hinsichtlich der inneren Reibung gilt es beispielsweise

* Das gilt z. B. für die vielen Hängen eigentümlichen Bodenwülste, die Sölch [2] auf kombinierte Wirkung von Rutschung und Abwärtskriechen des Gehängeschuttes zurückführt.

zu prüfen, ob im humiden und im ariden Klima gleiche oder unterschiedliche Bedingungen vorliegen. Im humiden Klima wirken die sich hier stark entwickelnden Kolloide, besonders feuchter Ton, geradezu als Schmiermittel. Im ariden Klima werden zwar auch kolloide Stoffe gebildet, aber sie backen infolge der Austrocknung zu einer harten Kruste zusammen und erschweren die Beweglichkeit, sofern sie nicht durch salzhaltige Lösungswasser ausgeflockt werden und sich dann als staubfeines Pulver dem Insolationsschutt hinzugesellen. W. Penck[1] vertritt die Auffassung, daß unter sonst gleichen Voraussetzungen (Böschungswinkel, Gesteinsart usw.) die Neigung zu Massenabwanderung in allen Klimagürteln die gleiche ist, weil im humiden Klima die gallertartig aufquellenden Kolloide die Beweglichkeit gerade so steigern, wie es im ariden Klima die ausgeflockten, zu Pulver zerfallenden Kolloide tun. — Bei der Beurteilung der Reibung zwischen bewegter Masse und Unterlage kommt eine ganze Reihe von Faktoren zur Geltung. Der Klärung bedarf besonders die Frage, welchen Einfluß eine Gewichtserhöhung etwa durch Auflagerung weiterer Wittermassen ausübt. Sicher wird dadurch oft eine Bewegung ausgelöst in Fällen, in denen sonst bei dem gegebenen Böschungswinkel der Druck noch nicht ausreicht, um die Reibung zu überwinden. Aber wie weit reicht dieser bewegungerzeugende Druck abwärts, und bei welcher Mindestneigung kommen weiter unten noch Bewegungen zustande? Ist z. B. das Verschwinden der Talspuren in Trockentälern bei Umlaufbergen dadurch zu erklären, daß hier unten bei sehr geringem Neigungswinkel noch Abwanderung stattfindet, weil die Schutthalde an der Talflanke auf die unten angesammelten Lockermassen drückt und durch die Verwitterung der Talhänge stetige Gewichtserhöhung erfährt? Auf der anderen Seite ist sicher, daß Druckbelastung die Reibung erhöht. Man sollte infolgedessen annehmen, daß unter sonst gleichen Umständen die hangenden Horizonte eines Bodenprofils beweglicher sind und rascher abwandern als die tieferen Horizonte. Eine Reihe von Beobachtungen wie das »Überwälzen« der abwandernden Massen, die Stelzbeinigkeit der am Hang angesiedelten Bäume u. a. m. scheint für die Richtigkeit dieser These zu sprechen, aber es bedarf entschieden noch weiterer gründlicher Beobachtungen, um hier ganz klar zu sehen.

Wie sehr die Durchfeuchtung für die Beweglichkeit und damit für den Gang der Massenabwanderung von Wichtigkeit ist, lehrt allein schon die Periodizität der Abtragungsvorgänge dieser Art, bei denen in unserem Klima allenthalben der Zusammenhang mit dem Maximum der Niederschläge und dem Einsetzen der Schneeschmelze zu erkennen ist. Die Rolle, die kolloide Stoffe bei der Massenabwanderung spielen, läßt diese Beziehungen ohne weiteres verständlich erscheinen: eine Ton- oder Lehmmasse z. B. kann an ziemlich steilem Hang in trockenem Zustande noch in Ruhe verharren, weil die Kolloide zusammengebacken sind; bei genügender Durchfeuchtung aber ist bei demselben

Böschungswinkel die Masse bereits so beweglich, daß sie abwandert. Trotzdem fehlt es an offenen Fragen auch hier nicht. Sie betreffen weniger die bestimmenden Faktoren der Wasseraufnahmefähigkeit (Porenvolumen, Gehalt an schwellfähigen Kolloiden usw.) als vielmehr die Beziehungen zwischen Grad der Durchfeuchtung und Stärke der Massenabwanderung bei den verschiedenen Erdmassen. Insolationsschutt z. B. scheint in trockenem Zustande beweglicher zu sein als bei schwacher Durchfeuchtung, dagegen bei sehr starker Durchfeuchtung eine wesentliche Steigerung seiner Beweglichkeit zu erfahren. Wir treffen im letzteren Falle Verhältnisse an ähnlich wie bei den gefährlichen Schwimmsanden und Triebsanden, die wegen ihrer außerordentlichen Beweglichkeit bei Erdarbeiten und im Bergbau gar manches Unheil angerichtet haben.

Der Einfluß der Pflanzendecke auf die Massenabwanderung besteht sicherlich zumeist in einer Herabminderung der Beweglichkeit. Das Aufforsten der Wanderdünen und die dadurch erzielte Unterbindung weiterer Vorstöße gilt als Analogon für die Annahme, daß Waldwuchs umfangreichere Massenbewegungen ausschließt. Aber selbst die Bedeutung des Wurzelwerks als Hemmnis für Massenabwanderung muß noch als umstritten gelten. Nur sehr sorgfältige Beobachtungen vor allem in den Waldgebieten der verschiedenen Klimagürtel werden uns Aufschluß darüber geben, ob die Dinge so einfach liegen, wie wir es uns meist vorstellen.

Abstürzen (Bergsturz, Steinschlag, Schutthalde). [3] Daß gelegentlich riesige Felsmassen aus dem Gleichgewicht gebracht werden und in stürzende Bewegung geraten, kann auf mannigfache Ursachen zurückgehen. Erdbeben geben häufig Veranlassung zu solchen Katastrophen; dies war der Fall beim Absturz der Schlaggendorfer Spitze in der Tatra (1662), die dadurch ungefähr 300 m an Höhe verlor, und bei dem Einsturz der Villacher Alp (25. Januar 1348), durch den 13 Dörfer begraben wurden. Daß gelegentlich auch der Einsturz von Höhlen zu Bergstürzen führen kann, ist durch eine Reihe von Beobachtungen als Tatsache erwiesen worden. Häufig erklärt sich ein Felssturz aus dem besonderen Bau des betreffenden Gebiets, indem mächtige Gesteinsbänke auf toniger Unterlage ruhen und letztere infolge starker Durchfeuchtung, Ablenkung von Quellen usw. weich und schlüpferig wird. Ist die tonige Schicht in derselben Richtung geneigt wie das Gehänge, so können die auflagernden Gesteinsmassen längs dieser Fläche ins Gleiten kommen und schließlich abstürzen; wir sprechen in diesem Falle von einem Felsschlipf (Bergschlipf). Der Sturz des Roßberges am 2. September 1806, der vier Dörfer verschüttete, ist eine der bekanntesten Katastrophen dieser Art. Bei wagerechter oder einwärts geneigter Lagerung der tonigen Schicht kommt ein direkter Absturz der Felsmassen nicht in Frage, dafür aber setzen hier Vorgänge ein, die nicht minder katastrophal enden können und die man unter der Bezeichnung »Absitzung« zusammengefaßt hat. Die Felsmassen sinken, der

Schwerkraft folgend, zunächst ohne nennenswerte seitliche Verschiebung in die plastisch gewordene Unterlage ein, quetschen diese in Form von Quetschschlammströmen aus, zerbersten und zerbrechen alsdann und ergießen sich schließlich in Gestalt verheerender Gesteinsströme über die Hänge. Die Verwüstungen in der Sandlinggruppe des Salzkammergutes (September 1920), deren genaue Untersuchung O. LEHMANN [4] zu danken ist, gehen auf eine solche Absitzung zurück. Der Rauminhalt des dabei bewegten Gesteins ist auf 6—9 Mill. cbm zu schätzen; die Länge des erst nach vier Wochen zur Ruhe gekommenen Gesteinsstroms, von der einheimischen Bevölkerung mit dem eigentlich nur für Wildbachausbrüche gültigen Ausdruck »Mure« belegt, betrug nahezu 3,7 km.

Ein Abbrechen von Felsmassen muß weiterhin eintreten, wenn die Maximalböschung des betreffenden Gesteins aus irgendeinem Grunde überschritten wird, sei es, daß die Versteilung durch die Erosion eines den Fuß des Felsens annagenden Flusses oder durch andere Vorgänge erzeugt wird. Unter Maximalböschung verstehen wir mit HEIM das äußerste Maß von Steilheit, das unter Wahrung des Gesteinszusammenhanges als Dauerzustand möglich ist. Im allgemeinen ist die Maximalböschung am größten bei Kalksteinen und Dolomiten, kleiner bei Quarziten und Sandsteinen, noch geringer bei Schiefern. Wenn die Grenze der Maximalböschung erreicht oder gar überschritten ist *, führt jede stärkere Lockerung des Gefüges (Verwitterung, vulkanische oder seismische Beben) zu einem Abstürzen dieser nicht mehr genügend mit dem Ganzen verbundenen Massen. Je nach dem Ausmaß der Gesteinsabwanderung sprechen wir in diesen Fällen von Felssturz oder Steinschlag. Besonders in vegetationsarmen Gebieten, wo festhaltende Pflanzenwurzeln fast ganz fehlen (Trocken- und Kältewüsten), sind die steileren Hänge von jedem Schuttbelag entblößt. W. PENCK [5] beobachtete z. B. in der Atakamawüste, daß alle Hänge mit mehr als 25—35° Neigung rein felsig sind. — Da bei Steilhängen, die aus verschiedenem Gesteinsmaterial aufgebaut sind, die Maximalböschung von Serie zu Serie wechselt, so entstehen hier sehr markante und namentlich im Falle söhliger Lagerung äußerst eindrucksvolle Stufenabsätze, die sog. Bandstruktur mit flach geneigten Verwitterungs- oder Denudationsterrassen im Bereich der weicheren und scharf daraus aufsteigenden Stufen im Bereich der härteren Schichten (Fig. 48).

Die in Form von Bergsturz oder Steinschlag abstürzenden Massen sammeln sich am Fuß der Steilhänge zu Schutthalden an, die um so steiler sind, je massiger, eckiger, grobkörniger und rauhbrüchiger die Trümmer sind. PIWOWAR [6] hat eine große Zahl solcher auf trockenem Wege gebildeten Schuttansammlungen gemessen und Maximalböschungen von 20 bis 43° Grad gefunden; der mittlere Böschungswinkel der

* Senkrechte oder überhängende Wände sind verhältnismäßig selten und stets örtlich beschränkt. Wenn trotzdem häufig solcher Erwähnung geschieht, so kommt dies daher, daß ein ungeübtes Auge nichts so sehr überschätzt wie Böschungswinkel.

vom Wasser abgelagerten Schuttkegel beträgt dagegen im schweizerischen Rhonetal (oberhalb des Genfer Sees) nach den Messungen von HORWITZ 7 nur 11½°. Beim Abstürzen gelangen die größeren Trümmer wegen ihrer größeren Wucht am weitesten abwärts, so daß der obere Teil der Schutthalde aus feineren Gesteinsstücken, die Schleppe der Halde aber aus grobem Material besteht und die Oberfläche der Halde leicht konkav gewölbt ist.

Eine meist lange sichtbare und zunächst von Steilwänden umrahmte Abrißnische kennzeichnet das Wurzelgebiet der Bergstürze,

Fig. 48. Verwitterungsterrassen im Glärnisch-Gebirge. Fliegeraufnahme der Ad Astra-Aero, Zürich.

deren Häufigkeit vom Gesteinsmaterial (Zerklüftung, Grad der Verwitterbarkeit), vom geologischen Bau (tonige Zwischenschicht), von der Steilheit der Hänge (tiefe Erosionsrisse, frühere Gletschertäler) und von den klimatischen Gegebenheiten (Durchfeuchtung, Stärke der Verwitterung) abhängt. — Der beim Absturz sich bildende Gesteinsstrom kann den Abhang gleichmäßig bearbeiten oder sich mehr linienhaft in die Tiefe ergießen. Im letzteren Falle vermag er bisweilen eine erhebliche Korrasion auszuüben. So schürfte der Felsstrom, der aus dem Bergsturz von Bilten (Glarus, 29. 4. 1868) hervorging, ein Bett von 6—10 m Tiefe und 10—20 m Breite aus. Stürzt der Gesteinsstrom in ein bereits bestehendes Tal, so kann er dieses sperren und hier einen natürlichen Staudamm bilden. Der 400 m hohe Wall des eiszeitlichen Felssturzes von Flims dämmte das Rheintal auf, ist inzwischen aber bereits wieder durchsägt worden. Auch der Gesteinsstrom beim Bergsturz in der Sandlinggruppe (1920) erzeugte im Michel-Hallbachtal und im Tale des Leislingbaches eine Reihe kleinerer Stauseen. — Die Trümmermassen, die sich in der Tiefe ansammeln, vermischen sich mit dem feinen, vom Regen abgespülten Schuttmaterial und fallen mehr und mehr der Verwitterung anheim. Endgültige Ruhe ist diesen Schutthalden freilich auch jetzt noch nicht beschert, denn weitere Kräfte der Abtragung modellieren und zehren an ihnen, und oftmals verraten nur noch unregelmäßig gestaltete Hügel die Ablagerungsstätte des einstigen Bergsturzes.

Abrutschen. Mit den Felsstürzen haben die Rutschungen das eine gemeinsam, daß sie räumlich eng begrenzt sind, meist ruckartig einsetzen und in der Regel eine Abrißnische erkennen lassen; sie stehen auch in bezug auf katastrophale Folgen oftmals nicht hinter den Bergstürzen zurück. Was sie von der ersten Art der Massenabwanderung unterscheidet, ist die Tatsache, daß sowohl besondere Gesteinsarten, vor allem Tone und Lehme, als auch Schuttmassen von ihnen betroffen werden und daß sich die Bewegung mehr in einem fließenden Abgleiten denn in einem Abstürzen vollzieht. Starke Durchfeuchtung und ein hoher Gehalt an Kolloiden bildet in allen humiden Klimabezirken eine wichtige Voraussetzung für das Zustandekommen von Rutschungserscheinungen. Wie die Verhältnisse im ariden Klima liegen, ist zurzeit immer noch nicht genügend erforscht. Das Optimum für Rutschungen dürfte in den mäßig und periodisch feuchten Klimaregionen zu suchen sein, wo die Pflanzendecke schütter ist und in der Regenzeit genügend starke Durchfeuchtung erfolgt.

Als Ursache für Rutschungen kommt wiederum eine Reihe von Faktoren in Frage. Beginnen wir mit dem Menschen, der durch Eingriffe in die Natur nicht selten zur Auslösung von Rutschungsbewegungen beiträgt. Wo natürliche Widerlager, welche die zum Rutschen neigenden Massen stauen, vom Menschen weggeräumt werden, tritt die Schwerkraft die Herrschaft an und setzt die angesammelten Massen in Bewegung. So veranlaßte beispielsweise die Anlage von Steinbrüchen bei Elm jene furchtbare, zu einem förmlichen Bergschlipf sich auswachsende Rutschung vom 11. September 1881, die nicht bloß den Talboden, sondern auch den unteren Teil der gegenüberliegenden Lehne mit einer Schuttmasse von 10 Mill. cbm bedeckte. Im kleinen oder großen wiederholt sich ähnliches in ungezählten Fällen bei der Anlage von Straßen, Eisenbahnen, Kanälen usw. Alle Verkehrsingenieure, die im feuchtheißen Tropenklima gearbeitet haben, berichten von ihrem oft verzweifelt schweren Kampf gegen die Rutschungen, die, wie im Culebra-Einschnitt des Panamakanals[8], das Gelingen eines Werkes geradezu in Frage stellen können. — Eine Begünstigung der Rutschungen kann auch durch Waldverwüstung geboten werden. Die Bauern im Sextener Tal, die Ende des vorigen Jahrhunderts den bisherigen Gemeindewald in Parzellen aufteilten und die von oben nach unten verlaufenden

Grenzen durch Niederlegen des Waldes markierten, ahnten gewiß nicht, welches Unheil sie damit anrichteten: sie bahnten den Muren den Weg und kämpfen zudem seit jener Zeit gegen stetig neu einsetzende Rutschungen, die in dem einst geschlossenen Waldgebiet kaum bekannt waren.

Auch die Schuttmassen unterliegen natürlich dem Gesetz der Maximalböschung, und wie der Mensch so kann auch die Natur gelegentlich dagegen verstoßen und der Schwerkraft dadurch den Weg zur Wirksamkeit in Gestalt von Rutschungen ebnen. Übermäßige Versteilung durch fluviatile Annagung und Einkerbung des Hanges führt im Bereich vieler Flußtäler zu ausgedehnten Rutschungen. Dasselbe Bild begegnet uns im Bereich vieler Küstenstrecken an Meeren und Binnenseen.

Plötzliche Erschütterungen eines zu Gleitbewegungen neigenden Bodens durch vulkanische, tektonische oder Einsturzbeben lösen häufig Rutschungen aus. Fast jeder Vulkan, bei dem Aschenausbrüche vorwiegen, liefert uns Beispiele hierfür, in besonders lehrreicher Weise der Vesuv. Aus dem chinesischen Lößgebiet berichtet Schmitthenner [9], daß das große Erdbeben von Kansu (1920) in weiten Gebieten gleichzeitig große Rutschungen in den Lößmassen hervorrief.

Von den durch Absitzung hervorgerufenen Quetschrutschungen war oben bereits die Rede. Die durch starke Durchfeuchtung plastisch gewordenen Massen müssen ausweichen und als zähflüssiger Tonbrei abwärtswandern, weil aus dem Hangenden eine schwere Last in sie hineinsinkt und sie ausquetscht. Die oben angeführte Studie von Lehmann [4] über die Naturkatastrophe in der Sandlinggruppe gibt über diesen Typ von Rutschungen vorzüglich Aufschluß.

Sofern die Rutschungen in Tonmassen wurzeln, die in Wechsellagerung mit kolloidärmeren, poröseren Gesteinen auftreten, wirkt sich das gegenseitige Mächtigkeitsverhältnis morphologisch sehr markant aus. Die wasserdurchlässigen, tonarmen Gesteinsbänke sind in jedem Falle eine wichtige Voraussetzung für das Zustandekommen von Rutschungen, denn die intensive Durchfeuchtung der Tonschichten im Liegenden wäre ohne die stark klüftigen und stark porösen wassertragenden Bänke im Hangenden nicht wohl möglich *. Der morphologische Effekt hängt nun aber stark davon ab, welche Stoffart über die größere Mächtigkeit verfügt. Handelt es sich etwa um mächtige Sandsteinbänke, zwischen die nur eine dünne Tonlage eingeschaltet ist, so wird ein Bergschlipf bzw. eine Absitzung resultieren, und die an Masse überwiegenden Sandsteine beherrschen mit ihren Absturzmassen das Bild der Katastrophe. Besteht umgekehrt der Hang im wesentlichen aus Tonen, die nur von einer wenig mächtigen Decke von Sandstein gekrönt werden, so bestimmen die Abtragungserscheinungen im Bereich

* Im mediterranen Klima mit Sommerdürre und Niederschlägen im Winterhalbjahr kann die Durchfeuchtung der Tonmassen allerdings auch direkt erfolgen, weil der Boden im Sommer stark ausdörrt und von klaffenden Spalten durchsetzt wird, in die im Herbst das Wasser eindringt.

der tonigen Massen den Charakter der Landschaft: unzählige Gehängerisse (in Italien Calanche genannt) und starke Rutschungen. Die letzteren nehmen bisweilen derartige Ausmaße an, daß man nach starken Regen geradezu von einem »fließenden Hang« sprechen möchte. An einzelnen Stellen brechen überdies aus deutlichen Abrißnischen Erdschlipfe aus, die als breiiger Strom abwärts wandern und gewaltige Verheerungen anrichten können (in Italien Frana genannt). KANTER [10] hat kürzlich derartige Rutschungen aus dem östlichen Kalabrien beschrieben. Dort rutschte 1915 das Dorf San Lorenzo Bellizzi in seiner Gesamtheit um einige Meter abwärts, ohne daß erheblicher Schaden entstand; eine andere große Rutschung (Frana) drang in das Dorf Cassano Jonio ein und vernichtete hier nicht nur Äcker, Weingärten und Olivenhaine, sondern auch eine Reihe von Häusern.

Abkriechen. Das Wesen dieser Art von Massenabwanderung wird in erster Linie durch den Umstand gekennzeichnet, daß die Bodenversetzung in der Zeiteinheit verglichen mit den abstürzenden und abrutschenden Bewegungen außerordentlich gering ist. Einen Bergsturz oder eine Rutschung kann man beobachten und dabei Beginn und Ende der Massenabwanderung festlegen. Beim Abkriechen entzieht sich der Vorgang selbst nahezu ganz der Beobachtung, und nur das Ergebnis gestattet Rückschlüsse auf Art und Verlauf der Bewegung. Absturz und Abrutschen stellen das kurzfristig wirksame, aber massige Gegenstück zu der große Zeiträume benötigenden Feinbewegung des Abkriechens dar. Mit diesen Ausführungen ist bereits ausgesprochen, daß wir uns bei der Behandlung dieser Form der Massenabwanderung auf ein besonders schwieriges Gebiet begeben. Es darf nicht unerwähnt bleiben, daß die Meinungen hier oft stark auseinandergehen, die Beobachtungstatsachen häufig anders gedeutet, ja nicht selten in ihrer Richtigkeit bezweifelt werden.

Unter dem Namen Erdfließen oder Solifluktion hat J. G. ANDERSSON [11] als erster langsame Abwärtsbewegungen des Gehängeschutts aus den polaren Breiten beschrieben. Schutt, auch grober Bruchschutt, vom Schneeschmelzwasser stark durchtränkt, gleitet hier an der oberflächlich aufgetauten Grenzschicht des stets gefrorenen Untergrundes mählich abwärts. Mögen auch Kolloide als Schmiermittel gänzlich fehlen, so kommt es dennoch zu einer Massenabwanderung, weil die Schutteilchen dank der übermäßigen Durchfeuchtung stark beweglich gemacht worden sind und die glitschige Grenzfläche des Bodeneises die Bewegung fördert. Der Mangel an zusammenhängender Pflanzendecke begünstigt die Massenabwanderung, wie umgekehrt auch die langsame, aber stetige Bewegung des Bodens die Ansiedlung der Pflanzen hemmt. Das Vorhandensein des Bodeneises ist von besonderer Wichtigkeit auch dadurch, daß es ein Versickern des von Niederschlägen oder Schneeschmelze gelieferten Wassers verhindert und dieses gänzlich für die Zwecke der Durchfeuchtung der Schuttmassen zu verwenden gestattet. Die Erscheinung des Erdfließens ist also im strengsten Maße klimatisch bedingt; sie hört auf, wo der ständig gefrorene Untergrund endet (etwa bei der Jahresisotherme von —5°). Solifluktion wird in Form flächenhafter und mehr linearer Massenabwanderung beobachtet. Die Bewegung vollzieht sich auch noch bei ganz flachen Gehängen von 3 bis 5° Neigung. Der Schuttstrom, der zunächst aus Trümmern verschiedenster Größe besteht, kann, wenn er im Tale zur Ruhe gelangt, einer Sortierung unterliegen, indem hier das fließende Wasser die feineren Bestandteile ausspült und nur die gröberen Blöcke übrigläßt (Blockmeere). — Im Bereich des polaren und subpolaren Schuttfließens sowie in vielen Hochgebirgen treten noch zwei Erscheinungen auf,

Fig. 49. Steinkränze auf dem Vorland des Zeppelinhafens, Kingsbai, Spitzbergen. Auf dem vorderen Steinkranz ein Bergstock von 1½ m Länge.
(Aus W. Meinardus »Über einige charakteristische Bodenformen auf Spitzbergen«, Bonn 1912.)

deren Deutung bis auf den heutigen Tag nicht restlos sicher ist: eine Sortierung des Gesteinsschuttes in den oberen 50 bis 60 cm zu seltsam anmutenden Steinstreifen, Steinnetzen, Steinringen und Steinfeldern (Strukturböden, Fig. 49) und eine feldermäßige Aufteilung des Bodens durch Kontraktionsrisse (Polygonböden). Dem Geographen, der sich über den neuesten Stand der Auffassung über diese Erscheinungen unterrichten will, seien vor allem die Abhandlungen von Meinardus [12], Sapper [13] und Gladzin [14] empfohlen. An dieser Stelle näher darauf einzugehen, dürfte nicht ratsam sein, weil ein gutes Dutzend verschiedener Deutungen aufgezählt werden müßte und das bislang beigebrachte Beobachtungsmaterial noch zu dürftig ist, um sich eine eigene Meinung zu erarbeiten.

Ob eine mit dem Erdfließen in polaren und subpolaren Gebieten vergleichbare Massenabwanderung auch in anderen Klimagürteln stattfindet oder einst dort an der Formung der Landoberfläche maßgebend mitgewirkt hat, ist eine Frage, die wiederum recht verschieden beurteilt wird. Daß die oben (S. 142/43) erwähnten Blockhalden vielfach nicht der periglazialen Verwitterungsfazies zuzuschreiben, wohl aber in anderem Sinne als aus der Eiszeit stammende Vorzeitformen zu deuten sind, ist heute eine weitverbreitete Ansicht; so äußert sich z. B. SALOMON [15]: »Auch in den zur Diluvialzeit nicht vergletscherten Gebieten Deutschlands und somit auch anderer mitteleuropäischer Länder muß das Klima der Vereisungsperioden einen starken Einfluß auf die Formen und die Lagerung der obersten lockeren Bodenmassen gehabt haben. Die heute fast nur aus den polaren und subpolaren Gebieten bekannten Erscheinungen des Bodenfließens haben sich damals auch bei uns geltend gemacht. Unsere Felsenmeere verdanken ihre Entstehung zu einem erheblichen Teile nicht der Gegenwart, sondern dem diluvialen Bodenfließen. Sie entsprechen J. G. ANDERSSONS Blockströmen.« Trifft diese Auffassung das Richtige, so werden wir auch sonst in den einst eisnahen Gebieten mehr als bisher auf Spuren früherer Solifluktion zu achten haben. Manche Ebenheit, die wir bislang als fluviatile Fastebene angesprochen haben, könnte sich dann vielleicht als eine von dem damaligen Bodenfließen erzeugte Verebungsfläche erweisen.

Wichtiger aber ist die andere Frage: ob auch in den Gebieten mit gemäßigtem, subtropischem oder tropischem Klima Feinbewegungen der Schuttmassen nachzuweisen sind, die man dem Wesen nach der Solifluktion gleichsetzen könnte. Eine Reihe von Beobachtungen ist im Sinne einer Bejahung dieser Frage ausgelegt worden. Das merkwürdige Hakenschlagen der an einem Abhang austretenden Schichtenköpfe (Umbiegung in der Richtung des Gefälles), die Stelzfüßigkeit vieler Bäume, seltsame Aufwulstungen im Bereich der oberen Bodenschichten, das Vorrücken der Grasnarbe über Rasenwunden hinweg, Messungen an im Schutt eingebackenen Blöcken u. a. m. wird von vielen als Beweis für die Realität langsamer Massenabwanderung angesehen. Große Bedeutung erlangten namentlich die Untersuchungen von GÖTZINGER [16] im Wiener Wald, durch die das Problem des »Gekriechs« zu allgemeiner Bedeutung gelangte. Starke Bodendurchfeuchtung, Schwellen und Schrumpfen der Kolloide, Wurzeldruck, Wechsel von Ausdehnung und Zusammenziehung als Folge der Temperaturschwankungen insbesondere in der Nähe des Gefrierpunktes u. a. m. werden als Ursache dafür angesehen, daß selbst unter einer Rasendecke, ja vielleicht sogar im Waldboden mit starkem Wurzelwerk die Schuttmassen der Schwerkraft zu folgen vermögen. Diese Vorstellung wirkte zunächst so revolutionär, daß sie vielfach nicht einmal ernst genommen wurde. Allmählich aber überzeugten sich selbst so entschiedene Gegner wie PASSARGE davon, daß derartige unmerklich langsam sich vollziehende Bodenversetzungen tatsächlich bestehen und für den Abtragungsprozeß in weiten Teilen der Erde von größter Bedeutung sind. Das gilt vor allem für die Gebiete mit reichlichen Niederschlägen, in denen trotzdem, sei es von Natur, sei es durch Eingriff des Menschen, der Wald fehlt und höchstens eine Gras- oder Strauchdecke den Boden überkleidet. Ein Schuttkriechen innerhalb von Waldgebieten wird noch heute im Gegensatz zu GÖTZINGER meist abgelehnt [17].

Aber selbst damit ist die Problematik noch nicht erschöpft, denn es erhebt sich die Frage, wie es mit den Schuttmassen im ariden Gebiet steht und ob auch für sie eine dem Gekriech ähnliche Massenabwanderung angenommen werden darf. Die Beobachtungen reichen zur endgültigen Beurteilung dieser Frage zweifelsohne noch nicht aus. W. PENCK kommt auf Grund seiner Feststellungen namentlich in der Atakamawüste zu durchaus positiven Ergebnissen. Er bejaht das Vorhandensein von Feinbewegungen der Schuttmassen auch im ariden Klima selbst bei Fehlen starker Durchfeuchtung. Andere Forscher vermögen ihm in dieser Auffassung nicht zu folgen. Es wird also weiterer eingehender Untersuchungen an Ort und Stelle bedürfen, um diese Seite des Problems endgültig klarzustellen.

Die hier angedeuteten Meinungsverschiedenheiten dürfen uns nicht davon abhalten, die außerordentliche Bedeutung aller Formen der Massenabwanderung zu erfassen. Mit mehr oder minder deutlich ausgeprägter klimatischer Abwandlung sehen wir jeden der hier geschilderten Typen an der Abtragung und Verebnung der Erdoberfläche arbeiten. Ließ man früher im wesentlichen nur die Arbeit des fließenden Wassers, des Eises, des Meeres und des Windes als formenbestimmende Faktoren gelten, so stellen wir dem heute die Massenabwanderung in Gestalt von Abstürzen, Abrutschen und Abkriechen als durchaus ebenbürtig zur Seite. Jede allgemeine morphologische Untersuchung muß als lückenhaft gewertet werden, wenn sie an den Erscheinungen der Massenabwanderung achtlos vorübergeht.

Literaturnachweise. [1] Außer den oben S. 51 angeführten Lehrbüchern unterrichten über Massenabwanderung: G. BRAUN, Über Bodenbewegungen; XI. Jahresber. Geogr. Ges. Greifswald, 1911. K. STAMM, Schuttbewegungen; Geolog. Rdschau 1911. A. MIETHE, A. PENCK, H. SPETHMANN, G. BRAUN, W. MEINARDUS, K. SAPPER, Diskussion über Bodenfluß; Zeitschr. Ges. für Erdk. 1912, S. 241 f. (mit guten Abbildungen). A. RÜHL, Der Einfluß von Verwitterung und Erosion auf die Bodengestaltung; Geogr. Jahrbuch XXXV, 1912 und XXXVII, 1914. W. VOLZ, Über Bodenversetzung in den Tropen; Zeitschr. Ges. für Erdk., Berlin 1913. W. PENCK, Die morphologische Analyse; Stuttgart 1924. — [2] J. SÖLCH, Die Karbildungen in der Stubalpe (steirisches Randgebirge); Zeitschr. für Gletscherkunde XII, 1922. — [3] A. HEIM, Über Bergstürze; Neujahrsblatt Naturf. Ges. Zürich, 1882. M. NEUMAYR, Über Bergstürze; Zeitschr. des D. Ö. Alpenvereins 1889. — [4] O. LEHMANN, Die Verheerungen in der Sandlinggruppe; Denkschriften der Math.-naturwiss. Klasse der Akad. der Wissenschaften Wien, 1926. — [5] W. PENCK, Der Südrand der Puna de Atacama; Abh. der Math.-phys. Klasse der Sächs. Akad. der Wissenschaften Leipzig, 1920. — [6] A. Piwowar in der Vierteljahrsschrift der Naturforschenden Gesellschaft in Zürich, 1903, Bd. XLVIII, S. 335. — [7] L. Horwitz im Bulletin de la Société Vaudoise des Sciences naturelles, Lausanne 1911, Bd. XLVII, S. 215. — [8] Die Erdschlipfe am Panamakanal; Zeitschr. Ges. für Erdk. 1916. — [9] H. Schmitthenner, Forschungsergebnisse einer Reise durch China 1925/26; Verh. 22. Deutscher Geographentag zu Karlsruhe, Breslau 1928, S. 147. — [10] H. Kanter, Junge Abtragungserscheinungen in den Tertiärgebieten des östlichen Kalabrien und eines Teils der südlichen Basilikata; Zeitschr. für Geomorphologie IV, 1929. — [11] J. G. Andersson, Solifluction, a component of subaerial denudation, Journal of Geology 1906. — [12] W. Meinardus, Über einige charakteristische Bodenformen auf Spitzbergen; Sitzber. der med.-naturw. Ges. Münster, 1912. — [13] K. Sapper, Erdfließen und Strukturboden in polaren und subpolaren Gebieten; Geolog. Rdschau IV, 1913. — [14] J. Gladzin, Die steinigen Polygone oder Polygonboden; Iswestija der Russ. Geogr. Reichsges. LX, 1928 (russ. mit deutscher Zusammenfassung). — [15] W. Salomon, Die Bedeutung der Solifluktion für die Erklärung deutscher Landschafts- und Bodenformen; Geolog. Rdschau VII, 1916. — [16] G. Götzinger, Beiträge zur Entstehung der Bergrückenformen; Leipzig 1907. — [17] J. Schmid, Klima, Boden und Baumgestalt im beregneten Mittelgebirge; Neudamm 1925.

Abspülung.

Beobachtungsgrundlagen und bestimmende Faktoren. Wir gehen auch bei der Erörterung dieser Abtragungsform zweckmäßig von der Beobachtung aus. Jeder bei Straßen- oder Bahnbauten künstlich geschaffene, jeder bei Rutschungen usw. natürlich entstandene Schuttsteilhang offenbart uns, daß an ihm das Regenwasser in besonderer Weise wirksam ist[1]. Auf den ersten Blick werden uns vor allem die unzähligen Rillen, Runsen und Racheln auffallen, die von Miniaturrinnsalen in den Hang hineinmodelliert worden sind. Daneben werden wir vielleicht gewahr, wie stark das niedergehende Wasser in den Boden einsickert, ihn beweglich macht und Massenabwanderungen in Gang bringt. Aber das ist noch nicht alles. Beobachten wir während eines Regenfalls, womöglich während eines recht heftigen Platzregens, so erkennen wir, wie die aufprallenden Regentropfen vermöge ihres Gewichts den Boden gleichsam bombardieren, Gesteins- und Erdteilchen aus ihrem Lageverband lösen und beiseite schleudern; die folgenden Tropfen erfassen beim Aufprallen und Zerspritzen das nun schon gelockerte Material von neuem und lassen es in eine der vielen Rillen gelangen, in der der Abtransport nach der Tiefe erfolgt. Ist der Boden unseres Schutthanges durch langanhaltenden Regen bzw. Schneeschmelzwasser bereits stark durchfeuchtet und kaum mehr weiter wasseraufnahmefähig, so können wir unter Umständen eine neue Variante beobachten: die bei heftigem Guß auffallenden Tropfen fallen so schnell und so dicht, daß sie weder einzusickern noch sich zu kleinen Rinnsalen zusammenzuschließen vermögen; statt dessen fluten sie als einheitliche Wassermasse den Hang hinunter, alles irgendwie gelockerte Schuttmaterial mit sich reißend. In der Endwirkung kommt Tropfenarbeit und Schichtflutarbeit auf das nämliche hinaus: flächenhafte Abtragung des Hanges.

Die abgespülten Massen werden, wie bei der Erosion des fließenden Wassers, da zur Ruhe kommen, wo die lebendige Kraft des Regenwassers versagt und weiteren Transport nicht mehr zu leisten imstande ist. Da die Abspülung ein langsam fortschreitender, aber immer wiederkehrender Vorgang ist, so darf man seine Wirkung nicht gering einschätzen. Das gilt sowohl im morphologischen Sinne (Mitarbeit an der Verebnung) wie im agronomischen (Ausschlemmen der feinen Bodenbestandteile). Die Verarmung der in höheren Lagen befindlichen Ackerböden an feinerdigen Teilen geht nach HAZARD vornehmlich auf das Wirken der Abspülung zurück. Auch für Geographen werden die Worte von Wichtigkeit sein, die E. RAMANN[2] der Abspülung widmet: »Selbst im Walde kann man sich von der Wirkung der Abspülung überzeugen; wenn die tieferen Lagen bessere Bestände tragen, so ist das nicht am wenigsten durch Zufuhr von feinerdigen Teilen zu erklären. Im nordischen Diluvium werden die höchsten Lagen oft vom oberen Diluvialmergel gebildet, der auf Diluvialsanden auflagert. Der Baumwuchs ist dann meist am Hange begünstigt, auch hier eine Folge der Abspülung von nährstoffreichem Boden aus den oberen Schichten... Es ist denkbar, daß in sehr langen Zeiträumen auf diesem Wege z. B. ein Verwitterungsboden von Granit in einen reinen Sandboden überführt werden kann... Man kann die Decksande sowie die aus oberem Mergel hervorgegangenen sandigen Lehme und lehmigen Sande des nordischen Diluviums als Produkt der langsam wirkenden Abspülung betrachten.«

Versuchen wir, uns durch vergleichende Beobachtungen eine Vorstellung von den Faktoren zu bilden, die die Intensität der Abspülung bestimmen, so begegnen wir zunächst dem Einfluß von Hangneigung und Pflanzenkleid. WOLLNY[3] verfolgte die Frage experimentell und gibt für einen Quadratmeter Fläche die Abspülung für nackten und grasbedeckten Boden (humosen Kalkstein) vom April bis Oktober an:

Boden	grasbedeckt			nackt		
Neigung	10°	20°	30°	10°	20°	30°
Abgespült Gramm Boden	14	42	51	834	1368	3104

Wir führen diese Zahlen nur an, um eine ungefähre Vorstellung von der Bedeutung dieser beiden Faktoren zu erwecken. Die Abhängigkeit von dem Grade des pflanzlichen Bodenschutzes fällt besonders in die Augen. Man wird nun ohne weiteres verstehen, daß die Abspülung in ariden Gebieten ganz besondere Ausmaße erlangt, da in diesen der fast schutzlos der Abspülung preisgegebene, wenig bindige Boden leicht weggeführt werden kann. In den mäßig und periodisch feuchten Klimabezirken (Mittelmeerländer!) kann durch Entwaldung und Ackerbau die Abspülung machtvoll gefördert werden. HILGARD hat sehr anschaulich die Verwüstungen beschrieben, die die Süd- und Weststaaten der Union infolge sehr starker Abspülung erlitten haben.

Früher neigte man allgemein dazu, die Abspülung nur für unbewaldete Hänge zu bejahen; in den Wäldern, namentlich den tropischen

Wäldern, sollen Laubdach, Unterholz und Wurzelwerk die Abspülung normalerweise unmöglich machen und ihre Wirskamkeit auf diejenigen Fälle beschränken, wo durch Umstürzen der Bäume mitsamt den Wurzelballen, durch Wühlarbeit der Tiere und Eingriffe des Menschen der Wald gelichtet ist. Neuere und sehr eingehende Untersuchungen von SCHMID [4] haben jedoch zu einem gegenteiligen Ergebnis geführt und den Nachweis erbracht, daß selbst im Bereich des Waldes eine Abtragung in Gestalt von Abspülung vor sich geht.

Neben dem Grad der Böschung und der Dichte der Pflanzendecke sind noch eine Reihe weiterer Faktoren für die Abspülung von maßgebender Bedeutung. In Betracht kommt natürlich sehr stark die Bindigkeit des von der Abspülung bedrohten Gesteins- bzw. Schuttmaterials. Es macht selbstverständlich viel aus, ob der Hang aus Ton, Lehm, Löß oder Sand, aus Granit, Tonschiefer oder Sandstein bzw. deren Trümmern besteht. Je mehr sich Feinkörnigkeit und Mangel an Bindung paaren, desto stärker wird sich unter sonst gleichen Umständen die Abspülung entfalten können.

Die klimatische Bedingtheit kommt außer im Einfluß der Pflanzendecke auch in der regionalen Differenzierung der angreifenden Kraft des Regens zum Ausdruck. Es liegt im Wesen des Abspülungsvorganges begründet, daß für die Intensität der Abspülung weniger die jährliche Regenmenge als vielmehr die Regenhäufigkeit (vgl. Bd. I S. 217) bzw. die Zahl der Tage mit exzessiven Niederschlagsmengen von Bedeutung ist. Die Folgen eines mehrere Tage anhaltenden sachten Landregens können übertroffen werden von den Wirkungen eines nur wenige Stunden dauernden Sturzregens. Eben aus diesem Grunde besagt die nämliche Zahl von cm Niederschlag pro Jahr für die Abspülung in den Tropen und Subtropen etwas ganz anderes als in unseren gemäßigten Breiten. — Auch der Wind übt einen Einfluß auf die Abspülung aus, wenn auch nur mittelbar. Die dem vorherrschenden Winde zugekehrte »Regenseite« eines Tales wird viel stärker vom Regen bestrichen und erleidet eine wesentlich stärkere Abschwemmung als der im Regenschatten gelegene Hang.

Erdpyramiden und „Badlands“. Wo ein verhältnismäßig lockeres, unhomogenes Erdmaterial (Schutt, Kies, Lehm, Sand, Moränen) von starken und ungleichmäßig über das Jahr verteilten Regen getroffen wird, vollzieht sich die von der Abspülung erstrebte Abtragung und Einebnung unter besonderen Formen und läßt als Übergangsstadium höchst merkwürdige Gebilde entstehen, die frühzeitig die Aufmerksamkeit der Naturforscher erregt haben: gruppen- und reihenweise oder auch vereinzelt auftretende Erdpfeiler von einigen cm bis zu mehreren m Höhe (Fig. 50). Da in der Regel ein Steinblock, ein Baum oder ein Rasenstück die Erdpyramide krönt, nimmt man an, daß diese bei der Entstehung der Erdpfeiler eine wichtige Rolle spielen [5]. Der auf eine ursprünglich geschlossene Schutthalde aufprallende Regen spült das

Erdreich überall da ab, wo es schutzlos dem Angriff der Regentropfen preisgegeben ist. Da, wo größere Steine oder andere Hindernisse die

Fig. 50. Erdpyramiden vom Ritten bei Bozen.

Tropfen abprallen lassen, ohne daß diese an das Erdreich herankommen können, ist der Abspülung Halt geboten. Rings herum werden die

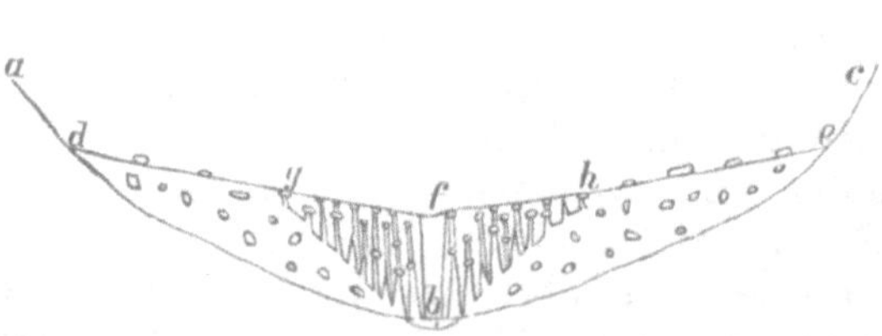

Fig. 51. Durchschnitt zur Erklärung der Bildung der Erdpyramiden nach Lyell. *a b c* die Wände und die Sohle des im Porphyr ursprünglich ausgewaschenen Tales. *d f e* die Ausfüllung des Tales durch den Moränenschutt eines alten Gletschers. *g b h* jetziger Taleinschnitt mit Erdpyramiden zu beiden Seiten.

Lockermassen fortgespült, bilden sich tiefe Runsen und Rillen; im Bereich des schützenden Steines bleibt das Erdreich erhalten und entwickelt sich aus dem Gewirr der Spülfurchen die Erdpyramide (Fig. 51).

Das klassische Land hierfür ist Tirol, wo Günther [6] drei Typen unterscheidet: in Südtirol sind die Obelisken mit einem Steinblock oder einem Rasenstück oder einem Baum gekrönt; Nordtirol hat einfache Spitzsäulen ohne ein Schutzmitteldach; in Osttirol treten lange, scharfschneidige Kämme an ihre Stelle. Diesen östlichen Typus betrachtet GÜNTHER als die Embryonalform, die noch der Auflösung in Pfeiler harrt; er findet dies dadurch bestätigt, daß man bei genauerem Zusehen stets eine lineare Anordnung der Pyramiden entdeckt, so daß die vorderen die hinteren verdecken. Die Rolle des Steinblocks ist natürlich

Fig. 52. Durch starke Abspülung modellierte Landschaft in den Big Badlands des westlichen Süd-Dakota.
(Aus H. Darton, Geologische Charakterbilder, Heft 25.)

ausgespielt in dem Augenblick, wo der Grat zerschnitten und in eine Reihe von Erdpfeilern aufgelöst ist; von da ab ist er im Grunde überflüssig, denn nun werden die isolierten Pfeiler von allen Seiten durch die Abspülung angegriffen und erliegen, mit oder ohne krönenden Stein, am Ende der Abtragung.

Nicht bloß Schuttmassen (besonders glaziale), auch Talwände aus mürbem Gestein, das in trockenem Zustand einen gewissen Zusammenhalt besitzt, in nassem aber zerfällt, lösen sich in Pyramiden auf, wie CAPEDER 7 aus der Umgegend von Bra und Castellamonte in Piemont und RIKLI [8] aus Korsika berichten. In der Umgebung von Melbourne wird der lehmige Sandstein in ähnlicher Weise ausgewaschen, so daß nur noch vertikale Säulen unter vorspringenden Teilen der Kalkdecke stehen bleiben. Auch aus allen anderen Erdteilen mehren sich die Nachrichten von dem Vorhandensein typischer Erdpyramiden. Sie sind also keine derartige Seltenheit, wie man früher meinte, und erst recht nicht sind sie an Moränenmaterial allein gebunden.

In den westlichen Teilen der nordamerikanischen Prärienzone, aber auch in vielen anderen semiariden Steppengebieten können wir als wichtigsten Faktor der Landformung das Regenwasser beobachten. Es vermag hier bald in Form schichtflutartiger Flächenspülung, bald in Form mehr linearer Abschwemmung so ungemein stark zu wirken, weil im Hochsommer nach Absterben der Graspolster der lockere und wenig bindige Boden dem Anprall der Regenmassen nahezu schutzlos preisgegeben ist und die Niederschläge in Gestalt episodischer, aber sehr heftiger Gußregen erfolgen. Das an sich flachwellige Gelände wird infolgedessen von Hunderten und Aberhunderten von Spülfurchen durchsetzt, und die Abspülung wirkt an jedem Hang so stark (Fig. 52), daß der Verkehr auf große Hindernisse stößt (daher die Bezeichnung »Badlands« [9]). — Abspülung in Gestalt von Schichtfluten dürfte auch für die Morphologie mancher Wüstengebiete von Bedeutung sein. So selten es hier regnen mag, so sicher ist es, daß die gelegentlich niedergehenden Wolkenbrüche eine große flächenhafte Abtragung bewirken und alles feinere, leicht ablösbare und transportierbare Trümmermaterial entführen, um es dann in den Oasensenken, in Salzseen oder Salzpfannen wieder abzulagern. So manches »Steinpflaster«, so manche Geröllfläche unserer Wüsten, für deren Entstehung man früher allein den Wind verantwortlich machte, dürften ihr Gepräge zum mindesten der Mitwirkung von flächenhafter Abspülung verdanken.

Daß die Abspülung allenthalben, wo wir sie in ihrer Arbeit belauschen können, zur Sammlung der Wassermassen in eng begrenzten Betten neigt, dürfte in den obigen Ausführungen genügend zum Ausdruck gekommen sein. Zwanglos leitet die Abspülung über zur Erosion des fließenden Wassers.

Literaturnachweise. [1] E. BACH, Über die morphologische Bedeutung des Regens; Diss. Erlangen 1915. — [2] E. RAMANN, Bodenkunde; 3. Aufl., Berlin 1911, S. 111/112. — [3] E. WOLLNY, Der Einfluß der atmosphärischen Niederschläge auf die mechanische Beschaffenheit des Bodens; Forschungen auf dem Gebiete der Agrikulturphysik Bd. XVIII, Heidelberg 1895, S. 196. — [4] J. SCHMID, Klima, Boden und Baumgestalt im beregneten Mittelgebirge; Neudamm 1925. — [5] L. SAUER, Die Erdpyramiden in den Alpen; Jahresbericht des Friedrich-Wilhelm-Realgymnasiums in Stettin 1904. — [6] S. GÜNTHER in den Sitzungsberichten der Bayerischen Akademie der Wissenschaften, Mathematisch-physikalische Klasse 1902, Bd. XXXII, S. 459 und 1904, Bd. XXXIV, S. 397. — [7] G. CAPEDER im Bolletino de la Società Geologica italiana 1899, Bd. XVIII, S. 309. — [8] M. RIKLI in der Vierteljahrsschrift der Naturforschenden Gesellschaft in Zürich 1902, Bd. XLVII, S. 243. — [9] N. H. DARTON, Badlands of South Dakota and Nebraska; Geolog. Charakterbilder herausgegeben von K. ANDRÉE, 25. Heft, Berlin 1921.

Die Arbeit des fließenden Wassers[1].

Von

Fritz Machatschek.

Vorbemerkungen. Indem sich das Flußwasser unter dem Einfluß der Schwere abwärts bewegt, leistet es eine Arbeit, die proportional ist der Wassermenge und dem Quadrat der Geschwindigkeit, welch letztere wieder mit der Wassermasse wächst. Von dieser Arbeit wird ein Teil dazu verwendet, durch Überwindung der inneren und äußeren Reibung das Fließen zu ermöglichen, der andere, größere, wird zum Transport festen Materials im Flußbett und zur Ausgestaltung desselben verbraucht. Der Massentransport besteht in der Fortbewegung der an der Flußsohle befindlichen Massen, Geschiebe, Kies und Sand, im Forttragen der im Wasser schwebenden oder suspendierten Schlammteilchen, endlich und nicht zum kleinsten Teile im Fortfließen der im Wasser gelösten Substanzen oder Salze. Indem die Geschiebe immer mehr abgenützt und verkleinert werden, wird der Schlammgehalt flußabwärts beständig vermehrt; vorwiegend aber stammt er von dem oberflächlich abrinnenden Spülwasser und den kleineren Nebenflüssen. Auch die Geschiebe werden z. T. durch Wildbäche und Regenfluten dem Flusse zugeführt, z. T. entstammen sie der korrodierenden Tätigkeit des Flusses selbst (s. u.). Gleichzeitig wird ein Teil der Geschiebe und des Schlammes gelöst und dadurch der Salzgehalt des Wassers vergrößert.

Der Geschiebetransport[2]. Die Dimensionen der vom Flusse an seiner Sohle fortgerollten und gewälzten, bei größerer Strömungsgeschwindigkeit auch frei im Wasser springenden und hüpfenden Geschiebe hängen zunächst von der Stoßkraft des Wassers ab, und zwar wächst nach Airy bei der Bewegung in der Horizontalen die Geschiebetriebkraft und damit das Gewicht gleichgestalteter Geschiebe mit der sechsten Potenz der Wassergeschwindigkeit; ihr Widerstand gegen den Transport nimmt mit zunehmendem Sohlengefälle ab, doch vermag das Wasser bei genügender Geschwindigkeit Geschiebe auch emporzuheben und auf ansteigendem Boden fortzubewegen. Ihre Form und Größe sind aber auch an ein und derselben Stelle des Flusses verschieden und von der Textur und Härte der Gesteine abhängig; dabei werden die dachziegelartig gelagerten größeren Stücke durch Sand und Schlamm und die verleimende Wirkung der Kolloidstoffe zu einer festen Masse verbunden, die den Angriffen des Wassers einen viel größeren Widerstand entgegenstellt als einzelne Gerölle. Bei Hochwasser aber, das die Stoßkraft enorm steigert, wird die ganze Geschiebemasse in die Bewegung einbezogen; es vermögen sich derartige Geröllmassen, die Mächtigkeiten von einigen Metern erreichen können, als förmliche Schuttströme stoß- und ruckweise vorwärtszubewegen und üben auf die Form des Flußbettes bedeutsame Wirkungen aus; überhaupt sind (mit Penck) die Hochwässer als die eigentlichen Träger des Geschiebetransportes zu betrachten.

In demselben Flusse nimmt nach abwärts und unter sonst gleichen Umständen die Größe der fortgeführten festen Bestandteile ab, indem sie mit abnehmender Stoßkraft durch Abnutzung und Zurundung und durch eine Auslese nach der physikalischen Beschaffenheit einem Sortierungsprozeß unterworfen werden. Große Felsstücke können nur durch heftig strömende Hochfluten fortgeschleppt werden, z. B. bei der Überschwemmung von Bozel in Savoyen Blöcke von 40 cbm und mehr (ca. 25 t), aber ohne Spur von Rollung. Solche Blöcke wie überhaupt alle gröberen Geschiebe bleiben im Gebirge zurück; nach abwärts treffen wir immer kleinere Geschiebe, wobei die harten Quarzgeschiebe mehr und mehr vorherrschen und am längsten zurückbleiben (z. B. im Rhein bei Basel noch solche bis 6 kg, bei Mannheim nur mehr 0,1 kg), dann Kies und Sand, wobei auch wieder Quarzsand überwiegt, und endlich nur mehr feinen Schlamm an der Flußsohle. Sobald sich aber das Einzugsgebiet des Flusses ändert, ändert sich auch die Größe der von ihm transportierten Geschiebe. So wird der Rhein bei seinem Eintritt ins Schiefergebirge neuerlich mit grobem Geschiebe belastet und führt noch bei Köln wieder faustgroße Gerölle.

Die Beziehungen zwischen der Sohlengeschwindigkeit eines Flusses und dem von ihm transportierten Material sind schon mehrfach experimentell und durch direkte Beobachtung untersucht worden, doch weichen die Ergebnisse je nach der Art der Wasserbewegung recht sehr voneinander ab. Ule teilt darüber folgende experimentell gewonnenen Zahlen mit[3]:

Grober Schlamm	0,4 mm Durchmesser	bei einer Sohlengeschwindigkeit von	0,15 m/sek
Feiner Sand	0,7 ,, ,,	,, ,, ,, ,,	0,20 ,,
Grober Sand	1,7 ,, ,,	,, ,, ,, ,,	0,30 ,,
Feiner Kies	9,2 ,, ,,	,, ,, ,, ,,	0,70 ,,
Kleineres Geschiebe (bohnengroß)		,, ,, ,, ,,	0,90 ,,
Größere Kiesel (taubeneigroß)		,, ,, ,, ,,	1,20 ,,
Schwereres Geschiebe bis 1,5 kg		,, ,, ,, ,,	1,70 ,,

Die Menge der jährlich von den Flüssen transportierten Geschiebe läßt sich mit einiger Genauigkeit nur dort berechnen, wo die Flüsse in Seen münden und hier Deltas aufschütten; doch ist dabei die oberhalb davon zurückgebliebene Geschiebemenge nicht berücksichtigt. Nach Heim führte die Reuß 1854—1879 jährlich 146. 187 m^3 Geschiebe in den Urnersee, wobei auf 1 m^3 Wasser kaum 200 cm^3 Geschiebe entfallen[4]. Die Geschiebeführung schwankt aber auch in längeren Perioden mit der Wasserführung. So betrug das jährliche Wachstum des Linth-Deltas im Walensee[5] 1811—1847: 80.028 m^3, 1860—1910: 74.000 m^3. Wichtig ist ferner auch die petrographische Beschaffenheit des Einzugsgebietes und der Einfluß der Jahreszeiten, indem bei den Gletscherbächen mit Zunahme der Schmelzwassermenge die Menge der mitgeführten Geschiebe und Sinkstoffe sich steigert und bei den Wildbächen gleichfalls in den Sommermonaten unvergleichlich mehr Wanderstoffe in Bewegung kommen als im Winter, wenn der Bodenfrost den Widerstand des Bodens gegen die Abspülung steigert. Die Beobachtungen am Rhein oberhalb des Bodensees [6] haben ergeben, daß im Verlaufe eines durch starke Regengüsse bewirkten Hochwassers dieses beim Anschwellen viel weniger Geschiebe führt als beim Abschwellen (das Umgekehrte ist bei der Schlammführung der Fall). Die vom Rhein in den Bodensee geführte Geschiebemenge betrug 1905—1911 jährlich 186.000 m³, ist aber nur 1/5 der ganzen hier abgelagerten Massen, die also vorwiegend aus Schlamm bestehen. Eine andere Methode beruht auf der Schätzung der in den wandernden Kiesbänken bewegten Geschiebemassen. So fand Penck [7] diese für die Donau bei Wien jährlich zu 465.000 bis 894.500 m³, d. i. im Mittel 13 cm³ auf 1 m³ Wasser, in ähnlicher Weise Frohnmeyer [8] für den Rhein bei Basel als minimalen Durchschnittswert von 8 Jahren 45.000 m³.

Der Transport der schwebenden Substanzen geschieht im ganzen Flußprofil, wenn auch nicht ganz gleichmäßig verteilt. Ihre Menge hängt natürlich in erster Linie von der Beschaffenheit des Bodens ab, der der abspülenden Wirkung des Regenwassers unterliegt, dann von der Wasserführung, indem sie bei steigendem Wasserstand größer ist als bei fallendem und mit steigendem Wasserstand zunimmt, ferner von der Regendichte und endlich von der Temperatur des Wassers, mit deren Steigen die Ausscheidung der Sinkstoffe rascher erfolgt.[9] Daher sind die kalten Gletscherbäche besonders schlammreich und milchig getrübt. Auch Zusatz von Säuren oder Salzen beschleunigt die Ausscheidung, so daß an der Mündung der Flüsse ins Meer ein besonders rascher Niederschlag der suspendierten Teilchen zu beobachten ist.

Der Schlammgehalt der verschiedenen Flüsse schwankt in sehr weiten Grenzen, von mehreren 1/100 000 bis zu einigen 1/1000 des Wassergewichts. Schlammarm sind die meisten Flüsse Mitteleuropas, während bei manchen Alpenflüssen die Schlammführung bis 1/1000 des Wasservolumens beträgt und sich bei Hochwässern gelegentlich bis auf 3/4 des Wassergewichts steigert, so daß es sich um wahre Schlammströme handelt.[10] Besonders schlammreich sind die Flüsse der Alluvialgebiete und der Lößlandschaften, die dadurch eine gelbe Farbe erhalten (Hoangho = Gelber Fluß), während die Flüsse aus Lateritböden rot gefärbt sind. Durchwegs wird die Geschiebeführung großer Ströme von der Schlammführung um das 10—50 fache übertroffen. Einer Zusammenstellung von Penck entnehmen wir die folgenden Werte der Schlammführung in Gramm pro m³ Wasser und pro Monat, allerdings in verschiedenen Perioden:

	Winter	Frühling	Sommer	Herbst	Jahresmittel
Elbe bei Geesthacht	26,6	34,3	41,3	22,5	31,2
Amu-Darja bei Nukuss	424	1013	2244	955	1593
Hugli bei Kalkutta	672	2307	1828	835	1234
Nil an der Mündung	194	55	579	422	—
Mississippi an der Mündung	529	557	965	379	629

Die Messungen der Schlammführung von Alpenflüssen an ihrer Mündung in Seen erfassen immer nur einen kleinen Teil, da die Hauptmasse des Schlammes erst weiter draußen im See abgelagert wird. An der Linthmündung in den Walensee beträgt nach diesen Messungen die jährlich abgelagerte Sinkstoffmenge 256.300 m³; das Verhältnis der Geschiebe- zur Schlammführung ist hier 1 : 3,5, an der Rhone bei Villeneuve [11] 1 : 7; der Sinkstoffgehalt der Rhone ist 0,565 g pro Liter im Jahresmittel, in den Sommermonaten 0,63 g, in den Wintermonaten 0,13 g. Die gesamte jährlich von der Rhone in den Genfer See geschüttete Masse macht 2,61 Mill. m³ aus, d. i. ungefähr $^1/_{2400}$ der Wassermasse. An der Rheinmündung in den Bodensee beträgt die Zuführung von Schlamm allein im Durchschnitt der Jahre 1893—1912: 3,44 Mill. m³, bzw. 4,47 Mill. t.[6] Zum Vergleich mit letzterer Zahl führen wir die jährliche Schlammführung einiger anderer Flüsse an (größtenteils nach Penck) in Mill. t:

Elbe bei Geesthacht	0,24	Amu-Darja	72,47	Jangtsekiang[12]	400—530
Seine in Paris	0,21	Ganges	360,63	Nil	49,6
Themse ca.	0,036	Irawadi	352,1	Mississippi	352,7

Die Salze des Flußwassers. Die Menge der im Flußwasser gelösten Salze, kohlensaurer und schwefelsaurer Kalk, etwas kohlensaure und schwefelsaure Magnesia, in sehr geringen Mengen auch Kochsalz, ferner organische Substanzen, besonders Humusstoffe, die den Flüssen aus Moorgebieten die braune Farbe verleihen, seltener auch, wie beim Amazonas und Uruguay, Silikate, ist dem Gewicht nach meist wesentlich größer als die der suspendierten Stoffe. Ihr relativer Anteil am Wassergewicht ist aber bei Hochwasser kleiner als bei Niedrigwasser, da dieses hauptsächlich von Quellwasser genährt wird, während das oberirdisch abfließende Regen- und Schmelzwasser, von dem das Hochwasser gespeist wird, noch wenig Zeit gehabt hat, Salze zu lösen. Es ist daher auch nicht überraschend, daß die Flüsse im Winter relativ mehr gelöstes Material führen als im Sommer. Da aber das Wasser mit zunehmender Erwärmung eine größere Fähigkeit annimmt, Stoffe zu lösen, während die Fähigkeit, Sinkstoffe zu tragen, sich mindert, sind die jahreszeitlichen Schwankungen der Gesamtführung schwebender und gelöster Stoffe verhältnismäßig gering. Das Gesamtgewicht der jährlich von den Flüssen ins Meer geführten gelösten Stoffe kann zu etwa 5 Milliarden t, rund $^1/_{6000}$ des Wassergewichts, angenommen werden; sie werden z. T. unmittelbar ausgeschieden, vorwiegend aber von der organischen Welt des Meeres zum Aufbau ihrer Hartteile verwendet.

Allgemeine Abtragung. Die Messungen der Sedimentmengen, die die Flüsse dem Lande entführen, ermöglichen es, eine Vorstellung von der allgemeinen Abtragung des Landes durch die Flüsse zu gewinnen. Nach den Messungen in der Walliser Rhone ergibt sich ein Abtrag von 0,29 mm im Jahr, nach dem Wachstum des Reußdeltas 0,24 mm, für das Kandergebiet 0,43 mm, für das Rheingebiet oberhalb des Bodensees 0,46 mm, für den ganzen Nordhang der Schweizer Alpen 0,5 mm pro Jahr oder von 1 m in 2000 Jahren,[13] wobei aber das im Flußgebiet selbst zurückgebliebene Material, also auch die Schuttkegel der Nebenflüsse, unberücksichtigt sind. Im Mittelgebirge geschieht die Abtragung natürlich viel langsamer, und zwar überwiegt überhaupt bei den Flüssen mit geringem Gefälle die chemische Abtragung weit über die mechanische, wie aus folgender Zusammenstellung Supans hervorgeht:

	Jährlicher Abtrag in mm			
	Suspendiertes Material	Gelöstes Material	Zusammen	Abtrag von 1 mm in Jahren
Elbe	0,002	0,015	0,017	58,8
Maas	0,005	0,022	0,027	37,0
Seine u. Marne	0,004	0,016	0,020	50,0
Themse	0,0015	0,015	0,0165	60,6

Den gleichen Gegensatz zwischen Flüssen von verschiedenem Gefälle treffen wir im Nilgebiet.[14] Der Blaue Nil trägt durch das suspendierte Material von seinem Gebiet jährlich 0,063 mm, durch das gelöste 0,01 mm ab und bedarf zu einem Abtrag von 1 mm nur 13,8 Jahre; für den Weißen Nil sind die entsprechenden Zahlen 0,0005 und 0,0013 mm, ein Abtrag von 1 mm wird erst in 571 Jahren erreicht. Im halbariden Gebiet tritt die chemische hinter die mechanische Abtragung zurück. Nach Baulig[15] ist in den Vereinigten Staaten von Amerika die mechanische Abtragung dort am raschesten, wo tiefgründige Verwitterungsböden oder mächtige feinlockere Ablagerungen das anstehende Gestein bedecken; auffallend gering ist sie im ausgescheuerten Erosionsgebiet des Inlandeises. Hingegen hängt die chemische Abtragung außer von der Löslichkeit der Gesteine auch hier vom Klima ab und ist im trockenen Westen verhältnismäßig gering.

Je weiter aber die Abtragung fortschreitet und je geringer das Relief des Landes wird, desto langsamer arbeitet sie. Es ist daher selbst unter der Voraussetzung völliger tektonischer Ruhe nicht ohne weiteres möglich, aus den für einzelne Teile der Landoberfläche ermittelten Zahlen einen Schluß auf die künftige Dauer der völligen Abtragung eines Gebirges oder allen Landes bis zum Meeresspiegel zu ziehen.

Das Wesen von Erosion und Akkumulation. Nach dem früher Gesagten tritt eine Ausgestaltung des Flußbettes durch den Fluß selbst überall dort ein, wo das Wasser einen Energieüberschuß über das zum

Fließen und zum Abtransport der festen Stoffe erforderliche Maß besitzt. Diesen Vorgang, der im wesentlichen darin besteht, die Kohäsion des festen Gesteins im Flußbett zu überwinden, größere und kleinere Stücke des Felsgrundes auszubrechen und diesen zu glätten, bezeichnet man als fluviatile Erosion *. Er geschieht nicht so sehr durch das Wasser selbst, wie die sehr langsam vor sich gehende Tieferlegung der Betten geschiebeloser Seeausflüsse erkennen läßt, als durch die vom Wasser an der Sohle bewegten festen Körper; es setzt sich daher mit W. Penck[16] die lebendige Kraft eines feste Körper transportierenden Gerinnes zusammen 1. aus der Größe $\frac{mv^2}{2}$ (wobei m die Wassermasse, v ihre Fließgeschwindigkeit ist), die auf die losen Massen einwirkt und sie so lange in Bewegung hält, als diese nicht durch deren Widerstand erlahmt ist, und 2. aus der Größe $\frac{m_1 v_1^2}{2}$ (wobei m_1 die Masse der festen Körper, v_1 deren Bewegungsgeschwindigkeit). Diese zweite Teilgröße ist es, die auch dann noch erodiert, wenn die lebendige Kraft des Wassers selbst nicht mehr dazu fähig ist. Das Einschneiden nach der Tiefe hört also in einem solchen Gerinne erst dann auf, wenn keine bewegten festen Massen mehr mit der festen Unterlage in Berührung sind. Jede Erosion bedeutet aber zugleich auch eine Vermehrung der zu transportierenden Last; es sind daher Erosion und Transport stets und überall untrennbar verbunden. Solange sich die überschüssige Energie und die Last das Gleichgewicht halten, wird diese zwar fortgeführt, aber das Flußbett behält seine mittlere Gestaltung, sein Gleichgewichtsprofil, bei. Sobald aber die zum Geschiebetransport verfügbare Energie nicht ausreicht, um alles herbeigeführte Material weiterzuführen, so bleibt ein Teil desselben liegen; es tritt Ablagerung oder Akkumulation ein, womit aber wieder eine Verminderung der Last verbunden ist.

Von der mechanischen Beanspruchung des Flußbettes durch die transportierten Stoffe selbst überzeugt man sich angesichts der ausfegenden Wirkung, die die früher erwähnten Geröllströme auf die Flußsohle ausüben. In solchen Strecken wechseln Erosion und Akkumulation zeitlich ab je nach der Wassermenge; derselbe Fluß, der bei Niedrigwasser sein Material liegen läßt, vermag bei Hochwasser an derselben Stelle das zurückgelassene nicht nur fortzuführen, sondern darüber hinaus auch seine Sohle anzugreifen. Die beiden Vorgänge können aber auch sowohl bei Hoch- wie bei Niedrigwasser an benachbarten Stellen gleichzeitig wirken; in Flußkrümmungen arbeitet der Fluß nahe dem konkaven Ufer erodierend, am konvexen lagert er ab.

Die Erosion des Flusses arbeitet gleichzeitig sowohl in die Tiefe als auch durch Untergrabung seiner Ufer in die Breite; man unter-

* Daneben wird auch der Ausdruck Korrosion fast in gleichem Sinne verwendet.

scheidet daher Tiefen- und Seiten- oder laterale Erosion. Letztere tritt als eine ständige Begleiterscheinung der Tiefenerosion namentlich dann ein, wenn der Stromstrich hin- und herpendelt und abwechselnd bald an das eine, bald an das andere Ufer anprallt; sie geschieht ferner dort, wo die Flußenergie zur Vertiefung des Bettes nicht ausreicht, da ja zur Verbreiterung des Bettes weniger Kraft erforderlich ist als zur Vertiefung, bei der die ausgebrochenen Stücke noch entgegen der Schwerkraft weiterbewegt werden müssen (PHILIPPSON), und es kann Seitenerosion endlich auch gleichzeitig mit Akkumulation erfolgen.

Wenn nun der Fluß an einer Stelle sein Bett vertieft hat, so ist der Höhenunterschied gegenüber der oberhalb davon gelegenen Strecke und damit deren Gefälle größer geworden; es tritt daher auch auf dieser Tiefenerosion ein. Dasselbe gilt umgekehrt, wenn durch Akkumulation an einer Stelle sich das Gefälle auf der oberhalb davon gelegenen Strecke vermindert hat. Es schreiten also Erosion und Akkumulation nach aufwärts oder rückwärts fort, und es ist der Zustand einer Flußstrecke in bezug auf die Tätigkeit des Flusses maßgebend für die Entwicklung der oberhalb davon gelegenen (PENCK). Eine Stelle des Flusses, die in ihrer Höhenlage aus irgend einem Grunde für eine gewisse Zeit als praktisch unveränderlich angesehen werden kann, bedeutet die örtliche Erosionsbasis für die weiter aufwärts gelegene Strecke. Ebenso ist die Mündung eines Nebenflusses in einen langsamer arbeitenden Hauptfluß die Erosionsbasis des ersteren, die dessen Tätigkeit regelt. Wird nun in einer Strecke aus irgend einem Grunde, namentlich wenn sie aus besonders widerstandsfähigem Gestein besteht, nicht oder nur in stark verzögertem Maße in die Tiefe erodiert, so wird auch die Vertiefung der oberhalb davon gelegenen Strecke verzögert, und es konzentriert sich die Flußarbeit vorwiegend auf die Angriffe der Ufer. Es tritt also Seitenerosion vielfach dann ein, wenn die Tiefenerosion durch das Vorhandensein einer festen Schwelle unterhalb davon aufgehoben oder verzögert wird, ja es kann auf diese Weise der Fluß auch zur Aufschüttung gezwungen sein.

Evorsion. Die Erosionstätigkeit des Flusses wird namentlich bei geschiebearmem Wasser in hohem Grade unterstützt durch die im Flußwasser absteigenden oder auch nach der Seite arbeitenden Wirbel und sog. Wasserwalzen, die allein oder mit Hilfe von Flußgeschieben Löcher und Kolke ausstrudeln können. Diesen Vorgang bezeichnete GEINITZ [17] als Evorsion, und BRUNHES [18] hat ihm als »érosion tourbillonnière« eine besondere, wohl zu große Bedeutung zugeschrieben. Solche in festem Fels, ausnahmsweise nach den Beobachtungen von STINY [19] auch in weichem Tegel ausgedrechselten Löcher mit glatten, oft spiralig gedrehten, bisweilen (nach LUGEON [20]) auch geschrammten und gerillten Wandungen nennt man Strudellöcher oder Riesentöpfe; sie erreichen Tiefen von 10—15 m bei Durchmessern von einigen m und treten besonders häufig sowohl an der Sohle als an den Wänden enger Schluchten auf, sind aber nicht erst von Brunhes als eine allgemeine, nicht bloß auf alte Gletscherbetten beschränkte Erscheinung erkannt worden. Namentlich bei Wildwassern zerfällt oft das Flußbett vermutlich infolge der wechselnden Widerständigkeit des Gesteins in eine Kette solcher Töpfe, die durch schmale Öffnungen verbunden und durch dünne Scheidewände getrennt sind, durch deren Zerstörung die Reihe von Löchern in eine steilwandige Rinne verwandelt wird[21]. Am großartigsten sind solche Kolke am Fuß von Wasserfällen ausgebildet, von denen der am Fuß des Niagara-Falles mit 50 m Tiefe wohl der bedeutendste ist; in prachtvoller Weise sind sie im Bett des durch eine Flußverlegung trockengelegten »Toten Falles« bei Ragunda in Schwedisch-Norrland entblößt. Ähnliche Kolke gibt es in Kataraktstrecken, wie z. B. auf den Granitinseln im ersten Nilkatarakt[22], in den Schnellen des Senegal oder noch unter Wasser in den Engen des Banater Donaudurchbruchs und in den Rheinengen bei der Lorelei, also stets dort, wo das Flußbett zwischen besonders festem Gestein eingeengt ist. Eine regelmäßige Erscheinung sind die schon erwähnten langgestreckten Kolke an der Sohle gekrümmter Flußstrecken, auch in den Flußanschwemmungen selbst. Es vermag also das Wasser unter Umständen, aber immer nur örtlich, auch wannenförmige Vertiefungen von beschränktem Ausmaß zu schaffen, die das sonst gleichsinnige Gefälle der Flußsohle unterbrechen.

Beispiele für die erodierende Flußarbeit. An mehreren Fällen aus der jüngsten Vergangenheit läßt sich die erodierende Tätigkeit des fließenden Wassers belegen, besonders wo es sich um lockere Bodenarten handelt. So berichtet Lyell[23], daß im Staate Georgia Klüfte in abgeholztem Tonboden binnen 20 Jahren zu einer Schlucht von 17 m Tiefe ausgearbeitet wurden. In lockeren Tuffen des Vesuv entstand 1827 in drei Tagen eine Regenschlucht von 7½ m Tiefe. Besonders beachtenswert ist der gleichfalls von Lyell übermittelte Fall vom Westabhang des Ätna, wo der Simeto sich in einem quer über sein Bett ergossenen Lavastrom in der Zeit von 1603—1828 ein neues Bett von 15 bis ungefähr 100 m Breite und 12—15 m Tiefe gegraben hat. Andere Beispiele zeigen die Abhängigkeit der Tiefenerosion vom Gefälle, dort wo dieses durch eine künstliche Abkürzung des Flußlaufes gesteigert wurde. Die Kander, die 1714 durch die Ufermoränen des alten Aaregletschers direkt in den Thunersee geleitet wurde, hat an der Stelle der Ableitung bis 1870 ihr Bett um 45 m vertieft, und zwar ist diese Leistung größtenteils schon in den ersten Wochen zustandegekommen, und es schritt die Vertiefung bis 1847 um 9 km weit aufwärts.[24] Auch die Geradlegung der Flüsse des bayrischen Alpenvorlandes hat zu ansehnlichen Tieferlegungen ihrer Betten geführt, die in feuchten Jahren viel beträchtlicher waren als in trockenen. Durch die Korrektion des Rheins in der oberrheinischen Tiefebene ist sein Lauf um 23 % verkürzt worden, wodurch sich die Flußsohle zwischen Rheinweiler und Neuenburg um

2 m tiefer legte. Auch künstliche Einschnürungen des Querschnittes führen zur Sohlenvertiefung. Durchstiche beschleunigen die Transportkraft, vermehren aber anderseits weiter unterhalb die Ablagerung, wie das beschleunigte Wachstum des Rheindeltas im Bodensee als Folge des Fussacher Durchstichs zeigt.

Andere Beweise für die erodierende und talbildende Tätigkeit der Flüsse liegen in den an den Wandungen aller jungen Klammen hoch über dem heutigen Flußniveau zu beobachtenden polierten und gedrehten Nischen, die von seitlichen Wirbeln ausgestrudelt wurden [25], ferner in den über fast allen Flüssen und bis zu Höhen von mehreren 100 m auftretenden Flußgeröllen, die bisweilen zu mächtigen Ablagerungen verbunden sind und deren Höhe den Betrag angibt, um welchen sich der Fluß seither sein Bett vertieft hat. Indirekt beweisend ist auch die häufig zu beobachtende Tatsache, daß die Taldichte auf der reichlicher benetzten Abdachung eines Berges oder Gebirges größer ist und die Täler hier tiefer ins Gebirge eindringen als auf der Leeseite. Der von Tälern durchfurchten Nordseite des Elburs steht die gegen das Innere von Persien gerichtete, ungegliederte Südabdachung gegenüber; der dem Seemonsun ausgesetzte Westabfall des Plateaus von Dekan ist von zahllosen Regenschluchten und kleinen Tälern zergliedert, während die nach O gekehrte Trockenseite des fließenden Wassers und damit der Täler nahezu entbehrt.

Wildbäche[26]. In geradezu modellartiger Ausbildung tritt uns die verschiedene Tätigkeit des fließenden Wassers in den meist nur periodisch fließenden Wildbächen der Gebirge entgegen. In ihrem Ursprungsgebiet entfalten die von einem steilen Gehänge herab- und zusammenlaufenden Germne eine stattliche Tiefenerosion, womit eine Unterwaschung der angrenzenden Gehänge, Rutschungen und Abbrüche verbunden sind; so entsteht das trichterförmige Sammelbecken des Wildbachs. Die in einer Rinne vereinigten Gewässer durchmessen dann den tief eingerissenen Abflußkanal oder Tobel. Wo sich ihr Gefälle beim Übertritt in die Talsohle des Haupttales plötzlich mindert, also ein Gefällsbruch eintritt, lagert der Wildbach das mitgeführte Material in Form eines je nach der Beschaffenheit desselben und der Stärke der Strömung mehr oder weniger steilen Schuttkegels ab, auf dem die Gewässer ihren Lauf vielfach verändern und der oft auch vom Hauptfluß angeschnitten wird. Durch jeden stärkeren Regenguß und Ausbruch des Wildbaches wird das Sammelgebiet erweitert und nach rückwärts verschoben, während der Schuttkegel gleichzeitig etwas erhöht wird. Sobald durch zunehmende Aufschüttung das Gefälle auf dem Kegel genügend groß geworden ist, so daß der neu hinzukommende Schutt über ihn hinweg bis in den Hauptfluß geführt werden kann, tritt eine stabile Lage des Bachlaufes auf demselben oder auch Zerschneidung des Kegels ein.[27]

In größerem Maßstab kehrt die Dreiteilung eines Wildbachgebietes auch bei größeren Gebirgsflüssen wieder; namentlich bilden sich ganz regelmäßig Schutt- oder Schwemmkegel beim Übertritt in ein breiteres und flacheres Tal oder beim Austritt der Flüsse aus dem Gebirge in die vorgelagerte Niederung. Sie sind oft so flach, daß ihre Neigung mit dem Auge kaum wahrgenommen wird.

Die gleiche Gliederung läßt sich schließlich auch auf jene großen Flüsse ausdehnen, die ein orographisch einheitliches und allmählich sich abdachendes Gebiet entwässern, also vom Gebirge durch Hügelland und Tiefebene ihren Lauf nehmen. In der oberen Talstrecke überwiegt weitaus die Erosion, sie bildet den Oberlauf; oberhalb der Mündung, im Unterlauf, herrscht nur Akkumulation. Dazwischen schaltet sich eine Strecke ein, wo der Fluß bald erodiert, bald akkumuliert und sein Tal durch Seitenerosion verbreitert. Bei den meisten Flüssen ist aber eine solche schematische Gliederung gar nicht durchführbar; es folgen Strecken mit vorwiegender Erosion oder Akkumulation mehrfach aufeinander, je nachdem der Fluß ein sich ihm entgegenstellendes Gebirge durchbricht oder eine eingeschaltete Senke unter Aufschüttung durchmißt. Wo Flüsse über den Rand eines Plateaus oder Tafellandes herabfließen, entfaltet sich die Erosion gerade in der Abfallsregion am stärksten, während die oberen Flußstrecken auf den Plateauflächen träg und gewunden dahinschleichen, solange nicht die rückschreitende Erosion auch den Oberlauf in das Bereich der Talvertiefung einbezogen hat. In allen solchen Fällen haben die Ausdrücke Oberlauf, Mittellauf und Unterlauf nur konventionelle Bedeutung. Man kann dann mit Cholnoky besser von Strecken mit Ober-, mit Mittel- und mit Unterlaufcharakter sprechen.

Gefällsentwicklung und Gefällsstörungen. Indem Erosion und Akkumulation nach aufwärts fortschreiten und die ursprünglichen Gefällsbrüche einer Abdachung im Flußlauf selbst allmählich beseitigt werden, kann bei genügend langer Dauer dieser Vorgänge an keiner Stelle ein größeres Gefälle sich erhalten, als an einer weiter aufwärts gelegenen Strecke vorkommt. Es stellt sich schließlich bei jedem Fluß, wenn keine Störungen dazwischen treten und unter der Voraussetzung stetiger Wasserzunahme nach abwärts, zwischen der Quelle und der Mündung als der Erosionsbasis ein ausgeglichenes Gefälle ein in Form einer parabelähnlichen, nach oben konkaven Kurve; denn da die Energie und Transportfähigkeit des Flusses von Wassermenge und Gefälle abhängig sind und jene nach abwärts zunimmt, so kann das Gefälle nach abwärts gleichzeitig abnehmen, ohne daß die Transportfähigkeit vermindert wird. Es wird also der Fluß nach abwärts die gleiche Schuttmenge bei umso kleinerem Gefälle bewältigen können; daher ist die Normalgefällskurve im obersten Teile am steilsten und verflacht sich nach unten immer langsamer *. In allen über dieser Kurve ge-

* In Trockengebieten muß die Gleichgewichtskurve von der Stelle an, wo der Fluß beginnt, an Wassermasse abzunehmen, nach abwärts steiler werden, also eine konvexe Form annehmen.

legenen Teilen der ursprünglichen Abdachung hat der Fluß eingeschnitten und Täler gebildet, die unter der Kurve gelegenen hat er flächenhaft aufgeschüttet. Jeder Fluß hat je nach Wassermasse und Schuttführung seine besondere Kurve; sobald auch die Nebenflüsse ein ausgeglichenes Gefälle erreicht haben, gehen ihre Gefällskurven in die des Hauptflusses ohne Knick über.

In den meisten Fällen ist aber dieses Stadium des ausgeglichenen Gefälles noch nicht oder erst annähernd erreicht, das Gefälle ist vielmehr durch Stufen gestört. Diese können in der ursprünglichen Abdachung des Landes begründet, also primär sein, wie bei dem eben erwähnten Falle, daß Flüsse einen Plateauabfall durchschneiden; in andern Fällen sind sie durch spätere Krustenbewegungen oder infolge einer Wiederbelebung der Tiefenerosion durch Klimaänderungen oder Ausdehnung des Flußgebiets bei Anzapfungen entstanden, oder sie liegen an der Mündung des Nebenflusses in den Hauptfluß, oder sie sind an Partien von besonders widerstandsfähigem Gestein gebunden. Alle diese Stufen sucht der Fluß durch verstärkte Erosion allmählich auszugleichen; dabei wandern außer bei den durch harte Gesteinsschwellen entstandenen Stufen die Gefällsbrüche allmählich aufwärts und verlieren dadurch an Höhe. Das gilt auch von den besonders hohen Stufen, die der Fluß in Wasserfällen [28] überwindet. Sie schreiten zurück, werden dabei immer niedriger, lösen sich zunächst in eine Reihe von kleineren Fällen oder Kaskaden, dann in Katarakte oder Stromschnellen auf, bis schließlich auch diese durch die Erosion beseitigt sind und nur die über das Flußbett aufragenden Steilgehänge die Strecke anzeigen, auf welcher die ehemalige Gefällsstörung zurückgewandert ist.

Die Art und Weise wie auch die Geschwindigkeit des Rückschreitens von Wasserfällen ist je nach der ursprünglichen Neigung des Falles, ob senkrecht oder schräg geneigt, nach der Wassermasse, der Gesteinslagerung und Gesteinsbeschaffenheit sehr mannigfaltig. Ist das Gestein in den oberen Partien der Stufe weicher als in den unteren, so wird die Stufe abgeschrägt. Das umgekehrte gilt bei den Niagara-Fällen, wo das Rückschreiten der Stufe dadurch beschleunigt wird, daß unter den harten Kalken der Oberfläche weiche Schiefer auftreten, die vom Wasser besonders angegriffen werden, so daß die hangenden Kalke durch Untergrabung nachstürzen. Auf diese Weise ist der Fall in postglazialer Zeit, seitdem das Land eisfrei geworden ist, von seiner einstigen Lage an der Mündung des Flusses in den damals höher gespannten Ontariosee um 11,3 km zurückgewichen und hat eine ebensolange, steilwandige Schlucht hinterlassen; zugleich hat seine Höhe von über 100 m auf 49 m abgenommen. Die Dauer dieses Vorganges wird von verschiedenen Forschern nach dem bekannten Rückschreiten des Falles in den letzten Jahrzehnten und unter Berücksichtigung aller seit seiner Entstehung eingetretenen Veränderungen der Wasserführung sehr verschieden lang, auf 10.000 bis 30.000 Jahre geschätzt.[29] Gleichfalls geologisch jung ist der Schaffhausener Rheinfall, gebildet durch eine Bank von hartem Jurakalk, die die Erosion verzögert und über die der Rhein, durch Felsklippen in Arme geteilt, in sein altes, während der Eiszeit von Moräne und Schotter verstopftes Bett herabstürzt; er gehört damit in die Reihe der zahlreichen bei sog. epigenetischer Talbildung (s. u.) nach der Eiszeit entstandenen Gefällsstörungen.

Durch stufenförmiges Gefälle mit einem steten Wechsel von Engen und Weitungen zeichnen sich die meisten Flüsse und Täler der Alpen aus; ihre Wasserfälle treten entweder als Mündungsfälle an der Einmündung von Nebentälern ins Haupttal oder auch mitten im Tale auf. Sie werden uns noch an anderer Stelle beschäftigen; hier sei nur bemerkt, daß Mündungsstufen überall dort entstehen müssen, wo das Haupttal aus irgend einem Grunde rascher und stärker vertieft worden ist als das Nebental, also z. B. auch in Trockengebieten an der Mündung eines periodischen Gerinnes in ein perennierendes. Wenn sich dann die Vertiefung des Haupttales verlangsamt, wird die Stufe allmählich durch rückschreitende Erosion ausgeglichen. Vorübergehend entstehen Gefällsstörungen mit Stromschnellen dort, wo Schuttkegel eines Nebenflusses, Bergstürze, Rutschungen oder auch Lavaströme sich in ein Tal hineingebaut haben; es handelt sich in diesen Fällen um Abdämmungs- oder Staustufen. Doch werden solche Gefällsstörungen zu dauernden, wenn ihre Ursache andauert, also etwa beständig Massenbewegungen in das Tal niedergehen, wie in der Ennsenge des Gesäuses. Dasselbe gilt, wenn die Krustenbewegung, welche eine Gefällsstufe geschaffen hat, noch nicht erloschen ist. Das ist offenbar bei den Fällen und Schnellen an der sog. Fall-Linie im östlichen Nordamerika eingetreten, die sich noch immer an die Grenze des kristallinischen Piedmont-Plateaus und der jungen Küstenebene knüpfen und nur wenig zurückgewandert sind.

Noch anderer Art sind endlich jene Gefällsstufen an Flüssen des Kalkgebirges, die zwar auch an ein stauendes Hindernis, etwa eine Schwelle besonders harten Gesteins anknüpfen, wo aber durch die Tätigkeit der Kalkalgen, die das im Wasser gelöste Kalziumkarbonat zu ihrem Aufbau verwenden, der Damm immer weiter aufwärts gebaut wird, vorausgesetzt, daß die Ausscheidung stärker wirkt als die Erosion in der Stufe. Dieser Entstehung sind die Fälle der Kerka in Dalmatien und der Pliva in Kroatien, vor denen die schönen Plitvicer Seen aufgestaut sind.[30]

Die Normalgefällskurve bedeutet noch nicht das Ende jeder Flußtätigkeit. Denn das Quellgebiet wird durch Untergrabung und Abböschung beständig tiefer und zugleich nach rückwärts verlegt, andererseits wird durch Aufschüttung der Sinkstoffe ins Meer die Mündung hinausgeschoben, also durch diese beiden Vorgänge der Flußlauf verlängert und das Gefälle verringert. Dazu kommt, daß mit der Verminderung der Höhen und Böschungen die Schuttzufuhr verringert und durch eine immer kleinere Wassermenge bewältigt werden kann; da diese mit der Zeit gewiß nur wenig kleiner wird, so kann im oberen Teil das Gefälle weiter vermindert werden. Daher wird die Gefällskurve immer flacher, und der ideale Endzustand, das Endziel der Flußtätigkeit und die wahre Erosionsterminante, ist eine Kurve von so minimalem Gefälle, daß die Energie des Flusses gerade noch ausreicht, um durch Überwindung der Reibung das Fließen zu ermöglichen und die suspendierten und gelösten Stoffe zu verfrachten.[31]

Das Verhalten der Flüsse zu Krustenbewegungen. Bei allen diesen Betrachtungen war angenommen worden, daß das vom Flusse durchmessene Stück der Landoberfläche sich in vollkommener tektonischer Ruhe befindet. Das ist aber in längeren Zeiträumen gewiß nur ausnahmsweise der Fall, und es ist daher das Verhalten der Flüsse gegenüber sich hebenden oder sich senkenden Krustenpartien zu betrachten.

Bereits A. Penck hat den Fall untersucht, daß sich innerhalb eines Flußlaufes, der mit ausgeglichenem Gefälle in einem Taleinschnitt fließt, eine Scholle quer zur Flußrichtung hebt. Dann wird keinerlei Änderung des Gefälles eintreten, sobald die Hebung in dem Maße geschieht, daß ihr die Erosionskraft des Flusses entgegenarbeiten kann. Wenn aber die Hebung rascher vor sich geht, als die Bettvertiefung ihr folgen kann, so entstehen Gefällsbrüche am obern und am untern Rand der sich hebenden Scholle. An der untern Stufe wird die Fallhöhe gesteigert, an der obern wird der Fluß gestaut und muß aufschütten; da aber an der untern Stufe mit dem Gefälle auch die Erosionskraft zunimmt, so wird sie vom Flusse durchnagt, und schließlich kann die Erosionskraft mit Andauer der Hebung so groß werden, daß sie in der Zeiteinheit das Bett um ebensoviel vertieft, als sich dieses hebt. Der Fluß zersägt also die sich hebende Scholle und schneidet noch darüber hinaus in seine eigenen Aufschüttungen ein. Doch ist auch der Fall möglich, daß, noch bevor dies eintritt, die Aufschüttungen eine so große Ausdehnung erreichen, daß sie das Niveau des umgebenden Landes überschreiten und der Fluß gezwungen wird, seitlich überzufließen, oder es kann, wenn es an genügenden Aufschüttungen fehlt, vor der sich hebenden Scholle der Fluß zu einem See aufgestaut werden, der gleichfalls seitlich überfließen kann. Queren mehrere ungleich starke Flüsse die sich hebende Scholle, so wird unter Umständen nur der stärkste imstande sein, sie zu durchsägen, während die andern abgelenkt werden und irgendwo seitlich überfließen. Jedenfalls werden große Flüsse durch Hebungen innerhalb ihres Laufes eine geringere Beeinflussung erfahren als kleinere.

Nehmen wir nun mit W. Penck [16] den Fall an, daß eine Schar von Flüssen mit verschiedener Wassermenge von einer zur Ausgangsfläche parallelen Hebung betroffen wird und dadurch eine Erhöhung des Gefälles erfährt, die sie zu Erosion und Transport befähigt. Dann werden diejenigen Flüsse, bei denen die Energie gerade hinreicht, um in der

Zeiteinheit ebenso rasch einzuschneiden, als die Hebung beträgt, und um zugleich alles Material fortzutragen, sich eine neue Gleichgewichtslage schaffen, und zwar das kleinstmögliche Gleichgewichtsgefälle, bei dem noch keine partielle Akkumulation eintritt. Die Flüsse mit geringerer Wasserführung und Energie schneiden in der Zeiteinheit weniger ein, als die Hebung beträgt. Daher steigen ihre Betten empor, wodurch aber das Gesamtgefälle wächst; sie haben daher ein größeres Gefälle als die ersteren und vermögen eine größere Menge von Material zu bewältigen. Endlich werden diejenigen Flüsse, die infolge ihrer größeren Wassermenge ihr Gefälle unter das kleinste Gleichgewichtsgefälle zu ermäßigen vermögen, zwar auch ebensoviel einschneiden, als die Scholle emporrückt, aber sie werden überdies gezwungen sein, partiell zu akkumulieren. Wenn aber die Hebung in der Zeiteinheit wächst, so werden zunächst die kleinsten Gerinne, also die im Quellgebiet, das kleinste Gleichgewichtsgefälle erreichen; je rascher die Hebung wird, desto größere Flüsse nur können sich in diesem kleinsten Gleichgewichtsgefälle erhalten. Da die Wasserführung im allgemeinen von oben nach unten zunimmt, rückt das Bereich der partiellen Akkumulation mit zunehmender Hebungsgeschwindigkeit immer weiter von den Quellgebieten gegen den Rand der sich hebenden Scholle hinaus.

Von Bedeutung ist ferner der besonders von Sölch mehrfach betonte Fall, daß mehrere Hebungen nacheinander, durch Ruhepausen getrennt, dieselbe Flußstrecke betreffen. Dann entstehen immer neue Gefällsstufen, die nacheinander aufwärts wandern. Geschieht die Hebung nur im Oberlauf stark, im Unterlauf schwächer oder gar nicht, so wird nur im Oberlauf Erosion eintreten, im Unterlauf unter Umständen Aufschüttung, da durch die Tiefenerosion weiter oberhalb die Schuttzufuhr vergrößert wurde.

Senkt sich innerhalb eines Flußlaufes eine Scholle, so kann dies so langsam geschehen, daß der Senkung durch Aufschüttung das Gleichgewicht gehalten wird. Geschieht die Senkung rascher, so findet oberhalb davon Erosion statt, da hier das Gefälle zugenommen hat, während im Bereich der Senkung Akkumulation herrscht oder auch, bei ungenügender Schuttzufuhr, sich ein See bildet, der allmählich zugeschüttet wird. Auch in diesem Falle kann, sobald ein Punkt der Umwallung der Senke unter das Niveau des Flusses beim Austritt aus derselben zu liegen kommt, ein seitliches Überfließen des Flusses oder des Sees stattfinden.

Die morphologische Einzeluntersuchung hat gezeigt, daß in sehr vielen Fällen Flüsse ihren Lauf durch sich hebende Schollen oder selbst durch aufsteigende Falten bewahrt haben. Sie sind also in ihrer Anlage älter als das von ihnen durchsägte Gebirge und werden seit Powell [32] als antezedente (ursprüngliche) Flüsse bezeichnet. Andere Flüsse, die durch die Vorgänge der Gebirgsbildung aus ihrem früheren Laufe abgelenkt wurden und dem Gebirgsbau in ihrer Richtung folgen, also tektonisch bestimmt sind, nannte Powell konsequente Flüsse; doch wird dieser Ausdruck heute überhaupt auf alle Flüsse angewendet, die in ihrer Anlage einer durch irgend welche tektonische Vorgänge angelegten Abdachung, also den Schichtflächen, einer einseitigen Schrägstellung, einer Aufwölbung oder einer Einmuldung, folgen.

Ein vorzügliches Beispiel für den Einfluß von gleichzeitiger Senkung und Hebung auf benachbarte Strecken eines Flusses bietet der Rhein, der in der Oberrheinischen Tiefebene der Senkung durch Aufschüttung entgegengearbeitet hat, wohl auch dabei aus seinem früheren Laufe etwas ins Gebiet der stärksten Senkung im Mainzer Becken abgelenkt worden ist und ein Stück weit der jungen Verwerfung am Fuß des Taunus folgt, dann aber den jung gehobenen Block des Rheinischen Schiefergebirges ebenso wie Mosel, Maas und Lahn durchbricht. Einen Beweis für Antezedenz im Faltengebirge lieferte Futterer [33] an den kleineren Flüssen der karnischen Voralpen. Denn hier liegen im Vorlande in den unteren Horizonten der Flußaufschüttungen die feineren Sedimente, darüber gröbere aus der Zeit der letzten Auffaltung, und es enthalten die ersteren auch bereits Material aus den hintersten Ketten; die Flüsse sind also älter als die Faltung der vorderen Ketten. In ähnlicher Weise wurden die südlichen Vorketten des Himalaya während ihrer Auffaltung von den Flüssen durchschnitten, aus deren ehemaligen Ablagerungen sie bestehen.[34] Auch die Mehrzahl der geraden Quertalflüsse der Schweizer Alpen ist älter als die späteren Phasen der Alpenfaltung, der Donaulauf durch das Banater Gebirge älter als die Hebungen desselben seit dem Miozän [35]. Alles das sind zugleich Beispiele für die Gleichzeitigkeit von Krustenbewegungen und Ausgestaltung der von ihnen betroffenen Krustenstücke durch die Tätigkeit der Flüsse und der andern exogenen Vorgänge.

Von gleich großer Bedeutung für die Gefällsentwicklung und damit für die Flußtätigkeit sind Niveauveränderungen des Meeresspiegels als der allgemeinen Erosionsbasis und damit verbundene Verschiebungen der Küstenlinie. Eine relative oder absolute Hebung des Meeresspiegels hat eine Verringerung des Gefälles aller Flüsse zur Folge; sie werden zurückgestaut und im untern Teil ihres Laufes entweder zur Akkumulation oder wenigstens zur Seitenerosion gezwungen, womit Schlingenbildung und Verlängerung des Flußlaufes verbunden sind; eine solche Hebung der Erosionsbasis kann sich durch den ganzen Fluß bis ins Quellgebiet wenigstens als eine Abschwächung der Tiefenerosion geltend machen. Gleiche Wirkungen stellen sich ein, wenn durch künstliche Aufstauung, wie dies bei den Talsperren der Fall ist, eine Flußstrecke in einen See umgewandelt wird. Eine Senkung des Meeresspiegels aber bedeutet Vergrößerung des Gesamtgefälles, damit Belebung der Erosion, so daß der Fluß nunmehr auch im Unterlauf zum Einschneiden in seine eigenen Ablagerungen veranlaßt werden kann. In der Regel vollziehen sich solche Verschiebungen der Küstenlinie so langsam, daß sie sich der unmittelbaren Beobachtung entziehen; wir schließen dann umgekehrt aus dem Charakter der Flußtätigkeit und gewissen Talformen auf eine stattgehabte positive oder negative Strandverschiebung. Dieselben Wirkungen haben natürlich auch die Spiegelschwankungen der großen Endseen in den Trockengebieten für die ihnen tributären Flüsse.

Periodizität der Flußarbeit. In ähnlicher Weise wie Krustenbewegungen und Veränderungen der Lage der Erosionsbasis vermögen Klimaänderungen die Flußarbeit zu beeinflussen, indem mit ihnen die Wasser- und Schuttführung und damit die Art und der Betrag der Flußtätigkeit sich ändert. Das gilt sowohl bei Verschiebungen der einzelnen Klimagürtel in der Horizontalen, namentlich der Grenzen der Trockenzonen, indem ein Feuchterwerden des Klimas die Wasserführung vergrößert, die Wasserläufe verlängert und sogar Abfluß zum Meer herbeiführen kann, zunehmende Austrocknung hingegen die Wassermenge herabsetzt, die Zufuhr von Verwitterungsschutt erhöht und die Flußlänge verkürzt, als auch bei Vertikalverschiebungen der einzelnen Höhengrenzen im Gebirge, der Baum- und Schneegrenze, wobei bei entsprechend großer Abkühlung die Tätigkeit der Flüsse überhaupt durch die von Gletschern ersetzt werden kann.

Periodische Veränderung der Flußarbeit (Erosion und Ablagerung) kann zur Bildung von Terrassen führen. Diese können auch auf andere Weise, durch Krustenbewegungen oder Niveauveränderungen oder durch Kombination verschiedener Ursachen entstehen, so daß es oft schwer fällt, zur Wirkung die richtige Ursache zu erkennen. Die nähere Betrachtung dieser Vorgänge, der durch sie geschaffenen Formen und der Veränderungen des Talprofils folgt in einem andern Abschnitt dieses Buches.

Mäander. Fast allen Flüssen, die sich in einem Gleichgewichtszustand zwischen Flußenergie und Schuttführung befinden und daher zur Seitenerosion neigen, ohne in die Tiefe erodieren zu können, ist die Erscheinung gemeinsam, daß sie nicht in geradlinigen Bahnen, sondern in vielfachen Krümmungen und Windungen fließen. Nehmen diese eine mehr oder weniger regelmäßige Form an, so bezeichnet man sie (nach dem alten Mäander oder Menderes in Kleinasien) als Mäander.[36]

Die erste Ursache der Mäanderbildung wird zwar ziemlich allgemein in einem Hin- und Herpendeln des Stromstrichs um eine Mittellage zwischen den Ufern erblickt, aber über die Kraft, welche eine solche Schlängelung hervorbringt, gehen die Ansichten sehr auseinander. Die ältere Anschauung sieht ihre Ursache in einer asymmetrischen Verteilung der Stromgeschwindigkeiten, wie sie durch unregelmäßige Akkumulation im Strombett entstehen muß; dann verschiebt sich der Fluß nach der Stelle, wo der Stromstrich dem Ufer genähert ist; von diesem zurückgeworfen, nähert sich der Stromstrich dem andern Ufer und bewirkt damit eine Verschiebung nach diesem. Nach anderen Forschern können schon die kleinsten Hindernisse, die sich der geradlinigen Flußrichtung entgegenstellen, wie Sandhaufen, gestürzte Baumstämme, Rutschungen, Uferbrüche, Schuttkegel der Nebenflüsse u. dgl., infolge der Trägheit des Wassers eine Ablenkung des Stromstriches bewirken und damit das Serpentinisieren des Flusses einleiten. Wieder eine andere Auffassung erklärt die Mäanderbildung aus dem Bestreben des Flusses, bei gehemmter Tiefenerosion, etwa durch eine harte Gesteinsschwelle, das für seine Wassermasse und seine Last zu große Gefälle durch Seitenerosion und Laufverlängerung zu ermäßigen, eine Erklärung, die für die Flüsse der großen freien Stromebenen kaum anwendbar ist. Ahlmann [37] kehrt zu der älteren Auffassung insofern zurück, als er die Mäanderbildung auf die Mechanik des Materialtransports zurückführt; die großen Transportkörper kommen im festen Flußlauf im Zickzack zu liegen, die Rinnen dazwischen werden vom Fluß frei gehalten und weiter entwickelt. Neuere Theorien aber sehen in den Mäandern den Ausdruck allgemeiner Bewegungsgesetze. Baschin [38] erklärt sie gemäß der Helmholtzschen Wellentheorie, wonach die Grenze zweier verschieden dichter, in verschieden rascher Bewegung befindlicher Medien stets bestrebt ist, sich in Wellenform zu legen, um einen Gleichgewichtszustand anzunehmen. Dies würde in unserm Falle an der Grenze von Wasser und fester Erdoberfläche durch Pendelung des Stromstrichs erreicht, indem ein stationäres Wogensystem den Stromstrich bald nach dieser, bald nach jener Seite ablenkt. Dieser Theorie verwandt ist die von Exner,[39] wonach eine solche Pendelung auf Querschwingungen des Wassers im Flußbett, analog den stehenden Schwingungen in Binnenseen, zurückzuführen ist. Die noch vorhandene Turbulenz der Bewegung bewirkt eine Schrägstellung des Wasserspiegels quer zur Stromrichtung; diese Neigung und damit der Stromstrich schwingt pendelartig in der Länge eines Mäanders einmal von einem nach dem andern Ufer. Eine Bestätigung hierfür scheinen die Beobachtungen von A. Hofmann [40] am Rhein bei Mehlem, gegenüber dem Siebengebirge, zu liefern, wonach der Wasserspiegel Oszillationen des Wasserstandes von 2—2¹/₂ Minuten Periodendauer zeigt, und zwar so, daß sich die Wasserteilchen an den einander gegenüberliegenden Ufern stets in der entgegengesetzten Phase befinden. Alternierende Hebungen und Senkungen müßten den Stromstrich in eine pendelnde Bewegung bringen. Für diese Anschauung soll auch die Erfahrung sprechen, daß selbst in künstlich geradegelegten Rinnen die Sandbänke bald diesem, bald jenem Ufer naheliegen, was nur durch ein Pendeln des Stromstrichs erklärt werden kann. Demgegenüber weisen aber Wasserbautechniker darauf hin, daß diese wechselständige Lage der Sandbänke dadurch zustandekam, daß das künstliche Bett für Niedrigwasser viel zu groß war, so daß der Fluß darin gleichsam schlotterte und bald hier, bald da ablagerte; daher wird bei modernen Regulierungsbauten für Niedrigwasser ein besonderes Bett ausgehoben. Übrigens sei bemerkt, daß eine regelmäßige Mäanderform, wie sie die physikalischen Theorien verlangen, an natürlichen Tieflandflüssen nur ausnahmsweise vorkommt, vielmehr Windungen von recht verschiedenem Ausmaß unterbrochen sind durch längere geradlinige Strecken, und zwar auch ohne daß es sich dabei um natürliche oder künstliche Durchbrüche handelt.

Die weitere Entwickelung der Mäander [41] ist dadurch gegeben, daß mit der Ablenkung des Stromstrichs von der Mittellage sich neben der Schwerkraft die Zentrifugalkraft entwickelt, die der Masse und Geschwindigkeit direkt, dem Krümmungsradius umgekehrt proportional ist. Die anfangs schwache Krümmung nimmt beständig an Schärfe zu, indem der Fluß seine Prallstelle durch Lateralerosion untergräbt, während an der konvexen Seite Ablagerung stattfindet; der Krümmungsradius wird kleiner, und schließlich bilden die Mäander Kurven, die voneinander nur durch einen schmalen Hals getrennt sind. Wird dieser allmählich auch durchsägt oder bei Hochwasser plötzlich durchbrochen, so entsteht ein Mäanderdurchbruch (cut-off); der Fluß legt nun einen kürzeren Weg mit größerem Gefälle zurück, während der alte Lauf als sichelförmig gekrümmtes Altwasser zurückbleibt und der Versandung anheimfällt. Das Wachstum der Schlingen hat den Flußlauf verlängert und damit Gefälle und Geschwindigkeit verringert; daher muß von einem gewissen Zeitpunkt an das Wachstum geringer werden und schließlich ganz aufhören; der Krümmungsradius nimmt sogar nach Erreichung seines geringsten Wertes in einem gewissen Stadium wieder zu. Jedenfalls können die Mäander nur eine bestimmte Länge erhalten, und es ist die Breite des Streifens begrenzt, innerhalb dessen sich das Mäanderwachstum vollzieht.

Da aber die größten Tiefen und Geschwindigkeiten stets etwas unterhalb der Stelle der größten Krümmung liegen und die Strömung infolge dieser etwas nach abwärts gerückten Lage des Stromstrichs gegen den stromabwärts gelegenen Teil der Krümmung am stärksten drängt, wandern die Mäander nicht nur seitlich, sondern zugleich auch nach abwärts, und zwar geschieht dieses Abwärtswandern um so langsamer, je rascher die Verbreiterung geschieht, und umgekehrt [42]. Durch die Verbindung beider Vorgänge wird mit der Zeit der ganze Streifen vom Flusse umgestaltet, wie auch die scheinbar regellose Verteilung der Altwässer zeigt. Die Breite dieses Gürtels, der sich gewöhnlich längs schwach konkaver Bogen von dem höheren, trockenen Lande durch die Hochufer (Wagram in Niederösterreich, Bluffs in Nordamerika genannt) abhebt, wird flußabwärts immer größer; sie wächst mit der Wassermasse, der Stromgeschwindigkeit und der Breite des Flusses und ist daher überhaupt bei großen Strömen größer als bei kleineren.

In dieser Weise vollzieht sich die Mäanderbildung sowohl in den großen Stromebenen als auch in breiten Talböden, sobald der Fluß zur Seitenerosion übergegangen ist, in den eigenen Anschwemmungen seiner Talaue schwingt und nur mehr gelegentlich an die festen Talwände stößt. In beiden Fällen handelt es sich um freie Mäander. Ganz anderer Art sind die sog. gezwungenen Mäander, die in breiten Tälern als breite, flache Windungen dadurch entstehen, daß die Schuttkegel der Nebenflüsse den Fluß abwechselnd auf die eine oder die andere Seite drängen. Von diesen beiden Formen, die vom Talverlauf unabhängig sind, sind die eingesenkten Mäander zu unterscheiden, bei denen das Tal die Windungen des Flusses mitmacht und die entweder während des Einschneidens entstehen (Gleitmäander PHILIPPSONS) oder durch Einsenken freier Mäander bei der Erneuerung der Tiefenerosion, etwa infolge einer Hebung. Ihre nähere Darstellung fällt daher schon der Beschreibung der Talformen zu. Natürlich können in der breiten Talsohle eines gewundenen Tales auch wieder freie Mäander sich ausbilden, so daß die Zahl der Flußmäander die der Talmäander bedeutend übertrifft.

Kies- und Sandbänke. In einem Flußlauf wechselt mit der Stromgeschwindigkeit die Stoßkraft beständig, so daß auch Ablagerung und Transport von Ort zu Ort wechseln. Bei stärkerer Bewegung wird der Sand noch schwebend erhalten, bei langsamerer sinkt er zu Boden und wird mitgeschleppt. Mit dem Pendeln des Stromstriches entstehen einerseits Auskolkungen des Bettes an der konkaven Uferseite, anderseits Ablagerungen an der konvexen; das sind die Kies- oder Sandbänke, die sich namentlich in schwach gekrümmten Flußstrecken mit dreieckiger Gestalt und mit der Spitze stromaufwärts mit großer Regelmäßigkeit bald dem einen, bald dem andern Ufer anlegen[43]. Sie fallen dem Strom entgegen flach ab und brechen mit dem Strom ziemlich steil ab. Zwischen zwei schräg einander gegenüberliegenden Bänken befindet sich eine Schwelle oder Untiefe des Talwegs. Solche Bänke wandern regelmäßig, aber mit wesentlich geringerer Geschwindigkeit als der des Wassers, stromabwärts, ähnlich einer Sanddüne, indem bei jedem höheren Wasserstand ruckweise das Material losgelöst, hinaufgeschoben und auf der andern Seite wieder dachziegelartig abgesetzt wird. In dieser Weise verschiebt sich die ganze Bank Schicht für Schicht; es verändert sich also beständig das Flußprofil, die Sohlenform wandert mit dem Geschiebe. In der regulierten Rheinstrecke zwischen Basel und Mannheim liegen die Bänke in regelmäßigen Abständen von 1 km und wandern jährlich 200—400 m weiter, in Hochwasserjahren dreimal so weit; das Abwandern einer Bank über eine bestimmte Stelle dauert durchschnittlich 7 Jahre.

Die Vorgänge der Aufschüttung. Schon mit der Seitenerosion ist fast regelmäßig an anderer Stelle Aufschüttung verbunden. Bei abnehmendem Gefälle tritt diese ganz in den Vordergrund. Der Strom hinterläßt bei sinkendem Wasserstand seine Transportmassen als wirr und unregelmäßig verteilte Haufen und Bänke, zwischen denen er sich in zahlreiche Arme verästelt. Festliegende Bänke aus Schotter und Sand entstehen auch in Verbreiterungen des Bettes infolge abnehmender Stoßkraft, dann durch Rückstau vor festen Hindernissen und Ufervorsprüngen, in toten Winkeln oder beim Zusammentreffen zweier Strömungen durch sog. Scharung. Vielfach wachsen Sandbänke durch Rückstau am obern und Scharung am untern Ende zu Sandinseln auf, die auch bei Hochwasser nicht mehr überflossen werden und sich mit Hilfe der auf ihnen angesiedelten Vegetation, die das neu hinzugetragene Material festhält, weiter vergrößern. In tropischen Flüssen veranlassen Treibholz und andere Pflanzenansammlungen die Entstehung von Inseln [44].

Alle diese Erscheinungen der Inselbildung, Stromteilung und unregelmäßigen Akkumulation in Strombetten faßt man als Verwilderung zusammen; sie schließen sich mit Schlingen- oder Mäanderbildung gegenseitig aus, doch trifft es nicht überall zu, daß die Verwilderung diese flußabwärts ablöst.

Obwohl kaum je in einer Flußstrecke Erosion und Akkumulation ganz scharf zu trennen sind, so kommt diese in ausgedehntem Maße doch unter zwei verschiedenen Bedingungen, entweder durch Abnahme des Gefälles oder seltener durch Abnahme der Wassermenge, zur Geltung. Letzteres gilt besonders in Trockengebieten; es schütten die Steppenflüsse namentlich am Rande abflußloser Wannen, wo sich mit der Verringerung des Gefälles eine Abnahme der Wassermenge verbindet, bisweilen ungeheuere Schuttmassen auf, die untereinander zu einer Schuttkegelzone verwachsen, wie das von den Bolsonen Nordamerikas bekannt ist [45]. Auch mit einer Teilung des Flusses in Arme ist fast stets Akkumulation verbunden, da diese zusammen geringere Stoßkraft haben als der vereinigte Strom. Minderung der Wassergeschwindigkeit führt zur Akkumulation beim Austritt eines Flusses aus einem engen und steileren in ein breites und flaches Tal oder in eine Niederung, wo der Fluß seinen Schwemmkegel hinausbaut, dann auch im Überschwemmungsgebiet, wo der Fluß den bei Hochwasser mitgeführten Schlamm, aber auch gröberes Material mit sinkendem Wasserstand liegen läßt, so daß hier das Bett erhöht wird, während das Mittelwasserbett gleichzeitig ausgefegt wird. Überwiegt aber auch in diesem mit der Zeit die Akkumulation, so fließt der Fluß zwischen natürlichen Dämmen, die sich nach außen flach, nach innen steiler abdachen; der Flußspiegel ist schließlich höher als die umgebende Niederung, wie das u. a. in der Poebene der Fall ist, so daß sich der Fluß über seine Dämme hinweg in diese ergießen und sein Bett verlegen kann. Dieser Vorgang wird noch dadurch beschleunigt, daß Flüsse durch künstliche Dämme gezwungen werden, ihr Material nicht im Hochwassergebiet, sondern im normalen Flußbett abzulagern. Bei solchen künstlich eingedeichten Flüssen müssen daher die Dämme mit der Zeit immer höher angelegt werden, um das Kulturland zu beiden Seiten vor Wassereinbrüchen zu schützen.

Laufverlegungen und Stromteilungen, wie auch die schon geschilderten Stromvermischungen, die Gabelungen auf Schuttkegeln und in Deltaländern, sind daher eine regelmäßige Erscheinung im untern Teile eines Flußgebietes, wo der Fluß trotz Zunahme der Wassermasse, aber infolge des stetig abnehmenden Gefälles und zunehmender Schuttzufuhr nicht mehr in der Lage ist, einen namhaften Teil des Schuttes fortzuführen. Nur durch solche immer neu sich wiederholende Laufverlegungen * ist ja die flächenhafte Aufschüttung weiter Räume mit vielen 100 m mächtigen Flußsedimenten zu erklären, wie sie uns in den großen Stromebenen der Erde entgegentritt. Sie stellen eigentlich nur die Vereinigung von zahlreichen, sehr flachen Schwemmkegeln dar, zwischen denen weniger stark zugeschüttete Räume, oft als allseits geschlossene, sehr flache Wannen zurückgeblieben sind, oder solche, die von anderen jungen Bildungen wie äolischen oder Seeablagerungen eingenommen werden. Fast stets sind solche Ebenen zugleich Senkungsfelder, in denen die Aufschüttung durch eine langsame, oft bis in die Gegenwart andauernde Senkung unterstützt wird, so daß die Sohle der rezenten Alluvionen bis unter den Meeresspiegel herabreicht.

Flußverschleppung. Eine häufige Erscheinung in Akkumulationsgebieten ist es, daß ein Hauptfluß durch seine eigenen Aufschüttungen die Nebenflüsse zur Seite drängt und sie hindert, ihn auf dem kürzesten Wege zu erreichen, oft auch sie zu Seen aufstaut. Die Mündung liegt dann erst eine beträchtliche Stelle weiter abwärts, oder es erreicht der ursprüngliche Nebenfluß den Hauptfluß gar nicht mehr und mündet selbständig ins Meer, wie das bei Po und Etsch der Fall ist. Beispiele für derartige Verschleppungen bieten außer der Poebene auch die oberrheinische Tiefebene, die Walachei und die Gangesebene. Indem der verschleppte Nebenfluß eine Anzahl von Seitenflüssen, die früher dem Hauptfluß direkt tributär waren, abfängt, entsteht eine gewisse Asymmetrie der Einzugsgebiete beider Flüsse.[46]

Einseitige Verschiebung von Flußläufen. Durch die verschiedensten Ursachen kann ein Fluß aus seiner ursprünglichen Laufanlage nach einer Seite hin verschoben werden[46]. Schon ein geringer Gegensatz in der Höhe und Beschaffenheit der Ufer bewirkt, daß der Fluß nach dem niedrigeren und leichter zerstörbaren Ufer sich verschiebt.

* Ein bekanntes Beispiel für Stromverlegungen in historischer Zeit bildet der Hoangho, dessen älteste und zugleich nördlichste Mündungsstelle unter 39²/₃° n. Br., nördlich der Halbinsel Schantung, liegt, die südlichste, die er vom 13. Jahrhundert bis 1852 benutzte, unter 34° n. Br. In den Jahren 1851—53 wandte er sich wieder nach N., brach aber 1887 abermals nach S durch, bis er 1889 gezwungen wurde, seinen früheren und jetzigen Lauf wieder einzuschlagen. Das viel erörterte Oxus-Problem in Transkaspien ist nun dahin gelöst, daß der Amu-darja auf seinem sehr flachen Schuttkegel oberhalb des Aralsees wahrscheinlich mehrmals, jedenfalls aber zwischen 1221 und 1573, einen Arm nach W entsandte, der nach Ausfüllung der Senke von Sary-Kamysch durch die Furche des Usboi, durch die im Diluvium Aral- und Kaspisee verbunden waren, in diesen mündete.

Eine Monoklinalverschiebung im Sinne von Gilbert und Richthofen tritt ein, wenn Flüsse bei langsamem Einschneiden auf schwach quer zu ihrem Lauf geneigten Schichtflächen abgleiten, besonders dann, wenn sie an der Grenze verschieden widerstandsfähiger Schichten fließen; sie verschieben dann ihr Bett auf dem weicheren Schichtglied, sobald dieses das Hangende des härteren bildet. Zugleich kommt die für alle solche Isoklinaltäler (s. u.) charakteristische Asymmetrie des Talprofils zur Geltung, und da sich überdies auch die Nebenflüsse auf der Seite, wo die Schichten gegen das Tal einfallen, rascher entwickeln als auf der Gegenseite, wird sich eine zunehmende Asymmetrie der Gestalt und Größe der beiderseitigen Einzugsgebiete einstellen. Bedeutsamer noch ist die Einwirkung einer einseitigen Schrägstellung der Abdachungsfläche während der Flußentwicklung; da gleichzeitig auch die zwischen den Flüssen gelegenen Riedelflächen eine neue Neigung erhalten, so werden ihre nach der gesenkten Seite des Riedels fließenden Seitenbäche unter günstigeren Gefällsverhältnissen arbeiten und sich stärker nach rückwärts verlängern. In ausgezeichneter Weise tritt die Wirkung einer solchen Verschiebung bei den linken Nebenflüssen der untern Donau entgegen, die infolge einer andauernden Schrägstellung der Walachischen Platte gegen Osten nach links abgedreht werden und der Donau je weiter östlich unter um so spitzerem Winkel zufließen[47]. Auch die stärkere Ausbildnug der Theißmäander am rechten Ufer und das Drängen des ganzen Flußlaufes nach Westen ist wohl auf eine andauernde Senkung des Alfölds mit der Achse etwa in der Gegend der Donau zurückzuführen. Wie die Schuttmassen größerer Nebenflüsse eine Sammelader gleichsam vor sich her stoßen, zeigt die Poebene, deren Hauptfluß unter der Einwirkung der stärkeren Alpenzuflüsse gegen den Rand des Apennin gedrängt wird, und die Gangesebene, deren nördlicher Teil durch die Himalayaflüsse höher aufgeschüttet ist als der südliche.

Eine vielumstrittene Frage ist der Einfluß der Erdrotation auf die Richtung fließender Gewässer. Schon vor 70 Jahren hat zuerst Babinet[48] diese Möglichkeit in allgemeiner Form ausgesprochen, und bald darauf stellte K. v. Baer[49] das nach ihm benannte Gesetz auf, daß ebenso wie alle anderen Bewegungen auch das fließende Wasser unter dem Einfluß der Erdrotation auf der nördlichen Halbkugel nach rechts, auf der südlichen nach links abgelenkt werde; irrtümlich beschränkte er diese Einwirkung auf meridional gerichtete Flüsse, während die ablenkende Kraft der Erdrotation bei einer Kugel vom Azimut der Bewegung unabhängig ist, aber mit der geographischen Breite wächst. Daß also eine solche Ablenkung auf die Flüsse ausgeübt werden muß, ist unzweifelhaft; der Widerspruch gegen die Gültigkeit des Baerschen Gesetzes richtete sich mehr nach der quantitativen Seite, indem man namentlich seit Zöppritz[50] eine praktische Auswirkung der Erdrotation gegenüber anderen Einflüssen bezweifelte und das Hauptgewicht auf die durch die Erdrotation bewirkte Schrägstellung des Flußspiegels legte, die allerdings minimal ist; bei einem Strom von 1 km Breite und einer Geschwindigkeit von 2 m/Sek. würde die Höherstellung am rechten Ufer selbst am Pol nur 3 cm betragen. Hingegen hat HENKEL[51] mit Recht darauf hingewiesen, daß die Erdrotation die Richtung der Abflußkomponente der Schwerkraft, also das Gefälle, ablenkt, und es ist daher ihre ablenkende Wirkung um so größer, je kleiner bei sonst gleicher Stromgeschwindigkeit das Gefälle ist. Sie ist bei Gebirgsflüssen verschwindend, muß aber bei Flüssen mit sehr kleinem Gefälle bedeutend werden und äußert ihre Wirkung darin, daß der Stromstrich auf unserer Halbkugel nach rechts verlegt wird, so daß am rechten Ufer größere Geschwindigkeiten auftreten und dieses stärker untergraben wird als das linke, woraus sich mit der Zeit eine Verschiebung des Flusses nach dieser Richtung ergeben muß. Zu dieser Ablenkung, die von der Richtung der Bewegung unabhängig ist, kommt aber noch hinzu, daß ein Körper nach dem Satz von der Erhaltung der Flächen seine Flächengeschwindigkeit beibehält, sobald er seine geographische Breite ändert, also in Gebiete größerer oder kleinerer Umlaufsgeschwindigkeiten kommt; die Folge ist gleichfalls eine Ablenkung nach rechts (auf der nördlichen Halbkugel), und zwar muß diese bei meridional fließenden Flüssen am größten, bei Bewegungen in der Richtung der Parallelkreise Null sein.

Die Gültigkeit des Baerschen Gesetzes in der Natur ist nun allerdings eine beschränkte und nicht immer einwandfrei festzustellen, da andere Einwirkungen es aufheben oder abschwächen können. Zweifellos ist aber, worauf BAER zunächst sich stützte, der Gegensatz zwischen dem rechten Berg- und dem linken Wiesenufer an der untern Wolga und andern südrussischen Flüssen auf die Wirkung der Erdrotation zurückzuführen, da andere Einflüsse hier nicht in Betracht kommen können; das rechte Ufer ist beständigen Angriffen des Stromes ausgesetzt und dadurch in einen untergrabenen Steilhang umgestaltet, die Ebene zur Linken ist das vom rechts drängenden Fluß durchmessene und von Flußablagerungen bedeckt zurückgelassene Land. Dasselbe gilt von den sibirischen Flüssen[52], wo ebensowenig die herrschenden Winde zur Erklärung herangezogen werden können wie beim Amu-darja, wo dem in lebhafter Zerstörung befindlichen Abfall von Kysyl-Kum zur Rechten das flache, von Flußablagerungen bedeckte linke Ufer von Kara-Kum gegenüberliegt. In Stromebenen muß natürlich dieses Seitwärtsrücken rascher erfolgen als dort, wo der Fluß zwischen festen Ufern gefesselt ist. Daher wird, worauf schon E. SUESS[53] hinwies, an der Donau in allen Talengen das rechte Ufer untergraben, während zwischen den Engstrecken der Fluß guirlandenförmig aufgehängt in einem nach rechts gerichteten Bogen fließt. Bei der Donau oberhalb von Wien ist dieser Einfluß schon seit dem Pliozän nachweisbar und gleichzeitig mit der Tieferlegung des Bettes wirksam gewesen, wie die allmähliche Verschiebung des Flusses nach rechts bis in den Durchbruch von Klosterneuburg beweist [54]. Ob die Verlegung des Donaulaufes im pannonischen Becken aus der Richtung Budapest—Szolnok—Theiß in das heutige Bett der Wirkung der Erdrotation oder einer Schrägstellung und Senkung der Ebene zuzuschreiben ist, ist schwer zu entscheiden; jedenfalls drängt auch hier der Fluß nach rechts und untergräbt das rechte Ufer, das steile Lößwände bildet, ebenso wie weiter unterhalb den Abfall der Syrmischen Hügel und der Bulgarischen Platte, wozu hier allerdings noch die Stoßkraft der stärkeren linken Zuflüsse kommt. Auch in Alaska fand Eakin [55] das Baersche Gesetz bestätigt und zwar umso deutlicher, je höher die geographische Breite und je geradliniger der Flußlauf ist.

Noch mehr als die ablenkende Wirkung der Erdrotation wird sich der Einfluß regelmäßiger und konstanter, quer zur Längsachse eines Flusses wehender Winde auf Flüsse mit großer Spiegelfläche, geringer Geschwindigkeit und seicht eingeschnittenem Bett beschränken, im übrigen aber dieselbe Wirkung haben müssen, nämlich eine Untergrabung des leeseitigen Ufers durch Abdrängen des Stromstriches. Auch die häufig zu beobachtende Asymmetrie der Talgehänge wird in manchen Fällen auf Windwirkung zurückzuführen sein, so nach Penck im bayrischen, sächsischen und siebenbürgischen Hügelland, wo stets die gegen die herrschenden Westwinde gekehrten Talgehänge die steileren sind; auf der Platte von Lannemézan in Südfrankreich sind aber westlich vom Adour die Ostgehänge flacher, östlich von ihm die Westgehänge, was durch Gesteinsunterschiede bedingt sein soll [56]. Im oststeirischen Hügelland ist die Asymmetrie der Talgehänge die Folge einer noch andauernden flachen Aufwölbung, wodurch die obere Raab nach N., die Mur nach S. gedrängt wird. Bei den tiefen Tälern der podolischen Platte, wo gleichfalls die nach Westen gekehrten Gehänge steiler und kürzer sind, führt Smolenski [57] die Erscheinung auf ehemalige Ostwinde zurück, die auf den nach O gekehrten Abdachungen eine stärkere Abtragung und damit flachere Böschungen bewirkten; doch scheint dem die Tatsache zu widersprechen, daß gerade diese Gehänge die lößbedeckten sind, es müßte denn die Ausbildung der Asymmetrie älter sein als die Lößablagerung. Ziemlich sicher scheint endlich, wenn auch nur indirekt, das Ostwärtsrücken des Nil auf eine Windwirkung zurückzuführen zu sein, indem die aus der libyschen Wüste gegen O bewegten Sande den Strom nach rechts drängen [58].

Mit allen diesen Fällen einer einseitigen Verschiebung der Flüsse ist notwendigerweise auch eine Veränderung in der Größe der Nebenflüsse und damit eine zunehmende Ungleichseitigkeit der Einzugsgebiete verbunden, die sich am stärksten bei nur seicht eingefurchten Flüssen äußern muß.

Flußverlegungen und Anzapfungen. Sobald im Quellgebiet der

Flüsse die Tiefenerosion bis nahe an die Wasserscheiden aufwärts greift, entstehen hier übersteile Böschungen, die abbrechen und abgleiten, so daß nicht nur die Ursprungstrichter immer mehr erweitert und nach rückwärts verschoben werden, sondern auch der wasserscheidende Kamm immer mehr zugeschärft und erniedrigt wird. Zwischen zwei einander gegenüberliegenden Trichtern entsteht daher eine Einsenkung im Kamm, ein Joch oder eine Scharte. Geschieht dieser Vorgang zu beiden Seiten des Kammes mit gleicher Intensität und Raschheit, so verschiebt sich die Wasserscheide nur in der Vertikalen nach abwärts und kann dabei bis zu einer flachen Talwasserscheide abgetragen werden. Ist aber der eine Fluß, sei es infolge größeren Gefälles oder reichlicherer Wasserführung oder günstigerer Gesteinsverhältnisse, im Vorteil über seinen jenseitigen Gegner, so entwickelt sich der Kampf um die Wasserscheide; sie erfährt eine einseitige oder eine ungleich starke Zuschärfung und wandert zugleich nach der Seite der schwächeren Angriffe; handelt es sich um mehrere parallel fließende Flüsse, so bleiben Stücke der ersten Wasserscheide als Erhebungen zwischen den rascher nach rückwärts vordringenden Flüssen der begünstigten Seite zurück. Es dringt der stärkere Fluß erobernd in das Quellgebiet des schwächeren vor und raubt ihm seine Quellen, wodurch dieser noch mehr in Nachteil gerät. Doch wird dieser Vorgang sich abschwächen oder ganz zum Stillstand kommen, sobald durch beträchtliche Erniedrigung der Wasserscheide das steile Gefälle im Quellgebiet beseitigt ist. Wenn aber der vordringende Fluß auf der andern Seite einem Fluß gleichsam in die Flanke fällt, so wird dieser als ganzer angezapft und mit seinem Oberlauf unter einem scharfen Ablenkungsknie zu dem stärkeren hinübergezogen *. Dadurch wird dessen Wasserführung mit einem Schlage vergrößert, es setzt in ihm erneute Tiefenerosion ein, die sich nach aufwärts bis in den abgelenkten Oberlauf fortsetzt. Daher fließt der abgelenkte Fluß oft in tiefer Schlucht, die in seinen alten Talboden eingeschnitten ist, während der geschwächte Kümmerfluß in einem für ihn zu breiten Tal schlottert, zu Seitenerosion und Schlingenbildung neigt, oft auch zur Aufschüttung gezwungen ist. Eine kurze Trockentalung oder ein breiter, flacher Riegel (Taltorso, Strunkpaß nach Sölch [59]) mit einseitig steilerem Abfall nach dem erodierenden Fluß hin und oft mit Flußschottern als dem untrüglichen Beweis der stattgefundenen Anzapfung bedeckt, trennt dann die beiden Flüsse. Derselbe Vorgang kann sich im Quellgebiet des von Haus aus stärkeren Flusses mehrmals vollziehen, so daß sein Einzugsgebiet allmählich auf Kosten anderer Flußsysteme eine beträchtliche Vergrößerung erfährt.

Der Vorgang der Anzapfung ist an keine bestimmten Oberflächenformen gebunden; er kann auch in hohen Gebirgen oder Gebirgsketten sich vollziehen, wenn die beiden Erosionsbasen an ihrem Fuß verschieden

* Nach der amerikanischen Terminologie wird dieser Vorgang auch in der deutschen Literatur häufig als Enthauptung oder Köpfung bezeichnet.

hoch liegen oder die eine Abdachung wesentlich kürzer ist als die andere. Das Ergebnis der Anzapfung ist dann ein Durchbruchstal durch den einst wasserscheidenden Kamm, entstanden durch rückschreitende Erosion oder Regression[60]. Ein bevorzugtes Gebiet von Flußanzapfungen sind die Stufenlandschaften, wo die Verschiedenheiten des Gefälles oft noch durch solche der Gesteinsverschiedenheiten unterstützt werden und eine Erneuerung der Tiefenerosion infolge einer ungleich starken Hebung oder Verbiegung des Landes eine ganze Anzahl von Flüssen, die unter günstigeren Bedingungen arbeiteten, räuberisch ins Quellgebiet ihrer Nachbarn vordringen ließ. Dabei wurden vor allem die ursprünglichen Abdachungsflüsse durch Anzapfungen von seiten der in weicherem Gestein arbeitenden Schichtflüsse oder der gefällsstarken Stirnflüsse betroffen. In Südwestdeutschland[61] sind im allgemeinen die Flüsse des Rheingebiets durch die tiefere Lage der Erosionsbasis, die die andauernde Senkung des Rheingrabens immer mehr verstärkte, und wohl auch durch die größeren Niederschläge im Vorteil über die des Donaugebiets, so daß dieses seit dem jüngeren Tertiär einen großen Teil seiner Quellflüsse in der Stufenlandschaft an den Rhein oder den Neckar verlor und die Wasserscheide nach SO verschoben wurde. Das bekannteste Beispiel ist die Ablenkung der oberen Wutach im südöstlichen Schwarzwald zum Rhein; die zur Aitrach und damit ins Donaugebiet führende Trockentalung enthält Buntsandsteingerölle als Beweis, daß sie einst von einem Schwarzwaldfluß durchflossen wurde[62]. Auch Kocher und Jagst waren einst der Donau direkt, das obere Regnitzgebiet durch die Altmühl der Donau tributär[63]. In ähnlicher Weise wurde die obere Mosel, die einst bei Toul zur Maas floß, durch einen Nebenfluß der heutigen untern Mosel abgelenkt, und auch hier zeigt eine Trockentalung mit Buntsandsteingeröllen den alten Lauf des Vogesenflusses an[64]. Eine große Anzahl von jungen Flußverlegungen enthält das Pariser Becken, z. B. ein Wachsen des Oisegebietes auf Kosten der Sambre[65]; vielfach sind noch heute die Laufverhältnisse so unsicher, daß künstliche Ableitungen durchgeführt werden konnten.

Klimatische Begünstigung unterstützte bei den Flüssen der Westabdachung des skandinavischen Hochgebirges, der südlichen Teile der südamerikanischen Anden[66] und bei denen der Ostseite der Alleghanies die Vorteile der tieferen und näheren Erosionsbasis. Daher liegt in jenen Gebirgen die Wasserscheide vielfach östlich der größten Erhebungen, in diesen sind die atlantischen Flüsse durch den Wall der Blauen Kette in die Zone des Großen Tales eingedrungen und haben in mehrfachen Anzapfungen dessen alten Stammfluß zerlegt. Der Grenzstreit zwischen Chile und Argentinien ist dadurch verschärft worden, daß einige der großen Längstäler zwischen den wasserscheidenden Höhen und der zentralen Hauptkette der Anden von argentinischer Seite, also von O her, besetzt und besiedelt worden sind, obwohl ihre Flüsse nach W zum Stillen Ozean durchbrechen. Auch die Tatsache, daß die höchsten Himalayagipfel in südlichen Nebenkämmen liegen, erklärt sich nach OLDHAM [67] aus einer Verschiebung der Wasserscheide durch die wasser- und gefällsreicheren Flüsse der indischen Abdachung.

Tiefeingreifende Verschiebungen der Wasserscheiden im Gefolge von Anzapfungen vollzogen sich als Auswirkungen von Krustenbewegungen. So ist das ganze Aaregebiet, später auch das Bündner Rheingebiet vom Hochrhein aus der Donau entrissen worden; Senkungen im Rheingraben lenkten den Rhein aus dem Sundgau nach N ab. Junge Verbiegungen, wohl interglazialen Alters, haben die Anordnung des Talnetzes im Schweizer Molasseland total verändert, die Linth aus dem Glattal zum alten Stammfluß des Zürichseetals, die Reuß von ihrem Lauf quer durchs Alpenvorland in eine Längsfurche abgelenkt u. a. m. Postglaziale Senkungen im Bereich der Hudson-Bai entfremdeten das Gebiet des Winnipeg-Sees dem Mississippi und machten es dem Nelson tributär.

Die Flußmündungen. Wo ein Fluß in eine stehende Wasseransammlung sich ergießt, erlischt seine Bewegung und damit seine Transportkraft. Das leichtere Flußwasser breitet sich im Meere über dem Salzwasser als sehr flacher Kegel aus, so daß oft noch weit hinaus keine völlige Mischung eingetreten ist; vor der Kongomündung reicht das süße Oberflächenwasser 23 km weit, die Zone des Brackwassers und damit die Trübung noch 40—50 km weiter. Gibt es längs der Küste keine stärkere Gezeitenströmung, so zwingt doch eine Gegenströmung unter dem Flußwasser den Fluß, seine Sinkstoffe unmittelbar vor der Mündung als unterseeische Barre abzulagern. In anderen Fällen entstehen durch die Wirkung der Küstenversetzung aus dem wandernden Küstengeschiebe Strandbarren, die die Mündungen der Flüsse völlig verschließen oder wenigstens verschleppen, so daß der Fluß noch eine Strecke weit auf ihrer Innenseite fließt, bis er durch eine Lücke einen Ausweg findet oder in ein Haff mündet. Starker Wellengang vermag die Sedimente überhaupt sofort zu entführen, so daß eine glatt abgeschnittene Flußmündung entsteht. An gezeitenstarken Küsten aber werden die Flußmündungen durch die Gezeitenströme bis an das obere Ende ihrer Einwirkung trichterförmig ausgestaltet, indem sie jeweils nach rechts, also der Flutstrom an das linke, der Ebbestrom an das rechte Ufer gepreßt werden. Es sind daher Mündungstrichter oder Ästuare für die meisten, aber keineswegs alle Gezeitenflüsse bezeichnend; in ihnen werden die Sinkstoffe des Flusses und zwar vorwiegend beim Kentern des Stromes, also bei tiefster Ebbe und höchster Flut, abgelagert. Doch bleiben nur die bei höchster Flut abgesetzten Sedimente dem Lande dauernd erhalten; aus ihnen sind, unterstützt durch den Pflanzenwuchs und künstliche Eindeichung, die Flußmarschen der deutschen und einiger englischer Ästuare hervorgegangen. Im übrigen hält der viel kräftigere Ebbestrom, der die Sedimente hinausführt, das Ästuar offen, und erst vor der Mündung kommen diese als untermeerische Deltas oder auch als über die Meeresoberfläche hinaufgewachsene Barren zur Ablagerung, durchzogen von den Rinnen der Gezeitenströme.

Vor gezeitenlosen Mündungen bilden außerhalb der Barre die noch weiterhin herbeigeführten Sedimente eine flachgeneigte Schutthalde. Es verschiebt sich die Barrenbildung immer weiter seewärts, während der Fluß zwischen niedrigen Dämmen, oft in Arme geteilt, sein Bett ins Meer hinaus verlängert. Solche hinausgebauten Mündungsbarren sind die vier Zungen oder »Pässe« an der Mississippimündung, die sich bis zu 15 km weit ins Meer erstrecken.

Mit dem Verschieben der Mündung ist eine wenn auch geringe Laufverlängerung und damit auch die Möglichkeit zu Aufschüttungen oberhalb der Mündung verbunden. Es wird auch hier das Flußbett erhöht, und es wachsen die Mündungsebenen landeinwärts weiter. Überdies wird ein Teil der Sedimente von den Wellen seitwärts entführt und in den Winkeln zwischen der Küste und den Dämmen abgelagert. So entsteht die Grundform eines einfachen Deltas [68], ein dreieckiger Vorbau, auf dem es leicht zu Flußteilungen und Laufverlegungen kommt; vor jedem Mündungsarm baut sich wieder eine Schutthalde mit seitwärts angelagerten Sedimenten auf, so daß ein mehrfach zusammengesetztes, sternförmig gezacktes Delta entsteht, zwischen dessen Flußarmen und Dämmen seichte Deltaseen und Sümpfe zurückbleiben.

Für das Querprofil einer Deltaablagerung ist stets bezeichnend, daß sich an die auf dem Lande gebildeten, nahezu horizontal gelagerten echten Flußablagerungen seewärts die submarin abgelagerten Schichten schuttkegelartig unter Winkeln von 20—30°, aber in seewärts sich verflachenden Kurven anschließen und daß diese wieder von den horizontalen Schichten des weiter vorwärts bauenden Flusses überlagert werden. Bei Flüssen mit gröberer Materialführung bleibt eben das Gerölle unmittelbar vor der Mündung unter steilerem Winkel liegen, das feinere Material wird weiter hinausgetragen; im Meere und in Salzseen ist überdies der Böschungswinkel kleiner (unter 30°) als an der Mündung in Süßwasserseen (bis 35°). Auch Treibholz und andere pflanzliche, sogar animalische Stoffe tragen zum Wachstum des Deltas bei. Besonders dem Mississippi-Delta sind kleine Schlammvulkane, sog. Mudlumps, eigentümlich, die am untern Ende der Pässe durch den Druck der Sedimente auf die wassergetränkte Unterlage aufgepreßt werden, ohne daß dabei Gasen, die sich bei der Zersetzung organischer Substanzen entwickeln, eine besondere Rolle zukommen soll [69]. Über die Mächtigkeit der Deltabildungen geben einige Bohrungen Aufschluß. So beträgt sie beim Rhein über 60 m, bei der Rhone über 100 m, beim Po 173 m; im Nildelta erreichte das Bohrloch von Sagasig in 105 m noch nicht den festen Untergrund [70].

Häufig begann die Aufschüttung an der Mündung des Flusses in eine tief einschneidende Meeresbucht wie beim Nil und beim Mississippi, und auch in der Gegenwart können wir am La Plata und Dnjestr die allmähliche Ausfüllung einer Bucht durch ein Delta beobachten; es verwandelt sich dann, wie das auch am Ebro, Po und an der Lena der Fall ist, ein Ausfüllungsdelta in ein vorgeschobenes Delta.

An jedem vorspringenden Delta entwickelt sich der Kampf zwischen der aufschüttenden Tätigkeit des Flusses und der zerstörenden des Meeres durch Küstenströmungen, Brandung und Wellengang; damit ist auch das weitere Wachstum ins Meer hinaus gehemmt, das im übrigen durch die Sedimentführung des Flusses und die Meerestiefe vor der Mündung bestimmt ist. Da diese in dem Maße zunimmt, als sich das Delta vorbaut, muß schon aus diesem Grunde mit der Zeit sich das Wachstum verlangsamen; dazu kommt die Einwirkung der Küstenströmung, die danach trachtet, durch Abtragung der Vorsprünge eine ausgeglichene Küstenlinie herzustellen. Endlich vermag eine negative Strandverschiebung das Wachstum zu begünstigen, eine positive durch Vergrößerung der Meerestiefe es zu hemmen. Sobald Aufbau und Zerstörung sich das Gleichgewicht halten, wird das Delta mit einem Kranz von Nehrungen zwischen den Deltaspitzen umgeben, auf denen Dünen aufsitzen. Das ist beim Nildelta der Fall, das schon seit dem Altertum in diesem Zustand des Gleichgewichtes und in unveränderten Umrissen besteht, wenn auch die hinter dem Strandwall zurückgebliebenen Strandseen und Sümpfe allmählich verlanden[71]. Beim Donaudelta breitet sich hinter den Nehrungen eine weite amphibische Sumpf- und Haffläche aus, durch die die natürlichen Dämme längs der Flußarme ziehen. Auch beim Tagliamento verhindert die Küstenströmung einen gezackten Umriß des Deltas; an der Arnomündung besteht nur eine sanfte Küstenausbuchtung, während das Tiberdelta durch eine Küstenströmung von wechselnder Richtung eine scharfe Zuspitzung erfährt.

Die geographische Verbreitung der verschiedenen Mündungstypen hängt also von einer Reihe von Faktoren ab, und nur aus dem Zusammenwirken und dem Kräfteverhältnis zwischen der aufschüttenden Tätigkeit des Flusses, der Zerstörung und dem Abtrag durch marine Vorgänge und dem Einfluß von Niveauveränderungen ergibt sich, ob ein Fluß mit einem Delta oder einem Ästuar oder vollkommen glatt mündet oder ob endlich eine Mischform zwischen Delta und Ästuar entsteht, indem, wie es bei Ganges und Orinoco der Fall ist, jeder Arm des Deltas in einen kurzen Trichter ausläuft. Deltas haben im allgemeinen die gezeitenarmen Küsten, wie die des Mittelländischen und Schwarzen Meeres, des russischen und sibirischen Eismeeres, die südostasiatischen Küsten vom Gelben Meer bis zum Golf von Bengalen, die Südostküste der Ostsee, des amerikanischen Mittelmeeres u. a. wie auch die der Binnenseen, wo die Brandung unbedeutend ist; an den gezeitenstarken Küsten wie denen der Nordsee überwiegen Ästuare. Die kleinsten Flüsse haben hier glatte Mündungen, die größten vermögen Deltas vorzubauen, wie z. B. der Rhein mit der Maas und die Schelde trotz der hier stattgehabten positiven Strandverschiebung. So erklärt es sich, daß selbst so sedimentreiche Flüsse wie Gironde und Loire kein Delta aufzubauen vermögen, daß Weichsel und Memel Deltas haben, Elbe und Weser aber nicht; die kurzen Küstenflüsse der Riviera zwischen Toulon und Genua bauen in tiefem Meer kleine Deltas vor, worin sie vermutlich durch eine noch andauernde Hebung des Landes unterstützt werden. An der Ostküste der Vereinigten Staaten sind noch nicht alle Lagunen von den in sie mündenden bedeutenden Flüssen ausgefüllt, offenbar weil eine erst vor kurzem abgeschlossene Senkung des Landes diesen entgegengearbeitet hat. Ebenso wie beim Rhein scheinen auch beim Po-, Memel-, Ganges- und Mississippidelta Senkungen des Bodens von den Flüssen überwunden worden zu sein, worauf Torflager in einiger Tiefe unter dem Meeresspiegel hinweisen, wenn auch örtliche Sackungsvorgänge da mitspielen mögen. Beim Amazonas verhindert eine starke Küstenströmung den Aufbau eines vorspringenden Deltas trotz enormer Sedimentführung; beim Orinoco baut sich das Delta im Schutz einer Bucht vor. Beim Nil, wo das erwähnte Bohrloch, von 38 m unter dem Meer angefangen, grobe Sande und Geröll durchfuhr, mag das Land zur Zeit ihrer Ablagerung 30—90 m höher gelegen haben als heute; aber der Fluß vermochte die seither eingetretene Senkung zu überwinden. Ein Beispiel für eine deltafreie Hebungsküste bietet die pazifische Küste Amerikas.

Das Wachstum mariner Deltas ist nur in wenigen Fällen durch Messung verfolgt worden. Am raschesten, nämlich jährlich durchschnittlich 465 m, scheint das Delta des Terek in den Kaspisee vorzurücken. Ungleichmäßig rasch wächst u. a. das Delta des Arno (von 933—1406 jährlich um 5,67 m, 1406—1841 um 8,65 m) und das des Tiber (1662—1774 jährlich 3,84 m, 1774—1820: 3,91 m, 1820—1839: 4 m, 1839—1852: 3,84 m); das Donaudelta ist nach Penck 1830—1856 um 22,1 km², also jährlich um 0,81 km² gewachsen. Vor der Rhonemündung betrug der jährliche Landzuwachs 1841—72 etwa 0,23 km². Beim Podelta trat eine Beschleunigung des Wachstums durch die Eindeichung des Flusses ein, während vorher die Sedimente auf dem Lande zurückgeblieben waren; es vergrößerte sich nach Lombardini [72] von 1300—1600 jährlich um nur 53 ha, 1600—1840 aber um 135 ha. Doch erreichte 1823—1893 nach Marinelli der Landzuwachs wieder nur mehr 76 ha jährlich, da die Front des Deltas bereits tieferes Meer erreicht hat [73]. An der Elbinger Weichsel beträgt die Verlandung seit 1644 jährlich 10 ha, an den Nogatmündungen 22 ha; unbedeutend ist sie an der Danziger Weichsel, da hier die Sedimente von der Küstenströmung zum großen Teil seitlich entführt werden. Das Alter des ganzen Weichseldeltas (seit dem Beginn der Litorinasenkung) berechnete Jentzsch [74] daraus auf 5000 Jahre. Beim Jangtse sind 10 000 Jahre verflossen, seitdem das Delta von Chinkiang vorwärts zu wandern begann[75]. Recht unbedeutend ist das Vorrücken der Pässe des Mississippi, am Southpaß nach HARTLEY nur 20—30 m jährlich, aber dreimal soviel an den andern Armen.[76] Senkungen oder starke Sturmfluten vermögen oberflächliche Deltas in unterseeische zu verwandeln oder ganz zu zerstören; das Rheindelta wird wohl nur durch Eindeichungen davor bewahrt, ganz unter den Meeresspiegel zu kommen.[77] Das Narentadelta hat durch Senkung immer mehr an Umfang verloren, ganz verschwunden ist das Emsdelta.

Durch ihr Wachstum können Deltas benachbarter Flüsse ganz verschmelzen, wie das des Rheins mit dem der Maas und Schelde, das des Ganges mit dem des Brahmaputra. Noch im 7. Jahrhundert v. Chr. mündeten Euphrat und Tigris selbständig in den Persischen Golf, und erst in historischer Zeit wurden Kercha und Karun dem Tigris tributär[78]. Bezüglich des Wachstums von Deltas in Landseen sind namentlich die Vermessungen des Rheindeltas im Bodensee von Interesse[79]. Das westliche Mündungshorn soll in den letzten 1000 Jahren um bloß 66 ha gewachsen sein; von 1911—21 hat sich aber die ganze Deltafläche um 24,4 ha vergrößert wobei zu beachten ist, daß ein großer Teil der Sinkstoffe erst jenseits des Deltas zur Ablagerung kommt, während anderseits durch die Regulierung und die Durchstiche die Sedimentführung unterhalb davon zunimmt.

Literaturnachweise. [1] L. RÜTIMEYER, Über Tal- und Seebildung; Basel 1869. A. SUPAN, Talbildungen des östlichen Graubündens usw.; Mitt. Geogr. Ges. Wien 1877. F. LÖWL, Über Talbildung; Prag 1884. A. PHILIPPSON, Ein Beitrag zur Erosionstheorie; Pet. Mitt. 1886, und Studien über Wasserscheiden; Mitt. Ver. f. Erdk. Leipzig 1886. G. DE LA NOË und E. DE MARGERIE, Les formes du terrain; Paris 1888. A. HETTNER, Die Arbeit des fließenden Wassers; Geogr. Zeitschr. 1910. Vgl. auch die morphologischen Werke von PENCK, SÖLCH, PASSARGE, PHILIPPSON, DAVIS-BRAUN, DAVIS-RÜHL, HETTNER, DE MARTONNE u. a., sowie die schon in Bd. I genannten neueren Untersuchungen der Wasserbautechniker, insbesondere von TH. REHBOCK: Abfluß, Bettbildung und Energiehaushalt der Wasserläufe; Pet. Mitt. 1927 (Referate von W. SALOMON in Geol. Rundsch. 1926 und R. MAYER, Mitt. Geogr. Ges. Wien, 1928.). — [2] E. FUGGER und K. KASTNER, Die Geschiebe der Salzach; Mitt. Geogr. Ges. Wien, 1895. G. R. GILBERT und E. C. MURPHY, The transportation of debris by running water; U. S. Geol. Survey Profess. Paper Nr. 86; Washington 1914. H. W. AHLMANN, Beitrag zur Kenntnis der Transportmechanik des Geschiebes usw.; Sveriges geolog. Undersög. Årsbog VIII, 1914. A. SCHOKLITSCH, Über Schleppkraft und Geschiebebewegung; Leipzig 1914. W. SCHULZ, Die Geschiebe der fließenden Gewässer; Wasserwirtsch. Rundschau VII, 1915. J. STINY, Schlammförderung und Geschiebeführung des Raabflusses; Mitt. Geogr. Ges. Wien, 1920. — [3] F. SCHAFFERNAK, Neue Grundlagen für die Berechnung der Geschiebeführung in Flußläufen; Mitt. Versuchsanst. f. Wasserbau, H. 4, Wien u. Leipzig 1922. — [4] A. HEIM, Über die Erosion im Gebiete der Reuß; Jahrb. schweiz. Alpenklub 1878/9. — [5] LEON W. COLLET, Le charriage des alluvions dans certains cours d'eau de la Suisse; Ann. Schweiz. Landeshydrogr. II; Bern 1916. — [6] PH. KRAPF, Über die Schwemmstofführung des Rheins usw.; Öst. Wochenschr. f. d. öffentl. Baudienst; Wien 1919. — [7] A. PENCK, Die Donau; Schrift. Ver. z. Verbr. nat. Kenntnisse XXXI, Wien 1898. — [8] O. FROHNMEYER, Untersuchung der Sedimentführung von Flüssen usw.; Pet. Mitt. 1916. — [9] Vgl. darüber namentlich PENCK, Morphologie I, S. 294 ff. — [10] BREITENLOHNER, Die Hochwasserkatastrophe zu Bruneck in Tirol im September 1882; Forsch. a. d.

Gebiete der Agrikulturphysik IX, 4. J. Stiny, Die Muren; Innsbruck 1910. — [11] E. Uetrecht, Die Ablation der Rhone in ihrem Walliser Einzugsgebiet 1904/5; Bern 1906. — [12] K. Keilhack in Zeitschr. d. D. Geol. Ges. 1914; Mon.-Ber. — [13] A. Heim, Geologie der Schweiz II, 2; Leipzig 1922. — [14] W. Pietsch, Das Abflußgebiet des Nil; Berlin 1910. — [15] H. Baulig, Écoulement fluvial et dénudation; Ann. de Géogr. 1910. — [16] W. Penck, Wesen und Grundlagen der morphologischen Analyse; Ber. sächs. Akad. d. Wiss. math.-nat. Kl. Leipzig 1920. — [17] E. Geinitz, Die Seen, Moore und Flußläufe Mecklenburgs; Güstrow 1886. — [18] J. Brunhes, Le travail des eaux courantes; Mémoir. Soc. sc. nat. 1902 und Le Globe 1904. — [19] J. Stiny, Zur Erosionstheorie; Mitt. naturwiss. Ver. Steiermark, 1910. — [20] M. Lugeon, Sur un nouvel exemple de striage au lit fluvial etc.; Ann. de Géogr. 1915 u. Bull. soc. vaud. sc. nat. 1920. — [21] E. Chaix, Le pont des Oulles; La Géographie 1903. — [22] R. Fourtau, Le cataracte d'Assouan; Bull. soc. Khédiviale de Géographie 1905. — [23] Ch. Lyell, Principles of Geology. I, 12.edit. — [24] Bachmann, Die Kander im Berner Oberland; Bern 1870 u. Aebi in Jahrb. schweiz. Alpenklub 1887/8. — [25] E. Fleury, Le chaudron latéral; La Géographie 1907, XV und O. Lehmann, Über die Auswaschungen an Klammwänden; Ber. Bundeshöhlenkomm. Wien III, 1922. — [26] Surell, Étude sur les torrents des Hautes Alpes (1841) u. P. Mougin, Les torrents de la Savoie; Grenoble 1914. — [27] J. Stiny, Versuche über Schwemmkegel; Geol. Rundschau 1917. — [28] F. Sturm, Die Entstehung der Wasserfälle; Festschr. geogr. Seminar Univ. Breslau 1901 und E. Fasolt, Über Wasserfälle und Strom schnellen; Jber. 1. deutsch. Staatsgymn. Brünn 1905/6. — [29] J. W. W. Spencer, The falls of Niagara; Ottawa 1907. F. B. Taylor, Geological Atlas U. S. A., Niagara folio 130; Washington 1913; dazu L. Martin, Zeitschr. f. Gletscherk. 1915. G. de Geer, Schwankungen der Sonnenstrahlung seit 18000 Jahren; Geol. Rundsch. 1927. — [30] J. W. Gregory, Constructive Waterfalls; Scottish Geogr. Magazine 1911. O. Maull, Geomorphologische Studien aus Mitteldalmatien; G. Jber. aus Österr. XI, 1915. — [31] A. Penck, Das Endziel der Erosion und Denudation; Verh. VIII. deutsch. Geogr.-Tag Berlin 1889. — [32] Powell, Explorations of the Colorado River; Washington 1875. — [33] K. Futterer, Über Durchbruchstäler in den Südalpen; Zeitschr. Ges. Erdk. Berlin 1895. — [34] Medlicott and Blanford, Manuel of the geology of India; Calcutta 1879. — [35] J. Cvijić, Entwicklungsgeschichte des Eisernen Tores; Pet. Mitt. Erg. Heft Nr. 160, Gotha 1908. — [36] O. Lehmann, Über Tal- und Flußwindungen usw.; Zeitschr. Ges. f. Erdk., Berlin 1915; auch Mitt. Geogr. Ges. Wien, 1922. W. Behrmann, Die Formen der Tieflandflüsse; Geogr. Zeitschr. 1915, u. Der Sepikfluß; Mitt. a. d. Deutsch. Schutzgeb. Erg. Heft 12; Berlin 1917. — [37] s. Zitat Anm. 2. — [38] O. Baschin, Ein geographisches Gestaltungsgesetz; Pet. Mitt. 1918. — [39] F. M. Exner, Zur Theorie der Flußmäander; Sitzber. Ak. d. Wiss. Wien, math.-nat. Kl. 128. Bd. Abt. II. a, 1919 u. Geogr. Ann. Stockholm 1921. — [40] A. Hofmann, Über eine merkwürdige Oszillation des Rheinspiegels; Nat. Wochenschr. 1917. — [41] P. Vujević, Die Theiß; Geogr. Abh. VII. 4, 1906; vgl. die hier S. 21 angeführte amerikan. Literatur. — [42] W. M. Davis, The geographical cycle; Geogr. Journ. 1899 und The development of river-meanders; Geolog. Magazine 1903. — [43] Grebenau, Die Flußverhältnisse des Oberrheins; Deutsche Bauzeit. 1873. — [44] O. Deuerling, Die Pflanzenbarren der afrikanischen Flüsse; München 1909. — [45] A. Penck, Die Morphologie der Wüsten; Geogr. Zeitschr. 1909. — [46] J. Sölch, Ungleichseitige Flußgebiete und Talquerschnitte; Pet. Mitt. 1918. — [47] A. Dimitrescu, Die untere Donau zwischen Turnul Severin und Braila; Berlin 1911. — [48] Babinet, Influence du mouvement de rotation de la terre sur le cours des rivières; Paris 1859. — [49] K. v. Baer, Über ein allgemeines Gesetz in der Gestaltung von Flußbetten; Bull. ac. d. sc., Petersbourg 1860. — [50] K. Zöppritz, Über den angeblichen Einfluß der Erdrotation auf die Gestaltung von Flußbetten; Verh. d. II. Geogr. Tag; Halle 1882. L. Neumann, Studien über den Bau der Strombetten und das Baersche Gesetz; Königsberg 1893. — [51] L. Henkel, Das Baersche Gesetz dennoch richtig; Pet. Mitt. 1922. — [52] Poljakoff, in The Nature XV. 1877. — [53] E. Suess, Über den Lauf der Donau; Österr.

Revue 1863, IV. — 54 H. HASSINGER, Geomorpholog. Studien aus dem inneralpinen Wiener Becken; Geogr. Abh. VIII. 3. 1905. — 55 EAKIN in Journal of Geology 1910. — 56 L. A. FABRE, La dissymétrie des vallées; La Géographie 1903. — 57 G. v. SMOLENSKI, Ungleichseitigkeit der meridionalen Flußtäler in Galizien; Pet. Mitt. 1909. — 58 Über den Einfluß von Windwirkungen s. namentlich KÖPPEN in Met. Zeitschr. 1890, S. 34 u. 180. — 59 J. SÖLCH, Studien über Gebirgspässe: Forsch. zur D. Landes- u. Volksk., Stuttgart 1908. — 60 F. LÖWL, Über Talbildung; Prag 1884. — 61 F. LEVY, Die Entwicklung des Rhein- u. Maas-Systems seit dem jüngeren Tertiär; Ber. natf. Ges. Freiburg i. B., 1921 (mit Lit.-Verz.); auch E. SCHEU, Zur Morphologie der schwäbisch-fränk. Stufenlandschaft; Forsch. zur D. Landes- u. Volksk. 1909. — 62 A. PENCK, Talgeschichte der oberen Donau; Schr. Ver. f. Gesch. d. Bodensees 1899. — 63 N. KREBS u. O. LEHMANN, Zur Talgeschichte der Rezat-Altmühl; Zeitschr. Ges. f. Erdk., Berlin 1909. — 64 W. M. DAVIS, La Seine, La Meuse et la Moselle; Ann. de Géogr. 1895. — 65 A. BRIQUET, Sambre et Oise; Ann. soc. géolog. du Nord 1908. — 66 STEFFEN, Geogr. Zeitschr. 1895 u. Geogr. Journal 1900 u. GALLOIS, Ann. de Géogr. 1901. — 67 OLDHAM in Geogr. Proceed. London 1884: auch HEDIN in Pet. Mitt. 1910. II. S. 3. — 68 R. CREDNER, Die Deltas; Pet. Mitt. Erg. H. Nr. 56, Gotha 1878. — 69 E. W. HILGARD in Popular Science Monthly 1912; dazu: K. ANDRÉE, Geologie des Meeresbodens; Leipzig 1920. II. 124—128. — 70 J. W. JUDD, Second report on a series of specimens of the deposits of the Nile Delta; Proceed. Royal soc. London 1897. — 71 J. JANKÓ, Das Delta des Nil; Jahrb. ungar. geol. Anstalt 1890. J. THOULET, Mémoires de lithologie marine; Ann. Institut océanographique III. 7. — 72 LOMBARDINI in Giornale dell' Istituto Lombardo 1851. — 73 O. MARINELLI, Le curiose vicende del Delta del Po; »Le Vie d' Italia« 1924. — 74 A. JENTZSCH, Geologische Skizze des Weichseldeltas; Schr. d. physik.-ökonom. Ges. Königsberg 1880. P. SONNTAG, Entstehung des unteren Weichseldeltas; Schr. natf. Ges. Danzig XIII, 1914. — 75 H. v. HEIDENSTAM in Journ. North-China Brit. Royal Asiat. Soc. 1922. — 76 HARTLEY in Min. Proc. Inst. Civ. Eng. 1885. — 77 A. NORLIND, Die geographische Entwicklung des Rheinmündungsdeltas bis 1850; Lund 1912. — 78 J. DE MORGAN, Mission scientifique en Perse; Bd. III. Paris 1905. Über das neuere Wachstum s. F. FRECH in Geograph. Zeitschr. 1916. — 79 W. STUMPF, Über das Wachsen des Rheindeltas im Bodensee; Veröff. Amt f. Wasserwirtsch., Bern 1923.

Die Arbeit des fließenden Eises.

Von

Fritz Machatschek.

Schuttransport durch Gletscher. An der Bewegung des strömenden Eises nimmt passiv auch aller Schutt auf der Oberfläche, im Innern und am Grunde teil. Alle diese Schuttanhäufungen bezeichnet man nach dem von CHARPENTIER 1841 aus den Walliser Alpen eingebürgerten Ausdruck als Moränen und unterscheidet nach dem Vorschlag der Gletscherkonferenz von 1899 [1] die bewegten von den abgelagerten Moränen, die außerhalb der jeweiligen Ausdehnung des Gletschers liegen *. Der von den eisfreien Talgehängen auf den Gletscher herabfallende eckige Verwitterungsschutt bildet die Rand- oder Seitenmoränen, die sich oft als Wälle über die schuttfreien Partien erheben; sie fehlen Gletschern ohne Felsumrahmung, wie z. B. nach

* Ein anderes, kompliziertes System hat v. BÖHM [2] aufgestellt; noch weiter ging ØYEN [3], der 27 Moränentypen unterscheidet.

der Schilderung von HAUTHAL dem Bismarckgletscher in den südpatagonischen Anden, anderseits bilden sie auf den Gletschern der Trockenzone oft ein förmliches Steinpflaster; so ist der Baltorogletscher im Karakorum auf 50 km Länge so mit Trümmern überschüttet, daß kein Eis sichtbar ist. Wo zwei Gletscher zusammenfließen, bilden ihre sich vereinigenden inneren Seitenmoränen eine Mittelmoräne. Ebenso kann eine solche auch unmittelbar von einer eisfreien Insel im Abschmelzungsgebiet ausgehen.

Ein allen Gletschern gemeinsamer Begleiter ist die Grundmoräne *. Sie bildet entweder ein Lager von Sand, Kies und Schlamm mit darin eingebetteten Blöcken verschiedener Größe, das sich zwischen das Eis und den geglätteten und von Schrammen und Kritzern durchfurchten Felsgrund einschiebt, oder es sind mehr oder weniger gerundete Geschiebe nebst Sand und Schlamm in die untersten Eisschichten eingebacken, so daß diese erdig und undurchsichtig erscheinen. Gerundete Trümmer finden sich aber auch häufig auf der Oberfläche des Abschmelzungsgebietes, entweder allein oder mit eckigem Schutt vermischt.

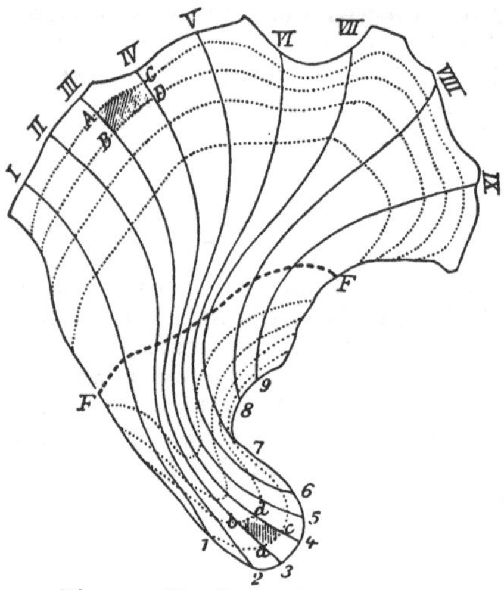

Fig. 53. Oberfläche des stationären Gletschers (nach FINSTERWALDER).

Auf ihre Herkunft wie überhaupt auf die Verteilung aller verschiedenen Moränen hat die FINSTERWALDERsche Strömungstheorie 4 ein neues Licht geworfen. Nur der Schutt, der oberhalb der Firnlinie seinen Ursprung hat, bildet unmittelbar Oberflächenmoränen. Im Firngebiet aber wird aller Randschutt von den Stromlinien in die Tiefe gezogen, bildet einen Bestandteil der Grundmoräne und quillt mit den Stromlinien am Rand der Zunge wieder hervor (also z. B. Schutt von I. in Fig. 53 bei 1, von IV. bei 4, von IX. bei 9). Wird das Gletscherbett durch eine Aufragung unterbrochen, so erfährt die Stetigkeit der Bewegung eine Störung. Liegt eine solche Felsinsel im Schmelzgebiet, so wird der von ihrem Fuß stammende Grundschutt von den aufsteigenden Stromlinien nach oben gezogen und vereinigt sich mit dem von der Oberfläche der Insel stammenden eckigen Schutt zu einer Mittelmoräne. Liegt die Insel im Firngebiet, so geht der von ihr stammende Schutt zunächst ins Innere des Eises ein und tritt mit den Stromlinien im Schmelzgebiet an die Oberfläche.

* Wir verwenden in Einklang mit der ganzen bisherigen Literatur diesen Ausdruck anstatt des von der Gletscherkonferenz vorgeschlagenen »Untermoräne«.

Befindet sich am Gletscherboden eine Aufragung, die nicht über die Oberfläche hinaufreicht, so kommen die sie überfließenden Stromlinien mit dem schuttführenden Grund in Berührung und ziehen gleichfalls den Schutt ins Gletscherinnere. In beiden Fällen entsteht eine Innenmoräne, die bis auf den Gletschergrund reicht und im ersteren Falle teilweise, im letzteren ganz aus gerundetem Grundschutt besteht. Auch sie kommt mit dem Ausgehen der Stromlinien durch Abschmelzung als Mittelmoräne an die Oberfläche. Solche Mittelmoränen unterscheiden sich von denjenigen, die nur von der Oberfläche stammen, auch dadurch, daß sie nach abwärts an Menge zunehmen und breiter werden, da ihnen durch die nacheinander austretenden Stromlinien immer neues Material zugeführt wird. So findet das scheinbar unvermittelte Auftreten von Mittelmoränen, deren Herkunft an der Oberfläche nicht zu erkennen ist, und das Vorkommen von gerundetem Material inmitten von eckigem eine ungezwungene Erklärung. Eine schöne Bestätigung hierfür liefert der durch die Meeresbrandung bloßgelegte Querschnitt des Barrygletschers in Alaska, der den Zusammenhang zwischen Innen- und Mittelmoränen deutlich erkennen läßt.

Die vom Gletscher in seinem ehemaligen Verbreitungsgebiet zurückgelassenen Schuttmassen der abgelagerten Moränen umsäumen entweder als langgestreckte Wälle den ehemaligen Eisrand oder bilden im alten Gletscherbett eine Grundmoränendecke, in der oft ehemalige Innen- und Mittelmoränen als Längsmoränen auftreten. Zu jenen gehören die Ufermoränen, die entweder dem Gehänge anlagern oder als freistehende, oft bis über 100 m hohe Wälle sich erheben und gegen innen steiler abfallen als nach außen. Der bis zum Gletscherende verfrachtete Schutt bildet hier die Stirn- oder Endmoräne in talabwärts gekrümmtem Bogen; bisweilen durchziehen mehrere parallele Wälle den alten Gletscherboden, entsprechend mehreren schwächeren Vorstößen oder längeren Haltepunkten des Gletschers bei seinem Rückzug. Der Gletscherbach lagert die abgelagerten Moränen teilweise um und transportiert sie weiter, so daß ihr Material einheitlich gerundet wird, und bald unterscheiden sich solche fluvioglazialen Ablagerungen in nichts mehr von rein fluviatilen. Wo der Bach auf schwach geneigtem Boden seine Schuttmassen ablagert, wie vor den Gletschern Islands und Alaskas, entstehen sehr flache Schwemmkegel, die nach dem in Island gebräuchlichen Ausdruck als Sander (Sandur) bezeichnet werden. Der feine Schlamm der Grundmoräne verursacht die Trübung des Gletscherbaches; sein Schlammgehalt erreicht ebenso wie seine Wasserführung im Hochsommer sein Maximum und nimmt mit der Entfernung vom Gletscherende rasch ab [5].

Die glazialen Ablagerungen des Eiszeitalters [6]. In großartigem Maßstab treten uns Schuttanhäufungen glazialer Herkunft in den während des diluvialen Eiszeitalters von großen Eismassen bedeckten

Gebieten entgegen, also vor allem im Alpenvorland, in Norddeutschland und den anschließenden Teilen Osteuropas sowie in Nordamerika. Auf dem deutschen Alpenvorland vereinigten sich in jeder Eiszeit die aus dem Gebirge heraustretenden Eisströme zu einer zusammenhängenden, aber in einzelne Loben gegliederten Vorlandvergletscherung. Die der jüngsten oder Würm-Eiszeit angehörenden Jungmoränen umziehen als deutliche, bisweilen 100 m und mehr Höhe erreichende, steilgeböschte, unregelmäßig oder in Schwärmen angeordnete Wälle die hinter ihnen gelegenen Zungenbecken der alten Gletscher, deutlich in meist drei parallele Wallreihen gegliedert, die ebensovielen Haltepunkten des sich zurückziehenden Eisrandes der Würmvergletscherung entsprechen [7]. Mit den zwischen ihnen liegenden Talungen und Wannen bilden sie zusammen die Moränenlandschaft [8]. Erst viel weiter gebirgeinwärts liegen die Endmoränen des ersten großen Rückzugsstadiums (sog. Bühl-Stadium). Noch gewaltigere Anhäufungen von Moränenschutt haben einige Gletscher auf der Südseite der Alpen hinterlassen. Nördlich von Ivrea lehnt sich am Austritt der Dora Baltea in die Ebene ein riesiger Moränenwall an den Abfall der Alpen, die sog. Serra, die größte Moräne der Alpen; noch bei Zimone, wo sie sich nach einer Erstreckung von 14 km in einzelne Wälle aufzulösen beginnt, überragt sie die beiderseitigen Ebenen um 200—250 m. Das Moränenamphitheater, das am Austritt des alten Etschgletschers den Gardasee umspannt, überragt an den Seiten des Bogens den umschlossenen Seegrund um beinahe 500 m, und selbst die Stirn des Bogens erhebt sich noch mehr als 300 m darüber. Innerhalb der Zungenbecken sind die glazialen Ablagerungen meist nur dürftig entwickelt und beschränken sich in der Regel auf eine dünne Decke von Grundmoräne mit schwach welliger oder auch ganz ebener Oberfläche, aus welcher häufig das Grundgestein in Form von Rundhöckern (s. u.) herausragt. Nach den Endmoränen hin wird die Moränendecke mächtiger und nimmt dann häufig die Form von Drumlins (Drums) an. Es sind das mehr oder weniger elliptische oder linsenförmige, bis 100 m hohe Hügel (in Amerika: lenticular hills), die gesellig und schwarmförmig auftreten, vielfach flache Wannen zwischen sich einschließen und in der Richtung der alten Eisbewegung angeordnet sind; in der Mittellinie der alten Gletscherzunge stehen sie daher senkrecht zur Richtung der Endmoränen, an den beiden Flanken laufen sie unter spitzem Winkel auf jene zu, sind also im ganzen radial angeordnet. Über ihre Entstehung ist viel diskutiert worden; ziemlich übereinstimmend hält man aber jetzt die Drumlins für eisüberformte Grundmoränen, die ihre Formen und Anordnung durch einen neuerlichen Vorstoß des Eises erhalten haben. An den äußersten Endmoränenwall lehnen sich stets große Massen fluvioglazialer Schotter an, die in Form eines Übergangskegels aus jenem hervorgehen, wobei es häufig zu einer Verzahnung von glazialen und fluvioglazialen Ablagerungen kommt.

Unterhalb des Übergangskegels wird die Schotteroberfläche flacher, und es breiten sich die Schotter als ausgedehnte, ebene Felder aus, die von den Flüssen häufig zu Platten zerschnitten sind. Die Verbindung von Zungenbecken mit Drumlins, Moränengürtel und Schotterfeld hat A. Penck als glaziale Serie bezeichnet.

Außerhalb der frisch erhaltenen, kuppigen Jungmoränen treffen wir die Moränenablagerungen der älteren Eiszeiten, deren Gletscher weiter ins Vorland hinausgestoßen sind. Sie bilden mit flacheren, regelmäßiger abgeböschten und ausdrucksloseren Formen die Gürtel der Altmoränen, die in der Regel auch wieder mit fluvioglazialen Schottern in Verbindung treten.

Auch im Abschmelzungsgebiet des nordeuropäischen Inlandeises kehren die gleichen Formen wieder; in Norddeutschland unterschied Keilhack [9] die ausgedehnte, schwach wellenförmige oder fast horizontale Grundmoränenlandschaft, die Drumlin- und die unruhig kuppige eigentliche Moränen- oder Endmoränenlandschaft, und schon früher machte A. Penck [10] auf die morphologischen Unterschiede zwischen den typisch jugendlichen Formen im Bereich des baltischen Höhenrückens mit seinen scharfen, blocküberstreuten Wällen und seinem Reichtum an Seen der verschiedensten Form und Entstehung und den außerhalb davon gelegenen, in ihrem ganzen Habitus sichtlich gealterten glazialen Aufschüttungslandschaften aufmerksam. Erstere treten uns u. a. in der mecklenburgischen, pommerschen und ostpreußischen »Seenplatte«, letztere in der Lüneburger Heide oder im Fläming in großer Deutlichkeit entgegen, und in der Tat sind jüngere norddeutsche Glazialgeologen geneigt, die äußerste der drei sog. baltischen Endmoränen, die jütisch-brandenburgische Phase, mit der äußersten Würm-Endmoräne, die weiter einwärts folgenden baltischen Moränen mit den inneren Wällen des Alpenvorlands zu parallelisieren, während die Fläming-Moräne bereits der nächst älteren Eiszeit angehören würde [11]. Auch bei den norddeutschen Jungmoränen tritt die Verbindung der Endmoränen mit fluvioglazialen Ablagerungen meist sehr auffällig in Erscheinung: es folgen auf die vorzüglich erhaltenen Endmoränenwälle mit scharfem Knick die weitgedehnten, von Heide oder einförmigen Kiefernwäldern bedeckten Sandebenen. Bereits dem Rückland der Endmoränen, also der Grundmoränenlandschaft, gehören die langgestreckten, oft geradlinig wie Eisenbahndämme, oft gewunden verlaufenden und sich verzweigenden, bis 80 m hohen Wälle der Oser (schwedisch åsar, auf den Britischen Inseln und in Nordamerika als Esker bezeichnet) an, die aber im Gegensatz zu den Drumlins aus geschichteten Kiesen und Sanden bestehen und von subglazialen Flüssen angehäuft wurden. Ihnen verwandt sind die zuerst aus den alten Gletschergebieten Schottlands und Irlands beschriebenen, aber auch in Norddeutschland, z. B. in der Lüneburger Heide, in Vorpommern und auf Rügen vorkommenden Kames, regellos angeordnete Rücken aus geschichteten Kiesen und

Sanden, die der Landschaft ein eigentümlich unruhiges Gepräge verleihen und wohl wegen ihres durchlässigen Bodens der Seen entbehren. Offenbar sind sie Randbildungen des Inlandeises und vermutlich innerhalb einer Abschmelzungszone des Inlandeises von Schmelzwasserströmen aus umgelagertem Moränenmaterial geschaffen worden.

Die Herkunft der Grundmoräne und die Frage der Glazialerosion. An der Entstehung der Grundmoräne wirken offenbar verschiedene Vorgänge zusammen. Sehr unbedeutend ist gewiß der von der Oberfläche stammende und durch Spalten bis an den Grund gelangende Anteil, da die Spalten meist nicht bis auf den Grund herabreichen. Wichtiger ist schon der vom Gletscher aus eisfreien Zeiten vorgefundene und von ihm weitergeschaffte Schutt, der aber doch einmal völlig ausgeräumt sein muß. Ferner hat uns eben die FINSTERWALDERsche Theorie darüber belehrt, daß ein großer Teil der Grundmoräne von den den Gletscher in seinem Firnfeld umrahmenden Graten und von eisfreien Inseln stammt, also ursprüngliches Verwitterungsprodukt ist. Es sind daher auch die Messungen des Schuttinhaltes von Innenmoränen, wie sie HESS [12] versucht hat, nicht geeignet, diesen Anteil an der Zusammensetzung der Grundmoräne auszuschalten. Bedeutungsvoll ist aber die Tatsache, daß auch diejenigen Eismassen, die keine Obermoränen haben und von keinen eisfreien Gehängen im Firngebiet überragt werden, wie namentlich die großen Inlandeismassen, eine mächtige Grundmoräne besitzen. Das weist darauf hin, daß der anstehende Fels des Gletscherbodens selbst eine Quelle der Grundmoräne ist und daß sie aus ihm durch einen erodierenden Vorgang entnommen und weiterverfrachtet wird.

Das führt uns zu der vielumstrittenen Frage nach dem Ausmaß der Erosion durch das strömende Eis, nach dem Wie dieses Vorganges und der Umprägung und Ausgestaltung des präglazialen Reliefs durch die eiszeitlichen Gletscher[13]. Auf jedem verlassenen Gletscherboden läßt sich zunächst beobachten, daß das Eis die Unebenheiten seines Bettes und felsige Talvorsprünge geschliffen und abgerundet hat, so daß diese die charakteristische Form der Rundhöcker mit einer sanft ansteigenden und gerundeten Stoßseite und einer steilen, scharfkantigen Leeseite angenommen haben. Ebenso findet man die vom Gletscher geschliffenen Flächen in der Richtung der Eisbewegung gekritzt, was natürlich nicht durch das Eis selbst, sondern nur durch die in ihm eingebackenen Gesteinstrümmer geschehen konnte. Der Schlamm und Sand der Grundmoräne wirkte dabei als Schleifpulver. Diese schleifende Erosion, die bereits eine Grundmoräne voraussetzt, dürfte aber selbst in langen Zeiträumen sich kaum zu ansehnlichen Massenverlusten steigern, da durch das Glattschleifen einer Fläche der Reibungskoeffizient verringert worden ist. Daneben bestehen aber die gewiß viel bedeutenderen Leistungen der splitternden Erosion, die durch die Klüftigkeit und schiefrige

Textur des Gesteins und das Vorhandensein einer Verwitterungskruste begünstigt wird und auch bereits geglättete Flächen wieder aufrauhen kann. Auch ihre Wirkungen lassen sich vielfach unmittelbar beobachten. So hat nach BALTZER [14] der Untere Grindelwaldgletscher eckige Bruchstücke klüftigen Gesteins bis zu 1 m^3 abgesplittert; ausgebrochene Gesteinsplatten, ausgepflügte schmale Gassen, flach ausgeschliffene Wannen bieten sich dem Beobachter in jedem erst kürzlich vom Eise verlassenen Gebiet sowie auch bei vorrückenden Gletschern, namentlich dort, wo leichter zerstörbare Gesteinspartien, etwa feldspatreiche Gänge oder besonders klüftige oder durch Brüche zerrüttete Gesteinszonen inmitten von widerstandsfähigeren vorkommen; es übt also das Eis bei dieser Tätigkeit zugleich eine selektive Erosion aus. Anderseits läßt das Auftreten von Rundhöckern, die aus keinem andern Material bestehen als ihre stärker erodierte Umgebung, dann die Erhaltung von Riegel- und Inselbergen von mehreren 100 m Höhe in ehemals vergletscherten Tälern die Frage zu, warum der Gletscher solche »Steine des Anstoßes«, wie sie HEIM nennt, nicht habe wegräumen können, wenn er daneben Erosionsleistungen von vielen 100 m geschaffen haben soll. Die dafür übliche Erklärung, daß auch über solchen Inselbergen große Gesteinsmassen durch die glaziale Arbeit weggenommen wurden und daß das Eis der diluvialen Gletscher je nach seiner Mächtigkeit und seinen Strömungsverhältnissen differenziell gearbeitet habe, führt eine Reihe von unbekannten Faktoren in die Überlegung ein und stößt auf besondere Schwierigkeiten gegenüber den in alten Gletschertälern erhalten gebliebenen lockeren Ablagerungen, wie älteren Moränen, interglazialen Schottern, Bergstürzen, Schutthalden u. dgl. Von anderer Seite wurden gewisse physikalische Vorgänge als für die Eisarbeit unterstützend angeführt. So weist DEELEY [15] darauf hin, daß der Gletscher infolge des Druckes überkältetes Wasser führt; wenn es in poröses Gestein eindringt, wird dieses am Eise anfrieren und kann losgerissen werden. Wichtiger erscheint uns die von BLÜMCKE und FINSTERWALDER [16] auf Grund von Experimenten über das Verhalten von im Eis unter wechselndem Druck eingebetteten Gesteinsbrocken betonte Erscheinung, daß am Gletscherboden infolge der beständigen Druck- und Temperaturschwankungen auch die Frostverwitterung intensiv arbeite und eine Lockerung des Gesteinsgefüges erzeuge, die dem Eis das Losbrechen von Gesteinsstücken erleichtere.

Mehrfach wurde auch bereits eine mathematische Formulierung der Größe der Glazialerosion versucht. DE MARTONNES [17] Formel führt zu dem Schluß, daß über eine gewisse Neigung des Gletscherbettes hinaus die Gletschererosion sich vermindert, sobald die Neigung wächst, und daß sie ihre höchste Kraft ober- und unterhalb von Gefällsbrüchen und Einengungen des Talprofils entfaltet; daher zeigen die Steilstufen eines alten Gletscherbettes viel weniger Eiswirkung als die flacheren Partien. In der Tat erwies sich die vom Rhonegletscher verlassene Steilstufe, über die er früher in seinem großartigen Abbruch und mit einer Geschwindigkeit von 150 m im Jahre herabgestürzt war, nach FOREL so wenig abgerundet, daß sie kaum hinter die eisfreien randlichen Felspartien zurücktrat. Hingegen folgerte LAUTENSACH [18], der die Argumente DE MARTONNES bestritt, daß präglaziale Stufen vom Eise beseitigt werden müßten. Einen einfacheren und zutreffenderen Ausdruck für den mechanischen Vorgang der Gletschererosion fand BURCHARD [19] in dem COULOMBschen Reibungsgesetz, wonach die Flächenreibung als Maß der Erosion direkt proportional ist dem Reibungskoeffizienten und dem Normaldruck, der wieder mit dem Kosinus des Reibungswinkels abnimmt, aber unabhängig ist von der Geschwindigkeit. Daher ist der Effekt zunächst um so größer, je rauher die sich reibenden Flächen sind, so daß die Wirkung an den Flanken des Bettes größer sein muß als an der Sohle, da dort mit einer stärkeren Verwitterung und Schuttzufuhr von den Gehängen gerechnet werden kann. Daraus würde sich die Untergrabung und große Steilheit der Seitenwände von eisbearbeiteten Tälern erklären; der Gletscher übt eine stattliche Seitenerosion aus (wie auch v. DRYGALSKI [20] aus anderen Überlegungen schloß), während eine einmal vom Eis geglättete Gletschersohle bei einer neuerlichen Eisbedeckung nicht mehr wesentlich tiefergelegt werden könne. Dann geht aus der Reibungsformel auch hervor, daß die Erosionsleistung mit Zunahme des Druckes, also der Eismächtigkeit, wächst, daß aber bei steilerem Gefälle infolge verringerter Reibung das Eis weniger zu erodieren vermag als bei geringerem Gefälle. Talverengungen, die eine Vergrößerung der Eismächtigkeit erzeugen, erfahren daher eine verstärkte Ausgestaltung durch das Eis, und ebenso muß eine solche dort eintreten, wo das Eis von stärkerem zu geringerem Gefälle übergeht. Daher müssen präglazial vorgebildete Gefällsstufen im Tallängsprofil nicht nur erhalten bleiben, sondern sie werden verschärft, wie auch DE MARTONNE auf Grund anderer physikalischer Erwägungen schloß.

Nach der Reibungsformel ist die Erosionsleistung von der Geschwindigkeit unabhängig. Doch bleibt zu bedenken, daß mit der Geschwindigkeit auch die Menge des herausgeschafften Grundmoränenmaterials wächst und daher stets neue Gesteinsflächen zur Aufrauhung und Bearbeitung durch die Grundmoräne freigelegt werden. Daher die allgemein zu beobachtende Erscheinung, daß die erodierende Wirkung des Eises dort groß war, wo dessen Abströmen rasch geschah[21], während in Tälern, in denen das Eis aus irgendeinem Grunde angestaut wurde und zum Stagnieren gezwungen war, wie namentlich in den großen Längstälern der Alpen, die Erosionsbeträge zurückbleiben und sogar lockere Massen vom Eise nicht ausgeräumt werden konnten. Auch daß bewegter Firn nur unbedeutend zu erodieren vermochte, hängt offenbar mit seiner geringen Geschwindigkeit zusammen.

Sind wir also auch über die Art und Weise der Gletschererosion nur unvollkommen unterrichtet, so ist doch unzweifelhaft, daß das Eis keineswegs wirkungslos über seinen Untergrund hinweggeht, wenn es auch anders arbeitet als das fließende Wasser. Talbildende Kraft wird dem Gletscher heute wohl von keinem Forscher zugeschrieben. Die Bewegung des diluvialen Eises und damit seine Erosionsleistung war durch die präglazial entstandenen Reliefformen vorgeschrieben und dirigiert. Die Täler einst vergletscherter Gebirge sind nach Sölch[22] vom Eis umgeformte Flußwerke; aber das Maß dieser Umformung ist von ihrer präglazialen Gestaltung, von Verschiedenheiten der Gesteinsbeschaffenheit, auch von tektonischen Vorgängen während des Eiszeitalters abhängig. Wo die Täler für die abströmenden Eismassen zu eng und seicht waren, wurden sie vertieft und verbreitert und erhielten in ihren unteren Partien die charakteristische U-förmige Ausgestaltung; wo sie für das Eis zu weit waren, da blieben ihre präglazialen Formen nahezu erhalten[21]. Es war also die glaziale Erosionsleistung von Ort zu Ort verschieden. Ebensowenig aber darf außer acht gelassen werden, daß in jeder eisfreien Interglazialzeit die Flußarbeit wieder neue Formen und Grundlagen für die Umformung durch das strömende Eis geschaffen hat. Daher ist das, was man als glazialen Formenschatz zusammenfaßt, in verschiedenen Gebirgen, aber auch in den einzelnen Abschnitten und Tälern desselben Gebirges sehr verschieden deutlich entwickelt; bald sind diese Merkmale scharf ausgeprägt, bald nur rudimentär entwickelt. Aber doch bleibt die Tatsache bestehen, daß das morphologische Gesamtbild eines einst vergletschert gewesenen Gebirges andere Züge trägt als das eines nur fluviatil bearbeiteten. Die Einzelschilderung dieser Formen bleibt einem andern Abschnitt dieses Buches vorbehalten.

Literaturnachweise. [1] Bericht von E. Richter in Pet. Mitt. 1900, S. 77. — [2] A. v. Böhm, Geschichte der Moränenkunde; Abh. Geogr. Ges. Wien II, 1901. — [3] P. A. Øyen, Versuch einer glazialgeolog. Systematik; Kristiania Videnskabs Selskabs Förhandl. 1904. — [4] S. Finsterwalder, Der Vernagtferner; Wissensch. Ergänzungshefte zu Zeitschr. d. D. u. Ö. Alp. Ver. I., München 1897. — [5] E. Gogarten, Messungen der Schlammführung von Gletscherbächen; Zeitschr. f. Gletscherk. III, 1909/10. — [6] Hauptwerke für die Alpen: A. Penck und E. Brückner, Die Alpen im Eiszeitalter; Leipzig 1909; für Norddeutschland: F. Wahnschaffe-F. Schucht, Geologie und Oberflächengestaltung des norddeutschen Flachlandes; 4. Aufl., Stuttgart 1921; für Nordamerika: Fr. Wright, The great ice age in North America; New York 1889, und Th. C. Chamberlin and R. D. Salisbury, Geology, T. III., New York 1907. — [7] K. Troll, Der diluviale Inn-Chiemseegletscher; Mitt. Geogr. Ges. München 1923, und: Die jungglazialen Schotterfluren im Umkreis der Deutschen Alpen; Forsch. zur D. Landes- u. Volksk. XXIV, Stuttgart 1926. — [8] E. Desor, Le paysage morainique, son origine glaciaire; Paris u. Neuchâtel 1875. — [9] K. Keilhack, Die Drumlinlandschaft in Norddeutschland; Jb. preuß. geolog. Landesanst. 1896. — [10] A. Penck, Das Deutsche Reich; Wien u. Leipzig 1887. — [11] Vgl. namentlich die kritisch zusammenfassende Darstellung von R. Grahmann, Über die Ausdehnung der Vereisungen Norddeutschlands etc.; Ber. über die Verh. Sächs. Ak. d. Wiss. math.-phys. Kl. 80. Bd., Leipzig 1928. — [12] H. Hess in Zeitschr. f. Gletscherk. I, 287 u. 355. — [13] Für eine weitgehende Glazialerosion haben sich u. a. ausgesprochen: A. Penck und E. Brückner (Hauptwerk: Die Alpen im Eiszeitalter; Leipzig 1909), ferner W. Salomon, Die Adamellogruppe; II. Bd., Wien 1910; J. Früh, Über Form und Größe der glazialen Erosion; Verhandl. Schweiz. Naturforsch. Gesellsch. St. Gallen 1907; gegen jede größere glaziale Beeinflussung des alpinen Reliefs vor allem A. Heim, zuletzt in »Geologie der Schweiz« I, Leipzig 1919. Über die verschiedenen Ansichten orientiert trefflich H. Lautensach, Die Übertiefung des Tessingebiets; Pencks geogr. Abh. N. F. 1, Leipzig 1912. — [14] Vgl. u. a. Baltzer, Studien am Untern Grindelwaldgletscher; Denkschr. Schweiz. Naturf. Ges. 1898; ferner A. de Quervain in der Heim-Festschrift, Zürich 1919, und O. Lütschg in der Zeitschr. f. Gletscherk. XIV, 1926/27, S. 257. — [15] R. M. Deeley, The erosive Power of Rivers and Glaciers; Geolog. Magazine 1897. — [16] A. Blümcke und S. Finsterwalder, Zur Frage der Gletschererosion; Sitzber. Bayer. Ak. d. Wiss. 1890; Finsterwalder ebda. 1912. — [17] E. de Martonne, Sur la théorie mécanique de l'érosion glaciaire; C. R. acad. des sc. 1910, Bd. CL und L'érosion glaciaire et la formation des vallées alpines; Ann. de Géogr. 1910 u. 1911. — [18] H. Lautensach, zit. Anm. 13. — [19] A. Burchard, Stufenbau der Alpentäler; Pet. Mitt. 1923, und: Formenkundliche Untersuchungen in den nordwestl. Ötztaler Alpen; Forsch. zur D. Landes- u. Volksk. XXV. 2. Stuttgart 1927. — [20] E. v. Drygalski, Die Entstehung der Trogtäler zur Eiszeit; Pet. Mitt. 1912 II. — [21] A. Penck, Das Antlitz der Alpen; »Die Naturwissenschaften« 1924. — [22] J. Sölch, Grundfragen der Landformung in den nordöstlichen Alpen; Geograf. Annaler 1922, H. 2.

Die Arbeit des Windes.

Die Lage des neuzeitlichen Kulturzentrums inmitten des humiden Klimagebietes ist zum guten Teil die Ursache dafür, daß die Arbeit des fließenden Wassers und des Meeres viel früher und gründlicher studiert wurde als die des Windes. Erst verhältnismäßig spät drang die moderne Wissenschaft in den Bereich des ariden Klimas vor, dem so viele der alten Kulturzentren angehören. Morphologische Studienreisen in die Wüsten und Steppen blieben aber auch jetzt eine Seltenheit, und die Beobachtungszeit war aus naheliegenden Gründen fast stets so knapp bemessen, daß das Tatsachenmaterial hinsichtlich der Arbeit des Windes [1] keinen Vergleich mit der morphologischen Beobachtungsfülle aus humiden Klimabezirken aushält. — Zu der Erforschung der Arbeit des Windes haben Deutsche nicht unwesentlich beigetragen; es genüge, Namen zu nennen wie F. von Richthofen, Joh. Walther, S. Passarge und Erich Kaiser. Trotzdem herrscht auch bei uns keineswegs Übereinstimmung in allen wichtigen Fragen, und gar oft gehen die Meinungen so arg auseinander, daß man die Jugendlichkeit dieses Zweiges der Forschung nur allzu deutlich spürt. Wir müssen das notgedrungen in Kauf nehmen in der Hoffnung auf baldige weitere Untersuchungen, die die Mitarbeit von dauernd in Gebieten mit starker Windwirkung ansässigen Gelehrten zur Voraussetzung haben werden.

Deflation (Ablation) = ausräumende Tätigkeit des Windes in Form von Abblasen und Aufheben. Dieser Form der Abtragung durch Wind begegnen wir gewiß in allen Klimagebieten. Wer etwa in unseren Breiten junge Moränen, kahle Schutthänge, die Sandmassen der Küstenzone, die Aschenanhäufungen der Vulkane

u. a. m. beobachtet, wird hier allenthalben das Spiel des Windes verfolgen können. Aber Windwirkung ist in diesem Falle wie im Bereich der Kältewüsten und erst recht in der tropischen Regenwaldzone nur in seltenen Ausnahmen und in enger räumlicher Beschränkung morphologische Dominante. Anders liegen die Verhältnisse in den Trockengebieten, vor allem in den subtropischen Wüsten und Wüstensteppen; hier erlangt die Deflation im Rahmen der morphologischen Kräfte eine Vorzugsstellung, die ihr nach KEYES [2] selbst von den seltenen, dann aber mit unheimlicher Gewalt niedergehenden Regengüssen kaum strittig gemacht werden kann.

Zwei Faktoren sind für die Entfaltung der Deflation von grundlegender Bedeutung: die Stärke und Dauer des Windes und die Beweglichkeit der von ihm angegriffenen Massen. Bei geringer Windstärke folgen in der Hauptsache nur pulverig-feine Staubmassen dem Winde; erreicht die Windstärke höhere Grade, so werden auch Sande und selbst Steine in Bewegung gesetzt. THOULET [3] hat experimentell festgestellt, welche Windgeschwindigkeiten nötig sind, um Quarzsand von verschiedener Korngröße in Bewegung zu setzen. Des beschränkten Raumes wegen begnügen wir uns mit Mittelwerten:

	Korndurchmesser in mm	Windgeschwindigkeit in m je sec.
Allerfeinster Sand	0,03	0,25
Sehr feiner Sand	0,12	1,5
Feiner Sand	0,32	4,0
Mittlerer Sand	0,60	7,4
Grober Sand	1,04	11,4

Welche Mengen Materials vom Wind aufgehoben und fortgeschafft werden, kann jeder ermessen, der eine Schilderung jener gewaltigen, die Sonne verfinsternden Staub- und Sandstürme in Wüsten und Steppen gelesen hat. In manchen Gegenden Zentralasiens ist die Luft infolge häufiger Stürme so mit Staub erfüllt, daß sie hernach sogar bei völliger Windstille den Sonnenstrahlen den Durchgang verwehrt. Der große Staubfall, der sich vom 9.—12. März 1901 über Nordafrika, Süd- und Mitteleuropa ausbreitete, gab Veranlassung zu einem eingehenderen Studium dieses wichtigen Phänomens durch HELLMANN und MEINARDUS [4]. Der Ursprung lag in der algerischen Sahara; Tunis war in einen dichten Staubnebel von braungelber Farbe eingehüllt, und eine Staubschicht von $^1/_2$ mm Mächtigkeit bedeckte den Boden, so daß das Gesamtgewicht des niedergefallenen Staubes allein im Küstengebiet Nordafrikas auf mindestens 150 Mill. metrische Tonnen zu veranschlagen ist. Eine südliche Strömung in den oberen Luftschichten führte den Wüstenstaub weit nach Norden. In Süditalien fiel sogenannter Blutregen, in den Ostalpen roter Schnee, und die äußersten Ausläufer des Staubfalles erreichten Dänemark. Man schätzt das

Gewicht des Staubniederschlags in Italien auf 1 314 000, in Österreich-Ungarn auf 375 500, in Norddeutschland und Dänemark auf 92 700 Tonnen. Nicht unberechtigt erscheint die Frage, die HELLMANN und MEINARDUS aufwerfen, ob solche Massenversetzungen in kurzer Zeit und innerhalb eines relativ beschränkten Gebietes ohne Einfluß auf die Lage der Erdachse bleiben können.

Die Beweglichkeit der vom Winde angegriffenen Massen nannten wir oben als nicht minder wichtigen Faktor der Deflationswirkung. Diese Beweglichkeit hängt, wenn es sich um schutzlos dem Winde preisgegebene Lockermassen handelt, in der Hauptsache von Größe und Gestalt der Gesteinstrümmer ab. In allen übrigen Fällen spielt die Art und der Grad der natürlichen Bodenbefestigung eine entscheidende Rolle. Durchfeuchtete Lockermassen neigen zum Zusammenbacken und widersetzen sich daher in erheblichem Maße der Windabhebung. Ebenso mindert die Pflanzendecke die Deflationswirkung herab, indem die Pflanzenwurzeln befestigend wirken und die Pflanzenkörper die Kraft des Windes in der Nähe der Erdoberfläche brechen. In den Wüsten und Steppen treten der abblasenden Wirkung des Windes häufig schwere Hindernisse in Gestalt von Salz-, Kalk-, Gips- und anderen Krusten entgegen; die Sand- und Staubteilchen werden durch diese Ausscheidungen derartig fest verkittet, daß selbst starke Winde ihnen kaum etwas anzuhaben vermögen. Die auffallende Staubfreiheit der chilenischen Kernwüste führt MORTENSEN auf die Bildung einer merkwürdigen »Staubhaut« zurück, deren Entstehungsweise allerdings noch problematisch ist. MORTENSEN beschreibt sie als »eine ganz dünne (wenige Millimeter mächtige), oberflächliche Verbackung des sonst lockeren und ungeschützten Staubes«, die man jedoch keinesfalls als Kruste auffassen dürfte. Überall, wo die oberflächliche dünne Staubhaut verletzt wird (z. B. beim Gehen oder Reiten), wirbelt der Staub sogleich auf.

Die abblasende und abhebende Tätigkeit des Windes richtet sich in erster Linie gegen die Lockermassen. Bestehen die Wittermassen aus einem Gemenge fein- und grobkörnigen Materials und entbehren sie einer Panzerung durch Krusten, Staubhaut usw., so werden die pulverigen Bestandteile allmählich aus den oberen Lagen ausgeblasen, und es bleibt als Deflationsrückstand an der Oberfläche ein »Steinpflaster« zurück, wie wir es aus dem Sserir der Sahara kennen. Bisweilen rücken die oft kantig zugeschliffenen Steinchen der Kies- und Geröllwüste so dicht aneinander, daß sie den darunter verborgenen Schutt oder leicht zerstörbare Gesteine der tieferen Horizonte vorzüglich schützen und der Deflation auf diese Weise Halt gebieten. JOH. WALTHER und PASSARGE haben die Bedeutung der »Steinfelder« oder »Steinpflaster« für die nordafrikanische Wüste hervorgehoben *,

* PASSARGE, der die Bedeutung der Deflation nicht sehr hoch einschätzt, weist darauf hin, daß die Ausbildung eines »Steinpflasters« durch Abspülung des feinen Materials gefördert wird.

Mortensen berichtet von »Steinchenpflaster« in der chilenischen Kernwüste, Joh. Walther beschreibt eine weitere Abart der Panzerung, wo die Lesedecke von einer gröberen Sandschicht gebildet wird (Sandtenne).

Da, wo sich Felsen dem Winde entgegenstellen, greift er diese in Gestalt der Deflation nur mittelbar an, indem er alle von der Verwitterung erzeugten Splitter und Schüppchen abzufegen sucht und auf diese Weise ständig neue Felsflächen für die Verwitterung bloßlegt. Weist eine Felsmasse wesentliche Unterschiede hinsichtlich der Verwitterbarkeit ihrer Bestandteile auf, so wird die Deflation ausgesprochen selektiv arbeiten und das Gerüst der schwerer verwitterbaren Massen herauspräparieren. Dasselbe muß im großen eintreten, wenn in einer der Deflation günstigen Landschaft Gesteine mit unterschiedlicher Verwitterbarkeit nebeneinander anstehen. So sollen beispielsweise die abflußlosen Wannen in der Namib nach E. Kaiser in der Hauptsache durch Deflation entstanden sein. Es sind hier Schichten der Konkip- und Namaformation muldenartig in den kristallinen Untergrund eingefaltet. Diese Schichten bestehen aus leichter verwitterbarem Material und werden daher von der Deflation stärker angegriffen und schneller fortgeräumt als die kristalline Umrahmung. Hierzu kommt, daß sich in den Mulden gelegentlich Regenwasser ansammelt und Ansatzstellen für starke chemische Gesteinsaufbereitung schafft. Infolge des hohen Salzgehaltes der Bodenwasser flocken die entstehenden Kolloide aus und können dann als krümelig-pulverige Masse leicht vom Winde abgeblasen werden. So entwickelten sich mit der Zeit die geologischen Mulden zu abflußlosen Hohlformen (Wannen) *.

Da der Wind aufwärts und abwärts wehen kann und an keinerlei Erosionsterminante gebunden ist, vermag die Deflation bei Fehlen einer genügend starken Panzerung bis zu der durch den Grundwasserspiegel gegebenen Grenze in die Tiefe zu wirken, die Oberfläche also unter Umständen sogar bis unter das Meeresniveau auszuhöhlen. Schon Joh. Walther vermutete, daß die Oasenbecken und Depressionen der Sahara hauptsächlich ein Werk der Windabhebung wären. Für die Depressionen und rings umschlossenen Becken der libyschen Oasen, die voneinander durch Höhenrücken getrennt sind, wird das neuerdings bestätigt. Ihre Einsenkung in das Tafelland läßt erkennen, daß sie keine tektonischen Formen (Einbrüche) sind, auch nicht durch

* Nach E. Kaiser hängt die Ausbildung der südwestafrikanischen Diamantenlagerstätten mit der Deflation und der Entwicklung wannenförmiger Hohlformen zusammen. Die diamantenführenden Sedimente überkleideten einst das ganze Gebiet als gleichmäßig entwickelte Decke, deren Edelsteingehalt in der Masseneinheit allerdings nur gering war. Die Aufbereitung dieser Schicht durch marine, fluviatile und äolische Erosion führte an einzelnen Stellen zu einer wesentlichen Anreicherung an Diamanten. In den Deflationswannen bewirkte dies der Wind, indem er die leichteren Stoffe größtenteils auswehte, die spezifisch schwereren Diamanten aber zurückließ.

den Urnil oder andere Gewässer, sondern durch Verwitterung und Windausräumung entstanden sind.

Ob die Deflation in besonderen Fällen auch mehr linear arbeiten und durch Auswehung talfurchenähnliche Hohlformen (Wadis) schaffen kann, war lange Zeit ein heiß umstrittenes Problem. Die Mehrzahl der Wüstenforscher neigt heute dazu, die Wadis als Ergebnis fluviatiler Erosion anzusprechen und der Deflation nur die Bedeutung einer um- und ausgestaltenden Kraft zuzugestehen. In diesem Sinne sagt JOH. WALTHER: »Was einst die Erosion eines Wolkenbruches geschaffen, wird von der Deflation bearbeitet, und bis zum nächsten Regenguß wirkt wieder nur der Wind umbildend auf das Relief der Landschaft.« PASSARGE hält gleichfalls dafür, daß namentlich in Gebieten mit Steinpflaster-Panzerung die linearen Hohlformen durch fließendes Wasser geschaffen werden, meint aber, daß dann die Deflation durch Unterblasen des Steinpflasters ein Abrutschen der hangenden Schichten bewirken und damit die Ausbildung flacher Böschungen fördern kann.

Windkorrasion (Sandschliff) = zerstörende Tätigkeit des Windes unter Benutzung von Staub und Sand als Schleifmittel. Wo immer in ariden Gebieten der Wind Gesteinstrümmer abblasen und aufheben kann, wird er bei genügender Stärke dieses Material dazu benutzen, um es gleichsam wie ein Sandstrahlgebläse gegen die Felsen zu richten, sich in diese hineinzubohren und somit Gestein anzugreifen, an dem die bloße Deflation kaum viel auszurichten vermochte. Da beide Vorgänge, Deflation und Korrasion, meist in räumlicher und zeitlicher Verbindung auftreten, ist es naturgemäß sehr schwer, ihre morphologische Bedeutung gegeneinander abzuwägen. Die Auffassungen gehen gerade in diesem Punkte sehr auseinander. PASSARGE will in der Hauptsache nur den Windschliff gelten lassen und sagt nachdrücklich: »Im allgemeinen ist die Wirkung des Windes mehr eine verfrachtende und ablagernde als eine zerstörende; ohne Sand ist sie ganz geringfügig«. Im Gegensatz dazu hält JOH. WALTHER die Deflation für weitaus bedeutungsvoller und betont: »Eine Zeitlang schien es mir, als ob die schleifende und wetzende Wirkung des Sandes die wichtigste Denudationskraft sei, aber indem ich zweifellose Sandschliffe nach Form und Verbreitung mit den unvergleichlich häufigeren ausgeräumten Verwitterungsformen der Wüstenfelsen verglich, ergab sich mir die Unhaltbarkeit dieser Ansicht ..... Nachdem ich endlich mehrere Staub- und Sandstürme erlebt hatte, entstand in mir mit immer stärkerer Überzeugungskraft der Gedanke, daß der Wind als abhebende, ausräumende Kraft die maßgebende Rolle bei der Denudation in der Wüste spiele.«

Uns will scheinen, als ob der Streit ziemlich müßig wäre, weil beide Vorgänge gar zu schwer voneinander zu trennen sind. Wenn in einzelnen Wüsten bzw. Teilgebieten einer und derselben Wüste die Lockermassen durch eine irgendwie geartete Panzerung geschützt sind

(Krusten, Steinpflaster, Sandtenne, Staubhaut), wird naturgemäß von Deflation nicht viel zu beobachten sein; aber auch der Sandschliff dürfte dann kaum zur Entfaltung gelangen, weil er das Vorhandensein leicht abhebbarer Staub- und Sandmassen zur Voraussetzung hat. Entbehren in anderen Wüstenstrecken die Lockermassen der Panzerung, so werden sich Deflation und Korrasion gleichzeitig entfalten können, wobei es allerdings vorkommen mag, daß im Bereich feinkörnigen, weichen Materials der Wind abhebend, fegend, ausräumend tätig sein kann, während er mit diesem Staubschutt Schleifwirkungen erheblichen Ausmaßes nicht zu erzielen imstande ist. Hinzu kommt, daß die Korrasion im allgemeinen wohl nur bei hohen Windstärken zu nennenswerter Wirkung gelangt, während Deflation auch schon bei leichter Luftbewegung eintreten kann. Will man also durchaus Deflation und Korrasion hinsichtlich ihrer morphologischen Bedeutung scheiden, so dürfte doch wohl der Deflation der Vorrang gebühren. In diesem Sinne formuliert JOH. WALTHER die beiden Sätze: »Korrasion nicht ohne gleichzeitige Deflation«, »Aber die Deflation kann auch völlig ohne Korrasion erfolgen«. — Die meisten Forscher, die aus eigener Anschauung urteilen können, neigen heute offensichtlich eher JOH. WALTHER als PASSARGE zu; sie halten die Deflation für den wichtigeren Faktor der Wüstenmorphologie und betrachten den Sandschliff als eine gewiß nicht unwichtige, im ganzen aber doch untergeordnete Begleiterscheinung. »Deflation entstaubt, Korrasion zerschleift die Oberfläche; Korrasion schafft Kleinformen, Deflation Großformen«, so faßt E. KAISER das Ergebnis seiner diesbezüglichen Forschungen in der Diamantenwüste Südwestafrikas zusammen.

Die Stärke des Sandschliffs hängt in erster Linie von folgenden Faktoren ab: Windgeschwindigkeit, Menge und Korngröße des mitgeführten Staubes und Sandes, Verhältnis zwischen der Härte des angegriffenen und des angreifenden Materials, Winkel, unter dem der Luftstrom auftrifft *. BRUNHES[5] legt besonderen Wert auf die Wirbelbewegung der Luft, die nach seinem Dafürhalten als wichtige Voraussetzung für intensive Entfaltung der Windkorrasion zu gelten hat. Unter sonst gleichen Voraussetzungen wird die Wirkung des Sandschliffs nahe dem Boden am stärksten sein, weil nur hier die große Masse des Schleifmaterials verfrachtet wird; mit dem Abstand vom Boden verringern sich die Korrasionswirkungen, da die Windkraft im allgemeinen nicht ausreicht, Sandkörner und Kiesel in größere Höhen emporzuheben. Unsere Schutztruppe berichtete von den Zügen durch die Kalahari, daß Fußgänger den Belästigungen durch Sandstrom stark ausgesetzt waren, während die Kamelreiter bereits weniger davon spürten. Im Klinghardtgebirge (Namib) ist bei 300 m relativer Höhe die ungefähre Grenze des Sandschliffs erreicht.

* Er muß 60° übersteigen, wenn bedeutende Wirkungen erzielt werden sollen.

Auf die Schleifwirkung der feinen, staubartigen Fragmente, die selbst ein Wind von geringer Stärke aufzuheben vermag, führt Joh. Walther die Entstehung des seltsamen, in Wüstengebieten mit Sanddünen wie in völlig sandfreien Wüsten gleichermaßen verbreiteten Wüstenlacks zurück. »Besonders alle feinkörnigen Gesteine, aber auch grobkörniger Granit und Quarzit mit hartem Bindemittel, Breschen (= Breccien) und Konglomerate sind auf ihrer Oberfläche wie mit einem durchsichtigen Lack überzogen. Wenn die Sonne tief am Horizont steht, dann wird ihr Licht von tausend kleinen Spiegeln zurückgeworfen, und es entstehen Beleuchtungseffekte von solcher Farbenpracht, daß das Auge nur schwer ihr blendendes Licht erträgt.« Merkwürdigerweise vergeht der Wüstenlack ebenso rasch, wie er entsteht. Einige kurze Regenschauer genügen, um die Steine der Sserirfläche matt und lichtarm zu machen. Dieser Umstand ist vorläufig nicht recht zu erklären, so daß künftige Reisende der Frage des Wüstenlacks besondere Aufmerksamkeit widmen sollten.

Recht problematisch ist auch heute noch immer die Entstehung der Windkanter (Dreikanter, Kantengerölle, Glyptolithen), denen wir in allen Wüstengebieten begegnen, die aber auch im Bereich des norddeutschen Diluviums und anderer Moränenlandschaften eine große Verbreitung aufweisen. Mit den vom Gletschereis geschliffenen und gekritzten Geschieben (sog. Fazettengerölle) können die völlig schrammenfreien, ein-, zwei- oder auch mehrseitig angeschliffenen Windkanter nicht verwechselt werden. Ihr Verbreitungsgebiet spricht zudem eindeutig dafür, daß es sich um rezente Formen (Wüsten) oder um fossile Formen (diluviale Moränenlandschaft) handelt, bei deren Entstehung der Sandschliff entscheidend mitgewirkt hat. Problematisch ist nur das Wie, vor allem das Anschleifen ganz verschieden orientierter Flächen. Man muß, um hier eine einleuchtende Erklärung zu geben, wohl oder übel annehmen, daß die Steintrümmer durch den Sandschliff auf einer Seite geglättet wurden, dann aber durch Unterblasen oder andere Ursachen ihre Lage geändert und dadurch dem vorherrschenden Winde eine neue Angriffsfläche geboten haben. Ob das Ausgangsmaterial der Windkanter mehr oder minder gerollte Trümmer (Walther) oder durch mechanische Verwitterung gelieferte, von Anfang an eckige Gesteinsstücke (Kaiser) waren, scheint uns von minderem Belang, doch sollten auch hierüber zukünftige Beobachtungen Klarheit schaffen. Wichtiger aber dünkt uns, daß die Aufmerksamkeit sich mehr als bisher auf das Problem der mehrfachen Abschliffflächen konzentriert und die Forschung hierfür eine auf einwandfreie Beobachtungen gegründete Erklärung liefert.

An anstehenden Felsen oder größeren Trümmerblöcken greift der Sandschliff das Material an, indem er noch markanter, als es schon bei der Deflation der Fall ist, die im Gestein vorhandenen Härteunterschiede sorgfältigst herauspräpariert. Da werden in weichere Bänke hohlkehlenartige Furchen eingeschliffen, während die härteren Zwischenschichten wie Leisten oder Gesimse herausragen; an anderen Stellen werden die Härteunterschiede blatternarbig herauspräpariert, oder es entsteht jenes feinrippige Netzwerk, wie es uns in tausendfältiger Variation in allen Sandschliffgebieten begegnet: taschen- oder wabenförmige Vertiefungen, unregelmäßige Steingitter, manchmal zu förmlichen Säulengängen ausgearbeitet usw. Bis in die Kleinigkeiten hinein arbeitet der Sandschliff selektiv; so beschreibt WALTHER einen von der Korrasion präparierten Block von Foraminiferenkalk: »Reizend sieht es aus, wenn Nummuliten oder Operculinen auf kürzeren oder längeren Stielen dem Winde entgegen emporragen. Am Om el Geneiem sahen manche Kalke wie ein Nadelkissen aus, weil viele zierliche Forami-

Fig. 54. Tischfelsen auf der Halbinsel Mangischlak am Kaspisee.
(Aus Joh. Walther »Gesetz der Wüstenbildung«, 4. Aufl., Leipzig 1924.)

niferen auf 1 bis 3 cm langen Stielen wie Erdpyramiden im kleinen, aber horizontal gerichtet, aufgesetzt waren.«

Da der Sandschliff in Bodennähe am stärksten ist, wird die Fußpartie der Felsen von der Korrasion stärker angegriffen als die Gesteinsmasse in größerer Höhe. Dank diesem Umstand kommt es oft zur Entstehung der sog. Pilzfelsen (Tischfelsen) mit schmalem Stiel und weitausladender Kappe, Formen, die um so häufiger und grotesker werden, je größer der Härteunterschied zwischen dem bodennahen Material und dem im Hangenden ist (Fig. 54). Ähnlich den früher geschilderten Erdpyramiden stellen diese Pilzfelsen natürlich nur ein Zwischenstadium dar, denn die Korrasion wird nicht eher ruhen, als bis der Stiel zu dünn geworden ist, um die Kappe zu tragen, d. h. bis der Pilzfelsen zusammenbricht und seine Trümmer der weiteren Zerstörung durch Verwitterung, Deflation und Sandschliff überantwortet sind.

Wenn in einer hauptsächlich vom Winde bearbeiteten Landschaft Gesteine anstehen, die der Verwitterung verschieden stark unterliegen und der Korrasion verschiedenen Widerstand leisten, so können durch die selektive Sandschliffarbeit Rillen und Rinnen, Gräben und Furchen neben Rippen, Rücken und teufelsmauerartig hervorragenden Graten herauspräpariert werden (Fig. 55). Streichen sie parallel zur Hauptwindrichtung, so vermögen sie sich lange Zeit zu halten; im anderen Falle arbeitet die Korrasion eifrigst daran, sie wieder zu zerstören.

Es liegt im Wesen der selektiv vorgehenden Winderosion, daß ihr Endprodukt niemals eine ähnlich fastebene Rumpffläche sein kann, wie sie sich als Endprodukt der fluviatilen Erosion ergibt. Deflation wie Korrasion arbeiten wohl flächenhaft, aber die Abhängigkeit von der Gesteinsbeschaffenheit, vor allem Verwitterbarkeit und Härte, ist so ausgeprägt, daß der Wind eher eine von ihm angetroffene Rumpffastebene in Unebenheiten auflösen als ein Gebirgsland völlig ver-

Fig. 55. Korrasionslandschaft. Dolomitkuppen im östlichen Pomonagebiet, durch die Korrasion aus dem Hauptdolomit der Namaformation herausgearbeitet.
(Aus E. Kaiser »Die Diamantenwüste Südwestafrikas« Bd. II. Berlin 1926.)

ebnen kann. Der Unterschied zwischen fluviatiler, mariner und äolischer Destruktionsfläche muß schon an dieser Stelle betont werden. Wir werden weiter unten bei Besprechung der Ebenen auf diesen Punkt zurückkommen.

Ablagerung der vom Winde verfrachteten Sandmassen (das Dünenproblem [6]). Wie das fließende Wasser so läßt auch der Wind das von ihm verfrachtete Material niederfallen und zur Ablagerung gelangen, wenn seine Transportkraft erlahmt. Ein solches Nachlassen der Kraft des Windes kann auf mehrere Ursachen zurückgehen: Verminderung der Windgeschwindigkeit, Verstärkung der Reibung infolge besonderer Reliefgestaltung, Dichterwerden des Pflanzenkleides usw. Es liegt im Wesen des Windes, daß seine Transportfähigkeit stärkeren Schwankungen und größeren Unstetigkeiten unterliegt, als wir es bei den meisten anderen abtragenden Kräften wahrnehmen. Ausräumung und Ablagerung können sich im Falle der Winderosion auf kurze Entfernung hin ablösen, und wo heute abgelagert wird, kann morgen schon wieder Abtragung vorherrschen. — Die vom Winde abgehobenen und an irgendeiner Stelle wieder abgelagerten Massen bestehen aus Material verschiedener Art und Größe, von feinem Staub bis hin zu grobem Sand. Entsprechend dem Gewicht erfahren die körnig-sandigen Massen im allgemeinen einen geringeren Transport als die staubfeinen, deren Ablagerungszone infolgedessen in der Regel am weitesten vom Ausräumungsgebiet entfernt ist. Da auch die Formen der Sand- und Staubablagerungen recht unterschiedlich zu sein pflegen, behandeln wir hier beide Formen der äolischen Ablagerung nacheinander.

Flugsandmassen begegnen uns sowohl am Strand wie im Binnenland. Es ist gewiß richtig, daß äolische Sandablagerungen in vielen Wüsten eine große Rolle spielen, aber es ist dennoch falsch, anzunehmen, daß jede Wüste allenthalben durch Sandfelder und Dünen ihr Gepräge erhalte. Joh. Walther betont ausdrücklich, daß die weitaus größten Flächen der Wüste sandarm und sandfrei sind, und daß der Wüstensand, vergleichbar dem Wasser in einem regenreichen Lande, flächenhafte »Sandtümpel« oder »Sandseen« und langgestreckte »Sandflüsse« bildet, zwischen denen ungeheure Gebiete anstehenden Gesteins ohne Sandüberdeckung auftreten.

Die Herkunft des Sandes, der vom Winde erfaßt und hernach wieder abgelagert wird, kann sehr verschiedenartig sein. Am Strande liefert ihn zumeist das Meer, und wo jetzige Wüstengebiete in jüngster geologischer Vergangenheit vom Meere bedeckt oder bespült waren (Wüste Tharr), mag auch hier an die nämliche Quelle gedacht werden. Im übrigen kommen neben Fluß- und Seesanden vor allem die Verwitterungsschuttmassen von Sandsteinen und Quarzkristalle enthaltenden körnigen Gesteinen (Granite, kristalline Schiefer u. a.) als Sandlieferant in Frage. Den Ursprung im Einzelfalle genau anzugeben, ist in Wüstengebieten nicht leicht möglich; wir begegnen in dieser Beziehung noch recht voneinander abweichenden Urteilen.

Ein Transport des Sandes setzt, wie wir oben bereits betonten, eine leichte Beweglichkeit des körnigen Materials voraus. Wo der Pflanzenwuchs den Sandboden einigermaßen schützt, ohne daß durch Mensch (Wagenräder) oder Tier (Fußspuren der Herdentiere, Wühlen der Bodentiere) Wundstellen geschaffen werden, vermag der Wind keine abtragende Wirkung zu entfalten. Das gleiche gilt von der oben beschriebenen Panzerung durch Krusten aller Art; auch hier muß die schützende Haut verletzt werden (durch Mensch, Tier, Erosion des fließenden Wassers, Sandschliff u. a.), ehe der Wind auszublasen beginnen kann.

Die Formen, die vom Wind abgelagerter Sand annimmt, sind sehr mannigfaltig und werden von vielen, oft zufälligen Faktoren beeinflußt. In der Regel genügen winzige Hindernisse dazu, um die Transportkraft des Windes abzuschwächen und eine irgendwie geformte Sandanhäufung (Sandwehe) zu bewirken. Oft handelt es sich um Pflanzen, um ein

Grasbüschel, um Gewächse wie Binsenquecke, Strandhafer, Sandschilf u. a. Aber auch Steinchen, Holzteile, feuchte oder salzdurchtränkte und daher klebrige Bodenstellen reichen dazu aus, den darüber wegstreichenden Sandstrom zu teilweisem Niederschlag zu veranlassen. Nach J. Ball [7] sollen elektrische Vorgänge dabei im Spiele sein, um den Sand an bestimmten Stellen festzuhalten, während daneben der Boden fast sandfrei ist. Baschin [8] stützt sich auf die Wellentheorie von Helmholtz; wenn sich zwei verschieden dichte Medien aneinander vorbeibewegen — Luft und loser Sand —, so wird das Minimum an Reibung dadurch erreicht, daß sich die Reibungsfläche wellenförmig gestaltet. Die Wellenbewegung kommt in periodischen bzw. rhythmischen Luftdruckveränderungen zum Ausdruck. An den Stellen, wo der Gradient stärker ist, werden die Sandkörnchen fortgeblasen; da, wo er schwächer ist, häufen sie sich in langgestreckten, quer zum Winde streichenden Linien. Die sog. Rippelmarken, die an das Wellenbild der Meeresoberfläche erinnernde Kräuselung offener Sandflächen durch geradlinige oder schwach gerundete Wulstbildungen, werden auf diese Weise als Windschwingungsformen gedeutet. Ob in ähnlicher Weise ohne Mitwirkung irgendeines Hindernisses auch die großen Dünenzüge mit parallelen Wällen und dazwischen eingeschalteten Senken erklärt werden dürfen, ist noch eine offene Frage. — Einen erschöpfenden Überblick über alle Theorien zur Entstehung der Dünen hat Högbom [9] in seiner ausgezeichneten Studie über die alten Inlanddünen in Europa gegeben.

Bei den Dünen unterscheidet man nach der Form und der Lage zum vorherrschenden Winde die folgenden Hauptgruppen:

Strichdünen oder Längsdünen; in der Windrichtung langgestreckte Sandwälle mit flachgeböschtem Hang an der Luvseite und Steilabfall an der Leeseite sowie beiden Längsflanken.

Walldünen oder Querdünen; senkrecht zur Windrichtung entwickelte Sandkämme; flacher Luvhang, steiler Leehang, gerundeter Kamm.

Bogendünen oder Sicheldünen (Barchane *); sichelförmig gebogener Kamm, der in der Richtung des vorherrschenden Windes zwei sich langsam verflachende, spitz auslaufende Arme entsendet; flacher Luvhang, an der Leeseite steiler Absturz zu dem von den Seitenarmen umschlossenen Binnenhof; eine scharfe Kante trennt, nach den Sichelarmen hin sich abrundend, die flache Luvböschung von der steilen Leeböschung.

Die Erklärung wird zweckmäßig zunächst einen allen Dünen gemeinsamen Zug ins Auge fassen: die flache Stoßseite (Böschungswinkel 5—12°) und die steile Fallseite (Böschungswinkel rund 32°, in

* Wegen der Formähnlichkeit der Sicheldünen mit dem Hornschuh eines Pferdehufes haben die Engländer für diesen Dünentyp die Bezeichnung horseshoe-dunes (Roßschuhdünen) geprägt.

Ausnahmefällen sogar 50—60°). Dieser Umstand erklärt sich zwanglos aus dem Mechanismus der Sandablagerung. An der Luvseite treibt der Wind mehr oder minder horizontal die Sandmassen an, wird durch ein Hindernis (Grasbüschel, Stein, Sandwehe) in seiner Bewegung gehemmt und läßt hier einen Teil des mitgeführten Sandes fallen; die nachfolgenden Windstöße gleiten den so gebildeten Hang hinauf, bestreuen ihn mit neuem Sand und erzeugen so eine sanfte Böschung. An der Leeseite fällt der Sand vertikal herab, und es bildet sich nach Art der Strudelbewegung bei Wasserfällen ein entgegengesetzt gerichteter Windwirbel aus, der den Fallhang unterminiert, versteilt und gelegentlich zu Abrutschungen führt; das Material wird von dem Leewirbel erfaßt und fortgeführt, so daß die Steilheit der Fallseite dauernd erhalten bleibt.

Welche Ursachen dafür verantwortlich zu machen sind, daß die Sandablagerungen bald die Form von Längsdünen, bald die von Querdünen oder Bogendünen annehmen, steht bis heute nicht mit völliger Sicherheit fest. Wir sind leider nicht in der Lage, die Bildung und Entwicklung der Dünen von einem genau untersuchten Uranfang an zu beobachten, sondern müssen uns meist mit Wahrnehmungen an schon fertigen Sandanhäufungen begnügen; und selbst da sind exakte Beobachtungen über den Aufbau des Sandkörpers und fortlaufende Feststellungen seiner Formwandlung noch immer eine große Seltenheit. Joh. Walther vertritt die Meinung, daß sich normalerweise aus jeder schildförmigen Urdüne zunächst eine typische Sicheldüne entwickeln muß: »Der herantretende Sandstrom trägt einen Teil seiner Körner auf den Rücken des Sandhaufens hinauf und erhöht denselben beständig, indem er gleichzeitig dessen Gipfel immer mehr nach vorn verschiebt. Die größere Menge des Sandes jedoch gabelt sich vor dem Hindernis und rinnt an beiden Seiten der Urdüne entlang, um sich an deren Leeseite anzusetzen *. Dadurch erhält der vorher unregelmäßige, dann eiförmige Umriß eine herzförmige Gestalt, und langsam wachsen von den beiden Vorderflanken nach vorn und seitwärts Sandarme heraus, die eine immer weiter werdende, sandfreie Bucht umschließen. So erhält der Grundriß allmählich eine zugespitzt hufeisenförmige Figur und wird immer mehr zu einem Halbmond. Hand in Hand mit dieser Veränderung des Grundrisses geht eine Umbildung des Profils. Während der größere Teil des herantreibenden Sandes sich seitlich anlagert, wandert ein anderer Teil auf den flachen Sandhaufen hinauf, tanzt auf dessen Rücken weiter und verschiebt den Höhepunkt der Düne nach ihrem Vorderende. Hier liegt dann der höchste Punkt der Urdüne in nächster Nähe des ebenen Bodens. Infolgedessen fallen viele der in zahllosen Sprüngen auf den Sandhaufen

* Vielleicht wirkt hierbei auch noch der Umstand mit, daß kleine Sandanhäufungen leichter verschiebbar sind als große, die flacheren Flanken einer Sandwehe daher dem Winde schneller nachgeben und sich eher in die Richtung des Windes strecken als das massigere Mittelstück des Sandkörpers.

hinaufgetriebenen Sandkörner in die Halbmondbucht hinein. Indem sich dieser Vorgang lange Zeit hindurch fortsetzt, erhält das Längsprofil der Düne eine zweifache Abdachung: die Luvseite wird geformt von einem langen, sehr langsam ansteigenden Sandrücken, der durch den horizontal herantreibenden Sand gebildet ist; die Leeseite dagegen entsteht durch den vertikal abfallenden Sand und muß infolgedessen jenen steilen Böschungswinkel von 32° zeigen, den aufgeschütteter Sand erhält.«

Der so entstandene bogenförmige Barchan gilt JOH. WALTHER und SVEN HEDIN als die Grundform, aus der sich durch seitliche Verwachsung die langgezogenen Wälle der Quer-

Fig. 56. Doppelbarchan am Boden der Libyschen Wüste.
(Aus Joh. Walther »Gesetz der Wüstenbildung«. 4. Aufl., Leipzig 1924.)

dünen entwickeln. Benachbarte Barchane verwachsen an ihren Flanken miteinander, aus den Zwillingsbarchanen (Fig. 56) wird nach und nach eine Dünenkette, an der die einzelnen Halbmonde z. T. noch mehr oder minder deutlich zu erkennen sind. Entwickeln sich mehrere Züge von solchen aus verwachsenen Barchanen hervorgegangenen Querdünen hintereinander, so werden die dazwischen liegenden Beckensenken (Bajire) nicht selten durch Querriegel, den ehemaligen Seitenarmen besonders großer und langer Barchane, gegliedert.

Ob auch die Längsdünen aus Barchanen hervorgehen können, indem der Körper der Sicheldüne durch irgendwelche Kräfte zerspalten wird und die Sichelarme sich zu Strichdünen entwickeln, ist noch ungewiß. Sehr wahrscheinlich aber entstehen Strichdünen oftmals auch ganz selbständig als Stromlinienkörper hinter Hindernissen, namentlich bei sehr starken und konstanten Winden. In der Wüste Nordwestindiens erzeugt der SW-Monsun derartige typische Längsdünen, in der Libyschen Wüste ist es der Passat, der hier zahlreiche, äußerst langgestreckte und mit der Windrichtung stets genau übereinstimmende Züge von Strichdünen hervorruft (darunter die Abu Moharik-Düne mit einer Länge von 350 km!).

Längsdünen, Querdünen und Bogendünen stellen gleichsam die Idealformen der Dünen dar. Sie entstehen in dieser reinen Form nur in Gebieten mit ganz bestimmter vorherrschender Windrichtung. Weht der Wind aus verschiedenen Richtungen, so unterliegen die Dünenformen mannigfachen Abwandlungen, und was in der Zeit des einen Windes geschaffen, kann in der darauf folgenden Periode eines anders gerichteten Windes bis zur Unkenntlichkeit zerstört werden. Auf diese Weise können ursprünglich geradlinige Querdünen gebogen werden, können große Dünen zerrissen und in eine Reihe kleinerer aufgelöst werden (»Kalben« der Dünen) u. a. m. Typische Sicheldünen können durch anhaltende Gegenwinde eine völlige Umkehr im Grundriß erfahren und die Sichelarme nach genau entgegengesetzter Richtung ausstrecken. Im norddeutschen Flachland findet man fossile Bogendünen, deren ursprüngliche Anlage nach Solger auf die vom Rand des zurückweichenden Inlandeises ausgehenden Ostwinde zurückzuführen ist, die aber später nach dem Sieg der westlichen Winde gleichsam umgedreht wurden und ihren Steilhang heute nach O bzw. NO. richten. — Ist im Bereich eines Barchans der Grad der Massenbeweglichkeit infolge unterschiedlicher Durchfeuchtung oder unterschiedlicher Vegetation nicht gleichförmig, werden etwa die Sichelarme stärker festgehalten als die Mitte, so kann sich der Barchan in eine Parabeldüne verwandeln; der Steilhang und die Sichelarme sind dann dem Winde zugekehrt, sie liegen im Luv-, nicht wie bei der normalen Sicheldüne im Leegebiet. Vermag der Wind das Mittelstück noch weiter zu treiben, so kann die Parabeldüne zerstört werden, und die ehemaligen Sichelarme entwickeln sich zu Strichdünen.

Während die Küsten- und die Wüstendünen nicht selten Höhen von 100 m und darüber erreichen *, sind die in offenen, sandigen Flachtälern sich bildenden Flußdünen wesentlich niedriger und meist auch unregelmäßiger gestaltet. Sie können in größerem Umfange nur da entstehen, wo längs des Flusses breite, kahle Sandflächen vorhanden

* Die französischen Landes, Europas bedeutendstes Dünengebiet, bedecken mit einer Länge von 230 km und einer Breite von 2—8 km eine Fläche von 900 qkm. Die Höhe schwankt hier beträchtlich; sie ist in der Mitte am größten und erreicht bei Lescours sogar 89 m. An der Nord- und Ostsee bleibt die Höhe der Dünen meist unter 30 oder 40 m; nur die kurischen Dünen erreichen 70 m. Die Bogendünen, die Joh. Walther auf der Reise zur Oase Khargeh (unter 30—33° n. Br.) fand, waren 100 m lang, 50 m breit und nur 10 m hoch, dabei durch völlig sandfreie Flächen von 1—2 km Länge getrennt. Barchane mit einer Kammhöhe von über 100 m sind namentlich in den zentralasiatischen Wüsten keine Seltenheit.

sind, wo periodische Trockenheit herrscht und wo während des Tiefstandes der Flüsse beständige Winde aus einer Richtung wehen. Das südliche Rußland, China, Südwestafrika und die wüstennahen ariden Gebiete sonst sind als Regionen mit gut entwickelten Flußdünen hervorzuheben. In Norddeutschland formten sich in der Diluvialzeit die Sandmassen der großen Urstromtäler zu ausgedehnten Flußdünen, deren Reste vielfach noch heute als Vorzeitformen zu erkennen sind [10].

Das Wachstum und Wandern der Dünen wird von verschiedenen Faktoren bestimmt, unter denen Korngröße, Sandmenge, Beweglichkeit und mittlere Windstärke die wichtigsten sind. Genauere Beobachtungen hierüber liegen eigentlich nur von den Küstendünen vor. Soweit die Gräser, Kräuter und Büsche, die den vom Winde erfaßten Strandsand sich zur Düne sammeln ließen, nicht zu dicht werden, bleibt der Sand ein Spiel des Windes und wandert landeinwärts. Von der dem Winde zugekehrten flachen Böschung werden die Sandkörner

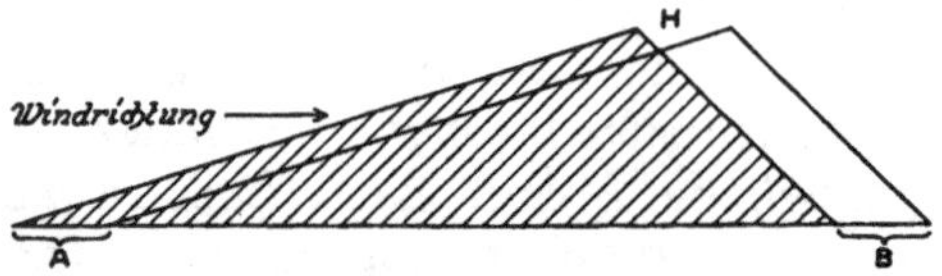

Fig. 57. Schematisches Profil durch eine wandernde Düne. Die dünne Schicht A-H wird von der Windseite fortgeblasen und auf der Leeseite als dickere Schicht H-B abgelagert. Nach I. Högbom.

abgeblasen, die an der Leeseite niederfallen und so den Steilrand der Düne Schritt für Schritt vorrücken lassen (Fig. 57). Wo dichtes Heidekraut oder gar Kiefernwald den Sand festhalten, kommt es durch gelegentliche Zerstörung der Pflanzendecke, häufig durch unbedachten Eingriff des Menschen, zu einem Wiederaufleben der Wanderbewegung. Weite Strecken werden dadurch versandet, die menschlichen Wohnsitze zurückgedrängt und Wälder verschüttet, die, wenn sie ein günstiges Geschick auch wieder von ihren Fesseln befreit, doch ihre Lebenskraft unwiederbringlich eingebüßt haben. In den Landes rückten die Dünen früher im Durchschnitt jährlich 1 bis 2 m landeinwärts, an manchen Stellen aber — wie die Dünen von Teste und Lége — 20 bis 25 m. In der Umgebung von Sabloney stellte Wolff [11] für die Zeit von Oktober 1924 bis September 1928 ein Wandern der Dünen bis zu jährlich 5,5 m fest. Für die Kurische Nehrung (Fig. 58) ergab der Vergleich der Aufnahmen in den Jahren 1837/39 und 1859/61 nach Gerhardt eine durchschnittliche Verschiebung der Luvseite um 4, 4 m, des Kammes um 6,2 m und der Leeseite um 7,9 m. Auf diese Weise entstehen mehrere Hügelreihen hintereinander, landeinwärts stetig an Höhe zunehmend, bis die künstliche Anpflanzung von Gewächsen mit langen Wurzeln der Bewegung Einhalt gebietet. Über die Bewegung der Wüstendünen wissen wir verhältnismäßig wenig. In der Kysyl-Kum schätzt sie WALTHER auf 6 m im Jahre. Bei Buchara wandern die Dünenkämme im Winter 12 m nach Norden und im Sommer 18 m nach Süden, woraus eine Gesamtbewegung von 6 m nach Süden resultiert. Eine höhere Ziffer — 15 bis 16 m im Jahr — fand BEADNELL [12] für die Libysche Wüste. Im Jahre 1908 betrug die Fortbewegung der Dünen in der Oase Khargeh im Winter 2,7 m, im Frühling 3,3 m, im Sommer 4,6 m und im Herbst 6,6 m, zusammen also 17,2 m. Es mag das damit zusammenhängen, daß sich die Herrschaft der nördlichen Winde in gleicher Weise vom Winter zum Herbst steigert.

Im allgemeinen scheinen die Saharadünen beständiger zu sein als die Stranddünen * und die meisten zentralasiatischen Dünenzüge, sonst würden sie nicht besondere Namen tragen, und uralte Karawanenwege, Brunnen und ganze Oasenarchipele könnten sich nicht

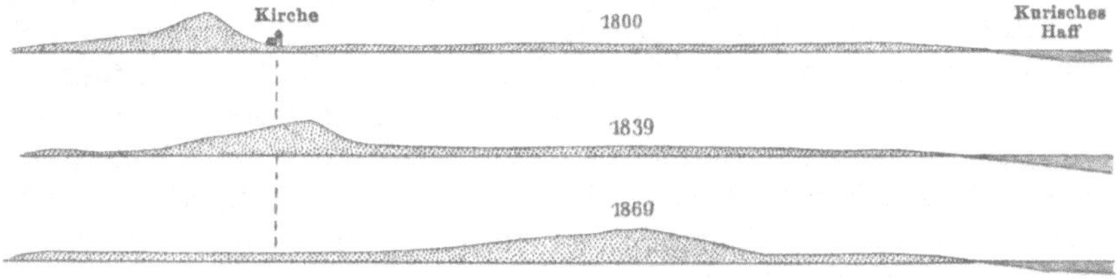

Fig. 58. Die Wanderdüne bei Kunzen auf der Kurischen Nehrung in den Jahren 1800, 1839 und 1869. — Nach BERENDT.

erhalten. Es ist bis heute noch nicht möglich, die auffallende Beständigkeit mancher Dünenzüge der Sahara einwandfrei zu erklären. Die Beobachtungen in der algerischen Sahara lehren, daß die Dünen im Innern feucht sind. Diese Feuchtigkeit kommt nach COURBIS [13] von unten, nach ROLLAND [13] von den atmosphärischen Niederschlägen und stellt jedenfalls ein vortreffliches Verfestigungsmittel dar; sie reduziert die Beweglichkeit sowohl direkt durch stärkere Bindung der Körner als indirekt durch den von ihr begünstigten Pflanzenwuchs. FOUREAU erklärt die Unbeweglichkeit der Ergdünen aus dem Widerstreit der heftigen Südwinde mit den herrschenden Nordwinden.

Ablagerung der vom Winde verfrachteten Staubmassen (das Löß-Problem). Wie wir schon oben hervorhoben, ist die Entstaubung des Wüstengeländes durch Deflation ein Vorgang, der für die Formengestaltung der Wüstenlandschaft von ungleich größerer Wichtigkeit ist als die Verfrachtung von Sand. Wegen des geringen Gewichts

* Dadurch wird stellenweise die Erhaltung der feinsten Oberflächenformen möglich. TH. FUCHS fand z. B. auf dem Isthmus von Sues noch Wellenschlagspuren in der Umgebung der Bitterseen. Räderspuren im Sand des Kabretplateaus waren noch nach 12 Jahren unverwischt, und FOUREAU konnte in der Sahara 1892 die Spuren von Kamelen, die nachweisbar 1877 die betreffende Stelle passiert hatten, noch deutlich erkennen.

des staubfeinen Materials gelangt dieses nur selten im Bereich der Wüsten selbst wieder zur Ablagerung. Wir müssen vielmehr die Grenze der Wüste überschreiten und die angrenzenden Steppengebiete untersuchen, um die Staubablagerungen anzutreffen und die von ihnen hervorgerufene Oberflächengestaltung kennenzulernen.

Niederschlag von Staub — je nach dem Ursprungsgestein und dem Grade der chemischen Verwitterung gelb, rot, braun oder auch grüngrau gefärbt — vollzieht sich in allen Klimazonen. Im humiden Klima aber fällt der Staub der Abspülung, im extremariden der erneuten Wiederabhebung anheim. Die besonders günstigen Gebiete für Ablagerung äolisch verfrachteten Staubes sind also die Trockengebiete mit einem Pflanzenwuchs, der ausreicht, die niedergehenden lockeren Staubmassen zu binden. Ein Haften des Staubes kann weiterhin durch hygroskopische Salze gefördert werden, wie es aus Zentralasien (Takyrböden) oder der Umgebung des Roten Meeres (Sebcha) berichtet wird. Nach jedem Staubwind sind die feuchten Takyrböden wie mit braunem Kakaopulver bestreut (Joh. Walther). Diese Tonböden können also selbst in der Trockenzeit weiterwachsen. — Ganz bedeutende Mengen von Staub werden auf den Ozean hinausgetrieben und hier niedergewaschen *. Bekannt durch seine häufigen Staubfälle ist vor allem das »Dunkelmeer« im Westen der Sahara, deren Staub durch den Passat nach dorthin geweht wird, die Sicht für den Schiffer dabei sehr verkürzend. Walther sieht in Übereinstimmung mit Thoulet in der Deflation des festländischen Staubes die wichtigste Ursache für die Bildung mariner Tongesteine.

Als Staubablagerung größten Stils wird heute allgemein der Löß betrachtet, der große Flächen Asiens, Europas, Nord- und Südamerikas bedeckt. Es handelt sich um ein nahezu homogenes, meist hellgelblich gefärbtes erdiges Gestein, das sich sandigtonig anfühlt und im Gegensatz zu den Tonen bei Befeuchtung nicht plastisch und knetbar wird. Ein gewisser Gehalt an kohlensaurem Kalk (Aufbrausen bei Betupfen mit Salzsäure !) ist ein sicheres Erkennungsmerkmal für unverwitterten Löß. Die Körnchen (Größe im allgemeinen zwischen 10 und 50 μ) sind Gesteins- und Mineralsplitter, die keine oder nur schwache chemische Zersetzung erkennen lassen. Von Wichtigkeit ist, daß auch die Feldspattrümmer unzersetzt darin enthalten sind; die Alkalien und Erdalkalien, die die Pflanzen zu ihrer Nahrung benötigen, stellt der Löß infolgedessen in reicher Menge zur Verfügung, so daß er schon aus diesem Grunde als sehr fruchtbarer Boden zu gelten hat. Dazu kommen die lockere Packung der Körnchen und die durch feine Kanälchen (Hohlräume ausgewitterter Wurzelfasern?) bedingte Vertikalstruktur;

* Der im Meer zum Absatz gelangende Staub behält seine ursprüngliche Färbung nicht bei. Der aus Westaustralien ausgewehte rote Lateritstaub z. B. bildet nicht roten, sondern durch chemische Umsetzungen und Beimengungen von Organismenresten grau, grüngrau oder blaugrau gefärbten Schlamm.

beides verleiht dem Löß einen hohen Grad von Porosität und steigert seine Durchlüftungs- und Wasseraufnahmefähigkeit. Gerade diese physikalischen Eigenschaften sind der Hauptgrund für die große Fruchtbarkeit der Lößböden. Wie ein Schwamm saugt der Löß begierig das Wasser auf und verhindert dadurch die Bildung von Seen und Sümpfen. Die Porosität gestattet dem Wasser, in kapillarer Form leicht auf- und abzusteigen; die vorhandenen oder durch Düngung zugeführten Nährstoffe werden infolgedessen vom Regen nicht ausgewaschen, sondern bleiben dem Löß erhalten und wandern, wenn die Verdunstung wieder einsetzt, in die oberen Lagen zurück.

Eigentliche Schichtung ist dem Löß fremd. Der Eindruck einer scheinbaren Schichtung wird allerdings gelegentlich durch die lagenartige Einschaltung von Mergelknollen (Lößkindl, Lößmännchen, Lößpuppen) hervorgerufen, doch beweist deren vertikale Stellung, daß sie sich an Ort und Stelle im Löß gebildet haben und nicht erst nachträglich in den Löß hineingeschafft wurden. Es handelt sich hierbei wahrscheinlich um Verwitterungserscheinungen, die zur Anreicherung an Kalk und zu konkretionären Ausscheidungen längs einer ehemaligen Landoberfläche führten. Daß der Lößabsatz gelegentlich Unterbrechungen erfuhr, beweisen auch die von E. Brückner[14] aus dem Löß des südlichen Pannonischen Beckens erwähnten drei rötlichen, schichtartig entwickelten Horizonte, die zweifellos ebenfalls durch Verwitterung ehemaliger Landoberflächen entstanden sind. Die Verlehmungsbänder im deutschen Löß betrachtet Deecke[15] als lokale Erscheinungen der Lößbildung, die durch Wechsel der Grundwasserverhältnisse u. a. bedingt sind. Regional durchlaufend entwickelt ist dagegen beim deutschen Löß eine Grenzschicht, die älteren von jüngerem Löß trennt und eine Unterbrechung des Lößabsatzes dokumentiert. — Hier und da tritt allerdings auch einmal echte Schichtung im Löß auf, sowohl im jüngeren als im älteren. Diese kann z. B. durch Ungleichmäßigkeiten in der Windstärke und dadurch hervorgerufenen Wechsel in der Transportkraft des Windes bedingt sein, wie es besonders in den dem Eisrand benachbarten Gebieten der Fall ist. Es kann sich aber auch um Löß handeln, der in stehendem Wasser zur Ablagerung kam (Seelöß), der von Tieflandsflüssen aufgeschlickt (Flußlöß) oder durch Regengüsse, Hochfluten usw. sekundär umgelagert wurde. Diesen letzteren Arten von Löß fehlt in der Regel die kapillare Struktur. Beispiele für geschichteten Löß kennt man aus Baden und dem Elsaß, vom Niederrhein, aus Westfalen, Hessen, Thüringen, der Schweiz usw. In Norddeutschland unterscheiden Wahnschaffe-Schucht[16] den primären, völlig schichtungslosen Löß und den durch Umlagerung daraus hervorgegangenen dejektiven Löß. Die Grenze zwischen beiden ist oft undeutlich und daher schwer mit Bestimmtheit anzugeben.

Im Löß finden sich häufig Reste von Landschnecken und Landsäugern. Nahezu alle charakteristischen Vertreter der subarktischen Steppen Südeuropas, Asiens und der nordsibirischen Tundren, auch den Moschusochsen des nördlichsten Nordamerika trifft man im Löß an, was darauf hindeutet, daß in allen diesen Gebieten zur Lößzeit die Bedingungen der Tundra oder Steppe geherrscht haben. Von den wichtigsten Tierformen sind zu nennen: Mammut, wollhaariges Nashorn, Wildpferd, Wildesel, Edel- und Riesenhirsch, Elch, Wisent, Moschusochse, Renntier, Gemse, Hase, Steppenhase, Lemming, Murmeltier, Mäuse, Ratten.

Als ein offenbar junges Produkt nimmt der Löß fast überall den obersten Horizont ein und wird nur sehr selten von anderen Ablagerungen überdeckt. Sein Vorkommen ist an keine bestimmte Höhenlage gebunden; indessen verdient der Umstand Erwähnung, daß seine obere Grenze um so höher liegt, je weiter wir von Westeuropa nach Osten gehen: in den Gebirgen Westeuropas beträgt sie 300 bis 400 m, in den Ostalpen bis zu 600 m, in den Karpathen über 1200 m, in Zentral- und Ostasien, nicht selten über Wasserscheiden hinweggreifend, bis annähernd 2400 m. Auch in Amerika reicht der Löß vom Meeresspiegel an der Golfküste bis zu 2000 m Meereshöhe da, wo die weiten Steppen der Weststaaten in Colorado und Dakota an das Felsengebirge grenzen. — Bezeichnenderweise können sich Löß und Flugsand verzahnen, wie es R. Grahmann [17] in einem 15 bis 20 m breiten Streifen im Freistaat Sachsen beobachtete; diese Zone erstreckt sich parallel der nördlichen Lößgrenze, die in westöstlicher Richtung zwischen Saale und Elbe verläuft.

Eines der größten Rätsel der Lößfrage ist die über die ganze Erde nahezu gleichbleibende chemische Zusammensetzung dieses staubfeinen Materials. Als fast identen Stoff finden wir ihn in Asien wie in Europa und Amerika *. In China bedeckt Löß den größten Teil der Gebiete nördlich vom Hwaigebirge (Tsinling); er reicht bis nach dem westlichen Schantung und taucht isoliert auch noch einmal bei Nanking am unteren Jangtse auf. Die gesamte im nordwestlichen China von Löß eingenommene Fläche kommt der des Deutschen Reiches annähernd gleich. Für die Maximalmächtigkeit des chinesischen Lößes nannte v. Richthofen die Zahl 600 m, doch hält Schmitthenner [19] diese

---

* Die Größe der gesamten mit Löß bedeckten Flächen der Erde schätzt Keilhack [18] auf 13 Mill. qkm, die mittlere Mächtigkeit auf mindestens 10 m. Daraus berechnet sich die Lößmasse der Erde zu 130 000 cbkm. Diese Lößmasse wäre groß genug, um ganz Deutschland mit einer Lößdecke von 240 m, ganz Europa mit einer solchen von 13,4 m gleichmäßig zu überkleiden; mit ihr könnte man die gesamten Festlandmassen der Erde mit einer Schicht von immer noch 1 m Stärke bedecken. Keilhack stellt dem die Masse der diluvialen Glazialablagerungen mit 600 000 cbkm gegenüber und betont, daß danach die Gesamtheit der Glazialablagerungen nur vier- bis fünfmal so groß ist wie die des Lößes. Daß die Grundlagen dieser Berechnungen höchst unsicher sind, die etwa daraus abzuleitenden Schlußfolgerungen mit großer Vorsicht aufgenommen werden müssen, versteht sich wohl von selbst.

Angabe für unrichtig, weil nicht alle Talungen und Becken, die in den obersten Lagen eine Lößdecke tragen, in ihrer Gänze mit Löß erfüllt sind. SCHMITTHENNER glaubt, daß die Mächtigkeit selten über 80 m hinausgeht. — In Sibirien zieht sich am nordwestlichen Rande von Hochasien ein relativ schmales Lößband hin, das sich nach Westen zu verbreitert und Anschluß gewinnt an die europäische Lößzone. Diese führt von der Wolga durch Südrußland (Schwarzerdezone) zum Fuß der mitteleuropäischen Gebirgsschwelle, an der ein häufig mehrere Meter mächtiger, in seiner Breite stark schwankender Lößstreifen von der Bukowina über Galizien, Schlesien, Sachsen, Thüringen, Magdeburger Börde bis zum Weserbergland und weiter bis nach Belgien hin entwickelt ist. Auch südlich der Mittelgebirge findet sich ein Lößband, vor allem im Bereich der Donau (Rumänien, Ungarn, Böhmen, nördliches Alpenvorland). Weit verbreitet ist Löß endlich im Rheintal (Kaiserstuhl, Abhang der Randhöhen) und im Rhonetal. Auch in der neuen Welt ist Löß weitflächig entwickelt. In Nordamerika erfüllt er das ganze Mississippibecken im weiteren Sinne und überzieht das Präriengebiet von der Golfküste bis hinauf in die Staaten Dakota und Wisconsin; auch die gebirgsumgürteten Hochbecken der nordamerikanischen Kordillere weisen hier und da Lößbestreuung auf, die sich von hier aus bis in das nördliche Mexiko erstreckt. In Südamerika verläuft die Nordgrenze des Lößes etwa unter 20° Br. durch Bolivien und das südliche Brasilien (Grenze der Pampasformation); die Südgrenze hält sich zwischen dem 40. und 42. Breitengrad und fällt mit der Nordgrenze der patagonischen Glaziallandschaft zusammen. Aus Afrika und Australien sind einwandfreie Lößvorkommen noch nicht berichtet worden. Bei der Lage der dortigen Wüsten (Nähe des Meeres) und den vorherrschenden Windrichtungen könnte es sein, daß der dort ausgewehte Staub fast restlos ins Meer getragen wird. Zum anderen liegt in diesen Erdteilen die bodenkundliche Untersuchung noch recht im argen, und es ist daher wohl möglich, daß zukünftige Forschung auch hier das Vorkommen von Löß nachweist. Es darf in diesem Zusammenhang daran erinnert werden, daß der so außerordentlich verbreitete und mächtige belgische Löß bis in die 90er Jahre des vorigen Jahrhunderts noch nicht als solcher erkannt war, sondern als Limon hesbayen für eine Belgien eigentümliche Bildung galt. — Überblicken wir die hier nur mit ganz groben Strichen skizzierte Löß-Verbreitung, so ergeben sich die beiden folgenden Haupttypen: 1) der Löß umgürtet z. T. die Auswehungsgebiete der großen Binnenwüsten; 2) der Löß tritt zum anderen am Außensaume ehemals vergletscherter Gebiete, am Rande großer, einst völlig kahler und dem Winde schutzlos preisgegebener Moränenflächen auf.

Beschaffenheit und Verbreitung des Löß sprechen gleichermaßen dafür, daß wir es hier mit einer äolischen Staubablagerung zu tun haben. Das Verdienst, diese Auffassung als erster vertreten zu haben, gebührt F. v. RICHTHOFEN; er gelangte auf seinen Studienreisen im chinesischen Lößgebiet zu der Überzeugung, daß das Lößmaterial aus den westlichen Wüsten und Halbwüsten stammt und von dort durch die Winde, namentlich den Nordwestmonsun, ausgeblasen worden ist. Der Wüstenstaub wurde nach v. Richthofen ursprünglich von den Gebirgsrändern binnenwärts gelegener, abflußloser Becken in diese hinabgeweht und hat dort dann einen Umwandlungsprozeß erlitten. Zusammen mit dem Staub wurden nämlich auch Salze vom Winde verfrachtet und in den Becken abgelagert; die Staubablagerung wurde dadurch gleichsam mit Salz imprägniert, es entstand eine Salzsteppe, in der mangels fließenden Wassers der Salzstaub zunächst erhalten blieb. Nun soll nach v. Richthofen eine Klimaänderung derart erfolgt sein, daß der Niederschlag jetzt den Betrag der Verdunstung überstieg; die erstarkten Flüsse bahnten sich einen Weg zum Meer oder zu den nächsten ozeanischen Wasseradern, sie gruben tiefe Erosionsschluchten in die Becken der Salzsteppe ein und verfrachteten die äolischen Ablagerungen abwärts. Durch diese Klimaänderung wurde die Stauberde von ihrem Salzgehalt befreit und dadurch dem Ackerbau zugänglich gemacht. Die Steppengebilde verwandelten sich auf diese Weise in Löß.

Seit v. Richthofens Chinareise hat die Kenntnis Zentralasiens und seiner Nachbargebiete große Fortschritte gemacht. Namentlich russische Forscher widmeten sich dem Lößproblem, und einer von ihnen, Obrutschew [20], entwickelte eine neue Lößtheorie, die von der F. v. Richthofens in zwei Punkten abweicht. Die heutigen abflußlosen Becken Zentralasiens sind nicht, wie v. Richthofen annahm, äolische Ablagerungsgebiete, sondern im Gegenteil Auswehungsgebiete. Von hier trägt der Wind, soweit ihm nicht große Gebirge im Wege stehen, die Verwitterungsprodukte in die angrenzenden Steppenländer und überschüttet die nächstliegenden mit Sand, die weiter entfernten mit Staub, d. h. Löß. Dieser ist also nicht aus Salzsteppenablagerungen hervorgegangen, sondern ursprünglich und bildet sich noch immer fort. Die Annahme einer totalen Klimaänderung in China entfällt damit, aber immerhin muß ein verhältnismäßig trockenes Klima vorausgesetzt werden, da sonst der Staub bald fortgeschwemmt worden wäre. Der Grundgedanke v. Richthofens, der äolische Ursprung des Lößes, bleibt indes durch Obrutschew unangetastet.

Besonders beweiskräftig sind für Nordchina die Beobachtungen Futterers [21]. Er stellte fest, daß im oberen Tauhogebiete und seinen westöstlich streichenden Tälern durchweg nur die nach Norden gerichteten Hänge mit einer mächtigen, terrassierten Lößdecke bekleidet sind, während die nach Süden gekehrten Hänge einer solchen Lößbedeckung nahezu ganz entbehren; dort das typische Bild einer Lößterrassenlandschaft mit fruchtbarem Ackerlande, hier mit dürftigem Gestrüpp überzogenes Ödland. Dieser Gegensatz läßt sich nur dadurch erklären, daß die in der kalttrockenen Jahreszeit herrschenden NW-Winde den Staub aus den nördlichen Wüsten hierhergeführt und an den rechten Talflanken angeweht haben, die sommerlichen SO-Winde dagegen staubfrei sind, weil sie keine Wüstenstriche passieren.

Die äolische Lößtheorie erfreut sich heute, von wenigen Ausnahmen abgesehen, allgemeiner Anerkennung. Der chinesische Löß gilt demnach in der Hauptsache als Ablagerungskorrelat der zentralasiatischen Auswehungen; gelegentlich mag allerdings eine Umlagerung in der Weise erfolgt sein, daß der im Sommer von den Flüssen mitgeführte und in den Auen ausgebreitete Lößschlamm in der regenarmen, stürmischen Winterzeit erneut vom Winde erfaßt und nach Osten bzw. Südosten verfrachtet worden ist. So hat z. B. nach SCHMITTHENNER das isolierte Lößgebiet von Nanking seine Stauberde wahrscheinlich aus den mit Lößschlamm erfüllten Becken der unteren Jangtse-Niederung bezogen. Das Verbreitungsgebiet des chinesischen Lößes erklärt sich im wesentlichen aus der in der Trockenzeit vorherrschenden Windrichtung (NW) und aus der Anordnung der die Staubwinde abhaltenden Gebirgszüge (Tsinlingschan-Hwaigebirge!). — Hinsichtlich der europäischen und amerikanischen Lößvorkommen denkt man in erster Linie an Auswehungen der nicht mehr vom Eise bedeckten Moränenlandschaft bzw. der von den Schmelzwässern gelieferten fluvioglazialen Ablagerungen. Daneben mag hier und da wiederum eine Auswehung von Flußschlamm eine Rolle spielen, wie es BRÜCKNER [14] für den Walachei-Löß (Donauschlamm), A. HEIM [22] für den Löß des Rhein- und Rhonetals annehmen. — Ob Staubablagerungen unter allen Umständen ein Steppenklima zur Vorausetzung haben, wird heute mitunter bezweifelt. Gewiß begünstigen Steppengräser das Haften staubförmigen Niederschlags; sie vertragen eine zeitweilige Überlagerung mit Stauberde, wachsen dann wieder nach oben durch und festigen auf diese Weise den Staubboden, so daß sich Lößdecken von vielen Metern Mächtigkeit zu bilden vermögen. Die vertikalen Röhrchen, die dem Löß eigentümlich sind und als einstige Wurzelräume gedeutet werden, sprechen ebenso wie die faunistischen Beimengungen des Lößes für Steppenklima. DEECKE bezweifelt aber, daß in Mittel- und Süddeutschland während der Bildung des Lößes ein Steppen- oder Tundrenklima geherrscht habe, und L. v. LOCZY [23] behauptet für den westungarischen Löß, daß er in einem waldreichen Gelände entstanden sei; der an kahleren Stellen abgewehte Staub sei von den Wäldern gleichsam ausgesiebt und zum Niederrieseln gezwungen worden.

Es muß schließlich erwähnt werden, daß neben der äolischen Lößtheorie immer noch andere Vorstellungen vertreten werden. Hierzu gehört einmal die fluviatile Theorie von PAWLOW [24], nach der der Löß als ein wässeriger Niederschlag anzusehen ist. Weiterhin hat LAMANSKY [25] darauf hingewiesen, daß in subpolaren Gebieten bei der Schneeschmelze Schlammströme entstehen, die in die Niederung abfließen, die Heidevegetation der Tundra überfluten und hernach beim Austrocknen ein dem Löß in jeder Beziehung ähnliches, hellgelbes, poröses Gestein abgeben. Die faunistischen Beigaben im Löß könnten so erklärt werden, daß die Tiere in den Schlammströmen versunken und umgekommen wären. — Auf Grund seiner im Gouvernement Tschernigow angestellten Untersuchungen hat der russische Geograph Berg[26] die Meinung vertreten, der Löß sei als eine an Ort und Stelle entstandene Verwitterungserde anzusehen; Voraussetzung für die Bildung des Lößes seien eine bestimmte physikalische und chemische Zusammensetzung des Muttergesteins und ein trockenes, wüsten- oder steppenhaftes Klima. All - viale und diluviale Gesteine eignen sich nach Berg am besten dazu, bei der Verwitterung in Löß überführt zu werden. Der Vorgang der Lößbildung kann unter geeigneten Bedingungen noch heute stattfinden, aber es gibt sicher auch fossilen Löß. — Endlich ist Keilhack[18] kürzlich mit einer aufsehenerregenden Ansicht hervorgetreten. In der auffälligen, über die ganze Erde fast gleichbleibenden Beschaffenheit und chemischen Zusammensetzung des Lößes sieht er einen Beweis für den kosmischen Ursprung der Stauberde. Der Vergleich mit zweifelsfreien kosmischen Staubmassen, z. B. den von Nordenskjöld auf der grönländischen Eisoberfläche gesammelten, spricht nun allerdings nicht gerade für die Richtigkeit der Keilhackschen These, denn der Löß enthält vor allem Quarzstaub, Ton und Kalkstaub, Bestandteile, die dem bislang bekannt gewordenen kosmischen Staub abgehen. So befriedigt also auch die verblüffende Keilhacksche Lösung des Lößrätsels kaum, und wir werden gut tun, uns einstweilen an die äolische Theorie zu halten, sie durch weitere sorgfältige Beobachtungen immer wieder zu überprüfen und auszugestalten.

Literaturnachweise. [1] F. v. Richthofen, China; Bd. I, 1877. Derselbe, Führer für Forschungsreisende; Neudruck, Hannover 1901. Joh. Walther, Gesetz der Wüstenbildung; 4. Aufl., Leipzig 1924. S. Passarge, Verwitterung und Abtragung in den Steppen und Wüsten Algeriens; Verhandlungen des XVII. Deutschen Geographentages, Berlin 1910. Derselbe, Grundlagen der Landschaftskunde; Bd. III, Hamburg 1920. A. Penck, Die Morphologie der Wüsten; Verhandlungen des XVII. Deutschen Geographentages, Berlin 1910. Erich Kaiser, Morphogenetische Ergebnisse auf Reisen während des Krieges in Südwestafrika; Verhandlungen des XX. Deutschen Geographentages zu Leipzig, Berlin 1922. Derselbe, Die Diamantenwüste Südwestafrikas; 2 Bde., Berlin 1926. H. Mortensen, Der Formenschatz der nordchilenischen Wüste, ein Beitrag zum Gesetz der Wüstenbildung; Berlin 1927. Derselbe, Über Vorzeitformen in der chilenischen Wüste; Mitt. Geogr. Ges., Hamburg 1929. — [2] Ch. R. Keyes, Baselevel of eolian erosion; Journal of Geology, Bd. XVII 1909. Derselbe, Deflation and the relative efficiencies of erosional processes under conditions of aridity; Bull. Geol. Soc. of America 1910, S. 565—598. — [3] J. Thoulet, Analyse d'une poussière éolienne de Monaco; Annales de l'Institut océanographique, Bd. III, Heft 2. — [4] Hellmann und Meinardus in den Abhandlungen des Preußischen Meteorologischen Instituts; Berlin 1901, Bd. II. — [5] J. Brunhes in den Comptes rendus de l'Académie des Sciences; Paris 1902, Bd. CXXXV, S. 1132. — [6] A. Choisy, Documents relatifs à la mission dirigée au sud de l'Algérie; Paris 1890. N. Sokołów, Die Dünen; Berlin 1894. V. Cornish, On the Formation of Sand-Dunes; Geographical Journal 1897. P. Gerhardt, Handbuch des deutschen Dünenbaues; Berlin 1900. E. v. Cholnoky, Die Bewegungsgesetze des Flugsandes; Budapest 1902. O. Baschin, Dünenstudien; Zeitschr. Ges. für Erdk. Berlin, 1903. S. Günther, Ein Naturmodell der Dünenbildung; Sitzungsberichte der math.-phys. Klasse der Bayerischen Akademie der Wissenschaften, Bd. XXXVII, 1907. F. Solger, Studien über norddeutsche Inlanddünen; Stuttgart 1910. — [7] J. Ball, Problems of the

Libyan Desert (m. Karte); Geographical Journal 1927. — [8] O. BASCHIN, Die Entstehung wellenförmiger Oberflächenformen; Zeitschr. Ges. für Erdk., Berlin 1899. — [9] I. HÖGBOM, Ancient inland dunes of northern and middle Europe; Geograf. Annaler V, 1923. — [10] K. KEILHACK, Die großen Dünengebiete Norddeutschlands (m. Karte); Zeitschr. d. Dtsch. Geol. Ges., 69. Bd., 1917, Monatsber. S. 2 f. — [11] J. J. WOLFF, The dunes of Sabloney near Arrachon; Geogr. Journal 1929 (mit sehr eindrucksvollen Vergleichsaufnahmen derselben Dünengebiete 1924/25 und 1928). — [12] H. J. L. BEADNELL, The Sand-Dunes of the Libyan Desert; Geographical Journal 1910. — [13] In den Comptes rendus der Pariser Geographischen Gesellschaft 1890. — [14] E. BRÜCKNER, Zeitschr. f. Gletscherkunde, Bd. XI, 1919, S. 84. — [15] W. DEECKE, Bedeutung und Wesen der Lößstratigraphie mit besonderer Berücksichtigung Süddeutschlands; Zeitschr. f. Gletscherkunde, Bd. XI, 1919, S. 64. — [16] F. WAHNSCHAFFE-F. SCHUCHT, Geologie und Oberflächengestaltung des norddeutschen Flachlandes; 4. Aufl., Stuttgart 1921. — [17] R. GRAHMANN, Geol. Rundschau 1927, S. 298. — [18] K. KEILHACK, Das Rätsel der Lößbildung; Zeitschr. d. Deutsch. Geol. Ges., Bd. 72, 1920, Monatsber. S. 146. — [19] H. SCHMITTHENNER, Forschungsergebnisse einer Reise durch China 1925/26; Verh. des XXII. D. Geographentages 1927, Breslau 1928. — [20] Ein ausführliches kritisches Referat der russischen Schrift von W. A. OBRUTSCHEW (Zur Frage der Entstehung des Lößes, Tomsk 1911) gab G. MERZBACHER in Petermanns Mitteilungen 1913, Bd. I, S. 16, 69 u. 126. — [21] K. FUTTERER, Mitt. Bad. Geol. Landesanstalt 1893. Derselbe, Durch Asien; Berlin 1901, Bd. I, S. 430. — [22] A. HEIM, Geologie der Schweiz; Bd. I, 1918, S. 319—23. — [23] L. v. LOCZY, Die geologischen Formationen der Balatongegend (Plattensee); Budapest 1916. — [24] A. P. PAWLOW in den Comptes rendus de la Société Impériale des Naturalistes de Moscou 1905, Nr. 4—9, S. 4. — [25] W. LAMANSKY, Das Absterben der Gletscher und die Eiszeit; Zeitschr. f. Gletscherkunde, Bd. VIII, 1913/14. — [26] L. BERG, Über die Entstehung des Lößes; Isw. der Kais. Russ. Geogr. Ges., Petersburg 1916 (russ.). DERSELBE, Über die Bodentheorie der Lößbildung; Isw. des Geogr. Inst., Leningrad 1926 (russ.). Derselbe, Das Lößproblem; »Priroda«, Leningrad 1927 (russ.). Vgl. hierzu H. ANGER und L. WITTSCHELL, Die Lößtheorie von L. S. BERG; Pet. Mitt. 1929.

Die Arbeit des Meeres.

Begriff der Küste. Unter Küste versteht man gewöhnlich die Grenzlinie zwischen Meer und Land[1]. Aber da das Meer ein bewegliches Element ist, so erleidet diese Linie beständig Verschiebungen. Nur dort, wo die Küste senkrecht in die See abstürzt, erscheint sie in der Horizontalprojektion als einfache Linie, die aber in Wirklichkeit auf- und abwärts schwankt, so daß streng genommen die Küste auch hier nicht eine Linie, sondern ein mehr oder weniger breites Band ist. In allen Fällen aber, wo sich das Land unter einem spitzen Winkel in das Meer senkt, ist die Küste eine Fläche, und in diesem Sinne wird auch der Ausdruck Strand gebraucht, wenn er auch in der Regel nur auf breitere, sand- oder kiesbedeckte Küstenstriche Anwendung findet.

Zwischen Land und Meer schiebt sich also eine Zone ein, die, obwohl dem Festland angehörig, in der Hauptsache doch nur der umgestaltenden Arbeit durch das bewegte Meer unterliegt. Ihre Grenze liegt aber noch weiter landeinwärts als die Küstenlinie zur Zeit des höchsten Wasserstandes, weil die Brandung Gesteinsmaterial weiter, als sie selbst dringt, vorwärts zu schleudern vermag. Wir müssen also einen äußeren und einen inneren Teil des Strandes unterscheiden. In Meeren mit ausgeprägten Gezeiten wird der äußere Saum der Küstenzone regelmäßig bei Flut von Wasser bedeckt und zur Ebbezeit wieder trockengelegt.

Neben dem Meer wirken in der Küstenzone natürlich auch die übrigen exogenen Kräfte, besonders aber sind zwei Vorgänge wichtig: die Deltabildungen der Flüsse und die Dünenbauten durch den Wind, wozu allerdings das Meer häufig das Material liefert. Ein kombinierter Prozeß ist es auch, wenn das Meer als Transportmittel für Flußsedimente dient. Komplizierter werden alle diese Vorgänge noch dadurch, daß die Küste durch Niveauveränderungen sofort beeinflußt wird.

Charakter der Küste. Im allgemeinen wird der Charakter der Küste durch das Hinterland, seine Höhenlage, Gesteinsbeschaffenheit usw. bedingt. Wir werden in dem Abschnitt »Formenschatz des Landes« noch ausführlich darauf zurückkommen. Hier handelt es sich nur um die Umgestaltung der Küste durch das Meer, und dafür ist in erster Linie das Querprofil der Küste maßgebend. Wir unterscheiden in dieser Beziehung Flach- und Steilküsten *. Wohl gilt im großen und ganzen die Regel, daß Tiefebenen mit Flachküsten enden und Gebirge mit Steilküsten an das Meer herantreten, aber im einzelnen gibt es doch viele Ausnahmen. Die Kreideküste zwischen der Seine- und Sommemündung gehört nach hypsometrischen Begriffen einem Tiefland an und ist trotzdem eine Steilküste mit ungefähr 100 m hohen senkrechten Wänden. Ebenso ist das östliche Gestade von Rügen eine prächtige Steilküste, obwohl das Vorgebirge Arkona nur 46 m über den Meeresspiegel ansteigt. Auch die samländische Niederung endigt mit einer 30—50 m hohen Steilküste. Reine Steilküsten sind indes verhältnismäßig selten; meist geht der Steilabfall des Landes oder das Kliff in einen schmalen Strand über, der allmählich in das Meer verläuft. Manchmal schieben sich auch etwas breitere Küstenebenen zwischen das Meer und den Gebirgsrand ein. So begleitet beispielsweise der sandige Küstenstrich Germesir den südlichen Steilabfall des iranischen Hochlandes und schafft ein flaches Gestade. An der Südseite Javas ist es auf weite Strecken hin ähnlich. Es ist ferner auch nur im großen und ganzen richtig, daß der Küstencharakter sich auch unter dem Meer fortsetzt, oder mit anderen Worten, daß die unterseeische Böschung an Flachküsten flacher ist als an Steilküsten. Wo z. B. die norwegische Steilküste südlich von Stavanger durch die ausgedehnte Ebene Jäderen unterbrochen wird, ändert sich der unterseeische Steilabfall nicht im geringsten, und schon in einer Entfernung von 3—4 km lotet man eine Tiefe von 235 m. Wohl ist die Zone der Flachsee gewöhnlich nur an ebenen Küsten sehr breit, aber vergessen wir nicht, daß sich die Steil-

* Die amerikanische Schule unterscheidet gehobene und gesunkene Küsten. Die ersteren, die aus bloßgelegtem Meeresboden bestehen, decken sich nahezu mit den Flachküsten, die letzteren, wo das Meer an früher meerfernes Land herantritt, nur z. T. mit den Steilküsten.

ufer Dalmatiens und der Britischen Inseln aus sehr seichten Meeren erheben.

Die abtragende Tätigkeit der Wellen (Brandung). Die Wirkung des in Ruhe befindlichen Meereswassers beschränkt sich im wesentlichen auf eine chemische Beeinflussung des an der Küste anstehenden Gesteins. Morphologische Umgestaltungen größeren Stils kann das Meer erst durch seine Bewegungen erzeugen. An solchen fehlt es nun aber gerade im Bereich des Meeres fast nie; infolgedessen befindet sich jede Küste, wie es PFAFF treffend ausdrückt, dauernd im Belagerungszustand. Neben Küstenstellen, die vorwiegend unter Zerstörung leiden, finden wir andere, deren Veränderung hauptsächlich durch Anschwemmung erfolgt. Wie sich das Endergebnis gestaltet, hängt von einer Reihe von Faktoren ab: Art, Richtung und Stärke der Meeresbewegungen, Widerstandsfähigkeit des Küstengesteins, Gestalt der Küste u. a. m.

Wir beginnen unsere Betrachtung der morphologischen Arbeit des Meeres mit dem Studium der Wellenwirkung [2]. Tagein, tagaus branden die Wogen gegen die Küste, wenn auch räumlich und zeitlich mit wechselnder Gewalt. Wollen wir in dem Bilde von PFAFF bleiben, so dürfen wir von Belagerungsgeschützen sprechen, die unausgesetzt gegen das Bollwerk der Küste gerichtet sind und auf deren Zerstörung hinzielen. Der Unterschied zwischen Windwellen (Schwingungswellen) und Brandungswellen (Gleitwellen) ist uns von früher her bekannt (vgl. Bd. I S. 294, 297). Die Energie, die von den Wellen längs der Wasseroberfläche übertragen und zum Angriff auf die Küste verwandt wird, ist in beiden Fällen nicht gleich; Windwellen leisten unter sonst gleichen Voraussetzungen nur $^1/_6$ von dem, was bei der Umwandlung in Brandungswellen erzielt wird. Im übrigen hängt die Wellenkraft in beiden Fällen hauptsächlich von der Windstärke und der Windrichtung ab. Senkrecht auf die Küste treffende Wellen arbeiten stärker als schräg auflaufende, denn die Wellenbewegung vereinigt sich dann mit dem Windstau (vgl. Bd. I S. 298). Hinsichtlich des Einflusses der Windstärke verweisen wir auf die Angabe NANSENS [3], daß bei stark landwärts gerichteten Winden die Wellenkraft etwa der dritten bis sechsten Potenz der Windstärke proportional ist.

Wenn die Welle gegen eine ins Meer abfallende Felswand schlägt, preßt sie die in den Spalten befindliche Luft zusammen; zieht sie sich wieder zurück, so wird die Luft nachgesogen. Wiederholt sich dieser Vorgang lange genug, so lockert sich dadurch das Gefüge der Gesteinsmasse, und kleine Gesteinsstückchen werden von der abziehenden Welle mit fortgeführt. Auf solche Weise unterstützen die Wellen die Arbeit der sonstigen mechanischen und chemischen Verwitterung und bereiten sich selbst den Weg zu größerer Wirkung. Diese besteht in einem Lockern, Abheben und Fortführen größerer Massen des an der Küste anstehenden Gesteins, für die wir auch in der Zerstörung der Hafenbauten einen guten Maßstab besitzen. Die Größe des Wellendrucks hat GAILLARD [4] für eine Reihe von Brandungswogen berechnet:

Ausmaße der Welle	Erzeugter Druck
3 m hoch, 30 m lang	760 kg je Quadratfuß (etwas über 0,09 qm)
3,6 „ „ 60 „ „	1106 „ „ „
12,8 „ „ 152 „ „	2876 „ „ „

Man kann sich angesichts derartiger Drucke und Erschütterungen * gut vorstellen, welche verheerenden Wirkungen namentlich Sturmfluten auszuüben vermögen. JOHNSON [2] hat eine Reihe diesbezüglicher Beobachtungen zusammengestellt. Der Sturm vom 25. Dezember 1836 schleuderte mehr als 3 Tonnen schwere Steinmassen des Wellenbrechers in Cherbourg über einen 6 m hohen Wall hinweg. Im Dezember 1872 wurde im Hafen von Wick (Schottland) die durch Zement verbundene, in sich völlig massive Molenspitze von 1370 Tonnen Gewicht durch die Wellen 10 bis 15 m in den Hafen hineingeworfen, wo man sie nach dem Sturm unzerstört vorfand. Wenige Jahre darauf (1877) wurde die 2600-Tonnen schwere neue Molenspitze in ähnlicher Weise von den Wellen fortbewegt. Im Oktober und im November 1912 wurden die Glasplatten der Laternen des Tillamook-Leuchtturmes 40 m über mittlerem Hochwasser von den Sturmwellen eingeschlagen.

Man muß sich derartige Zahlen vor Augen halten, um z. B. die Arbeit der Meereswogen an den steilen zerrissenen Westküsten höherer Breiten (Westwindzone) zu begreifen oder die Wirkung der Brandung gegen die tropischen Gestade zu erfassen, wo die vom Passat oder der Westdünung erzeugten Wellen unausgesetzt gegen die Küste anstürmen. Dabei muß auch hier ausgesprochen werden, was sinngemäß ebenso von der Abspülung und der fluviatilen Erosion gilt: die Arbeitsleistung ist nicht zu allen Zeiten dieselbe, sondern konzentriert sich auf diejenigen Perioden, in denen die angreifende Kraft plötzlich eine außerordentliche Steigerung erfährt (Sturmfluten!).

Bis in welche Tiefe hinab sich die Wellenbewegung morphologisch bemerkbar macht, ist noch nicht genügend erforscht. JOHN COODE untersuchte im Taucheranzug die Bewegung des Meereskieses bis zu 20 m Tiefe auf der Chesilbank (Südküste Englands); bis 15 m Tiefe sind jedenfalls die Bewegungen recht stark, denn die vorher hier vorhandenen Miesmuscheln wurden von den Sturmwellen abgerissen und fortgeführt. SCHOTT gibt an (vgl. Bd. 1 S. 297), daß noch in 200 m Tiefe feste Teilchen in Bewegung gesetzt werden, wie man aus den Kräuselungen des Sandes schließen kann. Nach MURRAY soll der Boden in der St. Jean de Luz-Bay bei schweren Stürmen bis in 300 m Tiefe aufgewühlt werden.

Ein Problem besonderer Art bedeutet die Frage, ob morphologische Wirkungen größeren Stils von dem bewegten Wasser allein ausgeübt werden oder ob es zur Erreichung dieses Effektes der Mitwirkung

* Die starken Brandungswellen erzeugen im Erdkörper sehr spezifische Erschütterungen, die GUTENBERG [5] bei Erörterung der seismischen Bodenunruhe ausführlich bespricht. Die an den Steilküsten Westeuropas von der Brandung hervorgerufenen Bewegungen (mit Perioden von 4—10 sec.) pflanzen sich, besonders bei starken Brandungen an der Küste Norwegens, bis nach Zentralasien fort. Die Höchstwerte der Bewegung treten in der Nähe der stärksten Steilküstenbrandung auf.

eines Schleifmaterials (Geröll) bzw. des Spaltenfrostes u. a. m. bedarf. In gewissem Sinne kehrt hier also die Problematik wieder, die wir bei Erörterung der Winderosion unter den Stichworten »Deflation (Ablation)« und »Korrasion« zu erörtern hatten. Die Beobachtung gestattet auch hier nur selten, die beiden in Frage kommenden Vorgänge auseinanderzuhalten. Daß Wellendruck und Wellenbewegung allein genügen, nicht bloß angehäuften Verwitterungsschutt aufzuheben und fortzuwaschen, sondern auch Felsblöcke abzusprengen und auf diese Weise die Küste zu zerstören, kann keinem Zweifel unterliegen. Es scheint aber, daß diese reine Wellenarbeit sich hauptsächlich auf das Einreißen von Breschen beschränkt, die darüber hinausgehende flächenhafte Bearbeitung der Brandungszone dagegen sich wesentlich unter Mitwirkung der als Geschosse oder als Schmirgel gegen die Küste getriebenen Felstrümmer, Gerölle und Sande vollzieht. Dafür sprechen Nansens Feststellungen von der Erhaltung der Gletscherschrammen, dem Fehlen einer Brandungshohlkehle usw. überall da, wo die Brandungswasser ohne Beimengung festen Materials gegen die Küste prallen. Die marine Korrasion ist es offenbar in der Hauptsache, die im Brandungsbereich absprengt und abschleift, die Ecken rundet und ein flächenhaftes Hineinfressen des Meeres in das Land ermöglicht. Daß bei dieser Arbeit der Brandungswelle auch Strudelbewegungen eine Rolle spielen, beweisen die »Riesentöpfe«, die man mehrfach auf ehemaligem Meeresboden beobachtet hat, nicht minder die nischenartigen Vertiefungen in den Wänden enger Sunde, die vielleicht nur emporgehobene Reste solcher Topfbildungen sind. Eine Beobachtung von Geinitz [6] an der mecklenburgischen Küste belehrt uns, daß das brandende Wasser, wenn es sich nicht ungehindert zurückziehen kann, in einem Kliff, das Schleifmaterial liefert, auch seitliche Riesentöpfe einzubohren vermag.

An den polaren und subpolaren Küsten wird die Arbeit der Meereswogen sehr wesentlich unterstützt durch das Treibeis, das von der Klippenbrandung als Geschoß gegen die Küste geschleudert wird. Namentlich dann, wenn Steine und Sand im Eis eingefroren sind, wirkt das Ganze, vom Winde hin und her geschoben, wie ein Hobel oder ein Schmirgelband; die riesige Schleifmasse scheuert, schrammt und glättet zugleich und trägt nicht selten dazu bei, eine Uferleiste einzukerben.

In den gleichen Gebieten bedarf das Zusammenwirken von Brandung und Spaltenfrost der besonderen Hervorhebung. Nansen [3], dem wir hierüber eingehende Studien verdanken, schätzt diesen Faktor außerordentlich hoch ein. Die von der Brandung gegen die Küste geschleuderten Gischtspritzer zermürben durch ihr wechselndes Gefrieren und Tauen, Ausdehnen und Zusammenziehen das Gestein und ebnen dadurch der Brandungswoge erst recht den Weg zur flächenhaften Zerstörung der Küste. Neben den Gischtspritzern spielt auch das Eindringen von Hochfluten (Springfluten) eine Rolle, wodurch sich unmittelbar über der Flutgrenze eine Eislage (Eisfuß) bildet. Mit wechselnder Temperatur tauen und gefrieren diese Eisfetzen mitsamt dem im

Winter darüber gebreiteten Schnee, die Felsen werden auf diese Weise ständig angefressen und zersprengt, und die Schuttmassen rutschen schließlich ab, um nunmehr von der Brandungswoge gepackt und fortgeführt zu werden. Auf dieses immer wieder erneute Freilegen frischen Gesteins weist NANSEN mit besonderem Nachdruck hin. Die Eis- und Schneeanhäufungen und die von ihnen erzeugte Spaltenfrostsprengung bewirken, daß sich die Brandung Jahr für Jahr tiefer landeinwärts hineinarbeiten und ausgedehnte Strandterrassen erzeugen kann*.

Die abtragende Tätigkeit der Strömungen (Gezeiten). Die Mehrzahl der verschiedenartigen Meeresströmungen (vgl. Bd. I S. 312) ist zu schwach, um sich aktiv an der Zerstörung der Küste zu beteiligen; wohl aber spielen sie hinsichtlich der Schuttverfrachtung an der Küste entlang oder senkrecht zu ihr eine erhebliche Rolle [7]. Wir werden auf diesen Punkt unten bei Erörterung der marinen Anschwemmung näher einzugehen haben. Eine Ausnahme bilden die enge Meerespforten durchziehenden Strömungen, denen man eine abtragende Tätigkeit wohl zutrauen darf **, und vor allem die Gezeiten. Die letzteren wirken schon durch den von ihnen hervorgerufenen wechselnden Wasserstand erodierend; an den Küsten rufen sie aber auch abwechselnde Strömungen hervor, die zwischen Inseln, in Kanälen, trichterförmigen Küsteneinschnitten und Flußmündungen eine bedeutende Stärke erlangen ***. Da die Länge der Flutwellen um viele tausend Mal die Wassertiefe der Flachsee übertrifft, so bewegen sich die Wasserteilchen von der Oberfläche bis zum Boden fast gleichzeitig und mit gleicher Stärke hin und her. Die Transport- und Erosionskraft der Gezeitenströme ist daher sehr bedeutend, wirkt aber, entsprechend der Art ihres Auftretens, mehr linear, nicht so ausgesprochen flächenartig wie die der Brandung.

Durch ihre Tiefenerosion beeinflussen die Gezeitenströme das Relief des Meeresbodens. Im Südarm der Fundybai, wo sonst nur Tiefen von 60—70 m herrschen, treten bei der Einengung von Kap D'Or und Parrsborough im Felsboden Tiefen von mehr als 200 m auf;

---

* Die Sprengwirkung des Spaltenfrostes ist bei Meerwasser (Gefrierpunkt bei —1 bis —1,9° C) nicht ganz so groß wie bei Süßwasser (Gefrierpunkt bei 0° C). Aber in den Fjorden, Sunden und im Schärenhof, wo Eis schmilzt, schwimmt über dem Salzwasser eine spezifisch leichtere Süßwasserschicht, die an geschützten Stellen während der Sommer- und Herbstmonate erhalten bleibt und im Winter zur Erzeugung intensiver Spaltenfrostsprengung verwandt werden kann. Dadurch ist die zerstörende Wirkung von Brandung und Spaltenfrost an geschützten Stellen (Fjorde, Sunde usw.) kräftiger als an offenen Küsten, selbst wenn dort die Brandung größer ist. Das Beschränktbleiben der Strandterrassen auf geschützte Buchten findet durch diesen Umstand seine Erklärung. Zugleich ist damit dargetan, welch wichtigen Einfluß die Küstenmorphologie auf die Arbeit des Meeres ausübt. Die Zerlappung der skandinavischen Küste durch zahlreiche Täler und deren Übertiefung durch die Glazialerosion der diluvialen Gletscher erleichtert die heutige Meeresarbeit sehr wesentlich und läßt Formen entstehen, die an einer ungegliederten Steilküste nicht auftreten.

** So vermutet KRÜMMEL vom Bosporus, daß er seit dem Altertum durch den Oberflächenstrom (vgl. Bd. I S. 313) erweitert worden sei.

*** Man beachte den erneuten Einfluß der Küstengestaltung auf die Arbeit des Meeres.

der durch die Verschmälerung des Profils verstärkte Gezeitenstrom ist es, der — nach KRÜMMELS Erklärung — hier jede Sedimentablagerung verhindert und die Tiefen erzeugt. Auch die Tiefenrinnen im Friesischen Wattenmeer führt KRÜMMEL auf die Gezeitenströmungen zurück. — Um zu erfahren, wie es mit der seitlichen Erosion bestellt ist, folgen wir den Gezeitenströmen in die innersten Teile der tief und schmal einschneidenden Meeresbuchten, die die Brandung nicht mehr erreicht. Hier erleben wir eine abtragende Tätigkeit, wie sie augenfälliger kaum sonst in Erscheinung tritt. Der Gezeitenstrom bohrt, schleift und scheuert an den Wänden und arbeitet mit ganzer Kraft daran, die Bucht landeinwärts vorzutreiben und sein enges Bett zu erweitern. Was der Flutstrom losreißt, führt der Ebbestrom ins Meer hinaus, und je tiefer die Bucht keilartig eindringt, desto kräftiger entwickelt sich die Strömung. In der durch besonders starke Gezeitenströmung ausgezeichneten Fundybucht ist der Isthmus zwischen Sackville und der Grünen Bay schon auf 20 km zusammengeschrumpft; kein Zweifel, daß hier an der völligen Lostrennung Neuschottlands gearbeitet wird. Angesichts solcher Wahrnehmungen läßt sich der Gedanke nicht abweisen, daß vielleicht auf diese Weise auch England einst zur Insel geworden ist; haben doch die Untersuchungen anläßlich der Tunnelprojekte den ungestörten Schichtenzusammenhang zwischen Dover und Calais ergeben.

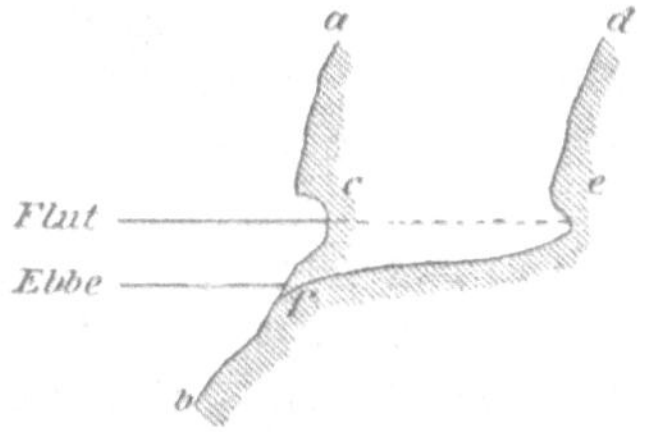

Fig. 59.
Umgestaltung der Steilküste.

Die Zerstörung der Steilküsten. Die Brandung vor allem ist es, die an der Zerstörung der Steilküsten[8] arbeitet. Sie wirkt flächenhaft, wie wir gesehen haben, ist aber im Gegensatz zur abtragenden Tätigkeit des Windes an das Ebbe-Flut-Niveau gebunden. Als Fachausdruck für die erosive Tätigkeit des Meeres hat sich die Bezeichnung Abrasion eingebürgert, doch ist namentlich bei Engländern und Amerikanern der Ausdruck »marine Erosion« vielfach in Gebrauch.

Die Bearbeitung der Steilküste durch die Kräfte der Abrasion setzt mit der Bildung einer hohlkehlenartigen Vertiefung ein, deren untere Grenze etwas über dem Niveau des Niedrigwassers liegt (c in Fig. 59). v. ZAHN[9] betont jedoch mit Recht, daß das Bereich der unmittelbaren Brandungswirkung noch über die Prallstelle hinaus so weit reicht wie der Gischt der Wogen, nur daß in der oberen Spritzzone die Felsoberfläche rauhere Formen annimmt als in der unteren Schliffzone. Mittelbar reicht aber die Wirkung der Brandung noch höher hinauf, indem die von ihr unterwaschenen Kliffpartien bald nachbrechen, so daß gut ausgebildete Hohlkehlen in der Natur verhältnismäßig selten zu beobachten sind. Die feineren Zerstörungsprodukte werden fortgeführt, die gröberen schichten sich am Fuß der Steilküste auf und bilden meistens einen schmalen Schuttwall, der unter Umständen die

Küste vor weiteren Angriffen schützt. Nur solch einem natürlichen Wellenbrecher verdankt es z. B. der waldgekrönte Kreidefelsen der Stubbenkammer auf Rügen, daß er nicht schon längst in den Fluten versunken ist. — Wo der Abrasion die Möglichkeit dazu geboten ist, arbeitet sie daran, die Hohlkehle immer tiefer einzukerben, immer neue Kliffmassen nachstürzen zu lassen und auf diese Weise unter stetiger Rückverlegung der Steilwand eine Strandterrasse oder Abrasionsplatte zu schaffen, die als sanft geneigte, vielfach durchfurchte Ebene vom Niveau der Ebbe gegen das Steilufer ansteigt (e, f in Fig. 59). Die Bildung solcher Terrassen ist in nahezu allen Teilen der Erde beobachtet worden; besonders ausführlich hat sie jüngst NANSEN 3 beschrieben unter Hervorhebung der oben geschilderten mannigfachen Faktoren der Brandungserosion.

Ob das Meer schneller oder langsamer an Terrain gewinnt, hängt von der Stärke der Brandung und der Widerstandsfähigkeit des Gesteins ab. Wenn die Berechnung des Landverlustes in England wesentliche Unterschiede zwischen West- und Ostküste ergibt *, so ist damit der Einfluß der Exposition zur Brandung einwandfrei erwiesen. Nicht minder augenscheinlich ist die Bedeutung der Gesteinsbeschaffenheit. Besonders leichtes Spiel haben die Wogen, wo sie eine aus lockerem Material aufgebaute Steilküste bespülen. So dringt in Holderness in Yorkshire, wo Geschiebelehm das schroff abstürzende Gestade bildet, das Meer auf einer Länge von 58 km jährlich 2,5 bis 3 m landeinwärts vor und hat seit den Römerzeiten bereits einen Weg von 5,6 km zurückgelegt. Der Landverlust, den die steilen, aus lockerem Gestein bestehenden Partien der mecklenburgischen Küste allein im 19. Jahrhundert erlitten haben, wird von GEINITZ auf rund 31 Millionen cbm geschätzt. — In leicht löslichen Kalkstein gräbt die Woge durch chemische und mechanische Erosion tiefe Höhlen, Kammern und Gänge ein, vorausgesetzt, daß die Decke fest genug ist, um nicht einzustürzen (Blaue Grotte der Kalkinsel Capri). In andere, nicht lösliche Gesteine dringt die Brandung längs der meist überall vorhandenen Spalten und Klüfte — Schwächelinien, wie v. ZAHN sie genannt hat — ein und schafft auch hier schluchtartige Höhlen, die das Meer dauernd zu vertiefen und zu erweitern trachtet (Fingalshöhle der Insel Staffa, Basalt). Durch Deckeneinstürze wandeln sich die Höhlen in offene Einschnitte um **. Begegnen sich derartige Bildungen aus entgegengesetzter Richtung, so

* In geschichtlicher Zeit haben Land verloren: an der Westküste Cornwall 588, Nordwales 236 und Cheshire 122 qkm, an der Ostküste dagegen Kent nur 49 und Suffolk 116 qkm.

** Als eines der wenigen Beispiele, wo dieser Vorgang durch Beobachtung nachgewiesen werden konnte, hat das »Bürgermeistertor« auf der Bäreninsel Berühmtheit erlangt. Als NORDENSKJÖLD 1864 die Höhlung entdeckte, bestand die nach oben abschließende Wölbung noch. ANDERSSON besuchte die nämliche Stelle 1899, fand aber die Wölbung eingebrochen. — Ähnliche Beobachtungen liegen aus Helgoland vor (vgl. die Abbildungen in A. GEISSE, Die Erhaltung Helgolands; Jahrbuch der Geogr. Ges. Hannover, 1928).

kommt es zur Loslösung von Inselpfeilern, die den einstigen Verlauf der Kliffküste verraten (Helgoland). Namentlich die steilen Westküsten der höheren Breiten werden von dichten Schwärmen solcher Felseneilande und Klippen begleitet. Aber auch diese Vorposten werden mit der Zeit vom Meere weggeräumt, um dann freilich als »Blinde Klippen« den Schiffen nur noch gefährlicher zu werden.

Treten Schichten von gleichmäßiger Beschaffenheit an das Meer heran, so entstehen in der Regel gerade verlaufende Steilwände. Eines der ausgezeichnetsten Beispiele hat HEIMS Meisterstift im Jahr 1897 festgehalten (Fig. 60). Die bis 100 m hohen Steilhänge des tertiären Kalksteingebirges, »die sich durch ihre helle gelbliche Farbe äußerst scharf von dem waldbedeckten Hintergrund abhoben, gewährten« — wie KEILHACK berichtet — »vom Meer aus erblickt ein Bild, als wenn ein Gipsmodell einer Landschaft durch einen Vertikalschnitt zerlegt wäre.« Das Merkwürdigste aber ist, daß die Abrasion hier mit einer solchen Geschwindigkeit voranschreitet, daß die Talbildung, die erodierende

Fig. 60. Abrasionsküste am Schwarzen Meer zwischen Poti und Noworossijsk. Nach HEIM.

Tätigkeit der Flüsse und Bäche, mit ihr nicht gleichen Schritt halten kann. Unsere kleine Skizze schon zeigt deutlich, daß die einzelnen vom Gebirge herabkommenden Täler nicht am Strande endigen, sondern daß sie ihr eigentliches Ende oberhalb des Steilabsturzes erlangen, so daß jeder Wasserlauf, der hier vom Gebirge herunterkommt, notwendig zuletzt eine mehr oder minder hohe, steile Stufe zu passieren hat.

Wechseln Schichten von ungleicher Beschaffenheit, so weicht die Küste nicht überall gleichmäßig zurück. Die St. Brides Bai im südwestlichen Wales ist in Karbonschichten eingeschnitten, während die Eruptivgesteine zu beiden Seiten als Vorgebirge erhalten blieben. Dieselbe Erscheinung, daß weicheren Schichten Buchten, härteren dagegen Vorgebirge entsprechen, wiederholt sich an der ganzen britischen Westküste, so weit sie aus festem Gestein besteht.

Ein schönes Beispiel einer bogenförmigen Abrasionsküste hat THEOBALD FISCHER[11] bei Tipaza in Algier beobachtet. Fast auf jeden Kilometer Küstenlänge kommt hier eine Bucht, in jede mündet ein

Gießbach, und die Größe der Buchten steht im genauen Verhältnis zu der Lauflänge und dem Wasserreichtum der betreffenden Bäche. Hier hat offenbar die Erosion des fließenden Wassers der Abrasion vorgearbeitet, was sich auch dadurch erweist, daß dort, wo keine Bäche münden, die Küste geradlinig verläuft.

Von Bedeutung ist endlich auch die Schichtenlagerung. Die Zerstörung erfolgt, wie die Beobachtung lehrt, im allgemeinen leichter, wenn der Küstenabbruch von steilaufragenden Schichtköpfen gebildet wird, als wenn längs ihm söhlige Schichten ausstreichen. Die schnelle Zerstörung der englischen Westküste mag auch durch diesen Umstand mitbedingt werden.

Die Abrasionskraft arbeitet nicht bloß im horizontalen Sinn, sondern auch in die Tiefe. Sie korradiert die Oberfläche der Abrasionsplatte; und da die Wellenbewegung noch bis 200 m Tiefe imstande ist, loses Steinmaterial hin und her zu schieben, so darf man annehmen,

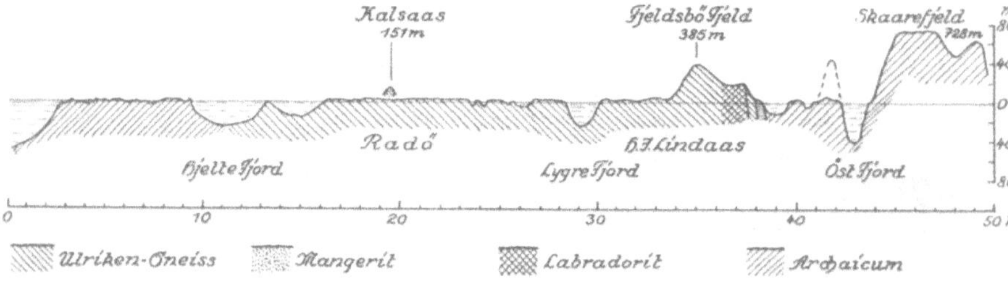

Fig. 61. Profil der über 40 km breiten, durch Fjordrinnen zerschnittenen Abrasionsplatte bei Radøi. — Nach Nansen 1922.

daß die Korrasion erst in dieser Tiefe völlig erlischt, vorausgesetzt, daß die Terrasse nicht durch eine Schutt- oder Sanddecke geschützt ist. Mit der Tieferlegung wächst auch die Breite der Abrasionsplatte, bis endlich die Welle auch zur Zeit des höchsten Wasserstandes beim Auflaufen auf die schiefe Ebene ihre Kraft durch Reibung völlig einbüßt. Der zerstörenden Kraft der Brandung ist dann ein Halt geboten, sofern nicht etwa eine Niveauveränderung neue Voraussetzungen schafft: das Kliff ist erheblich landeinwärts gewandert, zu seinen Füßen weitet sich die flachgeneigte Abrasionsplatte, die vom Strandniveau ganz allmählich bis etwa 200 m Tiefe hinabführt und mit ihrem Außenrand die Gestalt der Küstenlinie mehr oder minder deutlich wiederholt. Die Reste einer solchen Abrasionsplatte umsäumen z. B. die Westküste Norwegens * vom Kap Lindesnäs bis zum Nordkap in Gestalt von aus-

* Nansen bezweifelt allerdings, daß diese Abrasionsplatte lediglich durch Brandungserosion entstanden sei. Er nimmt an, daß die Erosion der Fjordgewässer und andere Abtragungsvorgänge mitgewirkt und isostatische Krustenbewegungen der Glazial- und Interglazialzeit bei ihrer Ausprägung eine große Rolle gespielt haben.

gedehnten Untiefen mit vereinzelten Felseneilanden am äußeren Rand, dann mehr dem Lande zu in Gestalt von vielen Tausenden kleiner, ungefähr gleich hoher Schären, die meist durch ganz seichtes Wasser voneinander getrennt sind (Fig. 61). Ähnliche Abrasionsebenheiten sind aus dem nordwestafrikanischen, dem kalifornischen, dem vorderindischen und aus anderen Küstengebieten bekanntgeworden. Manche Vulkaninseln, im Meere entstanden, sind durch Brandungserosion in wenigen Jahren zu submarinen Plattformen umgearbeitet worden.

Die Breite der Abrasionsplatte, d. h. die Lage der Endlinie der Abrasion — der Abrasionsterminante, wie PHILIPPSON sie nennt — hängt, wenn der Vorgang keiner zeitlichen Beschränkung unterliegt, lediglich von der Stärke der Brandung und der sie unterstützenden Faktoren (z. B. Spaltenfrost) ab. In dem Augenblick, wo sich Niveauveränderungen einstellen, erfährt natürlich der Abrasionsprozeß wesentliche Abwandlungen. JOHNSON [2] hat die dann entstehenden Verhältnisse sehr ausführlich behandelt. Wir beschränken uns hier auf die Feststellung, daß negative Niveauveränderungen die Abrasionsplatte trockenlegen und der Bearbeitung durch fließendes Wasser, Eis usw. überantworten; im Niveau des neuen Meeresspiegels beginnt dann das Spiel von vorn, indem die Wogen wiederum eine Hohlkehle einmeißeln, diese zur Strandleiste und schließlich zu einer Abrasionsplatte mit abschließendem Kliff ausgestalten. Durch wiederholte Krustenbewegungen dieser Art kann also die Ausbildung mehrerer senkrecht aufeinander folgender Strandterrassen gefördert werden. Wesentlich anders liegen die Verhältnisse im Falle einer positiven Niveauveränderung. Geht die Landsenkung sehr schnell und stark vor sich, so taucht die Abrasionsplatte tief ins Meer unter; an dem jetzt nur wenig aufragenden Kliff dringen die Wogen in die ertrunkenen Flußmündungen ein und erzeugen eine reiche und unregelmäßige Zerlappung der Küstenlinie, die erst allmählich durch die Brandungsarbeit im neuen Niveau wieder begradigt wird. Wenn die Landsenkung umgekehrt so allmählich erfolgt, daß die Abrasion gleichen Schritt damit halten kann, so rückt die Abrasionsterminante stetig weiter ins Land hinein, und ihr folgt die alles nivellierende Brandungswelle. Der Prozeß geht unaufhaltsam weiter, solange die langsame und stetige positive Niveauveränderung andauert. Die Abrasionsplatte wächst also in diesem Falle dauernd landeinwärts, hochragendes Gelände verwandelt sich in eine einförmige Abrasionsebene, die durch eine später etwa einsetzende negative Niveauveränderung wiederum trockengelegt werden kann.

Die Zerstörung der Flachküsten. Auch Flachküsten fallen der marinen Erosion zum Opfer, wie die Geschichte des deutschen und des englischen Nordseestrandes beweist. Aber die Brandung wirkt hier nicht so unablässig zerstörend wie an den Steilküsten, sondern mehr momentan und katastrophal, hauptsächlich bei Windstau, wenn das Meer weite Gebiete überschwemmt und mit furchtbarer Gewalt über das Land hereinbricht. Sehr lehrreich ist in dieser Beziehung die Geschichte der Zuidersee. In römischer Zeit bestanden zwar schon die friesischen Inseln, aber das Land zwischen Stavoren und Enkhuizen war noch geschlossen, und dahinter dehnte sich der Flevosee aus, mit Ausnahme der Ostseite ungefähr in demselben Umfang wie der heutige Zuidersee. Der Rheinarm Ijssel durchfloß ihn und mündete zwischen Vlieland und Ter Schelling in das offene Meer. Den Durchbruch des Stavorener Walles und damit die Verwandlung des süßen Flevosees in eine Meeresbucht schrieb man ehedem den Sturmfluten des zwölften und dreizehnten Jahrhunderts zu, aber Norlind [12] wies nach, daß die Wellen schon früher und durch lange Arbeit ihr Zerstörungswerk vollendet hatten. Die Nachrichten über solche Vorgänge aus dem Mittelalter sind gewiß spärlich und nur mit großer Vorsicht aufzunehmen, aber unzweifelhaft sind an der deutschen Nordseeküste in geschichtlicher Zeit große Veränderungen vor sich gegangen. Der Jadebusen ist zwar uralt, aber seinen heutigen Umfang erhielt er erst zwischen 1219 und 1511 [13], und der Katastrophe im Jahre 1413 fiel das fruchtbare Reiderland an der Stelle des heutigen Dollart zum Opfer [14]. Auch den ostfriesischen Inseln ist eine vergängliche Existenz beschieden. Noch zur Zeit Adams von Bremen, um 1100, waren Borkum, Juist und Norderney miteinander vereinigt, und die große Insel Bant, wie man sie damals nannte, erstreckte sich auch noch weit nach Süden. Die Auflösung erfolgte jedenfalls vor 1398, wahrscheinlich durch die sogenannte Marcellusflut im Jahr 1362; zwei kleinere Trümmer, die Eilande Bant und Buise, sind seitdem völlig verschwunden [15]. Das Dorf auf der Insel Wangeroog wurde durch die Sturmfluten im Dezember 1854 zerstört, und Kirchturm wie Leuchtturm werden jetzt von der Flut bespült. Auch das steile Helgoland hat an Umfang verloren, wenn auch nicht so viel, als man früher, verleitet durch tendenziöse Entstellungen des 15. Jahrhunderts, geglaubt hat [16]. Die Verluste der flachen nordfriesischen Inseln sind ebenfalls übertrieben worden, wenn sie auch noch groß genug sind. Man betrachte nur die Entwicklung Nordstrands, wie sie Fig. 62 darstellt. Für das 13. Jahrhundert fließen allerdings die Geschichtsquellen zu dürftig, als daß sich die Umrisse der Inseln und des Festlandes genau zeichnen ließen. Aber noch vor der großen Sturmflut in der Nacht vom 11. zum 12. Oktober 1634 besaß Nordstrand eine ansehnliche Ausdehnung. Diese Katastrophe, die alle Deiche hinwegfegte und 6408 Menschen das Leben kostete, ließ nur drei Eilande übrig; allerdings hätte — wie man nicht verschweigen darf — rechtzeitige Hilfe noch manches Stück Land retten können. Auch die benachbarte Insel Hooge, die damals gegen 1200 ha umfaßte, wurde in Mitleidenschaft gezogen; bis 1804 war ihr Areal auf 860 und bis 1873 sogar auf 677 ha zurückgegangen. Für die Insel Sylt hat Mager [17] auf Grund sorgfältiger Studien berechnet, daß sie mit Einschluß der Dünengebiete innerhalb 200 Jahren die Hälfte ihres Areals verloren hat. In ähnlicher Weise hat die englische Flachküste an der Nordsee gelitten. An der Stelle, wo einst die Orte Autburn, Hartburn und Hyde standen, dehnen sich jetzt Sandbarren aus.

Verfrachtung von Lockermassen (Anlandung und Abtragung). Zerstörung und Neubildung, Abtragung und Ablagerung gehen auch an der Küste Hand in Hand. Das lehren am deutlichsten die Gezeitenströme in engen Einfahrten und Flußmündungen, wo sie kräftig genug entwickelt sind. Die tiefe Fahrrinne liegt nicht in der Mitte, sondern ist nach links verschoben; rechts dehnen sich die Anschwemmungen aus. Nach KRÜMMELS Erklärung haben wir hierin eine Doppelwirkung der Gezeiten unter dem Einfluß der Erdrotation zu erblicken: Flut- und Ebbestrom werden nach rechts abgelenkt; jener erodiert, dieser, beladen mit den Sedimenten des zurückgestauten Wassers, lagert ab. An den Vorsprüngen der Buchtenwände gerät der Flutstrom in Wirbelbewegung, und dort, wo die vor- und die rückläufige Bewegung sich begegnen, entsteht aus den mitgeführten Sanden ein dreieckförmiger Landansatz.

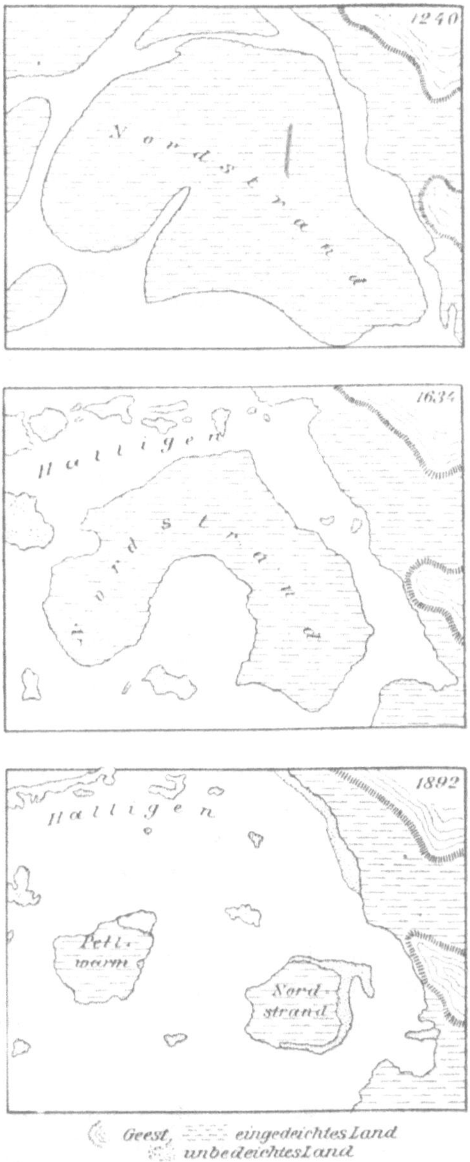

Fig. 62. Nordstrand um 1240, 1634 und 1892. — Nach R. HANSEN.

Anschwemmung und Abschwemmung, die oft auf kurze Strecken miteinander abwechseln, können die Gestalt flacher Küsten in kurzen Zeiträumen völlig verändern (Fig. 63), und von ihnen gilt dann im strengsten Sinn der Satz, daß unsere Karten nur Augenblicksbilder sind [18]. Zuverlässige ziffernmäßige Daten über diesen Doppelprozeß finden sich in der Literatur selten, regelmäßige Beobachtungen werden nur an der niederländischen Dünenküste angestellt. An der Westküste Nordhollands von Helder bis Bergen (28,2 km) ist die Hochwasserlinie in der Periode 1843—97 um 44,4 m und die Niedrigwasserlinie um 22,2 m landeinwärts gerückt, von Bergen südwärts (37,7 km) hat aber eine Verschiebung nach dem Meer zu stattgefunden, und zwar bei Hochwasser um 21,5 und bei Niedrigwasser um 66,7 m. Daraus ergibt sich für die Nordhälfte ein Landverlust von 126 ha bei Hoch- und von 63 ha bei Niedrigwasser, für die Südhälfte ein Landgewinn von 81 bzw. 251 ha [19]. Beachtung verdienen auch die Arbeiten MARINDINS [20] über die Küstenveränderungen der Insel Nantucket (Massachusetts) zwischen 1846 und 1891 bzw. 1894. Von den 42 km Küste haben 32 Land verloren und 10 Land gewonnen. Im großen und ganzen ist die Nordküste 1887—94 jährlich um 0,18, die Ostküste 1846—91 um 0,19 und die Südküste in derselben Periode um 1,42 m zurückgewichen. Dagegen

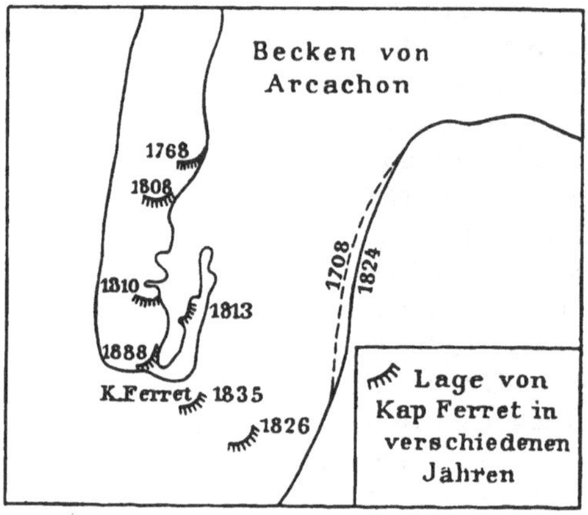

Fig. 63. Wanderungen des Kap Ferret am Eingang in die Bucht von Arcachon (Departement Gironde). — Nach GIRARD.

ist die Nordküste der benachbarten Insel Martha's Vineyard 1887—1894 jährlich um 0,2 m gegen die See vorgerückt.

Die marinen Neubildungen durch Schuttverfrachtung, die der Küste direkt zugute kommen, sind entweder Ablagerungen auf dem Strand selbst oder Ablagerungen auf dem Meeresboden, die durch Wachstum überseeisch bzw. durch Deichbauten trockengelegt werden. Zur ersten Kategorie gehören vor allem die Sandmassen, die das Material zur Dünenbildung liefern; zur zweiten rechnen jene Schlamm- und Schlickmassen, die wir im Wattengebiet antreffen und die am Aufbau der Seemarschen (Kleiboden) maßgeblich beteiligt sind. Häufig treten die Ablagerungen beider Kategorien vergesellschaftet auf.

Eine wichtige Rolle bei den Neulandbildungen spielt die Vegetation. An der friesischen Küste wird das bei Niedrigwasser trockene Watt zwischen den Inseln und dem Festland bei jeder neuen Flut durch hinzugefügte Schlammteilchen etwas erhöht. Zwischen den Pflanzen, die sich darauf ansiedeln, bleibt immer mehr Schlamm zurück, bis endlich die gewöhnliche Flut die Fläche nicht mehr zu überschwemmen vermag. Neue Gräser und Kräuter erhöhen und verfestigen immer mehr den Boden, der schon als Weide benutzt wird, bis er, durch Eindeichung völlig vor dem Meer geschützt, als Polder ein fruchtbares Ackerland liefert [21]. In noch höherem Grad wirken die Mangrovebäume mit ihrem weit ausgesponnenen Wurzelgeflecht als Schlamm- und Sandfänger; sie sind die wahren Pioniere des Landes im Kampf gegen das Meer. Wir finden sie überall an tropischen Gestaden mit reicher Schlickbildung und nicht zu heftiger Brandung.

Durch negative Niveauveränderungen, Sturmfluten und Deichbrüche können ehedem geschlossene Anlandungsgebiete (Marschen) wieder aufgelöst und durch Brandungs- und Strömungserosion teilweise oder ganz zerstört werden. Die Halligen sind solche Reststücke einst ausgedehnten und zusammenhängenden Marschgeländes; auf diesen flachen, von jeder Sturmflut erneut bedrohten Schlickinseln schuf sich der Mensch durch Anlage der Warften oder Wurten sturmflutgesicherte Schutz- und Wohnstätten.

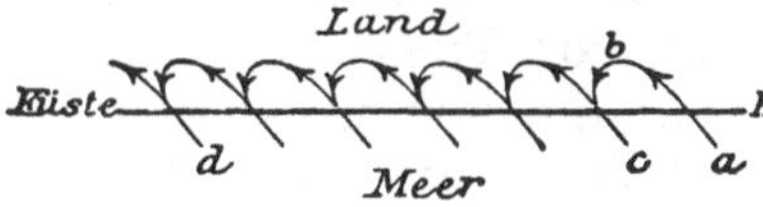

Fig. 64. Küstenversetzung.

An der marinen Schuttverfrachtung beteiligen sich Windwellen, Brandungswellen und Strömungen. Neben dem senkrecht oder parallel zur Küste im Wasser selbst vor sich gehenden Transport ist ein Arbeitsvorgang auf dem Gestade zu unterscheiden, der bei schräg auflaufenden Wellen erfolgt und zu einer erheblichen Verfrachtung von Lockermassen längs der Küste führt. Die schräg zur Küstenlinie anbrandende Woge stößt Gerölle und Sande vor sich her (von a nach b in Fig. 64), während die rücklaufende Welle sie wieder zurückführt, aber nicht auf dem nämlichen Wege, der zum Vorstoß benutzt wurde, auch nicht genau senkrecht zur Küstenlinie, sondern in einer parabolischen Kurve * (von b nach c in Fig. 64). Indem sich dieser Vorgang nun beim Anprall jeder neuen Woge wiederholt, werden die Schuttmassen in stets gleichem Sinne von einer Küstenstelle nach der anderen geschoben und wandern so in parallelen Parabeln (nicht in Zickzacklinien) etwa von a nach d (Fig. 64), wobei sie eine stetige Verkleinerung erleiden. Krümmel hat diesen Vorgang »Strandvertriftung« genannt, Philippson spricht von »Küstenversetzung«, Johnson gebraucht den Ausdruck »beach trifting«. An den Küsten der Bretagne und der Normandie hat Thoulet [22] diese besondere Art der Schuttverfrachtung längs des

* Diese Bewegung ist im wesentlichen bedingt durch die zur Strandböschung tangentiale Komponente der Schwere, welche bei schrägem Auflauf der Welle nicht mit deren Bewegungsrichtung zusammenfällt, sondern mit dieser einen spitzen Winkel bildet.

Strandes beobachtet und gefunden, daß ein Korn auf seiner Parabelwanderung einen 8000 mal längeren Weg zurücklegt, als wenn es den direkten Weg eingeschlagen hätte. Für das Tempo der bei der Strandvertriftung vorkommenden Bewegungen ist die Beobachtung WHEELERS[23] bezeichnend, nach der halbe Ziegelsteine in $1^1/_2$ bis 2 Stunden 23 bis 28 m auf diese Weise verfrachtet wurden.

Daß auch im bewegten Wasser erhebliche Verfrachtungen vor sich gehen und die Küste von dort her durch Schuttabfuhr oder Schuttzufuhr Veränderungen erfährt, lehren mannigfache Beobachtungen, wenngleich allzuweite Transporte dadurch gehemmt werden, daß die Detritusmassen im Salzwasser früher zu Boden sinken als im Süßwasser. Der Flutstrom ist an der britischen Kanalküste die bewegende Kraft und das tragende Medium zugleich; die Geschiebe wandern nur im Niveau unmittelbar unter der Hochwasserlinie und umgehen nicht die Küstenvorsprünge, sondern bleiben innerhalb der Buchten. Der Flutstrom ist es auch, der die Abrasionsprodukte der Kalkküste von Calvados nach der Seinebucht westlich von Honfleur führt. Der Detritus der spanischen Nordküste wandert an den Strand der Gironde. Eine vom Golf von Triest nach Westen fließende Strömung fängt die Sedimente auf, die die Flüsse vom Isonzo bis zum Po von den Alpen bringen, und füllt damit die Lagunen aus. Mit den Sinkstoffen des Dnjepr, des Dnjestr und der Donau vergrößert eine Litoralströmung die Küste der Dobrudscha. In gleicher Weise kommt das Material, das die Rhone den Alpen entführt, der Küste des Languedoc zugute; HOFF gibt ihr Wachstum auf 1—2 m pro Jahr an.

Die Transportkraft der Wellen und Küstenströmungen sinkt unter das der Last entsprechende Maß, wenn sie mit Strömungen von entgegengesetzter Richtung zusammentreffen * oder ihre Bewegung durch Reibung auf seichtem Grund gehemmt wird. Ist dieser tief genug, so tritt die Strömung bis an die Küste heran, an deren äußerstem Saum die Ablagerung erfolgt (PHILIPPSONS »Strandsaum«). Tritt die Sedimentation wegen der Gestaltung des untermeerischen Sockels schon in einiger Entfernung von der Küstenlinie ein, so entstehen Sandbänke (an der deutschen Küste »Riffe« genannt), die unter günstigen Umständen zu Inseln oder langgestreckten Strandwällen über den Meeresspiegel emporwachsen. Die Lidi an der adriatischen Flachküste Italiens sind solche Strandwälle, hinter denen sich mehr oder weniger abgeschnürte Meeresteile als Lagunen ausdehnen.

Anderer Art sind die Nehrungen oder die Strandwälle an den gebuchteten Steilküsten, wo die darauf gerichtete Strömung durch Reibung an den Seitenwänden gehindert wird, das Innerste der Bucht zu erreichen. Im Gegensatz zu dem insularen Lido haftet die Nehrung

---

* Als solche kommt natürlich auch die Strömung einmündender Flüsse in Betracht, und die hierbei erfolgende Mischung von Salz- und Süßwasser trägt vollends dazu bei, die Sedimentation zu fördern.

dem Kliff der ursprünglichen Küste an, von wo aus sie landzungenförmig zu wachsen beginnt. In ihrem ersten Stadium gleicht sie dem Strandwall, der sich in Fig. 65 von Rixhöft nach Hela erstreckt, zuerst in gerader Linie, dann hakenförmig sich umbiegend, genau wie die Strömung, der er seine Entstehung verdankt. Wegen ihrer Form nennt man solche Strandwälle Haken. Es ist wahrscheinlich, daß manche Nehrungen als Haken begonnen haben, jedenfalls gibt es zwischen beiden Formen mancherlei Übergänge. Neben der langen schmalen Gestalt ist ihnen auch die glatte Außen- und die zerfranste Innenseite gemeinsam; jene wird durch die Strömung abgeschnitten, an dieser nagt ein unregelmäßig bewegtes Meer. Gemeinsam ist ihnen auch die allmähliche Erhöhung durch Dünenbildung. Die hinter den Nehrungen liegenden Strandseen oder Haffe (Fig. 65) sind viel schärfer vom Meere getrennt als die Lagunen, ja manche Nehrungen sind völlig geschlossen, andere hat erst eine Sturmflut oder der Mensch geöffnet. Die Haffe werden daher durch die einmündenden Flüsse bald ausgesüßt, und in ihnen, aber auch in den Lagunen, finden die Flußsedimente eine völlig geschützte Ablagerungsstelle; sie füllen sich allmählich aus [24], und Seestädten wie Ravenna wird dadurch der Lebensnerv abgeschnitten. An der Außenseite des jungen Landes können wieder neue Strandwälle entstehen, und so schreitet die Landbildung siegreich gegen das Meer vor. Solch ein Schicksal traf die Hafenstadt Ephesus, deren Trümmer jetzt 8 km landeinwärts liegen. Häufig aber wird dieser Prozeß unterbrochen durch Perioden mariner Reaktion, besonders wenn diese durch eine positive Niveauveränderung unterstützt wird. An der Stelle des Mensalehsees im Nildelta standen einst die Städte Tanis und Tennis, und der See von Abukir entstand 1784. Dagegen kann eine negative Niveauveränderung das angeschwemmte Land dauernd vor Überflutungen schützen. Inseln werden durch Strandwälle in Halsform landfest gemacht, wie beispielsweise Portland an der südenglischen, Giens an der südfranzösischen oder der Mte. Argentario an der toskanischen Küste. (Fig. 66).

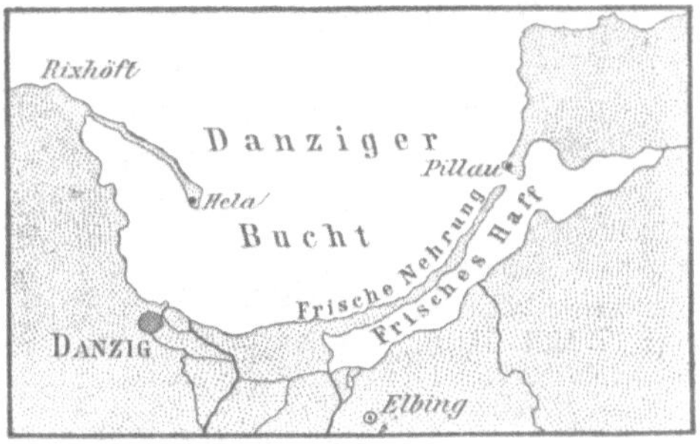

Fig. 65. Nehrung und Haken in der Danziger Bucht.

Auch das mit Eisschollen beladene Meer kann ähnliche Schuttwälle aufbauen. Pohle [25] berichtet, wie die an flachen Ufern infolge der Brandung sich auftürmenden Eismassen Wälle aus Geröllen und

* So dürften die west- und ostfriesischen Inseln hauptsächlich aus Sandbänken am Rande der Watten hervorgegangen sein. Den feinen Meeressand wehte dann der Wind auf den »Platen« zu Dünen zusammen.

Blöcken hinterlassen, die landwärts kleine Lagunen abzudämmen vermögen. Diese Blockwälle können stellenweise molenartig weit ins Meer hineinreichen und auch untermeerisch verlaufen. Solche Eisstrandwälle bilden sich hauptsächlich bei flacher Neigung des Strandes und des untermeerischen Sockels. Die Masse der jährlich ans Land geschobenen Blöcke hängt außer von Eismasse und Windkraft hauptsächlich von diesem Neigungswinkel ab.

Die Bilanz der Meeresarbeit. Zerstörung und Ablagerung greifen bei der Arbeit des Meeres ineinander; die eine schiebt die Küstenlinie landeinwärts zurück, die andere meerwärts hinaus, und beide Vorgänge wechseln häufig auf kurze Entfernungen. Auch zeitlich ändern sich die Vorzeichen, indem an einer und derselben Stelle, ohne daß in jedem Falle Niveauveränderungen als Ursache nachzuweisen wären, bald Anlandung, bald Abtragung vorherrscht.

Fig. 66. Hals des Mte. Argentario (A) in 1 : 1 Mill. Berge gewürfelt. Alluvialebene punktiert.

Vom menschlichen Standpunkt aus betrachtet, ist die Bilanz der Meeresarbeit im großen und ganzen negativ. Nur ein geringer Teil der Zerstörungsprodukte wird wieder zu Neulandbildungen verwendet; die übrigen breiten sich über den küstennahen Meeresboden aus. Aber damit soll nicht gesagt sein, daß der Verlust überall größer ist als der Gewinn. Man hat dies in England, erschreckt durch die gewaltige Abbröckelung an verschiedenen Küstenstellen, in der Tat gefürchtet; aber die amtlichen Feststellungen haben das Gegenteil gelehrt [26]. Die Zahlen für die den Untersuchungen zugrunde liegenden 35 Jahre lauten:

	Anschwemmung	Abtragung	Somit Gewinn
England	19 200	2656	16 544 ha
Schottland	1 882	326	1 556 ha
Irland	2 688	453	2 235 ha
Britische Inseln ...	23 770	3435	20 335 ha

Literaturnachweise. [1] W. Grosse, Die Entwicklung des Küstenbegriffs; Leipzig 1904. — [2] Siehe die Kapitel I und II in D. W. Johnson, Shore processes and shoreline development; New York 1919. — [3] F. Nansen, The strandflat and isostasy; Kristiania 1922. — [4] D. D. Gaillard, Wave action in relation to engineering structures; Washington 1904. — [5] B. Gutenberg, Die seismische Bodenunruhe und ihr Zusammenhang mit den Nachbargebieten, insbesondere Geologie und Meteorologie; Berlin 1924, S. 43. — [6] E. Geinitz im Zentralblatt für Mineralogie usw. 1903, S. 414. — [7] O. Krümmel, Über Erosion durch Gezeitenströme; Peterm. Mitt. 1889, S. 129. A. Rühl, Beiträge zur Kenntnis der morphologischen Wirksamkeit der Meeresströmungen; Heft 8 der Veröffentl. des Inst. f. Meereskunde, Berlin 1906 (reichhaltige Literaturangaben). Siehe auch Kap. III in Johnson, Shore processes and shoreline development; New York 1919. — [8] D. W. Johnson, Shore processes and shoreline development; New York 1919. — [9] G. W. v. Zahn, Die zerstörende Arbeit des Meeres an Steilküsten; Mitt. der Geogr. Ges. in Hamburg, 1909. Vgl. dazu die Bemerkungen von E. Werth in der Zeitschr. d. Ges. für Erdk., Berlin 1911, S. 35. — [10] The lost land of England; Strand

Magazine 1901 (auszugsweise in La Géographie 1903, S. 117). — [11] TH. FISCHER in Peterm. Mitt. 1887 und in der Zeitschr. der Ges. für Erdk., Berlin 1906, S. 554. — [12] A. NORLIND, Die geographische Entwicklung des Rheindeltas bis um das Jahr 1500; Lund 1912. — [13] G. SELLO, Der Jadebusen, Varel 1903. O. TENGE, Der Butjadinger Deichverband; Oldenburg 1912. — [14] J. C. RAMAER in der Tijdschrift van het K. Nederl. Aardrijkskundig Genootschap 1909, S. 1. — [15] K. KRETSCHMER in den Verhdl. der Ges. für Erdk., Berlin 1901, S. 172. — [16] E. TITTEL, Die natürlichen Veränderungen Helgolands; Leipzig 1894. A. GEISSE, Die Erhaltung Helgolands; Jahrbuch der Geogr. Ges. Hannover, 1928. — [17] F. MAGER, Der Abbruch der Insel Sylt durch die Nordsee; Schriften der Baltischen Kommission zu Kiel, Bd. VI, Breslau 1927. — [18] LIERAU, Der Dünendurchbruch der Weichsel bei Neufähr von 1840—1890; Zeitschr. für Bauwesen 1892. Die 15 Karten dieser Abhandlung gehören zu den lehrreichsten Anschauungsmitteln der Küstengeographie. — [19] Peterm. Mitt. 1899, S. 40. Die Mittelwerte sind für unsern Text mit Berücksichtigung der Längen berechnet worden. Über die amtlichen Strandmessungen auf Texel berichtet H. KLEINKEMM in Peterm. Mitt. 1911, Bd. II, S. 197. — [20] H. L. MARINDIN in den Reports of the U. S. Coast and Geodetic Survey für 1891/92, Bd. II, S. 243, und für 1895/96, Appendix 8. — [21] R. HANSEN, Küstenänderungen in Süddithmarschen im XIX. Jahrh.; Peterm. Mitt. 1905. H. HINRICHS, Die Bedeichung der Bredeau-Niederung in den Kreisen Tondern und Hadersleben; Husum 1919. — [22] J. THOULET in den Comptes rendus de l'Académie des Sciences; Paris 1907, S. 938. — [23] W. H. WHEELER, The seacoast destruction, littoral drift, protection; London 1902. — [24] CH. DUFFART, Nouvelle preuve de l'existence des baies ouvertes sur le Littoral Gascon pendant les temps quartairs; Bulletin de Géographie historique et descriptive, 1902. — [25] R. POHLE, Arbeit des Eises an den Küsten des Weißen Meeres und an den See- und Flußufern Nordeuropas; Geolog. Charakterbilder, herausgegeb. von K. ANDRÉE, 26. Heft, Berlin 1922. — [26] Bericht von I. ASSADA in La Géographie 1912, S. 33.

Die Arbeit der Lebewesen.

Die Pflanzen. Auf die Mitwirkung der Pflanzen bei den Verwitterungsvorgängen und bei der Bodenbildung ist oben bereits hingewiesen worden (S. 148 f. u. 258). Darüber hinaus spielen die Pflanzen durch ihre Ausscheidungen und Massenanhäufungen eine Rolle, die sich nicht selten auch morphologisch auswirkt. Kalkbakterien und Kalkalgen in ihren verschiedenen Arten gehören zu den wichtigsten Kalkerzeugern des Meeres; gewisse Algen (Leptothrix, Mastigonema u. a.) wirken bei der Entstehung der Sinterabscheidung an heißen Quellen (Travertinterrassen von Mammoth Hot Springs im nordamerikanischen Nationalpark) entscheidend mit; bei der Bildung des Wiesenkalks (Seekreide) spielt die Ausscheidung von Kalkkarbonat durch Wasserpflanzen (namentlich Characeen) neben anderen Faktoren eine wichtige Rolle; auf die Anhäufung von Süßwasser-Kieselalgen geht die Entstehung der Diatomeenerden (z. Bsp. Kieselgur) zurück; neuerdings nimmt man die Mitwirkung von Bakterien auch für die Bildung mancher Erzlagerstätten an (Mansfelder Kupferschiefer, Raseneisenerze).

Die Liste ließe sich noch wesentlich verlängern; wir beschränken uns jedoch darauf, an dieser Stelle nur noch einen weiteren Vorgang anzuführen, bei dem die Anhäufung pflanzlicher Organismenreste sowohl für den Charakter der Landschaft wie für die Wirtschaft des Menschen Bedeutung erlangt: die Humusablagerung. Mit Potonié[1] verstehen wir unter Humus das bei der unvollständigen Zersetzung von Pflanzen und Pflanzenteilen sich ergebende dunkelfarbige, brennbare Material *. Die Voraussetzung seiner Entstehung ist, daß der atmosphärische Sauerstoff aus irgendwelchen Gründen nur mangelhaften Zutritt zu der abgestorbenen Pflanzenmasse erlangt. Dadurch wird eine völlige Zerstörung der pflanzlichen Substanz (Verwesung) verhindert und ein Umsetzungsprozeß eingeleitet, den wir im gewöhnlichen Sprachgebrauch als Verfaulen (Vermodern) bezeichnen. Den erforderlichen Schutz gegen allzu starke Einwirkung des atmosphärischen Sauerstoffs besorgt vorzugsweise das Wasser, das die abgestorbenen Pflanzen von der Luft abschließt (tote Arme der Flußläufe, Tümpel, Seen); aber auch starke und ständige Bedeckung der abgestorbenen Pflanzenmasse mit neuem vegetabilischen Material kann ausreichen, um den Sauerstoff genügend abzusperren und an die Stelle von Verwesung eine Vermoderung treten zu lassen.

Die mächtigsten Humusablagerungen begegnen uns in den Torfmooren, deren biologische Eigenart und Einteilung in Flachmoore (Niederungsmoore) und Hochmoore (Sphagnummoore) im pflanzengeographischen Abschnitt dieses Werkes ausführlich behandelt werden (vgl. Bd. II, 2. Teil, S. 142 f.). Die Flachmoore, die in der Regel an ein Zutagetreten des Grundwasserspiegels gebunden sind, haben, wenngleich sie jeweils eine lokale Erscheinung darstellen, insofern erhebliche morphologische Bedeutung, als sie die Verlandung wassererfüllter Bodensenken und deren völlige Ausfüllung mit Torf bewirken. Ursprünglich unregelmäßig gestaltetes Gelände kann dadurch in eine monotone Ebenheit verwandelt werden, und nur sorgfältige Beobachtung der Bodentypen und des Pflanzenkleides verrät dann den Charakter einer »vegetabilischen Verebnungsfläche«. Die in der Hauptsache vom Regenwasser gespeisten Hochmoore, deren Moospolster die Lebensbedingungen des Moores in sich tragen und die sich für gewöhnlich oberhalb des Grundwasserspiegels bilden, vermögen sich unter günstigen Bedingungen unaufhaltsam auszudehnen; sie überziehen Rücken und Senken und greifen selbst auf die wasserscheidenden Schwellen über, ein vegetabilischer Belag von bisweilen mehreren Metern Mächtigkeit, doch ohne Tendenz zur Nivellierung (Fig. 67). Die großen Moore Nordwestdeutschlands und Irlands gehören vorwiegend dieser Kategorie der Hochmoore an. Manchmal, nach andauerndem Regenwetter, zerreißt die durch Gase und Wasser straff gespannte, verfilzte Decke der Hochmoore plötzlich, oder das Moor kommt ins Gleiten; gewaltige Schlammströme stürzen dann hervor, weithin

* Von Humuserde (Humusboden) spricht man, wenn durch Bodentiere (Würmer, Wühltiere usw.) oder durch den Eingriff des Menschen der Mineralboden mit der über ihm ausgebreiteten Humusmasse vermischt worden ist.

das Land verwüstend. Namentlich in Irland sind solche Ereignisse nicht selten: Der Schlammstrom von Kinalady am 25. Juni 1821 riß Häuser und Wälder mit sich fort und bedeckte eine Fläche von mehr als 13 qkm; der Ausbruch des Knocknagehan-Moores bei Killarney am 28. Dezember 1896 dauerte fünf Tage lang.

Die Ansicht, daß die Tropen, besonders der Äquatorialgürtel, gänzlich moorfrei seien, ist durch neuere Feststellungen von Mooren auf Sumatra und Ceylon widerlegt, wenn man auch zugeben mag, daß im allgemeinen die hohe Temperatur der Torfbildung nicht förderlich ist. Im tropischen Hochgebirge, wo das Klima dem unsrigen ähnlich wird, treten Moore allerdings wieder häufiger auf, am Kenia und Kilimandscharo z. B. von 3200 m Seehöhe an. Im Wüstengürtel verhindert die geringe Feuchtigkeit und in den Gebieten des Etesienklimas die sommerliche Dürre die Moorbildung. So werden die Äquatorialgrenzen der eigentlichen Moorzone ziemlich weit polwärts verschoben, etwa in die

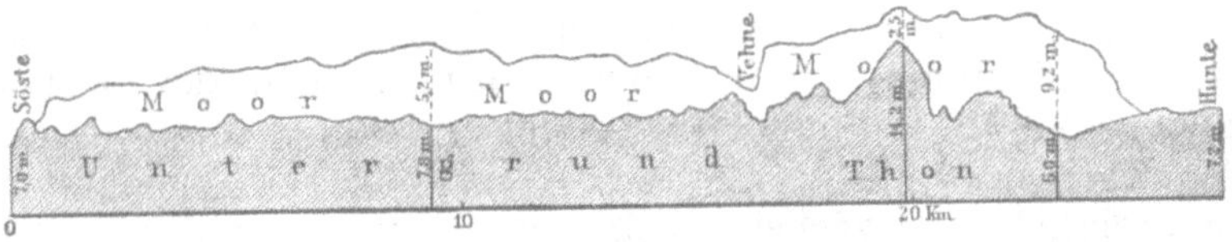

Fig. 67. Profil der östlichen Linie des Hunte-Ems-Kanals (Oldenburg). Nach SCHACHT.
(Die Zahlen geben die Mächtigkeit des Untergrundes und des Hochmoores.)

Nähe des 37. bis 40. Parallels, im Innern Nordamerikas sogar bis 50° und in Westsibirien bis 56° Br. Eine Ausnahme machen nur die atlantische Küste der Vereinigten Staaten und die pazifische Küste Australiens, wo noch bis 30° Br. Moore vorkommen. Eine Polargrenze ist auf Spitzbergen und Grönland nachgewiesen; da in hohen Breiten wie in beträchtlichen Seehöhen die Moore nur in Krüppelformen auftreten, so ist anzunehmen, daß niedere Temperatur ihnen ebenso ein Ziel setzt wie hohe.

Nur gleichsam anhangsweise sei kurz darauf eingegangen, daß die Humusanhäufungen das Ausgangsmaterial der Braun- und Steinkohlenlager darstellen [1]. Bei genügendem Luftabschluß erleiden die pflanzlichen Stoffe eine Zersetzung, die zu einer relativen Anreicherung an Kohlenstoff führt, während die gleichzeitig entstehenden Gase entweichen (Prozeß der »Inkohlung«). Je länger dieser Vorgang anhält, um so geringer wird der anteilige Hundertsatz von H und O, um so größer der von C. Die Hauptstadien dieser Entwicklungsreihe, mit der eine zunehmende Dunkelfärbung des Materials verbunden ist, mögen durch die folgenden Durchschnittswerte gekennzeichnet werden:

	% C	% H	% O
Holz (Zellulose, Lignit)	50	6	43
Torf	60	6	32
Braunkohle	70	5	24
Steinkohle	82	5	12
Anthrazit	94	3	3
[Graphit	100	0	0]

Die Hauptfaktoren dieses Inkohlungsprozesses stellen Druck und Temperatur dar. Bei gleicher Zeitdauer ist der Inkohlungsprozeß am weitesten da vorgeschritten, wo die Humusmassen durch Gebirgsbildungsvorgänge unter starken Druck gerieten oder in größere Tiefen versenkt und einer höheren Temperatur ausgesetzt wurden. Da dies durchaus nicht für alle gleichaltrigen Kohlenlager in gleichem Maße zutrifft, wird es nicht befremden festzustellen, daß gleiches Alter der Flöze keineswegs gleichen Gehalt an Kohlenstoff bedeutet (daher der Qualitätsunterschied etwa der Kohlen des Moskauer Reviers gegenüber denen des Donjez- und Uralgebietes). Daß infolge Wärmesteigerung durch Kontaktmetamorphose der Inkohlungsprozeß wesentlich beschleunigt werden kann, erwähnten wir oben bereits bei der Behandlung des Vulkanismus (S. 3, Fußnote 1). Nicht alle Steinkohlen entstammen also der Karbonzeit, nicht alle karbonen Kohlenflöze sind als hochwertige Steinkohle entwickelt, nicht alle Kohlenlager der Tertiärzeit begegnen uns in Form von Braunkohle. — Die Mehrzahl unserer großen Kohlenlager scheint aus Flachmooren entstanden zu sein, denn die üppige Pflanzenwelt, deren Reste wir in den meisten Kohlenflözen deutlich erkennen können, ist unter den Bedingungen der Hochmoorbildung undenkbar. In einzelnen Fällen, wo die Flöze aus sehr stark zerstückelten Pflanzenteilen zusammengesetzt sind und starke Verunreinigungen durch Sand und Geröll aufweisen, wird man annehmen dürfen, daß sich die Humusmassen nicht an Ort und Stelle gebildet haben (autochthon), sondern durch Flüsse in Buchten und Lagunen zusammengeschwemmt wurden (allochthon).

Die Tiere. Auch hier können wir uns kurz fassen, wenigstens hinsichtlich der Bedeutung der Tierwelt für die Vorgänge der Verwitterung und Abtragung; wir haben davon bereits oben (S. 150) gesprochen. Die Anhäufung tierischer Substanz jedoch muß uns noch etwas ausführlicher beschäftigen, denn auf sie geht beispielsweise die Entstehung der verschiedengearteten Korallenriffe und -inseln zurück.

Bevor wir diesen wichtigsten Punkt des vorliegenden Kapitels behandeln, sei als Gegenstück zu der Bildung der Kohlenlager die Entstehung der Erdöllagerstätten[2] gestreift. Soweit das Erdöl nicht ausnahmsweise durch Zersetzung von Metallkarbiden in tieferen Schichten der Erde entstanden ist, verdankt es seine Bildung der Anhäufung organischer, überwiegend wohl tierischer Substanz und deren Zersetzung unter Luftabschluß. Potonié [1] sieht als eine der Hauptquellen für die

Entstehung des Petroleums den sog. Faulschlamm (Sapropel) an, der sich am Grunde ruhiger Gewässer (Teiche, Seen, Lagunen) ablagert und aus einem Gemisch von Tierleichen (niedere und höhere Tierarten) und pflanzlicher Substanz nebst Beimengungen von mineralischen Stoffen besteht. Bei Luftabschluß unterliegen die fett- und wachshaltigen Massen einem inneren Zersetzungsvorgang, der dem Wesen nach dem Inkohlungsprozeß gleichzusetzen ist (Verölung), eine Art natürlicher Destillation, die, durch Erddruck und Erdwärme unterstützt, unter Abspaltung von Gasen zur Bildung von Erdöl (Kohlenwasserstoffen) führt. Nachdem es Engler gelungen ist, aus rezentem Faulschlamm Petroleum darzustellen, ist an der Richtigkeit der Potoniéschen Annahme wohl kaum mehr zu zweifeln; nur die Frage, welche Tierarten und welche Pflanzengruppen in erster Linie die Erdölbildung begünstigen, ist noch offen. — Das Erdöl bildet keine festen Lagerstätten wie Kohlen, Erze usw., sondern wandert innerhalb des als Erdölträger dienenden Gesteins. Je poröser dieses ist, um so leichter kann das Öl wandern. Da es leichter als Wasser ist, hat es das Bestreben aufzusteigen und findet sich bei gefalteten Schichten vornehmlich in den Sattelzonen. — Morphologisch bedeutsam vermögen die Erdöllagerstätten dadurch zu werden, daß die in der Tiefe entstehenden Gase sich einen Weg nach oben bahnen und auf der Erdoberfläche jene Schlammsprudel erzeugen, die wir oben im Anschluß an den Vulkanismus behandelt haben (S. 47 f.). Treten dunkle, zähflüssige und schwere, teerähnliche Erdöle zutage, so bilden sich beim Verdunsten Asphaltkegel, -decken und -seen. Der $^1/_2$ qkm große und über 50 m tiefe Asphaltsee auf der Insel Trinidad und der achtmal so große, aber viel flachere von Bermudez sind wohl die großartigsten Erscheinungen dieser Art.

Wir übergehen die Bedeutung der Tierwelt für die Tiefseesedimentation, über die in Bd. I (S. 280—282) ausführlich berichtet worden ist, und wenden uns nunmehr den Korallenriffen und Koralleninseln[3] zu. Hier erlangen tierisches Leben und tierische Substanz eine einzigartige morphologische Wichtigkeit und verleihen den Festlandsküsten und Inseln weiter Tropengebiete eine ganz besondere Note. Die Bauten der Steinkorallen, deren Lebensbedingungen und Verbreitung im tiergeographischen Abschnitt dieses Werkes vom biogeographischen Standpunkt aus behandelt werden (vgl. Bd. II, 2. Teil, S. 197 f.), treten uns in den Tropenmeeren in drei verschiedenen Formen entgegen: als Küstenriff (Strandriff, Saumriff), als Wallriff (Barrierenriff) und als Atoll (Lagunenriff). Die Küstenriffe ziehen sich, wie der Name andeuten soll, unmittelbar längs des Küstensaumes hin. Sie ragen vom Meeresboden bis nahe an oder wenig über den Meeresspiegel auf und lassen zwischen sich und dem Strand keine oder nur eine ganz schmale »Randlagune« übrig. Auffallend ist der Böschungsunterschied; seewärts fallen die Korallendämme sehr steil, mitunter sogar überhängend ab, während sie nach der Landseite zu sanft geböscht zu sein pflegen.

Hier und da, namentlich vor den Mündungen der Flüsse, weist das Saumriff Lücken auf, so daß das Meer an diesen Stellen unmittelbar gegen die nichtkoralline Küste brandet. Die Wall- oder Barrierenriffe (Fig. 68) unterscheiden sich von den Saumriffen im wesentlichen nur dadurch, daß sie in größerer Entfernung vom Strande die Küste begleiten, die »Randlagune« also entsprechend größere Breite besitzt (bei dem Großen Barrierenriff an der Nordostküste Australiens 80 bis 100 km). Sie erreichen oftmals eine außerordentliche Länge (an der ostaustralischen Küste insgesamt 2000 km) und weisen im übrigen die nämlichen Merkmale wie die küstennahen Riffe auf: Steilabfall nach dem offenen Meer zu, flache Böschung in der Richtung gegen die Küste; Aufsteigen bis zum Meeresniveau oder wenig darüber; vereinzelt, auch hier

Fig. 68. Borabora-Insel (Tahitigruppe) mit einem Teil ihres Wallriffes. Nach Darwin.

wieder namentlich im Bereich von Flußmündungen, einige Lücken (Riffkanäle), durch die die Verbindung zwischen »Randlagune« und offenem Ozean hergestellt wird. Bei den der tropischen Tiefsee eigentümlichen Atollen (Fig. 69) ist von einer nichtkorallinen Anhaftstelle und Unterlage nichts mehr wahrzunehmen; es sind reine Koralleninseln. Bezeichnend für die Atolle ist überdies ihre mehr oder minder ringförmige Gestalt und die von dem Korallenkranz eingeschlossene, meist flache, selten 100 m Tiefe übersteigende Lagune (Fig. 70). Die Steilböschung ist auch hier dem Ozean zugekehrt, während die innere Abdachung zur Lagune ausnahmslos sehr sanft ist. Die nur wenig aus dem Wasser herausragenden Korallenkränze erreichen selten wesentlich mehr als 1000 m Breite, der Durchmesser der Lagune aber kann bei großen Atollen bis über 100 km betragen. Einschnitte im Riff (Riffkanäle) verbinden in der Regel die Lagune mit dem offenen Ozean *.

* Als eine vierte Abart der Korallenriffe könnte man diejenigen Bauten anführen, die auf den seichten Bänken der tropischen Flachsee den Boden krustenartig überziehen. Morphologisch heben sie sich nicht sonderlich ab, spielen aber naturgemäß für die Schiffahrt unter Umständen eine sehr große Rolle. Die westindischen Gewässer, die Umgebung der Philippinen, die Javasee, die Gegenden nördlich von Madagaskar und an der Nordwestküste Australiens sind Heimstätten solcher Krustenriffe, wie Penck sie getauft hat.

Eine Reihe von Erscheinungen, die wir eben angeführt, erklärt sich zwanglos aus den Lebensbedingungen der Steinkorallen. Sie ver-

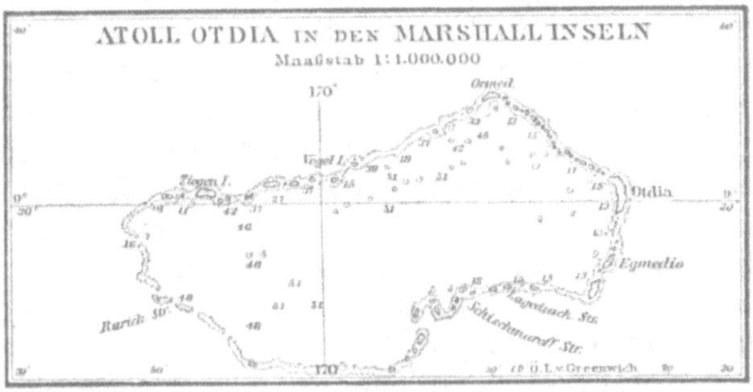

Fig. 69. Atoll Otdia (Marshall-Inseln). Tiefen in Metern.

langen zu üppigem Wachstum warmes Meereswasser, dessen Temperatur auch im Mittel des kältesten Monats nicht unter + 22° C sinkt

Fig. 70. Atoll in der Südsee. Zur Linken schimmert die Lagune hindurch. — Nach Photographie von F. O. Koch.

und dessen absolutes Jahresminimum den Grenzwert von + 18° C nicht unterschreitet. Daraus begreift sich die geographische Verbreitung der Korallenriffe, ihr Beschränktsein auf die gleichmäßig warmen Tropenmeere, ihr Fehlen überall da, wo in niederen Breiten kalte Meeresströmungen oder Auftriebwässer die Temperatur des Ozeanwassers wesentlich herabdrücken (z. Bsp. im Bereich des Benguelastroms, des Perustroms usw.). Ihr üppigstes Wachstum entfalten die riffbauenden Korallen im tropischen Abschnitt des Pazifischen und Indischen Ozeans; der Atlantik ist, abgesehen von den westindischen Gewässern, auffallend arm an Korallenriffen. Insgesamt schätzt man die Ausdehnung der rezenten Korallenriffbildungen auf rund 8 Mill. qkm, d. i. eine Fläche etwa von der Größe Australiens. — Süßwasser wirkt auf alle Riffkorallen tödlich, so daß die Korallenriffe im Bereich von Flußmündungen eine Lücke aufweisen müssen. Auch Ablagerung von Schlamm, vulkanischer Asche u. a. auf Korallengründen hemmt das Wachstum der Riffbildner oder führt gar deren Absterben herbei. Reines, durch Strömung und Brandung kräftig bewegtes Wasser fördert das Wachstum der Steinkorallen am meisten, wodurch sich das üppige Knospen und Wuchern am Außenrand der Riffe und als Folge davon der Steilabfall zum offenen Meer erklärt; auf der Landseite, wo das Wasser ruhiger, unreiner und nährstoffärmer ist, bleiben die Korallen in ihrem Wachstum zurück, sterben sogar z. T. ab, so daß hier die Böschung minder steil sein muß. — Daß die Riffe, obwohl von Seetieren aufgebaut, zumeist etwas aus dem Wasser hervortauchen, geht in der Regel auf die Anhäufung von Korallenfelstrümmern und Korallensand durch die Brandung zurück.

Nicht erklärt ist mit diesen Darlegungen der Unterschied zwischen Küstenriff, Wallriff und Atollring. Um das Wesen dieses Problems herauszuarbeiten, müssen wir zunächst einige Beobachtungen über den Bau der Riffe anführen. Das Material der Riffe besteht in der Hauptsache aus Korallenstöcken, deren Zwischenräume mit Korallen- und Muschelsand und Korallenschlamm ausgefüllt sind; daneben spielen Kalkalgen für den Aufbau mancher Riffe eine große Rolle. Die Substanz ist zu 80—90% oder mehr kohlensaurer Kalk, der in den tieferen Lagen in Dolomit übergeht *. Daß den Riffkalken im allgemeinen eine Schichtung fehlt, versteht sich auf Grund des Bildungsvorganges von selbst. Die Beobachtungen über die Lebensbedingungen der Riffbildner ergeben übereinstimmend, daß sie nur in sehr geringen Meerestiefen zu gedeihen vermögen; als äußerste Tiefengrenze wird man etwa 50 m annehmen dürfen. Vergleicht man nun damit die Mächtigkeit des Korallenkalkes der Riffe, so stößt man auf einen verblüffenden Widerspruch; denn nicht selten finden wir, namentlich bei Atollen, Mächtigkeiten von 100 m und mehr. Berühmtheit haben vor allem die 1897 und 1904 aus-

* Diese Dolomitisierung, die bei fossilen Riffen noch stärker ausgeprägt ist als bei den rezenten, beschäftigt Geologen und Mineralogen sehr stark, ohne daß bis jetzt eine einleuchtende Erklärung für den Ersatz des Kalziumkarbonats durch Magnesiumkarbonat geboten werden könnte.

geführten Bohrungen auf dem Atoll Funafuti (Alice-Gruppe im Stillen Ozean) erlangt, bei denen selbst in 350 m Tiefe die nichtkorallinische Unterlage noch nicht erreicht wurde. Die ganze Riffmasse besteht aus den gleichen Korallen wie die oberste Zone, in der die unermüdlichen »Arbeiter des Meeres« noch heute am Ausbau ihres Stocks tätig sind. Angesichts dieser Tatsachen bleibt nur die Annahme übrig, daß die Korallen sich auch hier ursprünglich auf einer bis mindestens etwa 50 m unter dem Meeresspiegel heraufreichenden untermeerischen Bodenerhebung angesiedelt haben, daß dann eine positive Niveauveränderung einsetzte, die lange Zeit anhielt, aber langsam genug verlief, um den Korallen immer wieder die Fortführung ihres Baues bis an den Meeresspiegel zu gestatten. In demselben Maße, in dem bei fortschreitender Senkung des Meeresbodens die unteren Lagen des Korallenriffs abstarben, wurden auf dieser fossilen Unterlage neue lebende Stockwerke auf-

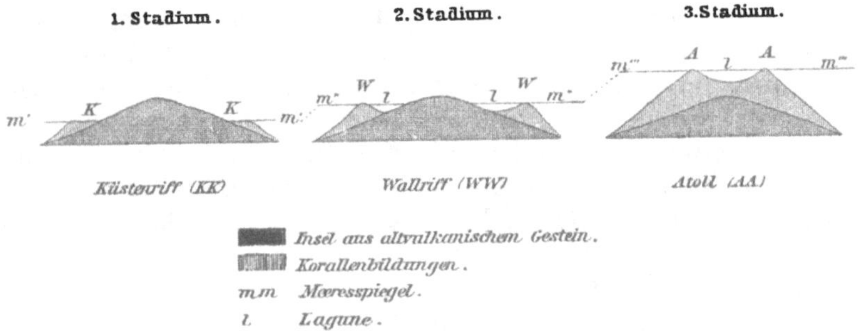

Fig. 71. DARWINsche Riff-Theorie.

gesetzt, die allerdings nach gewisser Zeit dem gleichen Schicksal verfielen und ihrerseits wiederum das Fundament zur nächsten Aufstockung abgaben.

Diese Auffassung bildet den Ausgangspunkt der DARWINschen Rifftheorie[4], die Küstenriff, Wallriff und Atoll als Glieder einer einheitlichen Entwicklungsreihe begreifen lehrt. Jedes Atoll beginnt nach dieser Theorie seine morphologische Laufbahn als Küstenriff um eine Insel, wie es Fig. 71 im Durchschnitt darstellt. Steigt das Meeresniveau von m' m' auf m'' m'' oder sinkt der Meeresboden um den gleichen Betrag, so erhöht sich die besseren Lebensbedingungen ausgesetzte äußere Korallenmauer, und zwischen ihr und dem Gestade entsteht die »Randlagune«, (l in Fig. 71), die sich durch Sedimentation allmählich verflacht (Stadium des Wallriffs). Dauern diese Vorgänge an, so verschwindet endlich die zentrale Insel und wird in ihrer Gänze von Korallen überwuchert (Stadium des Atolls), doch bleibt die Form des Wallriffs mit stärkerem Wachstum der Riffbildner an der Außenseite erhalten, so daß die »Randlagune« in eine »Binnenlagune« umgewandelt wird. Jedes Atoll ist also der Leichenstein einer Insel, die infolge von langsamen Niveauveränderungen versunken ist *.

Was bei dieser Theorie zunächst besticht, ist die genetische Verknüpfung der verschiedenen Riffbildungen, die ja in der Tat alle möglichen Übergänge selbst in verhältnismäßig kleinem Raum aufweisen. Der Fidschi-Archipel ist dafür ein ausgezeichnetes Beispiel. Wenn man aber die regionale Verbreitung der Korallenriffe, namentlich der Atolle, verfolgt und daraus im Sinne von Darwin die zu ihrer Erklärung erforderlichen weitgespannten Deformationen der Ozeanböden ableitet, ergeben sich mancherlei Schwierigkeiten und Bedenken. Schon der Mechanismus solch außerordentlich weitreichender, einheitlicher Krustenbewegungen ist problematisch und mit den heute gültigen geophysikalischen Anschauungen kaum zu vereinen. Zudem sind in vielen Atollgebieten, was Darwin noch nicht bekannt war, Anzeichen z. T. sehr erheblicher negativer Niveauveränderungen vorhanden; das Nebeneinander gehobener Korallenriffe und angeblich durch Senkung entstandener Atolle aber setzt eine Verbiegungsfähigkeit der Ozeanböden voraus, die zum mindesten bedenklich stimmt. Vielleicht sollte man überhaupt nicht so sehr regionale Gesichtspunkte in den Vordergrund schieben als vielmehr von Fall zu Fall lokal arbeiten. Dabei könnte sich, wie W. M. Davis [5] meint, herausstellen, daß auch das isostatische Einsinken der untermeerischen Vulkangebiete infolge der Auflagerung immer neuer Lava- und Aschenmassen eine erhebliche Rolle spielt und der Grundgedanke von Darwin doch zu Recht besteht. Jedenfalls darf die Darwinsche Theorie keineswegs als widerlegt gelten, wenn sie auch in der Hauptsache nur für die tiefen und einheitlichen Korallenbauten zutreffen mag und ein zwingender Beweis dafür, daß die Wallriffe in jedem Falle aus Küstenriffen und die Atolle ebenso regelmäßig aus Wallriffen entstanden sind, nicht erbracht ist.

Eine selbständige Entstehung der Wallriffe im Fidschi-Archipel nimmt Agassiz [6] an. Er erklärt ihre Bildung dadurch, daß durch Abrasion längs der gehobenen Inseln eine seichte submarine Plattform geschaffen wurde, auf deren Außenrand sich Korallen ansiedelten. Ergriff die Abrasion die ganze Insel, so trat an die Stelle eines Wallriffs ein Atoll. In ähnlicher Weise erklärt Gardiner [7] die Bildung der Korallenbauten im Indischen Ozean. Da die Abrasion intensive Wirkungen nur bis zu Tiefen von höchstens 30 m auszuüben vermag, die Korallen aber noch in 50 m Tiefe zu gedeihen vermögen, ist die Hypothese von

* Darwin hat allerdings selbst schon darauf hingewiesen, daß in Ausnahmefällen ein Atoll auch direkt und ohne Mitwirkung von Niveauveränderungen entstehen kann. So gibt z. B. der Kraterrand eines untermeerischen Vulkans bei geeigneter Tiefenlage sehr wohl eine Basis für Korallenbauten ab; der Atollkranz würde dann im wesentlichen ein Abbild des Kraterringes darstellen, wie die zentrale Lagune dem Kraterboden entspräche. Wenn eine solche Entstehungsweise überhaupt mit Sicherheit einmal nachzuweisen ist, stellt sie ohne Zweifel eine seltene Ausnahme dar. Alle Atolle auf diese Weise zu erklären, hieße an einen unwahrscheinlichen Zufall bei zahllosen untermeerischen Vulkanen glauben.

AGASSIZ keinesfalls von der Hand zu weisen; sie kann aber nur Korallenriffe von geringerer Mächtigkeit erklären und muß in bezug auf Atollbauten vom Typus der Funafuti-Insel durch die DARWINsche Deutung ersetzt werden. Tiefere Bänke können durch Hebung oder Bedeckung mit marinen Sedimenten in Höhen gebracht werden, wo ein Anhaften der Korallen biologisch möglich ist. Die wiederholt beobachtete Dreiteilung in vulkanischen Sockel, Mittelschicht aus Foraminiferenkalkstein und korallinischen Krustenüberzug fügt sich in dieses Bild vom selbständigen Werden wenig mächtiger Saumriffe gut ein. Einige Schwierigkeiten bereiten dieser Theorie nur die bisweilen beträchtlich tiefen Lagunen vieler Riffe. Wie sollen sich, wenn Senkungsvorgänge ausgeschaltet bleiben, bei Aufwachsen der Korallen auf einer seichten, in etwa 30 m Tiefe zur Ausbildung gelangten submarinen Plattform Lagunentiefen von 50—100 m und mehr herausgebildet haben? Darf man etwa annehmen, daß die Lagunen ursprünglich flacher waren und erst durch die chemische und mechanische Abtragung der durch die Riffkanäle eindringenden Gezeitenströmungen vertieft wurden? Dafür könnte GARDINERS Beobachtung auf dem Tschagosrücken sprechen, wo der Boden zwischen einzelnen Bänken bis zu erheblicher Tiefe von Sand und Schlamm so reingefegt ist, daß er einer zementierten Straße gleicht. Aber bewiesen ist freilich mit dieser einen Beobachtung nicht eben viel.

An die angeblich ziemlich konstante Tiefe der Wallriff- und Atoll-Lagunen sowie an die bei manchen Riffen tatsächlich nachweisbare submarine Plattform als Felsunterlage der Korallenbauten knüpft die Theorie von DALY [8] an. Wenn wirklich diese Plattform allenthalben vorhanden sein sollte, so muß angenommen werden, daß eine einebnende Kraft das ganze Meeresgebiet bzw. alle darin liegenden Inseln ergriffen und letztere bis zu einer »Standardtiefe« gekappt hat. Als Kraft dieser Art kann nur die Abrasion des Meeres in Frage kommen. Nun aber liegt das Niveau dieser submarinen Plattform, wie DALY behauptet, ganz allgemein in 60—100 m Tiefe, d. h. unterhalb der Grenze, die wir für intensive Tiefenentwicklung der Abrasion annehmen müssen, unterhalb zugleich der Grenze, von der ab die Korallen zu leben vermögen. Ohne Niveauveränderungen kommt also auch DALY nicht aus; im Gegensatz zu DARWIN aber, der einen beweglichen Riffuntergrund bei feststehendem Meeresspiegel annimmt, arbeitet DALY mit der These von einem beweglichen Meeresspiegel bei feststehender Unterlage der Riffe. Die Senkung des Meeresspiegels erfolgte nach DALY in der Eiszeit, wo große Mengen Wasser in den polaren Eiskappen gebunden waren. Durch das damals erheblich niedriger liegende Meer wurden die Inseln angekerbt bzw. gekappt und die ebenen Felsunterlagen für die Riffbildner geschaffen. Diese dürften sich allerdings erst in der Postglazialzeit bei langsam wieder ansteigendem Meeresniveau angesiedelt haben, denn die Eiszeit legte nicht nur den Meeresspiegel tiefer, sondern bewirkte nach DALY gleichzeitig eine derartige Erniedrigung der Oberflächentemperatur des Meeres, daß damals korallinisches Leben nahezu ganz aufhörte. Bei der Besiedlung der vorher gebildeten Plattform mit Korallen bevorzugten diese aus den schon wiederholt angeführten Gründen in der Hauptsache den Außenrand; am Innenrand gediehen die Korallen weniger, so daß der Plattformboden hier nur wenig überkrustet bzw. mit Sedimenten überlagert wurde und als allenthalben in auffallend konstanter Tiefe gelegener Lagunenboden noch im heutigen Bau der Riffe erkennbar ist.

Auf den ersten Blick hat auch die Theorie von Daly (Glacial-Control Theory) viel Bestechendes für sich, und selbst ein so eifriger Anhänger der Darwinschen Theorie wie W. M. Davis [5] möchte ihr eine gewisse Bedeutung namentlich für manche Randgebiete der Korallenmeere nicht absprechen. Von einer Allgemein- und Alleingültigkeit der Dalyschen Theorie kann aber wohl nicht gut die Rede sein. Die großmassigen Atollriffe vom Funafuti-Typus vermag sie überhaupt nicht zu erklären; im übrigen arbeitet sie mehrfach mit Voraussetzungen, die unbewiesen sind, z. T. sogar den Beobachtungen widersprechen. Die angeblich gleichmäßige Tiefe der Lagunen z. B. trifft keineswegs überall zu; in verschiedenen Gebieten schwankt die Tiefe erheblich und erreicht gelegentlich Werte von fast 200 m. Was die submarine Plattform anlangt, die allenthalben das Fundament der Riffbauten bilden soll, so muß deren allgemeines Vorhandensein in der Standardtiefe von 60—100 m erst noch bewiesen werden; der gegenwärtige Stand der Rifforschung gestattet jedenfalls kein gesichertes Urteil über die Realität dieser hypothetisch angenommenen Abrasionsfläche. Problematisch ist auch noch der Betrag, den Daly für die Senkung des Meeresspiegels in der Glazialzeit in Ansatz bringt, u. a. m.

Überblickt man alle Deutungsversuche, die hinsichtlich des Problems der Korallenriffe geäußert worden sind, so kommt man zu dem Schluß, daß auch hier wieder vor allzu schematischer Auffassung gewarnt werden muß. Ein weiterer Fortschritt der Wissenschaft wird auch bei diesem Punkte weniger durch geistreiche Deduktionen als in erster Linie durch sorgfältige Beobachtung und individuelle Behandlung jedes einzelnen Riffgebietes erzielt werden [9]. Bei dieser Einzelforschung wird sich wahrscheinlich ergeben, daß in manchen Fällen die Darwinsche Theorie einer Senkung des Untergrundes zur Erklärung schlechterdings unentbehrlich ist, in anderen die Auffassung von Agassiz sich als richtig erweist, hier und da vielleicht auch zweckmäßig an die Grundgedanken von Daly anzuknüpfen ist. Alles Naturgeschehen ist im allgemeinen mannigfaltiger und komplizierter, als es der Mensch in seinem verständlichen Drang nach Systematik und Schematik zunächst wahrhaben möchte.

Der Mensch [10]. Die Eingriffe des Menschen in den Bestand der Erdkruste und die hierdurch hervorgerufenen Veränderungen des Erdantlitzes dürfen nicht gering geschätzt werden. Sie gliedern sich in zwei Gruppen: direkte Substanzentnahme und Beeinflussung verschiedener Naturvorgänge durch künstliche Abwandlung der Naturgegebenheiten.

Im ersteren Falle denken wir nicht so sehr an die in unterirdischen Bergwerksbetrieben vor sich gehende Gewinnung von Erzen, Kohlen, Salzen usw., obgleich damit ein Substanzverlust von schätzungsweise jährlich über 1 cbkm verbunden ist und durch das Zubruchgehen ausgeräumter Lagerstätten, das Aufwerfen der Halden u. a. m. auch Beeinflussungen der Erdoberfläche erfolgen; jedes Bergbaurevier liefert hierfür Beispiele in Fülle. Wichtiger, weil sich unmittelbar auswirkend, dünkt uns die von Jahrzehnt zu Jahrzehnt steigende Substanzentnahme aus oberirdischen Anlagen wie Steinbrüchen, Schotter-, Sand-, Lehm- und Tongruben, im Tagebau betriebenen Braunkohlen- und Erzgruben usw. Zahlreiche Beispiele sind als Beleg dafür anzuführen, daß ganze Berggipfel, ja selbst Bergzüge im Laufe der Jahrzehnte durch die Abbautätigkeit des Menschen ihr Aussehen gänzlich verändert haben oder gar beseitigt wurden (Erzberg in Steiermark, Eisenerzhügel im Gebiet des Oberen Sees und im nördlichen Norwegen u. a. m.). Im norddeutschen Flachland geht so manche wassererfüllte Bodensenke auf ehemals hier betriebene Kies-, Sand-, Lehm- oder Tongewinnung zurück. Durch den Eingriff des Menschen hat sich hier das Landschaftsbild auch sonst wesentlich geändert, denn mehr als ein Endmoränenwall ist bis auf die letzten Reste ausgeräumt worden, und die Steinbestreuung muß einstens viel dichter gewesen sein, haben doch viele Generationen die großen und kleinen Findlingsblöcke dazu benutzt, um ihre Wohnstätten und Straßen damit zu bauen *.

Welch umfangreiche Terrainveränderungen bei der Anlage von Eisenbahnen und neuzeitlichen Landstraßen eintreten, ist allenthalben zu beobachten. Da werden Geländewellen abgetragen oder große Einschnitte vorgenommen, während an anderen Stellen Mulden und Becken durch Aufschüttung beseitigt werden. Das gleiche gilt vom Kanal- und Deichbau, und wer die zielbewußten Anstrengungen zur Kultivierung der Moorgebiete oder die Landgewinnungsversuche an der holländischen und nordfriesischen Küste ** verfolgt, der begreift, daß man in der Tat auch den Menschen als morphologischen Faktor in die Rechnung einstellen muß.

* Bekannt ist eine Verfügung Friedrichs des Großen, wonach eine Zeitlang jeder Bauer, der in die Tore Berlins einfahren wollte, bei der Torwache einen größeren Feldlesestein abzugeben hatte, um der Hauptstadt billiges Baumaterial zuzuführen.

** Durch die jetzt im Gange befindliche Trockenlegung der Zuidersee rechnet man auf einen Landgewinn von insgesamt fast $^1/_4$ Mill. ha. Nicht mit Unrecht weisen die Holländer darauf hin, daß sie mit den vier großen Poldern der Heimat auf friedlichem Wege eine neue Provinz erobern werden. — Die Koogbauern an der nordfriesischen Küste tragen sich mit dem kühnen Plan, nach und nach das ganze Wattengebiet bis hinüber zur Inselreihe zu kultivieren.

Zu alledem gesellt sich die zweite Gruppe von Einwirkungen, durch die der Mensch den Ablauf verschiedener Naturvorgänge maßgebend beeinflußt. Durch sinnloses Vernichten der Wälder wird der Boden eines wirksamen Schutzes beraubt und in erheblichem Umfange der Abtragung überantwortet, die vorher im Waldland nur geringe Wirkungen zu erzielen vermochte. Umgekehrt führt die Bepflanzung der Dünen zu einer Festigung der lockeren Sandmassen und unterbindet das Weitervorrücken der Wanderdünen. Man denke weiter an die Beeinflussung des Grundwasserstandes durch Meliorationsmaßnahmen, die Wasserentnahme zur Versorgung der Großstädte und Industriewerke u. a. m. Das großartigste Beispiel dieser Art menschlicher Eingriffe aber stellt die Vergewaltigung der Flüsse dar. Seien wir uns darüber klar, daß ein gut Teil der Flüsse in allen Kulturländern mehr oder weniger vollkommen in Fesseln geschlagen ist und im morphologischen Sinne streckenweise bereits nicht mehr als Lebendform angesprochen werden darf. Im Quellgebiet beginnt es mit der Wildbachverbauung. Sammelteiche und Talsperren folgen talabwärts und wandeln das ungestüme Hinunterbrausen in ein zahmes und gleichmäßiges Abrinnen um (Auffangen der morphologisch besonders wirksamen Hochwasserfluten!). Wo der so schon gefesselte Fluß seine Ufer etwa dennoch bedrohen könnte, werden diese mit einem Steinpanzer bekleidet, gegen den der Fluß kaum mehr etwas auszurichten vermag. Und noch immer nicht genug: Flußschlingen werden vom Menschen durchstochen; durch Anlage von Buhnen und Leitwerken wird der Stromstrich in möglichst konstanter Lage gehalten; wo es aus wasser- oder wirtschaftstechnischen Gründen notwendig erscheint, teilt man das Flußbett, entnimmt Wasser etwa zum Antrieb von Mühlwerken oder Wasserturbinen usw. Die Eindeichung im Unterlauf krönt schließlich dieses Werk der Zähmung der Widerspenstigen. Mit Recht ist der Mensch ob dieses Sieges über die Natur stolz und preist den Fortschritt seiner zivilisatorisch-technischen Leistungen. Wir dürfen aber nicht übersehen, daß mit dem Fortgang dieser Entwicklung schließlich auch im morphologischen Sinne ein Wesensunterschied zwischen Natur- und Kulturlandschaft entsteht.

Literaturnachweise. [1] H. Potonié, Die Entstehung der Steinkohle und der Kaustobiolithe überhaupt (wie des Torfs, der Braunkohle, des Petroleums usw.); 6. Aufl., Berlin 1920. — [2] E. Blumer, Die Erdöllagerstätten und übrigen Kohlenwasserstoffvorkommen der Erdrinde; Stuttgart 1922. — [3] J. Sölch, Korallenriffe; Geogr. Jahrb. 1924/25, Gotha 1926, S. 267—272. — [4] Ch. Darwin, The structure and distribution of coral reefs; London 1842. Eine vorzügliche Erläuterung der Darwinschen Theorie und der daraus abzuleitenden morphologischen Folgerungen gab J. Moscheles in ihrem Aufsatz »Die Darwinsche Rifftheorie im Lichte geomorphologischer Forschung«; Geol. Rdschau XI, 1920. — [5] W. M. Davis, The coral reef problem; New York 1928 (mit sehr umfangreicher Literaturzusammenstellung). Eine kurze Zusammenfassung der wichtigsten in diesem Werk enthaltenen Forschungsergebnisse veröffentlichte W. M. Davis unter dem Titel »Die Entstehung von Korallenriffen« in der Zeitschr. Ges. für Erdk., Berlin

1928. Vgl. hierzu die kritischen Bemerkungen von EMM. DE MARTONNE, Les récifs coralliens d'après W. M. Davis; Ann. de Géogr. 1929. — [6] A. AGASSIZ, The island and coral reefs of Fiji; Bull. Museum of comparative zoology at Havard College, Bd. XXXIII, 1899. — [7] J. S. GARDINER, The fauna and geography of the Maldive and Laccadive archipelagos; Cambridge 1903, 1905/6. — [8] R. A. DALY, The glacial-control theory of coral reefs; Proc. American Acad. of Arts and Sciences, Bd. 51, 1915. — [9] Vorbildliche Arbeit leistete die britisch-australische Great Barrier Reef-Expedition, über die J. A. STEERS einen ersten Bericht im Geogr. Journal 1929 veröffentlichte (The Queensland Coast and the Great Barrier Reefs). — [10] E. FISCHER, Der Mensch als geologischer Faktor; Zeitschr. der Deutsch. Geolog. Ges. 1915, S. 106 ff. P. SCHULTZE-NAUMBURG, Die Gestaltung der Landschaft durch den Menschen; 3 Bände, 3. Aufl., München 1928.

B. Der Formenschatz der Erdoberfläche.

I. Die Relieftypen.

Einleitung.

Ziel und Weg zum Ziel. Nachdem wir die einzelnen an der Gestaltung der Erdoberfläche beteiligten Kräfte und Vorgänge kennengelernt haben, gehen wir im zweiten Hauptteil der Morphologie zur Betrachtung der Formen über, die wir als Endergebnis jener teils mit-, teils gegeneinander wirkenden Kräfte zu begreifen haben. Dieser genetische Gesichtspunkt wird selbstverständlich im Vordergrund stehen. Über den einzuschlagenden Weg aber dürften einige Vorbemerkungen am Platze sein, da wir das den bisherigen Auflagen dieses Werkes zugrunde liegende System glauben aufgeben zu müssen.

SUPAN baute seine Darstellung der Morphologie des Landes auf den beiden Grundbegriffen »Strukturformen« und »Destruktionsformen« auf. Als Strukturformen bezeichnete er diejenigen Oberflächenformen, deren äußere Erscheinungsweise in erster Linie durch endogene Vorgänge bestimmt worden ist; Destruktionsformen nannte er solche, bei deren Herausarbeitung die exogenen Einflüsse überwogen. Schematisch zusammengefaßt ergab sich ihm die folgende Anordnung:

A. Strukturformen	B. Destruktionsformen
1. Tektonische Formen (Struktur der Flachschichtung, Faltenstruktur, Bruchstruktur).	1. Durch Abdeckung (Revelation) erzeugte Formen.
2. Vulkanische Formen.	2. Durch völlige Umwandlung des morphologischen Charakters (Mutation) erzeugte Formen.

Den Ausgangspunkt der SUPANschen Morphologie bilden also nicht die der Beobachtung unmittelbar zugänglichen Formen der Erdoberfläche, deren kausalwissenschaftliche Erklärung und systematische Gruppierung für den Geographen von überragender Wichtigkeit ist, sondern die formenschaffenden Kräfte und Vorgänge. Diese Methode hat gewiß ihre Vorzüge, aber auch gewichtige Nachteile. Für den Anfänger namentlich dürfte es oft sehr schwierig sein, bei Beobachtungen im Gelände festzustellen, ob diese oder jene Form zur Kategorie der Strukturformen oder zur Kategorie der Destruktionsformen zu rechnen ist. »Der Harz«, so sagt SUPAN selbst, »ist physiographisch eine Destruktionsform, morphologisch aber eine Strukturform«. Nicht minder kompliziert liegen die Verhältnisse etwa beim russischen Flachland, das der eine als Struktur der Flachschichtung ansprechen wird, während es der andere als durch Destruktion geschaffene Schnittfläche auffaßt. Man sollte u. E. nicht mit dieser entscheidenden Frage beginnen, sondern sie am Ende der morphologischen Untersuchung aufwerfen, damit der Studierende nicht in die Gefahr gerät, voreilig im Sinne eines ihm vertrauten Schemas zu urteilen. Jede ursächliche Erklärung muß sich auf eine vorausgegangene Bestandsaufnahme, auf eine sorgfältige Beschreibung dessen stützen, was hernach kausalwissenschaftlich erklärt werden soll. Man darf die Beschreibung des Seienden über der Darstellung des Gewordenen nicht vergessen, weil sich die kausalwissenschaftlichen Probleme normalerweise doch erst aus der Darstellung des Vorhandenen ergeben. Dabei wird des öfteren der Fall eintreten, daß wir Beobachtungstatsachen anzuführen haben, die bei dem gegenwärtigen Stand der Forschung ursächlich nicht zu erklären sind. Man scheue sich keineswegs, dies gegebenenfalls offen einzugestehen. In solchen Fällen ist eine genaue Beschreibung aller Beobachtungstatsachen ohne Zweifel wertvoller als eine mangelhaft fundierte kausalwissenschaftliche Spekulation, die von dem Drange ausgeht, unter allen Umständen eine Erklärung zur Hand haben zu müssen.

Die vorstehend angeführten Gründe lassen es uns ratsam erscheinen, andere Wege einzuschlagen, als sie in den bisherigen Auflagen dieses Werkes befolgt wurden. Den Ausgangspunkt unserer Betrachtung werden die Relieftypen bilden, die wir in jedem Einzelfall zu beschreiben und zu analysieren haben, um so das Seiende als geworden zu begreifen. Erst wenn wir auf diesem Wege von der Erscheinungsweise zur Bildungsursache vorgedrungen sind, wird es möglich und notwendig sein, die verschiedenen Spielarten jedes einzelnen Relieftyps zu einem System auf genetischer Grundlage zu ordnen. Wir glauben, auf diese Weise den geographischen Charakter der Morphologie stärker zu betonen und den Anfänger methodisch besser in die Probleme dieses Wissenschaftsgebietes einzuführen. Sehr wahrscheinlich liegt diese Umgestaltung übrigens durchaus in der Richtung der von SUPAN selbst gehegten Wünsche, denn er sprach kurz vor seinem Tode wiederholt davon, daß der Abschnitt »Morphologie des Landes« eine völlige und grundsätzliche Umgestaltung benötige. *

* Damit steht in Einklang der Satz, den SUPAN (6. Aufl., S. 740) am Schluß seiner Morphologie aussprach, ohne allerdings in der vorausgegangenen Darstellung immer streng danach verfahren zu sein: »Jede geographische Beobachtung knüpft zunächst an die orographische Erscheinungsweise an, dann erst schreitet sie mit Hilfe der geolo-

Auch bei dieser Methode ergeben sich erhebliche Schwierigkeiten, zu deren Behebung sicherlich erst wiederum die Erfahrung mehrerer Auflagen notwendig sein dürfte. Problematisch ist ja schon die Aufstellung der Relieftypen an sich. Jede Oberflächenform ist ein Individuum. Wie jeder Kontinent und jedes Meer seine nur ihm eigentümlichen Züge hat, so auch jede Ebene, jedes Gebirge, jedes Tal; denn sicherlich haben nicht zwei Erdstellen, trotz Übereinstimmung im Grundcharakter, genau dieselben Schicksale im Verlauf ihrer Entwicklungsgeschichte erfahren. Diese chaotische Überfülle der von Natur individuell geprägten Formen müssen wir, um zur Übersichtlichkeit zu gelangen, zu Gruppen zusammenfassen. Es versteht sich von selbst, daß jede solche Typenordnung bis zu einem gewissen Grade der Natur Gewalt antun muß und daß ein objektiver, von allen Fachgenossen anerkannter Maßstab schwer zu finden ist. Mit allen diesen Vorbehalten müssen wir die Liste der Grundformen versehen, in der wir den Formenschatz der Erdoberfläche zusammenzufassen versuchen:

1. Berge
2. Stufen
3. Gebirge
4. Täler
5. Becken und Mulden
6. Flachländer
7. Küsten

Ehe wir mit der Erörterung der einzelnen orographischen Typen beginnen, wird noch kurz die Frage zu prüfen sein, ob es bei dem gegenwärtigen Stand der Forschung nicht doch Mittel und Wege gibt, für alle oder einige der angeführten Relieftypen klare und eindeutige Definitionen zu finden, die womöglich Anspruch auf objektive Geltung erheben könnten. Das Ergebnis ist — wir nehmen es vorweg — negativ; aber die Erörterungen sind dennoch notwendig und nützlich, weil sie eine Reihe von Begriffen klären und uns mit verschiedenen Methoden vertraut machen, deren Kenntnis für den Morphologen unentbehrlich ist.

Hypsographische Gliederung der Erdoberfläche. Der einfache Weg einer Einteilung der Erdoberfläche nach der absoluten Höhenlage kann uns bei der Aufstellung orographischer Typen kaum von Nutzen sein, denn die absolute Höhe sagt über die Oberflächengestaltung zunächst nichts aus. Allerdings nimmt die Temperatur mit der Höhe ab, und es ändern sich damit die Lebensbedingungen der Organismen geradeso wie Wesen und Maß der zerstörenden Kräfte. Indessen, von einer eindeutigen Funktion zwischen Höhenlage und Reliefgestaltung kann keine Rede sein. Welche Grenzisohypsen auch immer

gischen Untersuchung dazu fort, die einzelnen orographischen Objekte morphologisch zu deuten. Dieser Weg ist freilich länger als der von der amerikanischen Schule empfohlene, aber er ist nach unserer Überzeugung der einzige, der einen gesunden Fortschritt verbürgt.«

gewählt werden mögen, in jedem Falle wird sich zeigen, daß ein und derselbe Relieftyp innerhalb der verschiedensten Höhenstufen auftritt (z. B. Ebenen in der Nähe des Meeresspiegels und in großer Seehöhe). Trotz dieses Tatbestandes wird in der Geographie eine auf der absoluten Höhe beruhende Einteilung stets gewisse Geltung behalten, namentlich im Hinblick auf die praktischen Zwecke der Kartographie, die bei großen Kontinentübersichten eines solchen Systems einfach nicht entraten kann. In den Schulatlanten vor allem wird es so bleiben, daß man gewisse Isohypsen als Schwellenwerte annimmt und die von ihnen umschlossenen Flächen nach bestimmten Regeln mit verschiedenen Farbtönen versieht.

Die wissenschaftliche Geographie muß hier beratend zur Seite treten und nach Möglichkeit für Wahrung zweier Gesichtspunkte Sorge tragen:

1. Wahl von solchen Grenzisohypsen, denen für tunlichst weite Teile der Erde wenigstens annähernd die Bedeutung einer Grenze auch im morphologischen Sinne zukommt;
2. Bereinigung der Terminologie derart, daß die verschiedenen Ausdrücke entsprechend der angewandten Methode klar und eindeutig nur die Höhenlage kennzeichnen, nicht aber mit dem Fehler behaftet sind, hypsographische und morphographische Begriffe miteinander zu verquicken.

Beginnen wir mit dem letzteren. Tiefland, etwa bis hin zur 200 m-Isohypse, kann von einer Ebene eingenommen werden, braucht es aber doch keineswegs, sondern kann ebensogut ein stark welliges, von zahlreichen Hügel- und Bergzügen durchsetztes Gelände sein. Hochgelegene Gebiete, etwa jenseits der Isohypse von 1500 m, begegnen uns oft in Gestalt von Hochgebirgen mit scharfen Gipfeln, zackigen Graten usw.; in weiten Teilen Asiens und Afrikas aber treffen wir in dieser Höhenzone ausgesprochene Ebenheiten an. Man sieht, daß es zu schweren Mißverständnissen führen muß, wenn ohne Vorbehalt Tiefland mit Tiefebene, Hochgelände mit Hochgebirge gleichgesetzt wird. Um dies zu vermeiden, möchten wir empfehlen, die nach der absoluten Höhe zu bildenden Typen folgendermaßen zu benennen: Depressionen, Tiefland, Mittelgelände, Hochgelände.

Die zur begrifflichen Festlegung erforderliche Abgrenzung durch Isohypsen bedarf bei den Depressionen keiner weiteren Erörterung, denn es herrscht Übereinstimmung, das unter dem Meeresspiegel gelegene Gelände ohne Rücksicht auf seine Gestaltung als Depression zu bezeichnen. — Als obere Grenze für das Tiefland hat sich die 200 m-Isohypse allgemein eingebürgert. Der Grund liegt darin, daß diese Höhenlinie in der Alten wie in der Neuen Welt als Fußlinie vieler Höhenzüge auch eine gewisse morphologische Bedeutung besitzt, daß ein Drittel der gesamten Landfläche unter 200 m liegt und diese Höhenstufe selbst auf kleinen Karten deutlich zur Geltung kommt. — Den besten Schwellenwert für die Abgrenzung von Mittel- und Hochgelände dürfte die 1500 m-Isohypse abgeben *. Fast die Gesamtheit der mittelhohen Gebirge Europas und der übrigen Welt fällt dann in die Zone des Mittelgeländes. In mittleren Breiten aber — und diese sind für unsere Erkenntnisse die wichtigsten — ist diese Isohypse gleichzeitig eine der wichtigsten Grenzlinien des Formenschatzes; sie trennt mit leidlicher Genauigkeit die mitteltemperierte, vorwiegend unter dem Einfluß der Erosion des fließenden Wassers stehende und im ganzen milder geformte Mittelgebirgszone von der des Hochgebirges, in der glaziale Beeinflussungen eine große Rolle spielen. Selbstverständlich liegt diese morphologisch so wichtige Grenze in höherer geographischer Breite (z. B. Skandinavien) oder in Gebieten besonderer klimatischer Ausstattung (z. B. England, westliches Südamerika) tiefer, in tropischen Breiten wesentlich höher als bei uns. Trotzdem empfiehlt es sich nicht, etwa für verschiedene Gebiete ohne weiteres verschiedene Grenzwerte zu wählen, denn die Gliederung nach der absoluten Höhe soll in erster Linie großen Übersichten über Räume von kontinentaler Ausdehnung dienen, und dazu müssen die Schwellenwerte universale Geltung haben.

Mit Nachdruck betonen wir auch zum Schluß noch einmal, daß die Gliederung in Depressionen, Tiefland, Mittelgelände und Hochgelände wesentlich nur hypsographischen Wert hat. Der Formenschatz kann von dieser Einteilung nach der absoluten Höhe betroffen werden, braucht es aber durchaus nicht; von gesetzmäßigen Beziehungen zwischen Höhenlage und Formenschatz kann nur sehr bedingt die Rede sein. Selbstverständlich ist Tiefland vorwiegend Flachland; viele Flachländer steigen aber ganz unmerklich zu beträchtlichen Seehöhen empor, wie z. B. die nordamerikanischen Prärien im Bereiche des 39. Breitenkreises von 30 m bis über 2000 m, ohne daß sich irgendwo ein Gefällsbruch bemerkbar machte oder der Abstand zwischen zwei Isohypsen auf GANNETTS schöner Relief Map (1892) irgendwo einem größeren Böschungswinkel als 0° 16′ entspräche. Ein solches morphologisches Individuum ordnet sich natürlich nicht in eine bestimmte Kategorie des absoluten Höhensystems ein.

Typenbildung auf Grund der Orometrie und der Reliefenergie. Die Orometrie[1] stellt es sich zur Aufgabe, alle charakteristischen Formen- und Größenverhältnisse im Antlitz der Erde durch Zahlenwerte ziffernmäßig zum Ausdruck zu bringen. Was man sonst mit Worten schildert, will die Orometrie mit Zahlen kurz, prägnant und ohne jeden subjektiven Beigeschmack zur Darstellung gelangen lassen. v. SONKLAR war der erste, der dieses Programm in ein System brachte,

* Eine internationale Verständigung über die Anerkennung der 1500 m-Isohypse steht leider noch aus, so daß statt ihrer gelegentlich auch die Isohypse von 1300 m u. a. genannt wird.

indem er die Begriffe der mittleren Kamm-, Gipfel- und Sattelhöhe, der mittleren Neigungswinkel der Talböden und Gehänge usw. feststellte. Es bedarf keiner weitläufigen Auseinandersetzung, daß wir z. B. für das vergleichende Studium der Gebirge aus der Orometrie die größte Belehrung schöpfen können und daß eine begriffliche Festlegung der orographischen Typen unter Verwendung orometrischer Mittelwerte an sich wohl denkbar wäre. Aber leider findet dieser Zweig der Forschung gegenwärtig wenig Anklang und Beachtung; er krankt auch daran, daß eine allgemeine Übereinstimmung in den Methoden der Berechnung nicht erzielt ist, so daß sich jeder seine Methode selbst zurechtlegen muß und infolgedessen streng vergleichbare Werte nicht geliefert werden. Dazu kommt noch, daß die Orometrie ausschließlich mit Karten arbeitet und somit in ihren Ergebnissen von der Zuverlässigkeit und Genauigkeit der Karten abhängig ist. So verlockend der Gedanke wäre, die orographischen Typen unter Zugrundelegung exakter orometrischer Werte objektiv zu definieren, so hoffnungslos erscheint einstweilen dieses Bemühen.

Wesentlich besser bestellt ist es mit der Hilfe, die wir für unsere Zwecke von der jeweiligen Berechnung der Reliefenergie zu erwarten haben. Daß eine sorgfältige Auswertung der in einem bestimmten Raum (Flachland, Gebirge) auftretenden relativen Höhenunterschiede morphologisch außerordentlich viel belangvoller ist als etwa die Angabe der absoluten Höhe, bedarf keiner Betonung. Die Darstellung der Reliefenergie kann an der zur Ermittlung der einzelnen Hoch-Tief-Werte verwandten Feldermethode festhalten und dann in Form eines Kartogramms geschehen. Diesen Weg hat Partsch im zweiten Bande seiner Landeskunde von Schlesien befolgt, und Brüning [2] ist jüngst bei der Darstellung der Reliefenergie des Harzes diesem Beispiel gefolgt. Eine zweite Möglichkeit besteht darin, daß man nach dem Vorbild von Krebs [3] Linien gleicher Reliefenergie zieht und unter Auswahl bestimmter Schwellenwerte die Flächen gleicher Reliefenergie mit Farbtönen versieht. Die erstgenannte Methode ist überaus exakt, ihr Ergebnis jedoch nicht sonderlich plastisch. Bei Befolgung des letztgenannten Weges ist dem subjektiven Ermessen ein viel größerer Spielraum gelassen, und es setzt viel geographischen Takt voraus, dem Gelände in allen Einzelheiten gerecht zu werden; wo diese Voraussetzung zutrifft, lassen sich aber solch anschauliche Kartenbilder erzielen wie die Karte der Reliefenergie Süddeutschlands von Krebs. — Das Ausmaß der Reliefenergie könnte natürlich sehr wohl dazu benutzt werden, wenigstens einige Relieftypen begrifflich schärfer zu definieren. Krebs deutet das an, wenn er hervorhebt, daß die relativen Höhenunterschiede in wirklichen Ebenen (Neigung höchstens 6‰) kaum mehr als 30 m betragen dürften, daß 200 m relativer Höhenunterschied als Grenze des Flachlandes angesehen werden muß, daß für die deutschen Mittelgebirge als obere Grenze der Reliefenergie der Betrag von 1000 m gelten darf und daß im

Falle noch höherer Reliefenergie die Region des alpinen Reliefs * erreicht sei. Wir wünschten dringend, daß der hier gewiesene Weg mit Eifer weiterverfolgt und bei Vorliegen genügend umfangreichen Materials eine internationale Regelung über die Benutzung reliefenergetischer Schwellenwerte für die begriffliche Festlegung gewisser Relieftypen erstrebt würde. Bis es so weit ist, müssen wir uns leider bei der Aufstellung der Relieftypen ohne Verwendung des sehr fruchtbaren Begriffs der Reliefenergie behelfen bzw. kann nur in Form subjektiver Urteile davon Gebrauch gemacht werden.

Literaturnachweise. [1] K. Peucker, Beiträge zur orometrischen Methodenlehre; Breslau 1890 (mit ausführlichen Literaturangaben). — [2] K. Brüning, Die Reliefenergie des Harzes; Jahrbuch der Geogr. Ges., Hannover 1927. — [3] N. Krebs, Eine Karte der Reliefenergie Süddeutschlands; Peterm. Mitt. 1922. Derselbe, Die Ostalpen und das heutige Österreich; Stuttgart 1928, Tafel V, S. 40/41.

Berge und Hügel.

Begriffsbestimmung. Unter Berg[1] verstehen wir eine mit deutlichem Absatz aus einem Flachland aufragende, durch ein allseitiges Gehänge begrenzte Erhebungsform von geringem Ausmaß.

Erlangen die Dimensionen eines Berges größere Werte, vor allem nach der Horizontalen, und geht damit die Einheitlichkeit und Geschlossenheit des Erhebungskörpers verloren, so ist die Grenze zwischen Berg und Gebirge erreicht. Ein kleiner Berg heißt Hügel. Durch feste Maße diese Begriffe »Hügel«, »Berg«, »Gebirge« in ein System zwängen zu wollen, halten wir für unnütz. In Deutschland gelten im allgemeinen Erhebungen bis zu 200 m relativer Höhe noch als Hügel; in Süddeutschland aber tragen viele Erhebungen von mehreren hundert Metern relativer Höhe noch den Namen Bichl oder Büchl = Hügel. Die Engländer rechnen daheim noch Erhebungen bis zu 600 m, in Indien und Australien gelegentlich sogar bis 1500 m und mehr relativer Höhe zu den hills. Umgekehrt spricht man von dem relativ nur 20 m hohen Kreuzberg bei Berlin und von dem nur 100 m über der Seine aufsteigenden Mont Valérien in Paris. Ähnlich schwankend verfährt man mit den Namen Berg und Gebirge; der Zobten bei Breslau heißt bald Berg, bald Gebirge, der hundertfach größere Kilimandscharo dagegen ebenso wie

* Krebs möchte unterschieden wissen zwischen den Begriffen »Hochgebirge« im hypsographischen Sinne (über 1500 m absoluter Höhe) und »Region des alpinen Reliefs« im morphologischen Sinne (relative Höhenunterschiede über 1000 m). Ob dieser Wunsch in Erfüllung gehen wird, erscheint uns zweifelhaft, weil sich für die meisten Geographen mit dem Begriff »Hochgebirge« die Vorstellung eines alpinen Formenschatzes verbindet. Nimmt man nach unserem Vorschlag den hypsographischen Terminus »Hochgelände« an, so wird gegen die Beibehaltung des Ausdrucks »Hochgebirge« im morphologischen Sinne (= Region mit alpinem Formenschatz) kein Bedenken geltend zu machen sein.

der Kamerunvulkan meist nur Berg, der Harz wiederum Gebirge usw. Es erscheint gänzlich aussichtslos, dem Sprachgebrauch in dieser Beziehung bindende Vorschriften machen zu wollen.

Fehlt einer im übrigen als Berg anzusprechenden Erhebung der deutliche Absatz gegen die flache Umgebung, so sollte man die Bezeichnung vermeiden und dafür andere Ausdrücke prägen, etwa Schwelle, Geländewelle oder ähnliches. Durch den deutlichen Absatz gegen die umgebende Ebenheit unterscheidet sich der Berg auch vom Gebirgsgipfel. Die Gepflogenheit, hervorragende Punkte innerhalb eines Gebirges ohne weiteres als Berg zu bezeichnen, sollte aus der Sprache des wissenschaftlichen Geographen verbannt sein. Nur in ganz besonderen Ausnahmefällen können innerhalb eines Gebirges Berge im strengen Sinne unserer obigen Definition auftreten.

Die Begrenzung durch ein allseitiges Gehänge gehört zu den Wesensmerkmalen eines Berges und unterscheidet ihn von der durch ein einseitiges Gehänge gekennzeichneten Stufe. Auch hier kümmert sich der Volksmund meist nicht um die in der Wissenschaft unentbehrliche Klarheit und Eindeutigkeit der Terminologie; echte Stufenlandschaften erhalten Bergnamen oder werden im Englischen als hills bezeichnet. Die wissenschaftliche Geographie sollte ihre Fachsprache frei von derartigen Ungenauigkeiten halten, weil sonst die Bezeichnungen irreführen und wir allein wegen dieser Äußerlichkeit oftmals aneinander vorbeireden.

Morphographische Klassifikation. Die äußere Erscheinungsform der Berge ist von erstaunlicher Mannigfaltigkeit sowohl in Bezug auf den Grundriß wie auf Flankenböschung, Grad der Zerschluchtung, Höhe, Gestaltung der Gipfelpartie usw. Für eine Zusammenfassung in Gruppen eignet sich das letzte Merkmal am besten. Es erscheint möglich, mit fünf verschiedenen Typen auszukommen, um alle uns in der Natur begegnenden Fälle zu erfassen und sie klar und eindeutig zu kennzeichnen. Die Einfachheit des Gegenstandes gestattet, sich mit der folgenden tabellarischen Zusammenstellung zu begnügen:

Prinzip der Klassifikation	Erkennungsmerkmale	Bezeichnungen
Gestaltung der Gipfelpartie	1. Der Berg kulminiert in einem Punkt	Kegelberg
	2. Der Berg kulminiert in einer Linie, einem Kamm oder Grat	Kammberg
	3. Stark gewölbte Kulminationsfläche und annähernd gleichdimensionale Grundfläche	Kuppenberg (Kuppe)
	4. Breite, leicht gewölbte Kulminationsfläche und langgestreckte Grundfläche	Rückenberg (Rücken)
	5. Die Kulminationsfläche ist als Ebenheit entwickelt	Tafelberg

Die Art des Absatzes der Berge gegen das umgebende Flachland muß von Fall zu Fall beschrieben werden. Für besonders scharf abgesetzte Berge, die sich dann gleich Inseln aus dem Meere erheben, hat sich die Bezeichnung Inselberg eingebürgert. Es muß aber mit Nachdruck betont werden, daß diese Bezeichnung rein morphographischer Natur ist und über die Entstehung der Form nichts aussagt.

Die wichtigsten Arten von Bergen, ihre Entstehung und Gestaltung. Aus der Form allein Rückschlüsse auf die Bildungsursachen der Berge zu ziehen, ist stets ein sehr gewagtes Unternehmen; nur wer längere Zeit in einem bestimmten Gebiet gearbeitet und eine größere Anzahl von Bergen morphogenetisch untersucht hat, wird aus der äußeren Erscheinungsweise bereits die vermutliche Entstehungsursache folgern dürfen. Eine Nachprüfung an Ort und Stelle ist aber auch in diesem Falle unerläßlich.

Die Beobachtungen zur morphogenetischen Erschließung eines Berges werden vor allem gerichtet sein müssen auf das Gesteinsmaterial des Berges und das der Ebenheit, auf die Lagerung der Gesteine und ihr Alter in beiden Fällen, auf die endogenen und exogenen Kräfte, die gegenwärtig an der Modellierung des Berges und seiner Umgebung tätig sind. Alle in der Natur auftretenden Vielfältigkeiten an dieser Stelle erschöpfend zu behandeln, ist ein Ding der Unmöglichkeit; wir können hier nur die wichtigsten und im Gelände häufiger anzutreffenden Fälle besprechen.

1. Berg und umgebendes Flachland bestehen aus verschiedenem Gesteinsmaterial, der Berg z. B. aus basaltischer Lava, die Ebenheit aus Schichten der Kreideformation. Im Bereich des Flachlandes sei an einer Reihe von Talrissen der Untergrund aufgeschlossen; man erkennt, daß das basaltische Gestein die Kreideschichten durchbricht, also jünger ist als diese. Mit dieser Feststellung ist allerdings noch nicht bewiesen, daß auch die im Bereich der Kreideformation entwickelte Ebenheit älter ist als der Basalt. Hierüber Klarheit zu gewinnen, ist die nächste Aufgabe; es gilt zu ermitteln, ob es sich um ein primäres Flachland handelt, bedingt durch die nahezu söhlige Lagerung der Kreideschichten, oder um eine durch Abtragung entstandene Schnittfläche. Die Methoden, die hierfür in Betracht kommen, werden wir unten im Kapitel »Flachland« kennenlernen. Gesetzt den Fall, daß unsere Untersuchung das Flachland als ursprünglich (Schichtungsflachland) erweist, so ist damit der Nachweis geliefert, daß es sich im vorliegenden Falle um einen aufgesetzten vulkanischen Berg handelt.

Unsere morphologische Studie ist jedoch damit noch keineswegs abgeschlossen. Wir müssen uns vor Augen halten, daß die gegenwärtige Form die Resultante zweier Kräfte ist: der strukturellen Ausgestaltung (Konstruktionskraft) und der sofort einsetzenden Zerstörung (Destruktionskraft). Von einigen seltenen vulkanischen Formen abgesehen — z. B. dem Monte nuovo, der 1538 in einer Nacht entstand — verläuft die Entwicklung der Oberflächengestaltung nicht so, daß erst die Form fertig ausgebildet wird und dann allmählich die Zerstörung einsetzt, vielmehr geht beides gleichzeitig vor sich. Allenfalls lassen sich in der Geschichte jeder Oberflächenform eine Periode überwiegender struktureller Ausgestaltung und eine Periode vorwiegender oder ausschließlicher Zerstörung unterscheiden. Aufgabe des Morphologen ist es, in jedem Einzelfalle nicht nur die Konstruktionskraft zu ermitteln, sondern gleichzeitig festzustellen, ob im gegenwärtigen Stadium die konstruktive Grundlage in der Erscheinungsform dominiert oder ob die Spuren der zerstörenden Kräfte dem Ganzen den Stempel aufdrücken. Bei den aufgesetzten vulkanischen Bergen finden wir in dieser Beziehung eine außerordentliche Mannigfaltigkeit. Die durch Zentral-

Fig. 72. Der Kegelberg des Popocatepetl bei Puebla (Mexiko). — Nach Photographie von La Rochester.

eruptionen (vgl. S. 11) entstandenen Vulkane haben in vielen Fällen ihre ursprüngliche Kegelgestalt noch erstaunlich gut bewahrt, wie der Cotopaxi, der Pik von Orizaba, der Popocatepetl (Fig. 72) u. a. m. Es hängt dies vom Alter, von der Art der Eruptionen *, von dem Bau der Vulkanberge, von Art und Stärke der Verwitterung und Abtragung u. a. m. ab. Wo der aufgesetzte Vulkanberg bereits mehr oder minder als Ruine in Erscheinung tritt, wird der Morphologe alle Zerstörungsformen am Gipfel (Krater) und an den Hängen sorgfältig beschreiben und alle gegenwärtig zu beobachtenden Zerstörungsvorgänge (Abspülung und Erosion des fließenden Wassers, Wind- und Gletscherarbeit, Rutschungen

* Perioden der Ausgestaltung und der Zerstörung können bei Vulkanbergen mehrfach abwechseln, indem ein neuer Ausbruch mit den von ihm geförderten Massen all die Scharten wieder zudeckt, die die Zerstörung vorher bereits erzeugt hatte.

und andere Massenabwanderungen) genau verzeichnen. Er wird auch dem Bodenprofil seine Aufmerksamkeit widmen, denn gerade hier erhält er unter Umständen Aufschluß darüber, ob an der Modellierung des Vulkanberges die gegenwärtig tätigen Destruktionskräfte allein beteiligt gewesen sind oder ob im Laufe der Entwicklungsgeschichte durch Klimaänderungen oder andere Ursachen eine Abwandlung der Verwitterung und Abtragung stattgehabt hat. Auf diese Weise wird sich der Morphologe Schritt für Schritt an sein Ziel heranarbeiten, ein möglichst plastisches Bild der augenblicklichen Gestaltung zu entwerfen und diese zugleich ursächlich zu begründen. Er wird etwa feststellen, wie der Kratertrichter durch Abstürzen von Lava- bzw. Aschenmassen, durch Abspülung usw. seine ursprüngliche Form verändert, sich weitet und verflacht, bis schließlich, wie beim Vulkan Masárang auf Celebes, nur noch eine flache dellenförmige Hohlform die Stätte des einstigen scharfgeschnittenen Explosionstrichters bezeichnet. Die Zerschluchtung der Hänge durch Regenrunsen wird, wo sie für den Vulkanberg wesentlich ist, mit besonderer Aufmerksamkeit studiert werden; die vom Gipfel zum Fuß herabziehenden Spülfurchen, nach unten an Breite und Tiefe zunehmend und durch ebenso regelmäßige Rippen getrennt, können dem Berg geradezu seinen morphologischen Charakter aufprägen. Den Gunung Sumbing auf Java, an dem die radiale Zerschluchtung besonders augenfällig ist, hat man sehr passend mit einem halbgeöffneten Regenschirm verglichen. Geht die erosive Bearbeitung des Vulkanberges noch weiter, so reißen die Bäche und Flüsse mächtige Scharten ein *, wie sie vor allem im Bereich der Vulkanruine von Las Palmas zu beobachten sind [2]. Am Ende kann es dahin kommen, daß die vulkanische Bergmasse zerteilt wird und nur noch einzelne niedrige Erhebungen übrigbleiben. ELBERT [3] hat solche Vulkanreste von der Insel Sumbawa beschrieben.

Wir wollen auch an dieser Stelle noch einmal betonen, daß die sorgfältige Beschreibung des Seienden ebenso wichtig ist wie die Darstellung des Gewordenseins. So manche Beobachtungstatsache rein morphographischer Natur, die zunächst gar nicht recht in das genetische Bild hineinpaßte und kaum eine zufriedenstellende Erklärung finden konnte, hat sich später als außerordentlich bedeutungsvoll erwiesen und die morphogenetische Forschung angeregt und befruchtet. Fällt z. B. die kammförmige Gestaltung eines aufgesetzten Vulkanberges auf, so wird diese Tatsache zunächst festgehalten und bildet den Ausgangspunkt der morphogenetischen Untersuchung. Es wird sich entweder herausstellen, daß eine ursprünglich mehr runde Erhebungsform durch die Erosionsarbeit zweier paralleler Flüsse bzw. durch andere Zerstörungskräfte verschnitten und dadurch gestreckt worden ist oder daß es sich, wie bei der siebenbürgischen Hargita (150 km lang,

* Im Spanischen werden die Schluchten Barrancos, die Kesseltäler Calderas genannt.

30 km breit, 1400—1800 m hoch), um eine Labialeruption handelt. Kuppenförmige Vulkanberge können ohne wesentliche Mitwirkung der zerstörenden Kräfte durch die homogene Struktur des Ergußmaterials bedingt sein; sie können aber ihre typische Form unter Umständen erst der Destruktion verdanken, wie es z. T. im rheinischen Siebengebirge der Fall ist. Namentlich dann, wenn der Kern eines Aschenvulkans aus kompakter Lava besteht, arbeiten Verwitterung und Abtragung oftmals kuppige Ruinengestalten heraus, indem die Aschen- und Schlackenhülle beseitigt und die homogene, ungeschichtete Lavamasse des Kerns freigelegt wird. *

Aufgesetzte vulkanische Berge treten in der verschiedensten Höhenlage, im meeresnahen Flachland und in den gebirgsumgürteten Hochebenen auf. Sie krönen bisweilen, wie in den südamerikanischen Anden, die nichtvulkanischen Hochgebirgsketten und heben sich dann, wenn sie dem Gipfelniveau mit markantem Absatz entsteigen, durchaus als Berge im Gebirge ab.

Was oben von den vulkanischen aufgesetzten Bergen gesagt wurde, gilt sinngemäß auch für die übrigen aufgesetzten Berge und Hügel. Als solche kommen in der Hauptsache Dünen und Moränenhügel in Betracht. Auch bei den durch äolische bzw. glaziale Akkumulation entstandenen aufgesetzten Bergen ist der Gang der Untersuchung der gleiche: Nachweis des Charakters als aufgesetzter Berg, Beschreibung und Erklärung der Formenänderung, die die Erhebungen durch die Einwirkung des Windes, des fließenden Wassers usw. erfahren haben. Raummangel verbietet es, hier den Formenschatz der Dünen und der Moränenhügel zu behandeln. Wir müssen auf die diesbezüglichen Bemerkungen verweisen, die an früherer Stelle darüber gemacht wurden (vgl. S. 216/18 und 232 f.).

2. Berg und umgebendes Flachland bestehen aus verschiedenem Material; die Untersuchung erweist jedoch im Gegensatz zu Fall 1, daß das Flachland jüngerer Entstehung ist als die den Berg zusammensetzende Gesteinsmasse. Als Beispiel diene irgend eine der vielen Erhebungen im norddeutschen Flachland, die sich schon durch ihr Gesteinsmaterial als Durchragungen des sonst von glazialen Ablagerungen verhüllten Untergrundes kundtun (Zobten bei Breslau, Petersberg bei Halle, Lüneburger Kalkberg u. a. m.). Die Genesis eines solchen Berges ergibt sich aus den Beobachtungen völlig eindeutig: durch die Aufschüttung, die das Flachland schuf, wurde eine besonders hochaufragende Partie des Untergrundes isoliert, umschichtet und dadurch zum Berg gemacht. Die morphologische Aktivität liegt hier nicht wie bei Fall 1 beim Berg, sondern bei dem umgebenden Flachland. In der Terminologie drückt man diesen Tatbestand vielleicht am besten da-

* Wir haben dann den Fall, daß die Geländeform ihrer ursprünglichen Entstehung nach als Strukturform, ihrer heutigen Gestaltung nach als Destruktionsform bezeichnet werden muß.

durch aus, daß man diese Art von Bergen als umschichtete Berge bezeichnet.

Ob ein umschichteter Berg, bevor er durch die Aufschüttung des Flachlandes zum Berg wurde, bereits Berg war oder ob er als Gipfel ein Gebirge krönte, ist für unsere Fragestellung belanglos. Die Zeit vor der Bergwerdung kann aber ihre Spuren auch am jetzigen Berg so deutlich eingegraben haben, daß sie deswegen die größte Beachtung des Morphologen erheischt (z. B. Abschliff durch Gletschereis, periglaziale Verwitterungsfazies, Erdfließen, Korrasionsskulptur u. a. m.). Die sorgfältige morphologische Analyse des umschichteten Berges wird uns ähnlich wie bei den aufgesetzten Bergen zu einer möglichst erschöpfenden Statistik des Formenschatzes führen und von hier aus die Frage beantworten lassen, welche Kräfte der Jetztzeit oder der Vorzeit für die Prägung der einzelnen Formenelemente des Berges verantwortlich zu machen sind. Auch hier und gerade in diesem Falle, wo die Bergmasse auf eine unter Umständen sehr weit zurückreichende morphologische Entwicklungsgeschichte zurückblickt, ist es durchaus nicht sicher, daß wir jedes einzelne Formenmerkmal mit Sicherheit zu erklären vermögen. Die Bedingungen der Verwitterung und Abtragung können sich ja oft und grundlegend geändert haben, und nur in seltenen Ausnahmefällen sind wir imstande, die Kräfte und Vorgänge in diesen zurückliegenden geologischen Perioden mit einiger Genauigkeit zu überblicken. Man verzweifle also nicht, wenn die Untersuchung an einzelnen Stellen mit einem ignoramus endet. Um so mehr Sorgfalt muß dann darauf verwandt werden, die hinsichtlich ihrer Entstehung einstweilen problematischen Formenelemente zu beschreiben.

Durch Hinzufügung eines Beiwortes werden sich die einzelnen Abarten der umschichteten Berge unschwer auch terminologisch auseinanderhalten lassen. Der Zobten bei Breslau z. B. wird durch die Bezeichnung glazial umschichteter Berg charakterisiert; die die lockeren Aufschüttungen der Sandwüsten bzw. der Lößlandschaft durchragenden Berge werden als äolisch umschichtete Berge gekennzeichnet; die in den ariden Gebieten im eigenen Schutt ertrunkenen Erhebungen wird man zweckmäßig eluvial umschichtete Berge nennen; für fluviatil umschichtete Berge hat SAPPER [4] einige Beispiele aus Nikaragua bzw. Borneo, BEHRMANN [5] aus dem Stromgebiet des Kaiserin-Augusta-Flusses in Deutsch-Neuguinea mitgeteilt usw. * — Sonderbezeichnungen für diese verschiedenartigen umschichteten Berge sind bis jetzt nicht vorgeschlagen worden und dürften auch kaum empfehlenswert sein. Die einzige Ausnahme bildet der Terminus Nunatakr für die vom Inlandeis umschlossenen Berge. Ursprünglich nur für die Verhältnisse in Grönland geprägt, findet man diese Sonderbezeichnung

* Vulkanisch umschichtete Berge kommen gleichfalls vor, wenn auch sehr viel seltener als die oben genannten Typen (Columbia-Lavaplateau des westlichen Idaho und Ost-Oregon).

jetzt auch bereits in Reiseberichten aus der Antarktis und anderen Gebieten mit Inlandeis. Da sie klar und eindeutig ist, werden keine Bedenken gegen ihre Beibehaltung geltend zu machen sein.

3. Ein weiterer Typus von Bergen nimmt schon wegen seiner geographischen Verbreitung eine Sonderstellung ein: er tritt ausschließlich im Bereich stark gewundener, meist tief eingesenkter Täler auf, z. B. im Moseltal, Neckartal, Kocher- und Jagsttal usw., gelegentlich in Form niedriger Hügel auch in manchen Tieflandstälern. Bei näherer Untersuchung zeigt sich, daß das Gesteinsmaterial dieser Berge mit dem der Talhänge ident ist und daß die schmale Ebenheit, aus der die Berge aufragen, vom Fluß geschaffen ist. Im Gegensatz zu den fluviatil umschichteten Bergen aber ergibt sich namentlich aus der Anordnung von Prallhang und Gleithang, daß der Fluß hier nicht ein zuvor schon zerschnittenes Gelände durch Überflutungen teilweise in den Flußschottern ertrinken ließ, sondern daß er selbst den heutigen Berg aus einem Talsporn herausmodelliert hat. Bei der Tieferlegung der Flußmäander wurden durch starke Entfaltung auch der Lateralerosion die Krümmungen und Biegungen des Flusses immer größer, die Flußwindungen immer tiefer in die Flanken des Sporns getrieben, bis schließlich der Hals des Sporns durchschnitten und der Talsporn zu einem Berg umgewandelt ward; der Fluß benutzt nun nicht mehr den alten Schleifenweg, sondern fließt geradlinig an dem jetzt isolierten Spornstück vorbei (Fig. 73). Wir werden später bei der Besprechung der Talformen auf diesen Vorgang noch einmal zurückkommen. Nach dem Vorschlag von SCHEU [6], der als erster die Entstehungsgesetze dieser Bergart aufgedeckt hat, bezeichnet man diesen Typus als Umlaufberge.

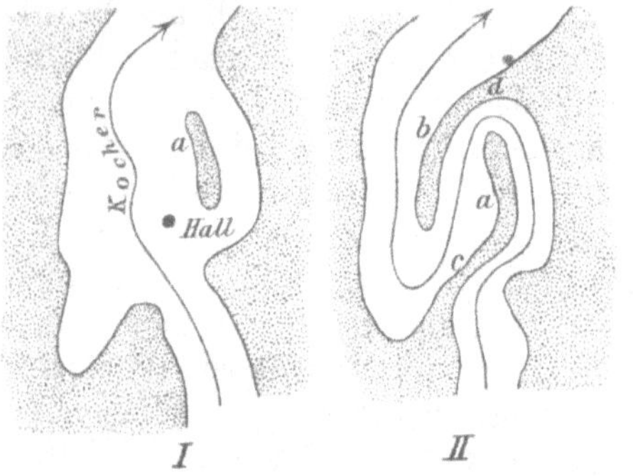

Fig. 73. Das Kochertal bei Hall. — Nach SCHEU. *I* stellt die gegenwärtige Gestalt des Tales (weiß) dar. *II* ist der Versuch einer Rekonstruktion des früheren Zustandes. Bei *c* und *d* erfolgten die Durchbrüche; von den dadurch isolierten Umlaufbergen ist *a* noch erhalten, *b* aber zerstört.

Die Gestalt der Umlaufberge hängt zum einen von dem Relief der Landschaft ab, in die die Mäander eingesenkt wurden. Handelt es sich um mehr oder weniger flaches Gelände, so spiegelt sich dieses oftmals noch in der Kulminationsebenheit des Umlaufberges wider. Im übrigen wirken sich aber natürlich die Gesteinsbeschaffenheit und die Art und Weise der zerstörenden Kräfte entscheidend aus, vor allem bei der Formung der Hänge, ihrer Zerschluchtung, Abtragung durch Massenabwanderungen usw. Was von allen morphologischen Formen gilt, trifft auch auf die Umlaufberge zu; jeder von ihnen ist ein Individuum für sich und kann in seiner speziellen Gestaltung nur aus den örtlichen Gegebenheiten heraus begriffen werden.

Eine ähnliche, bisher aber kaum beachtete Art von Bergen im Tal hat kürzlich GRADMANN 7 unter dem Namen »Sehnenberge«

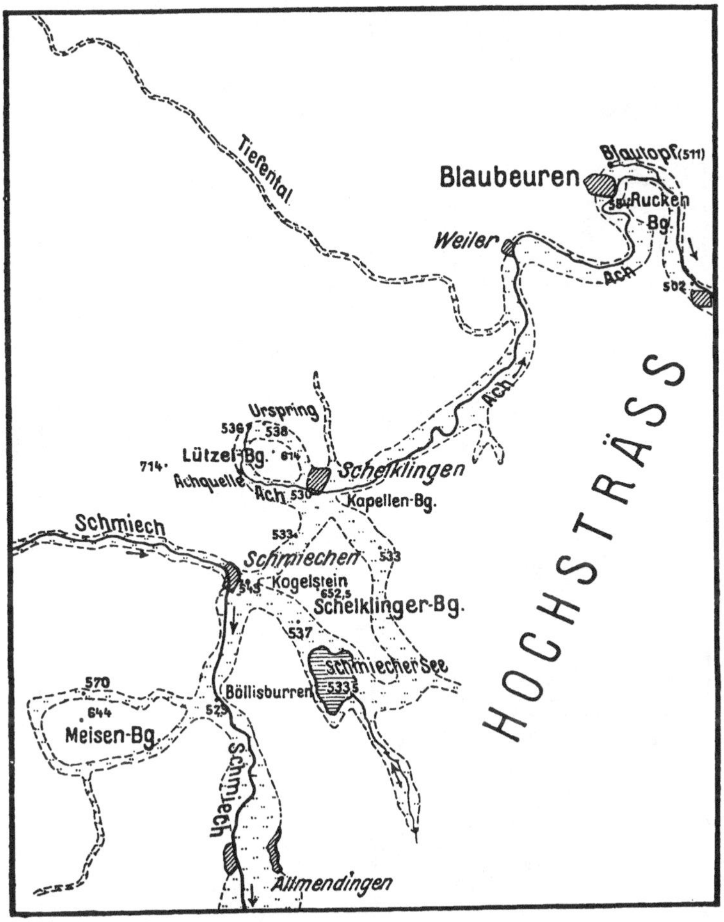

Fig. 74. Das Schmiech- und Achgebiet. — Nach R. GRADMANN 7.

aus dem Schmiech-Ach-Gebiet (Schwäbische Alb) beschrieben. Die morphologisch in jeder Beziehung hochinteressante Umgebung von Blaubeuren (Karsterscheinungen, Blautopf, Achquelle usw.) mit ihrem heutigen Entwässerungssystem mag zunächst durch eine Situationsskizze (Fig. 74) erläutert werden. Uns beschäftigen an dieser Stelle vor allem die drei talgebundenen Berge: der Meisenberg, der Schelklinger Berg und der Lützelberg. Auf den ersten Blick wird man geneigt sein, alle drei Berge als Umlaufberge anzusprechen. Eingehende Unter-

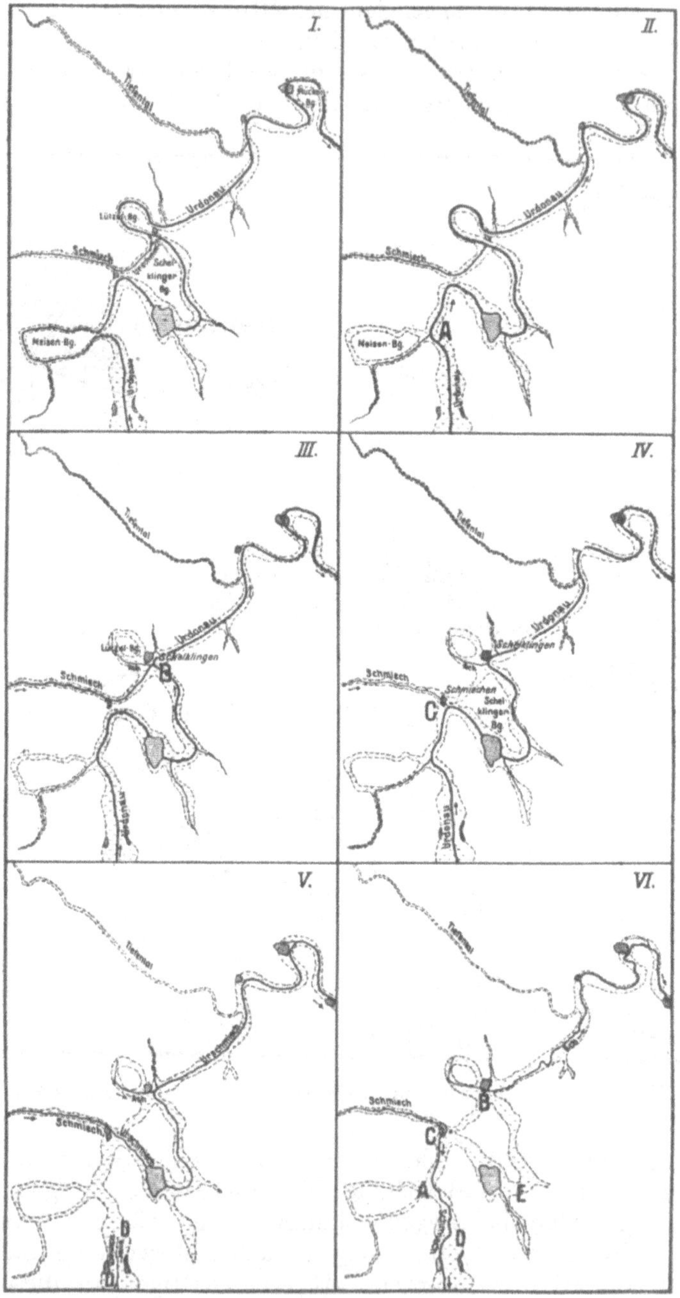

Fig. 75. Talentwicklung und Entstehung der Durchbruchsberge im Schmiech- und Achgebiet. — Nach R. GRADMANN [7].

suchungen haben jedoch GRADMANN zu der Vorstellung geführt, daß die Verhältnisse hier wesentlich komplizierter liegen. Seine Ergebnisse decken sich zwar nicht ganz mit den auf wiederholten Begehungen desselben Gebietes gewonnenen Anschauungen von WUNDERLICH [8], dürften aber im großen und ganzen doch wohl das Richtige treffen. GRADMANN gibt zur Erklärung des merkwürdigen Talzuges in der südlichen mittleren Alb und seiner Talberge die folgende Übersicht der morphogenetischen Ereignisse in zeitlicher Reihenfolge (Fig. 75):

I. Die ursprüngliche Entwässerung durch Urdonau.

II. Mäanderdurchbruch der Urdonau bei Meisenburg (Punkt A).

III. Mäanderdurchbruch der Urdonau bei Schelklingen (Punkt B); der Lützelberg wird zum Umlaufberg. In der alten Talschlinge entsteht aus den beiden Quelltöpfen die Ach und mündet bei Schelklingen in die Urdonau.

IV. Seitendurchbruch der Schmiech zur Urdonau bei Schmiechen (Punkt C); der Schelklinger Berg wird zum Durchbruchsberg, die Talstrecke Schmiechen-Schelklingen zum Trockental.

V. Die Donau ist durch Hebung und Schrägstellung des Gebirgskörpers aus der Alb herausgeworfen. Die Schmiech behält zunächst noch die alte Laufrichtung im Urdonautal bei. Durch rückwärtsschreitende Erosion vom neuen Donaulauf her entsteht im Urdonautal unter Gefällsumkehrung die Untere Schmiech DD_1 (wohl unter Mitwirkung einer Schrägstellung).

VI. Herstellung des jetzigen Zustandes: die Oberschmiech ist durch die Unterschmiech angezapft (DC, vielleicht unter Mitwirkung fortschreitender Schrägstellung). Die Schlinge um den Schelklinger Berg (CEB) wird dadurch bis auf den Schmiecher See und ganz unbedeutende Gerinnsel trockengelegt. Das Urdonautal von Schelklingen abwärts wird nur noch von der Ach entwässert.

Der Seitendurchbruch eines Nebenflusses zum Hauptfluß ist also die Ursache für die Entstehung der »Sehnenberge«, wie der Durchbruch des Hauptflusses durch den Hals eines bislang von ihm umflossenen Talspornes die Umlaufberge entstehen läßt. Da in beiden Fällen ein Flußdurchbruch infolge Seitenerosion vorliegt, schlägt GRADMANN folgerichtig vor, im morphologischen System die folgende Terminologie einzuführen:

Durchbruchsberge ≙ Einzelerhebungen, die ihre Isolierung dem Durchbruch eines Flusses durch die Talwand verdanken. Zu ihnen gehören

1. die aus autotropen oder Mäanderdurchbrüchen hervorgegangenen Umlaufberge;
2. die aus allotropen oder Seitendurchbrüchen hervorgegangenen Sehnenberge *.

---

* GRADMANN selbst gibt zu, daß die Bezeichnung »Sehnenberge« nicht eben sehr glücklich gewählt ist. Aber es dürfte schwerfallen, einen Ausdruck zu finden, der kurz

Sehnenberge hat Gradmann außer bei Schelklingen auch sonst mehrfach feststellen können. Als solche spricht er z. B. den Arzberg bei Beilngries im Bereich der Fränkischen Alb (Durchbruch der Sulz zur Altmühl), den Wolfsberg bei Dietfurt, den Berg von Dollnstein u. a. m. an. Zukünftige morphologische Untersuchungen werden bei Bergen im Tal darauf zu achten haben, ob es sich jeweils um Umlaufberge im Sinne von Scheu oder um Sehnenberge im Sinne von Gradmann handelt, sofern nicht etwa ausnahmsweise ein aufgesetzter oder fluviatil umschichteter Berg vorliegt.

Fig. 76. Vom Albrand abgetrennter Vorberg. Blick von der Wanne auf Achalm und den Ursulaberg. — Nach R. Lang, Geologische Charakterbilder, Heft 14.

4. Auch die nächste Gruppe von Bergen bietet uns durch die Art und Weise ihres Vorkommens bereits einen Anhalt zur Entzifferung ihrer Entstehungsgeschichte. Es handelt sich jetzt um Berge, die stets nur längs der Landstufen, hauptsächlich Schichtstufen (s. unten), auftreten und diese wie Vorposten einer geschlossenen Phalanx begleiten. In Deutschland bietet sich vor allem im Bereich der Schwäbischen Alb[9] vorzügliche Gelegenheit, diesen Typus von Bergen zu studieren (Fig. 76). Die Beobachtung ergibt, daß diese Berge hier wie auch sonst stets aus genau den gleichen Gesteinsschichten zusammengesetzt sind,

ist und trotzdem den Bildungsvorgang einigermaßen klar kennzeichnet. Auch die Bezeichnung »Durchbruchsberge« befriedigt uns wenig, weil gar zu leicht Verwechselungen mit den aufgesetzten vulkanischen Bergen möglich sind.

wie sie am Steilrand der Stufe ausstreichen (Fig. 80, S. 310). Des weiteren fällt auf, daß sich längs des Stufenrandes hier und da tiefe, zirkusartige Quellkessel einschieben, die dem Steilrand einen vielgezackten Verlauf geben und eine entwicklungsgeschichtlich sehr bedeutsame Formenreihe entstehen lassen vom nur wenig ins vorgelagerte Flachland hineinragenden Stufensporn über bastionartig vorspringende Stufenzungen bis hin zu völlig von der Stufe abgeschnürten Vorpostenbergen. Es kann somit keinem Zweifel unterliegen, daß diese Art Berge losgelöste Stücke der Stufenhangmasse darstellen und durch ihre Verbreitung eine einst weiter ins Flachland hineinreichende Erstreckung des Stufenrandes bezeugen. Aus diesem Grunde hat sich für sie die Bezeichnung Zeugenberg (Tafelrestberg) eingebürgert.

Versuchen wir, nun weiter diejenigen Kräfte zu ermitteln, die den Stufenrand angreifen und die Loslösung der Zeugenberge besorgen, so ergibt sich dafür in allen Fällen die Erosion des fließenden Wassers. Selbst in der Wüste ist die Abschnürung der Zeugenberge auf diese Kraft zurückzuführen, mögen hier auch nur selten starke Regengüsse niedergehen und die Täler hernach lange Zeit trocken liegen und dem Winde preisgegeben sein. Rückwärtserosion der Quelltrichter verbunden mit Anzapfungen des einen Flußlaufs durch den anderen (vgl. S. 205) spielen an den Stufenrändern eine große Rolle und führen zur Loslösung einzelner Stücke der Stufenhangmasse. Der Prozeß wird wesentlich gefördert, wenn der Stufenrand, wie in der Alb, im südlichen Tunis * usw., mit einer Wasserscheide zusammenfällt. Wo dies nicht der Fall ist, wie bei den das Pariser Becken abschließenden Schichtstufen, gehört die Abschnürung von Bergen zu den Seltenheiten. — Die Erosion des fließenden Wassers, die den Stufenhang so nachdrücklich modelliert und die Zeugenberge entstehen läßt, verfährt nicht willkürlich, sondern benutzt zu ihrer Arbeit die Linien geringsten Widerstandes, die ihr im Gestein durch Klüfte, kleine Verwerfungen usw. vorgezeichnet werden. Es genüge hier, auf die von Rolland so nachdrücklich betonte Bedeutung der Diaklasen in der Kreidehamada der algerischen Sahara hinzuweisen und die überaus wichtigen Untersuchungen von Lang [12] in der Schwäbischen Alb hervorzuheben. Die Achalm bei Reutlingen, der Hohenzollern, die drei Kaiserberge Hohenstaufen, Rechberg, Stuifen u. a. m. sind eindrucksvolle Beispiele und Beweise dafür, daß die Erosion stets Schwächelinien, im vorliegenden Falle Verwerfungsspalten, benutzt, die genetische Deutung der Zeugenberge also sehr gründliche Spezialuntersuchungen voraussetzt.

In der äußeren Erscheinungsform weisen die Zeugenberge eine

* Vgl. das Blatt Bir Toula der französischen Tuniskarte 1 : 100 000, im Ausschnitt wiedergegeben und erläutert von Berthaut [10]. Eine sehr plastische morphologische Beschreibung desselben Gebietes, in dem der Rand der südlichsten und bedeutendsten Stufe zugleich die Wasserscheide zwischen Mittelmeer und Sahara bildet, verdanken wir E. de Larminat [11].

erstaunliche Mannigfaltigkeit auf. Bald handelt es sich um typische Tafelberge, bald treffen wir Kammberge unter ihnen an, bald treten sie als Kegelberge oder gar als Rücken- und Kuppenberge in Erscheinung. Der Morphologe kann hier eine Erklärung nur bieten, wenn er in der Lage ist, die seit der Abschnürung des Zeugenberges an dessen Gestaltung arbeitenden Kräfte genau festzustellen *. Dabei mag ausdrücklich darauf hingewiesen werden, daß die den Berg als solchen schaffende Erosion des fließenden Wassers nicht notwendig als diejenige Kraft anzusprechen ist, die für seine weitere Formenentwicklung maßgebend ist. In der Wüste z. B. kann der von der Erosion erzeugte Tafelrestberg hernach in der Hauptsache vom Winde weiterbearbeitet werden und von ihm etwa pilz- oder tischförmige Gestalt erhalten.

Eine letzte Frage muß bei der Erörterung der Zeugenberge noch gestreift werden. Der Stufenrand weicht, wie wir in einem späteren Abschnitt ausführlich darzulegen haben werden, dauernd zurück; große Massen Gestein fallen dabei der Abtragung zum Opfer. In derselben Zeit verändert der Zeugenberg gewiß seine Gestalt nicht unwesentlich; er verliert an Umfang und Höhe, aber er bleibt häufig noch als Berg erhalten, wenn sich der an Masse so viel bedeutendere Stufenhang schon eine Reihe von Kilometern von ihm entfernt hat. Welche Kräfte sorgen für die Konservierung des von dem Stufenrand abgeschnürten Zeugenberges? Welche Vorgänge bewirken großmassige Zerstörung des Stufenhanges und schonen gleichzeitig die kleinmassige Einzelerhebung? Eine sichere Antwort kann auf diese Frage beim gegenwärtigen Stand der Forschung nicht erteilt werden. Die Zeugenberge unterscheiden sich in der Regel von dem Stufenhang in nichts anderem als in dem Ausmaß der Oberfläche. Dürfen wir also annehmen, daß darin auch der Unterschied im Tempo der Destruktion begründet ist? Ist es etwa angängig zu folgern, daß Wind und Regen an der kleinmassigen Einzelerhebung vorbeistreichen, sie gleichsam umfließen, an den Stufenhang dagegen aufprallen und erst hier ihre zerstörende Kraft in vollem Umfang entfalten **? Gesteinsunterschiede, wie sie Lang [12] als Ausnahmefall berichtet ***, oder Unterschiede des Pflanzen-

---

* Dabei spielt naturgemäß auch der geologische Aufbau des Zeugenberges eine große Rolle. Besteht er aus lagenweise wechselnden Schichten verschiedener Widerständigkeit, so resultieren andere Formen, als wenn er fast ganz aus homogenem Gesteinsmaterial aufgebaut ist. Für die meisten Zeugenberge spielt eine die Gipfelzone einnehmende härtere Bank eine große Rolle; fällt diese der Zerstörung zum Opfer, so ist meist das Schicksal des Zeugenberges besiegelt.

** Der Quellerosion z. B., die bei der Zerstörung und Rückverlegung der Stufe oftmals eine große Rolle spielt, dürfte bei den Zeugenbergen nur eine erheblich geringere Bedeutung zukommen.

*** Die Mehrzahl der Vorberge an der Schwäbischen Alb trägt zwar eine Kappe aus normalen, wohlgeschichteten Weißjurakalken, einige aber eine solche aus ungleich widerstandsfähigeren Schwammriffkalken.

kleides, von denen BARABAN [13] einmal spricht *, werden als Regelfall nicht in Betracht kommen. Hier klafft eine Lücke, die auszufüllen zukünftigen Forschungen überlassen bleibt.

5. Ein immer wieder von neuem erörtertes, aber bis heute noch nicht restlos geklärtes Problem knüpft an die Inselberge an, die »wie verlorene Klippen im weiten Ozean« (PASSARGE) aus den einförmigen Fastebenen in Afrika und Australien, in den Trockengebieten Nordamerikas, in Guayana und Brasilien, Zentralasien (Gobi), Indien u. a. w. aufsteigen. Teils in Gestalt von Kegel- und Kuppenbergen, teils als

Fig. 77. Inselberglandschaft im nördlichen Adamaua. — Nach Photographie von F. THORBECKE.

langgestreckte Rücken- und Kammberge, gelegentlich wohl auch in Form von Tafelbergen verleihen sie, bald dicht gedrängt stehend, bald durch meilenweite Ebenheiten getrennt, den genannten Landschaften ein sehr spezifisches Gepräge [14]. Ihre Höhe und Ausdehnung schwankt innerhalb sehr weiter Grenzen; wir treffen sie als kleine, niedrige Hügel, als über 1000 m hohe markante Berge, als ausgedehnte, oftmals die Grenze von Gebirgen erreichende Erhebungen. Bezeichnend ist in allen Fällen der scharfe Knick, mit dem sich der Hang der Berge dieser Art von dem umgebenden Flachland abhebt (Fig. 77). Die morphogenetische Untersuchung ergibt zunächst zwei Grundtatsachen, die für das Problem von ausschlaggebender Wichtigkeit sind:

---

* »Les gours de Nefzaoua sont presque tous en train de disparaître. Un seul a gardé sa hauteur primitive: une source, jaillissant au sommet, y entretient un épais fourré d'arbustes. Ce n'est pas la dureté de la roche, c'est la végétation qui l'a préservée.«

a) Das umgebende Flachland, häufig eine ausgesprochene Ebene, schneidet die verschiedenartigsten Schichten ab ohne Rücksicht auf deren tektonische und petrographische Struktur; es stellt eine typische Abtragungsfläche, eine Rumpfebene, dar. Auf weite Erstreckung hin steht der nackte Fels an oder wird er nur notdürftig von einer dünnen Schuttdecke verhüllt. Daneben treten, wenigstens in Ostafrika, allenthalben sehr flache muldenartige Senken auf, die größtenteils von feinen Schuttmassen erfüllt sind und während der Regenzeit als Endbecken der dann träge und oft schichtflutartig über die Fastebene dahinziehenden Gewässer dienen.

b) Die inselartig daraus aufsteigenden Berge bestehen gelegentlich wohl aus widerstandsfähigerem Gestein, z. B. Granit, Quarzporphyr, Quarzit, während in der Ebene leichter zerstörbare Schiefer usw. anstehen. Sehr oft aber — und das kompliziert das Problem in hohem Maße — ist selbst bei eingehender petrographischer Untersuchung keinerlei Gesteinsunterschied zwischen Ebene und Berg festzustellen.

Aus den Beobachtungstatsachen ergibt sich, daß die Berge dieser Art augenscheinlich gleichzeitig mit der Bildung der Fastebene entstanden und als Reststücke des Verebnungsrumpfes aufzufassen sind. Wir schlagen daher für sie die Bezeichnung Rumpfrestberg vor.

Die ursächliche Deutung der Rumpfrestberge setzt Klarheit über den Verebnungsprozeß voraus. So nachdrücklich diese Forderung ausgesprochen werden muß, so schwer ist sie zu erfüllen. Wir werden unten im Kapitel »Flachland« darauf zurückkommen. An dieser Stelle begnügen wir uns damit hervorzuheben, daß nach der übereinstimmenden Ansicht der meisten Forscher Wind und Meer als entscheidende Faktoren nicht in Betracht kommen, die Verebnung vielmehr auf die Erosion des fließenden Wassers unter Mitwirkung von Überschwemmungsregen und flächenhafter Abspülung zurückzuführen ist. Einzelheiten sind noch stark umstritten, insbesondere die Frage, ob eine klimatische Abwandlung der Verwitterung und Abtragung vorausgesetzt werden muß, d. h. die Entstehung von Inselberglandschaften an arides bzw. semiarides Klima mit starker Periodizität aller meteorologischen Elemente, der mechanischen und chemischen Verwitterung, der Schuttanhäufung und Schuttabfuhr gebunden ist. Im übrigen dauerte der Verebnungsprozeß in den meisten Gebieten mit typischen Rumpfrestbergen nachweislich durch geologische Perioden an, so daß möglicherweise auch hier wieder die heutige Form ein Produkt sehr verschiedenartiger Abtragungsvorgänge darstellt, deren Ermittlung im einzelnen wohl kaum je gelingen dürfte.

Da wir über die Entstehung der mit Inselbergen besetzten Rumpfflächen nicht völlig klar sehen, ist von vornherein nicht zu erwarten, daß das Problem der Berge selbst, das uns hier in erster Linie beschäftigt, als gelöst betrachtet werden darf. Auf alle Fälle sollte man zwei Dinge auseinanderhalten: die Frage nach der Entstehung der Rumpfrestberge und die Frage nach ihrer heutigen Gestaltung. Bei der ersteren versagt die unmittelbare Beobachtung, weil wir nicht mit Sicherheit zu unterscheiden vermögen, ob die Rumpfrestberge unter den heutigen morphologischen Bedingungen entstanden sind oder ob wir sie als Vorzeitformen ansprechen müssen. Hinsichtlich der zweiten Teilfrage können uns nur sorgfältige und über möglichst weite Gebiete sich erstreckende Beobachtungen Aufschluß geben; aber leider mangelt es daran zurzeit noch immer, und die Beobachtungen und Folgerungen des einen Forschers werden von dem andern oftmals in Abrede gestellt.

Was die primäre Entstehung der Rumpfrestberge anlangt, so sind wir hier einstweilen auf Vermutungen angewiesen. Beim Abtragungsvorgang können Massen gleicher Gesteinsbeschaffenheit dadurch vor der Zerstörung bewahrt bleiben, daß sie die Zone der Hauptwasserscheiden einnehmen, wo die Erosion des fließenden Wassers und die mit ihr verbundenen übrigen Destruktionskräfte sicherlich ihr Ziel am schwersten und spätesten erreichen (»Fernling«). Die Beobachtung im Gelände bietet nur selten einen Anhalt dafür, daß diese Annahme gerechtfertigt wäre; aber es können natürlich infolge von Krustenbewegungen Schrägstellungen und Verbiegungen der Rumpffläche erfolgt sein, die die Hydrographie und damit die Lage der Hauptwasserscheiden wesentlich verändert haben. — Eine zweite Erklärungsmöglichkeit gründet sich auf der These, daß die heutigen Rumpfrestberge Gipfel des der Abtragung überantworteten Gebirges gewesen seien und als solche dem Destruktionsprozeß widerstanden haben, während rings herum die niederen Höhen des Gebirges der Abtragung und Einebnung zum Opfer fielen. Hierbei kann als weiteres Moment der Unterschied in der Pflanzendecke mitwirken. Im Bereich der ostafrikanischen Inselberglandschaft beobachtet man, daß die niedrigeren Erhebungen von dürftiger Buschsteppenvegetation überzogen und dadurch nur wenig gegen die wühlende und abtragende Kraft der Regengüsse geschützt sind; die Berge dagegen, die in die Region der täglichen Cumuli hineinragen, hüllen ihre Gipfelpartie in moos- und flechtenreichen Höhenwald (Nebelwald), einen Pflanzenpelz, der nirgends auch nur die winzigste Stelle nackten Bodens freiläßt und durch begieriges Aufsaugen der Niederschläge den oberflächlichen Abfluß auf ein Minimum reduziert. Lagen etwa in dem der Verebnung anheimfallenden Gebirge die Verhältnisse ähnlich, so könnte die Umwandlung der Gipfel in Inselberge einigermaßen begreiflich erscheinen: die niedrigen, durch keine Waldzone geschützten Regionen des Gebirges fielen der Destruktion sehr viel schneller zum Opfer als die Gipfelregionen mit ihrem Pflanzenpelz. Erstere wurden daher bis zur Wurzel abgetragen oder erscheinen nur noch als kümmerliche Ruinen in Gestalt einzelner Felshaufen im Landschaftsbild, während die hohen, durch die Waldkappe geschützten Erhebungen an ihrer Basis zwar auch ständig an Umfang verlieren, ihre Höhe aber eben infolge des Waldschutzes nahezu unvermindert bewahrten und infolgedessen schließlich als markante Berge mit steiler Böschung aus der Destruktionsfläche aufragten. Im Laufe der weiteren morphologischen Entwicklung büßten dann aber auch diese waldgekrönten Inselberge allmählich und unter ständiger Verringerung ihres Umfangs so viel an Höhe ein, daß sie bis zur unteren Grenze des Höhenwaldes abgetragen und damit ihrer Pflanzenkappe beraubt wurden. In rascherem Tempo ging nun die Erniedrigung weiter, bis endlich auch hier wieder nur noch einige markante Felsberge oder gar kleine Felshügel auf der weiten fastebenen Rumpffläche von einstiger Größe und Buntheit des Reliefs zeugen. — Neben der Bevorzugung von Teilmassen gleicher Gesteinsbeschaffenheit auf Grund ihrer horizontalen oder vertikalen Lage während des Abtragungsvorganges kann endlich noch ein letzter Punkt von Belang sein, um die Entstehung und langfristige Erhaltung von Rumpfrestbergen zu erklären: die Abschnürung als Vorberge, die dann, ähnlich wie die von einem Schichtstufenrand abgelösten Zeugenberge, wegen ihrer Geringmassigkeit und Isoliertheit dem Destruktionsprozeß besser und länger zu trotzen vermögen als die Hauptmasse des Gebirges und sein Außenrand. Das Togogebirge in der Umgebung von Atakpame bietet vorzügliche Gelegenheit, den Unterschied in der Destruktionsintensität zwischen dem eigentlichen Gebirge und seinen Vorbergen zu studieren. Die Vorberge bestehen hier aus dem gleichen Gesteinsmaterial wie das Gebirge, mit dem sie ursprünglich zweifellos zusammenhingen; sie liegen nicht auf einer Hauptwasserscheide, besitzen auch keine schützende Höhenwaldkappe; und dennoch sind sie erhalten geblieben, während die Abtragung seitlich von ihnen große Gesteinsmassen forträumte, eine Rumpffläche entstehen und den Gebirgsrand über 30 km fortrücken ließ. Die Erklärung für diese Tatsache kann auch hier wieder nur in dem Umstand erblickt werden, daß die räumlich nur wenig ausgedehnten Vorberge von den Luftströmungen umflossen werden, während der geschlossene Gebirgsrand diese zum Aufsteigen und damit zur Kondensation zwingt. Je mehr die Destruktion den Umfang und die Höhe der Vorberge reduziert, desto geringer wird hier die jährliche Regenmenge werden, desto geringer auch wiederum die Intensität der Abtragung, während sie am Gebirgsrand nahezu unverändert bleibt. — Wie wir schon oben betonten, dürfen die drei hier skizzierten Erklärungsmöglichkeiten unter keinen Umständen den Eindruck erwecken, als ob das Problem der primären Entstehung der Rumpfrestberge damit gelöst sei. Was wir dargelegt haben, sind einige Gedanken über dieses Problem, wie sie sich bei der morphologischen Arbeit im Felde angesichts dieser und jener Beobachtung ergeben. Sorgfältige Nachprüfung in den verschiedenen Inselbergregionen der Erde werden erweisen, ob damit ein brauchbarer Weg gefunden worden ist.

Die heutige Gestalt der typischen Rumpfrestberge zu erklären, heißt vor allem ihre Steilheit und Felsigkeit, das Fehlen einer den Berg umgebenden und allmählich zur Ebene herabführenden Schutthalde, den Knick zwischen Felsfußfläche und Berg ursächlich begründen. Trotz vielfacher Abweichung im einzelnen haben sich die Meinungen heute doch so weit geklärt, daß man als Hauptfaktoren Flächenspülung und Wandverwitterung ansieht und das Vorherrschen eines semiariden Klimas mit ruckweiser Entwässerung, einem ausgeprägten Wechsel von Regen- und Trockenzeit, als notwendige Voraussetzung erachtet. Die Flächen- und Rillenspülung sorgt dafür, daß alle von der Verwitterung erzeugten Schuttmassen möglichst rasch und restlos entfernt werden, daß sie sich auch nicht am Bergfuß ansammeln, sondern, sobald sie genügend zerfallen sind, durch die schichtflutartig wirkenden Regengüsse abgespült und in das Vorland verschwemmt werden, wo wir sie als Alluvionen in den benachbarten Muldensenken wiedertreffen. Gleichzeitig bewirkt die Wandverwitterung, daß die Steilheit der Hänge erhalten bleibt. Die Felsfußfläche arbeitet sich infolgedessen stetig in das Innere der Inselberge hinein, bis schließlich der Berg aufgezehrt ist bzw. nur noch eine niedrige Felstrümmerruine übrigbleibt. Wie wir schon hervorhoben, weichen im einzelnen die Meinungen noch immer erheblich voneinander ab; wir können hier jedoch nicht näher darauf eingehen, sondern müssen uns damit begnügen, auf die Ausführungen von Jäger [15], v. Staff [16], Obst [17], Thorbecke [18], Waibel [19], Passarge [20] und Mortensen [21] hinzuweisen. Passarge, der früher die Rumpfrestberge auf ein mesozoisches Wüstenklima zurückführen wollte, hat diese Meinung zwar aufgegeben, hält aber heute noch dafür, daß die typischen Inselberglandschaften als Vorzeitformen anzusehen sind und ohne Annahme wiederholten Klimawechsels nicht erklärt werden können.

6. Daß wir bei den Rumpfrestbergen nicht immer eine Gleichartigkeit des Gesteins bei Ebene und Berg antreffen, wurde oben bereits ausgeführt. Besteht der Berg aus widerstandsfähigerem Material, so wird er vielfach als Härtling (Monadnock) bezeichnet. Der Name »Härtling« soll andeuten, daß bei der Verebnung diese widerstandsfähigere Partie der Abtragung trotzen konnte und als Berg herauspräpariert wurde. Eine anschauliche Schilderung derartiger Bergtypen verdanken wir Joh. Walther [22]: »Aber auch die nach Süden sich anschließenden sudanischen Ebenen sind nicht völlig ungegliedert. Denn in phantastischen Formen steigen dunkle Eruptivgesteine empor. Ich denke dabei nicht so sehr an die aufgesetzten Vulkane ....., sondern an jene plutonischen Massen, die ernst und finster wie gewaltige Meilensteine aus dem gefalteten Schiefergebirge emporragen. Ein Schuttwall riesiger Blöcke umkleidet ihren Fuß, und viele Tagereisen weit sieht man ihren runden Gipfel am Horizont auftauchen. Der Djebel Kassala ist wohl einer der höchsten dieser für ganz Nubien und den Sudan bezeichnenden »Einsiedler«. Die Sage geht, daß auf seinem 500 m hohen

Gipfel die Wunderelixiere wachsen, deren Genuß ewiges Leben bringt. Aber kein Sterblicher kann die steilen glatten Abhänge erklettern, um die kostbaren Kräutchen zu gewinnen.«

Wenn wir diese bei der Abtragung freigelegten, aus anderem Material als die Rumpffläche bestehenden Berge besonders anführen und für sie die Bezeichnung »entblößte Berge« vorschlagen, so tun wir es, weil hier noch Probleme besonderer Art mitspielen. Zunächst ist nicht von der Hand zu weisen, daß bei der Entstehung der Härtlinge andere Kräfte mitwirken können als bei der Bildung der petrographisch nicht differenzierten Rumpfrestberge im engeren Sinne. Während für letztere z. B. der Wind sicher keine entscheidende Rolle gespielt hat, muß zugegeben werden, daß Deflation und Korrasion sehr wohl fähig sind, besonders widerstandsfähige Massen als Berge herauszupräparieren. Auch die Meereswogen arbeiten selektiv und legen bei der Bildung der Abrasionsplattform widerstandsfähigere Massen als Einzelerhebungen frei. In diesen Fällen aber müßte genau wie bei der Entstehung durch fluviatile Erosion erwartet werden, daß alle in einem Gelände vorhandenen widerstandsfähigeren Massen als Erhebungen herausgearbeitet werden würden, denn gleiche Ursachen sollten gleiche Wirkungen haben. Die Beobachtung ergibt jedoch, daß merkwürdigerweise die Verebnung nur dann und wann vor solch widerstandsfähigeren Gesteinsmassen halt macht, sie aber keineswegs ausnahmslos zu bergartigen Erhebungen herausschält (Harzhochfläche, Hochländer von Ost- und Südafrika). An dieser Beobachtungstatsache dürfen wir nicht vorübergehen. Wenn aber dieselbe harte Masse an einer Stelle in die Verebnung einbezogen, an anderer Stelle als Berg herauspräpariert wurde, so leuchtet es ein, daß mit der Bezeichnung »Härtling« eine Ursache der Bergbildung vorgetäuscht wird, die in Wirklichkeit nicht zutrifft. Wir vermögen in diesem Falle die Frage nach dem Warum schlechterdings nicht zu beantworten. Dürfen wir etwa annehmen, daß nur diejenigen widerstandsfähigeren Gesteinspartien in Gestalt von Bergen herauspräpariert wurden, die zufällig im Kern eines normalen Rumpfrestberges enthalten waren? Dann würde das weichere Umhüllungsmaterial erst nachträglich entfernt sein und der »Härtling« sich aus dem normalen Rumpfrestberg herausgeschält haben. War dies geschehen, so konnte eine solche Erhebung naturgemäß den Destruktionsprozeß besser überdauern als ein normaler Rumpfrestberg, der ein Härterückgrat nicht besitzt. Aber keinerlei zweifelsfreie Beobachtung kann als Beleg für eine derartige Entstehungsweise der entblößten Berge angeführt werden. Nicht minder unsicher ist eine andere Deutung. Sie geht davon aus, daß bei der Verebnung durch fluviatile Erosion möglicherweise epigenetische Talbildung (s. unten) eine Rolle gespielt habe. Die Flüsse, die bei ihrer Tieferlegung auf harte Massen stießen, waren in ihrem Lauf bereits so festgelegt, daß sie diesen Massen nicht ausweichen konnten, sondern sie zersägen und zerstören mußten. Im Bereich epigenetischer Täler wurden also die harten Massen in die Verebnung einbezogen; abseits davon konnten sie im Laufe des fluviatilen Destruktionsprozesses als Härtlingsberge herausgearbeitet werden. Auch diese Hypothese ist durch Beobachtungen im Gelände nicht zu belegen. Es kann etwas Derartiges mitgewirkt haben, aber zu beweisen ist es nicht. Wir stehen einstweilen tatsächlich vor einem Rätsel, das mit den gegenwärtigen Ergebnissen der Forschung nicht gelöst werden kann. Der Morphologe wird jedenfalls, wo immer er auf »Härtlinge« stößt, sorgfältig darauf zu achten haben, ob in der umgebenden Rumpffläche dasselbe Gesteinsmaterial verebnet vorkommt oder nicht. Ist es lediglich dem Berg eigen, so wird gegen die Bezeichnung Härtling kaum etwas einzuwenden sein. Im anderen Falle, wenn dasselbe harte Gestein auch im Bereich der Rumpffläche ansteht und nicht zur Bergbildung geführt hat, wird er diese Feststellung nachdrücklich betonen und den Ausdruck Härtling vermeiden.

Als entblößte Berge fassen wir auch die von LANG[12] aus der Kirchheimer und Reutlinger Gegend beschriebenen, in der Gesellschaft echter Zeugenberge auftretenden vulkanischen Vorberge auf (Georgenberg bei Reutlingen, Florian und Weinberg bei Metzingen, die Limburg bei Weilheim u. a. m.). Es handelt sich um Tuffröhren, die als Fremdkörper in der Stufenhangmasse enthalten waren und beim Zurückweichen des Stufenrandes freigelegt wurden. Ob es angebracht ist, in diesem Falle unter allen Umständen von Härtlingen zu sprechen, bleibe dahingestellt. Man muß bedenken, daß für das Rückverlegen des Stufenrandes, wie wir sehen werden, der Wechsel harter und weicher Gesteine maßgebend ist, die eine solche Struktur nicht aufweisenden Tuffröhren also schon deswegen nicht mit dem Stufenrand gleichen Schritt halten konnten, d. h. herauspräpariert werden mußten. Ihre größere Widerstandsfähigkeit ist vielleicht nicht so sehr die Ursache der Bergbildung, wohl aber verleiht sie den so entblößten Bergen eine größere Lebensdauer. — Echte Härtlinge mögen dagegen die Basalt- und Phonolithkuppen und die im Basaltkontakt gehärteten Sandsteinpartien der Sächsischen Schweiz darstellen (Großer Winterberg, Großer Zschirnstein u. a. m.), die nach HETTNER[23] und v. STAFF-RASSMUSS[24] ursprünglich nicht zutage standen, sondern erst durch die Abtragung des weicheren Sandsteins entblößt worden sind.

7. Berge, die ihre Heraushebung aus dem Flachland allein tektonischen Vorgängen (Bruchbildung, Faltung) verdanken, sind nicht so häufig, wie man es im allgemeinen vermuten möchte. Nur selten läßt sich durch Beobachtung im Gelände nachweisen, daß tektonisch umgrenzte Erhebungen wirklich lediglich der Tektonik ihren Charakter als Berg verdanken. Beispiele für Antiklinalberge finden sich in Nordwest-Deutschland, vor allem im Grenzgebiet zwischen Gebirge und Ebene, in einiger Zahl (z. B. Elm und Fallstein, vgl. Blatt Braunschweig der geologischen Übersichskarte

1 : 200000). Als Horstberge dürften der Harteberg bei Wünschelburg i. Schl., der Iberg (Harz) u. a. m. anzusprechen sein.

Morphogenetische Klassifikation und Terminologie der Berge lassen sich nach unseren Darlegungen zu der folgenden tabellarischen Übersicht zusammenfassen:

Entstehungsursache	Beobachtungsgrundlagen	Bezeichnungen
Aufschüttung	1. Der Gesteinskörper des Berges stellt eine selbständige, durch Aufschüttung entstandene Erhebung dar und ist einem schon vorher bestehenden Flachland aufgesetzt.	Aufgesetzter Berg
	2. Der schon vorher bestehende Gesteinskörper ragt aus einem erst nachträglich durch Aufschüttung gebildeten Flachland auf. Lediglich durch die Aufschüttung jüngerer Massen rings um den Gesteinskörper herum ist die Erhebung zum Berg geworden.	Umschichteter Berg
Abtragung	3. Der Berg ragt aus einer Talsohle auf, besteht aus dem nämlichen Gesteinsmaterial wie die Talflanken und ist dem Durchbruch eines Flusses durch die Talwand zu verdanken.	Durchbruchsberg (Umlaufberg, Sehnenberg)
	4. Der Berg erweist sich als Vorposten eines Schichtstufenrandes und besteht aus den nämlichen Gesteinsschichten, die auch den Stufenhang zusammensetzen.	Zeugenberg (Tafelrestberg)
	5. Der Berg ragt aus einer Rumpffläche auf und besteht aus demselben Gesteinsmaterial wie diese.	Rumpfrestberg
	6. Der Berg ragt aus einer Abtragungsfläche auf, stimmt aber mit dieser im Gesteinsmaterial nicht überein, sondern besteht aus einer andersartigen, erst im Verlauf des Destruktionsprozesses entblößten Gesteinsmasse.	Entblößter Berg
Tektonik	7. Die Heraushebung des Berges aus dem Flachland ist allein tektonischen Vorgängen zu verdanken.	Tektonischer Berg (Antiklinalberg, Horstberg)

Hügelland und Bergland. Wir haben bisher Hügel und Berg als Einzelerhebung behandelt und müssen daher noch kurz auf den Fall eingehen, daß eine größere Anzahl derartiger Individuen vergesellschaftet auftritt und dadurch einer Landschaft den Stempel aufdrückt. Als Hügel- bzw. Bergland im strengen Sinne des Wortes sollte man nur eine Oberflächengestaltung bezeichnen, die aus einer Häufung oder gegebenenfalls einem Verwachsen der orographischen Grundform Hügel bzw. Berg im Sinne unserer obigen Begriffsfestsetzung entstanden ist. In dieser Einschränkung lassen sich eigentlich nur folgende Typen in der Natur beobachten:

vulkanisch aufgesetzte Hügel- oder Bergländer;
äolisch aufgesetzte Hügelländer (Dünenlandschaft);
glazial aufgesetzte Hügelländer (Moränenlandschaft);
eluvial umschichtete Berg- und Hügelländer (in ariden Gebieten nicht selten);
Hügel- oder Bergländer aus Rumpfrestbergen (Inselberglandschaft);
tektonische Berg- und Hügelländer.

Bei den Umlauf- und Sehnenbergen, den Zeugenbergen und der Mehrzahl der entblößten Berge handelt es sich in der Regel um einzelnstehende und jeweils nur in beschränkter Zahl auftretende Individuen; nur höchst selten rücken Berge dieser Art so dicht zusammen, daß eine einheitliche, den Namen Bergland verdienende Großform entsteht.

Die morphologische Analyse der oben aufgeführten Berg- und Hügelländer arbeitet im allgemeinen nach den gleichen Grundsätzen, wie wir sie bei der Darstellung der Einzelformen entwickelt haben. Im Rahmen dieses Buches näher darauf einzugehen, dürfte sich also erübrigen. Gemessen an dem, was an wichtigen anderen Fragen noch zu klären bleibt, handelt es sich hier um verhältnismäßig einfache Dinge, für deren Verständnis das oben Gesagte ausreichen wird.

Ein letzter Punkt muß allerdings noch zur Sprache gebracht werden. Als Hügel- bzw. Bergland bezeichnet man gelegentlich auch ein Gelände, das weder nach seiner Gestaltung noch nach seiner Entstehung irgend etwas mit Bergen oder Hügeln zu tun hat. Ein Flachland, das durch starke Entfaltung der Erosion oder anderer Destruktionskräfte, durch tektonische Zertrümmung u. a. m. seine Geschlossenheit eingebüßt hat und eine erheblich gesteigerte Reliefenergie aufweist, wird nicht selten mit dem Namen Bergland bzw. Hügelland belegt, obwohl man in ihm vergeblich nach deutlich gegen eine flache Umgebung abgesetzten Erhebungen mit allseitigem Gehänge suchen würde. Solange die Reststücke an mindestens einer Seite noch mit dem Ganzen verbunden sind, solange die Auflösung nicht wirklich bis zur Herausarbeitung einer Fülle von individualisierten Einzelerhebungen gediehen ist, rechtfertigt sich im Grunde die Bezeichnung Berg- oder Hügelland keineswegs. Die wissenschaftliche Geographie sollte jedenfalls im Interesse einer sicheren Verständigung für unbedingt klare und eindeutige Terminologie Sorge tragen. Destruktionsformen der Art, wie wir sie als Beispiel nannten, sollten deshalb nicht als Berg- oder Hügelländer bezeichnet werden, sondern etwa als durch Erosion belebtes Flachland (Erosionsflachland) bzw. durch Erosion aufgelöstes Plateaugebirge (Erosionsgebirge), als Korrasionsflachland, Schollengebirge usw.

Literaturnachweise. [1] E. Obst, Terminologie und Klassifikation der Berge; Peterm. Mitt. 1914, Bd. I (mit ausführlichen Literaturangaben). — [2] K. v. Fritsch, Reisebilder von den Kanarischen Inseln; 22. Erg.-Heft zu Peterm. Mitt., Gotha 1867. K. Sapper, Beiträge zur Kenntnis von Palma und Lanzarote; Peterm. Mitt. 1906.

C. Gagel, Die Caldera von La Palma; Zeitschr. Ges. für Erdk., Berlin 1908. — [3] J. Elbert, Die Sunda-Expedition des Vereins für Geogr. usw. zu Frankfurt a. M.; Bd. II, 1912. — [4] K. Sapper, Über Abtragungsvorgänge in den regenfeuchten Tropen und ihre morphologischen Wirkungen; Geogr. Zeitschr. 1914, S. 92. — [5] W. Behrmann, Geographische Ergebnisse der Kaiserin-Augustafluß-Expedition; Zeitschr. Ges. für Erdk., Berlin 1914, S. 254 f. — [6] E. Scheu, Zur Morphologie der schwäbisch-fränkischen Stufenlandschaft; Forsch. z. D. Landes- u. Volksk. XVIII, 1909. — [7] R. Gradmann, Durchbruchsberge; Zeitschr. Ges. für Erdk., Jubiläums-Sonderband, Berlin 1928. — [8] E. Wunderlich, Zur Entwicklung des Schmiech-Blau-Tales; Zeitschr. Ges. für Erdk., Berlin 1929. — [9] E. Wunderlich, Die Schwäbische Alb im Kartenbild; Stuttgarter Geogr. Studien, Reihe A, Heft 14/15, Stuttgart 1929. Derselbe, Morphologische Sonderdrucke der württembergischen topographischen Karte 1 : 25 000; Mitt. des Reichsamts für Landesaufnahme V, 1929/30, S. 138. — [10] General Berthaut, Topologie, étude du terrain; 2 Bde., Paris 1909/10, Karte Nr. 193. Dieses ausgezeichnete Werk sei der besonderen Aufmerksamkeit der Geographen dringend empfohlen. — [11] E. de Larminat, Étude sur les formes du terrain dans le sud de la Tunisie; Ann. de Géogr. 1896, S. 387, 396. — [12] R. Lang, Vorbergbildung und Tektonik am Nordrand der Schwäbischen Alb; Zeitschr. d. D. Geol. Ges. 1913, Monatsber. Nr. 4. — [13] L. Baraban, A travers la Tunisie; Paris 1887, S. 76. — [14] S. Passarge, Panoramen afrikanischer Inselberglandschaften; Berlin 1928. — [15] F. Jaeger, Das Hochland der Riesenkrater; Mitt. aus den D. Schutzgeb., Erg.-Heft 8, 1913. — [16] H. v. Staff, Beiträge zur Geomorphogenie und Tektonik Deutsch-Ostafrikas; Archiv für Biontologie, Berlin 1914. — [17] E. Obst, Das abflußlose Rumpfschollenland im nordöstlichen Deutsch-ostafrika; 2 Bde., Hamburg 1915/23. — [18] F. Thorbecke, Die Inselberg-Landschaft von Nord-Tikar; Hettner-Festschrift, Breslau 1921. — [19] L. Waibel, Gebirgsbau und Oberflächengestalt der Karrasberge in Südwestafrika; Mitt. aus den D. Schutzgeb., Bd. 33, Berlin 1925. Derselbe, Die Inselberglandschaft von Arizona und Sonora; Zeitschr. Ges. für Erdk., Jubiläums-Sonderband, Berlin 1928. — [20] S. Passarge, Das Problem der Inselberglandschaft; Zeitschr. für Geomorphologie IV, 1929. — [21] H. Mortensen, Inselberglandschaften in Nordchile; Zeitschr. für Geomorphologie IV, 1929. — [22] Joh. Walther, Das Gesetz der Wüstenbildung; IV. Aufl., Leipzig 1924, S. 133. — [23] A. Hettner, Gebirgsbau und Oberflächengestaltung der Sächsischen Schweiz; Forsch. zur D. Landes- und Volksk. II, Stuttgart 1887, S. 277. — [24] H. v. Staff und H. Rassmuss, Zur Morphogenie der Sächsischen Schweiz; Geolog. Rdschau II, 1911.

Landstufen.

Begriff und morphologische Charakteristik. Als Landstufen bezeichnen wir die größere Flachlandsgebiete beherrschenden Geländeformen, die eine einseitige Böschung aufweisen und die Verbindung zwischen zwei in verschiedenen Niveaus gelegenen Ebenheiten herstellen. Der Stufenhang und die Ebenheit, zu der er aufsteigt, werden dabei häufig als morphologische Einheit (Stufenkörper) zusammengefaßt. Für die Stufenböschung ist die Bezeichnung Stufenstirn, für die oben sich anschließende Ebenheit die Bezeichnung obere Plattform oder Landterrasse (Hettner [1]) vorgeschlagen worden.

Höhe und Steilheit der Stufenstirn unterliegen erheblichen Schwankungen und müssen von Fall zu Fall genau angegeben werden. Auch in der sonstigen Gestaltung begegnen wir einer großen Formenfülle; neben mauerartig geschlossenen Stufenwänden treffen wir reich zerlappte, im Grundriß als vielgewundenes Band erscheinende Hänge, neben Einzelstufen eine Aufeinanderfolge ganzer Stufensysteme, wobei dann oft die nächstfolgende Stufenstirn aus der oberen Plattform der vorhergehenden Stufe aufsteigt und dadurch ein treppenförmiger Aufbau der Landschaft erzeugt wird. Meist verlaufen die Landstufen auf weite Erstreckung hin ziemlich geradlinig, doch treten daneben zickzackförmig ein- und ausspringende oder bogenförmig geschwungene Stufen auf. Die durch die Stufe verbundenen, in verschiedener Höhe gelegenen Ebenheiten sind nur selten wirklich horizontal entwickelt, ihre Böschung aber ist, gemessen an der der Stufenstirn, so gering, daß die Kennzeich-

Fig. 78. Die schroffe Mauer der Turu-Bruchstufe nahe dem Balangida-See (Deutsch-Ostafrika Granit). — Nach Photographie von E. Obst.

nung der Stufen als einseitig geböschte Erhebungen gerechtfertigt erscheint. Gewöhnlich läßt die obere Plattform eine leichte Abdachung von der Stufenstirn weg erkennen; die Ebenheit am Fuß der Stufe neigt sich in der Regel schwach nach der entgegengesetzten Seite, doch kommen auch hier Ausnahmen vor. Südwest-Deutschland, Lothringen, Nordost-Frankreich, Südost-England und das östliche Afrika sind, um nur einige Beispiele anzuführen, ausgesprochene Stufenlandschaften.

Die beiden Arten von Stufen, ihre Entstehung und Gestaltung. Die morphogenetische Untersuchung der Landstufen beginnt zweckmäßig bei der Stufenstirn und zielt darauf ab, deren Entstehung zu ermitteln. Wir werden von vornherein mit zwei Möglichkeiten zu rechnen und unsere Beobachtungen darauf einzustellen haben: entweder ist der markante Geländeabsatz von tektonischen Kräften geschaffen worden (Bruch, Flexur), oder er geht auf die Wirksamkeit von Verwitterung und Abtragung zurück. Da der erste Fall leichter zu erklären ist, mag er vorweggenommen werden.

1. Der Nachweis für die tektonische Entstehung einer

Stufe wird durch eine Reihe von Beobachtungen erbracht, die wir oben in dem Abschnitt »Bruchbildung und Faltung« bereits behandelt haben. Dort betonten wir auch schon (S. 107/108), wieviel schwieriger die Feststellung der tektonischen Natur eines Stufenabsatzes ist in dem alle, daß die Verwerfung nicht ein aus flachgelagerten Sedimentschichten aufgebautes Tafelland durchsetzt, sondern den Rumpf einer kristallinen Gebirgsmasse, wie es in Ostafrika der Fall ist.

Fig. 79. Massai-Bruchstufe und Massai-Steppe in Nordost-Irangi (Deutsch-Ostafrika, Glimmergneis). — Nach Photographie von E. Obst.

Von dem Alter der Verwerfung (Flexur) hängt es in erster Linie ab, ob die Erscheinungsweise der Bruchstufe (Flexurstufe) die ursprüngliche Strukturform noch deutlich erkennen läßt (Fig. 78) oder ob diese durch die Destruktionskräfte bereits mehr oder minder verwischt worden ist (Fig. 79). Ein Blick auf neuere Karten des ostafrikanischen Bruchstufenlandes[2] zeigt uns, wie der Grad der erosiven Zerschneidung und der Hangverflachung von Fall zu Fall verschieden ist. Der Morphologe wird den hier auftretenden Formenschatz genau beschreiben und alle Vorgänge studieren, die für die destruktive Umprägung der tektonischen Strukturform von Belang sind. Dabei wird der Einfluß einer Reihe weiterer Faktoren nicht übersehen werden dürfen. Der Einfallswinkel der Verwerfungskluft bestimmt primär die Steilheit des Stufenhanges, die jedoch nachträglich durch Massenabwanderungen, Abspülung usw. wesentlich gemildert werden kann; gewöhnlich stecken z. B. die ostafrikanischen Bruchstufen in einem Schuttfußhang, der erst im letzten Drittel des Geländeabsatzes dem steiler geböschten gewachsenen Felsen Platz macht. Von Bedeutung für die morphologische Ausgestaltung der Stufe ist weiterhin die Feststellung, ob eine einheitliche Verwerfung vorliegt oder eine Aufsplitterung in Form von Staffelbrüchen; daß im letzteren Falle — in Ostafrika nicht selten — die Zerstörung unter sonst gleichen Umständen intensiver zu arbeiten vermag, versteht sich von selbst. Sehr zu beachten ist die Neigung der oberen Stufenplattform. Dacht sie sich zur Stufenstirn hin ab, so werden die in ihrem Bereich ausgebildeten Bäche und Flüsse über den Stufenhang hinabstürzen und tiefe Kerbtäler darin eingraben; durch Rückwärtserosion versucht das fließende Wasser dann, den Gefällsknick allmählich wieder auszugleichen (S. 191), so daß die lineare Zerschneidung nach und nach den gesamten Stufenkörper erfaßt und seinen morphologischen Charakter tiefgreifend verändert. Liegt umgekehrt eine Aufwölbung der oberen Ebenheit vor, wie wir es an früherer Stelle aus Ostafrika beschrieben haben (S. 137), und bildet demgemäß der obere Stufenrand eine Wasserscheide, so fehlen die weit in den Stufenkörper übergreifenden tiefen Schluchten, und statt dessen herrschen Spülfurchen, kesselförmige Nischen (Quelltrichter) u. a. m. am Stufenhang vor; gleichzeitig entwickeln sich auf der oberen Plattform kleine Abdachungsrinnsale, die von der Aufwulstungszone herabkommen und ihres geringen Gefälles wegen nur mäßige Tiefenwirkung zu entfalten vermögen. Räuberisches Vordringen der gefällstarken Stirnbäche in das Quellgebiet der Abdachungsflüsse auf der oberen Plattform (S. 206) ist in Ostafrika wiederholt zu beobachten. — Die Ebenheit am Fuße der Bruchstufen weist in der Regel ein schwaches Gefälle vom Stufenrand weg auf. Wo der tektonische Bildungsvorgang zu einer Verbiegung in umgekehrter Richtung führte, werden die Senken am Fuß der Bruchstufe durch den von dieser abgeschwemmten Schutt ausgefüllt und begleiten als Sedimentationszone, in Ostafrika [2] häufig in Gestalt von Sümpfen mit flachen Salzseen, den unteren Rand des Stufenhanges.

Wir haben bis jetzt vorausgesetzt, daß der Formenschatz einer solchen Stufenlandschaft hauptsächlich von der Erosion des fließenden Wassers bestimmt wird. Selbstverständlich ändern sich die Formen wesentlich, wenn statt dessen oder daneben auch der Wind, das Eis u. a. m. an der Gestaltung der Stufe arbeiten. Nicht minder großen Einfluß übt die Beschaffenheit des den Stufenkörper zusammensetzenden Gesteins aus. Eine Bruchstufe im Bereich splitterigen Schiefers verliert ihre Strukturform im allgemeinen rascher und stärker als eine im Granit entstandene Bruchstufe (vgl. Fig. 78 und 79); die Reststücke werden dort spitzere und zackigere Formen, hier mehr kuppige annehmen. Erst recht verstärkt sich der Formenunterschied, wenn der Stufenkörper aus Sedimentgesteinen besteht.

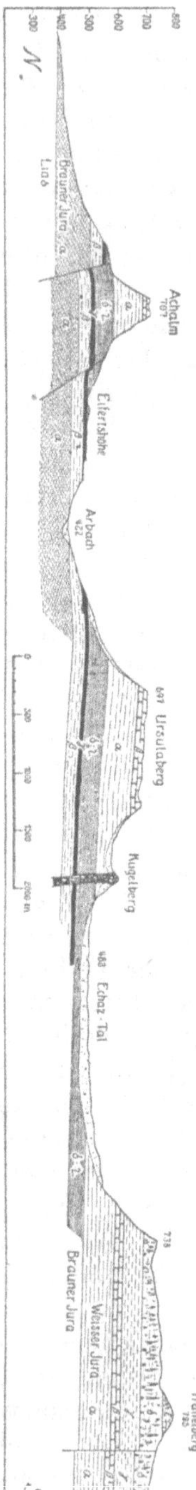

Fig. 80. Profil durch die Reutlinger Alb von Bahnhof Sondelfingen nach Bahnhof Lichtenstein. 2½ fache Überhöhung. — Nach Geländeaufnahmen von R. Lang.

Daß bei Bruch- und Flexurstufen gelegentlich durch seitliches Zusammenstoßen zweier Quelltrichter Vorbergablösung eintritt, ist kein ganz seltener Fall. Aber es ist bezeichnend für diese Art von Stufen, daß mit der Vorbergbildung genau wie mit der sonstigen erosiven Bearbeitung des Stufenkörpers die Stufe selbst ihre ursprüngliche Gestalt mehr und mehr einbüßt und sich der Stufenkörper nach und nach in eine Erosionslandschaft mit starker Reliefenergie umwandelt (Landschaft Ussandaui in Ostafrika [2]). Die Bruchstufe wird, vollends wenn sie kristalline Gesteine durchsetzt, nicht etwa unter Wahrung ihres Stufencharakters zurückverlegt, sondern ihre ursprüngliche Gestaltung wird im Laufe des Destruktionsprozesses bis zur Unkenntlichkeit verwischt. Gerade in diesem Punkte unterscheiden sich die Bruchstufen ganz wesentlich von der zweiten Art von Stufen, bei deren Entstehung tektonische Kräfte einen direkten Einfluß nicht ausgeübt haben.

2. Untersuchen wir als Beispiel andersgearteter Stufenlandschaften etwa die Schwäbische Alb, so lehrt uns die Begehung des Geländes den folgenden Tatbestand als wesentlich erkennen:

a) Das Gebiet ist aus einer Folge sehr flachgelagerter Sedimentschichten aufgebaut. Dieselbe Schichtenserie, die an der Oberkante der Stufenstirn ausstreicht, findet sich im Bereich der unteren Plattform nirgends wieder; diese wird vielmehr von anderen Schichten gebildet, die wir auf Grund ihrer petrographischen und paläontologischen Eigenart als älter und als Unterlage des Stufenkörpers ansehen müssen (Fig. 80).

b) Die von der Stufe abgelösten Vorberge dagegen lassen die gleiche Schichtenfolge erkennen, wie wir sie an der Stufenstirn beobachten können; sie sind typische Zeugenberge (Fig. 80).

c) Die an der Stufenstirn und den Vorbergen festzustellenden Schichtenserien offenbaren wesentliche Unterschiede in der Widerständigkeit der einzelnen Gesteinsbänke; es wechseln harte (wasserdurchlässige) und leichter zerstörbare (wasserundurchlässige) Schichtenpakete lagenweise miteinander ab.

d) Die obere Plattform (Landterrasse) wird nicht in ihrer ganzen Ausdehnung von einer und derselben Gesteinsbank gebildet, vielmehr gelangen wir, je weiter wir uns von der Stufenstirn entfernen, in immer jüngere Schichten, so daß wir die Landterrasse als eine Kappungs- und Schnittfläche ansprechen müssen.

Aus diesen Beobachtungstatsachen ergibt sich in voller Eindeutigkeit, daß von irgendwelcher direkten Mitwirkung tektonischer Kräfte bei der Bildung einer solchen Stufenlandschaft nicht gesprochen werden kann *, sondern die Stufenabsätze durch exogene Vorgänge herausmodelliert worden sind. Wir bezeichnen diese Art von Stufen als Destruktionsstufen oder Schichtstufen.

Dem Morphologen kann diese Einsicht natürlich nicht genügen; er möchte den zur Schichtstufenbildung führenden Destruktionsprozeß genauer kennenlernen und wird sich demgemäß bemühen, die Vorgänge der Verwitterung und Abtragung in einer Schichtstufenlandschaft im einzelnen zu studieren. Dabei wird er vorweg die Frage zu klären versuchen, ob die Schichtstufen etwa als Vorzeitformen gedeutet werden müssen. Stellt jede Schichtstufe vielleicht ein Kliff, die vorgelagerte Ebenheit eine Abrasionsplattform dar? Oder können Wind oder Eis als Schöpfer dieser Formen in Südwest-Deutschland angesehen werden? So sorgfältig der Morphologe alle Formenelemente der Schichtstufenlandschaft festhält, keine einzige Beobachtung weist in die Richtung derartiger Vorzeitkräfte; im Gegenteil, alle Beobachtungen widersprechen auf das Entschiedenste solchen Annahmen. Selbst in den Wüsten, wo die dort vorhandenen Schichtstufen gewiß vom Winde angegriffen und stellenweise wesentlich umgestaltet werden, ist die Entstehung der Schichtstufen nach allem, was wir über die spezifische Arbeit des Windes beobachten können, nicht auf Winderosion zurückzuführen. Als formenschaffende Kräfte bleiben hier wie in den Gebieten feuchten Klimas bei allen Schichtstufenlandschaften nur übrig: die Wirksamkeit des fließenden und spülenden Wassers und die hiervon unterstützten Massenabwanderungen.

Ist diese Erkenntnis erst einmal gesichert, so müssen genaue und über genügend lange Zeiträume ausgedehnte Beobachtungen an der Stufenstirn näheren Aufschluß bieten. Es läßt sich feststellen, wie jede Stufe an hartes Gestein im Hangenden des Stufenkörpers gebunden ist ** und von welch grundlegendem Einfluß die Tatsache ist, daß diese härtere

* Als Wegbereiter der die Ablösung von Zeugenbergen bewirkenden Erosion führten wir oben bereits die gelegentlich im Bereich der Stufen nachweisbaren kleinen Verwerfungen an. Mit der Entstehung der Stufe selbst haben diese Verwerfungen jedoch nichts zu tun.

** Diese widerstandskräftige Schicht bezeichnet Davis als Stufenbildner.

Bank von weicheren Schichten unterlagert wird *. Im Bereich der weicheren Massen räumen Quellerosion, Abspülung, Rutschungen usw. so stark aus, daß die harte Oberkante der Stufe am Ende unterminiert ist. Nach Erreichung eines gewissen Schwellenwertes müssen die überhängenden Partien abbrechen, wodurch die Stufe zwar zurückverlegt wird, ihre Steilheit und Geschlossenheit jedoch nicht einbüßt. Die am Fuße der Stufe zunächst angehäuften Trümmermassen werden allmählich von der Verwitterung aufbereitet und der Abtragung überantwortet (Rutschungen, Schuttkriechen, Abspülung und Flußerosion, in ariden Gebieten sicherlich auch Abblasen). Nach geraumer Zeit ist der Fußschutthang so weit fortgeräumt, daß das Spiel von neuem beginnen kann. Wieder setzt die Unterminierung der harten Bank im Hangenden des Stufenkörpers ein, wieder brechen die äußersten Teile dieser Schicht ab, die Stufe wandert abermals ein Stück rückwärts. Die gelegentliche Abschnürung von Zeugenbergen infolge Zusammentreffens zweier Quelltrichter ist dabei mehr oder minder akzessorisches Beiwerk; wesentlich ist vor allem die Tatsache, daß der geradlinig oder gezackt verlaufende Stufenhang dauernd zurückverlegt wird, der Charakter des markanten Stufenabsatzes dabei aber durchaus erhalten bleibt.

In dieser durch Beobachtungen im Gelände einwandfrei gestützten Auffassung über den Zusammenhang zwischen Gesteinslagerung und Gesteinsbeschaffenheit auf der einen, Rückverlegung der Schichtstufe auf der anderen Seite besteht heute wohl allenthalben Übereinstimmung. Das Problem der Schichtstufenlandschaft jedoch ist auch damit noch nicht gelöst. Als offene Fragen bleiben die folgenden übrig:

Wo liegt der Ausgangspunkt der Schichtstufenbildung? Wie muß ein Gelände gebaut sein und welche Kräfte müssen darauf einwirken, um den Prozeß der Stufenbildung einzuleiten?

Durch welche Vorgänge entsteht jene Folge von Stufen, wie sie etwa für Südwest-Deutschland bezeichnend ist?

Durch welche Kräfte wird die Schnittfläche geschaffen, als die wir oben (Punkt d) die Landterrasse erkannten?

Und welche genetischen Beziehungen bestehen zwischen der Stufenstirn und dieser oberen Plattform?

Es muß offen ausgesprochen werden, daß die Forschung heute noch nicht so weit gediehen ist, eine eindeutige und allgemein anerkannte Antwort auf diese Fragen zu erteilen. Die Beobachtungen im Gelände sind trotz eifrigen Bemühens einer Reihe von Forschern noch so umstritten, daß eine Fülle von Deutungen in der Literatur vertreten wird.

Deecke [3] hat als möglich hingestellt, daß die Stufenbildung auf einen Fazieswechsel zurückgehen könnte. Da, wo die Stufen heute

---

* Die weiche, nachgiebige Schicht im Liegenden des Stufenbildners nennt Davis den Hangbildner.

emporragen, keilten die härteren Schichten aus; das ganze Schichtenpaket nahm überdies westwärts an Mächtigkeit ab, so daß hier zwei Faktoren gleichzeitig wirkten, um der Abtragung zu einem starken Erfolg zu verhelfen. Die Destruktion, vor allem die Erosion des fließenden Wassers, räumte die weichen Massen an der Faziesgrenze energisch aus und arbeitete den Beginn der härteren Fazies als Stufe heraus. Da sich für diese verblüffend einfache Hypothese im Gelände noch nicht genügend beweiskräftige Beobachtungsgrundlagen haben schaffen lassen, hat diese Erklärungsmöglichkeit einstweilen nicht sonderlich viel Anhänger gefunden.

Eine zweite Theorie knüpft an gewisse Ähnlichkeiten der Stufenplattformen mit den Talterrassen an und ist geneigt, die Stufenlandschaft

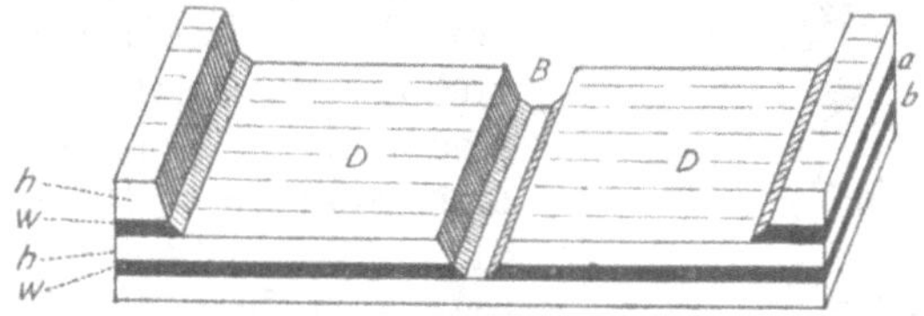

Fig. 81. Destruktions-Längsstufen.
h = hart, widerstandsfähig; *w* = weich, nachgiebig.

in allen ihren spezifischen Formenausprägungen auf ein Seitwärtsverlegen von Talwänden zurückzuführen. Die Ähnlichkeit tritt besonders in den Längsstufen zutage, die mit den Hauptflüssen parallel laufen, wie es Fig. 81 darstellt. Es ist ein schematisches Diagramm, entspricht aber ungefähr den Vorkommnissen in der Sächsischen Schweiz und im Coloradotafelland. Die erste Veranlassung zur Stufenbildung gibt hier der Fluß; er bildet die Stufungsbasis (B in Fig. 81). Von der Tiefe der Stufungsbasis hängt es ab, wieviele Schichten von wechselnder Widerstandsfähigkeit freigelegt werden, wieviele Stufen entstehen. In unserem Diagramm sind nur zwei solcher Schichtenpakete (a, b) angenommen, und entsprechend ergeben sich zwei Stufen, eine flußnahe Talwandstufe und eine weiter davon entfernte echte Landstufe. Bei jeder dieser Stufen treffen wir als Stufenbildner eine widerstandskräftige Schicht (wasserdurchlässige Gesteine wie Kalkstein, Sandstein oder Eruptivgestein mit säulenförmiger Absonderung) und als Hangbildner eine nachgiebige Schicht (wasserundurchlässige Gesteine, die einen Quellhorizont erzeugen). Die Destruktion spielte sich so ab, wie wir es oben beschrieben haben. Auch die heute vom Fluß weiter entfernte Stufe war einst Talwand und wurde nur durch die Tieferlegung der Stufungsbasis der Einwirkung des Flusses entzogen. Der Wechsel der Gesteine und die dadurch spezifisch beeinflußte Verwitterung und Abtragung ließen in der oben dargelegten Weise die Stufenmauer immer weiter zurückweichen; der Hangbildner gab dabei die darunter liegende härtere

Schicht mehr und mehr frei, die Ebenheit D (Denudationsebene) wurde entblößt: eine Ebene vermöge ihrer Struktur, nur bloßgelegt durch Verwitterung und Abtragung.

Die eben behandelte Theorie kann natürlich, sofern ihr überhaupt Gültigkeit zukommt, nur zur Erklärung von Stufenlandschaften herangezogen werden, bei denen wirklich Längsstufen vorliegen, d. h. parallel zur Stufe ein Fluß dahinzieht. Das trifft in der Sächsischen Schweiz und im Coloradocañon einigermaßen zu, und HETTNER wie DAVIS waren aus diesem Grunde ursprünglich geneigt, für diese Gebiete den Zusammenhang von Stufenplattform und altem Talboden zu bejahen. In Südwest-Deutschland, Frankreich und England aber verlaufen die Hauptflüsse quer zu den Stufen (Fig. 82). Will man auch hier einen Zusammenhang von Erosion und Stufenbildung annehmen, so können nicht mehr die Hauptflüsse als jeweilige Stufungsbasis gelten, sondern diese Funktion muß auf die mehr oder minder senkrecht dazu gerichteten Nebenflüsse übertragen werden. Die Hauptflüsse fließen über das ein wenig schräg gestellte Schichtland im Sinne der Abdachung und quer zu den Stufen hinweg (konsequente Flüsse nach DAVIS), die Nebenflüsse begleiten als Längsflüsse den Fuß der von ihnen herausmodellierten Stufe (subsequente Flüsse nach DAVIS). Die Erklärung der Querstufen durch die Erosion der subsequenten Flüsse ist aber schlechterdings unmöglich in einem Gebiet, in dem die Oberfläche von der obersten Lage eines unversehrten Schichtenpakets, einer homogenen, in allen Teilen gleich widerständigen Gesteinsbank gebildet wird. Nur eine Hilfsannahme kann hier weiterführen: die Ausgangsfläche ist keine Schichtfläche, sondern eine Kappungsfläche, die die Schichten unter einem spitzen Winkel abschneidet und in dieser Ebenheit Schichten unterschiedlicher Widerständigkeit ausstreichen läßt. In einer derartig gebauten Landschaft werden die konsequen-

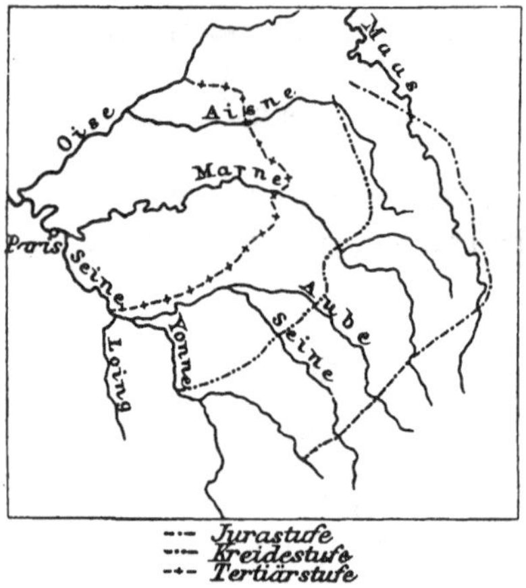

Fig. 82. Nordfranzösische Stufenlandschaft in 1 : 5 000 000.

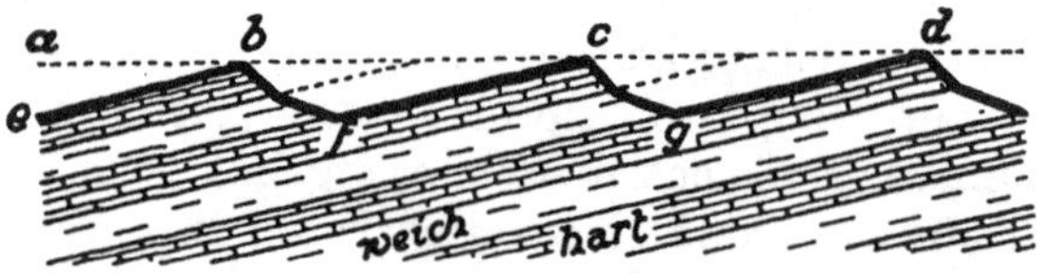

Fig. 83. Hypothetische Entstehung der Landstufen im Sinne der DAVISschen Theorie mit einer Kappungsfläche (a-b-c-d) als Ausgang und späterer Ausräumung der weichen Schichten; e-b-f-c-g-d jetzige Oberfläche.

ten Flüsse höchstens durch Verengung bzw. Erweiterung ihres Querprofils auf die Gesteinsunterschiede reagieren, die subsequenten Flüsse aber die in der Schnittfläche ausstreichenden weichen Schichten bevorzugen, sich hier eingraben und hier die Stufungsbasis anlegen. Die weicheren Schichten werden durch die Erosion der subsequenten Flüsse bis zur widerstandsfähigeren Unterlage ausgeräumt, und aus der so entblößten Schichtebenheit steigt nun die Stufe empor (Fig. 83). Die Stufenbildung zerfällt nach dieser Auffassung in zwei Akte: 1. Herstellung der Schnittfläche, ohne daß die Gesteinsunterschiede dabei irgendwie zu morphologischer Geltung gelangen; 2. fluviatile Zerschneidung dieser Kappungsfläche infolge nachträglicher Neubelebung des Flußgefälles, wobei nun die Gesteinsgegensätze für die die Stufungsbasis bildenden subsequenten Flüsse von grundlegender Wichtigkeit werden.

Damit sind bereits die Schwierigkeiten aufgedeckt, die sich dieser Deutung entgegenstellen. Welche Kräfte können eine solche Schnitt-

Fig. 84. Geologisches Profil von England. — Nach Ramsay.

fläche geschaffen haben? Ramsay [4] und Reed [5] dachten für Englands Stufenlandschaft (Fig. 84) an marine Abrasion. Davis [6], Scheu [7] u. a. m. sehen in der Schnittfläche eine durch fluviatile Erosion geschaffene Fastebene. Hettner, der seine einstige Auffassung über die Entstehung der Ebenheiten in der Sächsischen Schweiz inzwischen aufgegeben hat [8], lehnt die Hypothese von Davis ab [1] und wird darin von Gradmann [9] unterstützt; beide stoßen sich vor allem an der Tatsache, daß die Stufenplattform, wie die Beobachtung lehrt, eine Schnittfläche, nicht eine nach der Davisschen Theorie zu erwartende entblößte Schichtfläche ist. — Auch die nachträgliche erosive Bearbeitung der Schnittfläche und die damit verbundene Herausarbeitung der Stufen begegnet mancherlei Anzweiflungen, denn die vorausgesetzten subsequenten Stufenlängsflüsse sind keineswegs immer vorhanden, und die Stufenplattformen erreichen bisweilen eine Breite, die der Erosion des Stufenlängsflusses nicht ohne weiteres zuzutrauen ist. Man sieht, zu einer einwandfreien Lösung des Schichtstufenproblems hat die zweiaktige Vorstellung von Davis nicht zu führen vermocht.

Aber auch die sonst noch aufgestellten Theorien ähnlicher Art befriedigen keineswegs. Seefeldner [10] und Braun [11] halten die bei den einzelnen Stufen auftretenden Schnittebenheiten für Stücke einer einheitlichen präoligozänen Verebnungsfläche; wenn diese Teilstücke heute nicht mehr in einem Niveau, sondern als Stufenflächen übereinander liegen, so sollen flexurartige Verbiegungen der Verebnungsfläche hierfür verantwortlich sein. Solche Verbiegungs- und Rückbiegungsvorgänge sind jedoch durch Beobachtungen im Gelände nicht einwandfrei nachgewiesen, und die Schichtstufen als Flexurstufen zu deuten, dürfte erst recht nicht angängig sein, weil dann das unbestreitbare Zurückweichen der Stufen gänzlich problematisch werden würde. Lehnt man diese Auffassung ab, so bleibt für den, der an dem Charakter der Stufenplattformen als Erosionsfastebenen festhält, nur die Annahme übrig, daß die zu den verschiedenen Stufen gehörenden Landterrassen nacheinander entstanden sind. In der Tat nimmt SCHEU [7] zwei solcher fluviatilen Fastebenen in Südwest-Deutschland an (Alb- und Gäu-Ebenen), KREBS und LEHMANN [12] haben als dritte die der Frankenhöhe hinzugefügt. Da wir in diesem Gebiet insgesamt mindestens ein halbes Dutzend gleichgearteter Ebenheiten antreffen, müßten wir zu ebenso viel selbständigen Erosionsfastebenen gelangen, d. h. es müßte sich erstaunlich oft der gleiche Zufall ereignet haben, daß weite Strecken des Landes bis zum unteren Denudationsniveau abgetragen wurden, während an anderer Stelle ansehnliche Reste des nächstvorhergehenden fluviatilen Abtragungsprozesses und darüber wieder solche eines noch älteren Prozesses gleicher Art stehengeblieben sind. Warum die nicht mehr in die Verebnung einbezogenen Reststücke des Geländes just die Gestalt von Stufen annahmen, bleibt vollends unerklärt.

Angesichts der immer wieder von neuem auftauchenden Schwierigkeiten, die der Theorie von der zwei- oder mehraktigen Entstehung der Stufenlandschaft im Sinne von DAVIS (Schaffung der fluviatilen Abtragungsfläche, Hineinarbeiten des Stufenbaus) begegnen, hat eine andere Gruppe von Forschern den Versuch unternommen, ohne eine vorausgehende Einebnung auszukommen und die gleichzeitige Entstehung der als Schnittflächen festgestellten Plattformen und der Stufenabsätze zu erklären. Wir verweisen als Beispiele auf die Arbeiten von JÄGER [13], GRADMANN [9], SCHMITTHENNER [14] und LÖFFLER [15]. Namentlich SCHMITTHENNER und ganz in seinem Geiste LÖFFLER betonen mit Nachdruck, daß alle Wesenszüge einer Stufenlandschaft Ausdruck eines einheitlichen morphologischen Geschehens seien und die Plattformen gleichzeitig mit den Stufen entstünden, wobei die Erosion des fließenden Wassers an Bedeutung zurücktrete hinter der durch die Gesteinsunterschiede maßgeblich beeinflußten Abtragung in Form von Abspülung und langsamer Massenabwanderung. Im Gegensatz zu der mehr deduktiven Methode, die in der Schule von DAVIS, aber auch bei GRADMANN überwiegt, legt SCHMITTHENNER den Hauptwert auf sorgfältigste Beobachtungen im Gelände, durch die allein er den Schlüssel zum Verständnis der Schichtstufenlandschaft und ihres Bildungsmechanismus zu erhalten hofft. Die Beobachtung aber führt ihn zu der Überzeugung, daß die Dellenbildung einer der wichtigsten Faktoren bei der Formung einer Stufenlandschaft ist. Es handelt sich bei diesen

Dellen nicht eigentlich um Erosionsgebilde, auch nicht um Korrasionstalungen (W. Penck), sondern um Formen der Abtragung, die auf ein Zusammenwirken von Abspülung, Gekriech und Rutschungen zurückgehen. Im Gelände erscheinen die Dellen als bachlose, kleine und flache Talungen; sie sind an undurchlässiges Gestein gebunden und entwickeln sich je nach der Widerständigkeit schneller oder langsamer. Hänge, die durch Dellenbildung stärkeren Ausmaßes ausgezeichnet sind, unterliegen einer ausgesprochen flächenhaften Abtragung. Das Endergebnis ist ein flachwellig gegliedertes bis fast ebenes Gelände, das sich als Schnittfläche über das gesamte Verbreitungsgebiet der undurchlässigen Schichten erstreckt. Mit der Erreichung durchlässiger Schichten endet die Region der Dellenabtragung; zwar fehlen Dellen auch im harten, durchlässigen Gestein nicht völlig, aber ihre Wirkung schwächt sich so erheblich ab, daß sie von der Talerosion übertroffen wird und eine Abtragung über die Fläche kaum mehr folgt. Auf Grund dieser Beobachtungen stellte Schmitthenner nun eine eigene Theorie für die Entstehung der Stufenlandschaft auf. Das Schichtland taucht mit einer tonigen Oberschicht auf und erhält eine Schrägstellung. Fast alles Regenwasser bleibt infolgedessen an der Oberfläche und rinnt von der höchsten Aufwölbung dem ursprünglichen Gefälle (= Schichtgefälle) folgend ab. Auf den Hängen bilden sich Dellen und Senken, die ständig länger werden, sich verzweigen und schließlich zu Tälern auswachsen. Im weichen, undurchdringlichen Material sind die Talungen flach und breit, denn der Prozeß der Dellenbildung hält mit der Einschneidung der Täler Schritt. Da, wo das Land am höchsten ist, werden die Täler natürlich zuerst ihre größte Tiefe erlangen. Hier durchsinken die Dellen und Täler, nachdem durch die flächenhafte Abtragung relativ rasch große Mengen des weichen, tonigen Materials fortgeschafft sind, zuerst die Tonschicht und treffen die nächste darunterliegende Gesteinstafel. Ist deren Gestein hart und durchlässig, etwa Kalk, so arbeiten die Abtragungsvorgänge langsamer als im Ton, der einstweilen talab noch allenthalben ansteht. Die gesamte Oberfläche ist jetzt bereits nicht mehr als Schicht-, sondern als Schnittfläche anzusprechen. Durchsägen nun die Flüsse im weiteren Verlauf des Abtragungsprozesses die jetzt ausstreichende harte Schicht, so setzt hier, begünstigt durch die Quellerosion, ein Untergrabungsvorgang im harten, durchlässigen Gestein ein, der zur Bildung einer Steilstufe führt. Flachwellige Schnittfläche (Landterrasse) und Schichtstufe erscheinen also als Folgen des nämlichen Abtragungsvorganges. Je nach dem Anschneiden immer weiterer Schichten entsteht eine Vielzahl solcher Stufen und Plattformen auf die gleiche Weise.

Die neuartige Hypothese Schmitthenners hat, wie es immer in solchen Fällen zu sein pflegt, begeisterte Anhänger, aber auch scharfe Kritiker gefunden. Hettner[1] äußert sich sehr zustimmend und drückt seine Befriedigung darüber aus, daß »die bisher wenig beachteten Dellen, die man gar für greisenhafte Täler gehalten hatte, dadurch in ihr Recht als einer der wichtigsten Akte der Abtragung eingesetzt werden«. Gegen die Dellentheorie äußert sich vor allem PHILIPPSON [16]: »SCHMITTHENNER glaubt mit Hilfe seiner Dellentheorie in den Stufenlandschaften nicht nur die heutigen Landterrassen erklären, sondern auch von jeder früheren Einebnungsfläche als Ausgangsform der Entwicklung absehen zu können. So verdienstlich seine Arbeit durch feinsinnige Einzelbeobachtungen und durch die erstmalige Untersuchung der Kleinformen dieses Landschaftstyps ist, so müssen wir doch diese Schlußfolgerungen ablehnen. ... Einen Teil der Dellen kann man (mit SÖLCH) als alte Talanfänge, die durch die spätere Eintiefung der Täler abgeschnitten sind, ansprechen. Aber nehmen wir die Dellen im Sinne Schmitthenners, so heißt es doch große Erscheinungen, wie die eingeebneten Hochflächen, die man großen Kräften (den Flüssen) nicht zutrauen möchte, durch kleine Kräfte zu erklären! Gewiß kann die Beobachtung der Kleinformen Licht auf manche größere Vorgänge werfen. Aber es heißt das Pferd am Schwanze aufzäumen, wenn man die Kleinformen nicht als oft sehr charakteristische Begleiterscheinungen der großen Vorgänge, sondern als deren Ursachen betrachtet! Wie sollen diese kleinen, fast stets trockenen Tälchen mit ihrem sehr geringen Gefälle die ungeheuren Gesteinsmassen entfernen, die doch tatsächlich hier abgetragen sind? Wo ist die bewegende Kraft, welche diese Schuttmassen auf viele Kilometer fast horizontal bis zu dem nächsten Tal schafft? Wieso arbeiten alle benachbarten Dellen so gleich stark, daß daraus eine Ebene entsteht? Wieso greifen diese Ebenen über verschiedene Gesteine über ohne Höhensprung? Welche ungeheuer viel längeren Zeiträume wären für diese Arbeit in Dellen nötig, als wenn dieselbe Arbeit von einebnenden Flüssen geleistet würde? Wo kommen die Schuttmassen hin, wo sieht man sie vom Ausgang einer Delle sich als Schuttstrom in das Tal hinabziehen, dessen Fluß sie außer Landes führen muß? Alle diese Fragen sind ebenso viele Gegengründe gegen die Dellentheorie.... Die Durchschneidung der geneigten Gesteinszonen, z. T. entgegengesetzt zum Schichtfallen, durch die gesamte heutige Oberfläche, die im ganzen doch recht geringe Höhenunterschiede, namentlich der Firste, aufweist, gegenüber dem Relief, das der Tektonik entsprechen würde, macht die Annahme mindestens einer (alttertiären) Einebnungsfläche unentbehrlich; ebenso ist die weitgehende Unabhängigkeit der Flußläufe vom Schichtenbau und von den Landstufen nicht ohne eine Einebnungsfläche zu verstehen. ... Die besonderen Bedingungen für die Entstehung der Stufenlandschaft sind: flach geneigte Schichten verschiedener Widerständigkeit des Gesteins, betroffen von mehrfachen Einebnungen in verschiedenen Niveaus infolge wiederholter Hebung mit Ruhepausen.« — Auch W. PENCK [17], dem allerdings die letzten Arbeiten SCHMITTHENNERS noch nicht bekannt sein konnten, gelangt zu einer Ablehnung der Dellentheorie. Er glaubt, den Formenschatz einer Stufenlandschaft klarer und einfacher mit Hilfe fluviatiler Erosion zu erklären und legt dem Widerstand der in der Schnittfläche ausstreichenden härteren Schichten insofern großes Gewicht bei, als die Flüsse an diesen Stellen eine wesentliche Verzögerung ihrer Abtragungskraft erleiden. Diese Stellen bedeuten für alle flußaufwärts gelegenen Flußstrecken die strukturelle (lokale) Erosionsbasis, oberhalb derer mangels energischer Tiefenerosion keine Zerschneidung des Geländes, sondern, unterstützt durch langsame Massenabwanderungen, eine erosive Kappung eintreten muß. Gleichzeitig bilden sich längs der ausstreichenden härteren Schichten durch Unterschneidung, Rutschungen usw. die Stufenabsätze.

Wir haben hier die beiden Gruppen von Theorien über die Entstehung der Schichtstufenlandschaft dargelegt, ohne selbst dazu Stellung zu nehmen. Zu dieser Haltung nötigte uns nicht nur der Charakter dieses Buches, sondern auch der Stand der Forschung. Die verschiedensten Erklärungsversuche stehen sich noch immer gegenüber, und es unterliegt keinem Zweifel, daß weitere eingehende Beobachtungen notwendig sind, um das Problem einmal endgültig zu lösen. Die Kardinalfrage ist und bleibt, ob die Modellierung der Stufen erst nach Anlage einer das schräg gestellte Schichtenpaket kappenden Schnittfläche erfolgte oder ob der Bildung der Schnittfläche und der Herausarbeitung der Stufenabsätze ein einheitlicher Entwicklungsgang zugrunde liegt. Erst wenn diese Vorfrage eindeutig beantwortet werden kann, wird eine Entscheidung darüber möglich werden, ob Erosion des fließenden Wassers oder Abtragung in Form von Dellenbildung usw. als entscheidender Faktor der Formenprägung einer Stufenlandschaft anzusehen ist.

Schichtrippe (Cuesta). Neben den nach Hanghöhe und -steilheit, Zerschluchtung und Vorbergablösung mannigfach gestalteten Bruch- und Schichtstufen muß in diesem Zusammenhang noch eine letzte Oberflächenform erwähnt werden, die sich genetisch eng an die Schichtstufenlandschaft anschließt, von dieser aber in ihrer Erscheinungsweise doch wieder erheblich abweicht. Es handelt sich um Schichtstufen, bei denen die von der Stufenstirn weggerichtete Neigung der oberen Plattform in Übereinstimmung mit dem Schichtenfallen so wesentlich viel größer als bei den normalen Schichtstufen ist, daß wir von einer zweigeböschten Form sprechen müssen. Als Bezeichnung für solche stark geneigten Stufenarten hat sich der Ausdruck »Schichtrippe« oder nach einem in Mexiko hierfür gebräuchlichen Namen »Cuesta« [18] eingebürgert *. Die Stufenstirn der Schichtrippen pflegt steil aus dem umgebenden Flachland aufzusteigen, die »obere Plattform« dacht sich oft nicht viel weniger

* Als deutsche und deutliche Bezeichnung würden wir an Stelle des nichtssagenden »Schichtrippe« weit lieber den Ausdruck »Schichtkamm« verwandt sehen, der in Landschaften dieser Art durchaus üblich ist. Nur um terminologische Verwirrung zu vermeiden, lassen wir es bei dem aus dem Amerikanischen übernommenen »Schichtrippe« bewenden.

steil nach der entgegengesetzten Richtung ab, so daß der Erhebung eine kamm- oder rückenförmige Gestalt eigen ist (hog backs = Schweinsrücken der Amerikaner). Im Westen der Vereinigten Staaten und in

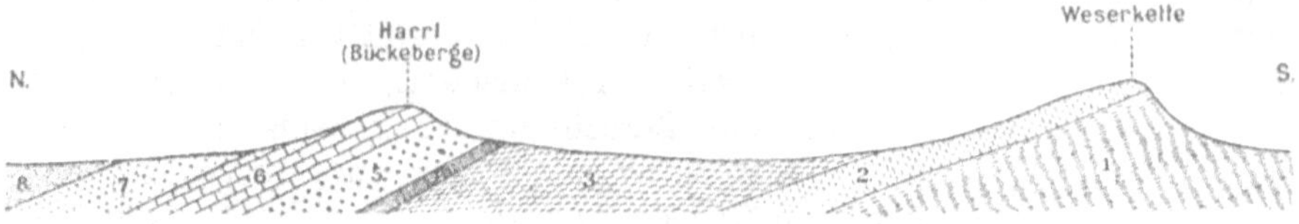

Fig. 85. Schichtkamm-Landschaft im Weserbergland. — Nach H. Stille. 2fache Überhöhung. 1 = Brauner Jura. 2 = Weißer Jura, ausschließlich Münder Mergel und Serpulit. 3 = Münder Mergel. 4 = Serpulit. 5 = Unterer Wealdenschiefer. 6 = Wealdensandstein. 7 = Oberer Wealdenschiefer. 8 = Neokomtone.

Nordwest-Deutschland (Fig. 85) sind derartige Schichtkämme weit verbreitet.

Auch bei dieser Form ist die Wechsellagerung von harten und weichen Schichten für den Bildungsmechanismus von grundlegender Bedeutung, nur daß hier noch die starke Schrägstellung des Schichtenpakets hinzukommt. Der Körper der Schichtrippe besteht oft aus-

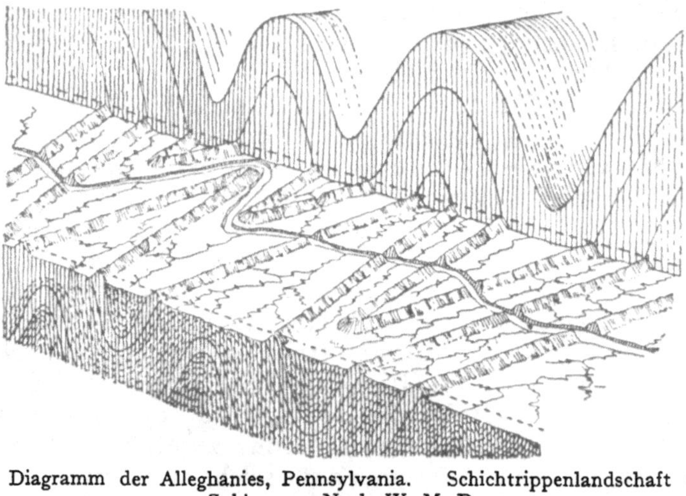

Fig. 86. Diagramm der Alleghanies, Pennsylvania. Schichtrippenlandschaft im zweiten Zyklus. — Nach W. M. Davis.

schließlich aus dem widerständigen Material einer harten Gesteinsserie. Selektive Destruktion kann solche Formen in den verschiedensten Klimazonen entstehen lassen. Jedenfalls ist man geneigt, sowohl fluviatile Erosion als auch Abrasion, Abtragung durch Wind und Eis als mögliche formenschaffende Kräfte der Schichtrippen anzusehen. Im Einzelfalle werden also verschiedenartige Möglichkeiten in Betracht zu ziehen sein, und erst die systematische morphologische Durchforschung des Gesamtgebietes vermag Anhaltspunkte dafür zu bieten, welche Kräfte und Vorgänge hier für die Bildung des Schichtkammes verantwortlich zu machen sind. Ohne uns damit grundsätzlich auf die morphologischen Ansichten der amerikanischen Schule festlegen zu wollen, sei zum Schluß die deduktiv abgeleitete Entstehung einer Schichtrippenlandschaft nach DAVIS [19] wiedergegeben: »Die Appalachien von Pennsylvania (Fig. 86) bestehen aus einer umfangreicheren Serie von Schichtgesteinen, innerhalb der drei mächtige widerstandsfähige Sandsteingruppen zwischen weicheren Schichten liegen; die ganze Serie wurde eng zusammengefaltet, die Achsen der Faltung verlaufen NO—SW. Die gefaltete Masse wurde in einem früheren Erosionszyklus bis zu geringem Relief abgetragen, und selbst die harten Sandsteine ragten nur noch als schwache Züge hervor. Dann trat eine Hebung ein, und in dem neuen Erosionszyklus wurden in den weichen Schichten Längstäler und Tieflandstreifen mit fein zersetztem Boden ausgebildet, die von den Sandsteinen in schmalen, langen, rippenförmigen Höhen überragt werden, deren ebene Kämme anzeigen, daß sie noch keinen beträchtlichen Verlust an Höhe gegenüber der, die ihnen die neue Hebung gab, erlitten haben; grober Gesteinsschutt verhüllt ihre Hänge. Wir können hier von einer Schichtrippenlandschaft sprechen.«

Literaturnachweise. [1] A. HETTNER, Die Oberflächenformen des Festlandes; 2. Aufl., Leipzig-Berlin 1928, S. 70 f. — [2] E. OBST, Das abflußlose Rumpfschollenland im nordöstlichen Deutsch-Ostafrika; 2 Bde., Hamburg 1915/23. — [3] W. DEECKE, Geologie von Baden; Bd. III (Morphologie), Berlin 1918. — [4] A. C. RAMSAY, Physical Geology und Geography of Great Britain; London 1878. — [5] F. R. C. REED, The geological history of the rivers of East Yorkshire; London 1901. — [6] W. M. DAVIS und G. BRAUN, Grundzüge der Physiogeographie; 2. Aufl., Leipzig-Berlin 1915, Bd. II, S. 46 f. — [7] E. SCHEU, Zur Morphologie der Schwäbisch-Fränkischen Stufenlandschaft; Forsch. zur D. Landes- und Volksk., Bd. 18, Stuttgart 1909. — [8] A. HETTNER, Die Felsbildungen der Sächsischen Schweiz; Geogr. Zeitschrift IX, 1903. — [9] R. GRADMANN, Das Schichtstufenland; Zeitschrift Ges. für Erdk., Berlin 1919. — [10] E. SEEFELDNER, Morphogenetische Studien aus dem Gebiete des Fränkischen Jura; Forsch. zur D. Landes- und Volksk., Bd. 21, Stuttgart 1914. — [11] G. BRAUN, Deutschland; Berlin 1916. — [12] N. KREBS und O. LEHMANN, Zur Talgeschichte der Rezat-Altmühl; Zeitschr. Ges. f. Erdk., Berlin 1914. — [13] F. JÄGER, Über Oberflächengestaltung im Odenwald; Forsch. zur D. Landes- und Volksk., Bd. 15, Stuttgart 1904. — [14] H. SCHMITTHENNER, Die Oberflächengestaltung des nördlichen Schwarzwaldes; Abhandlg. zur bad. Landeskunde, 2. Heft, 1913. Derselbe, Die Entstehung der Stufenlandschaft; Geogr. Zeitschr. 1920. Derselbe, Die Oberflächenformen der Stufenlandschaft zwischen Maas und Mosel; Geogr. Abhandlg, herausgegeben von A. PENCK, 2. Reihe, Heft 1, Stuttgart 1923. Derselbe, Die Entstchung der Dellen und ihre morphologische Bedeutung; Zeitschr. für Geomorphol. 1925. — [15] E. LÖFFLER, Die Oberflächengestaltung des Pfälzer Stufenlandes; Forsch. zur D. Landes- und Volksk., Bd. 27, Stuttgart 1929. — [16] A. PHILIPPSON, Grundzüge der Allgemeinen Geographie; Bd. II, 2. Hälfte, Leipzig 1924, S. 341/45. — [17] W. PENCK, Die morphologische Analyse; Stuttgart 1924, S. 143 f., 152 f. — [18] W. M. DAVIS, The drainage of the cuestas; P. of the Geologists' Assoc., Bd. XVI, Teil 2, 1899. — [19] Zit. oben Nr. 6, Bd. II, S. 46 f.

Die Gebirge.

Einleitung. Obwohl gerade im Deutschen durch die Wortbildung der Eindruck erweckt wird, ein Gebirge sei als Häufung von Bergen aufzufassen, müssen wir diese Vorstellung ablehnen. Gebirge ist eine mit allseitiger Böschung aus einem Flachland aufsteigende Großerhebung, gleichsam ein Berg im großen, von diesem in der Hauptsache nur dadurch unterschieden, daß der Erhebungskörper viel umfangreicher ist und infolgedessen in der Regel eine beim Berg im gleichen Umfang nicht mögliche Gliederung aufweist. Wir werden unten sehen, daß in genetischer Beziehung allerdings die Formel »Gebirge = Berg im großen« starker Einschränkung bedarf. Diejenigen Kräfte und Vorgänge nämlich, die die Mehrzahl der Berge entstehen lassen, reichen gewöhnlich zur Bildung von Gebirgen nicht aus; dafür kommen bei den Gebirgen als Erzeuger der Großerhebungen Kräfte in Frage, die nur bei einigen wenigen Arten von Bergen ebenfalls als Entstehungsursache anzusehen sind.

Nähert man sich dem Außenrande eines Gebirges, seinem Fuß, so ist es oft schwierig, genau anzugeben, wo das Flachland aufhört und das Gebirge beginnt. Deutlich ist die Grenze etwa der Alpen gegen die sedimenterfüllte Poebene und gegen die Schotterflächen am Nordfuß; auch der Absatz der meisten deutschen Mittelgebirge ist in seinem gesamten Verlauf oder wenigstens streckenweise sehr bestimmt ausgeprägt (West- und Nordrand des Harzes, Nordrand der Sudeten); an anderen Stellen aber steigt das Gebirge so allmählich aus dem Flachland auf, daß die Festlegung einer Grenzlinie auf erhebliche Schwierigkeiten stößt. Bei seiner Einteilung der Ostalpen half sich von Böhm [1] dadurch, daß er als Grenze des Alpenkörpers die 500 m-Isohypse annahm. Krebs [2] möchte auch aus anthropogeographischen Gründen das Wiener Becken und das steirische Hügelland samt seiner Vulkanreihe den Alpen zurechnen und kommt in den Ostalpen zu einer leidlich geradlinigen Grenze, die annähernd mit der Höhenlinie von 300 m zusammenfällt. Man sieht, daß hier am Fuße der Ostalpen ähnlich wie beim Ostharz [3] nicht eigentlich eine Grenzlinie, sondern eher eine Grenzzone vorliegt, innerhalb derer sich der Übergang vom Flachland zum Gebirge vollzieht. Das Verfahren von Krebs, bei der Bestimmung dieser Grenzzonen auch anthropogeographische Gesichtspunkte mit zu berücksichtigen, erscheint unbedenklich; denn für den Geographen kommt Natur und Mensch durchaus gleiches Gewicht zu, und er beobachtet immer wieder, daß morphologische Erscheinungen in der Regel bestimmte biogeographische Folgen zeitigen. Von diesem Gesichtspunkt aus rechtfertigt sich durchaus der Versuch, bei der Abgrenzung eines Gebirges neben rein morphologischen Feststellungen auch die anthropogeographischen Züge der Grenzzone in Betracht zu ziehen. Die Art, wie BARTSCH[4] die flachkuppelförmige Erhebung des Sollinggebirges abzugrenzen versuchte, wird als vorbildlich in all den Fällen gelten dürfen, wo hypsographische oder morphologische Methoden für sich allein nicht zum Ziele führen.

Morphographische Analyse der Gebirge. Genau wie bei den Bergen und Stufen sollte auch die geographische Behandlung eines Gebirges von einer sorgfältigen Beschreibung aller Formen ausgehen, die dem Gebirge jeweils besonderen Charakter verleihen. Hierbei empfiehlt es sich, die folgenden drei Gesichtspunkte in den Vordergrund zu rücken: Gestaltung des Gebirgsfußes, Gestaltung des Gebirgskörpers nach dem Grundriß und der Form der Gipfelpartie, Feststellung der Formenelemente, die die Einordnung eines Gebirges in die Kategorie des Mittel- bzw. des Hochgebirges bestimmen.

1. Bei den Beobachtungen am Gebirgsfuß spielt, wie wir oben schon andeuteten, zunächst der Grad der Steilheit und Geschlossenheit des Gebirgsabfalles eine Rolle. Je genauer der Morphologe die Formen beobachtet, beschreibt und zeichnet, um so sicherer wird er empfinden, wo hernach die morphogenetische Untersuchung einzusetzen hat, um so mehr wird er gegen die Gefahr gefeit sein, unter Außerachtlassung von Beobachtungsgrundlagen mit einem deduktiv gewonnenen Schema zu operieren. Beim Harz z. Bsp. wird der auffällige Gegensatz zwischen dem mauerartig steilen, tief zerschluchteten Abfall im W und N, dem durch reiche Zertalung weit hinein zerfransten Südrand und der sanften, wenig gegliederten Böschung im O festgehalten werden müssen; der morphogenetischen Untersuchung sind damit schon in gewisser Beziehung die Wege gewiesen. Bei dem geradlinig verlaufenden Sudeten-Nordrand, dem Steilabfall von Schwarzwald und Vogesen zum Rhein, dem Abfall der nördlichen Kalkalpen gegen das Wiener Becken u. a. m. bietet sich ähnlich Gelegenheit, aus Verlauf und Gestaltung des Gebirgsfußes vorahnend gewisse Vorstellungen über den möglichen Werdegang dieser Flanke des Gebirges zu gewinnen (Randverwerfung); selbstverständlich muß deren Richtigkeit oder Unrichtigkeit in jedem Falle durch genaue morphogenetische Untersuchungen überprüft werden. — Häufige Hangprofile erweisen sich als nützliches Hilfsmittel, um festzustellen, ob das Gebirge sich in einer einheitlichen großen Böschung zum Vorland abdacht oder ob treppenförmige Staffelung vorliegt.

2. Nach der Grundrißgestaltung der Gebirge und der Form ihrer Gipfelzonen kann man folgende orographische Kategorien unterscheiden:

a) Kammgebirge zeichnen sich durch deutliche Längserstreckung und eine scharf ausgesprochene Kammlinie aus, entbehren jedoch im Gegensatz zum Kettengebirge einer reichlicheren Gliederung durch Längstäler.

b) Linear entwickelt ist auch das Rückengebirge, aber statt eines scharfen Kammes krönt es ein breiter Rücken.

c) Kettengebirge bestehen zwar vorwiegend aus einer Aneinanderreihung mehr oder weniger paralleler Kämme, die durch Längstäler getrennt sind; aber sie können auch, wie die Alpen, Massive und Plateaugebirge enthalten. Indes zeigen auch diese eine deutliche Anordnung in der Längsrichtung des ganzen Gebirges.

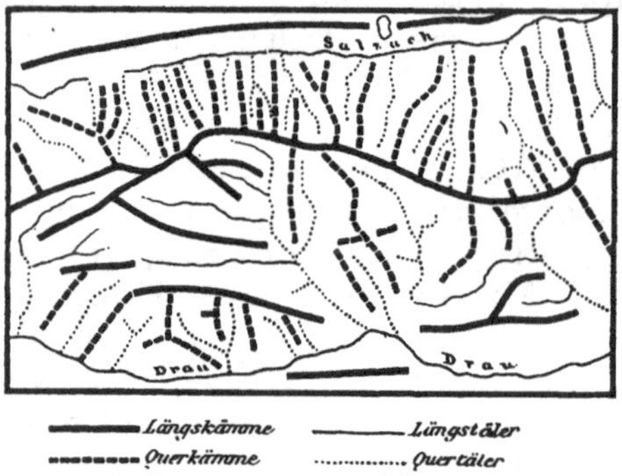

Fig. 87. Längs- und Quergliederung der Hohen Tauern.

d) An Massengebirge oder Massive stellen wir nur die Forderung, daß Breite und Länge nahezu gleich sind; die Gestaltung der höchsten Teile kann aber sehr verschieden sein. Das Ötztaler Alpenmassiv besteht z. B. aus Kämmen, in anderen ist die Oberfläche wellig; nur dort, wo sie vorherrschend eben ist, wollen wir die Bezeichnung Massiv besser mit der des Plateaugebirges vertauschen.

e) Das Plateaugebirge hat eine breite, wenigstens in einzelnen Teilen ebene Oberfläche. Charakteristisch ist, daß man erst dann, wenn man in die Täler hinabsteigt, den Eindruck gewinnt, daß man sich in einem Gebirge befindet.

Eine weitere, im Grundriß gut zur Geltung gelangende Einteilung geht von der Gliederung der Gebirge durch die Talsysteme aus und stellt die folgenden Typen gegenüber:

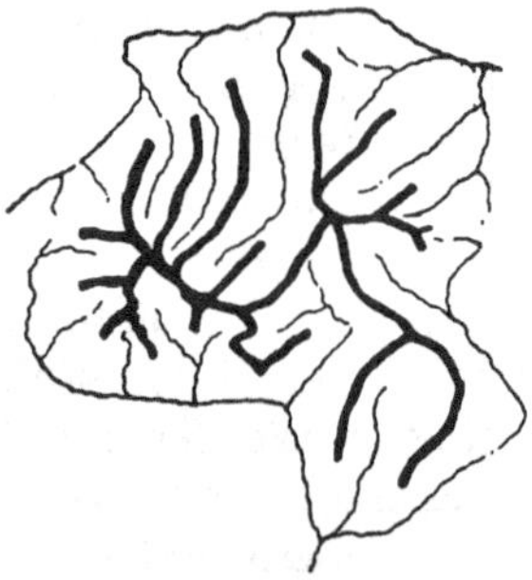
Fig. 88. Strahlenförmige Gliederung der Ötztaler Alpen.

a) Fiederförmige Gliederung. Von einem Hauptkamm (Rücken, Grat) zweigen beiderseits in ziemlicher Regelmäßigkeit Seitenäste ab. Einzelne Teile der Alpen bieten vorzügliche Beispiele, vor allem die Zentralalpen vom Brenner bis zur Walder Höhe (Fig. 87).

b) Strahlenförmige Gliederung. Die einzelnen Kämme eines Gebirges nehmen von einem oder mehreren Knoten ihren Ausgang und streben von hier unregelmäßig nach verschiedenen Seiten. Für Massive ist diese Art von Gliederung oft bezeichnend (Fig. 88).

c) Parallele Längsgliederung. Das Gebirge setzt sich aus einer Reihe langer und annähernd parallel verlaufender Ketten zusammen, zwischen denen jedesmal eine Talfurche eingeschaltet ist. Die

Längstäler überwiegen durchaus; eine nennenswerte Zerstückelung der Ketten durch Quertäler ist nicht zu beobachten (Syrien).

d) Rostförmige Gliederung. Ähnlich wie c; doch ist die Geschlossenheit der Ketten durch die Ausbildung zahlreicher Quertäler zerstört worden (Schweizer Jura, Waldkarpathen usw.). Die Quertäler gehen nicht durch das gesamte Gebirge hindurch, sondern verbinden sich mit den Längsteilen zu einem Furchennetz, das wie ein Rost in das Gebirge eingemeißelt ist (Fig. 89).

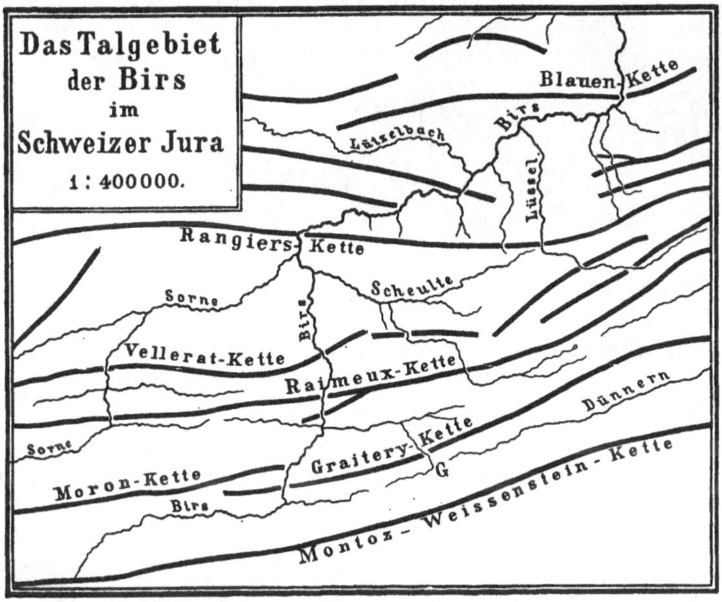

Fig. 89. Rostförmige Gliederung im Schweizer Jura.

e) Radiale Gliederung. Die höchste Erhebung liegt in der Mitte des Gebirges; von hier gehen Täler radial nach allen Richtungen aus und gliedern das Gebirge in eine Reihe von Sektoren (Fig. 94 S. 331).

3. Die Unterscheidung zwischen Mittelgebirge und Hochgebirge ist sicherlich in besonderem Maße bezeichnend. Sind die Täler eines Gebirges nur mäßig tief, die dazwischen liegenden Höhen überwiegend sanft geböschte Rücken, die hier und da hervorragenden Gipfel ebenfalls nicht gar zu schroff, so spricht man von Mittelgebirgsformen (Fig. 90). Wird ein Gebirge dagegen von tief ausgefurchten Tälern, steilen Wänden, schroffen Graten und spitzig-felsigen Gipfeln beherrscht, so stellen wir es zur Kategorie der Hochgebirge (Fig. 91). Schon oben (S. 281) war davon die Rede, daß diese Unterscheidung häufig mit geringerer bzw. größerer Seehöhe zusammenhängt und bei den mitteleuropäischen Gebirgen in der Regel bei 1300 bis 1500 m Seehöhe der Übergang von Mittelgebirgs- zu Hochgebirgsformen eintritt.

Fig. 90. Typische Mittelgebirgsformen. Eulengebirge, Schlesiertal. V-Täler, sanfte Hänge.

Wir hoben aber damals bereits hervor, daß die Höhenunterschiede, dargestellt etwa mit Hilfe der Reliefenergie, ungleich wichtiger sind als die absolute Höhe. In diesem Sinne führt A. PENCK 5 aus: »Ein mittlerer Höhenunterschied von etwa 1000 m bezeichnet im mittleren Europa die Grenze von Hoch- und Mittelgebirgsentwicklung. In sehr niederschlagsreichen Gebieten muß der Wert etwas geringer sein, und in der

Fig. 91. Hochgebirgsformen. Rissachtal in den Schladminger Tauern. Schroffe Karwände, unter der Schliffgrenze gerundete Formen. Unterhalb der Waldhornalm im Vordergrund der Absturz in das Trogtal.

Tat stellen sich an den Westgestaden Europas bereits Hochgebirgsformen (auf Skye) bei Höhenunterschieden von 800 m ein. In den Gebieten geringen Niederschlags muß der Wert größer sein; es zeigen die Kämme des Zagrosgebirges und die Ranges des Great Basin trotz beträchtlicher relativer Erhebung lediglich Mittelgebirgsformen.« PHILIPPSON [6] grenzt die beiden Kategorien unterschiedlichen Formenschatzes in Anlehnung an PENCK mit der Waldgrenze ab und betont dadurch die klimatische Gebundenheit dieser bedeutsamen morphologischen Grenze.* Wir werden unten bei Besprechung der wichtigsten Formenelemente der Gebirge und bei der Behandlung der Täler wiederholt auf diesen Punkt zurückkommen. An dieser Stelle möchten wir aber noch einmal betonen, daß der Morphologe gerade diesen Erscheinungen die größte Aufmerksamkeit widmen und die mit geographischer Breite und Länge sehr veränderliche Seehöhe der Grenze zwischen Mittel- und Hochgebirgswelt in jedem Fall genau ermitteln muß.

Die Entstehung der Gebirge. Die morphogenetische Untersuchung erstrebt Antwort auf zwei Fragen:

Welche Kräfte ließen die Gebirge als Großerhebungsformen entstehen?

Welche Vorgänge schufen die mannigfachen Formenelemente, die wir an den Gebirgen beobachten können?

Wir wissen aus früheren Darlegungen, daß eine solche Teilung der Problematik der Natur Gewalt antut, denn Herausarbeitung der Großform und Modellierung des Gebirgskörpers gehen größtenteils gleichzeitig vor sich und hängen vielfach voneinander ab. Didaktische Gründe lassen es dennoch notwendig erscheinen, die beiden Fragenkomplexe nacheinander zu besprechen. Wir werden also zunächst die Entstehung der Gebirge behandeln, alsdann die wichtigsten genetischen Typen der Gebirge in ihrer morphologischen Eigenart kennzeichnen und schließlich eine Reihe weiterer Kapitel denjenigen Formenelementen widmen, die in die Reliefgestaltung der Gebirge eine besondere Note hineintragen.

Die Entstehungsursache zu ermitteln, bereitet dem Morphologen gerade bei den Gebirgen weit mehr Schwierigkeiten, als es der Anfänger ahnt. Die Beobachtungen werden sich zunächst auf drei Punkte konzentrieren: Gesteinsmaterial des Gebirges und des umgebenden Flachlandes; geologischer Bau der bald mehr linearen, bald ausgesprochen flächenhaften Übergangszone zwischen Gebirge und Flachland; geologischer Bau des Gebirgskörpers.

---

* Die gleiche Auffassung vertritt im Grunde auch LICHTENECKER [7], der im übrigen aber mit seiner Ablehnung des Ausdrucks »Hochgebirgsformen« auf entschiedenen Widerstand stoßen dürfte. Weil angeblich nur die Steilwände als Hochgebirgsformen angesehen werden (von wem?), diese aber auch im Elbsandsteingebirge und ähnlichen Landschaften auftreten, verwirft er den Ausdruck »Hochgebirgsformen« ganz und gar.

Die Art des Gesteinsmaterials verrät nur in einem einzigen Falle mit leidlicher Sicherheit die Entstehungsursache des Gebirges, nämlich dann, wenn der Gebirgskörper durchweg aus vulkanischem Ergußmaterial (Lava, Aschen) besteht, das umgebende Flachland dagegen aus nichtvulkanischen Gesteinen. Beim Kilimandscharo, der siebenbürgischen Hargita und dem Siebengebirge bei Bonn gestatten petrographische Feststellungen allein bereits den Schluß, daß es sich um vulkanische Gebirge handelt. Aber diese Beispiele erweisen den kleindimensionalen Charakter solcher Gebirge, der auch in der schwankenden Namengebung (Berg, Bergland, Gebirge) zum Ausdruck kommt. Ausgedehnte, die Bezeichnung Gebirge unter allen Umständen beanspruchende Großerhebungen vulkanischen Ursprungs sind außerordentlich selten. Wir brauchen uns infolgedessen mit dieser Kategorie von Gebirgen unter Hinweis auf frühere Ausführungen nicht eingehender zu beschäftigen. — Abgesehen von diesem Fall, helfen uns petrographische Feststellungen allein nicht, die Entstehungsursache der Gebirge zu entziffern. Die Mannigfaltigkeit des Gesteinsmaterials im Gebirge und im umgebenden Flachland ist für gewöhnlich so groß, daß keinerlei bündige Schlüsse über die Entstehung der Gebirge daraus gezogen werden können.

Die Untersuchung des geologischen Baus der Übergangszone zwischen Gebirge und Flachland endet mit der Feststellung, daß das Gebirge durch Randverwerfungen begrenzt ist oder nicht. Aber mit dieser Erkenntnis ist noch nicht viel gewonnen, denn, wie wir oben hervorgehoben haben (S. 120), ist Faltung oft mit Bruchbildung gepaart. Das Auftreten von Randverwerfungen beweist somit für sich allein noch keineswegs, daß die tektonischen Schollenbewegungen die alleinige oder überwiegende Entstehungsursache des betreffenden Gebirges darstellen. Randverwerfungen begegnen uns bei den Sudeten, dem Harz und den meisten übrigen deutschen Mittelgebirgen gerade so wie bei den Alpen, den Karpathen, dem Himalaya; und doch wissen wir bereits, daß die beiden Gruppen von Gebirgen hinsichtlich ihrer Entstehungsursache durchaus verschieden sind.

Auf dieselbe Schwierigkeit stoßen wir, wenn wir den geologischen Bau des Gebirgskörpers ermitteln und dabei etwa feststellen, daß die das Gebirge zusammensetzenden Schichten gefaltet sind. Faltungen sind beispielsweise im Harz gewiß nicht minder stark entwickelt als in den Alpen, und dennoch wäre es verfehlt, auf Grund dieser Beobachtung beide Gebirge als Faltengebirge anzusprechen.

Wir müssen, um zur Entscheidung zu gelangen, noch zwei weitere Feststellungen treffen und mit heranziehen: das Altersverhältnis zwischen Randverwerfungen und Faltung und die Bedeutung der Faltung für das heutige Oberflächenbild des Gebirges. Sind die Randverwerfungen ungefähr gleichaltrig wie die Faltung und ist letztere in ihrer Ursprünglichkeit noch so weit erhalten, daß sie dem Gebirgsrelief die ihr eigentümliche Form langgestreckter, sich deutlich von ihrer Umgebung abhebender Wellen (Ketten) verleiht, so spricht man von einem Faltengebirge. Sind die Randverwerfungen wesentlich jünger als die Faltungsvorgänge und ist im Oberflächenbild des Gebirges die Faltung bis zur Unkenntlichkeit verwischt, so ist nicht die Faltung, sondern die Zerberstung in Schollen und deren Vertikalbewegung als Ursache der Gebirgsentstehung anzusehen; wir bezeichnen ein solches Gebirge als Schollengebirge. Die Methoden, die bei derartigen Untersuchungen anzuwenden sind, haben wir oben skizziert (S. 113/14). Die Feststellung der Schollenstruktur eines Gebirges ist natürlich wesentlich leichter, wenn die Schichten des Gebirges nicht gefaltet, sondern mehr oder weniger flach gelagert sind und im Vorland in tieferer Lage wiederkehren.

Die Faltengebirge. Von den großen Sammelmulden der Geosynklinalen als Geburtsstätten der Faltengebirge und den Kräften, die aus diesen langgestreckten Senkungsfeldern Gebirge auftürmen, ist oben in dem Abschnitt »Bruchbildung und Faltung« bereits ausführlich die Rede gewesen (S. 110 f.). Es wurde dort auch auf die vier Strukturkategorien hingewiesen, in die STILLE die Erscheinungsformen der Orogenese zusammenfaßt: Deckengebirge, Faltengebirge, Bruchfaltengebirge und Schollengebirge (S. 120). Wir beschäftigen uns an dieser Stelle nunmehr mit den erstgenannten drei Typen und kennzeichnen die Hauptzüge des Baues und der Oberflächengestaltung der durch Faltung entstandenen Gebirge *.

1. Gestalt der Faltengebirge. In der Gestalt der Faltengebirge kommt der Bildungsvorgang noch recht deutlich zum Ausdruck. Die Gebirgsketten ziehen, sofern die Destruktion den Faltenbau nicht bereits umgestaltet hat, als Antiklinalen senkrecht zur Richtung der tangentialen Schubkraft und verleihen dem Faltengebirge die charakteristische langgestreckte Gestalt. Im Schweizer Jura, der von allen Faltengebirgen der Erde am besten erforscht ist, erreichen die Falten in keinem Falle die Länge des ganzen Gebirges (320 km), sondern sie streichen nur 12 bis 90 km — eine sogar 162 km — weit und tauchen dann unter, um anderen Platz zu machen. Zu den in den Synklinalen entwickelten Längstälern gesellen sich die Quertäler, die die Schichten in deren Streichrichtung durchschneiden und daher mit der Hauptrichtung des Gebirges mehr oder weniger rechte Winkel bilden. — Ihrem Verlaufe nach unterscheiden wir geradlinige und bogenförmige Falten-

* Ein Faltengebirge erkennen wir nur dann als geographisches Individuum an und geben ihm einen eigenen Namen, wenn es folgende drei Merkmale besitzt: räumlichen Zusammenhang, einen in den Hauptzügen gleichartigen Bau und Beibehaltung der Streichrichtung. Wenn eine oder zwei dieser Eigenschaften fehlen, die andere aber vorhanden ist, sprechen wir von einem Gebirgssystem.

gebirge. Das Auftreten alter, starrer Massen, an denen sich der Faltungskörper staute und abgelenkt wurde, dürfte für bogenförmigen Verlauf in erster Linie verantwortlich sein (vgl. oben S. 125). Die geradlinigen Faltengebirge stellen also eigentlich den normalen Typus dar, wenn sie auch seltener sind als die bogenförmigen. Kaukasus und Pyrenäen sind die bekanntesten Beispiele. Größere Ausmaße erreicht die Geradlinigkeit beim Kwenlunsystem, das in China mit dem Tsinlingschan endet und durch 2360 km seine unveränderte Streichrichtung nach OSO beibehält. Ebenso geradlinig verlaufen die sinischen Falten, die ganz Südchina erfüllen, nach NO. Für die bogenförmigen Faltengebirge finden wir im Bereich der europäischen Hochgebirge zahlreiche Beispiele. Daß beide Typen sich vereinigen können, lehren die amerikanischen Anden, die im äußersten Süden und im hohen Norden bogenförmig, sonst überwiegend geradlinig verlaufen.

2. Monoantiklinale Faltengebirge. Wenn wir von Faltengebirgen sprechen, denken wir dabei gewöhnlich an eine Aufeinanderfolge von Falten (polyantiklinale Struktur). Auf dem Wege durch den Schweizer Jura z. Bsp. queren wir in nordsüdlicher Richtung

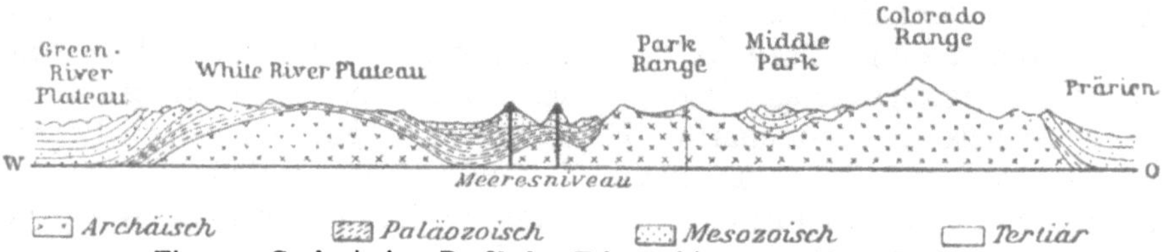

Fig. 92. Geologisches Profil des Felsengebirges. — Nach HAYDEN.

10—12 Falten, die parallel nebeneinander herziehen. Wir dürfen aber nicht übersehen, daß es Großerhebungen gibt, die nur aus einer einzigen Antiklinale bestehen (monoantiklinale Struktur); ihres besonderen Baues wegen hat man für sie die Bezeichnung Sattelgebirge vorgeschlagen *. Das bekannteste Verbreitungsgebiet der Sattelgebirge liegt in den nordamerikanischen Staaten Wyoming und Colorado[9]. Diese meridionalen Antiklinalen verwachsen hier zu einer breiten Hochgebirgsmasse, die sich ein paar tausend Meter über die anliegenden Tafelländer erhebt und in ihren Gipfeln Höhen von 4000 m erreicht. Indem sich zwischen die einzelnen Sättel breite Depressionen und weite Täler einschieben, gewinnt dieser Teil des Felsengebirges den Anschein eines offenen Faltenlandes. Fig. 92 gibt uns eine Vorstellung von diesem Bau. Wir nähern uns nun von Osten und erreichen in Bulwer eine Seehöhe von 1609 m. Hier sehen wir die sonst flach gelagerten Kreideschichten steil emporsteigen; ihre Schichtköpfe bilden parallele Stufen

* Die monoantiklinalen Sattelgebirge können bisweilen in polyantiklinale Faltengebirge übergehen. Als Beispiel sei auf den Antilibanon verwiesen, dessen breite und flache Antiklinale vom Hermon fünf mehr oder weniger deutlich erkennbare Antiklinalen ausstrahlt[8].

(hog backs). Dann folgt die breite archäische Coloradokette, deren höchster Punkt in dieser Gegend, der Arapahoe Peak, 4120 m über dem Meer liegt. Im Westen senkt sich die Kette zu den flachen Depressionen der Parks, die mit Sedimenten ausgefüllt sind; die Talböden haben hier 2200 bis 2500 m Höhe. Von der zweiten archäischen Kette, der Parkkette (Lone Peak, 3440 m), sehen wir in unserem Profil nur einen

1 Archäisch, 2 Uinta-Sandstein, 3 Karbon, 4 und 5 Mesozoisch, 6 Tertiär, V = Verwerfung.

Fig. 93. Geologisches Profil durch das Uinta-Gebirge. — Nach POWELL.

schmalen Ausläufer. Den westlichen Abschluß macht die Riesenantiklinale des White River-Plateaus (höchster Punkt 3679 m). In den Grand Hogbacks biegt sich der paläo- und mesozoische Schichtenmantel in die Tiefe und verschwindet unter den flachen Tertiärschichten des Green River-Plateaus, das hier etwa 2600 m über dem Meer liegt. — Andere Sattelgebirge dieses Gebietes treten mehr oder weniger isoliert auf. Das Uintagebirge streicht ganz abweichend von den übrigen west-östlich

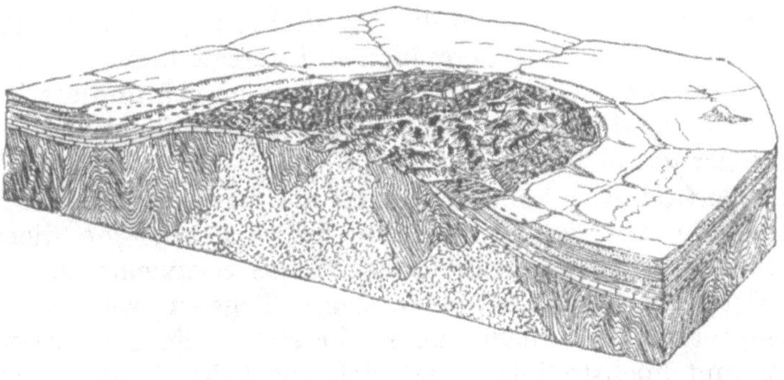

Fig. 94. Blockdiagramm der Black Hills. — Nach DAVIS.

und ist auch dadurch ausgezeichnet, daß die sedimentäre Decke noch in großer Mächtigkeit erhalten ist (Fig. 93). Als völlig isolierter Außenposten erheben sich die Black Hills aus den Prärien (Fig. 94), eine Monoantiklinale mit so stark verkürzter Längsachse, daß sie mehr den Eindruck eines Kuppel- als eines Sattelgebirges machen würde, wenn ihre ursprüngliche Form noch besser erhalten wäre.

3. Polyantiklinale Faltengebirge. Bei den Faltengebirgen polyantiklinaler Struktur wird die Oberflächengestaltung wesentlich von dem Vorhandensein oder Fehlen von Zonen verschiedenen Gesteins beeinflußt. Verlaufen die Falten gleichmäßig im sedi-

mentären Gestein oder in schichtförmigen Lavaergüssen (Schweizer Jura, Umptanun-, Clemankette u. a. im Staat Washington), unterscheiden sich also die einzelnen Glieder nicht wesentlich voneinander, weil sich alle Ketten aus denselben Formationen aufbauen, so sprechen wir von einem gleichförmigen Faltengebirge. Heben sich dagegen in einem Faltengebirge nebeneinander Zonen verschiedenartiger Gesteinszusammensetzung voneinander ab, so bezeichnen wir es als ungleichförmig. Sein zonaler Aufbau — es wechseln etwa Zonen aus Sand- und Kalksteinen mit solchen aus kristallinen Schiefern, Graniten usw. — ist das geographisch wichtigste Moment, denn das Landschaftsbild reagiert stärker auf die petrographische Unterschiedlichkeit als auf die Faltentektonik. — Den gleichförmigen und ungleichförmigen Bau eines Faltengebirges zu veranschaulichen und an der Hand von Karten und Profilen zugleich die Tektonik solcher Gebirge wiederzugeben, ist ein Wunsch, der natürlich an sich durchaus berechtigt ist und auch uns erfüllt. Als Beispiel käme nur das besterforschte polyantiklinale Faltengebirge, die Alpen, in Betracht. Die Alpengeologie hat aber in den letzten Jahrzehnten so gewaltige Fortschritte gemacht, daß es schlechterdings unmöglich erscheint, im Format dieses Buches etwas Gediegenes zu bieten und die Auffassungen der hervorragendsten Alpengeologen kartographisch wiederzugeben, ohne zur Beigabe einer Reihe von Klapptafeln zu greifen. Die damit verbundenen Kosten erscheinen jedoch nicht gerechtfertigt, weil die Alpentektonik, wie eben dargelegt, weit mehr geologisches als geographisches Interesse besitzt. Aus diesem Grunde empfehlen wir dem Geographen, wenn er sich in diese Probleme zu vertiefen wünscht, zu den Tafeln zu greifen, die die in den folgenden Absätzen zitierten Werke enthalten.

Die Westalpen[10] können ähnlich wie die Karpathen als Beispiel eines einseitig ungleichförmigen Faltengebirges dienen; ihr Bogen setzt sich aus einer äußeren nördlichen Sedimentzone und einer inneren kristallinischen Zone zusammen. Begeben wir uns, um die Verhältnisse etwas gründlicher zu studieren, in die Schweizer Alpen. Die innere und höchste Zone setzt sich aus kristallinischen Schiefern und Massengesteinen zusammen; jüngere Sedimente haben sich nur in den Faltenmulden vor der Abtragung gerettet und bilden die Grenzen zwischen den einzelnen »Zentralmassiven«, in die sich diese Zone auflöst. In den sich daran anschließenden Partien der Sedimentzone ist die kristallinische Unterlage noch stellenweise sichtbar, aber die Hauptmasse des Gebirges besteht schon aus Trias-, Jura-, Kreide- und Eozängesteinen (hauptsächlich Kalksteinen). Dann verschwindet die kristalline Unterlage gänzlich unter der Sedimentdecke, und am äußeren Rand machen auch die älteren Schichtgesteine wiederum jüngeren Ablagerungen (miozäne Molasse) Platz, die nur noch in der Nähe des Gebirges in Falten gelegt sind. Die Hebungsintensität nimmt also von der kristallinischen Zone nach außen ab, und darauf beruht es, daß diese noch immer die höchste ist, obwohl sie ihre Sedimentdecke bis auf wenige Reste verloren hat. Allerdings erreicht hier auch die Faltungsintensität ihr Maximum, denn Fächerstruktur (vgl. S. 111) ist nur dieser Zone eigen. Daneben kommen aber auch flache Antiklinalen vor, wie im Tessiner Gebirge, und am niederen Außenrand der Sedimentzone treten noch einmal zusammengepreßte, steile Falten auf, die sich nach außen neigen. In den dazwischen liegenden Kalkalpen sind, wenn die neueste Auffassung recht behält, auf die autochthonen Falten Überschiebungsdecken ausgebreitet, und dadurch kommt stellenweise flache Schichtenlagerung zustande. Alle Momente vereinigen sich, um das Landschaftsbild zu einem außerordentlich wechselnden zu gestalten.

In den Ostalpen [11] tritt uns der Typus eines doppelseitig ungleichförmigen Gebirges entgegen. Die kristallinische Zone wird beiderseits von Sedimentgürteln eingefaßt, und in diesen ist ebenfalls eine zonenweise Aufeinanderfolge verschiedener Gesteinsarten bemerkbar. Anschaulich schildert F. E. Suess [12] den dadurch bewirkten landschaftlichen Gegensatz: »An die äußeren Sandsteinzonen mit ihren bewaldeten, sanfter geformten Hügeln und Kuppen schließt sich die Kalkzone mit steilwandigeren Tälern und klotzigen Bergmassen, abwechslungsreicher durch das Vorherrschen des hellfarbigen Felsgeländes. Den breiten Längstälern folgt im großen und ganzen die schmale, aber bunter zusammengesetzte Grauwackenzone, in der Kalk- und Schieferberge nebeneinander enthalten sind. Die Zentralzone besteht vor allem aus kristallinischen Schiefergesteinen. Sie zerbröckeln zu Geländeformen mit ruhigeren Umrissen. Erhabener Ernst ist der Ausdruck ihrer mächtigen Berggestalten. Eine zweite Kalkzone, die der Südalpen, bringt wieder die steilen Wände und Türme der ungetümen Kalktafeln, hier noch reizvoller und malerischer durch das Vordringen des südlichen Pflanzenwuchses in die Täler und über das Gelände am Fuße der kahlen und unwirtlichen Felsmassen. Wohl sind auch Streifen von jungen, weicheren Gesteinen der südlichen Kalkzone angeschlossen. Sie verbinden sich aber nicht zu einem der nördlichen Sandsteinzone vergleichbaren geschlossenen Randsaume.« Die Symmetrie wird auch dadurch gestört, daß die beiden Kalkzonen in ihrem Bau wesentlich voneinander abweichen. Westlich der Etsch streichen die Falten ganz abnorm nach Nordnordost statt nach Ost oder Ostnordost; schon hier treten große Brüche auf, und diese gewinnen östlich der Etsch immer mehr an Bedeutung, so daß die südlichen Kalkalpen in manchen Profilen mehr einem Schollen- als einem Faltengebirge gleichen und wohl die Bezeichnung Bruchfaltengebirge verdienen. Dazu kommt noch, daß hier wiederholt die kristallinische Unterlage in schmalen Streifen an die Oberfläche tritt, eine Erscheinung, die den nördlichen Kalkalpen ganz fremd ist.

Vielleicht am regelmäßigsten gebaut unter allen doppelseitigen Hochgebirgen der Erde ist neben den Pyrenäen der Kaukasus [13] westlich von der großen Heerstraße von Wladikawkas nach Tiflis.

Die granitische Zentralkette, die die Hochgipfel vom Elbrus bis zum Kasbek trägt, wird von einem Band kristalliner Schiefer eingeschlossen; dann folgen beiderseits, genau nach dem geologischen Alter geordnet, erst eine breite Schiefer-, dann eine Kalkzone, endlich eine Zone verschiedener toniger, mergeliger und sandiger Gesteine, die mit dem Tertiär abschließen. Man gewinnt fast den Eindruck einer gewaltigen Monoantiklinale, aber nähere Betrachtung lehrt bald, daß man es auch hier mit einem echten polyantiklinalen Faltengebirge zu tun hat. Die beiden Sedimentzonen sind nicht völlig symmetrisch. Die südliche ist schmäler und steiler. In der Osthälfte des Kaukasus verschwindet der kristallinische Zentralgürtel unter den paläozoischen Sedimenten, die die Wasserscheide tragen. Zwar reihen sich ihnen beiderseits die übrigen Schichtzonen entsprechend ihrem Alter an, aber im übrigen kann man hier kaum noch von einem doppelseitigen Bau sprechen angesichts der gewaltigen Breitenentwicklung der Nordseite mit den breitfaltigen Jurakalkplateaus von Daghestan.

Doppelseitiger Bau begegnet uns auch in dem höchsten Gebirge der Erde, dem Himalaya[14], von dem aber nahezu zwei Drittel noch unerforscht sind. Über die Gangesebene erheben sich die 900 bis 1200 m hohen Vorketten aus pliozänen Siwalikschichten, die das ganze Gebirge vom Brahmaputra bis über den Indus hinaus begleiten. Sie bauen sich aus gefalteten Sandsteinen und Konglomeraten auf, einem Material genau von derselben Art, wie es noch heute die Himalayaflüsse in der Ebene ablagern. Ein scharfer, nach NO einfallender Bruch bildet die Nordgrenze, und die nun folgenden älteren Tertiärschichten (Sirmurschichten) sind über die Siwalik hinübergeschoben. Man kann mit dieser Zone des Vorhimalaya die dem gleichen Zeitalter angehörenden Vorberge am Außenrand der Alpen vergleichen, aber während sich an diese eine mesozoische Zone anschließt, folgen im Himalaya Faltenzüge aus Schiefern, Quarziten und Kalksteinen, die wegen völligen Mangels an fossilen Einschlüssen keine genaue Altersbestimmung gestatten und von den indischen Geologen jetzt in das älteste Paläozoikum verwiesen werden. In dieser Zone des Niederhimalaya erreichen die Gipfel schon Höhen von mehreren tausend Metern. Die nächste Zone ist die des Hochhimalaya, eine fortlaufende, wenn auch nicht geschlossene Reihe von Schneegipfeln von 6000—8000 m Höhe. Sie entspricht der kristallinischen Zone der Alpen; aber alte Gneise und kristallinische Schiefer spielen im Himalaya eine untergeordnete Rolle gegenüber den Graniten und Gneisgraniten, die erst zum Beginn der Tertiärzeit, als der Faltungsprozeß einsetzte, aus der Tiefe aufstiegen. Gegen O gewinnt diese kristallinische Zone gewaltig an Breite. Nun erst folgt ein Komplex von Schichten, in dem man sämtliche Formationen vom Kambrium bis zur Kreide nachweisen konnte, also ein Analogon unserer Kalkalpen auch insofern, als massige Kalksteine in erster Linie formgebend auftreten. Am Südrand des Industales erscheint wieder Tertiär, aber genetisch von anderer Art als die Siwalik- und Sirmurbildungen. Nach der landläufigen Nomenklatur findet der Himalaya hier sein Ende, aber die ganze Massenanschwellung von der Gangesebene bis zum Tarimbecken dürfte doch wohl als eine orographische Einheit anzusehen sein. Auch als eine tektonische Grenze kann das Industal nicht gelten. Nördlich davon wiederholt sich die Anordnung, die wir im S kennengelernt haben: eine kristallinische Zone, die Ladakkette, und eine paläozische und mesozoische Sedimentzone, der Karakorum. Nach den Gesteinsproben, die Sven Hedin von seinen letzten Reisen mitgebracht hat, scheint auch der Transhimalaya dem Himalaya zugerechnet werden zu müssen.

In den Beispielen, die bisher zur Erörterung kamen, bestehen die kristallinischen Zonen aus archäischen Schiefern und vulkanischen Massen aus den Familien der Granite und Syenite. In den Anden[15] Südamerikas treten daneben auch andere Eruptivgesteine in zonaler Anordnung in den Bau des Gebirges ein, ganz abgesehen von den jungen Vulkanen, die den Ketten aufsitzen und nicht in den Faltungsprozeß miteinbezogen wurden. Die Diorite der pazifischen Abdachung werden beiderseits von Sedimentzonen und diese wieder beiderseits von Granitzonen eingefaßt, von denen aber die westliche sich nur auf die Inseln und die Küste beschränkt. Fragt man, wo das Analogon zur kristallinischen Zone der Alpen zu suchen sei, so wird man geneigt sein, auf die östliche Granitzone zu verweisen, denn sie nur tritt in Gesellschaft von kristallinischen Schiefern auf, und nur hier vermitteln paläozoische und Triasschichten den Übergang zu den breiten Kalkgebirgen der jüngeren mesozoischen Formationen. Indes ist diese Frage noch immer nicht spruchreif. Die kristallinischen Gesteine, die die Ostkordillere von Ecuador zusammensetzen, sollen nach F. von Wolffs Untersuchungen nicht archäisch, sondern jüngeren Ursprungs sein; und weiter südlich, in der chilenisch-argentinischen Kordillere, zieht sich ein breiter Granitstreifen nur der Küste entlang. Burckhardt[16] verdanken wir zwei lehrreiche Profile aus dieser Gegend (in ungefähr 35 und 39° Br.), die uns durch die Einfachheit und Regelmäßigkeit des Faltenbaues geradezu überraschen. Der östliche Teil des Gebirges erinnerte Burckhardt lebhaft an den Schweizer Jura.

4. Bruchfaltengebirge. Auch in den reinen Strukturformen des Faltengebirges, die wir bisher hauptsächlich beobachtet haben, kommen überall Brüche mit Verwerfungen und Verschiebungen vor, aber nur in gewissen Fällen treten sie auch morphologisch bedeutsam hervor:

a) Wenn in einzelnen Teilen des Gebirges die Falten durch Brüche ersetzt werden, dann werden Schollen von verschiedener Ausdehnung und mit flacher Schichtenlagerung emporgehoben und bilden Plateaus inmitten von Gebirgsketten. Das ist der Charakter des südlichen Apennin gegenüber dem mittleren und nördlichen, wo allein Faltung herrscht.

Das ist auch der Charakter der Südtiroler Dolomiten, wenn auch hier noch eine andere Eigenschaft hinzutritt, auf der der eigenartige landschaftliche Reiz dieser vielgepriesenen Alpenwelt beruht, nämlich das Nebeneinander von Dolomitklötzen und gleichzeitigen sandigen und tonigen Ablagerungen, von kahlen, geisterbleichen Felswänden und üppig grünen Matten.

b) Viel bedeutsamer sind die Folgen, wenn Brüche den gefalteten Gebirgskörper selbst ergreifen. Die Innenseite bogenförmiger Kettengebirge unterlag häufig einer weitgehenden Zertrümmerung und Umgestaltung. Ein erstes Stadium führt uns das andalusische Faltensystem vor Augen. Es gehört der Kategorie der einseitig ungleichförmigen Faltengebirge an. Die kristallinische Zone läßt sich von der Sierra Bermeja im W bis zum Kap Palos im O verfolgen, und eine Reihe von Einbruchskesseln und die breite Talmulde der Sangonera und Segura trennen sie von der Sedimentzone, die im W mit dem Horst des Gibraltarfelsens beginnt und im O am Kap Nao endet. Schon die scharf ausgeprägte Depressionszone weist darauf hin, daß Brüche eine hervorragende Rolle in der Tektonik dieses Systems spielen, aber sie dringen auch in die Gebirgszone ein, in die kristallinische in der Form von Querbrüchen, in die sedimentäre in der Form von Längsbrüchen, und lösen sie in eine Reihe von verhältnismäßig kurzen Ketten auf. Aber noch entspricht die hypsometrische Rangordnung der Hebungsintensität, und die Sierra Nevada, deren einfachen antiklinalen Bau v. Drasche anschaulich geschildert hat, ist noch immer die Königin der iberischen Gebirge.

In den Karpathen und Apenninen ist dagegen nur noch die Außenzone vollständig erhalten. Der plötzliche Abbruch der Kerngebirge der Karpathen an der Hernadlinie und das Wiederauftauchen eines kristallinischen Innengürtels in den Ostkarpathen deuten darauf hin, daß in dem Zwischenraum mächtige Gebirgsmassen in die Tiefe gesunken sind. Noch größer ist die Zerstückelung der apenninischen Innenzone, die wenigstens südlich von $41^1/_2{}^\circ$ Br. erst im Laufe der Tertiärzeit begonnen und bis in die geologische Gegenwart hinein gedauert hat, ja wahrscheinlich noch fortdauert. Ihre Überreste finden wir in den Apuanischen Alpen, auf den toskanischen Inseln, in der Catena metallifera, im Circekap und auf der Insel Zannone; sie sind spärlich genug, denn das kalabrische Gebirge, das nicht in ihrer Fortsetzung liegt, darf ihnen nicht zugezählt werden; es ist lediglich nur das Grundgerüst der Sedimentdecke, die bis auf einige Fetzen verschwunden ist. Während in den Karpathen die Granitkette der Hohen Tatra noch immer ihren hypsometrischen Vorrang behauptet hat, ist der Kulminationspunkt in den Apenninen bereits in die Sedimentzone gewandert.

Am Rand von Gebirgen — z. B. am Ostrand der Alpen — ragen oft vereinzelte Erhebungen aus der Ebene empor, die ihrer geologischen Beschaffenheit nach sich als Bruchstücke des Gebirges erweisen und diesem ebenso zugehören wie festländische Inseln der benachbarten Küste. Sie gehören zur Gruppe jener Einzelerhebungen, die oben umschichtete Berge genannt wurden, indem man den Hauptnachdruck darauf legt, daß ihre Wurzeln, ihre Zusammenhänge mit anderen Erhebungen, durch ringsum erfolgte Aufschüttung verhüllt werden, so daß erst diese ihnen zu einer selbständigen Existenz verholfen hat.

c) Wenn völlige Auflösung des ursprünglichen Gebirgskörpers eingetreten ist, so sprechen wir von Bruchfaltengebirgen, die dort, wo sie gesellig auftreten, ein Faltenschollenland bilden. In Griechenland [17] können wir diesen Prozeß in allen Stadien verfolgen. Den Westen nimmt das dinarische Gebirgssystem mit seinen südöstlich streichenden Falten ein. Auch hier finden sich schon Anzeichen dafür, daß nach der horizontalen eine vertikale Bewegung eintrat, da das Pliozän ungefaltet, aber gebrochen in verschiedenen Höhen liegt, die im Peloponnes im allgemeinen von N nach S abnehmen. Schon im mittleren Griechenland bilden die nach verschiedenen Richtungen verlaufenden Bruchlinien ein wahres Netzwerk, in Elis ist das Faltenland in der Tat schon in Schollen aufgelöst, aber im großen und ganzen wird das peloponnesische Gebirge doch noch durch die südsüdöstliche Streichrichtung der Falten beherrscht. Gehen wir nach Thessalien und in das östliche Mittelgriechenland, so stoßen wir auf östlich streichende Faltensysteme, die sich im Stadium völliger Auflösung befinden. Größere und kleinere Senkungsfelder scheiden die Horste voneinander. Othrys, Oeta, Helikon, Kithaeron, Parnes erwecken gleichsam noch den Schein von Faltengebirgen, weil die Bruchlinien mit dem Streichen der Falten parallel verlaufen; wir nennen sie Längsschollen. Aber im Pentelikon und Hymettos, auf Euböa und im östlichen Thessalien ist auch dieser Schein geschwunden. Im thessalischen Küstengebirge, das sich vom Pelion bis zur Kampania von Saloniki fortsetzt, ist der Typus der Querscholle auf das schärfste ausgeprägt; die Umrisse des Gebirges werden ausschließlich durch Brüche bestimmt, welche die alten Falten unter senkrechtem oder spitzem Winkel schneiden. Es ist, als wenn wir quer durch die Schweizer Alpen einen Streifen von etwa 20 km Breite herausschneiden würden und alles andere Gebirge im Westen und Osten in die Tiefe versänke, um von Wasser oder lockeren Ablagerungen bedeckt zu werden. Im Archipel erreicht die Auflösung ihren Höhepunkt. Ein Meer mit Tiefen bis zu 2000 m bedeckt das Senkungsfeld, und nur vereinzelte Horste ragen als Inseln empor.

Wer in Deutschland den Typus des Bruchfaltengebirges studieren will, wende sich nach dem Wesergebirge. Zusammenschub der Schichten zu Sätteln und Mulden verbindet sich hier in einzigartiger Weise mit der Zerrissenheit des Untergrundes in größere und kleinere Schollen *. Am

* Die geologische Karte von Preußen 1 : 25 000 bietet in den Blättern Halle i. W. (2148), Bielefeld (2149) und Brackwede (2219) vorzügliche Kartenunterlagen. Man beachte die Profile auf jedem der Blätter und die Erläuterungstexte (Berlin 1926).

Osning (Teutoburger Wald) hat sich die Faltenbildung bis zur Steilstellung und Überkippung großer Schichtenkomplexe gesteigert, die Faltenzone aber wird von einer großen Verwerfung (Osning-Spalte) durchsetzt, so daß man im Zweifel sein kann, ob man das Ganze als ein kleines, durch weitgehende Bruchbildung modifiziertes Faltengebirge oder trotz der auffälligen geradlinigen Erstreckung als aus Faltenland entstandenes Schollengebirge bezeichnen soll.

Als typisches Bruchfaltengebirge erscheinen Antilibanon und Hermon in der Beschreibung Blanckenhorns[8]: »Vom Hermon strahlen fünf mehr oder weniger deutlich erkennbare Antiklinalen aus, die in ihrem NO-Verlauf an Breite zunehmen. Ohne Ausnahme ist zwischen sämtlichen Antiklinalen jedesmal die Muldentiefenlinie aufgesprungen

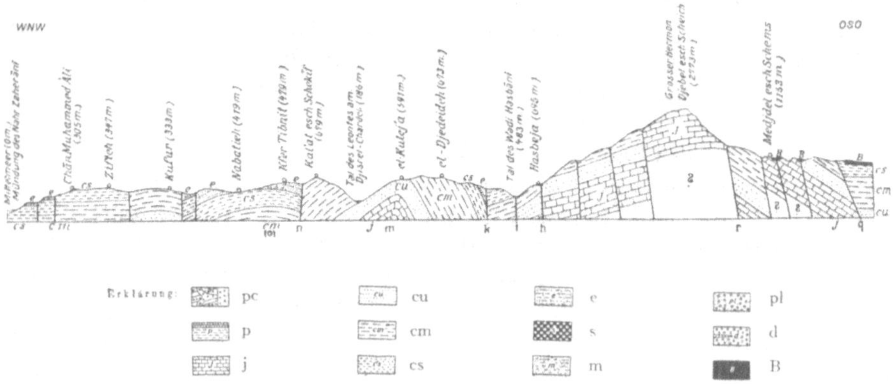

pc Präkambrium, p Paläozoikum, j Jura, cu Untere Kreide, Nubischer Sandstein, cm Cenoman und Turon, Kreidekalk, cs Senon, e Eozän, s Kretazeische und eozäne Eruptivgesteine, Serpentin und Gabbro, m Miozän, pl Marines und Süßwasser-Pliozän und ältestes Diluvium, d Diluvium, B Basalt

Fig. 95. Profil durch den südlichen Libanon, die Scholle des Dahar-el-Litani um den großen Hermon. — Nach Blanckenhorn.

(Fig. 95), so daß erstere stets durch eine Verwerfung getrennt erscheinen, während in den gewölbten Teilen nicht immer ein Aufriß stattfand. Auf mehreren dieser Muldenspalten sind junge Eruptivmassen emporgedrungen.«

5. Umgestaltung der Faltengebirge durch exogene Kräfte. Deckengebirge, Faltengebirge und Bruchfaltengebirge unterliegen vom Augenblick ihres Auftauchens an der Umgestaltung durch exogene Kräfte. Sie tragen daher sicherlich in dem Stadium, in dem wir sie gegenwärtig beobachten, eine Fülle von Formenelementen an sich, die ihnen in früheren Stadien der Entwicklung aufgeprägt wurden (Reliktformen). Deren Entzifferung und genetische Deutung ist natürlich mit besonderen Schwierigkeiten verbunden; wir werden hiervon in späteren Kapiteln zu sprechen haben. Der Beobachtung unmittelbar zugänglich ist nur die Umgestaltung, wie sie sich an den heutigen Gebirgen vollzieht. Selbst da weichen die Meinungen bei diesem oder jenem

Formenelement noch erheblich voneinander ab, so daß ausführliche Sondererörterungen nicht zu vermeiden sind (s. u.).

Die Umgestaltung durch exogene Kräfte hängt sehr wesentlich von der Faltungsintensität, dem Ausmaß der mit der Faltung einhergehenden Hebung, der Art der im Faltungskörper auftretenden Gesteine, den klimatischen und pflanzengeographischen Gegebenheiten und damit der Art der zerstörenden Kräfte ab. Alle diese Faktoren erheischen sorgfältige Beobachtung, will man den Formenschatz der Jetztzeit kausalwissenschaftlich erfassen. Der Einfluß der petrographischen und klimatischen Faktoren ist besonders groß, so daß es uns ratsam scheint, auf diesen Punkt, der überdies nicht nur die Faltengebirge betrifft, am Schluß dieses Buches einzugehen. Allgemeine Bemerkungen werden sich zweckmäßig auf die stockwerkartig aufeinanderfolgenden Destruktionszonen beschränken, die den hohen Faltengebirgen namentlich unserer Klimazone den Stempel aufdrücken.

In den durch Faltung entstandenen Hochgebirgen — andere sind eine große Seltenheit — lassen sich zwei Zonen verschiedenartiger Destruktion unterscheiden, die sich meist auch morphologisch gut abheben: die Zone oberhalb der Waldgrenze und die Zone unterhalb der Waldgrenze *. Oberhalb der Waldgrenze [18] hört pflanzliches Leben keineswegs auf, aber es erfährt eine gewöhnlich recht plötzlich in Erscheinung tretende Verkümmerung und Abschwächung. An die Stelle des Pflanzenpelzes tritt, um im Bilde zu bleiben, ein dünnes, hier und da zerschlissenes Gewand, das, je weiter wir in die Höhe gehen, stetig dürftiger wird. Mehr und mehr büßt der Boden den Pflanzenschutz ein, und dies just in einer Höhenlage, in der die im Gebirge niedergehenden Niederschläge ihr Maximum erreichen. Schon dieses Zusammentreffen macht es begreiflich, daß sich Zerstörung und Abtragung oberhalb der Waldgrenze im allgemeinen stärker entfalten können als unterhalb. Dazu kommen die in der Höhe viel kräftigeren Gegensätze zwischen Einstrahlungs- und Ausstrahlungstemperatur, die die mechanische Verwitterung weit mehr verstärken, als die niedrigere Mitteltemperatur die chemische Verwitterung abschwächt. Die abtragenden Kräfte, vor allem die überwiegend auf Flächenwirkung eingestellten (Abspülung, Abgleiten des Schnees, Massenabwanderungen und Bodenversetzungen durch schmelzenden Schnee, Gletschererosion), werden mithin oberhalb der Waldgrenze ein wesentlich günstigeres Tätigkeitsfeld finden als in den tieferen, waldgeschützten Lagen.

* Dies gilt natürlich nur für die Hochgebirge im humiden Klima. Ein Gebirge, das wie der Pamir im ariden Klima gelegen ist, zeigt völlig andere Erscheinungen. Nach den anschaulichen Schilderungen von Rickmer-Rickmers ziehen sich hier die völlig baumlosen, oft gänzlich kahlen, durch starke Regenrunsen modellierten Hänge vom Fuß des Gebirges bis zur Schneegrenze hinan, ohne daß sich in diesem Abschnitt Destruktionszonen bemerkbar machten. Unvermittelt grenzt die Trockenwüste an die Kältewüste, deren Gletscher durch ihr Schmelzwasser die Grundlage von Wirtschaft und Kultur des Menschen bis hinab in das westturkestanische Zweistromland bilden.

Das Stockwerk oberhalb der Waldgrenze zerfällt nun aber noch in zwei Absätze, deren Bereich durch die Lage der Schneegrenze bestimmt wird. Auch diese Linie besitzt, wie schon RICHTER [19] betonte, große morphologische Bedeutung. Von hier ab liegt die Temperatur dauernd in der Nähe des Gefrierpunktes, so daß infolge rhythmischen Tauens und Gefrierens die mechanische Gesteinsaufbereitung ganz besonders stark ist. Zugleich sorgen die Bewegungen des Schnees und des Gletschereises unausgesetzt für Abtransport der Schuttmassen; das Gestein wird also fortwährend von dem sonst schützenden Verwitterungsschutt entblößt und einer starken, oftmals flächenhaften Abtragung überantwortet. Eine Ausnahme bilden nur die aus der Firnzone aufragenden Zinnen, die zu steil sind, um dauerndes Haften von Schnee zu gestatten, und ihren Verwitterungsschutt auf die Firnfläche herabfallen lassen. In jedem Falle weist die Zone oberhalb der Schneegrenze vergleichsweise wieder eine ebenso starke Steigerung der Destruktion gegenüber den Hängen unterhalb von ihr auf, wie es bei der Zone oberhalb der Waldgrenze im Verhältnis zu den waldbekleideten Partien der Fall ist.

Begeben wir uns nun in dieses tiefere Stockwerk, so zeigt sich zunächst, daß in morphologischer Beziehung keine ganz scharfe Grenze vorhanden ist, vielmehr eine Verzahnung stattfindet, indem Elemente des oberen Stockwerks hier und da in die Waldzone übergreifen. Lawinen und Gletscher brechen von oben her ein und drücken den Hängen und Tälern stellenweise noch den morphologischen Stempel auf. Namentlich durch die tiefere Lage der eiszeitlichen Schneegrenze ist es bedingt, daß uns vielfach in dem jetzigen oberen Abschnitt der Waldzone ein Formenschatz begegnet, den wir im Hinblick auf die heutigen Verhältnisse als disharmonisch (S. 163) bezeichnen müssen (Trogtäler, Hängetäler, Talstufen, gelegentlich auch Kare). Abgesehen davon aber gelangen wir in eine Region, in der sich die Wirkung der höheren Temperatur, des Pflanzenpelzes usw. auf Schritt und Tritt bemerkbar macht. Während die mechanische Gesteinsaufbereitung nachläßt, nimmt die chemische Verwitterung zu. Von den abtragenden Kräften verlieren die flächenhaft wirkenden an Bedeutung, dafür wird die Erosion des fließenden Wassers zur morphologischen Dominante. Sofern nicht Reliktformen aus der Glazialzeit vorhanden sind, weist hier das Landschaftsbild ein milderes und sanfteres Relief auf.

So arbeitet die Destruktion zwar in stockwerkartiger Abwandlung an dem Relief des Faltengebirges und wird nicht in allen Zonen gleich schnell vorwärtskommen, der ursprüngliche Faltenbau, die Strukturform, aber wird allenthalben zerstört. Die Scheitelgewölbe der Antiklinalen brechen auf und lassen den Sattelkern (S. 111) hervortreten, ganze Antiklinalmassen werden bis auf einige Schenkelreste abgetragen, so daß die einst in der Tiefe verborgenen kristallinen Massen zum Vorschein kommen usw. Nur durch sehr sorgfältige und schwierige geologische Untersuchungen ist auf Grund des Befundes an der Faltenruine der ursprüngliche Verlauf der Sättel und Mulden zu rekonstruieren. Und auch diese jetzt wahrnehmbare Umgestaltung ist nur ein Übergangsstadium. Treten tektonische Störungen nicht auf, d. h. bleibt die jetzige Höhenlage des Faltengebirges erhalten, so muß die Destruktion stetig weiter fortschreiten und allmählich dem Endziel, der völligen Einebnung, zusteuern; aus dem Faltengebirge wird ein Rumpfflachland. Wir werden hierüber in dem Kapitel »Flachland« weiter zu sprechen haben.

6. Gliederung der Faltengebirge. Es kann nicht erwartet werden, daß in so komplizierten Gebirgen, wie es unsere hohen Faltengebirge sind, der Formenschatz überall auch nur annähernd gleichartig ist. Unterschiede im Bau, in Art und Grad der Destruktion, im Auftreten von Verwerfungen und vulkanischen Ergüssen u. a. m. erzeugen selbst innerhalb ein und desselben Gebirges in der Regel derartige Reliefunterschiede, daß man das Gebirge nicht mehr ohne weiteres als morphologische Einheit ansehen kann. Das treffende Wort, das v. Mojsisovics auf die Alpen anwandte, ein gemeinsames Dach wölbe sich zwar über dem großen, mit uniformen Schnörkeln ausgestatteten Bau, aber die einzelnen Teile seien zu verschiedenen Zeiten von verschiedenen Baumeistern und nach abweichenden Baustilen ausgeführt worden, gilt von den meisten großen Faltengebirgen. Darin liegt schon die Berechtigung, ja die Notwendigkeit ihrer Gliederung in Haupt- und Unterabschnitte begründet. Soll eine solche über das Niveau eines schulmäßigen Notbehelfes hinausreichen, so muß sie die fundamentalen morphologischen Gegensätze zum Ausdruck bringen; sie darf nicht an den Anfang der wissenschaftlichen Untersuchung gestellt werden, sondern muß das Endergebnis der morphologischen Analyse bilden. Jene Gegensätze sind nicht nur durch den inneren Bau, sondern auch und besonders durch die orographische Gestaltung bedingt. Eine Gliederung der Alpen nur auf geologischer Grundlage genügt dem Geographen nicht. Durchaus zweckmäßig ist die Zweiteilung, die v. Mojsisovics vorgeschlagen hat. Er war der erste, der den tiefgreifenden Unterschied zwischen der Ost- und Westhälfte der Alpen erkannte und sie durch die sich vom Bodensee zum Lago Maggiore erstreckenden Tallinien schied. Geographisch besonders wichtig ist die schon oben erwähnte Tatsache, daß nur die Ostalpen eine südliche Sedimentzone besitzen und hier auch im Süden der typische Formenschatz der großen Kalk- und Dolomitmassen auftritt, der den südlichen Westalpen abgeht. In den Ostalpen tritt zudem noch der hydrographische Gegensatz in den Vordergrund, ein Gegensatz, der dem Geologen als nebensächlich erscheinen mag, für den Geographen aber geradezu fundamentale Bedeutung besitzt. Während westlich der Dreiherrenspitze nur eine einzige Hauptwasserscheide die Alpen durchzieht, gabelt sie sich im Osten, und statt zwei Abdachungen haben wir nun drei, indem sich zwischen

die nördliche und die südliche eine östliche einschiebt. Eine eingehendere Analyse wird außerdem noch in allen drei Zonen tiefgreifende Unterschiede aufdecken [2].

Die Schollengebirge. Der Begriff »Schollengebirge« und die zur Feststellung eines solchen Charakters anzuwendenden Methoden sind oben (S. 106f.) behandelt worden. Wenngleich, wie wir am Beispiel der Bruchfaltengebirge gesehen haben, gelegentlich auch Faltenland von tektonischer Zerstückelung betroffen werden kann, so ergeben die Beobachtungen an Schollengebirgen doch in weitaus der Mehrzahl der Fälle, daß diese Art von Großerhebungen aus der Zertrümmerung von Flachlandsgebiet hervorgegangen ist. Welcher Art dieses Flachland war, ist durch geologische Untersuchung des Gebirgskörpers in der Regel eindeutig zu ermitteln. Es kommen nur zwei Möglichkeiten in Betracht: entweder handelt es sich um ein Schichtungsflachland (ursprüngliche Flachschichtung) oder um ein durch Abtragung und Verebnung ehedem gebirgigen Geländes entstandenes Flachland (Gebirgsrumpf). Die tektonische Zerberstung und Vertikalbewegung läßt im ersteren Falle ein Tafelschollengebirge, im letzteren ein Rumpfschollengebirge entstehen.

1. Tafelschollengebirge, die diesen Namen wirklich verdienen, sind recht selten. In der Regel ist das Schichtungsflachland, wenn es von tektonischer Zerstückelung betroffen wird, so stark von Berstungsrissen durchsetzt, daß eher ein Tafelschollenbergland denn ein Tafelschollengebirge resultiert (Hessisches Bergland *, Baseler Tafeljura). Zum anderen finden wir Schollen von Schichtungsflachland vielfach in anders geartetes Gebirgsland eingekeilt, wo sie dann als Plateaus entwickelt sind (Coloradotafel). Wieder ein andermal ist das Ausmaß der Vertikalbewegungen ein so geringes, daß man deswegen nicht geneigt ist, dem Tafelschollenland das Prädikat Gebirge zuzulegen (Patagonien). Als vulkanisches Tafelschollengebirge wird man Abessinien ansprechen dürfen, während die ähnlich geartete Dekantafel trotz ihrer Ghats und weitflächigen Bedeckung mit schichtförmig entwickelter Basaltlava diesen Namen nicht verdient.

Die angeführten Beispiele zeigen bereits, daß das Material der aus Schichtungsflachländern hervorgehenden Tafelschollengebirge (Tafelschollenbergländer) sowohl Absatzgestein als vulkanisches Ergußgestein sein kann. Die Strukturform ist natürlich die eines ausgesprochenen Plateaugebirges. Durch Verwitterung und Abtragung kann jedoch diese Strukturform weitgehend verändert worden sein. Voraussetzung für stärkere Zerschneidung durch die Erosion des fließenden Wassers ist genügender Vertikalabstand von der Erosionsbasis. Wo diese zutrifft und die Widerständigkeit der Schichten starken Schwankungen

* Hier handelt es sich um eine Kombination von Tafelschollenbergland und vulkanisch aufgesetztem Bergland. Der letztgenannte Faktor ist für das Oberflächenbild der entscheidende geworden.

unterliegt, kann sich bei flacher Neigung der Schichten aus dem Tafelschollengebirge eine Schichtstufenlandschaft (vgl. S. 310f.) entwickeln, und Tafelrestberge zeugen am Ende nur noch von der einstigen Ausdehnung der Strukturform (die Ambas in Abessinien, die Mesas im Coloradoplateau u. a. m.).

2. Rumpfschollengebirge. Die Mehrzahl der deutschen Mittelgebirge läßt jene Zwiespältigkeit erkennen, von der oben bereits die Rede war: Gebirge, d. h. Großerhebungen über die flache Umgebung, wurden sie durch tektonische Schollenbewegungen; aber der Bau des Gebirgskörpers zeugt von intensiven Faltungsvorgängen, nur daß die einst von diesen bewirkten Formen durch nachträgliche Verebnung ausgetilgt und durch eine monotone Rumpffastebene ersetzt wurden. Ob diese Verebnung durch Abrasion der Meereswoge, durch Erosion des fließenden Wassers oder durch andere Kräfte bewirkt wurde, soll uns hier nicht beschäftigen; wir werden im Abschnitt »Flachland« näher darauf einzugehen haben. Hier genüge vorerst die Erkenntnis, daß die Gebirge von einer oft noch gut erhaltenen Verebnungsfläche gekrönt werden, die in ihrer jetzigen Höhenlage nicht entstanden sein kann, weil sie plötzlich und unvermittelt am Außenrand des Gebirges endet.

Man kann die Rumpfschollengebirge auch Rumpfhorste nennen, wenn sie allseitig von Brüchen umgrenzt sind, was aber keineswegs immer der Fall ist. Der Harz z. Bsp. senkt sich so allmählich nach O, daß keine natürliche Grenze ihn von der Mansfelder Niederung trennt, und ebenso verliert sich das Erzgebirge in die Leipziger Tieflandsbucht. Ein lehrreiches Gegenstück dazu aus dem Bereich der Ostafrikanischen Rumpfschollenlandschaft stellt der Klotz von Iramba dar. Auf drei Seiten scheiden ihn markante Bruchstufen von niedriger gelegenem Gelände, an der vierten Seite jedoch fehlt jedweder Berstungsriß, jede natürliche Grenze, und nur eine schwache Verbiegung führt aus der Rumpffläche von Iramba in die von Turu [20].

Überaus groß ist die Zahl dieser Rumpfschollengebirge; sie stehen in dieser Beziehung nur wenig hinter den Faltengebirgen zurück. Mittel- und Westeuropa wird von Trümmerresten eingeebneter paläozoischer Faltengebirge durchschwärmt, die nur durch ihr inneres Gefüge und die Streichrichtung der Schichten ihren ehemaligen Zusammenhang bekunden (vgl. Fig. 44, S. 124). Die variscische Reihe beginnt im O mit den Sudeten, die aus der nordöstlichen Streichrichtung östlich der Glatzer Neiße in die nordwestliche umbiegen, schlägt dann im Erzgebirge, Franken- und Thüringer Wald eine südwestliche Streichrichtung ein und läßt sich endlich mit Beibehaltung dieses Streichens über den Harz, das Rheinische Schiefergebirge, den Odenwald, den Schwarzwald und die Vogesen bis in das französische Zentralplateau verfolgen. Hier endete das jungkarbone variscische Gebirge und begann das gleichaltrige armorikanische Gebirge, als dessen umgewandelte Überbleibsel außer dem genannten Zentralplateau die Gebirge der Bretagne, von Cornwall, dem südlichen Wales und dem südlichen Irland zu betrachten sind. Von dem älteren kaledonischen Gebirge, dessen Faltung in die Zeit zwischen Silur und Devon fällt, sind noch Reste im nördlichen Irland, in Schottland und im westlichen Skandinavien erhalten. Eine Anzahl solcher Rumpfschollengebirge wurde von den jungen Faltenzügen der Mittelmeerzone gleichsam umschlungen, wie die Meseta der iberischen Halbinsel, die Chaîne des Maures und der Esterel in der Provence, das kristallinische Gebirge von Korsika und Sardinien und das Rhodope-Massiv der Balkanhalbinsel. Die außereuropäischen Vorkommnisse aufzuzählen, fehlt es uns an Raum, doch soll einzelner gelegentlich gedacht werden.

In Mittel- und Westeuropa verlief die Entwicklung der Rumpfschollengebirge gleichmäßig, aber nicht gleichzeitig in folgender Weise: a) Faltung; b) mit Beginn der Aufwölbung einsetzende und später sich steigernde Abtragung der Falten, Bedeckung der Rumpffläche mit flachgelagerten Sedimenten; c) Zertrümmerung des Faltenrumpfes, Aufsteigen einzelner Schollen, während die übrigen mit ihrer Decke in tieferen Niveaus verharren; d) teilweise oder völlige Entfernung der Decke, Enthüllung der Rumpffläche, Umgestaltung derselben durch Destruktion und tektonische Bewegungen. Im Rheinischen Schiefergebirge [21], dem z. Z. am besten untersuchten Rumpfschollengebirge, vollzog sich der allmähliche Aufstieg in Form einer schildbuckelförmigen Aufwölbung, während einzelne Teilschollen in der Tiefe verblieben bzw. längs neu aufreißender Verwerfungsspalten in die Tiefe sanken (Kölner Tieflandsbucht, Becken von Neuwied, Bucht von Trier). Auch im Verlauf des weiteren hauptsächlich in die Diluvialzeit fallenden Aufsteigens der Rumpfmasse kam es neben der Hebung zu Verbiegungen und Verwerfungen [22].

Aus dem Verhalten der jungen Bruch- zur alten Faltenrichtung ergibt sich genau so wie bei den Faltenschollen (S. 337) die Einteilung in Quer- und Längsschollen. Bei jenen schneiden die Bruchlinien die Falten, bei diesen laufen beide parallel. Ein Beispiel einer Querscholle ist der Harz, der nach NW streicht, während die Falten, wie im Acker-Bruchberg-Zug noch deutlich hervortritt, nach SW ziehen. Eine Längsscholle ist das sächsische Erzgebirge; der Hauptbruch, der den geradlinigen Steilabfall nach Böhmen bedingt, fällt mit der Faltenrichtung SW—NO zusammen.

Die neuesten Forschungen im Tienschan [23] haben uns mit einer Abart von Längsschollen bekanntgemacht, die wegen ihrer Wichtigkeit als eine besondere Kategorie aufgestellt zu werden verdient. Wir wollen sie, weil sie alle äußeren Merkmale eines großen Kettengebirges trägt, Kettenscholle nennen. Der Tienschan wurde im Altpaläozoikum und im Karbonzeitalter gefaltet, im Mesozoikum in einen Abtragungsrumpf verwandelt, endlich im Tertiär an Brüchen, die teilweise an den Rändern durch Falten ersetzt wurden, in die Höhe gehoben (Fig. 96). Das Charakteristische besteht nun darin, daß nicht nur Teile des alten Gebirges wieder belebt wurden, sondern daß die Bruchlinien fast überall den karbonen Falten folgten und so das ganze alte Gebirge wiedererstand; dadurch wird der Eindruck erweckt, als ob es sich um ein Faltengebirge handele. In Wirklichkeit haben die heutigen Ketten mit der alten Faltung nichts mehr gemeinsam als höchstens die Richtung; im übrigen sind sie das Ergebnis der tertiären Zerstückelung und Schollenbewegung. Dieser Typus scheint im nordwestlichen Zentralasien mehrfach verbreitet; er scheint auch den Bau des mongolischen Altaï zu bestimmen, während im russischen zwischen Brüchen und Falten Divergenz besteht.

Ein normales Rumpfschollengebirge sollte als Plateaugebirge erscheinen. Abgesehen von den Resten der flach gelagerten Decken

Fig. 96. Die Ischigartkette des Tienschan südlich der Einmündung des Ischigart in den Irtasch. — Nach FRIEDERICHSEN.

und gelegentlich vorkommenden aufgesetzten Ebenen, wie den kastilischen in Spanien, die von tertiären Seebecken herstammen, trägt auch die entblößte Rumpffläche einen fastebenen Charakter. In der Bretagne, im französischen Zentralplateau, im Frankenwald, im Riesengebirge, in allen Teilen des Harzes usw. ist sie in der Tat auch noch gut erhalten (Fig. 97). Hier können wir sogar noch Talrudimente aus der älteren Periode, da sich die Scholle noch in tieferer Lage befand, zu entdecken hoffen. Mit ihnen vereinigen sich junge Täler aus der Zeit der Wiederaufrichtung der Gebirgsreste, Täler, die durch die neugeschaffenen Höhenunterschiede ins Leben gerufen wurden. Im Unterharz scheint uns eine solche Kombination vorzuliegen. Bode, Selke und Wipper fließen zuerst auf der Plateaufläche nach SO und biegen dann zum Teil mit scharfem Knick nach NO um. Der Unterlauf ist jedenfalls jung, im Oberlauf werden nach unserer Ansicht aber alte Talböden benutzt. Typisch ist namentlich die flache Furche des Hassel- und Selketales (Wasserscheide bei Stiege 482 m hoch, Abfall nach Güntersberge 0° 27′, nach Hasselfelde 0° 21′).

Rumpfrestberge unterbrechen hier und da die Einförmigkeit

der Plateaulandschaft. Besonders häufig sind mehr oder weniger umfangreiche Eruptivmassen, die die fortschreitende Abtragung aus der Destruktionsfläche herausgeschält hat. Die vier Einzelberge, die sich als weithin sichtbare Landmarken über das Harzplateau erheben, der Brocken (1142 m), der Rammelsberg (575 m), der Auerberg (575 m) und der Ravensberg (660 m), bestehen aus Granit bzw. Porphyr *. Aber auch feste Sedimentbänke treten scharf aus der Umgebung hervor; so die langgestreckten quarzitischen Acker- und Bruchberge im Harz,

Fig. 97. Koppenplan (rund 1400 m Seehöhe) mit Schneekoppe (1605 m). Die Rumpffläche im Vordergrund gehört dem Riesengebirgsgranit an, die Schneekoppe der harten Kontaktzone. — Nach Photographie von H. Spreitzer.

die Höhenrücken des Taunusquarzites in dem sonst so eintönigen Rheinischen Schiefergebirge, die phantastischen Felsmauern aus mitteldevonischen Konglomeratbänken, die manche Gegenden der Ardennen schmücken, usw. Die Zahl solcher Beispiele ließe sich nach Belieben vermehren.

Die erosive Bearbeitung der Rumpffläche wurde durch das Aufsteigen des Rumpfschollengebirges machtvoll belebt. Dem Rhein ist es in Verbindung mit der Mosel und der Lahn bereits gelungen, den rhei-

* Das früher bei den Rumpfrestbergen und den entblößten Bergen hervorgehobene Problem, daß nicht alle widerstandsfähigeren Massen als Berge (Härtlinge) herauspräpariert wurden, begegnet uns auch hier vielfach. Mit Recht haben Behrmann [24] und W. Penck [25] darauf aufmerksam gemacht, daß im Harz der Granit zwar im allgemeinen die höchsten, inselartig aufragenden Erhebungen bildet, daß aber an einzelnen Stellen die Rumpffläche ohne merkliche Erhebungen über den Granit hinwegstreicht und namentlich den Bodegranitstock ganz überspannt.

nischen Schieferblock in vier Stücke zu zersägen. Die allmähliche Vertiefung des Rheindurchbruchtales durch ruckweise Tieferlegung der Erosionsbasis ist an den Terrassen zu erkennen (s. u.). Wo Verwerfungen und Abtragungen in intensiver Weise zusammenwirken, kann die Rumpffläche ihren plateauartigen Charakter nahezu ganz einbüßen. Eine Kombination von Bruchlinien, von denen die einen im Sinn der alten Falten von SW nach NO, die anderen von W nach O streichen, bestimmt den Bau Schottlands; im Moray Firth stoßen sie unter einem Winkel von ungefähr 40° zusammen. Den NO-Brüchen folgen die großen Senken: dem Nordrand des großen Grabens, der Lowlands, das Speytal, dessen Richtung sich im Loch Ericht und Loch Awe fortsetzt, und genau parallel damit das Glenmore, eine schnurgerade Furche, die selbst an der Wasserscheide nur 24 m hoch ist. Quer darüber ziehen Kämme und Täler von W nach O. Die Wasserscheide ist ganz an den atlantischen Rand gerückt und liegt im N an oder nahe der Grenze von Gneis und Schiefer. Die höchsten Erhebungen (Ben Nevis u. a.) fallen in die Zone der Granitstöcke, die sich durch wildere Formen auszeichnen. Nur die breiten, gleichmäßig hohen Rücken der übrigen Bergzüge lassen es vermuten, daß sie aus einer plateauartigen Rumpffläche hervorgegangen sind. — Ganz ähnliche Verhältnisse treffen wir in der Landschaft Ussandaui (Deutsch-Ostafrika) an [20]. Auch hier ist das einstige Plateaugebirge bereits derartig zerschnitten, daß man lediglich bei einem Ausblick von einem der fast allenthalben gleich hohen Gipfel die einstige Rumpffläche des Schollengebirges mit leidlicher Gewißheit erkennt. In der Literatur werden derartige, durch Erosion tiefgreifend umgestaltete Rumpfschollengebirge — von den Tafelschollengebirgen gilt grundsätzlich das gleiche — gelegentlich als Erosionsgebirge bezeichnet. Man muß sich aber bei Verwendung dieses Ausdrucks darüber klar sein, daß die Erosion des fließenden Wassers niemals und auch in diesem Falle nicht das Gebirge geschaffen hat, sondern einem durch Schollenbildung entstandenen Gebirge den augenblicklichen morphologischen Stempel aufdrückt. Der Ausdruck »Erosionsgebirge« kennzeichnet mithin ein bestimmtes Stadium der morphologischen Umgestaltung ursprünglich plateauartiger Schollengebirge, nicht deren Entstehungsursache.

Die meisten der bisher genannten Rumpfschollengebirge weisen eine zweiaktige Entwicklungsgeschichte auf: der erste Akt umfaßt die Bildung eines regelrechten Faltengebirges und dessen nachträgliche Abtragung bis hin zur Entwicklung der Rumpffläche und deren Bedeckung mit Sedimenten; der zweite Akt beginnt mit der tektonischen Zerstückelung des Rumpfes und führt über das Aufsteigen umfangreicher Schollen zu deren erneuter Zerschneidung und Abtragung. Den Ablauf dieses zweiten Aktes erleben wir z. B. bei den deutschen Mittelgebirgen mit und können ihn, wenn auch nicht an derselben Stelle, in seinen einzelnen Szenen genau verfolgen. Sofern die

Erdkruste während dieses zweiten Aktes ihre Ruhe bewahrt, wird die Abtragung bis zur Herausarbeitung einer Rumpffläche fortschreiten, deren Höhenlage im Falle erosiver Abtragung eine eindeutige Funktion der Erosionsbasis ist. Trifft diese Voraussetzung nicht zu, setzt etwa während des zweiten Aktes ein erneutes Aufsteigen der Horstschollen ein, so komplizieren sich die Verhältnisse, und es können im Relief des erneut gehobenen Rumpfschollengebirges zwei Destruktionsflächen übereinander erkennbar sein: die am Ende des ersten Aktes fertig gewordene Rumpffläche und die während des zweiten Aktes in Bildung begriffene Abtragungsfläche; beide unterliegen während des dritten Aktes infolge der erneut eingetretenen Hebung einer erosiven Zerschneidung. Diesen möglichen Entwicklungsgang wird man sich vor Augen halten müssen, falls man in einem Rumpfschollenland mehrere Abtragungsflächen in verschiedener Höhenlage ausgebildet findet (Schwarzwald und Fichtelgebirge [26], Norwegen [27] u. a. m.). Wir sprechen dann von mehrflächigen Rümpfen. Selbstverständlich ist die leichtfertige Konstruktion von ineinander geschachtelten Abtragungsflächen abzulehnen; es bedarf eingehender Untersuchungen, um den Tatbestand einwandfrei festzustellen und die Möglichkeit auszuschließen, daß die verschiedenen Ebenheiten etwa als tektonisch verworfene Stücke der obersten Rumpffläche zu deuten sind. Nur wenn alle übrigen Erklärungsversuche fruchtlos bleiben, wird man bei aufeinanderfolgenden Verebnungsflächen von mehrflächigen Rümpfen sprechen dürfen. Die genetische Erklärung wird allerdings selten so verhältnismäßig leicht werden wie im Falle der Trogfläche des Rheinischen Schiefergebirges, eine auffällig an die Stromrichtung gebundene Ebenheit (Philippson [21]), die durch die auf ihr zum Absatz gelangten Schotter als der weitflächig entwickelte, während einer Pause im Aufsteigen der rheinischen Rumpfscholle entstandene Talboden des Rheins erkannt werden konnte [28].

Daß die unsere deutschen Mittelgebirge krönenden Rumpfflächen meist hohes geologisches Alter besitzen, als fossil angesprochen werden müssen und erst nach Entblößung von der mesozoischen Sedimentdecke wieder zum Vorschein gekommen sind, wurde bereits betont. Neben diesen jetzt erst wieder freigelegten paläozoisch-mesozoischen Rumpfflächen zeigen unsere europäischen Mittelgebirge aber oftmals noch weitere Verebnungsflächen, die sich durch ihr Hinweggehen über disloziertes Mesozoikum, über Jungtertiär oder über mitteltertiäre Faltung als relativ jugendliche Gebilde erweisen. Diese spättertiär-diluvialen Rumpfflächen leugnen [29], heißt unbestreitbare Beobachtungstatsachen in Zweifel ziehen. Wir haben es bei den meisten deutschen Mittelgebirgen tatsächlich mit mehrflächigen Rümpfen zu tun, und die geologischen Aufschlüsse beweisen, daß ein gut Teil dieser Verebnungsflächen — alte Talböden oder Flußebenen nach Art der eben erwähnten rheinischen Trogfläche, Beweise für ein ruckweises Aufsteigen der Rumpfschollen — im späteren Tertiär, ja noch im Diluvium entstanden sind. Strittig kann nur sein, ob diese jungen Abtragungsebenheiten zu einer entwicklungsgeschichtlich einheitlichen Verebnungsfläche zusammengefaßt werden können oder ob sie Teile selbständiger und verschiedenartiger Rumpfflächen darstellen. BRAUN [30] hat sich für die erste Möglichkeit entschieden und spricht demgemäß von einer g e r m a n i s c h e n R u m p f f l ä c h e präoligozänen Alters. Andere Forscher lehnen diese großzügige Hypothese BRAUNS ab und vertreten die Auffassung, daß ein Zusammenhang der verschiedenen Rumpfflächen spättertiär-diluvialen Alters nicht erwiesen und aus verschiedenen Gründen unwahrscheinlich ist. Die vielen einschlägigen Arbeiten hat MAULL [31] in einem vorzüglichen Referat gesichtet. Mit Recht betont er, daß unser Wissen von diesen Formenelementen der Rumpfschollengebirge noch zu gering ist, um heute schon eine endgültige Entscheidung zu fällen. Wir werden den hiermit verbundenen Problemen hernach in dem Absatz über die Piedmonttreppe noch einmal begegnen und in dem Kapitel über das Flachland den Mechanismus der Bildung von Verebnungsflächen ausführlich erörtern.

Systematik der Gebirge. Unsere bisherigen Ausführungen gestatten, die Vielheit der Gebirgserscheinungen in folgender Übersicht zusammenzufassen:

I. Einteilung der Gebirge nach Grundrißgestaltung und Form der Gipfelzone

1. Kammgebirge
2. Rückengebirge
3. Kettengebirge
4. Massive
5. Plateaugebirge

II. Einteilung der Gebirge nach der Art der Gliederung durch Täler

1. Fiederförmige Gliederung
2. Strahlenförmige Gliederung
3. Parallele Längsgliederung
4. Rostförmige Gliederung
5. Radiale Gliederung

III. Einteilung der Gebirge nach dem Formenschatz

1. Mittelgebirge
2. Hochgebirge

IV. Einteilung der Gebirge nach der Entstehungsursache

1. Durch vulkanische Ergüsse entstandene Gebirge

2. Durch Faltung erzeugte Gebirge

	Verlauf:	Faltenwurf:	Gesteinsanordnung:
a) Deckengebirge b) Faltengebirge ohne Deckenbau	α) geradlinig	α') monoantiklinal	α'') gleichförmig
c) Bruchfaltengebirge	β) bogenförmig	β') polyantiklinal	β'') einseitig, doppelseitig } ungleichförmig

3. Durch Schollenbildung und Verwerfungen erzeugte Gebirge
   a) Tafelschollengebirge
   b) Rumpfschollengebirge } α) Querschollen } β) Längsschollen } γ) Kettenschollen

V. Einteilung der Gebirge nach dem Grade der Erhaltung der Strukturform
   1. Strukturform überwiegt
   2. Destruktionsformen überwiegen (Erosionsgebirge).

Diese tabellarische Übersicht, die natürlich nur im Zusammenhang mit dem vorausgegangenen Text Leben erhält, wird im allgemeinen ausreichen, um alle Großerhebungen in ihrer Wesenheit zu kennzeichnen. Zur Ergänzung dürfte es allerdings geboten sein, einige der wichtigsten Formenelemente zu betrachten, die den Gebirgen, sei es jedes für sich, sei es im Zusammenwirken, ein besonderes Gepräge verleihen.

Die Kare. Wer vom Hirschberger Kessel eines der vielen Täler zur »Rampe« des Riesengebirges hinaufwandert, wird dort im Quellgebiet auf höchst sonderbare Formen stoßen. Beim Agnetendorfer Wasser z. Bsp. stellt sich die Stirnwand eines das Tal querenden Trümmerwalls entgegen, oberhalb davon folgt ein breiter, ebener Boden, und schaut man sich jetzt um, so wird man gewahr, daß man in eine von steilen Felswänden eingerahmte gewaltige Hangnische geraten ist. Begibt man sich hinüber zu den »Schneegruben«, so wird man durch ähnliche, so gar nicht recht in das Landschaftsbild eines Mittelgebirges passende Formen gefesselt. Unerhört steil, stellenweise fast senkrecht streben auch hier die kahlen Felswände in die Höhe, wiederum umschließen die Wände eine zirkusartige Hohlform, deren Ausgang talabwärts durch einen Trümmerwall versperrt wird [32]. Derartige wie Lehnsessel eines Riesen in die sonst sanften Hänge des Gebirges scharf eingemeißelte Nischen bezeichnet man als Kare *. Sie tragen mit ihrem fast ebenen Boden

* Der Ausdruck »Kare« wird in Deutschland, Österreich und der deutschen Schweiz angewandt; die Franzosen und Engländer sprechen von cirques; in Skandinavien werden die gleichen Formen Botner (Einzahl Botn) genannt. Eine vortreffliche morphographische Beschreibung und Definition der Kare hat bereits A. v. Böhm [33] gegeben.

und den jäh daraus aufsteigenden Wänden eine ganz besondere Note in das Gebirgsrelief hinein (Fig. 98), treten im Mittelgebirge nur in beschränkter Zahl auf, spielen aber für das Antlitz der meisten Hochgebirge eine bestimmende Rolle.

Der Karboden wird bisweilen von nacktem Fels gebildet, dessen Modellierung durch geschrammte Rundbuckel, flache Riegel und Kolke auf die Bearbeitung durch fließendes Eis hinweist. Wo der Felsboden

Fig. 98. Hafelekar und Toneiskar an der Nordseite der Solsteinkette. Beide Kare sind gegen unten unscharf begrenzt. Hinter den schuttbedeckten Rundbuckeln des Toneiskares (rechts) findet sich ein kreisrunder, aber von Schutthalden eingenommener Karboden. Im Hafelekar bewirken Dolinen eine Rückvertiefung um 20 m. — Nach Photographie von E. Fels [43].

verhüllt ist, handelt es sich um wallartig angehäufte, unsortierte Trümmermassen; man würde sie für Ablagerungen eines Felssturzes halten können, wenn nicht ihre Form in Verbindung mit der Gestaltung des Felsbodens für ihre Moränennatur zeugte. Meist böscht sich der Karboden von den Hinterwänden schwach nach außen ab; wo Moränenwälle oder Felsriegel die Karöffnung abschließen, kann sich jedoch auch rückläufiges Gefälle einstellen. Schon Richter [34] hat der Erscheinung der Rückläufigkeit besondere Aufmerksamkeit gewidmet. Auf sie geht die Häufigkeit der Karseen zurück, die einen besonderen

Schmuck unserer Hochgebirge bilden und bisweilen erhebliche Tiefen aufweisen.

Die Wände im Hintergrund und an den Seiten der Nische sind bei Karen, die unterhalb der Schneegrenze liegen, vielfach durch Wasserrunsen angegriffen; aber das sind offenbar junge, rezente Bildungen, die an der Zerstörung der Karform arbeiten. Das nämliche gilt von den an die Steilhänge angelehnten Schutthalden und Schuttkegeln, die sich ersichtlich in den ursprünglich scharf gegen die Wände abgesetzten Karboden hineinzubauen beginnen. Charakteristisch ist, daß die Hinterwände von Karen, die nicht mit mehreren Gebilden derselben Art zu einer Kartreppe (s. u.) verwachsen sind, oben ganz scharf gegen das flachere Gehänge abgesetzt sind. Die formschaffende Kraft, das sei hier vorweggenommen, kann also nicht von oben her über die Hinterwand geschritten sein, weil in diesem Falle der scharfe Rand hätte abgeschliffen werden müssen. Für die Seitenwände wiederum ist die Beobachtung wichtig, daß ihre tieferen Teile in der Regel geglättet sind, während die höheren steil und kantig emporragen.

Die Höhe der Karwände beträgt im Hochgebirge oft 300 bis 500 m, in den östlichen Tauern [35] sogar im Mittel 670 m. Die Fläche des Karbodens erreicht nicht selten Durchmesser von 3—4 km. Sehr wichtig ist die verschiedene Gestalt des Grundrisses. Es begegnen uns da zwei Typen, eine meist kleineren Karen eigentümliche, etwa halbkreisförmige oder ovale Gestalt und eine andere, vor allem bei den großen Karen auftretende, längliche, oft auch gewundene Erstreckung.

Wie oben bereits angedeutet, treten die Kare durchaus nicht immer vereinzelt auf (»Inselkare« [36]). Oft beobachten wir Doppelbildungen (»Zwillingskare«), die nur durch eine niedrige, spornartige Mittelscharte getrennt sind: die beiden Schneegruben im Riesengebirge oder die Kare am Mysischen Olymp [37]. Sind die Kare derart übereinander angeordnet, daß die Rückwand des tieferen in den Boden des höheren übergeht, so sprechen wir von einer Kartreppe. Gelegentlich begegnen wir Karen, die in langer Reihe und in auffällig gleicher Höhenlage miteinander verwachsen sind; dabei können die trennenden Mittelwände noch gut erhalten oder nur noch in Reststücken vorhanden (»Torsäulen«) oder ganz zerstört sein. Im letzteren Falle bezeichnen wir die von den vereinigten Karböden gebildete Plattform als Karterrasse.

Viele Kare liegen heute unterhalb der Schneegrenze und sind daher frei von Firn und Eis; die hochgelegenen aber sind erfüllt von kleinen Hängegletschern oder dienen als Firnmulden und Geburtsstätten ausgedehnter Talgletscher. In diesen schneerfüllten Karen setzte die Forschung zur Ergründung der Entstehungsweise dieses merkwürdigen Formenelementes ein.

Schon der U-förmige Querschnitt der Karform läßt es als unmöglich erscheinen, ihre Bildung etwa allein auf die Erosion des fließenden Wassers zurückzuführen. Quelltrichter, die vom fließenden Wasser geschaffen worden sind, erreichen niemals jenen Grad von Steilheit der Wände, wie er für die Kare bezeichnend ist. RICHTER [34] hat als einer der ersten klar ausgesprochen, daß die Kare in ihrer spezifischen Ausprägung als Formen des nivalen Klimas gedeutet werden müssen, daß sie aber aus der Umgestaltung vorher gebildeter Hohlformen hervorgegangen sind. Quelltrichter, Ausbruchsnischen von Bergstürzen und Rutschungen oder andersgeartete Vertiefungen, wie sie sich auch im rein fluviatil ausgestalteten Gebirgsland finden, bilden nach RICHTER die unbedingte Voraussetzung für das Entstehen der Kare. Diese in der präglazialen Zeit angelegten Nischen wurden bei Tiefergehen der Schneegrenze (Eiszeit) zu Sammelbecken des Schnees, zu Firnmulden, deren schneeig-eisige Masse dauernd der Tiefe zustrebte. Damit wurde ein wesentlicher Umgestaltungsprozeß eingeleitet, denn erstens erfuhr die Gesteinsaufbereitung an den über das Firnniveau hinaufragenden Hängen eine machtvolle Verstärkung, und zweitens wurde der Verwitterungsschutt durch Schnee und Eis fortgesetzt aus der Nische hinausgeschafft. Eine Ansammlung der herabbrechenden Gesteinstrümmer am Fuße der Hänge (Schutthalde) war damit unterbunden; die nackten Hänge versteilten sich infolgedessen mehr und mehr und wanderten unter dem Einfluß einer starken Rückverwitterung in die rings umher sanfter geböschten Hänge hinein. Aus der präglazialen Hohlform entwickelte sich so die typische Karnische, und infolge stetiger Rückverlegung der Karwände kam es zu jenen Wachstumserscheinungen, als die wir die oben beschriebenen Gebilde (Zwillingskare, Kartreppe, Karterrasse) auffassen müssen. Gemessen an der Bedeutung der dauernden Schuttabfuhr und der Rückverwitterung, übte bei diesem Prozeß die Erosion der Gletscher nur eine mäßige Wirkung aus; sie beschränkte sich auf eine Abhobelung des Karbodens und der unteren Hangflächen der Karwände.

Von dieser Ansicht RICHTERS über Entstehung und Ausbildung der Karform sind alle späteren Forschungen wesentlich beeinflußt worden. Noch heute gilt es in weiten Kreisen als Dogma, daß alle Kare aus einem präglazial geformten Relief, aus fluviatilen Quelltrichtern, hervorgegangen sind und eine glaziale Umformung erfahren haben. Demgemäß wird auch von einer Entwicklungsreihe der Kare gesprochen: Quelltrichter — Karembryonen [38] oder Karoide [39] — echte Kare. Neuerdings aber bricht sich hier und da die Erkenntnis Bahn, daß daneben noch eine andere Art von Karentstehung in Frage kommt, bei der von einer präglazialen, fluviatil angelegten Ausgangsform nicht die Rede ist. BOWMAN [40] vor allem hat darauf hingewiesen, daß in der Schnee-Erosion (Nivation) ein Vorgang zu beobachten ist, der auch gegenwärtig Nischen als Ausgangsform der Karentwicklung entstehen läßt. Er schreibt dem Schnee allgemein die Fähigkeit des fließenden

Abgleitens zu, besonders wenn die Hänge eine Neigung von mehr als 20° aufweisen. Bei diesem Abgleiten wird nicht nur Schutt abwärts verfrachtet, sondern auch der Untergrund angegriffen. Die vom Schnee bearbeiteten Hänge sind blatternarbig und durch Dellen und Nischen gegliedert. Das Schneefeld frißt sich nun immer tiefer in das Gehänge ein und soll so zum wenigsten eine markante Hohlform, wenn nicht sogar ein regelrechtes Kar mit steiler Umrahmung entstehen lassen. Der Grundgedanke von Bowman, daß man bei der Erklärung der Karentstehung in besonderen Fällen ohne präglaziale Urformen auskommen kann, scheint sich für einzelne Teile Südamerikas, vielleicht auch Skandinaviens, als zutreffend zu erweisen. Für die Kare der Alpen wird er jedoch von der überwiegenden Mehrzahl der Forscher aus guten Gründen abgelehnt. Wir werden sogleich sehen, daß man hier umgekehrt der präglazialen Landformung von Jahr zu Jahr größere Bedeutung beimißt und eher geneigt ist, den Einfluß der glazialen Umgestaltung der bereits vorher bestehenden Nischen und Mulden geringer zu werten.

Damit kommen wir zum zweiten Teil der Richterschen Kar-Hypothese, zur kritischen Erörterung des Mechanismus, der die Umformung der präglazialen Nischen zu steilwandigen Karen besorgte. Für Richter stand es fest, daß die Rückwitterung dabei die Hauptrolle spiele und die Versteilung und Rückverlegung derKarwände vor allem durch die machtvoll gesteigerte mechanische Verwitterung oberhalb der Schneefläche erfolge. Amerikanische Forscher, voran Johnson, haben demgegenüber hervorgehoben, daß sich ihrer Meinung nach die intensivste Zerstörung der Felsumrahmung im Bereich von Bergschrund und Randkluft [41] (vgl. Bd. I, S. 449) vollzieht. Längs dieser Spalten, also unterhalb der Schneefläche, wird das Gestein ständig feucht gehalten; der rhythmische Wechsel von Tauen und Gefrieren ist hier am stärksten; mithin muß an diesen Stellen der Spaltenfrost die größten Wirkungen erzielen und infolge des stetigen Abtransportes der Gesteinstrümmer von hier die Versteilung der Nischenwände ihren Ausgang nehmen. Auch in bezug auf diese strittige Frage ist Übereinstimmung bis heute nicht erzielt worden.

Inzwischen ist Deecke [42] mit vielfach abweichenden Anschauungen hervorgetreten. Er hält zwar an der präglazialen Uranlage der späteren Kare fest, legt aber Wert auf die Tatsache, daß als solche nicht nur Taltrichter, sondern viele andere Formen in Frage kommen: Ausrutschnischen, Verwerfungsscharten, Quellhorizontnischen usw. Ein gut Teil dieser Formen hat auch ohne Einfluß nivaler Faktoren die Tendenz, Steilwände zu entwickeln und diese stetig in den Hang hineinzutreiben. Das gilt z. B. von den Quellhorizontnischen des östlichen Schwarzwaldes, die sich durch Unterspülung, Ausrutschen der liegenden nachgiebigen Bänke und Herabbrechen der haltlos gewordenen hangenden Lagen immer tiefer in die Hinterwand einfressen. Alle diese Nischen gerieten nun in der Diluvialzeit unter den Einfluß eines nivalen Klimas und erfuhren eine Versteilung ihrer Hänge und Vergrößerung ihres Umfanges. Aber dabei spielten nach DEECKE weder Rückverwitterung noch Gesteinsaufbereitung in den Firnklüften die Hauptrolle, sondern vielmehr langsame und raschere Schneebewegungen: »Gleichzeitig rief die zunehmende Anhäufung von Schnee im Herbst und Frühjahr zahlreiche Lawinen hervor, welche immer mehr die möglicherweise flacheren Hänge der Nischen steiler gestalteten. Es ist hervorzuheben, daß diese Lawinen an allen Teilen eines solchen Trichters abrutschen können und daß sie das mitgerissene Material zentrisch dem Ausgange zuschieben. Dadurch wird als Schutzwall oder als Sturzmoräne quer über den Bachursprung ein Trümmerwall gelegt, und zwar um so leichter, wenn sich schon eine natürliche Gesteinsbarre vorher dort befand.... Ich sehe also in dem rutschenden Schnee und den Lawinen die eigentlichen Bildner der Kare und nicht in der sogenannten Rückwitterung der Wand unter dem Gletschereis.« Diese sichtlich von BOWMAN beeinflußte Auffassung DEECKES entbehrt gewiß nicht des Interesses und sollte durch genaue Beobachtungen im Gelände überprüft werden. Die Hauptschwierigkeit scheint uns in dem scharfen Zuschnitt des oberen Randes der Karhinterwand zu liegen. Sollen Lawinen nur innerhalb der Nischen niedergegangen sein und nur hier erodierend und versteilend gewirkt haben? Falls auch die Hänge oberhalb der Nischen häufiger Lawinen in die Tiefe entsandt haben, müßte von diesen die Oberkante der rückwärtigen Karwand infolge der angeblich sehr leistungsfähigen Schnee-Erosion verwischt worden sein, was, wie die Beobachtung lehrt, nicht der Fall ist. Der von DEECKE aufgestellten Forderung, bei der Erklärung der Uranlagen der späteren Kare mehr als bisher auf die lokalen tektonischen und petrographischen Verhältnisse (Quellhorizonte!) zu achten, kann nur beigepflichtet werden.

Im Gegensatz zu der vielfach noch herrschenden Ansicht, daß der Eiszeit eine fundamentale Rolle bei der Umprägung präglazialer Nischenformen zu steilwandigen Karen beigemessen werden muß, gleich ob man nun Rückwitterung, Randkluftverwitterung oder Schnee-Erosion als entscheidenden Faktor ansehen mag, ist namentlich FELS [43] auf Grund eingehender Untersuchungen im Karwendelgebiet zu der Überzeugung gelangt, daß man den morphologischen Einfluß der Eiszeit stark überschätzt habe, die Mehrzahl der Karmulden vielmehr bereits in der präglazialen Epoche fluviatil ausgebildet war. FELS stützt sich bei dieser These nicht nur auf seine eigenen Beobachtungen, sondern auch auf die Ergebnisse anderer Forscher, namentlich AMPFERER [44], SÖLCH [39], AIGNER [45], WORM [46] und HERITSCH [47]. Er gelangt zu einer auch genetisch auseinanderzuhaltenden Scheidung zwischen »Schneegrenzkaren« und »Talkaren«, wie sie bereits LEYDEN [48] ausgesprochen hatte. Bei den ersteren ist der Einfluß der Glazialzeit sicherlich am stärksten; es sind Gehängenischen, die ihre Ausgestaltung nach FELS der Randkluftverwitterung verdanken. Sie haben einen engen Zusammenhang mit der Schneegrenze und kommen je nach deren Lage in sehr verschiedenen Höhen vor. Diese Nischen sind im bisher gebräuchlichen Sinne echte Kare. Daneben steht die große Gruppe der Karmulden, großräumiger, langgestreckter und oftmals gewundener Gebilde, die nach dem Innern des Gebirges zu an Fläche immer mehr zunehmen und schließlich in das Firnfeldniveau (s. u.) übergehen. Diese Talkare haben während des weitaus größten Teiles der Eiszeit hoch über der Schneegrenze gelegen und können füglich nicht erst durch die im Schneegrenzniveau vor sich gehende Rückwitterung oder Kluftverwitterung ihr Gepräge erhalten haben. Fels spricht sie als Talenden eines durch Hebung ausgeschalteten altpräglazialen Talsystems an, als Reste eines voreiszeitlich-fluviatilen Reliefs, die durch die Eiszeit nur mehr in unerheblichem Maße umgestaltet worden sind. »Die Eiszeit hat auch durch die Firnfüllung der Talkare gegenüber den starken Erosionsvorgängen der Präglazialzeit im ganzen eher eine schützende als eine zerstörende Rolle gespielt. Ihre Arbeitswirkung zeigt sich in der Versteilung der Karwände durch Randkluft- und Bergschrundverwitterung, in der Verflachung und Rücktiefung des Karbodens und in der Versteilung der Talstufen. Das Ergebnis der Glazialarbeit ist eine nicht sehr erhebliche Ausbreitung der Talkare . . . Die Talkare sind Teile einer älteren Alpenabdachung, die im Altmiozän ausgebildet worden ist. Diese hatte den Charakter eines Mittelgebirges, in das Hochgebirgsrestformen eingeschaltet waren.«

Mit dieser Darstellung von Fels ist ein Thema angeschlagen, das uns auch in den folgenden Kapiteln wiederholt begegnen wird. Zum erstenmal entnehmen wir der neueren morphologischen Forschung, daß die Alpen nicht in einem großen und stetig verlaufenden Schöpfungsakt zum Hochgebirge wurden, sondern daß sich die Hebung etappenweise vollzog und das heutige Hochgebirge eine Reihe von Mittelgebirgsstadien durchlaufen hat, deren Formenreste noch heute im Antlitz des jetzigen Hochgebirges durchschimmern. Damit hat sich die Morphologie der Alpen — wie die Verhältnisse in anderen, weniger gut durchforschten Faltungshochgebirgen liegen, wissen wir z. Zt. noch nicht — gegenüber früher ungeheuerlich kompliziert, und wie hier bei den Karen, so ersteht der künftigen Forschung ganz allgemein die Aufgabe, den Formenschatz des Hochgebirges sorgfältig zu analysieren mit dem Ziel, die heutige Reliefgestaltung als *komplexe Erscheinung*, als Zusammenwirken nicht nur lokaler und regionaler Faktoren, sondern auch dieser zeitlichen Komponenten zu begreifen: *präglaziale Landformung, glaziale Umgestaltung des Reliefs, abermalige Umprägung unter dem Einfluß der heutigen orographischen und klimatischen Gegebenheiten.*

Die Karforschung steht mithin in doppelter Beziehung an einem Wendepunkt: rezente Entstehung der Urform durch Schnee-Erosion oder fluviatil angelegte präglaziale Urform; wesentliche Umgestaltung der Urform in der Eiszeit durch Rückwitterung, Kluftverwitterung bzw. Schnee-Erosion oder nur unbedeutende Änderung einer Reliktform aus der präglazial-fluviatilen Landformung des jetzigen Hochgebirges? Bei der Entscheidung über diese Fragen wird sorgfältig zwischen Schneegrenzkaren und Talkaren zu trennen sein, abgesehen von der Fülle von Pseudokaren, auf die in neuerer Zeit vor allem DEECKE 49 und PHILIPPSON 37 aufmerksam gemacht haben.

Kare und karähnliche Formen finden sich über die ganze Erde verbreitet. Spitzbergen, Grönland, Antarktis (Victorialand, Grahamsland, Südgeorgien), die Tropen (Kilimandscharo, Mawensi, Kibo, Kenia und Ruwenzori) wie auch vor allem die gemäßigten Breiten kennen sie; die mittleren und niederen Breiten sind die eigentlichen Hauptzonen der Kare. Norwegen ist schon von RICHTER als das klassische Land der Botner (Kare) bezeichnet worden *. Aber auch die spanische Sierra Nevada, die Pyrenäen und besonders die östlichen Alpen sind reich daran. Das Karwendelgebirge, die Zillertaler Alpen, die Hohen und Niedern Tauern, die Karawanken und Karnischen Alpen können als ausgesprochene Karlandschaften bezeichnet werden. Kare sind ferner aus den gemäßigten Zonen Asiens (Tienschan), aus Nord- und Südamerika, aus den ostaustralischen und neuseeländischen Alpen bekanntgeworden. Wenn sie in anderen Hochgebirgen, z. B. dem Kaukasus, sehr stark zurücktreten, könnte sich das möglicherweise dadurch erklären, daß sich die präglaziale Landformung bzw. die späteren Hebungen nach der Hauptfaltung anders vollzogen haben als in den Alpen und infolgedessen nur Schneegrenzkare, aber keine Talkare entstehen konnten. Leider ist die Entwicklungsgeschichte der außeralpinen Hochgebirge noch in ziemliches Dunkel gehüllt. — Von den als Reliktformen aus der Eiszeit erhaltenen Karen der Mittelgebirge (Riesengebirge, Böhmerwald, Schwarzwald u. a. m.) ist oben schon gesprochen worden. Sie fallen jetzt ebenso wie die unterhalb der Schneegrenze in den Hochgebirgen auftretenden Karnischen allmählich der Zerstörung zum Opfer, indem einerseits die Rückverlegung der Karwände aufhört und der Verwitterungsschutt als Halden den Fußhang einhüllt, andererseits das spülende und fließende Wasser sowohl die Wände als den Karboden linear zu zerschneiden trachtet. Alle diese in der Eiszeit von der Schneegrenze erreichten Höhen lassen nicht nur in den Karresten, sondern auch in ihren Kuppenzügen, ihren mit Rundhöckern besetzten Kammebenheiten und von Karen zugeschärften Gipfeln (»Karling«) die Einwirkung der Eiszeitepisode noch heute deutlich erkennen 50; die Rückkehr zu Mittelgebirgsformen erfolgt um so rascher,

* Wie sehr hier und überall sonst die Exposition mitspricht, beweist die Tatsache, daß von 78 Karen der norwegischen Hochlande 50 nach Norden und nur 19 nach Osten geöffnet sind. Von den 35 Karen der deutschen Mittelgebirge kehren sich 19 nach Norden und Nordosten, 13 nach Osten und Südosten und nur 3 nach Süden und Westen (A. PENCK, Morphologie der Erdoberfläche; Bd. II, S. 310).

je weniger das Gesteinsmaterial imstande ist, die Glazialspuren zu konservieren. Durchlässige Gesteine, wie Kalkstein und Sandstein, pflegen besser dazu geeignet zu sein als wasserundurchlässige.

Gipfel und Gipfelfluren. Die Formen der Gipfel weisen eine erstaunliche Mannigfaltigkeit auf. Diese wird bedingt durch die Fülle unterschiedlicher Gesteinsarten, durch den von Fall zu Fall wechselnden geologischen Bau, durch die verschiedene Seehöhe und die damit gegebene Unterschiedlichkeit der in der Gipfelzone vorherrschenden Destruktionskräfte u. a. m. Die genetische Deutung der Kuppen und Kegel, der symmetrischen Steilform (»Spitz«) und der nach einer Seite vorspringenden Abart (»Horn«) wird in jedem Einzelfall erst möglich sein, wenn man das gesamte Gebirge in seiner geologisch-morphologischen Eigenart erkannt und seine morphologische Entwicklungsgeschichte klargestellt hat. Auch bei den Gipfelformen können sehr wohl disharmonische Erscheinungen (S. 163) auftreten etwa dadurch, daß die jetzt im Bereich des

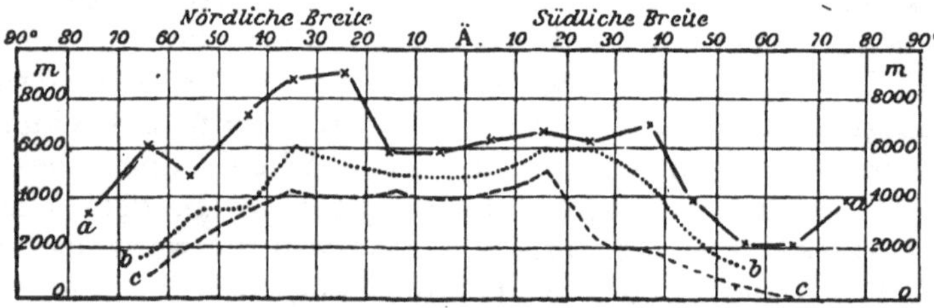

Fig. 99. Graphische Darstellung der größten Gipfelhöhen (*aa*), der obersten Schneegrenze (*bb*) und der obersten Baumgrenze (*cc*) in den 10° Zonen.

Waldes gelegene Gipfelzone in der Eiszeit eine Firnkappe trug und vom Gletschereis maßgebend bearbeitet wurde.

Abgesehen von jenen Fällen, wo die höchsten Gipfel als dem Gebirge nachträglich aufgesetzte Vulkanberge nachzuweisen sind, wie in den Anden, wird die Gipfelhöhe durch die ursprüngliche Hebungsintensität, durch nachträgliche Krustenbewegungen und durch die Dauer und Stärke der Destruktion bestimmt. In den Alpen ist die kristallinische Zone fast überall höher als die Kalkzone. Die Reihe der 3000 m-Gipfel beginnt im Westen mit der Argentara; der Pelvoux eröffnet den Reigen der 4000 m-Gipfel, der bis zur Bernina reicht; bis zum Montblanc (4810 m) ist Zunahme, dann wieder Abnahme bemerkbar. Jenseits des Berninameridians herrschen wieder die 3000 m-Gipfel; sie schließen mit dem Sonnblick am Ostende der Hohen Tauern. Nun macht sich bereits die ungarische Senkung geltend. Die nördlichen Kalkalpen brechen steil im Wiener Becken ab und übertreffen nicht unbeträchtlich die kristallinische Zone, die, sich allmählich senkend, in die ungarische Ebene verläuft. Der östliche 2000 m-Gipfel, der Schneeberg, gehört dem nördlichen Kalkgürtel an. Hier erscheinen also Hebungsintensität und posthume Senkung als die maßgebenden Faktoren.

In Gebirgen mit zerbrochener kristallinischer Innenzone, wie in den Apenninen, kann der Einfluß der Hebungsintensität völlig unterdrückt werden, und die Maximalhöhen treten dann in der Sedimentzone auf (vgl. S. 336).

Verfolgen wir die maximalen Gipfelhöhen in den verschiedenen Gebirgen und die geographische Verbreitung dieses Grenzwertes in den einzelnen Breitenzonen (Fig. 99), so scheint sich eine gewisse Abhängigkeit vom Klima zu ergeben: die höchsten Gipfel treten in den Subtropen und Tropen auf, die Gipfelhöhen-Kurve fällt von dort mit den Kurven der Schneegrenze und der Baumgrenze nach den höheren Breiten zu ab. Aber der Anstieg der Gipfelkurve in den antarktischen

Phot. Postkarten-Industrie, Wien.

Fig. 100. Gipfelflur in den Zillertaler Alpen. Blick vom Ahornspitz über den Zillergrund.

Breiten — noch jenseits 80° s. Br. wurden Höhen von über 4000 m gemessen — zeigt doch, daß keine so einfache Gesetzmäßigkeit vorliegt.

Beobachtet man die Anordnung der Gipfelhöhe in einem Hochgebirge, etwa den Alpen, so springt in die Augen, daß in den einzelnen Teilen des Gebirges die Gipfel jeweils bis zu einer ganz bestimmten und leidlich konstanten Höhe emporstreben. »Steht man auf einer erhabenen Zinne mitten im Gebirge«, sagt Penck [51], »so erscheinen die umliegenden Gipfel wie ein wogendes Meer, dessen Wellenkämme sich in gleichen Höhen halten und an dem Horizonte nach oben wie abgeschnitten erscheinen. Sie ordnen sich in eine sanft wellige Flur, die wir **Gipfelflur** nennen wollen«. Die Seehöhe dieses Gipfelniveaus schwankt im Bereich des Alpenkörpers nicht unerheblich, aber dessen ungeachtet ist die Flur allenthalben vorhanden (Fig. 100) und erheischt eine genetische Deutung. Dabei wird als Beobachtungstatsache neben der verschiedenen Seehöhe der Gipfelflur noch der Umstand zu berücksichtigen sein, daß die Niveaufläche über Gesteine verschiedenster Widerständigkeit hinwegstreicht und auch unbeirrt durch den tektonischen Bau die im Gipfelniveau gelegenen Antiklinalen und Synklinalen gleichermaßen überzieht.

Das Problem der Gipfelflur ist von einer ganzen Reihe von Forschern angepackt worden, aber noch heute gehen die Meinungen recht sehr auseinander. Man kann die Auffassung vertreten, die Gipfelflur stelle eine alte Abtragungsfläche dar und stamme aus einem früheren Stadium der morphologischen Entwicklung des Gebirges *. Bei der neuerlichen Hebung wanderte auch die alte Rumpffläche mit in die Höhe, erfuhr dabei flache Verbiegungen und wurde schließlich infolge ihres großen Abstandes von der Erosionsbasis durch die energische Tiefenerosion der Flüsse zerschnitten. Die Tangentialebene, die die heutigen Gipfelhöhen verbindet, würde eine Rekonstruktion der alten Rumpffläche ergeben. Bei der heutigen Höhenlage kann nach dieser Auffassung die Gipfelflur weder entstanden sein noch sich weiter bilden; sie ist vielmehr als Vorzeitform, als fossile Form oder Reliktform anzusehen und fällt gegenwärtig der Zerstörung anheim. — H. v. Staff [52] hat diese Hypothese wohl als erster für ein Hochgebirge ausführlich entwickelt. Er stützt sich namentlich auf seine Untersuchungen in den Walliser Alpen, wo ihm die z. T. breitflächig entwickelten, gleich hohen und noch von keiner tiefen Flußscharte berührten Höhenzüge als Beweis für die einst allenthalben vorhandene Verebnungsfläche gelten. Dieser Ansicht v. Staffs hat sich v. Falkenburg [53] in seinen Untersuchungen über die präglaziale Oberflächengestalt der Schweizer Alpen angeschlossen.

Eine wesentlich andere Erklärung der Gipfelflur bietet Penck [51]. Er sieht in der Gipfelhöhenkonstanz den Ausdruck jenes Gesetzes, für das er die Bezeichnung »Oberes Denudationsniveau« geprägt hat (vgl. S. 162). Die zugeschärften Schneiden und Grate sind nach ihm nicht aus sanfteren Formen oder gar einer Rumpffläche herausmodelliert worden, sondern entstanden gleichzeitig mit dem machtvollen Aufsteigen des Alpenkörpers durch Verschneidung der Talhänge der tief sich einnagenden Flüsse. Wenn die Verschneidungsfirste und -grate eine ausgesprochene Gipfelhöhenkonstanz aufweisen, so liegt das daran, daß die außenbürtigen Kräfte um so stärker wirken, je höher das Gebirge aufsteigt, und daß von einem gewissen Grenzwert ab die Destruktion der Hebung das Gleichgewicht hält, ein darüber hinausgehendes Höhenwachstum der Gebirge also verhindert. Dieses Grenzniveau, Pencks oberes Denudationsniveau, spiegelt sich in der Gipfelflur wider. Letztere ist also keine Reliktform, sondern eine

* Über die Bildung solcher Abtragungsebenheiten sprechen wir unten in dem Kapitel »Die Flachländer«.

Lebendform; wenn im Zentrum des Alpenkörpers, wie Penck annimmt, die Hebung gegenwärtig noch andauert, geht hier die Entwicklung der Gipfelflur auch heute noch weiter. Andererseits kann man auch umgekehrt aus der Form der Gipfel nach Penck auf das Ausmaß der Hebungsintensität schließen: wo steilwandige Schneiden vorherrschen, da war dieHebung am größten, da ist das obere Denudationsniveau erreicht worden; wo die Gipfelgestaltung sanfter ist, war die Hebung geringer, so daß das morphologische Grenzniveau nur eben oder noch nicht ganz erreicht wurde. Verschiedenartigkeit der Gipfelform und verschieden hohe Lage der Gipfelflur, beruhend auf stärkerer oder geringerer Hebung der einzelnen Teile des Alpenkörpers, führten so zur Vorstellung von flachwelligen Verbiegungen ähnlich wie bei v. Staff. Penck erblickt aber darin den Ausdruck einer Großfaltung, die die Zone der Zentralalpen zu einem Großsattel, die durch mittlere Gipfelformen und tiefere Lage der Gipfelflur ausgezeichnete Zone der Längstalfurchen zu einer Großmulde machte. In einer neueren Arbeit hat Penck [54] diesen Gedanken weiter ausgeführt und zu begründen versucht.

Pencks Ansicht, zu der sich im wesentlichen auch Heim [55] bekennt, hat zur Voraussetzung, daß die Gehänge der Hochgebirgstäler sich in den Graten verschneiden. Das aber trifft nach Sölch [56] keineswegs immer zu. Neben den Fällen, wo tatsächlich die zurückschlagenden Gehänge der in die Tiefe fressenden Täler zur Verschneidung gelangen, sind solche zu beobachten, wo sich zwischen die heutigen Talsohlen und die Firste an den Talhängen Felsterrassen einschalten, die Höhenlage der Firste also nicht unmittelbar aus dem Verhältnis der heutigen Taltiefen zum Talabstand bzw. aus der Dichte des Talnetzes und den mittleren Abwitterungsböschungen erklärt werden kann. Nimmt man hinzu, daß nach Sölch die Höhe der Gipfelfluren bei gleichen Talabständen in den verschiedenen Teilen der Alpen verschieden ist, so muß man zugeben, daß durch diese Beobachtungstatsachen Pencks Hypothese vom oberen Denudationsniveau einigermaßen erschüttert ist. Wir werden die Vorstellung von der einen Gipfelflur ersetzen müssen durch die mehrerer übereinandergelagerter Gipfelfluren, für deren Entstehung dann natürlich nicht das obere Denudationsniveau, sondern die weit eher zu stockwerkartigen Verebnungsflächen führende Erosion des fließenden Wassers in Frage kommt.

Im Sinne von Sölch glaubt v. Klebelsberg [57] feststellen zu müssen, daß das von Penck vermutete Zusammenfallen von Gebieten hoch gelegener Gipfelflur mit solchen besonders scharfer Gipfelformen keineswegs zutrifft, ja häufig gerade das Gegenteil der Fall ist. Maßgebend für die Gipfelformung ist nach v. Klebelsberg der Abstand der Gipfelzone von der Erosionsbasis erster und zweiter Ordnung (Alpenrand und Alpenhaupttäler). Die Gipfelflur ist nur das oberste Stockwerk einer Reihe von Verflachungen, die in den Alpen in verschiedener

Seehöhe auftreten und offenbar von dem fließenden Wasser geschaffen wurden.

Alle neueren formenkundlichen Studien scheinen die Richtigkeit der Sölch-Klebelsbergschen Anschauungen zu erweisen. In seiner kritischen Zusammenstellung aller die Gipfelflur betreffenden Theorien kommt Leutelt [58] zu folgendem Ergebnis: »Wenn wir die Verflachungen eines tiefer gelegenen Teiles der Gipfelflur weiter verfolgen, so führen sie nicht als die Gipfelflur weiter empor, sondern verlassen bald die aufsteigende Kammlinie und führen, ihr gleichbleibendes Gefälle beibehaltend, in die beiden Flanken dieses Zwischentalrückens. In den Tälern führen sie als Hangfluren weiter, erreichen schließlich den Talboden und bilden die Flächen ober einem Talschluß. Dies wiederholt sich in Stockwerken. Die Verflachungsreste einer nächsthöheren Tallandschaft führen aus dem Talinnern hangentlang heraus und erreichen schließlich den absinkenden Bergrücken in Form einer Eckflur. In dieser hochgelegenen, weit ausgedehnten Eckflur erkennen wir einen Teil unserer Gipfelflur wieder . . . Mit der Abwendung von einer als genetische Einheit gedachten Gipfelflur zu der rein formalen Tatsache wird das Problem der Gipfelflur ein anderes. Es ist nicht das Vorhandensein dieser Form zu erklären, sondern die Frage zu beantworten: Warum reicht hier die alpine Stockwerklandschaft in größere Höhen, warum sind hier höhere Stockwerke erhalten geblieben als an anderer Stelle? Diese Frage ist keine Frage des Gipfelflurenproblems, sondern des morphologischen Werdeganges der alpinen Stockwerklandschaft, also der Gesamtsumme der Großformen der Alpen nahezu überhaupt. Eine Betrachtung des Gipfelflurenproblems, das Wort Gipfelflur für die rein formale Tatsache gebraucht, losgelöst von der Betrachtung der übrigen Glieder der alpinen Tallandschaft, ist hier nicht möglich. Denn die Gipfel ordnen sich als gleichwertige Glieder in die alpine Stockwerklandschaft ein.«

Mit dieser Ansicht paßt gut das Ergebnis der Untersuchungen von Richter [59] zusammen. An vielen Beispielen besonders der nördlichen Kalkalpen und der Zentralalpen zeigt Richter, daß ohne Zweifel mehrere Gipfelfluren übereinander gelagert sind. Diese stellen nach Richter Reste von Erosionsflachland dar, jeweils in der Zeit eines Stillstandes der Alpenhebung durch die Flüsse modelliert und hernach bei Weitergang der Hebung von denselben, nun aber zu stärkerer Tiefenerosion befähigten Flüssen zerschnitten. So entstand mit fortschreitender ruckweiser Hebung des Alpenkörpers die Gipfelflurtreppe. Sie ist, wenn auch in anderem Sinne als bei v. Staff, als Reliktform anzusehen, kann jedoch niemals generell für die gesamten Alpen genetisch erklärt werden, sondern verlangt Sonderbehandlung jedes einzelnen Falles.

Wir dürfen nicht meinen, daß mit diesen Feststellungen das Problem der Gipfelflur endgültig gelöst ist, wenngleich ein wesentlicher

Fortschritt bereits heute nicht verkannt werden kann. Sorgfältige Beobachtungen im Gelände, verbunden mit kartographischer Darstellung der Gipfelfluren nach dem Vorbild von LEYDEN [60], MACHATSCHEK [61] und KREBS [62], bilden auch hier die Voraussetzung zu einem weiteren Fortschritt der Wissenschaft.

Firnfeldniveau. Außer den Gipfelfluren ist in den Alpen — in den übrigen Hochgebirgen dürfte es ähnlich sein — noch eine weitere Form von Flachrelief entwickelt. Es handelt sich um größere Flächenniveaus unterhalb der Gipfelhöhen, die bald als eisbedeckte Firnfelder in Erscheinung treten, bald sich als schneefreie Flächen daraus entwickeln. Schon RICHTER [19] hatte auf diese merkwürdigen Verebnungsflächen hingewiesen; er sprach sie als Abtragungsebenen der Schneegrenze an und stellte sich vor, daß die in diesem Niveau angeblich sprunghaft wachsende Destruktion (S. 340) eine Plattform in die Hochgebirgshänge hineingemeißelt habe. Als formenschaffenden Vorgang sah RICHTER vor allem die Rückverwitterung der Karwände an. Er bemerkte hierüber das Folgende (S. 78): »An der Schneegrenze muß also das Gebirge rascher an Masse abnehmen, es muß sich ein horizontales Abtragungsniveau herausbilden. Gerade dort müssen die Gebirgskämme immer mehr zusammenschwinden und zusammenschrumpfen, während der Fuß fast unverändert stehen bleibt. Die ideale Fläche, die die einzelnen Karböden miteinander verbindet, zeigt uns die zukünftige Bergform an. Diese wird zutage kommen, wenn alle Zwischenwände verschwunden sind, die jetzt die nebeneinander liegenden Kare trennen. Das Ende des Prozesses kann kein anderes sein als die Abtragung der Gebirge zunächst bis zur Schneegrenze und dann in langsamerem Fortschritt bis zur Vegetationsgrenze. Damit ist die Mittelgebirgsform und der Mittelgebirgscharakter erreicht. Die Voraussetzung ist wohl selbstverständlich, daß das Gebirge nicht mehr in Hebung begriffen ist; solange diese andauert, würde der Prozeß niemals zu Ende kommen können.«

Neuerdings hat CREUTZBURG [63] diesen von ihm Firnfeldniveau genannten Ebenheiten eine gründliche Untersuchung gewidmet (Fig. 101). Seine Beobachtungen stehen mit denen RICHTERS nicht eigentlich im Widerspruch, aber der von RICHTER deduktiv abgeleiteten Deutung dieser Flächen vermag CREUTZBURG nicht zuzustimmen. Weder die Rückverwitterung noch die glaziale Erosion erzeugen derartige Ebenheiten, wie man sie unterhalb der Gipfelhöhen tatsächlich antrifft. Auch die übrigen heute hier wirksamen Kräfte vermögen nach allem, was man darüber beobachten kann, zur Erklärung der Firnfeldniveaus nicht auszureichen. Es bleibt also nichts anderes übrig, als auch diese Verebnungsflächen ähnlich wie die Gipfelfluren als Reliktformen anzusprechen. Sie sind Reste eines älteren Flachreliefs, d. h. präglazialen Ursprungs, und dürften trotz der außergewöhnlichen Breite ehemalige Talböden, d. h. Erzeugnisse der fluviatilen Erosion, darstellen. Die von CREUTZBURG zunächst für das Ankogelgebiet ausgesprochene Ansicht ist seither einschließlich der Namengebung allgemein auch für andere Alpenteile übernommen worden. Es müssen demnach die Firnfeldniveaus genetisch auf eine Stufe gestellt werden mit den entsprechenden Ebenheiten in höherer Lage (Gipfelfluren) und mit den im nächst tieferen Niveau auftretenden Hochtalböden (s. u.). Alle diese Restformen bezeugen, daß die Alpen nicht in einem einzigen, stetig verlaufenden Bildungsakt zum Hochgebirge geworden sind, sondern daß sie verschiedene Stadien von Flachrelief durchlaufen haben, ehe

Fig. 101. Weißental in den Hohen Tauern von der Hagener Hütte aus. Mit jungen Schuttkegeln erfüllter Taltrog mit schönem Talschluß und Trogrand. Die besonders rechts (in der Richtung des Flußlaufes) gut entwickelte Trogschulter entspricht CREUTZBURGS Hochtalboden. Die ausgedehnten Verebnungen darüber bilden das Firnfeldniveau. — Nach Photographie von G. BARTSCH.

sie ihre heutige Gestaltung erhielten. Diese für die Alpen nun wohl endgültig feststehende Tatsache ist von erheblicher Tragweite. Es müssen jedoch erst die übrigen Hochgebirge nach den gleichen Methoden untersucht werden, ehe wir uns auf Grund der heute noch erhaltenen Relikte aus verschiedenen Flachrelief-Stadien etwa eine allgemeine Vorstellung vom Wachsen und Werden der Hochgebirge bilden können.

Piedmonttreppe. Die nordamerikanischen Alleghanies, die im Bau innige Verwandtschaft mit den deutschen Mittelgebirgen erkennen lassen, werden wie diese von einer trotz reichlicher Zertalung immer noch deutlich erkennbaren Rumpffläche überzogen. Nach Osten fällt das Gebirge mit einem Steilrand zu einem sanftwelligen Flachland ab, dessen Untergrund aus demselben Gesteinsmaterial wie der Gebirgskörper besteht und die gleiche, längst abgeschliffene Faltung erkennen läßt. Es liegen hier also zwei Rumpfflächen in verschiedenem Niveau vor, eine Erscheinung, die wir oben bei Erörterung der Rumpfschollengebirge bereits streiften, nun aber ausführlicher besprechen wollen als ein Formenelement, das keineswegs nur Rumpfschollengebirgen eigen ist. Bei den Alleghanies hat man die untere Ebenheit als Piedmontfläche bezeichnet, und dieser Ausdruck hat sich allgemein für derartige Fußflächen von Gebirgen eingebürgert. W. Penck[64], der sich mit diesen Fragen besonders eingehend befaßte, bezeichnet auch die Harzer Hochfläche, aus der sich das Massiv des Brockengranits, die Achtermanns-Höhe, Acker und Bruchberg erheben, als Piedmontfläche und definiert: »Den Typus von Rumpfflächen, welche wie die der Harzhöhe ein zentrales Bergland umgeben, nennen wir Piedmontflächen«.

Der Abfall vieler deutscher Mittelgebirge weist nicht nur eine, sondern mehrere solcher Piedmontflächen übereinander auf, wofür W. Penck den Ausdruck Piedmonttreppe geprägt hat. Im Fichtelgebirge, Schwarzwald u. a. w. wird ein Zentralstück des Gebirges von stufenförmig übereinander gelagerten alten Flachlandschaften umgeben. Eine tektonische Zertrümmerung und Verwerfung einer einheitlichen Rumpffläche kommt, wie genaue Untersuchungen lehren, nicht in Frage. Es handelt sich vielmehr bestimmt um eine Reihe selbständig entstandener Verebnungsflächen. Sie sind nicht mehr in ihrer ursprünglichen Gestalt erhalten, sondern von der Erosion des fließenden Wassers vielfach angenagt worden. Mit oft zerlapptem Rand enden die Flächen an ihrem Außenrand, der den Übergang zum nächsttieferen Niveau vermittelt. Die unteren Flächen greifen nicht selten in Form weiter Talböden in die darüber gelegenen Niveaus ein und zerlegen diese. Eine genaue Abgrenzung der Randstufen einer Piedmonttreppe ist unter diesen Umständen oft schwierig. W. Penck verwendet hierzu Merkmale, die sich aus seinem »Gesetz der Hangentwicklung« ergeben. Nach seiner Lehre von den konvexen Hangformen als Zeichen der aufsteigenden, den konkaven als Zeichen der absteigenden morphologischen Entwicklung bilden die konvexen Hänge die besten Merkzeichen für die Abgrenzung einer Piedmontfläche nach unten hin. Gegen oben folgen im Anschluß an die Piedmontfläche konkave Formen, die dann wieder in die konvexen Grenzflächen der nächst höheren Stufe übergehen. Während Ebenheiten, die wir entlang den Talzügen in einiger Höhe über dem heutigen Talboden hinziehen sehen (Talterrassen, s. u.), offensichtlich mit der Talentwicklung in Zusammenhang zu bringen sind, ist die Piedmonttreppe von der letzteren unabhängig und stellt somit ein eigenes Formenelement der Gebirgshöhen dar.

Die Theorie der Piedmonttreppe hat W. Penck an mehreren Beispielen entwickelt, vor allem am Fichtelgebirge und am Schwarzwald [65]. Über die verebnende Kraft kann man verschiedener Meinung sein; wir werden darüber im Kapitel »Die Flachländer« ausführlich sprechen. W. Penck neigt dazu, auch im Falle der deutschen Piedmonttreppen die Einebnung auf Flußerosion zurückzuführen. Er erklärt sich das Zustandekommen von Piedmontflächen durch die Bildung eines Gewölbes, das bei seiner Heraushebung immer weiter außengelegene Zonen mit umfaßt, eines Gewölbes also mit wachsender Breite. Durch den Unterschied, der zwischen der schnelleren Hebung im Zentrum eines derartigen Gewölbes und der langsameren seiner Außenrandzone besteht, bildet sich hier eine Piedmontfläche aus. Denn an der peripheren Zone geringerer Hebung sind die exogenen Kräfte noch imstande, der Aufwölbung wirkungsvoll entgegenzuarbeiten; das Land wird hier in demselben oder fast demselben Maße abgetragen, als es in die Höhe steigt. Schreitet die Hebung fort, wird mithin das Gewölbe breiter, so wird die zuerst angelegte Piedmontfläche mit gehoben und dabei vielleicht verbogen; im Bereich der neuen Außenrandzone aber beginnt das Spiel von vorn, bildet sich eine neue Piedmontfläche aus. Indem sich auf diese Weise eine Abtragungsfläche zu der anderen gesellt, entsteht bei fortschreitender Hebung und Aufwölbung die Piedmonttreppe. Sie setzt sich nach W. Penck beim Fichtelgebirge aus fünf Niveaus zusammen.

Wenn W. Penck erklärt, daß der Abfall zwischen den einzelnen Piedmontflächen und deren stufenförmige Anordnung keineswegs auf ruckweiser Hebung beruhe, sondern lediglich auf ein stetiges Rascherwerden der Vertikalbewegung zurückzuführen sei, so fällt es schwer, ihm in diesem Gedankengang zu folgen. Auch unter Berücksichtigung des »Gesetzes der Hangentwicklung« kann stetiges Rascherwerden der Hebung nur zu einer allgemeinen konvexen Versteilung führen, so wie stetiges Langsamerwerden Verflachung zur Folge haben muß. Ein Wechsel von Hangsteilheit und Hangflachheit, wie sie W. Penck beschreibt, kann nur auf einen Wechsel in der Hebungsintensität zurückgeführt werden. Um ein »ruckweises« Ansteigen des Gebirges kommt man also auch unter Zugrundelegung der Hypothese von W. Penck nicht herum. Ruckweises Ansteigen aber bedeutet natürlich nur allmähliche Beschleunigung der Hebung, auf die dann eine ebensolche Verzögerung folgt. In diesem Sinne haben auch andere Autoren kritisch zu den Ausführungen W. Pencks Stellung genommen. J. Sölch [66] glaubt, »leicht sprunghafte Änderungen der Erosionsintensität« annehmen zu müssen; Schrepfer [67] spricht von »etappenweiser« Tieferlegung des Destruktionsniveaus; Henkel [68] findet die Ursachen für die Ausbildung der Piedmonttreppe »in dem mehrfachen Wechsel zwischen beschleunigter und verzögerter Hebung oder völligem Stillstand«.

Die einmal angelegten Piedmontflächen bewahren ihre Gestalt nicht für immer, sondern unterliegen einer morphologischen Umformung, in unserem Klima naturgemäß hauptsächlich durch die Erosion des fließenden Wassers. Da die höheren Flächen die älteren sind, ist deren Destruktion am weitesten fortgeschritten. Jede untere Fläche breitet sich auf Kosten der höheren aus, indem sie infolge der Rückwärtserosion der Quelltrichter hangeinwärts wächst. Sie selbst aber wird wiederum von dem nächsttieferen Niveau angegriffen und verliert nahe dem Stufenhang an dieses Raum. Durch das dauernde Heranrücken an die Zentralzone, den Kern des Gebirges und dessen älteste Hebungsregion, kann es zu einem Aufzehren einer oder mehrerer Piedmontabsätze kommen. Der Vorgang vollzieht sich jedoch derart, daß bis zum letzten Augenblick eine Piedmontfläche und ein dieses Niveau abgrenzender Steilhang existieren. In diesem Sinne kann man von einer lebenden Piedmonttreppe sprechen. Solche Weiterbildung unter Erhaltung der Arteigentümlichkeiten ist nach W. Penck bezeichnend für die Piedmonttreppe und gehört zu ihrem Wesen.

Ohne Zweifel bedeutet die Piedmont-Hypothese von W. Penck eine erhebliche Befruchtung der Wissenschaft. Sie läßt ein offenbar für viele Gebirge wesentliches Formenelement genetisch verständlich erscheinen und bereichert überdies unsere Kenntnis der Rumpfflächen und ihrer Entstehung, indem sie neben die bisher allein erörterte Rumpfflächenbildung durch Verebnung eines vorher bestehenden Gebirges (Endrumpffläche) eine zweite Art stellt, die als Gleichgewichtsfläche von Hebung und Abtragung aufzufassen ist (Primärrumpf). Letztere wird uns unten in dem Abschnitt »Das Flachland« noch weiter beschäftigen.

Daß es bei der Neuartigkeit der Auffassung an Einwänden nicht fehlt und daß sicherlich der Gedanke W. Pencks noch weiter ausreifen muß, erscheint selbstverständlich. Gediegene Beobachtungen allein können die von W. Penck angeschnittenen Fragen einer endgültigen Klärung zuführen. Es ist deshalb nur zu begrüßen, wenn v. Bubnoff [69] die Notwendigkeit betont, bei dem Studium von Piedmonttreppen stärker, als es W. Penck getan, auf den Gesteinscharakter und vor allem auf den Einfluß der tektonischen Linien zu achten. Derartige Ergänzungen sind sicherlich am Platze; aber sie vermögen nicht die Notwendigkeit in Frage zu stellen, bei der Erforschung der Gebirge künftighin des Formenelementes der Piedmonttreppe zu gedenken. Schon heute zeigt sich, wie verbreitet diese Erscheinung offenbar ist. Schrepfer [67] weist auf die Möglichkeit hin, Piedmontflächen im Westerwald und in der Rhön festzustellen und hat solche im westlichen Erzgebirge beobachtet. Kockel [70] hat dieselben typischen Formen im östlichen Teil des Rheinischen Schiefergebirges nachgewiesen; die sehr wechselnden Gesteinsverhältnisse spielen hier eine größere Rolle, als es anderwärts der Fall zu sein scheint. Braun hat im Oberlauf des Tanajoki[71] und im norwegisch-schwedischen Grenzgebirge des Kjölen[72] die Piedmonttreppe untersucht. Für den Ostrand der Alpen, wo man Piedmontflächen theoretisch erwarten sollte, stellt Aigner[73] allerdings das Vorhandensein derartiger Rumpfflächen in Frage.

Literaturnachweise. [1] A. von Böhm, Die Einteilung der Ostalpen; Geograph. Abh. I/3, Wien 1887. — [2] N. Krebs, Die Ostalpen und das heutige Österreich; Stuttgart 1928, Bd. I, S. 7. — [3] K. Brüning, Der Bergbau im Harz und im Mansfeldschen; Forsch. der Wirtschaftswiss. Ges. zum Studium Niedersachsens, Heft 1, S. 9, Hannover 1926. — [4] G. Bartsch, Der Solling; Jahrb. der Geograph. Ges., Hannover 1925, S. 54 f. — [5] A. Penck Morphologie der Erdoberfläche; Teil II, Stuttgart 1894, S. 166. — [6] A. Philippson, Grundzüge der Allgemeinen Geographie; 2. Band, 2. Hälfte, Leipzig 1924, S. 373. — [7] N. Lichtenecker, Die Gliederung der österreichischen Alpen; »Die österreichischen Alpen«, herausgegeben von H. Leitmeier, Leipzig-Wien 1928, S. 6/7. — [8] M. Blankenhorn, Syrien, Arabien und Mesopotamien; Handbuch der regionalen Geologie V/4, Heidelberg 1914. — [9] E. Blackwelder, United States of America; Handbuch der regionalen Geologie VIII/2, Heidelberg 1912. — [10] Für die Geologie und Morphologie der gesamten Alpen nennen wir aus der Fülle neueren Schrifttums: P. Arbenz, Der Deckenbau der Alpen; Mitteilungen der Naturf. Ges., Bern 1916. L. Kober, Bau und Entstehung der Alpen; Berlin 1923. R. Staub, Der Bau der Alpen (mit tektonischer Karte); Beiträge zur geolog. Karte der Schweiz, N. F. 52, Bern 1924. O. Ampferer, Über die Tektonik der Alpen; »Die Naturwissenschaften« 1924. E. de Martonne, Les Alpes, Paris 1926. F. Heritsch, Die Deckentheorie in den Alpen; Berlin 1927. L. Collet, The structure of the Alps; London 1927. Speziell für die Westalpen kommen für weiteres Studium vor allem in Betracht: E. Argand, Sur l'arc des Alpes occidentales; Eclogae geologicae Helvetiae XIV, 1916. A. Heim, Geologie der Schweiz; 2 Bände, Leipzig 1918/21. R. Blanchard, Les Alpes françaises, Paris 1925. P. Arbens, Geologie von Mittelbünden; Pet. Mitt. 1928, S. 152 f. — [11] C. Diener, Bau und Bild der österreichischen Alpen; Wien 1913. F. Heritsch, Ostalpen; Handbuch der regionalen Geologie II/5, Heidelberg 1915. N. Krebs, Die Ostalpen und das heutige Österreich; Stuttgart 1928. — [12] F. E. Suess, Der geologische Bau der Ostalpen; »Die österreichischen Alpen«, herausgegeben von H. Leitmeier, Leipzig-Wien 1928, S. 57/58. — [13] A. Heim, Querprofil durch den Zentralkaukasus; Vierteljahrsschrift der Naturf. Ges., Zürich 1898. M. von Déchy, Kaukasus; 3 Bände, Berlin 1905/07. A. von Stahl, Kaukasus; Handbuch der regionalen Geologie V/5, Heidelberg 1923. — [14] S. G. Burrard und H. H. Hayden, A sketch of the geography and geology of the Himalaya Mountains and Tibet; Kalkutta 1907/08. S. G. Burrard, On the origin of the Himalaya; Kalkutta 1912. K. Oestreich, Himalay-Studien; Zeitschr. Ges. für Erdk., Berlin 1914. K. Leuchs, Zentralasien; Handbuch der regionalen Geologie V/7, Heidelberg 1916. E. Trinkler, Tibet, sein geographisches Bild und seine Stellung im asiatischen Kontinent; München 1922 (mit reichen Literaturangaben). Sven Hedin, Southern Tibet; Stockholm 1917/22. — [15] Eine zusammenfassende Darstellung der südamerikanischen Anden steht immer noch aus. Der Geograph unterrichtet sich zurzeit am besten in P. Denis, Amérique du Sud; Géographie universelle, Bd. XV, Paris 1927. — [16] K. Burckhardt, Profiles géologiques transversaux de la cordillière argentino-chilienne (Coupe géologique de la cordillière entre La Lajas et Curacautin); La Plata 1900. — [17] A. Philippson, La tectonique de l'Egéide; Ann. de Géographie VII,. 1898. Derselbe, Beiträge zur Kenntnis der griechischen Inselwelt; Pet. Mitt. 1901, Erg. Heft 134. Derselbe, Zusammenhang der griechischen und kleinasiatischen Faltengebirge; Pet. Mitt. 1914, Bd. II, Seite 170 f. O. Maull, Beiträge zur Morphologie des Peloponnes und des südl. Mittelgriechenlands; Geograph. Abhandl. X/3, Leipzig-Berlin 1921. — [18] R. Marek, Waldgrenzstudien in den österreichischen Alpen; Pet. Mitt. 1910, Erg. Heft 168. — [19] E. Richter, Geomorphologische Untersuchungen in den Hochalpen; Pet. Mitt. 1900, Erg. Heft 132. — [20] E. Obst, Das abflußlose Rumpfschollenland im nordöstlichen Deutsch-Ostafrika; 2 Bde., Hamburg 1915/23. — [21] A. Philippson, Zur Morphologie des Rheinischen Schiefergebirges; Verh. des XIV. D. Geographentages, Berlin 1903. W. PÄCKELMANN, Geologisch tektonische Übersichtskarte des Rheinischen Schiefergebirges 1 : 200 000; Berlin seit 1926. G. FLIEGEL, Rheinisches Schiefergebirge und niederrheinisches Tiefland, »Der Rhein, sein Lebensraum, sein Schicksal«, herausgegeben von K. HAUSHOFER, Bd. I/1/1, Berlin 1928. — [22] K. OESTREICH, Die Entwicklung des Rheinischen Schiefergebirges; Zeitschrift für Geomorphologie II, 1926/27. — [23] M. FRIEDERICHSEN, Ergebnisse einer Forschungsreise in den zentralen Tianschan und den Sungarischen Alatau; Mitt. Geogr. Ges., Hamburg 1904. F. MACHATSCHEK, Der westliche Tianschan; Pet. Mitt. 1912, Erg. Heft 176. K. LEUCHS, Ergebnisse neuer geologischer Forschungen im Tian-Schan; Geol. Rundsch. IV, 1913. Derselbe, Zentralasien; Handbuch der regionalen Geologie V/7, Heidelberg 1916. F. MACHATSCHEK, Landeskunde von Russisch-Turkestan; Stuttgart 1921. — [24] W. BEHRMANN, Die Oberflächengestaltung des Harzes; Forsch. zur D. Landes- und Volksk. XX, Stuttgart 1913. — [25] W. PENCK, Morphologische Analyse; Stuttgart 1924, S. 163. — [26] W. PENCK zitiert oben Nr. 25, S. 165. Derselbe, Die Piedmontflächen des südlichen Schwarzwaldes; Zeitschrift Ges. für Erdk., Berlin 1925. — [27] H. REUSCH, Betrachtungen über das Relief von Norwegen; Geogr. Zeitschr. IX, 1903. — [28] A. PHILIPPSON, Die preußischen Rheinlande; Zeitschr. Ges. für Erdk., Berlin 1925. [29] A. HETTNER, Rumpfflächen und Pseudorumpfflächen; Geogr. Zeitschr. XIX, 1913. — [30] G. BRAUN, Deutschland; Berlin 1916. — [31] O. MAULL, Die germanische Rumpffläche als Arbeitshypothese; Geogr. Anz. XXII, 1921. — [32] J. PARTSCH, Die Gletscher der Vorzeit in den Karpathen und den Mittelgebirgen Deutschlands; Breslau 1882. DERSELBE, Die Vergletscherung des Riesengebirges zur Eiszeit; Forsch. zur D. Landes- und Volkskunde, Stuttgart 1894. — [33] A. v. BÖHM, Die alten Gletscher der Enns und Steyer; Jahrb. der K. K. Geol. Reichsanstalt XXXV, 1885. — [34] E. RICHTER, zit. oben Nr. 19. — [35] E. LÜCKE, Die Formen der Kare, ihre Verbreitung und kritische Untersuchung über ihre Entstehung; Diss. Münster 1922. F. BECKE, Glazialspuren in den östlichen Hohen Tauern; Zeitschr. f. Gletscherk. III, Berlin 1908/9. — [36] M. SCHMIDT, Diluviale Talbildung bei Freudenstadt; Zeitschr. f. Gletscherk. V, 1910/11. — [37] A. PHILIPPSON, Glaziale und pseudoglaziale Formen im westlichen Klein-. asien; Zeitschr. der Ges. f. Erdk., Berlin 1919. — [38] N. KREBS, Zit. oben Nr. 2. — [39] J. SÖLCH, Die Karbildungen in der Stubalpe (Steierisches Randgebirge); Zeitschr. f. Gletscherk. XII, 1922. — [40] J. BOWMAN, The Andes of southern Peru; Publ. American Geol. Soc., New York 1916. Daß sich Kare in junger Zeit gebildet haben können und die die Urform schaffende Kraft auch ihre weitere Ausgestaltung besorgt, hält auch LUCERNA durchaus für möglich (Morphologie der Montblancgruppe; Pet. Mitt. 1914, Erg. Heft 181). — [41] R. v. KLEBELSBERG, Glazialgeologische Erfahrungen aus Gletscherstollen; Zeitschr. für Gletscherk. XI, 1921. L. DISTEL, Bergschrund und Randkluft; v. DRYGALSKI-Festschrift, München 1925. — [42] W. DEECKE, Zur Entstehung der Kare; Sitzungsber. Heidelb. Akademie der Wissensch., Math.-naturw. Klasse, Berlin-Leipzig 1929. — [43] E. FELS, Die Kare der vorderen Karwendelkette; München 1921. Derselbe, Das Problem der Karbildung in den Ostalpen; Pet. Mitt. 1929, Erg. Heft 202. — [44] O. AMPFERER, Über die Entstehung der Hochgebirgsformen in den Ostalpen; Zeitschr. d. D. u. Ö. Alpenver. 1915. — [45] A. AIGNER, Vorzeitformen in den ostalpinen Zentralketten; Sieger-Festschr. 1924. — [46] G. WORM, Kare und Schneegrenze; Zeitschr. für Gletscherk. XIV, 1925/26. Derselbe, Kare und Kartreppen in ihrer Abhängigkeit von voreiszeitlichen Reliefresten; Zeitschr. für Gletscherk. XV, 1926/27. Derselbe, Beiträge zur Geographie und Morphologie der Kare; Mitt. d. Vereins für Erdk., Dresden 1927. — [47] F. HERITSCH, Die Entstehung der Hochgebirgsformen; Graz 1927. — [48] F. LEYDEN, Grundfragen alpiner Formenkunde; Geol. Rundschau XV, 1924. — [49] W. DEECKE, Kritische Studien zu Glazialfragen Deutschlands; Zeitschr. für Gletscherk. XI, 1918. — [50] R. LUCERNA, Mittelgebirgs- und Hochgebirgsformen; Pet. Mitt. 1925. — [51] A. PENCK, Die Gipfelflur der Alpen; Sitzungsber. Pr. Akad. der Wiss., Berlin 1919. — [52] H. v. STAFF, Zur Morphogenie der Präglaziallandschaft in den Westschweizer Alpen; Zeitschr. d. D. Geol. Ges., 64. Bd., 1912 (Abhandl.). — [53] S. v. VALKENBURG, Beiträge zur Frage der präglazialen Oberflächengestalt der Schweizer Alpen; Diss. Zürich 1918. — [54] A. PENCK,

Das Antlitz der Alpen; »Die Naturwissenschaften« 1924. — [55] A. Heim, Die Gipfelflur der Alpen; Neujahrsblatt d. Naturf. Ges. in Zürich für 1927. — [56] J. Sölch, Grundfragen der Landformung in den nordöstlichen Alpen; Geograf. Annaler 1922. Derselbe, Das Formenbild der Alpen; Geogr. Zeitschr. XXXI, 1925. — [57] R. v. Klebelsberg, Die Haupt- und Oberflächensysteme der Alpen; Verh. der Geol. Bundesanstalt 1922. Derselbe, Das Antlitz der Alpen; Zeitschr. d. D. Geol. Ges. 1925. — [58] R. Leutelt, Die Gipfelflur der Alpen; Geol. Rundschau 1929, S. 336. — [59] M. Richter, Zum Problem der alpinen Gipfelflur; Zeitschr. für Geomorphologie IV, 1929. — [60] F. Leyden, Die Entwicklung der Alpen zum Hochgebirge; Geol. Rundschau XIII, 1922. — [61] F. Machatschek, Morphologische Untersuchungen in den Salzburger Kalkalpen; Ostalpine Formenstudien I/4, Berlin 1922. — [62] N. Krebs, Zit. oben Nr. 2, Bd. I, Tafel VI. — [63] N. Creutzburg, Die Formen der Eiszeit im Ankogelgebiet; Ostalpine Formenstudien II/1, Berlin 1921. — [64] W. Penck, zit. oben Nr. 25. — [65] W. Penck, zit. oben Nr. 26. — [66] J. Sölch, W. Pencks morphologische Analyse; Geogr. Zeitschr. XXXII, 1926, S. 31 f. — [67] H. Schrepfer, Die morphologische Analyse nach Walter Penck; Zeitschr. Ges. f. Erdk., Berlin 1926, S. 323 f. — [68] L. Henkel, Einwände gegen wichtige Punkte in W. Pencks Erosionstheorie; Pet. Mitt. 1926, S. 263 f. — [69] S. v. Bubnoff, Zur Frage der Piedmonttreppe im südlichen Schwarzwald; Zeitschr. f. Geomorphologie III, 1927/28. — [70] C. W. Kockel, Zur Piedmonttreppe im Rheinischen Schiefergebirge; Zentralblatt für Mineralogie usw. 1926. — [71] G. Braun, Einige Beobachtungen zur Morphologie von Finnmarken und Lappland; »Die Naturwissenschaften« 1925. — [72] G. Braun, Die Piedmonttreppe des Kjölen; Pet. Mitt. 1928. — [73] A. Aigner, Die geomorphologischen Probleme am Ostrande der Alpen; Zeitschr. f. Geomorphologie I, 1925, S. 217 f.

Die Täler.

Eine ausführliche Darstellung der Talformen ist im Grunde schon bei einer Morphologie der Gebirge unentbehrlich. Wir beschränkten uns bislang auf gelegentliche Hinweise und behandeln jetzt die Täler im Anschluß an die Gebirge in einem eigenen Kapitel, weil die Täler auch im Flachland eine große Rolle spielen und deshalb nicht gut den übrigen Formenelementen des Gebirges gleichgestellt werden können. Die Übersichtlichkeit, so hoffen wir, wird durch eine selbständige Behandlung des den Tälern eigentümlichen Formenschatzes gewinnen. Freilich müssen die Kapitel »Gebirge« und »Täler« aus oben genanntem Grunde als eng zusammengehörig betrachtet werden; sie ergänzen sich gegenseitig.

Talformen und schaffende Kraft. Wir verstehen unter einem Tal eine nach einer Seite geöffnete, langgestreckte Hohlform, die von zwei in nahem Abstand ungefähr parallel verlaufenden und gegeneinander geneigten Seitengehängen begrenzt wird und deren Sohle gegen das offene Ende zu gleichsinnig geneigt ist [1]. Eine solche Hohlform muß nicht immer aus einem Vollkörper herausgeschürft sein, sondern kann auch dadurch entstehen, daß durch endogene Vorgänge zwei annähernd parallele Höhenzüge gebildet werden, die nun eine talartige Hohlform zwischen sich einschließen. Wir bezeichnen solche Täler als ursprüngliche. Ihre Gestaltung hängt wesentlich von den die Rahmenhöhen schaffenden Vorgängen und von den klimatischen Gegebenheiten ab, unter denen sich diese abspielen. Zur Gruppe der ursprünglichen

Täler rechnen wir zunächst die im heutigen Relief noch als solche erhaltenen tektonischen Mulden der Faltengebirge, mögen sie auch nachträglich eine Umgestaltung durch die Erosion des fließenden Wassers oder durch andere Vorgänge erlitten haben. Selbst die großen mächtigen Pamire, die dem asiatischen Gebirgsknoten den Namen gegeben haben, faßt RICKMER-RICKMERS als tektonische Mulden auf, die freilich durch starken Schuttabsatz bis zu erheblicher Höhe ausgefüllt wurden und sich dadurch zu den breiten Hochtälern zwischen scharf dagegen abgesetzten Gebirgsketten auswuchsen. Die Flüsse, die jetzt diese Pamire durchziehen, haben die Talform nicht geschaffen, sondern benutzen die ihnen von der Natur bereiteten Betten. Ein ähnliches tektonisches Längstalbecken dürfen wir wohl auch für den oberen Indus und andere hochasiatische Ströme annehmen. — Die zweite Kategorie dieser ursprünglichen Täler stellen die tektonischen Grabentäler dar. Sie nehmen, wie beispielsweise das Oberrheintal, oft eine Mittelstellung zwischen Tal und Becken ein und werden wohl besser den letzteren zugerechnet *. Durch Schollenbewegung entstandene Grabentäler sind nach den Forschungen der russischen Geologen [2] dem Bergland von Transbaikalien eigentümlich; sie zeichnen sich auch hier durch beträchtliche Breite aus **. — Die dritte Art der ursprünglichen Täler sind die interkollinen. Sie liegen zwischen zwei selbständigen Gebirgen, die niemals oder wenigstens nie vollständig zusammengehangen haben. So ist in der Wetterau ein Teil der Hessischen Senke als Tal übriggeblieben, als im Osten des Taunus vulkanische Ausbrüche das Vogelsgebirge schufen. Auch in diesem Falle kann die Talform nicht zu dem heute die Senke entwässernden Fluß in Beziehung gesetzt werden, sondern muß auf die morphologische Entwicklung der umrahmenden Höhen zurückgeführt werden. — Als letzte Kategorie führen wir eine Art von Tälern an, die nur noch bedingt zu den ursprünglichen zu rechnen sind, die Einsturztäler. Sie entstehen dadurch, daß sich in Kalkgebieten unterirdische Täler (vgl. Bd. I, S. 357/58) durch Deckeneinbrüche in oberirdische verwandeln und nun der oberirdische Fluß ein Bett benutzt, das im buchstäblichen Sinne des Wortes nicht von ihm ausgeschürft worden ist und dessen Gestaltung keineswegs bloß von der Erosion des fließenden Wassers abhängt. Wir erreichen mit den Einsturztälern den Übergang von den ursprünglichen Tälern zu den Ausschürftälern. Als Beispiel sei auf das Tal der Ardêche in Südfrankreich hingewiesen, wo sich ein Überrest der Decke noch als natürliche Brücke in 34 m Höhe über den Fluß wölbt.

Es empfiehlt sich, bei der Untersuchung von Tälern zunächst die

* Man spricht in diesem Falle besser nicht von Tal sondern von Senke, Niederung oder Talung.

** Das gleiche gilt von den vulkanischen Verwerfungstälern, denen I. FRIEDLAENDER eine lehrreiche Untersuchung gewidmet hat (Zeitschr. für Vulkanologie II, 1915/16).

Frage zu entscheiden, ob ursprüngliche Täler vorliegen oder nicht. Stellt sich heraus, daß eine solche Möglichkeit nicht in Betracht kommt, sondern die Hohlform durch irgendwelche Kräfte aktiv herausgearbeitet worden ist, so läßt die Beobachtung der Talform immerhin gewisse Rückschlüsse auf die schaffende Kraft zu, wenngleich Konvergenzerscheinungen möglich sind, eine genaue Nachprüfung also keineswegs umgangen werden kann. Ein Gebirgstal mit weiter oberer Öffnung, schmaler Talsohle und einigermaßen stetig geböschten Hängen (V-för-

Fig. 102. Das Granetal am Nordrand des Harzes. Typisches V-Tal.

miges Querprofil) ist in der Regel als fluviatil entstandenes Tal (Erosionstal) anzusprechen, vollends wenn sein Lauf nicht geradlinig, sondern gewunden ist (vgl. Fig. 102). — Zeigt das Querprofil U-förmige Gestalt mit unten steilen, oben flacheren Hängen sowie häufigen Wechsel von steilen und flachen Strecken im Längsschnitt (vgl. Fig. 109, S. 387), so wird sich im allgemeinen die Diagnose auf ein vom Gletschereis bearbeitetes Tal als richtig erweisen. — Wenn uns an einem Hang breite, flache Talmulden begegnen, die nicht von Wasserfäden durchzogen werden, so kommen als Ursache solcher Formen meist Massenabwanderungen in Betracht. Sie finden sich vor allem in den Ursprungsbecken von Flüssen und münden in der Regel in Erosionstäler. Zu ihnen gehören die Schuttgerinne LEHMANNS[3], die Korrasionstäler W. PENCKS[4] und die Dellen SCHMITTHENNERS[5]. Obgleich im einzelnen etwas verschieden, haben diese drei Typen das eine gemeinsam, daß die langsame Abwanderung durchfeuchteter Verwitterungsmassen ihre flache Form bestimmt *. PENCK und LEHMANN stimmen darin überein, daß auch die Vegetationsdecke von Einfluß auf die Form ist: bei einer Rasendecke bleibt der Boden geschlossen; es entstehen sanftere Formen als im Walde, wo sich gegebenenfalls Anrisse und kleine Schuttschluchten herausbilden. — Die Trockentäler der Wüste (Wadis) sind ursprünglich durch fließendes Wasser ausgetieft worden [6], haben hinterher aber eine bisweilen erhebliche Umgestaltung durch den Wind erfahren. Ihre fluviatile Grundanlage erkennt man an dem Auftreten von Prallhang und Gleithang, dem gewundenen Lauf, gelegentlicher Sedimentation u. a. m. Die Umgestaltung durch den Wind macht sich bemerkbar in der Ziselierung der Hänge, der Auswehung und korrasiven Versteilung des Talschlusses, Sandanwehungen usw. Während man früher die fluviatile Anlage der Wadis in die Pluvialzeit versetzte, nimmt man heute an, daß es sich bei ihnen um rezente Formen handelt, die durch die im gegenwärtigen Klima gelegentlich niedergehenden Sturzregen geschaffen wurden [7]. Die in unserem Klimabezirk auftretenden, meist an Kalkgestein gebundenen Trockentäler [8] (Schwäbische Alb, Ardennen) haben mit den Wadis der Wüste im Grunde nichts gemein. Sie gehören zum Formenschatz einer bestimmten petrographischen Gruppe, sind als petrographische Fazies des normalen Erosionstals anzusprechen und werden uns in diesem Zusammenhang unten beschäftigen.

Die weitere Behandlung der Täler könnte so erfolgen, daß wir nacheinander das Erosionstal, das Glazialtal, das Korrasionstal und das vom Winde bearbeitete Tal ausführlich besprechen und alle jeweils auftretenden Formen kennzeichnen. Wir gehen diesen Weg absichtlich nicht, weil ja oben bereits die Arbeit der Flüsse, die Arbeit der Gletscher und die Arbeit des Windes dargestellt und hierbei die Formen gestreift worden sind. Nicht die formenschaffenden Kräfte sollen ja doch in diesem Abschnitt noch einmal im Vordergrund stehen, sondern die Formen selbst. Aus diesem Grunde scheint es uns geboten, bei der Analyse der Täler von der Gestalt im Grundriß, Längsprofil und Querprofil auszugehen.

Die Talgestaltung im Grundriß. Der Morphologe, der das Wesen einer Talform erfassen will, wird zweckmäßig auch hier zunächst eine Bestandsaufnahme vornehmen und die Talgestaltung beschreiben, um so zur Problemstellung und zur genetischen Deutung zu gelangen. Für den Grundriß kommt es darauf an, zwischen überwiegend geradlinigen und gewundenen Tälern bzw. Talstrecken zu unterscheiden und diese beiden Typen zu erklären. Wenn wir von Geradlinigkeit eines Tales sprechen, haben wir natürlich nicht die Runsen

* W. PENCK trennt Korrasionstäler mit erosiver Vorgeschichte, denen er einen Teil der Dellen zuweist, von den reinen Korrasionstälern, wo nur die Schuttabfuhr korradierend auf den Untergrund wirkt.

und Rillen im Quellgebiet im Sinne, bei denen das auftreffende Regenwasser oder das austretende Quellwasser der Schwere folgend geradlinig in die Tiefe strebt. Es kommt vielmehr darauf an, die bei größeren Tälern bisweilen festzustellende und auf längere Erstreckung hin anhaltende Geradlinigkeit genetisch zu deuten. Ein so starkes Gefälle, daß ein Fluß viele Kilometer nahezu geradlinig die Böschung in der Richtung der Schwere hinabgleitet, kommt in der Natur höchst selten vor. Zudem treffen wir auffallende Geradlinigkeit auch wiederholt bei Tälern an, deren Gefälle keineswegs übermäßig groß ist. Da wir auch in solchen Fällen nicht an eine Laune der Natur glauben, sondern an Ursache und Wirkung denken, bleibt nichts anderes übrig als anzunehmen, daß in diesem Falle irgendwelche Kräfte dem fließenden Wasser den Weg gewiesen und dadurch die Geradlinigkeit des Tales erzeugt haben. Zonen geringeren Widerstandes, die hier in Frage kommen, können petrographisch bedingt sein. Bei der Behandlung der Stufen erörterten wir bereits (S. 315), wie die Flüsse beim Einschneiden in eine Kappungsfläche die geradlinig ausstreichenden Zonen der Gesteine minderer Widerstandsfähigkeit bevorzugen. In der Natur bietet sich vielfältig Gelegenheit, analoge Fälle zu beobachten. — Eine andere Art der Beeinflussung des Talgrundrisses durch die Untergrundbeschaffenheit kann durch tektonische Zerrüttungszonen gegeben sein. Der Talquerschnitt geht auch in diesen Fällen auf Rechnung der Erosion, die Grundrißgestaltung aber ist durch die Untergrundbeschaffenheit vorgeschrieben. Man könnte in Anlehnung an die Terminologie der Meeresströmungen (vgl. Bd. I, S. 318) und die der Mäander (vgl. oben S. 199) von »gezwungenen« Erosionstälern sprechen. Schöne Beispiele hierfür bietet uns das südwestliche Tirol, wo die sogenannte Judikarienspalte das kristallinische Ortler-Adamellogebirge von dem östlichen Kalkgebirge trennt; ihr entlang haben sich mehrere Täler entwickelt: Valbuona, Val Rendena, Val Meledrio und das Maraun-Ultental. In Deutsch-Ostafrika ist die auffallend geradlinige Mittelstrecke des Bubu-Flusses als durch eine Verwerfung bedingt erkannt worden [9]. Auf kleinere Strecken sind unzählige Täler an ähnliche tektonische Zerrüttungszonen gebunden, z. B. Teile des Wesertales [10], viele Täler im Südharz u. a. m. — Hierher gehören des weiteren die Täler, deren Verlauf durch die Gesteinsklüfte bestimmt wird. Cloos [11] hat im Riesengebirge die Abhängigkeit verschiedener Täler, besonders des sehr geradlinigen Agnetendorfer Wassers, von der q-Klüftung des Granits überhaupt, Walger [12] hat ähnliche Bildungen aus der Hessischen Senke beschrieben, und Hettner [13] führt die kurzen, geradlinigen Schluchten im Elbsandsteingebirge auf die Klüfte des Quadersandsteins zurück. Weitere Beispiele für Beeinflussung der Grundrißgestaltung von Tälern durch Kluftsysteme und tektonische Linien finden sich in den Arbeiten von Daubrée [14], Kjerulf [15], Deecke [16], der Salomonschen Schule [17] und der nordischen Geologen [18]. Panzer [19] hat eine Reihe von Einwendungen gegen diese Anschauungen erhoben. Er behauptet, daß das Altersverhältnis von Tälern und Klüften meist unsicher sei und viele Klüfte jünger wären als das Gewässernetz. Außerdem sei anzunehmen, daß die ursprüngliche Oberfläche vor Anlage des Gewässernetzes eine Schicht Lockermaterial trug, so daß die Klüfte für die Flüsse gar nicht »auffindbar« waren, sondern erst nach Anlage der Täler bei der allgemeinen Hangabtragung herausgearbeitet wurden. Deshalb will PANZER Klüfte und Talrichtung auf eine gemeinsame Ursache zurückgeführt wissen, nämlich auf einseitigen Druck. Im Anschluß an die granittektonischen Untersuchungen von CLOOS vertritt er die Anschauung, daß durch diesen Druck sowohl Kluftbildung wie eine leichte Wellung der Landoberfläche eintreten. Durch diesen Druck »werden Abdachungsverhältnisse geschaffen, die in der Richtung des Druckes, also gleichgerichtet mit den Hauptkluftrichtungen liegen. Wenn in diese durch Druck gewellte Oberfläche sich Täler einschneiden, so verlaufen sie in gleicher Richtung wie die Klüfte. Sie sind aber nicht durch die Klüfte bestimmt, sondern durch die Abdachung, und diese hat mit den Klüften als gemeinschaftliche Ursache den Druck.« Die von PANZER angeschnittene Frage bedarf entschieden noch der Klärung.

Im Gegensatz zu den »gezwungenen« zeigen die »freien« Erosionstäler stets einen mehr oder minder gewundenen Verlauf, so daß sich bei einem Blick in die Längsrichtung des Tales die Hänge kulissenartig verschneiden. Sobald diese Windungen einen größeren Krümmungsradius und eine gewisse Regelmäßigkeit aufweisen, sprechen wir von einem Mäandertal. Schon oben bei Besprechung der Arbeit des fließenden Wassers (S. 196 f.) ist das Mäanderproblem ausführlich behandelt worden; indem wir auf diese Darlegungen verweisen, können wir uns hier kurz fassen. Überall da, wo sich Tiefenerosion und Seitenerosion das Gleichgewicht halten oder letztere überwiegt, muß es zur Ausbildung von Flußwindungen kommen, weil Hindernisse aller Art (Schuttkegel der Nebenflüsse, Uferabbrüche usw.) den Stromstrich hin- und herpendeln lassen bzw. die allgemeinen Bewegungsgesetze dazu führen (S. 197). Bei starkem Vorherrschen der Tiefenerosion pflegen selbst gewaltige Hindernisse (Bergstürze!) den Talcharakter nicht wesentlich umzugestalten; die Flüsse werden wohl zunächst aufgestaut, überwinden aber nach einiger Zeit den Staukörper und stellen durch Anlage einer Durchbruchsschlucht die Geradlinigkeit des Talgrundrisses wieder her. Am häufigsten begegnen wir gewundenem Talverlauf natürlich im Flachland, weil hier die Tiefenerosion, sofern sie überhaupt noch wirksam ist, von der Seitenerosion um ein mehrfaches übertroffen wird. Treten uns im Gebirge tiefeingeschnittene Mäandertäler entgegen, so müssen wir annehmen, daß ein ursprüngliches Flachrelief mit träge dahinschleichenden Windungsflüssen gehoben wurde und die mäandrierenden Flüsse durch die Tieferlegung der Erosionsbasis genötigt waren, sich unter Einhaltung ihres bereits festgelegten Bettes, d. h.

unter Wahrung ihres Mäandercharakters, einzuschneiden. Derartige eingesenkte Mäander spielen z. B. im Moseltal unterhalb von Trier (Marienburg!), im mittleren Wesertal (Bodenfelde!) und im Neckartal eine große Rolle und bestimmen geradezu die Physiognomie dieser Landschaften. Die Verbindung von Steilwandigkeit, Enge und starken Windungen des Tales macht auf jeden Beobachter den stärksten Eindruck. Schneidet sich der mäandrierende Fluß infolge Tieferlegung der Erosionsbasis senkrecht ein, so daß die heutigen Schleifen nur die ins Gebirge eingemeißelten Windungen des früheren Flachlandflusses darstellen und beide Talflanken gleich steil sind, so spricht PHILIPPSON [1] von Zwangsmäandern. Diesen stellt er eine zweite Gruppe gegenüber, bei der sich erst während des Einschneidens eines vorher vielleicht nur mäßig gewundenen Flachlandflusses die Krümmungen zu regelrechten Mäandern auswachsen. Der Fluß gleitet während des Einschneidens nach der einen und der anderen Seite ab, so daß das eingesenkte Mäandertal dieser Art (Gleitmäander) einen rhythmischen Wechsel von Prallhang und Gleithang aufweist [20]. Ein solcher kann natürlich auch nachträglich entstehen, indem der in Mäandern eingeschnittene Fluß durch Stillstand der Krustenbewegungen Zeit gewinnt, sich ein breites Bett anzulegen und auf diesem hin- und herzupendeln. Ein enges Mäandertal mit Prall- und Gleithängen wird aber stets als Gleitmäander anzusprechen sein. Die diesbezügliche Theorie PHILIPPSONS findet eine Stütze in den Untersuchungen DIWALDS [21] über die Schräge der Talsohle. — Daß die Einsenkung von Mäandern häufig zur Bildung von Umlaufbergen führt, betonten wir oben in dem Abschnitt über die Hügel und Berge (S. 290 f.). Eine besonders lehrreiche Beschreibung dieses Vorganges und der daraus sich ergebenden Talformen lieferte jüngst SCHMITTHENNER [22] aus dem Bereich des Neckars oberhalb von Heidelberg.

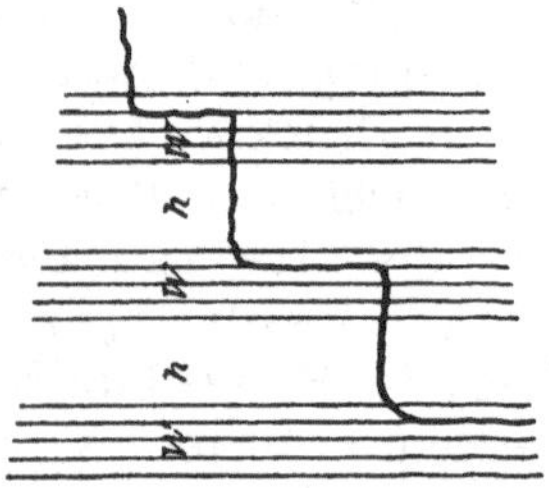

h harte, *w* weiche Schichten.
Fig. 103. Diagonale Stromzerlegung. — Nach v. RICHTHOFEN.

Eine der merkwürdigsten Erscheinungen in der Grundrißgestaltung der Täler stellt die sog. diagonale Stromzerlegung dar (Fig. 103). Sie entsteht nach GILBERTS und v. RICHTHOFENS Ansicht dadurch, daß der Fluß ein aus aufgerichteten härteren und weicheren Schichten bestehendes System diagonal durchschneidet und dabei das Bestreben hat, möglichst lange in den weicheren Schichten zu verharren und die harten Schichten auf möglichst kurzem Wege zu durchqueren. Der Grundriß zeigt demgemäß einen zickzackförmigen, aus vielen kurzen Längs- und Querstrecken bestehenden Tallauf.

Die Talgestaltung im Querprofil. Die Gestaltung des Querprofils ist dem Morphologen von besonderer Wichtigkeit und kann ihm mancherlei Aufschluß über die Entstehungsgeschichte des Tales geben.

Enge oder Weite des Tales, Steilheit oder Flachheit der Hänge, Gleichmäßigkeit der beiderseitigen Hangböschung oder Asymmetrie, Stetigkeit der Hangneigung oder Auftreten von treppenförmigen Absätzen usw., alles das wird in jedem Falle und in allen Talabschnitten sorgfältig zu beobachten, zu beschreiben und zu zeichnen sein. Die zeichnerische Wiedergabe der Serien von Querprofilen empfehlen wir als besonders wichtiges Hilfsmittel; ein Blick auf die Zeichnungen genügt in der Regel, nicht um die Lösung zu wissen, wohl aber um den Kern der Problematik zu erkennen und sicher zu sein, nichts Wesentliches übersehen zu haben.

Die Querprofilgestaltung eines Tales hängt, wie früher dargelegt, in der Hauptsache von zwei gleichzeitig wirkenden Faktoren ab: von Tiefen- und Seitenerosion einerseits und der allgemeinen Abtragung der Talhänge andererseits; die Talgestaltung im Querprofil ist das Gesamtergebnis dieses Kräftepaares. Ganz grob wird man sagen dürfen: arbeitet die Tiefenerosion rascher als die Hangabtragung, so entstehen enge,

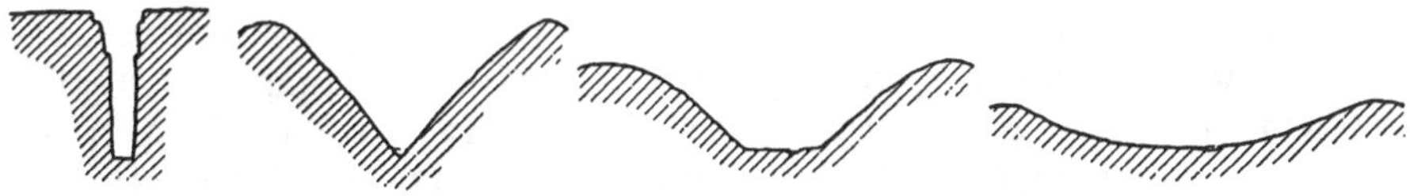

a *b* *c* *d*

a Cañon, *b* Kerbtal, *c* Sohlental, *d* Muldental.
Fig. 104. Talgestaltung im Querprofil.

steilwandige Täler; geht umgekehrt die Hangabtragung schneller vonstatten, so bilden sich weite, von flachgeböschten Hängen eingerahmte Täler. Bei stetigem Gefälle, gleichmäßiger Gesteinsbeschaffenheit und feuchtem Klima wird infolgedessen ein im Gebirge entwickeltes Erosionstal im Oberlauf eng und schluchtig sein, im Mittellauf breiter werden und die Steilwandigkeit der Hänge einbüßen, im Unterlauf als breite, flache Mulde mit sanft geformten, niedrigen Hängen erscheinen. Die Querprofilgestaltung kann also im Idealzustand etwa durch die Reihe: klammartige Schlucht — Kerbtal — Sohlental — Muldental gekennzeichnet werden (Fig. 104). Bei der Schlucht im Oberlauf arbeitet die Tiefenfurchung infolge des sehr steilen Gefälles so machtvoll und rasch, daß sie nahezu allein für die Talform bestimmend wird und ein U-förmiges Querprofil erzeugt; erosive Abtragung überwiegt durchaus *. Im Kerbtal mit geringer unterer Talbreite — die Talsohle wird fast ganz vom Wasser eingenommen — und mäßigem Abstand der oberen Hangpartien (obere Talbreite) ist zwar auch noch vertikales Einschneiden vorherrschend, aber die Erosion arbeitet

* Der Charakter als Schlucht (Cañon) ist um so schärfer ausgebildet, je mehr die Tiefenerosion in Gestalt von Wirbeln und Strudeln (Eversion) vor sich geht, und er erhält sich um so länger, je mehr durch Gesteinsbeschaffenheit (Durchlässigkeit!) und Klima die Abtragung der Hänge hintangehalten wird.

nicht mehr so schnell in die Tiefe, daß nicht gleichzeitig eine Bearbeitung der Hänge durch Abspülung, Gekriech usw. erfolgen könnte; das Ergebnis ist ein typisch V-förmiges Querprofil; im Flußbett herrscht noch immer Abtragung vor. Beim Sohlental entfaltet sich die Seitenerosion in etwa demselben Maße, wie die Tiefenerosion nachläßt; es kommt zur Ausbildung einer breiten Sohlenfläche (Talaue), die der Fluß höchstens zur Zeit großer Hochwasserkatastrophen ganz einnimmt, in der er in normalen Zeiten von einer zur anderen Seite pendelt; das Tempo der Tieferlegung des Tales ist ein so mähliches geworden, daß die Hangbearbeitung annähernd damit Schritt halten kann, die obere Talweite demgemäß zunimmt; durch die Abspülung der Hänge und Massenabwanderungen häuft sich am Fuße der Hänge der Schutt haldenförmig an und beraubt den Absatz zwischen Sohle und Hang seiner Schärfe; im Flußbett wechseln Strecken, wo der Fluß noch abträgt, mit solchen, wo bereits die Aufschüttung überwiegt. Im Muldental erlahmt die Tiefenfurchung fast gänzlich, und die Seitenerosion gewinnt die Oberhand; stete Verbreiterung der Sohle geht nun mit ständiger Verflachung der Hänge und Vergrößerung der oberen Talweite Hand in Hand; der Absatz zwischen Sohle und Hang ist derartig verwischt, daß ihn die Querprofilkurve — ein flacher Bogen — kaum mehr mit Sicherheit zu erkennen gestattet; im Flußbett hat erosive Abtragung, von gelegentlichen Hochwasserkatastrophen abgesehen, ganz aufgehört, es herrscht Aufschüttung durchaus vor. Ein Tal, das in seinem Verlauf diesen Wechsel des Querprofils von der Schlucht bis zur Mulde aufweist, bezeichnet PASSARGE [23] als Normaltal.

Die Gestaltung des Normaltales kann nicht einen Dauerzustand bedeuten, denn die Erosion arbeitet unausgesetzt daran, die Gefällskurve immer flacher zu gestalten und schließlich das Endziel der Flußtätigkeit, die Erosionsterminante, zu erreichen, wo dann die Energie des Flusses gerade noch ausreicht, um durch Überwindung der Reibung das Fließen zu ermöglichen und die mitgeführten Schwebestoffe zu verfrachten (vgl. oben S. 193). Bei diesem Prozeß ändert sich natürlich auch das Verhältnis von Erosion und Hangabtragung und damit das Querprofil: die Form des Muldentales wandert langsam flußaufwärts, erobert sich zunächst das bislang sohlenförmige Mittelstück und dringt schließlich bis in den Oberlauf vor, wo sich im Verlauf des erosiven Entwicklungsganges ein allmählicher Übergang von der cañonartigen Schlucht über Kerbtal und Sohlental bis hin zum Muldental vollzieht. Fassen wir den Oberlauf eines Flusses für sich allein ins Auge, so wird sich aus dem Gesagten ohne weiteres diese Reihe verstehen:

Schluchten- und Kerbtal	=	Stadium der Jugendzeit (Unreife)
Sohlental	=	Stadium der Reife
Muldental	=	Stadium des Greisenalters (Überreife).

In diese verschiedenen Stadien treten die Täler nacheinander ein, zunächst die Haupttäler, dann ihre Nebentäler, darauf deren Seitentäler usw. Voraussetzung dafür ist allerdings, daß das Talgebiet während dieses Entwicklungsaktes von keinerlei Krustenbewegungen betroffen wird. Setzt etwa im Stadium der Reife eine Hebung ein, so wird dadurch die Tiefenerosion zu neuem Leben erweckt, und der Fluß schneidet sich in seine Talsohle ein, d. h. er schachtelt in das für das Reifestadium bezeichnende Sohlental ein typisch jugendlich-unreifes Schluchtental ein. Damit beginnt ein neuer Akt — Davis hat dafür die Bezeichnung Zyklus geprägt —, der schließlich mit einem in tieferem Niveau gelegenen Muldental endigen muß. Wir werden beim Längsprofil auf analoge Verhältnisse stoßen und erst im Kapitel »Die Flachländer« erörtern, welche Änderungen der gesamten Landschaftsformen mit dem Ablauf eines solchen Erosionsaktes (Zyklus) verbunden sind.

An dieser Stelle aber müssen wir sogleich betonen, daß die Querprofilgestaltung der Täler keineswegs nur von dem morphologischen Altersstadium, sondern überdies von einer ganzen Reihe anderer Faktoren abhängt. Es ist deshalb weder angängig, die Talgestaltung im Querprofil ohne weiteres zum Kriterium der morphologischen Altersbestimmung zu machen, noch zwei Tälern mit fast genau gleichen Querprofilformen von vornherein gleiches morphologisches Alter zuzuschreiben. Die Gründe für diese Tatsache werden wir kennenlernen, wenn wir nacheinander die Asymmetrie der Talhänge, den Wechsel von Talengen und Talweiten und die Talterrassen besprechen.

Asymmetrie in der Gestaltung der Talhänge begegnet uns nicht nur in Form von Prallhang und Gleithang, sondern ist auch bei leidlich geradlinigen Tälern bzw. Talstrecken zu beobachten. Als Ursache kommt häufig die Verschiedenartigkeit des Gesteinsmaterials der beiden Talhänge in Frage. Wo ein Tal der Grenze verschieden widerständiger Gesteine folgt (Wesertal zwischen Muschelkalk und Buntsandstein, Inntal zwischen Kalk- und Schieferalpen), frißt sich der Fluß durch Seitenerosion besonders in das weichere Gestein ein, und die Hangbearbeitung wird naturgemäß im Bereich des weicheren Materials ebenfalls weit größere Fortschritte machen als in dem des härteren; das Ergebnis ist ein wesentlich flacher geböschter Hang der einen, ein ungleich steilerer der anderen Flanke. — Daß die Erdrotation und die dadurch bedingte Ablenkung aller in Bewegung befindlichen Körper zur Ausbildung asymmetrischer Formen beitragen können, auf unserer Halbkugel deshalb oftmals die rechten als Steilufer, die linken als Flachufer erscheinen (Baersches Gesetz), ist oben schon hervorgehoben worden (S. 202/04). Die Donau im pannonischen Becken, die südrussischen Flüsse und die Täler Alaskas sind bekannte Beispiele dieser Art. — Die Asymmetrie bei den tiefen Tälern der podolischen Platte, wo die nach Westen gekehrten Hänge die steileren sind, führt v. Smolenski [24] auf den Einfluß des Windes, in diesem Falle der starken Ostwinde der Glazialzeit, zurück; diese sollen die ihnen entgegenstehenden, nach Osten gekehrten Hänge stärker abgetragen und verflacht haben (vgl. oben S. 204). Auf eine andere Art der Beeinflussung des Querprofils durch den Wind machten wir oben anläßlich der Erörterung des Lößproblems aufmerksam (S. 242). Im oberen Tauhogebiet beobachtete FUTTERER [25], daß die nach Norden gerichteten Talhänge durch Lößanwehungen gleichsam gepolstert sind, während die nach Süden gekehrten Hänge durch das Fehlen einer solchen Lößbedeckung eine völlig anders geartete Gestaltung aufweisen. — Auf verschiedene andere Ursachen, besonders Schrägstellung von Schollen, hat SÖLCH [26] hingewiesen. Er geht dabei aber mehr auf die Umformung des Flußnetzes als auf die der Talgestaltung ein.

Talengen und Talweiten verraten oftmals schon durch ihr Auftreten in einem und demselben Talabschnitt, daß sie mit dem morphologischen Alter nichts zu tun haben können. Wer etwa das Wesertal von Hannoversch-Münden bis Hameln hinunter wandert oder die Gestaltung des Lahntales in der Umgebung von Marburg studiert oder die Quertäler des Schweizer Jura einer Prüfung unterzieht, wird immer über den Wechsel von enger Schlucht und geräumigem Sohlental überrascht sein und bei eingehender Untersuchung feststellen, daß Gesteinsunterschiede die Ursache bilden. Im Bereich harter Gesteine setzt das Gesteinsmaterial der Seitenerosion wie der allgemeinen Hangbearbeitung so kräftigen Widerstand entgegen, daß ein enges, steilwandiges Tal resultiert. Sobald der Fluß dann aber in den Bereich weicher Schichten übertritt, vermögen sich Seitenerosion, Abspülung und Bodenversetzungen so stark zu entfalten, daß das Tal wesentlich an Breite gewinnt und die Hänge auffallend verflacht sind. Derselbe Gegensatz, den wir im Verlauf eines und desselben Tales beobachten, kann natürlich auch bei Tälern und ganzen Talsystemen von Gebirgen eintreten, die jedes für sich aus einheitlichen, untereinander aber stark abweichenden Gesteinen aufgebaut sind. Beide unterliegen vielleicht gleich lange der erosiven Bearbeitung, die Querprofilformen der Täler aber stimmen dennoch keineswegs überein. In dem Gebirge, das aus widerstandsfähigem Gesteinsmaterial aufgebaut ist, herrschen aus den oben dargelegten Gründen enge und steilwandige Täler vor; das andere Gebirge, in dem weiche Gesteine überwiegen, zeichnet sich durch breite Sohlen- oder gar Muldentäler mit flachgeböschten Hängen aus. Nichts wäre verfehlter, als sich durch einen flüchtigen Blick in die beiden Landschaften zu dem Urteil verführen zu lassen, die Gebirge befänden sich in verschiedenen Erosionsstadien.

Enge und Schluchtigkeit, Weite und flache Hangböschung gehen in der Regel Hand in Hand; es können aber auch Querprofile bei ausgesprochenen Sohlentälern noch erstaunlich steile Talwände aufweisen. In solchen Fällen wird man dem Gestein der Hänge besondere Aufmerksamkeit widmen und untersuchen, ob es in dessen Beschaffenheit begründet liegt, daß die Hangbearbeitung hier zu keiner Verflachung führte, sondern die Talwände, ohne ihren Steilcharakter

Fig. 105. Das Cañontal des Colorado in Arizona.

einzubüßen, seitlich zurückweichen. Sandsteine und Kalksteine neigen namentlich im Falle starker Klüftigkeit dazu, der Abspülung und Massenabwanderung zu widerstehen und ihre Schroffheit zu bewahren. Viele Täler in der Schwäbischen Alp müssen als U-förmige Sohlentäler angesprochen werden. Das Verdontal in den südfranzösischen Kalkalpen bezeichnet Martel als einen typischen Cañon. Dem schönen Elbtal der Sächsischen Schweiz spricht zwar v. Lozinski [27] diesen Charakter ab, weil die Steilwände nicht durch Erosion, sondern durch Absturz des Quadersandsteins an Kluftflächen infolge Unterminierung durch Quellerosion geschaffen wurden; aber es scheint uns, daß dieser Vorgang bei der Hangversteilung auch sonst oft eine große Rolle spielt und die Bezeichnung Cañon nicht ausschließt. Anders zu erklärende, sehr typisch U-förmige Sohlentäler werden wir unten bei Erörterung der alpinen Trogtäler kennenlernen. Auf jeden Fall wird man sich vor der schematischen Auffassung hüten müssen, daß die schluchtige Form, wie sie uns als Normalprofil von Erosionstälern mit sehr starker Tiefenerosion begegnet, im Laufe der morphologischen Entwicklung sehr bald verschwinden und unter allen Umständen der V-Form Platz machen müsse. — Auch trockenes Klima kann sich ebenso auswirken wie größere Widerstandsfähigkeit der Gesteine. Die Cañons in dem westlichen Hochlande der Vereinigten Staaten (Colorado, oberer Missouri, Rio grande del Norte, Red River, Arkansas; bei einer Talweite von meist nur wenigen Dutzenden von Metern finden wir hier Tiefen von 1500 bis 1800 m!) verdanken ihr charakteristisch U-förmiges Querprofil nicht nur der Jugendlichkeit des hier sich abspielenden Erosionsprozesses, nicht nur dem starken Überwiegen der Tiefenerosion, sondern zum guten Teil neben der Gesteinsbeschaffenheit der Trockenheit des Klimas, die die Hangbearbeitung auf ein Minimum reduziert und dadurch konservierend wirkt (Fig. 105). Die Cañons dürften ihre Steilwandigkeit bewahren, auch wenn einmal aus dem jetzigen Schluchtental ein Sohlental geworden sein sollte und die Talwände erheblich auseinandergerückt sein werden.

Die Talhänge sind oftmals nicht stetig geböscht, sondern durch Geländekanten und -stufen unterbrochen. Solche Stufen nennen wir Terrassen (Fig. 106). Versuchen wir, diese genetisch zu deuten, so stoßen wir auf zwei entwicklungsgeschichtlich scharf auseinanderzuhaltende Typen. Die Unstetigkeiten im Querprofil erklären sich zum einen zwanglos aus dem Gesteinsmaterial der Hänge und sind als Verwitterungsterrassen aufzufassen (vgl. oben S. 167). Sie werden nicht eigentlich vom Fluß geschaffen, sondern spiegeln das Streben der den Hang zusammensetzenden Gesteine nach Einhaltung des maximalen Böschungswinkels wider. Wo diese Deutung nicht in Frage kommt, werden wir den Aufbau der Terrassen mit großer Sorgfalt untersuchen und feststellen, ob sich auf ihnen Flußschotter oder irgendwelche Spuren erosiver Bearbeitung nachweisen und die Terrassenstücke sich längs des ganzen Talverlaufs verfolgen lassen. Glückt uns ein solcher Nachweis (Rheinterrassen, Weserterrassen u. a. m.), so dürfen wir sicher sein, daß es sich um echte Flußterrassen, um Reste alter Talböden, handelt [28]. Sie bezeugen, daß der Fluß sein heutiges Sohlenniveau nicht in einem stetigen Eintiefungsprozeß erreichte, sondern daß Stillstandsperioden mit Überwiegen der Seitenerosion eingeschaltet waren, während derer sich der Fluß im jeweiligen Niveau ein Sohlental

Fig. 106. Terrassen im Aragwatal, Südseite des Kaukasus. — Nach Photographie von E. Obst.

schuf [29]; bei Wiedereinsetzen starker Tiefenerosion schnitt sich der Fluß in den alten Talboden ein, räumte durch Unterminieren der Hänge wohl einen Teil des in einiger Höhe über der neuen Talsohle verbliebenen alten Talbodens weg, ohne ihn jedoch ganz austilgen zu können.

Die Terrassenforschung hat sich in den letzten Jahrzehnten außerordentlich entwickelt und uns gezeigt, wie oft und stark die Erdhaut von Zuckungen und vertikalen Bewegungen betroffen wurde. Verhältnismäßig einfach liegen die Verhältnisse noch, wenn nur eine einzige Terrasse sich wie ein Gesims an den Hängen entlang zieht. Dietrich [28] hat in einer lehrreichen Profilfolge diese Verhältnisse veranschaulicht (Fig. 107), die einer Erläuterung wohl kaum bedürfen. Schwierigkeiten ergeben sich weniger durch die fetzenhafte Erhaltung der Talbodenreste als dadurch, daß sich die durchlaufende Terrasse * bisweilen nicht im Sinne der heutigen Flußrichtung abdacht, sondern unregelmäßige Abweichungen im Niveauverlauf aufweist. Wir müssen in diesem Falle annehmen, daß der vom Fluß durchflossene Schollenstreifen bei den tektonischen Bewegungen eine Verbiegung erfuhr, die der lebende Fluß durch entsprechend abgestimmte Erosion zu meistern wußte, die die toten Talbodenreste aber nur passiv mitmachen konnten.

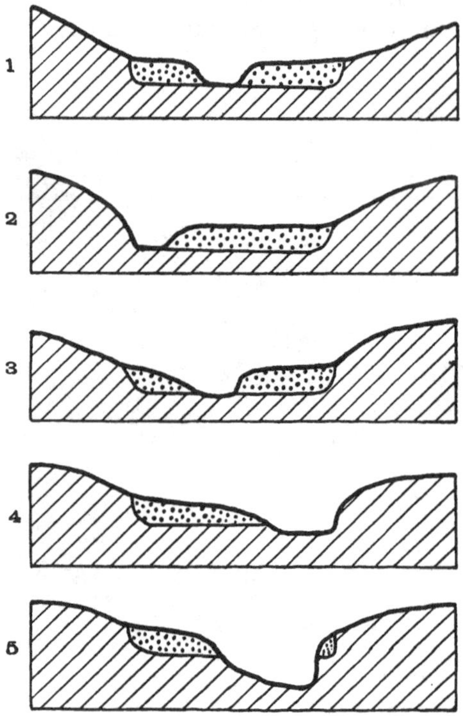

Fig. 107. Die Formen des Terrassenquerprofils. Nach B. DIETRICH.

Außerordentlich viel komplizierter werden die Verhältnisse, wenn, wie z. B. im Rheintal, mehrere Terrassensysteme ineinandergeschachtelt auftreten (Fig. 108). Das Verfolgen dieser verschiedenen Terrassen, die Identifizierung der einzelnen Terrassenfetzen und ihre Einordnung in Hauptterrasse, Oberterrasse, Mittelterrasse und Niederterrasse [30] erfordern sehr gründliche Schulung und ein ausgeprägtes morphologisches Feingefühl. Jede Terrassenfläche entspricht einer Ruhepause in der Veränderung der Lage der Erosionsbasis, einer Sohlentalepisode. Hinsichtlich des Alters der einzelnen Terrassenfluren gilt natürlich der Satz, daß jede tiefergelegene jünger ist als das nächst höhere Terrassenniveau. Dabei braucht es sich aber nicht immer um großmassige Aufschüttungen in diesem Abschnitt überwiegender Seitenerosion zu handeln (*Aufschüttungs- oder Schotterterrassen*), sondern die Terrassen-

---

* Von diesen zu unterscheiden sind die lokalen Terrassen, die nicht dem ganzen Talverlauf eigentümlich sind, sondern nur an einer oder einigen wenigen Stellen auftreten und sich dann in verschiedener Höhenlage befinden. Diese Terrassen sind keine alten Talbodenreste, sondern verdanken ihre Entstehung lokalen Ursachen. Wir führen als Beispiel die Stauterrassen an: der Fluß wird an einer Stelle vorübergehend durch einen Bergsturz, einen Gletscher, einen Lavastrom oder ähnliches aufgestaut; er lagert infolge der Stauung seine Schuttmassen vor dem Hindernis ab, und zwar in einer Mächtigkeit, die durch das Maß der Schuttführung und die Höhe des Staukörpers bestimmt wird; nachdem letzterer überwunden ist, schneidet sich der Fluß in seine Schotter ein, deren Reste dann als Lokalterrassen in Erscheinung treten.

ebenheit kann fast ganz von Akkumulationsmaterial entblößt sein und uns in Gestalt einer Felsterrasse begegnen.

Aufschüttungsterrassen überwiegen in Deutschland durchaus und verleihen dem Landschaftsbild unserer Flußtäler vielfach das charakteristische Gepräge. Die Mehrzahl von ihnen erweist sich bei genauer Untersuchung als diluvialen Alters *. Sehr umstritten ist aber die Ursache der gewaltigen Aufschotterung, die diese Art von Terrassen bezeugen. Während früher Eisstau ** und tektonische Bewegungen (Senkungen der das Flußsystem beherbergenden Scholle)

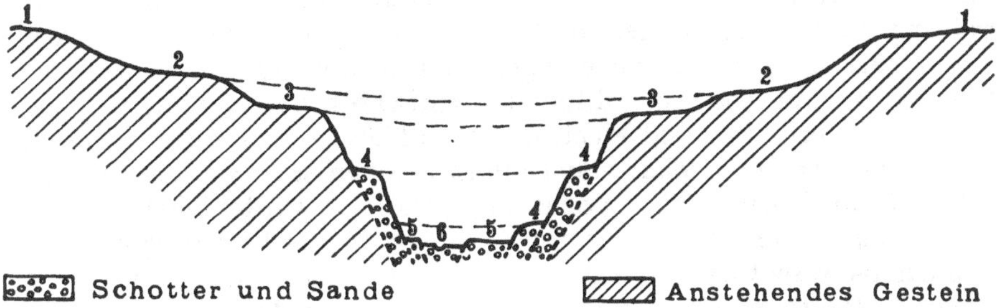

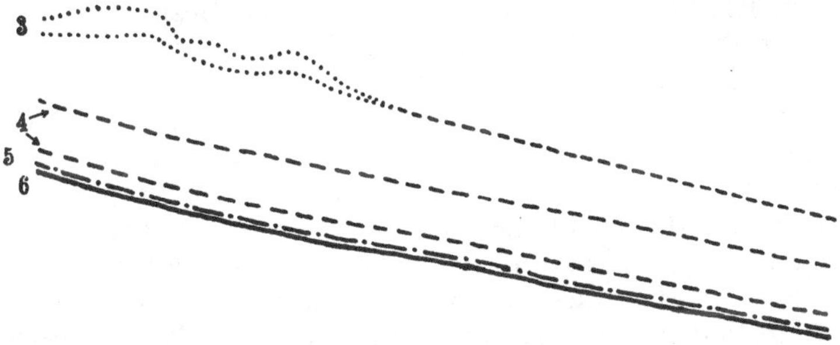

1 Rumpffläche des Rheinischen Schiefergebirges, *2* »Trogfläche« (Philippson), *3* Hauptterrasse, *4* Mittelterrassen, *5* Niederterrasse, *6* Talaue.

Fig. 108. Schematisches Quer- und Längsprofil durch das Rheintal im Schiefergebirge. Aufspaltung und Verbiegungen der Mittelterrasse im Längsprofil gehen auf Krustenbewegungen vor der Ausbildung der Mittelterrassen zurück.

wegen der damit verbundenen Gefällsverminderung als Ursachen angesehen wurden [32], stellt man neuerdings klimatische Faktoren in den Vordergrund, ohne damit die Bedeutung der erstgenannten Vorgänge

* Die Altersfeststellung der Terrassen ist ein Problem ganz für sich und nur selten einigermaßen sicher zu lösen. Eine Überlagerung der Terrassen mit Löß, Dünensand usw. spricht dafür, daß die Terrassen älter sind als Löß und Dünen, nur ist in der Regel deren Alter wiederum nicht unbedingt eindeutig festzustellen. Der Kampf um das glaziale oder interglaziale Alter der wichtigsten Terrassen tobt bis heute unentwegt.

** Eine Stauung der aus den deutschen Mittelgebirgen herabkommenden Flüsse durch das von Norden heranrückende Inlandeis wird noch heute von vielen Autoren angenommen (Glatzer Neiße, Weser u. a.). Die Stauterrassen befinden sich dann im Gebirge und beginnen am Rand von Gebirge und Ebene (Wartha in Schlesien).

völlig abstreiten zu wollen. Ein kaltes Trockenklima, so meint man, hatte die Wasserführung der Flüsse und damit zugleich ihre Transportkraft herabgemindert; die Flüsse waren daher nicht in der Lage, die ihnen zugeführten Schottermassen im bisherigen Umfange zu verfrachten, und setzten sie infolgedessen ab. Mit allem Nachdruck betont z. Bsp. SOERGEL 33: »Weder kontinentale nach orogenetische Bewegungen können als Ursache der diluvialen Aufschotterung angesehen werden. Selbst jede beliebige Kombination solcher Bewegungen kann niemals zu Aufschotterungen führen, die mit der diluvialen übereinstimmen in der regionalen Verbreitung, in der Mächtigkeit und in der petrographischen Zusammensetzung der einzelnen Schotterzüge. Solche Bewegungen können nur dort, wo sie während einer diluvialen Aufschotterungsperiode wirksam waren, auf Verteilung und Mächtigkeitsverhältnisse der zur Ablagerung gelangenden Schotter lokal von Einfluß gewesen sein; sie können auch in Zeiten, in denen nicht regional aufgeschottert wurde, lokal zur Aufschotterung führen. Für die regionale diluviale Aufschotterung kommen sie auch als wesentliche Teilfaktoren nicht in Betracht, denn die wesentlichen Teilfaktoren einer regionalen, von verschiedenen Bedingungen abhängigen Erscheinung müssen selbst in ihren Beziehungen zu dieser Erscheinung regionalen Charakter tragen. Die Ursache der diluvialen Aufschotterung in Thüringen, und, wir dürfen sagen, im ganzen mitteldeutschen, ehemals nicht vereisten Gebiet ist also eine rein klimatische. Sie besteht in dem Aufkommen eines kalten Trockenklimas, wie es nur während einer Vereisung bei uns geherrscht haben kann. Da die Wirkungen eines solchen Klimas regionale gewesen sein müssen, zum mindesten in Mitteleuropa und in weiten Teilen Westeuropas, so muß es in diesem ganzen Wirkungsbereich zur Aufschotterung geführt haben. Es hat auch dort, wo postpliozäne Bodenbewegungen eine größere Rolle gespielt haben, als vornehmste und allein ausschlaggebende Ursache der diluvialen Aufschotterung zu gelten«.

Eine Terrasse, die das oberste Stockwerk eines Terrassenbaus darstellt und die bei der Rekonstruktion als sehr breite, flache Muldensenke mit darin eingeschnittenem, oft wieder noch terrassiertem Engtal erscheint, hat PHILIPPSON als Trogfläche bezeichnet (Rhein); andere Autoren ziehen dafür den Ausdruck »Hochtalboden« vor *. Die Form deutet an, daß die Änderung der Erosionsbasis (Hebung des Flußgebietes) zunächst langsam erfolgte und von geringem Ausmaß war (Stadium des Hochtalbodens), dann aber ruckweise schneller

* Wir möchten dem Ausdruck »Trogfläche« nicht das Wort reden, weil damit gar zu leicht eine terminologische Verwirrung angerichtet werden kann. Ein wenig weiter unten werden wir alpine »Trogtäler« kennenlernen. Aber »Trog« und »Trog« bedeutet in beiden Fällen auch schon morphographisch etwas ganz verschiedenes. Der Rheintrog von PHILIPPSON ist ein breites, flaches Muldental, die alpinen Tröge hingegen sind breite, aber ausgesprochen steilwandige Sohlentäler.

und stärker wurde (Stadium des Engtals). Nur während des Stadiums des Hochtalbodens kam es zur Ausbildung einer greisenhaft oder überreif anmutenden sehr breiten und flachen Talmulde*.

In den Alpen begegnen uns terrassierte Täler in Hülle und Fülle. Man kann fast sagen, daß kein größeres Alpental die für Terrassen bezeichnende Unstetigkeit des Querprofils vermissen läßt. Während aber in den unteren Lagen des Gebirges fluviatile und fluvioglaziale Aufschüttungsterrassen überwiegen (vgl. oben S. 216/17),

Fig. 109. Das Lauterbrunnental in der Schweiz mit charakteristischer breiter U-Form (Trog) und mit den Talterrassen von Wengen (links) und Mürren (rechts).

treffen wir in größerer Höhe eine andere Art von Terrassenbildung. Die Hangebenheiten folgen auch hier dem Tal mit so großer Genauigkeit, daß an dem Terrassencharakter nicht zu zweifeln ist; auf den Terrassenflächen aber suchen wir vergebens nach irgendwelchen Spuren fluviatiler Bearbeitung. Es sind Felsterrassen, deren fast ebene, nur schwach nach dem Talinnersten geneigte Fläche (Fig. 109) keinerlei Flußschotter birgt, bei der gelegentlich auftretende, allerdings nur undeutlich ausgeprägte Rundhöcker eher auf Bearbeitung durch fließendes Eis hinweisen. Täler, die durch derartige Felsterrassen ausgezeichnet sind, zeigen auch sonst eine Reihe eigentümlicher Züge. Zunächst fällt die charakteristische breite U-Form des in das Terrassenniveau eingesenkten Sohlentales auf; sie ist hier nicht an bestimmte

* Frühen Stadien der Talbildung entsprechen auch die Eckfluren. Es handelt sich um jene Stücke von flacheren bis fast horizontalen Böschungen, die sich im Längsschnitt eines zwei Täler trennenden Höhenzuges zwischen steiler geneigte Stücke derart einschalten, daß förmliche Treppen entstehen. Sölch [34] und Moscheles [35] bringen sie mit den Talterrassen in Verbindung und sprechen sie als Reste alter Talböden an, die infolge der nachträglichen erosiven Zerschneidung zu Wasserscheiden geworden sind.

Gesteinsarten gebunden, sondern tritt im Kalk und Granit, im Sandstein und im Schiefer gleichermaßen auf. Die Nebentäler, die in dieses U-förmige Sohlental einmünden, besitzen nur selten gleiches Sohlenniveau; die meisten von ihnen enden im Grunde auf der Terrassenfläche und stürzen von hier in Gestalt eines Wasserfalles zum Haupttal hinab. Vereinzelt haben die Bäche diesen Absturz bereits durch Rückerosion und Entwicklung einer tiefen Schlucht ausgeglichen. Sodann beobachten wir einen Unterschied des Formenschatzes oberhalb und unterhalb der Terrassenflächen; spitze, zackige Formen beherrschen nur die Höhen oberhalb des Terrassenniveaus, während sie unterhalb davon gänzlich fehlen und durch gerundete Formen ersetzt werden. Auf Grund dieser

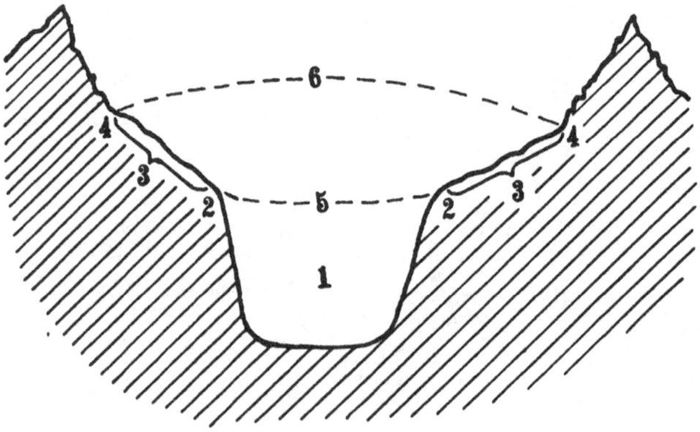

1 Trog, *2* Trogrand, *3* Trogschulter, *4* Schliffkehle, *5* präglazialer Talboden, *6* eiszeitliche Gletscheroberfläche.

Fig. 110. Schematisches Querprofil durch ein Trogtal.

Beobachtungstatsachen liegt es nahe, die Diagnose auf Eiserosion zu stellen. Unsere Vermutung wird durch die Gestaltung des Längsprofils (s. u.) und die im Tal weiter unten auftretenden Endmoränen zur Gewißheit gemacht. Wir können sicher sein, daß diese Täler in der Eiszeit vergletschert waren. Aber das ist auch nahezu das einzige, was als zweifelsfreie Tatsache von allen Forschern anerkannt wird; wie und in welchem Umfange das Gletschereis morphologische Wirkungen erzielt hat, ist eine bis auf den heutigen Tag heiß umstrittene Frage (vgl. oben S. 221). »Die alpinen Trogtäler mit ihren Felsterrassen«, behaupten Heim und seine Schule, »sind Schöpfungen der Flußerosion«; »sie sind sämtlich durch Gletschererosion entstanden« entgegnet Hess. Nach den bahnbrechenden Untersuchungen von Penck und Brückner[36] hatte es eine Zeitlang den Anschein, als ob eher die Hess'sche Anschauung sich durchsetzen würde. Penck vor allem vertrat, ohne die radikale Doktrin von Hess gutzuheißen, die Ansicht, daß die oben beschriebenen Formenelemente des hochalpinen Tales in der Hauptsache als Wirkung des Gletscherschurfes aufgefaßt werden müßten. Die Gletscher der Eiszeit arbeiteten in der Mitte des Bettes wegen des hier vorhandenen Maximums der Masse vornehmlich in die Tiefe und schürften hier das U-förmige Sohlental, den Trog, aus (Fig. 110); nach der Seite zu, wo sich die Dicke des Eisstroms wesentlich verminderte, wirkten die Gletscher nach PENCK hauptsächlich in Gestalt von Seitenschurf und erzeugten die Terrassenflächen, die Trogschultern; der obere Eisrand, wo die mechanische Verwitterung der Eiserosion stark vorgearbeitet hatte, macht sich im Querprofil als Schliffkehle bemerkbar; bis zu ihr reichen die runden Gehängeformen, die für Gletschererosion bezeichnend sind, während darüber keine Abhobelung mehr stattgefunden hat, die Formen also zackig und kantig geblieben sind. Gegen diese Hypothese von PENCK erhoben namentlich DISTEL 37 und v. DRYGALSKI [38] gewichtige Einwände. Sie sehen in den Trogtälern und ihren Felsterrassen glaziale Umgestaltungen eines vorher bestehenden, fluviatil angelegten Reliefs. Den Taleismassen war durch die präglazialen Flußrinnen nicht nur der Weg gewiesen, sondern sie fanden auch schon einen wesentlichen Teil des Formenschatzes vor. Eine glaziale Übertiefung der Flußtäler ist höchst unwahrscheinlich; vermutlich lag die Sohle des präglazialen Flusses schon annähernd in der gleichen Tiefe, die wir bei der Sohle des heutigen Trogtales feststellen. Die Steilheit der Trogwände bis hin zum Trogrand mag größtenteils auf Rechnung der Glazialerosion zu setzen sein. Ob die Trogschultern als vom Eise ausgeschliffene Flächen oder wieder nur als glazial überarbeitete, durch präglaziale Flußerosion geschaffene Flußterrassen (Hochtalboden) anzusehen sind, bleibt zweifelhaft.

Der Streit um die Deutung der Formen der in der Eiszeit mit Gletschern erfüllten Täler ist bis heute nicht beendet. Die Mehrzahl der Forscher neigt jetzt einem vermittelnden Standpunkt zu. Die Tatsache eines Gletscherschurfes innerhalb mäßiger Grenzen wird zwar anerkannt; jedoch spricht man dem fließenden Eise die Fähigkeit ab, ohne Vorarbeit der fluviatilen Erosion neue Täler zu schaffen, und hält demgemäß den Formenschatz einst vergletscherter Täler im wesentlichen für vom Eis spezifisch umgeformte Flußwerke 39. Um über diese Fragen noch mehr Klarheit zu gewinnen, wird es jedoch notwendig sein, auch die Talgestaltung im Längsprofil zu Rate zu ziehen.

Die Talgestaltung im Längsprofil. Das Längsprofil eines Tales ist im Idealzustand eine konkave Linie, die im Oberlauf am stärksten, im Mittellauf schwächer geneigt ist und sich im Unterlauf asymptotisch der Horizontalen nähert (Normalgefällskurve). Die meisten Täler jedoch weisen kein solch ausgeglichenes Gefälle auf, sondern lassen stufenförmige Gefällsknicke erkennen. Die Ursachen dieser Stufenbildung im Längsprofil eines Erosionstales sind oben (S. 190 f) ausführlich behandelt worden: die Stufen können primär-orographisch sein (der Fluß entwickelte sich in einer Landschaft, die ihrerseits bereits

Stufencharakter trug), sie können sekundär durch Krustenbewegungen geschaffen worden sein (Teile des Flußgebiets wurden von stärkerer und instantaner Hebung bzw. Senkung betroffen), sie können petrographisch bedingt sein (das im Flußgebiet anstehende Gesteinsmaterial ist verschieden widerständig, so daß die Tiefenerosion an der einen Stelle verzögert wurde, während sie an anderer Stelle sehr erfolgreich in die Tiefe zu arbeiten vermochte), sie können durch unterschiedliche Wasserführung hervorgerufen worden sein (der Hauptfluß führt zunächst wenig Wasser und entfaltet demgemäß nur geringe Tiefenerosion, diese wird dann aber plötzlich durch Einmündung eines besonders wasserreichen Nebenflusses verstärkt, so daß sich an dieser Stelle ein stufenförmiger Gefällsknick einstellt) usw. — Häufig begegnen wir der Erscheinung, daß im Haupttal selbst das Längsprofil nur schwache Gefällsknicke erkennen läßt, daß aber die Seitenbäche nicht gleichsohlig einmünden, sondern, wie oben bereits erwähnt, in Gestalt von Mündungsfällen vom Terrassenrand des Haupttales hinunterstürzen bzw. in engen, schnellenreichen Klammschluchten dem Hauptfluß zustreben. Im ersteren Falle sprechen wir von Hängetälern,

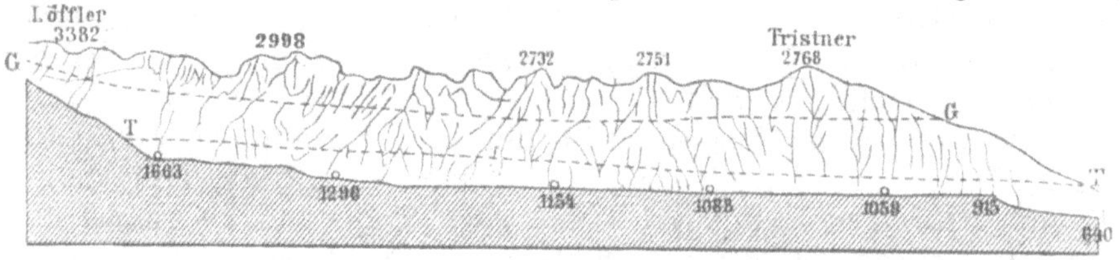

TT Trogrand, *GG* der obere Rand der eiszeitlichen Gletscher.
Fig. 111. Längsprofil des Stilluppgrundes. — Nach E. Richter.
Der Boden des Trogtales weist typische Stufenbildung auf.

und es leuchtet ein, daß im Vergleich zu ihnen das Haupttal übertieft ist (Penck). Dieser Unterschied in der Intensität der Tiefenerosion kann durch die verschiedene Wasserführung erklärt werden. Der Hauptfluß, der sich infolge Tieferlegung der Erosionsbasis in sein altes Sohlental einschneiden mußte, verfügte über genügende Wassermassen, um diese Arbeit relativ schnell zu vollführen; der wesentlich geringere Wasserführung aufweisende Seitenbach vermochte mit dem Hauptfluß nicht Schritt zu halten, seine Tiefenerosion hinkt hinter der des Hauptflusses wesentlich nach, so daß die erstrebte gleichsohlige Einmündung erst mühselig und nachträglich wieder erarbeitet werden muß.

Stufenbildung im Längsprofil und Hängetäler beobachten wir in vielen Tallandschaften, bei denen eine Vergletscherung bestimmt niemals stattgefunden hat. Dieselben Längsprofilformen begegnen uns nun aber auch in vielen der oben bezeichneten hochalpinen Trogtäler (Fig. 111). Das Problem, das uns schon so oft beschäftigt hat, taucht also an dieser Stelle in einer neuen Variante auf: Sind Stufenbildung und Übertiefung in den hochalpinen Trogtälern auf Rechnung des Gletscherschurfes zu setzen und demgemäß als glaziale Formen aufzufassen, oder müssen wir in ihnen Relikte des fluviatil angelegten präglazialen Reliefs erblicken? Daß fließendes Eis Stufen zu erzeugen vermag, wird von vielen Forschern als sicher angesehen. Warum sollen die Gletscher im Falle petrographischer Differenzierung des Untergrundes diesen Wechsel harter und weicher Gesteine nicht gerade so herausarbeiten, wie es das fließende Wasser tut? Warum soll nicht da, wo die Erosionskraft des Eises durch Massenzuwachs infolge Verschmelzung zweier Gletscher eine wesentliche Steigerung erfährt, genau wie im analogen Falle beim fließenden Wasser eine Stufe * entstehen? Die Gegner der Glazialtheorie weisen darauf hin, daß einerseits der Mechanismus von Gletscher-

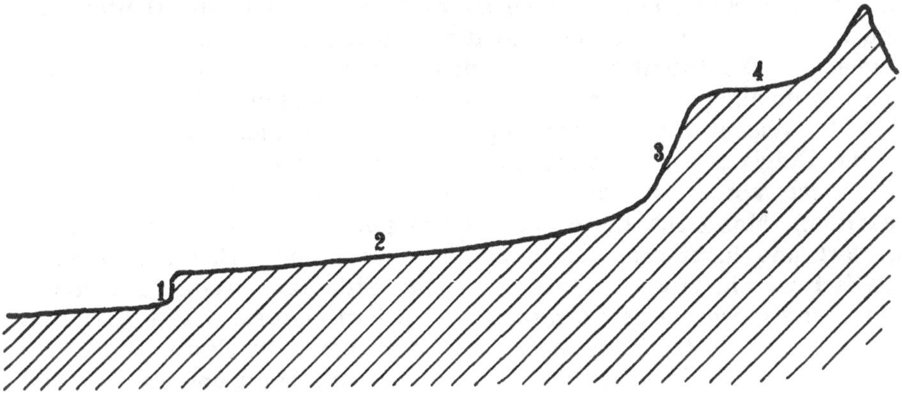

1 Konfluenzstufe, *2* Talboden, *3* Trogschluß, *4* Trogplatte.
Fig. 112. Schematisches Längsprofil durch ein Trogtal.

arbeit und Flußarbeit aus physikalischen Gründen verschieden ist und daß andererseits Stufenbildung und Hängetäler gewiß in vielen, aber keineswegs in allen ehemals vergletscherten Tälern auftreten. Daß nachglaziale Destruktion in diesen Fällen die Spuren glazialer Formenprägung ausgelöscht hätten oder das Gesteinsmaterial hier der Erhaltung besonders wenig günstig gewesen wäre, wird als Gegenargument nicht anerkannt. Zu beweisen ist bei dem gegenwärtigen Stand der Forschung weder die eine noch die andere Auffassung, doch läßt sich nicht übersehen, daß sich die Stimmen, die für präglazial-fluviatile Uranlage plädieren, von Jahr zu Jahr mehren. Die Behauptung von Fels, man habe bislang den morphologischen Einfluß der Eiszeit wesentlich überschätzt, scheint sich in der Tat zu bewahrheiten.

Die Entscheidung kann sehr wesentlich durch Aufklärung eines letzten Formenelements gefördert werden, das dem oberen Ende der

* Derartige glaziale Stufen würden als Konfluenzstufen bezeichnet werden müssen; sie fallen im Sinn der Bewegungsrichtung des Eisstromes ab. Entgegengesetzte Böschungsverhältnisse würden sich bei Diffluenzstufen entwickeln, die bei der Aufspaltung eines Eisstromes in mehrere Äste bzw. bei plötzlicher Erweiterung des Gletscherbettes zu erwarten wären.

meisten hochalpinen Trogtäler den Stempel aufdrückt: die steilwandigen Trogwände schließen sich im Hintergrund des Tales zum Trogschluß von gleicher Beschaffenheit, die Trogschultern zur Trogplatte zusammen (Fig. 112). Der Trogschluß kommt nur in Tälern mit verhältnismäßig niedrigem oder wenig umfangreichem Einzugsgebiet vor. Über seine Entstehung sind z. Zt. sichere Aussagen nicht zu machen. Die einen betrachten ihn als Ursprungsstätte präglazialer Schmelzwasser, die damals die Uranlage des heutigen Trogtales schufen; in der Eiszeit sei dann dieser »Talaufschwung« versteilt und zum Trogschluß umgestaltet worden (Distel). Andere halten ihn gänzlich für ein Erzeugnis der Glazialzeit, ohne recht begründen zu können, warum der Gletscherschurf an dieser Stelle plötzlich so stark in die Tiefe zu arbeiten vermochte. Von dritter Seite wird der Trogschluß als präglazial-fluviatil angelegter Quelltrichter angesprochen, der in der Eiszeit nach Art der Karentwicklung eine Umgestaltung und Versteilung erfuhr (Creutzburg). Wieder andere werfen die Frage auf, ob nicht vielleicht schon in der Präglazialzeit an dieser Stelle eine Stufe oder wenigstens ein Gefällsbruch vorhanden war, die die Gletscher hernach wesentlich verstärkten. Man sieht, die Frage des Trogschlusses ist noch gänzlich ungeklärt und harrt gründlicher weiterer Forschung. Besonders problematisch ist die Trogplatte, die gegen fluviatile bzw. glaziale Erosion so auffallend geschützt gewesen sein muß, sofern man sie wegen ihrer Verschmelzung mit den Trogschultern nicht ebenfalls als Rest eines präglazialen Hochtalbodens ansehen will. Bedeutsam scheint uns, was Sölch 39 zu der Frage des Trogtales mit seinen Stufen und seinem seltsamen Trogschluß ausführt (1914, S. 206): »In der Tat wird man bei weiteren Untersuchungen über Taltrog und Trogschlußbildung die voreiszeitlichen Gefällsverhältnisse mehr berücksichtigen müssen als bisher. Denn es zeigen sich z. B. in dem fast unvergletschert gebliebenen Steirischen Randgebirge zwar keine wirklichen Stufen, aber allenthalben Gefällsbrüche, an die sich die vorhin erwähnten älteren Talböden anschließen. Diese Gefällsbrüche sind, wie es nicht anders zu erwarten ist, in den oberen Teilen der Talgefällskurven am stärksten und deutlichsten. Würde das Gebirge heute vergletschert werden, so müßten sich diese Gefällsstufen verstärken, die obersten würden zu Trogschlüssen, die unteren zu Talstufen ausgestaltet werden, zumal wenn sich die Behauptung de Martonnes als richtig erwiese, daß der Gletscherschurf, sobald die Neigung eine gewisse Grenze überschreite, abnimmt, da seine Größe, abgesehen von der Mächtigkeit des Eises und dem benetzten Umfange, im Verhältnis zum Kosinus des Neigungswinkels der Gletscheroberfläche steht. Die Orte größten Gletscherschurfes wären dann oberhalb und unterhalb von Gefällsbrüchen und Einschnürungen«.

Talform und geologischer Bau des Untergrundes. Die Gestaltung der Täler wird von dem geologischen Bau des Untergrundes in mannigfacher Weise beeinflußt. Von der Bedeutung für die Grundrißform und für das Entstehen von Talengen, Talstufen u. a. m. war oben schon die Rede. Wir fassen jetzt eine weitere Reihe von Erscheinungen ins Auge und beginnen mit dem Formenunterschied bei Längs- und Quertälern. Jeder, der den Zusammenhang zwischen Talform und Streichen der Schichten bzw. Gebirgsketten in den Alpen oder einem der anderen Hochgebirge verfolgt (Rhone, Rhein, Inn, Salzach, Enns, Mur, Morawa, Aluta, Isker, Indus, Tsangpo, Oberer Amazonas u. a. m.), wird immer von neuem über die Regelmäßigkeit staunen, mit der die Quer- oder Durchbruchstäler im Gegensatz zu den sohlig oder muldenförmig entwickelten Längstälern als enge, steilwandige Breschetäler auftreten. Nachdem die alte Spaltentheorie als unhaltbar erkannt worden war, hat man sich andere Vorstellungen über den Werdegang solcher Durchbruchstäler und überhaupt aller Täler gebildet, die im Widerspruch zur heutigen Abdachung stehen. Sie alle sind echte Erosionstäler, aber ihre Ausbildung muß unter besonderen Umständen erfolgt sein, unter Bedingungen, die noch in der heutigen Talgestaltung ihren Ausdruck finden.

Positive Anhaltspunkte sind dort gegeben, wo sich hinter einem allseitig abschließenden Riegel Seeablagerungen finden. Als Beispiel verweisen wir auf das Egertal sowohl oberhalb des Tonschieferrückens als auch oberhalb des Basaltstockes zwischen Karlsbad und Kaaden. Hier sind alte Seebecken durch spätere erosive Durchnagung der trennenden Rücken (Rückwärtserosion von Abdachungsflüssen) zu einem Tal verbunden worden. Aber diese Seentheorie findet auf die großen Durchgangstäler keine Anwendung, am wenigsten auf jene Fälle, wo ein hypothetischer See nach der heutigen Konfiguration des Bodens unzweifelhaft nach einer anderen Seite hätte überfließen müssen. Es ist nur zweierlei möglich: entweder ist der Fluß älter als die durchbrochene Erhebung in ihrer heutigen Höhenlage und Gestaltung oder jünger als diese. Die letztere Annahme erscheint auf den ersten Blick als allein zulässig, und ihr trägt Löwls Regressionstheorie Rechnung. Wie der Name verrät, beruht sie auf dem Gesetz der rückläufigen Erosion; sie läßt die Talbildung am niederschlagsreichen Außenrande des Gebirges beginnen und allmählich bis zu der wasserscheidenden Kette, ja über sie hinaus bis an den entgegengesetzten Rand des Gebirges fortschreiten. Namentlich jene Vorkommnisse, wo ein Längstal mit mehr oder weniger scharfem Knick in ein Quertal übergeht, sollen dadurch erklärt werden; die Längstäler werden als die älteren Bildungen betrachtet, die von außen angezapft wurden. Als Beispiel dafür, wie sehr durch solche Quertalbildungen infolge Anzapfung die Talform namentlich in der Durchbruchsstrecke bestimmt wird, führen wir hier mit den Worten Trinklers [40] die Entstehung des Indus-Quertals durch den Himalaya nach der neueren Auffassung von Oldham [41] an: »Die großen Niederschlagsmengen, die an den Südabhängen des Himalaya fallen, gaben zur Entstehung wasserreicher Flüsse Anlaß, die kräftig erodierend, sich immer weiter gegen N zurückschnitten, wie wir es noch heute beobachten können. Den größten und kräftig erodierenden Strömen gelang es schließlich, die Hauptanschwellung des Gebirges zu durchschneiden und auf die nördlich des Himalaya gelegenen Gebiete überzugreifen. Hier dehnten sich, ähnlich wie vor der Anzapfung im Kuenlun, große Längstalbecken aus. Ein solches großes Becken müssen wir im oberen Induslauf annehmen, in dem die eozänen Sedimente zum Absatz kamen. Mit der Auffaltung des Himalaya aber verminderten sich die nördlich desselben fallenden Niederschläge, da die Südabhänge die feuchten Monsunwolken abfingen. Das eozäne Meeresbecken im oberen Induslauf schrumpfte allmählich ein. Umgekehrt arbeiteten die Flüsse des Südabhanges des Himalaya um so kräftiger und schnitten sich so weit zurück, bis sie, nördlich der Hauptkette, die Reste der alten Becken und die diesen tributären Flüsse anzapften. Dies dürfte beim Indus in der Gegend bei Bunji der Fall gewesen sein. Je mehr Flußgebiete der Strom aber an sich riß, um so bedeutender wurde seine Wassermenge und um so mehr gewann er die Kraft, seine Schlucht so auszutiefen, daß sie uns heute als eine der großartigsten unserer Erde entgegentritt«.

Gerade das Industal bietet gute Gelegenheit, eine zweite Theorie vorzuführen, die zuerst von indischen und amerikanischen Geologen ausgebildet wurde und in Deutschland besonders in Tietze einen eifrigen Vorkämpfer fand, die Antezedenztheorie. Sie geht von der Ansicht aus, daß das Gebirge nicht zuerst fertig dastand und dann erst die Erosion einsetzte, sondern daß umgekehrt in diesem Gebiet schon vor der Gebirgsfaltung ein Flußsystem vorhanden war, das dann durch gesteigerte Tiefenerosion mit der Gebirgshebung gleichen Schritt zu halten vermochte und seine Talfurchen in demselben Maße eintiefte, wie das Gebirge in die Höhe wuchs. Penck hat diesen Vorgang verständlich zu machen gesucht, indem er zwar zugestand, daß oberhalb der sich hebenden Schwelle der Fluß eine Stauung erfahre und dadurch zur Ablagerung seiner Geschiebe gezwungen werde, zugleich aber scharf betonte, daß am unteren Ende der Schwelle das Gefälle sich steigere und dadurch die Erosionskraft vermehre. Es komme nur darauf an, daß die obere Geschiebeanhäufung nicht über den niedrigsten Punkt in der Umrahmung des oberen Flußgebietes hinauswachse, denn dann würde der Fluß nach einer anderen Richtung abgelenkt werden. Für den Indusdurchbruch nimmt Oestreich [42] eine solche antezedente Entstehung an. Der Fluß, so meint Oestreich, sei einst, bevor die Himalaya-Faltung erfolgte, vom Kuenlun herabgekommen und habe einen Nebenfluß empfangen, dem der heutige Oberlauf des Indus entspricht. Bei der allmählichen Auffaltung des Himalaya habe die Tiefenerosion des Ur-Indus mit Faltung und Hebung ungefähr gleichen Schritt halten können, so daß sich der Fluß gleichzeitig mit der Hebung durch das Gebirge geschnitten habe und die Hebungszone infolge der fortwährend angespannten Tiefenerosion zur Region ausgesprochener Schluchtenbildung geworden sei. Die Preisgabe des ursprünglichen Oberlaufes und die Ausgestaltung des vorhin erwähnten Nebenflusses zu einem solchen müsse als eine sekundäre Erscheinung angesehen werden. — Warum man heute beim Industal nicht mehr an der Antezedenztheorie festhält, sondern die Entwicklung durch rückschreitende Erosion zu erklären vorzieht, kann hier nur angedeutet werden. Gegen die Antezedenztheorie spricht in diesem Falle die für den vermuteten Ur-Indus sicher nicht sehr hoch einzuschätzende Wassermenge, das Vorhandensein von eozänen Meeresbecken im heutigen Indus-Oberlauf, die einen vom Kuenlun nach S gerichteten Fluß aufgefangen hätten u. a. m. [40].

Die Breschetäler, die wir bislang besprochen haben, sind fast ausnahmslos Faltenketten durchbrechende Quertäler gewesen. Aber auch Schollengebirge zeigen oftmals ganz ähnliche Verhältnisse. Wer im Rhein-, Mosel- oder Lahngebiet wandert, wird die Breschetäler bewundern, in denen die genannten Flüsse das Rheinische Schiefergebirge durchnagt haben. Vor allem die Talschlucht des Rheins zwischen Bingen und Koblenz bzw. Bonn wird den Morphologen im höchsten Maße beschäftigen. Wie der Rhein den Wall des Schiefergebirges angreifen und sich in ihm ein derartig steilwandiges Durchbruchstal einmeißeln konnte, erscheint auf den ersten Blick ganz unerklärlich. Unter den heutigen Reliefverhältnissen hätte es der Rhein fürwahr bequemer gehabt, dem Klotz des Schiefergebirges im W oder O (Hessische Senke!) auszuweichen. Wenn es statt dessen zur Bildung eines Breschetales quer durch den Riegel des Schiefergebirges gekommen ist, so bleiben nur folgende Erklärungsmöglichkeiten übrig:

a) Das Rheintal im Schiefergebirge ist jünger als dieses. Die Flanke des etwa in heutiger Höhe befindlichen Gebirges wurde von der Kölner Bucht und von der Mainz-Binger Bucht aus durch Abdachungsflüsse bearbeitet, deren Quelltrichter sich immer tiefer in den Körper des Gebirges einfraßen. Wegen des größeren Gefälles nach N erlangte schließlich der Kölner Abdachungsfluß die Oberhand, er zapfte den nach entgegengesetzter Seite gerichteten Fluß an, d. h. köpfte ihn und schuf das Durchgangstal, das heute der Rhein benutzt.

b) Das Rheintal im Schiefergebirge ist älter als das Gebirge in seiner heutigen Höhenlage und Gestaltung. Bevor noch das Gebirge durch tektonische Vorgänge emporzusteigen begann, existierte bereits ein Ur-Rhein, der in breitem Muldental das damals noch tiefgelegene Flachland durchzog. Bei der dann einsetzenden Hebung des Gebirgskörpers trat dasselbe ein, was wir beobachten, wenn wir einen Holzklotz gegen eine hin und her ziehende Säge pressen. Der Ur-Rhein übernahm die Rolle der Säge, das Rheinische Schiefergebirge die des Holzklotzes. In dem Maße, in dem die Hebung des Rheinischen Schiefergebirges vor sich ging, sägte sich der Ur-Rhein schluchtartig immer tiefer in den Gebirgskörper ein.

Regressions- oder Antezedenztheorie also auch hier bei einem nicht durch Faltung, sondern durch Schollenbildung entstandenen Gebirge! Die Entscheidung zwischen den beiden skizzierten Möglichkeiten liefert die eingehende Untersuchung der Durchbruchsstrecke, von deren Sonderheiten wir ja schon früher gesprochen haben. Beiderseitiges Annagen und Durchfressen des schon in heutiger Lage befindlichen Gebirgskörpers durch Rückwärtserosion hinterläßt natürlich keine Spuren in Form durchlaufender Terrassen. Deren Vorhandensein bezeugt den Antezedenzcharakter des Rheindurchbruchs, und zwar beweist die besondere Art des Terrassenbaus, wie wir oben sahen, daß die Hebung des Schieferblocks nicht stetig verlief, sondern in Form mehrfacher Ruckbewegungen. Jede Ruhepause führte zur Entwicklung eines Sohlentales, von dem Reste in Gestalt von Terrassenfluren erhalten blieben; jede Periode starker Hebung wirkte sich in erneuter schluchtartiger Einsenkung des Tales aus.

Eine zweite Art von Breschetälern begegnet uns vielfach an der Grenze von Gebirge und Flachland. Der Fluß kommt in Gestalt eines breiten Sohlentales an diese Grenzzone heran, hätte, wie man meinen sollte, bequem Gelegenheit, das Gebirge im Bereich des aus Lockerstoffen aufgebauten Flachlandes zu umgehen; er tut das aber nicht, sondern schneidet sich in enger Schlucht in den festen Fels des Gebirges ein, um vielleicht nach einiger Zeit das Gebirge wieder zu verlassen und die Flachlandzone wiederzugewinnen. Auch ein derartiger Talverlauf, wie wir ihn in modellartiger Klarheit in der Sattlerschlucht des Bobers nördlich von Hirschberg, an verschiedenen Stellen des Donautales (z. Bsp. zwischen Passau und Linz), im Rhonetal am Rande des französischen Zentralplateaus u. a. w., antreffen, muß in bezug auf die heutigen Reliefverhältnisse zunächst widersinnig erscheinen. Auch in diesen Fällen bleibt keine andere Annahme übrig als die, daß der Fluß älter ist als das heutige Relief. Da aber keinerlei Beobachtungstatsachen für eine nachträgliche Hebung des Gebirgskörpers sprechen, wie im Falle des Rheinischen Schiefergebirges, so müssen wir nach anderen Deutungen Umschau halten. Die mit den heutigen orographischen Verhältnissen unvereinbare Talanordnung und Talgestaltung kann z. Bsp. ihre Erklärung unter Zuhilfenahme der Eiszeit finden. Gletschereis und mächtige Geröllmassen bewirkten bei einem schon präglazial angelegten Fluß zunächst Aufstau, dann Ausfüllung seines Bettes mit mächtigen Lagen von Lockerstoffen und schließlich eine Verlegung des Flußlaufs. Auf der Schotterfläche fand der Fluß einen vom bisherigen Bett allerdings abweichenden Ausweg und legte hier sein neues Bett an. Als dann die Gletschermassen abtauten, Wasserführung und Gefälle des Flusses wesentlich zunahmen, die Tiefenerosion also eine erhebliche Steigerung erfuhr, sägte sich der Fluß machtvoll in die Tiefe. Er war dabei aber an sein durch die vorhergehende Flußverlegung festgelegtes Bett so gebunden, daß er nur dieses zu vertiefen in der Lage war ohne

Rücksicht auf das im Untergrund vorhandene Relief und die dort anstehenden Gesteine. Traf er bei der Tieferlegung auf harte Felsmassen, so wurde das Einsägen wohl erschwert und verzögert; da aber die Flußsäge unausgesetzt arbeiten konnte, gelang schließlich auch hier das Einnagen und Durchnagen. Als Beispiel für eine derartige Talentwicklung sei auf die Sillschlucht bei Innsbruck verwiesen (Fig. 113), wo ganz augenscheinlich die Sill in der Eiszeit gezwungen wurde, ihr altes Bett zu verlassen und sich ein neues im anstehenden Fels einzuschneiden [43]. Da die Uranlage des heutigen Schluchtentales weit oberhalb der heutigen Talsohle, nämlich im Niveau der einst die ganze Senke erfüllenden diluvialen Schottermassen, zu suchen ist, sprechen wir in diesem Falle von epigenetischer Talbildung *. Eine solche liegt bei der Sattler-

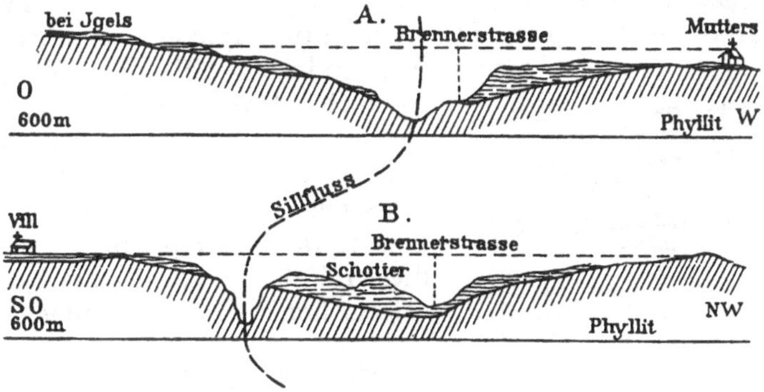

Fig. 113. Profile durch das vordere Silltal. — Nach J. Blaas.

schlucht des Bobers, in einzelnen Teilen des Weistritztales im Eulengebirge [44], beim Rheintal in der Umgebung von Schaffhausen, beim Donautal, beim Rhonetal u. a. m. vor.

Es muß aber keineswegs erst eine Flußverlegung stattfinden, um epigenetische Talschluchten entstehen zu lassen. Der Forscher, der den Ausdruck »Epigenese« prägte, v. Richthofen, hatte dabei einen anderen Fall im Auge, der hier kurz skizziert sei. Ein altes Gebirge ** ist von einer jüngeren Sedimentmasse vollständig umhüllt worden, so daß es nirgends mehr bis zur Oberfläche reicht, diese vielmehr ganz und

* Die Verdrängung eines Flusses aus seinem Lauf durch Ausfüllung seines alten Tales mit Lockerstoffen kann durch einen vom Vorland gegen das Gebirge vorstoßenden Gletscher oder umgekehrt durch einen vom Gebirge herabkommenden, das fluviatile Tal als Bahn benutzenden Gletscher erfolgen. Die gleiche Wirkung kann dadurch erzielt werden, daß das Meer in die Täler hineinflutet und das alte Relief mit seinen Sedimenten zudeckt, daß die Talrinnen durch Lößanwehungen vollständig ausgekleidet werden usw. Bezeichnend ist für epigenetische Talbildung dieser Art allein, daß eine alte Tallandschaft durch Lockerstoffe verhüllt wird und sich hernach auf dem so geschaffenen Niveau der Fluß in einem neuen Tal in die Tiefe arbeitet.

** v. Richthofen nahm dessen Abhobelung durch Abrasion an, einen Spezialfall, den wir hier nicht zu berücksichtigen brauchen.

gar von den Sedimentmassen eingenommen wird (Fig. 114). Durch Schrägstellung des Ganzen entwickelten sich auf der nunmehrigen Oberfläche (a—b in Fig. 114) Abdachungstäler, die sich mindestens in demselben Maße in die Tiefe schnitten, wie die Sedimenthülle der Destruktion zum Opfer fiel. Bei der Tieferlegung ihres Bettes stießen diese Abdachungsflüsse am Ende auf das alte Gebirgsrelief (mit der Oberfläche c W d in Fig. 114). Wieder aber hatten sie sich schon so tief und fest in den Untergrund eingefressen, daß dadurch der Erosion der Weg unbedingt vorgeschrieben war. Den in ihrem Bett gefesselten Flüssen blieb also nichts weiter übrig, als die harten Massen des alten Gebirges in einer steilwandigen Schlucht zu durchsägen. Während dieser Prozeß weiterschritt und bei anhaltender Tiefenerosion zu einer immer tiefer reichenden Zerkerbung des Gebirgskörpers führte, fielen die sedimentären Deckschichten der Destruktion immer weiter zum Opfer. Am Ende war die alte Gebirgsmasse gänzlich davon entblößt, aber sie wurde nun von einer gewaltigen Flußscharte durchzogen, die mit allen tektonischen und hypsometrischen Bedingungen im Widerspruch steht. Gerade diesen Fall, der im Oberlauf der hochasiatischen Flüsse vielfach vorzukommen scheint und wo also wiederum die Talsohle des Ur-Flusses hoch über dem Niveau der jetzigen Talsohle und in anderem Gestein gelegen war, wollte v. Richthofen mit der Bezeichnung »epigenetische Talbildung« treffen.

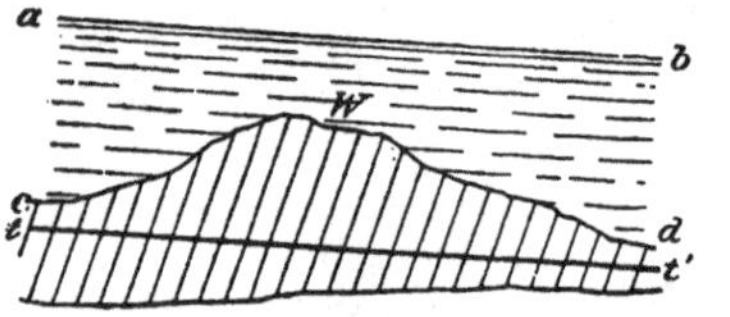

Fig. 114. Epigenetische Talbildung. *a b* alte Oberfläche, *c W d* jetzige Oberfläche. Das epigenetische Tal *t t'* stammt aus der Zeit von *a b* und folgte der Abdachung von *a* nach *b*, entspricht aber nicht der Oberfläche *c W d*, die zwei Täler von *W* nach *c* und *d* fordern würde.

Terrassen werden wir bei epigenetischen Tälern höchstens im Bereich der früher im Untergrund verborgenen, heute zu beiden Seiten des Flusses aufstrebenden alten Gebirge finden; sie würden beweisen, daß die andauernde Vertiefung des Tales auf ruckweise Senkung der Erosionsbasis beruhte. Abseits des alten Gebirgsstocks dürfen wir Terrassen im allgemeinen nicht vermuten, denn hier entfaltet sich ja nach der Theorie v. Richthofens eine Destruktion, die die Massen der Deckschichten und damit natürlich auch alle darin etwa enthaltenen alten Talbodenreste spurlos entfernte. Gerade wegen dieser großen Bedeutung, die der Destruktion zugesprochen wird, wäre es fast ein Wunder, wenn selbst in der Durchbruchsschlucht Reste alter Aufschüttungsböden erhalten geblieben sein würden.

Den eben erläuterten v. Richthofenschen Begriff der Epigenese will Sölch [45] auf die »engen Einschnitte im festen Fels beschränkt wissen, die ein Fluß, nachdem sein früheres Tal mit Lockerstoffen ausgefüllt worden, daneben in die Tiefe genagt hat«. Er vertritt also offenbar die Auffassung, daß Fälle epigenetischer Talbildung, wie wir sie zunächst schilderten und für die er eine Fülle weiterer Beispiele anführt, häufiger seien als diejenigen, die v. RICHTHOFEN im Sinne hatte, als er den Prozeß der Epigenese darstellte. Da ja aber auch bei der Donau und der Rhone und in allen ähnlichen Fällen die epigenetischen Täler ihre heutige Form erst durch weitreichende Abtragung der einst alles verkleidenden Deckschichten erhalten haben (SÖLCH [45] bezeichnet das als »epigenetische Denudation«, SCHAFFER [46] möchte den gesamten Prozeß der Grundaufdeckung lieber »Reliefdenudation« oder »Reliefexhumation« nennen), so sehen wir keine zwingende Notwendigkeit, den durch v. RICHTHOFEN geprägten Begriff der Epigenese derart einzuschränken *. Wir wiesen oben schon darauf hin, daß das unterschiedliche morphologische Zurgeltungkommen von widerständigerem Gesteinsmaterial im Bereich typischer Rumpfflächen (Harzhochfläche, ost- und südafrikanische Hochebene) vielleicht auf epigenetische Zertalung der alten Gebirgsmassen zurückzuführen ist. In der Gesamtmasse steckende »Härtlinge« wurden bei der Abtragung zur Rumpffläche als Erhebungen herauspräpariert, wenn sie im Wasserscheidegebiet epigenetischer Täler lagen; sie wurden in die Verebnung miteinbezogen, wenn sie von epigenetischen Tälern erfaßt und zerstückelt wurden. Mit Rücksicht auch auf diesen zum mindesten theoretisch möglichen Fall scheint es uns ratsam, an der v. RICHTHOFENschen allgemeinen Formung des Problems festzuhalten und zu definieren: epigenetische Täler sind solche, die auf höherem, heute von der Abtragung beseitigten Reliefniveau angelegt wurden und sich mit Tieferlegung der Erosionsbasis ohne Rücksicht auf die Untergrundbeschaffenheit in die Tiefe sägen mußten.

Es bliebe noch übrig, weitere Beziehungen zwischen Talbildung, Talform und geologischem Bau des Untergrundes zu behandeln und beispielsweise die Antiklinaltäler zu besprechen. Das Nebeneinander von Synklinalkämmen bzw. -rücken und Antiklinaltälern verleiht z. Bsp. dem Leinetal-Bergland, wie oben bereits erwähnt (S. 113), das charakteristische Gepräge. Da bei den Antiklinaltälern jedoch die Talform nur sehr wenig vom geologischen Bau, in der Hauptsache vielmehr von der durch Alter, Gefälle, Wasserführung und Gesteinsbeschaffenheit bedingten morphologischen Entwicklungsgeschichte abhängt, glauben wir, hier auf eine Erörterung dieses Typus verzichten zu sollen und besprechen die Antiklinaltäler unten bei Erörterung der Reliefumkehr.

Systematik der Täler. Für eine Einteilung der Täler nach ihrer Gestaltung dürfte das folgende System für alle Fälle ausreichen:

---

* Die von SÖLCH vorgeschlagenen Bezeichnungen »Trenning« (für den Felsrücken zwischen dem alten verschütteten Tal und dem seitwärts davon eingesägten neuen Tal) und »Trenningstal« (für das neue Tal) haben u. W. keine allgemeine Verwendung gefunden.

I. Nach dem Grundriß
  1. Geradlinige Täler
  2. Gewundene Täler (Extrem-Mäandertal).

II. Nach dem Querprofil
  1. Klamm- und Cañonschlucht
  2. Kerbtal
  3a. Sohlental mit flachgeböschten Hängen
  b. Sohlental mit steilgeböschten Hängen

  α mit stetiger Hangböschung
  β mit gestufter Hangböschung (Terrassen)

  4. Muldental

III. Nach dem Längsprofil
  1. Täler mit ganz oder nahezu ausgeglichenem Längsprofil
  2. Täler mit deutlich entwickelten Talstufen.

Wesentlich schwieriger ist die Aufgabe, eine genetische Systematik der Täler aufzustellen. Man wird auch hier mit einem einzigen Gesichtspunkt schwerlich auskommen, nachdem der durch nebenstehende Fig. 115 erläuterte Versuch von Davis als Allgemeinlösung mit Recht abgelehnt worden ist. Wir möchten daher die folgende Einteilung in Vorschlag bringen, wobei wir uns darüber im klaren sind, daß zur erschöpfenden Kennzeichnung eines Tales in genetischer Beziehung die Angaben mehrerer Spalten notwendig sind:

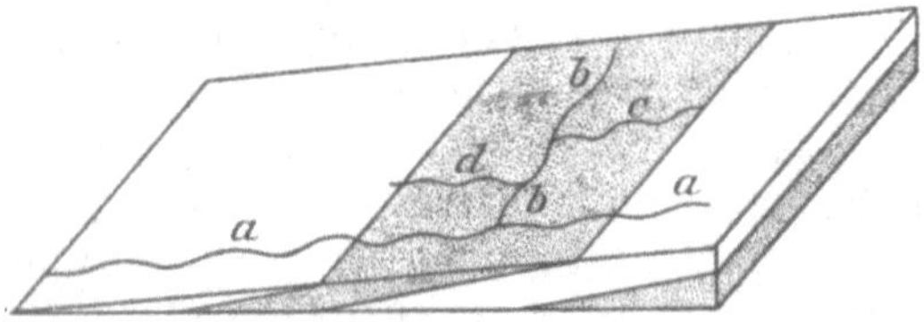

Fig. 115. Klassifikation der Flüsse und Täler nach Davis. Harte Schichten weiß, weiche gekörnt, *a* konsequenter, *s* subsequenter, *c* resequenter, *d* obsequenter Fluß.

I. Nach der formenschaffenden Kraft
  1. Ursprüngliche Täler (die Hohlform des Tales ist nicht ausgeschürft, sondern durch endogene bzw. exogene Kräfte geschaffen worden)
    a) Muldentäler
    b) Grabentäler
    c) Interkolline Täler
    d) Einsturztäler
  2. Ausschurftäler
    a) durch die Erosion des fließenden Wassers geschaffene Täler (Erosionstäler)
    b) vom Gletschereis umgearbeitete Täler (glaziale Trogtäler)
    c) vom Winde umgearbeitete Täler (Wadis)
    d) durch Massenabwanderung geschaffene Täler (Korrasionstäler, Schuttgerinne, Dellen).

II. Nach der Beziehung der Täler zur Reliefgestaltung
  1. Abdachungstäler (orographische Täler)
  2. Breschetäler.

III. Nach der Beziehung der Täler zum geologischen Bau und der morphologischen Entwicklungsgeschichte der von ihnen durchfurchten Gebirge

1. Konkordante Täler (Tal in Übereinstimmung mit dem geologischen Bau)
   a) Spalten- und Klufttäler
   b) Synklinaltäler
   c) Grabentäler
2. Diskordante Täler (Tal im Widerspruch zum geologischen Bau)
   a) Durchbruchstäler } α Regressionstäler (Tal jünger als Gebirge)
   b) Antiklinaltäler } β Antezedenztäler } (Tal älter als das
   γ Epigenetische Täler } Gebirge).

Wasserscheiden und Pässe. Schon oben in dem Kapitel »Die Arbeit des fließenden Wassers« ist von dem Kampf der Flüsse um die Wasserscheide und von deren Gestaltung ausführlich gesprochen worden (S. 205). Wir sahen, daß Stärke und Geschwindigkeit der Abtragung in den Ursprungstrichtern vor allem darüber entscheiden, ob die auf den beiden Flanken eines Kammes bzw. Rückens arbeitenden Quelltrichter früher oder später eine Einsenkung (Joch, Scharte) hervorrufen, ob die Wasserscheide ihre Lage behält und nur stetig an Höhe verliert, oder ob sie eine einseitige bzw. ungleich starke Zuschärfung erfährt und gleichzeitig im horizontalen Sinn nach der Seite der schwächeren Angriffe wandert. Für die Gestaltung der Wasserscheiden sind daneben natürlich noch ihre Höhenlage wegen der davon beeinflußten Art der zerstörenden Kräfte und ihr Gesteinsmaterial von ausschlaggebender Wichtigkeit.

Wie einerseits die höchsten Kämme ohne Einfluß auf die Verteilung der Gewässer sein können, so können andererseits unmerkliche Bodenanschwellungen in einer Talfurche die wichtigsten Wasserscheiden bilden. Wir nennen sie Talwasserscheiden im Gegensatz zu den Kammwasserscheiden. Der Ausdruck »Talwasserscheide« wurde 1877 von Supan [47] geprägt und hat sich seitdem allgemein eingebürgert. Der ursprünglichen Supanschen Definition gab Philippson [48] die folgende Fassung: »Talwasserscheide ist diejenige Strecke einer zwei Flußgebiete trennenden Scheidelinie, welche sich nicht über einen Kamm, sondern über einen Talboden hinzieht und durch eine Erhebung dieses Talbodens bezeichnet ist, die nach beiden Seiten nicht wesentlich steiler abfällt, als dies auch weiterhin dem Talboden eigentümlich ist.« — Talwasserscheiden sind eine weitverbreitete Erscheinung, die im Gebirge besonders auffällig hervortritt, aber auch dem Flachland nicht fehlt. In den großen Talzügen des ostdeutschen Tieflandes werden sie jetzt vielfach von Kanälen durchzogen.

Kammwasserscheiden sind die Regel, aber manchmal werden sie den Talwasserscheiden ähnlich. So das Pfitscherjoch (2248 m) in den Zillertaler Alpen, das zwischen dem Hochfeiler (3523 m) und der Hohen

Wand (3284 m) eingesenkt ist und das Pfitschertal vom Zemmtal trennt. Im Reschenscheideck erniedrigt sich dagegen die Hauptwasserscheide der Alpen zu einer ganz flachen Bodenschwelle (1510 m ü. M.), von der der Stillebach nach Norden zum Inn und die Etsch nach Süden fließen. Sie wird durch einen Felsriegel gebildet, während der Talboden zu beiden Seiten aufgeschüttet ist; denken wir uns diese Schuttmassen entfernt, so erhalten wir ein ähnliches Bild wie am Pfitscherjoch. Ein noch bekannteres Beispiel einer sehr niedrigen Wasserscheide in der Querrichtung der Alpen ist der Brenner (1370 m ü. M.). In Norwegen fließt aus dem See Lesjeskogs (625 m hoch) nach Nordwesten die Rauma, nach Südost der Laagen; dies ist eines der großartigsten Doppeltäler der Erde, an beiden Seiten von mehr als 2000 m hohen Gebirgsmassen eingerahmt.

Echte Talwasserscheiden treten öfters im Bereich von Längstälern auf. Als eine der merkwürdigsten Bildungen dieser Art sei das 1500 m lange Tal im W des kanadischen Felsengebirges erwähnt, das nicht weniger als sieben Flüsse benutzen: der Kootenay, der Columbia, der Canoe, der Fraser, der Parsnip, der Finlay und der Hichika River. Die mittlere Talhöhe ist ungefähr 700 m, die höchste Wasserscheide liegt 950 m über dem Meer. Mit einer einzigen Ausnahme wird diese Furche von Gebirgszügen eingeschlossen, die sich 1000—2000 m darüber erheben. Auch die Alpen weisen viele, wenn auch bescheidenere Beispiele auf. Aus dem Drautal gelangt man ohne merkliche Steigung über das Toblacher Feld (1209 m) zur Rienz und damit in das Etschgebiet. Das Tal der Wurzener Save setzt sich bei Ratschach (850 m) flach und mit unverminderter Breite im Seebachtal fort, das zum Draugebiet gehört; und gehen wir in derselben Richtung nach Westen weiter, so überschreiten wir bei Saifnitz (810 m) die ebenso unmerkbare Wasserscheide zwischen der Drau und dem Tagliamento. Solche tiefe Furchen, die durch zwei in entgegengesetzter Richtung fließende oder sogar durch mehrere Flüsse entwässert werden, scheiden die Alpen nicht nur in zwei, beziehungsweise drei Zonen, die den geologischen nahezu entsprechen, sondern lösen auch im Verein mit den Durchgangstälern die Zonen stellenweise in mehrere, völlig individualisierte Gruppen und Bergstöcke auf. Solche sind z. B. die Ötztaler Gruppe in der kristallinischen Zone und die zahlreichen größeren und kleineren Gruppen und Stöcke in der Kalkzone zwischen dem Inn und der Salzach (Fig. 116).

Ursprüngliche Talwasserscheiden darf man nur in Senkungstälern vermuten; eine solche ist sicher die bloß 24 m hohe Wasserscheide im kaledonischen Graben Nordschottlands und vielleicht auch die zwischen dem Orontes und der Lita (1158 m) im Libanon, auf der sich die Ruinen von Heliopolis erheben. Die übrigen Vorkommnisse sind wohl sekundäre Bildungen, wenn wir auch betreffs der Entstehungsweise meist nur auf Vermutungen angewiesen sind.

Rückschreitende Erosion eines wegen stärkeren Gefälles (größerer

Wassermasse, geringeren Gesteinswiderstandes) intensiver arbeitenden Flusses kommt da wohl in erster Linie in Frage. Er dringt erobernd in das Quellgebiet eines schwächeren vor, fällt diesem vielleicht in die

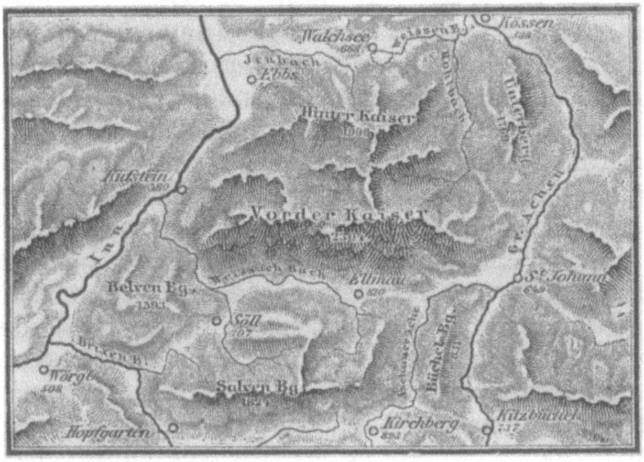

Fig. 116. Das Kaisergebirge im nordöstlichen Tirol.
Folgende Straßen führen über die Talwasserscheiden des Kaisergebirges vom Groß-Achen- in das Inntal: 1. Kössen—Walchsee—Ebbs, 2. St. Johann—Elmau—Söll—Wörgl (das Weißachtal ist zu eng), 3. Kitzbühel—Kirchberg—Wörg (Eisenbahn). — Höhen in Metern.

Flanke und zapft ihn an, so daß dessen bisheriger Lauf zerrissen wird und eine Talwasserscheide entsteht. Ein gutes Beispiel dieser Art haben wir schon oben bei Erörterung der »Sehnenberge« kennen gelernt (vgl. Fig. 74 und 75 und Text S. 293). Die Schwäbische Alb ist auch sonst reich an derartigen durch Anzapfung entstandenen Talwasserscheiden. Weitere Vorkommen dieser Art finden wir im Wutach-Aitrach-Gebiet des Schwarzwaldes, in der Talsenke westlich der Porta Westfalika (Talwasserscheide zwischen Else-Weser und Hase-Ems) usw.

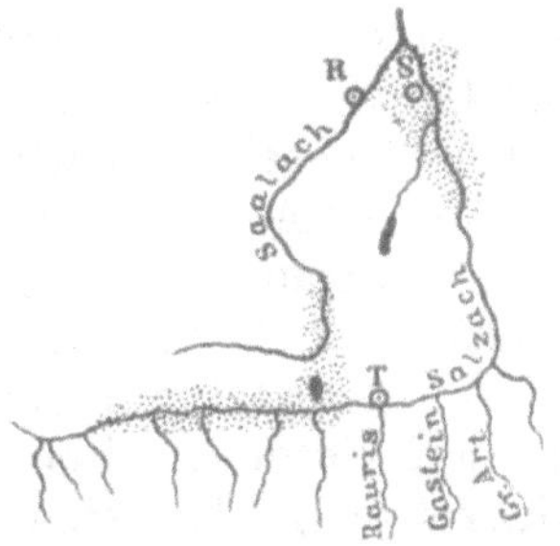

Fig. 117. Talsysteme der Salzach und Saalach. (*S* Salzburg, *R* Reichenhall, *T* Taxenbach. Die punktierten Flächen sind alluviale Talflächen.)

Eine andere Bewandtnis hat es jedenfalls mit den Seitenbreschen, jenen Talwasserscheiden, die sich zwischen zwei mehr oder weniger senkrecht aufeinander stehende Flußläufe einschieben. Sie lassen sich nur als verlassene Talstücke deuten. Bowman hat einen Fall aus dem südlichen Michigan (südlich von Detroit, westlich vom Eriesee) beschrieben, wo der Oakbach augenscheinlich durch eine nordwärts vordringende Serpentine des Huronflusses entzweigeschnitten und sein Oberlauf in den Huron abgelenkt wurde. Der Unterlauf hat seine Selbständigkeit bewahrt, und zwischen den beiden Oak liegt eine flache

Wasserscheide. Derartige Vorgänge können in der Gegenwart natürlich nur im Flachland zur Beobachtung gelangen; ähnliche orographische Abnormitäten kommen aber auch in Gebirgen vor. Eines der lehrreichsten Beispiele bietet das Salzachtal (Fig. 117). Der obere Teil des Längstales ist eine breite, schwachgeneigte Alluvialfläche, die sich nach Nord über eine unmerkliche, nur 15 m höhere Bodenschwelle zum Zeller See und in das Saalachtal fortsetzt. Kristallinisches Geröll im Glazialschotter bei Reichenhall zeigt an, daß die Saalach noch in der Eiszeit mit den Tauernflüssen in Verbindung stand; was die Salzach aber veranlaßt hat, diese Verbindung aufzugeben und sich in der tiefen Schlucht von Taxenbach einen Weg nach Osten zu bahnen, bleibt dunkel. Selten und nur durch sehr eingehende Untersuchungen gelingt es in anderen Fällen, die Entstehung der Talwasserscheide auf Schotterfüllung zweier Täler bis zur Begrabung des sie trennenden Joches, auf Niederhobelung einer mäßig hohen Wasserscheidescharte durch Gletschererosion, auf Verbiegung und Zerreißung eines Flußgebiets u. a. m. zurückzuführen.

Mit der Anordnung und Gestaltung der Täler, insbesondere ihrer Wasserscheiden, hängt ein letztes Problem zusammen, das hier kurz gestreift werden mag, die Frage der Pässe. Zum Paß gehören augenscheinlich zwei Faktoren, von denen der eine in der Anthropogeographie, der andere in der physischen Geographie wurzelt: Bündelung des Verkehrs und Beschaffenheit der zum Übergang ausgewählten Erdstelle. Auch das Flachland hat seine »Verkehrspässe«, und im Gebirge wird keineswegs jede niedrige, leicht gangbare Wasserscheide als Paß benutzt. An dieser Stelle kann es natürlich nicht darauf ankommen, die »Verkehrspässe« im anthropogeographischen Sinne zu behandeln [49], sondern die Gebirgspässe im morphologischen Sinne zu kennzeichnen. Als Paß bezeichnen wir in dieser Einschränkung mit Sölch [50] die »niederste Stelle der Wasserscheide zwischen zwei Flüssen, also jenen Punkt, wo man von einem Flußgebiet ins andere gelangen kann«. Sölch scheidet nach der Gestaltung zwischen Paßübergängen und Paßdurchgängen. Erstere sind lediglich Einsattlungen des Gebirgskammes, zu dem sie noch mitgezählt werden müssen; die Paßdurchgänge (»Korridorpässe«) aber sind so tief in das Gebirgsrelief eingesenkt, daß sie gewissermaßen nur als Teilstücke, als leichte Anschwellungen derjenigen Furchen erscheinen, die sie verbinden. Nach der Entstehung trennt Sölch die Konstruktions- oder Strukturpässe von den Destruktionspässen. Von Strukturpässen sprechen wir beispielsweise, wenn bei der tektonischen Aufwölbung eines Gebirges eine Einwalmung paßartigen Charakter annimmt oder wenn etwa zwei vulkanische Kuppen so miteinander verwachsen sind, daß zwischen ihnen eine Lücke, ein Paß, übrigbleibt. Man könnte für diese Gruppe auch die Bezeichnung »ursprüngliche« Pässe vorschlagen. Ihnen gegenüber stehen die Destruktionspässe, die je nach den örtlichen Gegebenheiten mannigfach gestalteten Scharten, die sich durch rückwärtiges

Einschneiden von Quelltrichtern in der oben dargestellten Art entwickeln. Höhe, Breite und Formenschatz einer solchen Paßscharte sind natürlich ganz andere, wenn zwei fluviatile Quelltrichter an der trennenden Wand nagen, als wenn zwei gegeneinander gestellte Kare die Scharte erzeugen und bearbeiten. Auch die morphologische Geschichte einer solchen Paßstelle wird sich in ihrer heutigen Form widerspiegeln. Die Bearbeitung durch diluviale Eisströme hinterläßt in der spezifischen Rundung der Formen und gelegentlichen Schrammen ihre unverkennbaren Spuren. Die Richtung der Schrammen und die Verbreitung der Glazialgeschiebe offenbaren nicht selten, daß sich ein Gletscher über den Paß von einem Talsystem zum andern bewegt hat (Transfluenzpässe), womit eine erhebliche Abhobelung der Schwelle oder in extremen Fällen wohl gar ihr völliges Niederschleifen verbunden ist. Starke fluviatile, fluvioglaziale oder glaziale Aufschotterungen im Bereich der Paßzone prägen einen anderen Charakter, als wenn hier stets nur Abtragung vorherrschend gewesen ist. Und erst recht erhält die Paßregion ihre eigene Note, wenn eine Talwasserscheide den Durchgang vermittelt.

Literaturnachweise: [1] A. Penck, Morphologie der Erdoberfläche; Bd. II, Stuttgart 1894. H. Wagner, Lehrbuch der Geographie; 10. Aufl., Bd. I/2, Hannover 1922. A. Hettner, Die Oberflächenformen des Festlandes; 2. Aufl., Leipzig-Berlin 1928. A. Philippson, Grundzüge der Allgemeinen Geographie; Bd. II/2, Leipzig 1924. — [2] W. A. Obrutschew, Orographie und Tektonik Transbaikaliens; Verh. des VII. Intern. Geogr. Kongr., Bd. II, Berlin 1901. — [3] O. Lehmann, Die Talbildung durch Schuttgerinne; Penck-Festband, Stuttgart 1918. — [4] W. Penck, Die morphologische Analyse; Stuttgart 1924. — [5] H. Schmitthenner, Die Entstehung der Dellen und ihre morphologische Bedeutung; Zeitschr. für Geomorphologie I, 1925. — [6] A. Penck, Die Morphologie der Wüsten; Geogr. Zeitschr. XV, 1909. — [7] J. Walther, Das Gesetz der Wüstenbildung; 4. Aufl., Leipzig 1924. — [8] E. Scheu, Die Entstehung von Trockentälern; Penck-Festband, Stuttgart 1918. — [9] E. Obst, Das abflußlose Rumpfschollenland im nordöstlichen Deutsch-Ostafrika; 2 Bde., Hamburg 1915/23. — [10] G. Frebold, Geologischer Führer durch das Hannoversche Bergland; Bd. I, Berlin 1925, S. 86 f. — [11] H. Cloos, Einführung in die tektonische Behandlung magmatischer Erscheinungen, Teil I, Das Riesengebirge in Schlesien; Berlin 1925, S. 137 f. — [12] Th. Walger, Beitrag zur Morphologie der Heppenheimer-Kirschhäuser Senke; Notizbl. Ver. für Erdk. und der Hess. Geol. Ldsanstalt V/6, Darmstadt 1924, S. 240 f. — [13] A. Hettner, Die Oberflächenformen des Festlandes; 2. Aufl., Leipzig-Berlin 1928. — [14] A. Daubrée, Synthetische Studien zur Experimentalgeologie; Braunschweig 1880. — [15] Th. Kjerulf, Geologie des südlichen und mittleren Norwegen; Zeitschr. Ges. für Erdk., Berlin 1879. — [16] W. Deecke, Morphologie von Baden; Berlin 1918. — [17] G. Lind, Geologische Untersuchungen der Beziehungen zwischen den Gesteinsspalten, der Tektonik und dem hydrographischen Netz des Gebirges bei Heidelberg; Verh. Nat.-Med. Verein XI, Heidelberg 1910. J. Dinu, Geologische Untersuchungen der Beziehungen zwischen den Gesteinsspalten, der Tektonik und dem hydrographischen Netz am östlichen Pfälzerwald; ebenda 1912. F. Röhrer, Geologische Untersuchungen der Beziehungen zwischen den Gesteinsspalten, der Tektonik und dem hydrographischen Netz im nördlichen Schwarzwald; Jahresber. des Oberhess. Vereins IX, Stuttgart 1922. — [18] G. de Geer, Kontinentale Niveauveränderungen im Norden Europas; Pet. Mitt. 1912, II, S. 124. J. J. Sederholm, Weitere Mitteilungen über Bruchspalten; Fennia XXXIV, Helsingfors 1913. A. Högbom, Fennoskandia; Handb. der regionalen Geol. IV/3, Heidelberg 1913. Derselbe, Lignes de fracture, leur importance dans la géomorphologie de la Fennoskandia; Atlas de Finlande, Helsingfors 1911, Text 1, S. 73. — [19] W. PANZER, Talrichtung und Gesteinsklüfte; Pet. Mitt. 1913. — [20] A. VACHER, Rivières et méandres encaissés; Ann. de Géogr. XVIII, Paris 1909. — [21] K. DIWALD, Die Schräge der Talsohle; Pet. Mitt. 1925. — [22] H. SCHMITTHENNER, Odenwald und Neckartal; Geogr. Ztschr. 1927. Man beachte die Skizze auf S. 216! — [23] S. PASSARGE, Die Grundlagen der Landschaftskunde; Bd. III, Hamburg 1920, S. 261. — [24] G. v. SMOLENSKI, Ungleichseitigkeit der meridionalen Flußtäler in Galizien; Pet. Mitt. 1909. — [25] K. FUTTERER, Durch Asien; Berlin 1901, Bd. I, S. 430. — [26] J. SÖLCH, Ungleichseitige Flußgebiete und Talquerschnitte; Pet. Mitt. 1918. — [27] La Géographie 1913, S. 211. — [28] B. DIETRICH, Entstehung und Umbildung von Flußterrassen; Geol. Rdschau II, 1911. — [29] O. LEHMANN, Beiträge zur gesetzmäßigen Erfassung des Formenablaufs bei ständig bewegter Erdrinde und fließendem Wasser; Mitt. Geogr. Ges. Wien, 1922. — [30] A. PHILIPPSON, Die preußischen Rheinlande; Zeitschr. Ges. für Erdk., Berlin 1925. Derselbe, Morphologie der Rheinlande; Düsseldorfer geogr. Vorträge, Breslau 1927. Ein Auszug aus der übrigen umfangreichen Literatur über die Rheinterrassen findet sich in O. MAULL, Geomorphologie und geomorphologische Wirkungen des rheinischen Lebensraumes; »Der Rhein, sein Lebensraum, sein Schicksal«, Bd. I/1/1, herausgegeben von K. HAUSHOFER, Berlin 1928. — [31] O. GRUPE, Die Flußterrassen des Wesergebirges und ihre Altersbeziehungen zu den Eiszeiten; Zeitschr. der D. Geol. Ges. 1912. L. SIEGERT, Beiträge zur Kenntnis des Pliozäns und der diluvialen Terrassen im Flußgebiet der Weser; Abh. der Pr. Geol. Ldsanstalt, N. F. Heft 90, Berlin 1921. A. PENCK, Die Höttinger Breccie und die Inntalterrasse nördlich Innsbruck; Abh. der Pr. Akad. d. Wissenschaft, Phys.-math. Klasse, Berlin 1920. — [32] R. SOKOL, Die Flußterrassen; Geol. Rdschau XII, 1921. J. STINY, Die Ostalpinen Eiszeitschotterfluren; Zentralbl. für Min. usw. 1923. Derselbe, Randbemerkungen zur Schurf- und Aufschüttungsfrage; Mitt. Geol. Ges., Wien 1923. L. SIEGERT, Zur Theorie der Talbildung; Monatsber. der D. Geol. Ges. 1910. O. GRUPE, Tal- und Terrassenbildung im Gebiete der Werra — Fulda — Weser usw.; Geol. Rdschau XVII, 1926 (beachte die ausführlichen Literaturangaben über die Weserterrassen). — [33] W. SOERGEL, Die Ursachen der diluvialen Aufschotterung und Erosion; Berlin 1921. Derselbe, Die Gliederung und absolute Zeitrechnung des Eiszeitalters; Fortschr. der Geol., Heft 123, Berlin 1925. Derselbe, Diluviale Flußverlegungen und Krustenbewegungen; Fortschr. der Geol. II, Heft 5, Berlin 1923. J. SÖLCH, Beiträge zur eiszeitlichen Talgeschichte des Steirischen Randgebirges; Forsch. zur D. Landes- und Volksk. XXI, 1917. — [34] J. SÖLCH, Eine Frage der Talbildung; Penck-Festband, Stuttgart 1918. — [35] J. MOSCHELES, Über Eckfluren und andere Probleme der Talbildung; Geol. Rdschau XIII, 1922. — [36] A. PENCK und E. BRÜCKNER, Die Alpen im Eiszeitalter; 2 Bde., Leipzig 1901—09. Ein fundamentales Werk! Eine übersichtliche Darstellung der Resultate gab H. LAUTENSACH im Geogr. Anz. 1909 (mit Karte, die im Original fehlt) und in der Zeitschr. für Gletschk. IV, 1909/10. — [37] L. DISTEL, Die Formen alpiner Hochtäler, insbesondere im Hohen Tauerngebiet, und ihre Beziehungen zur Eiszeit; Mitt. Geogr. Ges., München 1912. — [38] E. v. DRYGALSKI, Die Entstehung der Trogtäler zur Eiszeit; Pet. Mitt. 1912/II. Vgl. auch die in demselben Band veröffentlichten Arbeiten von A. PENCK, Schliffkehle und Taltrog; J. STINY, Taltröge; A. PHILIPPSON, Der glaziale Taltrog. — [39] J. SÖLCH, Die Formung der Landoberfläche; Handb. der geogr. Wiss., herausgegeb. von O. KENDE, Berlin 1914. Derselbe, Grundfragen der Landformung in den nordöstlichen Alpen; Geograf. Annaler 1922. N. CREUTZBURG, Die Formen der Eiszeit im Ankogelgebiet; Ostalpine Formenstudien II/1, Berlin 1921. N. KREBS, Die Ostalpen und das heutige Österreich; Bd. I, Stuttgart 1928. — [40] E. TRINKLER, Tibet, sein geographisches Bild und seine Stellung im asiatischen Kontinent; München 1922, S. 94. — [41] R. D. OLDHAM, The valleys of the Himalaya; Geogr. Journal XXX, 1907. — [42] K. OESTREICH, Die Täler des nordwestlichen Himalaya; Pet. Mitt. 1906, Erg.-Heft 155. — [43] Vgl. hierzu M. LUGEON, Sur la fréquence des gorges épigénétiques dans les Alpes; Bull. des laboratoires de géologie etc. de l'Université de Lausanne, Nr. 2, 1901. — [44] G. BERG, Die Bildung des Schlesiertales bei Charlottenbrunn; Jahrb. der Pr. Geol. Landesanst. 1909. H. HORNIG, Die Oberflächenformen des nördlichen Eulengebirges als Beispiel der Einwirkung der nordischen Vereisung auf das mittelschlesische Gebirge; Landesk. Forsch., herausgegeb. von der Geogr. Ges. München, 1913. — [45] J. Sölch, Epigenetische Erosion und Denudation; Geol. Rdschau IX, 1918. Vgl. dazu die Polemik mit Hilber in Pet. Mitt. 1921, S. 245 und 1922, S. 85 f. — [46] F. X. Schaffer, Epigenese und Reliefdenudation; Geol. Rdschau XI, 1920. — [47] A. Supan, Studien über die Talbildung des östlichen Graubündens und der Tiroler Zentralalpen; Mitt. Geogr. Ges. Wien, 1877. — [48] A. Philippson, Studien über Wasserscheiden; Mitt. Verein für Erdkunde, Leipzig 1886. — [49] A. Haushofer, Paß-Staaten in den Alpen; Berlin 1928. — [50] J. Sölch, Studien über Gebirgspässe mit besonderer Berücksichtigung der Ostalpen; Forsch. zur D. Landes- und Volksk. XVII, Stuttgart 1908.

Becken und Mulden.

Morphographische Charakteristik. Neben den Tälern, die wir in dem vorangegangenen Kapitel als offene Hohlformen gekennzeichnet haben, treten im Relief der Erdoberfläche eine Fülle von geschlossenen Hohlformen auf, die nach Länge, Breite und Tiefe großen Schwankungen unterliegen und dementsprechend verschieden benannt werden. Wir übergehen hier die Fülle von Kleinformen, die die Verwitterung allenthalben erzeugt (winzige Löcher, größere Narben und Nischen oder jene in Kalkgebieten häufigen, bis zu 100 m Tiefe erlangenden »Naturschächte«), wir verweilen nicht bei den vom Fluß- oder Gletscherwasser ausgekolkten »Töpfen« (Gletschergarten von Luzern!), sondern wenden uns gleich denjenigen geschlossenen Hohlformen zu, die sich durch ihre Größe als landschaftbestimmende orographische Hauptformen erweisen.

Eine Unzahl von Bezeichnungen begegnet uns in der Literatur. Von dem Bestreben geleitet, die Erscheinungsform schon mit der Namengebung zu charakterisieren, erfinden die Autoren immer wieder neue Ausdrücke, und da weder ein nationales noch gar ein internationales Organ zur Regelung der Terminologie vorhanden ist, laufen alle diese Namen nebeneinander her, ohne daß damit eine allgemein anerkannte morphographische Kennzeichnung erreicht wäre. Bei der den geschlossenen Hohlformen eigentümlichen Fülle von Übergängen ist es allerdings bis zu einem erheblichen Grade verständlich, daß der eine von Kesseln spricht, wo der andere die Bezeichnung Trichter vorzieht, daß dieselbe Form bald als Wanne, Mulde, Pfanne, bald als Becken, Beckensenke, Grabensenke usw. bezeichnet wird. Jeder Vorschlag, in dieses terminologische Wirrwarr Ordnung hineinzutragen, wird naturgemäß auf Widerstand stoßen, solange sich schrankenloser Individualismus in der wissenschaftlichen Fachsprache austoben kann. Uns scheint es möglich, mit zwei Bezeichnungen auszukommen. Wir sprechen von Becken, wenn es sich um geschlossene Hohlformen handelt, deren peripherische Erhebungen mit deutlichem Absatz aus dem vorwiegend ebenen Boden im Innern aufsteigen. Meist weisen die Becken bei beträchtlichen Dimensionen nach der Horizontalen zugleich eine erhebliche Tiefe auf.

Die Grundrißgestaltung schwankt zwischen mehr rundlichen Formen (Kessel) und ausgesprochener Längserstreckung (Grabensenke, Wanne). Im Gegensatz dazu bezeichnen wir alle diejenigen geschlossenen Hohlformen, die durch allmählichen Übergang zwischen Randhöhen und Boden gekennzeichnet werden, als Mulden. Im Verhältnis zu den Horizontaldimensionen pflegt bei ihnen die Tiefe nur mäßig zu sein, so daß der Eindruck einer flachen, undeutlich begrenzten Einsenkung entsteht. Nach der Gestalt im Grundriß ergibt sich auch hier eine Unterteilung in rundliche (Pfannen) und gestreckte Formen (Mulden im engeren Sinne).

Die wichtigsten Arten von Becken und Mulden, ihre Entstehung und Gestaltung. Wenn es je unmöglich ist, aus der äußeren Form sichere Rückschlüsse auf die Entstehungsweise zu ziehen, so hier bei den geschlossenen Hohlformen. Die Natur kann auf verschiedene Weise die gleichen oder wenigstens sehr ähnliche Hohlformen entstehen lassen (morphologische Konvergenzerscheinungen), und ein und derselbe Bildungsvorgang spiegelt sich im Relief der Erdoberfläche unter Umständen recht verschieden wider. Es wäre in diesem Falle mehr denn je verfehlt, die morphologische Einteilung zur Grundlage eines genetischen Systems zu machen.

Die kausalwissenschaftliche Deutung der Becken und Mulden wird nach vorausgegangener sorgfältiger Beschreibung des Formenschatzes mit der Untersuchung des im Bereich der Hohlformen und ihrer Umrandung anstehenden Gesteins, seiner petrographischen Beschaffenheit und tektonischen Lagerung, beginnen, sich alsdann der deutlich oder undeutlich entwickelten Grenzzone zwischen Randhöhen und Boden zuwenden, um das Vorhandensein oder Fehlen tektonischer Grenzlinien festzustellen, und schließlich alle Kräfte und Vorgänge beobachten, die an der Modellierung der Hohlform tätig sind. Auf diese Weise wird es möglich sein, sich Schritt für Schritt vorwärts zu arbeiten und am Ende zu einer Vorstellung über den Werdegang der Hohlform zu gelangen. Durch Beobachtungen belegte Tatsachen werden in jedem Falle von hypothetischen Erörterungen sorgsam zu scheiden sein. Bleibt das Bild der Genesis beim gegenwärtigen Stand der Forschung noch unscharf, so betone man dies in aller Offenheit. Das Wissen darum, wie wenig man weiß, ist auch hier wertvoller als ein Hinweggleiten über die Probleme in Form kühner Spekulationen.

1. Kraterbecken und Explosionstrichter. Wo immer geschlossene Hohlformen im Bereich vulkanischen Gesteins oder in Landschaften mit nachweisbaren vulkanischen Ausbrüchen auftreten, liegt die Vermutung nahe, daß die Hohlformen auf die Äußerungen des Vulkanismus zurückgehen. Die Feststellung, ob es sich um Kraterbecken, um Maare oder ähnliche Explosionstrichter handelt, wird nach unseren früheren Ausführungen (S. 25/26) keine Schwierigkeiten bereiten. Es gilt dann aber, des weiteren zu ermitteln, in welchem Umfange die heutige

Form ihre Aus- und Umprägung durch exogene Kräfte (Abspülung, Rutschungen, Sedimentation in dem solche Becken häufig erfüllenden See u. a. m.) erfahren hat. Der Laacher See und die zahlreichen übrigen Eifelmaare (Fig. 118) bieten vorzügliche Gelegenheit, den Übergang einer endogen entstandenen Hohlform zu einer in der gegenwärtigen Gestalt bereits sehr stark durch exogene Kräfte beeinflußten Erschei-

Fig. 118. Das Gmündener Maar in der Eifel vom Mäuseberg aus. — Nach Photographie von Dr. C. W. SCHMIDT.

nung zu beobachten. Eingriffe des Menschen (z. Bsp. Anlage eines künstlichen Abflusses des Beckensees) können dabei eine erhebliche Rolle spielen. Wie stark übrigens auch tektonische Vorgänge bei der Anlage vulkanischer Becken mit zu berücksichtigen sind, ergibt sich aus der vorzüglichen Studie von FRIEDLAENDER [1].

2. Der »Krater von Sall«. Auf der Insel Ösel begegnet uns im Bereich des vorwiegend kalkig entwickelten Silurs, etwa 20 km nordöstlich von Arensburg, der »Krater von Sall«, ein von einem Wall umgebenes, etwa 12—13 m tiefes und 100 m im Durchmesser betragendes kreisrundes Becken. Es sieht auf den ersten Blick einem Maar ganz und gar ähnlich, aber weit und breit ist keine Spur von vulkanischer Tätigkeit festzustellen, und auch der Wall enthält nicht die mindesten Beimengungen von Aschen, Bomben usw. Bemerkenswert ist die Tat-

sache, daß am Beckenrand die Schichten bis zu 40° nach außen abfallen und erst in einiger Entfernung wieder in ihre normale Lagerung übergehen. Diese Beobachtung deutet entschieden auf eine aus der Tiefe nach oben wirkende Kraft hin und schließt die Deutung der Hohlform als Dolinenbildung (s. u.) ziemlich sicher aus. Man hat in diesem Falle als Ursache einen katastrophalen Ausbruch von Erdgasen angenommen [2] und zur Stützung dieser Auffassung auf das Vorhandensein bituminöser Schiefer im Untergrund hingewiesen. Die Theorie mag das richtige treffen, wenngleich die entscheidende Bohrung noch aussteht. Weitere Becken dieser Art sind bis jetzt nicht bekannt geworden, doch ist nicht ausgeschlossen, daß auch in anderen an Erdgas reichen Gebieten der Erde solche Formen festgestellt werden, nachdem man erst einmal auf die Vorgänge aufmerksam geworden ist *.

3. Das Pariser Becken. Verbiegungen der Erdkruste führen oftmals zur Entstehung becken- oder muldenförmiger Hohlformen. So spiegelt sich beispielsweise der geologische Bau sehr eindrucksvoll im Bilde der Oberflächengestaltung des Pariser Beckens wider. Die Beobachtung der Gesteine und ihrer Lagerung zeigt, daß hier die Schichtenfolge vom Mesozoikum bis zum Alttertiär flach schüsselförmig zwischen den alten Massiven der Ardennen, der Vogesen und des Zentralplateaus eingesenkt ist; von dem Rande aus fallen die Schichten konzentrisch nach dem Innersten, der Isle de France, ein. Ursprünglich mag so eine Mulde geformt worden sein, bei der die einzelnen Schichten wie die Glieder eines Tellerstoßes aufeinander ruhten und erst an der Peripherie zum Vorschein kamen. Die Destruktion hat aber eine wesentliche Umformung vorgenommen, indem sie die Schichten kappte, so daß heute die einzelnen Gesteinsserien bogenförmig ausstreichen. Der Wechsel von widerstandskräftigen und -schwachen Schichten führte dann weiter zur Entwicklung einer Stufenlandschaft, die wir oben schon kennengelernt haben (S. 315). Am weitesten vom Zentrum entfernt ragt als Außengrenze des eigentlichen Pariser Beckens die Jurastufe auf, dann folgt landeinwärts die Kreidestufe, und den innersten Ring bildet schließlich die Stufe der eozänen Grobkalke. In Übereinstimmung mit der Lagerung der Schichten bringt es die orographische Gestaltung des Beckens mit sich, daß der gestufte Hang des Pariser Beckens von zahlreichen Zuflüssen der Seine zerfurcht wird (vgl. Fig. 82 auf S. 314), wodurch dieses Becken wiederum noch eine besondere Note erhält [3].

4. Bolsone (Basin range structure). Wer die Hochgebirge im Westen der Vereinigten Staaten und Mexikos bereist, wird zwischen den einzelnen Kettenzügen große, langgestreckte und meist abflußlose Becken eingeschaltet finden, deren Formenschatz durch das aride Klima

* Auch der Asphaltsee von Trinidad wird als Explosionskrater angesehen, der seine Entstehung dem Ausbruch von Erdgasen verdankt.

maßgebend beeinflußt wird. Nach dem in Mexiko für diese intramontanen Becken üblichen Namen bezeichnet man sie allgemein als Bolsone. PENCK[4] vertritt auf Grund eingehender Studien die Auffassung, daß Flächenspülung hier die morphologische Dominante ist, daß die Schuttmassen vom Fuß der umrandenden Höhen in das Beckeninnerste hineinwachsen und dieses mehr und mehr ausfüllen. Kalkkrustenbildungen schützen die Schuttmassen vor Auswehung. In der Mitte der Bolsone stellen sich zwischen den Schuttkegeln gelegentlich lehmige oder feinsandige Flächen ein, auf denen sich nach kräftigen Regengüssen periodische Seen und Salzsümpfe (Playas) entwickeln *. A. PENCKS Beobachtungen betreffen nun freilich mehr die nachträgliche destruktive Umformung der großen Becken zwischen den Hochgebirgsketten als ihre primäre Entstehung, auf die es uns in diesem Zusammenhang hauptsächlich ankommt. Die Amerikaner, die für diesen Wechsel von Ketten und Becken den Ausdruck basin range structure geprägt haben, dachten früher unter dem Einfluß von GILBERT vornehmlich an tektonische Schollenbildung längs streichender Verwerfungen (S. 108). Einzelne Streifen sollten horstartig herausgehoben oder bei der Vertikalbewegung schräggestellt worden sein, so daß die Senkungen als Gräben oder als Tiefenzonen zwischen gegeneinander geneigten Blöcken aufgefaßt werden müßten. Die Höhe der Ketten wäre demgemäß durch die Sprunghöhe bedingt, die die Becken beiderseits flankierenden Hänge wären als jetzt der Zerstörung anheimfallende Bruchstufen anzusehen. Es ist das Verdienst vor allem W. PENCKS[6], auf die Mängel dieser Theorie hingewiesen und sie durch eine andersgeartete Vorstellung ersetzt zu haben. Das Auftreten streichender Verwerfungen im Faltungskörper leugnet W. PENCK nicht ab; aber er bestreitet, daß derartige bisweilen bedeutende Sprunghöhen aufweisende Verwerfungen in der Regel oder gar ausnahmslos die Ketten begrenzen und diese von den Becken scheiden. Nach seinen Feststellungen sind bruchlos gebaute Ketten hier wie in Südamerika keineswegs selten, und wo Verwerfungen den Faltenkörper durchsetzen, heben sie sich für gewöhnlich durchaus nicht im Relief als markante Bruchstufen ab, sondern die jeweils in ihrer Nähe vorherrschende Oberflächengestaltung (Steil-, Mittel-, Flachrelief) geht ohne Änderung über die Verwerfung hinweg. Mit diesen Beobachtungen ist natürlich der GILBERTschen Theorie das Fundament genommen. Die basin range structure beruht nicht auf der tektonischen Zerstückelung des Faltenkörpers, sondern ist ein Erzeugnis der Großfaltung. Ketten und Becken entstanden gleichzeitig durch die in wellenartiger Verbiegung der Erdkruste sich äußernde Großfaltung. Diese ist das Primäre, während die Verwerfungen nur als gelegentliche und nicht formenbestimmende Begleit-

---

* Auf die ganz anders gearteten Beobachtungen von KEYES[5], nach denen die Schuttanhäufungen in den Bolsonen des Südens sehr gering sind und äolische Abtragung vorherrscht, können wir hier nicht näher eingehen.

erscheinungen zu werten sind. — W. PENCK entwickelte dann seine Vorstellung über den Mechanismus der Großfaltung, wobei er an die Sedimentation in einem von Senkung ergriffenen Erdtrog anknüpft und darlegt, wie hierbei im Laufe des Prozesses Sättel und Mulden entstehen, die als solche nicht nur geologisch nachzuweisen sind, sondern auch morphologisch in Erscheinung treten. Wir gehen im einzelnen nicht darauf ein, da die Beweisführung von W. PENCK noch stark umstritten ist. In der Hauptsache aber, der Deutung der basin range structure als Erzeugnis der Großfaltung, scheint W. PENCK im Recht zu sein. Für seine These sprechen auch die analogen Erscheinungen im westlichen Kleinasien. Aus den grundlegenden Forschungen von PHILIPPSON [7] kennen wir den das dortige Landschaftsbild beherrschenden Gegensatz von West—Ost streichenden Ketten und Senken. Im küstennahen Gebiet handelt es sich um Formen, die in der Hauptsache als Horste und Gräben aufzufassen sind. Geht man aber weiter in das Innere hinein, so hören die Brüche zum großen Teil auf, die Ketten und Senken jedoch verschwinden nicht. Aus den Horsten entwickeln sich bruchfreie Sättel, die Becken werden ostwärts zu geologisch und morphologisch gleich scharf ausgesprochenen Synklinalen. Auch hier also haben wir basin range structure, und die Becken sind auch in diesem Falle augenscheinlich gleichzeitig mit den Ketten durch die Großfaltung erzeugt worden.

5. Tektonische Einbruchsbecken. Daß neben diesen Faltungsbecken auch echte Bruchbecken auftreten, beweisen die oberrheinische Grabensenke, der Rhonegraben, die syrischen, die ost- bzw. zentralafrikanischen Becken u. a. m. Hier ist durch Untersuchungen am Rande von Becken und Einrahmungshöhen der einwandfreie Nachweis zu führen, daß die Becken tatsächlich durch Verwerfungen begrenzt werden. Verwitterung und Abtragung haben den meisten Bruchrändern dieser Becken bereits viel an Schärfe genommen, so daß auch bei dieser Art von Hohlformen Übergänge von der Becken- zur Muldenform beobachtet werden können oder die Randhöhen durch erosive Zerschluchtung ihre Geschlossenheit in erheblichem Maße eingebüßt haben. Auf dem Beckenboden sind auch bei den tektonischen Grabensenken meist erhebliche Massen von Lockerstoffen ausgebreitet, die der Bodenfläche eine bezeichnende Monotonie verleihen. Sie sind entweder direkt von den Außenrändern des Bruchbeckens abgeschwemmt oder zeigen durch ihre Beschaffenheit und Lagerung das einstige Vorhandensein von Seen bzw. Sümpfen an. Auf die Ausfüllung des Neuwieder Beckens mit mächtigen Lagen von vulkanischer Asche (Bimsstein) sei hier nur kurz hingewiesen. Der hydrographische Charakter der Bruchbecken kann sehr verschieden sein. Neben noch heute bestehender Abflußlosigkeit (zentrales Ostafrika) begegnen uns solche, die entweder von Anfang an einen Abfluß besaßen oder durch Anzapfung einen solchen nachträglich erhalten haben (Tanganyika — Lukuga —

Kongo!). Die Frage, ob wirklich in allen Fällen echte Bruchtektonik vorliegt oder ob dann und wann auch hier die Zerstückelung nur im Gefolge von Großfaltung eintrat, wird z. Z. vielfach diskutiert.

6. Der Hirschberger Kessel. Ein Problem besonderer Art muß am Beispiel des Hirschberger Kessels erörtert werden, dessen Entstehungsgeschichte neuerdings lebhafte Auseinandersetzungen hervorgerufen hat und im besonderen Maße geeignet ist, uns die Schwierigkeiten in der genetischen Deutung solcher Formen vor Augen zu führen. Eingerahmt vom Riesengebirge im S, vom Landeshuter Kamm im O, vom Boberkatzbach-Gebirge im N und NW und vom Isergebirge im W, verleiht der Hirschberger Kessel dem Nordfuß des Riesengebirges ein ganz besonderes Gepräge. Er wird vom Bober durchflossen, dessen Tal vorher (bei Kupferberg) und nachher (Sattlerschlucht) steilwandig und eng, im Kessel selbst aber geräumig breit und wenig tief entwickelt ist. Der Boden des Kessels ist teils durch diluviale Ablagerungen verebnet, teils steigen daraus Granithügel auf, die eine ziemlich gleichbleibende Höhe von 450—500 m aufweisen [8]. Während früher die von Gürich [9] vertretene Anschauung, daß der Kessel durch fluviatile Ausräumung entstanden sei, gegen die Einbruchshypothese [10] nicht durchdringen konnte, ist das Problem durch die granittektonischen Untersuchungen von Cloos [11] in ein neues Stadium getreten. Die Möglichkeit eines tektonischen Einbruchs scheidet für Cloos aus, nachdem durch die geologische Spezialkartierung (Berg) nachgewiesen ist, daß der Granit in SO und NW mit primärem Kontakt an das Nebengestein grenzt. Es muß also doch irgendwie auf die Ausräumungshypothese zurückgegriffen werden. Der Schlüssel zum Verständnis dieses Vorganges liegt für Cloos in der besonderen Bauart des Riesengebirgs-Granitmassivs, das nach ihm ein Gewölbe darstellt mit einem Kern und zwei darüber liegenden Schlierenschalen; letztere fallen auf der Nordflanke des Gebirges nach N ein und haben daher schon ursprünglich nie die Höhenlage des Kerngranits erreicht. Alle drei Elemente sind petrographisch verschieden. Der Kerngranit wird von Cloos wegen seiner Feinkörnigkeit und seines minimalen Schlierengehaltes als besonders widerstandskräftig angesehen; beide Schlierenschalen erliegen der Destruktion weit rascher, die an den Kern angeschmiegte erste Schlierenschale jedoch nicht ganz so schnell wie die die Außenzone bildende zweite Schlierenschale. Verwitterung und Abtragung entfernten in dem höchstgelegenen Teile des Gewölbes die beiden Schlierenschalen, so daß hier der Kerngranit entblößt ist und mit steilem Hang (»Rampe«) emporsteigt. Die Abtragung kappte auch die beiden peripherischen Schlierenschalen, von denen die erste etwas besser widerstehen konnte und sich daher mit flacher Stufe über dem Ausstrich der zweiten Schlierenschale erhebt (Vorstufe). Damit sind die für den Nordhang des Riesengebirges bezeichnenden drei Niveaus erklärt: zentrale Kammerhebung = Kerngranit, Vorstufe = ausstrei-

chende erste Schlierenschale, Hirschberger Kessel = zweite Schlierenschale. Das Material der letzteren unterlag im Quartär wegen seiner relativ geringeren Widerständigkeit in besonderem Maße der Ausräumung. — Gegen diese Deutung des Hirschberger Kessels hat nun aber Berg [12] sehr gewichtige Bedenken vorgebracht. Sie richten sich gegen das von Cloos behauptete Zusammenfallen der morphologischen mit den petrographischen Grenzen, gegen die morphologischen Folgerungen überhaupt, die Cloos aus dem angeblichen Schalenbau des Riesengebirgsgranits ableitet. Da es Berg überdies gelungen ist, sowohl an der Grenze von Kammschwelle und Vorstufe als auch an der von Vorstufe und Hirschberger Kessel mehrfach Ruschelzonen nachzuweisen, so kommt er zu dem Ergebnis, daß entgegen Cloos an der Nordflanke des Riesengebirges typische Staffelbrüche vorliegen und daß im Bereich der tiefsten Staffel, eben des Hirschberger Kessels, vermutlich noch Kesselbrüche hinzukommen. Letztere freilich sind noch nicht nachgewiesen, und selbst Berg muß zugeben, daß sowohl im NW wie im SO des Kessels die Grenzen zwischen Granit und Schiefer nicht durch Verwerfungen gebildet werden. Hier zum mindesten scheint exogene Destruktion den entscheidenden Faktor darzustellen. Solange aber diese Fragen der seitlichen Umgrenzung nicht klargestellt sind, ist und bleibt der Hirschberger Kessel ein ungelöstes morphologisches Problem. Vielleicht müssen wir, wie v. Bubnoff [13] angedeutet hat, zur Entzifferung der Entwicklungsgeschichte der nördlichen Riesengebirgsabdachung überhaupt und des Hirschberger Kessels im besonderen noch ganz andere Wege einschlagen. Es könnte sein, daß sich die Piedmonttreppen-Theorie W. Pencks gerade in diesem Gebiet als fruchtbar erweist (Eingravierung von Verebnungsflächen im Verlaufe bruchloser Aufwölbung) und daß hierbei eine Anpassung an den petrographischen und granittektonischen Bau des Massivs stattfand. Auch das ist allerdings einstweilen Hypothese und nicht mehr.

7. Die Becken in den europäischen Hochgebirgen. Die Alpen und die Mehrzahl der übrigen europäischen Hochgebirge weisen eine große Mehrzahl meist beckenförmig entwickelter Hohlformen auf, die nach Größe und Tiefe sehr verschieden sind und oft in ihrer Gänze von einem See erfüllt werden. Ihre Entstehung geht keineswegs in allen Fällen auf die gleichen Faktoren zurück. Es empfiehlt sich, zunächst zu prüfen, welcher Art der Absatz zwischen Beckenboden und umrahmenden Höhen ist, um auf diese Weise die zur Gruppe der tektonischen Einbruchsbecken gehörenden Hohlformen auszuscheiden. Die Untersuchung ergibt, daß derartige Becken vor allem in den Ostalpen nicht selten auftreten. Durch Verwerfungen gebildet wurde das Wiener Becken, das allerdings wegen seiner Randlage nicht jene Schärfe der Abgrenzung erkennen läßt, die wir bei den tektonischen Einbruchsbecken sonst gewöhnt sind. Zur gleichen Art zu stellen sind weiterhin das Klagenfurter Becken und vor allem die Beckenreihe in der Außenfurche des

Steirischen Randgebirges (Lavanttaler Becken, Knittelfelder Becken, Leobener Becken u. a.). Ablagerungen von eingeschwemmten Schuttmassen, Sedimentation der einst vorhandenen Seen (Braunkohlenvorkommen!) usw. haben in vielen Fällen dazu beigetragen, die ehedem lebhaftere Reliefgestaltung der Beckenböden auszugleichen.

Wenn man von dieser Gruppe der tektonischen Einbruchsbecken absieht, bleiben in unseren Hochgebirgen noch viele andere Becken übrig, bei deren Entstehung Verwerfungen bestimmt nicht mitgespielt haben, denn an der Grenze von Beckenboden und Beckenrand ist von tektonischen Störungslinien nichts wahrzunehmen. In diesen Fällen bleibt kein anderer Schluß als der, daß irgendwelche Kräfte die Hohlform herausgemeißelt haben. Wir werden sehen, daß eine ganze Reihe von Vorgängen für die genetische Deutung solcher Hohlformen in Frage kommt. Man kann im Einzelfall nicht zur Klarheit gelangen, indem man lediglich die Hohlform untersucht, sondern muß den gesamten Formenschatz der näheren und weiteren Umgebung zu Rate ziehen. Befinden wir uns in den nördlichen Kalkalpen im Bereich deutlich ausgeprägter Antiklinalen, so können wir gelegentlich beobachten, daß die Sattelfirste geöffnet und bis zu einem erheblichen Grade ausgeräumt worden sind. Mechanische und chemische Aufarbeitung des Gesteins ebneten in einer für den Kalk bezeichnenden Weise der Abtragung den Weg, die nun hier, wo geologisch ein Gewölberücken zu erwarten wäre, morphologisch eine Hohlform entstehen ließ (Windischgarstener Becken!). Es handelt sich also um eine besondere Form der Reliefumkehr, von der unten zusammenhängend die Rede sein wird. Durch Aufbruch und teilweise Ausräumung der Antiklinale ist in der Regel die Unterlage des Kalkes entblößt worden (beim Windischgarstener Becken in Gestalt der wasserundurchlässigen Werfener Schiefer). Ob das Ausräumungsbecken in einem früheren Stadium ohne oberirdischen Abfluß war oder nicht, entzieht sich der Feststellung; heute jedenfalls ist es den die ganze Abdachung beherrschenden hydrographischen Systemen angeschlossen.

Ganz andere Verhältnisse treffen wir im Bereich des glazialen Formenschatzes an. Handelt es sich um ein Karbecken (Karsee), so wird nach unseren obigen Ausführungen (S. 350 f.) ohne weiteres an die glaziale Umprägung fluviatiler Formen und an maßgebliche Mitwirkung des Gletscherschurfes zu denken sein. Auch bei den Talseen, die in typischen Trogtälern auftreten und sich auf der Talsohle, wenngleich in verschiedenen Stockwerken des Stufentales, wie Perlen an einer Kette aneinanderreihen, liegt die Annahme einer Ausschürfung durch das Gletschereis vergangener Zeiten sehr nahe; die im Bereich der Hohlform auftretenden Rundhöcker und Gletscherschliffe sprechen eine deutliche Sprache. Den Abschluß des Beckens talabwärts bildet in der Regel eine riegelförmig aufragende Konfluenzstufe, die auf ein sprunghaftes Anwachsen der glazialen Schurfkraft infolge Massenvermehrung (Vereinigung mehrerer Eisströme) oder Verengung des Gletschertales hindeutet. Im Rücken des Stufenriegels hat sich ein See aufgestaut oder kündet eine Aufschüttungsebenheit von dem einstigen Vorhandensein eines inzwischen durch Zernagung des Stufenriegels bzw. Anzapfung verschwundenen Talsees.

Nicht alle Talseen der Hochgebirge sind jedoch durch glazialen Schurf oder allein dadurch entstanden. Häufig stellen wir fest, daß der Abschluß talabwärts nicht von einem Stufenriegel, sondern von mächtigen Schuttmassen gebildet wird, daß mithin die Bildung der Hohlform durch Aufdämmung des Tales erfolgt ist. Das Schuttmaterial gibt uns dann des weiteren darüber Aufschluß, ob es sich um eine Aufdämmung durch Endmoränenwälle oder um eine solche durch große Schuttdeltas von Nebenflüssen handelt. Der Gardasee mit seinem vom Etschgletscher der Eiszeit erzeugten abschließenden Moränenamphitheater [14] mag als Beleg für den ersten Fall genügen *. Als Beispiel für die zweite Art von Aufdämmungsbecken führen wir den Millstätter See an, wo glazialer Schurf zwar ebenfalls wesentlich mitgewirkt hat, die große Tiefe aber auf eine Aufdämmung durch einen älteren Schuttkegel der Lieser zurückgeht [15]. — Die ehemalige Geschlossenheit dieser Art von Hohlformen ist meist durch Zernagung des Schuttriegels und Anschluß des Sees an ein benachbartes Flußgebiet aufgehoben. Darüber hinaus lehrt die morphologische Untersuchung auf Schritt und Tritt, wie ausgesprochen disharmonisch (S. 163) diese Hohlformen genau wie die durch Gletscherschurf allein geschaffenen Becken sind und wie sehr Verwitterung und Abtragung am Werk sind, eine Angleichung an den harmonischen Formenschatz zu bewirken.

Die am Rande der Alpen auftretenden Hohlformen, fast stets wiederum von Wasser erfüllt (Randseen), streiften wir schon bei Erörterung des Gardasees. Es kombiniert sich bei ihnen ausnahmslos Gletscherschurf und Moränenaufdämmung, um die Hohlform zu schaffen. Beim Austritt aus den Gebirgstälern in das Vorland hinaus erlahmte die Erosionskraft der Gletscher, weil das Gefälle wesentlich geringer wurde und mit der Zunahme der Talweite ein Ausbreiten des Eisstromes, d. h. Verminderung seiner Mächtigkeit, eintrat. An der Stelle, wo dieser Übergang von der mehr linearen zur flächenhaften Gestaltung des Eisstromes erfolgte, mußte sich eine Art von Diffluenzstufe herausbilden, ein Riegel, der den Abschnitt des Gletschers mit noch wirksamem Tiefenschurf von dem überwiegender Akkumulation trennt. Wir bezeichnen eine so entstandene Hohlform als Zungenbecken. Sein Außenrand wird von einem mehr oder minder breiten, bogenförmigen Moränengürtel eingenommen.

Gegen die hier entwickelte Auffassung von der Entstehung der alpinen

* Beim Lago Maggiore, Comer See, Genfer See, Vierwaldstätter See u. a. liegen die Verhältnisse ganz ähnlich.

Randseen sind von verschiedenen Seiten Einwendungen erhoben worden. Man bezweifelt die Bedeutung des Gletscherschurfes, man zieht in Frage, ob die Aufstauung durch die dem Zungenbecken vorgelagerten Moränen und Schmelzwasserablagerungen genügt, um die Entstehung der Hohlform zu begründen. Das Fehlen der entsprechenden Beckenseen in anderen, sicher einst auch stark vergletscherten Hochgebirgen (Kaukasus!), das Auftreten gebirgswärts einfallender Flußterrassen u. a. m. stellen Beobachtungstatsachen dar, die eine anders geartete Deutung erheischen bzw. das Mitwirken noch anderer Faktoren voraussetzen. HEIM [16] vertritt die Auffassung, daß der Alpenkörper nach seiner Heraushebung in der Diluvialzeit um mehrere hundert Meter eingesunken sei, während das Vorland seine Höhenlage bewahrt habe; durch diese Krustenbewegung muß am Rande von Gebirge und Vorland eine Einknickung der Täler, eine tektonische Übertiefung, erfolgt sein, die HEIM als Hauptursache für die Entstehung der in dieser Zone auftretenden Randseen ansieht. Im Kaukasus, der nach seiner Hauptfaltung keine Rücksenkung der zentralen Teile erfuhr, vielmehr noch immer aufsteigt, können sich daher analoge Becken nicht gebildet haben. PENCK [17] hat diesen Gedanken aufgegriffen und nimmt heute, ohne seine Glazialmorphologie damit aufzugeben, isostatische Schwingungen des Alpenkörpers an, wobei stärkere Eisbedeckung auch lokal zu Senkungen, Entlastung vom Eis zu Hebungen geführt haben soll. Die von Seen erfüllten Becken stellen nach ihm in gewissem Sinne das morphologische Korrelat der Klimaschwankungen dar und gehen nicht bloß auf Gletscherschurf, sondern auch auf Einmuldungen des Reliefs infolge starker Eisbelastung zurück. Die Vorstellung von PENCK kann sich als sehr fruchtbar erweisen; ihre Überprüfung setzt eine erneute, sehr gründliche Untersuchung der Terrassen- und Schotterfluren voraus, bei denen sich das vermutete Auf und Ab der Erdkruste in Form von Massenzunahme (bei Senkung) und Massenabnahme bzw. Zerschneidung (bei Hebung) nachweisen lassen müßte.

8. Die Becken im norddeutschen Flachland. Auch in diesem Gebiet ehemaliger Großvergletscherung fehlt es nicht an Becken, bei deren Entstehung die Eiszungen, ihre Moränen und Schmelzwasser maßgebend mitgewirkt haben [18]. Neben den aus muldenförmigen interkollinen Hohlformen hervorgegangenen Grundmoränenseen spielen im Bereich der Endmoränenzüge allenthalben glaziale Stauseen eine große Rolle, und zu ihnen gesellt sich die Fülle der Rinnenseen, deren Hohlform, bald mehr zur Becken-, bald mehr zur Muldenform neigend, im wesentlichen der Erosion des dem Inlandeise unter hohem Druck entströmenden Schmelzwassers * zu danken ist. Aber neben all diesen Formen stoßen wir hier, besonders im Gebiet des Baltischen Höhenrückens, noch auf eine ganz besondere Erscheinung, auf zahllose kleine, fast immer

* Das Schmelzwasser konnte seine erodierende und auskolkende Tätigkeit sowohl in Kanälen unter dem Eise als auch im eisfreien Vorland entfalten.

zu- und abflußlose Becken von rundlicher bis ovaler Gestalt, meist von Wasser erfüllt. Sie stehen stellenweise so dicht gedrängt, daß die Oberfläche förmlich durchlöchert erscheint und an eine Landschaft erinnert, in die einst Granattrichter neben Granattrichter gebohrt wurde. Für diese Löcher hat sich nach dem Vorschlag von GEINITZ [19] die aus dem slawischen Wort für Fischteich abgeleitete Bezeichnung Sölle eingebürgert. Die seltsamen Miniatur-Becken — in Mecklenburg allein zählt man mehr als 35 000 Sölle — weisen eine sehr wechselnde Größe auf

Fig. 119. Ein Soll in Mecklenburg.

(in Mecklenburg 12—42 m Breite, 23—60 m Länge, 1,5—4,5 m Tiefe) und zeigen im allgemeinen napf- oder tellerförmige Gestalt (Fig. 119). Mit der Entstehung der Sölle haben sich viele Forscher beschäftigt [20]. Die Meinungen haben sehr geschwankt, doch ist jetzt wohl die von ULE seit jeher vertretene, neuerdings von dessen Schüler RÖPKE [20] weiter ausgebaute »Intramoräneneis-Schmelztheorie« als die einleuchtendste anzusehen. Sie geht davon aus, daß in der Grundmoränenmasse regellos verteilte Toteisblöcke eingeschlossen waren, die allmählich abschmolzen und dadurch ein Nachsacken des darüber ausgebreiteten Geschiebemergels zeitigten. Die Bildung des Steilrandes der Sölle und die Zurundung der Hohlform werden als künstliche Umgestaltungen aufgefaßt; beim ständigen Heranpflügen an das Sollbecken sei das Erdreich in der Umrandung aufgehäuft worden. Ob diese Toteis-Theorie für alle Sollgebiete zutrifft und ob deren heutige Gestalt wirklich so stark auf dem Eingriff des Menschen beruht, wird durch weitere Untersuchungen zu klären sein.

9. Erdfälle, Dolinen, Uvalas und Poljen. Den Söllen sehr verwandte Formen begegnen uns in vielen anderen Gebieten, ohne daß hier in Anbetracht der geologischen Zusammensetzung des Untergrundes eine Solltheorie in Frage kommen könnte. Abermals handelt es sich um napf- bis trichterartige Hohlformen mit einem Durchmesser von einigen wenigen Metern bis zu hundert Metern und darüber. Wieder können sich diese Löcher derart häufen, daß sie einer Landschaft den

Fig. 120. Erdfälle im Zechstein-Gips bei Bad Sachsa, Südharz. — Nach Photographie von K. Brüning. Im Hintergrund die Hochfläche des Harzes. Zwischen Harzrand und dem Gipszug ist die Zechsteinsenke erkennbar.

Stempel der Pockennarbigkeit aufdrücken (Fig. 120). Die Untersuchung knüpft auch in diesem Falle an das Gestein des Untergrundes an. Es ergibt sich, daß die Erdfälle stets an leicht lösliches Gesteinsmaterial wie Kalk, Gips u. a. m. gebunden sind. In dem Muschelkalkgebiet Thüringens z. Bsp. sind Erdfälle sehr häufig. Hier läßt sich an einer Reihe von Aufschlüssen nachweisen, daß im Untergrund durch Lösungsvorgänge Hohlräume gebildet wurden, deren Decke ständig an Mächtigkeit verlor und schließlich einbrach. An die Stelle der unterirdischen Höhle trat so eine oberirdische geschlossene Hohlform. Die gleiche Entstehungsursache ist für die Erdfälle im Bereich jenes Gipszuges anzunehmen, der den Südrand des Harzes begleitet.

Noch größere Ausmaße erreichen derartige Erscheinungen in

Karstgebieten. Die hier zu einzigartiger Entfaltung gelangende chemische Erosion, die lösende Wirkung von Kluftwasser und unterirdisch fließenden Gewässern erzeugen eine solche Fülle verschiedengestalteter Hohlformen, daß das Wort vom Karst mit seinem »blatternarbigen Gesicht« gewiß zu Recht besteht. Schüssel- und trichterförmige Vertiefungen, bald durch Auslaugung längs Spalten, bald wie die Erdfälle durch Einsturz unterirdischer Hohlräume entstanden, werden im Karst als Dolinen bezeichnet. Ihnen verwandt sind die großräumigeren Uvalas, talartige Einsenkungen mit breiter, unebener Sohle. Als riesige blinde Täler, oft bis zu 1 km breit und 30—40 km lang, erscheinen die allseitig geschlossenen Senken der Poljen, deren Boden mit fruchtbaren Schwemmstoffen bedeckt ist, so daß sie die Kultur- und Siedelungszentren des Karstes darstellen. Wir werden unten bei Besprechung des Formenschatzes der Karstlandschaft auf diese Hohlformen und ihre Entstehung noch einmal zurückkommen.

10. Becken und Mulden in Trockengebieten. Geschlossene Hohlformen finden sich auch in den Landschaften mit aridem Klima sehr häufig. Neben tektonischen Einbruchsbecken, Karstdolinen und anderen Hohlformen, die einen Zusammenhang mit dem ariden Klima nicht erkennen lassen, finden sich andere, bei denen wir den Wind als formenbestimmenden Faktor ansehen dürfen. Das gilt, wie oben schon dargelegt (S. 230), von den Wannen der Namib, vielen Oasenmulden u. a. m. Salzverwitterung, Trampeln, Scharren und Wühlen der hier zur Tränke kommenden Herdentiere und andere Vorgänge sollen nach Passarge in den Trockengebieten eine große Rolle bei der Zermürbung und Auflockerung des Gesteins spielen und dem Winde zu gesteigerter Wirkung verhelfen. Eine besondere Erscheinung muß eben in diesem Zusammenhang ausführlicher erwähnt werden: die namentlich in Südafrika so zahlreichen Pfannen[21]. Es sind flache, rings umschlossene Vertiefungen, in denen vorübergehend, in einzelnen auch dauernd Wasser steht. Ihre Größe schwankt zwischen einigen wenigen Metern und über 100 km Durchmesser bei einer Tiefe von meist nur 5—10 m. Die Etoschapfanne im Norden von Südwestafrika ist 110 km lang und 45 km breit. Wir treffen Pfannen, die in den anstehenden Fels eingesenkt sind, und solche, deren Untergrund aus wenig verfestigten Deckschichten bzw. lockerem Verwitterungs- oder Anschwemmungsboden besteht (Felspfannen, Sandpfannen). Der Boden der Pfannen kann von lehmigem, tonigem oder kalkigem Material gebildet werden, so daß sich nach der Art der Beckenausfüllung Lehm-, Ton (Salzton)- und Kalkpfannen unterscheiden lassen. Besondere Formen treten bei den letzteren auf. Die Vertiefung wird von einem Sinterkalkring umschlossen, den Passarge[22] als Pfannenrand bezeichnet. Er bildet gelegentlich einen Wall von 1—2 m Höhe und neigt sich sanft nach dem Inneren der Pfanne, die entweder vollständig mit Kalktuff ausgefüllt ist oder mit steilem Rand eingesenkte Vertiefungen (Passarges »Krater«)

aufweist. Wie JÄGER [21] beschreibt, gibt es größere Kalkpfannen, die nicht nur einen, sondern eine ganze Anzahl »Krater« enthalten. »Das schönste Beispiel ist Ovingi, eine Kalkpfanne von $3^1/_2$ km Durchmesser und unregelmäßig lappigem Umriß. In ihre Kalktuffebene sind einige größere und eine Menge flacher, kleiner Krater eingesenkt — es mögen 50 bis 100 sein.« Neben den mehr rundlichen Kalkpfannen gibt es auch solche von länglicher Gestalt, die sich in der Richtung der allgemeinen Geländeneigung entwickelt haben, bisweilen Krümmungen wie ein Flußlauf besitzen. Beim Epikurofluß lassen sich alle Übergänge von regelrechten Kalkpfannen zu »Kalkflüssen« oder verkalkten Flußbetten nachweisen. — Wie schon oben angedeutet, wäre es abwegig, die Gesamtheit aller südafrikanischen Pfannen auf einen genetischen Generalnenner bringen zu wollen. Sicherlich ist bei vielen der ganz großen Pfannen, z. B. der Etoschapfanne, an eine tektonische Entstehung der Hohlform zu denken [23]. Daneben spielen äolische Ausräumungsbecken gewiß nicht nur in der Namib eine große Rolle. Karsthohlformen hat JÄGER [24] aus dem nördlichen Südwestafrika beschrieben, und tierische Erosion in der von PASSARGE vermuteten Weise mag gelegentlich wohl auch selbständig, ohne wesentliche Mitwirkung des Windes, den Anlaß zur Entstehung von Hohlformen bilden. Aber damit ist gerade das Pfannen-Problem durchaus nicht erschöpft, denn die Ausfüllung des Beckeninnern spielt ja hier noch eine erhebliche morphologische Rolle und verleiht namentlich den Kalkpfannen das charakteristische Gepräge. Mit Nachdruck betont JÄGER [21]: »Die Pfannen vertreten die Seen im trockenen Klima. In feuchtem Klima werden die Becken mit Wasser ausgefüllt, sie werden zu Seen; in trockenem füllen sie sich mit Absätzen verschiedener Art und werden zu Pfannen.« Das ist sicherlich eine sehr treffende Bemerkung und läßt die Beckenfüllung mit Lehm und Ton als Absätzen in periodischen Wasseransammlungen leicht verständlich erscheinen. Schwieriger ist es, die Ausfüllung mit Kalktuff zu erklären und eine Deutung für den seltsamen »Krater« vieler Kalkpfannen zu bieten. Die senkrechten Röhren, von denen der Kalktuff durchsetzt ist, haben wohl alle Beobachter zu der Überzeugung geführt, daß es sich um einen chemischen Kalkabsatz in verschilften Teichen bzw. verschilften Strecken der Flußbetten (ehemaligen Flußläufen, Weitungen trockener Flußbetten usw.) handelt. Aber gegenwärtig liegt der Grundwasserstand zu tief, um an diesen Stellen dauernde Wasseransammlungen mit Schilfbeständen zu gestatten; wir müssen also eine Änderung des Grundwasserstandes annehmen, dessen Niveau während der Pfannenausfüllung mindestens bis zur Höhe der heutigen Kalktufffläche heraufgereicht haben muß *. Da die dichtesten Schilfbestände am Ufer zu stehen

* Ob wir dabei eine Pluvialzeit in Rechnung stellen müssen oder ob die Entwicklung des stärkere Speisung des Grundwassers verhindernden Kalaharisandes damals noch nicht so weit fortgeschritten war, ist noch eine offene Frage.

pflegen, wird hier mehr Kalktuff ausgeschieden worden sein als im Innern des Beckens, wo die Pflanzen mehr auseinanderrückten oder gar offenen Wasserflächen Raum gaben. Michaelsen[25] hält es für möglich, daß auf diesen Umstand die »Kratersenke« der Kalkpfannen zurückgeführt werden muß, ein Gedanke, dem auch Jäger (1922, S. 29) zuzustimmen geneigt ist. Passarge führt den »Krater« auf nachträgliche Erosion zurück und denkt dabei in erster Linie an die abtragende Tätigkeit der hier zur Tränke kommenden Wildtiere, die sich in dem Kalkschlamm sielen und auf ihrem Rücken fortwährend Schlamm aus der Pfanne forttragen. Daß solche zoogene Abtragung tatsächlich stattfindet und die am Rande der Kalkpfannen vorhandenen »Krater« oftmals damit zu begründen sind, gibt auch Jäger zu, nur bezweifelt er die Allgemein- und Alleingültigkeit der Passargeschen Erklärung. Das Problem des »Kraters« innerhalb der Kalkpfannen kann füglich noch nicht als endgültig gelöst angesehen werden.

11. Vom Menschen geschaffene Hohlformen. Daß zahlreiche, meist von Wasser erfüllte oder auch vermoorte Hohlformen auf die ausräumende Tätigkeit des Menschen zurückgehen, sei zum Schluß kurz erwähnt. Verlassene Sand- oder Tongruben können bisweilen, wenn Wind und Wetter die Hänge bearbeitet haben, zu Verwechselungen mit Söllen oder Erdfällen führen. Bergwerksanlagen pflegen sich im oberirdischen Relief durch eine Fülle von Einsenkungen widerzuspiegeln. Das Nachsacken der Bodenschichten beim Einsturz unterirdisch geschaffener Hohlräume führt sowohl zu Pressungs- wie auch zu Zerrungserscheinungen[26] und ist für die Bewohner dieses Gebietes ein bedeutungsvoller Faktor. Die eisernen Anker, die hier bei fast allen Häusern eingemauert sind, zeugen davon, wie sehr man sich gegen die Folgen möglicher weiterer Senkungen des Bodens zu schützen bemüht.

Systematik der Becken und Mulden. Aus den obigen Ausführungen ergibt sich die folgende Einteilung der geschlossenen Hohlformen:

I. Nach der Gestaltung
- 1. Becken (Kessel, Wanne, Grabensenke)
- 2. Mulden (Pfannen und Mulden im engeren Sinne)

II. Nach der Entstehung
- 1. Interkolline Hohlformen
  - a) in einem vulkanischen Bergland
  - b) in einem glazialen Hügelland
  - c) in einem Dünen-Hügelland
- 2. Durch vulkanische Ausbrüche geschaffene Hohlformen
- 3. Durch Erdgasausbrüche geschaffene Hohlformen
- 4. Tektonisch angelegte Hohlformen
  - a) Faltungsbecken (Großfaltung)
  - b) Einbruchsbecken
  - c) durch lokale Einmuldung bzw. Verbiegung der Erdkruste entstandene Mulden und Becken

5. Durch oberirdische Ausräumung geschaffene Hohlformen
   a) durch Gletscherschurf
   b) durch die Erosion des fließenden Wassers
   c) durch Windabtragung
   d) durch zoogene Abtragung
   e) durch von Menschen besorgte Abtragung
6. Durch Aufdämmung in Tälern geschaffene Hohlformen
   a) durch Endmoränen
   b) durch fluviatile Schuttkegel
   c) durch Bergstürze, Rutschungen usw.
7. Durch Nachsacken bzw. Einsturz der Oberschichten entstandene Hohlformen
   a) Sölle
   b) Erdfälle und Einsturzdolinen
   c) Felsdolinen, Uvalas, Poljen
   d) Einsenkungen im Bereich von Grubenrevieren.

Literaturnachweise. [1] I. FRIEDLAENDER, Über vulkanische Verwerfungstäler (Vulkanismus und Tektonik); Zeitschr. für Vulkanologie II, Berlin 1915/16. — [2] O. VON LINSTOW, Der Krater von Sall auf Ösel; Centralblatt für Mineral. usw. 1919. C. TEICHERT, Einige Bemerkungen zum »Krater von Sall« auf der Insel Ösel; Zeitschr. für Geomorphologie III, 1927/28. — [3] General BERTHAUT, Topologie, étude du terrain; Bd. II, Paris 1910, S. 462 f. — [4] A. PENCK, Die Morphologie der Wüste; Geogr. Zeitschr. XV, 1909. — [5] CH. R. KEYES, Deflative scheme of the geographical cycle in an arid climate; Bull. Geol. Soc. of America XXIII, 1912. — [6] W. PENCK, Die tektonischen Grundzüge West-Kleinasiens; Stuttgart 1918. Derselbe, Der Südrand der Puna de Atacama; Abh. Sächs. Akad. der Wiss., math.-phys. Kl., Bd. XXXVII, Leipzig 1920. Derselbe, Die morphologische Analyse; Stuttgart 1924. — [7] A. PHILIPPSON, Reisen und Forschungen im westlichen Kleinasien; Pet. Mitt. 1900—1915, Erg.-Hefte 167, 172, 177, 180, 183. — [8] G. BERG, Blätter Krummhübel, Schreiberhau-Schneegrubenbaude, Warmbrunn der geologischen Karte von Preußen 1 : 25 000 mit Erläuterungen; Berlin 1924. — [9] G. GÜRICH, Geologischer Führer in das Riesengebirge; Berlin 1900. — [10] A. PENCK, Das Deutsche Reich; Leipzig 1887. J. PARTSCH, Schlesien; Breslau 1896. G. BRAUN, Deutschland; Berlin 1916. — [11] H. CLOOS, Einführung in die tektonische Behandlung magmatischer Erscheinungen, 1. Teil, Das Riesengebirge in Schlesien; Berlin 1926. — [12] G. BERG, Zur Geomorphologie des Riesengebirges; Zeitschr. für Geomorphologie II, 1926/27. — [13] S. v. BUBNOFF, Zur Frage der Piedmonttreppe im südlichen Schwarzwald; Zeitschr. für Geomorphologie III, 1927/28, S. 98. — [14] A. PENCK und E. BRÜCKNER, Die Alpen im Eiszeitalter; Bd. III, S. 152. E. BRÜCKNER, Die Ostalpen in der Eiszeit; »Die österreichischen Alpen«, herausgegeben von H. LEITMEIER, Leipzig-Wien 1928, S. 152. — [15] N. KREBS, Die Ostalpen und das heutige Österreich; Stuttgart 1928, Bd. II, S. 209. — [16] A. HEIM, Geologie der Schweiz; Leipzig 1919, Bd. I, S. 403 f. — [17] A. PENCK, Die Terrassen des Isartales in den Alpen; Sitzungsber. Pr. Akad. der Wiss., Math.-phys. Kl., Berlin 1922. Derselbe, Ablagerungen und Schichtstörungen der letzten Interglazialzeit in den nördlichen Alpen; ebenda. — [18] F. WAHNSCHAFFE-F. SCHUCHT, Geologie und Oberflächengestaltung des norddeutschen Flachlandes; Stuttgart 1921. — [19] G. GEINITZ, Das Diluvium Deutschlands; Stuttgart 1920. P. WOLDSTEDT, Probleme der Seenbildung in Norddeutschland; Zeitschr. Ges. für Erdk., Berlin 1926. — [20] W. RÖPKE, Untersuchungen über die Sölle in Mecklenburg, ein Beitrag zur Lösung des Sollproblems und zur Oberflächengestaltung Mecklenburgs; Rostock 1929. — [21] F. JÄGER, Ergebnisse meiner Forschungen in Deutsch-Südwestafrika 1914/19; Verh. des XX. D. Geographentages zu

Leipzig, Berlin 1922. — [22] S. PASSARGE, Die Kalahari; Berlin 1904, S. 305. — [23] Von einigen Autoren werden auch kleinere Pfannen tektonisch gedeutet, doch sind die Unterlagen wohl nicht ausreichend. Vgl. E. RIEMANN, Zur Entstehung von Kalaharisand und Kalaharikalk, insbesondere der Kalkpfannen; Centralblatt für Mineralogie usw. 1914. — [24] F. JÄGER, Landschaften des nördlichen Südwestafrika; Bd. II der Beiträge zur Landeskunde von Südwestafrika von F. JÄGER und L. WAIBEL, Mitt. aus den D. Schutzgeb., Erg.-Heft 15, Berlin 1921. — [25] H. MICHAELSEN, Die Kalkpfannen des östlichen Damaralandes; Mitt. aus den D. Schutzgebieten 1910. — [26] K. LEHMANN, Bewegungsvorgang bei der Bildung von Pingen und Trögen; »Glückauf«, Essen 1919/20.

Die Flachländer.

Morphographische Charakteristik. Wo ausgedehnte Teile der Erdoberfläche Höhenunterschiede von höchstens 200 m aufweisen, sprechen wir von Flachrelief oder Flachland. Es handelt sich entweder um sanftwelliges Gelände mit einem Wechsel weitgespannter Mulden und Schwellen oder um fast ebenes Gelände, dessen Einförmigkeit nur dann und wann durch ein darin eingesenktes Tal unterbrochen wird *. Die Bezeichnung Ebene beschränken wir mit KREBS [2] auf denjenigen Grenzfall, wo die Neigung des Geländes den Betrag von 6‰ nicht wesentlich überschreitet und die Reliefenergie nicht mehr als 30 m beträgt. Wie wir oben bereits hervorhoben, stellt diese Definition einen Notbehelf dar; eine internationale Regelung der Terminologie steht auch in diesem Punkte noch aus.

Nach der Höhenlage des Flachreliefs müßten wir Hochflachland und Tiefflachland unterscheiden, doch werden diese Bezeichnungen üblicherweise in der verkürzten Form Hochland (Plateau) und Tiefland angewandt (im Grenzfall Hochebene und Tiefebene). Die Grenze, bei der ein Wechsel der Benennung stattzufinden hat, ist einstweilen leider dem Ermessen des einzelnen überlassen. Im allgemeinen spricht man von Tiefland (Tiefebene) nur dann, wenn die Seehöhe nicht wesentlich über 200 m ansteigt (z. Bsp. norddeutsches Tiefland); tritt das Flachrelief in größerer Seehöhe auf, so bezeichnet man es als Hochland (z. Bsp. das in 400—600 m Höhe gelegene oberdeutsche Hochland, die bayerische Hochebene im Alpenvorland).

Nach der Lage zum Meer gliedern sich die Flachländer in kontinentale und Küstenflachländer. Die ersteren sind meist hochgelegen, oftmals als Ganzes oder in einzelnen Teilen abflußlos; sie erhalten dadurch, daß in ihnen der Verwitterungsschutt ständig vermehrt und umgelagert wird, ihr spezifisches morphologisches Gepräge. Die Küstenflachländer dagegen erweisen sich oft als fluviatile oder marine

* Hat die Erosion ein Flachland in einzelne Riedelstücke aufgelöst, so sprechen wir von einem Erosions-Flachland; ist die erosive Bearbeitung bis zur Ausbildung wohlindividualisierter Einzelerhebungen gediehen, so ziehen wir die Bezeichnung Hügelland vor. Der von PENCK [1] angewandte Terminus Platte für Tafelländer, welche die Höhenunterschiede des Flachlandes aufweisen, vermengt morphographische und morphogenetische Feststellungen und sollte deswegen lieber vermieden werden.

Anschwemmungen und werden dann genetisch als angefügte Ebenen bezeichnet. Beispiele für die erste Gruppe haben wir in den Hochebenen Ost- und Südafrikas sowie in den intramontanen Hochländern der asiatischen und amerikanischen Gebirge kennengelernt (Anatolien, Iran, Tibet, interandine Plateaus); als Beispiele der letztgenannten Art sei auf die Marschen der Nordseeküste, die Po-Ebene, das Zweistromland Mesopotamiens, die hindostanische Tiefebene, das Murray-Darling-Tiefland in Australien, die amerikanische Golfniederung u. a. m. hingewiesen.

Morphogenetische Feststellungen. Die Entstehungsgeschichte eines Flachlandes zu entziffern, setzt nicht nur eine genaue Kenntnis der endogenen und exogenen Kräfte, sondern auch ein Vertrautsein mit dem Formenschatz der Berge, Stufen und Gebirge, der Täler und Becken voraus. Zur Ermittlung der Genesis bedarf es zunächst einer sorgfältigen Sammlung und Beschreibung von Beobachtungstatsachen wie Neigung des Geländes, Taldichte und Talgestaltung, Auftreten vereinzelter Hügel und Berge, Geländewellen und Becken unter Hervorhebung des diesen eigentümlichen Formenschatzes, petrographische Beschaffenheit und geologischer Bau des Untergrundes, klimatischer Charakter des Gebietes, Art und Intensität von Verwitterung und Abtragung usw.

Der Formenschatz der im Bereich des Flachlandes vorhandenen Täler, Becken und Mulden ist für die genetische Deutung des Flachlandes in der Regel von entscheidender Bedeutung. Hügel und Berge, Stufen und Gebirge rahmen gewöhnlich ein Flachland auf einer oder mehreren Seiten ein; ihr Formenschatz läßt oft wichtige Rückschlüsse auf die Entstehungsgeschichte des Flachlandes zu. Treten z. Bsp. die Flachländer wie in Ostafrika in verschiedenen, durch Bruchstufen getrennten Stockwerken auf und werden die Stufen von Talschluchten und Kerbtälern zerschnitten, während in den oberhalb davon gelegenen Flachlandsgebieten ganz seichte Talmulden vorherrschen, so ergibt sich die Folgerung, daß die Flachländer als fossil anzusprechen sind und in ihrer jetzigen Höhenlage nicht gebildet sein können.

Bei der petrographisch-geologischen Untersuchung des Bodens ist darauf zu achten, ob Gleichförmigkeit des Materials vorliegt oder das Gestein des öfteren wechselt, ob annähernd söhlige Lagerung festzustellen oder im Untergrund des Flachlandes Faltung der Schichten erkennbar ist, ob die Gesteine vulkanischen Ursprungs sind oder ob es sich um marine, fluviatile, limnische, glaziale oder äolische Ablagerungen handelt. Auch der Fossilinhalt der am Aufbau des Flachlandes beteiligten Gesteine wird den Morphologen unter Umständen beschäftigen müssen, denn die chronologische Einordnung dieser oder jener Schicht kann ihm gelegentlich einen wichtigen Schlüssel zum Verständnis des Werdeganges liefern.

Selbst wenn mit allergrößter Sorgfalt die Beobachtung und Beschreibung des morphologischen Bestandes durchgeführt wird, glückt es oftmals nur, die Probleme klar zu umreißen, nicht aber zu einer gesicherten Lösung fortzuschreiten. Man wird dann naturgemäß gern zur deduktiven Methode greifen und sich eine Entwicklung ausdenken, die mit den durch Beobachtung gewonnenen Tatsachen nicht irgendwie im Widerspruch steht. Dagegen ist gar nichts einzuwenden; es wäre ungerecht, wollte man übersehen, wie oft deduktive Betrachtungen die Wissenschaft gefördert und zu neuen Beobachtungen angeregt haben. Nur eines ist in diesem Falle zu fordern, will man nicht sich selbst und andere in die Gefahr des Getäuschtwerdens bringen: die reinliche Scheidung und Betonung von Beobachtungstatsachen einerseits und deduktiven Gedankengängen andererseits. Gefährlich wird das deduktive Verfahren in der Hauptsache nur dann, wenn diese Forderung unerfüllt bleibt oder statt mit gründlicher Beobachtung sogleich mit fundamentloser Deduktion begonnen wird.

Aufschüttungsflachländer. Besteht das Gestein eines Flachlandes einheitlich aus geologisch jungem, tektonisch gar nicht oder nicht erheblich durchgearbeitetem Lockermaterial, das ein älteres Relief verhüllt, so sprechen wir von aufgesetzten oder Aufschüttungsflachländern. Ihre Bildung knüpft in der Regel an ausgedehnte Krustenbewegungen an, die eine alte Landoberfläche als Ganzes oder in größeren Teilen in die Tiefe sinken ließen und auf diese Weise Hohlformen zur Ablagerung jüngerer Massen schufen. Kommt das alte Relief in gelegentlichen Durchragungen oder am Rande des Flachlandes zum Vorschein, so entsteht ein auffallender Kontrast zwischen den ausgearbeiteten Formen der alten Landoberfläche und der gewöhnlich noch wenig veränderten Strukturgestaltung der jugendlichen Hülle.

Ob die Versenkung des alten Reliefs auf orogenen oder auf epirogenen Vorgängen (S. 117) beruht, wird sich in den seltensten Fällen mit Sicherheit feststellen lassen, da uns durch die jungen Aufschüttungen der Einblick in den Bau des Untergrundes verwehrt oder wenigstens sehr erschwert ist. Bei geringer Mächtigkeit der das Flachland erzeugenden Deckschichten werden sich vielleicht genügend natürliche Aufschlüsse finden, um durch flächenhaftes Verfolgen ein und derselben Untergrundhorizonte ein Urteil über die Art des Senkungsprozesses zu gestatten. Bei starker Mächtigkeit der Aufschüttungsmassen müßten sehr zahlreiche Bohrprofile vorliegen, um die Frage »Verbiegen oder Zerbrechen des Untergrundes« mit Sicherheit zu entscheiden.

Besser bestellt ist es mit der Ermittlung des Aufschüttungsvorganges, da hier die Beobachtung unmittelbar einsetzen kann und die petrographischen und geologischen Feststellungen in der Regel eindeutige Rückschlüsse gestatten. Wir beobachten Ablagerungen von Meeren und Seen, von Flüssen und Gletschern usw. Nicht selten beteiligen sich mehrere Vorgänge verschiedener Art an der Bildung des aufgesetzten Flachlandes. Gelegentlich erkennen wir, daß während des Aufschüttungsvorganges die Senkung des Untergrundes noch anhielt. In anderen Fällen ergibt sich umgekehrt, daß die Aufschüttung in einem tieferen Niveau stattgefunden hat, das Ganze dann gehoben und der erosiven Zerschneidung überantwortet worden ist.

1. Marine Aufschüttungsebenen. Wo die zerstörende Kraft der Brandung nicht ausreicht, um die Küstenlinie weiter landeinwärts zu verlegen, und mit Schwemmstoffen beladene Küstenströmungen sich totlaufen, kommt es zur Bildung mariner Anschwemmungsebenen, die schließlich das Niveau des mittleren Hochwassers erreichen und nur noch von Sturmfluten gelegentlich überschwemmt werden. Wie stark die Pflanzenwelt (Mangroven!) dazu beiträgt, daß die angeschwemmten Massen nicht wieder ins Meer hinausgelangen, sondern im Küstensaum festgehalten werden, hörten wir oben bereits (S. 258/59). Auch der Einwirkung des Menschen, der die Schlickanhäufung durch entsprechende Leitung des Flutstroms und Eindeichung der Koogfläche fördert, wurde oben bereits gedacht (S. 275). Die Seemarschen, die die Nordseeküste in Südost-England und auf dem Kontinent von Frankreich über Belgien, Holland und Nordwest-Deutschland bis nach Dänemark hin begleiten, sind vorzügliche Beispiele derartiger mariner Anschwemmungsebenen. Die Wiesenkultur, die hier fast allenthalben Platz gegriffen hat, läßt den Charakter der Ebene besonders klar hervortreten, während dieser längs der tropischen Mangroveküsten durch die Pflanzenwelt verdunkelt wird.

2. Eluviale Aufschüttungsflachländer. Daß in extrem ariden Gebieten ganze Gebirgszüge im eigenen Verwitterungsschutt ertrinken, die primär durch Großfaltung oder sekundär durch Ausräumung gebildeten Becken mit Schutt erfüllt und in ausgedehnte Flachlandgebiete verwandelt werden können, wurde oben bereits des öfteren erwähnt (Hochasien, Anden). Der Schutt, der in diesem Falle keine stärkere Zurundung erkennen läßt und gewöhnlich noch gegenwärtig von den Hängen abgespült und auf der Ebenheit des Beckeninnersten ausgebreitet wird, verrät durch seine Beschaffenheit und seine oft in Gestalt von Kreuzschichtung wahrnehmbare unstetige Ablagerung den Vorgang der Bildung eluvialer Ebenheiten inmitten umrahmender Gebirgszüge. — Solange derartige Schuttebenen abflußlos bleiben, ändert sich ihr Charakter nicht wesentlich. Erhalten sie aber durch eine Klimaänderung oder durch Anzapfung Anschluß an ein Flußsystem mit wesentlich tiefer gelegener Erosionsbasis, so verfallen sie der Zerschneidung. Die früher etwa hier vorhandenen Seen und Sümpfe verschwinden, weil mit der jetzt beginnenden Entwässerung eine wesentliche Senkung des Grundwasserstandes verbunden ist; vom Rande her arbeiten sich tiefe Kerbtäler in die Schuttebene hinein und gestalten das Plateau mehr und mehr in eine Erosionslandschaft um. Dabei fällt der lockere Verwitterungsschutt der Abtragung naturgemäß in starkem Maße zum Opfer, so daß stellenweise die alte, lange Zeit vom Schutt verhüllte Landoberfläche freigelegt wird. Das Schicksal der tibetanischen Schuttebenheiten scheint nach TRINKLERS[3]

Darstellung durch solche Eroberung seitens der von den Randgebieten anstürmenden Flüsse mit starkem Gefälle besiegelt zu sein.

3. Fluviatil-limnische Aufschüttungsebenen. Wenn ein von Seen erfülltes Becken lange Zeit hindurch als Ablagerungsraum von Flußalluvionen dient, so füllen diese allmählich das Becken aus und können weite fluviatil-limnische Aufschüttungsebenheiten entstehen lassen. Diese heben sich dann von den umrahmenden Höhen als Fremdgebilde ab und verraten schon durch ihre andersgeartete Oberflächengestaltung die jugendliche Einfügung in ein älteres Relief. Die Lagerung der Schichten gibt uns hier sicheren Aufschluß über den tektonischen Zustand der Erdkruste während des Aufschüttungsvorganges. Liegen die Schichten söhlig und konkordant und verraten auch die Fossilien

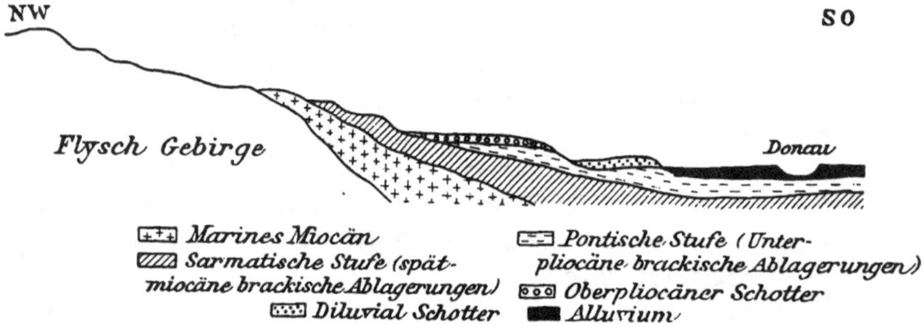

Fig. 121. Das Wiener Becken. Miozän bis Unterpliozän sind Ablagerungen in stehendem Wasser, die jüngeren Bildungen sind Flußablagerungen. 3 fache Überhöhung. — Nach Hassinger 4.

ein stetes Flacherwerden der Beckensenke, so hat während der Ausfüllung tektonische Ruhe geherrscht. Zeigen umgekehrt die Schichten Einmuldung und Diskordanz, so dürfen wir auf einen Fortgang der Senkung während der Schutterfüllung des Beckens schließen. Im letzteren Falle lagern sich die Schichten schräg an und gehen gegen die Mitte des Beckens in schwebende Lagerung über. Vom Rand nach der Mitte treten infolgedessen immer jüngere Schichten an die Oberfläche, und die am Beckenrand am höchsten aufragenden ältesten Schichten sind nicht selten durch die Erosion des fließenden Wassers zu einem Hügelland aufgelöst. Die Donau-Ebenen, die sich seit dem Jungtertiär über gewaltigen Kesseleinbrüchen aufbauen, gehören diesem Typus von Beckenebenen mit schüsselförmiger Lagerung der Ausfüllungsschichten an (Fig. 121). Die Senkung vollzog sich aber ungleichmäßig; eine Reihe von Gebirgshorsten ragt noch aus der ungarischen Ebene auf. Westlich von Altofen erhebt sich der Dreihotterberg etwas über 400 m über das Meeresniveau, aus dem ältesten Gestein in dieser Gegend, dem triadischen Hauptdolomit, bestehend. Ihm lagert sich im Osten oligozäner Mergel an, der sich von 200 bis 100 m Seehöhe senkt und dann unter der Donau verschwindet. Auf der Margareteninsel fand man ihn unter der alluvialen Decke wieder und verfolgte ihn bis 19 m unter dem Meeresspiegel. Nur 2,8 km davon entfernt, im Stadtwäldchen, durchfuhr der Bohrer zunächst jüngere Tertiärschichten, erreichte erst in 450 m unter dem Meeresspiegel das Oligozän und in 700 m den Dolomit des Dreihotterberges. Das ergibt auf eine Entfernung von 7 km eine Niveaudifferenz von 1100 m! Auf den neogenen Rand folgen nach dem Innern des Alföld diluviale Ablagerungen, überdeckt mit Löß und Flugsand und durchfurcht von alluvialen Flußniederungen. Die Sohle der diluvialen Tonablagerungen mit sandigen Zwischenschichten und mit Arten von Süßwasserschnecken und -muscheln, die noch heute im Alföld leben, senkt sich beckenförmig nach dem Innern und steigt nach Süd ebenso an wie nach West *. Niveauunterschiede von reichlich 200 m sind dadurch bis auf wenige Meter ausgeglichen. In der Diluvialzeit vollzog sich die Ausfüllung der Seen, ihre Umwandlung in Sümpfe und endlich die Ausbildung des heutigen Flußsystems; gleichzeitig dauerte aber die Senkung noch fort. Der Prozeß spielte sich also nicht in zwei zeitlich getrennten Akten, erst Senkung und dann Ausfüllung, ab, sondern die Aufschüttung hielt, wenigstens bis zu einem gewissen Grad, gleichen Schritt mit der Senkung. Das scheint der allgemeine Vorgang bei der Entstehung von Ebenen, die sich aus Flußalluvionen zusammensetzen, gewesen zu sein. Soweit er sich in mäßigen Grenzen hält, erklärt er sich ungezwungen aus dem Nachsacken der lockeren Massen; in anderen Fällen geht er auf endogene Senkungsvorgänge zurück. So wurde bei Porovecchio in der Poebene in 215 m, bei Lucknow in der Gangesniederung in 284 m unter dem Meeresniveau der Untergrund der modernen Anschwemmung noch nicht erreicht, wenn man ihm auch im letzteren Fall schon ziemlich nahe gekommen zu sein scheint. Es unterliegt natürlich keinem Zweifel, daß, als jene Tiefalluvionen abgelagert wurden, der Boden sich wie heute über dem Meeresspiegel befand. Erderschütterungen in jungen Schwemmgebieten weisen übrigens darauf hin, daß die Senkung auch jetzt noch fortdauert.

Manchmal wird uns ein schüsselförmiger Bau nur vorgetäuscht. Dies ist z. Bsp. der Fall in der oberrheinischen Tiefebene, die wir oben bereits als ausgezeichnetes Beispiel einer tektonischen Grabensenke kennengelernt haben. Die große mesozoische Tafel, die einst von Schwaben bis Lothringen reichte, sank längs typischer Staffelbrüche

*	Seehöhe	Seehöhe der Sohle des Diluviums	Seehöhe der Sohle der Ablagerungen des jüngsten tertiären Süßwassers
Szentes	+ 85 m	— 90 m	unbekannt
Hód. Mezö-Vasárhely	+ 81 m	— 98 m	„
Szegedin	+ 82 m	— 72 m	„
Theresiopel	+ 112 m	+ 16 m	— 164 m
Zombor	+ 87 m	+ 54 m	— 63 m

im Rheintalgraben ein; die Grabensenkung wurde in mitteloligozäner Zeit vom Meer, im jüngeren Tertiär von einem Süßwassersee eingenommen und mit ihren Ablagerungen angefüllt, endlich im Diluvium vom Rhein erobert, der seine Schotter und Sande darüber ausbreitete. Auch hier liegen die älteren Schichten am Rand, aber lediglich infolge ungleichmäßiger Schollensenkung.

Ausgefüllte Seebecken, die einen unebenen Untergrund verhüllen, sind außerordentlich häufig und ebenso verschieden in bezug auf Ausdehnung wie auf Seehöhe. In Europa nennen wir die Hochflächen beider Kastilien; in Afrika gehört das große Kongobecken hierher, das nach Cornet erst in verhältnismäßig junger Zeit durch Durchbrechung des westafrikanischen Schiefergebirges einen Abfluß zum Meere gewann. Als fluviatil-limnisch entstandenes aufgesetztes Flachland muß in der Hauptsache auch die aralokaspische Tiefebene aufgefaßt werden. Mögen auch Kaspi- und Aralsee einerseits und der dritte der großen Endseen, der Balchach-See, andererseits niemals miteinander in Verbindung gestanden haben, so beweisen doch die Ablagerungen in der großen Senke und die gelegentlich aus der jungen Decke der Lockermassen inselartig aufragenden Gebirge alten Gesteins (Inselgebirge von Kisyl-Kum!), daß hier eine alte Landoberfläche unter einer Decke jüngerer Ablagerungen überwiegend fluviatil-limnischer Natur begraben liegt *. Machatschek [5] nimmt eine tektonische Zertrümmerung des Untergrundes an.

Wir haben bisher nur die aufgesetzten Ebenen innerhalb der Festländer in den Kreis unserer Betrachtung gezogen, und es entsteht nun die Frage, ob sich jene jugendlichen Flachlandgebilde, die an das Meer grenzen, auf gleiche Vorgänge zurückführen lassen. Wir antworten: Ohne Zweifel in einzelnen Fällen, wo solche Ebenen buchtenförmig in das Festland eindringen. Ein solches Senkungsfeld ist der alte Po-Golf, den Alpen- und Apenninenflüsse mit ihren Geröllmassen ausfüllten und noch ausfüllen. Was nördlich der Linie Pavia—Mantua—Verona—Udine liegt, ist diluvial, was südlich davon liegt, ist alluvial. Das chinesische Tiefland lehrte uns v. Richthofen als Teil eines ausgedehnten Einbruchskessels kennen, den die Anschwemmungen des Hoangho in Land verwandelt haben. Auch die vorderindische Ebene, die von Meer zu Meer reicht, ist wohl nur eine kontinentale Depression, die von den Schuttmassen der Himalayaflüsse aufgefüllt wurde.

4. Glaziale Aufschüttungsflachländer. In allen Gebieten, die in der Eiszeit von ausgedehnten Gletschereismassen bedeckt waren, vor allem also im Bereich der diluvialen Inlandeisvergletscherung

* In dem von Joh. Walther mitgeteilten 600 m tiefen Brunnenprofil bei Askabad an der transkaspischen Bahn wechseln beständig Lehm, Sand, Kies und Geröll.

Nordamerikas, Europas und des nordwestlichen Asien, wird die Zone glazialer Ausräumung (s. u.) von riesigen glazialen Aufschüttungsflachländern umgeben, in denen die Gletscher zum Abschmelzen gelangten und ihre Grund- und Endmoränen sowie fluvioglazialen Bildungen der Landschaft noch heute den Stempel aufdrücken [6]. Entsprechend dem Bildungsvorgang werden derartige Ebenheiten, wie sie bei mariner Anschwemmung und fluviatil-limnischen Ablagerungen entstehen, hier nicht zu erwarten sein. Statt dessen treffen wir ein bewegteres Relief an, wie es oben (S. 216/18) ausführlich gekennzeichnet worden ist. Die Verbindung von unruhig kuppiger Grundmoräne, blocküberstreuten Endmoränenwällen und fluvioglazialen Sandebenen, von Söllen, Zungenbecken, Grundmoränen-, Stau- und Rinnenseen verleiht diesen glazial aufgesetzten Flachländern allenthalben den Charakter einer recht abwechslungsreichen Landschaft [7]. Die Einheitlichkeit der Oberflächengestaltung im ganzen wird auch durch die Ausgestaltung des postglazialen Flußnetzes kaum gestört. Die meisten Flüsse halten sich an die breiten, weithin versumpften diluvialen Abflußmulden und die sie verbindenden Durchbruchstäler; vereinzelt ist es zur hydrographischen Aufspaltung dieser Urstromtäler unter Ausbildung von Talwasserscheiden gekommen. Bei dem geringen Gefälle ist von erheblicher Tiefenerosion nicht die Rede; deuten auch Terrassenzüge vielfach eine Tieferlegung der Talsohle als Zeichen geringfügiger postglazialer Hebung bzw. eines Feuchterwerdens des Klimas an, so hält sich diese doch in sehr mäßigen Grenzen. Auch die zahlreich nachgewiesenen Stromverschiebungen (Elbe bei Magdeburg!) haben den morphologischen Charakter der Glaziallandschaft nicht wesentlich zu ändern vermocht. Hier und da ist durch Ausbildung von Prallhängen eine streckenweise Versteilung der einen Talflanke erfolgt; aber auch diese Tatsache hindert ebensowenig wie das Auftreten der aus dem Niveau der Grundmoräne aufragenden Oser- und Kamesrücken, die Gesamtlandschaft zur Kategorie der Flachländer zu stellen.

Der Charakter des aufgesetzten Flachlandes tritt besonders in Norddeutschland in aller Klarheit entgegen. Paläozoisches und mesozoisches Grundgebirge durchragt an vielen Stellen die glaziale Decke; Rügen und Helgoland sind ebenfalls als solche stehengebliebene oder gehobene Horste des sonst ringsum verdeckten Schollenlandes anzusehen. In der jüngeren Tertiärzeit nahm das Meer von diesem Senkungsfeld Besitz; seine Ablagerungen verwischten die Höhenunterschiede, wenn auch nicht ganz, weil am Ende der Miozänperiode wieder neue Störungen eintraten. Daraus erklärt es sich, daß selbst nahe beieinanderliegende Bohrungen sehr beträchtliche Niveauverschiedenheiten des tertiären Untergrundes verraten. Im Weichbild Berlins schwankt — wie man aus den 33 Messungen in Wahnschaffes [6] Zusammenstellung entnehmen kann — die Mächtigkeit der Diluvialdecke zwischen 34 und 126 m, die Seehöhe der tertiären Basis zwischen +2 und —90 m;

die Niveauunterschiede der gegenwärtigen Oberfläche betragen an den Bohrlöchern aber nur 16 m. So sehr hat die Eiszeit mit ihren Ablagerungen, die sie über den Norden Deutschlands ausbreitete, ausgleichend gewirkt. Aber eine völlige Ebene ist dadurch auch hier nicht geschaffen worden. Am jeweiligen Rand des sich etappenartig nach N zurückziehenden Inlandeises erodierten die Schmelzwässer breite, sich von O nach W senkende Sammelrinnen (Urstromtäler *), die zum großen Teil auch heute noch von Flüssen benutzt werden (Fig. 122). Dadurch

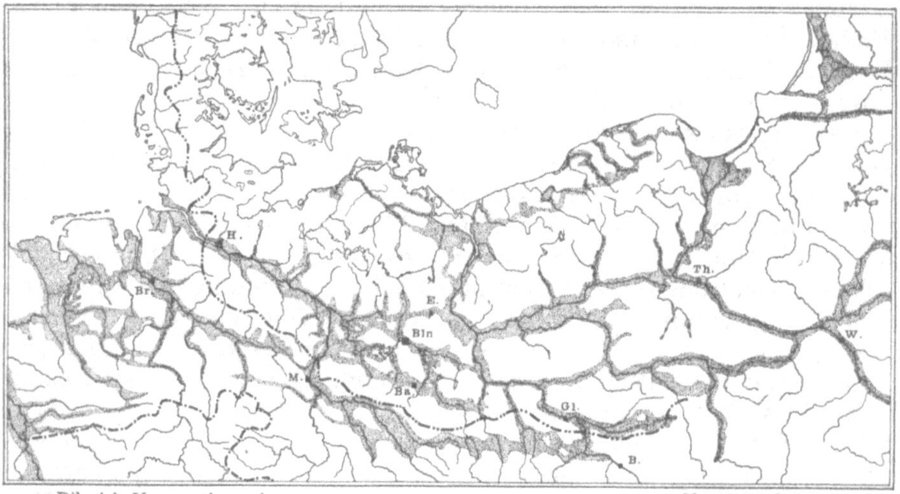

Diluviale Urstromtäler und Niederungen — Grenze der Hauptvereisung — Ungefähre Grenze der letzten Vereisung

B. = Breslau, M. = Magdeburg, Br. = Bremen, Gl. = Glogau, Ba. = Baruth, W. = Warschau, Bln. = Berlin, Th. = Thorn, E. = Eberswalde, H. = Hamburg.

Fig. 122. Die diluvialen Urstromtäler Norddeutschlands. — Nach WAHNSCHAFFE-SCHUCHT.

wurden die Diluvialablagerungen mannigfach zerschnitten, und es entstand jener flachwellige Bau, der das deutsche Tiefland von der Weser bis über die Weichsel hinaus charakterisiert. Zwischen einem südlichen Landrücken, der sich von der schlesischen Schwelle über die Niederlausitz, den Fläming und die Lüneburger Heide nach Nordwest erstreckt, und der großen baltischen Seenplatte, die zuerst nach Südwest zieht und dann ebenfalls nach Nordwest umbiegt, liegt eine breite von Längstälern (Urstromtälern) durchfurchte Mulde, und die äußersten

* Man unterscheidet in Norddeutschland die folgenden Haupt-Urstromtäler:
1. Breslau—Magdeburg—Bremer Urstromtal
2. Glogauer Urstromtal
3. Baruther Urstromtal
4. Warschau—Berliner Urstromtal
5. Thorn—Eberswalde—Hamburger Urstromtal

Das „Pommersche Urstromtal" ist keine einheitliche, durchgehende Talung.

Höhenunterschiede betragen noch immer an die 200 m und mehr *, wenn auch Schwellen und Mulden sich allmählich ineinander verlieren. Man hat in den Schwellen unterirdische Gebirgszüge erblicken wollen, und diese Meinung hat viel für sich, wenn auch der Fläming an den Bohrstellen keinen tertiären Kern über dem Meeresniveau besitzt.

5. Äolische Aufschüttungsflachländer. Die kontinentalen Dünengebiete entstehen meist durch Auswehung von Schuttmassen, die als eluviale oder marine, fluviatil-limnische bzw. glaziale Ablagerungen dem Winde zur Verfügung stehen; nur im Falle starken Wanderns der Dünen und der dadurch erfolgenden Verhüllung eines älteren Reliefs könnte man solche Dünenlandschaften als äolische Aufschüttungsflachländer bezeichnen. Das gleiche gilt im wesentlichen von den Küstendünen und den Talsanddünen, deren Material wiederum nicht durch äolische Verfrachtung, sondern durch andere Vorgänge hierher geschafft worden ist und vom Winde nur umgelagert wurde. Anders dagegen steht es mit dem Löß, sofern wir an dessen äolischer Entstehungsweise festhalten. Lößanwehungen spielen in weiten Gebieten namentlich der Nordhalbkugel eine große Rolle (S. 240/41); aber nur selten kommt es dazu, daß der Löß ein wesentlich anders gestaltetes älteres Relief in genügender Mächtigkeit überkleidet, um Lößebenen als aufgesetztes Flachland entstehen zu lassen. Selbst bei den Lößmulden des nördlichen Teiles der chinesischen Provinzen Tschili und Schansi handelt es sich im Grunde nur um eine Ausschmückung von vorher schon durch Seeablagerungen größtenteils ausgefüllten Beckensenken, nicht eigentlich um die Umwandlung von Hohlformen in Ebenheiten. Wir verdanken v. Richthofen [8] die folgende anschauliche Schilderung: »Fast eine jede der großen Einsenkungen, wenn wir sie von einer Höhe überblicken, hat die Gestalt eines Steppenbeckens, indem eine Vertikalebene die Oberfläche in einer Kurve von der Form eines zwischen den beiden Gehängen schlaffgespannten Seiles durschneiden würde (s. 2 und 3 in Fig. 123). Der Höhenunterschied zwischen den Rändern und der Mitte beträgt oft mehrere tausend Fuß; aber die Abdachung ist so allmählich, daß das Auge sich keine Vorstellung von der Größe dieser Differenzen machen kann. Zunächst den Gehängen ist der Neigungswinkel am größten; gegen die Mitte nimmt er immer langsamer ab, bis sich der diesseitige mit dem jenseitigen Abfall in einer Ebene begegnet. Der obere Muldenrand geht bald unmittelbar durch Anhäufungen von eckigem Schutt in den aus festem Gestein bestehenden trennenden Gebirgsrücken über,

* Höchste Punkte der südlichen Landschwelle	m	Täler der Muldenmitte	m	Höchste Punkte der nördlichen Landschwelle	m
Lüneburger Heide	169	Hamburg	3	Holstein	164
Fläming	201	Berlin	37	Mecklenburg	179
Niederlausitz	230	Küstrin	13	Pommern (Turmberg)	331
Tarnowitzer Platte (Mesozoisch)	402	Bromberg	37	Ostpreußen	312

bald lehnt er sich an Felswände, welche noch darüber aufragen... Neben diesen normalen Formen treten auch einseitige Lößmulden (1, 4 und 5 in Fig. 123) auf, bei denen die lange, geschwungene Abdachung sich nur von einer Flanke herabzieht, und wo von dem tiefsten Teile derselben entweder eine durch Seeauffüllung entstandene, beinahe vollkommene Ebene bis an das jenseitige Gehänge hinanreicht, oder eine schmale Lößaufschüttung den zweiten Muldenflügel gewissermaßen nur andeutet. In allen solchen Fällen, soweit ich deren beobachtet habe, ruht der ausgebildete Muldenflügel auf einer im Durchschnitt sanft geneigten Fläche des unterliegenden Gesteins, während der rudimentäre Teil oder der ebene Boden an eine steile und im Verhältnis sehr hohe Felswand grenzt.« In den Provinzen Schensi und Kansu, wo der Löß durchweg den eigentlichen Boden bildet, ihm Form und Farbe gibt und eine Fläche von der Größe des Deutschen Reiches bedeckt, mögen wirk-

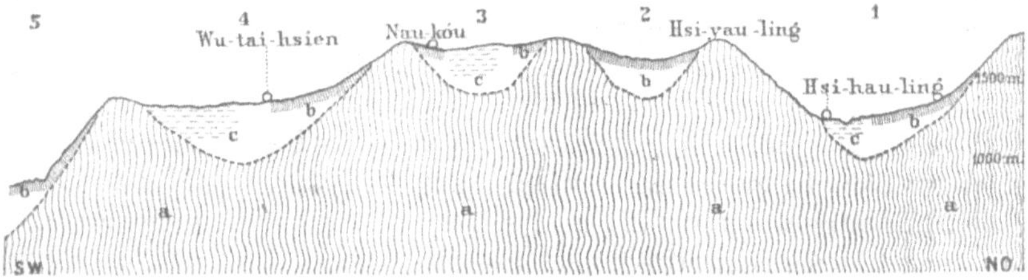

a = festes Gebirge, b = Löß, c = Seeablagerungen.

Fig. 123. Querschnitt der Lößbecken am Südfuß des Wutai-schan. 8 fache Überhöhung. Nach v. RICHTHOFEN.

liche aufgesetzte Löß-Flachländer vorkommen. Indes müssen wir die Frage offen lassen, ob diese Ebenheiten ausschließlich äolischer Aufschüttung ihre Entstehung verdanken. Es kann sehr wohl sein, daß hier neben der Anwehung von Lößstaub die Ablagerung von Lößschlamm in Betracht kommt, denn die gelegentlichen Regengüsse befördern noch heute gewaltige Massen der lockeren gelben Erde zu Tale.

6. Aufschüttungsebenen, die auf verschiedene exogene Ablagerungsvorgänge zurückzuführen sind. Daß bei der Bildung von Aufschüttungsflachländern oftmals marine, fluviatil-limnische und andere Akkumulation zusammengewirkt hat, zeigten schon einige der oben angeführten Beispiele. Wir beschränkten uns bisher jedoch nach Möglichkeit auf solche Fälle, wo die heutige Flachlandsform in der Hauptsache dem Wirken eines Faktors zu danken ist. Es gilt nun, auf Aufschüttungsebenen hinzuweisen, bei denen der Flachlandscharakter nachweislich auf ein Nebeneinander oder Nacheinander verschiedenartiger Akkumulation zurückgeht.

Nirgends ist die Form des Tieflandes ausgedehnter als in Südamerika; sie erreicht 11½ Mill. qkm und nimmt ⅔ des Festlandes ein. Aber wenn auch das ganze Flachland zusammenhängt, so bildet es doch keine genetische Einheit. Die Llanos des Orinoco sind tertiäre Meeresablagerungen, die in jeder Regenzeit durch neue Flußanschwemmungen erhöht werden. Die Amazonas-Ebene war seit der Miozänzeit ein See, der durch die Kordillerenflüsse zugeschüttet wurde [9]. In der argentinischen Ebene lagert unter dem ungefähr 1 m mächtigen Alluvium die sogenannte Pampasformation, eine Mergel- oder Lehmschicht mit Resten von Landsäugetieren, die ihrem ganzen Charakter nach dem Löß entspricht. Nach Santiago Roth wechseln äolischer Löß, Flußlöß und Seemergel wiederholt miteinander ab; diese Bildungen, die man bisher für ausschließlich quartär hielt, umfassen den ganzen Zeitraum vom Diluvium bis in das früheste Tertiär. Marine Ablagerungen unter dem Löß wurden nur bei Buenos Aires gefunden. An verschiedenen Stellen tauchen kristallinische Gebirgsinseln aus den jüngeren Schichten empor; es ist möglich, daß auch hier ein altes Schollenland begraben liegt.

Eine Aufschüttungsebene zusammengesetzter Natur liegt auch in Westsibirien vor. Die heute von Ablagerungen verschiedenster Art eingenommene Landschaft war in der Eozän- und Oligozänzeit von einem Meer bedeckt, an dessen Stelle in der Miozänzeit Süßwasserseen traten, die allmählich der Austrocknung und fluviatilen Ausfüllung anheimfielen. Von der nachglazialen Transgression, die Nordrußland überschwemmte, sind nur geringe Spuren bis zum Polarkreis bekannt, und es ist anzunehmen, daß sie sich nicht wesentlich von den früheren unterschied, d. h. nur eine neue Flachschicht den schon vorhandenen hinzufügte. Der Ural ist, wie v. Bubnoff [10] hervorhebt, eine Ruine. Als die alttertiäre Transgression von Osten her bis hart an den Hauptkamm vordrang, wurde die östliche Hälfte des Gebirges teils von der Abrasion abgeschliffen, teils von einer Senkung erfaßt und in ein Becken verwandelt, das dann erst im Laufe der weiteren Entwicklung durch marine und fluviatil-limnische Aufschüttungen ausgefüllt und zur heutigen Tiefebene umgestaltet wurde.

7. Vulkanische Aufschüttungsflachländer. Auch vulkanische Lockermassen und ausgedehnte Lavaergüsse können ein altes Relief unter sich begraben und aufgesetzte Flachländer entstehen lassen. Meist allerdings steigen dann daraus noch wieder so viele Vulkanhügel und -berge auf, daß der Charakter des Flachlandes von dem des Hügel- und Berglandes verdrängt wird. Für Flachländer, die gewaltigen Lavaergüssen ihre Entstehung verdanken, bietet die Natur vor allem zwei großartige Beispiele: die Lavadecken, wie wir sie am Columbia im Westen der Vereinigten Staaten in einer Ausdehnung von rund 650 000 qkm finden, und das Trapp-Plateau im nordwestlichen Dekan, bei dem basaltische Laven eine Fläche von mehr als 400 000 qkm einnehmen und stellenweise eine Mächtigkeit von 1800 m erreichen. Vom Lavaplateau des Columbia entwirft Machatschek [11] das folgende anschauliche Bild: »Nur teilweise handelt es sich dabei

um einfache Ergüsse aus langen, klaffenden Spalten; denn schon 1882 hat Russell im Snake-River-Gebiet eine große Anzahl von Einzelöffnungen und Schloten festgestellt, und gelegentlich erheben sich auch noch über die Lavaoberfläche flache Krater, von denen die sehr dünnflüssigen Laven ausflossen, deren Ströme durch Aschen- und Tufflagen geschieden sind. Die eigentlichen Ströme sind stets basaltischer Natur, die Aschen und Tuffe sind rhyolithisch. Der Wechsel des Materials vollzog sich in der Regel so, daß die größten basaltischen Fluten vor den rhyolithischen Eruptionen ausflossen und diesen wieder Basalte bis in die jüngste Vergangenheit folgten. Da sich der ganze Prozeß durch lange Zeiträume, vom oberen Miozän bis in die geologische Gegenwart, erstreckte, ist auch der Zustand der Laven nach ihrem Alter sehr verschieden. Während die älteren von einer bis 20 m mächtigen lehmigen und an sich sehr fruchtbaren Verwitterungsschicht bedeckt sind, zeigen die jungen noch die frische, schlackige und rauhe Oberfläche. Hier trägt auch die Landschaft das typische Gepräge der Basaltwüste: Allenthalben starren die schwarzgrauen Basaltschollen entgegen, über riesige Räume dehnen sich in den einfachsten horizontalen Linien die unzerschnittenen Lavafelder, auf denen nur spärliches Gebüsch der graugrünen Artemisia sowie andere Wüstenkräuter und Gräser wuchern, unterbrochen von Alkaliflächen und Flugsandhaufen, Bilder einer ungeheuren Einförmigkeit. Größere Abwechslung bieten nur die spärlichen Taleinschnitte und Trockentäler der Coulées, deren Gehänge häufig den Wechsel von Laven und Tuffen in säulenförmig abgesonderten Wänden und flachen Terrassen verraten und zwischen denen vielfach isolierte, steil abfallende Tafelberge (Flats) sich erheben. Wo durch diese junge Erosion der Untergrund der Laven aufgeschlossen ist, ergibt sich, daß sich die Landschaft vor den Ergüssen in einem Zustand reichlicher Zertalung und recht bedeutender Höhenunterschiede befunden haben muß, so daß die Laven tiefe und breite Täler erfüllten. An manchen Stellen ragen auch noch die höchsten Erhebungen des alten Reliefs in Form von Einzelbergen oder kurzen Ketten aus der Lavaflut auf. Auch abgesehen von diesen Inseln älterer Gesteine bestehen in dem ganzen Plateau bedeutende Höhenunterschiede. Im Süden, an der Grenze gegen das abflußlose Gebiet, liegt die Oberfläche der Lavadecken bei 1400—1800 m, im Norden am Columbia bei 300—400 m. Es ist das weniger die Folge einer allmählichen, gleichsinnigen Senkung gegen Norden nach den Ergüssen als vielmehr der Abnahme der Mächtigkeit der Laven, die im Süden stellenweise bis 1600 m erreicht, während im Norden der Columbia die Unterlage entblößt. Ähnlich geartet wie der Columbia ist sein einziger großer Nebenfluß innerhalb des Plateaus, der Snake River, der im Yellowstonepark entspringt und auf seinem ganzen Laufe durch das Plateau einen fast ununterbrochenen, 1200 bis 1600 m tiefen Cañon zwischen den schwarzen Basaltwänden durchfließt, der den geologischen Bau, Lavaströme und Tufflagen, in wunderbarer Deutlichkeit erschließt, besonders auf dem 180 km langen Süd-Nord gerichteten Laufstück. Wo er die alten Gebirgsinseln durchbricht, besteht die untere Hälfte der Cañonwände aus Juraschiefern, die obere aus Basalten; stellenweise reichen diese bis über 2000 m hinauf, während der Flußspiegel bei 600 m liegt. Häufig unterbrechen seinen Lauf großartig schöne Wasserfälle, wie der 14 m hohe American Fall, die 56 m hohen Zwillingsfälle und bald darunter der 78 m hohe Shoshone-Fall in prachtvoller Umrahmung durch Basaltsäulen, im Unterlauf der 8 m hohe Salmon-Fall; sie hängen meist mit jungen Laufveränderungen oder auch mit jungen tektonischen Störungen zusammen.«

Auch im Trapp-Plateau des nordwestlichen Dekan ist der Untergrund uneben; alte Täler von mehr als 300 m Tiefe sind mit Lava ausgefüllt. Die Schichtung ist horizontal, die feste Gesteinsbeschaffenheit setzt der Erosion des fließenden Wassers kräftigen Widerstand entgegen und verleiht den Tälern des Trapp-Plateaus ähnlich, wenn auch weniger großartig, wie es am Columbia und Snake River der Fall ist, den Charakter schluchtiger bis cañonartiger Kerben.

Da die Oberfläche im wesentlichen mit der Schichtfläche der obersten Lavadecke zusammenfällt, stellen die aufgesetzten vulkanischen Ebenen, gelegentlich auch als Übergußtafeln bezeichnet, den Übergang zu einer zweiten Kategorie von Flachländern dar, die wir im folgenden kennenlernen werden.

Tafelländer. Das Wesen dieser Art von Flachland besteht darin, daß der Untergrund nicht aus Lockerstoffen, sondern aus einer Folge nahezu söhlig gelagerter, fester Schichtgesteine besteht und die Oberfläche des Flachlandes von einer Schichtfläche gebildet wird. Daß man auch die vulkanischen Übergußtafeln zu dieser Kategorie rechnen kann, erwähnten wir soeben. Abgesehen von diesem Sonderfall ergibt sich als weiteres Kennzeichen der Tafelländer, daß sie in der Regel nicht in ihrer heutigen Höhenlage gebildet, sondern durch nachträgliche Krustenbewegungen emporgehoben worden sind. Das gilt für den selteneren Fall einer Entstehung durch terrestrische Sedimentation wie für den weitaus häufigeren Fall, daß sich das Schichtenpaket des Tafellandes als gehobener Meeresboden erweist *.

Es scheint uns nicht ratsam, die Tafelländer, wie es Supan wollte, als »ursprüngliche Ebenen« den früher besprochenen aufgesetzten Flachländern, die mit lockerer Aufschüttung jugendliche Senkungsgebiete verhüllen, gegenüberzustellen. Auch die Tafelländer können eine alte Landoberfläche verkleiden, und ursprüngliche Ebenen sind etwa die fluviatilen Aufschüttungsebenen genau so wie die Tafelländer; ihnen beiden steht gleichermaßen die Gruppe von Flachländern gegenüber, die aus der Destruktion von Unebenheiten hervorgehen, bei denen der heutige morphologische Charakter also nicht als ursprünglich angesehen

* Klarheit hierüber verschafft die petrographische und paläontologische Untersuchung der am Aufbau der Tafel beteiligten Gesteine.

werden kann. Was die Tafelländer von den aufgesetzten Flachländern unterscheidet, ist lediglich das höhere geologische Alter des Baustoffes, die dadurch bedingte Verfestigung des Materials und die Tatsache, daß die Tafeln in der Regel nicht mehr im ursprünglichen Niveau der Entstehung liegen, sondern emporgehoben sind.

Sehr ausgedehnte Tafelländer treffen wir in Afrika an, und zwar ist hier besonders bemerkenswert, daß auch uralte Formationen, teilweise dem Altpaläozoikum angehörend, tafelförmig auf dem verebneten Sockel des Grundgebirges liegen und daß Sandsteine festländischer Entstehung vielfach vorherrschen [12]. Als Tafelland entwickelt ist die das südafrikanische Dreieck weithin überziehende Karruformation, terrigene Sandsteine, deren Bildungszeit die Spanne vom Oberkarbon bis zum unteren Jura umfaßt. Tafelförmig ist das Relief des ostafrikanischen Zwischenseengebietes, wo alte Schiefer, Quarzite und Sandsteine das Land zusammensetzen. Als Tafelland begegnen uns die wohl zur Karruformation zu stellenden Tanganyikaschichten (Sandsteine, Tonschiefer, Kalke, Diabasdecken). Marine Tafelschichten sind dem Küstenstreifen in Ost- und Westafrika aufgelagert, Sandsteine, Tone und Kalke, deren Alter vom mittleren Jura bis ins Quartär reicht. Hauptsächlich dem Tertiär angehörende Kalktafeln beherrschen das nordafrikanische Küstenvorland von Ägypten über Libyen bis zur algerischen Wüste. Im Inneren der Sahara wird das Landschaftsbild, soweit nicht junge Verwitterungsmassen die Oberfläche einnehmen bzw. die altkristallinische Unterlage freigelegt ist, durch die mächtigen Tafeln des nubischen Sandsteins bestimmt, jene seltsamen Decken, deren liegende Bänke wohl terrigen und paläozoischen Alters sind, während die oberen Lagen marine Schichten aus der Kreidezeit darstellen. Von der westlichen Sahara durch die ganze Wüstentafel der Alten Welt bis hinüber nach Arabien [13] ist dieser nubische Sandstein als Relieffaktor ersten Ranges zu verfolgen.

Das australische Festland ist dem afrikanischen in morphologischer Beziehung nahe verwandt, und auch hier spielen Tafelländer eine große Rolle. Die australische Wüstenebenheit besteht aus einem Faltungsrumpf archaischer Gesteine, auf der im westlichen Abschnitt Reste paläozoischer und mesozoischer Schichtgesteine tafelförmig aufruhen. Den größten Teil des Inneren, ein volles Drittel des Kontinents, nimmt die Tafel des versteinerungslosen Desert Sandstone ein, bald zu lockeren Sandmassen verwittert, bald in Form klotzartiger Erhebungen erhalten, deren ebene Kulminationsfläche den einstigen Oberflächencharakter dieser terrigenen Tafel erkennen läßt. Eine Tafel von marinem tertiären Kalk umsäumt die große Australbucht im Süden des Kontinents. Aus horizontal gelagerten Kreideschichten zusammengesetzt ist das zentrale Tiefland, das sich vom Carpentariagolf quer durch den ganzen Erdteil bis zum Spencergolf hinzieht und seine größte Breitenentwicklung im Becken des Murray-Darling findet.

Die Geringfügigkeit der Erhebung dieser marinen Ablagerung verhindert starke erosive Zerschneidung.

In Südamerika treten Tafelländer vor allem im Bereich Patagoniens und Mittelbrasiliens auf. Das patagonische Plateau besteht in der Hauptsache aus marinen Tertiärschichten, Basaltdecken und Ablagerungen der Kreide- und Jurazeit. Die von den Anden herabkommenden Flüsse haben diese stark gehobene Tafel bereits tief zertalt und in eine Reihe parallel geschalteter Großklötze aufgelöst. Die Hochfläche ist auf weite Strecken hin mit eiszeitlichen Geröllmassen übersät. Zum Meere bricht die Tafel mit einer Steilwand von 100—200 m ab. — In Mittelbrasilien treten uns Verhältnisse entgegen, die wiederum an Afrika erinnern. Über dem alten Rumpf sind Tafeldecken kretazischen, triassischen und permischen Alters ausgebreitet, doch sind, wie MAULL[14] überzeugend nachgewiesen hat, die morphologischen Verhältnisse in diesem Gebiet infolge tektonischer Zerstückelung, wiederholter Hebungen und Senkungen usw. außerordentlich kompliziert und noch keineswegs genügend geklärt.

In Nordamerika bestimmen westlich der Appalachen entweder horizontal lagernde oder nur schwach verbogene paläozoische Schichtgesteine (Silurkalk, devonische Schiefer und Karbonsandsteine) das Landschaftsbild; nördlich vom Ohio und im oberen Mississippigebiet ist dieses östliche Tafelland mit einer Decke glazialer Ablagerungen überkleidet. Nach Westen schließt sich unmittelbar und ohne jede scharfe Grenze die etwa 1,8 Mill. qkm große Prärietafel (Great Plains) an, die aus Schichten der Kreide und des Tertiärs zusammengesetzt ist und trotz ihres jungen geologischen Alters bereits eine recht bewegte morphologische Geschichte hinter sich hat: Schrägstellung, starke Abtragung, Diskordanz der obersten Schichten, ungleich starke Hebung verbunden mit Brüchen und Zerlegung in einzelne Schollen usw. Nördlich vom Kansas River kann man vollends nicht mehr gut von Tafelland im Sinne obiger Definition sprechen, denn hier hat sich durch die erosive Bearbeitung der schräggestellten und teilweise zerstückelten Prärietafel eine echte Schichtstufenlandschaft entwickelt; der sehr widerständige Dakota-Sandstein erzeugt den mehrere hundert Meter hohen Steilabfall des »Coteau des Prairies«, der harte Foxhill-Sandstein die etwa 80 m hohe Mauer des »Coteau du Missouri«.

Schnittflächen. Wenn wir im vorausgegangenen Kapitel als wesentliches Merkmal echter Tafelländer hervorhoben, daß die Oberfläche der Landschaft von einer Schichtfläche gebildet wird bzw. einer solchen parallel läuft, so muß nunmehr hinzugefügt werden, daß es viele Schichtungsflachländer gibt, bei denen das Schichtpaket mehr oder minder stark von horizontaler Lagerung abweicht und die dort auftretenden Ebenheiten nicht mehr Schichtflächen, sondern eine nachträgliche Verebnungsfläche darstellen. Wir nennen solche im Bereich von Schichtgesteinen auftretenden Ebenheiten, bei denen die Oberfläche die Schichten unter einem spitzen Winkel schneidet und infolgedessen verschiedenartige und verschiedenaltrige Schichten an der Oberfläche ausstreichen, eine Schnittfläche.

Die Feststellung im Gelände begegnet keinen Schwierigkeiten. Während man bei der Wanderung über ein echtes Tafelland dauernd im Bereich derselben Gesteinsschicht verbleibt, wechselt beim Hinaufschreiten auf einer Schnittfläche, ohne daß der Charakter der Ebenheit verlorenginge, das Schichtenmaterial von Zeit zu Zeit, und wir gelangen in immer ältere Horizonte des schräggestellten Schichtenpakets (Fig. 124). Ebenheiten dieser Art haben wir bereits bei der Erörterung der Schichtstufenlandschaft (S. 311) kennengelernt. Ein anderes Beispiel noch viel größerer Dimension begegnet uns in der russischen Tafel. Wenn wir in der Nähe von Moskau Umschau halten, können wir feststellen, daß der Untergrund dieses riesigen Flachlandes, dessen Glazialschotter wir im folgenden außer acht lassen, aus flachgelagerten Schichten der Kreide- und Juraformation besteht. Gehen wir nunmehr weiter nach Osten, so ändert sich der morphologische Charakter des Flachlandes nicht im mindesten, aber eine Beobachtung des Untergrundes zeigt uns, daß wir in den Bereich älterer Glieder der mesozoischen Formation hineingeraten sind. Wieder nach einiger Zeit befinden wir uns im Gebiet buntgefärbter permischer Schichten, die die breite Fläche von der Oka bis zum Eismeer, dem Timanrücken und dem westlichen Vorland des Urals einnehmen. Am Rande des Urals selbst treffen wir schließlich karbone Kalk- und Sandsteine mit abbauwürdigen Flözen an. Schlagen wir von Moskau aus die entgegengesetzte Richtung ein, so wird das geologische Bild, ohne daß der Charakter des Festlandes verlorenginge oder irgendeine Störung erführe, noch bunter. Jenseits des Karbonstreifens, der von der unteren Dwina nach den Waldaïhöhen zieht, gelangen wir in die Zone roter Sandsteine und Kalke devonischen Alters, und noch weiter westwärts streichen in der Schnittfläche gar silurische und kambrische Schichten aus. Zieht man den flächenhaften Verlauf der Formationsstreifen und das Einfallen der Schichten in Betracht, so ergibt sich eine typisch schüsselförmige Lagerung. Das riesige Becken mit den konzentrisch einfallenden Schichttellern ist zwar nicht gänzlich frei von tektonischen Störungen, vielmehr lassen sich vereinzelt schwache Flexuren bzw. sanfte Antiklinalen feststellen (v. Bubnoff [10] nennt sie »Wälle«); sie treten aber morphologisch wenig oder gar nicht hervor. Oft geht die fast ebene Landoberfläche, die herausgehobenen Stücke des Schichtenpakets kappend, spurlos über sie hinweg.

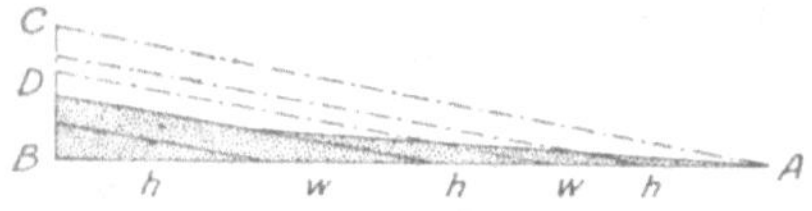

h = hart, w = weich
Fig. 124. AC = Schichtfläche, AD = Schnittfläche.

Die genetische Deutung eines derartigen Flachreliefs bereitet erhebliche Schwierigkeiten. Flach schüsselförmige Lagerung haben wir oben bereits einmal am Beispiel des Wiener Beckens kennengelernt (Fig. 121) und als Folge der Ausfüllung einer Hohlform angesprochen, deren Boden dauernder Senkung unterworfen ist. In der russischen Schüssel mit fast ebener Oberfläche könnte man ein Analogon dazu vermuten und annehmen, daß seit dem Paläozoikum die Einmuldung anhielt, die nachfolgenden Sedimente sich daher in schwacher Diskordanz schräg anlagerten und immer mehr auf das Zentrum des Beckeninnersten beschränkt wurden. Bis zu einem gewissen Grade trifft dies auch sicherlich zu; v. Bubnoff [10] betont: »Die Beckenanlage war demnach im Prinzip schon am Ende des Paläozoikums fertig, erlebte dann aber mehrfach eine schwache Erneuerung.« Aber wie kommt es, daß die oben erwähnten Antiklinalwälle gekappt sind und sich nur durch das in ihrer Achse wahrnehmbare Erscheinen älterer Gesteine zwischen jüngerer Einfassung bemerkbar machen? Wie ist es zu erklären, daß das Flachrelief im Süden Rußlands über die in der Trias angelegten Sättel und Mulden des Donjezreviers hinwegstreicht, wiederum ohne die mindeste Rücksichtnahme auf die Lagerungsverhältnisse? Es ist schlechterdings unmöglich, das russische Flachland als ursprüngliche Ebenheit aufzufassen. Mag sich hier auch die Oberflächengestaltung im weitaus größten Teil der Landschaft niemals sehr wesentlich von leidlicher Ebenheit entfernt haben, so ist das heutige Relief doch nicht durch die Lagerungsverhältnisse bestimmt, sondern durch Abtragungsvorgänge geschaffen worden.

Mit dieser Feststellung aber ist über den Mechanismus der Schnittflächenbildung noch nichts ausgesagt. Bei der Behandlung der Schichtstufenlandschaft (S. 317) sprachen wir ausführlich von Schmitthenners Dellentheorie und legten dar, wie sich dieser Forscher die Entstehung der Schnittflächen durch Dellenabtragung vorstellt. Im russischen Flachland haben wir, so oft sich uns Gelegenheit bot, nach Dellen umgeschaut; hier ist indessen nichts davon wahrzunehmen. Wir müssen in diesem Falle an andere Kräfte und Vorgänge denken, wenn wir uns ein Bild vom Werden dieses Flachreliefs machen wollen. Leider bietet die Beobachtung im Gelände so gut wie gar keine Anhaltspunkte, so daß wir auf die deduktive Methode angewiesen sind. Man kann sich mit Supan vorstellen, daß die Schnittflächenbildung gleichzeitig mit der strukturellen Ausgestaltung des großen Schichtbeckens erfolgte. Ein peripherischer Streifen des Neulandes nach dem anderen tauchte aus dem Meer langsam empor, und in demselben Maße erfolgte sogleich auch die Abtragung. Der jüngere Streifen kann noch ursprüngliche Schichtfläche sein, während der benachbarte ältere schon Schnittfläche geworden ist. Dieser Prozeß schreitet auf der schiefen Ebene von oben nach unten fort. So wird es erklärlich, daß oben, d. h. am Außenrand, die Abtragung am tiefsten in den Schichtenbau eingreift und ältere Schichten zutage treten als weiter unten. In Rußland war dieser Entwicklungsgang freilich noch verwickelter, indem viele Teile abwechselnd trockengelegt und dann wieder vom Meer überflutet wurden, wovon noch Überreste transgredierender Schichten Zeugnis geben. — Eine andere Vorstellung geht davon aus, daß die Sedimenttafel zunächst gehoben und verbogen und infolgedessen von den Flüssen durch zahlreiche tiefe Erosionsscharten in ein stark belebtes Relief umgewandelt wurde. Der Fortgang des Destruktionsprozesses führte zur Herausarbeitung einer annähernd im Meeresniveau gelegenen Einebnungsfläche. Die Abtragungsebenheit wurde dann gehoben, so daß sie jetzt ein Plateau mäßiger Meereshöhe bildet, in welches nun die rezenten Flüsse ihre Täler eingraben. DAVIS und PHILIPPSON [15] sind die bekanntesten Vertreter dieser letztgenannten Theorie, die also das heutige Flachrelief im Gegensatz zu SUPAN als Ergebnis eines zweiaktigen morphologischen Geschehens aufgefaßt wissen will: erst Hebung, Zerschneidung und Abtragung bis in die Nähe des Meeresniveaus, dann Hebung bis ins heutige Niveau und erneute Zertalung.

Es ist schwer, zwischen diesen beiden Möglichkeiten zu entscheiden, denn, wie schon gesagt, die Beobachtung im Gelände gibt uns keinerlei Anhaltspunkte, und dem tatsächlichen Befund werden beide Theorien gleichermaßen gerecht. Gegen die zweiaktige Theorie PHILIPPSONS ließe sich höchstens dieses einwenden: Wenn, wie PHILIPPSON meint (1898, S. 41), die flachwellige Schnittfläche durch Seitenerosion und seitliche Verschiebung großer Flüsse, vielleicht der Schmelzwasser des diluvialen Inlandeises, erzeugt und die heute in beträchtlich höheres Niveau gehobene Abtragungsebenheit wiederum in erster Linie durch Flüsse bearbeitet wird, warum entwickelt sich dann aus dieser Schnittfläche keine Stufenlandschaft? Die Voraussetzungen hierzu waren in Zentralrußland genau so gegeben wie etwa im Pariser Becken oder in Südost-England. Eine schräggestellte Schnittfläche mit darin ausstreichenden Schichten verschiedener Widerständigkeit liegt in Rußland genau wie in Mitteleuropa vor, wenn auch die Gegensätzlichkeit der Gesteine nicht das Maß wie in Mittel- und Westeuropa hat. In beiden Fällen wird diese Schnittfläche nach erfolgter Hebung von Flüssen bearbeitet. Warum resultiert in dem einen Falle eine typische Schichtstufenlandschaft, während im anderen nicht die Spur davon wahrzunehmen ist? Sollte lediglich der nicht eben sonderlich große Unterschied im Einfallswinkel der Schichten zur Begründung ausreichen? Gerade für PHILIPPSON, der die mitteleuropäischen Stufenlandschaften aus vorher gebildeten und dann gehobenen Schnittflächen abgeleitet wissen will (S. 318), entsteht hier eine Frage, auf die kaum eine Antwort möglich ist. Die einaktige Vorstellung SUPANS vermeidet diese Schwierigkeiten und läßt die Möglichkeit offen, daß bei der Abtragung der allmählich auftauchenden Beckenränder

Dellenerosion maßgebend mitgewirkt hat; ihre Spuren können, nachdem tektonische Ruhe eingetreten und der Verebnungsprozeß beendet ist, bis zur Unkenntlichkeit verwischt worden sein. Aber auch für SCHMITTHENNER wäre ein eingehendes Studium der russischen Schnittfläche eine Probe auf das Exempel. Dellenerosion führte, wenn sie je in Rußland eine Rolle gespielt hat, hier nicht zur Bildung von Schichtstufen. Mithin kann man sie schwerlich generell als Ursache der Entstehung von Schichtstufen ansehen, sondern müßte zum mindesten vorsichtig formulieren: Dellenabtragung spielt für die Entwicklung einer ein schräggestelltes Schichtenpaket kappenden Schnittfläche eine maßgebende Rolle; sie kann als Begleiterscheinung der durch andere Vorgänge geschaffenen Schichtstufen auftreten, hat aber ihrerseits solche weder erzeugt noch zur Voraussetzung.

Wir stehen hier vor einstweilen noch ungelösten Rätseln. Die Entstehung der Schnittflächen, wie sie im Bereich der südwestdeutschen Stufenlandschaft und in der russischen Tafel auftreten, sind Probleme, deren sorgsamste Behandlung dringend empfohlen werden muß. Eine Verquickung des Schichtstufen-Problems mit dem der Schnittflächen dürfte kaum zu neuen gesicherten Erkenntnissen führen.

Rumpfflächen. Wenn ein Bergland oder ein Gebirge derartig abgetragen und eingeebnet worden ist, daß nur noch ein Rumpf des ehemaligen Erhebungskörpers übrigblieb, so sprechen wir bei einem solchen Flachrelief nicht mehr von Schnittfläche, sondern kennzeichnen diese besondere Art von Schnittfläche durch den Ausdruck Rumpffläche. Ebenheiten, die nur die oberste Zone eines schräggestellten Schichtenpakets abschneiden, ohne wirklich Haupt und Glieder einstiger Unebenheiten entfernt zu haben, sollten nicht als Rumpffläche bezeichnet werden. — Der durch v. RICHTHOFEN eingeführte Ausdruck »Rumpffläche« ist so klar und eindeutig, daß kein Grund vorliegt, ihn durch begrifflich weit weniger scharfe Ausdrücke wie »Peneplain«, »Fastebene« u. a. zu ersetzen.

Das Vorhandensein einer Rumpffläche ist, wie sich aus der begrifflichen Festlegung ergibt, nur durch eingehende Untersuchung des Untergrundes festzustellen. Es fehlt der Rumpffläche jede Übereinstimmung mit dem durch Faltung oder Bruchbildung bestimmten geologischen Bau des Untergrundes. Achtlos schreitet sie über Sättel und Mulden, über Horste und Gräben hinweg. Nichts von alledem, oft nicht einmal der in der Rumpffläche vorhandene Gesteinsunterschied, spiegelt sich im Relief der monotonen, flachwelligen Ebenheit wider.

Die Entwicklungsgeschichte einer Rumpffläche zu ermitteln, ist deshalb so schwierig, weil sicherlich eine ganze Reihe von Kräften geeignet erscheint, derartige Verebnungsflächen zu erzeugen, der Prozeß der Rumpfflächenbildung im allgemeinen aber so große Zeiträume in Anspruch nimmt, daß wir in der kurzen Frist einiger Generationen den Fortgang der Entwicklung nur sehr mangelhaft beobachten können. Wir kennen zudem keine einzige Stelle der Erdoberfläche, wo wir das Werden von Rumpfflächen im letzten Stadium der Entwicklung verfolgen oder die eben vollendete Ausarbeitung solcher Verebnungsflächen feststellen könnten. Alle den Namen Rumpffläche wahrhaft verdienenden Ebenheiten sind keine Lebendformen, sondern fossile morphologische Gebilde. Sie erfahren in der Gegenwart keine weitere Verebnung mehr, sondern infolge nachträglicher Hebung kräftige Zerschneidung und Wiederbelebung des Reliefs (z. Bsp. die unsere deutschen Mittelgebirge überziehenden Rumpfflächen).

Theoretisch ist die Aufgabe, die Genesis einer Rumpffläche zu entziffern, verhältnismäßig einfach. Wir wissen, daß alles morphologische Geschehen letzten Endes auf jenen Dreiklang hinausläuft: Schuttanhäufung, tektonische Umbildung in Gestalt der Schaffung von Unebenheiten (epirogene oder orogene Vorgänge), Abtragung möglichst bis zur restlosen Zerstörung der Erhebungen. Jeder Abtragung entspricht also eine Schuttanhäufung. Es gibt kein Tal, kein Becken, keine Gebirgsrümpfe, die nicht ihr Korrelat in irgendwelchen Aufschüttungen fänden. Will man also die Entstehung einer Rumpffläche feststellen und gestattet die Beobachtung an der Verebnungsfläche selbst keinen sicheren Rückschluß auf ihre Genesis, so untersuche man die korrelaten Akkumulationsmassen; deren Größe, Form und Lagerung müssen Aufschluß über die Entstehungsgeschichte der Rumpffläche geben und uns die Kräfte verraten, die die Abtragungsebenheit schufen. Wo aber finden wir die korrelaten Schuttmassen? In abflußlosen Gebieten besteht einige Aussicht, zum Ziel zu gelangen, weil hier der Schutt nur umgelagert, nicht ausgeräumt wird. Aber haben wir irgendeine Gewißheit, daß die heute abflußlosen Rumpfflächengebiete während der gesamten Dauer des Verebnungsprozesses stets abflußlos waren? Wird nicht auch hier für kürzere oder längere Zeit Abfluß zum Meere bestanden haben und dann, wie es bei Gebieten mit ozeanischer Abdachung die Regel ist, der größte Teil der durch Verwitterung und Abtragung gelieferten Schuttmassen ins Meer verfrachtet worden sein? Im übrigen ist es keineswegs leicht, aus der Beschaffenheit der Ablagerungen mit Sicherheit auf die Kräfte zu schließen, die die Abtragung bewirkten. Die Ketten des variszischen Faltengebirges fielen alsbald der Zerstörung anheim; die damals entstandenen Schuttmassen begegnen uns in den Breccien, Konglomeraten und Sandsteinen des oberen Karbon und vor allem des Rotliegenden, doch herrscht über die Entstehungsbedingungen gerade des Rotliegenden alles andere denn Übereinstimmung. In der Mehrzahl aller Fälle hilft uns die so klare und einwandfreie theoretische Überlegung nicht vorwärts. Der Morphologe wird in der Regel darauf angewiesen bleiben, die Rumpffläche selbst zu studieren, jedes Element ihres Formenschatzes sorgfältig zu beobachten und in Rechnung zu stellen, um sich auf diese Weise eine Vorstellung von der möglichen oder wahrscheinlichen Entstehungsgeschichte der Rumpffläche zu bilden.

Deduktive Gedankengänge können sich auch hier als fruchtbar erweisen, ja sie sind bis zu einem erheblichen Grade unentbehrlich, da wir anders als deduktiv den Ablauf eines vollständigen morphologischen Aktes von der Schuttansammlung über die Schaffung von Unebenheiten bis zu deren Abtragung und Verebnung (Davis spricht vom morphologischen Zyklus) nicht erfassen können. Aber wir dürfen der Deduktion nicht gar zu sehr die Führung überlassen und müssen unter allen Umständen darauf achten, daß zunächst der Formenbestand im weitesten Sinne des Wortes aufgenommen, alles irgendwie erreichbare Tatsachenmaterial gesammelt wird, ehe zur deduktiven Deutung geschritten wird. Nichts ist für den Morphologen verhängnisvoller, nichts hemmt den Fortschritt wissenschaftlicher Erkenntnis mehr, als wenn man mit vorgefaßter Meinung und theoretisch bereits festgelegtem Schema an die Untersuchung einer Rumpffläche herangeht.

Das gilt in Sonderheit für die Konstruktion einer Rumpffläche aus einigen wenigen Riedelstücken annähernd gleicher Seehöhe, für die Verknüpfung von zwei oder mehreren räumlich getrennten Rumpfflächen zu einer genetischen Einheit und für die Altersbestimmung der Rumpfflächen. Letzterer Punkt ist von Wichtigkeit, weil er unter günstigen Umständen Rückschlüsse auf das Tempo des Verebnungsprozesses zuläßt. Die alte morphologische Regel gilt auch hier und besagt für die Rumpfflächen: sie sind jünger als die jüngste von der Verebnung noch mitbetroffene Gesteinsserie des Rumpfes und älter als das älteste Glied der diskordant darauf ruhenden Massen. Je geringer der Altersunterschied dieser beiden Schichtkomplexe ist, um so genauer lassen sich das Alter der Rumpffläche und die Maximaldauer des Verebnungsprozesses angeben. Meist klafft gerade in dieser Beziehung eine erhebliche Lücke, so daß die Datierung unsicher und äußerste Vorsicht geboten ist.

Die geographische Verbreitung der durchweg fossilen Rumpfflächen zu kennzeichnen, ist ein Ding der Unmöglichkeit. Aus allen Erdteilen und Klimaregionen wird von Rumpfflächen berichtet, wenngleich diese wohl nirgends so große Ausdehnung wie in Afrika und Australien erreichen. Oftmals handelt es sich gerade hier wie auch im Falle der deutschen Mittelgebirge um Rumpfflächen, die durch Abtragung jüngerer Deckschichten entblößt werden, also in verstärktem Maße als fossil anzusehen sind. Rumpfflächen werden im Tiefland, im Mittelgelände und im Hochgelände festgestellt; von Rumpfflächen meldet die morphologische Forschung aus dem Gebiet von Berg- und Hügelländern, von Falten- und Schollengebirgen. Nicht minder umfassend sind die Zeitangaben, die jeweils mit größerer oder geringerer Sicherheit für die Bildung der Rumpfflächen gemacht werden: paläozoische Rumpfflächen neben mesozoischen, Rumpfflächen aus der Tertiärzeit neben solchen, die gar im Diluvium entstanden sein sollen. Wir haben es also mit einer Reliefform zu tun, die augenscheinlich seit Urzeiten dem Antlitz der Erde hier und da den Stempel aufgedrückt hat. Um so rätselhafter, daß in der geologischen Gegenwart nicht ein einziger Fall zu melden ist, wo wir dem Fertigwerden dieses Relieftyps beiwohnen können.

1. Die Rumpfflächen schaffenden Kräfte. Als RAMSAY 1846 in England zum ersten Male Ebenheiten als Rumpfflächen deutete, glaubte er an die Abrasion des Meeres als formenschaffende Kraft. Das lag bei einem Engländer gewiß nahe; aber auch v. RICHTHOFEN huldigte dieser Auffassung. Die Bildung der Rumpfflächen vollzog sich nach dieser Theorie stets im Meeresniveau; wenn heute Rumpfflächen in kontinentalen Räumen bzw. in größerer Seehöhe auftreten, so sind entsprechende Krustenbewegungen dafür verantwortlich zu machen. — Als amerikanische und europäische Forscher morphologische Studien im Westen der Vereinigten Staaten zu treiben begannen, gerieten sie in den Bann des überwältigenden Eindruckes der Erosionsleistungen des fließenden Wassers und sprachen diesem die Fähigkeit zu, Rumpfflächen entstehen zu lassen. Die amerikanische Schule fand namentlich bei den Franzosen, später auch bei uns Deutschen begeisterte Anhänger, und es galt lange Zeit und in weiten Kreisen als Dogma, daß es nur fluviatile Rumpfflächen gäbe. — Inzwischen ist diese Einseitigkeit überwunden worden. Wir nehmen heute an, daß sowohl das Meer als auch das fließende und spülende Wasser, daneben vielleicht — mit gewissen Einschränkungen — der Wind und möglicherweise sogar das Gletschereis imstande sind, Rumpfflächen zu schaffen. Von allen diesen Kräften aber steht das fließende Wasser nach der Meinung der überwiegenden Mehrzahl aller Forscher an erster Stelle. Wir beginnen daher unsere kurze Übersicht über die verschiedenen Arten von Rumpfflächen mit einer Kennzeichnung der fluviatilen Rumpfflächen, um deren Erforschung sich POWELL, DUTTON, DAVIS, PENCK, DE MARTONNE, PHILIPPSON, HETTNER, MACHATSCHEK, BRAUN, RÜHL, SÖLCH u. a. m. besondere Verdienste erworben haben.

2. Fluviatile Rumpfflächen. Erweist sich ein Flachrelief durch die geologische Untersuchung als Rumpffläche, so gilt es zu prüfen, welche Kraft mit einiger Wahrscheinlichkeit als Ursache der Verebnung anzusehen ist. Bei fossilen Rumpfflächen sehr hohen Alters sind in der Regel sichere Feststellungen über die Art der Rumpfflächenbildung überhaupt unmöglich. Wenn es sich um junge Verebnungen handelt, kann es hier und da einmal glücken, durch den Nachweis vom Vorhandensein flacher Talmulden im Bereich der Rumpffläche oder durch das Auffinden von Flußablagerungen die Entstehung des Flachreliefs durch fluviatile Abtragung wahrscheinlich zu machen. Gewöhnlich aber fehlen auch solche Anhaltspunkte. Wir können dann den fluviatilen Charakter nur mittelbar erschließen, indem wir feststellen, daß nach Lage und paläoklimatischen Gegebenheiten marine Abrasion usw. nicht in Frage kommt, die bis zum Rumpf hinabreichende Destruktion und Verebnung

des Gebirgslandes mithin wohl nur durch die Erosion des fließenden Wassers bewirkt worden sein kann. Dabei betonen wir ausdrücklich, daß alle anderen Möglichkeiten mit gleicher Sorgfalt geprüft werden müssen. Ein auf Vorurteilen gegründeter Schematismus kann dazu führen, irreale Vorgänge in die Natur hineinzudeduzieren und dadurch den Fortschritt der Wissenschaft zu hemmen.

Kommt man aus wohlerwogenen Gründen zu dem Ergebnis, daß es sich im vorliegenden Falle um eine fluviatile Rumpffläche handelt, so ist damit der Mechanismus des Verebnungsprozesses noch nicht irgendwie geklärt. Da Beobachtungen immer nur bis zu erheblicher Zerschneidung, Erniedrigung und Verflachung eines Gebirgsreliefs führen, niemals aber bis zur Ausbildung einer weiten, ganz flachwelligen Abtragungsebenheit mit minimaler Reliefenergie, so bleibt nichts anderes übrig, als sich auf deduktivem Wege Gedanken über die Vorgänge zu machen, die zur Entstehung solcher Formen führen können. Von derartigen Arbeitshypothesen ist in jedem Falle zu fordern, daß sie sich in keinem Punkte zu den gesicherten Erkenntnissen geophysikalischer Art und zu den Beobachtungen über fluviatile Erosion im allgemeinen sowie den speziellen Feststellungen im Gelände in Widerspruch setzen.

Die von DAVIS[16] entwickelte Theorie ist in früheren Kapiteln bereits mehrfach gestreift worden. Sein Zyklus beginnt mit der Heraushebung einer irgendwie gestalteten Urform über die allgemeine Erosionsbasis. Von dem Augenblick ab, wo Unebenheiten und damit Gefälle entstehen, setzt die Destruktion ein, deren Wesensart eine Unterscheidung zwischen humidem, aridem und nivalem Zyklus gestattet. Im humiden Zyklus ist die Erosion des fließenden Wassers die morphologische Dominante. Sie wird, wenn während des Abtragungsvorganges keine Störung der tektonischen Ruhe eintritt, dem Gebirge durch Taldichte und Talgestaltung das Gepräge aufdrücken, und zwar wird der Erhebungskörper entsprechend der Dauer (dem Alter) der fluviatilen Destruktion die folgenden Stadien durchlaufen:

a) Jugendstadium (Stadium der morphologischen Unreife*). Die Abtragungskräfte waren noch nicht imstande, die Hauptzüge der Urform zu zerstören. Schluchtige Kerbtäler mit vielfachen Unstetigkeiten im Längsprofil überwiegen. Die einzelnen Talsysteme arbeiten sich eben erst bis zu den Wasserscheiden vor, um deren Eroberung ein lebhafter Kampf tobt.

b) Das Reifestadium ist erreicht, wenn die Züge der Urform im Landschaftsbilde nicht mehr erkennbar sind und das Gelände durch Zertalung ganz aufgeteilt ist. Die relativen Höhenunterschiede haben sich noch verstärkt und erreichen in diesem Stadium ihre Maximalbeträge. Die Kerbtäler sind größtenteils in Sohlentäler umgestaltet

* Von A. SUPAN vorgeschlagene Bezeichnung.

worden; ihr Längsprofil läßt keine Unstetigkeiten mehr erkennen, die Normalgefällskurve (S. 192) ist allenthalben erreicht.

c) Altersstadium. Da die Quellgebiete durch Untergrabung beständig vertieft und zugleich nach rückwärts verlegt werden, geht die erosive Bearbeitung des Gebirges noch weiter. Die Täler erfahren dabei eine ständige Verbreitung und Hangverflachung, so daß vielfach schon typische Muldentäler auftreten. Die Reliefenergie vermindert sich, die Gebirgsruine nimmt mehr und mehr sanftere Formen an.

d) Im Greisenstadium (Stadium der Überreife *) schreitet die Verflachung des Geländes, die Weitung der Talungen, das Austilgen aller irgendwie markanten Formen so weit fort, daß am Ende eine unmerklich zum Meeresspiegel abfallende, ausdruckslose Ebenheit mit kaum mehr als solchen erkennbaren, ganz flachen Wasserscheideschwellen entsteht (Peneplain).

Man kann gegen die hier skizzierte Hypothese von Davis gewiß mancherlei einwenden: zu geringe Berücksichtigung der Gesteinsunterschiede und Gesteinslagerung, zu schematische Behandlung der Talformen als Charaktermerkmale des Abtragungsstadiums u. a. m. Aber selbst wenn man alles dies in Betracht zieht, bleibt doch ein genialer Wurf übrig, dessen Grundgedanken sich mehr und mehr als fruchtbar erwiesen haben. Gewiß, das feine Instrument, das Davis mit seiner Methode geschaffen hat, darf eigentlich nur von Meistern wie Davis selbst gespielt werden; in den Händen von nicht gründlich durchgebildeten und nicht zu scharfer Eigenkritik erzogenen Anhängern kann aus demselben Instrument arger Dilettantismus ertönen. Aber was besagt das gegen den Gehalt der Davisschen Gedanken? Ist es Davis zuzuschreiben, daß die Anhänger seiner Theorie oftmals mit weit minderer Vorsicht und mit wesentlich geringerem Scharfblick arbeiten, als es der Meister für notwendig erachtet und selbst tut? In dem Rausch, der bei Aufkommen der Davisschen Zyklenlehre viele Morphologen erfaßte, ist es gewiß zu bedauerlichen Übertreibungen gekommen. Namentlich die von Davis für den Fall des Eintritts tektonischer Störungen entwickelten Modifikationen des normalen Ablaufs haben vielfach Verwirrung angerichtet und bisweilen eine wahre Peneplain-Sucht erzeugt **. Aber das sind Kinderkrankheiten gewesen, von denen heute schon nicht mehr viel zu spüren ist. War einst die Front gegen schematische Handhabung und Übertreibung der Davisschen Methode berechtigt und not-

* Von A. Supan vorgeschlagene Bezeichnung.

** So stellte damals Willis [17] die grundstürzende Behauptung auf, kein vortertiäres Gebirge habe sich in seiner früheren Gestalt erhalten, sie alle seien dem Erdboden gleichgemacht und erst in der Tertiär- oder Quartärzeit durch Hebung wieder ins Leben zurückgerufen worden. In Zentral- und Ostasien sei noch in der Quartärzeit eine völlige Einebnung der tertiären Rumpfschollengebirge erfolgt, und die heutigen Gebirge seien erst in jungquartärer Zeit entstanden. Machatschek [18] hat diese Datierung als gänzlich unbegründet nachgewiesen.

wendig, so ist es heute an der Zeit, den Fortschritt anzuerkennen, den diese Theorie in der Tat angebahnt hat. Dank ihr ist es überhaupt erst zur Gewißheit geworden, daß neben Abrasionsebenheiten fluviatile Rumpfflächen tatsächlich bestehen und in fast allen Teilen der Welt eine große Rolle spielen. Erst seit Verbreitung der Davisschen Lehre hat allenthalben die Erosion des fließenden Wassers diejenige Würdigung gefunden, die ihr nach ihrer Bedeutung für die Ausgestaltung der Erdoberfläche zukommt. Auf die Davissche Zyklenlehre geht nicht zuletzt die Erkenntnis zurück, wie stark die Erdkruste selbst noch im Diluvium von Ruckungen und Zuckungen betroffen wurde. Daß deutsche Forscher, z. T. unbewußt und ungewollt, wesentlich dazu beigetragen haben, durch theoretische Untersuchungen und praktische Arbeit im Gelände das Fundament dieser neuen Lehre zu stärken und zu festigen, darf nicht übersehen werden; den Anstoß dazu aber hat Davis gegeben, indem er die Morphologen der ganzen Welt nötigte, sich mit den von ihm vorgetragenen Gedanken auseinanderzusetzen und die Nützlichkeit seiner Theorie praktisch zu erproben.

Freilich vermag auch die Davissche Theorie noch nicht alle Schwierigkeiten beiseite zu räumen, eine Reihe von Problemen bleibt vielmehr einstweilen strittig. Dazu gehört zunächst die Frage nach dem für fluviatile Verebnung in Betracht kommenden Zeitmaß. Im allgemeinen wird man bei der Untersuchung von Rumpfflächen bestätigt finden, was elementares morphologisches Empfinden vermuten läßt, nämlich daß sehr erhebliche Zeiträume notwendig sind, um ein Gebirgsland bis zur Wurzel abzutragen und zu verebnen. Wie aber sollen wir damit z. Bsp. die größtenteils tertiären Rumpfflächen der R-, T- und F-Gruppen in Einklang bringen, die Stickel [19] im linksrheinischen Schiefergebirge und den angrenzenden Gebieten nachgewiesen hat? Wie sollen wir uns den erstaunlich schnellen Ablauf des fluviatilen Destruktionsprozesses vorstellen, der auch sonst, z. Bsp. in den Ostalpen [20], auf Grund einwandfreier geologischer Aufschlüsse vielfach angenommen wird, wenn in allen diesen Fällen wirklich tiefreichende fluviatile Verebnung stattgefunden hat? Eine Antwort auf diese Frage ist z. Zt. nicht möglich. Man kann es deshalb sehr wohl verstehen, wenn manche Forscher gegenüber diesen vielen zeitlich sehr rasch aufeinander folgenden Verebnungsflächen skeptisch gestimmt sind.

Ein zweites Problem betrifft die Gestaltung der Rumpfflächen. Der fluviatile Zyklus läuft nach Davis darauf hinaus, ein mit starker Reliefenergie ausgestattetes gebirgiges Gelände zu verflachen und es in eine wesentlich tiefer gelegene Ebenheit zu verwandeln. Wie weit aber kann die Verflachung gehen, und in welchem Niveau haben wir die Rumpffläche anzunehmen, ehe tektonische Bewegungen sie erfaßten und als nunmehrige Totform in irgendwelche Höhen emporhoben? Es kann keinem Zweifel unterliegen, daß der fluviatile Zyklus niemals bis zur völligen Vernichtung der wasserscheidenden Schwellen fortschreiten kann. Die von ihnen ausgehenden Flüsse können das Gefälle mehr und mehr verringern, aber sie können es nicht aufheben, denn es ist ja ihre Lebensbedingung. Auch ist es undenkbar, daß die seitliche Erosion ohne Schranken ausgreifen könnte und daß sie imstande wäre, die zwischen zwei parallelen Flüssen hinlaufende wasserscheidende Erhebung so völlig wegzuräumen, daß die beiderseitigen Talauen miteinander verschmelzen. Auch die Massenabwanderungen und ihre korradierenden Wirkungen müssen bei einer bestimmten Mindestneigung aufhören, mag auch dieser Grenzwinkel noch so klein sein. Kurzum: der fluviatile Zyklus kann wohl zu weitgehender Verflachung, aber nicht zur völligen Einebnung und Beseitigung der Wasserscheiden führen *. PENCK hat daher zutreffend die Peneplain als Wellungsebene bezeichnet. Selbst wenn die Täler unter Schutt begraben liegen, müssen ihre Linien noch nachweisbar sein, und ein neu einsetzender Zyklus muß, zum Teil wenigstens, an das alte Netz anknüpfen. Nur eine völlige Auflösung durch tektonische Vorgänge könnte die ursprünglichen Züge der Rumpffläche bis zur Unkenntlichkeit verwischen. Würden uns alle fossilen Rumpfflächen in der Gestalt von Wellungsebenen mit noch leidlich erkennbaren alten Talungen begegnen und würde jeder neue Zyklus das alte Talnetz nicht einfach ignorieren, so lägen die Verhältnisse einigermaßen einfach. Aber diese Voraussetzungen sind oftmals nicht im mindesten erfüllt; wir treffen nicht selten Rumpfflächen von fast tischebener Gestaltung, ohne Spuren alter, wiederbelebter Talungen an und vermögen keine Kräfte dafür namhaft zu machen, die die fluviatile Destruktion über das Stadium der Wellungsebene hinaus bis zur Schaffung derartiger Rumpfebenen schreiten ließen. Hier liegt eine weitere Schwierigkeit, auf die bei zukünftigen Forschungen besonders geachtet werden sollte.

Und schließlich die Hauptfrage: In welchem Niveau dürfen wir eine eben vollendete Rumpffläche vermuten, wie weit geht bei fluviatiler Erosion die Tieferlegung des Reliefs? Eine solche Frage erscheint vielleicht reichlich theoretisch, da in der heutigen Gestaltung der Erdoberfläche die Rumpfflächen ja nur als Totformen in einer durch nachträgliche Krustenbewegungen (Hebungen oder Verbiegungen) bestimmten, von Fall zu Fall sehr verschiedenen Seehöhe auftreten. Das ist gewiß richtig; für die Einstellung zur DAVISschen Theorie aber ist dieser Punkt von erheblicher Wichtigkeit. Nach DAVIS und seiner Schule endet der fluviatile Destruktionsprozeß erst, wenn allenthalben das »untere Denudationsniveau« (S. 163) erreicht ist, die Flüsse ihr Gefälle bis zur Herstellung der »Erosionsterminante« (S. 193) vermindert haben. Man nimmt an, daß dies eine Tieferlegung des Reliefs bis annähernd in das Meeresniveau bedeutet; nur bei der Abtragung von Gebirgen, die weitab

* Der Grad der Verflachung wird bei fluviatiler Destruktion wesentlich durch die Dichte des Talnetzes bestimmt.

vom Meere liegen, soll die Rumpffläche, sanft und stetig vom Meeresniveau aufsteigend, noch eine Seehöhe von ein paar hundert Metern behaupten können. Aber das Problem der Erosionsterminante ist noch nicht gelöst. Nicht Deduktionen, sondern nur exakte Beobachtungen könnten uns darüber Aufschluß geben, und letztere lassen uns im Stich. Nach PENCK [21] können Ströme unter einem Neigungswinkel von 0° 17′ »erstaunliche Sandmassen transportieren und oft große Löcher auskolken«. »Die Erosion«, sagt er, »hört erst dann auf, wenn die Gewässer so träge dahin schreiten, daß sie nicht mehr die feinsten Partikel zu verschleppen vermögen, welche sich im Laufe der Zeiten durch das Zusammenwirken der verschiedensten Kräfte aus ihrem Boden loslösen.« Aber damit ist der Kernpunkt der Frage nicht getroffen. Es kommt nicht darauf an, ob ein Fluß gelegentlich einmal bei Hochwasser und an Stellen wirbelnder Wasserbewegung seine Erosionskraft nach der Tiefe betätigen kann, sondern darauf, welcher Vorgang, Erosion oder Aufschüttung, Vertiefung oder Erhöhung des Bettes, im Lauf eines Jahres überwiegt. Bei welchem Neigungswinkel noch Abtragung vorherrscht, welches Gefälle die Rumpffläche demnach besitzt, bis zu welcher Höhe über das Meeresniveau sie sich erheben kann, ist durch Beobachtungen im Gelände noch nicht mit genügender Sicherheit ermittelt worden. Das ist sehr zu bedauern, denn gerade dieser Punkt beeinflußt natürlich die Stellungnahme zur DAVISschen Theorie sehr stark. Wird Erniedrigung bis annähernd ins Meeresniveau als wahrscheinlich hingestellt, so müssen wir besonders im Falle mehrflächiger Rümpfe eine Beweglichkeit der Erdkruste annehmen, die nach der Meinung vieler Forscher jedes durch sonstige Beobachtungen belegte Maß überschreitet und deshalb unwahrscheinlich ist. HETTNER [22] z. Bsp. wendet sich vornehmlich aus diesem Grunde gegen die Annahme von Einebnungsflächen, die in einer längeren Zeit tektonischer Ruhe durch allgemeine Abtragung auf eine beständige Erosionsbasis hin gebildet worden sein sollen. Zugegeben, daß er in diesem Widerstand bisweilen zu weit geht und, weil wir den Mechanismus der Rumpfflächenbildung noch nicht genügend überschauen, gelegentlich das Vorhandensein zweifelsfrei festgestellter Rumpfflächen abstreitet. Aber auf der anderen Seite wird man anerkennen müssen, daß HETTNERS Mahnung und Warnung einen auch von SUPAN stets hervorgehobenen wunden Punkt in der DAVISschen Theorie berührt und daß nach dieser Richtung hin eingehende, auf sorgfältigen Beobachtungen im Gelände aufgebaute Untersuchungen dringend not tun. Ob sich dabei die von KLÜPFEL [23] entwickelte Theorie der »Gegenbewegungszyklen« als fruchtbar erweisen wird oder nicht, ist im Augenblick noch nicht abzusehen. Jedenfalls aber sollten die von KLÜPFEL mitgeteilten Feststellungen und Folgerungen allenthalben beachtet werden, denn daß ein solches Abwechseln von Hebungen und Senkungen und damit von Abtragung und Aufschotterung vielfach den schematischen Ablauf des DAVISschen Zyklus unterbricht und mannigfache Verebnungsflächen entstehen läßt, unterliegt keinem Zweifel. Wir werden bei Erörterung der Piedmontflächen auf die Gedankengänge von KLÜPFEL noch einmal zurückkommen.

Wie weit und in welcher Weise die Gesteinsbeschaffenheit von Einfluß auf den Gang der fluviatilen Verebnung ist, steht noch immer nicht einwandfrei fest. DAVIS vertritt die Auffassung, daß die Monotonie der fluviatilen Rumpffläche von zwei Arten von Restbergen unterbrochen werden könne, Reststücken der Wasserscheiden (Fernlingen) und Reststücken besonders widerstandskräftiger Gesteinspartien (Härtlingen). Wir haben uns oben bei Erörterung der Hügel und Berge (S. 297 f.) mit diesen Problemen bereits eingehend beschäftigt und weisen an dieser Stelle nur noch einmal darauf hin, daß erstens die Rumpfflächen bisweilen ohne Rücksicht auf Gesteinsunterschiede ausgebildet sind, d. h. daß sie auch die harten Gesteine völlig in die Verebnung einbezogen haben, und daß zweitens in Fällen, wo eine Deutung als Fernlinge kaum in Frage kommt, keineswegs alle Rumpfrestberge aus besonders widerstandskräftigem Gesteinsmaterial bestehen. Welche Erklärungen für die Entstehung derartiger Hügel und Berge denkbar sind, wurde oben dargelegt (S. 299 f.). Von gesicherter Erkenntnis sind wir aber auch in diesem Punkte noch weit entfernt. Die DAVISsche Theorie, der es weit mehr auf die genetische Deutung der Rumpfebenheiten als auf die Erklärung der Restberge ankommt, genügt hier jedenfalls nicht. Sie hat als großzügige Konzeption die Forschung auch nach dieser Richtung erheblich befruchtet, ohne mit einem Schlage die Gesamtheit aller Probleme restlos lösen zu können. Je mehr wir uns gegen die naheliegende Gefahr einer schematischen Behandlung dieser Fragen wappnen und zu sorgfältigen Beobachtungen im Gelände zurückkehren, desto fruchtbarer wird sich auch hier der durch den Wechsel deduktiver und induktiver Methoden gekennzeichnete Zickzackweg für die Entwicklung der Wissenschaft erweisen.

Eine letzte Bemerkung muß den fluviatilen Verebnungsflächen in Kalkgebieten gewidmet werden. Der Zyklus erfährt hier eine petrographisch bedingte Abwandlung, indem sich zur oberirdischen eine noch stärker wirksame unterirdische Erosion gesellt und die Destruktion überdies durch Ausbildung der typischen Karsthohlformen (Dolinen, Uvalas, Poljen) wesentlich gefördert wird. Erst wenn die bei der chemischen Zersetzung des Kalkes entstehenden Rückstände zu einer allgemeinen Verlehmung der Karstlandschaft geführt haben, kann der Abtragungsvorgang sich wieder stärker dem normalen oberirdisch-fluviatilen Zyklus nähern. Wir werden unten in dem Kapitel »Fazieller Formenschatz« auf diese Fragen zurückkommen.

3. Marine Rumpfflächen. Wie sehr die Brandungswogen des Meeres imstande sind, abtragend und verebnend zu wirken, haben wir oben (S. 247 f.) kennengelernt. Es ist mithin theoretisch wohl denkbar, daß ein der Abrasion ausgesetztes Gebirgsland allmählich bis zum Rumpf abgeschliffen wird und auf diese Weise ein neuer Typ von Rumpfflächen entsteht; nachträgliche Hebung kann eine solche Abrasionsebenheit über

das Meeresniveau emporheben. Den Charakter einer marinen Rumpffläche können wir daran erkennen, daß sich unter Umständen auf der Abrasionsfläche Reste mariner Sedimente bzw. ozeanischer Lebewesen erhalten haben. Fehlen solche Zeugen einer submarinen Entstehung, so vermögen allenfalls paläogeographisch-geologische Feststellungen die These von der marinen Natur der Rumpffläche zu stützen.

Obwohl wir eine Reihe typischer Abrasionsplatten kennen (Helgoland, Norwegen!) und hier also den Vorgang der marinen Verebnung bis zum Fertigwerden der Endform verfolgen können, ist das Problem der marinen Rumpffläche noch immer umstritten. Es dreht sich dabei vor allem um die Frage, ob und unter welchen Umständen die zweifellos von der Abrasion erzeugten Felsplatten landeinwärts derartig zu wachsen imstande sind, daß nicht nur der Küstensaum, sondern weite Gebiete des Festlandes von der Verebnung betroffen werden. Vielfach herrscht die Ansicht, daß die Brandung nur einen relativ schmalen Küstenstreifen abradieren kann, sofern nicht etwa eine gleichzeitig nebenher gehende stetige Landsenkung dem Meere dauernd weiteres Eindringen in den kontinentalen Raum ermöglicht; sobald eine Abrasionsplatte entstanden ist, soll diese geradezu wie ein Wellenbrecher wirken und das dahinterliegende Kliff gegen Angriffe des Meeres so schützen, daß eine weitere Ausdehnung der Abrasionsplatte zur Unmöglichkeit wird. Marine Rumpfflächen könnten sich also nur im Falle positiver Niveauveränderungen entwickeln. Gegen diese Auffassung wendet sich Johnson [24] mit allem Nachdruck. Selbst wenn sich eine Küste im Gleichgewichtszustand befindet, kann nach ihm keine Rede davon sein, daß die Kraft der Wellen infolge Erschöpfung beim Überspülen der Abrasionsplatte aufhört, morphologisch wirksam zu sein. Gewiß tritt ein Verlust der Wellenenergie ein, aber das bedeutet nur, daß der Weg zu dem von der Abrasion erstrebten Ziel geändert, das Tempo vermindert, nicht das Ziel selbst preisgegeben wird. Sand und Geröll werden nämlich unausgesetzt auf der Abrasionsebenheit hin und her bewegt; die Trümmermassen zermahlen sich dabei mehr und mehr, werden kleiner und schließlich als feines Gesteinsmehl von den Wogen entführt. Diese gewaltige Mühle, die das Land umgibt, zehrt natürlich auch an den Abrasionsplatten; die Schuttmassen reiben sich nicht nur gegeneinander, sondern scheuern auch den Untergrund, zermürben weicheres Gestein, splittern hier und da einen Felsbrocken ab und bewirken auf diese Weise eine Abtragung der Abrasionsplatte. Die Ursache der Wellenerschöpfung, d. i. die zu geringe Wassertiefe über der Plattform, wird nach Johnson allmählich wieder beseitigt, so daß nun die Brandung mit voller Kraft gegen das Kliff anstürmen und es weiter landeinwärts rücken kann. Ganz allgemein formuliert Johnson: Jede submarine Oberfläche, die so flach liegt, daß sie den Angriff der Wellen zurückhalten kann, wird durch Schuttkorrasion abgeschliffen und so weit tiefer gelegt, bis der Angriff der Wellen fortgesetzt werden kann. Die Wellen können sich niemals von selbst aus ihrer Arbeit ausschalten, auch nicht mit Hilfe der von ihnen geschaffenen Plattform; dazu sind nur fremdartige Kräfte, in erster Linie negative Niveauveränderungen, fähig. Was wir bei den Abrasionsplatten beobachten, ist nur ein Stadium des marinen Zyklus, der genau wie der fluviatile mit der Schaffung weitflächiger Rumpfebenen, bei andauernder völliger Ruhe der Erdkruste also mit gänzlicher Verebnung der Erdoberfläche, endet. — Meinung steht im Augenblick gegen Meinung. Auch hier bedarf es sorgsam durchgeführter Beobachtungen an Plattformen und Kliffs, um eine endgültige Lösung dieser Streitfrage herbeizuführen. Die Parallele zwischen Problematik der Erosionsterminante und der der Abrasionsterminante — beides theoretische Konstruktionen — ist offenbar.

Je nach der Auffassung, der man hinsichtlich dieser Grundfrage huldigt, ändert sich die Antwort auf die weitere Frage: Spielen marine Rumpfflächen eine wesentliche Rolle für die Oberflächengestaltung der Erde oder nicht? »Nein«, antworten die einen; »selbstverständlich ja«, behaupten die anderen und weisen darauf hin, daß viele der bislang als fluviatile Rumpfflächen angesprochenen Gebilde höchstwahrscheinlich mariner Entstehung sind. Die ersteren stützen sich dabei u. a. auf das vergleichsweise angeblich viel raschere Tempo der fluviatilen Destruktion; sie berufen sich auf den viel zitierten Satz von Geikie: »Ehe das Meer um zehn Fuß im Jahrhundert vorschreiten und einen Randsaum von 70—80 Meilen Breite abschleifen kann, müßte das ganze Land von der atmosphärischen Denudation ins Meer gewaschen sein.« Indessen für einen solchen Vergleich der Leistungsfähigkeit fluviatiler und mariner Destruktion fehlt in Wirklichkeit doch jedweder brauchbare Maßstab. Alle ziffernmäßigen Angaben über die Erniedrigung der Landoberfläche durch die Erosion des fließenden Wassers kranken daran, daß die Abnahme der Destruktion, die sich bei Fortgang des Abtragungsprozesses wegen der Verminderung des Flußgefälles automatisch einstellen muß, nicht gebührend berücksichtigt wird. Gewöhnlich entspricht der Überschätzung der subaerischen Destruktion eine Unterschätzung der submarinen. Bei dem heutigen Stand der Wissenschaft ist das eine so wenig zu beweisen wie das andere, und man muß Johnson wohl das Recht einräumen zu behaupten, die Wellenerosion könne ein großes Land völlig abradieren, ehe die subaerischen Kräfte Zeit zur Erniedrigung bis auf den Meeresspiegel gehabt haben.

Auch der andere Einwand, die Erdkruste verharre nirgends lange genug in Ruhe, um die marine Erosion wesentlich über das Stadium der Ausbildung von Abrasionsplattformen hinausgelangen zu lassen, ist wenig überzeugend. Selbstverständlich wird es der Brandung schwerfallen, mit stark ausgeprägter Hebungsbewegung des Landes gleichen Schritt zu halten; dafür aber wird durch Landsenkung die Abrasion wesentlich gefördert und die Ausbildung weiter Abrasionsebenheiten begünstigt. Hier allgemein gültige Schätzungen vorzunehmen, ist um so weniger ratsam, als starke und dauernde Senkung des Landes den Ablauf des fluviatilen Destruktionsprozesses erheblich beeinflußt und eine Periode überwiegender Abtragung durch eine solche überwiegender Aufschotterung ersetzen kann. Alles in allem muß es wohl sein Bewenden dabei haben, daß marine Abrasion und fluviatile Erosion hinsichtlich der Ausbildung von Rumpfflächen als annähernd gleichwertige Faktoren anzusehen sind. Nur die Tatsache, daß die marinen Rumpfflächen erst gehoben werden müssen, um deutlich in Erscheinung zu treten, während die fluviatilen Rumpfflächen sogleich sichtbar sind und selbst bei positiven Niveauveränderungen in der Regel als Formen der Erdoberfläche erhalten bleiben, hat wohl dazu geführt, daß wir von einem Extrem ins andere gefallen sind und heute, im Gegensatz zur älteren Morphologenschule, den fluviatilen Rumpfflächen den Vorrang einräumen.

Ist dem so, so werden wir künftighin bei der Untersuchung von Rumpfflächen noch mehr als bisher verlangen müssen, daß durch Beobachtungen im Gelände die Frage »Erosions- oder Abrasionsrumpffläche« geklärt wird. Wie schwierig das ist, haben wir oben bereits dargelegt; aber auch hier sind Schwierigkeiten dazu da, überwunden zu werden. Wo von einem alten Flußnetz gar nichts festzustellen und die Reliefenergie im Bereich der ganzen Abtragungsfläche auffallend gering ist, wird die Annahme einer marinen Verebnung naheliegen. Mit Hilfe geologischer Methoden wird dann der Morphologe prüfen, ob und wann das Meer vor Ausbildung des Flachreliefs diese Gebiete überspült hat. Ergeben sich positive Anhaltspunkte, so ist der Beweis für marine Entstehung der Rumpffläche erbracht, so weit man in diesem Falle überhaupt von Beweisen sprechen kann. Das Auftreten von Rumpfrestbergen ist bei diesen Untersuchungen nicht von Belang, denn die Beobachtungen an Abrasionsplatten lehren uns, daß auch bei der marinen Erosion einzelne härtere Partien der Abtragung trotzen, wenn ringsherum die Verebnung schon weitflächig gelungen ist. — Wie sehr wir in einer Übergangszeit leben und augenscheinlich zu einer allmählich wieder stärkeren Wertung der Abrasion gelangen, beweist u. a. die Tatsache, daß Barrel die subaerische Entstehung der Uplands des südlichen New Hampshire bezweifelt und die dortigen Ebenheiten mitsamt dem Mt. Monadnock auf marine Abrasion zurückführt.

Zum Schluß gilt es, noch kurz zwei Fragen zu streifen, die in der modernen Literatur eine Rolle spielen. Zunächst werden wir uns mit der namentlich von Johnson aufgeworfenen Frage auseinandersetzen müssen, ob ein in verschiedene Stadien zerfallender, mit jeweils bezeichnenden Formenelementen ausgestatteter mariner Zyklus denkbar ist, bzw. ob es statthaft ist, auch bei der Abrasion von unreifen, reifen, alten und greisenhaften Formen zu sprechen. Johnson bejaht die Frage und verweist als Beispiel auf die Reihe: ältere Appalachen, Piedmont-Zone, atlantische Küstenzone. Allgemein könnte man als

Stadien des marinen Zyklus etwa angeben: Steilküste (Stadium der Unreife), Abrasionsplattform mit abschließendem Kliff (Stadium der Reife), weitflächige marine Rumpfebene (Stadium der Überreife). Neben diesem Zyklus des Küstenprofils muß aber auch der Zyklus des Küstengrundrisses berücksichtigt werden: gebuchtete Küste, ausgeglichene Küste, geradlinige Küste. Theoretisch werden Einwendungen dagegen kaum zu erheben sein, sofern man grundsätzlich die Möglichkeit eines Fortschreitens der Abrasion bis zur Ausbildung weitflächiger Rumpfebenheiten bejaht. Für die Praxis ist damit jedoch wenig gewonnen; wir möchten einer marinen Zyklenlehre nicht sonderlich das Wort reden, weil auch hier wieder die Gefahr besteht, daß der Einfluß von Gesteinsbeschaffenheit und -lagerung nicht genügend berücksichtigt, der Formenschatz schematisch allein auf das Alter des Destruktionsprozesses zurückgeführt wird.

Der zweite Punkt betrifft die Beziehungen zwischen marinem und fluviatilem Zyklus. Es leuchtet ein, daß, je jünger das Stadium des fluviatilen Zyklus ist, um so mehr Schuttmassen vom Lande ins Meer verfrachtet werden; die Arbeit des Meeres an der Ausgestaltung der Küste kann dadurch gehemmt werden. Umgekehrt bleibt dem Meere um so mehr Kraft für die Bearbeitung der Küste, je weniger es durch den Abtransport terrigener Lockerstoffe in Anspruch genommen wird, d. h. je weiter der fluviatile Zyklus gediehen ist. Ob darüber hinaus noch weitere Beziehungen bestehen — JOHNSON hält für möglich, daß durch die Landzerstörung die marine Sedimentation außerordentlich gesteigert und dadurch ein Ansteigen des Meeresspiegels, d. h. Verstärkung der Reichweite mariner Abtragung, hervorgerufen wird — bleibe dahingestellt. Anerkennt man die Richtigkeit der oben skizzierten Wechselwirkungen, so müßte wohl auch eine klimatische Abwandlung des marinen Zyklus bejaht werden. Unter sonst gleichen Umständen müßte die Abrasion an den Küstengebieten der Wüsten, wo Flüsse und damit terrigene Schuttmassen fast ganz fehlen, ihre stärkste und schnellste Wirkung entfalten. Zukünftigen Forschungen wird es vorbehalten sein, durch genaue Beobachtungen an Ort und Stelle auch diese Frage zu klären.

4. Äolische Rumpfflächen. Die Arbeit des Windes haben wir in einem früheren Kapitel (S. 222 f.) kennengelernt. Schon damals deuteten wir an, was an dieser Stelle nachdrücklich hervorgehoben werden muß, daß Gebiete, in denen ausschließlich der Wind morphologisch wirksam ist, Abspülung und Erosion ganz und gar ausgeschlossen bleiben, nirgends festgestellt sind. Wir werden auch später bei Erörterung des klimatisch bedingten Formenschatzes auf diese Tatsache den größten Wert legen. Damit aber ist bereits ausgesprochen, daß uns zu einem Erfassen rein äolischer Destruktion die erforderlichen Beobachtungsgrundlagen fehlen. Es kommt hinzu, daß der Wind, wie wir oben schilderten, in gleicher Weise ein Feind der Ebenheiten und der Uneben-

heiten zu sein scheint. Wo ausgesprochenes Flachrelief dem Winde überantwortet ist, fegt und scheuert er die widerstandsschwächeren Partien aus, mögen sie nun petrographisch bedingt oder durch chemische Erosion, Trampeln und Wühlen der Herdentiere u. a. m. hervorgerufen sein; aus der Ebenheit entsteht eine Wannenlandschaft, deren Reliefenergie immerhin erheblich größer ist als die der Ursprungsform. Wo andererseits ein Gebirgsland in der Hauptsache vom Winde bearbeitet wird, erfolgt nicht nur eine Ausgestaltung der Kleinformen mit Korrasionsskulptur mannigfacher Art, sondern sicher im Laufe der Zeit eine Abtragung der Erhebungen, eine Verflachung und Tieferlegung des Reliefs. Wie die resultierende Endform aussehen könnte, vermögen wir nicht zu sagen, weil, wie betont, in allen hierfür in Frage kommenden Landschaften stets auch Abspülung und Erosion als formenbestimmende Faktoren mitwirken. Äolische Rumpfflächen würden sicher nicht das Maß von Ebenheit aufweisen, das wir bei marinen Rumpfflächen antreffen, vermutlich sogar unruhiger als die fluviatile Wellungsebene gestaltet und häufiger als die beiden anderen von Restbergen durchsetzt sein. Aber das sind theoretische Vorstellungen, mit denen wir uns nicht weiter zu befassen brauchen, weil die Natur kategorisch jede Antwort verweigert. Es gibt nur äolische Abtragungsgebiete, äolisch ausgestaltetes Flachrelief, das sich wie die Wannennamib Südwestafrikas der äolischen Rumpffläche mehr oder weniger nähern mag; aber Destruktionsflächen, die aus der Abtragung eines Gebirges ausschließlich durch den Wind hervorgegangen wären, existieren nicht. Mag sein, daß die Rumpffläche, die Südafrika durchzieht und im sanftwelligen Innern noch besonders gut erhalten ist, eine tektonisch umgeformte Abtragungsfläche darstellt, bei deren Modellierung auch der Wind beteiligt war [25]; gewiß ist es nicht ausgeschlossen, daß die den Untergrund der saharischen Schotts bildende Felsebenheit unter Mitwirkung von Winderosion entstanden ist [26]. Aber weder die eine noch die andere darf als äolische Rumpffläche im strengen Sinne des Wortes aufgefaßt werden; sie alle sind komplexe Erscheinungen, Formen vielleicht des ariden Klimas, nicht aber ausschließlich vom Winde erzeugt.

Mit dieser Stellungnahme ist bereits unsere Ansicht gegenüber Keyes [27] und dem von ihm deduktiv entwickelten äolischen Zyklus festgelegt. Dieser Forscher überschätzt augenscheinlich die Bedeutung des Windes erheblich und läßt sich durch seine Erfahrungen in den westamerikanischen Wüsten zu Verallgemeinerungen verleiten, die in dieser Einseitigkeit schwerlich zu verteidigen sind. Wir stimmen mit Keyes durchaus darin überein, daß es eine besondere Form der Destruktion im ariden Klima gibt, und werden im Schlußkapitel dieses Buches ausführlich davon sprechen; von einem äolischen Zyklus, einer äolischen Endrumpffläche zu handeln, müssen wir ablehnen, weil wir damit den Boden gesicherter und in der Natur nachprüfbarer Erkenntnis verlassen.

5. Glaziale Rumpfflächen. Nach allem, was bisher über die Arbeit des fließenden Eises gesagt wurde, steht vielleicht zu erwarten, daß wir die Möglichkeit der Entstehung von Rumpfflächen durch Gletscherschurf ohne weiteres bejahen werden. Es will uns jedoch ratsam erscheinen, auch hier mit großer Zurückhaltung zu urteilen. Gewiß sind die weitflächigen Rundhöckerlandschaften, die wir im skandinavischen und kanadischen Schild antreffen, durch die in der Diluvialzeit darüber weggeflossenen Eismassen geprägt worden. Mit dieser Feststellung ist jedoch noch nicht erwiesen, daß das Inlandeis in diesen Fällen ein Gebirgsgelände antraf und es durch glaziale Erosion in ein Flachrelief verwandelte. Nur für solche Verebnungsflächen aber könnten wir die Bezeichnung »glaziale Rumpffläche« verantworten. Die Frage nach dem präglazialen Relief der beiden großen nordhemisphärischen glazialen Ausräumungsgebiete ist noch nicht entschieden; manches spricht dafür, daß das Inlandeis hier bereits ein Flachrelief vorfand und dieses nur glazial umformte, womit sicherlich eine Verminderung der Reliefenergie und eine Tieferlegung der noch weiter verflachten Oberfläche verbunden war. — Bleibt hier mangels unzureichender Beobachtungstatsachen die Entscheidung ungewiß, so liegt es nahe, sich nach denjenigen Gebieten zu wenden, in denen noch heute weitflächige Vereisungen bestehen. Weder in der Antarktis noch in Grönland und anderen hochpolaren Inseln ist die morphologische Tätigkeit des Inlandeises seit der Diluvialzeit unterbrochen worden; führt glaziale Erosion überhaupt zur Bildung von Rumpfflächen, so müssen wir sie hier antreffen. Unsere Bemühungen scheitern leider abermals, denn über das präglaziale Relief dieser Gebiete ist jede Auskunft unmöglich, und sichere Feststellungen über die rezente subglaziale Oberflächengestaltung verwehrt die Eisdecke. Das Auftreten von Nunatakrn spricht dafür, daß mindestens zahlreiche Restberge erhalten blieben, was vielleicht auf die Plastizität des Eises gegenüber langanhaltendem Druck zurückzuführen ist. — Wir unternehmen einen letzten Versuch, dem Problem beizukommen, und begeben uns ins norddeutsche Flachland. Hier ist der Eisstrom über ein Schollenland mit relativ starker Reliefenergie hinweggeflossen, und wenn sich heute auch eine mächtige Grundmoränendecke darüber legt, so sind wir durch Bohrungen usw. doch leidlich gut über die Oberflächengestaltung des submoränen Untergrundes unterrichtet. Von weitflächiger Verebnung kann hier bestimmt nicht die Rede sein; im Gegenteil, die Reliefenergie der alten Landoberfläche ist noch so groß, daß man auf Grund dieser Erfahrung der Theorie der glazialen Rumpffläche mit einiger Skepsis begegnet. Man kann nun allerdings einwenden, daß in diesem Falle die Dauer des glazialen Destruktionsprozesses zu kurz war, um zu einer Verebnung zu führen. In jedem Falle bleibt es Tatsache, daß wir Beweise für die glaziale Rumpf-

flächenbildung bislang nicht besitzen und daß die Wahrscheinlichkeit eher gegen als für die Theorie der glazialen Verebnung spricht. Ein endgültiges Urteil muß zukünftigen Forschungen überlassen bleiben.

Ähnlich ungeklärt ist das andere Problem, wie weit eine glaziale Verebnung in einem Hochgebirge eintreten kann, das nur mit seiner höchsten Erhebungszone in die Region von ewigem Schnee und Eis hineinragt. Theoretisch könnte man sich vorstellen, daß z. Bsp. durch ständige Weiterentwicklung der Kare zunächst eine Reihe von Karplatten und aus diesen durch Aufzehren der restlichen Karlinge schließlich eine im Niveau der Firngrenze gelegene Kar-Rumpffläche entstehen müßte. Das Hochschwab-Plateau, das Dachstein-Plateau u. a. m. haben in der Tat gelegentlich eine solche Deutung gefunden. Götzinger[28], der die salzburgischen, steierischen und niederösterreichischen Hochplateaus untersuchte, sprach diese jedoch nicht als Kar-Abtragungsflächen an, sondern als Reste einer altmiozänen fluviatilen Verebnungsfläche.

Die Trugrumpfflächen. Schon oben bei der Erörterung der Piedmonttreppe lernten wir eine besondere Art von Verebnungsflächen kennen, die den bisher erörterten Rumpfflächen nicht ohne weiteres gleichgestellt werden können. Für die Piedmontfläche ist es bezeichnend, daß nicht ein Gebirge in seiner Gänze zerstört und eingeebnet wurde, sondern daß sich die Destruktion damit begnügte, eine Verebnungsfläche in den Hang einer im Kernstück erhalten gebliebenen Erhebung einzukerben. Wie wir oben bereits darlegten (S. 366), sieht W. Penck [29] als wichtigstes genetisches Merkmal der Piedmontfläche die Tatsache an, daß diese Art von Verebnungsflächen nicht wie die Rumpfflächen nach der Davisschen Theorie einem fertigen Erhebungskörper nachträglich aufgeprägt wurden, sondern daß sie gleichzeitig mit dem allmählichen Auftauchen der Urform entstehen. Während aber im Falle der Piedmontfläche die so gebildete Abtragungsebenheit ein zentrales Bergland bestehen läßt, kann es auf ähnliche Weise zur Ausbildung einer Destruktionsfläche kommen, die den gesamten Erhebungskörper überspannt und bei der von einem zentralen Bergland nichts wahrzunehmen ist. Sölch hat als erster darauf hingewiesen, daß bei genügend langsamer Aufwölbung eines Gebirges dann, wenn die Zerstörung durch die außenbürtigen Kräfte der Auffaltung Schritt zu halten vermag, sofortige Verebnung eintreten kann; die Schnittfläche kappt nach Art einer echten Rumpffläche den Faltungskörper, der in diesem Falle niemals als Gebirge im orographischen Sinne in Erscheinung getreten ist, sondern stets Flachrelief aufwies. Für solche Verebnungsflächen schlug Sölch die Bezeichnung »Trugrumpf« vor. Auch W. Penck [29] gelangte zu der Vorstellung von derartigen Ebenheiten, die nicht das Ende des Abtragungsvorganges in einem tektonisch ruhenden Gebiet, sondern Begleiterscheinungen einer beginnenden, hinreichend langsamen Hebung oder Auffaltung darstellen. Er hat darum den Begriff »Primärrumpf« eingeführt und stellt den »Primärrumpf« der DAVISschen Peneplain als dem »Endrumpf« gegenüber.

Über die Art der Kräfte, die die Bildung von Trugrumpfflächen besorgen, liegen noch nicht genügend Untersuchungen vor, um heute bereits zu einem endgültigen Urteil zu gelangen. Theoretisch sehr geeignet wäre die Abrasion, und in der Tat sprechen JOHNSON [24] u. a. die Piedmontfläche der Appalachen als ein Erzeugnis mariner Erosion an. Der für Piedmontebenheiten charakteristische Gefällsknick an der Grenze gegen den Gebirgskern ist nach dieser Auffassung als altes Kliff zu deuten. W. PENCK, dem ein früher Tod die weitere Klärung dieses Problems verwehrte, dachte an fluviatile Erosion und stellte zur Begründung seiner These ein deduktives Schema auf, nach dem der ganze Vorgang durch die Gestaltung der Talform, namentlich das konvexe bzw. konkave Querprofil, gekennzeichnet werden sollte. Daß bei der Erklärung der Trugrumpffläche auch sehr wohl an Abtragung durch Dellenbildung, Gekriech usw. gedacht werden könnte, erscheint uns durchaus möglich. Sehr wahrscheinlich können auch hier wieder verschiedenartige Kräfte und Vorgänge unter gleichen tektonischen Bedingungen wesensgleiche Formen entstehen lassen. Hier muß die Einzelforschung einsetzen und durch Beobachtungen im Gelände die Unterlagen für eine sichere Beurteilung der Trugrumpfflächen liefern, deren einen Sonderfall die Piedmontflächen darstellen.

Wir sind heute von diesem Ziel um so weiter entfernt, als von manchen Morphologen der Gedanke des Primärrumpfes als einer allgemeinen Erscheinung bei tektonisch jungen und noch nicht zur Ruhe gekommenen Gebirgen durchaus abgelehnt wird. Am schärfsten urteilt wohl PHILIPPSON [30], der eine Fülle von Argumenten dagegen anführt. Es ist sicher zuzugeben, daß wir über den Mechanismus der Trugrumpfflächenbildung noch keine klare und durch Beobachtungen genügend belegte Vorstellung haben; aber ebenso sicher will uns scheinen, daß in der Lehre vom Primärrumpf ein gesunder und sehr entwicklungsfähiger Kern steckt. Wenn KLÜPFEL [23] von zyklischer Landschaftsgeneration redet und zu beweisen verspricht, daß alle deutschen Mittelgebirge »von einer mehr oder weniger breiten Zone der Schachtelreliefs umzogen werden«, so spielen dabei Vorgänge im Sinne der Primärrumpftheorie ohne Frage eine Rolle. Das gleiche gilt in gesteigertem Maße für die sechs Zyklen, die WINKLER [20] für die Ostalpen wahrscheinlich gemacht hat und denen ebenso viele Flachreliefniveaus im Alter vom Oberoligozän bis ins Diluvium entsprechen. STICKEL [19], ein Schüler PHILIPPSONS, betont zwar mit Nachdruck, daß die von ihm festgestellten Verebnungsflächen im linksrheinischen Schiefergebirge und den angrenzenden Gebieten ohne Ausnahme Endrumpfflächen seien; aber wir vermögen trotz gründlicher Prüfung aller seiner Argumente nicht einzusehen, warum die Theorie des Primärrumpfes den Erscheinungen nicht mindestens ebenso zwanglos gerecht werden sollte. Berkey und Morris [31] kommen in ihrer Geology of Mongolia, um nur ein ausländisches Beispiel für viele zu nennen, zu dem Ergebnis, daß die Befunde im Artsa Bogdo allein durch die Annahme eines postpliozänen Piedmontschelfs zu erklären sind.

Es darf demnach wohl behauptet werden, daß an dem häufigen Vorhandensein typischer Trugrumpfflächen, vor allem in Gestalt von Piedmontflächen, nicht mehr zu zweifeln ist. Sie bestehen neben ebenso sicheren Endrumpfflächen im Sinne der Davisschen Theorie. Vor schematischer Behandlung der hier auftretenden Probleme und einseitiger Stellungnahme zugunsten der einen oder der anderen Auffassung muß eindringlich gewarnt werden. Grundlage jedes Urteils sollte für jeden Einzelfall eine so klare und zweifelsfreie Feststellung der Beobachtungstatsachen bilden, wie sie z. Bsp. Winkler und Stickel bieten. Falls mehrere zeitlich nicht sehr entfernte Verebnungsniveaus übereinander auftreten, sprechen allgemeine geophysikalische Gründe mehr für die Primärrumpf- als für die Endrumpf-Theorie.

Systematik der Flachländer. Wenn wir auch für dieses Kapitel wieder versuchen, den umfangreichen Stoff in ein lediglich dem Überblick dienendes Schema eines genetischen Systems zusammenzufassen, so ergibt sich das folgende Bild:

I. Durch Aufschüttung von Lockerstoffen gebildete Flachländer
   1. Marine Anschwemmungsebenen
   2. Eluviale Aufschüttungsflachländer
   3. Fluviatil-limnische Aufschüttungsebenen
   4. Glaziale Aufschüttungsflachländer
   5. Äolische Aufschüttungsflachländer
   6. Aufschüttungsebenen, die auf verschiedene exogene Ablagerungsvorgänge zurückzuführen sind
   7. Vulkanische Aufschüttungsflachländer

II. Durch söhlig lagernde feste Schichtgesteine gebildete Flachländer
   1. Vulkanische Übergußtafeln
   2. Sedimentäre Tafelländer
      a) terrestrische Ablagerungen
      b) marine Ablagerungen

III. Durch Destruktion gebildete Flachländer.
   1. Schnittflächen
   2. Rumpfflächen (Endrümpfe)
      a) fluviatile Rumpfflächen
      b) marine ,,
      c) glaziale ,,

d) durch Zusammenwirken von Wind, Flächenspülung und anderen Faktoren gebildete Rumpfflächen
e) Karstrumpfflächen
3. Trugrumpfflächen (Primärrümpfe).

Literaturnachweise. [1] A. PENCK, Morphologie der Erdoberfläche; Bd. II, Stuttgart 1894, S. 146. — [2] N. KREBS, Eine Karte der Reliefenergie Süddeutschlands; Pet. Mitt. 1922. — [3] E. TRINKLER, Tibet, sein geographisches Bild und seine Stellung im asiatischen Kontinent; München 1922, S. 120/121. — [4] H. HASSINGER, Geomorphologische Studien aus dem inneralpinen Wiener Becken und seinem Randgebirge; Leipzig 1905. — [5] F. MACHATSCHEK, Landeskunde von Russisch Turkestan; Stuttgart 1921, S. 40/41, 287/288. — [6] F. WAHNSCHAFFE-F. SCHUCHT, Geologie und Oberflächengestaltung des norddeutschen Flachlandes; Stuttgart 1921. P. WOLDSTEDT, Das Eiszeitalter, Grundlinien einer Geologie des Diluviums; Stuttgart 1929. Für das angrenzende Polen bietet einen vorzüglichen Überblick E. WUNDERLICH, Die Oberflächengestaltung Polens; Handbuch von Polen, herausgegeben von der Landeskundlichen Kommission beim Generalgouvernement Warschau, 2. Aufl., Berlin 1918. — [7] Vgl. die sehr lehrreiche Karte von B. ZABORSKI, Karte der Typen des ostdeutschen, polnischen und litauischen Flachlandes; Warschau 1928. — [8] F. v. RICHTHOFEN, China; Bd. II, S. 337. — [9] F. KATZER, Grundzüge der Geologie des unteren Amazonasgebietes; Leipzig 1903. Vgl. auch den geographisch höchst wertvollen Aufsatz von H. BLUNTSCHLI, Die Amazonasniederung als harmonischer Organismus; Geogr. Zeitschr. XXVII, 1921. — [10] S. VON BUBNOFF, Geologie von Europa; Bd. I, Berlin 1926. — [11] F. MACHATSCHEK, Nordamerika; Leipzig 1924, S. 256/58. — [12] F. JÄGER, Afrika; Leipzig 1928, S. 33. — [13] M. BLANCKENHORN, Syrien, Arabien und Mesopotamien; Handb. der regionalen Geologie V/4, Heidelberg 1914. — [14] O. MAULL, Die geomorphologischen Grundzüge Mittel-Brasiliens; Zeitschr. Ges. f. Erdk., Berlin 1924. M. RUB, Die Oberflächengestaltung des brasilianischen Berg- und Tafellandes; Geogr. Ztschr. XXX, 1924. — [15] A. PHILIPPSON, Geographische Reiseskizzen aus Rußland (das russische Flachland); Zeitschr. Ges. für Erdk., Berlin 1898, S. 41/42. Derselbe, Europa; Leipzig 1928, S. 111. — [16] W. M. DAVIS und A. RÜHL, Die erklärende Beschreibung der Landformen; Leipzig-Berlin 1912. W. M. DAVIS und G. BRAUN, Grundzüge der Physiogeographie; 2. Aufl., 2 Bde., Leipzig-Berlin 1915/17. — [17] B. WILLIS, E. BLACKWELDER und R. H. SARGENT, Descriptive Topography and Geology sowie B. WILLIS, Systematic Geology; Research in China, Bd. I, II, Washington 1907. — [18] F. MACHATSCHEK, Neue Arbeiten zur Morphologie von Zentralasien; Geogr. Zeitschr. XX, 1914. — [19] R. STICKEL, Zur Morphologie der Hochflächen des linksrheinischen Schiefergebirges und angrenzender Gebiete; Leipzig 1927. — [20] A. WINKLER, Über Probleme ostalpiner Geomorphologie; Mitt. Geogr. Ges., Wien 1929. — [21] A. PENCK, Das Endziel der Erosion und Denudation; Verh. des VIII. D. Geographentages, Berlin 1889. — [22] A. HETTNER, Noch einmal die leidigen Fastebenen; Geogr. Zeitschr. XXX, 1924. — [23] W. KLÜPFEL, Über Reliefmorphogenie und zyklische Landschaftsgenerationen; Geol. Rdschau XVII, 1926. — [24] D. W. JOHNSON, Shore processes and shoreline development; New York 1919. — [25] A. PENCK, Süd-Afrika und Sambesifälle; Geogr. Zeitschr. XII, 1906. — [26] S. PASSARGE, Verwitterung und Abtragung in den Steppen und Wüsten Algeriens; Verh. des XVII. D. Geographentages zu Lübeck, Berlin 1910. — [27] CH. R. KEYES, Deflation and the relative efficiences of erosional processes under conditions of aridity; Bull. Geol. Soc. of Amer., Bd. XXI, 1910. — [28] G. GÖTZINGER, Zur Frage des Alters der Oberflächenformen der östlichen Kalkhochalpen; Mitt. Geogr. Ges., Wien 1913. — [29] W. PENCK, Die morphologische Analyse; Stuttgart 1924. — [30] A. PHILIPPSON, Grundzüge der Allgemeinen Geographie; Bd. II/2, Leipzig 1924. — [31] CH. P. BERKEY und F. K. MORRIS, Geology of Mongolia; Natural History of Central Asia, Bd. II, New York 1927. Vgl. hierzu das Referat von J. MOSCHELES, Zeitschr. für Geomorphologie IV, 1928 (Fig. 2 auf S. 26!).

Die Küsten.

Allgemeine Bemerkungen über die Einteilung der Küsten. Die Klassifikation der Küsten begegnet einigen Schwierigkeiten, weil eine Reihe verschiedenartiger Gesichtspunkte dabei Beachtung erheischt. Nach der äußeren Erscheinung der Küstenformen ergibt sich eine Einteilung unter Zugrundelegung des Querprofils und des Grundrisses. Das die Küsten aufbauende Gesteinsmaterial gestattet eine Gruppierung in Küsten aus Lockermassen und Felsküsten, was sich im wesentlichen mit der von Schlüter [1] formulierten Unterscheidung von Saumlandküsten und Kernlandküsten deckt. Die Entstehungsursachen der Küsten schaffen ein neues Einteilungsprinzip und erlauben eine genetische Gliederung in endogen und exogen bedingte Küsten. Im letzteren Falle können die die Küstengestaltung bestimmenden Kräfte und Vorgänge entweder vom Meere oder vom Festland ausgehen bzw. sich beide verbinden; neben Küsten mit überwiegender Abtragung treten solche mit vorwiegender Anschwemmung auf. Endlich läßt das Maß der gegenwärtig wirksamen Küstenveränderung eine Einteilung in Arbeits- und Ruheformen zu.

Alle diese verschiedenartigen Gesichtspunkte miteinander zu verbinden und in einem System zusammenzufassen, das allen Küsten der Erde und jedem Küstenstück gerecht würde, wäre eine ideale Lösung. Einen Ansatz hat dazu Schlüter [1] gemacht; aber trotz aller Gründlichkeit ist das Ziel nicht erreicht worden und kann nach Lage der Dinge wohl auch nicht erreicht werden. Es scheint uns daher ratsam, auf ein solches allumfassendes System überhaupt zu verzichten und statt dessen die in Betracht kommenden Gesichtspunkte nacheinander zu behandeln. Aufgabe des Morphologen ist es dann, im Einzelfall alle Faktoren gegeneinander abzuwägen und darzulegen, wodurch der besondere Charakter dieser oder jener Küstenstrecke bedingt wird.

Die Küstengestaltung im Querprofil. Die Profilserien, deren Anfertigung auch in diesem Falle sehr nützlich ist, lehren uns zwischen hohen und niedrigen, zwischen steilen und flachen Küsten unterscheiden. Wie schon bei früherer Gelegenheit betont (S. 246), kann eine niedrige Küste steil sein, eine hohe Küste sanft ansteigen. Die Bezeichnung richtet sich danach, in welchem Abstand von der Strandlinie eine größere Höhenlage erreicht wird bzw. welchen Winkel die Verbindungslinie zwischen Oberkante der Küste und Strandlinie bei Mittelwasser mit der Horizontalen bildet. Genaue ziffernmäßige Festlegung ist bisher weder national noch international erfolgt, so daß die Terminologie stets einen gewissen subjektiven Einschlag aufweisen wird.

Die Breite des Strandes (S. 245) kann den Charakter von Steilküsten erheblich beeinflussen, indem zwar die Kliffwand steil abfällt, zwischen ihrem Fuße und der Strandlinie aber ein bisweilen beträchtlich breiter, sandiger Küstensaum mit Strandtümpeln, Ansatz zur Dünenbildung usw. entwickelt ist. Gelegentlich kommt es dadurch zur Ausbildung eines Mischtypus, indem bei erster Annäherung die Küste als Flachküste kartiert, bei genauerer Untersuchung ihre Kliffnatur festgestellt wird. Daß das Kliff selbst im Verlaufe einer und derselben Küste allmählich seine Gestalt wandeln und von hoher, steiler Form zu niedrigerer, flacherer Form übergehen kann, hat TAMMEKANN [2]

Fig. 125. Brandungshohlkehle am Ufer der Nikolai-Insel im Aralsee. — Nach Photographie von L. BERG.

bei seinen morphologischen Studien in Nordost-Estland anschaulich beschrieben.

Wie durch die Arbeit des Meeres an Steilküsten Hohlkehlen (Fig. 125), Strandterrassen, Abrasionsplattformen (Fig. 126), schluchtartige Kanäle (Fig. 127), Nischen, Höhlen usw. hineingearbeitet werden, ist oben bereits dargelegt worden (S. 247 f.). Desgleichen wurde der im Küstensaum von Flachküsten sich abspielende, von dem Gesteinscharakter maßgebend beeinflußte Kampf zwischen Meer und Land dargestellt (S. 255 f.).

Die Küstengestaltung im Grundriß. An vielen Stellen der Erde finden sich Doppelküsten, indem der eigentlichen Festlandsküste ein Inselkranz vorgelagert ist, der zwischen Festland und Inseln ein Randmeer, einen Kanal usw. einschaltet. Die ostasiatische Küste von den Aleuten und Kurilen bis hinab nach Neukaledonien, mit gewisser Einschränkung sogar bis zur Linie Tonga—Kermadec—Neuseeland, zeigt diesen Typus in großartigster Entwicklung. Im kleineren Maßstab wiederholt sich dasselbe Bild in Westindien, und schließlich darf dank dem Auftreten der Friesischen Inseln von Texel bis Fanö auch im Bereich des mitteleuropäischen Nordseegestades von einer Doppelküste gesprochen werden. Stellt man den Schutz der Festlands-

Fig. 126. Bei Ebbe trockenliegende Abrasionsplatte von Helgoland.

küste durch das Auffangen des stärksten Wogenpralls an den Außenküsten der vorgelagerten Inseln bzw. Halbinseln in den Vordergrund, so verdienen auch die Haffgebiete der Ostsee, die von einem Wallriff umgürteten Inseln der Südsee u. a. m. die Bezeichnung Doppelküste.

In bezug auf den allgemeinen Küstenverlauf lassen sich geradlinige (glatte), winkelige, gebogene oder gebuchtete Küsten unterscheiden. Als Hauptkategorien betrachten wir die glatte und die gebuchtete Küste. Gulliver sieht darin einen Ausdruck des Kampfes zwischen der Küstenströmung, die der Küste folgt, und der Gezeitenströmung, die die Küste mehr oder weniger senkrecht trifft. Wo jene herrscht, entstehen glatte Küsten, wo diese maßgebenden Einfluß gewinnt, nimmt die Küste eine unregelmäßig gezackte, klein-

Fig. 127. Schluchtartige Abrasionskerbe an der nordschottischen Küste. — Nach Photographie von Dr. Stoedtner.

buchtige Gestalt an. Jedenfalls deutet die glatte Küste stets auf Anschwemmung, die aber gleichzeitige Zerstörung nicht ausschließt. So ist nach A. JESSEN [3] die ursprünglich gebuchtete Nordwestküste von Jütland sowohl durch Fortspülung der Vorsprünge wie durch Ausfüllung der Buchten geglättet worden. — Die einfachste Form ist die geradlinige, wie sie uns etwa in der Flachküste der Landes und in der Steil- und Strandküste der Normandie begegnet. Bei den gebuchteten Küsten treten verschiedene Formen auf. Handelt es sich um meerwärts offene, tief ins Land eingreifende, lappige Einbuchtungen, so sprechen wir von einer Boddenküste (Ostsee). Ist die Bucht durch eine Nehrung mehr oder minder vollständig gegen das Meer abgeschlossen, so bezeichnen wir diesen Typus als Haffküste. Ihnen verwandt sind die Limanküsten Südrußlands, nur daß hier die Nehrung oder der Sandwall eine Flußmündung verschließt, die Buchten infolgedessen durchweg senkrecht zur Küste gestreckt sind. Die gebuchtete Form mag wohl in vielen Fällen eine reine Erosionserscheinung sein, in anderen steht sie aber sicher auch mit einer positiven Strandverschiebung in Verbindung. Wahrscheinlich ist darauf die unregelmäßige kleinbuchtige Gestalt, die die französische Küste nördlich der Gironde annimmt, zurückzuführen; dafür sprechen schon die abgegliederten Inseln Oléron und Ré.

Nach dem Verlauf der Küste, verglichen mit der Streichrichtung der begrenzenden festländischen Höhenzüge, kann man konkordante, diskordante und neutrale Küsten unterscheiden. Wenn Höhenzüge der Küste parallel verlaufen und alle ihre Biegungen begleiten, sprechen wir von einer konkordanten oder Längsküste. Werden die Gebirgszüge von der Küstenlinie unter einem spitzen oder rechten Winkel geschnitten, so daß das Meer abwechselnd die Ausläufer der Ketten und die Mündungen der Längstäler bespült, so bezeichnen wir diesen Typus als diskordante oder Querküste. Wo flachgelagerte Schichten oder Massengesteine die Küste bilden, eine bestimmte Streichrichtung mithin nicht festzustellen ist, sprechen wir von neutralen Küsten. — Die geographische Verbreitung dieser drei Typen folgt keiner allgemeinen Regel, vielmehr begegnen wir meist einem bunten Wechsel von Längs-, Quer- und neutralen Küsten. Von einem Vorherrschen eines bestimmten Typus kann am ehesten im Bereich der pazifischen Gestade die Rede sein. Die Westküste Amerikas ist eine typische Längsküste, und da auch die Außenküste der asiatisch-australischen Seite von den Aleuten bis nach Neuseeland meist von gleicher Art ist, so hat SUESS nicht unrecht, wenn er Konkordanz kurzweg als pazifischen Küstentypus bezeichnet. Freilich läßt die kontinentale Innenküste verwickeltere Verhältnisse erkennen, indem die Küste im Bereich des Ochotskischen und Japanischen Meeres vorwiegend konkordant, längs der chinesischen Tiefebene neutral und südlich des Jangtsekiang diskordant ist. An den Küsten des Atlantischen

Ozeans spielt Diskordanz in Großbritannien, Irland, Frankreich, Spanien, Griechenland, dem westlichen Kleinasien usw. eine große Rolle, da die Ruinen der karbonen Faltengebirge ebenso wie die tertiären Hochgebirgszüge vielfach senkrecht zur Küste ausstreichen (vgl. Fig. 44 auf S. 124). Es fehlt aber auch hier nicht an konkordanten Küstenstrecken (nördliches Skandinavien, Atlasküste, Adria, pontisches Südgestade, Brasilien) und an ausgedehnten neutralen Küsten (Afrika, Patagonien). Im Bereich des Indischen Ozeans begegnet uns gleichfalls ein starker Wechsel aller drei Küstenarten. Neutrale und Längsküsten herrschen im allgemeinen vor. Die iranische Küste am Persischen Golf und dem Arabischen Meer, die Westküste Vorderindiens, die Südwestküste Sumatras u. a. m. sind typische Längsküsten, die Somaliküste und weite Teile des übrigen Ostafrikanischen Gestades ebenso ausgesprochene neutrale Küsten; der Querküste begegnen wir vor allem in Hinterindien. — Die Küstengliederung ist naturgemäß im Falle von Diskordanz am größten. Höhenzüge, Täler, selbst größere Ebenen treten in buntem Wechsel an das Meer heran, und in demselben Maß wechselt auch das Spiel von Zerstörung und Landbildung. Längsküsten sind wenig gegliedert, in der Regel einförmig und verkehrsfeindlich; nur dann und wann ist durch tektonische Vorgänge (Landsenkung, Einbrüche) oder durch die Erosionsarbeit eines Querflusses eine Bresche gelegt und ein Weg von der Küste ins Innere des Landes gebahnt. Eintönig und ungastlich-hafenarm sind auch die meisten neutralen Küsten. Abseits der großen Flußmündungen (China) oder wo solche fehlen (Somaliküste, Teile der patagonischen Küste), schrecken derartige Gestade den Verkehr geradezu ab.

Bruchküsten. Wenn man an einer Küste Beobachtungen über das Werden und Vergehen des Formenschatzes anstellt, kommt man zu der Einsicht, daß die Kräfte und Vorgänge, die die Lage der Küstenlinie und die Gestaltung der Küstenzone bewirken, in der Regel komplexer Natur sind. Tektonik, Abrasion, subaerische Abtragung und Anschwemmung treten jedenfalls sehr häufig vergesellschaftet auf und bestimmen im Zusammenwirken den Charakter der Küste. Nur durch eingehende Untersuchungen gelingt es, das Überwiegen eines der Faktoren festzustellen und entsprechend Bruchküsten, Angriffs- bzw. Eingriffsküsten und Anwachsküsten zu unterscheiden.

Bruchbildung im Streichen der Küste wird für deren Morphologie nur da von großem und nachhaltigem Einfluß sein, wo feste Gesteine die Küstenzone aufbauen. In weichen Gesteinen können sich die Verwerfungen nur kurze Zeit sichtbar erhalten, denn Rutschungen und Abbrüche, Abspülung und Erosion sowie die hier in kurzer Zeit erfolgreich arbeitende Meeresbrandung verwischen die tektonische Form und lassen den Brüchen nur noch geologisches Interesse zukommen. So berichtet Fels[4] von Korfu, daß, wo Bruchbildung im weichen Tertiärsandstein erfolgte, Küstenlinie und tektonische Bruchlinie längst nicht mehr ident sind; die ursprünglich tektonisch angelegte Küste ist landeinwärts verlegt, die inzwischen vom Meere überflutete Bruchzone weder morphologisch erkennbar noch geologisch unter allen Umständen in ihrer Lage genau festzustellen. Anders liegen die Verhältnisse, wenn die Verwerfung im Küstengebiet festes, felsiges Gesteinsmaterial durchsetzt. Zwar wird es bei hohem Alter des Bruches und starker Brandungswirkung auch hier vorkommen, daß die Schärfe der tektonischen Strukturform gemildert, die Stufenwand hier und da zurückgewichen ist; aber doch schimmert im allgemeinen der tektonische Charakter noch hindurch und verleiht der Küste durch ihre Geschlossenheit und Geradlinigkeit das charakteristische Gepräge (z. B. an den Küsten des Roten Meeres, an den West-Ghats usw.).

Sofern man den Bruchcharakter einer Küste nicht einwandfrei geologisch nachweisen kann, kommen nur Wahrscheinlichkeitsschlüsse in Frage. Wo Steilküsten auftreten, ohne daß von erheblicher Brandungswirkung die Rede sein kann, ist die tektonische Entstehung des Kliffs in Erwägung zu ziehen. Gesellt sich dazu im Generalverlauf der Küste eine auffallende, womöglich nicht mit dem Streichen der Schichten zusammenfallende Geradlinigkeit, so spricht dies weiterhin für Entstehung durch tektonische Schollenbewegung. Im kleinen kann dabei, wie es Bruchspaltensystemen entspricht, ein winkliges Ein- und Ausspringen der Küstenlinie vorkommen.

Angriffs- und Eingriffsküsten. Die Bezeichnung soll ausdrücken, daß bei dieser Art von Küsten die wesentlichen Formenelemente durch Einwirkung des Meeres auf die Küstenzone erzeugt werden. Eine solche kann durch Abrasion oder dadurch erfolgen, daß die Küste sich senkt und das Meer erobernd die bisherige Landoberfläche überflutet. Je nachdem spricht man von Abrasionsküsten bzw. von Senkungs-, Untertauch- oder Ingressionsküsten. Bei ersterer Art kann der Sonderfall eintreten, daß die Küste im Bereich einzelner Strecken keinen merklichen Massenverlust mehr erleidet, die Küstenlinie hier unverändert bleibt. Wir bezeichnen ein solches Gestade als Ruheküste. Ob sich eine Küste in »Arbeitsform« oder in »Ruheform« befindet, kann meist nur durch lange Zeit fortgeführte Beobachtungen festgestellt werden.

1. Abrasionsküsten. Für den Formenschatz der Abrasionsküsten sind neben der Stärke der Brandung und der Häufigkeit von Sturmfluten vor allem das Gesteinsmaterial und die Gesteinslagerung von Wichtigkeit. Wechseln in der Küstenzone weiche und harte Massen, wie z. B. an der Außenküste von Korfu [4], so arbeitet die Brandung im Bereich der weichen Gesteine breite Buchten mit weitflächig entwickelten Abrasionsplatten aus, während die harten Gesteinspartien als Halbinseln vorspringen und sich der Meeresboden hier rasch zu bedeutenden Tiefen herabsenkt. Selektive Ausnagung und entsprechend buchtige Zurichtung der Küste gehören ganz allgemein

zum Wesen der Abrasionsküste. Dabei kann gelegentlich die Schwächezone anstatt petrographisch auch tektonisch bedingt (Klüfte, Zerrüttungszonen) oder durch lokal gesteigerte subaerische Abtragung hervorgerufen sein (Flußmündungen, Sickerwassererosion, Spaltenfrost, deflative Auswehung sandiger Schichtköpfe, Massenabwanderungen, Auflockerung des Bodens durch die Wühlarbeit von Kaninchen, Maulwürfen usw.). Von Art und Ausdehnung der Schwächezonen hängt unter sonst gleichen Bedingungen die Grundrißgestaltung der Abrasionsküsten ab. Wo solche nur geringfügig sind, kann die Abrasionsküste geschlossen und nahezu geradlinig sein oder nur eine Gliederung niederer Ordnung durch eine Unmenge kleiner Buchten aufweisen, wie es LAUTENSACH [5] von der Minho-Douro-Kernlandküste in Portugal beschrieben hat.

Kliffbildung als Abschluß der Abrasionsplattform kennzeichnet das Querprofil fast aller Abrasionsküsten. Sie tritt besonders markant da auf, wo die Schichten horizontal liegen oder landeinwärts einfallen; an den auskeilenden Schichtköpfen hat nämlich das Meer bessere Angriffspunkte und leichtere Arbeit als an den meerwärts einfallenden Platten, wo die Brandung ohne nennenswerten Erfolg über die freigelegten Schichtflächen hinweggleitet. Wechseln harte und weiche Gesteine ab, so kann es im Bereich der weichen längst zur Ausbildung einer weit landeinwärts reichenden Kliffküste gekommen sein, während im Bereich der harten Gesteinsmassen eine saumfreie Steilküste an das Meer grenzt. — Einen natürlichen Schutz für das Kliff bieten der Pflanzenwuchs und der am Fuß des Kliffs sowie auf dem Strandsaum (Schorre) sich ansammelnde Schutt, besonders große Gesteinsblöcke (Fig. 128). Letztere brechen gleichsam als natürliche Mole die Gewalt der Brandung und schützen das Kliff vor weiteren Angriffen. Die Reinigung des Vorstrandes von grobem Schutt bedeutet also eine sehr törichte Maßnahme des Menschen und hat oftmals ein weiteres Vordringen des Meeres zur Folge. Bei Warniken im Samland ist die Zerstörung der Küste seit 1886 stark vorgeschritten, weil der Fiskus die am Fuß des Kliffes angehäuften großen Steine verkaufte und dadurch den natürlichen Schutz gegen die Brandungswirkung beseitigte; seitdem wurden Millionen für die Befestigung des Ufers ausgegeben, aber das Meer frißt sich trotz allem unbarmherzig weiter landeinwärts hinein. HARTNACK [6] berichtet über die gleichen sinnlosen Maßnahmen der Bewohner der hinterpommerschen Küste bei Jershöft und Rowe.

Durch die Gezeitenbewegung und mäßige Brandung wird im wesentlichen die dem Kliff vorgelagerte Terrasse bearbeitet, während der Angriff auf das Kliff selbst in der Hauptsache durch die gelegentlichen, dann aber mit besonderer Wucht anbrausenden Sturmfluten besorgt wird. Die in den Buchten kreisenden Strömungen abradieren nicht nur die Buchtsohlen, sondern nagen auch unausgesetzt an den Buchtwänden, wo die vom Gischt überspritzten Felsmassen überdies einer starken chemischen Gesteinsaufbereitung unterliegen. So kann es am Ende zu einem Durchbruch der zwei Buchten trennenden Seitenwand und zur Entstehung isolierter Klippen kommen; letztere brauchen also durchaus nicht immer durch besondere Gesteinswiderständigkeit ausgezeichnet zu sein.

Ruheformen treten im Bereich von Abrasionsküsten unter verschiedenen Bedingungen auf. Eine aus leicht zerstörbaren Gesteinen aufgebaute Küstenzone kann das Ruhestadium dadurch erreichen, daß sie sich allmählich parallel zur vorherrschenden Windrichtung und

Fig. 128. Geröllstrand in der Howachter Bucht östlich der Kieler Bucht. — Nach Photographie von Dr. Stoedtner.

Brandung einstellt, so daß ihr diese nichts mehr anhaben können. Voraussetzung hierfür sind nach Fels, abgesehen von der geringen Widerstandskraft des Gesteins, Flachschichtung oder Schichtungslosigkeit und tunlichst Unregelmäßigkeiten im Gesteinsmaterial, wodurch Kliffvorsprünge entstehen, durch die die anschließenden Kliffbuchten gegen weitere Angriffe geschützt und in Ruhekliffs verwandelt werden. — Auch die Erscheinung der Doppelküsten führt gelegentlich zu Ruheformen. Ist der Meeresarm zwischen Außen- und Innenküste so schmal, daß sich in ihm keine eigenen starken Wellen entwickeln können, und ist er durch seine Lage gegen das Eindringen von Strömungen geschützt, so macht sich die Abrasion nur an der Außenküste bemerkbar (Arbeitsform), während die Innenküste gegen Wellenschlag und Brandung nahezu völlig geschützt ist (Ruheform).

2. Senkungsküsten. An vielen Küsten deuten unter- und obermeerische Reliefformen an, daß der formenbestimmende Vorgang hier in einer relativen Senkung des Landes (= relativer Hebung des Meeresspiegels) besteht. Dafür spricht die Fortsetzung typisch terrestrischer Oberflächengestaltung auf dem Meeresboden, wie sie jüngst YABE und TAYAMA [7] im Umkreis der japanischen Inseln so ungemein eindrucksvoll beschrieben haben; dafür zeugen das Eindringen des Meeres

Fig 129. Ingressionsküste mit durch Brandung versteilten Buchtwänden im östlichen Japan. — Nach Photographie von Dr. H. SEILKOPF, Weltfahrt des »Graf Zeppelin«.

in die Täler der Landoberfläche, die zerlappte, unregelmäßige Gestaltung der Küstenlinie, die den Verlauf einer Höhenschichtlinie des Landes widerspiegelt. Jedes Tal des Landes endet in einer Bucht, die Erhöhungen der Landoberfläche erscheinen in der küstennahen Zone als Vorsprünge, Halbinseln oder Inseln. Wenn die Senkung erhebliche Ausmaße erreicht und schnell vor sich geht, kann die Abrasion ganz in den Hintergrund gedrängt werden und sich vorerst kaum oder gar nicht morphologisch bemerkbar machen. Hört die Senkung auf oder tritt eine längere Pause ein, so modelliert die Abrasion die ursprünglich flache Ingressionsküste um, indem sie alle Buchtenränder zu mehr oder minder ausgeprägten Steilküsten macht. Fig. 129 gibt von dieser

Vermengung der beiden Formentypen einen anschaulichen Begriff; die Fülle der Buchten beruht auf noch nicht lange zurückliegender Landsenkung, die Versteilung der Küste auf der inzwischen entfalteten Wirkung der Abrasion.

Senkungsküsten sind auf der Erde sehr verbreitet und deuten an, daß in junger geologischer Vergangenheit eine wohl planetarische positive Niveauveränderung stattgefunden hat (vgl. oben S. 83). Buchten, die wesentlich tiefer als ein Halbkreis sind, gelten im allgemeinen als nicht durch Abrasion, sondern durch Überflutung entstanden. Bei den sackförmigen, schlauchartigen und verästelten Buchten ist der Verdacht auf Ingression in der Regel ohne weiteres begründet. Viele gute und berühmte Häfen (Piräus, Konstantinopel, Rio de Janeiro, San Francisco, Sidney u. a. m.) liegen in Senkungsbuchten.

Daß gelegentlich starke Gezeitenströme schmale und spitze Buchten erodieren bzw. wesentlich ausgestalten können, soll nicht bezweifelt werden. Es ist aber kein Fall bekannt, wo die Gezeitenströme derartige Küstenformen wirklich geschaffen hätten; vielmehr liegen die Verhältnisse stets so, daß die lange, schmale Bucht an sich durch Senkung gebildet wurde und die in dem engen Kanal machtvoll verstärkte marine Erosion hernach um- und ausgestaltend wirken konnte.

Die Formen der Ingressionsküsten sind in erster Linie von der Gestaltung und dem geologischen Bau des untergetauchten Landes abhängig. An dieser Stelle eine erschöpfende Übersicht aller in der Natur vorkommenden Möglichkeiten zu bieten, müssen wir uns aus Raummangel versagen. Wir greifen statt dessen einige besonders charakteristische Typen heraus.

a) Ingression an fluviatil bearbeiteten Faltengebirgs-Längsküsten. Schlüter [1] unterscheidet hierbei wie ganz allgemein Eingriffe ersten, zweiten und dritten Grades. Ein Eingriff ersten Grades liegt vor, wenn nur die Küstenkette eines konkordant zur Strandlinie verlaufenden Faltengebirges in das Meer eintaucht und die Küstenlinie dadurch eine feine Kräuselung erfährt. Als Beispiel sei auf die 29 km lange Küstenstrecke zwischen Nazaré und der Lagôa d'Obidos in Portugal hingewiesen [5]. Auch die Ostseite von Mindanao, die Südseite von Kuba u. a. m. gehören zu diesem Typus, den Schlüter treffend als Schlupfwinkelküste oder nach einem im Mittelmeergebiet verbreiteten Ausdruck als Calaküste bezeichnet.

Bei einem Eingriff zweiten Grades ist die Senkung so stark, daß sich das Meer durch die nunmehr gewöhnlich zu Inseln gewordene Küstenkette hindurch den Weg zu der nächsten bzw. den nächsten Längsfurchen bahnt. Die dalmatinische Küste, die südchilenische Küste u. a. m. mögen als Beispiele betrachtet werden. Der Abfall des vom Meere bespülten Faltenzuges ist in der Regel sehr schroff und steil, wenig gegliedert und hafenarm, oft geradezu unzugänglich *.

Ein Eingriff dritten Grades liegt vor, wenn infolge noch weitergehender Senkung das Meer zum mindesten eine der Hauptzonen des Gebirges durchschreitet und in einen nach Alter und Gesteinszusammensetzung unterschiedlichen Faltungsstreifen eindringt. Eine derartig fortgeschrittene Ingression stellen wir bei den Buchten von Cattaro fest; sie sind im meeresnahen Abschnitt in die Flyschzone, im inneren Teil bereits in das Kalkgebirge eingebettet.

Wird ein Gebirgszug stellenweise völlig durchbrochen und tritt das Meer in ein dahinterliegendes Land ganz anderer Struktur ein, so spricht Schlüter von Durchgriffs- oder Pergressionsküsten. Ein solcher Vorgang hat zur Trennung von Venezuela und Trinidad geführt und spielt für die Küstengestaltung an der Südseite von Haiti eine große Rolle. — Geht die Senkung auch über dieses Maß noch hinaus, dann wird das Faltengebirge in eine Reihe von Inselketten aufgelöst, und wir können von Umgriffs- oder Zirkumgressionsküsten sprechen, wie es bei den Kleinen Antillen, den Andamanen, manchen Inselgruppen des malaiischen Archipels und — mit gewissen Einschränkungen — bei der Inselwelt der Ägäis der Fall ist.

b) Ingression an fluviatil bearbeiteten Faltengebirgs-Schrägküsten und -Querküsten. Der Einfluß der Morphologie des untertauchenden Festlandes auf die Gestaltung der Ingressionsküste tritt nicht minder deutlich hervor. Je mehr sich der Winkel zwischen Streichrichtung der Faltenketten und Strandlinie einem Rechten nähert, desto größer wird unter sonst gleichen Umständen der Wechsel von weit ins Meer hinausreichenden, häufig in Inseln auslaufenden Vorgebirgen und langgestreckten, flachen Buchten. Dort schäumt die Brandung und zehrt an den Felsen; hier ist das Wasser erheblich ruhiger, eine Talebene schließt sich gewöhnlich an die Bucht landeinwärts an (Ostende der Pyrenäen). Durchziehen große Ströme die Längsfurchen des untergetauchten Faltengebirges (Irawadi, Saluën, Menam und Mekong an der hinterindischen Faltungs-Querküste), so können mächtige Deltabauten in die Ingressionsbuchten hineinwachsen und geschützte Flußmündungshäfen entstehen lassen (z. B. die drei Weltreishäfen Rangun, Bangkok und Saigun).

c) Ingression an den Küsten von fluviatil bearbeiteten Rumpfschollen (Riaküsten). Bei untergetauchten Faltungs-Querküsten ** spielen ertrunkene Flußmündungen in der Regel keine überragende Rolle, weil nur die Synklinalfurchen die Entstehung solcher

* Diese Erscheinung steigert sich natürlich besonders da, wo der vom Meere erreichte Faltenzug aus Kalkgesteinen besteht, die oberirdische Erosion infolgedessen auf ein Minimum beschränkt ist (Dalmatien).

** Von Querküsten an Faltenschollengebirgen (östliches Griechenland, westliches Kleinasien) gilt grundsätzlich das gleiche.

Formen begünstigen, die meist breitflächig entwickelten Antiklinalzüge (Vorsprünge) wohl von Abdachungstälern (Quertälern), nicht aber von Längstälern zernagt sind. Es gibt nun aber zahlreiche Küsten, für die die Häufung ertrunkener Flußmündungen geradezu zur morphologischen Dominante wird. In Galicien nennt man diese Rias; von dort her stammt das Wort zur Bezeichnung aller jener Küsten, bei denen untergetauchte Flußtäler in großer Zahl den beherrschenden Zug der Küstenmorphologie bilden. — Ob man sich bei der Prägung des Fachausdruckes für die Einzahl Ria oder für die Mehrzahl Rias entscheidet, ist Geschmacksache. Da wir bei Fjord-, Haff-, Limanküsten usw. auch stets die Einzahl verwenden, ist Schlüter wohl beizupflichten, wenn er die Form »Riaküste« als die richtigere empfiehlt.

Als v. Richthofen den Begriff der Riaküste in die Fachsprache einführte, wollte er damit den Typus der Schräg- oder Querküsten (»Transversalküsten«) schlechthin charakterisieren. Es stellte sich dann aber heraus, daß, wie oben hervorgehoben, die Ingressionsküsten im Bereich junger Faltengebirge selbst dann nicht die Merkmale echter Riaküsten aufweisen, wenn die Strandlinie spitz- oder rechtwinklig zum Streichen der Faltenketten verläuft. Riaküsten in typischer Ausprägung treten vielmehr stets nur im Bereich alter Faltungsgebiete auf, bei Faltungsruinen, die inzwischen längst bis zur Wurzel abgetragen und verebnet wurden, um hernach als Rumpfschollen in die Höhe zu steigen. Die Frage, ob die heutige Strandlinie parallel zum Streichen der alten Faltenzüge verläuft oder sie schneidet, spielt dabei keine entscheidende Rolle, denn die klarsten Formen der Riaküste finden sich z. B. auf der Südseite der Bretagne nicht an Querküsten, sondern ganz ausgesprochen da, wo die Strandlinie im Schichtenstreichen verläuft. Der Unterschied von Längs- und Quergliederung tritt also gerade bei der Riaküste entschieden zurück hinter der Bedeutung, die anderen Faktoren zuzusprechen ist. Das häufige Auftreten ertrunkener Flußmündungen muß auf Grund der Beobachtungen mit der Struktur des untertauchenden Landes in Beziehung gebracht werden. Ein Relief mit sehr dichtem Talnetz erscheint als unbedingte Voraussetzung dafür, daß beim Untertauchen zahlreiche Riabuchten entstehen. Diese Voraussetzung aber ist offenbar bei Rumpfschollen am ehesten erfüllt, denn sie unterlagen infolge nachträglicher Hebung wenigstens im Bereich des dauernd oder periodisch feuchten Klimas starker erosiver Zerfurchung, sie wiesen keine Reliefzüge auf, die das abfließende Wasser in einige wenige bestimmte Bahnen lenkten, und sie bestehen ganz überwiegend aus undurchlässigen Gesteinsarten, die oberflächlichen Abfluß und damit erosive Bearbeitung begünstigten. Diese Tatsachen mögen die Erklärung dafür darstellen, daß typische Riaküsten an Rumpfschollen gebunden sind.

Für die Entwicklung des Formenschatzes einer Riaküste (Fig. 130) ist das Maß der Hebung der Rumpfscholle und ihrer fluviatilen Bearbeitung von entscheidender Bedeutung. Bei geringer Hebung werden die Rias mehr die Form lappiger Flachbuchten, bei starker Hebung mehr die Gestalt fjordähnlich tiefer, gewundener oder keilförmiger Talbuchten annehmen. Da im Falle stärkerer Hebung die Erosion des fließenden Wassers den alten Faltenbau immer entschiedener herauspräparieren wird, ist es durchaus angängig, von Ria-Längsküsten (Bretagne, Neusüdwales), Ria-Schrägküsten (Süd-Irland, Südost-

Fig. 130. Riaküste von Nordwest-Spanien. — Nach Photographie von Dr. H. SEILKOPF, Weltfahrt des »Graf Zeppelin«.

China, Queensland) und Ria-Querküsten (Galicien, Südwest-Irland, Südwest-Korea, Südseite Tasmaniens) zu sprechen. Desgleichen können eingehende Untersuchungen wohl auch in diesem Falle zwischen einem Eingriff ersten Grades (Kykladen, Asturien, Westseite von Wales, Nordostseite von Korea), zweiten und dritten Grades (West-Korsika), ja sogar Ria-Durchgriffsküsten (Süd-Wales von Cardiff bis Pembroke) zu unterscheiden gestatten [1].

Daß des öfteren die Riabuchten durch Abrasion eine Erweiterung und Vertiefung erfahren, kann keinem Zweifel unterliegen. Die sechs Keilbuchten im südwestlichen Irland (Kerry und Cork), die genau den Karbonkalkmulden entsprechen, während der widerstandsfähigere devonische Sandstein die sie trennenden Halbinseln bildet, ähneln auffallend den Flußästuarien und lassen vermuten, daß bei der keilförmigen Erweiterung die Flutwelle mit im Spiel ist. In die gleiche Richtung weisen die Beobachtungen LAUTENSACHS [5]: »Am Südende der Alemtejoküste hat der Karbonsockel schon eine Höhe von 30—40 m. Das Pliozän spielt hier wieder die Rolle eines Deckgesteins. Es ist hier eine nachpliozäne Hebung eingetreten, die den Rio Mira zum Einschneiden eines steilwandigen Mäandertales veranlaßt hat. Eine nachfolgende geringfügige Senkung hat die Mündung des Flusses unter den Meeresspiegel getaucht. Sie ist das Musterbeispiel einer Ria. Die Gezeitenbewegung, die infolge der Senkung um den ganz ungewöhnlichen Betrag von 32 km flußaufwärts dringt, hat das Mündungsstück sowie die gleichfalls ertrunkenen anschließenden Stücke der Seitentäler geweitet. Diese Weitungen der Seitentäler enden stumpf und gehen unvermittelt aufwärts in enge Schluchten über.«

Für den Verkehr sind die Riaküsten in der Regel nicht von besonderer Bedeutung, selbst wenn die Buchten geräumig und tief sind. Der Grund hierfür liegt darin, daß die Rumpfscholle vor ihrem Untertauchen oftmals eine starke Hebung erfahren hat, das Hinterland derartiger Riabuchten infolgedessen gebirgig, schwach besiedelt und schwer gangbar ist. Was MECKING [8] über die Riaküste des Kitakami-Rumpfes nördlich von Sendai berichtet, gilt für sehr viele hohe Riaküsten: trotz bester natürlicher Hafengestaltung kein nennenswerter Verkehr.

d) Ingression an den Küsten von fluviatil bearbeiteten Schichtungsflachländern. Wo wir ein Eintauchen von Schichtungsflachland feststellen, beobachten wir eine Abhängigkeit des Formenschatzes einmal von der Seehöhe des Flachlandes, zum andern von Zahl und Art der Flußmündungen. Die Limane am pontischen Flachgestade Südrußlands * entsprechen bis in alle Einzelheiten den Rias der gebirgigen Rumpfschollenküsten. So mannigfach auch ihre Umrisse sind, so stimmen sie doch stets mit dem Relief der umliegenden Steppe und mit dem Bau der Täler, deren Fortsetzungen sie sind, überein. Die Tiefe nimmt in der Regel seewärts zu. Am Liman des Bug konnte SOKOLOW [9] durch Bohrungen direkt die Entwicklungsgeschichte nachweisen. Der erodierte Untergrund (neogener Mactrakalkstein) liegt 96 m vom Meeresufer in 4 und bei 374 m Entfernung in 20,5 m Tiefe; die letztere Zahl gibt uns den Betrag der positiven Niveauveränderung an. Darauf liegt Sand mit Flußfauna, auf diesem Schlamm mit Meeresfauna und zu oberst wieder Sand mit fluviatilen Tierresten. Der Liman ist also in Zuschüttung begriffen; daß dies nicht schon früher geschah, hat, wie bei den Rias, seinen Grund wohl darin, daß die Strandverschiebung

* Vgl. die folgenden Blätter der russischen 3-Werstkarte (1:126000): Nr. 1030 Otschakow, Nr. 930 Sewerynowka, Nr. 931 Odessa. Wo russische Karten nicht zur Verfügung stehen, mag die Skizze in KRASSNOWS Darstellung von Rußland (S. 13) einen Begriff von der Wesensart der Limanküste geben (KIRCHHOFFS Länderkunde von Europa, 3. Teil, Leipzig-Wien 1907).

zu rasch erfolgte, während die Fjorde (wie die großen Talseen) hauptsächlich durch die Eisausfüllung vor diesem Schicksal bewahrt blieben.

Den Limanen genetisch nahe verwandt und im Grunde nur durch die Gezeitenwirkung von diesen unterschieden sind die Talbuchten an der Ostseite der Vereinigten Staaten zwischen der Kap Cod-Halbinsel im Norden und Kap Hatteras im Süden. Typische ertrunkene Flußmündungen sind der Mündungstrichter des Hudson bei New York, die Delaware-Bai, die aus mehreren Ästuaren zusammengesetzte, 320 km weit landeinwärts reichende und im Innern noch bis 25 m tiefe Chesapeake-Bai u. a. m. Da es hier zur Abtrennung von Inseln gekommen ist (Nantucket, Martha's Vineyard, Long-Island), muß schon von Eingriffen zweiten Grades gesprochen werden.

Infolge der leichten Gangbarkeit und guten Erschlossenheit des flachen Hinterlandes kommt der eben geschilderten Art von Ingressionsbuchten ganz im Gegensatz zu den Rias eine hohe verkehrsgeographische Bedeutung zu. An den pontischen Limanen entwickelten sich Hafenorte wie Akkerman und die für Getreide- und Manganausfuhr so wichtigen Städte Nikolajew und Cherson; ihnen entsprechen in den Vereinigten Staaten New York, Philadelphia, Baltimore und Washington.

Wo es infolge Fehlens größerer Flüsse im Bereich eintauchender Tieflandküsten nicht zur Bildung limanähnlicher Talbuchten kommen kann, überflutet das Meer weite Flächen der Geländesenken und erzeugt eine Boddenküste, wie sie für große Teile Vorpommerns und Mecklenburgs bezeichnend ist.

Liegt das von Senkung ergriffene Schichtungsflachland in größerer Höhe, so erhebt sich der Rand der Schichttafel meist mauerartig steil aus der Küstenzone, die Strandlinie verläuft überwiegend geradlinig oder flachgebuchtet (Süd-Australien), und nur im Bereich der Flußmündungen kommt es zu einem zickzackförmigen Ein- und Ausspringen.

e) Ingression an glazial bearbeiteten Küsten. Werden einst vergletscherte Küstengebiete von Senkung ergriffen, so entsteht ein Formenschatz, bei dem sich die alte Landformung durch fließendes Eis und die morphologische Ausprägung infolge des Meereseingriffs in sehr spezifischer Weise miteinander verbinden. Die beiden genannten Faktoren erweisen sich von so überragender formenbestimmender Kraft, daß demgegenüber der geologische Bau der Küstenzone nur eine untergeordnete Rolle spielt und der Formenschatz im Falle von Faltengebirge, Rumpfschollengebirge und Tafelland bei gleicher Erhebung über dem Meeresspiegel weitgehende Übereinstimmung zeigt. Von Bedeutung ist vielmehr, ob die Küste im Gebiet glazialer Ausräumung oder glazialer Ablagerung gelegen ist. Daneben kommen dann der wesentlich von der Seehöhe bestimmte Grad der glazialen Bearbeitung und das Ausmaß des ozeanischen Eingriffs entscheidend in Betracht.

In glazialen Ausräumungsgebieten größerer Höhenlage begegnet uns zunächst die Fjordküste (Fig. 131). Die Täler waren einst von

Talgletschern erfüllt, empfingen von ihnen den bezeichnenden U-förmigen Querschnitt und im Längsprofil jenen Wechsel von Becken und Schwellen, den wir oben (S. 415) bei Erörterung des glazialen Trogtales behandelten. Nun sind diese Glazialtäler ertrunken, das Meer ist tief ins Haupttal und in die Nebentäler eingedrungen und hat die einstige Glaziallandschaft in die glazial-marine Fjordlandschaft verwandelt *. Wir können dabei nicht einmal mit Sicherheit sagen, ob nach Abtauen der Talgletscher wirklich

Fig. 131. Der Naerö-Fjord in Norwegen. — Nach Photographie von Dr. Stoedtner.

eine Senkung eintrat; manche Beobachtungen sprechen sogar, wie wir früher gesehen haben, entschieden für das Gegenteil, für erhebliche nacheiszeitliche Landhebungen. Wenn wirklich die ehemals vergletscherten Gebirge nach dem Verschwinden der Eisdecken aufstiegen, das Meer trotzdem die vorher ausgearbeiteten Hohlformen erfüllte, so bleibt nur die namentlich von Werth vertretene Annahme übrig, daß die Gletschererosion nicht wie die Flußerosion mit dem Meeresspiegel aufhört, sondern unter besonderen Umständen tief unter diesen hinuntergehen kann. Hier berühren wir ein Problem, das seine entscheidende Klärung bis auf den heutigen Tag nicht gefunden hat. — Ein mehr oder minder scharf aus-

* Die Tiefe der Fjorde schwankt selbst innerhalb eines und desselben Fjords beträchtlich. Sie erreicht im Sogne-Fjord einen Maximalbetrag von 1242 m. Noch größere Tiefen wurden im Bereich der südchilenischen Fjorde ermittelt (Baker-Fjord 1261 m, Messier-Fjord 1270 m).

geprägter Parallelismus in der Anordnung der Einschnitte und Inseln verleiht zwar der Fjordküste eine gewisse Eintönigkeit, im einzelnen aber herrscht große Mannigfaltigkeit. Den extremsten Typus stellt wohl der norwegische Lyse-Fjord dar. Er ist bei einer Länge von 41 km nur 600 bis 1900 m breit, und seine Felswände erheben sich senkrecht oder stellenweise sogar überhängend bis ungefähr 950 m Höhe. Dagegen wird der größte Teil des Kristiania- und der südliche und östliche Teil des Trondhjem-Fjordes von sanft ansteigenden Böschungen begrenzt. Die Talform zeigt in drastischer Weise der 187 km lange Sogne-Fjord (Fig. 132), ein aus einem Haupt- und mehreren Nebenfjorden bestehendes System. Er stellt den Typus eines Querfjordes (Quertales) dar, während der Trondhjem-Fjord einen unteren schmalen Querfjord mit einem oberen breiten Längsfjord vereinigt. Im Trondhjem-Fjord (Fig. 133)

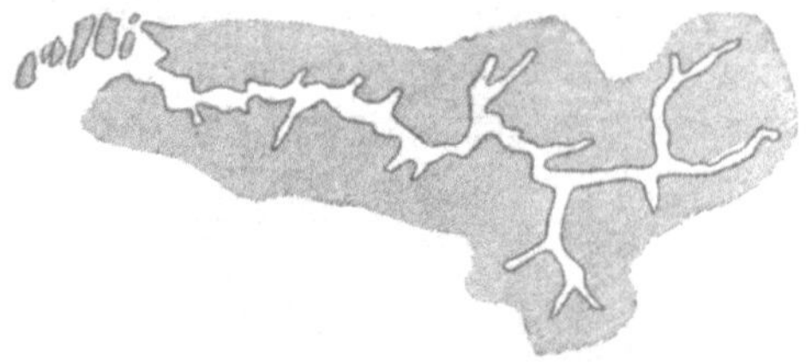

Fig. 132. Sogne-Fjord in Norwegen.

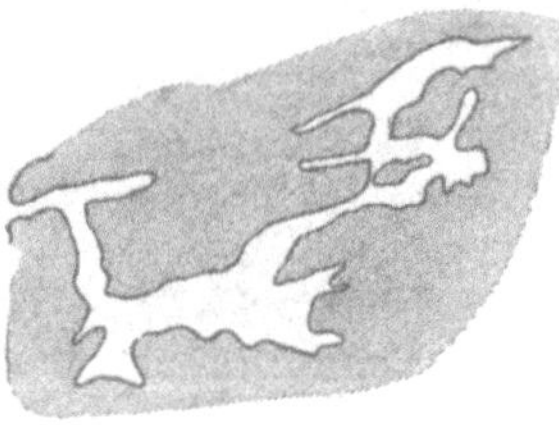

Fig. 133. Der Trondhjem-Fjord in Norwegen.

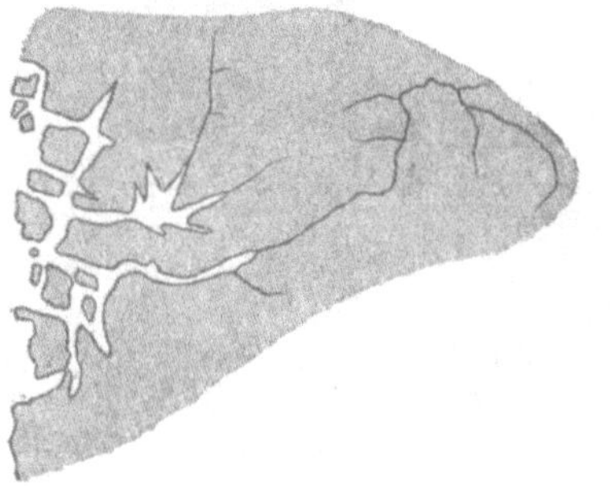

Fig. 134. Fjorde bei Kristiansund in Norwegen.

tritt der Parallelismus der Wände schon etwas zurück, und noch mehr ist dies im Laxe-Fjord der Fall; aber dasselbe beobachten wir ja auch bei Tälern, die sich bald verengen, bald erweitern. Die Verbindung mehrerer Fjorde zu einem einheitlichen Fjordsystem zeigt besonders deutlich Fig. 134. Wir müssen uns vorstellen, daß einst tiefeingesenkte, flache Pässe aus einem Gletschertal in das andere hinüberführten. Bei Abtauen des Eises und Einbrechen des Meeres wurde das ganze Gebirgsland bis hoch über diese Pässe hinaus unter Wasser gesetzt, so daß Fjordstraßen und Fjordinseln entstanden. — In ihrer strengsten Form ist die Fjordküste auf die höheren Breiten beschränkt. Die atlantische Seite des skandinavischen Massivs, West-Schottland und das nordwestliche Irland, die arktischen Inseln, Grönland, Neufundland und Labrador, endlich die Westküste Nordamerikas von Alaska bis zur Juan de Fuca-Straße sind die wichtigsten Fjordbezirke unserer Halbkugel. Auf der

Südhemisphäre sind die Gestade des südlichen Chile und Feuerlands und der neuseeländischen Südinsel [10] sowie die in höheren Breiten gelegenen Inseln zu nennen. Seine großartigste Entfaltung scheint das Fjordphänomen übrigens nicht in Europa, sondern in Labrador zu finden, wo in den erst im Jahre 1900 näher erforschten Torngat Mountains die Fjordwände durchweg bis 1000 m Höhe aufsteigen.

Der Name Fjord ist dem Norwegischen entnommen; die schwedische Bezeichnung dafür ist Fjärd. Auch hier handelt es sich um ertrunkene Glazialtäler, auch hier sind die heute vom Meere eroberten Hohlformen in festes Gestein eingesenkt; aber der morphologische Charakter ist ein anderer, weil die Seehöhe des erst vergletscherten, dann vom Meere überfluteten Geländes eine wesentlich geringere ist. Die flache, felsige Küste erscheint wie zerschlitzt; zahllose kleine Einschnitte dringen mehr oder weniger tief in das niedrig gelegene Küstenland ein, zum Teil mit beckenartigem, zum Teil mit stetig abfallendem Talboden.— Den schwedischen Fjärden steht die Mehrzahl der an den Küsten von Maine und Neuschottland als Fjorde bezeichneten Buchten nahe. Die hier nur schwach ausgeprägte Beckenform mag teilweise auf spätere Zuschüttung zurückzuführen sein, denn nur jene Fjorde erhalten sich in ihrer ursprünglichen Gestalt rein, deren Zuflüsse sich ihrer Sedimente in einem oberhalb gelegenen See entledigt haben. Aber selbst in jenen Teilen, wo das Lot auf felsigen Grund stößt, sind die Maine-Fjorde meist flach, und das niedere Hügelland der Umgebung läßt hier den Gattungsbegriff Fjärd angebrachter erscheinen als die zweckmäßig auf entsprechend gestaltete Gebirgsküsten zu beschränkende Bezeichnung Fjord.

Mögen schon an der Ausgestaltung der schwedischen Fjärdküste neben Talgletschern die Massen des Inlandeises mitgewirkt haben, so kommen letztere allein für die glaziale Prägung der dann von Ingression betroffenen Schärenküste in Betracht. Hier liegt Zirkumgression einer Rundhöckerlandschaft vor, Untertauchen einer an sich schon mit nur sehr geringer Reliefenergie ausgestatteten glazialen Ausräumungslandschaft, bei der entsprechend eine geringfügige positive Niveauveränderung bereits zu allseitiger Umspülung der niedrigen Buckel führte. Zu Tausenden tauchen heute die winzigen, glazial abgeschliffenen Eilande aus den Fluten des Meeres auf, ein unübersehbares Durcheinander von Felskuppen und Klippen. Es ist die untermeerische Fortsetzung des festländischen Reliefs, so daß man das Ende der Inselflur und den Beginn des Festlandes oft nur mit Mühe feststellen kann (Südküste von Finnland, Ostküste des nördlichen und mittleren Schweden, Küste des nördlichen Norwegen).

Begeben wir uns in eine von Senkung erfaßte Küste im Bereich glazialer Aufschüttung, so treffen wir auch hier, wenn auch in spezifischer Abwandlung, auf jene bezeichnende Vermengung von Elementen des glazialen Formenschatzes mit solchen der Ingressionsmorphologie. Die wichtigste Erscheinung stellen hier die Förden dar. Es sind meist senkrecht zur Küste stehende, tiefe und breitsohlige Talbuchten von häufig an U-Form herankommendem Querschnitt [11]. Das Längsprofil zeigt kein gleichsinniges Gefälle, vielmehr einen Wechsel von Becken und trennenden Schwellen. Je nach der Breite ähneln die Förden einer Meeresbucht oder einer Flußmündung. Das tiefe Fahrwasser reicht in den meisten dieser Buchten bis zur inneren Spitze, aber einen größeren Fluß, dessen ertrunkene Mündung die Förde darstellen könnte, suchen wir vergebens. Typische Fördenküsten treffen wir vor allem an der Ostküste von Jütland * und Schleswig, weniger schon an der Ostküste von Holstein, gar nicht mehr in Mecklenburg und Pommern. Diese geographische Verbreitung hilft uns, die Entstehungsgeschichte der Förden zu entziffern. Untersuchen wir beide Gebiete, so erkennen wir in den Förden der westlichsten Ostseeküste ein Gegenstück zu den durch subglaziale Schmelzwasser erzeugten Rinnenseen von Mecklenburg, Pommern und den übrigen Teilen der Baltischen Seenzone. WOLDSTEDTS [12] Untersuchungen z. B. der Flensburger Förde lassen keinen Zweifel daran, daß sich subglaziale Rinnen zum inneren Winkel der Förde herunterziehen und die Förde selbst einen infolge Landsenkung ertrunkenen Rinnensee darstellt. In seinem zusammenfassenden Werk über die Geologie des Diluviums spricht WOLDSTEDT [13] daher klar aus: »Förden entstehen da, wo das Meer Zutritt zu subglazialen Rinnen gewinnt. Förden- und Seenzone sind einander äquivalent; beide sind gebunden an die zentralen Teile des Baltischen Höhenrückens. Je mehr wir, von O und SO kommend, uns Schleswig-Holstein, insbesondere Schleswig nähern, um so tiefer wird die Lage des Landrückens. Weil in Schleswig und Jütland durch Senkung Teile der zentralen Partien unter den Meeresspiegel gerieten, haben wir hier eine Fördenküste. In Mecklenburg und Pommern haben wir eine Seenlandschaft und keine Fördenküste, weil das Meer nur an den Saum des Höhenrückens heranreicht.« — Diese Erklärung trifft aber nur für die schmalen Förden wie die von Schleswig und Hadersleben zu, die in ihrer Gestaltung den Rinnenseen völlig gleichen. Wo breite bis rundliche Formen auftreten, wie bei der Flensburger und Apenrader Förde, muß ein anderer Entwicklungsgang angenommen werden. Marine Abrasion, die man zunächst für die Weitung verantwortlich machen möchte, kommt bei der minimalen Gezeitenbewegung der Ostsee nicht in Betracht. Statt dessen nimmt man eine glaziale Umformung derart an, daß ursprünglich die subglazialen Schmelzwasser auch hier eine normale Rinne ausgefurcht haben, daß diese Rinne dann aber bei erneuten Vorstößen des Eises leitend wurde und vorwärtsdrängende Gletscherzungen in sich aufnahm; diese bewirkten eine Umbildung und Erweiterung der subglazial angelegten Rinne, indem sie sie zu einem Zungenbecken ausgestalteten. Das infolge der Senkung später eindringende Meer fand hier also ein geräumiges

* Die Förden werden in Dänemark fast durchweg Fjorde genannt.

Becken vor, während es sich sonst nur den normalen, schmalen und langgestreckten Rinnensee zu eigen machen konnte. — Fördenküsten sind nicht nur auf das Gebiet stärkster Senkung im Ostseeraum beschränkt, sondern finden sich gelegentlich auch sonst. Eine typische Fördenküste stellt z. B. in Nordamerika die Nordküste von Long-Island dar; hier sind die Fördenrinnen mit der New York-Moräne verknüpft.

f) Ingression an vulkanischen Küsten. Senkt sich eine vulkanische Küste allmählich ins Meer, so entstehen oftmals recht eigen-

Fig. 135. Porto d'Ischia; künstlich mit dem Meere verbundener Kratersee.

artige Formen. Vulkanberge tauchen so tief ein, daß das Meer in den Barrancos den Weg zum Kraterkessel findet und diesen in eine geräumige Bucht verwandelt. Bei starker Brandung bedarf es nicht einmal des Vorhandenseins großer Talschluchten; die Abrasion nagt so lange an den Kraterwällen, bis diese durchbrochen sind und das Meer sich den Zugang zum Innern erzwungen hat. Die Insel St. Paul im Indischen Ozean ist ein oft genanntes Beispiel dieser Art. Reichen Senkung und Brandung nicht aus, um einen Kratersee in eine Meeresbucht zu verwandeln und auf diese Weise einen guten Hafen zu schaffen, so hilft gelegentlich der Mensch nach und schließt durch einen Kanalbau den Kratersee an das Meer an, wie es bei dem Porto d'Ischia (Fig. 135) der Fall ist.

Anwachsküsten. Zu der Bruchküste und der Angriffs- bzw. Eingriffsküste gesellt sich als dritter genetischer Typus die Anwachsküste. Der Name soll hervorheben, daß Ablagerung in diesem Falle überwiegt und zur morphologischen Dominante geworden ist. Tektonische Einflüsse, Abrasion und Senkung können trotzdem gelegentlich beobachtet werden, aber sie treten an Bedeutung hinter dem Vorgang zurück, der der Küstenzone das morphologische Gepräge verleiht, der Anschwemmung. Durch diesen Umstand ist es bedingt, daß hier nicht mehr der Festlandskern vom Wasser bespült wird, sondern sich zwischen diesem und dem Meer ein Saum junger Sedimente einschaltet. Der angewachsene Saum kann aus Ablagerungen des Meeres oder des Festlandes aufgebaut sein. Daß es sich durchweg um flache Küsten handelt, bedarf kaum der Betonung.

Ehe wir die reine Form der Anwachsküste betrachten, ist es notwendig, zweier Mischtypen zu gedenken, die je nach den lokalen Gegebenheiten zu der einen oder der anderen Kategorie gestellt werden können: Ausgleichsküsten und Wattenküsten. Als Ausgleichsküsten bezeichnet man Gestade, bei denen der Landkern hier und da noch hervortritt, an den felsigen Vorsprüngen die Brandung ihr Zerstörungswerk noch fortsetzt, während in den zwischengeschalteten Buchten infolge Küstenversetzung, Deltawachstum usw. Ablagerung und Ausfüllung vorherrschen. Steil- und Flachküsten wechseln demgemäß ab; die Küstenlinie wird aber zusehends geglättet, selbst wenn als Übergangsstadium durch landfest gewordene Felsinseln noch einmal neue Buchten entstehen. An der toskanischen Küste hat sich diese Umwandlung zum Teil erst im Lauf der geschichtlichen Zeit vollzogen. An die Stelle der großen Buchten von Pisa und Grosseto trat sumpfiges Schwemmland, und der Monte Argentario (vgl. Fig. 66 auf S. 262), das Gebirge von Piombino und der Monte dell'Uccellina führen uns die verschiedenen Stadien im Verlandungsprozeß von Inseln vor Augen. Weiter im Süden sind die die Innenseite des zerbrochenen Apennin kennzeichnenden Golfbuchten von Gaeta, Neapel, Salerno und Policastro noch erhalten, aber die Natur arbeitet tatkräftig an ihrer Ausfüllung. Eine glatte ausgeglichene Küste treffen wir im nordöstlichen Südamerika vom Kap San Roque bis zum Orinoco, wo die Flußsedimente in merkwürdig gleichmäßiger Weise angeschwemmt werden.

Ob man die Wattenküste mit ihren von den Gezeitenströmen eingetieften Prielen zu den Eingriffs- oder zu den Anwachsküsten rechnen soll, ist unentschieden. Aufbau und Abbruch pflegen hier derartig nebeneinander herzugehen, daß die Entscheidung schwer wird. Überdies steht immer noch nicht einwandfrei fest, ob die Watten durch Zertrümmerung einer kontinentalen Dünenkette bzw. Nehrungsküste entstanden sind (Philippson) oder ob sie sich im Schutze von ursprünglichen, aus marinen Sandwällen hervorgegangenen Inseln bildeten (Behrmann). Für die west- und ostfriesischen Watten scheint die letzte, für die nordfriesischen Watten die erste Erklärung zuzutreffen. Je nachdem wird man die Wattenküste als Anwachsküste oder als Eingriffsküste ansprechen. Daß der Mensch heute emsig bemüht ist, den Eingriff des Meeres durch Kunstbauten hintanzuhalten und die Anschlickung zu begünstigen, wurde früher bereits dargelegt (S. 259).

Echte Anwachsküsten können zunächst durch eine negative Niveauveränderung entstehen, weil dann ein Teil des bisherigen Meeresbodens an das Festland angeschweißt wird und saumartig den Festlandkern umgibt. Entsprechend der Armut des küstennahen Meeresbodens an markanten Reliefzügen sind derartige Hebungsküsten im allgemeinen flach und einförmig, meist geradlinig oder schwach gebuchtet. Wesentlich anders geartete Küstenformen entstehen natürlich dann, wenn die Küstenzone sich als besonders beweglich erweist und nach einer Periode des Eintauchens (Eingriffsküste) wieder aufzusteigen beginnt. In diesem Falle kommt es zu einer Überlagerung zweier Formentypen; von Stärke und Dauer der beiden entgegengesetzten Bewegungen hängt es ab, welche Formenelemente im Landschaftsbild der Küste überwiegen. LAUTENSACH [5] glaubt an der Minho-Douro-Küste nachweisen zu können, daß hier in pliozäner oder quartärer Zeit eine Aufbiegung stattfand, die der Bewegung entsprechend teils zu Hebungen, teils zu Senkungen führte. Im Bereich stärkster Aufbiegung deuten sandige Ablagerungen vor dem Strand, Muschelreste in größerer Höhe über dem heutigen Meeresspiegel, Flußdurchbrüche mit engen, felsigen Schluchten (z. B. Douro) die Hebung an, während in den angrenzenden Senkungszonen typische Ingressionsformen von oft riaartigem Charakter auftreten.

Auch ohne Mitwirkung von Niveauveränderungen kann es zur Ausbildung echter Saumlandküsten kommen, wenn seitens des Meeres oder der Flüsse im Küstenbereich starke Sedimentation erfolgt. Entscheidend hierfür sind neben der Gestalt des Meeresbodens Stärke und Richtung der Meeresbewegungen, Schuttreichtum der Flüsse, Grad der Abspülung und Massenabwanderungen in der Küstenzone usw. Marine Anschwemmung erzeugt, wie wir früher eingehend dargelegt haben (S. 258 f.), Strandwall-Küsten, Nehrungs- und Haffküsten, Watten-Küsten und Sumpf(Mangrove)-Küsten. Terrigene Ablagerungen führen zur Entstehung von Delta-Küsten * oder

---

* Die Bedeutung der Deltas möge an zwei Sätzen MECKINGS [8] dargelegt werden: »Daß man so weit hinausgehen mußte (30 km!), um aus einem Fischerdorf den Weltstadthafen zu erreichen, hat seinen natürlichen Grund in dem zwischen Tokyo und Yokohama ausmündenden Tamagawa, dessen mächtiger Schuttkegel sich in sehr geringen Wassertiefen weit hinaus bemerkbar macht«. »Für den Hafen von Osaka ist ungünstig die gewaltige Sedimentation des Flusses. Das in historischer Zeit hier angewachsene Land ist im Durchschnitt 4—5 km breit, und der Meeresboden ist weit hinaus flach. Jetzt hat man mit einem Flußdurchstich den Unterlauf gestreckt. Der Durchstich liegt zwar schlecht zur Stadt und zum Hafen, weil der Flutstrom von dort kommt und die Sedimente des Flusses nach dem Hafenbereich zu befördern strebt; aber es wird doch das Flußgefälle erhöht und der Schlamm dadurch weiter hinaus verfrachtet. Das ganze Hafenbecken ist aus dem Schlamm gehoben und von Molen umgrenzt, ist also ein reiner Molenhafen.«

Schuttstreifen-Küsten. Letztere können durch Abspülung der Küstengehänge, durch Massenabwanderungen, durch vulkanische Aufschüttungen (Lava, Asche), durch äolische Einwehungen oder auch gelegentlich durch ein Hineinwandern von Küstendünen ins Meer gebildet werden; ihre Entwicklung zu einer ausgedehnten und ausgeglichenen Saumlandküste setzt natürlich flaches und ruhiges Gewässer voraus. Eine besondere Art der Schuttstreifenküste ist das, was PASSARGE »Wanderschuttküste« nennt. In polaren Gebieten können langsame Massenabwanderungen (Bodenschub) gegen das Meer vordringen und trotz erheblicher Brandung den Charakter der Küste bestimmen, weil ja immer neues Material vom Lande her nachrückt. Während in diesem Falle wie fast stets bei den Schuttstreifen-Küsten das gesamte Gestade als Arbeitsform anzusprechen ist, kommt es im Bereich der Delta-Küsten nicht selten streckenweise zur Ausbildung von Ruheformen; es handelt sich um Küstenabschnitte, an denen mangels einmündender Flüsse keine Deltabauten zu beobachten sind und wo sich im übrigen dank Küstenverlauf und Richtung der Strömungen Abtragung und Anschwemmung das Gleichgewicht halten.

Systematik der Küsten. Daß gerade bei den Küsten eine systematische Klassifikation auf besondere Schwierigkeiten stößt, hoben wir oben bereits hervor. Wir gehen bei unserem Versuch andere Wege als SCHLÜTER [1] und verzichten absichtlich darauf, die ungewöhnliche Fülle von Erscheinungen restlos zu erfassen und in ein einheitliches System zu zwängen.

I. Einteilung nach Querprofil und Grundriß
   1. Querprofil: niedrig, hoch; flach, steil
   2. Grundriß: geradlinig, winklig, gebuchtet

II. Einteilung nach dem im Küstenbereich anstehenden Gestein
   1. Felsküsten
   2. Küsten aus Lockermassen

III. Einteilung nach dem Verhältnis der Küstenrichtung zur Streichrichtung der angrenzenden Landhöhen
   1. Konkordante Küsten
   2. Diskordante Küsten
   3. Neutrale Küsten

IV. Einteilung nach dem für die Küstenmorphologie maßgebenden Vorgang
   1. Bruchküsten
   2. Angriffs- und Eingriffsküsten
      a) Abrasionsküsten (Kliffküsten)
      b) Senkungsküsten

α) Ingression an fluviatil bearbeiteten Faltengebirgsküsten
β) Ingression an den Küsten fluviatil bearbeiteter Rumpfschollengebirge (Riaküsten)
γ) Ingression an fluviatil bearbeiteten Flachlandsküsten
δ) Ingression an glazial bearbeiteten Küsten (Fjord-, Fjärd-, Schären-, Fördenküsten)
ε) Ingression an vulkanischen Küsten

mit Eingriffen ersten Ranges
mit Eingriffen zweiten Ranges
mit Eingriffen dritten Ranges
mit Pergression
mit Zirkumgression

3. Anwachsküsten (Saumlandküsten)
   a) Durch Landhebung allein
   b) Durch marine Anschwemmung
   c) Durch terrestrische Ablagerung

V. Einteilung nach dem Maß der Küstenveränderung
   1. Arbeitsform (Abtragung, Anlandung)
   2. Ruheform

Literaturnachweise. [1] O. Schlüter, Ein Beitrag zur Klassifikation der Küstentypen; Zeitschr. Ges. für Erdk., Berlin 1924. — [2] A. Tammekann, Die Oberflächengestaltung des nordostestländischen Küstentafellandes; Publicationes Instituti Universitatis Dorpatensis Geographici, Tartu (Dorpat) 1926. — [3] A. Jessen, Beskrivelse til Kortbladene Skagen, Hirshals, Frederikshavn, Hjörring og Lökken; Kopenhagen 1899. — [4] E. Fels, Die Küsten von Korfu; Mitt. Geogr. Ges., München 1923. — [5] H. Lautensach, Morphologische Skizze der Küsten Portugals; Zeitschr. Ges. für Erdk., Jubiläums-Sonderband, Berlin 1928. — [6] W. Hartnack, Die Küste Hinterpommerns unter besonderer Berücksichtigung der Morphologie; II. Beiheft zum 43./44. Jahrb. der Geogr. Ges., Greifswald 1926. — [7] H. Yabe und R. Tayama, A cartographical study of the submarine relief of the Strait of Formosa; Records of oceanogr. works in Japan, Bd. I, 1929. Dieselben, On some remarkable examples of drowned valleys found around the Japanese Islands; ebenda. — [8] L. Mecking, Japans Seehäfen und ihre neueste Entwicklung; »Meereskunde« Heft 184, Berlin 1929. — [9] N. Sokolów, Über die Entstehung der Limane Südrußlands; Mém. du Com. géol., St. Petersburg 1895. — [10] Die Fjorde der Südinsel von Neuseeland beschrieb kürzlich ausführlicher W. Geisler in seiner Länderkunde von Australien und Ozeanien, Leipzig 1930. Beachte die Kartenskizze auf S. 267! — [11] P. Martens, Morphologie der schleswig-holsteinischen Ostseeküste; Dissertation Kiel, Breslau 1927. — [12] P. Woldstedt, Studien an Rinnen und Sanderflächen in Norddeutschland; Jahrb. Pr. Geol. Landesanst. für 1921, Berlin 1923. —. [13] P. Woldstedt, Das Eiszeitalter, Grundlinien einer Geologie des Diluviums; Stuttgart 1929.

II. Fazieller Formenschatz.

Der Formenschatz der Erdoberfläche wird, wie wir gesehen haben, im wesentlichen durch geologische Vorgänge wie Faltung und Bruchbildung, Hebung und Senkung und die davon beeinflußte Destruktion bestimmt. Das Ergebnis aber ist selbst bei gleichartigem Ablauf des geologischen Geschehens keineswegs überall dasselbe, vielmehr sind Abwandlungen, morphologische Faziesbildungen, festzustellen, die vor allem auf die Wirksamkeit dieser beiden Faktoren zurückgeführt werden müssen: petrographische Unterschiede und klimatische Einflüsse. Eine Morphologie der Erdoberfläche wäre unvollständig, wenn sie an diesen Fragen vorüberginge. Aber andererseits stehen wir gerade auf diesem Gebiet vielfach noch in den allerersten Anfängen der Forschung, so daß der Umfang gesicherter Erkenntnis hinsichtlich der morphologischen Faziesbildungen einstweilen ein recht bescheidener ist. Wir beschränken uns infolgedessen auf die Skizzierung einiger weniger Tatsachen in der Hoffnung, daß gerade dieser Zweig der Geomorphologie in den nächsten Jahren recht eingehende Pflege seitens der Geographen finden und die hier noch spürbare Lücke baldigst geschlossen werden möchte.

Petrographisch bedingter Formenschatz.

In der Natur begegnen uns des öfteren Landschaften, deren Formenschatz in erheblichem Maße dadurch bedingt wird, daß ein bestimmtes Gestein vorherrscht und dem Relief durch die ihm eigentümlichen Formen das spezifische Gepräge verleiht. Wir sprechen in diesem Falle von petrographisch einheitlichem Formenschatz (z. B. bei Löß, bei Kalk, bei Sandstein). In anderen Landschaften treten mehrere Gesteinsarten nebeneinander auf; die Oberflächengestaltung erhält ihre charakteristischen Züge durch den Wechsel widerstandskräftiger und widerstandsschwacher Gesteine. Hier sprechen wir von petrographisch gemischtem Formenschatz. Eine erschöpfende Darstellung dieser beiden Typen zu geben, ist nicht möglich. Aber eine Auswahl von Musterbeispielen dürfte am Platze sein, um dem Morphologen einen Einblick in die Problematik zu verschaffen und ihn anzuleiten, bei den Arbeiten im Gelände diesen Fragen nachzugehen.

Der Formenschatz der Lößlandschaft. Überall dort, wo Löß in größerer Mächtigkeit auftritt und weitere Gebiete der Erdoberfläche bedeckt, bilden sich in ihm besondere Formen heraus, die wir in ihrer Gesamtheit als Lößlandschaft[1] bezeichnen. Wenn im folgenden der Löß als formenbildender Faktor gekennzeichnet werden soll, so kann es sich nicht darum handeln, die Frage nach der Entstehung des Lößes erneut aufzurollen und die ihn auszeichnende petrographische, physikalische und chemische Eigenart noch einmal darzustellen. Alles das müssen wir nunmehr als bekannt voraussetzen (vgl. S. 151, 237 f.). — Von dem Formenschatz der Lößlandschaft hat uns v. Richthofen [1] eine so unübertreffliche Schilderung beschert, daß wir glauben richtig zu handeln, wenn wir ihm selbst das Wort geben und den Geographen durch eine Reihe ausgewählter Stellen aus v. Richthofens Chinawerk mit diesem Klassiker der Erdkunde vertraut machen. Die Eigenart der Lößlandschaft führt v. Richthofen auf die Schichtungslosigkeit dieses Gesteins, seine Vertikalstruktur und Porosität und schließlich — sofern Terrassierung der Steilwände in Betracht kommt — auf die lagenartige Einschaltung von Mergelknollen (Lößpuppen) zurück. »Es ist klar, daß ein Gebilde, welches sich in so großer Mächtigkeit über eine gebirgige Gegend ausbreitet, die Rolle hat, die Unebenheiten des Bodens auszugleichen, Vertiefungen auszufüllen und Erhabenheiten zu bedecken. Der Löß schafft sanfte Muldentäler über klippigen Felsen, und von den Höhen blickt man über einförmiges Gelände, wo ohne ihn reiche Abwechselung der Formen sein würde. Aber nur scheinbar ist dieser sanfte Charakter.« Jede der auf den ersten Blick so eben erscheinenden Lößmulden ist in Wirklichkeit so unzugänglich, »daß selbst der Fußgänger verloren ist, wenn er sich nicht an die gebahnten Wege hält. Die Schwierigkeiten des Fortkommens sind dann größer, als wenn man sich unter Felsen und Klippen befindet. Dies rührt von den tiefen Kanälen her, welche sich das Wasser im Löß gräbt«. Die geringe Widerständigkeit des Gesteins begünstigt eine starke und tiefe Zerschneidung der Lößebenheit. Wo in einem Jahr die Gespanne über die Ebene dahinzogen und ihre Spuren eingruben, kann im nächsten Jahr bereits eine Talkerbe von mehreren Metern Tiefe eingerissen sein. Dabei sorgt die ausgesprochene Vertikalstruktur des Lößes dafür, daß die Täler stets steilwandig bleiben; selbst wenn sich die Talsohle erheblich weitet, bewahren die Hänge ihre Schroffheit und lassen in diesem Falle U-förmige Sohlentäler entstehen (Fig. 136). Gegen die Peripherie der Lößbecken hin, wo die Neigung des Geländes größer wird, »steigen die die Talrisse einschließenden gelben Mauern höher und höher an, da jeder Wasserlauf ein viel geringeres Gefälle hat als die Oberfläche des Löß, in den er eingeschnitten ist. Bald erheben sie sich unvermittelt aus dem Boden des Flußbettes zu mehreren hundert Fuß Höhe; über ihrem Stirnrand aber steigt der Boden noch höher in Terrassen auf, die sich mehr und mehr von dem Fluß entfernen. Etwas weiter hin kommt unter spitzem Winkel eine zweite Schlucht herein, welche sich ein Zufluß des ersten Baches gegraben hat. Gehen wir in ihr hinauf, so vereinigen sich bald mit ihr andere Schluchten von rechts und links, kleinere und größere, und in jeder derselben, wenn wir sie verfolgen, kommen wir zu neuen Rissen, und jeder von diesen wiederum verzweigt sich gegen den Oberlauf mehr und mehr. Bald stehen wir in einem Labyrinth von Schluchten. Steigen wir zu ihren letzten Anfängen hinan, so finden wir die meisten schon an ihrer Ursprungsstelle als Risse von 30 bis 50 Fuß Tiefe, bei einer Breite von oft nicht mehr als 4 bis 6 Fuß. — Wandert man hingegen auf der Oberfläche der so sanft aussehenden Lößmulde abwärts oder verläßt man einen der gebahnten Wege, so steht man plötzlich am Rand eines dieser tiefen Risse. Da man nicht hinüber kann, geht man der Spalte entlang aufwärts. Aber bald wird der Weg durch eine andere Schlucht versperrt, welche unter einem schiefen Winkel in die erste einmündet;

Fig. 136. Lößschlucht bei Kang-hsi, China.

man folgt ihr und verliert noch mehr die Richtung des beabsichtigten Weges. Dann kommen abermalige Abzweigungen, und wenn man an ihnen entlang geht, so ist man bald in dem Gewirr der immer neu hinzukommenden Schluchten verloren. Sorgfältig wandert man zum ersten Punkt zurück und versucht das Fortkommen nach abwärts. Aber da gelangt man bald auf einen klippenförmigen Vorsprung, der auf einer Seite von dem ersten Riß, auf der anderen von einem zweiten seitlich einmündenden begrenzt wird. Mühsam steigt man an einigen der Terrassen hinab. Aber wenn man auf die letzte gelangt, stürzt sie mit senkrechten Wänden nach dem Boden der beiden Risse ab. So mehren sich die Schwierigkeiten ins Unendliche. Könnte man ein solches System von Schluchten aus der Vogelperspektive überblicken, so würde es an der Stelle seiner Einmündung wie ein Stamm erscheinen, der aus der Vereinigung einzelner Wurzelstämme entspringt, und jeden von diesen würde man in seine Wurzeln und Würzelchen und zahllose letzte Fasern sich verzweigen sehen: jede Faser eine schmale aber tief eingerissene Schlucht. Man würde dann beobachten, wie mehrere solche Schluchtensysteme nebeneinander in die Seiten der Lößmulden eingesenkt sind, einige aus deren äußersten Grenzen entspringend, andere inmitten des Gehänges beginnend.

Hätte der Löß in seiner ganzen Mächtigkeit die gleichmäßige Struktur, welche er durch die Dicke jeder einzelnen Bank bewahrt, so würden solche Gegenden überhaupt nicht passierbar sein; denn dann würden die Schluchten als absolut senkrechte Spalten, oft von mehr als tausend Fuß Tiefe, niedersetzen. Hier tritt als ein wohltätiges Element die Anordnung der Mergelknauern in Lagen ein. Denn dadurch entsteht die Verwandlung der senkrechten Wand in einen Terrassenabfall. Jede einzelne Bank endet zwar in einem senkrechten und zuweilen überhängenden Abbruch; aber die schützende Decke der Lößpuppen veranlaßt eine Verebnung auf ihrer oberen Fläche, und erst in einigem Abstand vom ersten Bruchrand stürzt die nächste Bank ab. An diesen Wänden schreitet die Zerstörung sehr langsam fort, da sie nicht von fließendem Wasser begünstigt wird. Die sparsam herabstürzenden Schollen häufen sich an ihrem Fuß an und werden erst vom Regen einigermaßen über die Oberfläche der Terrasse verteilt — eine Operation, welche durch die Arbeiten des Landmannes unterstützt wird, der den Boden zur Anlage seiner Felder auszuebnen, dabei aber im kleinen in der Anordnung der einzelnen Parzellen das terrassenförmige Ansteigen nachzuahmen versucht. So werden die Mergelknauern mit einer Schicht weicher Ackererde bedeckt. Überblickt man einen solchen Terrassenabhang in guter Jahreszeit von oben, so sieht man daher nichts als grüne Felder, während der Beschauer, der in der Schlucht steht, von diesen nichts wahrnimmt und die gänzlich vegetationslosen Lößwände starr und gelb eine über der anderen ansteigen sieht, jede am Rand von einer Reihe von Grashalmen begrenzt.

Vermöge dieser Besonderheiten gestaltet sich die Lößlandschaft zu den wechselvollsten Bildern; und wenn man auch wochenlang mit nur geringen Ausnahmen immer dieselbe Bodenart vor Augen hat, und wenn sie auch den Geologen oft in Verzweiflung setzt, da sie ihm die schönsten Schichtenprofile und Aufschlüsse plötzlich abschneidet und überhaupt das Feld der Beobachtung beschränkt, so wird man doch nicht müde, den Formenreichtum zu sehen. Jeder Blick hinab in die labyrinthischen Bodeneinschnitte oder aus den tiefen Schluchten hinauf in die einzelnen der in sie mündenden Zweige bringt neue Bilder. Man kann im Löß tausend Landschaften gesehen haben und trifft mit Erstaunen stets neue und unerwartete Kombinationen, mit einer Fülle des Romantischen, Bizarren und Abenteuerlichen ausgestattet«.

Wenn auch nicht gleich großartig, so doch gleichartig ist die Lößlandschaft in Südrußland, im nördlichen Karpathenvorland usw. ausgebildet. Betont v. RICHTHOFEN vor allem den durch erosive Ausgestaltung erzeugten Formenschatz der Lößlandschaft, so hebt A. HAUSHOFER [2] in einer auch grundsätzlich wichtigen Arbeit über den Löß des pannonischen Beckens die durch Anwehung der Stauberde erzeugte Großform hervor. Indem sich der Löß als Fremdmaterial über ein altes Gebirgsrelief ausbreitet, hüllt er es bis zum Fuß der Gipfel in sein gelbes Tuch ein, überkleidet Täler und Höhen und schafft eine Ebenheit, deren Reliefenergie erheblich geringer ist als die der alten Landoberfläche. Derartige Gebirge, bei denen der geologische Bau des Untergrundes und sein morphologisches Bild durch Lößüberdeckung verschleiert sind, nennt A. HAUSHOFER »verlößte Gebirge«.

Der Formenschatz des Karstes. Während der Löß und sein Formenschatz nur räumlich beschränkte Teile der Erdoberfläche beherrschen, treffen wir in allen Klimazonen auf Gebiete, in denen wasserdurchlässige Kalke (gelegentlich auch Gips) weitflächig entwickelt sind. Auch im Bereich dieses Gesteins kommt es wiederum zur Ausbildung eines besonderen Formentypus, den man als Karstphänomen bezeichnet *.

Die Karsterscheinungen haben ihre Ursache zunächst in der Wasserdurchlässigkeit des Gesteins. Diese beruht allerdings nicht — wie beim Löß oder beim Sandstein — auf starker Porosität, sondern auf dem Vorhandensein zahlreicher Fugen, Klüfte und Spalten, die das Wasser von der Oberfläche zur Tiefe sickern lassen und dem seinem physikalischen Porenvolumen nach undurchlässigen Material die morphologische Eigenschaft durchlässigen Gesteins verleihen [3]. Zur Wasserdurchlässigkeit gesellt sich die leichte Löslichkeit von Kalk und Gips, so daß die chemische Erosion starke Wirkungen zu erzielen vermag. Endlich spielt auch die physikalische Festigkeit des Gesteins eine Rolle, durch die die in lockerem Material unmögliche Ausbildung von Höhlen, Naturschächten und Schratten begünstigt wird. Dolinen und Karren (Schratten), Höhlen und Trockentäler stellen den wesentlichsten Bestand im Formenschatz des Karstes dar.

Nicht nur die Plateaus, sondern auch die Abhänge der Berge sind im Karst mit schüssel- oder trichterförmigen Vertiefungen bedeckt, für die sich in der deutschen Wissenschaft die slovenische Bezeichnung Dolinen eingebürgert hat (Fig. 137). Sie treten vereinzelt oder gesellig auf und liegen häufig so dicht nebeneinander (oft 40—50 auf 1 qkm!),

* Für die Entstehung der Karstformen ist die Bezeichnung »Verkarstung« üblich. Derselbe Ausdruck wird gelegentlich in der Pflanzengeographie zur Kennzeichnung der den Karstgebieten eigentümlichen schütteren Vegetation angewandt. — Hinsichtlich der Karsthydrographie siehe Bd. I, S. 355 f. Als Grundwerk sei auch hier ausdrücklich genannt J. CVIJIĆ, Hydrographie souterraine et évolution morphologique du Karst; Institut de Géographie Alpine, Grenoble 1918.

daß die Karstoberfläche in der Tat einem blatternarbigen Gesicht, womit man sie oft verglichen hat, ähnlich sieht. Die Form dieser Löcher ist bald kreisrund, bald unregelmäßig; ihre Tiefe variiert zwischen 2 und 20 m, ihr Durchmesser zwischen 10 und 120 m. Selten besteht der Boden aus nacktem Fels; meist ist er mit Zersetzungslehm bedeckt. Manche Löcher sind mit Wasser oder in den höheren Regionen auch

Fig. 137. Doline auf dem Tschitschenboden bei Rozzo (Istrien). Im Hintergrund weitere Dolinen. — Nach Photographie von A. Grund, Geologische Charakterbilder, Heft 3, Berlin 1910.

mit dauerndem Schnee gefüllt. Von diesen geschlossenen Felsdolinen sind die Naturschächte und Schwemmlanddolinen zu unterscheiden. Die ersteren sind in den festen Felsen eingesenkte Hohlformen, die entweder mittels einer verbreiterten Spalte zu einer blinden Höhle oder mittels eines breiten Schlotes zu einem unterirdischen Flußtal führen. Die Schwemmlanddolinen sind genetisch den Erdfällen gleichzusetzen; sie treten im lockeren Boden auf, im Bereich des Lehmbodens großer Felsdolinen oder auf Talböden. Nur von ihnen gilt, was Pilar vom kroatischen Grenzbezirk berichtet, nämlich daß die Neubildung von Dolinen so rasch vor sich gehe, daß mancher Bewohner, der nach einigen Jahrzehnten in seine Heimat zurückkam, diese kaum mehr zu erkennen vermochte; denn Häuser waren infolge von Einstürzen verlegt, neue Wege waren gebahnt, Obstgärten waren verschwunden. Hier finden, das liegt auf der Hand, Einstürze über breiten Spalten und

Höhlen im Untergrund statt. Auf dieselbe Entstehungsweise führte man auch die Felsdolinen und Naturschächte zurück, und in manchen Fällen dürfte diese Erklärung zutreffend sein. Zwischen dem Tartarusarm der Adelsberger Grotte und der Höhle von Ottok breitet sich ein großes Trümmerfeld aus, und gerade über ihm befindet sich die Doline Stara Apnenca. Hier ist offenbar, wie aus Fig. 138 erhellt, die Decke des ehemaligen Hohlraumes, der den Tartarus mit der Ottokgrotte verband, eingestürzt. In Gips, der leichter löslich ist als der Kalk und weniger zur Zerklüftung neigt, sind nach Lozinski nahezu alle Dolinen durch Einsturz entstanden. Dagegen können wir in anderen Fällen direkt nachweisen, daß ein derartiger Vorgang nicht stattgefunden hat. Der Bau einer 3 m tiefen Doline bei Unterloitsch ist durch einen Eisenbahneinschnitt völlig aufgedeckt (Fig. 139). Hier ist die Doline in festen

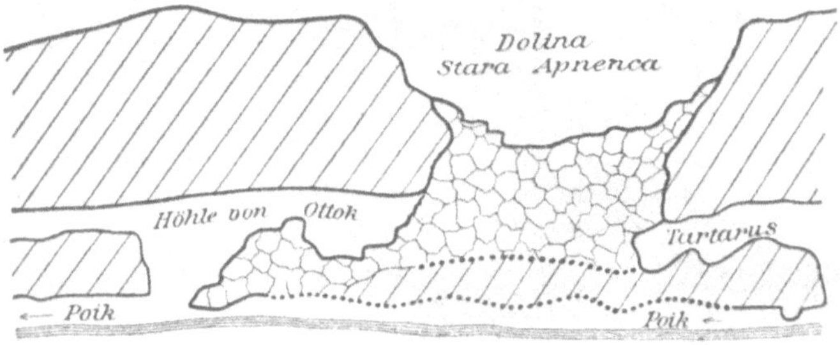

Fig. 138. Die Einsturzdoline Stara Apnenca in Krain. — Nach Martel.

Fels eingesenkt; der Boden ist — wie die Zeichnung durch Punktierung andeutet — bis zu einer gewissen Tiefe durch Verwitterung mürbe gemacht oder aufgelöst, besonders unter dem Boden der Doline, von wo enge Spalten sich nach der Tiefe ziehen. Von Einsturz kann hier keine Rede sein; die einzige Erklärung, die uns übrigbleibt, ist die durch chemische Erosion des Kalksteins, die das Wasser längs vorhandener Spalten bewirkte. Wir dürfen annehmen, daß sich dieser Prozeß auf diejenigen Stellen konzentrierte, wo besonders viele Vertikalspalten der Zersetzung vorgearbeitet hatten und die Abfuhr der Zersetzungsprodukte nach der Tiefe begünstigten. Mit der Zeit wurden diese Spalten verstopft, und die Verwitterungserde konnte sich nun auf dem Boden der Doline ansammeln. Auch viele Naturschächte sind nichts anderes als durch chemische Erosion erweiterte Vertikalspalten; ein nicht mißzuverstehendes Beispiel dieser Art aus dem französischen Karstgebiet bietet uns Fig. 140.

Den Dolinen nahe verwandt sind die geologischen Orgeln, kleine kaminartige Löcher in tonigem Kalkstein, die aber stets mit lockeren Massen bedeckt und ausgefüllt sind und daher nur in Einschnitten zutage treten. Ein Oberflächengebilde anderer Art als die Felsdolinen, aber wie diese vorwiegend durch chemische Erosion entstanden, sind die in den Kalkalpen, besonders in der Höhenzone zwischen 1600 und 2300 m wohlbekannten Karren oder Schratten[4] (Fig. 141). Sie treten bald allein, bald in Gesellschaft von Dolinen auf, und zwar nur auf vegetationslosen Kalkflächen, wo Regen und Schmelzwasser oberflächlich abfließen können. Statt Löcher bilden sich dann zahlreiche lange und parallele Furchen, die der Abdachung folgen oder durch Klüfte und Risse im Gestein zu gewundenem Lauf abgelenkt werden. Zwischen ihnen erheben sich Rippen von verschiedener Breite, zum Teil abgerundet, zum Teil mit messerscharfer Kante und dann sehr gefährlich für den Wanderer. Besitzt die Oberfläche geringe Neigung, so herrschen unregelmäßige tiefe Löcher und kurze Furchen vor. Stets entsprechen die Vertiefungen den leichter, die Erhebungen den schwerer löslichen Partien. Ist der Kalkstein unrein, so bilden sich zwar rauhe Oberflächenformen, aber keine Karren. Je nach der Höhenlage des Karstes sind die Karren verschieden ausgebildet. In großer Seehöhe »sind die Kalkplatten durch die Frostsprengung derart zersplittert, daß nur der Scherbenkarst entsteht; tiefer unten werden die Karren unter dem Einfluß humoser

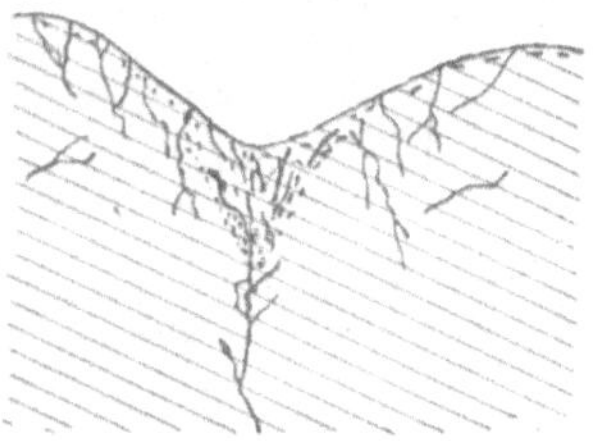

Fig. 139. Erosionsdoline bei Unterloitsch in Krain. Nach Cvijić.

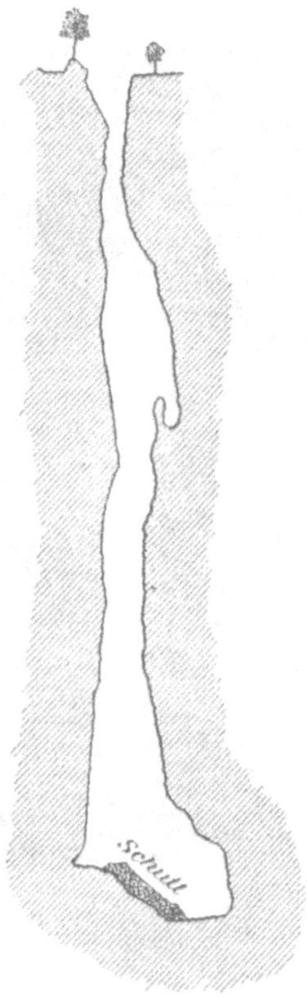

Fig. 140. Naturschacht Fontlongue bei dem Dorfe Bidon, Departement Ardêche. Nach Martel.

Säuren stumpf!«[5] Auch die klimatische Differenzierung in der Horizontalen beeinflußt die Gestaltung der Schratten. So berichtet Jäger[6] aus dem Karstgebiet des nördlichen Südwestafrika, daß dort die Karrenkämme durchweg auffallend niedrig sind, nicht über 5 cm. Offenbar spielt hier die Geringfügigkeit der atmosphärischen Niederschläge eine Rolle.

Kehren wir nun zu den Hohlformen des Karstes zurück. Eine höhere Ordnung der Dolinen bilden die Uvalas, umfangreichere, von allen Seiten eingeschlossene Einsenkungen mit breiter, unebener Sohle, die von Wasserläufen durchschnitten wird. Wie es zwischen den Dolinen und den Uvalas zahlreiche Übergangsformen gibt, so auch zwischen den Uvalas und den breiten, ebenen, rings umschlossenen Talwannen, die man nach dem in Bosnien gebräuchlichen Namen als Poljen (Felder) zu bezeichnen pflegt. Was sie vor den Uvalas auszeichnet, ist ihre be-

Fig. 141. Karrenfeld im Seewerkalk bei Alp Obermans am Sichelkamm, Walenseegebiet (1700 m Seehöhe). — Nach Photographie von A. Heim und P. Arbenz, Geologische Charakterbilder, Heft 10, Berlin 1912.

deutende Ausdehnung — eines der größten, das von Livno, mißt 380 qkm —, ihre tiefere Lage, die Ebenheit ihrer von Dolinen freien Sohle und ihre komplizierten hydrographischen Verhältnisse. Auch darin zeigt sich eine Verwandtschaft zwischen den einzelnen Hohlformen, daß einerseits die Dolinen sich längs der Fugen der aufgerichteten Schichten häufen, andererseits die Uvalas und Poljen im großen und ganzen parallel mit den Gebirgsfalten angeordnet sind, wenn auch die Längsachse einiger Poljen von dieser Richtung abweicht. In der Regel treten die Uvalas in der Fortsetzung der Poljen auf, und manche unfertigen Poljen lassen ihre Entstehung aus dem Zusammenschluß früher getrennter Uvalas noch deutlich erkennen. Wenn aber Cvijić [7] die oberflächlichen Karstformen als eine einheitliche Entwicklungsreihe auffaßt, so daß sich durch fortschreitende chemische Erosion Karren in Dolinen, Dolinen in Uvalas, Uvalas in Poljen verwandeln, so dürfte er wohl zu weit gegangen sein, wie andererseits auch KATZER, wenn er jeden möglichen genetischen Zusammenhang zwischen diesen Formen leugnet. Kleine Poljen, wie die Rekamulde westlich von Zirknitz, mögen durch Deckeneinbrüche unterirdischer Hohlräume entstanden sein. Bei den großen Karstpoljen, die der dinarischen Streichrichtung folgen, spielen tektonische Einflüsse sicher eine Rolle; die Uranlage erfolgte häufig in Gestalt eines Grabenbruches, wie ja solche auf der westlichen Balkanhalbinsel auch außerhalb des Kalkgebirges vorkommen (z. B. das Becken von Üsküb). Diese tektonisch angelegten Ur-Poljen erhielten dann freilich ihre Ausgestaltung als echte Karsterscheinungen erst später bei längerem Stillstand des Grundwasserspiegels.

Die Verschiedenheiten in den Bewässerungsverhältnissen der Poljen lassen sich nach GRUNDS Theorie (vgl. Bd. I, S. 356) auf ihre verschiedene Lage zu dem Niveau des Karstwassers zurückführen. Liegt ihr Boden über dem oberen Niveau, so sind sie von der Zirkulation des Karstwassers ausgeschlossen, können aber Flüsse vom undurchlässigen Boden des benachbarten Geländes erhalten. Reicht ihre Sohle bis unter das untere Niveau des Karstwassers hinab, so bildet sich ein dauernder See, wie der von Janina in Epirus, der montenegrinische Skutarisee oder der Vranasee auf der Insel Cherso. Dagegen tritt eine periodische Wasserfüllung ein, wenn der Poljeboden innerhalb der Schwankungen des Karstwassers liegt. Der Zirknitzer See in Krain ist ein wohlbekanntes Beispiel dieser Art. Nach den Pegelbeobachtungen von 1896—1902 war er durchschnittlich 49,6 Tage im Jahr trocken; davon entfallen auf den Winter 11, den Frühling 0,3, den Sommer 15 und den Herbst 23,3 Tage. Die jährliche Periode entspricht dem Stand des Bodenwassers, der infolge der Schneeschmelze im Frühjahr sein Maximum erreicht. Durch Speilöcher tritt es an die Oberfläche, und durch zahlreiche Sauglöcher (Ponoren, Katavothren) am Boden oder am Rand verschwindet es wieder in die Erde. Daß beide gleichzeitig wirken, bereitet der Grundwassertheorie ernste Schwierigkeiten, und auch die sog. Estavellen, die nur bei starkem und anhaltendem Regen als Spei-, sonst als Sauglöcher funktionieren, geben uns noch ein Rätsel auf [9]. Verstopfen sich die Abzugskanäle, so wird der See permanent; sinkt aber aus irgend einem uns unbekannten Grund das Niveau des Karstwassers dauernd, so hört die Seebildung ganz auf wie in der Ebene von Verdoletsch in Kroatien und auch in manchen Poljen Innerkrains. Nun liegt das Polje, wenn auch noch gelegentlichen Überschwemmungen ausgesetzt, trocken, und es hängt ganz von der Beschaffenheit des ehemaligen Seebodens, von der Verteilung der Sauglöcher und von den Beziehungen zu benachbarten Höhlen ab, ob es von einem oder mehreren verschwindenden Flüssen bewässert wird oder ganz des Wassers entbehrt. Es unterliegt keinem Zweifel, daß die meisten Poljen des Karstes, von denen viele in der jüngsten Tertiärzeit nachweisbar Seen waren, eine solche Entwicklung durchgemacht haben. Möglicherweise ist durch eine negative Niveauveränderung (Hebung des Karstgebirges) das Karstwasser in die Tiefe gezogen worden.

Die lückenhafte Talbildung ist eine charakteristische Eigenschaft des Karstes. Nicht nur die Flüsse der Poljen verschwinden, auch diejenigen, die aus den Zonen undurchlässigen Gesteins kommen, wie z. B. die aus der Flyschmulde Istriens. Das oberirdische Tal hört plötzlich

Fig. 142. Flußhöhle im Dachsteingebiet.

auf, aber manchmal setzt es sich unterirdisch in einer Flußhöhle fort (Fig. 142). Auch hier wechseln oft Engen und Weitungen, auch hier findet man oft Seen und Wasserfälle. Seitenhöhlen münden in die Haupthöhle wie Nebentäler in das Haupttal; manche Zweiggänge eines Grottensystems sind nur verlassene Wege des Hauptflusses. Wenn viele kanalartige Grotten keine Flüsse beherbergen, so erklärt sich dies daraus, daß die Öffnung neuer Klüfte, z. B. infolge von Erdbeben, das Wasser aus seiner ursprünglichen Bahn abgelenkt hat oder daß das Niveau des Karstwassers gesunken ist *. Manche Grotten bestehen aus mehreren

* Eine solche Senkung des Grundwasserspiegels läßt sich u. a. in den Höhlen des Dachsteingebietes nachweisen. Die Tieferlegung des unterirdischen Flusses ist hier durch neuerliches Aufsteigen des Gebirgskörpers hervorgerufen worden. Die Tatsache, daß die jetzt »fossilen« Höhlen einst von einem Flußsystem durchzogen wurden, wird unzweifelhaft durch das Vorhandensein von Flußschottern belegt.

etagenartig übereinander liegenden Höhlen, deren unterste in der Regel von einem Bach durchflossen wird. Ein berühmtes Beispiel dieser Art ist die Lueger-Grotte in Krain. Die gewaltigste Erscheinung von Flußhöhlen begegnet uns jedoch im Karstgebiet des östlichen Tafellandes von Nordamerika (silurische Kalksteine). MACHATSCHEK [10] berichtet hierüber: »Als die größte Höhle der Erde darf wohl die Mammuthöhle am Green River oberhalb von Brownsville (Kentucky) gelten, die 1809 durch einen Zufall entdeckt und in der fünf Stockwerke mit einer Gesamttiefe von 105 m und einer Ganglänge von über 200 km nachgewiesen wurden. Wasserfälle in senkrechten Schloten verbinden die einzelnen Etagen, ihre unterirdischen Ströme steigen und fallen mit dem Green River. Vermutlich hängt dieser auch in anderen Höhlen wiederkehrende Stufenbau mit der durch Terrassen erwiesenen schrittweisen Tieferlegung des Ohiotales zusammen.«

Außer den Flußhöhlen, die durch horizontal fließende Wasser entstanden sind, gibt es auch Sickerhöhlen, in die das Wasser von oben her gelangt und die in der Regel keine große Ausdehnung besitzen. Beide sind Schöpfungen der chemischen Erosion, die unter der Erde kräftiger wirkt als an der Oberfläche *. Aber eine weitgehende Zerklüftung muß ihr vorgearbeitet haben, sonst wären Höhlen in verkarsteten Gebirgen weiter verbreitet, als sie es in Wirklichkeit sind. Sie stellen aber auch einen Schauplatz von Neubildungen dar. Kies und Lehm werden vom fließenden Wasser abgelagert, während das durch die Decke der trockengelegten Fluß- und Sickerhöhlen eindringende Regenwasser Tropfsteine bildet. Es scheidet den Kalk, mit dem es sich auf seinem Wege beladen hat, bei der Verdunstung zum Teil an der Decke, zum Teil an dem senkrecht darunter liegenden Punkt des Bodens aus. Die herabhängenden Tropfsteine oder Stalaktiten und die vom Boden aufsteigenden Stalagmiten vereinigen sich endlich bei ungestörtem Wachstum zu Säulen (Fig. 143). Neben den Zapfen und Kegeln, die dem tropfenden Wasser ihre Entstehung verdanken, gibt es auch schwammartige Kalkbildungen, die aus größeren Wassermengen abgelagert sind und oft einen zauberhaften Anblick gewähren, wie z. B. die Draperien an den Wänden, die durch Niederschläge aus den Überrieselungen der Wandflächen entstehen. Ist der Kalk rein, so sind alle diese Bildungen wasserhell; häufig werden sie aber durch Beimengung von Metalloxyden, besonders von Eisen, gefärbt.

Nicht in allen Sickerhöhlen treten derartige Kalkabscheidungen im großen Stil auf. Sie fehlen u. a. fast gänzlich den Höhlen im Karst

* Den Beweis dafür liefert die Lesse in Belgien, die auf ihrem unterirdischen Lauf von nur 1 km Länge 0,02 g pro Liter löst (im ganzen 1 879 000 kg im Jahr), während sie auf ihrem oberirdischen Lauf von 250 km Länge fünfmal mehr gelöste Substanzen enthält. Einen viel größeren Erosionsbetrag gibt v. KNEBEL für den Timavo (nordwestlich von Triest) an: 0,25 g pro Liter, im Jahr also 210 Mill. kg, was einem Würfel von 43 m Seitenlänge gleichkommen würde.

des nördlichen Südwestafrika. JÄGER [6] möchte diesen Umstand auf den Mangel an Sickerwasser in diesem semiariden Gebiet zurückführen. — Besondere Verhältnisse treffen wir bei den Gipshöhlen an, die z. B. im Zechsteinzug am Südharz in großer Zahl auftreten. Stalaktiten und Stalagmiten fehlen hier gänzlich *; dagegen blättert der Gips an der Decke der Höhle schalenartig ab, so daß der Boden mit Gipstrümmern übersät ist. Nur im Gips-Karst treffen wir eine letzte Art von Höhlen,

Photo-Greve, Blankenburg/Harz.

Fig. 143. Sickerhöhle mit Tropfsteinbildungen bei Rübeland (Harz).

die Auftreibungshöhlen. Sie entstehen dadurch, daß mit der in den oberen Lagen sich vollziehenden Umwandlung des ursprünglich allein vorhandenen Anhydrits in Gips eine Volumenvergrößerung verbunden ist; die hangende Gipsmasse kann sich dann uhrglasartig von der Unterlage abheben und auf diese Weise Höhlen erzeugen. JOH. WALTHER deutet z. B. die Riesenhalle der »Heimkehle« bei Uftrungen als eine solche Auftreibungshöhle. Dasselbe nur im kleineren Maßstab stellen die »Zwerglöcher« bei Sachsa dar **.

* Das liegt offenbar daran, daß im Gegensatz zum Kalk der Gips in CO_2-haltigem Wasser nicht leichter löslich ist als im gewöhnlichen Wasser, die Sickerwässer des Gipses infolgedessen nicht genügend angereichert sind, um Sinter- und Tropfsteinbildungen zu erzeugen.

** Die neuerdings viel genannte Höhlengruppe der »Feengrotten« bei Saalfeld i. Thür. ist keine im strengen Sinne natürliche Bildung. Die unterirdischen Hohl-

In den sog. Eishöhlen oder natürlichen Eiskellern vertritt Eis die Stelle des Tropfsteins. Sie sind stets Sackhöhlen, d. h. ihr Eingang liegt höher als der übrige Höhlenraum. In ihnen sammelt sich die schwere kalte Winterluft wie in einem Gefäß und wird, da sie nicht abfließen kann, von der wärmeren Luft im Frühjahr und Sommer nicht verdrängt. Eishöhlen können daher nur in Gegenden vorkommen, wo die winterliche Temperatur dauernd unter den Gefrierpunkt sinkt [11].

Von den Höhlen der gehobenen Koralleninseln gehören sicher viele (wie z. B. die Auswaschungen im Kalkstein der Bahamas und der Bermudas) in die Kategorie des Karstphänomens, ob aber alle, mag noch dahingestellt bleiben, da schon die lebenden Riffe nicht massive Bauten sind. KRAUS zählt sie, ebenso wie die Blasenräume in Eruptivgesteinen, zu den ursprünglichen Höhlen.

Zu den in Karstgebieten häufigen Erscheinungen rechnen endlich noch die Trockentäler [3], die in diesem Falle selbstverständlich nicht klimatisch, sondern ebenfalls wieder petrographisch bedingt sind. Von den Poljen unterscheiden sie sich deutlich dadurch, daß sie in der Richtung des Gefälles offen sind. Ihre Entstehung kann auf verschiedene Ursachen zurückgehen. Daß sich gelegentlich Trockentäler aus Dolinenreihen oder durch Einsturz unterirdischer Täler entwickelt haben, kann nicht abgestritten werden, wenngleich diese These nur in wenigen Fällen durch einwandfreie Beobachtungen gestützt wird. Eine zweite Entstehungsursache ist da gegeben, wo ein wasserreicher Fluß ein Kalkgebiet durchquert und zu kräftiger Tiefenerosion angeregt wird. Der auf diesen Fluß eingestellte Grundwasserspiegel wird eine dem Betrag der Tiefenerosion entsprechende Senkung erfahren, wodurch die kleineren Nebenflüsse und Bäche ihres Wassers beraubt werden. Ihre Täler werden zu Trockentälern, welche durch Stufenmündungen charakterisiert und daran ihrer Entstehung nach kenntlich sind (obere Donau, oberer Neckar). Wo Trockentäler keine Stufung erkennen lassen, wird man Erklärungsmöglichkeiten heranziehen, wie sie SCHEU [3] entwickelt hat. Er geht von der Veränderung des Grundwasserspiegels aus, der nach erfolgter Heraushebung des Kalkgebirges zunächst in horizontaler Richtung unausgeglichen ist, dann das Stadium der Ausgeglichenheit erreicht und schließlich mit voller Verebnung endet. Diesen drei Stadien der Entwicklung des Grundwasserstandes im Karst entspricht nach SCHEU eine Entwicklungsreihe der Karsttäler: oberflächliches Tal mit ebenso gearteten Nebentälern, Umgestaltung der Täler 2. und 3. Ordnung zu Trockentälern (»Reifestadium«), Umformung der Trockentäler durch unterirdische Erosion (Bildung von Wannen, Dolinen, Verlust des gleichsinnigen Gefälles, Ausprägung eines unruhigen Reliefs auch an den

formen gehen auf mittelalterliche Alaunbergwerke im silurischen Alaunschiefer zurück. Sickerwässer setzten dann aber in diesen verlassenen Bergwerkshöhlen Krusten, bewegliche Stalaktiten und Stalagmiten ab, die aus eigenartigen und seltenen Mineralien bestehen.

Gehängen). Die Überprüfung dieser deduktiv abgeleiteten Entwicklungsreihe durch Beobachtungen im Gelände steht freilich noch aus.

In Europa sind neben dem Karstgebirge (im weitesten Sinne des Wortes) die Kalkplateaus der Causses im französischen Zentralmassiv das ausgedehnteste und — dank den jahrelangen Forschungen Martels — bestbekannte Karstland. Weit verbreitet sind nach Kruber die Dolinen, Grotten, blinden Täler und periodischen Seen in Rußland. Von den zahlreichen außereuropäischen Vorkommnissen wollen wir nur zwei nennen: Jamaika, ein echtes Karstland, dem auch die Poljen nicht fehlen, und das umfangreiche Höhlengebiet der Vereinigten Staaten zwischen den Alleghanies und dem Mississippi, von dem oben anläßlich der Erwähnung der Mammuthöhle bereits die Rede war. — Wie weit Klimaänderungen von Bedeutung für den Prozeß der Verkarstung gewesen sind, ist noch eine offene Frage. Neuerdings hat Chabot [12] den auch sonst schon geäußerten Gedanken vertreten, daß die Eiszeit durch Verdrängung der Vegetation, Bloßlegung des Bodens, Verschärfung der thermischen Gegensätze usw. zu einer wesentlichen Förderung der Verkarstung geführt hat.

Nicht alle Elemente des Karstphänomens sind überall in gleicher Weise ausgebildet, am seltensten, wie es scheint, die Poljen. Die Causses in Frankreich sind z. B. verhältnismäßig wenig höhlen-, aber sehr dolinenreich, während umgekehrt der Wüstenkalk des Antilibanon zahlreiche Grotten birgt, der Dolinen aber gänzlich entbehrt. Sieht man von der Vollständigkeit ab, so kann man sagen, daß das Karstphänomen eine allgemeine Verbreitung besitzt. Weder das geologische Alter noch die Lagerungsverhältnisse der Kalksteine haben darauf Einfluß. Es kommt also in Faltengebirgen wie in horizontal geschichteten Plateaus (z. B. in Livland oder in den Causses) vor. Maßgebend ist nur die größere oder geringere Reinheit des Kalksteins und ob die unreinen Kalksteine als Zersetzungsprodukte Ton oder Grus und Sand liefern. Es hängt eben alles davon ab, in welchem Umfang und in wieviel Zeit die Klüfte mit den Überresten der chemischen Erosion verkleistert werden können. Sogar in einem und demselben Gebirge, wie z. B. auf dem Nanosplateau in Krain, können nahe beieinander Gegenden mit ganz verschiedener Entwicklung des Karstphänomens vorkommen.

Das macht auch den Destruktionszyklus des Karstes verwickelter als den des offenen, undurchlässigen Geländes. Unzweifelhaft findet auch dort Abtragung statt, aber nicht bloß an der Oberfläche, sondern auch im Innern; sie schreitet nicht bloß von oben nach unten, sondern auch von unten nach oben fort. Auf den Karstebenen in Dalmatien und Montenegro fanden Cvijić und Schubert in der tonigen Ablagerung der Terra rossa Tropfsteine, wohl ein sicheres Anzeichen, daß hier die alte Oberfläche tiefergelegt und ehemalige mit Terra rossa ausgefüllte Höhlen aufgedeckt wurden. Die heutigen morphologischen Verhältnisse dieser Länder legen die Vermutung nahe, daß die Karstdestruktion über die Verflachung hinaus zu wirklicher Einebnung führt, aber nur zu örtlich beschränkter. Nach Ansicht von Cvijić sucht die chemische Erosion immer nur einige günstige Punkte auf, während die dazwischenliegenden Partien langsamer der Zerstörung anheimfallen. Reste der alten Oberfläche bleiben daher als Einzelberge stehen. In der Herzegowina, wo man sie Hum nennt, sind sie so häufig, daß das Land einst davon den Namen führte. Sie sind also wesentlich andere Erscheinungen als die Restberge der normalen fluviatilen Rumpffläche. Krebs [8] hat kürzlich wichtige Beobachtungen über die Verebnung im Karstgebiet mitgeteilt. Normale Flußarbeit und gesteinsgebundene Karstdestruktion gehen nach ihm Hand in Hand und schaffen die Ebenheiten, die sich z. B. dem kroatischen Hochkarst vorlagern *. Die dabei übrigbleibenden Humi unterscheiden sich wesentlich von den Mosors. Während letztere nur in der Nähe der Quellgebiete als Stücke der wasserscheidenden Rücken erhalten bleiben, sind die Humi über die Abtragungsebene verstreut. Die Anordnung ihrer Längsränder scheint dafür zu sprechen, daß mindestens ein großer Teil von ihnen als tektonische Schollen angesehen werden muß; sie erfuhren durch die Karstdestruktion eine Verkleinerung und Zerteilung.

Ist die Grundwassertheorie auch für den Karst zutreffend, so ist für das Maß der Abtragung nicht die Erosionsbasis wie bei oberirdischen Flüssen, sondern das Niveau des Karstgrundwassers bestimmend. Wenn dieses erreicht ist **, so erlischt das Karstphänomen, und die Gesetze der Oberflächenerosion treten nunmehr allein in Kraft. Eine solche Umwandlung kann sich aber auch auf anderem Weg vollziehen. Die lehmigen Rückstände des aufgelösten Kalkes breiten sich von den Dolinen allmählich über die Oberfläche aus, auch die Fugen und Klüfte können damit, wie Sawicki [13] mit Nachdruck hervorgehoben hat, verkleistert werden, und so verliert die Oberfläche den Charakter eines Karstgeländes, wenn dieser auch in der Tiefe noch nicht völlig erloschen ist. Das südliche Istrien und der Schwäbische Jura sind bereits in dieses Stadium der Überreife eingetreten.

Der Formenschatz in den petrographisch verschiedenen Zonen der Ostalpen [5]. Quert man die östlichen Alpen vom nördlichen Vorland bis zu den oberitalienischen Randseen, so durchwandert man eine Reihe von Zonen, in denen das jeweils vorherrschende Gestein der Landschaft jedesmal einen besonderen Stempel aufdrückt. Wir haben diese Tatsache oben bereits einmal angedeutet (S. 333), verweilen jetzt aber etwas länger bei diesem Gegenstand, um damit weitere Beispiele für petrographisch einheitliche Formenprägung zu bieten.

* Ähnlich dürfte die breite Zechsteindepression zu deuten sein, die den Südrand des Harzes begleitet.

** Krebs [8] schloß aus seinen Beobachtungen auf folgende Entwicklungsreihe: Flächen mit jungen, kleinen Dolinen; Flächen, die mit Dolinen dicht besät sind (»reife« Dolinenlandschaft); Zusammenwachsen der Karstbecken (Dolinen, Uvalas, Poljen) zu größeren Destruktionsebenheiten.

Die sanfte Flyschlandschaft (Fig. 144) ist bezeichnend für den mürben, widerstandsschwachen Mergelsandstein (Kreide und Alttertiär), der den Nordfuß des Alpenkörpers umkleidet. Er ist nicht imstande,

Phot. Postkarten-Industrie, Wien.

Fig. 144. Flyschlandschaft bei Ybbsitz in den niederösterreichischen Voralpen.

Fig. 145. Kalkvoralpen bei Schloß Hohenschwangau.

große Böschungswinkel zur Ausbildung gelangen zu lassen. Flache Bergrücken und breite Täler mit sanften Gehängen sind statt dessen für diese Zone typisch. In dem tiefgründig verwitterten Boden kommt es leicht zu Rutschungen und langsamer Massenabwanderung, wodurch das

Gelände vollends den Charakter der Weichheit und Ausgeglichenheit erhält. Wer je etwa von einer Höhe des Wiener Waldes den Blick hat schweifen lassen, wird die liebliche Anmut dieser Formenwelt niemals vergessen. Längs der Alpen legt sich diese Zone den Kalkalpen vor und vermittelt — nur durch die aus dem Gebirgskörper kommenden Täler durchbrochen — den Übergang zur Terrassenlandschaft am Fuß der Alpen. Die sanftgeformte Berg- und Hügellandschaft erreicht im Bereich

Phot. Postkarten-Industrie, Wien.

Fig. 146. Der wilde Kaiser. Typische Steilwände in den nördlichen Kalkalpen, deren Schroffheit durch den harten Wettersteinkalk bedingt ist.

der Ostalpen größere Breite im Wiener Wald, zwischen Steyr und Groß-Raning, um den Attersee und im südlichen Teil der Allgäuer Voralpen.

Hinter dem Flysch beginnt mit sprunghafter Vergrößerung der Reliefenergie die Kalkzone. Wenngleich Flysch und Kalk z. T. durch tektonische Linien getrennt werden, ist der Unterschied in der Oberflächengestaltung doch im wesentlichen petrographisch bedingt. Innerhalb der Kalkzone begegnen uns dann allerdings in den Kalkvoralpen und in den Kalkhochalpen zwei Formenkreise, deren Reliefornamentik in der Hauptsache auf der verschiedenen Höhenlage und auf unterschiedlichen Lagerungsverhältnissen beruht. Die Landschaft der Kalkvoralpen (Fig. 145) wird durch reiche Zertalung und Steilheit der Hänge charakterisiert, die auch in geringer Meereshöhe oft zur Wandbildung führt. Infolge der tieferen Lage steigt der Wald bis auf die höchsten Höhen hinauf. Bei seinem Wege von den Hochalpen ins Vorland schritt das Eis der Glazialzeit in tiefen Trogtälern durch die Kalkvoralpen hindurch; eine Reihe großer Seen findet sich infolgedessen in ihrem Bereich. Zur selbständigen Entwicklung einer lokalen Vergletscherung fehlte es jedoch an Höhe, so daß die Kalkvoralpen mit Ausnahme der höchsten Gipfel der Karnischen entbehren. Gerade der Reichtum an diesen und anderen Elementen des glazialen Formenschatzes, der sich hier in erstaunlicher Schärfe ausprägt, überrascht in den Kalkhochalpen (Fig. 146). Auch Reste der präglazialen Landoberfläche sind hier am besten erhalten, denn die Wirkung des oberflächlich spülenden und furchenden Wassers ist in den Kalkhochalpen, besonders in den östlichen Plateaus, durch die unterirdische Entwässerung erheblich abgeschwächt worden. Karsterscheinungen in Gestalt von erschreckend öden Karrenfeldern, Felsdolinen und Einsturzdolinen, Dolinenreihen, Poljen und Höhlen (Tennengebirge, Dachstein) beherrschen weithin diese hochalpine Landschaft. Quellen von ungewöhnlichen Ausmaßen brechen plötzlich aus dem Gebirge hervor und verraten sich durch ihre Stärke als untrügliche Zeugen für die noch jetzt hier gültige Karsthydrographie. — Die nackten Felswände zeigen unterschiedliche Formen, je nachdem sie aus gut gebanktem Material (Dachsteinkalk) oder aus Dolomitriffkalk (Fig. 147) zusammengesetzt sind.

Wieder eine ganz andere Welt erschließt sich uns, wenn wir weiter im Süden in das Reich der Schieferalpen eintreten. In den tieferen Lagen sprudeln die Bäche in überraschender Fülle. Das fließende Wasser hat eine Unzahl junger Täler eingegraben, die fast allenthalben das Schluchtenstadium schnell überwunden und typische V-Formen angenommen haben. Auch die trennenden Riedel bekunden durch ihre Rundung die Unfähigkeit des splittrigen Gesteins, es hinsichtlich des Böschungswinkels auch nur annähernd mit dem Kalk der vorherigen Zone aufnehmen zu können. In den höheren Regionen treffen wir zwar noch zahlreiche Kare, auch kleine Trogtäler und andere Spuren eiszeitlicher Destruktion, aber bei dem Reichtum an oberflächlich abrinnendem Wasser und der nur mäßigen Widerstandsfähigkeit des Gesteins hat die postglaziale Abtragung doch schon manche Schärfe ausgetilgt, manche Schroffheit gemildert. Die Kare der Schieferalpen z. B. können sich hinsichtlich der Erhaltung der glazialen Formenprägung mit den zur selben Zeit gebildeten Karen der Kalkhochalpen gewiß nicht vergleichen. Kitzbüheler Alpen und Dientener Berge mit ihren sanften Almenhängen mögen als Beispiele für die Ausbildung des dem Schiefergebirge eigentümlichen Formenschatzes genannt werden.

In den nun folgenden Zentralalpen begegnen uns wiederum wesentlich schroffere Formen. Die größere Meereshöhe wirkt dabei selbstverständlich auch mit; aber wer die Gneise, Granite und Kontaktgesteine der Zentralalpen den Schiefern der vorausgegangenen Zone gegenüberhält, der erkennt, daß der Faktor Petrographie sicherlich eine nicht minder bedeutungsvolle Rolle spielt. Regionale Tiefenmetamorphose, die auf Umkristallisation unter hohem Druck hinweist, hat den den Zentralkernen angeschmiegten Gesteinshüllen eine außerordentliche Festigkeit verliehen, so daß etwa in den Hohen Tauern oder den

Fig. 147. Vajoletttürme (Dolomiten).

Zillertaler Alpen schroffe Steilhänge, scharf eingemeißelte Karnischen, spitz zugeschärfte Grate und Schneiden, markant geschnittene Gipfel das Landschaftsbild beherrschen.

Fast spiegelbildlich wiederholt sich die zonale Anordnung des jeweils so eigenen Formenschatzes auf der Südseite der Alpen. Die Symmetrie tritt im Meridian des Großglockner und Großvenediger so deutlich hervor, daß sie trotz aller Nüanzierung der Morphologie des Alpenkörpers in diesem Querstreifen den Stempel aufdrückt. Im einzelnen aber bestehen nicht unwesentliche Unterschiede zwischen Nord- und Südseite, und gewiß können z. B. die Dolomiten infolge der kontrastreicheren Lagerung und Ausbildung der Gesteine nicht ohne weiteres den nördlichen Kalkalpen gleichgestellt werden.

Es wäre ungemein reizvoll, die gleichen Beziehungen zwischen Gesteinsbeschaffenheit und Formenschatz in anderen Hochgebirgen aufzudecken und von diesem Gesichtspunkt aus etwa unsere Wanderung quer durch den Kaukasus von Tiflis nach Wladikawkas zu beschreiben. Indes Raummangel zwingt uns zur Einschränkung. Indem wir auf die diese Probleme meisterhaft behandelnde Darstellung DE MARTONNES [14] verweisen, begnügen wir uns damit, einen Blick in die schlesischen Gebirge zu werfen, um wenigstens an einem Beispiel die gleichen Probleme in einem nach Bau und Gestaltung wesentlich andersgearteten Mittelgebirge zu verfolgen.

Das Formenbild der Sudeten. Das schlesische Gebirge ist im Laufe der erdgeschichtlichen Entwicklung aus vielen sehr verschiedenen Teilen zusammengeschweißt worden [15]. Sind auch die Nähte längst vernarbt, so tritt doch noch heute der mosaikhafte Bau im Landschaftsbild hervor, und dazu gesellt sich eine petrographische Buntheit, die diesem Abschnitt des deutschen Mittelgebirgszuges ein ganz besonderes Gepräge verleiht. Vergebens suchen wir nach einem Gegenstück zu der zonalen Gesteinsanordnung der Alpen; statt dessen liegt, scheinbar regellos, eine Gesteinsmasse neben einer wesensverschiedenen anderen, und selbst innerhalb der einzelnen Bauklötze des derartig gefügten Gebäudes wechseln oftmals die Gesteine so stark, daß man versucht ist, bei ihnen eher von einem petrographisch gemischten denn von einem petrographisch einheitlichen Formenschatz zu sprechen.

Der Granit, der den größten Teil des Riesengebirges aufbaut, zeichnet sich keineswegs durch besondere Härte aus. Sein Gestein zergrust relativ leicht, und dies um so mehr, je zahlreicher die in ihm enthaltenen Schlieren werden (S. 413). Mag auch die auffallende Ebenheit des Koppenplanes (Fig. 97 auf S. 346) in der Eiszeit eine starke Abschürfung erfahren haben, so ist ihre Sanftwelligkeit doch zugleich ein Ausdruck für die Mürbheit des der Destruktion relativ schnell erliegenden Riesengebirgsgranits. Gerundete Kuppen, breite Rücken, geräumige Täler und allenthalben nur mäßige Böschungen sind das morphologische Korrelat der petrographischen Gegebenheit. Wo diese Rundung der Höhen und Geländekanten fehlt und schroffere Formen Platz greifen, können wir sicher sein, daß entweder Relikte der Glazialzeit vorliegen (Kare der Schneegruben und der Teiche, glazial überarbeitete Täler wie Melzergrund und Riesengrund) oder daß wir den Kontakthof des Granits (Hornfels der Schneekoppe und des Ziegenrückens) erreicht haben. Die Zeugen der eiszeitlichen Formenprägung verlieren im jetzigen Klima mit stark wirksamer chemischer Zersetzung der Feldspate, Glimmer usw. ersichtlich an Schärfe; mächtige Schutthalden umkleiden bereits den Fuß der Steilhänge, und das fließende Wasser ist eifrigst bemüht, durch Zerkerbung, Abspülung und Förderung von Massenabwanderung auch hier auf die Herstellung sanfter, gerundeter Formen hinzuarbeiten. Sehr auffallend ist die kontaktmetamorphe Härtung der dem granitischen Intrusivkern angeschmiegten sedimentären Außenzone. Hier erreichen die Hänge einen Böschungswinkel, wie er im Granit selbst nicht vorkommt, und an die Stelle der breitbuckligen

Fig. 148. Der Ziegenrücken im Riesengebirge. Hornfels in der Kontaktzone des Granits.

Rücken treten gratartig zugeschärfte Schneiden und spitze Erhebungen, die wie ein schriller Ton in dem sonst auf Moll abgestimmten Landschaftsakkord wirken * (Fig. 148). — Besondere Kleinformen erzeugt die starke Klüftung des Granits. Hier und da, auf dem Kamm und den Hängen, ragen die mächtigen Kyklopenquader der »Steine« auf, ungetüme Felskolosse, die durch ihre Bankung und Kluftbegrenzung auf den ersten Blick eher wie Reststücke von Quadersandstein denn wie Destruktionsrückstände von Granit wirken.

Der Gneis, der uns im Eulengebirge (Fig. 90 auf S. 326), im Isergebirge und im Glatzer Gebirge begegnet, steht morphologisch dem Granit sehr nahe. Sanfte Rücken und breite V-förmige Täler mit mäßig steilen Hängen beherrschen auch hier das Landschaftsbild, nur daß die für den Riesengebirgsgranit bezeichnenden Felsbildungen (»Steine«) in-

* Die landesübliche Namengebung ist gänzlich irreführend. Der »Kamm« des Riesengebirges ist ein typischer Rücken. Wo aber im Bereich des Hornfelses wirklich einmal echte Kammform auftritt, spricht man vom »Ziegenrücken«!

folge des Mangels an Klüftung ebenso fehlen wie die den Randgebieten des Granits eigentümliche Hornfelszone. Was das besagt, wird jeder empfinden, der nach Erkletterung der steilen, kahlen Blockmeerhalden der Schneekoppe seine Schritte zur Hohen Eule hinüberlenkt. Die Differenz der Seehöhe (1605 bzw. 1014 m) ist nicht so sehr Ursache als vielmehr in der Hauptsache Folge des Gesteinsunterschiedes.

Ein ganz anderes Bild treffen wir weiter im Süden an, wo durch Entwicklung der innersudetischen Mulde * und ständige Einsenkung die Ablagerungen der Kreidezeit erhalten blieben. Die Sandsteine und Plänermergel der Heuscheuer, des Falkengebirges und von Adersbach-Weckelsdorf bedeckten einst auch die Höhen der angrenzenden Gebirge; dort fielen sie jedoch wegen ihrer Höhenlage der Abtragung restlos zum Opfer, und nur im Schutz der innersudetischen Mulde, dem stärksten Ansturm der Destruktionskräfte durch die Tiefenlage entzogen, vermochten sie sich in Reststücken bis auf unsere Zeit zu erhalten. Das Vorkommen der Kreidesandsteine und -mergel im Herzen der Sudeten ist also geologisch-tektonisch begründet; der dort anzutreffende Formenschatz jedoch ist petrographisch bedingt. Gleich gigantischen Mauern steigen die Sandsteine aus der flachgeböschten Umgebung auf. Die Wasserdurchlässigkeit des Gesteins läßt es gegen Abspülung gänzlich gefeit sein, und auch die erosive Zerschneidung wird durch den vielfach durch ein kieseliges Kontaktzement ausgezeichneten Sandstein wesentlich gehemmt. Ihre Gliederung verdanken die Sandsteinklötze hauptsächlich der starken Klüftung, die im Bereich der einzelnen Reststücke zu einem abenteuerlichen Wirrwarr von tiefen, engen Kluftschluchten, schroffen Wänden, Felspfeilern usw. führt. An der Grenze gegen den unterlagernden Plänermergel entwickelt sich ein Quellhorizont. Das hier austretende Sickerwasser unterminiert die Sandsteinwände und läßt sie zu gegebener Zeit nachbrechen. Dann rollen mächtige Felstrümmer den Hang hinunter und kommen wohl erst im Bereich der Pläner-Ebenheit zur Ruhe. Die zurückgewichene Wand aber hat ihre Steilheit bewahrt; die Sandsteinklötze werden kleiner, aber sie erhalten sich dabei ihren morphologischen Charakter als bastionartig aufragende, von Steilmauern umgürtete Felskolosse. — Wie ganz anders nun die Plänerlandschaft zu Füßen der Sandsteinwände! Das schieferig-splitterige Mergelgestein unterliegt leicht sowohl der mechanischen wie der chemischen Verwitterung und liefert einen schweren, lehmigen Boden, der bei genügender Feuchtigkeit in hohem Maße beweglich ist. Rutschungen und Kriechbewegungen spielen hier infolgedessen eine große Rolle; die vom fließenden Wasser gegrabenen Täler lassen durchweg die Tendenz zur Muldengestalt erkennen; sanftwellige Fluren bilden einen scharfen morphologischen Kontrast zu dem jäh daraus emporsteigenden Sandstein.

* Vgl. zum folgenden die geologische Übersichtskarte und Profiltafel in G. Berg [16], Beiträge zur Geologie von Niederschlesien usw.; Berlin 1913.

Ein ausgesprochen petrographisch zusammengesetzter Formenschatz kennzeichnet das Waldenburger Bergland. Wir stoßen hier zunächst auf ein einförmiges Flachrelief, das die Senken und flachen Hügel in etwa 400—600 m Seehöhe einnimmt. Karbone Sandsteine und Konglomerate, Gesteine von relativ minderer Widerständigkeit, bilden den Untergrund der flachgeböschten Landschaft; nur gelegentlich ragen einzelne härtere Partien (Hexenstein-Arkosen) daraus empor. Es folgen im südlichen Teil mehrere Schichtrippen und -stufen, die von widerstandskräftigen Bänken (Konglomeraten des oberen Rotliegenden, Quadersandsteinen der oberen Kreide) gebildet werden. Eine neue und besondere Note tragen dann die Porphyr- und Melaphyrdecken hinein, die sich einst über die Schichten des unteren Rotliegenden ausbreiteten, darauf aber von jüngeren Rotliegend-Schichten überlagert wurden und seitdem als tafelförmige Einschaltung das Los des ganzen Schichtenpakets teilten, d. h. verbogen, zerstückelt und von der Destruktion angegriffen wurden. Dabei kam nun die Härte der Porphyre und Melaphyre machtvoll zur Geltung; sie bewirkte, daß die Schichtköpfe der vulkanischen Einlagerungen aus ihrer sedimentären Hülle in Gestalt steilgeböschter Höhenzüge * herauspräpariert wurden und die größten Höhen des ganzen Waldenburger Berglandes an die vulkanische Zone gebunden sind (Rabengebirge 810 m, Heidelgebirge 936 m). Die jungen Abdachungstäler, die von diesen Porphyr-Melaphyr-Zügen herunterkommen und in die Schichten des Rotliegenden eintreten, verraten durch ihren Gestaltwandel noch einmal die Bedeutung der Gesteinsunterschiede: eng und schluchtig im Bereich der alten Ergußgesteine, breit und muldig im Bereich der Sedimentärzone. — Wer von Gottesberg aus die Wanderung durch dieses ungemein lehrreiche Gebiet antritt, wird von der Porphyrlandschaft schon dort einen Begriff erhalten, denn steil und schroff ragt aus dem flachwelligen Karbon der isolierte Porphyrlakkolith des Hochwaldes (850 m) wie eine mächtige Wegemarke auf.

Unsere Reise durch die Sudeten schließen wir mit einem Besuch des Bober-Katzbach-Gebirges [17] ab. Geologisch und petrographisch gleich kompliziert gebaut, läßt uns dieses Gebirge eine Unzahl verschiedener Formenkreise erkennen. Im paläozoischen Abschnitt herrschen Tonschiefer mit durchweg sanften Formen vor. Gelegentlich haben die Flüsse durch Anlage von Prallhängen Versteilung bewirkt (Bober bei Lähn); aber wer beobachtet, wie der splitterige Verwitterungsschutt an diesen Stellen namentlich im Frühjahr die Hänge förmlich hinunterrieselt, der begreift, daß diese erzwungenen Steilböschungen dem Gestein ganz und gar nicht gemäß sind. Wo Grünschiefer, Diabase oder andere härtere Gesteine auftreten, macht sich dies im Landschaftsbild sogleich in Form schrofferer Gestaltung der Hänge und Kuppen bemerkbar. Die hier und da erhaltenen mesozoischen Sedimente verleihen der

* Genetisch wäre hierfür die Bezeichnung Schichtrippe durchaus am Platze.

Landschaft wieder ein anderes Gepräge, indem in ihrem Bereich ähnlich wie im Waldenburger Bergland zahlreiche Schichtstufen und Schichtrippen zur Ausbildung gelangen. Zu dem allen kommen die vielen kleinen und isolierten, aber für das Landschaftsbild sehr bezeichnenden Basaltkegel wie der Probsthainer Spitzberg, der Gröditzberg, der Wolfsberg u. a. m. Stellt man endlich noch die weitflächigen Glazialablagerungen in Rechnung, die die alte Landoberfläche streckenweise völlig verebnet

Fig. 149. Die Mythen bei Schwyz am Vierwaldstätter-See.

haben, so erhalten wir ein Bild, wie es bunter auf so engem Raum kaum wieder anzutreffen ist.

Sonstige Beispiele für petrographisch gemischten Formenschatz. Es gibt nur ganz wenige Landschaften, in denen nicht ein Nebeneinander verschiedener Gesteine die Abhängigkeit des Formenschatzes von den petrographischen Gegebenheiten zu studieren gestattete. Die Mitte und der Süden unseres Vaterlandes liefern Beispiele in Überfülle. Willkürlich greifen wir einige heraus. Die Umgebung von Marburg [17] mit ihrer Grenze von Buntsandsteintafel und Rheinischem Schiefergebirge läd zu solchen Studien förmlich ein. Das angrenzende Hessen mit Knüll, Habichtswald, Meißner, Rhön, Vogelsberg bietet prächtige Gelegenheit, dem Zusammenhang von Oberflächengestaltung und petrographischer Zusammensetzung der Höhenzüge auf den Grund zu gehen. Wer könnte das Relief des Thüringer Waldes, der Flanken des Rheintalgrabens, der südwestdeutschen Stufenlandschaft, des Bayerischen

Waldes wahrhaft verstehen, ohne außer dem geologischen Bau auch die Gesteinszusammensetzung dieser Gebiete in Rechnung zu stellen. Wer fände selbst in den Alpen bei eingehenderem Studium der einzelnen oben skizzierten Gesteinszonen nicht überall noch Beispiele für petrographisch bedingte Differenzierungen des Formenschatzes! Da fordert in den Kalkhochalpen der Gegensatz zwischen dem klotzigen Kalkgestein und den weichen Formen der Werfener Schiefer im Liegenden förmlich zum Vergleich heraus. Da drängt bei einer Wanderung am Vierwaldstätter-See der Formengegensatz zwischen den weichen Flyschhängen und den Kalkkegeln der Mythen (Fig. 149), Resten einer Überschiebungsdecke, geradezu zu morphogenetischer Untersuchung. Die Liste ließe sich unschwer um Dutzende und Aberdutzende von Beispielen vermehren *.

Reliefumkehr (Morphologische Inversion). Das selektive Herauspräparieren der widerstandskräftigeren Gesteinspartien kann gelegentlich so weit gehen, daß strukturelle Hochgebiete (Sättel, Horste) in Senken, strukturelle Tiefgebiete (Mulden, Grabensenken) in Erhebungen umgewandelt werden. Wir sprechen in diesen Fällen von Reliefumkehr. Als eines der eindrucksvollsten Beispiele hierfür nannten wir oben (S. 114, Fig. 41) bereits die Landschaft an der mittleren Leine mit Hilsmulde, Leinetalsattel und Mulde der Sackberge. Das Leinetal ist in einer Zone entwickelt, die geologisch als Sattel anzusprechen ist; die das Tal umsäumenden Erhebungen stellen geologisch Mulden dar **. Die in den letzteren anstehenden Gesteine des Muschelkalkes, des Jura und der Kreide steigen zum Leinetal hin auf, aber von dem dadurch angedeuteten Antiklinalgewölbe ist nichts mehr erhalten. Die Ausräumung im Bereich des Sattels ist so stark gewesen, daß nicht nur die Kreide- und Juradecke, sondern auch der Muschelkalk restlos verschwunden sind und in der Antiklinalruine, dem heutigen Leinetal, die Liegendschichten entblößt wurden (Buntsandstein, hier und da sogar Zechstein). — Einem ähnlichen Fall von Reliefumkehr begegnen wir südlich des Londoner Beckens im Weald. Moscheles [18] bringt in ihrer Landeskunde von England ein lehrreiches Profil. Es handelt sich hier um eine große Schreibkreide-Antiklinale, deren Aufwölbungszone fast ganz abgetragen worden ist, so daß, wie im Leinetal Buntsandstein

* Im Bereich des europäischen Mesozoikums fallen bestimmte Schichten immer wieder durch die gleichbleibende Beeinflussung der Oberflächengestaltung auf. Der weiche, tonig-lettige obere Buntsandstein erscheint nahezu regelmäßig in Gestalt flachwelliger, oft sumpfiger Niederungen. Das gleiche gilt im wesentlichen vom Keuper, dem unteren und mittleren Jura usw. Zur Bildung von steilgeböschten Geländeformen führt ebenso gleichbleibend das Auftreten des mittleren Buntsandsteins, des Wellenkalks, der harten Trochitenkalkbänke, der Dolomite des Weißen Jura u. a. m.

** Daß in diesem Spezialfall die Synklinalhöhen noch Schichtrippenstruktur zeigen (Rippen des Muschelkalkes, des oberen Jura [nur in der linksleineschen Zone], der Kreide) ist eine Sache für sich und hat mit der Reliefumkehr unmittelbar nichts zu tun.

und Zechstein, hier die auf Schreibkreide, Gault, Grünsand und Wealdenton folgenden Liegendschichten der Hastings Sands freigelegt sind. Sie bilden ein niedriges Hügelland, das allseitig von Schichtstufenflanken umrahmt wird. — Noch weit eindrucksvoller und großartiger ist die von JÄGER [6] beschriebene Reliefumkehr im Otavibergland des nördlichen Südwestafrika (Fig. 150). Die Strukturformen sind durchweg in ihr Gegenteil verkehrt worden: wo geologisch Sättel vorliegen, treffen wir morphologisch Senken; aus geologischen Synklinalen sind Höhenzüge geworden. Granite, Sandsteine und Schiefer stehen im Bereich der Antiklinalruinen an, harte Dolomite bilden den Grundstock der Synklinalerhebungen.

An der Tatsache der Reliefumkehr — es ließen sich noch viele andere Beispiele anführen — ist nach den dargelegten Beobachtungen

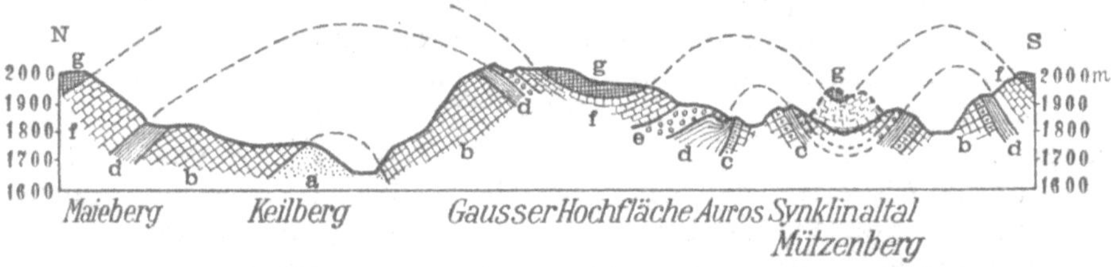

a = Nossibsandstein, b = untere, vorwiegend massige Dolomite, c = Zackenschichten, d = Aurosschiefer, e = Ringeldolomit (mittlerer massiger Dolomit), f = Plattenkalke, g = obere massige Dolomite.

Fig. 150. Reliefumkehr im Otavibergland, Südwestafrika. — Nach F. JÄGER.

nicht zu zweifeln. Wie aber sollen wir uns die Genesis einer solchen Formenwandlung vorstellen? Die Beobachtung hilft uns noch einen kleinen Schritt weiter, denn es wird ein Doppeltes aufgefallen sein: erstens handelt es sich in allen drei Fällen um Faltungsland, und zweitens stehen regelmäßig im Bereich der Synklinalhöhen sehr widerstandskräftige, im Bereich der Antiklinalruinen relativ widerstandsschwache Gesteine an. Auf Grund dieser Tatsachen läßt sich mit einiger Wahrscheinlichkeit folgern, daß die Reliefumkehr folgendermaßen zustandegekommen ist: Schon bei der Aufwölbung der Antiklinalen bildeten sich im Sattelscheitel streichende Spalten, da sich mit fortschreitendem Auftreiben der Antiklinale im Sattelfirst starke Zerrungskräfte geltend gemacht haben müssen *. Die Gewölbeschichten verloren also den Zusammenhang und schufen dadurch der Destruktion weit mehr Angriffsmöglichkeiten, als es im Bereich der unversehrt bleibenden Synklinalen der Fall war. Überdies ragten die zerborstenen Antiklinalen weit höher auf als die intakten Synklinalen, und auch dieser Umstand mag dazu beigetragen haben, die Destruktion der Sattelfirste zu verstärken und zu beschleunigen. Wo, wie beim Leinetalsattel, durch die

* Wenn wir einen Rohrstock biegen, so platzt der Lack im Bereich stärkster Zerrung auf!

Aufwölbung salzführende Liegendschichten in größere Höhen gebracht wurden, können auch unterirdische Auslaugung und Höhleneinstürze zu der Zerrüttung der Antiklinalgewölbe beigetragen haben. Alles das aber bedeutet Nebenumstände, Begünstigungen der Reliefumkehr, nicht eigentlich deren Ursache, denn noch immer decken sich geologische und morphologische Hochgebiete. Die eigentliche Umkehr des Reliefs setzt nun erst ein, indem selektive Abtragung erfolgt. Jetzt wird der Faktor von ausschlaggebender Wichtigkeit, den wir oben zu zweit anführten, der Unterschied in der Widerständigkeit der Gesteine im Sattelkern und in den Synklinalen. Stehen, wie es in allen drei Beispielen der Fall ist, im Sattelkern relativ widerstandsschwache, in den Synklinalen widerstandsstarke Gesteine an, so wird etwa die Erosion des fließenden Wassers, nachdem ihr durch die Zerrüttung des Sattelfirstes der Zutritt zu den relativ weichen Schichten des Sattelkerns geöffnet ist, hier sehr viel stärker und schneller ausräumen als im Bereich der intakten, festen Synklinalen. Geht dieser Prozeß lange genug vor sich, so wird am Ende die Antiklinalruine als Senke, die beiderseitige Synklinalzone als Erhebung herauspräpariert werden.

Das klingt vielleicht einigermaßen einleuchtend, aber es darf nicht verschwiegen werden, daß noch niemals ein solcher Prozeß durch Beobachtung bis zur Fertigstellung der Reliefumkehr verfolgt werden konnte. Daher sind Meinungsverschiedenheiten möglich und tatsächlich laut geworden. Die Mehrzahl der Forscher — so auch Jäger — glaubt annehmen zu müssen, daß nach Aufbruch der Antiklinalen die Erosion zunächst an der allgemeinen Verebnung des gesamten Geländes arbeitete und der erste Akt mit der Ausbildung einer Rumpffläche im unteren Denudationsniveau endete. Diese Rumpffläche wurde dann gehoben, und da in ihr jetzt sehr verschieden widerständige Gesteine ausstreichen, so kam es im Verlauf des zweiten Aktes zur Herausarbeitung dieser Härteunterschiede. Im Bereich der einstigen Antiklinalen wurden Täler eingegraben, weil diese Zonen der Rumpffläche jetzt von widerstandsschwachen Gesteinen eingenommen wurden; bei der selektiven Modellierung der erneut der Erosion überantworteten Rumpffläche traten jetzt erst die einstigen Synklinalen als Erhebungen hervor, weil sie im Bereich der Rumpffläche Partien besonders starker Widerständigkeit bildeten. Nur bei Vorliegen einer Rumpffläche war es, so sagen die einen, möglich, daß bei der Ausarbeitung der Synklinalhöhen diese bei entsprechendem geologisch-petrographischen Bau die für die Reliefumkehr an sich belanglose Ornamentik einer Schichtstufen- oder Schichtrippenlandschaft aufgeprägt erhalten. Hettner [19], der auch bei der Entwicklung der Schichtstufenlandschaft mit einem einaktigen morphologischen Ablauf glaubt auskommen zu können, bestreitet die Notwendigkeit des Zwischenstadiums einer Rumpffläche. »Warum«, so fragt er, »soll die Umkehr nicht durch direkte Erosion, ohne die Vermittlung einer Rumpffläche, bewirkt sein? Sobald die Täler so tief eingeschnitten werden, daß ihre Sohle tiefer als der Boden der tektonischen Mulden oder Gräben liegt, wie es bei einer Hebung des ganzen Gebirges leicht vorkommt, werden die dazwischen liegenden Gebirgskörper von der Erosion und Denudation erfaßt und je nach der Widerständigkeit des Gesteins mehr oder weniger abgetragen; die Böden von Mulden oder Gräben können dabei nicht nur, sondern müssen sogar, wie Schmitthenner gezeigt hat, zu Bergkämmen, die Gewölbe und Horste zu Einsenkungen werden; einer dazwischen eingeschalteten Einebnung bedarf es dazu nicht.«

Unsere Betrachtung schließt also notgedrungen wiederum mit einem Fragezeichen, denn Hettner stützt, wie man sieht, seine These im wesentlichen nur durch eine andere, die nicht minder umstritten ist. Auch hier wird uns nicht Deduktion, sondern allein immer neue und vertiefte Beobachtung im Gelände den Weg zur Erkenntnis der Wahrheit ebnen.

Ist es uns also einstweilen versagt, den Mechanismus der Reliefumkehr klar und sicher festzustellen, so bleiben auch die übrigen Fälle von Reliefumkehr letzten Endes problematisch. Als solche führen wir zunächst die besonders im Hannoverschen häufigen Erscheinungen an, wo ersichtlich die »Salzhorste« eine Rolle spielen. Sie sind im Untergrund als steile Sättel aufgestiegen (Zechsteinsalz) und haben dabei die dem Salz-Sattelkern angeschmiegten Schichten (vorwiegend des Buntsandsteins und Muschelkalks) entsprechend aufgewölbt. Längs der auch hier wieder aufreißenden Sattelspalten konnte die Erosion das Sattelgewölbe zerstören und schließlich beseitigen, wobei die Auslaugung im Salz-Sattelkern eine erhebliche Hilfe geleistet haben wird. Am Ende kam es zu jener Dissonanz zwischen geologischem Bau und Oberflächengestaltung, daß in der Firstlinie ein Tal (Auslaugungstalung?) verläuft, während die aus harten Gesteinen bestehenden Flanken nunmehr die umrandenden Höhen bilden. In einigen Fällen ist die Verbreiterung des Antiklinaltales so weit fortgeschritten, daß die Sattelflügel durch eine weite Senke getrennt sind und den Eindruck selbständiger Bergzüge erwecken (Benther Berg bei Hannover). Ihre schräggestellten Schichtschollen können leicht zu Verwechselungen mit Schichtrippen (Schichtkämmen) führen.

Heiß umstritten ist endlich das Problem des Leuchtenburggrabens bei Kahla in Thüringen. Geologisch liegt hier zweifelsohne ein Graben vor. Wenn er orographisch als Erhebung in Erscheinung tritt, kann auch das nur einer Reliefumkehr zu danken sein. Philippi und Naumann haben dafür die folgenden Entwicklungsstadien angenommen:

1. Normale Tafel mit söhliger Schichtenfolge von mittlerem Buntsandstein, oberem Buntsandstein und Muschelkalk.

2. Entstehung des tektonischen Grabens; die Oberfläche der

Grabensohle wird von dem harten Muschelkalk eingenommen, der zunächst auch die Oberfläche der beiderseitigen Hochschollen bildet.

3. Erosive Ausgestaltung der Grabensenke; der Muschelkalk der Hochschollen fällt mehr und mehr der Erosion zum Opfer, während er in der Tiefe der Grabensenke geschützt liegt und nur wenig abgetragen wird.

4. Ausbildung der Rumpffläche; das gesamte Gelände ist verebnet derart, daß die einstigen Hochschollen ihre Muschelkalkdecke gänzlich eingebüßt haben und nur noch eine schwache Lage von oberem Buntsandstein tragen, während die Grabenscholle in demselben Niveau mit einer an Mächtigkeit zwar verminderten, aber doch noch vorhandenen Muschelkalkschicht ausstreicht.

5. Hebung der Rumpffläche; die erosive Destruktion arbeitet nun selektiv, die einstige Grabenscholle wird, da ihr wegen der Muschelkalkkappe größere Widerständigkeit eigen ist, als Erhebung herauspräpariert.

Auch diese Auffassung ist selbstverständlich deduktiven Gedankengängen entsprungen; sie scheint uns aber allen Beobachtungstatsachen gerecht zu werden und den Vorzug gegenüber der HETTNERschen Theorie zu verdienen, die auch in diesem Falle die Annahme des Rumpfflächenstadiums als überflüssig ablehnt.

Literaturnachweise. [1] F. v. RICHTHOFEN, China; Bd. I, Berlin 1877 (S. 64—67). Einen Einblick in das Wesen der Lößlandschaft vermittelt auch H. SCHMITTHENNER, Chinesische Landschaften und Städte; Stuttgart 1925. — [2] A. HAUSHOFER, Verlößte Gebirge; Zeitschr. Ges. für Erdk., Jubiläums-Sonderband, Berlin 1928. — [3] E. SCHEU, Die Entstehung von Trockentälern; Penck-Festschrift, Stuttgart 1918. — [4] M. ECKERT, Die Karren oder Schratten; Pet. Mitt. 1898. Derselbe, Das Gottesackerplateau, ein Karrenfeld im Allgäu; Wiss. Ergänzungsh. zur Zeitschr. d. D. Ö. A. V., Bd. I, Heft 3, Innsbruck 1902. Durch Abbildungen und Karte sehr lehrreich ist E. CHAIX, La topographie du désert de Platé; Le Globe, Genf 1895. — [5] N. KREBS, Die Ostalpen und das heutige Österreich; Stuttgart 1928. — [6] F. JÄGER, Landschaften des nördlichen Südwestafrika; Bd. II der »Beiträge zur Landeskunde von Südwestafrika« von F. JÄGER und L. WAIBEL, Mitt. aus d. D. Schutzgeb., Erg.-Heft Nr. 15, Berlin 1921. — [7] J. CVIJIĆ, Morphologische und glaziale Studien aus Bosnien usw.; Abh. Geogr. Ges., Wien 1900/01. — [8] N. KREBS, Ebenheiten und Inselberge im Karst; Zeitschr. Ges. für Erdk., Berlin 1929. — [9] A. GAVAZZI, Die Seen des Karstes; Abh. Geogr. Ges., Wien 1904. — [10] F. MACHATSCHEK, Nordamerika; Leipzig 1924, S. 201. — [11] E. S. BALCH, Glacières or freezing caverns; Philadelphia 1900 (Hauptwerk). E. RICHTER, Über Eishöhlen; Pet. Mitt. 1889. H. CRAMMER, Eishöhlen- und Windröhren-Studien; Abh. Geogr. Ges., Wien 1899. — [12] G. CHABOT, Les plateaux du Jura central; Publ. de la Faculté des Lettres de l'Univ. de Strassbourg, Paris 1927. — [13] L. SAWICKI, Skizzen des slowakischen Karstes; »Kosmos«, Lemberg 1908. — [14] E. DE MARTONNE, Traité de géographie physique; Paris 1926, Bd. II, S. 621/47, 650/77. — [15] H. CLOOS, Der Gebirgsbau Schlesiens und die Stellung seiner Bodenschätze; Berlin 1922. — [16] R. WINDE, Das Bober-Katzbach-Gebirge; Beiträge zur schlesischen Landeskunde, herausgegeben von M. FRIEDERICHSEN, Breslau 1925. G. BERG, Beiträge zur Geologie von Niederschlesien mit besonderer Berücksichtigung der Erzlagerstätten; Abh. Pr. Geol. Landesanst., N. F. 74, Berlin 1913. — [17] A. RÜHL, Geländestudien des Geographischen Seminars in Marburg; Geogr. Anz. 1912. O. MAULL, Die Landschaft um Marburg a. d. Lahn in ihren morphologischen Beziehungen zur weiteren Umgebung; Jahresber. Frankf. Ver. für Geogr. und Stat., Frankfurt a. M. 1919. — [18] J. MOSCHELES, Landeskunde der Britischen Inseln; Leipzig-Wien 1925. — [19] A. HETTNER, Die Oberflächenformen des Festlandes; 2. Aufl., Leipzig-Berlin 1928, S. 93/94.

Klimatisch bedingter Formenschatz.

Schon das Thema dieses Schlußkapitels ist problematisch, denn gelegentlich werden Stimmen laut, die jede Beeinflussung der Oberflächengestaltung durch das Klima verneinen, das Relief vielmehr lediglich als Funktion von tektonischen Bewegungen der Erdkruste angesehen wissen wollen [1]. Uns erscheint eine solche Auffassung ebenso einseitig und übertrieben wie jene andere, die behauptet, daß die heutigen Geländeformen überwiegend Vorzeitformen seien und daß demgemäß eine landschaftskundliche Morphologie gegenüber einer Morphologie nach Klimazonen den Vorzug verdiene [2]. Gewiß, bei der komplexen Natur aller Oberflächenformen, bei deren Entwicklung der geologische Bau, Krustenbewegungen, Gesteinsbeschaffenheit und klimatische Einflüsse zusammenwirkten, ist es bestimmt nicht leicht, den Faktor Klima herauszuschälen. Überdies hat die Geomorphologie lange Zeit so absolut im Banne der Geologie und Tektonik gestanden, daß Beobachtungen über den Einfluß des Klimas verhältnismäßig spärlich sind. Immerhin zeigte die Düsseldorfer Tagung [3], daß sich gewisse Grundzüge doch schon heute erkennen lassen und daß bei aller Ablehnung schematisch-konstruktiver Doktrinen die Beobachtungen ausreichen, um ein erstes, bisweilen freilich notgedrungen unscharfes Bild von dem Formenschatz des humiden, des ariden und des nivalen Klimas zu zeichnen *.

Der Formenschatz des humiden Klimas. Daß fließendes Wasser, von kurzen Kälte- oder Dürrepausen abgesehen, das ganze Jahr über an der Formung der Landoberfläche arbeitet und den ihm zugeführten bzw. vom Wasser selbst abgehobenen Schutt zu einem erheblichen Teil ins Meer verfrachtet, stellt die eine Grundlage für die klimatische Abwandlung der Morphologie in dieser Klimazone dar. Dazu gesellt sich als zweites der Umstand, daß die chemische Verwitterung durchaus überwiegt und unausgesetzt tätig ist, mag sie auch ihr Optimum in Gebieten mit periodischen Niederschlägen dann erreichen, wenn Wärme und Feuchtigkeit sich paaren und mag sie im tropisch-humiden Klima wesentlich größer sein als im humiden Klima der gemäßigten Zone. Tiefgründige Verwitterung bei reichlicher Durchfeuchtung des Bodens führt zu einem dritten Merkmal der Morphologie dieses Klimagebietes, nämlich dem starken Anteil von Rutschungen und anderen Massenbewegungen an der Formung der Landoberfläche.

Die Resultante dieser drei Kräfte ist dennoch nicht überall dieselbe. Zwar bleibt bestehen, daß die Erosion des fließenden Wassers allenthalben im Bereich des humiden Klimas zu intensiver Zertalung, Abtragung und Ausräumung aller Erhebungsgebiete führt und daß, von petrographisch bedingten Ausnahmen abgesehen, die

* Die Köppenschen Klimatypen zugrunde zu legen, geht z. Zt. nicht an, da ein entsprechend differenziertes morphologisches Beobachtungsmaterial vorläufig nicht zur Verfügung steht.

Tendenz zur Rundung aller Voll- und Hohlformen festzustellen ist; im übrigen aber erscheinen im tropisch-humiden Klima Formenelemente, die der gemäßigten Zone fremd sind. So betont BEHRMANN[4] die Folgen starker und dauernder Rutschungen in den feuchtheißen Tropen, die im Falle steilerer Böschung, z. B. an Wasserscheidekämmen, nicht eine Rundung der Erhebungsform bewirken, sondern umgekehrt zur Ausbildung scharfer, felsiger »Nischengrate« führen. Die Zuschärfung erinnert in manchem an die Verhältnisse, die wir im Hochgebirge beim Gegeneinanderrücken zweier Karnischen beobachten; sie kommt hier wie dort durch eine starke und dauernde Schuttabfuhr zustande, wie sie im Bereich des humiden Klimas unserer Breiten im gleichen Umfange nicht erfolgt. Auch hinsichtlich der Beeinflussung des Reliefs durch Gesteinsunterschiede ergeben sich zwischen dem tropischen und dem gemäßigten Abschnitt der humiden Klimazone nicht unerhebliche Abweichungen. Sapper[5] betont, daß bei uns von einer selektiven Arbeit des fließenden Wassers gesprochen werden kann und Härteunterschiede in der Regel sehr sorgfältig herauspräpariert werden; in den feuchten Tropen ist davon nichts wahrzunehmen, weil die starke chemische Zersetzung des Gesteins die Ausbildung einer mächtigen Bodendecke bewirkt und dadurch dem Wasser den Zutritt zu den durch verschiedene Widerstandskraft ausgezeichneten Gesteinen verwehrt. Entsprechend der in den Tropen um so vieles stärkeren Gesteinszersetzung ergibt sich endlich noch ein letzter Unterschied. Abspülung und Zerfurchung der Hänge führen den Flüssen in den Tropen einen ungleich feineren Schwemmstoff als in unseren Breiten zu. Bei uns lagern die Flüsse, wo ihre Transportkraft erlahmt, vor allem gröbere Gerölle, Kies und Sand und erst im Bereich des weit von den Gebirgen entfernten Unterlaufs feinerdig-toniges Material ab; in den feuchtheißen Tropen bestehen auch schon die gebirgsnahen Flußablagerungen aus feinen, tonigen, undurchlässigen Massen, und weite, sumpfige Ebenen umgürten infolgedessen häufig die Gebirge. »Die Schwemmlandzone schließt sich an die Gebirge und umhüllt sie. So sind alle tropischen Gebirge, wo ein seichteres Meer und das Alter der Inseln es nur zuläßt, umgeben von einer großen Ablagerungsebene, die auf Sumatra den ganzen Norden, in Borneo weite Flächen einnimmt. Neuguineas Zentralgebirge ist an beiden Seiten eingerahmt von ausgedehnten Ebenen. Diese Ebenen wachsen in das Meer hinaus. Je weiter man also vom Gebirge zum Meere kommt, desto unfertiger ist der Charakter der Fläche.« (BEHRMANN 1921, S. 54/55).

Der Formenschatz des semiariden Klimas. Die starke Periodizität der Niederschläge, die diesem Klimatyp eigen ist, wirkt sich in sehr spezifischer Weise morphologisch aus. Wir beobachten hier einen bezeichnenden Rhythmus, indem eine Periode vorwiegender Schuttbildung (Trockenzeit, mechanische und chemische Verwitterung) von einer solchen überwiegender Schuttabfuhr abgelöst wird. Dieser jahreszeitliche Wechsel ist um so bedeutungsvoller, als wegen der scharfen klimatischen Periodizität die Pflanzendecke in Gebieten semiariden Klimas recht schütter zu sein pflegt und deshalb der Boden, ganz im Gegensatz zu den Waldländern des humiden Klimas, den Angriffen der in der Regenzeit niederbrechenden Güsse ziemlich schutzlos preisgegeben ist. Dazu kommt der Charakter dieser Regen selbst. Auch im humiden Klima sind die Niederschläge ja eigentlich nur im Bereich des ozeanischen Klimas unserer Breiten leidlich gleichmäßig über das ganze Jahr verteilt und fallen nur hier als sachte Rieselregen zur Erde; im kontinentalen Abschnitt der gemäßigten Zone und in den feuchtheißen Tropen gehen die Regen zumeist in der Form kurzer, aber kräftiger Sturzregen nieder. Dieser Charakter der Niederschläge beherrscht auch die semiariden Gebiete durchaus; man möchte in Erinnerung an manchen ostafrikanischen oder kleinasiatischen Regentag fast sagen, er erreicht hier seine markanteste Ausprägung. Die Jahressumme der Niederschläge vermag uns keine Vorstellung von der Gewalt der Sturzregen zu geben, selbst die monatlichen Mittelwerte reichen dazu nicht aus. Man muß sie erlebt haben, diese vom Himmel stürzenden Wassermassen, um ihre morphologische Wirksamkeit in Rechnung stellen zu können. Eines der packendsten Bilder hiervon verdanken wir Heye [6], und wir halten es für richtig, es hier wiederzugeben, damit die Leser dieses Buches hernach die morphologischen Folgerungen daraus ziehen können. »Eine stahlblaue Wolkenwand schob sich gegen Mittag mit unheimlicher Geschwindigkeit von Westen herauf und löschte schließlich die glanzlose, aber in tödlicher Hitze flammende Sonne aus. Aus der mittäglichen Nacht fuhr plötzlich ein gellendes Heulen, ein Windstoß bog Bäume und Büsche, trieb Laub und Staub in wirbelnden Wolken auf, raste brüllend nach Osten davon, und ihm nach krachte ein Schlag, daß die Erde zu zittern schien; ein schwefelgelbes Licht flammte auf. Weltuntergangsstimmung lag über der im Sturm und Donner erbebenden Landschaft. Dann einen Moment atemlose, herzlähmende Stille, etwas kam heran, wie das Trippeln von hunderttausend Füßen, schwoll zum alles erstickenden Rauschen und Brausen an, und dann stürzte es auf uns herab, Wasserströme, wie Flüsse, die aus anderen Welten mündeten; Blitz und Schlag und wieder Blitz und Schlag, über den Himmel, durch die Fluten flammten und fackelten die Blitze, und die Luft war ein einziges Rollen, Dröhnen und Brüllen. Stundenlang ging es so fort, Blitze, Donner und stürzende Wassermassen beherrschten die Welt . . . Der Regen verstärkte sich noch; in Wogen stürzte er herab und schoß in breiten, rauschenden Fluten dem Flußtale zu. Der Pfad dahin war zum reißenden Strome, der Abstieg zum donnernden Wasserfalle geworden. Ich tappte und watete einmal vor, den Kopf durch eine Bastmatte gegen das heftig schmerzhafte Trommeln des Regens geschützt, der eine dunkelgraue, fast undurchsichtige Wand vor den Augen bildete. Der Zickzackweg hatte sich in eine gradlinig verlaufende Schlucht verwandelt, große Steine polterten mit den schießenden Fluten hinunter, vom Grunde des Tales war nichts zu erkennen, nur ein wildes Branden und Rauschen scholl herauf.«

Man bedenke, daß derartige Wolkenbrüche auf einen Boden prallen, dessen schüttere Vegetationsdecke kaum irgendwelchen Schutz gewährt, und man wird verstehen, daß sich hier im semiariden Klima mehr als irgendwo sonst die Erosion in Form von Flächenspülung entfalten kann. Lineare Erosion fehlt selbstverständlich nicht; die starken Hochfluten, die in den Flußbetten nach solchen Güssen zu Tale brausen, entwickeln sogar eine sehr kräftige linienhafte Wirkung, denn bekanntlich sind es gerade die Hochwasser, die morphologisch im Sinne ausgeprägter Tiefenerosion besonders bedeutsam sind. Gemessen aber an der flächenhaften Destruktion durch die Sturzregen, tritt die lineare Erosion entschieden in den Hintergrund. Kein Wunder denn, daß gerade im Bereich des semiariden Klimas die »Inselberglandschaften« mit ihren weiten, fast ebenen und felsigen Fußflächen und den unvermittelt daraus aufstrebenden Bergen so weit verbreitet sind. Wir wollen nicht behaupten, daß derartige Formen unter allen Umständen Produkte des semiariden Klimas sind, aber wir haben früher behauptet [6] und stehen in Übereinstimmung mit Collie [7], Thorbecke [8], Jäger [9] u. a. auch heute noch zu der These, daß kaum irgendwelche anderen Klimaregionen für die Bildung und Erhaltung von fluviatilen Rumpfflächen, steilböschigen Rumpfrestbergen usw. so geeignet sind wie gerade die Gebiete semiariden Klimas. Immer und immer wieder wird der Verwitterungsschutt abgewaschen, neues Gestein entblößt, der nun erneut entstehende Grus abermals abgespült und in eine der vielen Senken verfrachtet, wo er sich zu weiten fluviatil aufgesetzten Schuttebenheiten anhäuft. Hat man den Boden im humiden Klima mit einem morastigen Landweg verglichen, so verdient in diesem Bilde der Boden im semiariden Klima die Bezeichnung einer gepflasterten Straße. Auf weite Flächen hin überwiegen jedenfalls die von kümmerlicher Verwitterungskrume notdürftig verhüllten Felsplatten, und nur dann und wann stellen sich jene Schuttbecken ein, die in der Regenzeit flache Salzseen bergen, in der Trockenzeit aber zum Salzsumpf werden oder sich in öde, staubige, mit Trockenrissen durchsetzte Lehmtennen verwandeln.

Der Formenschatz des ariden Klimas. Auf den ersten Blick möchte es scheinen, als ob hier die These vom Zusammenhang zwischen Klima und Reliefform preisgegeben werden muß; denn Gebirgswüste [10] und Flachwüste [11] liegen beide im ariden Klima, der Formenschatz läßt aber oft sehr erhebliche Unterschiede erkennen. Ein Blick z. B. auf die prächtige Pamir-Aufnahme von Rickmer-Rickmers (Fig. 151) belehrt uns, daß hier trotz wüstenhafter Öde eine fast nur vom fließenden Wasser gestaltete Landschaft vorliegt: dichtmaschiges Talnetz, modellartig entwickelte Terrassen, Regenrunsen an allen Hängen usw. Von Winderosion, die wir doch als den für die Morphologie der Wüsten ausschlaggebenden Faktor anzusehen gewohnt sind, ist aus einiger Entfernung überhaupt nichts wahrzunehmen. Eine derartig ausgesprochene fluviatile Ausarbeitung des Reliefs begegnet uns bei Hochgebirgswüsten häufig. Wie ganz anders ist der Eindruck, den wir in den Flachwüsten erhalten! Ob wir im Auswehungsgebiet, der Deflationslandschaft, oder im Aufschüttungsgebiet, der Flächen- bzw. Dünenlandschaft, beobachten, überall tritt uns zunächst der Wind als morphologische Dominante ent-

Fig. 151. Blick vom linken Gehänge des Muk-su-Tales auf den Transalai Endsporn (Talsohle in 2000 m Seehöhe). — Nach Photographie von Rickmer Rickmers.

gegen, und nur zu sehr sind wir geneigt, ihm den wesentlichsten Anteil an der Reliefgestaltung der Wüsten zuzuschreiben.

Bei näherer Nachprüfung schrumpft freilich dieser genetische Gegensatz ganz erheblich zusammen. Es erweist sich nämlich, daß die starke fluviatile Bearbeitung, die wir in fast allen Hochgebirgswüsten feststellen können, gar nicht als ein Element des ariden Klimas anzusprechen ist. Gelegentliche Regengüsse gehen freilich auch hier nieder; sie bewirken dank der Kahlheit des Bodens und der Wucht der aufprallenden Wasserfluten nicht nur starke Hangabspülung und -zerrillung, sondern erzeugen auch Talungen, die sich gegenüber den entsprechenden Formen im humiden Klima durch ihre Schluchtigkeit und die wesentlich geringere Dichte ihres Netzes unterscheiden. Zu diesen Erscheinungen aber gesellen sich in den meisten Hochgebirgswüsten Erosionsformen, die wir als allochthon oder als dissonant bezeichnen müssen, weil sie von Kräften erzeugt werden, die nicht im ariden Klima wurzeln, sondern von außen her hineinstrahlen: die Schmelzwasser der Schnee- und Firnlager aus der Region nivalen Klimas oberhalb der ariden Zone *. Wären wir imstande, diesen Faktor auszuschalten — und weniger hoch aufragende Gebirgswüsten dienen uns als Beleg —, so würde sich das Bild ganz wesentlich ändern. Die eigentümliche Note, die sich aus der Vermengung zweier morphologischer Formenkreise ergibt, würde verschwinden, und übrig bliebe eine kahle Gebirgsmasse, die neben den Zeugen gelegentlicher Sturzregen (Hangrunsen, wadiartige Talrisse, flächenhafte Schuttabspülung) gekennzeichnet wäre durch starke Gesteinsaufbereitung (überwiegend mechanische, an einzelnen Stellen aber auch chemische Verwitterung), Schuttanhäufung, die gelegentlich bis zum Ertrinken ganzer Gebirgszüge in ihrem eigenen Schutt führen kann, Bearbeitung des anstehenden Gesteins und des Schuttes durch Deflation und Korrasion, Reichtum an großen und kleinen Wannen u. a. m. Eine solche im strengen Sinne aride Hochgebirgswüste entfernt sich also schon erheblich weniger von dem, was wir uns als Idealbild einer Wüstenlandschaft vorstellen.

Gleichzeitig haben neuere Forschungen ergeben, daß in den Flachwüsten neben der gewiß dominierenden Tätigkeit des Windes auch das Wasser wesentlich an der Formung der Landoberfläche mitwirkt und daß eine Reihe sehr spezifischer Formenelemente auf Rechnung der hier gewiß noch viel selteneren, aber doch niemals ganz ausbleibenden Sturzregen zu setzen ist. Die flachkuppige Wannenlandschaft, die von Deflationsrückständen gebildete Hamada, die weitflächigen Eindeckungen mit Flugsand usw. müssen selbstverständlich als Windwirkungen gedeutet werden; daneben aber fehlt es hier keineswegs an zweifelsfreien Erosionsrinnen, aus Schottern gebildeten Schuttkegeln und flächenhaften Eindeckungen, deren Material deutlich die Entstehung aus episodisch durch mächtige Schichtfluten in Bewegung gesetzten Schlammströmen verrät **.

Hält man jetzt die Bilder der Gebirgswüste und der Flachwüste nebeneinander, so überwiegen nun doch die gemeinsamen Züge durchaus, und wir werden zugestehen müssen, daß auch das aride Klima einer Landschaft ganz bestimmte und einzigartige Züge aufprägt.

Der Formenschatz des nivalen Klimas. Die Probleme werden in dieser Klimaregion komplizierter, weil nicht nur im Bereich dauernder

* Die Verhältnisse erinnern an die gelegentlich ja auch im Bereich der Flachwüsten vorkommenden Erosionsformen, die von einem die Wüste durchbrechenden wasserreichen Fluß stammen (Nil), nur daß wir in diesem Falle den allochthonen Charakter der fluviatilen Erosionslandschaft leichter erkennen, weil diese Erosionsrinnen dauernd Wasser führen.

** A. C. Lawson hat für derartige Ablagerungen den Ausdruck Fanglomerat geprägt, den E. Kaiser in die deutsche Literatur einführte.

Eis- und Schneebedeckung besondere Formen geprägt werden, sondern auch in der angrenzenden periglazialen Zone. Dadurch ergibt sich für die rezenten Verhältnisse eine Zweiteilung, der auch KLUTE [12] Rechnung trägt, indem er bei den Oberflächenformen der Arktis zwischen denen der vereisten und denen der unvereisten Gebiete unterscheidet. Dazu kommt die Tatsache, daß der nivale Klimatyp einmal, durch die Seehöhe bedingt, in den Hochgebirgen auftritt, ein andermal, durch die hohe geographische Breite hervorgerufen, in den Polarzonen. Es gilt zu prüfen, ob die morphologischen Korrelate in beiden Fällen übereinstimmen oder ob sich Unterschiede nachweisen lassen. Endlich muß in Betracht gezogen werden, daß neben den rezenten Formen des nivalen Klimabereichs, von denen wir infolge ihres Verdecktseins durch Schnee und Eis nicht gar zu viel unmittelbar beobachten können, die fossilen Formen eine große Rolle spielen.

Der aus der Eiszeit stammende, jetzt also als fossil anzusprechende Formenschatz bestimmt in hohem Maße das Landschaftsbild sowohl der subpolaren Regionen als der Hochgebirge. Das nordische Inlandeis hat in Eurasien wie in Nordamerika ausschürfend und ablagernd gewirkt. Von der Wucht des Gletscherschurfes zeugen hier u. a. die Rundhöcker, zu denen die widerstandskräftigen Partien des vom Eise überflossenen anstehenden Gesteins umgeschliffen wurden. Ihr gewöhnlich asymmetrischer Bau läßt die Richtung erkennen, in der sich das Gletschereis bewegte, denn die »Luvseite« war dem Angriff stärker ausgesetzt und wurde in höherem Maße abgehobelt. Widerstandsschwache Partien des seiner Verwitterungskrume beraubten Felsbodens wurden vom Inlandeis zu Becken und Wannen ausgeschliffen. Die Hohlformen werden heute meist von Seen eingenommen, die in Kanada wie in Finnland [13] im Verein mit den Rundhöckern zu den Charaktermerkmalen einer wenn auch fossilen glazialen Ausräumungslandschaft zählen. — Volle Übereinstimmung besteht auch hinsichtlich der Aufschüttungsformen, die in Eurasien sowohl als in Nordamerika einem breiten Gürtel rings um die Ausräumungsregionen das bezeichnende Gepräge verleihen: weitflächige Entwicklung der kuppigen Grundmoränenlandschaft (Geschiebemergel) Endmoränenwälle, Sandrebenheiten (Vorschüttsande des vorrückenden, Nachschüttsande des sich zurückziehenden Eises), fluvioglazial geformte Rücken, riesige Urstromtäler usw.

Die eiszeitlichen Reliktformen in den Hochgebirgen sind überall da besonders gut erhalten, wo das Gestein sich als wasserdurchlässig erweist (Kalk) und dadurch dem jetzt hauptsächlich angreifenden fließenden Wasser besser zu widerstehen imstande ist. Der Formenschatz zeigt deutlichen Anklang an die morphologischen Charakterzüge der Gebiete subpolarer Tieflandsvereisung, erhält aber durch das Auftreten der Kare, der Trogtäler (Fjorde), der Konfluenz- und Diffluenzstufen eine besondere Note. Im übrigen treffen wir auch hier Zungenbecken, Moränenwälle und Sandrflächen, Rundhöcker, Gletschertöpfe und Gletscherschliffe u. a. m an. Die letzteren nehmen auf anstehendem Fels oft viele Quadratmeter ein; sie sind häufig bis zu Hochglanz geglättet *. Aus den übrigens nicht vom Eis selbst, sondern von den als Schleifmaterial in das Eis eingebackenen Gesteinstrümmern erzeugten Schrammen läßt sich die Bewegungsrichtung des Eises ableiten.

Über den rezenten Gletscher- und Schneeflächen beobachten wir im Hochgebirge der mittleren und niederen Breiten wie in den Polarregionen allenthalben starke Frostverwitterung und energische Schuttabfuhr. Ob im Bereich von Bergschrund und Randkluft die Gesteinszerstörung wegen des dort vielleicht noch kräftigeren Wechsels von Gefrieren und Tauen größeres Ausmaß annimmt als oberhalb der Firnfläche, bleibe dahingestellt. In jedem Falle ergibt sich eine Aufrauhung und Versteilung aller aufstrebenden Formen, eine Zuschärfung der Kämme zu spitzigen Graten und Schneiden, während auf dem Untergrund das fließende Eis seine abhobelnde und abrundende Tätigkeit entfaltet. Die Oberfläche von Firn und Eis selbst zeigt nicht nur die durch die Bewegung hervorgerufenen Spalten, sondern wird auch von den außenbürtigen Kräften in mannigfacher Weise angegriffen und umgestaltet; sehr treffend hat Sieger [15] von den »Karstformen« des Gletschereises gesprochen. — Die mit Schnee erfüllten Karembryonen, die eiserfüllten Kare, die durch Einfressen mehrerer Kare in einen Gipfel und Verschneidung ihrer Rückwände entstehenden Karlinge, die heute noch von Talgletschern ausgefüllten Tröge und Fjorde dürfen als Formen des nivalen Klimabereichs gelten, in denen auch gegenwärtig noch Ausräumung stattfindet. Ihnen entsprechen als Ablagerungsformen die Seiten- und Stirnmoränen nicht nur des augenblicklichen Gletscherstandes, sondern auch jüngst vergangener Vorstoßperioden. Denn wir wissen, daß ein rhythmisches Vor und Zurück das Leben der Gletscher beherrscht, daß manche an Rundhöckern und Gletscherschliffen reiche Talstrecke erst in den letzten Jahrzehnten vom Eise freigegeben worden ist und nach abermals einigen Jahrzehnten wieder vom Gletscherstrom erreicht sein wird. — In allen wesentlichen Punkten stimmen der Formenschatz im nivalen Klima des Hochgebirges und die Reliefgestaltung im nivalen Klima der Polarzonen derartig überein, daß an der klimagebundenen Natur dieser Formenwelt nicht gezweifelt werden kann.

Anders ist es mit dem Formenschatz der periglazialen Region bestellt. Hier ergeben sich einige Abweichungen zwischen Hochgebirgs- und Polarwelt, deren Ursache aber in der unterschiedlichen Oberflächengestaltung der beiderseitigen periglazialen Zonen, nicht in einer verschiedenartigen Auswirkung des Klimas begründet ist. Während in der periglazialen Region der Arktis Ebenen vorherrschen, deren Frostböden

* Auf die Tatsache, daß Gesteinsglättung auch auf viele andere natürliche Vorgänge zurückgeführt werden kann, hat v. Böhm [14] hingewiesen.

zur Entstehung mannigfacher und bezeichnender Kleinformen Veranlassung geben (S. 172), wird die nämliche Zone in den Hochgebirgen von Hängen eingenommen, die vielfach zu felsig und zu steil sind, um die Ausbildung ähnlicher Formen zu gestatten. Daß aber Polygonböden und ähnliche Erscheinungen auch in der alpinen periglazialen Zone vorkommen, zeigt eine Reihe neuerer Arbeiten. Allerdings müssen lokal besonders günstige Voraussetzungen gegeben sein, als welche Krebs [16] anführt: ebene, wenigstens in den Sommermonaten schneefreie Flächen in sehr bedeutender Höhe, dazu leicht verwitterndes Gestein oder Lockerboden. Salomon [17] erachtet überdies als notwendig: Vegetationsarmut, nassen Boden und plattiges oder schieferiges Gestein. Wo diese Bedingungen erfüllt sind, kommt es tatsächlich auch in der alpinen periglazialen Zone zur Ausbildung typischer Strukturböden in derselben Ausprägung wie im arktischen Flachlandsgebiet, wenn auch die Bodenfiguren nicht so dicht gedrängt stehen und nicht die Schärfe der Gestaltung aufweisen wie etwa in Spitzbergen oder Skandinavien. Stiny [18] berichtete über das Auftreten von »Steinplattenböden«, einer Oberfläche, die »gleich einer Steincheneinlegearbeit mit flachgelagerten Felsplatten aller Größen bedeckt ist«. Kinzl [19] und Salomon [17] stellten in den Ostalpen ähnliche »Pflasterböden« fest, dazu Materialsortierung in Form von Feinerdebeeten und Steinstreifen, Steinringen und Steinnetzen, endlich durch Solifluktion hervorgerufene Schlammströme und »Blockgletscher«. Aus den Westalpen hatte schon einige Jahre früher Allix [20] ähnliche zum periglazialen Formenschatz gehörige Bodenformen beschrieben. — Auf die Hochgebirge beschränkt bleibt natürlich die Erscheinung der Doppelgrate, jene Aufteilung wasserscheidender Kämme und Rücken in zwei oder mehrere parallel streichende Grate. Bei deren Entstehung spielt nach Paschinger [21] die Durchtränkung mit Schmelzwasser der lange in den Sommer hinein andauernden Schneeflecken und vor allem der Schneewächten eine wesentliche Rolle.

Zusammenfassend dürfen wir sagen, daß sich auch im Bereich des nivalen Klimas eine eindeutige Beziehung zwischen Klima und Formenschatz nachweisen läßt und daß man mithin ganz allgemein von klimagebundenen Oberflächenformen sprechen darf. Der Geomorphologie ist also ein neues Feld der Forschung eröffnet. Sorgfältige Beobachtungen im Gelände, die hier wie stets die Grundlage morphologischer Arbeit bilden müssen, werden es im Laufe der nächsten Jahrzehnte ermöglichen, auch auf diesem Gebiete die Probleme noch schärfer zu umreißen und noch tieferen Einblick in das Werden und Vergehen der Oberflächenformen zu gewinnen.

Literaturnachweise. [1] W. Penck, Die morphologische Analyse; Stuttgart 1924. — [2] S. Passarge, Morphologie der Klimazonen oder Morphologie der Landschaftsgürtel? Pet. Mitt. 1926. — [3] Düsseldorfer geographische Vorträge und Erörterungen, herausgegeben von M. Eckert, A. Philippson, F. Thorbecke; Breslau 1927. — [4] W. Behrmann, Die Oberflächenformen im feuchtheißen Kalmenklima; Düsseld. Vorträge,

Breslau 1927. Derselbe, Die Oberflächenformen in den feucht-warmen Tropen; Zeitschr. Ges. für Erdk., Berlin 1921. — [5] K. SAPPER, Über Abtragungvorgänge in den regenfeuchten Tropen und ihre morphologischen Wirkungen; Geogr. Zeitschr. XX, 1914. — [6] E. OBST, Das abflußlose Rumpfschollenland im nordöstlichen Deutsch-Ostafrika; Bd. II, Hamburg 1923, S. 120/121. — [7] G. L. COLLIE, Plateau of British East Africa; Bull. of the Geol. Soc. of America XXIII, 1912, S. 297—316, besonders S. 309 f. — F. THORBECKE, Der Formenschatz im periodisch trockenen Tropenklima mit überwiegender Regenzeit; Düsseld. Vorträge, Breslau 1927. — [9] F. JÄGER, Die Oberflächenformen im periodisch trockenen Tropenklima mit überwiegender Trockenzeit; Düsseld. Vorträge, Breslau 1927. — [10] F. MACHATSCHEK, Die Oberflächenformen der Binnen- und Ihochwüsten; Düsseld. Vorträge, Breslau 1927. — [11] E. KAISER, Über Wüstenformen, insbesondere in der Namib Südwestafrikas; Düsseld. Vorträge, Breslau 1927. S. PASSARGE, Die Ausgestaltung der Trockenwüsten im heißen Gürtel; Düsseld. Vorträge, Breslau 1927. — [12] F. KLUTE, Die Oberflächenformen der Arktis; Düsseld. Vorträge, Breslau 1927. — [13] Vgl. den ausgezeichneten, von der Geographischen Gesellschaft von Finnland herausgegebenen Atlas of Finland, Helsingfors 1925/28, mit sehr inhaltreichem Textband Helsingfors 1929. — [14] A. BÖHM EDLER VON BÖHMERSHEIM, Bekannte und neue Arten von natürlicher Gesteinsglättung; Mitt. der K. K. Geogr. Ges., Wien 1917. — [15] R. SIEGER, Karstformen der Gletscher; Geogr. Zeitschr. I, 1895. — [16] N. KREBS, Klimatisch bedingte Bodenformen in den Alpen; Geogr. Zeitschr. XXXI, 1925. — [17] W. SALOMON, Arktische Bodenformen in den Alpen; Sitzungsber. Heidelb. Akad. der Wiss., Math.-naturw. Kl. 1929/5, Berlin-Leipzig 1929. — [18] J. STINY, Einiges über Gesteinsklüfte und Geländeformen in der Reißeckgruppe (Kärnten); Zeitschr. für Geomorphologie I, 1926. — [19] H. KINZL, Beobachtungen über Strukturböden in den Ostalpen; Pet. Mitt. 1928. — [20] A. ALLIX, Nivation et sols polygonaux dans les Alpes francaises; La Géographie XXXIX, 1923. — [21] V. PASCHINGER, Doppelgrate auf Kärntner Bergen; Carinthia II, Klagenfurt 1923. Derselbe, Untersuchungen über Doppelgrate; Zeitschr. für Geomorphologie III, 1928.

Berichtigung.

In der Unterschrift zu Fig. 108 auf S. 385 muß es richtig heißen: „Aufspaltung und Verbiegungen der Haupttterasse im Längsprofil gehen auf Krustenbewegungen vor der Ausbildung der Mittelterassen zurück.“

Register.

Die Autorennamen sind gesperrt gedruckt. * bei der Seitenzahl bedeutet eine Literaturnotiz. Namen, die man unter C nicht findet, suche man unter K oder Z und umgekehrt. Desgleichen suche man die Namen, die man unter J nicht findet, unter Y.

Gleichzeitig mit diesem Teil des Werkes erschien:

II. Band. 2. Teil. V, 269 Seiten. Mit 1 Tafel und 60 Figuren im Text.

1927 erschien:

I. Band. Mit 5 Buntdrucktafeln und 113 Figuren im Text. XI, 495 Seiten. RM 22.—, geb. 24.—.

Erd-, Länder- und Völkerkunde

Schriften aus dem Verlage

Walter de Gruyter & Co., Berlin W 10

Februar 1930

Allgemeines, Geschichte der Erdkunde

Natur und Mensch. Die Naturwissenschaften und ihre Anwendungen. Herausgegeben von Dr. C. W. SCHMIDT. Vier Bände. Lexikon-Oktav.

Band I: Weltraum und Erde. Von Dr. H. H. KRITZINGER und Dr. C. W. SCHMIDT. Mit 409 Abbildungen und 30 zum Teil farbigen Tafeln. XII, 494 Seiten. 1926. In Leinen geb. Rm. 32.—, in Halbleder 36.—

Band II: Das Leben und seine Entwicklung. Von Prof. Dr. C. SCHÄFFER, Prof. Dr. W. GOTHAN und Prof. Dr. Freiherr E. STROMER von Reichenbach. Mit 352 Abbildungen im Text und 28 teils farbigen Tafeln. XI, 563 Seiten. 1926. In Leinen geb. Rm. 32.—, in Halbleder 36.—

Band III: Der Mensch und seine Entwicklung. Von Prof. Dr. G. KRAITSCHEK und Dr. F. CAPPELLER. Mit 243 Abbildungen im Text und 24 teils farbigen Tafeln. XI, 422 Seiten. 1929. In Leinen geb. Rm. 32.—, in Halbleder 36.—

Band IV: Angewandte Naturwissenschaften. 1930. Im Druck.

„Wie den ersten und zweiten Band dieses Standardwerkes moderner Naturbeschreibung, so nimmt man auch den nunmehr erschienenen dritten Band mit dem Gefühle zur Hand, hochstehende deutsche Gelehrtenarbeit vor sich zu haben. Die Ausstattung des Werkes und die Bebilderung ist hervorragend schön; es ist inhaltlich und äußerlich eine Zierde jeder Bibliothek." Natur und Kultur.

Geschichte der Erde und des Lebens. Von Prof. Dr. JOHANNES WALTHER. Royal-Oktav. IV, 571 Seiten. 1908. Rm. 14.—, geb. 16.—

„Ein durchaus eigenartiges Werk, es leuchtet in ihm von der ersten bis zur letzten Seite vor allem der entwicklungsgeschichtliche Gedanke hindurch, man erkennt allenthalben den begeisterten Schüler Darwins und Haeckels, der es unternimmt, seine eigenen von der herrschenden Lehre manchmal stark abweichenden Meinungen in glanzvoller Darstellung und ausgewählter, ja formvollendeter Sprache zu einem einheitlichen Gesamtbild verarbeitet, vorzuführen." Petermanns Mitteilungen.

Geschichte der Geographie. Von Prof. Dr. KONRAD KRETSCHMER. Zweite Auflage. Mit 11 Karten im Text. 163 Seiten. 1923. (Sammlung Göschen Bd. 624.) Geb. Rm. 1.80

„Ein Berufener hat hier den ungeheuren Stoff auf einem kleinen Raum zusammengedrängt. Aber trotz des geringen Umfanges enthält das Büchlein sozusagen alles ....." Dtsch. Geographische Blätter, Bremen.

Astronomische Erdkunde, Kartenwissenschaft

Astronomische Geographie. Von Dr. SIEGMUND GÜNTHER, Geh. Hofrat, Professor an der Technischen Hochschule in München Mit 52 Abbildungen. Neudruck. 170 Seiten. 1919. (Sammlung Göschen Bd. 92.) Geb. Rm. 1.80

Die bekannten Aufgaben der mathematischen Erd- und Himmelskunde wie z. B. Orts- und Zeitbestimmungen, Erdvermessung usw. werden in sehr klarer und anregender Form unter weitgehender Berücksichtigung der geschichtlichen Entwicklung besprochen. Außerdem wird die Stellung unserer Erde im Planetensystem, Entfernung, Größe und Bewegung der Planeten behandelt.

Die Kartenwissenschaft. Forschungen und Grundlagen zu einer Kartographie als Wissenschaft. Von Dr. MAX ECKERT, Professor der Geographie an der Technischen Hochschule in Aachen. Quart.

Erster Band. Mit 10 Abbildungen im Text und 1 Karte. XVI, 640 Seiten. 1921. Rm. 30.—, geb. 33.—

Zweiter Band. Mit 33 Abbildungen im Text und 2 Tafeln. XIV, 880 Seiten. 1925. Rm. 45.—, geb. 48.—

Dritter Band in Vorbereitung.

„... einen Begriff von der gigantischen Stoffmenge geben, die das Buch bewältigt, so daß es dem Geographen ein Wegweiser für die auf den verschiedensten Gebieten seiner Wissenschaft vorhandenen Karten und kartographischen Methoden wird. Das angehängte Register kommt einem wirklichen Bedürfnis entgegen. Man wird im Interesse der Sache nichts Besseres wünschen können, als daß dem Verfasser die Zeitumstände möglichst bald gestatten mögen, den geplanten Faksimileatlas als Band III herauszubringen." Petermanns Geographische Mitteilungen.

Kartenkunde. Von Dr. M. GROLL. Zweite Auflage, neubearbeitet von Dr. OTTO GRAF in Calbe (Saale). 2 Bände.

I. Die Projektionen. Mit 56 Figuren. 116 Seiten. 1922. (Sammlung Göschen Bd. 30.) Geb. Rm. 1.80

II. Der Karteninhalt. Mit 39 Figuren. 133 Seiten. 1923. (Sammlung Göschen Bd. 599.) Geb. Rm. 1.80

Das in leicht faßlicher Form geschriebene Werk kann zum Selbststudium bestens empfohlen werden.

Kartographische Aufnahmen und geographische Ortsbestimmung auf Reisen. Von Dr.-Ing. R. HUGERSHOFF, Professor an der Forstlichen Hochschule in Tharandt, und Dr.-Ing. OTTO ISRAEL, Professor an der Technischen Hochschule in Dresden.

I. Die topographischen Aufnahmen. Mit 66 Figuren und 2 Tafeln. Zweite Auflage. 152 Seiten. 1925. (Sammlung Göschen Bd. 607.) Geb. Rm. 1.80

„Auf Grund reicher praktischer Erfahrung geben die Verfasser eine sehr klare Übersicht über die Methoden der topographischen Aufnahmen auf Reisen. Ich kann das Büchlein jedem Forschungsreisenden warm empfehlen." Geographische Zeitschrift.

Grundriß der geographischen Ortsbestimmung aus astronomischen Beobachtungen. Von Dr. K. GRAFF, Observator der Hamburger Sternwarte. Mit 64 Figuren. Groß-Oktav. VIII, 210 Seiten. 1914. Geh. Rm. 6.—, geb. 7.—

Physikalische Erdkunde, Meteorologie und Geologie

Grundzüge der physischen Erdkunde. Von Dr. ALEXANDER SUPAN, Professor der Geographie an der Universität Breslau. Siebente, gänzlich umgearbeitete Auflage, unter Mitwirkung von Fachgelehrten herausgegeben von Professor Dr. ERICH OBST. Groß-Oktav.

I. Band. Mit 5 Buntdrucktafeln und 113 Figuren im Text. XI, 495 Seiten. 1927. Rm. 22.—, geb. 24.—

„Die erste übersichtliche Darstellung der allgemeinen physischen Geographie, in der im Gegensatz zur Geophysik und zur allgemeinen Erdkunde die moderne geographische Auffassung zur Geltung kam. Jeder Forscher wird es mit Vorteil zu Rate ziehen und manches daraus lernen können." Geographische Zeitschrift.

Physische Erdkunde. Von Prof. Dr. R. LANGENBECK in Darmstadt.

I. Die Erde als Ganzes und die Erdoberfläche. Mit 26 Abbildungen. 110 Seiten. 1922. (Sammlung Göschen Bd. 849.) Geb. Rm. 1.80

II. Die Lufthülle und Wasserhülle der Erde. Mit 25 Abbildungen. 136 Seiten. 1923. (Sammlung Göschen Bd. 870.) Geb. Rm. 1.80

Im ersten Teil werden Erdinneres, Wärme-, Dichte- und Schwereverhältnisse sowie die Bedeutung der Rotation für die Gestaltung der Erdoberfläche besprochen, im zweiten Teil Klimate, Klimaänderungen, Eiszeiten, Temperaturen, der Seen und Meere usw.

Physische Geographie. Von Dr. GEORG GREIM, Professor an der Technischen Hochschule in München. Fünfte, gänzlich neubearbeitete Auflage von SIEGMUND GÜNTHER. 146 Seiten. 1927. (Sammlung Göschen Bd. 26.) Geb. Rm. 1.80

Die Darstellung umfaßt folgende Gebiete; Erdinneres, Lufthülle, Meer, Gewässer des Binnenlandes, Schnee und Eis auf der Landoberfläche, die Erde und die Einwirkungen des Erdinneren auf sie.

Kurzes Lehrbuch der physikalischen Geographie. Von A. GEIKIE, Professor der Geologie an der Universität Edinburgh. Autorisierte Ausgabe von BRUNO WEIGAND. Mit einer Vorrede von v. DRYGALSKI. Zweite, verbesserte und vermehrte Auflage. Mit 77 Holzschnitten, 5 Vollbildern und 13 Karten. Oktav. X, 386 Seiten. 1908. Geh. Rm. 4.50, geb. 5.50

Die Klimate der Erde. Grundriß der Klimakunde. Von Prof. Dr. W. KÖPPEN. Mit 8 Tafeln und 19 Textfiguren. Oktav. X, 369 Seiten. 1923. Rm. 7.20, geb. 8.20

„Der Lehrer der Erdkunde wird reichen Gewinn aus dem Studium dieses Werkes ziehen. Das Buch ist anregend geschrieben." Unterrichtsbltt. f. Mathematik u. Naturwissenschaften.

Klima und Leben. (Bioklimatologie.) Von Dr. WILHELM R. ECKARDT, Wetterdienstleiter und I. Assistent am Meteorologischen Observatorium in Essen a./R. 84 Seiten. 1912. (Sammlung Göschen Bd. 629.) Geb. Rm. 1.80

„Man wird nirgends so klar und doch so kurz die einschlagenden Verhältnisse geschildert finden. Dabei finden wir die mannigfachsten Beziehungen erwähnt, und selbst negative, wie die Unmöglichkeit des Menschen, das Klima zu ändern, haben einen Platz gefunden." Literar. Zentralblatt.

Meteorologie. Von Dr. ALBERT DEFANT, o. Professor an der Universität und Direktor des Instituts und Museums für Meereskunde in Berlin. Fünfte, umgearbeitete Auflage, unter Benutzung der dritten Auflage der Bearbeitung von Prof. W. TRABERT. Mit 38 Figuren und 7 Tafeln. 140 Seiten. 1929. (Sammlung Göschen Bd. 54.) Geb. Rm. 1.80

„Wer sich rasch und ohne Mühe über den modernen Stand der Meteorologie unterrichten will, dem mußte man seit fast drei Jahrzehnten immer die jeweils neueste Auflage der Meteorologie der Sammlung Göschen empfehlen, deren meisterhafte Konzeption auf W. Trabert zurückgeht. Als kurze, leichtfaßliche Physik der Atmosphäre ist das Werk namentlich dem Geographen willkommen." Ztschr. d. Ges. f. Erdkunde.

Luft- und Meeresströmungen. Von Dr. FRANZ SCHULTZE, Professor, Direktor der Seefahrtschule zu Lübeck. Mit 27 Abbildungen und Tafeln. Zweite, verbesserte Auflage. 157 Seiten. 1920. (Sammlung Göschen Bd. 551.) Geb. Rm. 1.80

„Zahlreiche meteorologische Beobachtungen aus des Verfassers reicher seemännischer Erfahrung machen das ursprünglich für Seeleute bestimmte Buch dem Geographen wertvoll." Petermanns Geogr. Mitteilungen.

Paläoklimatologie. Von Dr. W. R. ECKARDT, Leiter des Meteorologischen Observatoriums und der Öffentlichen Wetterdienststelle in Essen. Zweite, neubearbeitete Auflage. 110 Seiten. 1923. (Sammlung Göschen Bd. 482.) Geb. Rm. 1.80

Das Eiszeitalter. Von Dr. EMIL WERTH, Professor in Berlin-Wilmersdorf. Mit 18 Abbildungen und 1 Karte. Zweite, verbesserte Auflage. 171 Seiten. 1920. (Sammlung Göschen Bd. 431.) Geb. Rm. 1.80

Paläogeographie. (Geologische Geschichte der Meere und Festländer.) Von Dr. FRANZ KOSSMAT, Geh. Bergrat, Professor an der Universität Leipzig. Mit 7 Karten. Dritte, neubearbeitete Auflage. 146 Seiten. 1924. (Sammlung Göschen Bd. 406.) Geb. Rm. 1.80

„Das vorliegende Buch versucht in gedrängter Kürze in diesen Fragenkomplex einzuführen. Besonderer Wert wird dabei auf eine recht gründliche und übersichtliche Darlegung des vorhandenen Tatsachenmaterials gelegt. Zur Erhöhung der Anschaulichkeit ist eine kleine Anzahl von Karten beigegeben. Das Buch kann zur Einführung und Orientierung warm empfohlen werden." Deutsche Geographische Blätter, Bremen.

Geologie. Von Dr. EDGAR DAQUÉ, Konservator an der Staatssammlung in München.
Teil I: Allgemeine Geologie. Mit 73 Figuren. Dritte, verbesserte Auflage. 128 Seiten. 1927. (Sammlung Göschen Bd. 13.) Geb. Rm. 1.80
Teil II: Stratigraphie. Mit 56 Abbildungen und 7 Tafeln. Neudruck. 135 Seiten. 1924. (Sammlung Göschen Bd. 846.) Geb. Rm. 1.80

Aus dem Inhalt:
I. Der Erdkörper. Erdkruste und Wasser. Zerfall und Entstehung der Gesteine. Erdrelief und Landschaftsbild. Die Gestaltung der Erdrinde.
II. Gesteinsablagerungen. Die zeitliche Folge der geologischen Ereignisse. Die fossilführenden Formationen. Die nichtfossilführenden ältesten Formationen.

Bodenkunde. Von Dr. P. VAGELER. Zweite, völlig umgearbeitete Auflage. Mit 1 Figur. 104 Seiten. 1921. (Sammlung Göschen Bd. 455.) Geb. Rm. 1.80

Moorkunde. Von Dr. KURD VON BÜLOW in Berlin. Mit 30 Abbildungen. 142 Seiten. 1925. (Sammlung Göschen Bd. 916.) Geb. Rm. 1.80

Aus dem Inhalt; Über Moorbildung, Arten der Moore, botanische Grundlagen, Gesteine und Mineralien, Moorstratigraphie, Tierwelt und Geographie der Moore, kulturgeschichtliche Bedeutung der Moore u. a. m.

Gletscherkunde. Von Dr. FRITZ MACHATSCHEK, o. ö. Professor an der Deutschen Universität in Prag. Mit 5 Abbildungen im Text und 16 Tafeln. Zweite Auflage. 120 Seiten. 1917. (Sammlung Göschen Bd. 154.) Geb. Rm. 1.80

Physische Meereskunde. Von Dr. GERHARD SCHOTT, Professor an der Hamburger Universität. Mit 39 Abbildungen. Dritte, umgearbeitete Auflage. 155 Seiten. 1924. (Sammlung Göschen Bd. 112.) Geb. Rm. 1.80

„Das kleine Buch gibt trotz seines geringen Umfanges ein erschöpfendes Bild über alle Fragen der Meereskunde. Es behandelt in seinen 3 Teilen die räumliche Ausdehnung der Meere, das Wasser der Meere (physikalisch-chemische Eigenschaften, Wärmeverteilung und Eisverhältnisse) und die Bewegungserscheinungen der Meere (Wellenbewegung, Gezeiten und Meeresströmungen)." Natur.

Flußkunde. Von H. GRAVELIUS. Mit 21 Figuren. Groß-Oktav. VIII, 179 Seiten. 1914. Rm. 5.—, geb. 6.—

Kreislauf des Wassers und Gewässerkunde. Von Dr.-Ing. R. DRENKHAHN, Karlsruhe in Baden. Mit 46 Abbildungen und 16 Zahlentafeln. 114 Seiten. 1927. (Sammlung Göschen Bd. 960.) Geb. Rm. 1.80

Grundriß der gesamten Gewässerkunde. Von H. GRAVELIUS. 4 Bände. I. Band: Flußkunde. Mit 21 Figuren. Groß-Oktav. VIII, 179 Seiten. 1914. Geh. Rm. 5.—, geb. 6.—

Botanische, Zoologische und Mineralogische Erdkunde

Pflanzengeographie. Von Dr. LUDWIG DIELS, Professor an der Universität Berlin. Dritte, umgearbeitete Auflage. 166 Seiten. 1929. (Sammlung Göschen Bd. 389.) Geb. Rm. 1.80

Eine gleichmäßig durchgeführte Darstellung der allgemeinen Pflanzengeographie in ihren verschiedenen Zweigen.

Tiergeographie. Von Prof. Dr. ARNOLD JACOBI. Mit 3 Karten im Text. Zweite, umgearbeitete Auflage. 153 Seiten. 1919. (Sammlung Göschen Bd. 218.) Geb. Rm. 1.80

Der Verfasser sieht die Aufgabe der Tiergeographie in der Erörterung der Stellung der tierischen Welt zum Erdraum, der verschiedenen Abhängigkeit der Tiergruppen von den Lebensbedingungen und äußeren Verhältnissen und der Lage der Verbreitungsgebiete zur Oberflächengestalt der Erde.

Mineralogie. Von Dr. R. BRAUNS, Geh. Bergrat, Professor an der Universität Bonn. Mit 132 Abbildungen. Sechste, verbesserte Auflage. 143 Seiten. Neudruck. 1929. (Sammlung Göschen Bd. 29.) Geb. Rm. 1.80

Der Untersuchung der Formen und der physikalischen und chemischen Eigenschaften der Mineralien folgt die Beschreibung der Sulfide, Oxyde, Karbonate, Nitrate, Borate, Sulfate, Phosphate, Silikate u. a.

Handbuch der Mineralogie. Von CARL HINTZE, weil. Professor an der Universität Breslau. Fortgeführt von der 19. Lieferung des I. Bandes an unter Mitwirkung zahlreicher Fachgenossen von Dr. GOTTLOB LINCK, Geheimer Hofrat, o. Professor an der Universität Jena.
Verlangen Sie einen Sonderprospekt.

Tafeln zum Bestimmen der Mineralien mittels äußerer Kennzeichen. Von Dr. ALFONS LEHNER. Oktav. 72 Seiten. 1921. Rm. 1.20

Tafeln zum Bestimmen der Mineralien auf chemischem Wege, besonders vor dem Lötrohr. Von Dr. ALFONS LEHNER. Oktav. 63 Seiten. 1921. Rm. 1.20

Petrographie (Gesteinskunde). Von Dr. W. BRUHNS, Professor an der Bergakademie Clausthal. Neubearbeitet von Dr. P. RAMDOHR, Professor an der Technischen Hochschule in Aachen. Mit 10 Abbildungen. 112 Seiten. 1926. (Sammlung Göschen Bd. 173.) Geb. Rm. 1.80

Der Band befaßt sich mit den Untersuchungsmethoden und Bestandteilen der Gesteine und erörtert dann die einzelnen großen Gesteinsmassen (Eruptivgesteine, Sedimentgesteine, kristalline Schiefer).

Kristallographie. Von Dr. W. BRUHNS, Professor an der Bergakademie Clausthal. Neubearbeitet von Dr. P. RAMDOHR, Professor an der Technischen Hochschule in Aachen. Mit 184 Abbildungen. 111 Seiten. 1926. (Sammlung Göschen Bd. 210.) Geb. Rm. 1.80

Das vor allem für Studierende der Naturwissenschaften bestimmte Buch hat in der Neuauflage eine grundlegende Umarbeitung erfahren und ist auf den gegenwärtigen Stand der kristallographischen Wissenschaft gebracht.

Politische, Wirtschafts- und Verkehrsgeographie

Leitlinien der allgemeinen politischen Geographie. Naturlehre des Staates. Von Prof. Dr. A. SUPAN. Zweite, umgearbeitete Auflage. Nach dem druckfertig hinterlassenen Manuskript A. SUPANS besorgt von Prof. Dr. E. OBST. Mit dem Bildnis des Verfassers und 7 Textfiguren. Groß-Oktav. VIII, 199 Seiten. 1922. Rm. 4.—, geb. 5.20.

Allgemeine politische Geographie. Von Dr. K. DOVE, Professor in Jena. 95 Seiten. 1920. (Sammlung Göschen Bd. 800.) Geb. Rm. 1.80

„Die erste „Politische Geographie", die die Erfahrungen des Weltkrieges verarbeitet und dadurch vielfach zu ganz neuen Auffassungen geführt wird, zudem durch eine wirklich geographische Behandlung des Stoffes ausgezeichnet." *Ztschr. d. Ges. f. Erdk. 1921 1/2.*

Allgemeine und spezielle Wirtschaftsgeographie. Von Dr. ERNST FRIEDRICH, a. o. Professor an der Universität Leipzig. Dritte Auflage. Groß-Oktav.
Erster Band: Allgemeine Wirtschaftsgeographie. Mit 3 Karten. IX, 249 Seiten. 1926. Rm. 12.—, geb. 13.50
Zweiter Band: Spezielle Wirtschaftsgeographie. VIII, 548 Seiten. 1926. Rm. 23.—, geb. 25.—

„Das klassische Werk der Wirtschaftsgeographie." *Petermanns Geograph. Mitteilungen.*

Allgemeine Wirtschaftsgeographie. Von Dr. K. DOVE, Professor in Jena. 87 Seiten. 1921. (Sammlung Göschen Bd. 835.) Geb. Rm. 1.80

Allgemeine Verkehrsgeographie. Von Dr. K. DOVE, Professor in Jena. 95 Seiten. 1921. (Sammlung Göschen Bd. 834.) Geb. Rm. 1.80

Allgemeine Verkehrsgeographie. Von Dr. KURT HASSERT, Professor der Geographie an der Handelshochschule Köln. Mit 12 Karten und graphischen Darstellungen. Groß-Oktav. VIII, 494 Seiten. 1913. Neue Auflage im Druck.

Länderkunde

Landeskunde von Baden. Von Dr. O. KIENITZ, Gymnasialdirektor a. D. in Wertheim a. M. Mit 7 Figuren im Text, 8 Tafeln und 1 Karte. Zweite Auflage. 132 Seiten. 1921. (Sammlung Göschen Bd. 199.) Geb. Rm. 1.80

Dieses Bändchen gewährt einen wertvollen Überblick über das ganze Badener Land, über die innere Entwicklung, das Klima und die allgemeinen geographischen Verhältnisse. Eine gut übersichtliche Karte von Baden vervollständigt den Wert dieses Bändchens.

Bayerische Landeskunde. Von Dr. JOS. REINDL in München. Mit 4 Abbildungen im Text. 8 Tafeln und 1 Karte. 128 Seiten. 1920. (Sammlung Göschen Bd. 176.) Geb. Rm. 1.80

Der Verfasser gibt in diesem Bändchen eine Darstellung der wichtigsten Punkte der bayerischen Landeskunde. Lage und Grenzen, Geschichtliches, Klima, Geologie und Orographie, Bewässerung, Siedlungen, Tier- und Pflanzenwelt, das Volk selbst — alles im wesentlichen erfaßt; ein wertvoller wirtschaftsgeographischer Überblick vervollständigt das Bild.

Landeskunde von Mecklenburg und der Freien und Hansestadt Lübeck. Von Dr. SEBALD SCHWARZ, Direktor der Realschule zum Dom in Lübeck. Mit 17 Abbildungen und Karten im Text, 16 Tafeln und 1 Karte in Lithographie. 144 Seiten. 1910. (Sammlung Göschen Bd. 487.) Geb. Rm. 1.80

Landeskunde von Pommern. Von Dr. W. DEECKE, Professor an der Universität Freiburg im Breisgau. Mit 10 Abbildungen und Karten im Text, 16 Tafeln und 1 Karte in Lithographie. 132 Seiten. 1912. (Sammlung Göschen Bd. 575.) Geb. Rm. 1.80

Landeskunde der Provinz Westpreußen. Von FRITZ BRAUN, Oberlehrer. Mit 16 Tafeln, 7 Textkarten und 1 lithographischen Karte. 108 Seiten. 1912. (Sammlung Göschen Bd. 570.) Geb. Rm. 1.80

Landeskunde von Sachsen. Von Prof. Dr. J. ZEMMRICH, Rektor der Oberrealschule in Plauen i. V. Mit 4 Abbildungen. Zweite Auflage. 117 Seiten. 1923. (Sammlung Göschen Bd. 258.) Geb. Rm. 1.80

„Das Büchlein gibt eine gedrängte, aber trotzdem verhältnismäßig eingehende Schilderung des Landes, das nach seinen sechs natürlichen Landschaften besprochen wird. Besonders wertvoll ist der letzte Abschnitt ‚Volk und Staat' behandelt." Dtsch. geographische Blätter.

Landeskunde von Elsaß-Lothringen. Von Dr. R. LANGENBECK, Professor in Darmstadt. Mit 4 Abbildungen im Text, 16 Tafeln und 1 Karte. Zweite Auflage. 135 Seiten. 1920. (Sammlung Göschen Bd. 215.) Geb. Rm. 1.80

Das Thema wird gegliedert in einen allgemeinen Teil, in dem in üblicher Reihenfolge Lage, Aufbau, orographische Gliederung, Klima, Pflanzen- und Tierwelt, Bevölkerung und Wirtschaft behandelt werden, und in einen besonderen Teil, in dem einzelne Landschaften der alten Reichslande an dem Leser vorbeigeführt werden.

Länderkunde von Europa. Von Dr. FRANZ HEIDERICH, Hofrat, Professor in Wien. Mit 10 Textkärtchen und Profilen. Fünfte, verbesserte Auflage. 172 Seiten. 1926. (Sammlung Göschen Bd. 62.) Geb. Rm. 1.80

Dieses Bändchen bietet eine kurze wissenschaftliche Orientierung über alle länderkundlichen Fragen Europas.

Die Alpen. Von Dr. ROB. SIEGER, Professor in Graz. Mit 7 Tafeln. Zweite Auflage. 189 Seiten. 1923. (Sammlung Göschen Bd. 129.) Geb. Rm. 1.80

Eine Einführung in die Geographie der Alpen.

Landeskunde der Schweiz. Von Dr. HERMANN WALSER, Professor an der Universität Bern. Neubearbeitet von Dr. OTTO FLÜCKIGER, Professor an der Universität Zürich. Mit 16 Abbildungen. 140 Seiten. 1926. (Sammlung Göschen Bd. 398.) Geb. Rm. 1.80

„Wer eine übersichtliche und geistvolle Landeskunde der Schweiz zu lesen wünscht, dem sei das vorliegende Bändchen bestens empfohlen." Der Schweizer Geograph.

Landeskunde von Skandinavien. Norwegen, Schweden und Dänemark und Finnland (Fennoskandia). Von HEINRICH KERP, Schulrat in Bonn a. Rh. I. Band: Physische Geographie. (Landschaftskunde, Geologie, Klima und Pflanzenleben.) Zweite, erweiterte Auflage. 119 Seiten. 1925. (Sammlung Göschen Bd. 202.) Geb. Rm. 1.80

Eine kurze, aber übersichtliche physisch-geographische Betrachtung.

Albanien. Bauten, Trachten und Geräte Nordalbaniens. Von Dr. FRANZ BARON NOPCSA. Mit 131 Abbildungen. Groß-Oktav. VIII, 257 Seiten. 1925. Rm. 22.—, geb. 24.—

„Dem Ethnologen, Geographen und Prähistoriker kann das Werk als eine reiche Fundgrube bestens empfohlen werden. Es kann durch die Fülle des Vergleichsmaterials mit als Wegweiser dienen, um in dem verwirrenden Völkergemisch der Balkanhalbinsel den Spuren geschichtlicher und vorgeschichtlicher Wanderungen nachzugehen." Die Erde.

Länderkunde der außereuropäischen Erdteile. Von Dr. FRANZ HEIDERICH, Hofrat, Professor in Wien. Mit 10 Textkärtchen und Profilen. Fünfte, verbesserte Auflage. 176 Seiten. 1926. (Sammlung Göschen Bd. 63.) Geb. Rm. 1.80

„Dieses Buch bietet dem Lehrer einen erstaunlichen Reichtum geographischer Darstellung." Württemberg. Schulwarte.

Afrika. Von Prof. Dr. FRITZ JAEGER. 1925.
I. Physische Erdkunde. 134 Seiten.
II. Geographie des Menschen und seiner Kultur. 139 Seiten.
(Sammlung Göschen Bd. 910/11.) Geb. je Rm. 1.80

„Die Darstellung ist klar, übersichtlich, anregend und für jeden auch nur einigermaßen geographisch Vorgebildeten völlig verständlich." Geographische Zeitschrift.

Atlas Africanus. Belege zur Morphologie der afrikanischen Kulturen. Herausgegeben im Auftrage des Forschungsinstitutes für Kulturmorphologie von LEO FROBENIUS und RITTER VON WILM. Folio. Bisher erschienen 5 Hefte. Ausführlicher Prospekt kostenlos. Je Heft Rm. 6.—

„Das Unternehmen bedeutet einen gewaltigen Schritt voran in dem Verlangen, die Wesenheit der Kultur zu ergründen." Petermanns Geographische Mitteilungen.

Altvater Nil. Reise-Radierungen aus einer Vorfrühlingsfahrt durch Ägypten und den Sudan. Von CHRISTIAN ECKERT. Mit 16 Aufnahmen. Oktav. IV, 150 Seiten. 1924. Geb. Rm. 5.—

Neger-Eros. Ethnologische Studien über das Sexualleben bei den Negern. Von FELIX BRYK. Mit 85 Abbildungen im Text und einer Tafel. Groß-Oktav. X, 146 Seiten. 1928. Rm. 9.—, geb. 10.50

Südwestafrika. (Die deutschen Kolonien, IV.) Von Dr. K. DOVE, Professor in Jena. Mit 16 Tafeln und 1 lithographischen Karte. 96 Seiten. 1913. (Sammlung Göschen Bd. 637.) Geb. Rm. 1.80

Amerika. Eine Übersicht des Doppelkontinents. Von Prof. Dr. K. SAPPER
I. Physische Erdkunde. (Geologie, Klimatologie, Pflanzen- und Tiergeographie.) 112 Seiten. 1923. (Sammlung Göschen Bd. 855.) Rm. geb. 1.80
II. Geographische Kulturkunde. (Rassen, Völker, Staaten, Wirtschaft und Verkehr.) 156 Seiten. 1923. (Sammlung Göschen Bd. 856.) geb. Rm. 1.80

Eine Übersicht des Doppelkontinents in knappen aber doch alles Wesentliche erschöpfend darlegenden Ausführungen.

Argentinien. Wirtschaft und Wirtschaftsgrundlagen. Von JOSEF HELLAUER. Oktav. X, 251 Seiten. 1921. Rm. 4.—, geb. 5.20

Dieses Bändchen enthält eine reiche Fülle von praktischen Ratschlägen, die jedem Argentinien-Interessenten von unschätzbarem Nutzen sein werden.

Landeskunde von Chile (Republica de Chile). Von Dr. P. STANGE, Professor in Schleswig. Mit 3 Figuren im Text und 1 Karte in Lithographie. 116 Seiten. 1914. (Sammlung Göschen Bd. 743.) Geb. Rm. 1.80

Eine gründliche geographische Darstellung des ganzen Landes, der Angaben über wirtschaftliche Einrichtungen hinzugefügt sind.

Die Kordillerenstaaten. Von Dr. WILHELM SIEVERS, weil. Professor an der Universität Gießen.

Erster Band: Einleitung, Bolivia und Peru. Mit 10 Textabbildungen, 16 Tafeln und 1 Karte in Lithographie. 148 Seiten. 1913. (Sammlung Göschen Bd. 652.) Geb. Rm. 1.80

Zweiter Band: Ecuador, Columbia und Venezuela. Mit 7 Textabbildungen, 16 Tafeln und 1 Karte in Lithographie. 123 Seiten. 1913. (Sammlung Göschen Bd. 653.) Geb. Rm. 1.80

Länder- und Völkernamen. Von Dr. RUDOLF KLEINPAUL. Zweite, verbesserte und vermehrte Auflage. 139 Seiten. 1919. (Sammlung Göschen Bd. 478.) Geb. Rm. 1.80

Wörterbuch der Geologie, Mineralogie und Paläontologie. Von Dr. C. W. SCHMIDT. Mit 296 Abbildungen. Oktav. VII, 290 Seiten. 1928. Geb. Rm. 12.—

Dieses Wörterbuch gibt eine sachliche und etymologische Erklärung der wichtigeren Ausdrücke aus der mineralogisch-geologischen Literatur.

Etymologisches Wörterbuch der Naturwissenschaften und Medizin. Sprachliche Erklärung der wichtigeren Ausdrücke und Namen der Anatomie, Astronomie, Biologie, Botanik, Chemie, Geographie, Geologie, Medizin, Mineralogie, Naturphilosophie, Paläontologie, Physik, Psychologie und Zoologie. Von Dr. C. W. SCHMIDT. Oktav. VII, 138 Seiten. 1923. Geb. Rm. 2.—

Der rund 522 Namen und Ausdrücke umfassende Band wendet sich vor allem an Leser ohne griechische und lateinische Vorbildung.

Völkerkunde

Anthropologie. Von Dr. ERNST FRIZZI, Professor am Anthropologischen Institut der Universität München. Mit 41 Figuren. 133 Seiten. 1921. (Sammlung Göschen Bd. 838.) Geb. Rm. 1.80

Völkerkunde. Von Dr. MICHAEL HABERLANDT, Professor in Wien.

I. Allgemeine Völkerkunde. Mit 39 Abbildungen. Dritte, vermehrte und verbesserte Auflage. Neudruck. 138 Seiten. 1922. (Sammlung Göschen Bd. 73.) Geb. Rm. 1.80

II. Beschreibende Völkerkunde. Mit 29 Abbildungen. Dritte, vermehrte und verbesserte Auflage. 150 Seiten. 1920. (Sammlung Göschen Bd. 802.) Geb. Rm. 1.80

Diese Bändchen bieten einen guten Überblick und dürften allen willkommen sein, die sich kurz unterrichten wollen.

Kultur und Rasse. Von Professor Dr. FRANZ BOAS. Zweite, unveränderte Auflage. Mit 1 Kurve im Text. Groß-Oktav. VIII, 256 Seiten. 1922. Rm. 1.60, geb. 2.60

Eine Untersuchung über das Wesen der Rassenunterschiede.

Die Buschwüsten. Von KARL KROHM. Lexikon-Oktav. 64 Seiten. 1927. (Veröffentlichungen des Geographischen Instituts der Universität Königsberg i. Pr. Heft IX.) Geh. Rm. 4.—

Veröffentlichungen des Geographischen Instituts der Universität Königsberg i. Pr.

Die Moore Kurlands. Von JOH. DREYER. Lexikon-Oktav. VIII, 261 Seiten mit 4 Abbildungen im Text und 1 farbigen Karte. 1919. (Band I.) Geh. Rm. 10.—

Die Morphologie der samländischen Steilküste auf Grund einer physiologisch-morphologischen Kartierung des Gebiets. Von HANS MORTENSEN. Lexikon-Oktav. II, 70 Seiten mit 2 Profilbeilagen, 26 Skizzen und 31 Abbildungen im Text. 1921. (Band III.) Geh. Rm. 4.—

Ostpreußen. Von F. MAGER. Lexikon-Oktav. VIII, 176 Seiten. 1922. (Band IV.) Geh. Rm. 8.—

Die völkischen Verhältnisse in Masuren. Von LEO WITTSCHELL. Lexikon-Oktav. VIII, 45 Seiten mit 3 Tafeln und 2 Kartenbeilagen. 1925. (Band V) Geh. Rm. 15.—

Die wichtigste geographische Literatur über das russische Reich seit dem Jahre 1914 in russischer Sprache. Von HELMUT ANGER. Lexikon-Oktav. 64 Seiten. 1926. (Band VI.) Geh. Rm. 2.—

Das Ergebnis der Sprachenzählung von 1925 im südlichen Ostpreußen. Von LEO WITTSCHELL. Lexikon-Oktav. 8 Seiten mit 1 Karte. 1926. (Band VII.) Geh. Rm. 2.—

Klima und Landschaft in Tripolitanien. Von LEO WITT SCHELL. Lexikon-Oktav. 50 Seiten mit 8 Kartenskizzen und 18 Abbildungen. 1928. (Band X.) Geh. Rm. 5.—

Die Tschetschenen. Forschungen zur Völkerkunde des nordöstlichen Kaukasus. Von BRUNO PLAETSCHKE. Lexikon-Oktav. XI, 116 Seiten mit 68 Figuren und 1 Karte im Text und 24 Abbildungen auf 12 Tafeln. 1929. (Band XI.) Geh. Rm. 8.—

Band VIII und IX siehe vorstehende Seite.

Landeskunde von Chile. Von CARL MARTIN. Groß-Oktav. XXIX, 786 Seiten mit 141 Abbildungen und 1 Karte von Chile. Zweite, vermehrte und verbesserte Auflage. 1924. Geh. Rm. 20.—, Ganzleinen 24.—

Landeskunde von Litauen. Von HANS MORTENSEN. Groß-Oktav. 350 Seiten mit 24 Abbildungen auf Tafeln, 8 Karten und 12 Kartenskizzen im Text. 1926. Geh. Rm. 25.—, Ganzleinen 28.—

Karte von Litauen. Nach amtlichen Quellen bearbeitet von R. FRIEDERICHSEN und K. A. OZELIS unter Mitarbeit von HANS MORTENSEN. Maßstab 1 : 750 000. Fünffarbiger Steindruck. (64×58 cm.) Fünfte Auflage. 1926. Im Umschlag gefaltet Rm. 5.—

VERLAG FRIEDERICHSEN, DE GRUYTER & CO. M. B. H.,
HAMBURG 36